"十三五"国家重点出版物出版规划项目

中 国 生 物 物 种 名 录

第一卷　植　物

总名录（中册）

王利松　贾　渝　张宪春　覃海宁　编著

科 学 出 版 社
北　京

内 容 简 介

本书收录了中国苔藓、蕨类和种子植物共462科，4017属，35 856种。每一种的内容包括中文名、学名和国内外地理分布。

本书可作为中国植物学和生物多样性研究的基础资料，也可作为环境保护、林业、医学等从业人员及高等院校师生的参考书。

图书在版编目（CIP）数据

中国生物物种名录. 第一卷，植物总名录：全3册/王利松等编著. —北京：科学出版社，2018.3

"十三五"国家重点出版物出版规划项目 国家出版基金项目

ISBN 978-7-03-056824-3

Ⅰ. ①中… Ⅱ. ①王… Ⅲ. ①生物–物种–中国–名录 ②植物–中国–名录 Ⅳ. ①Q152-62 ②Q948.52-62

中国版本图书馆CIP数据核字（2018）第046864号

责任编辑：马 俊 孙 青 王 静 / 责任校对：郑金红

责任印制：张 伟 / 封面设计：刘新新

科学出版社 出版

北京东黄城根北街16号

邮政编码：100717

http://www.sciencep.com

北京虎彩文化传播有限公司 印刷

科学出版社发行 各地新华书店经销

*

2018年3月第 一 版 开本：889×1194 1/16

2019年4月第二次印刷 印张：102

字数：3 598 000

定价：580.00元

（如有印装质量问题，我社负责调换）

Species Catalogue of China

Volume 1 Plants

A Synoptic Checklist（II）

Authors: Lisong Wang Yu Jia Xianchun Zhang Haining Qin

Science Press
Bei jing

《中国生物物种名录》编委会

总　序

生物多样性保护研究、管理和监测等许多工作都需要翔实的物种名录作为基础。建立可靠的生物物种名录也是生物多样性信息学建设的首要工作。通过物种唯一的有效学名可查询关联到国内外相关数据库中该物种的所有资料，这一点在网络时代尤为重要，也是整合生物多样性信息最容易实现的一种方式。此外，“物种数目”也是一个国家生物多样性丰富程度的重要统计指标。然而，像中国这样生物种类非常丰富的国家，各生物类群研究基础不同，物种信息散见于不同的志书或不同时期的刊物中，加之分类系统及物种学名也在不断被修订。因此建立实时更新、资料翔实，且经过专家审订的全国性生物物种名录，对我国生物多样性保护具有重要的意义。

生物多样性信息学的发展推动了生物物种名录编研工作。比较有代表性的项目，如全球鱼类数据库（FishBase）、国际豆科数据库（ILDIS）、全球生物物种名录（CoL）、全球植物名录（TPL）和全球生物名称（GNA）等项目；最有影响的全球生物多样性信息网络（GBIF）也专门设立子项目处理生物物种名称（ECAT）。生物物种名录的核心是明确某个区域或某个类群的物种数量，处理分类学名称，厘清生物分类学上有效发表的拉丁学名的性质，即接受名还是异名及其演变过程；好的生物物种名录是生物分类学研究进展的重要标志，是各种志书编研必需的基础性工作。

自 2007 年以来，中国科学院生物多样性委员会组织国内外 100 多位分类学专家编辑中国生物物种名录；并于 2008 年 4 月正式发布《中国生物物种名录》光盘版和网络版（http://www.sp2000.org.cn/），此后，每年更新一次；2012 年版名录已于同年 9 月面世，包括 70 596 个物种（含种下等级）。该名录自发布受到广泛使用和好评，成为环境保护部物种普查和农业部作物野生近缘种普查的核心名录库，并为环境保护部中国年度环境公报物种数量的数据源，我国还是全球首个按年度连续发布全国生物物种名录的国家。

电子版名录发布以后，有大量的读者来信索取光盘或从网站上下载名录数据，取得了良好的社会效果。有很多读者和编者建议出版《中国生物物种名录》印刷版，以方便读者、扩大名录的影响。为此，在 2011 年 3 月 31 日中国科学院生物多样性委员会换届大会上正式征求委员的意见，与会者建议尽快编辑出版《中国生物物种名录》印刷版。该项工作得到原中国科学院生命科学与生物技术局的大力支持，设立专门项目，支持《中国生物物种名录》的编研，项目于 2013 年正式启动。

组织编研出版《中国生物物种名录》（印刷版）主要基于以下几点考虑。①及时反映和推动中国生物分类学工作。“三志”是本项工作的重要基础。从目前情况看，植物方面的基础相对较好，2004 年 10 月《中国植物志》80 卷 126 册全部正式出版，*Flora of China* 的编研也已完成；动物方面的基础相对薄弱，《中国动物志》虽已出版 130 余卷，但仍有很多类群没有出版；《中国孢子植物志》已出版 80 余卷，很多类群仍有待编研，且微生物名录数字化基础比较薄弱，在 2012 年版中国生物物种名录光盘版中仅收录 900 多种，而植物有 35 000 多种，动物有 24 000 多种。需要及时总结分类学研究成果，把新种和新的修订，包括分类系统修订的信息及时整合到生物物种名录中，以克服志书编写出版周期长的不足，让各个方面的读者和用户及时了解和使用新的分类学成果。②生物物种名称的审订和处理是志书编写的基础性工作，名录的编研出版可以推动生物志书的编研；相关学科，如生物地理学、保护生物学、生态学等的研究工作需要及时更新的生物物种名录。③政府部门和社会团体等在生物多样性保护和可持续利用的实践中，希望及时得到中国物种多样性的统计信息。④全球生物物种名录等国际项目需要中国生物物种名录等区域性名录信息不断更新完善，因此，我们的工作也可以在一定程度上推动全球生物多样性编目与保护工作的进展。

编研出版《中国生物物种名录》（印刷版）是一项艰巨的任务，尽管不追求短期内涉及所有类群，难度也是很大的。衷心感谢各位参编人员的严谨奉献，感谢几位副主编和工作组的把关和协调，特别感谢不幸过世的副主编刘瑞玉院士的积极支持。感谢国家出版基金和科学出版社的资助和支持，保证了本系列丛书的顺利出版。在此，对所有为《中国生物物种名录》编研出版付出艰辛努力的同仁表示诚挚的谢意。

虽然我们在《中国生物物种名录》网络版和光盘版的基础上，组织有关专家重新审订和编写名录的印刷版。但限于资料和编研队伍等多方面因素，肯定会有诸多不尽如人意之处，恳请各位同行和专家批评指正，以便不断更新完善。

陈宜瑜

2013 年 1 月 30 日于北京

植物卷总名录册编写说明

植物卷总名录册全面收录了在中国有分布记录的野生高等植物，包括部分重要栽培和外来归化植物，共 462 科 4017 属 35 856 种，其中 829 种为重要栽培植物，242 种为外来归化植物。苔藓植物 151 科 609 属 3082 种，116 变种，31 亚种；蕨类植物 38 科 176 属 2127 种；裸子植物 10 科 45 属 268 种；被子植物 263 科 3187 属 30 379 种。相关物种信息以截至 2013 年年底之前发表的文献资料为据。总名录由于内容较多，因此按照内容多少，兼顾类群分为上、中、下三册，其中上册内容包括全部苔藓、蕨类和裸子植物，全部被子植物分为中册和下册，按照科学名首字母顺序，A—L 为中册，M—Z 为下册。

与植物卷各分册一样，本册编研工作是以 2007 年中国科学院生物多样性委员会发起的物种 2000 中国节点项目(http://www.sp2000.org.cn/)的网络编目数据为基础，整合了《中国植物志》、*Flora of China* 等重大分类学成果及其后发表的新分类学研究成果。截至目前，物种 2000 中国节点项目已向社会公布了多个版本的年度中国生物物种名录，2015 年版名录有 8 万余种(含种下单元)在中国有分布记录的生物物种，包括全部高等植物。植物工作组曾于 2007 年和 2009 年分别邀请国内外 80 余位分类学家对高等植物名录进行了较为全面的审核工作。物种 2000 中国节点 2014 年年度名录(截至 2013 年年底资料)包括中国高等植物名称 105 835 条，其中接受名 40 837 条，含 438 科 3995 属 35 493 种，另有异名 64 998 条；每条生物物种条目包括 10 余个信息项(http://www.catalogueoflife.org/annual-checklist/2016/info/about)。出于简洁和方便使用的考虑，本册只包括了其中的学名(接受名)、中名及分布 3 项内容。从这个意义上说，本册是物种 2000 中国节点高等植物名录的简化版本。但在原有数据基础上，根据大量原始文献考证，我们对网络版数据曾存在的错误和遗漏进行了订正。本册收录的数据反映了 *Flora of China* 出版后，中国植物分类学研究近 10 余年的研究进展。比如，收录了新科，如节蒴木科(Borthwickiaceae J. X. Su, Wei Wang, Li Bing Zhang et Z. D. Chen)；新属，如孔药楠属(*Sinopora* J. Li, N. H. Xia et H. W. Li)、征镒麻属(*Zhengyia* T. Deng, D. G. Zhang et H. Sun)、尚武菊属(新拟) (*Shangwua* Y. J. Wang, E. von Raab-Straube, A. Susanna et J. Q. Liu)、拟合头菊属(新拟) (*Parasyncalathium* J. W. Zhang, D. E. Boufford et H. Sun)和海南菊属(*Hainanecio* Y. Liu et Q. E. Yang)；新记录属，如菲比芥属(新拟) (*Fibigia* Medicus)、厚棱芥属(新拟)(*Pachyneurum* Bunge)、红药草属(新拟) (*Erythranthe* Spach)、拟蛇舌草属(新拟) (*Oldenlandiopsis* Terrell et W. H. Lewis)、拟线柱兰属(*Zeuxinella* Aver.)、藏菊属(新拟) (*Tibetoseris* Sennikov)等。据我们粗略统计，*Flora of China* 完成后，平均每年仍有 200 余种中国新植物被发现和描述。

考虑到与国际接轨，在丛书编委和专家建议下，各大类群的分类系统相应采用了国际广泛使用的新系统，被子植物从原来沿用的恩格勒系统更新为 APG III 分类系统(Chase and Reveal, 2009)，裸子植物从原来的郑万钧系统更新为克氏系统(Christenhusz *et al*., 2011)。科下属级类群的概念原则上遵照 *Flora of China* 的处理，也根据类群专家意见酌情采纳部分新的研究结论，如《兰科植物属志》(*Genera Orchidacearum* 1–6 卷) (Pridgeon *et al*., 1999, 2001, 2003, 2005, 2009, 2014; Chase *et al*., 2015)。苔藓植物与 2013 年出版的《中国生物物种名录》植物卷苔藓分册系统一致，蕨类植物则按照 *Flora of China* 的分类处理。

本册的编研遵循植物卷编写指南，主要原则包括：①收录截至 2013 年 12 月 31 日前有正式文献发表记录的中国高等植物种类；②收录范围以在中国境内有分布记录的野生高等植物种类[包括种、记载的中国野生植物种、亚种和变种(不包括变型)]为主，并包括部分分布较为广泛的栽培植物和外来归化植物；③包括的基本信息为：中文名、学名和地理分布。

中文名以在《中国植物志》、*Flora of China*、《中国高等植物图鉴》《中国树木志》《中国药用植物志》和《中国孢子植物志志》(苔藓部分)中曾使用，并广为熟知的中文名为主要依据。对发表在国外杂志的新种类和新分布记录的类群，依据植物的区别特征、产地或作者的原始意图新拟定中文名，以(新拟)表示。如麻栗坡檬果樟(新拟) (*Caryodaphnopsis malipoensis* Bing Liu et Y. Yang)和厚棱芥属(新拟) (*Pachyneurum* Bunge)。学名只包括该类群目前所使用的名称(接受名)，不包括其分类学和命名学异名；名称作者参考 *Authors of Plant Names* (Brummitt and Powell, 1992)和 IPNI(The International Plant Names Index: http://www.ipni.org/)采用的作者缩写规范。地理分布为该类群已知的国内和国外分布，描述顺序为先国内后国外，其间由分号分隔。国内分布详细到省级，国外分布详细到洲、地区或国家，并按地理连续性顺序排列，分布地点存疑的在该分布地点前加“?”提示。栽培和外来归化植物请参考丛书其他各分册，本总名录册不做标识。

按丛书原编研计划，本册为植物卷其余分册的索引版本，所收录物种应与各个分册(共 12 册)保持一致。苔藓、蕨类和裸子植物基本上如此，但被子植物部分稍有变化，由于总名录和分册同步编研，出版时间紧凑，本册在部分分类群的信息上有别于相关分册，主要体现在个别属的概念及归属问题上。例如，苦苣苔科依 *Flora of China* 处理，接受所有属，而分册则作大量属的归并；广义糯米条属(*Abelia* R. Br.)仍留在忍冬科(Caprifoliaceae)，分册则采纳狭义概念并置于北极花科(Linnaeaceae)中；五叶参属(*Pentapanax* Seem.)保持独立，分册则并入楤木属(*Aralia* L.)中。

本册苔藓植物和蕨类植物部分分别由中国科学院植物研究所贾渝研究员和张宪春研究员编著；王利松博士和覃海宁博士负责种子植物部分编著，并负责全书统稿。

作者特别感谢丛书副主编洪德元院士和马克平研究员的支持和指导。感谢赵一之教授协助审稿；薛纳新女士协助录入；中国科学院生物多样性委员会刘忆南和黄祥忠女士负责课题组织协调；科学出版社编辑为图书的出版花费大量心血！感谢诸位分类学前辈及同仁的卓越贡献，协助和指导，在此未能一一提及，深表歉意。本书得到了中国科学院重点部署项目“《中国生物物种名录》编制”和国家出版基金的资助。本书类群覆盖非常广，参考资料众多，由于编研时间较短，加上作者水平所限，纰漏之处在所难免，敬请读者批评指正。

作者谨识
2015 年国庆节于北京香山

目　录

总序
植物卷总名录册编写说明

被子植物 **ANGIOSPERMS** …… 241
200. 爵床科 Acanthaceae Juss. …… 241
201. 钟花科 Achariaceae Harms …… 251
202. 菖蒲科 Acoraceae Martinov …… 251
203. 猕猴桃科 Actinidiaceae Gilg et Werderm. …… 252
204. 五福花科 Adoxaceae E. Mey. …… 255
205. 番杏科 Aizoaceae Martinov …… 259
206. 叠珠树科 Akaniaceae Stapf …… 260
207. 泽泻科 Alismataceae Vent. …… 260
208. 阿丁枫科 Altingiaceae Lindl. …… 261
209. 苋科 Amaranthaceae Juss. …… 261
210. 石蒜科 Amaryllidaceae J. St.-Hil. …… 272
211. 漆树科 Anacardiaceae R. Br. …… 278
212. 钩枝藤科 Ancistrocladaceae Planch. ex Walp. …… 281
213. 番荔枝科 Annonaceae Juss. …… 281
214. 伞形科 Apiaceae Lindl. …… 286
215. 夹竹桃科 Apocynaceae Juss. …… 310
216. 水蕹科 Aponogetonaceae Planch. …… 326
217. 冬青科 Aquifoliaceae Bercht. et J. Presl …… 326
218. 天南星科 Araceae Juss. …… 334
219. 五加科 Araliaceae Juss. …… 342
220. 棕榈科 Arecaceae Bercht. et J. Presl …… 349
221. 马兜铃科 Aristolochiaceae Juss. …… 353
222. 天门冬科 Asparagaceae Juss. …… 356
223. 菊科 Asteraceae Bercht. et J. Presl …… 366
224. 蛇菰科 Balanophoraceae Rich. …… 459
225. 凤仙花科 Balsaminaceae A. Rich. …… 460
226. 落葵科 Basellaceae Raf. …… 468
227. 秋海棠科 Begoniaceae C. Agardh …… 468
228. 小檗科 Berberidaceae Juss. …… 475
229. 桦木科 Betulaceae Gray …… 485
230. 熏倒牛科 Biebersteiniaceae Schnizl. …… 489
231. 紫葳科 Bignoniaceae Juss. …… 489
232. 红木科 Bixaceae Kunth …… 491
233. 紫草科 Boraginaceae Juss. …… 491
234. 节蒴木科 Borthwickiaceae J. X. Su, Wei Wang, Li Bing Zhang et Z. D. Chen …… 504
235. 十字花科 Brassicaceae Burnett …… 504
236. 凤梨科 Bromeliaceae Juss. …… 524
237. 水玉簪科 Burmanniaceae Blume …… 524
238. 橄榄科 Burseraceae Kunth …… 525
239. 花蔺科 Butomaceae Mirb. …… 525
240. 黄杨科 Buxaceae Dumort. …… 526
241. 莼菜科 Cabombaceae Rich. ex A. Rich. …… 527
242. 仙人掌科 Cactaceae Juss. …… 527
243. 红厚壳科 Calophyllaceae J. Agardh …… 528
244. 蜡梅科 Calycanthaceae Lindl. …… 528
245. 桔梗科 Campanulaceae Juss. …… 528
246. 大麻科 Cannabaceae Martinov …… 535
247. 美人蕉科 Cannaceae Juss. …… 537
248. 山柑科 Capparaceae Juss. …… 537
249. 忍冬科 Caprifoliaceae Juss. …… 538
250. 心翼果科 Cardiopteridaceae Blume …… 545
251. 番木瓜科 Caricaceae Dumort. …… 545
252. 香茜科 Carlemanniaceae Airy Shaw …… 545
253. 石竹科 Caryophyllaceae Juss. …… 545
254. 木麻黄科 Casuarinaceae R. Br. …… 562
255. 卫矛科 Celastraceae R. Br. …… 562
256. 刺鳞草科 Centrolepidaceae Endl. …… 572
257. 扁距木科 Centroplacaceae Doweld et Reveal …… 572
258. 金鱼藻科 Ceratophyllaceae Gray …… 572
259. 连香树科 Cercidiphyllaceae Engl. …… 572
260. 金粟兰科 Chloranthaceae R. Br. ex Sims …… 572
261. 星叶草科 Circaeasteraceae Hutch. …… 573
262. 半日花科 Cistaceae Juss. …… 573
263. 白花菜科 Cleomaceae Bercht. et J. Presl …… 573
264. 桤叶树科 Clethraceae Klotzsch …… 574
265. 山竹子科 Clusiaceae Lindl. …… 574
266. 秋水仙科 Colchicaceae DC. …… 575
267. 使君子科 Combretaceae R. Br. …… 575
268. 鸭跖草科 Commelinaceae Mirb. …… 576
269. 牛栓藤科 Connaraceae R. Br. …… 579
270. 旋花科 Convolvulaceae Juss. …… 579
271. 马桑科 Coriariaceae DC. …… 586
272. 山茱萸科 Cornaceae Bercht. et J. Presl …… 586
273. 白玉簪科 Corsiaceae Becc. …… 589
274. 闭鞘姜科 Costaceae Nakai …… 589
275. 景天科 Crassulaceae J. St.-Hil. …… 590

276. 隐翼科 Crypteroniaceae A. DC. 599
277. 葫芦科 Cucurbitaceae Juss. 599
278. 丝粉藻科 Cymodoceaceae Vines 607
279. 锁阳科 Cynomoriaceae Endl. ex Lindl. 607
280. 莎草科 Cyperaceae Juss. 607
281. 交让木科 Daphniphyllaceae Müll. Arg. 646
282. 岩梅科 Diapensiaceae Lindl. 646
283. 毒鼠子科 Dichapetalaceae Baill. 647
284. 五桠果科 Dilleniaceae Salisb. 647
285. 薯蓣科 Dioscoreaceae R. Br. 647
286. 十齿花科 Dipentodontaceae Merr. 650
287. 龙脑香科 Dipterocarpaceae Blume 650
288. 茅膏菜科 Droseraceae Salisb. 650
289. 柿树科 Ebenaceae Gürke 651
290. 胡颓子科 Elaeagnaceae Juss. 653
291. 杜英科 Elaeocarpaceae Juss. 656
292. 沟繁缕科 Elatinaceae Dumort. 658
293. 杜鹃花科 Ericaceae Juss. 658
294. 谷精草科 Eriocaulaceae Martinov 696
295. 古柯科 Erythroxylaceae Kunth 698
296. 南鼠刺科 Escalloniaceae R. Brown. ex Dumort. 698
297. 杜仲科 Eucommiaceae Engl. 698
298. 大戟科 Euphorbiaceae Juss. 698
299. 领春木科 Eupteleaceae K. Wilh. 709
300. 豆科 Fabaceae Lindl. 709
301. 壳斗科 Fagaceae Dumort. 778
302. 须叶藤科 Flagellariaceae Dum. 790
303. 瓣鳞花科 Frankeniaceae Desv. 790
304. 丝缨花科 Garryaceae Lindl. 791
305. 钩吻科 Gelsemiaceae Struwe et V. A. Albert 791
306. 龙胆科 Gentianaceae Juss. 791
307. 牻牛儿苗科 Geraniaceae Juss. 808
308. 苦苣苔科 Gesneriaceae Rich. et Juss. 811
309. 晶粟草科 Gisekiaceae Nakai 832
310. 草海桐科 Goodeniaceae R. Br. 832
311. 茶藨子科 Grossulariaceae DC. 833
312. 小二仙草科 Haloragaceae R. Br. 836
313. 金缕梅科 Hamamelidaceae R. Br. 836
314. 青荚叶科 Helwingiaceae Decne. 839
315. 莲叶桐科 Hernandiaceae Blume 839
316. 绣球花科 Hydrangeaceae Dumort. 840
317. 水鳖科 Hydrocharitaceae Juss. 846
318. 田基麻科 Hydroleaceae R. Br. 848
319. 金丝桃科 Hypericaceae Juss. 848
320. 仙茅科 Hypoxidaceae R. Br. 851
321. 茶茱萸科 Icacinaceae Miers 851
322. 鸢尾科 Iridaceae Juss. 852
323. 鼠刺科 Iteaceae J. Agardh 855
324. 鸢尾蒜科 Ixioliriaceae Nakai 855
325. 粘木科 Ixonanthaceae Planch. ex Miq. 856
326. 胡桃科 Juglandaceae DC. ex Perleb 856
327. 灯心草科 Juncaceae Juss. 857
328. 水麦冬科 Juncaginaceae Rich. 861
329. 唇形科 Lamiaceae Martinov 861
330. 木通科 Lardizabalaceae R. Br. 906
331. 樟科 Lauraceae Juss. 908
332. 玉蕊科 Lecythidaceae A. Rich. 924
333. 狸藻科 Lentibulariaceae Rich. 925
334. 百合科 Liliaceae Juss. 926
335. 亚麻科 Linaceae DC. ex Perleb 936
336. 母草科 Linderniaceae Borsch, K. Müller et Eb. Fisch. 936
337. 马钱科 Loganiaceae R. Br. ex Mart. 938
338. 桑寄生科 Loranthaceae Juss. 939
339. 兰花蕉科 Lowiaceae Ridl. 942
340. 千屈菜科 Lythraceae J. St.-Hil. 942

被子植物 ANGIOSPERMS*

200. 爵床科 Acanthaceae Juss.

老鼠簕属 **Acanthus** L.

小花老鼠簕 **Acanthus ebracteatus** Vahl

分布：广东、海南；柬埔寨、印度、印度尼西亚、缅甸、巴布亚新几内亚、泰国、越南、澳大利亚、太平洋岛屿

老鼠簕 **Acanthus ilicifolius** L.

分布：福建、广东、广西、海南、香港、澳门；柬埔寨、印度、印度尼西亚、马来西亚、缅甸、巴布亚新几内亚、菲律宾、斯里兰卡、泰国、越南、澳大利亚、太平洋岛屿

刺苞老鼠簕 **Acanthus leucostachyus** Wall. ex Nees

分布：云南；印度、越南、缅甸、老挝、泰国

穿心莲属 **Andrographis** Wall. ex Nees

疏花穿心莲 **Andrographis laxiflora** (Blume) Lindau

分布：贵州、云南、广西、海南；印度、缅甸、尼泊尔、不丹、泰国、老挝、柬埔寨、印度尼西亚、马来西亚、越南

穿心莲 **Andrographis paniculata** (Burm. f.) Wall. ex Nees

分布：安徽、江苏、江西、湖南、湖北、云南、福建、广东、广西、海南、浙江等各地栽培或归化；原产于印度和斯里兰卡，柬埔寨、印度尼西亚、老挝、马来西亚、缅甸、泰国、越南和加勒比地区有栽培或归化

十万错属 **Asystasia** Blume

宽叶十万错 **Asystasia gangetica** (L.) T. Anders.

分布：广东、广西、台湾和云南归化；太平洋岛屿；热带亚洲

宽叶十万错(原亚种) **Asystasia gangetica** subsp. **gangetica**

分布：云南、广东、广西；太平洋岛屿；热带亚洲

小花十万错 **Asystasia gangetica** subsp. **micrantha** (Nees) Ensermu

分布：广东、台湾归化；亚洲(西南部)、印度洋岛屿、马达加斯加；非洲

白接骨 **Asystasia neesiana** (Wall.) Nees

分布：安徽、江苏、浙江、江西、湖南、湖北、四川、贵州、云南、福建、台湾、广东、广西；印度、印度尼西亚、老挝、马来西亚、缅甸、泰国、越南

十万错 **Asystasia nemorum** Nees

分布：云南、广东、广西；印度、老挝、缅甸、泰国、越南

囊管花 **Asystasia salicifolia** Craib

分布：云南；印度、老挝、缅甸、泰国

海榄雌属 **Avicennia** L.

海榄雌 **Avicennia marina** (Forssk.) Vierh.

分布：福建、台湾、广东、海南；非洲(东部)、亚洲(南部和东南部)、澳大利亚(北部)

假杜鹃属 **Barleria** L.

假杜鹃 **Barleria cristata** L.

分布：福建、广东、广西、贵州、海南、四川、台湾、?西藏、云南；不丹、柬埔寨、印度、印度尼西亚、老挝、缅甸、尼泊尔、巴基斯坦、菲律宾、新加坡、斯里兰卡、泰国、越南

全缘萼假杜鹃 **Barleria integrisepala** H. P. Tsui

分布：四川

花叶假杜鹃 **Barleria lupulina** Lindl.

分布：广东、广西

黄花假杜鹃 **Barleria prionitis** L.

分布：云南；印度、老挝、缅甸、斯里兰卡、泰国、越南、非洲、马达加斯加

紫萼假杜鹃 **Barleria strigosa** Willd.

分布：云南；不丹、柬埔寨、印度、印度尼西亚、马来西亚、缅甸、尼泊尔、斯里兰卡、泰国、越南

百簕花属 **Blepharis** Juss.

百簕花 **Blepharis maderaspatensis** (L.) B. Heyne ex Roth

分布：海南；孟加拉国、柬埔寨、印度、缅甸、巴基斯坦、斯里兰卡、泰国、越南、马达加斯加；亚洲(西南部)、非洲

---

* 被子植物部分的编著者：中国科学院植物研究所 王松利和覃海宁。

热带和亚热带地区

色萼花属 **Chroesthes** Benoist

色萼花 **Chroesthes lanceolata** (T. Anderson) B. Hansen

分布：云南、广西；越南、老挝、泰国、缅甸

鳄嘴花属 **Clinacanthus** Nees

鳄嘴花 **Clinacanthus nutans** (Burm. f.) Lindau

分布：云南、广东、广西、海南；印度尼西亚、马来西亚、泰国、越南

钟花草属 **Codonacanthus** Nees

钟花草 **Codonacanthus pauciflorus** (Nees) Nees

分布：江西、贵州、云南、福建、台湾、广东、广西、海南；不丹、柬埔寨、印度、日本、缅甸、泰国、越南

秋英爵床属 **Cosmianthemum** Bremek.

广西秋英爵床 **Cosmianthemum guangxiense** H. S. Lo et D. Fang

分布：广西

秋英爵床 **Cosmianthemum knoxiifolium** (C. B. Clarke) B. Hansen

分布：海南；马来西亚、泰国、越南

海南秋英爵床 **Cosmianthemum viriduliflorum** (C. Y. Wu et H. S. Lo) H. S. Lo

分布：海南

鳔冠花属 **Cystacanthus** T. Anderson

缩序火焰花 **Cystacanthus abbreviatus** Craib

分布：云南；越南

丽江鳔冠花 **Cystacanthus affinis** W. W. Sm.

分布：四川、云南、西藏

广西火焰花 **Cystacanthus colaniae** (Benoist) Y. F. Deng

分布：云南、广西、海南；越南

鳔冠花 **Cystacanthus paniculatus** T. Anderson

分布：云南；缅甸

金塔火焰花 **Cystacanthus pyramidalis** Benoist

分布：海南；越南

糙叶火焰花 **Cystacanthus vitellinus** (Roxburgh) Y. F. Deng

分布：云南；不丹、印度、缅甸

金江鳔冠花 **Cystacanthus yangtsekiangensis** (H. Lév.) Rehder

分布：云南

滇鳔冠花 **Cystacanthus yunnanensis** W. W. Sm.

分布：云南

狗肝菜属 **Dicliptera** Juss.

印度狗肝菜 **Dicliptera bupleuroides** Nees

分布：四川、贵州、云南；柬埔寨、印度、老挝、缅甸、泰国、越南

狗肝菜 **Dicliptera chinensis** (L.) Juss.

分布：四川、贵州、云南、福建、台湾、广东、广西、海南；孟加拉国、印度、越南

优雅狗肝菜 **Dicliptera elegans** W. W. Sm.

分布：四川、云南

毛狗肝菜 **Dicliptera induta** W. W. Sm.

分布：云南

恋岩花属 **Echinacanthus** Nees

黄花恋岩花 **Echinacanthus lofouensis** (H. Lév.) J. R. I. Wood

分布：贵州、广西

长柄恋岩花 **Echinacanthus longipes** H. S. Lo et D. Fang

分布：云南、广西；越南

龙州恋岩花 **Echinacanthus longzhouensis** H. S. Lo

分布：广西

可爱花属 **Eranthemum** L.

华南可爱花 **Eranthemum austrosinense** H. S. Lo

分布：贵州、云南、广东、广西

华南可爱花(原变种) **Eranthemum austrosinense** var. **austrosinense**

分布：贵州、云南、广东、广西

毛冠可爱花 **Eranthemum austrosinense** var. **pubipetalum** (S. Z. Huang ex H. P. Tsui) T. L. Li et Y. F. Deng

分布：贵州、云南、广西

云南可爱花 **Eranthemum tetragonum** A. Dietrich ex Nees

分布：云南；柬埔寨、老挝、缅甸、泰国、越南

裸柱草属 **Gymnostachyum** Nees

云南裸柱草 **Gymnostachyum listeri** Prain

分布：云南、广西；孟加拉国、越南

华裸柱草 **Gymnostachyum sinense** (H. S. Lo) H. Chu

分布：广西

矮裸柱草 **Gymnostachyum subrosulatum** H. S. Lo
分布：广西

水蓑衣属 **Hygrophila** R. Br.

连丝草 **Hygrophila biplicata** (Nees) Sreemadhavan
分布：云南；缅甸、泰国

小叶水蓑衣 **Hygrophila erecta** (Burm. f.) Hochr.
分布：云南、广东、海南；印度、老挝、缅甸、泰国、越南

毛水蓑衣 **Hygrophila phlomoides** Nees
分布：云南；柬埔寨、印度、印度尼西亚、老挝、缅甸、巴基斯坦、菲律宾、泰国、越南

大安水蓑衣 **Hygrophila pogonocalyx** Hayata
分布：台湾

小狮子草 **Hygrophila polysperma** (Roxb.) T. Anderson
分布：云南、台湾、广东、广西；不丹、印度、缅甸、斯里兰卡、越南

水蓑衣 **Hygrophila ringens** (L.) R. Brown ex Spreng.
分布：河南、安徽、江苏、浙江、江西、湖南、湖北、四川、重庆、贵州、云南、福建、台湾、广东、广西、海南；不丹、柬埔寨、印度、印度尼西亚、日本、老挝、马来西亚、缅甸、尼泊尔、巴基斯坦、菲律宾、泰国、越南

水蓑衣(原变种) **Hygrophila ringens** var. **ringens**
分布：河南、安徽、江苏、浙江、江西、湖南、湖北、四川、重庆、贵州、云南、福建、台湾、广东、广西、海南；不丹、柬埔寨、印度、印度尼西亚、日本、老挝、马来西亚、缅甸、尼泊尔、巴基斯坦、菲律宾、泰国、越南

贵港水蓑衣 **Hygrophila ringens** var. **longihirsuta** (H. S. Lo et D. Fang) Y. F. Deng
分布：广西

枪刀药属 **Hypoestes** Sol. ex R. Br.

枪刀菜 **Hypoestes cumingiana** (Nees) Benth. et Hook. f.
分布：台湾；菲律宾

六角英 **Hypoestes purpurea** (L.) R. Br.
分布：台湾、广东、广西、海南；老挝、菲律宾

三花枪刀药 **Hypoestes triflora** (Forssk.) Roem. et Schult.
分布：云南；尼泊尔、印度、不丹

叉序草属 **Isoglossa** Oerst.

叉序草 **Isoglossa collina** (T. Anderson) B. Hansen
分布：江西、湖南、云南、西藏、广东、广西；不丹、印度、泰国

光叉序草 **Isoglossa glabra** (Hand.-Mazz.) B. Hansen
分布：广西

爵床属 **Justicia** L.

棱茎爵床 **Justicia acutangula** H. S. Lo et D. Fang
分布：广西

鸭嘴花 **Justicia adhatoda** L.
分布：上海、云南、广东、广西、海南、香港、澳门栽培或归化；可能原产于亚洲(西南部或东南部)，在热带和亚热带地区广泛栽培或归化

绵毛杜根藤 **Justicia albovelata** W. W. Sm.
分布：云南

大叶杜根藤 **Justicia alboviridis** Benoist
分布：海南；越南

钝萼爵床 **Justicia amblyosepala** D. Fang et H. S. Lo
分布：广西

桂南爵床 **Justicia austroguangxiensis** H. S. Lo et D. Fang
分布：广西

华南爵床 **Justicia austrosinensis** H. S. Lo
分布：江西、贵州、云南、广东、广西

虾衣花 **Justicia brandegeana** Wassh. et B. Sm.
分布：南方各地栽培；原产于墨西哥，现广泛栽培

心叶爵床 **Justicia cardiophylla** H. S. Lo et D. Fang
分布：广西；越南

尾叶爵床 **Justicia caudatifolia** (H. S. Lo et D. Fang) Z. P. Hao
分布：广西

圆苞杜根藤 **Justicia championii** T. Anderson
分布：安徽、浙江、江西、湖南、湖北、贵州、云南、福建、广东、广西、海南

大明爵床 **Justicia damingensis** (H. S. Lo) H. S. Lo
分布：广西

矮爵床 **Justicia demissa** N. H. Xia et Y. F. Deng
分布：海南

小叶散爵床 **Justicia diffusa** Willd.
分布：云南、福建、台湾、广东、广西、海南；孟加拉国、印度、缅甸、斯里兰卡、泰国、越南

锈背爵床 **Justicia ferruginea** H. S. Lo et D. Fang
分布：广西

小驳骨 **Justicia gendarussa** N. L. Burman
分布：云南、台湾、广东、广西、海南归化或栽培；原产于或归化于柬埔寨、印度、印度尼西亚、老挝、马来西亚、缅甸、巴布亚新几内亚、菲律宾、斯里兰卡、泰国、越南，广泛栽培

大爵床 **Justicia grossa** C. B. Clarke
分布：海南；老挝、马来西亚、缅甸、泰国、越南

海南爵床 **Justicia hainanensis** (C. Y. Wu et H. S. Lo) N. H. Xia et Y. F. Deng
分布：广东、海南

早田氏爵床 **Justicia hayatae** Yamamoto
分布：台湾、香港

那坡爵床 **Justicia kampotiana** Benoist
分布：广西；柬埔寨

贵州赛爵床 **Justicia kouytcheensis** (H. Lév.) E. Hossain
分布：贵州、云南

广西爵床 **Justicia kwangsiensis** (H. S. Lo) H. S. Lo
分布：广东、广西

紫苞爵床 **Justicia latiflora** Hemsl.
分布：湖南、湖北、重庆、贵州

南岭爵床 **Justicia leptostachya** Hemsl.
分布：湖南、广东、广西

广东爵床 **Justicia lianshanica** (H. S. Lo) H. S. Lo
分布：广东、广西；越南

小齿野靛棵 **Justicia microdonta** W. W. Sm.
分布：四川、云南

喀西爵床 **Justicia mollissima** (Nees) Y. F. Deng et T. F. Daniel
分布：云南；印度

狭叶爵床 **Justicia neesiana** (Nees) T. Anderson
分布：云南、海南；老挝、泰国、越南

线叶爵床 **Justicia neolinearifolia** N. H. Xia et Y. F. Deng
分布：云南、广东、广西；泰国

琴叶爵床 **Justicia panduriformis** Benoist
分布：云南、广西；越南

野靛棵 **Justicia patentiflora** Hemsl.
分布：云南；越南

毛萼爵床 **Justicia poilanei** Benoist
分布：云南；越南

爵床 **Justicia procumbens** L.
分布：河北、河南、陕西、安徽、江苏、浙江、江西、湖南、湖北、四川、重庆、贵州、云南、西藏、福建、台湾、广东、广西、海南；孟加拉国、不丹、柬埔寨、印度、印度尼西亚、日本、老挝、马来西亚、缅甸、尼泊尔、菲律宾、斯里兰卡、泰国、越南

黄花爵床 **Justicia pseudospicata** H. S. Lo et D. Fang
分布：广西

杜根藤 **Justicia quadrifaria** (Nees) T. Anderson
分布：浙江、江西、湖南、湖北、四川、重庆、贵州、云南、福建、广东、广西、海南；印度、缅甸、泰国、越南、印度尼西亚、老挝

旱杜根藤 **Justicia siccanea** W. W. Sm.
分布：四川、云南

针子草 **Justicia vagabunda** Benoist
分布：云南；柬埔寨、越南

黑叶小驳骨 **Justicia ventricosa** Wall. ex Hook.
分布：广东、广西、海南、香港、云南有栽培；原产于越南、柬埔寨、老挝、泰国、缅甸

高山杜根藤 **Justicia wardii** W. W. Sm.
分布：云南

黄白杜根藤 **Justicia xantholeuca** W. W. Sm.
分布：云南

滇东杜根藤 **Justicia xerobatica** W. W. Sm.
分布：四川、云南

干地杜根藤 **Justicia xerophila** W. W. Sm.
分布：云南

木柄杜根藤 **Justicia xylopoda** W. W. Sm.
分布：四川、云南

滇杜根藤 **Justicia yunnanensis** W. W. Sm.
分布：云南

银脉爵床属 **Kudoacanthus** Hosok.

银脉爵床 **Kudoacanthus albonervosa** Hosok.
分布：台湾

鳞花草属 **Lepidagathis** Willd.

齿叶鳞花草 **Lepidagathis fasciculata** (Retz.) Nees
分布：云南、海南；孟加拉国、老挝、马来西亚、缅甸、泰国

台湾鳞花草 **Lepidagathis formosensis** C. B. Clarke ex Hayata
分布：台湾、广东

海南鳞花草 **Lepidagathis hainanensis** H. S. Lo

分布：广西、海南

卵叶鳞花草 **Lepidagathis inaequalis** C. B. Clarke ex Elmer

分布：台湾；日本、菲律宾

鳞花草 **Lepidagathis incurva** Buch.-Ham. ex D. Don

分布：云南、广东、广西、海南；孟加拉国、印度、缅甸、泰国、越南

小琉球鳞花草 **Lepidagathis secunda** Nees

分布：台湾；菲律宾

柳叶鳞花草 **Lepidagathis stenophylla** C. B. Clarke ex Hayata

分布：台湾、香港

纤穗爵床属 **Leptostachya** Nees

纤穗爵床 **Leptostachya wallichii** Nees

分布：广东、广西、海南；不丹、印度、印度尼西亚、老挝、马来西亚、缅甸、泰国、越南

太平爵床属 **Mackaya** Harv.

太平爵床 **Mackaya tapingensis** (W. W. Sm.) Y. F. Deng et C. Y. Wu

分布：云南；缅甸

瘤子草属 **Nelsonia** R. Br.

瘤子草 **Nelsonia canescens** (Lam.) Spreng.

分布：云南、广西；不丹、柬埔寨、印度、印度尼西亚、老挝、马来西亚、缅甸、尼泊尔、菲律宾、泰国、越南、非洲、马达加斯加

蛇根叶属 **Ophiorrhiziphyllon** Kurz.

蛇根叶 **Ophiorrhiziphyllon macrobotryum** Kurz.

分布：云南；老挝、缅甸、泰国、越南

地皮消属 **Pararuellia** Bremek. et Nann.-Bremek.

节翅地皮消 **Pararuellia alata** H. P. Tsui

分布：湖北、云南、广东

罗甸地皮消 **Pararuellia cavaleriei** (Lév.) E. Hossain

分布：贵州、云南、广西

地皮消 **Pararuellia delavayana** (Ball) E. Hossain

分布：四川、贵州、云南

云南地皮消 **Pararuellia glomerata** Y. M. Shui et W. H. Chen

分布：云南

海南地皮消 **Pararuellia hainanensis** C. Y. Wu et H. S. Lo

分布：广西、海南

观音草属 **Peristrophe** Nees

观音草 **Peristrophe bivalvis** (L.) Merr.

分布：江西、湖南、贵州、云南、福建、广东、广西、海南、台湾；印度，中南半岛、泰国、马来西亚、印度尼西亚

野山蓝 **Peristrophe fera** C. B. Clarke

分布：贵州、云南、广西、海南；印度、不丹、缅甸

九头狮子草 **Peristrophe japonica** (Thunb.) Bremek.

分布：河南、安徽、江苏、浙江、江西、湖南、湖北、四川、重庆、贵州、云南、福建、台湾、广东、广西、海南；日本

五指山蓝 **Peristrophe lanceolaria** (Roxb.) Nees

分布：云南、海南；印度、缅甸、泰国、老挝、越南

岩观音草 **Peristrophe montana** Nees

分布：海南；印度、斯里兰卡

双萼观音草 **Peristrophe paniculata** (Forssk.) Brummitt

分布：广西、四川、云南；柬埔寨、印度、印度尼西亚、马来西亚、缅甸、尼泊尔、巴基斯坦、菲律宾、泰国、越南；非洲热带地区、澳大利亚

糙叶山蓝 **Peristrophe strigosa** C. Y. Wu et H. S. Lo

分布：海南

天目山蓝 **Peristrophe tianmuensis** H. S. Lo

分布：浙江

滇观音草 **Peristrophe yunnanensis** W. W. Sm.

分布：四川、云南

肾苞草属 **Phaulopsis** Willd.

肾苞草 **Phaulopsis dorsiflora** (Retz.) Santapau

分布：云南；不丹、印度、孟加拉国、缅甸、泰国、越南、?印度洋群岛、?马达加斯加、南非

火焰花属 **Phlogacanthus** Nees

火焰花 **Phlogacanthus curviflorus** (Wall.) Nees

分布：云南、西藏；不丹、印度、老挝、缅甸、泰国、越南

毛脉火焰花 **Phlogacanthus pubinervius** T. Anderson

分布：贵州、云南、广西；不丹、印度、缅甸

山壳骨属 **Pseuderanthemum** Radlk.

狭叶钩粉草 **Pseuderanthemum coudercii** Benoist

分布：海南；柬埔寨

云南山壳骨 Pseuderanthemum crenulatum (Wallich ex Lindl.) Radl-kofer
分布：贵州、云南、广西；印度、老挝、马来西亚、泰国、越南

海康钩粉草 Pseuderanthemum haikangense C. Y. Wu et H. S. Lo
分布：云南、广东、海南

山壳骨 Pseuderanthemum latifolium (Vahl) B. Hansen
分布：云南、广东、广西、海南；柬埔寨、印度、老挝、马来西亚、缅甸、泰国、越南

多花山壳骨 Pseuderanthemum polyanthum (C. B. Clarke ex Oliver) Merr.
分布：云南、广西；印度、马来西亚、缅甸、泰国、越南

瑞丽山壳骨 Pseuderanthemum shweliense (W. W. Sm.) C. Y. Wu et C. C. Hu
分布：云南

红河山壳骨 Pseuderanthemum teysmannii (Miq.) Ridl.
分布：云南；印度尼西亚、泰国(南部)

灵枝草属 Rhinacanthus Nees

滇灵枝草 Rhinacanthus beesianus Diels
分布：云南

灵枝草 Rhinacanthus nasutus (L.) Kurz.
分布：云南、广东、海南；柬埔寨、印度、印度尼西亚、老挝、马来西亚、缅甸、菲律宾、斯里兰卡、泰国、越南、马达加斯加

芦莉草属 Ruellia L.

赛山蓝 Ruellia blechum L.
分布：台湾地区归化；原产于热带美洲

楠草 Ruellia repens L.
分布：云南、台湾、广东、广西、海南；印度尼西亚、马来西亚、缅甸、巴布亚新几内亚、菲律宾、泰国、越南

芦莉草 Ruellia tuberosa L.
分布：台湾和云南归化；原产于热带美洲

飞来蓝 Ruellia venusta (Hance) E. Hossain
分布：安徽、江西、湖南、湖北、福建、广东、广西

孩儿草属 Rungia Nees

腋花孩儿草 Rungia axilliflora H. S. Lo
分布：贵州、广西

囊花孩儿草 Rungia bisaccata D. Fang et H. S. Lo
分布：广西

中华孩儿草 Rungia chinensis Benth.
分布：安徽、浙江、江西、福建、台湾、广东、广西、香港

密花孩儿草 Rungia densiflora H. S. Lo
分布：安徽、浙江、江西、广东

广西孩儿草 Rungia guangxiensis H. S. Lo et D. Fang
分布：广西

金沙鼠尾黄 Rungia hirpex Benoist
分布：云南

长柄孩儿草 Rungia longipes D. Fang et H. S. Lo
分布：广西

矮孩儿草 Rungia mina H. S. Lo
分布：云南

中越鼠尾黄 Rungia monetaria (Benoist) B. Hansen
分布：云南；越南

那坡孩儿草 Rungia napoensis D. Fang et H. S. Lo
分布：广西

孩儿草 Rungia pectinata (L.) Nees
分布：云南、广东、广西、海南；印度、斯里兰卡、泰国、孟加拉国、不丹、老挝、缅甸、越南

屏边孩儿草 Rungia pinpienensis H. S. Lo
分布：云南

尖苞孩儿草 Rungia pungens D. Fang et H. S. Lo
分布：云南、广西

匍匐鼠尾黄 Rungia stolonifera C. B. Clarke
分布：云南；印度、孟加拉国

台湾明萼草 Rungia taiwanensis T. Yamaz.
分布：台湾

云南孩儿草 Rungia yunnanensis H. S. Lo
分布：云南

叉柱花属 Staurogyne Wall.

短穗叉柱花 Staurogyne brachystachya Benoist
分布：云南、广西；越南

弯花叉柱花 Staurogyne chapaensis Benoist
分布：湖南、云南、广东、广西；越南

叉柱花 Staurogyne concinnula (Hance) Kuntze
分布：福建、台湾、广东、海南；日本

菲律宾叉柱花 Staurogyne debilis (T. Anderson) C. B. Clarke ex Merr.
分布：台湾；菲律宾

海南叉柱花 **Staurogyne hainanensis** C. Y. Wu et H. S. Lo
分布：海南

灰背叉柱花 **Staurogyne hypoleuca** Benoist
分布：云南；越南

楔叶叉柱花 **Staurogyne longicuneata** H. S. Lo
分布：云南

保亭叉柱花 **Staurogyne paotingensis** C. Y. Wu et H. S. Lo
分布：海南

中越叉柱花 **Staurogyne petelotii** Bennist
分布：云南；越南

瘦叉柱花 **Staurogyne rivularis** Merr.
分布：云南、海南；越南

大花叉柱花 **Staurogyne sesamoides** (Hand.-Mazz.) B. L. Burtt
分布：广东、广西；越南

金长莲 **Staurogyne sichuanica** H. S. Lo
分布：四川

中华叉柱花 **Staurogyne sinica** C. Y. Wu et H. S. Lo
分布：海南

狭叶叉柱花 **Staurogyne stenophylla** Merr. et Chun
分布：海南

琼海叉柱花 **Staurogyne strigosa** C. Y. Wu et H. S. Lo
分布：海南

密花叉柱花 **Staurogyne vicina** Bennist
分布：云南；越南

云南叉柱花 **Staurogyne yunnanensis** H. S. Lo
分布：云南

马蓝属 Strobilanthes Blume

短尖马蓝 **Strobilanthes abbreviata** Y. F. Deng et J. R. I. Wood
分布：云南；印度、缅甸、泰国、柬埔寨

紧贴马蓝 **Strobilanthes adpressa** J. R. I. Wood
分布：云南；越南

肖笼鸡 **Strobilanthes affinis** (Griff.) Terao ex J. R. I. Wood et J. R. Benett.
分布：湖南、四川、贵州、云南、广东、广西；越南、缅甸、印度

海南马蓝 **Strobilanthes anamitica** Kuntze
分布：云南、广西、海南；越南

山一笼鸡 **Strobilanthes aprica** (Hance) T. Anders.
分布：江西、四川、云南、广东、香港；泰国、越南、柬埔寨、老挝、缅甸

银毛马蓝 **Strobilanthes argentea** I. B. Imlay
分布：云南；泰国

翅柄马蓝 **Strobilanthes atropurpurea** Nees
分布：浙江、江西、湖南、湖北、四川、重庆、贵州、云南、西藏、台湾、广东、广西；印度、缅甸、巴基斯坦、尼泊尔、不丹

翅柄马蓝(原变种) **Strobilanthes atropurpurea** var. **atropurpurea**
分布：浙江、江西、湖南、湖北、四川、重庆、贵州、云南、西藏、台湾、广东、广西；不丹、印度、缅甸、尼泊尔、巴基斯坦、越南

镇宁马蓝 **Strobilanthes atropurpurea** var. **stenophylla** (C. B. Clarke) Y. F. Deng et J. R. I. Wood
分布：贵州；印度

景东马蓝 **Strobilanthes atroviridis** Y. F. Deng et J. R. I. Wood
分布：云南

耳叶马蓝 **Strobilanthes auriculata** Nees
分布：云南、广西；孟加拉国、印度、马来西亚

红背耳叶马蓝 **Strobilanthes auriculata** var. **dyeriana** (Masters) J. R. Wood
分布：广东和云南栽培；原产于越南和缅甸

华南马蓝 **Strobilanthes austrosinensis** Y. F. Deng et J. R. I. Wood
分布：江西、湖南、广东、广西

桂越马蓝 **Strobilanthes bantonensis** Lindau
分布：广西；越南

湖南马蓝 **Strobilanthes biocullata** Y. F. Deng et J. R. I. Wood
分布：湖南、广东、广西

双萼马蓝 **Strobilanthes bipartita** J. R. I. Wood
分布：云南；老挝

折苞马蓝 **Strobilanthes brunnescens** Benoist
分布：云南、广西；越南

头花马蓝 **Strobilanthes capitata** (Nees) T. Anderson
分布：西藏；尼泊尔、不丹、印度、缅甸

黄球花 **Strobilanthes chinensis** (Nees) J. R. I. Wood et Y. F. Deng
分布：广东、广西、海南；泰国、越南、老挝

金三角马蓝 **Strobilanthes chrysodelta** J. R. I. Wood
分布：云南；缅甸

奇瓣马蓝 **Strobilanthes cognata** Benoist
分布：湖南、湖北、贵州

密苞马蓝 **Strobilanthes compacta** D. Fang et H. S. Lo
分布：广东、广西

密序马蓝 **Strobilanthes congestus** Terao
分布：云南；尼泊尔、缅甸

四苞蓝紫色报春苣苔 **Strobilanthes cruciata** (Bremek.) Teras
分布：云南、西藏、海南；印度、印度尼西亚、缅甸、泰国

直立半插花 **Strobilanthes cumingiana** (Nees) Y. F. Deng et J. R. I. Wood
分布：台湾；印度尼西亚、马来西亚、菲律宾

楔叶马蓝 **Strobilanthes cuneata** (Shakya) J. R. I. Wood
分布：西藏；尼泊尔

板蓝 **Strobilanthes cusia** (Nees) Kuntze
分布：浙江、湖南、四川、贵州、云南、西藏、福建、台湾、广东、广西、海南、香港；越南、不丹、泰国、老挝、孟加拉国、印度、缅甸

环毛马蓝 **Strobilanthes cyclus** C. B. Clarke ex W. W. Smith
分布：云南

弯花马蓝 **Strobilanthes cyphantha** Diels
分布：甘肃、四川、云南、西藏

串花马蓝 **Strobilanthes cystolithigera** Lindau
分布：云南、广西、海南；越南

曲枝马蓝 **Strobilanthes dalzielii** (W. W. Sm.) Benoist
分布：江西、湖南、湖北、贵州、云南、福建、台湾、广东、广西、海南；老挝、泰国、越南

球花马蓝 **Strobilanthes dimorphotricha** Hance
分布：浙江、江西、湖南、湖北、四川、重庆、贵州、云南、福建、台湾、广东、广西、海南；越南、印度

球花马蓝(原亚种) **Strobilanthes dimorphotricha** subsp. **dimorphotricha**
分布：浙江、江西、湖南、湖北、四川、重庆、贵州、云南、福建、台湾、广东、广西、海南；印度、越南

泰国马蓝 **Strobilanthes dimorphotricha** subsp. **rex** (C. B. Clarke) J. R. I. Wood
分布：云南；老挝、缅甸、泰国、越南

异色马蓝 **Strobilanthes discolor** (Nees) T. Anderson
分布：西藏；印度

林马蓝 **Strobilanthes dryadum** Benoist
分布：云南、广西；缅甸

长苞蓝 **Strobilanthes echinata** Nees
分布：云南、广东、广西；老挝、柬埔寨、泰国、越南、不丹、印度、印度尼西亚、马来西亚、缅甸

白头马蓝 **Strobilanthes esquirolii** H. Lév.
分布：贵州、云南、广西；老挝、越南、泰国

腾冲马蓝 **Strobilanthes euantha** J. R. I. Wood
分布：云南；缅甸

棒果马蓝 **Strobilanthes extensa** (Nees) Nees
分布：四川、云南；不丹、印度、?尼泊尔

冯氏马蓝 **Strobilanthes fengiana** Y. F. Deng et J. R. I. Wood
分布：云南

锈背马蓝 **Strobilanthes ferruginea** D. Fang et H. S. Lo
分布：广西

流苏马蓝 **Strobilanthes fimbriata** Nees
分布：西藏；孟加拉国、印度、缅甸

城口马蓝 **Strobilanthes flexa** Benoist
分布：湖北、四川、重庆、贵州、云南

曲茎兰嵌马蓝 **Strobilanthes flexicaulis** Hayata
分布：台湾；日本琉球群岛

溪畔黄球花 **Strobilanthes fluviatilis** (C. B. Clarke ex W. W. Sm.) Moylan et Y. F. Deng
分布：贵州、云南、广西；泰国、缅甸

台湾马蓝 **Strobilanthes formosana** S. Moore
分布：台湾

腺毛马蓝 **Strobilanthes forrestii** Diels
分布：四川、重庆、云南、西藏

腺苞金足草 **Strobilanthes glandibracteata** D. Fang et H. S. Lo
分布：广西

球序马蓝 **Strobilanthes glomerata** (Nees) T. Anders.
分布：西藏；印度

广西马蓝 **Strobilanthes guangxiensis** S. Z. Huang
分布：广西

叉花草 **Strobilanthes hamiltoniana** (Steud.) Bosser et Heine
分布：西藏；缅甸、尼泊尔、不丹、印度

曲序马蓝 **Strobilanthes helicta** T. Anderson
分布：云南、西藏；不丹、印度、尼泊尔、缅甸

南一笼鸡 **Strobilanthes henryi** Hemsl.
分布：湖南、湖北、四川、重庆、贵州、云南、西藏

异序马蓝 **Strobilanthes heteroclita** D. Fang et H. S. Lo
分布：广西

红毛马蓝 **Strobilanthes hossei** C. B. Clarke
分布：云南、广西；印度尼西亚、马来西亚、老挝、越南、缅甸、泰国

湖北马蓝 **Strobilanthes hupehensis** W. W. Sm.
分布：湖南、湖北

锡金马蓝 **Strobilanthes inflata** T. Anderson
分布：云南、西藏；不丹、印度尼西亚、缅甸、印度

锡金马蓝(原变种) **Strobilanthes inflata** var. **inflata**
分布：云南、西藏；不丹、印度、缅甸、尼泊尔

铜毛马蓝 **Strobilanthes inflata** var. **aenobarba** (W. W. Sm.) J. R. I. Wood et Y. F. Deng
分布：云南、西藏；缅甸、印度尼西亚

贡山马蓝 **Strobilanthes inflata** var. **gongshanensis** (H. P. Tusi) J. R. I. Wood et Y. F. Deng
分布：云南；缅甸、印度尼西亚

日本马蓝 **Strobilanthes japonica** (Thunb.) Miq.
分布：湖南、湖北、四川、重庆、贵州；日本

合页草 **Strobilanthes kingdonii** J. R. I. Wood
分布：云南、西藏

薄叶马蓝 **Strobilanthes labordei** H. Lév.
分布：江西、湖南、湖北、四川、重庆、贵州、广东、广西、海南；越南

白毛马蓝 **Strobilanthes lachenensis** C. B. Clarke
分布：四川、云南、西藏；尼泊尔、不丹、印度

蒙自马蓝 **Strobilanthes lamiifolia** (Nees) T. Anderson
分布：四川、贵州、云南；不丹、尼泊尔、印度

野芝麻马蓝 **Strobilanthes lamium** C. B. Clarke ex W. W. Sm.
分布：湖南、湖北、重庆

兰屿马蓝 **Strobilanthes lanyuensis** Seik, C. F. Hsieh et J. Murata
分布：台湾

闭花马蓝 **Strobilanthes larium** Hand.-Mazz.
分布：湖南、湖北、四川、重庆

薄萼马蓝 **Strobilanthes latisepala** Hemsl.
分布：湖北

李恒马蓝 **Strobilanthes lihengiae** Y. F. Deng et J. R. I. Wood
分布：云南

长穗马蓝 **Strobilanthes longespicata** Hayata
分布：台湾

弄岗马蓝 **Strobilanthes longgangensis** D. Fang et H. S. Lo
分布：广西

长花马蓝 **Strobilanthes longiflora** Benoist
分布：云南、广西

长穗腺背蓝 **Strobilanthes longispica** (H. P. Tsui) J. R. I. Wood et Y. F. Deng
分布：云南；缅甸

龙州马蓝 **Strobilanthes longzhouensis** H. S. Lo et D. Fang
分布：广西、海南；越南

瑞丽叉花草 **Strobilanthes mastersii** T. Anderson
分布：云南、西藏；印度

墨脱马蓝 **Strobilanthes medogensis** (H. W. Li) J. R. I. Wood et Y. F. Deng
分布：西藏；印度

卵叶马蓝 **Strobilanthes mogokensis** Lace
分布：云南；缅甸

尾苞紫云菜 **Strobilanthes mucronatoproducta** Lindau
分布：云南、广西；越南

分枝马蓝 **Strobilanthes multidens** C. B. Clarke
分布：西藏；不丹、印度、尼泊尔

鼠尾马蓝 **Strobilanthes myura** Benoist
分布：贵州

琴叶马蓝 **Strobilanthes nemorosa** Benoist
分布：四川、云南

宁明马蓝 **Strobilanthes ningmingensis** D. Fang et H. S. Lo
分布：广西

沙坝马蓝 **Strobilanthes nobilis** C. B. Clarke
分布：云南；越南、印度、缅甸

少花马蓝 **Strobilanthes oligantha** Miq.
分布：安徽、浙江、江西、福建；朝鲜、日本

菱叶马蓝 **Strobilanthes oligocephala** T. Anderson ex C. B. Clarke
分布：西藏；不丹、印度、尼泊尔

山马蓝 **Strobilanthes oresbia** W. W. Sm.
分布：四川、重庆、云南、西藏；印度、缅甸

滇西马蓝 **Strobilanthes ovata** Y. F. Deng et J. R. I. Wood
分布：云南

卵苞马蓝 **Strobilanthes ovatibracteata** H. S. Lo et D. Fang
分布：广西

尖萼马蓝 **Strobilanthes oxycalycina** J. R. I. Wood
分布：西藏

小叶马蓝 **Strobilanthes parvifolia** J. R. I. Wood
分布：西藏

翅枝马蓝 **Strobilanthes pateriformis** Lindau
分布：四川、贵州、云南、广西、海南；印度尼西亚、泰国、老挝、越南

圆苞马蓝 **Strobilanthes penstemonoides** (Nees) T. Anderson
分布：云南、西藏；不丹、印度、尼泊尔

松林马蓝 **Strobilanthes pinetorum** (W. W. Sm.) C. Y. Wu et C. C. Hu
分布：云南

羽裂马蓝 **Strobilanthes pinnatifida** C. Z. Zheng
分布：浙江

多脉紫云菜 **Strobilanthes polyneuros** C. B. Clarke ex W. W. Sm.
分布：云南；缅甸、越南、泰国

金佛山马蓝 **Strobilanthes procumbens** Y. F. Deng et J. R. Wood
分布：重庆

阳朔马蓝 **Strobilanthes pseudocollina** K. J. He et D. H. Qin
分布：广西

延苞马蓝 **Strobilanthes pteroclada** Benoist
分布：贵州、广西；越南

翅轴马蓝 **Strobilanthes pterygorrhachis** C. B. Clarke
分布：西藏；印度

四列马蓝 **Strobilanthes quadrifaria** (Wall. ex Ness) Y. F. Deng
分布：云南；缅甸、老挝、泰国

兰嵌马蓝 **Strobilanthes rankanensis** Hayata
分布：台湾

匍匐半插花 **Strobilanthes reptans** (G. Forster) Moylan ex Y. F. Deng et J. R. I. Wood
分布：台湾；印度尼西亚、日本、马来西亚、巴布亚新几内亚、菲律宾、太平洋群岛、澳大利亚

凹苞马蓝 **Strobilanthes retusa** D. Fang
分布：广西

短柄马蓝 **Strobilanthes rhombifolia** C. B. Clarke
分布：西藏；印度

西畴马蓝 **Strobilanthes rostrata** Y. F. Deng et J. R. I. Wood
分布：云南

红色马蓝 **Strobilanthes rubescens** T. Anderson
分布：云南；印度、不丹

菜头肾 **Strobilanthes sarcorrhiza** (C. Ling) C. Z. Cheng ex Y. F. Deng et N. H. Xia
分布：浙江

偏花马蓝 **Strobilanthes secunda** T. Anderson
分布：西藏；缅甸

齿叶马蓝 **Strobilanthes serrata** I. B. Imlay
分布：云南；泰国、缅甸

西蒙马蓝 **Strobilanthes simonsii** T. Anderson
分布：西藏；不丹、印度

安龙马蓝 **Strobilanthes sinica** (H. S. Lo) Y. F. Deng
分布：贵州

美丽马蓝 **Strobilanthes speciosa** Blume
分布：云南；印度、缅甸、柬埔寨、印度尼西亚、老挝、泰国、越南

黄连山马蓝 **Strobilanthes spiciformis** Y. F. Deng et J. R. I. Wood
分布：云南

匍枝马蓝 **Strobilanthes stolonifera** Benoist
分布：云南

糙毛马蓝 **Strobilanthes strigosa** D. Fang et H. S. Lo
分布：广西

四川马蓝 **Strobilanthes szechuanica** (Batalin) J. R. I. Wood et Y. F. Deng
分布：四川

毛冠马蓝 **Strobilanthes tamburensis** C. B. Clarke
分布：西藏；印度、尼泊尔、不丹

陶氏马蓝 Strobilanthes taoana Y. F. Deng et J. R. I. Wood
分布：云南

琉球兰嵌马蓝 Strobilanthes tashiroi Hayata
分布：台湾；日本

结壮马蓝 Strobilanthes tenax Dunn
分布：西藏

纤序马蓝 Strobilanthes tenuiflora J. R. I. Wood
分布：云南；泰国

四子马蓝 Strobilanthes tetrasperma (Champ. ex Benth.) Druce
分布：江西、湖南、湖北、四川、重庆、贵州、福建、广东、广西、海南、香港；越南

汤氏马蓝 Strobilanthes thomsonii T. Anderson
分布：西藏；印度、不丹

西藏马蓝 Strobilanthes tibetica J. R. I. Wood
分布：西藏；印度

尖药花 Strobilanthes tomentosa (Nees) J. R. I. Wood
分布：贵州、云南、广西；柬埔寨、不丹、老挝、缅甸、巴基斯坦、印度、尼泊尔

糯米香 Strobilanthes tonkinensis Lindau
分布：云南、广西；泰国、越南

急流马蓝 Strobilanthes torrentium Benoist
分布：云南；印度、缅甸

截头马蓝 Strobilanthes truncata D. Fang et H. S. Lo
分布：广西；越南

管花马蓝 Strobilanthes tubiflos (C. B. Clarke) J. R. I. Wood
分布：西藏

尾叶马蓝 Strobilanthes urophylla Nees
分布：西藏；印度

河口马蓝 Strobilanthes vallicola Y. F. Deng et J. R. I. Wood
分布：云南

变色马蓝 Strobilanthes versicolor Diels
分布：四川、云南、西藏

启无马蓝 Strobilanthes wangiana Y. F. Deng et J. R. I. Wood
分布：云南

乐山马蓝 Strobilanthes wilsonii Y. F. Deng et J. R. I. Wood
分布：四川

云南马蓝 Strobilanthes yunnanensis Diels
分布：甘肃、四川、云南、西藏

山牵牛属 Thunbergia Retz.

翼叶山牵牛 Thunbergia alata Bojer ex Sims
分布：广东和云南栽培或归化；原产于非洲

红花山牵牛 Thunbergia coccinea Wall.
分布：西藏、云南；泰国

二色山牵牛 Thunbergia eberhardtii Benoist
分布：海南；越南

直立山牵牛 Thunbergia erecta (Benth.) T. Anderson
分布：广东栽培；原产于非洲(西部)

碗花草 Thunbergia fragrans Roxb.
分布：四川、贵州、云南、台湾、广东、广西、海南；柬埔寨、印度、印度尼西亚、老挝、菲律宾、斯里兰卡、泰国、越南

山牵牛 Thunbergia grandiflora Roxb.
分布：云南、福建、广东、广西、海南；印度、缅甸、泰国、越南

羽脉山牵牛 Thunbergia lutea T. Anderson
分布：云南、西藏；不丹、印度、缅甸

201. 钟花科 Achariaceae Harms

马蛋果属 Gynocardia R. Br.

马蛋果 Gynocardia odorata Roxb.
分布：云南、西藏；孟加拉国、不丹、印度、缅甸、尼泊尔

大风子属 Hydnocarpus Gaertn.

大叶龙角 Hydnocarpus annamensis (Gagnep.) Lescot et Sleum.
分布：云南、广西；越南

泰国大风子 Hydnocarpus anthelminthicus Pierre
分布：广西、云南；柬埔寨、泰国、越南

海南大风子 Hydnocarpus hainanensis (Merr.) Sleum.
分布：贵州、云南、广西、海南；越南

202. 菖蒲科 Acoraceae Martinov

菖蒲属 Acorus L.

菖蒲 Acorus calamus L.
分布：中国广布，包括栽培；阿富汗、孟加拉国、不丹、

印度、印度尼西亚、日本、韩国、马来西亚、蒙古国、尼泊尔、巴基斯坦、俄罗斯、斯里兰卡、泰国、越南；亚洲(西南部)、欧洲、北美洲

金钱蒲 Acorus gramineus Soland. ex Aiton

分布：山西、山东、河南、宁夏、甘肃、青海、新疆、安徽、江苏、浙江、江西、湖南、湖北、四川、贵州、云南、西藏、福建、台湾、广东、广西、海南；柬埔寨、印度、日本、韩国、老挝、缅甸、菲律宾、俄罗斯、泰国、越南

203. 猕猴桃科 Actinidiaceae Gilg et Werderm.

猕猴桃属 Actinidia Lindl.

软枣猕猴桃 Actinidia arguta (Sieb. et Zucc.) Planch. ex Miq.

分布：黑龙江、吉林、辽宁、河北、山西、山东、河南、陕西、甘肃、安徽、江苏、浙江、江西、湖南、湖北、四川、重庆、贵州、云南、福建、台湾、广西；日本、朝鲜

软枣猕猴桃(原变种) Actinidia arguta var. **arguta**

分布：黑龙江、吉林、辽宁、河北、山西、山东、河南、陕西、甘肃、安徽、浙江、江西、湖南、湖北、四川、重庆、贵州、云南、福建、台湾、广西；日本、韩国

陕西猕猴桃 Actinidia arguta var. **giraldii** (Diels) Vorosch.

分布：河北、河南、陕西、甘肃、浙江、江西、湖南、湖北、四川、重庆、云南、广西

硬齿猕猴桃 Actinidia callosa Lindl.

分布：云南、台湾；不丹、印度、尼泊尔

硬齿猕猴桃(原变种) Actinidia callosa var. **callosa**

分布：云南、台湾；不丹、印度、尼泊尔

尖叶猕猴桃 Actinidia callosa var. **acuminata** C. F. Liang

分布：湖南

异色猕猴桃 Actinidia callosa var. **discolor** C. F. Liang

分布：安徽、浙江、江西、湖南、四川、贵州、云南、福建、台湾、广东、广西

京梨猕猴桃 Actinidia callosa var. **henryi** Maxim.

分布：河南、陕西、甘肃、浙江、江西、湖南、湖北、四川、重庆、贵州、云南、西藏、福建、广西

毛叶硬齿猕猴桃 Actinidia callosa var. **strigillosa** C. F. Liang

分布：贵州

城口猕猴桃 Actinidia chengkouensis C. Y. Chang

分布：湖北、重庆

中华猕猴桃 Actinidia chinensis Planch.

分布：河南、陕西、甘肃、安徽、江苏、浙江、江西、湖南、湖北、四川、重庆、贵州、云南、福建、台湾、广东、广西

中华猕猴桃(原变种)Actinidia chinensis var. **chinensis**

分布：河南、陕西、安徽、江苏、浙江、江西、湖南、湖北、云南、福建、广东、广西

美味猕猴桃 Actinidia chinensis var. **deliciosa** (A. Chev.) A Chev.

分布：河南、陕西、甘肃、江西、湖南、湖北、四川、重庆、贵州、云南、广西

刺毛猕猴桃 Actinidia chinensis var. **setosa** H. L. Li

分布：台湾

金花猕猴桃 Actinidia chrysantha C. F. Liang

分布：江西、湖南、广东、广西

柱果猕猴桃 Actinidia cylindrica C. F. Liang

分布：广西

柱果猕猴桃(原变种) Actinidia cylindrica var. **cylindrica**

分布：广西

网脉猕猴桃 Actinidia cylindrica var. **reticulata** C. F. Liang

分布：广西

毛花猕猴桃 Actinidia eriantha Benth.

分布：浙江、江西、湖南、贵州、福建、广东、广西

粉毛猕猴桃 Actinidia farinosa C. F. Liang

分布：广西

簇花猕猴桃 Actinidia fasciculoides C. F. Liang

分布：云南、广西

簇花猕猴桃(原变种) Actinidia fasciculoides var. **fasciculoides**

分布：云南、广西

楔叶猕猴桃 Actinidia fasciculoides var. **cuneata** C. F. Liang

分布：广西

圆叶猕猴桃 Actinidia fasciculoides var. **orbiculata** C. F. Liang

分布：广西

条叶猕猴桃 **Actinidia fortunatii** Finet et Gagnep.
分布：湖南、贵州、广东、广西；越南

黄毛猕猴桃 **Actinidia fulvicoma** Hance
分布：江西、湖南、贵州、云南、福建、广东、广西

黄毛猕猴桃(原变种) **Actinidia fulvicoma** var. **fulvicoma**
分布：江西、湖南、贵州、云南、福建、广东、广西

灰毛猕猴桃 **Actinidia fulvicoma** var. **cinerascens** (C. F. Liang) J. Q. Li et Soejarto
分布：湖南、广东

糙毛猕猴桃 **Actinidia fulvicoma** var. **hirsuta** Finet et Gagnep.
分布：贵州、云南、广东、广西

厚叶猕猴桃 **Actinidia fulvicoma** var. **pachyphylla** (Dunn) H. L. Li
分布：江西、湖南、福建、广东、广西

粉叶猕猴桃 **Actinidia glaucocallosa** C. Y. Wu
分布：云南

大花猕猴桃 **Actinidia grandiflora** C. F. Liang
分布：四川

长叶猕猴桃 **Actinidia hemsleyana** Dunn
分布：浙江、江西、福建

蒙自猕猴桃 **Actinidia henryi** Dunn
分布：湖南、贵州、云南、广东、广西

全毛猕猴桃 **Actinidia holotricha** Finet et Gagnep.
分布：云南

湖北猕猴桃 **Actinidia hubeiensis** H. M. Sun et R. H. Huang
分布：湖北

中越猕猴桃 **Actinidia indochinensis** Merr.
分布：云南、福建、广东、广西；越南

中越猕猴桃(原变种) **Actinidia indochinensis** var. **indochinensis**
分布：云南、福建、广东、广西；越南

卵圆叶猕猴桃 **Actinidia indochinensis** var. **ovatifolia** R. G. Li, X. G. Wang et L. Mo
分布：广西

狗枣猕猴桃 **Actinidia kolomikta** (Maxim. et Rupr.) Maxim.
分布：黑龙江、吉林、辽宁、河北、山西、陕西、甘肃、江苏、江西、湖北、四川、重庆、云南；日本、朝鲜、俄罗斯

滑叶猕猴桃 **Actinidia laevissima** C. F. Liang
分布：湖北、贵州

小叶猕猴桃 **Actinidia lanceolata** Dunn
分布：安徽、江苏、浙江、江西、湖南、福建、广东

阔叶猕猴桃 **Actinidia latifolia** (Gardner et Champ.) Merr.
分布：安徽、浙江、江西、湖南、四川、贵州、云南、福建、台湾、广东、广西、海南；柬埔寨、老挝、马来西亚、泰国、越南

阔叶猕猴桃(原变种) **Actinidia latifolia** var. **latifolia**
分布：浙江、江西、湖南、四川、贵州、云南、福建、台湾、广东、广西、海南；柬埔寨、老挝、马来西亚、泰国、越南

长绒猕猴桃 **Actinidia latifolia** var. **mollis** (Dunn) Hand.-Mazz.
分布：云南

两广猕猴桃 **Actinidia liangguangensis** C. F. Liang
分布：湖南、广东、广西

漓江猕猴桃 **Actinidia lijiangensis** C. F. Liang et Y. X. Lu
分布：广西

临桂猕猴桃 **Actinidia linguiensis** R. G. Li et X. G. Wang
分布：广西

长果猕猴桃 **Actinidia longicarpa** R. G. Li et M. Y. Liang
分布：广西

大籽猕猴桃 **Actinidia macrosperma** C. F. Liang
分布：安徽、江苏、浙江、江西、湖北、广东

大籽猕猴桃(原变种) **Actinidia macrosperma** var. **macrosperma**
分布：安徽、江苏、浙江、江西、湖北、广东

梅叶猕猴桃 **Actinidia macrosperma** var. **mumoides** C. F. Liang
分布：安徽、江苏、浙江、江西

黑蕊猕猴桃 **Actinidia melanandra** Franch.
分布：河南、陕西、甘肃、浙江、江西、湖南、湖北、四川、重庆、贵州、云南、福建

黑蕊猕猴桃(原变种) **Actinidia melanandra** var. **melanandra**
分布：河南、陕西、甘肃、浙江、江西、湖南、湖北、四川、重庆、贵州、云南、福建

无髯猕猴桃 **Actinidia melanandra** var. **glabrescens** C. F. Liang
分布：安徽、湖南

美丽猕猴桃 **Actinidia melliana** Hand.-Mazz.
分布：江西、湖南、广东、广西、海南

倒卵叶猕猴桃 **Actinidia obovata** Chun ex C. F. Liang
分布：贵州、云南

桃花猕猴桃 **Actinidia persicina** R. G. Li et L. Mo
分布：广西

贡山猕猴桃 **Actinidia pilosula** (Finet et Gagnep.) Stapf ex Hand.-Mazz.
分布：云南

葛枣猕猴桃 **Actinidia polygama** (Sieb. et Zucc.) Maxim.
分布：黑龙江、吉林、辽宁、河北、山东、河南、陕西、甘肃、安徽、湖南、湖北、四川、重庆、贵州、云南；日本、朝鲜、俄罗斯

融水猕猴桃 **Actinidia rongshuiensis** R. G. Li et X. G. Wang
分布：广西

红茎猕猴桃 **Actinidia rubricaulis** Dunn
分布：湖南、四川、重庆、贵州、云南、广西；越南、泰国

红茎猕猴桃(原变种) **Actinidia rubricaulis** var. **rubricaulis**
分布：湖南、四川、重庆、贵州、云南、广西

革叶猕猴桃 **Actinidia rubricaulis** var. **coriacea** (Finet et Gagnep.) C. F. Liang
分布：湖南、湖北、四川、重庆、贵州、云南、广西

昭通猕猴桃 **Actinidia rubus** H. Lév.
分布：四川、云南

糙叶猕猴桃 **Actinidia rudis** Dunn
分布：云南

糙叶猕猴桃(原变种) **Actinidia rudis** var. **rudis**
分布：云南

光茎猕猴桃 **Actinidia rudis** var. **glabricaulis** C. Y. Wu
分布：云南

山梨猕猴桃 **Actinidia rufa** (Sieb. et Zucc.) Planch. ex Miq.
分布：台湾；日本、朝鲜

红毛猕猴桃 **Actinidia rufotricha** C. Y. Wu
分布：云南

红毛猕猴桃(原变种) **Actinidia rufotricha** var. **rufotricha**
分布：云南

密花猕猴桃 **Actinidia rufotricha** var. **glomerata** C. F. Liang
分布：贵州、广西

清风藤猕猴桃 **Actinidia sabiifolia** Dunn
分布：安徽、江西、湖南、福建

花楸猕猴桃 **Actinidia sorbifolia** C. F. Liang
分布：湖南、四川、贵州

星毛猕猴桃 **Actinidia stellatopilosa** C. Y. Chang
分布：重庆

安息香猕猴桃 **Actinidia styracifolia** C. F. Liang
分布：江西、湖南、贵州、福建

栓叶猕猴桃 **Actinidia suberifolia** C. Y. Wu
分布：云南

四萼猕猴桃 **Actinidia tetramera** Maxim.
分布：河南、陕西、甘肃、湖北、四川、重庆、云南

毛蕊猕猴桃 **Actinidia trichogyna** Franch.
分布：江西、湖南、湖北、四川、重庆、贵州

榆叶猕猴桃 **Actinidia ulmifolia** C. F. Liang
分布：四川

伞花猕猴桃 **Actinidia umbelloides** C. F. Liang
分布：云南

伞花猕猴桃(原变种) **Actinidia umbelloides** var. **umbelloides**
分布：云南

扇叶猕猴桃 **Actinidia umbelloides** var. **flabellifolia** C. F. Liang
分布：云南

对萼猕猴桃 **Actinidia valvata** Dunn
分布：安徽、江苏、浙江、江西、湖南、湖北、福建、广东

显脉猕猴桃 **Actinidia venosa** Rehder
分布：四川、云南、西藏

葡萄叶猕猴桃 **Actinidia vitifolia** C. Y. Wu
分布：四川、云南

浙江猕猴桃 **Actinidia zhejiangensis** C. F. Liang
分布：浙江、福建

藤山柳属 **Clematoclethra** (Franch.) Maxim.

藤山柳 **Clematoclethra scandens** (Franch.) Maxim.

分布：甘肃、四川、重庆、贵州、云南、广西

藤山柳(原亚种) **Clematoclethra scandens** subsp. **scandens**

分布：甘肃、四川、重庆、贵州、云南、广西

猕猴桃藤山柳 **Clematoclethra scandens** subsp. **actinidioides** (Maxim.) Y. C. Tang et Q. Y. Xiang

分布：河南、陕西、宁夏、甘肃、青海、湖北、四川、贵州、云南

繁花藤山柳 **Clematoclethra scandens** subsp. **hemsleyi** (Baill.) Y. C. Tang et Q. Y. Xiang

分布：陕西、湖北

绒毛藤山柳 **Clematoclethra scandens** subsp. **tomentella** (Franch.) Y. C. Tang et Q. Y. Xiang

分布：四川、重庆

水东哥属 **Saurauia** Willd.

蜡质水东哥 **Saurauia cerea** Griff. ex Dyer

分布：云南、西藏；印度、缅甸

红果水东哥 **Saurauia erythrocarpa** C. F. Liang et Y. S. Wang

分布：云南、西藏

红果水东哥(原变种) **Saurauia erythrocarpa** var. **erythrocarpa**

分布：云南、西藏

粗齿水东哥 **Saurauia erythrocarpa** var. **grosseserrata** C. F. Liang et Y. S. Wang

分布：云南

绵毛水东哥 **Saurauia griffithii** Dyer

分布：西藏；不丹、印度

绵毛水东哥(原变种) **Saurauia griffithii** var. **griffithii**

分布：西藏；不丹、印度

越南水东哥 **Saurauia griffithii** var. **annamica** Gagnep.

分布：西藏；越南

长毛水东哥 **Saurauia macrotricha** Kurz. ex Dyer

分布：云南；印度、缅甸

朱毛水东哥 **Saurauia miniata** C. F. Liang et Y. S. Wang

分布：云南、广西

尼泊尔水东哥 **Saurauia napaulensis** DC.

分布：四川、贵州、云南、广西；不丹、印度、老挝、马来西亚、缅甸、尼泊尔、泰国、越南

多脉水东哥 **Saurauia polyneura** C. F. Liang et Y. S. Wang

分布：云南、西藏

多脉水东哥(原变种) **Saurauia polyneura** var. **polyneura**

分布：云南、西藏

少脉水东哥 **Saurauia polyneura** var. **paucinervis** J. Q. Li et Soejarto

分布：西藏

大花水东哥 **Saurauia punduana** Wall.

分布：西藏；不丹、印度、缅甸

红萼水东哥 **Saurauia rubricalyx** C. F. Liang et Y. S. Wang

分布：西藏

糙毛山东哥 **Saurauia sinohirsuta** J. Q. Li et Soejarto

分布：西藏

聚锥水东哥 **Saurauia thyrsiflora** C. F. Liang et Y. S. Wang

分布：贵州、云南、广西

水东哥 **Saurauia tristyla** DC.

分布：四川、贵州、云南、福建、台湾、广东、广西、海南；泰国、越南、印度、尼泊尔、马来西亚

云南水东哥 **Saurauia yunnanensis** C. F. Liang et Y. S. Wang

分布：贵州、云南、广西

204. 五福花科 Adoxaceae E. Mey.

五福花属 **Adoxa** L.

四福花 **Adoxa omeiensis** H. Hara

分布：四川

五福花 **Adoxa moschatellina** L.

分布：黑龙江、辽宁、内蒙古、河北、山西、青海、新疆、四川、云南、西藏；日本、朝鲜；欧洲、北美洲

西藏五福花 **Adoxa xizangensis** G. Yao

分布：四川、云南、西藏

接骨木属 **Sambucus** L.

血满草 **Sambucus adnata** Wall. ex DC.

分布：陕西、宁夏、甘肃、青海、湖北、四川、贵州、云南、西藏

接骨草 Sambucus javanica Blume
分布：河南、陕西、甘肃、安徽、江苏、浙江、江西、湖南、湖北、四川、贵州、云南、西藏、福建、台湾、广东、广西、海南；印度、印度尼西亚、日本、老挝、马来西亚、缅甸、菲律宾、泰国、越南

西洋接骨木 Sambucus nigra L.
分布：江苏、山东和上海有栽培；欧洲

西伯利亚接骨木 Sambucus sibirica Nakai
分布：黑龙江、吉林、辽宁、内蒙古、新疆；蒙古国、俄罗斯

接骨木 Sambucus williamsii Hance
分布：黑龙江、吉林、辽宁、内蒙古、河北、山西、山东、河南、陕西、甘肃、安徽、江苏、浙江、湖南、湖北、四川、贵州、云南、福建、广东、广西

华福花属 Sinadoxa C. Y. Wu, Z. L. Wu et R. F. Huang

华福花 Sinadoxa corydalifolia C. Y. Wu, Z. L. Wu et R. F. Huang
分布：青海

荚蒾属 Viburnum L.

广叶荚蒾 Viburnum amplifolium Rehder
分布：云南

蓝黑果荚蒾 Viburnum atrocyaneum C. B. Clarke
分布：四川、贵州、云南、西藏、广西；不丹、印度、缅甸、泰国

桦叶荚蒾 Viburnum betulifolium Batalin
分布：河南、陕西、宁夏、甘肃、安徽、浙江、湖北、四川、贵州、云南、西藏、台湾、广西

短序荚蒾 Viburnum brachybotryum Hemsl.
分布：江西、湖南、湖北、四川、贵州、云南、广西

短筒荚蒾 Viburnum brevitubum (P. S. Hsu) P. S. Hsu
分布：江西、湖北、四川、贵州

醉鱼草状荚蒾 Viburnum buddleifolium C. H. Wright
分布：湖北

修枝荚蒾 Viburnum burejaeticum Regel et Herd.
分布：黑龙江、吉林、辽宁；朝鲜、蒙古国、俄罗斯

备中荚蒾 Viburnum carlesii var. **bitchiuense** (Makino) Nakai
分布：安徽；日本、朝鲜

漾濞荚蒾 Viburnum chingii P. S. Hsu
分布：云南

漾濞荚蒾(原变种) Viburnum chingii var. **chingii**
分布：云南

多毛漾濞荚蒾 Viburnum chingii var. **limitaneum** (W. W. Smith) Q. E. Yang
分布：云南；缅甸

金佛山荚蒾 Viburnum chinshanense Graebn.
分布：陕西、甘肃、四川、重庆、贵州、云南

全腺荚蒾 Viburnum chunii Hsu
分布：安徽、浙江、江西、湖南、四川、贵州、福建、广东、广西

樟叶荚蒾 Viburnum cinnamomifolium Rehder
分布：四川、云南

密花荚蒾 Viburnum congestum Rehder
分布：甘肃、四川、贵州、云南

榛叶荚蒾 Viburnum corylifolium Hook. f. et Thomson
分布：陕西、湖北、四川、贵州、云南、西藏、广西；印度

伞房荚蒾 Viburnum corymbiflorum P. S. Hsu et S. C. Hsu
分布：浙江、江西、湖南、湖北、四川、贵州、云南、福建、广东、广西

伞房荚蒾(原亚种) Viburnum corymbiflorum subsp. **corymbiflorum**
分布：浙江、江西、湖南、湖北、四川、贵州、云南、福建、广东、广西

苹果叶荚蒾 Viburnum corymbiflorum subsp. **malifolium** P. S. Hsu
分布：云南

黄栌叶荚蒾 Viburnum cotinifolium D. Don
分布：西藏；阿富汗、不丹、印度、克什米尔地区、尼泊尔

水红木 Viburnum cylindricum Buch.-Ham. ex D. Don
分布：甘肃、湖南、湖北、四川、贵州、云南、西藏、广东、广西；不丹、印度、印度尼西亚、缅甸、尼泊尔、巴基斯坦、泰国、越南

粤赣荚蒾 Viburnum dalzielii W. W. Sm.
分布：江西、广东

川西荚蒾 Viburnum davidii Franch.
分布：四川

荚蒾 Viburnum dilatatum Thunb.
分布：河北、河南、陕西、安徽、江苏、浙江、江西、湖

南、湖北、四川、贵州、云南、福建、台湾、广东、广西；日本、朝鲜

宜昌荚蒾 **Viburnum erosum** Thunb.

分布：山东、河南、陕西、安徽、江苏、浙江、江西、湖南、湖北、四川、贵州、云南、福建、台湾、广东、广西；日本、朝鲜

宜昌荚蒾(原变种) **Viburnum erosum** var. **erosum**

分布：山东、河南、陕西、安徽、江苏、浙江、江西、湖南、湖北、四川、贵州、云南、福建、台湾、广东、广西；日本、韩国

裂叶宜昌荚蒾 **Viburnum erosum** var. **taquetii** (H. Lév.) Rehder

分布：山东；日本、朝鲜

红荚蒾 **Viburnum erubescens** Wall.

分布：陕西、甘肃、湖北、四川、贵州、云南、西藏；不丹、印度、缅甸、尼泊尔

香荚蒾 **Viburnum farreri** Stearn

分布：河北、河南、甘肃、青海、新疆、青海和山东广泛栽培

臭荚蒾 **Viburnum foetidum** Wall.

分布：广东、广西、贵州、河南、湖北、湖南、江西、陕西、四川、台湾、西藏、云南；孟加拉国、不丹、印度(东北部)、老挝、缅甸、泰国(北部)

臭荚蒾(原变种) **Viburnum foetidum** var. **foetidum**

分布：西藏；孟加拉国、不丹、印度、老挝、缅甸、泰国

珍珠荚蒾 **Viburnum foetidum** var. **ceanothoides** (C. H. Wright) Hand.-Mazz.

分布：四川、贵州、云南

直角荚蒾 **Viburnum foetidum** var. **rectangulatum** (Graebn.) Rehder

分布：陕西、江西、湖南、湖北、四川、贵州、云南、西藏、台湾、广东、广西

南方荚蒾 **Viburnum fordiae** Hance

分布：安徽、浙江、江西、湖南、贵州、云南、福建、广东、广西

台中荚蒾 **Viburnum formosanum** (Hance) Hayata

分布：福建、广东、广西、湖南、江西、四川、台湾、浙江

台中荚蒾(原亚种) **Viburnum formosanum** subsp. **formosanum**

分布：台湾

光萼荚蒾 **Viburnum formosanum** subsp. **leiogynum** P. S. Hsu

分布：浙江、四川、福建、广西

毛枝台中荚蒾 **Viburnum formosanum** var. **pubigerum** P. S. Hsu

分布：江西、湖南、广东

聚花荚蒾 **Viburnum glomeratum** Maxim.

分布：河南、陕西、宁夏、甘肃、安徽、浙江、江西、湖北、四川、云南、西藏；缅甸

聚花荚蒾(原亚种) **Viburnum glomeratum** subsp. **glomeratum**

分布：河南、陕西、宁夏、甘肃、安徽、浙江、江西、湖北、四川、云南、西藏；缅甸

壮大荚蒾 **Viburnum glomeratum** subsp. **magnificum** (P. S. Hsu) P. S. Hsu

分布：安徽、浙江

圆叶荚蒾 **Viburnum glomeratum** subsp. **rotundifolium** (P. S. Hsu) P. S. Hsu

分布：甘肃、四川、云南；缅甸

大花荚蒾 **Viburnum grandiflorum** Wall. ex DC.

分布：西藏；不丹、克什米尔地区、尼泊尔、印度、巴基斯坦

海南荚蒾 **Viburnum hainanense** Merr. et Chun

分布：广东、广西、海南；越南

蝶花荚蒾 **Viburnum hanceanum** Maxim.

分布：江西、湖南、福建、广东、广西

衡山荚蒾 **Viburnum hengshanicum** Tsiang ex P. S. Hsu

分布：安徽、浙江、江西、湖南、贵州、广西

巴东荚蒾 **Viburnum henryi** Hemsl.

分布：陕西、浙江、江西、湖北、四川、贵州、福建、广西

厚绒荚蒾 **Viburnum inopinatum** Craib

分布：云南、广西；老挝、缅甸、泰国、越南

全叶荚蒾 **Viburnum integrifolium** Hayata

分布：台湾

甘肃荚蒾 **Viburnum kansuense** Batalin

分布：陕西、甘肃、四川、云南、西藏

朝鲜荚蒾 **Viburnum koreanum** Nakai

分布：吉林；日本、朝鲜

披针叶荚蒾 Viburnum lancifolium P. S. Hsu
分布：浙江、江西、福建

侧花荚蒾 Viburnum laterale Rehder
分布：福建

光果荚蒾 Viburnum leiocarpum P. S. Hsu
分布：云南、海南

光果荚蒾(原变种) Viburnum leiocarpum var. **leiocarpum**
分布：云南、海南

斑点光果荚蒾 Viburnum leiocarpum var. **punctatum** P. S. Hsu
分布：云南

长梗荚蒾 Viburnum longipedunculatum (P. S. Hsu) P. S. Hsu
分布：云南、广西

长伞梗荚蒾 Viburnum longiradiatum P. S. Hsu et S. W. Fan
分布：四川、云南

淡黄荚蒾 Viburnum lutescens Blume
分布：广东、广西；印度、印度尼西亚、马来西亚、缅甸、越南

吕宋荚蒾 Viburnum luzonicum Rolfe
分布：福建、广东、广西、江西、台湾、云南、浙江；?印度尼西亚、马来西亚、菲律宾

绣球荚蒾 Viburnum macrocephalum Fort.
分布：河南、安徽、江苏、浙江、江西、湖南、湖北

黑果荚蒾 Viburnum melanocarpum Hsu
分布：河南、安徽、江苏、浙江、江西

蒙古荚蒾 Viburnum mongolicum (Pall.) Rehder
分布：内蒙古、河北、山西、河南、陕西、宁夏、甘肃、青海；蒙古国、俄罗斯

西域荚蒾 Viburnum mullaha Buch.-Ham. ex D. Don
分布：云南、西藏；印度、尼泊尔

西域荚蒾(原变种) Viburnum mullaha var. **mullaha**
分布：云南、西藏；印度、尼泊尔

少毛西域荚蒾 Viburnum mullaha var. **glabrescens** (C. B. Clarke) Kitam.
分布：西藏；不丹、印度、克什米尔地区、尼泊尔

显脉荚蒾 Viburnum nervosum D. Don
分布：四川、云南、西藏；不丹、印度、越南、尼泊尔、缅甸

珊瑚树 Viburnum odoratissimum Ker Gawl.
分布：福建、广东、广西、?贵州、海南、河北、河南、湖南、台湾、云南、浙江；印度、日本、韩国、缅甸、?菲律宾、泰国、越南

珊瑚树(原变种) Viburnum odoratissimum var. **odoratissimum**
分布：河北、河南、湖南、贵州、云南、台湾、海南；印度、日本、韩国、缅甸、泰国、越南

台湾珊瑚树 Viburnum odoratissimum var. **arboricola** (Hayata) Yamam.
分布：台湾

日本珊瑚树 Viburnum odoratissimum var. **awabuki** (K. Koch) Zabel ex Rumpler
分布：台湾；日本、菲律宾

少花荚蒾 Viburnum oliganthum Batalin
分布：湖北、四川、贵州、云南、西藏

峨眉荚蒾 Viburnum omeiense P. S. Hsu
分布：四川

欧洲荚蒾 Viburnum opulus L.
分布：黑龙江、吉林、辽宁、河北、山西、山东、河南、陕西、甘肃、新疆、安徽、浙江、江西、湖北、四川；俄罗斯；欧洲

欧洲荚蒾(原亚种) Viburnum opulus subsp. **opulus**
分布：浙江；俄罗斯；欧洲

鸡树条 Viburnum opulus subsp. **calvescens** (Rehder) Sugimoto
分布：黑龙江、吉林、辽宁、内蒙古、河北、山西、山东、河南、陕西、甘肃、安徽、江苏、浙江、江西、湖北、四川；日本、韩国、蒙古国、俄罗斯

小叶荚蒾 Viburnum parvifolium Hayata
分布：台湾

粉团 Viburnum plicatum Thunb.
分布：河南、陕西、安徽、江苏、浙江、江西、湖南、湖北、四川、贵州、云南、福建、台湾、广东、广西；日本

台湾蝴蝶戏珠花 Viburnum plicatum var. **formosanum** Y. C. Liu et C. H. Ou
分布：台湾

球核荚蒾 Viburnum propinquum Hemsl.
分布：陕西、甘肃、浙江、江西、湖南、湖北、四川、重庆、贵州、云南、福建、台湾、广东、广西

球核荚蒾(原变种) Viburnum propinquum var. **propinquum**
分布：陕西、甘肃、浙江、江西、湖南、湖北、四川、重庆、贵州、云南、福建、台湾、广东、广西

狭叶球核荚蒾 Viburnum propinquum var. **mairei** W. W. Sm.
分布：湖北、四川、贵州、云南

鳞斑荚蒾 Viburnum punctatum Buch.-Ham. ex D. Don
分布：四川、贵州、云南；不丹、柬埔寨、印度、印度尼西亚、缅甸、尼泊尔、泰国、越南

鳞斑荚蒾(原变种) Viburnum punctatum var. **punctatum**
分布：四川、贵州、云南；不丹、柬埔寨、印度、印度尼西亚、缅甸、尼泊尔、泰国、越南

大果鳞斑荚蒾 Viburnum punctatum var. **lepidotulum** (Merr. et Chun) P. S. Hsu
分布：广东、广西、海南

锥序荚蒾 Viburnum pyramidatum Rehder
分布：云南、广西；越南

皱叶荚蒾 Viburnum rhytidophyllum Hemsl.
分布：陕西、湖北、四川、贵州

陕西荚蒾 Viburnum schensianum Maxim.
分布：河北、山西、山东、河南、陕西、甘肃、江苏、浙江、湖北、四川

常绿荚蒾 Viburnum sempervirens K. Koch
分布：安徽、福建、广东、广西、贵州、?海南、湖南、江西、四川、云南、浙江

常绿荚蒾(原变种) Viburnum sempervirens var. **sempervirens**
分布：江西、广东、广西

具毛常绿荚蒾 Viburnum sempervirens var. **trichophorum** Hand.-Mazz.
分布：安徽、浙江、江西、湖南、四川、贵州、云南、福建、广东、广西

茶荚蒾 Viburnum setigerum Hance
分布：河南、陕西、安徽、江苏、浙江、江西、湖南、湖北、四川、贵州、云南、福建、台湾、广东、广西

瑞丽荚蒾 Viburnum shweliense W. W. Sm.
分布：云南

瑶山荚蒾 Viburnum squamulosum P. S. Hsu
分布：广西

亚高山荚蒾 Viburnum subalpinum Hand.-Mazz.
分布：云南；缅甸

合轴荚蒾 Viburnum sympodiale Graebn.
分布：河南、陕西、甘肃、安徽、浙江、江西、湖南、湖北、四川、贵州、云南、福建、台湾、广东、广西

台东荚蒾 Viburnum taitoense Hayata
分布：湖南、台湾、广西

腾越荚蒾 Viburnum tengyuehense (W. W. Sm.) P. S. Hsu
分布：贵州、云南

腾越荚蒾(原变种) Viburnum tengyuehense var. **tengyuehense**
分布：贵州、云南

多脉腾越荚蒾 Viburnum tengyuehense var. **polyneurum** (P. S. Hsu) P. S. Hsu
分布：贵州、云南

三叶荚蒾 Viburnum ternatum Rehder
分布：湖南、湖北、四川、贵州、云南

横脉荚蒾 Viburnum trabeculosum C. Y. Wu ex Hsu
分布：云南

三脉叶荚蒾 Viburnum triplinerve Hand.-Mazz.
分布：广西

壶花荚蒾 Viburnum urceolatum Sieb. et Zucc.
分布：浙江、江西、湖南、贵州、云南、福建、台湾、广东、广西；日本

烟管荚蒾 Viburnum utile Hemsl.
分布：河南、陕西、湖南、湖北、四川、贵州

浙皖荚蒾 Viburnum wrightii Miq.
分布：安徽、浙江；日本、朝鲜

云南荚蒾 Viburnum yunnanense Rehder
分布：云南

205. 番杏科 Aizoaceae Martinov

海马齿属 Sesuvium L.

海马齿 Sesuvium portulacastrum (L.) L.
分布：福建、台湾、广东、海南；全世界热带、亚热带地区

番杏属 Tetragonia L.

番杏 Tetragonia tetragonides (Pall.) Kuntze
分布：江苏、浙江、云南、福建、台湾、广东；澳大利亚；东亚、南美洲、非洲

假海马齿属 Trianthema L.

假海马齿 **Trianthema portulacastrum** L.

分布：台湾、广东、海南；泛热带

206. 叠珠树科 Akaniaceae Stapf

伯乐树属 Bretschneidera Hemsl.

伯乐树 **Bretschneidera sinensis** Hemsl.

分布：浙江、江西、湖南、湖北、四川、贵州、云南、福建、台湾、广东、广西；泰国、越南

207. 泽泻科 Alismataceae Vent.

泽泻属 Alisma L.

窄叶泽泻 **Alisma canaliculatum** A. Braun et Bouché

分布：山东、河南、安徽、江苏、浙江、江西、湖南、湖北、四川、贵州、福建、台湾；印度、日本、朝鲜

草泽泻 **Alisma gramineum** Lej.

分布：黑龙江、吉林、辽宁、内蒙古、山西、河南、宁夏、甘肃、青海、新疆；阿富汗、哈萨克斯坦、蒙古国、巴基斯坦、俄罗斯、塔吉克斯坦、乌兹别克斯坦；亚洲(西南部)、欧洲、非洲、北美洲

膜果泽泻 **Alisma lanceolatum** With.

分布：黑龙江、吉林、辽宁、陕西、新疆、云南；阿富汗、哈萨克斯坦、吉尔吉斯斯坦、巴基斯坦、塔吉克斯坦、乌兹别克斯坦、澳大利亚；亚洲(西南部)、欧洲、非洲(北部)

小泽泻 **Alisma nanum** D. F. Cui

分布：新疆

东方泽泻 **Alisma orientale** (Samuel) Juz.

分布：黑龙江、吉林、辽宁、内蒙古、河北、山西、山东、河南、陕西、宁夏、甘肃、青海、新疆、安徽、江苏、浙江、江西、湖南、湖北、四川、贵州、云南、福建、广东、广西；印度、日本、克什米尔地区、朝鲜、蒙古国、缅甸、尼泊尔、俄罗斯、越南

泽泻 **Alisma plantago-aquatica** L.

分布：黑龙江、吉林、辽宁、内蒙古、陕西、新疆、云南；阿富汗、印度、日本、哈萨克斯坦、朝鲜、吉尔吉斯斯坦、蒙古国、缅甸、尼泊尔、巴基斯坦、俄罗斯、塔吉克斯坦、泰国、乌兹别克斯坦、越南、澳大利亚；亚洲(西南部)、欧洲、非洲、北美洲

拟花蔺属 Butomopsis Kunth

拟花蔺 **Butomopsis latifolia** (D. Don) Kunth

分布：云南；孟加拉国、印度、印度尼西亚、老挝、缅甸、尼泊尔、泰国、越南、澳大利亚(北部)；非洲(北部)

泽薹草属 Caldesia Parl.

宽叶泽薹草 **Caldesia grandis** Samuel.

分布：湖南、湖北、云南、台湾、广东；印度、马来西亚、孟加拉国

泽薹草 **Caldesia parnassifolia** (Bassi ex L.) Parl.

分布：黑龙江、内蒙古、山西、江苏、浙江、湖南、云南；印度、日本、朝鲜、尼泊尔、巴基斯坦、俄罗斯、泰国、越南、澳大利亚；欧洲、非洲

黄花蔺属 Limnocharis Bonpl. ex Humb.

黄花蔺 **Limnocharis flava** (L.) Buchenau

分布：广东、云南；原产于加勒比海，归化于亚洲(南部-东南部)、北美洲、中美洲、南美洲

毛茛泽泻属 Ranalisma Stapf

长喙毛茛泽泻 **Ranalisma rostrata** Stapf

分布：浙江、江西、湖南；印度、马来西亚、越南

慈姑属 Sagittaria L.

冠果草 **Sagittaria guayanensis** subsp. **lappula** (D. Don) Bogin

分布：安徽、浙江、江西、湖南、贵州、云南、福建、台湾、广东、广西、海南；阿富汗、柬埔寨、印度、印度尼西亚、马来西亚、尼泊尔、巴基斯坦、泰国、越南；非洲

利川慈姑 **Sagittaria lichuanensis** J. K. Chen, S. C. Sun et H. Q. Wang

分布：江苏、浙江、江西、湖北、贵州、福建、广东

浮叶慈姑 **Sagittaria natans** Pall.

分布：黑龙江、吉林、辽宁、内蒙古、新疆；日本、哈萨克斯坦、朝鲜、蒙古国、俄罗斯；欧洲

小慈姑 **Sagittaria potamogetonifolia** Merr.

分布：安徽、江西、湖南、湖北、云南、福建、广东、广西、海南

矮慈姑 **Sagittaria pygmaea** Miq.

分布：山东、河南、陕西、安徽、江苏、浙江、江西、湖南、湖北、四川、贵州、云南、福建、台湾、广东、广西、海南；日本、朝鲜、泰国、越南

腾冲慈姑 Sagittaria tengtsungensis H. Li

分布：云南、西藏；不丹、尼泊尔

野慈姑 Sagittaria trifolia L.

分布：辽宁、北京、山东、河南、甘肃、安徽、江苏、浙江、湖北、四川、贵州、云南、福建、台湾、广东、广西、海南；阿富汗、印度、印度尼西亚、日本、哈萨克斯坦、朝鲜、吉尔吉斯斯坦、老挝、马来西亚、缅甸、尼泊尔、巴基斯坦、菲律宾、俄罗斯、塔吉克斯坦、泰国、乌兹别克斯坦、越南；亚洲(西南部)、欧洲

野慈姑(原亚种) Sagittaria trifolia subsp. **trifolia**

分布：辽宁、北京、山东、河南、甘肃、安徽、江苏、浙江、湖北、四川、贵州、云南、福建、台湾、广东、广西、海南；阿富汗、印度、印度尼西亚、日本、哈萨克斯坦、韩国、吉尔吉斯斯坦、老挝、马来西亚、缅甸、尼泊尔、巴基斯坦、菲律宾、俄罗斯、塔吉克斯坦、泰国、乌兹别克斯坦、越南

华夏慈姑 Sagittaria trifolia subsp. **leucopetala** (Miquel) Q. F. Wang

分布：陕西、安徽、浙江、贵州、云南、福建、广西，栽培于长江以南；栽培于日本和朝鲜

208. 阿丁枫科 Altingiaceae Lindl.

蕈树属 Altingia Noronha

蕈树 Altingia chinensis (Champ.) Oliv. ex Hance

分布：浙江、江西、湖南、贵州、云南、福建、广东、广西、海南；越南

细青皮 Altingia excelsa Noronha

分布：云南、西藏；不丹、印度、印度尼西亚、马来西亚、缅甸

细柄蕈树 Altingia gracilipes Hemsl.

分布：浙江、福建、广东、海南

赤水蕈树 Altingia multinervis Cheng

分布：贵州

海南蕈树 Altingia obovata Merr. et Chun

分布：海南

镰光蕈树 Altingia siamensis Craib

分布：云南、广东；柬埔寨、老挝、泰国、越南

薄叶蕈树 Altingia tenuifolia Chun ex H. T. Chang

分布：江西、贵州

云南蕈树 Altingia yunnanensis Rehd. et E. H. Wilson

分布：云南

枫香树属 Liquidambar L.

缺萼枫香树 Liquidambar acalycina H. T. Chang

分布：安徽、江苏、江西、湖北、四川、贵州、广东、广西

枫香树 Liquidambar formosana Hance

分布：山东、安徽、江苏、江西、湖北、四川、贵州、云南、福建、台湾、广东、海南；越南、老挝、朝鲜

半枫荷属 Semiliquidambar H. T. Chang

半枫荷 Semiliquidambar cathayensis H. T. Chang

分布：江西、贵州、福建、广东、广西、海南

长尾半枫荷 Semiliquidambar caudata H. T. Chang

分布：浙江、福建

细柄半枫荷 Semiliquidambar chingii (F. P. Metcalf) H. T. Chang

分布：江西、贵州、福建、广东

209. 苋科 Amaranthaceae Juss.

牛膝属 Achyranthes L.

土牛膝 Achyranthes aspera L.

分布：浙江、江西、湖南、湖北、四川、贵州、云南、福建、台湾、广东、广西、海南；不丹、柬埔寨、印度、印度尼西亚、老挝、马来西亚、缅甸、尼泊尔、菲律宾、泰国、越南

土牛膝(原变种) Achyranthes aspera var. **aspera**

分布：浙江、江西、湖南、湖北、四川、贵州、云南、福建、台湾、广东、广西、海南；不丹、柬埔寨、印度、印度尼西亚、老挝、马来西亚、缅甸、尼泊尔、菲律宾、泰国、越南

银毛土牛膝 Achyranthes aspera var. **argentea** (Thwaites) C. B. Clarke

分布：四川；印度；西南亚、欧洲、非洲

钝叶土牛膝 Achyranthes aspera var. **indica** L.

分布：四川、云南、台湾、广东；印度、斯里兰卡

禾叶土牛膝 Achyranthes aspera var. **rubrofusca** (Wight) Hook. f.

分布：湖南、云南、福建、台湾；印度

牛膝 Achyranthes bidentata Blume

分布：河北、山西、陕西、江苏、浙江、湖北、四川、贵州、西藏、福建、台湾、广西；不丹、印度、印度尼西亚、朝鲜、老挝、马来西亚、缅甸、尼泊尔、巴布亚新几内亚、菲律宾、俄罗斯、泰国、越南

牛膝(原变种) Achyranthes bidentata var. **bidentata**

分布：河北、山西、陕西、江苏、浙江、湖北、四川、贵州、西藏、福建、台湾、广西；不丹、印度、印度尼西亚、韩国、老挝、马来西亚、缅甸、尼泊尔、巴布亚新几内亚、菲律宾、俄罗斯、泰国、越南

少毛牛膝 Achyranthes bidentata var. **japonica** Miq.

分布：安徽、浙江、湖南、台湾；日本

柳叶牛膝 Achyranthes longifolia (Makino) Makino

分布：陕西、浙江、江西、湖南、湖北、四川、贵州、云南、台湾、广东；日本、老挝、泰国、越南

千针苋属 Acroglochin Schrad.

千针苋 Acroglochin persicarioides (Poir.) Moq.

分布：河南、陕西、甘肃、湖北、四川、贵州、云南；印度、不丹、尼泊尔、巴基斯坦

白花苋属 Aerva Forssk.

少毛白花苋 Aerva glabrata Hook. f.

分布：贵州、云南、广东、广西；印度、缅甸

白花苋 Aerva sanguinolenta (L.) Blume

分布：四川、贵州、云南、台湾、广东、广西、海南；不丹、柬埔寨、老挝、缅甸、尼泊尔、泰国、印度、马来西亚、菲律宾、越南

沙蓬属 Agriophyllum M. Bieb.

侧花沙蓬 Agriophyllum lateriflorum (Lam.) Moq.

分布：新疆；亚洲(西南部)、中亚

小沙蓬 Agriophyllum minus Fisch. et C. A. Mey.

分布：新疆；阿富汗、哈萨克斯坦；亚洲(西南部)、中亚

沙蓬 Agriophyllum squarrosum (L.) Moq.

分布：黑龙江、吉林、辽宁、内蒙古、河北、山西、河南、陕西、宁夏、甘肃、青海、新疆、西藏；蒙古国、俄罗斯、哈萨克斯坦

砂苋属 Allmania R. Br.

砂苋 Allmania nodiflora (L.) R. Br. ex Wight

分布：广西、海南；热带亚洲

莲子草属 Alternanthera Forssk.

锦绣苋 Alternanthera bettzickiana (Regel) G. Nicholson

分布：中国广泛栽培；东南亚广泛栽培，原产于南美洲

华莲子草 Alternanthera paronychioides A. St.-Hil.

分布：台湾、广东、海南；原产于热带美洲

喜旱莲子草 Alternanthera philoxeroides (Mart.) Griseb.

分布：河北、北京、天津、山西、山东、河南、江苏、上海、浙江、江西、湖南、湖北、四川、重庆、贵州、云南、福建、台湾、广东、广西、海南；原产于南美洲，现世界温暖地区广泛归化

刺花莲子草 Alternanthera pungens Kunth

分布：安徽、江苏、江西、四川、贵州、云南、福建、海南、香港；原产于南美洲，现广布于世界温暖地区

莲子草 Alternanthera sessilis (L.) R. Br. ex DC.

分布：安徽、江苏、浙江、江西、湖南、湖北、四川、贵州、云南、福建、台湾、广东、广西；不丹、柬埔寨、印度、印度尼西亚、老挝、马来西亚、缅甸、尼泊尔、菲律宾、泰国、越南

苋属 Amaranthus L.

白苋 Amaranthus albus L.

分布：黑龙江、内蒙古、河北、新疆；日本、俄罗斯；欧洲、北美洲

北美苋 Amaranthus blitoides S. Watson

分布：辽宁、内蒙古、北京、山东；原产于北美洲

凹头苋 Amaranthus blitum L.

分布：除宁夏、青海、西藏外广布；原产于热带美洲，现日本、老挝、尼泊尔、印度、越南、非洲(北部)和欧洲有分布

老枪谷 Amaranthus caudatus L.

分布：原产于新热带地区，世界各地广泛栽培

老鸦谷 Amaranthus cruentus L.

分布：辽宁、北京、广东；原产于南美洲，现世界各地广泛归化

假刺苋 Amaranthus dubius Mart. ex Thell.

分布：台湾归化

绿穗苋 Amaranthus hybridus L.

分布：河南、陕西、安徽、江苏、浙江、江西、湖南、湖北、四川、贵州、福建；不丹、日本、老挝、尼泊尔、印度、越南；欧洲、北美洲、南美洲

千穗谷 Amaranthus hypochondriacus L.

分布：吉林、内蒙古、河北、新疆、四川、云南、山东等地栽培；原产于北美洲

台湾苋 Amaranthus patulus Bertol.

分布：台湾；原产于热带美洲

反枝苋 Amaranthus retroflexus L.

分布：中国广布；原产于美洲，现世界各地广泛归化

反枝苋(原变种) Amaranthus retroflexus var. **retroflexus**
分布：黑龙江、吉林、辽宁、内蒙古、河北、山西、山东、陕西、宁夏、甘肃、新疆、浙江

短苞反枝苋 Amaranthus retroflexus var. **delilei** (Richt. et Loret) Thell.
分布：河北；可能原产于北美洲，在北亚、欧洲、南非归化

腋花苋 Amaranthus roxburghianus H. W. Kung
分布：河北、山西、河南、陕西、宁夏、甘肃、新疆、四川；斯里兰卡、印度

刺苋 Amaranthus spinosus L.
分布：中国广布；现日本、印度，中南半岛、马来西亚、菲律宾等地有分布；原产于新热带美洲

泰山苋 Amaranthus taishanensis F. Z. Li et C. K. Ni
分布：山东、安徽

薄叶苋 Amaranthus tenuifolius Willd.
分布：山东；印度、孟加拉国

苋 Amaranthus tricolor L.
分布：中国广布；原产于热带亚洲，现世界各地广泛栽培或逸生

皱果苋 Amaranthus viridis L.
分布：除西北地区和西藏外均有分布；泛热带地区

假木贼属 Anabasis L.

无叶假木贼 Anabasis aphylla L.
分布：甘肃、新疆；俄罗斯；中亚、欧洲

短叶假木贼 Anabasis brevifolia C. A. Mey.
分布：内蒙古、宁夏、甘肃、新疆；蒙古国、俄罗斯、哈萨克斯坦

白垩假木贼 Anabasis cretacea Pall.
分布：新疆；俄罗斯；中亚、欧洲

高枝假木贼 Anabasis elatior (C. A. Mey.) Schischk.
分布：新疆；哈萨克斯坦、蒙古国、俄罗斯

毛足假木贼 Anabasis eriopoda (Schrenk) Benth. ex Volkens
分布：新疆；蒙古国、阿富汗；亚洲(西南部)、中亚

粗糙假木贼 Anabasis pelliotii Danguy
分布：新疆；塔吉克斯坦、乌兹别克斯坦

盐生假木贼 Anabasis salsa (C. A. Mey.) Benth. ex Volkens
分布：新疆；哈萨克斯坦、蒙古国、俄罗斯；亚洲(西南部)

展枝假木贼 Anabasis truncata (Schrenk) Bunge
分布：新疆；俄罗斯；中亚

单性滨藜属 Archiatriplex G. L. Chu

单性滨藜 Archiatriplex nanpinensis G. L. Chu
分布：四川

节节木属 Arthrophytum Schrenk

长枝节节木 Arthrophytum iliense Iljin
分布：新疆；哈萨克斯坦

棒叶节节木 Arthrophytum korovinii Botschantz.
分布：新疆；哈萨克斯坦

长叶节节木 Arthrophytum longibracteatum Korovin
分布：新疆；哈萨克斯坦

滨藜属 Atriplex L.

阿拉善滨藜 Atriplex alaschanica Y. Z. Zhao
分布：内蒙古

野榆钱菠菜 Atriplex aucheri Moq.
分布：内蒙古、新疆；阿富汗、伊朗、哈萨克斯坦、土库曼斯坦、俄罗斯；欧洲

白滨藜 Atriplex cana C. A. Mey.
分布：新疆；俄罗斯、哈萨克斯坦；亚洲(西南部)、欧洲

中亚滨藜 Atriplex centralasiatica Iljin
分布：吉林、辽宁、内蒙古、河北、山西、宁夏、甘肃、青海、新疆、西藏；蒙古国、俄罗斯；中亚

中亚滨藜(原变种) Atriplex centralasiatica var. **centralasiatica**
分布：吉林、辽宁、内蒙古、河北、山西、宁夏、甘肃、青海、新疆、西藏；蒙古国、俄罗斯

大苞滨藜 Atriplex centralasiatica var. **megalotheca** (Popov ex Iljin) G. L. Chu
分布：内蒙古、甘肃、新疆；哈萨克斯坦

犁苞滨藜 Atriplex dimorphostegia Kar. et Kir.
分布：新疆；阿富汗、哈萨克斯坦、巴基斯坦、塔吉克斯坦、乌兹别克斯坦；亚洲(西南部)、非洲(北部)

野滨藜 Atriplex fera (L.) Bunge
分布：黑龙江、吉林、内蒙古、河北、山西、陕西、甘肃、青海、新疆；蒙古国、俄罗斯

榆钱菠菜 Atriplex hortensis L.
分布：黑龙江、吉林、辽宁、内蒙古、河北、山西、陕西栽培；原产于亚洲(西南部)和欧洲，广泛栽培

光滨藜 **Atriplex laevis** C. A. Mey.

分布：内蒙古、新疆；俄罗斯、蒙古国；中亚、亚洲(西南部)、欧洲

海滨藜 **Atriplex maximowicziana** Makino

分布：福建；日本

异苞滨藜 **Atriplex micrantha** C. A. Mey.

分布：新疆；俄罗斯、哈萨克斯坦；亚洲(西南部)、欧洲

大洋洲滨藜 **Atriplex nummularia** Lindl.

分布：台湾和福建归化；原产于澳大利亚

滨藜 **Atriplex patens** (Litv.) Iljin

分布：黑龙江、吉林、辽宁、内蒙古、河北、陕西、宁夏、甘肃、青海、新疆；俄罗斯；亚洲(西南部)、中亚、欧洲

草地滨藜 **Atriplex patula** L.

分布：新疆；亚洲、欧洲、北美洲

戟叶滨藜 **Atriplex prostrata** Boucher ex DC.

分布：新疆；亚洲(西南部)、中亚、欧洲、非洲(北部)

匍匐滨藜 **Atriplex repens** Roth

分布：海南；阿富汗、印度；亚洲(西南部)

西伯利亚滨藜 **Atriplex sibirica** L.

分布：黑龙江、吉林、辽宁、内蒙古、河北、陕西、宁夏、甘肃、青海、新疆；蒙古国、哈萨克斯坦、俄罗斯

鞑靼滨藜 **Atriplex tatarica** L.

分布：甘肃、青海、新疆、安徽；蒙古国、俄罗斯；亚洲(西南部)、中亚、欧洲

鞑靼滨藜(原变种) **Atriplex tatarica** var. **tatarica**

分布：甘肃、青海、新疆；蒙古国、俄罗斯；亚洲、欧洲、非洲(北部)

帕米尔滨藜 **Atriplex tatarica** var. **pamirica** (Iljin) G. L. Chu

分布：西藏；巴基斯坦、帕米尔高原

疣苞滨藜 **Atriplex verrucifera** Bieb.

分布：新疆；蒙古国、俄罗斯；亚洲(西南部)、中亚、欧洲

轴藜属 **Axyris** L.

轴藜 **Axyris amaranthoides** L.

分布：黑龙江、吉林、辽宁、内蒙古、河北、陕西、甘肃、青海、新疆；日本、朝鲜、蒙古国、俄罗斯、哈萨克斯坦；欧洲

杂配轴藜 **Axyris hybrida** L.

分布：黑龙江、内蒙古、河北、山西、河南、甘肃、青海、新疆、云南、西藏；尼泊尔、克什米尔地区、蒙古国、俄罗斯；亚洲(西南部)、中亚

奇异轴藜(新拟) **Axyris mira** Sukhor.

分布：青海、四川、西藏；印度、尼泊尔、巴基斯坦

平卧轴藜 **Axyris prostrata** L.

分布：青海、新疆、西藏；印度、尼泊尔，蒙古国、俄罗斯、塔吉克斯坦

苞藜属 **Baolia** H. W. Kung et G. L. Chu

苞藜 **Baolia bracteata** H. W. Kung et G. L. Chu

分布：甘肃

雾冰藜属 **Bassia** J. Koenig ex L.

雾冰藜 **Bassia dasyphylla** (Fish. et C. A. Mey.) Kuntze

分布：黑龙江、吉林、辽宁、内蒙古、河北、山西、山东、甘肃、青海、新疆、西藏；蒙古国、俄罗斯；亚洲(西南部)、中亚

钩刺雾冰藜 **Bassia hyssopifolia** (Pall.) Kuntze

分布：甘肃、新疆；蒙古国、俄罗斯；亚洲(西南部)、中亚、欧洲、非洲(北部)

肉叶雾冰藜 **Bassia sedoides** (Schrad.) Asch.

分布：新疆；蒙古国、俄罗斯；亚洲(西南部)、中亚、欧洲

甜菜属 **Beta** L.

甜菜 **Beta vulgaris** L.

分布：内蒙古、北京、甘肃等地栽培；原产于亚洲(西南部)、欧洲、非洲(北部)，广泛栽培

甜菜(原变种) **Beta vulgaris** var. **vulgaris**

分布：北京等地栽培

糖萝卜 **Beta vulgaris** var. **altissima** Doll

分布：中国北方部分地区有栽培

莙荙菜 **Beta vulgaris** var. **cicla** L.

分布：陕西、江西、湖南、福建、广东、广西等地栽培

饲用甜菜 **Beta vulgaris** var. **lutea** DC.

分布：内蒙古、甘肃、新疆等地栽培

异子蓬属 **Borsczowia** Bunge

异子蓬 **Borsczowia aralocaspica** Bunge

分布：新疆；哈萨克斯坦、乌兹别克斯坦

樟味藜属 **Camphorosma** L.

樟味藜 **Camphorosma monspeliaca** L.

分布：新疆；蒙古国、俄罗斯；亚洲(西南部)、中亚、欧洲

樟味藜(原亚种) Camphorosma monspeliaca subsp. **monspeliaca**

分布：新疆；蒙古国、俄罗斯

同齿樟味藜 Camphorosma monspeliaca subsp. **lessingii** (Litv.) Aellen

分布：新疆；蒙古国、俄罗斯；中亚

青葙属 Celosia L.

青葙 Celosia argentea L.

分布：中国大部分地区有分布；不丹、柬埔寨、老挝、尼泊尔、菲律宾、朝鲜、日本、俄罗斯、印度、越南、缅甸、泰国、菲律宾、马来西亚；非洲

鸡冠花 Celosia cristata L.

分布：中国广泛栽培；全球广布

台湾青葙 Celosia taitoensis Hayata

分布：台湾

角果藜属 Ceratocarpus L.

角果藜 Ceratocarpus arenarius L.

分布：新疆；蒙古国、俄罗斯、阿富汗、巴基斯坦；亚洲(西南部)、中亚、欧洲

藜属 Chenopodium L.

尖头叶藜 Chenopodium acuminatum Willd.

分布：黑龙江、吉林、辽宁、内蒙古、河北、山西、山东、河南、陕西、宁夏、甘肃、青海、新疆、浙江；日本、朝鲜、蒙古国、俄罗斯；中亚

尖头叶藜(原亚种) Chenopodium acuminatum subsp. **acuminatum**

分布：黑龙江、吉林、辽宁、内蒙古、河北、山西、山东、河南、陕西、宁夏、甘肃、青海、新疆、浙江；日本、韩国、蒙古国、俄罗斯

狭叶尖头叶藜 Chenopodium acuminatum subsp. **virgatum** (Thunb.) Kitam.

分布：辽宁、内蒙古、河北、江苏、浙江、福建、台湾、广东、广西；日本、越南

藜 Chenopodium album L.

分布：中国大部分地区有分布；世界各地广布

菱叶藜 Chenopodium bryoniifolium Bunge

分布：黑龙江、吉林、辽宁、内蒙古、河北；日本、朝鲜、俄罗斯

合被藜 Chenopodium chenopodioides (L.) Aellen

分布：甘肃、新疆、西藏；俄罗斯；亚洲(西南部)、中亚、欧洲、非洲、北美洲

小藜 Chenopodium ficifolium Sm.

分布：中国大部分地区有分布；亚洲、欧洲；归化于世界各地

球花藜 Chenopodium foliosum (Moench) Asch.

分布：甘肃、新疆；亚洲(西南部)、中亚、欧洲、非洲(北部)

杖藜 Chenopodium giganteum D. Don

分布：辽宁、河北、河南、陕西、甘肃、湖南、四川、贵州、云南、广西、台湾有栽培；世界各地普遍栽培

灰绿藜 Chenopodium glaucum L.

分布：黑龙江、吉林、辽宁、内蒙古、河北、山西、河南、陕西、宁夏、甘肃、青海、新疆、江苏、浙江、湖南、湖北、海南；世界各地

细穗藜 Chenopodium gracilispicum H. W. Kung

分布：河北、山东、河南、陕西、甘肃、江苏、浙江、江西、湖南、四川、台湾、广东；日本

杂配藜 Chenopodium hybridum L.

分布：黑龙江、吉林、辽宁、内蒙古、河北、北京、山西、山东、陕西、宁夏、甘肃、青海、新疆、浙江、湖北、四川、重庆、云南、西藏；原产于西亚及欧洲，广布于北半球温带及夏威夷

小白藜 Chenopodium iljinii Golosk.

分布：内蒙古、宁夏、甘肃、青海、新疆、四川；哈萨克斯坦

平卧藜 Chenopodium karoi (Murr) Aellen

分布：河北、甘肃、青海、新疆、四川、西藏；蒙古国、俄罗斯；中亚

铺地藜 Chenopodium pumilio R. Brown

分布：河南；澳大利亚

红叶藜 Chenopodium rubrum L.

分布：黑龙江、内蒙古、宁夏、甘肃、新疆；亚洲(西南部)、中亚、欧洲、北美洲

圆头藜 Chenopodium strictum Roth

分布：河北、山西、陕西、甘肃、新疆；日本、朝鲜、俄罗斯；亚洲(西南部)、中亚、欧洲

市藜 Chenopodium urbicum L.

分布：新疆；亚洲(西南部)、中亚、欧洲、非洲(北部)

市藜(原亚种) Chenopodium urbicum subsp. **urbicum**

分布：新疆；亚洲、欧洲、非洲

东亚市藜 Chenopodium urbicum subsp. **sinicum** H. W. Kung et G. L. Chu

分布：黑龙江、吉林、辽宁、内蒙古、河北、山西、山东、

陕西、新疆、江苏

虫实属 **Corispermum** L.

烛台虫实 **Corispermum candelabrum** Iljin
分布：辽宁、内蒙古、河北

兴安虫实 **Corispermum chinganicum** Iljin
分布：黑龙江、吉林、辽宁、内蒙古、河北、宁夏、甘肃；蒙古国、俄罗斯

兴安虫实(原变种) **Corispermum chinganicum** var. **chinganicum**
分布：黑龙江、吉林、辽宁、内蒙古、河北、宁夏、甘肃；蒙古国、俄罗斯

毛果虫实 **Corispermum chinganicum** var. **stellipile** C. P. Tsien et C. G. Ma
分布：黑龙江、内蒙古

密穗虫实 **Corispermum confertum** Bunge
分布：黑龙江、吉林、辽宁；俄罗斯

绳虫实 **Corispermum declinatum** Stephan ex Iljin
分布：辽宁、内蒙古、河北、山西、陕西、甘肃、青海、新疆；蒙古国、俄罗斯；中亚

辽西虫实 **Corispermum dilutum** (Kitag.) C. P. Tsien et C. G. Ma
分布：辽宁、内蒙古

粗喙虫实 **Corispermum dutreuilii** Iljin
分布：甘肃、新疆、西藏；中亚

长穗虫实 **Corispermum elongatum** Bunge
分布：黑龙江、吉林、辽宁、内蒙古、宁夏；俄罗斯

镰叶虫实 **Corispermum falcatum** Iljin
分布：青海、西藏

中亚虫实 **Corispermum heptapotamicum** Iljin
分布：甘肃、新疆；哈萨克斯坦

黄河虫实 **Corispermum huanghoense** C. P. Tsien et C. G. Ma
分布：河南

倒披针叶虫实 **Corispermum lehmannianum** Bunge
分布：新疆；伊朗、阿富汗；中亚

鳞果虫实 **Corispermum lepidocarpum** Grubov
分布：西藏

青海虫实 **Corispermum lepidocarpum** var. **kokonoricum** R. F. Huang
分布：青海

拉萨虫实 **Corispermum lhasaense** C. P. Tsien et C. G. Ma
分布：西藏

大果虫实 **Corispermum macrocarpum** Bunge ex Maxim.
分布：黑龙江、辽宁；俄罗斯

蒙古虫实 **Corispermum mongolicum** Iljin
分布：内蒙古、宁夏、甘肃、新疆；蒙古国、俄罗斯

东方虫实 **Corispermum orientale** Lam.
分布：新疆；蒙古国、哈萨克斯坦、俄罗斯；欧洲

帕米尔虫实 **Corispermum pamiricum** Iljin
分布：甘肃、新疆、西藏；帕米尔高原

帕米尔虫实(原变种) **Corispermum pamiricum** var. **pamiricum**
分布：甘肃、新疆、西藏

毛果帕米尔虫实 **Corispermum pamiricum** var. **pilocarpum** C. P. Tsien et C. G. Ma
分布：西藏

碟果虫实 **Corispermum patelliforme** Iljin
分布：内蒙古、宁夏、甘肃、青海；蒙古国

宽翅虫实 **Corispermum platypterum** Kitag.
分布：吉林、辽宁、内蒙古、河北

早熟虫实 **Corispermum praecox** C. P. Tsien et C. G. Ma
分布：河南

假镰叶虫实 **Corispermum pseudofalcatum** C. P. Tsien et C. G. Ma
分布：西藏

软毛虫实 **Corispermum puberulum** Iljin
分布：黑龙江、辽宁、河北、山东

扭果虫实 **Corispermum retortum** W. Wang et P. Y. Fu
分布：黑龙江

华虫实 **Corispermum stauntonii** Moq.
分布：黑龙江、辽宁、内蒙古、河北

细苞虫实 **Corispermum stenolepis** Kitag.
分布：吉林、辽宁、内蒙古

藏虫实 Corispermum tibeticum Iljin

分布：青海、西藏；巴基斯坦、哈萨克斯坦；中亚

毛果西藏虫实 Corispermum tibeticum var. **pilocarpum** R. F. Huang

分布：青海

毛果绳虫实 Corispermum tylocarpum Hance

分布：辽宁、内蒙古、河北、山西、新疆、江苏；蒙古国

单刺蓬属 Cornulaca Delile

阿拉善单刺蓬 Cornulaca alaschanica C. P. Tsien et G. L. Chu

分布：内蒙古、甘肃

杯苋属 Cyathula Lour.

头花杯苋 Cyathula capitata Moq.

分布：四川、云南、西藏；不丹、尼泊尔、印度、越南

川牛膝 Cyathula officinalis K. C. Kuan

分布：河北、浙江、四川、贵州、云南；尼泊尔

杯苋 Cyathula prostrata (L.) Blume

分布：云南、台湾、广东、广西、海南；不丹、柬埔寨、老挝、尼泊尔、越南、印度、泰国、缅甸、马来西亚、菲律宾、太平洋岛屿、澳大利亚；非洲

绒毛杯苋 Cyathula tomentosa (Roth) Moq.

分布：贵州、西藏；不丹、印度、缅甸、尼泊尔

浆果苋属 Deeringia R. Br.

浆果苋 Deeringia amaranthoides (Lam.) Merr.

分布：四川、贵州、云南、西藏、台湾、广东、广西、海南；不丹、印度、印度尼西亚、老挝、马来西亚、缅甸、尼泊尔、泰国、越南、澳大利亚

白浆果苋 Deeringia polysperma (Roxb.) Moq.

分布：台湾、广东、海南；马来西亚、菲律宾、泰国、越南

刺藜属 Dysphania R. Br.

土荆芥 Dysphania ambrosioides (L.) Mosyakin et Clemants

分布：北京、山东、陕西、江苏、上海、浙江、江西、湖南、湖北、四川、重庆、贵州、云南、福建、台湾、广东、广西、海南、香港、澳门；原产于热带美洲，现遍及世界热带和亚热带地区

刺藜 Dysphania aristata (L.) Mosyakin et Clemants

分布：黑龙江、吉林、内蒙古、河北、山西、山东、河南、陕西、宁夏、青海、新疆、四川；亚洲、欧洲

不丹刺藜(新拟) Dysphania bhutanica Sukhor.

分布：西藏；不丹

香藜 Dysphania botrys (L.) Mosyakin et Clemants

分布：新疆；亚洲(西南部)、中亚、欧洲、非洲(北部)

喜马拉雅刺藜(新拟) Dysphania himalaica Uotila

分布：西藏；克什米尔地区、尼泊尔

甘肃刺藜(新拟) Dysphania kitiae Uotila

分布：甘肃

菊叶香藜 Dysphania schraderiana (Roem. et Schult.) Mosyakin et Clemants

分布：辽宁、内蒙古、山西、陕西、甘肃、青海、四川、云南、西藏；亚洲(西南部)、欧洲、非洲

对叶盐蓬属 Girgensohnia Bunge

对叶盐蓬 Girgensohnia oppositiflora (Pall.) Fenzl

分布：新疆；阿富汗、巴基斯坦、俄罗斯；亚洲(西南部)、中亚

千日红属 Gomphrena L.

银花苋 Gomphrena celosioides C. Mart.

分布：台湾、广东、海南；原产于美洲热带，现世界热带地区广布

千日红 Gomphrena globosa L.

分布：河北、山西、湖北、四川、贵州、福建、广西、新疆、浙江广泛栽培；原产于新热带地区，热带亚洲栽培或归化

盐蓬属 Halimocnemis C. A. Mey.

短苞盐蓬 Halimocnemis karelinii Moq.

分布：新疆；哈萨克斯坦

长叶盐蓬 Halimocnemis longifolia Bunge

分布：新疆；哈萨克斯坦

柔毛盐蓬 Halimocnemis villosa Kar. et Kir.

分布：新疆；哈萨克斯坦

盐节木属 Halocnemum M. Bieb.

盐节木 Halocnemum strobilaceum (Pall.) M. Bieb.

分布：甘肃、新疆；阿富汗、哈萨克斯坦、蒙古国、俄罗斯；欧洲、非洲(北部)

盐生草属 Halogeton C. A. Mey.

白茎盐生草 Halogeton arachnoideus Moq.

分布：内蒙古、山西、陕西、宁夏、甘肃、青海、新疆；中亚

盐生草 Halogeton glomeratus (M. Bieb.) C. A. Mey.
分布：甘肃、青海、新疆、西藏；蒙古国、俄罗斯；中亚

盐生草(原变种) Halogeton glomeratus var. **glomeratus**
分布：甘肃、青海、新疆、西藏；蒙古国、俄罗斯

西藏盐生草 Halogeton glomeratus var. **tibeticus** (Bunge) Grubov
分布：青海、新疆、西藏；中亚

盐千屈菜属 Halopeplis Bunge

盐千屈菜 Halopeplis pygmaea (Pall.) Bunge ex Ung.-Sternb.
分布：新疆；亚洲(西南部)、中亚

盐穗木属 Halostachys C. A. Mey. ex Schrenk

盐穗木 Halostachys caspica C. A. Mey. ex Schrenk
分布：甘肃、新疆；俄罗斯、阿富汗、蒙古国、巴基斯坦；亚洲(西南部)、中亚

新疆藜属 Halothamnus Jaub. et Spach

新疆藜 Halothamnus glaucus (M. Bieb.) Botschantz.
分布：新疆；亚洲(西南部)、中亚

梭梭属 Haloxylon Bunge

梭梭 Haloxylon ammodendron (C. A. Mey.) Bunge
分布：内蒙古、宁夏、甘肃、青海、新疆；蒙古国；中亚

白梭梭 Haloxylon persicum Bunge ex Boiss. et Buhse
分布：新疆；俄罗斯、阿富汗；亚洲(西南部)、中亚

对节刺属 Horaninovia Fisch. et C. A. Mey.

对节刺 Horaninovia ulicina Fisch. et C. A. Mey.
分布：新疆；阿富汗、伊朗、哈萨克斯坦、土库曼斯坦

戈壁藜属 Iljinia Korovin

戈壁藜 Iljinia regelii (Bunge) Korovin
分布：内蒙古、甘肃、新疆；蒙古国、哈萨克斯坦

血苋属 Iresine P. Browne

血苋 Iresine herbstii Hook. ex Lindl.
分布：江苏、广东、广西、海南、云南和上海有栽培；原产于南美洲

盐爪爪属 Kalidium Moq.

里海盐爪爪 Kalidium caspicum (L.) Ung.-Sternb.
分布：新疆；俄罗斯；亚洲(西南部)、中亚、欧洲

尖叶盐爪爪 Kalidium cuspidatum (Ung.-Sternb.) Grubov
分布：内蒙古、河北、陕西、宁夏、甘肃、青海、新疆；蒙古国

尖叶盐爪爪(原变种) Kalidium cuspidatum var. **cuspidatum**
分布：内蒙古、河北、新疆；蒙古国

黄毛头 Kalidium cuspidatum var. **sinicum** A. J. Li
分布：内蒙古、宁夏、甘肃、青海

盐爪爪 Kalidium foliatum (Pall.) Moq.
分布：黑龙江、内蒙古、河北、宁夏、甘肃、青海、新疆；蒙古国、俄罗斯；亚洲(西南部)、中亚、欧洲(东南部)

细枝盐爪爪 Kalidium gracile Fenzl
分布：内蒙古、陕西、宁夏、甘肃、青海、新疆；蒙古国

圆叶盐爪爪 Kalidium schrenkianum Bunge ex Ung.-Sternb.
分布：新疆；哈萨克斯坦

棉藜属 Kirilowia Bunge

棉藜 Kirilowia eriantha Bunge
分布：新疆；中亚

地肤属 Kochia Roth.

全翅地肤 Kochia krylovii Litv.
分布：新疆；蒙古国、俄罗斯

毛花地肤 Kochia laniflora (S. G. Gmel.) Borbás
分布：内蒙古、新疆；亚洲(西南部)、中亚、欧洲、非洲(北部)

黑翅地肤 Kochia melanoptera Bunge
分布：内蒙古、宁夏、甘肃、青海、新疆；蒙古国、哈萨克斯坦

尖翅地肤 Kochia odontoptera Schrenk
分布：新疆；中亚

木地肤 Kochia prostrata (L.) C. Schrad.
分布：黑龙江、辽宁、内蒙古、河北、山西、陕西、宁夏、甘肃、新疆、西藏；亚洲(西南部)、中亚、欧洲

木地肤(原变种) Kochia prostrata var. **prostrata**
分布：黑龙江、辽宁、内蒙古、河北、山西、陕西、宁夏、甘肃、新疆、西藏；欧洲

灰毛木地肤 Kochia prostrata var. **canescens** Moq.
分布：内蒙古、宁夏、甘肃、新疆

密毛木地肤 Kochia prostrata var. **villosissima** Bong. et C. A. Mey
分布：新疆

地肤 **Kochia scoparia** (L.) Schrad.

分布：中国广布；亚洲、欧洲

碱地肤 **Kochia scoparia** var. **sieversiana** (Pall.) Ulbr. ex Asch. et Graebn.

分布：黑龙江、吉林、辽宁、内蒙古、河北、山西、陕西、宁夏、甘肃、青海、新疆；亚洲、欧洲

伊朗地肤 **Kochia stellaris** Moq.

分布：甘肃、新疆；阿富汗、巴基斯坦、伊朗；中亚

驼绒藜属 **Krascheninnikovia** Gueldenst.

华北驼绒藜 **Krascheninnikovia arborescens** (Losina-Losinskaja) Czerep.

分布：吉林、辽宁、内蒙古、甘肃、四川

驼绒藜 **Krascheninnikovia ceratoides** (L.) Gueldenst.

分布：内蒙古、甘肃、青海、新疆、西藏；蒙古国；亚洲、欧洲、非洲(北部)

垫状驼绒藜 **Krascheninnikovia compacta** (Losinsk.) Grubov

分布：甘肃、青海、新疆、西藏；塔吉克斯坦

垫状驼绒藜(原变种) **Krascheninnikovia compacta** var. **compacta**

分布：甘肃、青海、新疆、西藏；塔吉克斯坦

长毛驼绒藜 **Krascheninnikovia compacta** var. **longipilosa** (C. P. Tsien et C. G. Ma) Mosyakin

分布：青海、西藏

叶城驼绒藜 **Krascheninnikovia compacta** var. **yechengensis** A. L. Fu

分布：新疆

心叶驼绒藜 **Krascheninnikovia ewersmanniana** (Stschegl. ex Losinsk.) Grubov

分布：新疆；哈萨克斯坦、蒙古国；中亚

绒藜属 **Londesia** Fisch. et C. A. Mey.

绒藜 **Londesia eriantha** Fisch. et C. A. Mey.

分布：新疆；蒙古国；亚洲(西南部)、中亚

小果滨藜属 **Microgynoecium** Hook. f.

小果滨藜 **Microgynoecium tibeticum** Hook. f.

分布：甘肃、青海、新疆、四川、西藏；尼泊尔、印度、帕米尔高原

小蓬属 **Nanophyton** Less.

小蓬 **Nanophyton erinaceum** (Pall.) Bunge

分布：新疆；蒙古国、俄罗斯；中亚

蒙古小蓬(新拟) **Nanophyton mongolicum** U. P. Pratov

分布：新疆；蒙古国

兜藜属 **Panderia** Fisch. et C. A. Mey.

兜藜 **Panderia turkestanica** Iljin

分布：新疆；哈萨克斯坦、高加索地区

叉毛蓬属 **Petrosimonia** Bunge

灰绿叉毛蓬 **Petrosimonia glaucescens** (Bunge) Iljin

分布：新疆；哈萨克斯坦、高加索地区；欧洲

对生叶叉毛蓬 **Petrosimonia oppositifolia** (Pall.) Litv.

分布：新疆；中亚、高加索地区；欧洲

叉毛蓬 **Petrosimonia sibirica** (Pall.) Bunge

分布：新疆；俄罗斯；中亚

粗糙叉毛蓬 **Petrosimonia squarrosa** (Schrenk) Bunge

分布：新疆；哈萨克斯坦；中亚

安旱苋属 **Philoxerus** R. Br.

安旱苋 **Philoxerus wrightii** Hook. f.

分布：台湾；日本

多节草属 **Polycnemum** L.

多节草 **Polycnemum arvense** L.

分布：新疆；亚洲(西南部)、中亚、欧洲

青花苋属 **Psilotrichopsis** C. C. Towns.

青花苋 **Psilotrichopsis curtisii** var. **hainanensis** (F. C. How) H. S. Kiu

分布：海南

林地苋属 **Psilotrichum** Blume

苋叶林地苋 **Psilotrichum erythrostachyum** Gagnep.

分布：海南；柬埔寨、泰国、越南

林地苋 **Psilotrichum ferrugineum** (Roxb.) Moq.

分布：云南、海南；柬埔寨、印度、老挝、马来西亚、缅甸、尼泊尔、菲律宾、泰国、越南；非洲

林地苋(原变种) **Psilotrichum ferrugineum** var. **ferrugineum**

分布：海南；柬埔寨、印度、老挝、马来西亚、缅甸、尼泊尔、菲律宾、泰国、越南；非洲

海南林地苋 **Psilotrichum ferrugineum** var. **hainanense** H. S. Kiu

分布：广西、海南

西盟林地苋 **Psilotrichum ferrugineum** var. **ximengense** Y. Y. Qian
分布：云南

云南林地苋 **Psilotrichum yunnanense** D. D. Tao
分布：云南

盐角草属 Salicornia L.

盐角草 **Salicornia europaea** L.
分布：辽宁、内蒙古、河北、山西、山东、陕西、宁夏、甘肃、青海、新疆、江苏；朝鲜、日本、俄罗斯、印度；欧洲、北美洲

猪毛菜属 Salsola L.

蒿叶猪毛菜 **Salsola abrotanoides** Bunge
分布：内蒙古、甘肃、青海、新疆；蒙古国

紫翅猪毛菜 **Salsola affinis** C. A. Mey.
分布：新疆；俄罗斯；中亚

露果猪毛菜 **Salsola aperta** Paulsen
分布：新疆；俄罗斯、阿富汗、哈萨克斯坦、塔吉克斯坦、土库曼斯坦、乌兹别克斯坦；中亚

木本猪毛菜 **Salsola arbuscula** Pall.
分布：内蒙古、宁夏、甘肃、新疆；蒙古国、俄罗斯、巴基斯坦、伊朗、阿富汗

白枝猪毛菜 **Salsola arbusculiformis** Drobow
分布：新疆；中亚

散枝猪毛菜 **Salsola brachiata** Pall.
分布：新疆；蒙古国、俄罗斯、高加索地区；中亚、欧洲

青海猪毛菜 **Salsola chinghaiensis** A. J. Li
分布：青海

猪毛菜 **Salsola collina** Pall.
分布：黑龙江、吉林、辽宁、内蒙古、河北、山西、山东、河南、陕西、宁夏、甘肃、青海、新疆、安徽、四川、贵州、云南、西藏；朝鲜、蒙古国、俄罗斯、巴基斯坦；中亚

准噶尔猪毛菜 **Salsola dschungarica** Iljin
分布：新疆；中亚

费尔干猪毛菜 **Salsola ferganica** Drobow
分布：新疆；中亚

浆果猪毛菜 **Salsola foliosa** (L.) Schrad. ex Roem. et Schult.
分布：新疆；蒙古国、俄罗斯、高加索地区；中亚、欧洲

钝叶猪毛菜 **Salsola heptapotamica** Iljin
分布：新疆；哈萨克斯坦

蒙古猪毛菜 **Salsola ikonnikovii** Iljin
分布：内蒙古；蒙古国

密枝猪毛菜 **Salsola implicata** Botschantz.
分布：新疆；中亚

天山猪毛菜 **Salsola junatovii** Botschantz.
分布：新疆

无翅猪毛菜 **Salsola komarovii** Iljin
分布：黑龙江、吉林、辽宁、内蒙古、河北、山东、江苏、浙江；朝鲜、日本、俄罗斯

褐翅猪毛菜 **Salsola korshinskyi** Drobow
分布：新疆；中亚

短柱猪毛菜 **Salsola lanata** Pall.
分布：新疆；巴基斯坦、俄罗斯、伊朗

松叶猪毛菜 **Salsola laricifolia** Turcz. ex Litv.
分布：内蒙古、宁夏、甘肃、新疆；蒙古国；中亚

小药猪毛菜 **Salsola micranthera** Botschantz.
分布：新疆；中亚

单翅猪毛菜 **Salsola monoptera** Bunge
分布：内蒙古、青海、新疆、西藏；蒙古国、俄罗斯

尼泊尔猪毛菜 **Salsola nepalensis** Grubb
分布：西藏；尼泊尔

钠猪毛菜 **Salsola nitraria** Pall.
分布：新疆；阿富汗、俄罗斯、巴基斯坦

东方猪毛菜 **Salsola orientalis** S. G. Gmel.
分布：新疆；亚洲(西南部)、中亚

珍珠猪毛菜 **Salsola passerina** Bunge
分布：内蒙古、宁夏、甘肃、青海；蒙古国

长刺猪毛菜 **Salsola paulsenii** Litv.
分布：新疆；蒙古国、阿富汗；亚洲(西南部)、中亚、欧洲(东南部)

薄翅猪毛菜 **Salsola pellucida** Litv.
分布：内蒙古、宁夏、甘肃、青海、新疆；高加索地区；中亚

早熟猪毛菜 **Salsola praecox** (Litv.) Iljin
分布：新疆；阿富汗、巴基斯坦、伊朗；中亚

蔷薇猪毛菜 **Salsola rosacea** L.
分布：新疆；蒙古国、俄罗斯；中亚

新疆猪毛菜 **Salsola sinkiangensis** A. J. Li
分布：甘肃、新疆

苏打猪毛菜 Salsola soda L.

分布：新疆；亚洲(西南部)、中亚、欧洲、非洲(北部)

粗枝猪毛菜 Salsola subcrassa Popov ex Iljin

分布：新疆；中亚

长柱猪毛菜 Salsola sukaczevii (Botsch.) A. J. Li

分布：新疆；中亚

柽柳叶猪毛菜 Salsola tamariscina Pall.

分布：新疆；蒙古国、俄罗斯、乌克兰；中亚

刺沙蓬 Salsola tragus L.

分布：黑龙江、吉林、辽宁、内蒙古、河北、山西、山东、陕西、宁夏、甘肃、青海、新疆、江苏、西藏；亚洲、欧洲

柴达木猪毛菜 Salsola zaidamica Iljin

分布：内蒙古、甘肃、青海、新疆；蒙古国

菠菜属 Spinacia L.

菠菜 Spinacia oleracea L.

分布：中国各地栽培；原产地不明，世界各地栽培

巨苋藤属 Stilbanthus Hook. f.

巨苋藤 Stilbanthus scandens Hook. f.

分布：云南、广西；不丹、印度、缅甸

碱蓬属 Suaeda Forssk. ex J. F. Gmel.

刺毛碱蓬 Suaeda acuminata (C. A. Mey.) Moq.

分布：新疆；蒙古国、俄罗斯；亚洲(西南部)、中亚、欧洲(东南部)

高碱蓬 Suaeda altissima (L.) Pall.

分布：新疆；俄罗斯；亚洲(西南部)、中亚、欧洲

五蕊碱蓬 Suaeda arcuata Bunge

分布：新疆；中亚

南方碱蓬 Suaeda australis (R. Br.) Moq.

分布：江苏、福建、台湾、广东、广西；日本、澳大利亚；东南亚

角果碱蓬 Suaeda corniculata (C. A. Mey.) Bunge

分布：黑龙江、吉林、辽宁、内蒙古、河北、宁夏、甘肃、青海、新疆；蒙古国、俄罗斯、乌克兰；中亚

角果碱蓬(原变种) Suaeda corniculata var. **corniculata**

分布：黑龙江、吉林、辽宁、内蒙古、河北、宁夏、甘肃、青海、新疆；蒙古国、俄罗斯

蒙古角果碱蓬 Suaeda corniculata subsp. **mongolica** Lomon. et Freitag

分布：黑龙江；蒙古国、俄罗斯

藏角果碱蓬 Suaeda corniculata var. **olufsenii** (Paulsen) G. L. Chu

分布：西藏；帕米尔高原

镰叶碱蓬 Suaeda crassifolia Pall.

分布：新疆；俄罗斯、高加索地区、伊朗；中亚

木碱蓬 Suaeda dendroides (C. A. Mey.) Moq.

分布：新疆；高加索地区；中亚

碱蓬 Suaeda glauca (Bunge) Bunge

分布：黑龙江、内蒙古、河北、山西、山东、河南、宁夏、甘肃、青海、新疆、江苏、浙江；蒙古国、朝鲜、日本、俄罗斯

盘果碱蓬 Suaeda heterophylla (Kar. et Kir.) Bunge

分布：宁夏、甘肃、新疆、西藏；亚洲(西南部)、欧洲

肥叶碱蓬 Suaeda kossinskyi Iljin

分布：内蒙古、新疆；俄罗斯；中亚

库隆达碱蓬(新拟) Suaeda kulundensis Lomon. et Freitag

分布：新疆；俄罗斯、哈萨克斯坦

亚麻叶碱蓬 Suaeda linifolia Pall.

分布：新疆；俄罗斯；中亚

小叶碱蓬 Suaeda microphylla Pall.

分布：新疆；高加索地区；中亚

奇异碱蓬 Suaeda paradoxa (Bunge) Bunge

分布：青海、新疆；中亚

囊果碱蓬 Suaeda physophora Pall.

分布：甘肃、新疆；俄罗斯；中亚

平卧碱蓬 Suaeda prostrata Pall.

分布：内蒙古、河北、山西、陕西、宁夏、甘肃、新疆、江苏；俄罗斯；亚洲(西南部)、中亚、欧洲

阿拉善碱蓬 Suaeda przewalskii Bunge

分布：内蒙古、宁夏、甘肃；蒙古国

纵翅碱蓬 Suaeda pterantha (Kar. et Kir.) Bunge

分布：新疆；俄罗斯；中亚

硬枝碱蓬 Suaeda rigida H. W. Kung et G. L. Chu

分布：新疆

盐地碱蓬 Suaeda salsa (L.) Pall.

分布：黑龙江、吉林、辽宁、内蒙古、河北、山西、山东、

陕西、宁夏、甘肃、青海、新疆、江苏、浙江；朝鲜、蒙古国；欧洲

西伯利亚碱蓬(新拟) **Suaeda sibirica** Lomon. et Freitag
分布：黑龙江、宁夏；蒙古国、俄罗斯

星花碱蓬 **Suaeda stellatiflora** G. L. Chu
分布：宁夏、甘肃、新疆

图瓦碱蓬(新拟) **Suaeda tuvinica** Lomon. et Freitag
分布：黑龙江；蒙古国、俄罗斯

合头草属 **Sympegma** Bunge

合头草 **Sympegma regelii** Bunge
分布：内蒙古、宁夏、甘肃、青海、新疆；蒙古国、哈萨克斯坦

针叶苋属 **Trichuriella** Bennet

针叶苋 **Trichuriella monsoniae** (L. f.) Bennet
分布：海南；印度、缅甸、斯里兰卡、泰国、越南

210. 石蒜科 Amaryllidaceae J. St.-Hil.

葱属 **Allium** L.

针叶韭 **Allium aciphyllum** J. M. Xu
分布：四川

鄂尔多斯韭 **Allium alabasicum** Y. Z. Zhao
分布：内蒙古

阿尔泰葱 **Allium altaicum** Pall.
分布：黑龙江、内蒙古、新疆；哈萨克斯坦、蒙古国、俄罗斯

直立韭 **Allium amphibolum** Ledeb.
分布：新疆；哈萨克斯坦、蒙古国、俄罗斯

矮韭 **Allium anisopodium** Ledeb.
分布：黑龙江、吉林、辽宁、内蒙古、河北、山西、山东、陕西、甘肃、新疆；哈萨克斯坦、朝鲜、蒙古国、俄罗斯

矮韭(原变种) **Allium anisopodium** var. **anisopodium**
分布：黑龙江、吉林、辽宁、内蒙古、河北、山东、新疆；哈萨克斯坦、韩国、蒙古国、俄罗斯

糙葶韭 **Allium anisopodium** var. **zimmermannianum** (Gilg) F. T. Wang et Tang
分布：黑龙江、吉林、辽宁、内蒙古、河北、山西、山东、陕西、甘肃

蓝苞葱 **Allium atrosanguineum** Schrenk
分布：甘肃、青海、新疆、四川、云南；阿富汗、哈萨克斯坦、吉尔吉斯斯坦、蒙古国、俄罗斯、塔吉克斯坦

蓝苞葱(原变种) **Allium atrosanguineum** var. **atrosanguineum**
分布：青海、新疆、四川；阿富汗、哈萨克斯坦、吉尔吉斯斯坦、蒙古国、俄罗斯、塔吉克斯坦

费葱 **Allium atrosanguineum** var. **fedschenkoanum** (Regel) G. Zhu et Turland
分布：新疆、西藏；阿富汗、印度、哈萨克斯坦、吉尔吉斯斯坦、巴基斯坦、塔吉克斯坦、乌兹别克斯坦

藏葱 **Allium atrosanguineum** var. **tibeticum** (Regel) G. Zhu et Turland
分布：甘肃、青海、四川、云南、西藏

蓝花韭 **Allium beesianum** W. W. Sm.
分布：四川、云南

砂韭 **Allium bidentatum** Fisch. ex Prokh. et Ikonn.-Gal.
分布：黑龙江、吉林、辽宁、内蒙古、河北、山西、新疆；哈萨克斯坦、蒙古国、俄罗斯

白韭 **Allium blandum** Wall.
分布：新疆；阿富汗、印度、巴基斯坦、塔吉克斯坦

矮齿韭 **Allium brevidentatum** F. Z. Li
分布：山东

棱叶薤 **Allium caeruleum** Pall.
分布：新疆；哈萨克斯坦、吉尔吉斯斯坦、俄罗斯、塔吉克斯坦、乌兹别克斯坦

知母薤 **Allium caesium** Schrenk
分布：新疆；哈萨克斯坦、吉尔吉斯斯坦、塔吉克斯坦、乌兹别克斯坦

疏生韭 **Allium caespitosum** Siev. ex Bong. et C. A. Mey.
分布：新疆；哈萨克斯坦

石生韭 **Allium caricoides** Regel
分布：新疆；哈萨克斯坦、吉尔吉斯斯坦

镰叶韭 **Allium carolinianum** Redouté
分布：内蒙古、新疆、西藏；阿富汗、不丹、印度、哈萨克斯坦、吉尔吉斯斯坦、尼泊尔、巴基斯坦、塔吉克斯坦、乌兹别克斯坦

洋葱 **Allium cepa** L.
分布：世界各地广泛栽培

洋葱(原变种) **Allium cepa** var. **cepa**
分布：中国广布

火葱 **Allium cepa** var. **aggregatum** L.
分布：河南、安徽、湖南、湖北、福建、广东、广西、海

南、江西、浙江等各地栽培；世界各地广泛栽培

楼子葱 **Allium cepa** var. **proliferum** (Moench) Regel
分布：河北、河南、宁夏、甘肃、陕西、四川等各地栽培；世界各地广泛栽培

香葱 **Allium cepiforme** G. Don
分布：新疆

昌都韭 **Allium changduense** J. M. Xu
分布：四川、西藏

剑川韭 **Allium chienchuanense** J. M. Xu
分布：云南

藠头 **Allium chinense** G. Don
分布：河南、安徽、浙江、江西、湖南、湖北、贵州、福建、广东、广西、海南，长江以南有栽培

冀韭 **Allium chiwui** F. T. Wang et Tang
分布：河北

野葱 **Allium chrysanthum** Regel
分布：陕西、甘肃、青海、湖北、四川、云南、西藏

折被韭 **Allium chrysocephalum** Regel
分布：甘肃、青海、四川

细叶北韭 **Allium clathratum** Ledeb.
分布：新疆；哈萨克斯坦、蒙古国、俄罗斯

黄花韭 **Allium condensatum** Turcz.
分布：黑龙江、吉林、辽宁、内蒙古、河北、山西、山东；朝鲜、蒙古国、俄罗斯

天蓝韭 **Allium cyaneum** Regel
分布：陕西、宁夏、甘肃、青海、湖北、四川、西藏；朝鲜

杯花韭 **Allium cyathophorum** Bureau et Franch.
分布：甘肃、青海、四川、云南、西藏

杯花韭（原变种） **Allium cyathophorum** var. **cyathophorum**
分布：青海、四川、云南、西藏

川甘韭 **Allium cyathophorum** var. **farreri** (Stearn) Stearn
分布：甘肃、四川

星花韭 **Allium decipiens** Fisch. ex Roem. et Schult.
分布：新疆；哈萨克斯坦、俄罗斯

迷人韭 **Allium delicatulum** Sievers ex Schult. et Schult.
分布：新疆；哈萨克斯坦、俄罗斯

短齿韭 **Allium dentigerum** Prokh.
分布：陕西、甘肃

贺兰韭 **Allium eduardii** Stearn
分布：内蒙古、河北、宁夏、新疆；蒙古国、俄罗斯

雅韭 **Allium elegantulum** Kitag.
分布：辽宁

真籽韭 **Allium eusperma** Airy Shaw
分布：四川、云南

梵净山韭 **Allium fanjingshanense** C. D. Yang et G. Q. Gou
分布：贵州

粗根韭 **Allium fasciculatum** Rendle
分布：青海、四川、西藏；不丹、尼泊尔、印度

多籽蒜 **Allium fetisowii** Regel
分布：新疆；吉尔吉斯斯坦、塔吉克斯坦

葱 **Allium fistulosum** L.
分布：原产于中国西部，其他地方广泛栽培

新疆韭 **Allium flavidum** Ledeb.
分布：新疆；哈萨克斯坦、蒙古国、俄罗斯

阿拉善韭 **Allium flavovirens** Regel
分布：内蒙古

梭沙韭 **Allium forrestii** Diels
分布：四川、云南、西藏

玉簪叶山葱 **Allium funckiifolium** Hand.-Mazz.
分布：湖北、四川

实葶葱 **Allium galanthum** Kar. et Kir.
分布：新疆；哈萨克斯坦、蒙古国、俄罗斯

头花韭 **Allium glomeratum** Prokh.
分布：新疆；吉尔吉斯斯坦

灰皮韭 **Allium grisellum** J. M. Xu
分布：新疆

灌县韭 **Allium guanxianense** J. M. Xu
分布：四川

疏花韭 **Allium henryi** C. H. Wright
分布：湖北、四川

金头韭 **Allium herderianum** Regel
分布：甘肃、青海

异梗韭 **Allium heteronema** F. T. Wang et Tang
分布：四川

宽叶韭 **Allium hookeri** Thwaites

分布：四川、云南、西藏；不丹、印度、缅甸、斯里兰卡

宽叶韭(原变种) **Allium hookeri** var. **hookeri**

分布：四川、西藏；斯里兰卡

木里韭 **Allium hookeri** var. **muliense** Airy Shaw

分布：四川、云南

雪韭 **Allium humile** Kunth

分布：云南、西藏；印度、巴基斯坦

北疆韭 **Allium hymenorhizum** Ledeb.

分布：新疆；哈萨克斯坦、吉尔吉斯斯坦、蒙古国、俄罗斯、塔吉克斯坦

北疆韭(原变种) **Allium hymenorhizum** var. **hymenorhizum**

分布：新疆；塔吉克斯坦

旱生韭 **Allium hymenorhizum** var. **dentatum** J. M. Xu

分布：新疆

齿棱茎合被韭 **Allium inutile** Makino

分布：安徽；日本

高原薤 **Allium jacquemontii** Kunth

分布：新疆、西藏；印度、巴基斯坦

尤尔都斯薤 **Allium juldusicola** Regel

分布：新疆

草地韭 **Allium kaschianum** Regel

分布：新疆；哈萨克斯坦、吉尔吉斯斯坦

钟花韭 **Allium kingdonii** Stearn

分布：西藏

褐皮韭 **Allium korolkowii** Regel

分布：新疆；哈萨克斯坦、吉尔吉斯斯坦

条叶长喙韭 **Allium kurssanovii** Popov

分布：新疆；哈萨克斯坦、吉尔吉斯斯坦

硬皮葱 **Allium ledebourianum** Schult. et Schult. f.

分布：黑龙江、吉林、辽宁、内蒙古、新疆；哈萨克斯坦、蒙古国、俄罗斯

白头韭 **Allium leucocephalum** Turcz.

分布：黑龙江、内蒙古、甘肃；蒙古国、俄罗斯

北韭 **Allium lineare** L.

分布：新疆；哈萨克斯坦、蒙古国、俄罗斯

对叶山葱 **Allium listera** Stearn

分布：吉林、河北、山西、河南、陕西、安徽

长柱韭 **Allium longistylum** Baker

分布：内蒙古、河北、山西

马克韭 **Allium maackii** (Maxim.) Prokh. ex Kom. Aliss.-Klobuva

分布：黑龙江；俄罗斯

大花韭 **Allium macranthum** Baker

分布：陕西、甘肃、四川、云南、西藏；不丹、印度

薤白 **Allium macrostemon** Bunge

分布：中国除青海和新疆外各地有分布；日本、朝鲜、蒙古国、俄罗斯

滇韭 **Allium mairei** H. Lév.

分布：四川、云南、西藏

茂汶薤 **Allium maowenense** J. M. Xu

分布：四川

马葱 **Allium maximowiczii** Regel

分布：黑龙江、吉林、内蒙古；日本、朝鲜、蒙古国、俄罗斯

大鳞韭 **Allium megalobulbon** Regel

分布：新疆

单花薤 **Allium monanthum** Maxim.

分布：黑龙江、吉林、辽宁、河北；日本、朝鲜、俄罗斯

蒙古韭 **Allium mongolicum** Regel

分布：辽宁、内蒙古、陕西、宁夏、甘肃、青海、新疆；哈萨克斯坦、蒙古国、俄罗斯

短葶山葱 **Allium nanodes** Airy Shaw

分布：四川、云南

长梗合被韭 **Allium neriniflorum** (Herb.) G. Don

分布：黑龙江、吉林、辽宁、内蒙古、河北；蒙古国、俄罗斯

齿丝山韭 **Allium nutans** L.

分布：新疆；哈萨克斯坦、蒙古国、俄罗斯

高葶韭 **Allium obliquum** L.

分布：新疆；哈萨克斯坦、吉尔吉斯斯坦、蒙古国、俄罗斯；欧洲

少花葱 **Allium oliganthum** Kar. et Kir.

分布：新疆；哈萨克斯坦、蒙古国、俄罗斯

峨眉韭 **Allium omeiense** Z. Y. Zhu

分布：四川

高地蒜 **Allium oreophilum** C. A. Mey.

分布：新疆；阿富汗、哈萨克斯坦、吉尔吉斯斯坦、巴基斯坦、俄罗斯、塔吉克斯坦、乌兹别克斯坦；亚洲(西南部)

滩地韭 Allium oreoprasum Schrenk
分布：新疆、西藏；阿富汗、哈萨克斯坦、吉尔吉斯斯坦、巴基斯坦、塔吉克斯坦、乌兹别克斯坦

卵叶山葱 Allium ovalifolium Hand.-Mazz.
分布：陕西、甘肃、青海、湖北、四川、贵州、云南

卵叶山葱(原变种) Allium ovalifolium var. **ovalifolium**
分布：陕西、甘肃、青海、湖北、四川、贵州、云南

心叶山葱 Allium ovalifolium var. **cordifolium** (J. M. Xu) J. M. Xu
分布：四川

白脉山葱 Allium ovalifolium var. **leuconeurum** J. M. Xu
分布：四川

天蒜 Allium paepalanthoides Airy Shaw
分布：内蒙古、山西、陕西、四川

小山蒜 Allium pallasii Murray
分布：新疆；哈萨克斯坦、蒙古国、俄罗斯

石坡韭 Allium petraeum Kar. et Kir.
分布：新疆；哈萨克斯坦

昆仑韭 Allium pevtzovii Prokh.
分布：新疆

帕里韭 Allium phariense Rendle
分布：四川、西藏；不丹

宽苞韭 Allium platyspathum Schrenk
分布：新疆；阿富汗、哈萨克斯坦、吉尔吉斯斯坦、蒙古国、俄罗斯、塔吉克斯坦、乌兹别克斯坦

宽苞韭(原亚种) Allium platyspathum subsp. **platyspathum**
分布：新疆；阿富汗、哈萨克斯坦、吉尔吉斯斯坦、蒙古国、俄罗斯、塔吉克斯坦、乌兹别克斯坦

钝叶韭 Allium platyspathum subsp. **amblyophyllum** (Kar. et Kir.) Frizen
分布：新疆；哈萨克斯坦、吉尔吉斯斯坦、蒙古国、俄罗斯

多叶韭 Allium plurifoliatum Rendle
分布：陕西、甘肃、安徽、湖北、四川

多叶韭(原变种) Allium plurifoliatum var. **plurifoliatum**
分布：陕西、甘肃、安徽、湖北、四川

鹧鸪韭 Allium plurifoliatum var. **zhegushanense** J. M. Xu
分布：四川

碱韭 Allium polyrhizum Turcz. ex Regel
分布：黑龙江、吉林、辽宁、内蒙古、河北、山西、宁夏、甘肃、青海、新疆；哈萨克斯坦、蒙古国、俄罗斯

太白山葱 Allium prattii C. H. Wright ex Hemsl.
分布：河南、陕西、甘肃、青海、安徽、四川、云南、西藏；不丹、印度、尼泊尔

蒙古野韭 Allium prostratum Trevir.
分布：内蒙古、新疆；蒙古国、俄罗斯

青甘韭 Allium przewalskianum Regel
分布：内蒙古、陕西、宁夏、甘肃、青海、新疆、四川、云南、西藏；印度、尼泊尔、巴基斯坦

拟山韭 Allium pseudosenescens H. J. Choi et B. U. Oh
分布：黑龙江

野韭 Allium ramosum L.
分布：黑龙江、吉林、辽宁、内蒙古、河北、山西、山东、陕西、宁夏、甘肃、青海、新疆；哈萨克斯坦、蒙古国、俄罗斯

宽叶滇韭 Allium rhynchogynum Diels
分布：云南

新疆蒜 Allium roborowskianum Regel
分布：新疆；蒙古国

健蒜 Allium robustum Kar. et Kir.
分布：新疆；哈萨克斯坦

红花韭 Allium rubens Schrad. ex Willd.
分布：新疆；哈萨克斯坦、蒙古国、俄罗斯

野黄韭 Allium rude J. M. Xu
分布：甘肃、青海、四川、西藏

沙地薤 Allium sabulosum Stev. ex Bunge
分布：新疆；哈萨克斯坦、吉尔吉斯斯坦、俄罗斯、塔吉克斯坦、土库曼斯坦、乌兹别克斯坦

朝鲜薤 Allium sacculiferum Maxim.
分布：黑龙江、吉林、辽宁、内蒙古；日本、朝鲜、俄罗斯

赛里木薤 Allium sairamense Regel
分布：新疆；哈萨克斯坦

蒜 Allium sativum L.
分布：世界各地广泛栽培

长喙韭 Allium saxatile Bieb.
分布：新疆；哈萨克斯坦、俄罗斯；欧洲

类北葱 **Allium schoenoprasoides** Regel
分布：新疆；哈萨克斯坦、吉尔吉斯斯坦、塔吉克斯坦

北葱 **Allium schoenoprasum** L.
分布：内蒙古、新疆；印度、日本、哈萨克斯坦、朝鲜、蒙古国、巴基斯坦、俄罗斯；亚洲(西南部)、欧洲、北美洲

北葱(原变种) **Allium schoenoprasum** var. **schoenoprasum**
分布：新疆；印度、日本、哈萨克斯坦、韩国、蒙古国、巴基斯坦、俄罗斯；亚洲、欧洲、北美洲

糙葶北葱 **Allium schoenoprasum** var. **scaberrimum** Regel
分布：新疆；哈萨克斯坦、蒙古国、俄罗斯

单丝辉韭 **Allium schrenkii** Regel
分布：新疆；哈萨克斯坦、蒙古国、俄罗斯

管丝葱 **Allium semenowii** Regel
分布：新疆；哈萨克斯坦、吉尔吉斯斯坦

山韭 **Allium senescens** L.
分布：黑龙江、吉林、辽宁、内蒙古、新疆；朝鲜、蒙古国、俄罗斯

丝叶韭 **Allium setifolium** Schrenk
分布：新疆；哈萨克斯坦、吉尔吉斯斯坦、蒙古国

高山韭 **Allium sikkimense** Baker
分布：内蒙古、陕西、宁夏、甘肃、青海、四川、云南、西藏；不丹、印度、尼泊尔

管花韭 **Allium siphonanthum** J. M. Xu
分布：云南

松潘薤 **Allium songpanicum** J. M. Xu
分布：四川

扭叶韭 **Allium spirale** Willd.
分布：黑龙江、吉林、辽宁、内蒙古、河北、山西、河南、陕西、宁夏、甘肃；朝鲜、蒙古国、俄罗斯

丽韭 **Allium splendens** Willd. ex Schult. et Schult. f.
分布：黑龙江、吉林、辽宁、内蒙古；日本、朝鲜、蒙古国、俄罗斯

岩韭 **Allium spurium** G. Don
分布：黑龙江、吉林、辽宁、内蒙古、河北；蒙古国、俄罗斯

雾灵韭 **Allium stenodon** Nakai et Kitag.
分布：内蒙古、河北、山西、河南

辉韭 **Allium strictum** Schrad.
分布：内蒙古、甘肃、新疆；哈萨克斯坦、吉尔吉斯斯坦、蒙古国、俄罗斯；欧洲

紫花韭 **Allium subangulatum** Regel
分布：宁夏、甘肃、青海

蜜囊韭 **Allium subtilissimum** Ledeb.
分布：内蒙古、新疆；哈萨克斯坦、蒙古国、俄罗斯

泰山韭 **Allium taishanense** J. M. Xu
分布：山东

唐古薤 **Allium tanguticum** Regel
分布：甘肃、青海、西藏

荒漠韭 **Allium tekesicola** Regel
分布：新疆；哈萨克斯坦

细叶韭 **Allium tenuissimum** L.
分布：黑龙江、吉林、辽宁、内蒙古、河北、山西、山东、河南、陕西、宁夏、甘肃、新疆、江苏、浙江、四川；哈萨克斯坦、蒙古国、俄罗斯

西疆韭 **Allium teretifolium** Regel
分布：新疆；哈萨克斯坦、吉尔吉斯斯坦

球序韭 **Allium thunbergii** G. Don
分布：黑龙江、吉林、辽宁、内蒙古、河北、山西、山东、河南、陕西、江苏、湖北、台湾；日本、朝鲜

天山韭 **Allium tianschanicum** Rupr.
分布：新疆；哈萨克斯坦、吉尔吉斯斯坦、塔吉克斯坦

三柱韭 **Allium trifurcatum** (F. T. Wang et Tang) J. M. Xu
分布：四川、云南

韭 **Allium tuberosum** Rottler ex Spreng.
分布：原产于山西，中国广泛栽培，北方为野化植株

合被韭 **Allium tubiflorum** Rendle
分布：河北、山西、河南、陕西、甘肃、湖北、四川

郁金叶蒜 **Allium tulipifolium** Ledeb.
分布：新疆；哈萨克斯坦、俄罗斯

茖葱 **Allium victorialis** L.
分布：黑龙江、吉林、辽宁、内蒙古、河北、山西、河南、陕西、甘肃、安徽、浙江、湖北、四川；印度、日本、哈萨克斯坦、朝鲜、蒙古国、俄罗斯；欧洲、北美洲

多星韭 **Allium wallichii** Kunth
分布：湖南、四川、贵州、云南、西藏、广西；不丹、印度、缅甸、尼泊尔

多星韭(原变种) Allium wallichii var. **wallichii**

分布：湖南、四川、贵州、云南、西藏、广西；不丹、印度、缅甸、尼泊尔

柳叶韭 Allium wallichii var. **platyphyllum** (Diels) J. M. Xu

分布：云南

坛丝韭 Allium weschniakowii Regel

分布：新疆；哈萨克斯坦、吉尔吉斯斯坦

伊犁蒜 Allium winklerianum Regel

分布：新疆；阿富汗、吉尔吉斯斯坦、塔吉克斯坦

乌拉特葱 Allium wulateicum Y. Z. Zhao

分布：内蒙古

乡城韭 Allium xiangchengense J. M. Xu

分布：四川

西川韭 Allium xichuanense J. M. Xu

分布：四川、云南

白花薤 Allium yanchiense J. M. Xu

分布：内蒙古、河北、山西、陕西、宁夏、甘肃、青海

永登韭 Allium yongdengense J. M. Xu

分布：甘肃、青海

齿被韭 Allium yuanum F. T. Wang et Tang

分布：四川

文殊兰属 Crinum L.

文殊兰 Crinum asiaticum var. **sinicum** (Roxb. ex Herb.) Baker

分布：福建、台湾、广东、广西

西南文殊兰 Crinum latifolium L.

分布：贵州、云南、广西；印度、老挝、缅甸、斯里兰卡、泰国、越南

石蒜属 Lycoris Herb.

乳白石蒜 Lycoris albiflora Koidz.

分布：江苏；日本、朝鲜

安徽石蒜 Lycoris anhuiensis Y. Xu et G. J. Fan

分布：安徽、江苏

忽地笑 Lycoris aurea (L'Hér.) Herb.

分布：河南、陕西、甘肃、江苏、浙江、江西、湖南、湖北、四川、贵州、云南、福建、台湾、广东、广西；印度、印度尼西亚、日本、老挝、缅甸、巴基斯坦、泰国、越南

短蕊石蒜 Lycoris caldwellii Traub

分布：江苏、浙江、江西

中国石蒜 Lycoris chinensis Traub

分布：河南、陕西、江苏、浙江、四川；韩国

广西石蒜 Lycoris guangxiensis Y. Xu et G. J. Fan

分布：广西

红蓝石蒜 Lycoris haywardii Traub

分布：浙江；日本；北美洲

江苏石蒜 Lycoris houdyshelii Traub

分布：江苏、浙江

湖南石蒜 Lycoris hunanensis M. H. Quan, L. J. Ou et C. W. She

分布：湖南

香石蒜 Lycoris incarnata Comes ex Sprenger

分布：湖北、云南

长筒石蒜 Lycoris longituba Y. Xu et G. J. Fan

分布：江苏

长筒石蒜(原变种) Lycoris longituba var. **longituba**

分布：江苏

黄长筒石蒜 Lycoris longituba var. **flava** Y. Xu et Z. B. Hu

分布：江苏

石蒜 Lycoris radiata (L'Hér.) Herb.

分布：山东、河南、陕西、安徽、江苏、浙江、江西、湖南、湖北、四川、贵州、云南、福建、广东、广西；日本、朝鲜、尼泊尔

玫瑰石蒜 Lycoris rosea Traub et Moldenke

分布：江苏、浙江

陕西石蒜 Lycoris shaanxiensis Y. Hsu et Z. B. Hu

分布：陕西、四川

换锦花 Lycoris sprengeri Comes ex Baker

分布：安徽、江苏、浙江、湖北

鹿葱 Lycoris squamigera Maxim.

分布：山东、江苏、浙江；日本、朝鲜

稻草石蒜 Lycoris straminea Lindl.

分布：江苏、浙江

穗花韭属 Milula Prain

穗花韭 Milula spicata Prain

分布：西藏；尼泊尔

水仙属 Narcissus L.

水仙 Narcissus tazetta var. **chinensis** M. Roem.

分布：归化，中国广泛栽培

全能花属 **Pancratium** L.

全能花 **Pancratium biflorum** Roxb.
分布：香港；印度

葱莲属 **Zephyranthes** Herb.

葱莲 **Zephyranthes candida** (Lindl.) Herb.
分布：中国南方各地归化；原产于南美洲

韭莲 **Zephyranthes carinata** Herb.
分布：南方各地归化；原产于墨西哥

211. 漆树科 Anacardiaceae R. Br.

腰果属 **Anacardium** L.

腰果 **Anacardium occidentale** L.
分布：云南、福建、台湾、广东、广西、海南栽培；原产于热带美洲

山様子属 **Buchanania** Spreng.

山様子 **Buchanania arborescens** (Blume) Blume
分布：台湾；柬埔寨、印度、印度尼西亚、老挝、缅甸、巴布亚新几内亚、菲律宾、泰国、越南、澳大利亚、太平洋群岛

豆腐果 **Buchanania latifolia** Roxb.
分布：云南、海南；印度、老挝、马来西亚、缅甸、尼泊尔、新加坡、泰国、越南

小叶山様子 **Buchanania microphylla** Engl.
分布：海南；菲律宾

云南山様子 **Buchanania yunnanensis** C. Y. Wu
分布：云南

南酸枣属 **Choerospondias** B. L. Burtt et A. W. Hill

南酸枣 **Choerospondias axillaris** (Roxb.) B. L. Burtt et A. W. Hill
分布：安徽、浙江、江西、湖南、湖北、贵州、云南、西藏、福建、台湾、广东、广西；不丹、柬埔寨、印度、日本、老挝、尼泊尔、泰国、越南

南酸枣(原变种) **Choerospondias axillaris** var. **axillaris**
分布：安徽、浙江、江西、湖南、湖北、贵州、云南、西藏、福建、台湾、广东、广西；柬埔寨、印度、日本、老挝、泰国、越南

毛脉南酸枣 **Choerospondias axillaris** var. **pubinervis** (Rehder et E. H. Wilson) B. L. Burtt et A. W. Hill
分布：甘肃、湖南、湖北、四川、贵州

黄栌属 **Cotinus** Mill.

黄栌 **Cotinus coggygria** Scop.
分布：河北、山西、山东、河南、陕西、甘肃、江苏、浙江、湖北、四川、贵州、云南；印度、尼泊尔、巴基斯坦；亚洲(西南部)、欧洲

黄栌(原变种) **Cotinus coggygria** var. **coggygria**
分布：河北、山西、山东、河南、陕西、甘肃、江苏、浙江、湖北、四川、贵州、云南；印度、尼泊尔、巴基斯坦；欧洲

城口黄栌 **Cotinus coggygria** var. **chengkouensis** Y. T. Wu
分布：四川

灰毛黄栌 **Cotinus coggygria** var. **cinerea** Engl.
分布：河北、山东、河南、湖北、四川；亚洲(西南部)、欧洲(东部)

粉背黄栌 **Cotinus coggygria** var. **glaucophylla** C. Y. Wu
分布：陕西、甘肃、四川、云南

毛黄栌 **Cotinus coggygria** var. **pubescens** Engl.
分布：山西、山东、河南、陕西、甘肃、江苏、浙江、湖北、四川、贵州；亚洲(西南部)、欧洲(南部)

矮黄栌 **Cotinus nana** W. W. Sm.
分布：云南

四川黄栌 **Cotinus szechuanensis** Pénzes
分布：四川

九子母属 **Dobinea** Buch.-Ham. ex D. Don

羊角天麻 **Dobinea delavayi** (Baill.) Baill.
分布：四川、云南

九子母 **Dobinea vulgaris** Buch.-Ham. ex D. Don
分布：云南、西藏；不丹、印度、尼泊尔

人面子属 **Dracontomelon** Blume

人面子 **Dracontomelon duperreanum** Pierre
分布：广东、广西、云南（东南部）；越南

大果人面子 **Dracontomelon macrocarpum** H. L. Li
分布：云南

辛果漆属 **Drimycarpus** Hook. f.

大果辛果漆 **Drimycarpus anacardiifolius** C. Y. Wu et T. L. Ming
分布：云南

辛果漆 **Drimycarpus racemosus** (Roxb.) Hook. f.

分布：云南；不丹、印度、缅甸、尼泊尔、越南

单叶槟榔青属 **Haplospondias** Kosterm.

单叶槟榔青 **Haplospondias haplophylla** (Airy Shaw et Forman) Kostermans

分布：云南；缅甸

厚皮树属 **Lannea** A. Rich.

厚皮树 **Lannea coromandelica** (Houtt.) Merr.

分布：云南、广西、广东（西南部）；不丹、印度、缅甸、尼泊尔、斯里兰卡、柬埔寨、老挝、马来西亚、泰国、越南

杧果属 **Mangifera** L.

杧果 **Mangifera indica** L.

分布：云南、福建、台湾、广东、广西栽培；原产于东南亚大陆，热带地区栽培

长梗杧果 **Mangifera laurina** Blume

分布：云南；柬埔寨、印度尼西亚、马来西亚、菲律宾、新加坡

天桃木 **Mangifera persiciforma** C. Y. Wu et T. L. Ming

分布：贵州、广西

泰国杧果 **Mangifera siamensis** Warb. ex Craib

分布：云南；泰国

林生杧果 **Mangifera sylvatica** Roxb.

分布：云南；孟加拉国、不丹、柬埔寨、印度、缅甸、泰国

藤漆属 **Pegia** Colebr.

藤漆 **Pegia nitida** Colebr.

分布：贵州、云南、广西；不丹、印度、缅甸、尼泊尔、泰国

利黄藤 **Pegia sarmentosa** (Lecomte) Hand.-Mazz.

分布：贵州、云南、广东、广西；柬埔寨、印度尼西亚、老挝、马来西亚、泰国、越南

黄连木属 **Pistacia** L.

黄连木 **Pistacia chinensis** Bunge

分布：河北、山西、山东、河南、陕西、甘肃、安徽、江苏、浙江、江西、湖南、湖北、四川、贵州、云南、西藏、福建、台湾、广东、广西、海南

阿月浑子 **Pistacia vera** L.

分布：新疆栽培；原产于伊朗、阿富汗和中亚，地中海地区有栽培

清香木 **Pistacia weinmannifolia** J. Poiss. ex Franch.

分布：四川、贵州、云南、西藏、广西；缅甸

盐肤木属 **Rhus** L.

盐肤木 **Rhus chinensis** Mill.

分布：河北、山西、山东、河南、陕西、宁夏、甘肃、青海、安徽、江苏、浙江、江西、湖南、湖北、四川、贵州、云南、西藏、福建、台湾、广东、广西、海南；不丹、柬埔寨、印度、印度尼西亚、日本、韩国、老挝、马来西亚、新加坡、泰国、越南

盐肤木(原变种) **Rhus chinensis** var. **chinensis**

分布：河北、山西、山东、河南、陕西、宁夏、甘肃、青海、安徽、江苏、浙江、江西、湖南、湖北、四川、贵州、云南、西藏、福建、台湾、广东、广西、海南；不丹、柬埔寨、印度、印度尼西亚、日本、韩国、老挝、马来西亚、新加坡、泰国、越南

光枝盐肤木 **Rhus chinensis** var. **glabra** S. B. Liang

分布：山东

滨盐肤木 **Rhus chinensis** var. **roxburghii** (DC.) Rehder

分布：江西、湖南、四川、贵州、云南、台湾、广东、广西、海南

白背肤杨 **Rhus hypoleuca** Champ. ex Benth.

分布：湖南、福建、台湾、广东

髯毛白背肤杨 **Rhus hypoleuca** var. **barbata** Z. X. Yu et Q. G. Zhang

分布：江西

青肤杨 **Rhus potaninii** Maxim.

分布：山西、河南、陕西、甘肃、四川、云南

旁遮普肤杨 **Rhus punjabensis** J. L. Stewart ex Brandis

分布：陕西、甘肃、湖南、湖北、四川、贵州、云南、西藏；印度、克什米尔地区

旁遮普肤杨(原变种) **Rhus punjabensis** var. **punjabensis**

分布：陕西、甘肃、湖南、湖北、四川、贵州、云南、西藏；印度、克什米尔地区

毛肤杨 **Rhus punjabensis** var. **pilosa** Engl.

分布：四川、云南、西藏；印度、克什米尔地区

红肤杨 **Rhus punjabensis** var. **sinica** (Diels) Rehder et E. H. Wilson

分布：陕西、甘肃、湖南、湖北、四川、贵州、云南、西藏

泰山盐肤木 Rhus taishanensis S. B. Liang
分布：山东

滇肤杨 Rhus teniana Hand.-Mazz.
分布：云南

火炬树 Rhus typhina L.
分布：北京、河北、山西、山东等地栽培；原产于北美洲

斯氏盐肤木 Rhus vernicifera var. **silvestrii** Pam.
分布：湖北

川肤杨 Rhus wilsonii Hemsl.
分布：四川、云南

无毛川肤杨 Rhus wilsonii var. **glabra** Y. T. Wu
分布：四川

肉托果属 Semecarpus L. f.

钝叶肉托果 Semecarpus cuneiformis Blanco
分布：台湾；印度尼西亚、菲律宾

台东漆 Semecarpus gigantifolia Vidal
分布：台湾；菲律宾

大叶肉托果 Semecarpus longifolius Blume
分布：台湾；印度尼西亚、菲律宾

小果肉托果 Semecarpus microcarpus Wall. ex Hook. f.
分布：云南；缅甸

网脉肉托果 Semecarpus reticulatus Lecomte
分布：云南；老挝、泰国、越南

槟榔青属 Spondias L.

岭南酸枣 Spondias lakonensis Pierre
分布：福建、广东、广西、海南；老挝、泰国、越南

岭南酸枣(原变种) Spondias lakonensis var. **lakonensis**
分布：福建、广东、广西、海南；老挝、泰国、越南

毛叶岭南酸枣 Spondias lakonensis var. **hirsuta** C. Y. Wu et T. L. Ming
分布：云南

槟榔青 Spondias pinnata (L. f.) Kurz.
分布：云南、广西、海南；不丹、柬埔寨、印度、印度尼西亚、老挝、马来西亚、缅甸、尼泊尔、菲律宾、新加坡、泰国、越南

三叶漆属 Terminthia Bernh.

三叶漆 Terminthia paniculata (Wall. ex G. Don) C. Y. Wu et T. L. Ming
分布：云南；不丹、印度、缅甸

漆树属 Toxicodendron Mill.

尖叶漆 Toxicodendron acuminatum (DC.) C. Y. Wu et T. L. Ming
分布：西藏、云南（西南部）；不丹、印度、克什米尔地区、尼泊尔

石山漆 Toxicodendron calcicola C. Y. Wu ex T. L. Ming
分布：云南

小漆树 Toxicodendron delavayi (Franch.) F. A. Barkley
分布：四川、云南

小漆树(原变种) Toxicodendron delavayi var. **delavayi**
分布：四川、云南

狭叶小漆树 Toxicodendron delavayi var. **augustifolium** C. Y. Wu
分布：四川、云南

多叶小漆树 Toxicodendron delavayi var. **quinquejugum** (Rehder et E. H. Wilson) C. Y. Wu et T. L. Ming
分布：四川、云南

黄毛漆 Toxicodendron fulvum (Craib) C. Y. Wu et T. L. Ming
分布：云南；泰国

大花漆 Toxicodendron grandiflorum C. Y. Wu et T. L. Ming
分布：四川、云南

大花漆(原变种) Toxicodendron grandiflorum var. **grandiflorum**
分布：四川、云南

长梗大花漆 Toxicodendron grandiflorum var. **longipes** (Franch.) C. Y. Wu et T. L. Ming
分布：四川、云南

裂果漆 Toxicodendron griffithii (Hook. f.) Kuntze
分布：云南、贵州；印度

裂果漆(原变种) Toxicodendron griffithii var. **griffithii**
分布：贵州、云南；印度

镇康裂果漆 Toxicodendron griffithii var. **barbatum** C. Y. Wu et T. L. Ming
分布：云南

小果裂果漆 Toxicodendron griffithii var. **microcarpum** C. Y. Wu et T. L. Ming
分布：云南

硬毛漆 **Toxicodendron hirtellum** C. Y. Wu ex T. L. Ming
分布：四川

小果大叶漆 **Toxicodendron hookeri** var. **microcarpum** (C. C. Huang ex T. L. Ming) C. Y. Wu et T. L. Ming
分布：云南、西藏

五叶漆 **Toxicodendron quinquefoliolatum** Q. H. Chen
分布：贵州

刺果毒漆藤 **Toxicodendron radicans** subsp. **hispidum** (Engl.) Gillis
分布：湖南、湖北、四川、贵州、云南、台湾

喙果漆 **Toxicodendron rostratum** T. L. Ming et Z. F. Chen
分布：云南

野漆 **Toxicodendron succedaneum** (L.) Kuntze
分布：河北、山西、山东、河南、陕西、宁夏、甘肃、青海、安徽、江苏、浙江、江西、湖南、湖北、四川、贵州、云南、西藏、福建、台湾、广东、广西、海南；柬埔寨、印度、日本、韩国、老挝、泰国、越南

野漆(原变种) **Toxicodendron succedaneum** var. **succedaneum**
分布：河北、山西、山东、河南、陕西、宁夏、甘肃、青海、安徽、江苏、浙江、江西、湖南、湖北、四川、贵州、云南、福建、台湾、广东、广西、海南、西藏(东南部)；柬埔寨、印度、日本、韩国、老挝、泰国、越南

江西野漆 **Toxicodendron succedaneum** var. **kiangsiense** C. Y. Wu
分布：江西

小叶野漆 **Toxicodendron succedaneum** var. **microphyllum** C. Y. Wu et T. L. Ming
分布：广西

毛轴野漆 **Toxicodendron succedaneum** var. **trichorachis** Z. F. Chen
分布：云南

木蜡树 **Toxicodendron sylvestre** (Sieb. et Zucc.) Kuntze
分布：安徽、江苏、浙江、江西、湖南、湖北、四川、贵州、云南、福建、台湾、广东、广西；日本、朝鲜

毛漆树 **Toxicodendron trichocarpum** (Miq.) Kuntze
分布：安徽、浙江、江西、湖南、湖北、贵州、福建；日本、朝鲜

漆树 **Toxicodendron vernicifluum** (Stokes) F. A. Barkley
分布：辽宁、河北、山西、山东、河南、陕西、甘肃、安徽、江苏、浙江、江西、湖南、湖北、四川、贵州、云南、西藏、福建、广东、广西；印度、日本、朝鲜

绒毛漆 **Toxicodendron wallichii** (Hook. f.) Kuntze
分布：西藏；印度、尼泊尔

绒毛漆(原变种) **Toxicodendron wallichii** var. **wallichii**
分布：西藏；印度、尼泊尔

小果绒毛漆 **Toxicodendron wallichii** var. **microcarpum** C. C. Huang ex T. L. Ming
分布：云南、西藏、广西

云南漆 **Toxicodendron yunnanense** C. Y. Wu
分布：云南

云南漆(原变种) **Toxicodendron yunnanense** var. **yunnanense**
分布：云南

长序云南漆 **Toxicodendron yunnanense** var. **longipaniculatum** C. Y. Wu et T. L. Ming
分布：四川、云南

212. 钩枝藤科 Ancistrocladaceae Planch. ex Walp.

钩枝藤属 **Ancistrocladus** Wall.

钩枝藤 **Ancistrocladus tectorius** (Lour.) Merr.
分布：海南；柬埔寨、印度、印度尼西亚、老挝、马来西亚、缅甸、新加坡、泰国、越南

213. 番荔枝科 Annonaceae Juss.

藤春属 **Alphonsea** Hook. f. et Thomson

金平藤春 **Alphonsea boniana** Finet et Gagnep.
分布：云南；越南

海南藤春 **Alphonsea hainanensis** Merr. et Chun
分布：云南、广西、海南

毛叶藤春 **Alphonsea mollis** Dunn
分布：云南、广西、海南

藤春 **Alphonsea monogyna** Merr. et Chun
分布：云南、广西、海南

多包藤春 **Alphonsea squamosa** Finet et Gagnep.
分布：云南、广西；越南

多脉藤春 **Alphonsea tsangyuanensis** P. T. Li
分布：云南

蒙蒿子属 **Anaxagorea** St.-Hil.

蒙蒿子 **Anaxagorea luzonensis** A. Gray
分布：广西、海南；印度、印度尼西亚、老挝、缅甸、菲

律宾、斯里兰卡、泰国、越南

番荔枝属 **Annona** L.

毛叶番荔枝 **Annona cherimolia** Mill.

分布：云南、福建、广东、海南、广西有栽培；原产于美洲热带地区

异叶番荔枝 **Annona diversifolia** Safford

分布：广东栽培；原产于中美洲和墨西哥

圆滑番荔枝 **Annona glabra** L.

分布：云南、福建、台湾、广东、广西、海南、浙江等地栽培；原产于热带美洲

山地番荔枝 **Annona montana** Macfad.

分布：台湾、广东；原产于热带美洲(西部)

刺果番荔枝 **Annona muricata** L.

分布：云南、福建、台湾、广东、广西、海南栽培；原产于美洲热带地区

牛心番荔枝 **Annona reticulata** L.

分布：云南、福建、台湾、广东、广西、海南栽培；原产于美洲热带地区

番荔枝 **Annona squamosa** L.

分布：浙江、云南、福建、台湾、广东、广西、海南栽培；原产于热带美洲

鹰爪花属 **Artabotrys** R. Br.

香鹰爪花 **Artabotrys fragrans** Jovet-Ast

分布：贵州、云南、广西；越南

海南鹰爪花 **Artabotrys hainanensis** R. E. Fries

分布：广东、广西、海南

鹰爪花 **Artabotrys hexapetalus** (L. f.) Bhandari

分布：江西、贵州、云南、福建、台湾、广东、广西、海南、浙江有栽培；印度、斯里兰卡

香港鹰爪花 **Artabotrys hongkongensis** Hance

分布：湖南、贵州、云南、广东、广西、海南；越南

多花鹰爪花 **Artabotrys multiflorus** C. E. C. Fisch.

分布：贵州、云南、广东、广西；缅甸

毛叶鹰爪花 **Artabotrys pilosus** Merr. et Chun

分布：广东、海南

点叶鹰爪 **Artabotrys punctulatus** C. Y. Wu ex S. H. Yuan

分布：云南

喙果鹰爪 **Artabotrys rhynchocarpus** C. Y. Wu ex S. H. Yuan

分布：云南

依兰属 **Cananga** Hook. f. et Thomson

依兰 **Cananga odorata** (Lam.) Hook. f. et Thomson

分布：四川、福建、广东、广西、海南、台湾、云南有栽培；原产于澳大利亚、印度、老挝、泰国、印度尼西亚、缅甸、菲律宾、马来西亚

依兰(原变种) **Cananga odorata** var. **odorata**

分布：四川、云南、福建、台湾、广东、广西、海南；澳大利亚、印度、印度尼西亚、老挝、马来西亚、缅甸、菲律宾、泰国

小依兰 **Cananga odorata** var. **fruticosa** (Craib) J. Sincl.

分布：广东、云南有栽培；原产于印度尼西亚、马来西亚、泰国

蕉木属 **Chieniodendron** Tsiang et P. T. Li

蕉木 **Chieniodendron hainanense** (Merr.) Tsiang et P. T. Li

分布：广西、 海南

杯冠木属 **Cyathostemma** Griff.

杯冠木 **Cyathostemma yunnanense** Hu

分布：云南

皂帽花属 **Dasymaschalon** (Hook. f. et Thomson) Dalla Torre et Harnth.

白叶皂帽花 **Dasymaschalon glaucum** Merr. et Chun

分布：广西、海南；老挝、泰国、越南

钝叶假鹰爪 **Dasymaschalon robinsonii** Javet-Ast

分布：贵州；越南

喙果皂帽花 **Dasymaschalon rostratum** Merr. et Chun

分布：云南、西藏、广东、广西；越南

黄花皂帽花 **Dasymaschalon sootepense** Craib

分布：云南；泰国

西藏皂帽花 **Dasymaschalon tibetense** X. L. Hou

分布：西藏

皂帽花 **Dasymaschalon trichophorum** Merr.

分布：广东、广西、海南

假鹰爪属 **Desmos** Lour.

假鹰爪 **Desmos chinensis** Lour.

分布：贵州、云南、广东、广西、海南；柬埔寨、印度、印度尼西亚、老挝、马来西亚、尼泊尔、菲律宾、泰国、越南

毛叶假鹰爪 **Desmos dumosus** (Roxb.) Saff.

分布：贵州、云南、广西；不丹、印度、泰国、老挝、越南、马来西亚、新加坡

大叶假鹰爪 **Desmos grandifolius** (Finet et Gagnep.) P. T. Li et C. Y. Wu

分布：云南、广西；越南

亮花假鹰爪 **Desmos saccopetaloides** (W. T. Wang) P. T. Li

分布：云南

云南假鹰爪 **Desmos yunnanensis** (Hu) P. T. Li

分布：云南

异萼花属 **Disepalum** Hook. f.

窄叶异萼花 **Disepalum petelotii** (Merr.) D. M. Johnson

分布：贵州、云南、广西、海南；越南

斜脉异萼花 **Disepalum plagioneurum** (Diels) D. M. Johnson

分布：贵州、广东、广西、海南；越南

瓜馥木属 **Fissistigma** Griff.

尖叶瓜馥木 **Fissistigma acuminatissimum** Merr.

分布：贵州、云南、广西；越南

多脉瓜馥木 **Fissistigma balansae** (DC.) Merr.

分布：云南；越南

多苞瓜馥木 **Fissistigma bracteolatum** Chatterjee

分布：云南；缅甸

独山瓜馥木 **Fissistigma cavaleriei** (H. Lév.) Rehder

分布：贵州、云南、广西

阔叶瓜馥木 **Fissistigma chloroneurum** (Hand.-Mazz.) Tsiang

分布：湖南、贵州、云南、广西；越南

金果瓜馥木 **Fissistigma cupreonitens** Merr. et Chun

分布：广西

白叶瓜馥木 **Fissistigma glaucescens** (Hance) Merr.

分布：福建、台湾、广东、广西；越南

广西瓜馥木 **Fissistigma kwangsiense** Tsiang et P. T. Li

分布：贵州、云南、西藏、广东、广西、海南

大叶瓜馥木 **Fissistigma latifolium** (Dunal) Merr.

分布：云南；印度、印度尼西亚、马来西亚、菲律宾、泰国、越南

毛瓜馥木 **Fissistigma maclurei** Merr.

分布：云南、广西、海南；越南

瓜馥木 **Fissistigma oldhamii** (Hemsl.) Merr.

分布：浙江、江西、湖南、云南、福建、台湾、广东、广西、海南

苍叶瓜馥木 **Fissistigma pallens** (Finet et Gagnep.) Merr.

分布：广西；越南

火绳藤 **Fissistigma poilanei** (Javet-Ast) Tsiang et P. T. Li

分布：云南；越南

小萼瓜馥木 **Fissistigma polyanthoides** (A. DC.) Merr.

分布：贵州、云南；老挝、缅甸、泰国、越南

多花瓜馥木 **Fissistigma polyanthum** (Hook. f. et Thomson) Merr.

分布：贵州、云南、西藏、广东、广西；印度尼西亚、缅甸、越南

凹叶瓜馥木 **Fissistigma retusum** (H. Lév.) Rehder

分布：贵州、云南、西藏、广西、海南

上思瓜馥木 **Fissistigma shangtzeense** Tsiang et P. T. Li

分布：广西

天堂瓜馥木 **Fissistigma tientangense** Tsiang et P. T. Li

分布：广西

东京瓜馥木 **Fissistigma tonkinense** (Finet et Gagnep.) Merr.

分布：云南；越南

东方瓜馥木 **Fissistigma tungfangense** Tsiang et P. T. Li

分布：海南

香港瓜馥木 **Fissistigma uonicum** (Dunn) Merr.

分布：湖南、福建、广东、广西；印度尼西亚

贵州瓜馥木 **Fissistigma wallichii** (Hook. f. et Thomson) Merr.

分布：贵州、云南、广西；印度

木瓣瓜馥木 **Fissistigma xylopetalum** Tsiang et P. T. Li

分布：云南、广西、海南；越南

尖花藤属 **Friesodielsia** Steenis

尖花藤 **Friesodielsia hainanensis** Tsiang et P. T. Li

分布：海南

哥纳香属 **Goniothalamus** (Blume) Hook. f. et Thomson

台湾哥纳香 **Goniothalamus amuyon** (Blanco) Merr.
分布：台湾；菲律宾

大花哥纳香 **Goniothalamus calvicarpus** Craib
分布：云南；泰国

景洪哥纳香 **Goniothalamus cheliensis** Hu
分布：云南

哥纳香 **Goniothalamus chinensis** Merr. et Chun
分布：广西、海南

田方骨 **Goniothalamus donnaiensis** Finet et Gagnep.
分布：贵州、云南、广西；越南

保亭哥纳香 **Goniothalamus gabriacianus** (Baill.) Javet-Ast
分布：海南；柬埔寨、老挝、泰国、越南

长叶哥纳香 **Goniothalamus gardneri** Hook. f. et Thomson
分布：海南；印度、斯里兰卡、越南

海南哥纳香 **Goniothalamus howii** Merr. et Chun
分布：云南、海南

柄芽银钩花 **Goniothalamus laoticus** (Finet et Gagnep.) Ban
分布：云南；老挝、泰国

金平哥纳香 **Goniothalamus leiocarpus** (W. T. Wang) P. T. Li
分布：云南

云南哥纳香 **Goniothalamus yunnanensis** W. T. Wang
分布：云南

红果木属 **Hubera** Chaowasku

细基 **Hubera cerasoides** (Roxb.) Chaowasku
分布：云南、广东、广西、海南；柬埔寨、印度、老挝、缅甸、泰国、越南

香花红果木 **Hubera rumphii** (Blume ex Hensch.) Chaowasku
分布：海南；印度尼西亚、马来西亚、菲律宾、泰国

囊瓣木属 **Marsypopetalum** Scheff.

弯瓣木 **Marsypopetalum littorale** (Bl.) B. Xue et R. M. K. Saunders
分布：广东、海南；泰国、印度尼西亚、老挝、越南

鹿茸木属 **Meiogyne** Miq.

鹿茸木 **Meiogyne kwangtungensis** P. T. Li
分布：海南

野独活属 **Miliusa** Lesch. ex DC.

野独活 **Miliusa balansae** Finet et Gagnep.
分布：贵州、云南、广东、广西、海南；越南

楔叶野独活 **Miliusa cuneata** Craib
分布：云南；泰国

广西野独活 **Miliusa glochidioides** Hand.-Mazz.
分布：广西

囊瓣木 **Miliusa horsfieldii** (Bennett) Pierre
分布：广东、海南；印度、印度尼西亚、老挝、马来西亚、缅甸、菲律宾、泰国、澳大利亚

中华野独活 **Miliusa sinensis** Finet et Gagnep.
分布：贵州、云南、广东、广西

云南野独活 **Miliusa tenuistipitata** W. T. Wang
分布：云南、西藏

大叶野独活 **Miliusa velutina** (Dunal) Hook. f. et Thomson
分布：云南；印度、尼泊尔、巴基斯坦、缅甸、越南、老挝、柬埔寨、泰国、马来西亚

银钩花属 **Mitrephora** Hook. f. et Thomson

山蕉 **Mitrephora macclurei** Weerasooriya et R. M. K. Saunders
分布：贵州、云南、广西、海南；老挝、马来西亚、越南

银钩花 **Mitrephora tomentosa** Hook. f. et Thomson
分布：贵州、云南、广西、海南；柬埔寨、印度、老挝、泰国、越南

云南银钩花 **Mitrephora wangii** Hu
分布：云南；泰国

单子木属(新拟) **Monoon** Miq.

海南单子木(新拟) **Monoon laui** (Merr.) B. Xue et R. M. K. Saunders
分布：海南；越南

腺叶单子木(新拟) **Monoon simiarum** (Buch.-Ham. ex Hook. f. et Thomson) B. Xue et R. M. K. Saunders
分布：云南；印度

毛脉单子木(新拟) **Monoon viridis** (Craib) B. Xue et R. M. K. Saunders
分布：云南；泰国

澄广花属 **Orophea** Blume

澄广花 **Orophea hainanensis** Merr.

分布：广东、广西

毛澄广花 **Orophea hirsuta** King

分布：云南、海南；印度、老挝、柬埔寨、越南、马来西亚

蚁花 **Orophea laui** Leonardia et Kessler

分布：云南、海南

多花澄广花 **Orophea multiflora** Jovet-Ast

分布：广西；越南

广西澄广花 **Orophea polycarpa** DC.

分布：云南、广西、海南；孟加拉国、柬埔寨、老挝、马来西亚、缅甸、斯里兰卡、泰国、越南

云南澄广花 **Orophea yunnanensis** P. T. Li

分布：云南

暗罗属 **Polyalthia** Blume

细基丸 **Polyalthia cerasoides** (Roxb.) Benth. et Hook. f. ex Bedd.

分布：云南、广东、海南；柬埔寨、印度、老挝、缅甸、泰国、越南

西藏暗罗 **Polyalthia chinensis** S. K. Wu et P. T. Li

分布：西藏

小花暗罗 **Polyalthia florulenta** C. Y. Wu ex P. T. Li

分布：云南

伞花暗罗 **Polyalthia fragrans** (Dalzell) Benth. et Hook. f.

分布：云南；印度

剑叶暗罗 **Polyalthia lancilimba** C. Y. Wu ex P. T. Li

分布：云南

海南暗罗 **Polyalthia laui** Merr.

分布：海南

木姜叶暗罗 **Polyalthia litseifolia** C. Y. Wu ex P. T. Li

分布：云南

陵水暗罗 **Polyalthia littoralis** (Blume) Boerl.

分布：云南、广东、广西、海南；印度尼西亚、泰国、越南

琉球暗罗 **Polyalthia liukiuensis** Hatusima

分布：台湾；日本

长叶暗罗 **Polyalthia longifolia** (Sonn.) Thwaites

分布：台湾、海南、云南有栽培；原产于印度、斯里兰卡

沙煲暗罗 **Polyalthia obliqua** Hook. f. et Thomson

分布：海南；马来西亚

多脉暗罗 **Polyalthia pingpienensis** P. T. Li

分布：云南

香花暗罗 **Polyalthia rumphii** (Blume ex Hensch.) Merr.

分布：海南；印度尼西亚、马来西亚、菲律宾

腺叶暗罗 **Polyalthia simiarum** (Buch.-Ham. ex Hook. f. et Thomson) Hook. f. et Thomson

分布：云南；印度、越南

暗罗 **Polyalthia suberosa** (Roxb.) Thwaites

分布：广东、广西、海南；印度、老挝、马来西亚、缅甸、菲律宾、新加坡、斯里兰卡、泰国、越南

疣叶暗罗 **Polyalthia verrucipes** C. Y. Wu ex P. T. Li

分布：云南

毛脉暗罗 **Polyalthia viridis** Craib

分布：云南；泰国

长山暗罗 **Polyalthia zhui** X. L. Hou et S. J. Li

分布：广东、海南

嘉陵花属 **Popowia** Endl.

嘉陵花 **Popowia pisocarpa** (Blume) Endl.

分布：广东、海南；印度尼西亚、马来西亚、缅甸、菲律宾、泰国、越南

金钩花属 **Pseuduvaria** Miq.

金钩花 **Pseuduvaria trimera** (Craib) Y. C. F. Su et R. M. K. Saunders

分布：云南；缅甸、泰国、越南

娄林果属 **Rollinia** A. Saint-Hilaire

米糕娄林果 **Rollinia mucosa** (Jacq.) Baill.

分布：广东有栽培；原产于南美洲热带地区

海岛木属 **Trivalvaria** (Miq.) Miq.

海岛木 **Trivalvaria costata** (Hook. f. et Thomson) I. M. Turner

分布：海南；印度、老挝、马来西亚、缅甸、泰国、越南

紫玉盘属 **Uvaria** L.

光叶紫玉盘 **Uvaria boniana** Finet et Gagnep.

分布：江西、贵州、广东、广西、海南；越南

刺果紫玉盘 **Uvaria calamistrata** Hance

分布：广东、广西、海南；越南

大花紫玉盘 **Uvaria grandiflora** Roxb. ex Hornem.
分布：广东；印度、缅甸、泰国、马来西亚、菲律宾、印度尼西亚、越南、斯里兰卡

黄花紫玉盘 **Uvaria kurzii** (King) P. T. Li
分布：云南、广西；印度

贵州紫玉盘 **Uvaria kweichowensis** P. T. Li
分布：贵州、云南

紫玉盘 **Uvaria macrophylla** Roxb.
分布：云南、福建、台湾、广东、广西、海南；孟加拉国、印度尼西亚、马来西亚、巴布亚新几内亚、菲律宾、斯里兰卡、泰国、越南

小花紫玉盘 **Uvaria rufa** Blume
分布：云南、广东；印度、泰国、越南、老挝、柬埔寨、马来西亚、菲律宾、印度尼西亚

东京紫玉盘 **Uvaria tonkinensis** Finet et Gagnep.
分布：云南、广西、海南；越南

木瓣树属 **Xylopia** L.

木瓣树 **Xylopia vielana** Pierre
分布：广西；柬埔寨、越南、泰国

214. 伞形科 Apiaceae Lindl.

丝瓣芹属 **Acronema** Falc. ex Edgew.

高山丝瓣芹 **Acronema alpinum** S. L. Liou et Shan
分布：西藏

星叶丝瓣芹 **Acronema astrantiifolium** H. Wolff
分布：四川、云南

短柄丝瓣芹 **Acronema brevipedicellatum** Z. H. Pan et M. F. Watson
分布：云南、西藏

条叶丝瓣芹 **Acronema chienii** Shan et S. L. Liu
分布：四川、云南、西藏

条叶丝瓣芹(原变种) **Acronema chienii** var. **chienii**
分布：四川、西藏

细裂丝瓣芹 **Acronema chienii** var. **dissectum** Shan et S. L. Liou
分布：四川、云南

尖瓣芹 **Acronema chinense** H. Wolff
分布：甘肃、青海、四川、西藏

尖瓣芹(原变种) **Acronema chinense** var. **chinense**
分布：甘肃、青海、四川、西藏

矮尖瓣芹 **Acronema chinense** var. **humile** S. L. Liou et Shan
分布：甘肃、青海、四川

多变丝瓣芹 **Acronema commutatum** H. Wolff
分布：四川、云南、西藏

厚叶丝瓣芹(新拟) **Acronema crassifolium** Huan C. Wang, X. M. Zhou et Y. H. Wang
分布：云南

疏齿丝瓣芹 **Acronema forrestii** H. Wolff
分布：云南

细梗丝瓣芹 **Acronema gracile** S. L. Liou et Shan
分布：西藏

禾叶丝瓣芹 **Acronema graminifolium** (W. W. Sm.) S. L. Liou et Shan
分布：四川、西藏；不丹、印度

中甸丝瓣芹 **Acronema handelii** H. Wolff
分布：云南；缅甸、印度、?尼泊尔

锡金丝瓣芹 **Acronema hookeri** (C. B. Clarke) H. Wolff
分布：云南、西藏；不丹、印度、尼泊尔

矮小丝瓣芹 **Acronema minus** (M. F. Watson) M. F. Watson et Z. H. Pan
分布：云南、西藏；不丹

苔间丝瓣芹 **Acronema muscicola** (Hand.-Mazz.) Hand.-Mazz.
分布：四川、云南、西藏

羽轴丝瓣芹 **Acronema nervosum** H. Wolff
分布：四川、西藏；不丹、印度、尼泊尔

圆锥丝瓣芹 **Acronema paniculatum** (Franch.) H. Wolff
分布：四川、云南

丽江丝瓣芹 **Acronema schneideri** H. Wolff
分布：四川、云南

四川丝瓣芹 **Acronema sichuanense** S. L. Liou et Shan
分布：青海、四川、云南、西藏；不丹、印度

丝瓣芹 **Acronema tenerum** (DC.) Edgew.
分布：云南、西藏；不丹、印度、尼泊尔、泰国

西藏丝瓣芹 **Acronema xizangense** S. L. Liou et Shan
分布：四川、西藏

亚东丝瓣芹 Acronema yadongense S. L. Liou
分布：西藏

羊角芹属 Aegopodium L.

东北羊角芹 Aegopodium alpestre Ledeb.
分布：黑龙江、吉林、辽宁、内蒙古、新疆；日本、朝鲜、蒙古国、俄罗斯

湘桂羊角芹 Aegopodium handelii H. Wolff ex Hand.-Mazz.
分布：浙江、湖南、贵州、广西

巴东羊角芹 Aegopodium henryi Diels
分布：陕西、甘肃、湖北、四川

宽叶羊角芹 Aegopodium latifolium Turcz.
分布：新疆；俄罗斯

塔什克羊角芹 Aegopodium tadshikorum Schischk.
分布：新疆；吉尔吉斯斯坦、塔吉克斯坦

阿米芹属 Ammi L.

大阿米芹 Ammi majus L.
分布：中国有栽培，分布不详；原产于地中海地区

阿米芹 Ammi visnaga (L.) Lam.
分布：中国有栽培，分布不详

莳萝属 Anethum L.

莳萝 Anethum graveolens L.
分布：甘肃、四川、广东、广西；原产于地中海地区，世界广泛栽培

当归属 Angelica L.

东当归 Angelica acutiloba (Sieb. et Zucc.) Kitag.
分布：吉林有栽培；原产于日本、朝鲜

黑水当归 Angelica amurensis Schischk.
分布：黑龙江、吉林、辽宁、内蒙古；日本、朝鲜、俄罗斯

狭叶当归 Angelica anomala Avé-Lall.
分布：黑龙江、吉林、内蒙古；朝鲜、俄罗斯

阿坝当归 Angelica apaensis Shan et C. Q. Yuan
分布：四川、云南、西藏

巴郎山当归 Angelica balangshanensis Shan et F. T. Pu
分布：四川

重齿当归 Angelica biserrata (Shan et C. Q. Yuan) C. Q. Yuan et Shan
分布：安徽、浙江、江西、湖北、四川

长鞘当归 Angelica cartilaginomarginata (Makino ex Y. Yabe) Nakai
分布：吉林、辽宁；日本、朝鲜

长鞘当归(原变种) Angelica cartilaginomarginata var. **cartilaginomarginata**
分布：吉林、辽宁；日本、韩国

骨缘当归 Angelica cartilaginomarginata var. **foliosa** Yuan et Shan
分布：安徽、江苏

湖北当归 Angelica cincta H. Boissieu
分布：湖北

大巴山当归(新拟) Angelica dabashanensis C. Y. Liao et X. J. He
分布：陕西

白芷 Angelica dahurica (Fisch. ex Hoffm.) Benth. et Hook. f.
分布：河北、黑龙江、吉林、辽宁、陕西、台湾；日本、韩国、俄罗斯

白芷(原变种) Angelica dahurica var. **dahurica**
分布：黑龙江、吉林、辽宁、河北、陕西；日本、韩国、俄罗斯

台湾当归 Angelica dahurica var. **formosana** (H. Boissieu) Yen
分布：台湾

带岭当归 Angelica dailingensis Z. H. Pan et T. D. Zhuang
分布：黑龙江

紫花前胡 Angelica decursiva (Miq.) Franch. et Sav.
分布：黑龙江、吉林、辽宁、河北、河南、安徽、江苏、浙江、江西、湖北、台湾、广东、广西；日本、朝鲜、俄罗斯、越南

城口当归 Angelica dielsii H. Boissieu
分布：湖北、四川、重庆

东川当归 Angelica duclouxii Fedde ex H. Wolff
分布：云南

曲柄当归 Angelica fargesii H. Boissieu
分布：重庆

毛珠当归 Angelica genuflexa Nutt.
分布：辽宁；日本、俄罗斯；北美洲

朝鲜当归 Angelica gigas Nakai
分布：黑龙江、吉林、辽宁；日本、朝鲜

灰叶当归 Angelica glauca Edgew.
分布：西藏；阿富汗、印度、巴基斯坦

滨当归 Angelica hirsutiflora S. L. Liu, C. Y. Chao et T. I. Chuang
分布：台湾

康定当归 Angelica kangdingensis Shan et F. T. Pu ex W. T. Wang
分布：四川

疏叶当归 Angelica laxifoliata Diels
分布：陕西、甘肃、四川

丽江当归 Angelica likiangensis H. Wolff
分布：贵州、云南

长尾叶当归 Angelica longicaudata C. Q. Yuan et Shan
分布：四川、云南

长柄当归 Angelica longipedicellata (H. Wolff) M. Hiroe
分布：云南

长序当归 Angelica longipes H. Wolff
分布：贵州、云南

茂汶当归 Angelica maowenensis C. Q. Yuan et Shan
分布：四川

大叶当归 Angelica megaphylla Diels
分布：四川

福参 Angelica morii Hayata
分布：浙江、福建、台湾

玉山当归 Angelica morrisonicola Hayata
分布：台湾

玉山当归(原变种) Angelica morrisonicola var. **morrisonicola**
分布：台湾

南湖当归 Angelica morrisonicola var. **nanhutashanensis** S. L. Liu, C. Y. Chao et T. I. Chuang
分布：台湾

多茎当归 Angelica multicaulis Pimenov
分布：新疆；俄罗斯

青海当归 Angelica nitida H. Wolff
分布：甘肃、青海、四川

峨眉当归 Angelica omeiensis C. Q. Yuan et Shan
分布：四川

隆萼当归 Angelica oncosepala Hand.-Mazz.
分布：云南

牡丹叶当归 Angelica paeoniifolia Shan et C. Q. Yuan
分布：西藏

羽苞当归 Angelica pinnatiloba Shan et F. T. Pu
分布：四川

拐芹 Angelica polymorpha Maxim.
分布：黑龙江、吉林、辽宁、河北、山东、陕西、安徽、江苏、浙江、湖北；日本、朝鲜

管鞘当归 Angelica pseudoselinum H. Boissieu
分布：湖北、四川

四川当归 Angelica setchuenensis Diels
分布：湖北、四川

当归 Angelica sinensis (Oliv.) Diels
分布：陕西、甘肃、湖北、四川、云南

当归(原变种) Angelica sinensis var. **sinensis**
分布：陕西、甘肃、湖北、四川、云南

川西当归 Angelica sinensis var. **wilsonii** (H. Wolff) Z. H. Pan et M. F. Watson
分布：四川

松潘当归 Angelica songpanensis Shan et F. T. Pu
分布：四川

林当归 Angelica sylvestris L.
分布：新疆；俄罗斯；欧洲

台湾当归(新拟) Angelica taiwaniana S. S. Ying
分布：台湾

太鲁阁当归 Angelica tarokoensis Hayata
分布：台湾

三小叶当归 Angelica ternata Regel et Schmalh.
分布：新疆；俄罗斯、吉尔吉斯斯坦、塔吉克斯坦

天目当归 Angelica tianmuensis Z. H. Pan et T. D. Zhuang
分布：浙江

秦岭当归 Angelica tsinlingensis K. T. Fu
分布：山西、甘肃

金山当归 Angelica valida Diels
分布：重庆

峨参属 Anthriscus (Pers.) Hoffm.

刺毛峨参 Anthriscus caucalis M. Bieb.
分布：江苏

峨参 Anthriscus sylvestris (L.) Hoffm.
分布：安徽、甘肃、河北、河南、湖北、江苏、江西、吉林、辽宁、内蒙古、陕西、山西、四川、新疆、西藏、云南；印度、克什米尔地区、尼泊尔、巴基斯坦、俄罗斯、日本、朝鲜；欧洲(东部)；引种于北美洲

峨参(原亚种) **Anthriscus sylvestris** subsp. **sylvestris**

分布：安徽、甘肃、河北、河南、湖北、江苏、江西、辽宁、内蒙古、陕西、山西、四川、新疆、云南；日本、韩国、俄罗斯；欧洲(东部)、北美洲有引种

刺果峨参 **Anthriscus sylvestris** subsp. **nemorosa** (Bieb.) Koso-Pol.

分布：吉林、辽宁、内蒙古、河北、陕西、甘肃、新疆、四川、西藏；印度、日本、克什米尔地区、尼泊尔、巴基斯坦、俄罗斯；欧洲

隐棱芹属 **Aphanopleura** Boiss.

细叶隐棱芹 **Aphanopleura capillifolia** (Regel et Schmalh.) Lipsky

分布：新疆；哈萨克斯坦、吉尔吉斯斯坦、塔吉克斯坦、土库曼斯坦、乌兹别克斯坦

细枝隐棱芹 **Aphanopleura leptoclada** (Aitch. et Hemsl.) Lipsky

分布：新疆；阿富汗、塔吉克斯坦、土库曼斯坦、乌兹别克斯坦

芹属 **Apium** L.

旱芹 **Apium graveolens** L.

分布：世界各地和各省（自治区、直辖市）广泛栽培；可能原产于亚洲和欧洲

古当归属 **Archangelica** Wolf

短茎古当归 **Archangelica brevicaulis** (Rupr.) Rchb.

分布：新疆；吉尔吉斯斯坦、塔吉克斯坦

下延叶古当归 **Archangelica decurrens** Ledeb.

分布：内蒙古、新疆；哈萨克斯坦、吉尔吉斯斯坦、蒙古国、俄罗斯；亚洲(中部及东部)

弓翅芹属 **Arcuatopterus** M. L. Sheh et Shan

条叶弓翅芹 **Arcuatopterus linearifolius** M. L. Sheh et Shan

分布：四川、云南

弓翅芹 **Arcuatopterus sikkimensis** (C. B. Clarke) Pimenov et Ostroumova

分布：云南、西藏；不丹、印度

唐松叶弓翅芹 **Arcuatopterus thalictroideus** M. L. Sheh et Shan

分布：四川、云南、西藏

天山泽芹属 **Berula** W. D. J. Koch

天山泽芹 **Berula erecta** (Huds.) Coville

分布：新疆；阿富汗、印度、克什米尔地区、哈萨克斯坦、吉尔吉斯斯坦、尼泊尔、巴基斯坦、俄罗斯、塔吉克斯坦、土库曼斯坦、乌兹别克斯坦；亚洲(西南部)、欧洲、非洲(北部)；澳大利亚和美国有引种

柴胡属 **Bupleurum** L.

翅果柴胡 **Bupleurum alatum** Shan et M. L. Sheh

分布：西藏

线叶柴胡 **Bupleurum angustissimum** (Franch.) Kitag.

分布：内蒙古、山西、山东、陕西、宁夏、甘肃、青海；蒙古国

金黄柴胡 **Bupleurum aureum** Fisch. ex Hoffm.

分布：新疆；哈萨克斯坦、吉尔吉斯斯坦、蒙古国、俄罗斯

金黄柴胡(原变种) **Bupleurum aureum** var. **aureum**

分布：新疆；哈萨克斯坦、吉尔吉斯斯坦、蒙古国、俄罗斯

短苞金黄柴胡 **Bupleurum aureum** var. **breviinvolucratum** (Trautv. ex H. Wolff) Shan et Yin Li

分布：新疆

白马柴胡(新拟) **Bupleurum baimaense** X. G. Ma et X. J. He

分布：云南

锥叶柴胡 **Bupleurum bicaule** Helm

分布：内蒙古、河北、山西、陕西；阿富汗、俄罗斯、日本、朝鲜、蒙古国

锥叶柴胡(原变种) **Bupleurum bicaule** var. **bicaule**

分布：内蒙古、河北、山西、陕西；阿富汗、日本、韩国、蒙古国、俄罗斯

呼玛柴胡 **Bupleurum bicaule** var. **latifolium** Y. C. Chu

分布：黑龙江

紫花阔叶柴胡 **Bupleurum boissieuanum** H. Wolff

分布：河南、陕西、甘肃、湖北、四川

川滇柴胡 **Bupleurum candollei** Franch.

分布：四川、云南、西藏；不丹、印度、克什米尔地区、缅甸、尼泊尔、巴基斯坦

川滇柴胡(原变种) **Bupleurum candollei** var. **candollei**

分布：四川、云南、西藏；不丹、印度、克什米尔地区、缅甸、尼泊尔、巴基斯坦

紫红川滇柴胡 **Bupleurum candollei** var. **atropurpureum** C. Y. Wu

分布：云南

三苞川滇柴胡(新拟) **Bupleurum candollei** var. **paucefulcrans** (C. Y. Wu) X. J. He et C. B. Wang
分布：贵州

多枝川滇柴胡 **Bupleurum candollei** var. **virgatissimum** C. Y. Wu
分布：四川、云南

柴首 **Bupleurum chaishoui** Shan et M. L. Sheh
分布：四川

北柴胡 **Bupleurum chinense** DC.
分布：黑龙江、吉林、辽宁、内蒙古、河北、山西、山东、河南、陕西、甘肃、安徽、江苏、浙江、江西、湖南、湖北

紫花鸭跖柴胡 **Bupleurum commelynoideum** H. Boissieu
分布：四川、云南、西藏

紫花鸭跖柴胡(原变种) **Bupleurum commelynoideum** var. **commelynoideum**
分布：四川、云南、西藏

黄花鸭跖柴胡 **Bupleurum commelynoideum** var. **flaviflorum** Shan et Yin Li
分布：甘肃、青海、四川、西藏

簇生柴胡 **Bupleurum condensatum** Shan et Yin Li
分布：青海

匍枝柴胡 **Bupleurum dalhousieanum** (C. B. Clarke) Koso-Pol.
分布：四川、云南、西藏；不丹、印度、缅甸

密花柴胡 **Bupleurum densiflorum** Rupr.
分布：青海、新疆；哈萨克斯坦、吉尔吉斯斯坦、塔吉克斯坦

太白柴胡 **Bupleurum dielsianum** H. Wolff
分布：陕西

大苞柴胡 **Bupleurum euphorbioides** Nakai
分布：吉林；朝鲜

新疆柴胡 **Bupleurum exaltatum** M. Bieb.
分布：新疆；哈萨克斯坦、吉尔吉斯斯坦、塔吉克斯坦、土库曼斯坦

甘肃柴胡 **Bupleurum gansuense** S. L. Pan et P. S. Hsu
分布：甘肃

细柄柴胡 **Bupleurum gracilipes** Diels
分布：重庆

纤细柴胡 **Bupleurum gracillimum** Klotzsch
分布：四川；不丹、克什米尔地区、缅甸、尼泊尔、巴基斯坦

小柴胡 **Bupleurum hamiltonii** Balakr.
分布：湖北、四川、贵州、云南、西藏、广西；不丹、印度、克什米尔地区、尼泊尔、马来西亚、缅甸、巴基斯坦、泰国、越南

小柴胡(原变种) **Bupleurum hamiltonii** var. **hamiltonii**
分布：湖北、四川、贵州、西藏、广西；巴基斯坦

矮小柴胡 **Bupleurum hamiltonii** var. **humile** (Franch.) R. H. Shan et M. L. Sheh
分布：四川、云南；?越南

三苞柴胡 **Bupleurum hamiltonii** var. **paucefulcrans** C. Y. Wu ex R. H. Shan et Yin Li
分布：贵州

台湾柴胡 **Bupleurum kaoi** T. S. Liu
分布：台湾

长白柴胡 **Bupleurum komarovianum** O. A. Lincz.
分布：黑龙江、吉林；日本、朝鲜、俄罗斯

阿尔泰柴胡 **Bupleurum krylovianum** Schischk. ex Krylov
分布：新疆；哈萨克斯坦、吉尔吉斯斯坦、俄罗斯

韭叶柴胡 **Bupleurum kunmingense** Yin Li et S. L. Pan
分布：云南

贵州柴胡 **Bupleurum kweichowense** Shan
分布：贵州

长茎柴胡 **Bupleurum longicaule** DC.
分布：青海、湖北、四川、云南、西藏；印度、克什米尔地区、尼泊尔、巴基斯坦

长茎柴胡(原变种) **Bupleurum longicaule** var. **longicaule**
分布：青海、湖北、四川、云南、西藏；印度、克什米尔地区、尼泊尔、巴基斯坦

抱茎柴胡 **Bupleurum longicaule** var. **amplexicaule** C. Y. Wu ex Shan et Yin Li
分布：云南

空心柴胡 **Bupleurum longicaule** var. **franchetii** H. Boissieu
分布：陕西、宁夏、甘肃、湖北、四川、云南

秦岭柴胡 **Bupleurum longicaule** var. **giraldii** H. Wolff
分布：山西、陕西、宁夏、青海

大叶柴胡 **Bupleurum longiradiatum** Turcz.
分布：黑龙江、吉林、辽宁、内蒙古、甘肃；朝鲜、日本、俄罗斯

大叶柴胡(原变种) **Bupleurum longiradiatum** var. **longiradiatum**
分布：安徽、浙江、江西、湖南、湖北

短伞大叶柴胡 **Bupleurum longiradiatum** var. **breviradiatum** F. Schmidt ex Maxim.
分布：黑龙江、辽宁；日本、朝鲜、俄罗斯

泸西柴胡 **Bupleurum luxiense** Yin Li et S. L. Pan
分布：云南

马尔康柴胡 **Bupleurum malconense** Shan et Yin Li
分布：甘肃、青海、四川、西藏

竹叶柴胡 **Bupleurum marginatum** Wall. ex DC.
分布：甘肃、青海、湖北、四川、贵州、云南、西藏；不丹、印度、克什米尔地区、尼泊尔、巴基斯坦、缅甸

竹叶柴胡(原变种) **Bupleurum marginatum** var. **marginatum**
分布：甘肃、湖北、四川、贵州、云南、西藏；不丹、印度、克什米尔地区、缅甸、尼泊尔、巴基斯坦

窄竹叶柴胡 **Bupleurum marginatum** var. **stenophyllum** (H. Wolff) Shan et Yin Li
分布：青海、四川、云南、西藏；不丹、尼泊尔

马尾柴胡 **Bupleurum microcephalum** Diels
分布：甘肃、四川、西藏

有柄柴胡 **Bupleurum petiolulatum** Franch.
分布：甘肃、青海、四川、云南、西藏

有柄柴胡(原变种) **Bupleurum petiolulatum** var. **petiolulatum**
分布：甘肃、四川、云南、西藏

细茎有柄柴胡 **Bupleurum petiolulatum** var. **tenerum** Shan et Yin Li
分布：四川、西藏

多枝柴胡 **Bupleurum polyclonum** Yin Li et S. L. Pan
分布：云南

短茎柴胡 **Bupleurum pusillum** Krylov
分布：内蒙古、宁夏、青海、新疆；蒙古国、俄罗斯

青海柴胡 **Bupleurum qinghaiense** Yin Li et J. X. Guo
分布：青海

丽江柴胡 **Bupleurum rockii** H. Wolff
分布：四川、云南

红柴胡 **Bupleurum scorzonerifolium** Willd.
分布：黑龙江、吉林、辽宁、内蒙古、河北、山西、山东、陕西、甘肃、安徽、江苏、广西；日本、韩国、蒙古国、俄罗斯

兴安柴胡 **Bupleurum sibiricum** Vest ex Roem.
分布：黑龙江、辽宁、内蒙古；蒙古国、俄罗斯

兴安柴胡(原变种) **Bupleurum sibiricum** var. **sibiricum**
分布：黑龙江、辽宁、内蒙古；蒙古国、俄罗斯

雾灵柴胡 **Bupleurum sibiricum** var. **jeholense** (Nakai) Y. C. Chu ex Shan et Yin Li
分布：湖北

黑柴胡 **Bupleurum smithii** H. Wolff
分布：内蒙古、河北、山西、河南、陕西、甘肃

黑柴胡(原变种) **Bupleurum smithii** var. **smithii**
分布：内蒙古、河北、山西、河南、陕西、甘肃

耳叶黑柴胡 **Bupleurum smithii** var. **auriculatum** Shan et Yin Li
分布：山西

小叶黑柴胡 **Bupleurum smithii** var. **parvifolium** Shan et Yin Li
分布：内蒙古、宁夏、甘肃、青海

天山柴胡 **Bupleurum thianschanicum** Freyn
分布：新疆；哈萨克斯坦、吉尔吉斯斯坦

三辐柴胡 **Bupleurum triradiatum** Adams ex Hoffm.
分布：青海、新疆、四川、云南、西藏；日本、俄罗斯

汶川柴胡 **Bupleurum wenchuanense** Shan et Yin Li
分布：四川

银州柴胡 **Bupleurum yinchowense** Shan et Yin Li
分布：内蒙古、陕西、宁夏、甘肃

云南柴胡 **Bupleurum yunnanense** Franch.
分布：四川、云南、西藏

山茴香属 Carlesia Dunn

山茴香 **Carlesia sinensis** Dunn
分布：辽宁、山东；朝鲜

葛缕子属 Carum L.

暗红葛缕子 **Carum atrosanguineum** Kar. et Kir.
分布：新疆；哈萨克斯坦、吉尔吉斯斯坦、俄罗斯

河北葛缕子 **Carum bretschneideri** H. Wolff
分布：河北、山西

田葛缕子 Carum buriaticum Turcz.

分布：吉林、辽宁、内蒙古、河北、山西、山东、河南、陕西、甘肃、青海、新疆、四川、西藏；蒙古国、俄罗斯

葛缕子 Carum carvi L.

分布：吉林、辽宁、内蒙古、山东、河南、陕西、甘肃、青海、新疆、湖北、四川、云南、西藏；亚洲、欧洲和地中海地区广布，世界各地引种

空棱芹属 Cenolophium W. D. J. Koch

空棱芹 Cenolophium denudatum (Fish. ex Horn.) Tutin

分布：新疆；俄罗斯；亚洲(中部及西南部)、欧洲

积雪草属 Centella L.

积雪草 Centella asiatica (L.) Urb.

分布：陕西、安徽、江苏、浙江、江西、湖南、湖北、四川、云南、福建、台湾、广东、广西；不丹、印度、缅甸、尼泊尔、巴基斯坦、老挝、泰国、越南、马来西亚、印度尼西亚、日本、朝鲜；广布于热带和亚热带国家

滇藏细叶芹属 Chaerophyllopsis H. Boissieu

滇藏细叶芹 Chaerophyllopsis huai H. Boissieu

分布：云南、西藏

细叶芹属 Chaerophyllum L.

新疆细叶芹 Chaerophyllum prescottii DC.

分布：新疆；俄罗斯；亚洲(中部及西南部)

细叶芹 Chaerophyllum villosum DC.

分布：四川、云南、西藏；阿富汗、不丹、印度、克什米尔地区、尼泊尔、巴基斯坦

矮伞芹属 Chamaesciadium C. A. Mey.

单羽矮伞芹 Chamaesciadium acaule var. **simplex** Shan et F. T. Pu

分布：新疆

矮泽芹属 Chamaesium H. Wolff

鹤庆矮泽芹 Chamaesium delavayi (Franch.) Shan et S. L. Liou

分布：四川、云南

聂拉木矮泽芹 Chamaesium mallaeanum Farille et S. B. Malla

分布：西藏；尼泊尔

粗棱矮泽芹 Chamaesium novemjugum (C. B. Clarke) C. Norman

分布：四川、云南、西藏；不丹、尼泊尔、印度

矮泽芹 Chamaesium paradoxum H. Wolff

分布：青海、四川、云南、西藏

松潘矮泽芹 Chamaesium thalictrifolium H. Wolff

分布：甘肃、四川、云南、西藏

绿花矮泽芹 Chamaesium viridiflorum (Franch.) H. Wolff ex Shan

分布：四川、云南、西藏；印度

细叶矮泽芹 Chamaesium wolffianum Fedde ex H. Wolff

分布：云南

明党参属 Changium H. Wolff

明党参 Changium smyrnioides H. Wolff

分布：安徽、江苏、浙江、江西、湖北

川明参属 Chuanminshen M. L. Sheh et Shan

川明参 Chuanminshen violaceum M. L. Sheh et Shan

分布：湖北、四川

毒芹属 Cicuta L.

毒芹 Cicuta virosa L.

分布：黑龙江、吉林、辽宁、内蒙古、河北、山西、陕西、甘肃、新疆、四川、云南；日本、克什米尔地区、朝鲜、蒙古国、俄罗斯；欧洲

宽叶毒芹 Cicuta virosa var. **latisecta** Celak.

分布：吉林、山西；日本、俄罗斯

毒芹(原变种) Cicuta virosa var. **virosa**

分布：黑龙江、吉林、辽宁、内蒙古、河北、陕西、甘肃、新疆、四川、云南；日本、克什米尔地区、韩国、蒙古国、俄罗斯；欧洲

蛇床属 Cnidium Cusson

兴安蛇床 Cnidium dahuricum (Jacquin) Fisch. et C. A. Mey.

分布：黑龙江、吉林、内蒙古、河北；日本、朝鲜、蒙古国、俄罗斯

滨蛇床 Cnidium japonicum Miq.

分布：辽宁；日本、朝鲜

蛇床 Cnidium monnieri (L.) Cusson

分布：遍布中国；印度、朝鲜、老挝、蒙古国、俄罗斯、越南；欧洲

蛇床(原变种) Cnidium monnieri var. **monnieri**

分布：各省（自治区、直辖市）广布；印度、韩国、老挝、

蒙古国、俄罗斯、越南；欧洲

台湾蛇床 **Cnidium monnieri** var. **formosanum** (Y. Yabe) Kitag.
分布：台湾

碱蛇床 **Cnidium salinum** Turcz.
分布：黑龙江、内蒙古、河北、宁夏、甘肃、青海；蒙古国、俄罗斯

辛加山蛇床 **Cnidium sinchianum** K. T. Fu
分布：陕西

高山芹属 **Coelopleurum** Ledeb.

长白高山芹 **Coelopleurum nakaianum** (Kitag.) Kitag.
分布：吉林；朝鲜

高山芹 **Coelopleurum saxatile** (Turcz. ex Ledeb.) Drude
分布：吉林；朝鲜、俄罗斯

山芎属 **Conioselinum** Fish. ex Hoffm.

山芎 **Conioselinum chinense** (L.) Britton, Sterns et Poggenb.
分布：安徽、江西；日本、俄罗斯；北美洲

台湾山芎 **Conioselinum morrisonense** Hayata
分布：台湾

鞘山芎 **Conioselinum vaginatum** (Spreng.) Thell.
分布：新疆；哈萨克斯坦、吉尔吉斯斯坦、俄罗斯、土库曼斯坦、乌兹别克斯坦；亚洲(中部及西南部)、欧洲(中部)

毒参属 **Conium** L.

毒参 **Conium maculatum** L.
分布：新疆有引种；原产于地中海地区，北温带广泛引种

芫荽属 **Coriandrum** L.

芫荽 **Coriandrum sativum** L.
分布：遍布中国；原产于地中海地区，世界性栽培

喜峰芹属 **Cortia** DC.

喜峰芹 **Cortia depressa** (D. Don) Norman
分布：西藏；不丹、印度、巴基斯坦

栓果芹属 **Cortiella** C. Norman

宽叶栓果芹 **Cortiella caespitosa** Shan et M. L. Sheh
分布：西藏

锡金栓果芹 **Cortiella cortioides** (C. Norman) M. F. Watson
分布：西藏；不丹、印度、尼泊尔

栓果芹 **Cortiella hookeri** (C. B. Clarke) C. Norman
分布：西藏；不丹、尼泊尔、印度

鸭儿芹属 **Cryptotaenia** DC.

鸭儿芹 **Cryptotaenia japonica** Hassk.
分布：河北、山西、陕西、甘肃、安徽、江苏、江西、湖南、湖北、四川、贵州、云南、福建、台湾、广东、广西；日本、朝鲜

孜然芹属 **Cuminum** L.

孜然芹 **Cuminum cyminum** L.
分布：新疆有栽培；原产于亚洲(西南部)和地中海地区

环根芹属 **Cyclorhiza** M. L. Sheh et Shan

南竹叶环根芹 **Cyclorhiza peucedanifolia** (Franch.) Constance
分布：四川、云南、西藏

环根芹 **Cyclorhiza waltonii** (H. Wolff) M. L. Sheh et Shan
分布：四川、云南、西藏

细叶旱芹属 **Cyclospermum** Lagascay Segura

细叶旱芹 **Cyclospermum leptophyllum** (Pers.) Sprague ex Britton et P. Wilson
分布：福建、广东、江苏、台湾归化；原产于南美洲，热带和温带地区广泛引种

胡萝卜属 **Daucus** L.

野胡萝卜 **Daucus carota** L.
分布：安徽、江苏、浙江、江西、湖北、四川、贵州；亚洲(西南部)、欧洲、非洲，广泛栽培于温带地区

野胡萝卜(原变种) **Daucus carota** var. **carota**
分布：安徽、江苏、浙江、江西、湖北、四川、贵州；亚洲(西南部)、欧洲、非洲

胡萝卜 **Daucus carota** var. **sativa** Hoffm.
分布：中国广泛栽培

马蹄芹属 **Dickinsia** Franch.

马蹄芹 **Dickinsia hydrocotyloides** Franch.
分布：湖南、湖北、四川、贵州、云南

绒果芹属 **Eriocycla** Lindl.

绒果芹 **Eriocycla albescens** (Franch.) H. Wolff
分布：内蒙古、河北

绒果芹(原变种) **Eriocycla albescens** var. **albescens**
分布：内蒙古、河北

大叶绒果芹 Eriocycla albescens var. **latifolia** Shan et C. C. Yuan
分布：辽宁、河北

裸茎绒果芹 Eriocycla nuda Lindl.
分布：西藏；印度、克什米尔地区、尼泊尔、巴基斯坦

裸茎绒果芹(原变种) Eriocycla nuda var. **nuda**
分布：西藏；印度、克什米尔地区、尼泊尔、巴基斯坦

紫花裸茎绒果芹 Eriocycla nuda var. **purpurascens** Shan et C. C. Yuan
分布：西藏

新疆绒果芹 Eriocycla pelliotii (H. Boissieu) H. Wolff
分布：新疆

刺芹属 Eryngium L.

刺芹 Eryngium foetidum L.
分布：贵州、云南、广东、广西、海南、香港；原产于热带美洲，现广布于世界热带亚热带地区

扁叶刺芹 Eryngium planum L.
分布：新疆；克什米尔地区、俄罗斯；中亚、亚洲(西南部)、欧洲

阿魏属 Ferula L.

山地阿魏 Ferula akitschkensis B. Fedtsch. ex Koso- Pol.
分布：新疆；哈萨克斯坦、吉尔吉斯斯坦、俄罗斯

硬阿魏 Ferula bungeana Kitag.
分布：黑龙江、吉林、辽宁、内蒙古、河北、山西、河南、陕西、宁夏、甘肃

灰色阿魏 Ferula canescens (Ledeb.) Ledeb.
分布：新疆；吉尔吉斯斯坦、俄罗斯、乌兹别克斯坦

里海阿魏 Ferula caspica Bieb.
分布：新疆；吉尔吉斯斯坦、蒙古国、俄罗斯、乌兹别克斯坦；亚洲(中部及西南部)

圆锥茎阿魏 Ferula conocaula Korovin
分布：新疆；吉尔吉斯斯坦

全裂叶阿魏 Ferula dissecta (Ledeb.) Ledeb.
分布：新疆；俄罗斯、哈萨克斯坦

沙生阿魏 Ferula dubjanskyi Korovin ex Pavlov
分布：新疆；哈萨克斯坦、吉尔吉斯斯坦、蒙古国、乌兹别克斯坦；中亚

多伞阿魏 Ferula feruloides (Steud.) Korovin
分布：新疆；哈萨克斯坦、吉尔吉斯斯坦、蒙古国、俄罗斯、乌兹别克斯坦；中亚和亚洲(西南部)

阜康阿魏 Ferula fukanensis K. M. Shen
分布：新疆

细茎阿魏 Ferula gracilis (Ledeb.) Ledeb.
分布：新疆；俄罗斯

河西阿魏 Ferula hexiensis K. M. Shen
分布：甘肃

中亚阿魏 Ferula jaeschkeana Vatke
分布：西藏；阿富汗、不丹、印度、巴基斯坦；中亚

短柄阿魏 Ferula karataviensis (Regel et Schmalh.) Korovin et Pavlov
分布：新疆；中亚

草甸阿魏 Ferula kingdon-wardii H. Wolff
分布：云南

山蛇床阿魏 Ferula kirialovii Pimenov
分布：新疆；中亚

托里阿魏 Ferula krylovii Korovin
分布：新疆；俄罗斯；中亚

多石阿魏 Ferula lapidosa Korovin
分布：新疆；吉尔吉斯斯坦

大果阿魏 Ferula lehmannii Boiss.
分布：新疆；阿富汗、哈萨克斯坦、吉尔吉斯斯坦、巴基斯坦、乌兹别克斯坦；中亚和亚洲(西南部)

太行阿魏 Ferula licentiana Hand.-Mazz.
分布：山西、河南、陕西

太行阿魏(原变种) Ferula licentiana var. **licentiana**
分布：山西、河南、陕西

铜山阿魏 Ferula licentiana var. **tunshanica** (S. W. Su) Shan et Q. X. Liu
分布：山东、安徽、江苏

麝香阿魏 Ferula moschata (Reinsch) Koso-Pol.
分布：新疆；吉尔吉斯斯坦、塔吉克斯坦

榄绿阿魏 Ferula olivacea (Diels) H. Wolff
分布：云南

羊食阿魏 Ferula ovina (Boiss.) Boiss.
分布：新疆；阿富汗、哈萨克斯坦、吉尔吉斯斯坦、巴基斯坦、塔吉克斯坦；亚洲(西南部)

新疆阿魏 Ferula sinkiangensis K. M. Shen
分布：新疆

准噶尔阿魏 Ferula songarica Pall. ex Spreng.
分布：新疆；哈萨克斯坦、俄罗斯

荒地阿魏 Ferula syreitschikowii Koso-Pol.

分布：新疆；吉尔吉斯斯坦、乌兹别克斯坦

臭阿魏 Ferula teterrima Kar. et Kir.

分布：新疆；哈萨克斯坦、俄罗斯

茴香属 Foeniculum Mill.

茴香 Foeniculum vulgare Mill.

分布：中国各省（自治区、直辖市）栽培；原产于地中海地区，世界广泛栽培

珊瑚菜属 Glehnia F. Schmidt ex Miq.

珊瑚菜 Glehnia littoralis F. Schmidt ex Miq.

分布：辽宁、河北、山东、江苏、浙江、福建、台湾、广东；日本、朝鲜、俄罗斯

单球芹属 Haplosphaera Hand.-Mazz.

西藏单球芹 Haplosphaera himalayensis Ludlow

分布：青海、西藏；不丹、印度

单球芹 Haplosphaera phaea Hand.-Mazz.

分布：四川、云南

细裂芹属 Harrysmithia H. Wolff

云南细裂芹 Harrysmithia franchetii (M. Hiroe) M. L. Sheh

分布：云南

细裂芹 Harrysmithia heterophylla H. Wolff

分布：四川、西藏

独活属 Heracleum L.

二管独活 Heracleum bivittatum H. Boissieu

分布：四川、贵州、云南、广西；老挝、越南

白亮独活 Heracleum candicans Wall. ex DC.

分布：四川、云南、西藏；印度、克什米尔地区、尼泊尔、巴基斯坦

白亮独活(原变种) Heracleum candicans var. **candicans**

分布：四川、云南、西藏；印度、克什米尔地区、尼泊尔、巴基斯坦

钝叶独活 Heracleum candicans var. **obtusifolium** (Wall. ex DC.) F. T. Pu et M. F. Watson

分布：四川、云南、西藏；不丹、印度、尼泊尔

多裂独活 Heracleum dissectifolium K. T. Fu

分布：甘肃、四川

兴安独活 Heracleum dissectum Ledeb.

分布：黑龙江、吉林、内蒙古、新疆；哈萨克斯坦、朝鲜、吉尔吉斯斯坦、蒙古国、俄罗斯、乌兹别克斯坦

城口独活 Heracleum fargesii H. Boissieu

分布：四川

中甸独活 Heracleum forrestii H. Wolff

分布：重庆、云南

尖叶独活 Heracleum franchetii M. Hiroe

分布：青海、湖北、四川、云南

独活 Heracleum hemsleyanum Diels

分布：湖北、四川

思茅独活 Heracleum henryi H. Wolff

分布：云南

贡山独活 Heracleum kingdonii H. Wolff

分布：贵州、云南、西藏、广西；缅甸

裂叶独活 Heracleum millefolium Diels

分布：甘肃、青海、四川、云南、西藏；不丹

裂叶独活(原变种) Heracleum millefolium var. **millefolium**

分布：甘肃、青海、四川、云南、西藏；不丹

长裂叶独活 Heracleum millefolium var. **longilobum** C. Norman

分布：甘肃、青海、四川、西藏

短毛独活 Heracleum moellendorffii Hance

分布：黑龙江、吉林、辽宁、内蒙古、河北、山东、陕西、甘肃、安徽、江苏、浙江、江西、湖南、四川、云南；日本、韩国

短毛独活(原变种) Heracleum moellendorffii var. **moellendorffii**

分布：黑龙江、吉林、辽宁、内蒙古、河北、山东、陕西、甘肃、安徽、江苏、浙江、江西、湖南、四川、云南；日本、韩国

少管短毛独活 Heracleum moellendorffii var. **paucivittatum** Shan et T. S. Wang

分布：山东

狭叶短毛独活 Heracleum moellendorffii var. **subbipinnatum** (Franch.) Kitag.

分布：黑龙江、吉林、内蒙古、河北；朝鲜

尼泊尔独活 Heracleum nepalense D. Don

分布：云南；不丹、印度、缅甸、尼泊尔

聂拉木独活 Heracleum nyalamense Shan et T. S. Wang

分布：西藏

大叶独活 Heracleum olgae Regel et Schmalh.
分布：新疆；阿富汗、哈萨克斯坦、吉尔吉斯斯坦、巴基斯坦、塔吉克斯坦、乌兹别克斯坦

山地独活 Heracleum oreocharis H. Wolff
分布：云南

鹤庆独活 Heracleum rapula Franch.
分布：云南

糙独活 Heracleum scabridum Franch.
分布：四川、云南

康定独活 Heracleum souliei H. Boissieu
分布：四川

腾冲独活 Heracleum stenopteroides Fedde ex H. Wolff
分布：云南

狭翅独活 Heracleum stenopterum Diels
分布：四川、云南

微绒毛独活 Heracleum subtomentellum C. Y. Wu et M. L. Sheh
分布：西藏

椴叶独活 Heracleum tiliifolium H. Wolff
分布：江西、湖南

平截独活 Heracleum vicinum H. Boissieu
分布：四川

汶川独活 Heracleum wenchuanense F. T. Pu et X. J. He
分布：四川

卧龙独活 Heracleum wolongense F. T. Pu et X. J. He
分布：四川

小金独活 Heracleum xiaojinense F. T. Pu et X. J. He
分布：四川

永宁独活 Heracleum yungningense Hand.-Mazz.
分布：四川、云南

云南独活 Heracleum yunnanense Franch.
分布：云南

斑膜芹属 Hyalolaena Bunge

柴胡状斑膜芹 Hyalolaena bupleuroides (Schrenk ex Fisch. et C. A. Mey.) Pimenov et Kljuykov
分布：新疆；哈萨克斯坦、吉尔吉斯斯坦、塔吉克斯坦

斑膜芹 Hyalolaena trichophylla (Schrenk) Pimenov et Kljuykov
分布：新疆；哈萨克斯坦、吉尔吉斯斯坦、塔吉克斯坦、土库曼斯坦

块茎芹属 Krasnovia Popov ex Schischk.

块茎芹 Krasnovia longiloba (Kar. et Kir.) Popov et Schischk.
分布：新疆；哈萨克斯坦

欧当归属 Levisticum Hill

欧当归 Levisticum officinale W. D. J. Koch
分布：辽宁、内蒙古、河北、山西、山东、河南、陕西、江苏；原产于亚洲(西南部)和欧洲

岩风属 Libanotis Haller ex Zinn

准噶尔岩风 Libanotis abolinii (Korovin) Korovin
分布：新疆；哈萨克斯坦、蒙古国

阔鞘岩风 Libanotis acaulis Shan et M. L. Sheh
分布：新疆

岩风 Libanotis buchtormensis (Fisch.) DC.
分布：陕西、宁夏、甘肃、新疆、四川；阿富汗、哈萨克斯坦、吉尔吉斯斯坦、蒙古国、巴基斯坦、俄罗斯

密花岩风 Libanotis condensata (L.) Crantz
分布：内蒙古、河北、山西、新疆；哈萨克斯坦、蒙古国、俄罗斯南部及东南部

地岩风 Libanotis depressa Shan et M. L. Sheh
分布：四川、西藏

绵毛岩风 Libanotis eriocarpa Schrenk
分布：新疆；哈萨克斯坦、蒙古国

锐棱岩风 Libanotis grubovii (V. M. Vinogr. et Sanchir) M. L. Sheh et M. F. Watson
分布：新疆；蒙古国

伊犁岩风 Libanotis iliensis (Lipsky) Korovin
分布：新疆；哈萨克斯坦、蒙古国

碎叶岩风 Libanotis incana (Stephan ex Willd.) O. Fedtsch. et B. Fedtsch.
分布：新疆；哈萨克斯坦

济南岩风 Libanotis jinanensis L. C. Xu et M. D. Xu
分布：山东

条叶岩风 Libanotis lancifolia K. T. Fu
分布：河北、山西、山东、河南、陕西

兰州岩风 **Libanotis lanzhouensis** K. T. Fu ex Shan et M. L. Sheh
分布：甘肃、青海

宽萼岩风 **Libanotis laticalycina** Shan et M. L. Sheh
分布：河北、山西、河南

坚挺岩风 **Libanotis schrenkiana** C. A. Mey. ex Schischk.
分布：新疆；哈萨克斯坦、吉尔吉斯斯坦、塔吉克斯坦、乌兹别克斯坦

香芹 **Libanotis seseloides** Fisch. et C. A. Mey. (ex Turcz.) Turcz.
分布：黑龙江、吉林、辽宁、内蒙古、山东、河南、江苏；亚洲(东部及东北部)、欧洲(中部)

亚洲岩风 **Libanotis sibirica** (L.) C. A. Mey.
分布：陕西、甘肃、新疆；哈萨克斯坦、俄罗斯

灰毛岩风 **Libanotis spodotrichoma** K. T. Fu
分布：陕西

万年春 **Libanotis wannienchun** K. T. Fu
分布：甘肃

藁本属 **Ligusticum** L.

尖叶藁本 **Ligusticum acuminatum** Franch.
分布：河南、陕西、甘肃、湖南、湖北、四川、云南

黑水岩茴香 **Ligusticum ajanense** (Regel et Tiling) Koso-Pol.
分布：黑龙江、吉林、河北、山东；日本、俄罗斯

归叶藁本 **Ligusticum angelicifolium** Franch.
分布：陕西、四川、云南、西藏

短片藁本 **Ligusticum brachylobum** Franch.
分布：陕西、青海、四川、贵州、云南、西藏

细苞藁本 **Ligusticum capillaceum** H. Wolff
分布：四川、云南

羽苞藁本 **Ligusticum daucoides** (Franch.) Franch.
分布：湖北、四川、云南、西藏

丽江藁本 **Ligusticum delavayi** Franch.
分布：云南、西藏

异色藁本 **Ligusticum discolor** Ledeb.
分布：新疆；哈萨克斯坦、吉尔吉斯斯坦、俄罗斯、塔吉克斯坦

高升藁本 **Ligusticum elatum** (Edgew.) C. B. Clarke
分布：西藏；阿富汗、不丹、印度、?尼泊尔、巴基斯坦

紫色藁本 **Ligusticum franchetii** H. Boissieu
分布：四川、云南

白叶藁本 **Ligusticum glaucifolium** H. Wolff
分布：云南

贡山藁本(新拟) **Ligusticum gongshanense** R. Li, F. D. Pu et H. Li
分布：云南

吉隆藁本 **Ligusticum gyirongense** Shan et H. T. Chang
分布：云南、西藏

毛藁本 **Ligusticum hispidum** (Franch.) H. Wolff
分布：四川、云南、西藏

多苞藁本 **Ligusticum involucratum** Franch.
分布：四川、云南、西藏

辽藁本 **Ligusticum jeholense** (Nakai et Kitag.) Nakai et Kitag.
分布：吉林、辽宁、内蒙古、河北、山西、山东

草甸藁本 **Ligusticum kingdon-wardii** H. Wolff
分布：四川、云南

美脉藁本 **Ligusticum likiangense** (H. Wolff) F. T. Pu et M. F. Watson
分布：四川、云南

理塘藁本 **Ligusticum litangense** F. T. Pu
分布：四川

利特藁本 **Ligusticum littledalei** Fedde ex H. Wolff
分布：西藏

白龙藁本 **Ligusticum mairei** M. Hiroe
分布：云南

短尖藁本 **Ligusticum mucronatum** (Schrenk) Leute
分布：新疆；哈萨克斯坦、吉尔吉斯斯坦、俄罗斯

多管藁本 **Ligusticum multivittatum** Franch.
分布：四川、云南

线叶藁本 **Ligusticum nematophyllum** (Pimenov et Kljuykov) F. T. Pu et M. F. Watson
分布：四川

无管藁本 **Ligusticum nullivittatum** (K. T. Fu) F. T. Pu et M. F. Watson
分布：陕西、湖北、四川

膜苞藁本 Ligusticum oliverianum (H. Boissieu) Shan
分布：湖北、四川、云南、西藏

蕨叶藁本 Ligusticum pteridophyllum Franch.
分布：甘肃、四川、云南、西藏

玉龙藁本 Ligusticum rechingerianum (Leute) Shan et F. T. Pu
分布：四川、云南

匍匐藁本 Ligusticum reptans (Diels) H. Wolff
分布：重庆、贵州

抽葶藁本 Ligusticum scapiforme H. Wolff
分布：四川、云南、西藏

川滇藁本 Ligusticum sikiangense M. Hiroe
分布：四川、云南

藁本 Ligusticum sinense Oliv.
分布：内蒙古、河南、陕西、甘肃、江西、湖北、四川、贵州、云南

藁本(原变种) Ligusticum sinense var. **sinense**
分布：黄河下游地区

水藁本 Ligusticum sinense var. **hupehense** H. D. Zhang
分布：湖北

条纹藁本 Ligusticum striatum DC.
分布：云南；印度、克什米尔地区、尼泊尔

岩茴香 Ligusticum tachiroei (Franch. et Sav.) M. Hiroe et Constance
分布：吉林、辽宁、内蒙古、河北、山西、河南；日本、朝鲜、蒙古国

细裂藁本 Ligusticum tenuisectum H. Boissieu
分布：湖北、四川、云南

细叶藁本 Ligusticum tenuissimum (Nakai) Kitag.
分布：辽宁、河北；朝鲜

长茎藁本 Ligusticum thomsonii C. B. Clarke
分布：甘肃、青海、四川、云南、西藏；阿富汗、印度、克什米尔地区、巴基斯坦

尖瓣藁本 Ligusticum weberbauerianum Fedde ex H. Wolff
分布：甘肃

西藏藁本 Ligusticum xizangense Z. H. Pan et M. L. Sheh
分布：西藏

盐源藁本 Ligusticum yanyuanense F. T. Pu
分布：四川

云南藁本 Ligusticum yunnanense F. T. Pu
分布：云南

石蛇床属 **Lithosciadium** Turcz.

石蛇床 Lithosciadium kamelinii (V. M. Vinogr.) Pimenov ex Gubanov
分布：新疆；蒙古国

藏香叶芹属 **Meeboldia** H. Wolff

蓍叶滇芹 Meeboldia achilleifolia (DC.) P. K. Mukh. et Constance
分布：云南；不丹、尼泊尔、印度

滇芹 Meeboldia yunnanensis (H. Wolff) Constance et F. T. Pu
分布：云南

紫伞芹属 **Melanosciadium** H. Boissieu

羽裂紫伞芹 Melanosciadium bipinnatum (Shan et F. T. Pu) Pimenov et Kljuykov
分布：四川、云南

曲枝紫伞芹 Melanosciadium genuflexum Pimenov et Kljuykov
分布：四川、云南

紫伞芹 Melanosciadium pimpinelloideum H. Boissieu
分布：湖北、四川、贵州

白苞芹属 **Nothosmyrnium** Miq.

白苞芹 Nothosmyrnium japonicum Miq.
分布：河南、陕西、甘肃、安徽、江苏、浙江、江西、湖南、湖北、四川、贵州、福建、广西；日本栽培

白苞芹(原变种) Nothosmyrnium japonicum var. **japonicum**
分布：河南、陕西、甘肃、安徽、江苏、浙江、江西、湖南、湖北、四川、贵州、福建、广西；日本

川白苞芹 Nothosmyrnium japonicum var. **sutchuensis** H. Boissieu
分布：陕西、甘肃、江西、湖北、四川、贵州、云南、广东、广西

西藏白苞芹 Nothosmyrnium xizangense Shan et T. S. Wang
分布：四川、西藏

西藏白苞芹(原变种) Nothosmyrnium xizangense var. **xizangense**
分布：四川、西藏

少裂西藏白苞芹 **Nothosmyrnium xizangense** var. **simpliciorum** Shan et T. S. Wang
分布：西藏

羌活属 **Notopterygium** H. Boissieu

澜沧羌活 **Notopterygium forrestii** H. Wolff
分布：四川、云南

宽叶羌活 **Notopterygium franchetii** H. Boissieu
分布：内蒙古、山西、陕西、甘肃、青海、湖北、四川、云南

羌活 **Notopterygium incisum** C. C. Ting ex H. T. Chang
分布：陕西、甘肃、青海、四川、西藏

卵叶羌活 **Notopterygium oviforme** Shan
分布：陕西、四川、重庆

羽苞羌活 **Notopterygium pinnatiinvolucellum** F. T. Pu et Y. P. Wang
分布：四川

细叶羌活 **Notopterygium tenuifolium** M. L. Sheh et F. T. Pu
分布：四川

水芹属 **Oenanthe** L.

短辐水芹 **Oenanthe benghalensis** (Roxb.) Kurz.
分布：四川、云南、广东；印度

高山水芹 **Oenanthe hookeri** C. B. Clarke
分布：四川、云南、西藏；不丹、印度、尼泊尔

水芹 **Oenanthe javanica** (Blume) DC.
分布：遍布中国；印度、缅甸、尼泊尔、巴基斯坦、泰国、老挝、越南、马来西亚、印度尼西亚、巴布亚新几内亚、菲律宾、日本、朝鲜、俄罗斯

水芹(原亚种) **Oenanthe javanica** subsp. **javanica**
分布：各省（自治区、直辖市）广布；印度、缅甸、尼泊尔、巴基斯坦、印度尼西亚、马来西亚、巴布亚新几内亚、菲律宾、泰国、老挝、越南、日本、韩国、俄罗斯

卵叶水芹 **Oenanthe javanica** subsp. **rosthornii** (Diels) F. T. Pu
分布：湖南、四川、贵州、云南、福建、台湾、广东、广西；泰国

线叶水芹 **Oenanthe linearis** Wall. ex DC.
分布：湖北、四川、重庆、贵州、云南、西藏、台湾；印度、印度尼西亚、缅甸、尼泊尔、越南

线叶水芹(原亚种) **Oenanthe linearis** subsp. **linearis**
分布：湖北、四川、重庆、贵州、云南、西藏、台湾；印度、印度尼西亚、缅甸、尼泊尔、越南

蒙自水芹 **Oenanthe linearis** subsp. **rivularis** (Dunn) C. Y. Wu et F. T. Pu
分布：四川、贵州、云南；老挝

多裂叶水芹 **Oenanthe thomsonii** C. B. Clarke
分布：江西、湖北、四川、贵州、云南、西藏、广东；不丹、印度、缅甸、尼泊尔、越南

多裂叶水芹(原亚种) **Oenanthe thomsonii** subsp. **thomsonii**
分布：江西、湖北、四川、贵州、云南、西藏、广东；不丹、印度、缅甸、尼泊尔

窄叶水芹 **Oenanthe thomsonii** subsp. **stenophylla** (H. Boissieu) F. T. Pu
分布：重庆、四川；?越南

羽苞芹属 **Oreocomopsis** Pimenov et Kljuykov

西藏羽苞芹 **Oreocomopsis xizangensis** Pimenov et Kljuykov
分布：西藏

山茉莉芹属 **Oreomyrrhis** Endl.

山茉莉芹 **Oreomyrrhis involucrata** Hayata
分布：台湾

香根芹属 **Osmorhiza** Raf.

香根芹 **Osmorhiza aristata** (Thunb.) Rydb.
分布：中国广布；日本、朝鲜、蒙古国、俄罗斯；北美洲

香根芹(原变种) **Osmorhiza aristata** var. **aristata**
分布：甘肃、陕西；日本、韩国、蒙古国、俄罗斯；北美洲

疏叶香根芹 **Osmorhiza aristata** var. **laxa** (Royle) Constance et Shan
分布：陕西、甘肃、四川、贵州、云南、西藏；不丹、印度、克什米尔地区、尼泊尔、巴基斯坦

山芹属 **Ostericum** Hoffm.

隔山香 **Ostericum citriodorum** (Hance) C. Q. Yuan et Shan
分布：浙江、江西、湖南、福建、广东、广西

大齿山芹 **Ostericum grosseserratum** (Maxim.) Kitag.
分布：吉林、辽宁、河北、山西、河南、陕西、青海、安徽、江苏、浙江、四川、福建；朝鲜、蒙古国

华东山芹 **Ostericum huadongense** Z. H. Pan et X. H. Li
分布：安徽、江苏、浙江

全叶山芹 **Ostericum maximowiczii** (F. Schmidt ex Maxim.) Kitag.
分布：黑龙江、吉林、内蒙古、四川；朝鲜、俄罗斯

全叶山芹(原变种) **Ostericum maximowiczii** var. **maximowiczii**
分布：黑龙江、吉林；韩国、俄罗斯

高山全叶山芹 **Ostericum maximowiczii** var. **alpinum** C. Q. Yuan et R. H. Shan
分布：四川

大全叶山芹 **Ostericum maximowiczii** var. **australe** (Kom.) Kitag.
分布：黑龙江、吉林；朝鲜、俄罗斯

丝叶山芹 **Ostericum maximowiczii** var. **filisectum** (Y. C. Chu) C. Q. Yuan et Shan
分布：黑龙江

疏毛山芹 **Ostericum scaberulum** (Franch.) Y. C. Yuan et Shan
分布：云南

疏毛山芹(原变种) **Ostericum scaberulum** var. **scaberulum**
分布：云南

长苞山芹 **Ostericum scaberulum** var. **longiinvolucellatum** C. Y. Wu et F. T. Pu
分布：云南

山芹 **Ostericum sieboldii** (Miq.) Nakai
分布：黑龙江、吉林、辽宁、内蒙古、河北、山东、陕西；日本、朝鲜、俄罗斯

山芹(原变种) **Ostericum sieboldii** var. **sieboldii**
分布：黑龙江、吉林、辽宁、内蒙古、河北、山东；日本、韩国、俄罗斯

狭叶山芹 **Ostericum sieboldii** var. **praeteritum** (Kitag.) Y. Hui Huang
分布：黑龙江、吉林、内蒙古、陕西；朝鲜

绿花山芹 **Ostericum viridiflorum** (Turcz.) Kitag.
分布：黑龙江、吉林、辽宁、内蒙古；俄罗斯

厚棱芹属 **Pachypleurum** Ledeb.

高山厚棱芹 **Pachypleurum alpinum** Ledeb.
分布：新疆；哈萨克斯坦、蒙古国、俄罗斯

拉萨厚棱芹 **Pachypleurum lhasanum** H. T. Chang et Shan
分布：四川、西藏

木里厚棱芹 **Pachypleurum muliense** Shan et F. T. Pu
分布：四川

聂拉木厚棱芹 **Pachypleurum nyalamense** H. T. Chang et Shan
分布：西藏

西藏厚棱芹 **Pachypleurum xizangense** H. T. Chang et Shan
分布：西藏

欧防风属 **Pastinaca** L.

欧防风 **Pastinaca sativa** L.
分布：中国广泛栽培；原产于欧洲，现广泛栽培

欧芹属 **Petroselinum** Hill

欧芹 **Petroselinum crispum** (Mill.) Nyman ex A. W. Hill
分布：中国有栽培省(自治区、直辖市)不详；可能原产于地中海地区

前胡属 **Peucedanum** L.

会泽前胡 **Peucedanum acaule** Shan et M. L. Sheh
分布：云南

天竺山前胡 **Peucedanum ampliatum** K. T. Fu
分布：陕西

芷叶前胡 **Peucedanum angelicoides** H. Wolff
分布：四川、贵州、云南

兴安前胡 **Peucedanum baicalense** (Redowsky ex Willd.) Koch
分布：黑龙江、内蒙古；蒙古国、俄罗斯

北京前胡 **Peucedanum caespitosum** H. Wolff
分布：河北

林地前胡 **Peucedanum chinense** M. Hiroe
分布：四川

滇西前胡 **Peucedanum delavayi** Franch.
分布：云南

竹节前胡 **Peucedanum dielsianum** Fedde ex H. Wolff
分布：湖北、重庆

南川前胡 **Peucedanum dissolutum** (Diels) H. Wolff
分布：四川、重庆

刺尖前胡 **Peucedanum elegans** Kom.
分布：黑龙江、吉林；日本、朝鲜、俄罗斯

镰叶前胡 Peucedanum falcaria Turcz.
分布：新疆；蒙古国、俄罗斯

台湾前胡 Peucedanum formosanum Hayata
分布：江西、台湾、广东、广西

异叶前胡 Peucedanum franchetii C. Y. Wu et F. T. Pu
分布：云南

广西前胡 Peucedanum guangxiense Shan et M. L. Sheh
分布：广西

华北前胡 Peucedanum harry-smithii Fedde ex H. Wolff
分布：内蒙古、河北、山西、河南、陕西、甘肃、四川

华北前胡(原变种) Peucedanum harry-smithii var. **harry-smithii**
分布：内蒙古、河北、山西、河南、陕西、甘肃、四川

广序北前胡 Peucedanum harry-smithii var. **grande** (K. T. Fu) Shan et M. L. Sheh
分布：河北、山西、陕西

少毛北前胡 Peucedanum harry-smithii var. **subglabrum** (Shan et M. L. Sheh) Shan et M. L. Sheh
分布：河南、陕西

鄂西前胡 Peucedanum henryi H. Wolff
分布：湖北

滨海前胡 Peucedanum japonicum Thunb.
分布：山东、江苏、浙江、福建、台湾、香港；日本、朝鲜、菲律宾

华山前胡 Peucedanum ledebourielloides K. T. Fu
分布：河南、陕西

拉萨前胡 Peucedanum lhasense C. B. Clarke ex H. Wolff
分布：西藏

南岭前胡 Peucedanum longshengense Shan et M. L. Sheh
分布：江西、广西

细裂前胡 Peucedanum macilentum Franch.
分布：四川、云南

马山前胡 Peucedanum mashanense Shan et M. L. Sheh
分布：广西

华中前胡 Peucedanum medicum Dunn
分布：江西、湖南、湖北、四川、重庆、贵州、广东、广西

华中前胡(原变种) Peucedanum medicum var. **medicum**
分布：江西、湖南、湖北、四川、重庆、贵州、广东、广西

岩前胡 Peucedanum medicum var. **gracile** Dunn ex Shan et M. L.
分布：四川、重庆

准噶尔前胡 Peucedanum morisonii Bess. ex Spreng.
分布：新疆；哈萨克斯坦、俄罗斯

矮前胡 Peucedanum nanum Shan et M. L. Sheh
分布：西藏

前胡 Peucedanum praeruptorum Dunn
分布：河南、甘肃、安徽、江苏、浙江、江西、湖南、湖北、四川、贵州、福建、广西

蒙古前胡 Peucedanum pricei Simpson
分布：内蒙古；蒙古国

毛前胡 Peucedanum pubescens Hand.-Mazz.
分布：四川、云南

红前胡 Peucedanum rubricaule Shan et M. L. Sheh
分布：四川、云南

松潘前胡 Peucedanum songpanense Shan et F. T. Pu
分布：四川

草原前胡 Peucedanum stepposum Y. Hui Huang
分布：黑龙江、吉林、辽宁

石防风 Peucedanum terebinthaceum (Fisch. ex Treviranus) Ledeb.
分布：黑龙江、吉林、辽宁、内蒙古、河北；俄罗斯

石防风(原变种) Peucedanum terebinthaceum var. **terebinthaceum**
分布：黑龙江、吉林、辽宁、内蒙古、河北；俄罗斯

宽叶石防风 Peucedanum terebinthaceum var. **deltoideum** (Makino ex Y. Yabe) Makino
分布：黑龙江、吉林、辽宁、河北；日本、朝鲜、俄罗斯

窃衣叶前胡 Peucedanum torilifolium H. Boissieu
分布：四川

长前胡 Peucedanum turgeniifolium H. Wolff
分布：甘肃、四川

华西前胡 Peucedanum veitchii H. Boissieu
分布：四川

紫茎前胡 Peucedanum violaceum Shan et F. T. Pu
分布：西藏

泰山前胡 **Peucedanum wawrae** (H. Wolff) Su ex M. L. Sheh
分布：山东、安徽、江苏

武隆前胡 **Peucedanum wulongense** Shan et M. L. Sheh
分布：重庆

云南前胡 **Peucedanum yunnanense** H. Wolff
分布：云南

胀果芹属 **Phlojodicarpus** Turcz. ex Ledeb.

胀果芹 **Phlojodicarpus sibiricus** (Stephan ex Spreng.) Koso-Pol.
分布：黑龙江、内蒙古、河北；蒙古国、俄罗斯

柔毛胀果芹 **Phlojodicarpus villosus** (Turcz. ex Fisch. et C. A. Mey.) Turcz. ex Ledeb.
分布：内蒙古；蒙古国、俄罗斯

滇芎属 **Physospermopsis** H. Wolff

全叶滇芎 **Physospermopsis alepidioides** (H. Wolff et Hand.-Mazz.) Shan
分布：四川

楔叶滇芎 **Physospermopsis cuneata** H. Wolff
分布：四川、云南

滇芎 **Physospermopsis delavayi** (Franch.) H. Wolff
分布：四川、云南

小滇芎 **Physospermopsis kingdon-wardii** (H. Wolff) C. Norman
分布：云南、西藏；不丹、尼泊尔、印度

木里滇芎 **Physospermopsis muliensis** Shan et S. L. Liu
分布：四川、云南

波棱滇芎 **Physospermopsis obtusiuscula** (Wall. ex DC.) C. Norman
分布：四川、云南、西藏；不丹、印度、尼泊尔

紫脉滇芎 **Physospermopsis rubrinervis** (Franch.) C. Norman
分布：四川、云南；印度、尼泊尔

丽江滇芎 **Physospermopsis shaniana** C. Y. Wu et F. T. Pu
分布：四川、云南、西藏；缅甸

茴芹属 **Pimpinella** L.

尖叶茴芹 **Pimpinella acuminata** (Edgew.) C. B. Clarke
分布：青海、四川、云南、西藏；印度、克什米尔地区、巴基斯坦

茴芹 **Pimpinella anisum** L.
分布：新疆有栽培；原产于亚洲(西南部)

锐叶茴芹 **Pimpinella arguta** Diels
分布：河北、河南、陕西、甘肃、湖北、四川、贵州

深紫茴芹 **Pimpinella atropurpurea** C. Y. Wu ex Shan et F. T. Pu
分布：云南

重波茴芹 **Pimpinella bisinuata** H. Wolff
分布：四川、云南

短果茴芹 **Pimpinella brachycarpa** (Kom.) Nakai
分布：吉林、辽宁、河北、山西、贵州；朝鲜、俄罗斯

短柱茴芹 **Pimpinella brachystyla** Hand.-Mazz.
分布：内蒙古、河北、山西、甘肃

杏叶茴芹 **Pimpinella candolleana** Wight et Arn.
分布：四川、贵州、云南、广东、广西；印度

尾尖茴芹 **Pimpinella caudata** (Franch.) H. Wolff
分布：四川、云南、西藏

中甸茴芹 **Pimpinella chungdienensis** C. Y. Wu ex Shan et F. T. Pu
分布：四川、云南、西藏

蛇床茴芹 **Pimpinella cnidioides** H. Pearson ex H. Wolff
分布：黑龙江、吉林、河北

革叶茴芹 **Pimpinella coriacea** (Franch.) H. Boissieu
分布：四川、贵州、云南、广西

异叶茴芹 **Pimpinella diversifolia** DC.
分布：山西、山东、河南、甘肃、青海、浙江、湖南、湖北、四川、云南、福建、台湾、广东、广西、海南；阿富汗、柬埔寨、印度、日本、克什米尔地区、尼泊尔、巴基斯坦、越南

异叶茴芹(原变种) **Pimpinella diversifolia** var. **diversifolia**
分布：山西、山东、河南、甘肃、青海、新疆、浙江、湖南、湖北、四川、云南、福建、台湾、广东、广西、海南；阿富汗、柬埔寨、印度、日本、克什米尔地区、尼泊尔、巴基斯坦、越南

尖瓣异叶茴芹 **Pimpinella diversifolia** var. **angustipetala** Shan et F. T. Pu
分布：四川

走茎异叶茴芹 **Pimpinella diversifolia** var. **stolonifera** Hand.-Mazz.
分布：四川、云南；不丹、尼泊尔、印度

城口茴芹 **Pimpinella fargesii** H. Boissieu
分布：江西、湖北、四川

细柄茴芹 **Pimpinella filipedicellata** S. L. Liou
分布：西藏

细软茴芹 **Pimpinella flaccida** C. B. Clarke
分布：四川、云南；印度

灰叶茴芹 **Pimpinella grisea** H. Wolff
分布：云南、西藏

沼生茴芹 **Pimpinella helosciadoidea** H. Boissieu
分布：湖北、四川

川鄂茴芹 **Pimpinella henryi** Diels
分布：陕西、甘肃、湖北、四川

德钦茴芹 **Pimpinella kingdon-wardii** H. Wolff
分布：四川、云南、西藏

辽冀茴芹 **Pimpinella komarovii** (Kitag.) Shan et F. T. Pu
分布：黑龙江、辽宁、河北；朝鲜

朝鲜茴芹 **Pimpinella koreana** (Y. Yabe) Nakai
分布：浙江；日本、朝鲜

景东茴芹 **Pimpinella liana** M. Hiroe
分布：云南

台湾茴芹 **Pimpinella niitakayamensis** Hayata
分布：台湾

林芝茴芹 **Pimpinella nyingchiensis** Z. H. Pan et K. Yao
分布：西藏

喜马拉雅茴芹 **Pimpinella pimpinellisimulacrum** (Farille et Malla) Farille
分布：西藏；尼泊尔

微毛茴芹 **Pimpinella puberula** (DC.) Boiss.
分布：新疆；阿富汗、巴基斯坦、俄罗斯、哈萨克斯坦、吉尔吉斯斯坦、塔吉克斯坦、土库曼斯坦、乌兹别克斯坦

紫瓣茴芹 **Pimpinella purpurea** (Franch.) H. Boissieu
分布：云南；缅甸

下曲茴芹 **Pimpinella refracta** H. Wolff
分布：贵州、云南

肾叶茴芹 **Pimpinella renifolia** H. Wolff
分布：湖北

菱叶茴芹 **Pimpinella rhomboidea** Diels
分布：河北、河南、陕西、甘肃、四川、贵州

菱叶茴芹(原变种) **Pimpinella rhomboidea** var. **rhomboidea**
分布：河北、河南、陕西、甘肃、四川、贵州

小菱叶茴芹 **Pimpinella rhomboidea** var. **tenuiloba** Shan et F. T. Pu
分布：四川

丽江茴芹 **Pimpinella rockii** H. Wolff
分布：云南

少花茴芹 **Pimpinella rubescens** (Franch.) H. Wolff
分布：四川、云南

锯边茴芹 **Pimpinella serra** Franch. et Sav.
分布：安徽；日本

木里茴芹 **Pimpinella silvatica** Hand.-Mazz.
分布：四川、云南

直立茴芹 **Pimpinella smithii** H. Wolff
分布：内蒙古、山西、河南、陕西、甘肃、青海、湖北、四川、云南、广西

羊红膻 **Pimpinella thellungiana** H. Wolff
分布：黑龙江、吉林、辽宁、内蒙古、河北、山西、山东、陕西；俄罗斯

藏茴芹 **Pimpinella tibetanica** H. Wolff
分布：四川、云南、西藏；不丹、尼泊尔、印度

瘤果茴芹 **Pimpinella tonkinensis** Cherm.
分布：云南、香港；越南

三出叶茴芹 **Pimpinella triternata** Diels
分布：重庆

谷生茴芹 **Pimpinella valleculosa** K. T. Fu
分布：陕西、甘肃、湖北、四川

多花茴芹 **Pimpinella xizangensis** Shan et F. T. Pu
分布：西藏

云南茴芹 **Pimpinella yunnanensis** (Franch.) H. Wolff
分布：四川、云南

簇苞芹属 **Pleurospermopsis** C. Norman

簇苞芹 **Pleurospermopsis sikkimensis** (C. B. Clarke) C. Norman
分布：西藏；不丹、尼泊尔、印度

棱子芹属 **Pleurospermum** Hoffm.

白苞棱子芹 **Pleurospermum album** C. B. Clarke ex H. Wolff
分布：西藏；不丹、尼泊尔、印度

美丽棱子芹 **Pleurospermum amabile** Craib ex W. W. Sm.
分布：云南、西藏；不丹、印度

归叶棱子芹 **Pleurospermum angelicoides** (Wall. ex DC.) C. B. Clarke
分布：四川、云南、西藏；不丹、克什米尔地区、缅甸、尼泊尔、印度

紫色棱子芹 **Pleurospermum apiolens** C. B. Clarke
分布：西藏；尼泊尔、印度、不丹

芳香棱子芹 **Pleurospermum aromaticum** W. W. Sm.
分布：四川、云南、西藏

雅江棱子芹 **Pleurospermum astrantioideum** (H. Boissieu) K. T. Fu et Y. C. Ho
分布：四川

宝兴棱子芹 **Pleurospermum benthamii** (Wall. ex DC.) C. B. Clarke
分布：四川、云南、西藏；不丹、缅甸、尼泊尔、印度

二色棱子芹 **Pleurospermum bicolor** (Franch.) C. Norman ex Z. H. Pan et M. F. Watson
分布：四川、云南、西藏

疣叶棱子芹 **Pleurospermum calcareum** H. Wolff
分布：云南

鸡冠棱子芹 **Pleurospermum cristatum** H. Boissieu
分布：山西、河南、陕西、宁夏、甘肃、青海、安徽、湖北、四川

异叶棱子芹 **Pleurospermum decurrens** Franch.
分布：云南

丽江棱子芹 **Pleurospermum foetens** Franch.
分布：甘肃、四川、云南、西藏

松潘棱子芹 **Pleurospermum franchetianum** Hemsl.
分布：陕西、宁夏、甘肃、青海、湖北、四川

太白棱子芹 **Pleurospermum giraldii** Diels
分布：陕西、甘肃、湖北、四川

高山棱子芹 **Pleurospermum handelii** H. Wolff
分布：云南；缅甸

垫状棱子芹 **Pleurospermum hedinii** Diels
分布：青海、云南、西藏

芷叶棱子芹 **Pleurospermum heracleifolium** Franch. ex H. Boissieu
分布：云南、西藏

异伞棱子芹 **Pleurospermum heterosciadium** H. Wolff
分布：四川、西藏

喜马拉雅棱子芹 **Pleurospermum hookeri** C. B. Clarke
分布：云南、西藏；不丹、尼泊尔、印度

喜马拉雅棱子芹(原变种) **Pleurospermum hookeri** var. **hookeri**
分布：云南、西藏；不丹、尼泊尔、印度

西藏棱子芹 **Pleurospermum hookeri** var. **thomsonii** C. B. Clarke
分布：甘肃、青海、四川、云南、西藏

天山棱子芹 **Pleurospermum lindleyanum** (Klotzsch) B. Fedtsch.
分布：新疆、西藏；印度、克什米尔地区、巴基斯坦

线裂棱子芹 **Pleurospermum linearilobum** W. W. Sm.
分布：四川、云南

长果棱子芹 **Pleurospermum longicarpum** Shan et Z. H. Pan
分布：云南、西藏

大苞棱子芹 **Pleurospermum macrochlaenum** K. T. Fu et Y. C. Ho
分布：西藏

矮棱子芹 **Pleurospermum nanum** Franch.
分布：云南、西藏

皱果棱子芹 **Pleurospermum nubigenum** H. Wolff
分布：四川、云南、西藏

疏毛棱子芹 **Pleurospermum pilosum** C. B. Clarke ex H. Wolff
分布：西藏；不丹、印度

青藏棱子芹 **Pleurospermum pulszkyi** Kanitz
分布：甘肃、青海、云南、西藏

心叶棱子芹 **Pleurospermum rivulorum** (Diels) M. Hiroe
分布：云南

圆叶棱子芹 **Pleurospermum rotundatum** (DC.) C. B. Clarke
分布：西藏；尼泊尔

岩生棱子芹 **Pleurospermum rupestre** (Popov) K. T. Fu et Y. C. Ho
分布：新疆；土库曼斯坦

单茎棱子芹 **Pleurospermum simplex** (Rupr.) Benth. et Hook. f. ex Drude
分布：新疆；土库曼斯坦

尖头棱子芹 **Pleurospermum stellatum** (D. Don) C. B. Clarke
分布：西藏；印度、尼泊尔、克什米尔地区、巴基斯坦

新疆棱子芹 **Pleurospermum stylosum** C. B. Clarke
分布：新疆；阿富汗、印度、克什米尔地区、巴基斯坦

青海棱子芹 **Pleurospermum szechenyii** Kanitz
分布：甘肃、青海、西藏

三裂棱子芹(新拟) **Pleurospermum tripartitum** Pu, R. Li et H. Li
分布：云南

泽库棱子芹 **Pleurospermum tsekuense** Shan
分布：青海

棱子芹 **Pleurospermum uralense** Hoffmann
分布：吉林、辽宁、内蒙古、河北、山西、陕西；日本、蒙古国、俄罗斯

粗茎棱子芹 **Pleurospermum wilsonii** H. Boissieu
分布：甘肃、青海、四川、云南、西藏；尼泊尔

瘤果棱子芹 **Pleurospermum wrightianum** H. Boissieu
分布：青海、四川、云南、西藏

云南棱子芹 **Pleurospermum yunnanense** Franch.
分布：四川、云南；缅甸

栓翅芹属 **Prangos** Lindl.

毛栓翅芹 **Prangos cachroides** (Schrenk) Pimenov et V. N. Tikhomirov
分布：新疆；哈萨克斯坦、吉尔吉斯斯坦、俄罗斯、塔吉克斯坦

双生栓翅芹 **Prangos didyma** (Regel) Pimenov et V. N. Tikhomirov
分布：新疆；吉尔吉斯斯坦、塔吉克斯坦

新疆栓翅芹 **Prangos herderi** subsp. **xinjiangensis** X. Y. Chen et Q. X. Liu
分布：新疆

大果栓翅芹 **Prangos ledebourii** Herrnst. et Heyne
分布：新疆；哈萨克斯坦、吉尔吉斯斯坦、俄罗斯、乌兹别克斯坦

囊瓣芹属 **Pternopetalum** Franch.

羽裂囊瓣芹 **Pternopetalum bipinnatum** L. S. Wang
分布：广西

散血芹 **Pternopetalum botrychioides** (Dunn) Hand.-Mazz.
分布：四川、重庆、贵州、云南

丛枝囊瓣芹 **Pternopetalum caespitosum** Shan
分布：?重庆、甘肃、四川

楔叶囊瓣芹 **Pternopetalum cuneifolium** (H. Wolff) Hand.-Mazz.
分布：云南

囊瓣芹 **Pternopetalum davidii** Franch.
分布：陕西、甘肃、湖北、四川、重庆、贵州、云南

澜沧囊瓣芹 **Pternopetalum delavayi** (Franch.) Hand.-Mazz.
分布：四川、云南、西藏

纤细囊瓣芹 **Pternopetalum gracillimum** (H. Wolff) Hand.-Mazz.
分布：湖北、四川、重庆、云南、西藏

薄叶囊瓣芹 **Pternopetalum leptophyllum** (Dunn) Hand.-Mazz.
分布：四川

洱源囊瓣芹 **Pternopetalum molle** (Franch.) Hand.-Mazz.
分布：陕西、甘肃、四川、云南、西藏；不丹、印度

裸茎囊瓣芹 **Pternopetalum nudicaule** (H. Boissieu) Hand.-Mazz.
分布：江西、湖南、四川、贵州、云南、广东、广西

川鄂囊瓣芹 **Pternopetalum rosthornii** (Diels) Hand.-Mazz.
分布：重庆

高山囊瓣芹 **Pternopetalum subalpinum** Hand.-Mazz.
分布：四川、云南；不丹、印度

东亚囊瓣芹 **Pternopetalum tanakae** (Franch. et Sav.) Hand.-Mazz.
分布：安徽、重庆、福建、甘肃、贵州、河南、湖北、湖南、青海、陕西、四川、浙江；印度、尼泊尔、不丹、日本、韩国

膜蕨囊瓣芹 **Pternopetalum trichomanifolium** (Franch.) Hand.-Mazz.
分布：江西、湖南、湖北、四川、重庆、贵州、云南、广东、广西

五匹青 **Pternopetalum vulgare** (Dunn) Hand.-Mazz.
分布：陕西、甘肃、江西、湖南、湖北、四川、重庆、贵州、云南、广西；缅甸、印度、尼泊尔

翅棱芹属 Pterygopleurum Kitag.

脉叶翅棱芹 **Pterygopleurum neurophyllum** (Maxim.) Kitag.
分布：安徽、江苏、浙江；日本、朝鲜

变豆菜属 Sanicula L.

川滇变豆菜 **Sanicula astrantiifolia** H. Wolff
分布：四川、云南、西藏

天蓝变豆菜 **Sanicula caerulescens** Franch.
分布：四川、重庆、云南

变豆菜 **Sanicula chinensis** Bunge
分布：中国广布；日本、朝鲜、俄罗斯

软雀花 **Sanicula elata** Buch.-Ham. ex D. Don
分布：四川、云南、西藏、广西；不丹、印度、印度尼西亚、日本、尼泊尔、马来西亚、缅甸、巴基斯坦、菲律宾、斯里兰卡、越南；非洲

长序变豆菜 **Sanicula elongata** K. T. Fu
分布：陕西、甘肃

首阳变豆菜 **Sanicula giraldii** H. Wolff
分布：河北、山西、河南、陕西、甘肃、青海、四川、西藏

首阳变豆菜(原变种) **Sanicula giraldii** var. **giraldii**
分布：河北、山西、河南、陕西、甘肃、青海、四川、西藏

卵萼变豆菜 **Sanicula giraldii** var. **ovicalycina** Shan et S. L. Liou
分布：陕西、重庆

鳞果变豆菜 **Sanicula hacquetioides** Franch.
分布：四川、贵州、云南、西藏

薄片变豆菜 **Sanicula lamelligera** Hance
分布：安徽、浙江、江西、湖北、四川、贵州、云南、台湾、广东、广西；日本

野鹅脚板 **Sanicula orthacantha** S. Moore
分布：陕西、甘肃、安徽、浙江、江西、湖南、四川、贵州、云南、福建、广东、广西；柬埔寨、印度、老挝、越南

野鹅脚板(原变种) **Sanicula orthacantha** var. **orthacantha**
分布：陕西、甘肃、安徽、浙江、江西、湖南、四川、贵州、云南、福建、广东、广西；柬埔寨、印度、老挝、越南

短刺鹅脚板 **Sanicula orthacantha** var. **brevispina** H. Boissieu
分布：四川、重庆

走茎鹅脚板 **Sanicula orthacantha** var. **stolonifera** Shan et S. L. Liou
分布：四川

卵叶变豆菜 **Sanicula oviformis** X. T. Liu et Z. Y. Liu
分布：重庆

彭水变豆菜 **Sanicula pengshuiensis** M. L. Sheh et Z. Y. Liu
分布：重庆

台湾变豆菜 **Sanicula petagnioides** Hayata
分布：台湾

红花变豆菜 **Sanicula rubriflora** F. Schmidt ex Maxim.
分布：黑龙江、吉林、辽宁、内蒙古；日本、朝鲜、蒙古国、俄罗斯

皱叶变豆菜 **Sanicula rugulosa** Diels
分布：重庆、西藏

锯叶变豆菜 **Sanicula serrata** H. Wolff
分布：青海、湖北、四川、云南、西藏

天目变豆菜 **Sanicula tienmuensis** Shan et Constance
分布：浙江

天目变豆菜(原变种) **Sanicula tienmuensis** var. **tienmuensis**
分布：浙江

疏花变豆菜 **Sanicula tienmuensis** var. **pauciflora** Shan et F. T. Pu
分布：四川

瘤果变豆菜 **Sanicula tuberculata** Maxim.
分布：黑龙江；日本、朝鲜

防风属 Saposhnikovia Schischk.

防风 **Saposhnikovia divaricata** (Turcz.) Schischk.
分布：黑龙江、吉林、辽宁、内蒙古、河北、山西、山东、陕西、宁夏、甘肃；朝鲜、蒙古国、俄罗斯

丝叶芹属 Scaligeria DC.

丝叶芹 **Scaligeria setacea** (Schrenk) Korovin
分布：新疆；阿富汗、哈萨克斯坦、吉尔吉斯斯坦、塔吉克斯坦

针果芹属 **Scandix** L.

针果芹 **Scandix stellata** Banks et Sol.
分布：新疆；广布于亚洲(中部及西南部)，地中海地区

双球芹属 **Schrenkia** Fisch. et C. A. Mey.

双球芹 **Schrenkia vaginata** (Ledeb.) Fisch. et C. A. Mey.
分布：新疆；哈萨克斯坦

苞裂芹属 **Schulzia** Spreng.

白花苞裂芹 **Schulzia albiflora** (Kar. et Kir.) Popov
分布：新疆；哈萨克斯坦、吉尔吉斯斯坦、俄罗斯、塔吉克斯坦

长毛苞裂芹 **Schulzia crinita** (Pall.) Spreng.
分布：新疆；哈萨克斯坦、蒙古国、俄罗斯

苞裂芹 **Schulzia dissecta** (C. B. Clarke) C. Norman
分布：西藏；印度、尼泊尔、不丹

天山苞裂芹 **Schulzia prostrata** Pimenov et Kljuykov
分布：新疆；吉尔吉斯斯坦

球根阿魏属 **Schumannia** Kuntze

球根阿魏 **Schumannia karelinii** (Bunge) Korovin
分布：新疆；吉尔吉斯斯坦、塔吉克斯坦、土库曼斯坦、乌兹别克斯坦；亚洲(西南部)

亮蛇床属 **Selinum** L.

亮蛇床 **Selinum cryptotaenium** H. Boissieu
分布：四川、云南

长萼亮蛇床 **Selinum longicalycium** M. L. Sheh
分布：云南

细叶亮蛇床 **Selinum wallichianum** (DC.) Raizada et H. O. Saxena
分布：四川、云南、西藏；不丹、印度、克什米尔地区、尼泊尔、巴基斯坦

大瓣芹属 **Semenovia** Regel et Herder

毛果大瓣芹 **Semenovia dasycarpa** (Regel Schmalh.) Korovin ex Pimenov et V. N. Tikhomirov
分布：新疆；阿富汗、哈萨克斯坦、吉尔吉斯斯坦、塔吉克斯坦、乌兹别克斯坦

密毛大瓣芹 **Semenovia pimpinelloides** (Nevski) Manden.
分布：新疆；哈萨克斯坦

光果大瓣芹 **Semenovia rubtzovii** (Schischk.) Manden.
分布：新疆；哈萨克斯坦

大瓣芹 **Semenovia transiliensis** Regel et Herder
分布：新疆；哈萨克斯坦、吉尔吉斯斯坦

西风芹属 **Seseli** L.

大果西风芹 **Seseli aemulans** Popov
分布：新疆；哈萨克斯坦

微毛西风芹 **Seseli asperulum** (Trautv.) Schischkin
分布：青海、新疆；哈萨克斯坦

柱冠西风芹 **Seseli coronatum** Ledeb.
分布：新疆；哈萨克斯坦

多毛西风芹 **Seseli delavayi** Franch.
分布：云南

毛序西风芹 **Seseli eriocephalum** (Pall. ex Spreng.) Schischk.
分布：新疆；哈萨克斯坦

膜盘西风芹 **Seseli glabratum** Willd. ex Spreng.
分布：新疆；哈萨克斯坦、蒙古国、乌兹别克斯坦

锐齿西风芹 **Seseli incisodentatum** K. T. Fu
分布：甘肃

内蒙西风芹 **Seseli intramongolicum** Y. C. Ma
分布：内蒙古、宁夏、甘肃

硬枝西风芹 **Seseli junatovii** V. M. Vinogradova
分布：新疆

竹叶西风芹 **Seseli mairei** H. Wolff
分布：四川、贵州、云南、广西；泰国

竹叶西风芹(原变种) **Seseli mairei** var. **mairei**
分布：四川、贵州、云南、广西；泰国

单叶西风芹 **Seseli mairei** var. **simplicifolium** C. Y. Wu ex R. H. Shan et M. L. Sheh
分布：四川、云南

西藏西风芹 **Seseli nortonii** Fedde ex H. Wolff
分布：西藏

紫鞘西风芹 **Seseli purpureovaginatum** Shan et M. L. Sheh
分布：西藏

山西西风芹 **Seseli sandbergiae** Fedde ex H. Wolff
分布：山西

无柄西风芹 **Seseli sessiliflorum** Schrenk
分布：新疆；哈萨克斯坦、吉尔吉斯斯坦

粗糙西风芹 **Seseli squarrulosum** Shan et M. L. Sheh
分布：青海、四川

劲直西风芹 **Seseli strictum** Ledeb.
分布：新疆；哈萨克斯坦、俄罗斯

绒果西风芹 **Seseli togasii** (M. Hiroe) Pimenov et Kljuykov
分布：吉林

叉枝西风芹 **Seseli valentinae** Popov
分布：新疆；哈萨克斯坦、吉尔吉斯斯坦

松叶西风芹 **Seseli yunnanense** Franch.
分布：四川、云南；泰国

西归芹属 **Seselopsis** Schischk.

西归芹 **Seselopsis tianschanica** Schischk.
分布：新疆；哈萨克斯坦、吉尔吉斯斯坦

亮叶芹属 **Silaum** Mill.

亮叶芹 **Silaum silaus** (L.) Schinz et Thell.
分布：江苏有逸生；原产于欧洲和地中海地区

小芹属 **Sinocarum** H. Wolff ex Shan et F. T. Pu

紫茎小芹 **Sinocarum coloratum** (Diels) H. WolffShan et F. T. Pu
分布：四川、云南、西藏；印度

钝瓣小芹 **Sinocarum cruciatum** (Franch.) H. Wolff ex Shan et F. T. Pu
分布：四川、云南、西藏

钝瓣小芹(原变种) **Sinocarum cruciatum** var. **cruciatum**
分布：四川、云南、西藏

尖瓣小芹 **Sinocarum cruciatum** var. **linearilobum** (Franch.) Shan et F. T. Pu
分布：四川、云南、西藏；缅甸

长柄小芹 **Sinocarum dolichopodum** (Diels) H. Wolff ex Shan et F. T. Pu
分布：四川、云南

蕨叶小芹 **Sinocarum filicinum** H. Wolff
分布：四川、云南、西藏

少辐小芹 **Sinocarum pauciradiatum** Shan et F. T. Pu
分布：四川、云南、西藏；不丹

松林小芹 **Sinocarum pityophilum** (Diels) H. Wolff
分布：云南

裂瓣小芹 **Sinocarum schizopetalum** (Franch.) H. Wolff ex Shan et F. T. Pu
分布：云南、西藏

裂瓣小芹(原变种) **Sinocarum schizopetalum** var. **schizopetalum**
分布：云南、西藏

碧江小芹 **Sinocarum schizopetalum** var. **bijiangense** (S. L. Liou) X. T. Liu
分布：云南；缅甸

阔鞘小芹 **Sinocarum vaginatum** H. Wolff
分布：四川、云南、西藏

舟瓣芹属 **Sinolimprichtia** H. Wolff

舟瓣芹 **Sinolimprichtia alpina** H. Wolff
分布：青海、四川、云南、西藏

舟瓣芹(原变种) **Sinolimprichtia alpina** var. **alpina**
分布：四川、云南、西藏

裂苞舟瓣芹 **Sinolimprichtia alpina** var. **dissecta** Shan et S. L. Liou
分布：四川、云南、西藏

泽芹属 **Sium** L.

滇西泽芹 **Sium frigidum** Hand.-Mazz.
分布：四川、云南

欧泽芹 **Sium latifolium** L.
分布：新疆；哈萨克斯坦、俄罗斯；中亚、欧洲，被引种到澳大利亚

中亚泽芹 **Sium medium** Fisch. et C. A. Mey.
分布：新疆；哈萨克斯坦、吉尔吉斯斯坦、塔吉克斯坦、乌兹别克斯坦

拟泽芹 **Sium sisaroideum** DC.
分布：新疆；阿富汗、哈萨克斯坦、吉尔吉斯斯坦、俄罗斯、塔吉克斯坦、土库曼斯坦、乌兹别克斯坦；中亚和亚洲(西南部)

泽芹 **Sium suave** Walt.
分布：黑龙江、吉林、辽宁、内蒙古、河北、山东、宁夏、台湾；日本、朝鲜、俄罗斯；北美洲

簇花芹属 **Soranthus** Ledeb.

簇花芹 **Soranthus meyeri** Ledeb.
分布：新疆；哈萨克斯坦、俄罗斯

迷果芹属 **Sphallerocarpus** Besser ex DC.

迷果芹 **Sphallerocarpus gracilis** (Bess. ex Trevir.) Koso-Pol.
分布：黑龙江、吉林、辽宁、内蒙古、河北、山西、甘肃、青海、新疆、四川；日本、蒙古国、俄罗斯

狭腔芹属 **Stenocoelium** Ledeb.

狭腔芹 **Stenocoelium popovii** V. M. Vinogradov et Fedor.
分布：新疆；哈萨克斯坦、蒙古国、俄罗斯

毛果狭腔芹 **Stenocoelium trichocarpum** Schrenk
分布：新疆；哈萨克斯坦

伊犁芹属 **Talassia** Korovin

伊犁芹 **Talassia transiliensis** (Regel ex Herder) S. P. Korovin
分布：新疆；亚洲(中部)

东俄芹属 **Tongoloa** H. Wolff

宜昌东俄芹 **Tongoloa dunnii** (H. Boissieu) H. Wolff
分布：湖北、四川、西藏

大东俄芹 **Tongoloa elata** H. Wolff
分布：甘肃、青海、四川

细颈东俄芹 **Tongoloa filicaudicis** K. T. Fu
分布：甘肃

纤细东俄芹 **Tongoloa gracilis** H. Wolff
分布：陕西、甘肃、青海、四川、云南、西藏；不丹、印度

云南东俄芹 **Tongoloa loloensis** (H. Boissieu) H. Wolff
分布：四川、云南、西藏；不丹、尼泊尔、印度

裂苞东俄芹 **Tongoloa napifera** (H. Wolff) C. Norman
分布：四川

少辐东俄芹 **Tongoloa pauciradiata** H. Wolff
分布：青海、西藏

滇西东俄芹 **Tongoloa rockii** H. Wolff
分布：云南

红脉东俄芹 **Tongoloa rubronervis** S. L. Liou
分布：四川

城口东俄芹 **Tongoloa silaifolia** (H. Boissieu) H. Wolff
分布：陕西、青海、四川、重庆、云南

短鞘东俄芹 **Tongoloa smithii** H. Wolff
分布：四川

牯岭东俄芹 **Tongoloa stewardii** H. Wolff
分布：江西、云南

条叶东俄芹 **Tongoloa taeniophylla** (H. Boissieu) H. Wolff
分布：青海、四川、云南

细叶东俄芹 **Tongoloa tenuifolia** H. Wolff
分布：四川、云南、西藏

中甸东俄芹 **Tongoloa zhongdianensis** S. L. Liou
分布：云南

阔翅芹属 **Tordyliopsis** DC.

珠峰阔翅芹 **Tordyliopsis brunonis** DC.
分布：西藏；不丹、尼泊尔、印度

窃衣属 **Torilis** Adans.

小窃衣 **Torilis japonica** (Houtt.) DC.
分布：除黑龙江、内蒙古和新疆外各省（自治区、直辖市）广布；亚洲和欧洲广布

窃衣 **Torilis scabra** (Thunb.) DC.
分布：陕西、甘肃、安徽、江苏、江西、湖南、湖北、四川、贵州、福建、广东、广西；日本、朝鲜；被引种到北美洲

瘤果芹属 **Trachydium** Lindl.

裂苞瘤果芹 **Trachydium involucellatum** Shan et F. T. Pu
分布：西藏

瘤果芹 **Trachydium roylei** Lindl.
分布：四川、西藏；印度、克什米尔地区、巴基斯坦

单叶瘤果芹 **Trachydium simplicifolium** W. W. Sm.
分布：云南

密瘤瘤果芹 **Trachydium subnudum** C. B. Clarke ex H. Wolff
分布：四川、西藏；印度

西藏瘤果芹 **Trachydium tibetanicum** H. Wolff
分布：四川、云南、西藏

三叶瘤果芹 **Trachydium trifoliatum** H. Wolff
分布：云南

糙果芹属 **Trachyspermum** Link

细叶糙果芹 **Trachyspermum ammi** (L.) Sprague
分布：新疆；印度

滇南糙果芹 **Trachyspermum roxburghianum** (DC.) H. Wolff
分布：云南；印度

糙果芹 **Trachyspermum scaberulum** (Franch.) H. Wolff
分布：四川、贵州、云南、广西

糙果芹(原变种) **Trachyspermum scaberulum** var. **scaberulum**
分布：四川、贵州、云南、广西

豚草叶糙果芹 **Trachyspermum scaberulum** var. **ambrosiifolium** (Franch.) Shan
分布：四川、云南

马尔康糙果芹 **Trachyspermum triradiatum** H. Wolff
分布：四川

刺果芹属 Turgenia Hoffm.

刺果芹 **Turgenia latifolia** (L.) Hoffm.
分布：新疆；阿富汗、克什米尔地区、哈萨克斯坦、巴基斯坦、俄罗斯；亚洲(西南部)、中亚、欧洲、非洲

凹乳芹属 Vicatia DC.

少裂凹乳芹 **Vicatia bipinnata** Shan et F. T. Pu
分布：四川、云南

凹乳芹 **Vicatia coniifolia** (Wall.) DC.
分布：青海、四川、云南、西藏；阿富汗、不丹、印度、尼泊尔、巴基斯坦、克什米尔地区

西藏凹乳芹 **Vicatia thibetica** H. Boissieu
分布：青海、四川、云南、西藏；尼泊尔

艾叶芹属 Zosima Hoffm.

艾叶芹 **Zosima korovinii** Pimenov
分布：新疆；哈萨克斯坦、吉尔吉斯斯坦、塔吉克斯坦、乌兹别克斯坦

215. 夹竹桃科 Apocynaceae Juss.

长药花属 Acokanthera G. Don

长药花 **Acokanthera oppositifolia** (Lam.) Codd
分布：北京引种；原产于非洲南部

乳突果属 Adelostemma Hook. f.

乳突果 **Adelostemma gracillimum** (Wall. ex Wight) Hook. f.
分布：贵州、云南、广西；缅甸

香花藤属 Aganosma G. Don

贵州香花藤 **Aganosma breviloba** Kerr
分布：贵州；缅甸、泰国

云南香花藤 **Aganosma cymosa** (Roxb.) G. Don
分布：云南、广西；孟加拉国、柬埔寨、印度、老挝、缅甸、斯里兰卡、泰国、越南

香花藤 **Aganosma marginata** (Roxb.) G. Don
分布：广东、海南；柬埔寨、印度、印度尼西亚、老挝、马来西亚、菲律宾、泰国、越南

海南香花藤 **Aganosma schlechteriana** H. Lév.
分布：四川、贵州、云南、广西、海南；印度、缅甸、泰国、越南

广西香花藤 **Aganosma siamensis** Craib
分布：贵州、云南、广西；泰国、越南

黄蝉属 Allamanda L.

紫蝉花 **Allamanda blanchettii** A. DC.
分布：云南、广东、海南、香港

软枝黄蝉 **Allamanda cathartica** L.
分布：云南、福建、台湾、广东、广西、海南、香港栽培；原产于南美洲

黄蝉 **Allamanda schottii** Pohl
分布：云南、福建、台湾、广东、广西、海南、香港栽培；原产于南美洲

鸡骨常山属 Alstonia R. Br.

黄花羊角棉 **Alstonia henryi** Tsiang
分布：云南

大叶糖胶树 **Alstonia macrophylla** Wall. ex G. Don
分布：云南、广东；印度尼西亚、马来西亚、菲律宾、泰国、越南

羊角棉 **Alstonia mairei** H. Lév.
分布：四川、贵州、云南

竹叶羊角棉 **Alstonia neriifolia** D. Don
分布：广西；印度、印度尼西亚、马来西亚、斯里兰卡

盆架树 **Alstonia rostrata** C. E. C. Fisch.
分布：云南、广东、海南；印度、印度尼西亚、马来西亚、缅甸、泰国

岩生羊角棉 **Alstonia rupestris** Kerr
分布：广西；泰国

糖胶树 **Alstonia scholaris** (L.) R. Br.
分布：湖南、云南、福建、台湾、广东、广西、海南、香港；柬埔寨、印度、马来西亚、缅甸、尼泊尔、巴布亚新几内亚、菲律宾、斯里兰卡、泰国、越南、澳大利亚

鸡骨常山 **Alstonia yunnanensis** Diels

分布：贵州、云南、广西

链珠藤属 **Alyxia** Banks ex R. Br.

尾尖链珠藤 **Alyxia fascicularis** Benth.

分布：西藏；印度、泰国

兰屿链珠藤 **Alyxia insularis** Kaneh. et Sasaki

分布：台湾

筋藤 **Alyxia levinei** Merr.

分布：贵州、广东、广西

陷边链珠藤 **Alyxia marginata** Pit.

分布：云南、广西；柬埔寨、老挝、越南

勐龙链珠藤 **Alyxia menglungensis** Tsiang et P. T. Li

分布：云南

海南链珠藤 **Alyxia odorata** Wall. ex G. Don

分布：四川、贵州、云南、广东、广西、海南；缅甸、泰国

长花链珠藤 **Alyxia reinwardtii** Blume

分布：云南；印度尼西亚、马来西亚、菲律宾、泰国、越南

狭叶链珠藤 **Alyxia schlechteri** H. Lév.

分布：贵州、云南、广西；泰国

长序链珠藤 **Alyxia siamensis** Craib

分布：云南、广东、广西；泰国、越南

链珠藤 **Alyxia sinensis** Champ. ex Benth.

分布：浙江、江西、湖南、贵州、福建、台湾、广东、广西、海南、香港

台湾链珠藤 **Alyxia taiwanensis** S. Y. Lu et Yuen P. Yang

分布：台湾

毛叶链珠藤 **Alyxia villilimba** C. Y. Wu ex Tsiang et P. T. Li

分布：云南、广西

毛车藤属 **Amalocalyx** Pierre

毛车藤 **Amalocalyx microlobus** Pierre

分布：云南；老挝、缅甸、泰国、越南

水甘草属 **Amsonia** Walter

水甘草 **Amsonia elliptica** (Thunb. ex Murray) Roem. et Schult.

分布：安徽、江苏；日本

鳝藤属 **Anodendron** DC.

鳝藤 **Anodendron affine** (Hook. et Arn.) Druce

分布：浙江、湖南、湖北、四川、贵州、云南、福建、台湾、广东、广西、海南、香港；印度、日本、越南

台湾鳝藤 **Anodendron benthamianum** Hemsl.

分布：台湾、广东

平脉藤 **Anodendron formicinum** (Tsiang et P. T. Li) D. J. Middleton

分布：云南

保亭鳝藤 **Anodendron howii** Tsiang

分布：广西、海南；越南

腺叶鳝藤 **Anodendron punctatum** Tsiang

分布：四川、广西、海南

罗布麻属 **Apocynum** L.

白麻 **Apocynum pictum** Schrenk

分布：内蒙古、甘肃、青海、新疆；哈萨克斯坦、蒙古国

罗布麻 **Apocynum venetum** L.

分布：辽宁、内蒙古、河北、山西、山东、河南、陕西、甘肃、青海、新疆、江苏、西藏；印度、日本、蒙古国、巴基斯坦、俄罗斯；亚洲(西南部)、欧洲

马利筋属 **Asclepias** L.

马利筋 **Asclepias curassavica** L.

分布：青海、安徽、江苏、浙江、江西、湖南、湖北、四川、贵州、云南、西藏、福建、台湾、广东、广西、海南、香港归化；原产于北美洲和南美洲

清明花属 **Beaumontia** Wall.

断肠花 **Beaumontia brevituba** Oliv.

分布：广西、海南

清明花 **Beaumontia grandiflora** Wall.

分布：云南、福建、广东、广西；孟加拉国、不丹、印度、老挝、缅甸、尼泊尔、泰国、越南

云南清明花 **Beaumontia khasiana** Hook. f.

分布：云南；印度、缅甸

思茅清明花 **Beaumontia murtonii** Craib

分布：云南；柬埔寨、老挝、马来西亚、泰国、越南

广西清明花 **Beaumontia pitardii** Tsiang

分布：云南、广西；越南

箭药藤属 **Belostemma** Wall. ex Wight

心叶箭药藤 **Belostemma cordifolium** (Link, Klotzsch et Otto) P. T. Li
分布：云南

箭药藤 **Belostemma hirsutum** Wall. ex Wight
分布：四川、云南；印度、尼泊尔

镰药藤 **Belostemma yunnanense** Tsiang
分布：云南

秦岭藤属 **Biondia** Schltr.

秦岭藤 **Biondia chinensis** Schltr.
分布：陕西、甘肃

厚叶秦岭藤 **Biondia crassipes** M. G. Gilbert et P. T. Li
分布：西藏

宽叶秦岭藤 **Biondia hemsleyana** (Warb.) Tsiang
分布：河南、四川

青龙藤 **Biondia henryi** (Warb. ex Schltr. et Diels) Tsiang et P. T. Li
分布：安徽、浙江、江西、四川、福建

黑水藤 **Biondia insignis** Tsiang
分布：湖南、四川、贵州、云南、西藏

杯冠秦岭藤 **Biondia laxa** M. G. Gilbert et P. T. Li
分布：云南、西藏

长序梗秦岭藤 **Biondia longipes** P. T. Li
分布：四川

祛风藤 **Biondia microcentra** (Tsiang) P. T. Li
分布：安徽、浙江、四川、云南

小花秦岭藤 **Biondia parviurnula** M. G. Gilbert et P. T. Li
分布：安徽

宝兴藤 **Biondia pilosa** Tsiang et P. T. Li
分布：四川、云南

卷冠秦岭藤 **Biondia revoluta** M. G. Gilbert et P. T. Li
分布：甘肃、云南、西藏

茨菇秦岭藤 **Biondia tsiukowensis** M. G. Gilbert et P. T. Li
分布：云南

短叶秦岭藤 **Biondia yunnanensis** (H. Lév.) Tsiang
分布：河北、河南、四川、云南

奶子藤属 **Bousigonia** Pierre

闷奶果 **Bousigonia angustifolia** Pierre
分布：云南；老挝、泰国、越南

奶子藤 **Bousigonia mekongensis** Pierre
分布：云南；越南

润肺草属 **Brachystelma** R. Br.

润肺草 **Brachystelma edule** Collett et Hemsl.
分布：云南、广西；缅甸

长节润肺草 **Brachystelma kerrii** Craib
分布：广西；泰国、越南

牛角瓜属 **Calotropis** R. Br.

牛角瓜 **Calotropis gigantea** (L.) W. T. Aiton
分布：四川、云南、广东、广西、海南；印度、印度尼西亚、老挝、马来西亚、缅甸、尼泊尔、巴基斯坦、斯里兰卡、泰国、越南；非洲

白花牛角瓜 **Calotropis procera** (Aiton) W. T. Aiton
分布：广西、云南有栽培；阿富汗、印度、缅甸、尼泊尔、巴基斯坦、泰国、越南；亚洲(西南部)、非洲；澳大利亚和中南美洲引种

鸭蛋花属 **Cameraria** L.

鸭蛋花 **Cameraria latifolia** L.
分布：广东；引种自古巴

假虎刺属 **Carissa** L.

刺黄果 **Carissa carandas** L.
分布：贵州、福建、台湾、广东、海南；印度、印度尼西亚、马来西亚、缅甸、斯里兰卡、泰国

甜假虎刺 **Carissa edulis** (Forssk.) Vahl
分布：云南；原产于热带非洲和亚洲(西南部)

大花假虎刺 **Carissa macrocarpa** (Eckl.) A. DC.
分布：福建、广东、香港(引种自非洲南部)

假虎刺 **Carissa spinarum** L.
分布：四川、贵州、云南；印度、缅甸、斯里兰卡、泰国

长春花属 **Catharanthus** G. Don

长春花 **Catharanthus roseus** (L.) G. Don
分布：江苏、浙江、江西、湖南、四川、贵州、云南、福建、香港栽培或归化；原产于马达加斯加，世界热带地区广泛引种栽培

海杧果属 **Cerbera** L.

海杧果 **Cerbera manghas** L.
分布：台湾、广东、广西、海南、香港；柬埔寨、印度尼西亚、日本、老挝、马来西亚、缅甸、泰国、越南、澳大利亚、太平洋岛屿

吊灯花属 Ceropegia L.

丽江吊灯花 **Ceropegia aridicola** W. W. Sm.
分布：云南

短序吊灯花 **Ceropegia christenseniana** Hand.-Mazz.
分布：贵州、云南

剑叶吊灯花 **Ceropegia dolichophylla** Schltr.
分布：四川、贵州、云南、广西

巴东吊灯花 **Ceropegia driophila** C. K. Schneid.
分布：湖北、四川

四川吊灯花 **Ceropegia exigua** (H.Huber)M.G.Gilbert et P. T. Li
分布：四川

匙冠吊灯花 **Ceropegia hookeri** C.B.Clarke ex Hook. f.
分布：四川、西藏；印度、尼泊尔

长叶吊灯花 **Ceropegia longifolia** Wall.
分布：云南、西藏；印度、缅甸、尼泊尔

亮叶吊灯花 **Ceropegia lucida** Wall.
分布：海南；印度、缅甸、尼泊尔

金雀马尾参 **Ceropegia mairei** (H. Lév.) H. Huber
分布：四川、贵州、云南

白马吊灯花 **Ceropegia monticola** W. W. Sm.
分布：四川、贵州、云南、西藏；泰国

木里吊灯花 **Ceropegia muliensis** W. W. Sm.
分布：四川

宝兴吊灯花 **Ceropegia paohsingensis** Tsiang et P. T. Li
分布：湖南、四川

西藏吊灯花 **Ceropegia pubescens** Wall.
分布：四川、贵州、云南、西藏；不丹、印度、缅甸、尼泊尔

柳叶吊灯花 **Ceropegia salicifolia** H. Huber
分布：云南、广西

鹤庆吊灯花 **Ceropegia sinoerecta** M. G. Gilbert et P. T. Li
分布：云南

狭叶吊灯花 **Ceropegia stenophylla** C. K. Schneid.
分布：四川

马鞍山吊灯花 **Ceropegia teniana** Hand.-Mazz.
分布：云南

吊灯花 **Ceropegia trichantha** Hemsl.
分布：广东、海南；泰国

鹿角藤属 Chonemorpha G. Don

鹿角藤 **Chonemorpha eriostylis** Pit.
分布：云南、广东、广西、香港；越南

丛毛鹿角藤 **Chonemorpha floccosa** Tsiang et P. T. Li
分布：广西

大叶鹿角藤 **Chonemorpha fragrans** (Moon) Alston
分布：云南、福建、广东、广西；印度、印度尼西亚、马来西亚、缅甸、斯里兰卡、泰国

漾濞鹿角藤 **Chonemorpha griffithii** Hook. f.
分布：云南、西藏；印度、缅甸、尼泊尔、泰国

长萼鹿角藤 **Chonemorpha megacalyx** Pierre
分布：云南；老挝、泰国

小花鹿角藤 **Chonemorpha parviflora** Tsiang et P. T. Li
分布：云南、广西

海南鹿角藤 **Chonemorpha splendens** Chun et Tsiang
分布：云南、海南

尖子藤 **Chonemorpha verrucosa** (Blume) D. J. Middleton
分布：云南、广东、海南；不丹、印度、印度尼西亚、老挝、马来西亚、缅甸、泰国、越南

金平藤属 Cleghornia Wight

金平藤 **Cleghornia malaccensis** (Hook. f.) King et Gamble
分布：贵州、云南；老挝、马来西亚、泰国、越南

荟蔓藤属 Cosmostigma Wight

荟蔓藤 **Cosmostigma hainanense** Tsiang
分布：海南

白叶藤属 Cryptolepis R. Br.

古钩藤 **Cryptolepis buchananii** Schult.
分布：贵州、云南、广东、广西；印度、克什米尔地区、老挝、缅甸、尼泊尔、巴基斯坦、斯里兰卡、泰国、越南

白叶藤 **Cryptolepis sinensis** (Lour.) Merr.
分布：贵州、云南、台湾、广东、广西、海南、香港；柬埔寨、印度、印度尼西亚、马来西亚、越南

鹅绒藤属 Cynanchum L.

潮风草 **Cynanchum acuminatifolium** Hemsl.
分布：吉林、辽宁、河北、山东、安徽；日本、朝鲜、俄

罗斯

戟叶鹅绒藤 **Cynanchum acutum** subsp. **sibiricum** (Willd.) Rech. f.

分布：内蒙古、河北、宁夏、甘肃、新疆、西藏；阿富汗、克什米尔地区、哈萨克斯坦、蒙古国、巴基斯坦、俄罗斯、土库曼斯坦；亚洲(西南部)、欧洲

合掌消 **Cynanchum amplexicaule** (Sieb. et Zucc.) Hemsl.

分布：黑龙江、吉林、辽宁、内蒙古、河北、山东、河南、陕西、江苏、江西、湖南、湖北、广西；日本、朝鲜

小叶鹅绒藤 **Cynanchum anthonyanum** Hand.-Mazz.

分布：四川、云南

白薇 **Cynanchum atratum** Bunge

分布：黑龙江、吉林、辽宁、内蒙古、河北、山西、山东、河南、陕西、江苏、江西、湖南、四川、贵州、云南、福建、广东、广西；日本、朝鲜、俄罗斯

牛皮消 **Cynanchum auriculatum** Royle ex Wight

分布：四川、云南、西藏；不丹、印度、克什米尔地区、尼泊尔、巴基斯坦

巴塘白前 **Cynanchum batangense** P. T. Li

分布：四川

钟冠白前 **Cynanchum bicampanulatum** M. G. Gilbert et P. T. Li

分布：甘肃、四川

秦岭藤白前 **Cynanchum biondioides** W. T. Wang ex Tsiang et P. T. Li

分布：云南

折冠牛皮消 **Cynanchum boudieri** H. Lév. et Vaniot

分布：河北、山东、河南、陕西、甘肃、安徽、江苏、浙江、江西、四川、贵州、云南、台湾、广东、广西；日本

短冠豹药藤 **Cynanchum brevicoronatum** M. G. Gilbert et P. T. Li

分布：湖北、四川

白首乌 **Cynanchum bungei** Decne.

分布：辽宁、内蒙古、河北、山西、山东、甘肃、浙江；朝鲜

美翼杯冠藤 **Cynanchum callialatum** Buch.-Ham. ex Wight

分布：云南、广西；印度、缅甸、巴基斯坦

粉绿白前 **Cynanchum canescens** (Willd.) K. Schum.

分布：四川、云南、西藏；阿富汗、不丹、印度、克什米尔地区、尼泊尔、巴基斯坦、俄罗斯；亚洲(西南部)

蔓剪草 **Cynanchum chekiangense** M. Cheng

分布：河南、浙江、湖南、湖北、广东

鹅绒藤 **Cynanchum chinense** R. Br.

分布：吉林、辽宁、河北、山西、山东、河南、陕西、宁夏、甘肃、青海、江苏；朝鲜、蒙古国

刺瓜 **Cynanchum corymbosum** Wight

分布：湖南、四川、云南、福建、广东、广西、香港；柬埔寨、印度、老挝、马来西亚、缅甸、越南

豹药藤 **Cynanchum decipiens** C. K. Schneid.

分布：湖南、四川、贵州、云南

小药杯冠藤 **Cynanchum duclouxii** M. G. Gilbert et P. T. Li

分布：四川、云南

山白前 **Cynanchum fordii** Hemsl.

分布：湖南、湖北、云南、福建、广东

台湾杯冠藤 **Cynanchum formosanum** (Maxim.) Hemsl.

分布：台湾

大理白前 **Cynanchum forrestii** Schltr.

分布：甘肃、四川、贵州、云南、西藏

折叶白前 **Cynanchum forrestii** var. **conduplicatum** J. Wang et F. Du

分布：云南

峨眉牛皮消 **Cynanchum giraldii** Schltr.

分布：河南、陕西、甘肃、四川

白前 **Cynanchum glaucescens** (Decne.) Hand.-Mazz.

分布：江苏、浙江、江西、湖南、四川、福建、广东、广西

西藏鹅绒藤 **Cynanchum heydei** Hook. f.

分布：西藏；克什米尔地区、巴基斯坦

水白前 **Cynanchum hydrophilum** Tsiang et H. D. Zhang

分布：四川

竹灵消 **Cynanchum inamoenum** (Maxim.) Loes.

分布：辽宁、河北、山西、山东、河南、陕西、甘肃、青海、安徽、浙江、湖南、湖北、四川、贵州、西藏；日本、朝鲜、俄罗斯

海南杯冠藤 **Cynanchum insulanum** (Hance) Hemsl.

分布：广东、广西、海南、香港

海南杯冠藤(原变种) **Cynanchum insulanum** var. **insulanum**

分布：广东、广西、海南

线叶杯冠藤 **Cynanchum insulanum** var. **lineare** (Tsiang et H. D. Zhang) Tsiang et H. D. Zhang
分布：广东、海南

阿克苏牛皮消 **Cynanchum kaschgaricum** Y. X. Liou
分布：新疆

宁蒗杯冠藤 **Cynanchum kingdonwardii** M. G. Gilbert et P. T. Li
分布：云南

景东杯冠藤 **Cynanchum kintungense** Tsiang
分布：四川、贵州、云南、西藏、广西

广西杯冠藤 **Cynanchum kwangsiense** Tsiang et H. D. Zhang
分布：广西

线萼白前 **Cynanchum linearisepalum** P. T. Li
分布：四川

短柱豹药藤 **Cynanchum longipedunculatum** M. G. Gilbert et P. T. Li
分布：四川

白牛皮消 **Cynanchum lysimachioides** Tsiang et P. T. Li
分布：云南

大花刺瓜 **Cynanchum megalanthum** M. G. Gilbert et P. T. Li
分布：云南；缅甸

华北白前 **Cynanchum mongolicum** (Maxim.) Hemsl.
分布：内蒙古、河北、山西、陕西、宁夏、甘肃、青海、四川

毛白前 **Cynanchum mooreanum** Hemsl.
分布：河南、安徽、浙江、江西、湖南、湖北、福建、广东、广西

朱砂藤 **Cynanchum officinale** (Hemsl.) Tsiang et H. D. Zhang
分布：陕西、甘肃、安徽、江西、湖南、湖北、四川、贵州、云南、广西

青羊参 **Cynanchum otophyllum** C. K. Schneid.
分布：湖南、湖北、四川、贵州、云南、西藏、广西

徐长卿 **Cynanchum paniculatum** (Bunge) Kitag.
分布：辽宁、内蒙古、河北、山西、山东、河南、陕西、甘肃、安徽、江苏、浙江、江西、湖南、湖北、四川、贵州、云南、福建、台湾、广东、广西；日本、朝鲜、蒙古国

平山白前 **Cynanchum pingshanicum** M. G. Gilbert et P. T. Li
分布：四川

紫花鹅绒藤 **Cynanchum purpureum** (Pall.) K. Schum.
分布：内蒙古、河北；朝鲜、蒙古国、俄罗斯

荷花柳 **Cynanchum riparium** Tsiang et H. D. Zhang
分布：河南

高冠白前 **Cynanchum rockii** M. G. Gilbert et P. T. Li
分布：四川

尖叶杯冠藤 **Cynanchum sinoracemosum** M. G. Gilbert et P. T. Li
分布：四川、云南

柳叶白前 **Cynanchum stauntonii** (Decne.) Schltr. ex H. Lév.
分布：甘肃、安徽、江苏、浙江、江西、湖南、贵州、云南、福建、广东、广西

狭叶白前 **Cynanchum stenophyllum** Hemsl.
分布：湖北、四川、贵州

镇江白前 **Cynanchum sublanceolatum** (Miq.) Matsum.
分布：江苏；日本

四川鹅绒藤 **Cynanchum szechuanense** Tsiang et H. D. Zhang
分布：四川、西藏

太行白前 **Cynanchum taihangense** Tsiang et H. D. Zhang
分布：山西、安徽

地梢瓜 **Cynanchum thesioides** (Freyn) K. Schum.
分布：黑龙江、吉林、辽宁、内蒙古、河北、山西、山东、河南、陕西、甘肃、新疆、江苏、湖南；哈萨克斯坦、朝鲜、蒙古国、俄罗斯

变色白前 **Cynanchum versicolor** Bunge
分布：吉林、辽宁、河北、山东、河南、江苏、浙江、湖南、湖北、四川

轮叶白前 **Cynanchum verticillatum** Hemsl.
分布：湖北、四川、贵州、云南、广西

蔓白前 **Cynanchum volubile** (Maxim.) Hemsl.
分布：黑龙江；朝鲜、俄罗斯

昆明杯冠藤 **Cynanchum wallichii** Wight
分布：贵州、云南、西藏、广西；孟加拉国、印度、缅甸

启无白前 **Cynanchum wangii** P. T. Li et W. Kittr.
分布：云南

隔山消 **Cynanchum wilfordii** (Maxim.) Hook. f.
分布：辽宁、河北、山西、山东、河南、陕西、甘肃、安

徽、江苏、湖南、湖北、四川、云南、西藏；日本、朝鲜、俄罗斯

马兰藤属 **Dischidanthus** Tsiang

马兰藤 **Dischidanthus urceolatus** (Decne.) Tsiang
分布：湖南、四川、广东、广西、海南；越南

眼树莲属 **Dischidia** R. Br.

尖叶眼树莲 **Dischidia australis** Tsiang et P. T. Li
分布：云南、广西

眼树莲 **Dischidia chinensis** Champ. ex Benth.
分布：广东、广西、海南、香港；越南

台湾眼树莲 **Dischidia formosana** Maxim.
分布：台湾

圆叶眼树莲 **Dischidia nummularia** R. Br.
分布：云南、福建、广东、广西、海南；印度、印度尼西亚、老挝、马来西亚、斯里兰卡、泰国、越南、澳大利亚、太平洋岛屿

滇锡眼树莲 **Dischidia tonkinensis** Costantin
分布：贵州、云南、广西；越南

金凤藤属 **Dolichopetalum** Tsiang

金凤藤 **Dolichopetalum kwangsiense** Tsiang
分布：贵州、云南、广西

南山藤属 **Dregea** E. Mey.

楔叶南山藤 **Dregea cuneifolia** Tsiang et P. T. Li
分布：广西

苦绳 **Dregea sinensis** Hemsl.
分布：山西、陕西、甘肃、江苏、浙江、湖南、湖北、四川、贵州、云南、西藏、广西

苦绳(原变种) **Dregea sinensis** var. **sinensis**
分布：山西、陕西、甘肃、江苏、浙江、湖南、湖北、四川、贵州、云南、西藏、广西

贯筋藤 **Dregea sinensis** var. **corrugata** (C. K. Schneid.) Tsiang et P. T. Li
分布：陕西、甘肃、四川、贵州、云南

南山藤 **Dregea volubilis** (L. f.) Benth. ex Hook. f.
分布：贵州、云南、台湾、广东、广西；孟加拉国、柬埔寨、印度、印度尼西亚、克什米尔地区、老挝、马来西亚、尼泊尔、菲律宾、斯里兰卡、泰国、越南

丽子藤 **Dregea yunnanensis** (Tsiang) Tsiang et P. T. Li
分布：甘肃、四川、云南、西藏

思茅藤属 **Epigynum** Wight

思茅藤 **Epigynum auritum** (C. K. Schneid.) Tsiang et P. T. Li
分布：云南；马来西亚、泰国

丝胶树属 **Funtumia** Stapf

丝胶树 **Funtumia elastica** (Preuss) Stapf
分布：云南；原产于热带非洲

须花藤属 **Genianthus** Hook. f.

红叶须花藤 **Genianthus aurantiacus** (C. Y. Wu ex Tsiang et P. T. Li) Klack.
分布：云南；不丹、泰国

须花藤 **Genianthus bicoronatus** Klack.
分布：云南；缅甸、泰国

戟叶须花藤 **Genianthus hastatus** Klack.
分布：云南；印度、泰国

钉头果属 **Gomphocarpus** R. Br.

钉头果 **Gomphocarpus fruticosus** (L.) W. T. Aiton
分布：云南、广西；原产于非洲

钝钉头果 **Gomphocarpus physocarpus** E. Mey.
分布：广东、海南；原产于非洲

纤冠藤属 **Gongronema** (Endl.) Decne.

多苞纤冠藤 **Gongronema multibracteolatum** P. T. Li et X. Ming Wang
分布：贵州

纤冠藤 **Gongronema napalense** (Wall.) Decne.
分布：贵州、云南、西藏、广东、广西、海南；印度、老挝、尼泊尔

勐腊藤属 **Goniostemma** Wight et Arnott

勐腊藤 **Goniostemma punctatum** Tsiang et P. T. Li
分布：云南

天星藤属 **Graphistemma** Champ. ex Benth.

天星藤 **Graphistemma pictum** (Champ. ex Benth.) Benth. et Hook. f. ex Maxim.
分布：广东、广西、海南、香港；越南

海岛藤属 **Gymnanthera** R. Br.

海岛藤 **Gymnanthera oblonga** (Burm. f.) P. S. Green
分布：广东、海南、香港；柬埔寨、印度尼西亚、马来西

亚、巴布亚新几内亚、菲律宾、泰国、越南、澳大利亚

匙羹藤属 **Gymnema** R. Br.

华宁藤 **Gymnema foetidum** Tsiang
分布：云南

海南匙羹藤 **Gymnema hainanense** Tsiang
分布：海南

广东匙羹藤 **Gymnema inodorum** (Lour.) Decne.
分布：贵州、云南、广东、广西、海南；印度、尼泊尔、菲律宾、泰国、越南

宽叶匙羹藤 **Gymnema latifolium** Wall. ex Wight
分布：云南、广东、广西、海南；印度、缅甸、泰国、越南

会东藤 **Gymnema longiretinaculatum** Tsiang
分布：四川、贵州、云南

匙羹藤 **Gymnema sylvestre** (Retz.) Schult.
分布：浙江、云南、福建、台湾、广西、海南、香港；印度、印度尼西亚、日本、马来西亚、斯里兰卡、越南；非洲

云南匙羹藤 **Gymnema yunnanense** Tsiang
分布：云南、广西

醉魂藤属 **Heterostemma** Wight et Arn.

醉魂藤 **Heterostemma alatum** Wight
分布：四川、贵州、云南、广东、广西；印度、尼泊尔

台湾醉魂藤 **Heterostemma brownii** Hayata
分布：四川、贵州、云南、福建、台湾、广东、广西、海南

贵州醉魂藤 **Heterostemma esquirolii** (H. Lév.) Tsiang
分布：贵州、云南、广西；泰国

大花醉魂藤 **Heterostemma grandiflorum** Costantin
分布：四川、云南、广东、广西、海南；越南

裂冠醉魂藤 **Heterostemma lobulatum** Y. H. Li et F. Konta
分布：云南

勐海醉魂藤 **Heterostemma menghaiense** (H. Zhu et H. Wang) M. G. Gilbert et P. T. Li
分布：云南

催乳藤 **Heterostemma oblongifolium** Costantin
分布：云南、广东、广西、海南；老挝、越南

秉涛醉魂藤(新拟) **Heterostemma pingtaoi** S. Y. He et J. Y. Lin
分布：海南

心叶醉魂藤 **Heterostemma siamicum** Craib
分布：云南、广西；泰国、越南

海南醉魂藤 **Heterostemma sinicum** Tsiang
分布：海南

广西醉魂藤 **Heterostemma tsoongii** Tsiang
分布：福建、广西、海南

云南醉魂藤 **Heterostemma wallichii** Wight
分布：云南；印度、尼泊尔

止泻木属 **Holarrhena** R. Br.

止泻木 **Holarrhena pubescens** Wall. ex G. Don
分布：云南、台湾、广东、广西、海南；孟加拉国、柬埔寨、印度、老挝、缅甸、尼泊尔、泰国、越南；非洲

铰剪藤属 **Holostemma** R. Br.

铰剪藤 **Holostemma ada-kodien** Schult.
分布：贵州、云南、广东、广西；印度、克什米尔地区、缅甸、尼泊尔、巴基斯坦、斯里兰卡、泰国

球兰属 **Hoya** R. Br.

白沙球兰(新拟) **Hoya baishaensis** S. Y. He et P. T. Li
分布：广东、广西、海南

霸王岭球兰(新拟) **Hoya bawanglingensis** S. Y. He et P. T. Li
分布：海南

球兰 **Hoya carnosa** (L. f.) R. Br.
分布：云南、福建、台湾、广东、广西、海南、香港；印度、日本、马来西亚、越南

球兰(原变种) **Hoya carnosa** var. **carnosa**
分布：云南、福建、台湾、广东、广西、海南；印度、日本、马来西亚、越南

彩叶球兰 **Hoya carnosa** var. **gushanica** W. Xu
分布：福建

景洪球兰 **Hoya chinghungensis** (Tsiang et P. T. Li) M. G. Gilbert et P. T. Li
分布：云南；缅甸

广西球兰 **Hoya commutata** M. G. Gilbert et P. T. Li
分布：广西；缅甸

心叶球兰 **Hoya cordata** P. T. Li et S. Z. Huang
分布：广西

勐仑球兰(新拟) **Hoya daimenglongensis** S. Y. He et P. T. Li
分布：云南

厚花球兰 **Hoya dasyantha** Tsiang
分布：海南

护耳草 **Hoya fungii** Merr.
分布：云南、广东、广西、海南

黄花球兰 **Hoya fusca** Wall.
分布：贵州、云南、西藏、广西、海南；不丹、柬埔寨、印度、老挝、缅甸、尼泊尔、泰国、越南

荷秋藤 **Hoya griffithii** Hook. f.
分布：贵州、云南、广东、广西、海南；印度

尖峰岭球兰(新拟) **Hoya jianfenglingensis** S. Y. He et P. T. Li
分布：海南

凹叶球兰 **Hoya kerrii** Craib
分布：广东；老挝、马来西亚、泰国、越南

裂瓣球兰 **Hoya lacunosa** Blume
分布：广东、香港；原产于印度尼西亚

橙花球兰 **Hoya lasiogynostegia** P. T. Li
分布：广东、海南

乐东球兰(新拟) **Hoya ledongensis** S. Y. He et P. T. Li
分布：海南

崖县球兰 **Hoya liangii** Tsiang
分布：海南

贡山球兰 **Hoya lii** C. M. Burton
分布：云南

线叶球兰 **Hoya linearis** Wall. ex D. Don
分布：云南；印度、缅甸、尼泊尔

荔坡球兰 **Hoya lipoensis** P. T. Li et Z. R. Xu
分布：贵州

长叶球兰 **Hoya longifolia** Wall. ex Wight
分布：云南；不丹、印度、克什米尔地区、尼泊尔、巴基斯坦、泰国

香花球兰 **Hoya lyi** H. Lév.
分布：四川、贵州、云南、广西

尾叶球兰 **Hoya mekongensis** M. G. Gilbert et P. T. Li
分布：云南、西藏

薄叶球兰 **Hoya mengtzeensis** Tsiang et P. T. Li
分布：云南、广西

蜂出巢 **Hoya multiflora** Blume
分布：云南、广东、广西；印度尼西亚、老挝、马来西亚、缅甸、菲律宾、泰国、越南

凸脉球兰 **Hoya nervosa** Tsiang et P. T. Li
分布：云南、广西

尼科巴球兰 **Hoya nicobarica** R. Br. ex Traill
分布：台湾；印度

卵叶球兰 **Hoya ovalifolia** Wight et Arn.
分布：海南；印度、斯里兰卡

琴叶球兰 **Hoya pandurata** Tsiang
分布：云南

粉花球兰(新拟) **Hoya persicinicoronaria** S. Y. He et P. T. Li
分布：海南

多脉球兰 **Hoya polyneura** Hook. f.
分布：云南、西藏；印度、缅甸

三脉球兰 **Hoya pottsii** J. Traill
分布：云南、台湾、广东、广西、海南

匙叶球兰 **Hoya radicalis** Tsiang et P. T. Li
分布：广东、广西

卷边球兰 **Hoya revolubilis** Tsiang et P. T. Li
分布：云南、广西

怒江球兰 **Hoya salweenica** Tsiang et P. T. Li
分布：云南

菖蒲球兰 **Hoya siamica** Craib
分布：云南；泰国

山球兰 **Hoya silvatica** Tsiang et P. T. Li
分布：云南、西藏

西藏球兰 **Hoya thomsonii** Hook. f.
分布：西藏；印度

毛球兰 **Hoya villosa** Costantin
分布：贵州、云南、广西、海南；越南

仔榄树属 **Hunteria** Roxb.

仔榄树 **Hunteria zeylanica** (Retz.) Gardner ex Thwaites
分布：海南；印度、印度尼西亚、老挝、马来西亚、缅甸、斯里兰卡、泰国、越南；非洲

腰骨藤属 **Ichnocarpus** R. Br.

腰骨藤 **Ichnocarpus frutescens** (L.) W. T. Aiton
分布：贵州、云南、福建、广东、广西、海南；孟加拉国、不丹、柬埔寨、印度、印度尼西亚、老挝、马来西亚、缅甸、尼泊尔、巴布亚新几内亚、巴基斯坦、菲律宾、斯里兰卡、泰国、越南、澳大利亚

少花腰背藤 **Ichnocarpus jacquetii** (Pierre) D. J. Middleton
分布：广东、广西、海南、香港；老挝、越南

麻栗坡小花藤 **Ichnocarpus malipoensis** (Tsiang et P. T. Li) D. J. Middleton
分布：云南

小花藤 **Ichnocarpus polyanthus** (Blume) P. I. Forst.
分布：云南、广东、广西、海南、香港；不丹、印度、印度尼西亚、老挝、马来西亚、缅甸、尼泊尔、泰国、越南

黑鳗藤属 **Jasminanthes** Blume

假木藤 **Jasminanthes chunii** (Tsiang) W. D. Stevens et P. T. Li
分布：湖南、广东、广西

黑鳗藤 **Jasminanthes mucronata** (Blanco) W. D. Stevens et P. T. Li
分布：浙江、湖南、四川、贵州、福建、台湾、广东、广西

茶药藤 **Jasminanthes pilosa** (Kerr) W. D. Stevens et P. T. Li
分布：云南、广西；泰国

云南黑鳗藤 **Jasminanthes saxatilis** (Tsiang et P. T. Li) W. D. Stevens et P. T. Li
分布：云南、广西

倒缨木属 **Kibatalia** G. Don

倒缨木 **Kibatalia macrophylla** (Pierre ex Hua) Woodson
分布：云南；柬埔寨、老挝、缅甸、泰国、越南

蕊木属 **Kopsia** Blume

蕊木 **Kopsia arborea** Blume
分布：云南、广东、广西、海南、香港；印度尼西亚、马来西亚、菲律宾、泰国、越南、澳大利亚

红花蕊木 **Kopsia fruticosa** (Ker Gawl.) A. DC.
分布：广东；印度、印度尼西亚、马来西亚、菲律宾、泰国

海南蕊木 **Kopsia hainanensis** Tsiang
分布：海南

折冠藤属 **Lygisma** Hook. f.

析冠藤 **Lygisma inflexum** (Costantin) Kerr
分布：广东、广西、海南；越南

文藤属 **Mandevilla** Lindl.

文藤 **Mandevilla laxa** (Ruiz et Pav.) Woodson
分布：广东；南美洲

牛奶菜属 **Marsdenia** R. Br.

短裂牛奶菜 **Marsdenia brachyloba** M. G. Gilbert et P. T. Li
分布：云南

灵药牛奶菜 **Marsdenia cavaleriei** (H. Lév.) Hand.-Mazz. ex Woodson
分布：贵州、云南、广西；印度

香港牛奶菜 **Marsdenia chinensis** (Champ. ex Benth.) P. I. Forst.
分布：浙江、福建、广东、香港

台湾牛奶菜 **Marsdenia formosana** Masam.
分布：云南、台湾；日本

光叶蓝叶藤 **Marsdenia glabra** Costantin
分布：云南、广东、广西、海南；老挝、越南

团花牛奶菜 **Marsdenia glomerata** Tsiang
分布：浙江

白药牛奶菜 **Marsdenia griffithii** Hook. f.
分布：湖南、贵州、云南；印度

海南牛奶菜 **Marsdenia hainanensis** Tsiang
分布：湖南、广东、海南；越南

裂冠牛奶菜 **Marsdenia incisa** P. T. Li et Y. H. Li
分布：云南、广西

大叶牛奶菜 **Marsdenia koi** Tsiang
分布：贵州、云南、西藏、广东、广西、海南；缅甸、越南

毛喉牛奶菜 **Marsdenia lachnostoma** Benth.
分布：香港；柬埔寨、老挝、泰国

百灵草 **Marsdenia longipes** W. T. Wang ex Tsiang et P. T. Li
分布：云南、广西

墨脱牛奶菜 **Marsdenia medogensis** P. T. Li
分布：西藏

海枫藤 **Marsdenia officinalis** Tsiang et P. T. Li
分布：浙江、湖南、湖北、四川、云南

喙柱牛奶菜 **Marsdenia oreophila** W. W. Sm.
分布：四川、云南、西藏

假蓝叶藤 **Marsdenia pseudotinctoria** Tsiang
分布：云南、广西

美蓝叶藤 **Marsdenia pulchella** Hand.-Mazz.
分布：四川

四川牛奶菜 **Marsdenia schneideri** Tsiang
分布：四川、云南；老挝、越南

牛奶菜 **Marsdenia sinensis** Hemsl.
分布：浙江、江西、湖南、湖北、四川、贵州、云南、福建、广东、广西

狭花牛奶菜 **Marsdenia stenantha** Hand.-Mazz.
分布：四川、云南

通光藤 **Marsdenia tenacissima** (Roxb.) Moon
分布：云南；柬埔寨、印度、老挝、缅甸、尼泊尔、斯里兰卡、泰国、越南

绒毛牛奶菜 **Marsdenia tenii** M. G. Gilbert et P. T. Li
分布：云南

蓝叶藤 **Marsdenia tinctoria** R. Br.
分布：湖南、湖北、四川、贵州、云南、西藏、台湾、广东、广西、海南、香港；不丹、印度、印度尼西亚、日本、老挝、马来西亚、缅甸、尼泊尔、菲律宾、斯里兰卡、泰国、越南

假防己 **Marsdenia tomentosa** Morren et Decne.
分布：台湾；日本、朝鲜

临沧牛奶菜 **Marsdenia yuei** M. G. Gilbert et P. T. Li
分布：云南

云南牛奶菜 **Marsdenia yunnanensis** (H. Lév.) Woodson
分布：湖北、四川、云南

山橙属 **Melodinus** J. R. Forst. et G. Forst.

台湾山橙 **Melodinus angustifolius** Hayata
分布：台湾

腋花山橙 **Melodinus axillaris** W. T. Wang ex Tsiang et P. T. Li
分布：云南

贵州山橙 **Melodinus chinensis** P. T. Li et Z. R. Xu
分布：贵州

思茅山橙 **Melodinus cochinchinensis** (Lour.) Merr.
分布：云南；缅甸、泰国、越南

尖山橙 **Melodinus fusiformis** Champ. ex Benth.
分布：贵州、广东、广西、香港

川山橙 **Melodinus hemsleyanus** Diels
分布：四川、贵州、云南

景东山橙 **Melodinus khasianus** Hook. f.
分布：贵州、云南、广西；印度

茶藤 **Melodinus magnificus** Tsiang
分布：广西

龙州山橙 **Melodinus morsei** Tsiang
分布：广东、广西

山橙 **Melodinus suaveolens** (Hance) Champ. ex Benth.
分布：广东、广西、海南、香港；越南

薄叶山橙 **Melodinus tenuicaudatus** Tsiang et P. T. Li
分布：贵州、云南、广西

雷打果 **Melodinus yunnanensis** Tsiang et P. T. Li
分布：云南、广西

驼峰藤属 **Merrillanthus** Chun et Tsiang

驼峰藤 **Merrillanthus hainanensis** Chun et Tsiang
分布：广东、海南；柬埔寨

萝藦属 **Metaplexis** R. Br.

华萝藦 **Metaplexis hemsleyana** Oliv.
分布：陕西、江西、湖南、湖北、四川、贵州、云南、广西

萝藦 **Metaplexis japonica** (Thunb.) Makino
分布：除海南和新疆外各省（自治区、直辖市）有分布；日本、朝鲜、俄罗斯

扇叶藤属 **Micholitzia** N. E. Br.

扇叶藤 **Micholitzia obcordata** N. E. Br.
分布：云南；印度、缅甸、泰国

翅果藤属 **Myriopteron** Griff.

翅果藤 **Myriopteron extensum** (Wight et Arn.) Kuntze K. Schum.
分布：贵州、云南、广西；印度、印度尼西亚、老挝、缅甸、泰国、越南

夹竹桃属 **Nerium** L.

欧洲夹竹桃 **Nerium oleander** L.

分布：云南；广泛栽培和归化于亚洲、欧洲、北美洲

玫瑰树属 **Ochrosia** Juss.

玫瑰树 **Ochrosia borbonica** J. F. Gmel.

分布：广东、香港；印度尼西亚、马来西亚、新加坡、斯里兰卡、越南；非洲

光萼玫瑰树 **Ochrosia coccinea** (Teijsm. et Binn.) Miq.

分布：广东；马来西亚、巴布亚新几内亚、新加坡

古城玫瑰树 **Ochrosia elliptica** Labill.

分布：台湾、广东、香港；原产于澳大利亚

尖槐藤属 **Oxystelma** R. Br.

尖槐藤 **Oxystelma esculentum** (L. f.) Sm.

分布：云南、广东、广西；孟加拉国、柬埔寨、印度、印度尼西亚、老挝、马来西亚、缅甸、尼泊尔、巴基斯坦、斯里兰卡、泰国、越南；亚洲(西南部)、非洲

长节珠属 **Parameria** Benth.

长节珠 **Parameria laevigata** (Juss.) Moldenke

分布：云南、广西；柬埔寨、印度、印度尼西亚、老挝、马来西亚、缅甸、菲律宾、泰国、越南

富宁藤属 **Parepigynum** Tsiang et P. T. Li

富宁藤 **Parepigynum funingense** Tsiang et P. T. Li

分布：贵州、云南

同心结属 **Parsonsia** R. Br.

海南同心结 **Parsonsia alboflavescens** (Dennst.) Mabb.

分布：福建、台湾、广东、海南；柬埔寨、印度、印度尼西亚、日本、老挝、马来西亚、缅甸、菲律宾、斯里兰卡、泰国、越南

广西同心结 **Parsonsia goniostemon** Hand.-Mazz.

分布：广西

石萝藦属 **Pentasachme** Wall. ex Wight

石萝藦 **Pentasachme caudatum** Wall. ex Wight

分布：江西、湖南、云南、广东、广西、海南、香港；孟加拉国、不丹、印度、马来西亚、缅甸、尼泊尔、新加坡、泰国、越南

白水藤属 **Pentastelma** Tsiang et P. T. Li

白水藤 **Pentastelma auritum** Tsiang et P. T. Li

分布：海南

杠柳属 **Periploca** L.

青蛇藤 **Periploca calophylla** (Wight) Falc.

分布：湖南、湖北、四川、贵州、云南、西藏、广西；不丹、印度、克什米尔地区、尼泊尔、越南

青蛇藤(原变种) **Periploca calophylla** var. **calophylla**

分布：湖南、湖北、四川、贵州、云南、西藏、广西；不丹、印度、克什米尔地区、尼泊尔、越南

凸尖叶青蛇藤 **Periploca calophylla** var. **mucronata** P. T. Li

分布：西藏

黄花杠柳 **Periploca chrysantha** D. S. Yao, X. D. Chen et J. W. Ren

分布：甘肃

多花青蛇藤 **Periploca floribunda** Tsiang

分布：云南；越南

黑龙骨 **Periploca forrestii** Schltr.

分布：青海、四川、贵州、云南、西藏、广西；印度、克什米尔地区、缅甸、尼泊尔

杠柳 **Periploca sepium** Bunge

分布：黑龙江、吉林、辽宁、内蒙古、河北、北京、天津、山西、山东、河南、陕西、宁夏、甘肃、青海、新疆、安徽、江苏、上海、江西、湖南、湖北、四川、贵州、福建

大花杠柳 **Periploca tsangii** D. Fang et H. Z. Ling

分布：广西

鸡蛋花属 **Plumeria** L.

钝叶鸡蛋花 **Plumeria obtusa** L.

分布：云南、广东、广西、海南、香港；原产于加勒比海

红鸡蛋花 **Plumeria rubra** L.

分布：云南、福建、广东、广西、海南；原产于墨西哥和中美洲

帘子藤属 **Pottsia** Hook. et Arn.

大花帘子藤 **Pottsia grandiflora** Markgr.

分布：浙江、湖南、云南、福建、广东、广西、香港

帘子藤 **Pottsia laxiflora** (Blume) Kuntze

分布：浙江、湖南、贵州、云南、福建、广东、广西、海南、香港；柬埔寨、印度、印度尼西亚、老挝、马来西亚、泰国、越南

大花藤属 **Raphistemma** Wall.

广西大花藤 **Raphistemma hooperianum** (Blume) Decne.

分布：云南、广西；印度尼西亚、泰国、越南

大花藤 **Raphistemma pulchellum** (Roxb.) Wall.
分布：云南、广西；印度、老挝、马来西亚、缅甸、尼泊尔、泰国

萝芙木属 **Rauvolfia** L.

古巴萝芙木 **Rauvolfia cubana** A. DC.
分布：云南；原产于古巴

蛇根木 **Rauvolfia serpentina** (L.) Benth. ex Kurz.
分布：云南、广东、广西、海南、香港；印度、印度尼西亚、马来西亚、缅甸、斯里兰卡、泰国

苏门答腊萝芙木 **Rauvolfia sumatrana** Jack
分布：广东；印度尼西亚、马来西亚、菲律宾、泰国

四叶萝芙木 **Rauvolfia tetraphylla** L.
分布：云南、广东、广西、海南；原产于热带美洲

吊罗山萝芙木 **Rauvolfia tiaolushanensis** Tsiang
分布：广东、海南

萝芙木 **Rauvolfia verticillata** (Lour.) Baill.
分布：贵州、云南、台湾、广东、广西、海南、香港；柬埔寨、印度、印度尼西亚、马来西亚、缅甸、菲律宾、斯里兰卡、泰国、越南

催吐萝芙木 **Rauvolfia vomitoria** Afzel.
分布：云南、广东、广西；原产于热带非洲

肉珊瑚属 **Sarcostemma** R. Br.

肉珊瑚 **Sarcostemma acidum** (Roxb.) Voigt
分布：广东、海南；印度、缅甸、尼泊尔、泰国、越南

鲫鱼藤属 **Secamone** R. Br.

斑皮鲫鱼藤 **Secamone bonii** Costantin
分布：海南；越南

鲫鱼藤 **Secamone elliptica** R. Br.
分布：云南、台湾、广东、广西、海南；柬埔寨、印度尼西亚、马来西亚、越南

锈毛鲫鱼藤 **Secamone ferruginea** Pierre ex Costantin
分布：广东、广西、海南；泰国、越南

丽江鲫鱼藤 **Secamone likiangensis** Tsiang
分布：云南

催吐鲫鱼藤 **Secamone minutiflora** (Woodson) Tsiang
分布：四川、贵州、云南、广西

吊山桃 **Secamone sinica** Hand.-Mazz.
分布：贵州、云南、广东、广西

四川藤属 **Sichuania** M. G. Gilbert et P. T. Li

四川藤 **Sichuania alterniloba** M. G. Gilbert et P. T. Li
分布：四川

毛药藤属 **Sindechites** Oliv.

坭藤 **Sindechites chinensis** (Merr.) Markgr. et Tsiang
分布：海南；老挝、泰国

毛药藤 **Sindechites henryi** Oliv.
分布：浙江、江西、湖南、湖北、四川、贵州、云南、广西

裂冠藤属 **Sinomarsdenia** P. T. Li et J. J. Chien

裂冠藤 **Sinomarsdenia incisa** (P. T. Li et Y. H. Li) et P. T. Li et J. J. Chen
分布：云南

豹皮花属 **Stapelia** L.

大豹皮花 **Stapelia gigantea** N. E. Br.
分布：云南、广东、广西、海南、香港；非洲

豹皮花 **Stapelia pulchela** Masson
分布：江苏、浙江、广东、香港；非洲

杂色豹皮花 **Stapelia variegata** L.
分布：云南、广东、广西、海南、香港；非洲

须药藤属 **Stelmocrypton** Baill.

须药藤 **Stelmocrypton khasianum** (Kurz.) Baill.
分布：贵州、云南、广西；印度、缅甸

马莲鞍属 **Streptocaulon** Wight et Arn.

马莲鞍 **Streptocaulon juventas** (Lour.) Merr.
分布：贵州、云南、广西；柬埔寨、印度、印度尼西亚、老挝、缅甸、泰国、越南

羊角拗属 **Strophanthus** DC.

卵萼羊角拗 **Strophanthus caudatus** (L.) Kurz.
分布：广西、台湾栽培；柬埔寨、印度、印度尼西亚、老挝、马来西亚、缅甸、菲律宾、新加坡、泰国、越南

羊角拗 **Strophanthus divaricatus** (Lour.) Hook. et Arn.
分布：贵州、云南、福建、广东、广西、海南、香港；老挝、越南

旋花羊角拗 **Strophanthus gratus** (Wall. et Hook.) Baill.
分布：台湾；原产于非洲

箭毒羊角拗 **Strophanthus hispidus** DC.

分布：云南、广东、广西、海南；原产于非洲

西非羊角拗 **Strophanthus sarmentosus** DC.

分布：云南；原产于非洲

云南羊角拗 **Strophanthus wallichii** A. DC.

分布：云南；孟加拉国、印度、老挝、马来西亚、泰国、越南

狗牙花属 **Tabernaemontana** L.

药用狗牙花 **Tabernaemontana bovina** Lour.

分布：云南、广西、海南、香港；泰国、越南

尖蕾狗牙花 **Tabernaemontana bufalina** Lour.

分布：云南、广东、广西、海南；柬埔寨、缅甸、泰国、越南

伞房狗牙花 **Tabernaemontana corymbosa** Roxb. ex Wall.

分布：贵州、云南、广西；印度尼西亚、老挝、马来西亚、缅甸、泰国、越南

狗牙花 **Tabernaemontana divaricata** (L.) R. Br. ex Roem. et Schult.

分布：云南、福建、台湾、广东、广西、海南、香港；孟加拉国、不丹、印度、缅甸、尼泊尔、泰国；亚洲(西南部)

平脉狗牙花 **Tabernaemontana pandacaqui** Lam.

分布：云南、台湾、广东；印度尼西亚、马来西亚、菲律宾、泰国、澳大利亚、太平洋岛屿

夜来香属 **Telosma** Coville

夜来香 **Telosma cordata** (Burm. f.) Merr.

分布：广东、广西、海南、香港；印度、克什米尔地区、缅甸、巴基斯坦、越南；欧洲、北美洲、南美洲

台湾夜来香 **Telosma pallida** (Roxb.) Craib

分布：台湾；印度、缅甸、尼泊尔、巴基斯坦、泰国、越南

卧径夜来香 **Telosma procumbens** (Blanco) Merr.

分布：云南、广东、广西、海南；菲律宾、越南

黄花夹竹桃属 **Thevetia** L.

阔叶竹桃 **Thevetia ahouai** (L.) A. DC.

分布：广东；原产于巴西

黄花夹竹桃 **Thevetia peruviana** (Pers.) K. Schum.

分布：云南、福建、台湾、广东、广西、海南、香港；原产于中南美洲

弓果藤属 **Toxocarpus** Wight et Arn.

云南弓果藤 **Toxocarpus aurantiacus** C. Y. Wu ex Tsiang et P. T. Li

分布：云南

锈毛弓果藤 **Toxocarpus fuscus** Tsiang

分布：云南、广东、广西、海南

海南弓果藤 **Toxocarpus hainanensis** Tsiang

分布：海南

西藏弓果藤 **Toxocarpus himalensis** Falc. ex Hook. f.

分布：贵州、云南、西藏、广西；印度

平滑弓果藤 **Toxocarpus laevigatus** Tsiang

分布：海南

广花弓果藤 **Toxocarpus patens** Tsiang

分布：海南

凌云弓果藤 **Toxocarpus paucinervius** Tsiang

分布：云南、广西

毛弓果藤 **Toxocarpus villosus** (Blume) Decne.

分布：湖北、四川、贵州、云南、福建、广西；柬埔寨、印度尼西亚、老挝、越南

毛弓果藤(原变种) **Toxocarpus villosus** var. **villosus**

分布：湖北、四川、云南、福建、广西；印度尼西亚、越南

短柱弓果藤 **Toxocarpus villosus** var. **brevistylis** Costantin

分布：福建；柬埔寨、老挝、越南

小叶弓果藤 **Toxocarpus villosus** var. **thorelii** Costantin

分布：云南、广西；柬埔寨、老挝、越南

澜沧弓果藤 **Toxocarpus wangianus** Tsiang

分布：贵州、云南

弓果藤 **Toxocarpus wightianus** Hook. et Arn.

分布：贵州、云南、广东、广西、海南、香港；印度、越南

络石属 **Trachelospermum** Lem.

亚洲络石 **Trachelospermum asiaticum** (Sieb. et Zucc.) Nakai

分布：甘肃、江西、湖南、湖北、四川、贵州、云南、西藏、福建、台湾、广东、广西、海南；印度、日本、朝鲜、泰国

紫花络石 **Trachelospermum axillare** Hook. f.

分布：浙江、江西、湖南、湖北、四川、贵州、云南、西

藏、福建、广东、广西

贵州络石 **Trachelospermum bodinieri** (H. Lév.) Woodson
分布：浙江、湖南、湖北、四川、贵州、云南、西藏、福建、台湾、广东、广西

短柱络石 **Trachelospermum brevistylum** Hand.-Mazz.
分布：安徽、湖南、四川、贵州、西藏、福建、广东、广西

绣毛络石 **Trachelospermum dunnii** (H. Lév.) H. Lév.
分布：浙江、湖南、贵州、云南、广西；越南

络石 **Trachelospermum jasminoides** (Lindl.) Lem.
分布：山西、山东、河南、陕西、安徽、江苏、浙江、江西、湖南、湖北、四川、贵州、云南、西藏、福建、台湾、广东、广西、海南、香港；日本、朝鲜、越南

娃儿藤属 Tylophora R. Br.

花溪娃儿藤 **Tylophora anthopotamica** (Hand.-Mazz.) Tsiang et H. D. Zhang
分布：贵州

虎须娃儿藤 **Tylophora arenicola** Merr.
分布：广东、广西、海南；越南

阔叶娃儿藤 **Tylophora astephanoides** Tsiang et P. T. Li
分布：云南

宜昌娃儿藤 **Tylophora augustiniana** (Hemsl.) Craib
分布：湖北、云南、广西；泰国

光叶娃儿藤 **Tylophora brownii** Hayata
分布：福建、台湾、广东

景东娃儿藤 **Tylophora chingtungensis** Tsiang et P. T. Li
分布：四川、云南

轮环娃儿藤 **Tylophora cycleoides** Tsiang
分布：广西、海南

小叶娃儿藤 **Tylophora flexuosa** R. Br.
分布：陕西、贵州、云南、台湾、广东、广西、海南；柬埔寨、印度、印度尼西亚、马来西亚、缅甸、斯里兰卡、泰国、越南

多花娃儿藤 **Tylophora floribunda** Miq.
分布：江苏、浙江、江西、湖南、贵州、广东、广西；日本、朝鲜

大花娃儿藤 **Tylophora forrestii** M. G. Gilbert et P. T. Li
分布：云南

长梗娃儿藤 **Tylophora glabra** Costantin
分布：广东、广西、海南；越南

天峨娃儿藤 **Tylophora gracilenta** Tsiang et P. T. Li
分布：云南、广西

紫花娃儿藤 **Tylophora henryi** Warb.
分布：河北、湖南、湖北、四川、贵州、福建

建水娃儿藤 **Tylophora hui** Tsiang
分布：贵州、云南

台湾娃儿藤 **Tylophora insulana** Tsiang et P. T. Li
分布：台湾

人参娃儿藤 **Tylophora kerrii** Craib
分布：四川、贵州、云南、福建、广东、广西；柬埔寨、泰国、越南

通天连 **Tylophora koi** Merr.
分布：湖南、云南、福建、台湾、广东、广西、海南；泰国、越南

广花娃儿藤 **Tylophora leptantha** Tsiang
分布：广东、广西、海南

长叶娃儿藤 **Tylophora longifolia** Wight
分布：云南；孟加拉国

吕氏娃儿藤(新拟) **Tylophora lui** Y. H. Tseng et C. T. Chao
分布：台湾

膜叶娃儿藤 **Tylophora membranacea** Tsiang et P. T. Li
分布：广西

汶川娃儿藤 **Tylophora nana** C. K. Schneid.
分布：甘肃、四川

滑藤 **Tylophora oligophylla** (Tsiang) M. G. Gilbert, W. D. Stevens et P. T. Li
分布：云南

小花娃儿藤 **Tylophora oshimae** Hayata
分布：台湾

娃儿藤 **Tylophora ovata** (Lindl.) Hook. ex Steud.
分布：湖南、四川、贵州、云南、福建、台湾、广东、广西、海南、香港；印度、缅甸、尼泊尔、巴基斯坦、越南

紫叶娃儿藤 **Tylophora picta** Tsiang
分布：海南

山娃儿藤 **Tylophora rockii** M. G. Gilbert et P. T. Li
分布：四川

圆叶娃儿藤 **Tylophora rotundifolia** Buch.-Ham. ex Wight
分布：广东、广西、海南；印度、尼泊尔

蛇胆草 **Tylophora secamonoides** Tsiang
分布：广西、海南

湖北娃儿藤 **Tylophora silvestrii** (Pamp.) Tsiang et P. T. Li
分布：湖北

贵州娃儿藤 **Tylophora silvestris** Tsiang
分布：安徽、江苏、浙江、江西、湖南、四川、贵州、云南、西藏、福建、台湾、广东、广西

苏氏娃儿藤(新拟) **Tylophora sui** Y. H. Tseng et C. T. Chao
分布：台湾

普定娃儿藤 **Tylophora tengii** Tsiang
分布：贵州、广西

曲序娃儿藤 **Tylophora tsiangii** (P. T. Li) M. G. Gilbert, W. D. Stevens et P. T. Li
分布：贵州；越南

个旧娃儿藤 **Tylophora tuberculata** M. G. Gilbert et P. T. Li
分布：云南

钩毛娃儿藤 **Tylophora uncinata** M. G. Gilbert et P. T. Li
分布：广东、广西、海南

云南娃儿藤 **Tylophora yunnanensis** Schltr.
分布：四川、贵州、云南

水壶藤属 **Urceola** Roxb.

毛杜仲藤 **Urceola huaitingii** (Chun et Tsiang) D. J. Middleton
分布：贵州、广东、广西、海南

绒果水壶藤 **Urceola linearicarpa** (Pierre) D. J. Middleton
分布：云南、西藏；老挝

杜仲藤 **Urceola micrantha** (Wall. ex G. Don) D. J. Middleton
分布：四川、云南、西藏、福建、台湾、广东、广西、海南；印度、印度尼西亚、日本、老挝、马来西亚、尼泊尔、泰国、越南

华南水壶藤 **Urceola napeensis** (Quintaret) D. J. Middleton
分布：广东、广西、海南；老挝、泰国、越南

华南杜仲藤 **Urceola quintaretii** (Pierre) D. J. Middleton
分布：广东、广西、海南；老挝、越南

酸叶胶藤 **Urceola rosea** (Hook. et Arn.) D. J. Middleton
分布：湖南、四川、贵州、云南、福建、台湾、广东、广西、海南、香港；印度尼西亚、泰国、越南

云南水壶藤 **Urceola tournieri** (Pierre) D. J. Middleton
分布：云南；老挝、缅甸

乐东藤 **Urceola xylinabariopsoides** (Tsiang) D. J. Middleton
分布：海南；越南

纽子花属 **Vallaris** Burman

大纽子花 **Vallaris indecora** (Baill.) Tsiang et P. T. Li
分布：四川、贵州、云南、广西

纽子花 **Vallaris solanacea** (Roth) Kuntze
分布：海南；柬埔寨、印度、印度尼西亚、老挝、缅甸、巴基斯坦、斯里兰卡、泰国、越南

蔓长春花属 **Vinca** L.

蔓长春花 **Vinca major** L.
分布：江苏、浙江、云南、台湾；原产于欧洲

小蔓长春花 **Vinca minor** L.
分布：江苏；原产于欧洲

马铃果属 **Voacanga** Du Petit Thouars

非洲马铃果 **Voacanga africana** Stapf
分布：云南；原产于非洲

马铃果 **Voacanga chalotiana** Pierre ex Stapf
分布：广东；原产于非洲

倒吊笔属 **Wrightia** R. Br.

胭木 **Wrightia arborea** (Dennst.) Mabb.
分布：贵州、云南、广西；印度、老挝、马来西亚、缅甸、斯里兰卡、泰国、越南

云南倒吊笔 **Wrightia coccinea** (Lodd.) Sims
分布：云南、广西；印度、缅甸、巴基斯坦、泰国

蓝树 **Wrightia laevis** Hook. f.
分布：贵州、云南、广东、广西、海南、香港；印度、印度尼西亚、老挝、马来西亚、缅甸、菲律宾、泰国、越南、澳大利亚

倒吊笔 Wrightia pubescens R. Br.

分布：贵州、云南、广东、广西、海南；柬埔寨、印度、印度尼西亚、马来西亚、菲律宾、泰国、越南、澳大利亚

无冠倒吊笔 Wrightia religiosa (Teijsm. et Binn.) Benth.

分布：广东；柬埔寨、老挝、马来西亚、泰国、越南

个溥 Wrightia sikkimensis Gamble

分布：贵州、云南、广西、海南；印度、越南

216. 水蕹科 Aponogetonaceae Planch.

水蕹属 **Aponogeton** L. f.

水蕹 Aponogeton lakhonensis A. Camus

分布：浙江、江西、云南、福建、台湾、广东、广西、海南；柬埔寨、印度、印度尼西亚、马来西亚、老挝、缅甸、泰国、越南

217. 冬青科 Aquifoliaceae Bercht. et J. Presl

冬青属 **Ilex** L.

满树星 Ilex aculeolata Nakai

分布：浙江、江西、湖南、湖北、贵州、福建、广东、广西

棱枝冬青 Ilex angulata Merr. et Chun

分布：广西、海南

阿里山冬青 Ilex arisanensis Yamam.

分布：台湾

秤星树 Ilex asprella (Hook. et Arn.) Champ. ex Benth.

分布：福建、广东、广西、湖南、江西、台湾、浙江；菲律宾、?越南

秤星树(原变种) Ilex asprella var. **asprella**

分布：浙江、江西、湖南、福建、台湾、广东、广西；菲律宾

大埔秤星树 Ilex asprella var. **tapuensis** S. Y. Hu

分布：广东

黑果冬青 Ilex atrata W. W. Sm.

分布：云南；缅甸

黑果冬青(原变种) Ilex atrata var. **atrata**

分布：云南；缅甸

长梗黑果冬青 Ilex atrata var. **wangii** S. Y. Hu

分布：云南、西藏

两广冬青 Ilex austrosinensis C. J. Tseng

分布：广东、广西、海南

双齿冬青 Ilex bidens C. Y. Wu ex Y. R. Li

分布：云南

刺叶冬青 Ilex bioritsensis Hayata

分布：河北、湖南、四川、贵州、云南、台湾、湖北(西南部)

短叶冬青 Ilex brachyphylla (Hand.-Mazz.) S. Y. Hu

分布：湖南

短梗冬青 Ilex buergeri Miq.

分布：浙江、江西、湖南、湖北、福建、广东、广西、安徽南部；日本

黄杨冬青 Ilex buxoides S. Y. Hu

分布：福建、广东、广西

茎花冬青 Ilex cauliflora H. W. Li ex Y. R. Li

分布：云南

华中枸骨 Ilex centrochinensis S. Y. Hu

分布：安徽、湖北、重庆、云南

矮杨梅冬青 Ilex chamaebuxus C. Y. Wu et Y. R. Li

分布：云南

凹叶冬青 Ilex championii Loes.

分布：江西、湖南、贵州、福建、广东、广西

沙坝冬青 Ilex chapaensis Merr.

分布：贵州、云南、福建、广东、广西、海南；越南

纸叶冬青 Ilex chartaceifolia C. Y. Wu ex Y. R. Li

分布：云南

纸叶冬青(原变种) Ilex chartaceifolia var. **chartaceifolia**

分布：云南

无毛纸叶冬青 Ilex chartaceifolia var. **glabra** C. Y. Wu ex Y. R. Li

分布：云南

城步冬青 Ilex chengbuensis C. J. Qi et Q. Z. Lin

分布：湖南

城口冬青 Ilex chengkouensis C. J. Tseng

分布：四川、重庆

龙陵冬青 Ilex cheniana T. R. Dudley

分布：云南

冬青 Ilex chinensis Sims
分布：河南、安徽、江苏、浙江、江西、湖南、湖北、云南、福建、台湾、广东、广西；日本

苗山冬青 Ilex chingiana Hu et T. Tang
分布：湖南、贵州、广西

苗山冬青(原变种) Ilex chingiana var. **chingiana**
分布：湖南、贵州、广西

巨果冬青 Ilex chingiana var. **megacarpa** (H. G. Ye et H. S. Chen) L. G. Lei
分布：广东

毛苗山冬青 Ilex chingiana var. **puberula** S. Y. Hu
分布：广东

楚光冬青 Ilex chuguangii M. M. Lin
分布：福建

铁仔冬青 Ilex chuniana S. Y. Hu
分布：广东、海南

纤齿枸骨 Ilex ciliospinosa Loes.
分布：四川、云南、西藏、湖北(西南部)

灰冬青 Ilex cinerea Champ. ex Benth.
分布：广东、海南、香港；越南

越南冬青 Ilex cochinchinensis (Lour.) Loes.
分布：台湾、广东、广西、海南；越南、柬埔寨

密花冬青 Ilex confertiflora Merr.
分布：广东、广西、海南

密花冬青(原变种) Ilex confertiflora var. **confertiflora**
分布：广东、广西、海南

广西密花冬青 Ilex confertiflora var. **kwangsiensis** S. Y. Hu
分布：广西

珊瑚冬青 Ilex corallina Franch.
分布：甘肃、湖南、湖北、四川、贵州、云南

珊瑚冬青(原变种) Ilex corallina var. **corallina**
分布：甘肃、湖南、湖北、四川、贵州

刺叶珊瑚冬青 Ilex corallina var. **loeseneri** H. Lév. ex Rehd.
分布：四川、贵州、云南

枸骨 Ilex cornuta Lindl. et Paxton
分布：北京、天津、山东、河南、安徽、江苏、浙江、江西、湖南、湖北、福建、广东、海南；韩国

齿叶冬青 Ilex crenata Thunb.
分布：山东、安徽、江苏、浙江、江西、湖南、湖北、福建、台湾、广东、广西、海南；日本、朝鲜

铜光冬青 Ilex cupreonitens C. Y. Wu ex Y. R. Li
分布：云南

弯尾冬青 Ilex cyrtura Merr.
分布：贵州、云南、广东、广西；不丹、缅甸

大别山冬青 Ilex dabieshanensis K. Yao et M. B. Deng
分布：安徽

毛枝冬青 Ilex dasyclada C. Y. Wu ex Y. R. Li
分布：云南

黄毛冬青 Ilex dasyphylla Merr.
分布：江西、湖南、福建、广东、广西

德宏冬青 Ilex dehongensis S. K. Chen et Y. X. Feng
分布：云南

陷脉冬青 Ilex delavayi Franch.
分布：四川、云南、西藏

陷脉冬青(原变种) Ilex delavayi var. **delavayi**
分布：四川、云南、西藏

丽江陷脉冬青 Ilex delavayi var. **comberiana** S. Y. Hu
分布：云南

高山陷脉冬青 Ilex delavayi var. **exalata** H. F. Comber
分布：四川、云南；缅甸

线叶陷脉冬青 Ilex delavayi var. **linearifolia** S. Y. Hu
分布：云南

木里陷脉冬青 Ilex delavayi var. **muliensis** D. Fang et Z. M. Tan
分布：四川

细齿冬青 Ilex denticulata Wall. ex Wight
分布：云南；印度

滇贵冬青 Ilex dianguiensis C. J. Tseng
分布：贵州、云南

双果冬青 Ilex dicarpa Y. R. Li
分布：西藏

双核枸骨 Ilex dipyrena Wall.
分布：湖北、四川、云南、西藏；不丹、印度、缅甸、尼泊尔

长柄冬青 Ilex dolichopoda Merr. et Chun
分布：海南

龙里冬青 Ilex dunniana H. Lév.
分布：湖北、四川、贵州、云南

显脉冬青 Ilex editicostata Hu et T. Tang
分布：安徽、浙江、江西、湖南、湖北、四川、贵州、福建、广东、广西

厚叶冬青 Ilex elmerrilliana S. Y. Hu
分布：安徽、浙江、江西、湖南、湖北、四川、贵州、福建、广东、广西

平核冬青 Ilex estriata C. J. Tseng
分布：四川

柃叶冬青 Ilex euryoides C. J. Tseng
分布：湖北

高冬青 Ilex excelsa (Wall.) Wall.
分布：云南、广西；不丹、印度、尼泊尔

高冬青(原变种) Ilex excelsa var. **excelsa**
分布：云南；不丹、印度(东北部)、尼泊尔

毛背高冬青 Ilex excelsa var. **hypotricha** (Loes.) S. Y. Hu
分布：云南；孟加拉国、不丹、印度、尼泊尔

狭叶冬青 Ilex fargesii Franch.
分布：陕西、甘肃、湖南、湖北、四川

狭叶冬青(原变种) Ilex fargesii var. **fargesii**
分布：陕西、甘肃、湖南、湖北、四川

线叶冬青 Ilex fargesii var. **angustifolia** C. Y. Chang
分布：陕西、甘肃

短狭叶冬青 Ilex fargesii var. **brevifolia** S. Andrews
分布：湖北

凤庆冬青 Ilex fengqingensis C. Y. Wu ex Y. R. Li
分布：云南

锈毛冬青 Ilex ferruginea Hand.-Mazz.
分布：贵州、云南、广西

硬叶冬青 Ilex ficifolia C. J. Tseng ex S. K. Chen ex Y. X. Feng
分布：浙江、江西、湖南、福建、广东、广西

榕叶冬青 Ilex ficoidea Hemsl.
分布：安徽、浙江、江西、湖南、湖北、四川、贵州、云南、福建、台湾、广东、广西、海南；日本

台湾冬青 Ilex formosana Maxim.
分布：安徽、浙江、江西、湖南、湖北、四川、贵州、云南、福建、台湾、广东、广西；菲律宾

台湾冬青(原变种) Ilex formosana var. **formosana**
分布：安徽、浙江、江西、湖南、湖北、四川、贵州、云南、福建、台湾、广东、广西；菲律宾

大核台湾冬青 Ilex formosana var. **macropyrena** S. Y. Hu
分布：湖南、广东、广西

滇西冬青 Ilex forrestii H. F. Comber
分布：四川、云南、西藏

滇西冬青(原变种) Ilex forrestii var. **forrestii**
分布：四川、云南、西藏

无毛滇西冬青 Ilex forrestii var. **glabra** S. Y. Hu
分布：四川、云南

薄叶冬青 Ilex fragilis Hook.
分布：四川、贵州、云南、西藏；不丹、印度、缅甸、尼泊尔

康定冬青 Ilex franchetiana Loes.
分布：湖北、四川、贵州、云南、西藏；缅甸

康定冬青(原变种) Ilex franchetiana var. **franchetiana**
分布：湖北、四川、贵州、云南、西藏；缅甸

小叶康定冬青 Ilex franchetiana var. **parvifolia** S. Y. Hu
分布：四川

福建冬青 Ilex fukienensis S. Y. Hu
分布：福建

长叶枸骨 Ilex georgei H. F. Comber
分布：四川、云南、西藏；缅甸、印度(东北部)

景东冬青 Ilex gintungensis H. W. Li ex Y. R. Li
分布：云南

团花冬青 Ilex glomerata King
分布：湖南、广东、广西；马来西亚、缅甸、越南

伞花冬青 Ilex godajam (Colebr.) Hook. f.
分布：湖南、云南、广西、海南；不丹、印度、老挝、缅甸、尼泊尔、越南

海岛冬青 Ilex goshiensis Hayata
分布：福建、台湾、广东、海南；日本

纤花冬青 Ilex graciliflora Champ. ex Benth.
分布：香港

纤枝冬青 Ilex gracilis C. J. Tseng
分布：云南

广南冬青 Ilex guangnanensis C. J. Tseng et Y. R. Li
分布：云南

贵州冬青 Ilex guizhouensis C. J. Tseng
分布：贵州

海南冬青 Ilex hainanensis Merr.
分布：湖南、贵州、云南、广东、广西、海南

青茶香 Ilex hanceana Maxim.
分布：湖南、福建、广东、广西、海南

早田氏冬青 Ilex hayatana Loes.
分布：台湾；日本

硬毛冬青 Ilex hirsuta C. J. Tseng ex S. K. Chen ex Y. X. Feng
分布：江西、湖南、湖北

贡山冬青 Ilex hookeri King
分布：云南、西藏；不丹、印度、缅甸

秀英冬青 Ilex huana C. J. Tseng ex S. K. Chen et Y. X. Feng
分布：海南

细刺枸骨 Ilex hylonoma Hu et T. Tang
分布：浙江、湖南、湖北、四川、贵州、福建、广东、广西

细刺枸骨(原变种) Ilex hylonoma var. **hylonoma**
分布：四川、贵州

光叶细刺枸骨 Ilex hylonoma var. **glabra** S. Y. Hu
分布：浙江、湖南、湖北、贵州、福建、广东、广西

全缘冬青 Ilex integra Thunb.
分布：浙江、台湾；朝鲜、日本

中型冬青 Ilex intermedia Loes.
分布：江西、湖南、湖北、四川、贵州

错枝冬青 Ilex intricata Hook.
分布：四川、云南、西藏；不丹、印度、缅甸、尼泊尔

蕉岭冬青 Ilex jiaolingensis C. J. Tseng et H. H. Liu
分布：广东

缙云冬青 Ilex jinyunensis Z. M. Tan
分布：重庆

九万山冬青 Ilex jiuwanshanensis C. J. Tseng
分布：广西

扣树 Ilex kaushue S. Y. Hu
分布：湖南、湖北、四川、云南、广东、广西、海南

皱柄冬青 Ilex kengii S. Y. Hu
分布：湖南、贵州、福建、广东、广西

江西满树星 Ilex kiangsiensis (S. Y. Hu) C. J. Tseng et B. W. Liu
分布：江西、湖南、广东

凸脉冬青 Ilex kobuskiana S. Y. Hu
分布：广东、海南；越南

昆明冬青 Ilex kunmingensis H. W. Li
分布：云南

昆明冬青(原变种) Ilex kunmingensis var. **kunmingensis**
分布：云南

头状昆明冬青 Ilex kunmingensis var. **capitata** Y. R. Li
分布：云南

兰屿冬青 Ilex kusanoi Hayata
分布：台湾；日本

广东冬青 Ilex kwangtungensis Merr.
分布：浙江、江西、湖南、贵州、云南、福建、广东、广西、海南

剑叶冬青 Ilex lancilimba Merr.
分布：福建、广东、广西、海南

大叶冬青 Ilex latifolia Thunb.
分布：河南、安徽、江苏、浙江、江西、湖南、湖北、云南、福建、广东、广西；日本

阔叶冬青 Ilex latifrons Chun
分布：云南、广东、广西、海南

毛核冬青 Ilex liana S. Y. Hu
分布：云南

保亭冬青 Ilex liangii S. Y. Hu
分布：海南

溪畔冬青 Ilex lihuaensis T. R. Dudley.
分布：贵州

汝昌冬青 Ilex linii C. J. Tseng
分布：江西、福建、广东

木姜冬青 Ilex litseifolia Hu et T. Tang
分布：浙江、江西、湖南、贵州、福建、广东、广西

矮冬青 Ilex lohfauensis Merr.
分布：安徽、浙江、江西、湖南、贵州、福建、广东、广西

长尾冬青 Ilex longecaudata H. F. Comber
分布：云南

长尾冬青(原变种) Ilex longecaudata var. **longecaudata**
分布：云南

无毛长尾冬青 Ilex longecaudata var. **glabra** S. Y. Hu
分布：云南

龙州冬青 Ilex longzhouensis C. J. Tseng
分布：云南、广西

忍冬叶冬青 Ilex lonicerifolia Hayata
分布：台湾

忍冬叶冬青(原变种) Ilex lonicerifolia var. **lonicerifolia**
分布：台湾

松田氏冬青 Ilex lonicerifolia var. **matsudae** (Yamamoto) Yamamoto
分布：台湾

鲁甸冬青 Ilex ludianensis S. C. Huang ex Y. R. Li
分布：云南

楠叶冬青 Ilex machilifolia H. W. Li ex Y. R. Li
分布：云南

长圆叶冬青 Ilex maclurei Merr.
分布：广东；越南

大果冬青 Ilex macrocarpa Oliv.
分布：河南、陕西、安徽、江苏、浙江、江西、湖南、湖北、四川、贵州、云南、福建、广东、广西

大果冬青(原变种) Ilex macrocarpa var. **macrocarpa**
分布：河南、陕西、安徽、江苏、浙江、江西、湖南、湖北、四川、贵州、云南、福建、广东、广西

长梗冬青 Ilex macrocarpa var. **longipedunculata** S. Y. Hu
分布：安徽、江苏、浙江、湖南、湖北、四川、贵州、云南、广西

柔毛冬青 Ilex macrocarpa var. **reevesae** (S. Y. Hu) S. Y. Hu
分布：陕西、四川

大柄冬青 Ilex macropoda Miq.
分布：河南、安徽、浙江、江西、湖南、湖北、福建；日本、韩国

大柱头冬青 Ilex macrostigma C. Y. Wu et Y. R. Li
分布：云南

乳头冬青 Ilex mamillata C. Y. Wu ex C. J. Tseng
分布：云南、广西

红河冬青 Ilex manneiensis S. Y. Hu
分布：云南

麻栗坡冬青 Ilex marlipoensis H. W. Li ex Y. R. Li
分布：云南

倒卵叶冬青 Ilex maximowicziana Loes.
分布：台湾；日本

墨脱冬青 Ilex medogensis Y. R. Li
分布：西藏

黑叶冬青 Ilex melanophylla H. T. Chang
分布：湖南、广东、广西

黑毛冬青 Ilex melanotricha Merr.
分布：重庆、云南、西藏；缅甸

谷木叶冬青 Ilex memecylifolia Champ. ex Benth.
分布：江西、贵州、福建、广东、广西；越南

河滩冬青 Ilex metabaptista Loes.
分布：湖南、湖北、四川、重庆、贵州、云南、广西

河滩冬青(原变种) Ilex metabaptista var. **metabaptista**
分布：湖南、湖北、四川、重庆、贵州、云南、广西

紫金牛叶冬青 Ilex metabaptista var. **bodinieri** (Loes.) G. Barriera
分布：重庆、贵州、广西

小果冬青 Ilex micrococca Maxim.
分布：浙江、江西、湖南、湖北、四川、贵州、云南、西藏、台湾、广东、广西；日本、越南

小核冬青 Ilex micropyrena C. Y. Wu ex Y. R. Li
分布：云南

米谷冬青 Ilex miguensis S. Y. Hu
分布：西藏

南川冬青 Ilex nanchuanensis Z. M. Tan
分布：重庆

南宁冬青 Ilex nanningensis Hand.-Mazz.
分布：广东、广西、海南

宁德冬青 Ilex ningdeensis C. J. Tseng
分布：福建

亮叶冬青 Ilex nitidissima C. J. Tseng
分布：江西、湖南、广西

小圆叶冬青 Ilex nothofagifolia Kingdon-Ward
分布：云南、西藏；印度、缅甸

云中冬青 Ilex nubicola C. Y. Wu ex Y. R. Li
分布：云南

洼皮冬青 **Ilex nuculicava** S. Y. Hu
分布：海南

洼皮冬青(原变种) **Ilex nuculicava** var. **nuculicava**
分布：海南

秋花洼皮冬青 **Ilex nuculicava** var. **auctumnalis** S. Y. Hu
分布：海南

光枝洼皮冬青 **Ilex nuculicava** var. **glabra** S. Y. Hu
分布：海南

长圆果冬青 **Ilex oblonga** C. J. Tseng
分布：广西

隐脉冬青 **Ilex occulta** C. J. Tseng
分布：广东、广西

疏齿冬青 **Ilex oligodonta** Merr. et Chun
分布：湖南、福建、广东

峨眉冬青 **Ilex omeiensis** S. Y. Hu
分布：四川

具柄冬青 **Ilex pedunculosa** Miq.
分布：河南、陕西、安徽、浙江、江西、湖南、湖北、四川、贵州、福建、台湾、广西；日本

上思冬青 **Ilex peiradena** S. Y. Hu
分布：广西；越南

五棱苦丁茶 **Ilex pentagona** S. K. Chen, Y. X. Feng et C. F. Liang
分布：湖南、贵州、云南、广西

巨叶冬青 **Ilex perlata** C. Chen et S. C. Huang ex Y. R. Li
分布：云南

猫儿刺 **Ilex pernyi** Franch.
分布：河南、陕西、甘肃、安徽、浙江、江西、湖南、湖北、四川、贵州、西藏

皱叶冬青 **Ilex perryana** S. Y. Hu
分布：云南、西藏；印度、缅甸

平和冬青 **Ilex pingheensis** C. J. Tseng
分布：福建

平南冬青 **Ilex pingnanensis** S. Y. Hu
分布：广东、广西

多脉冬青 **Ilex polyneura** (Hand.-Mazz.) S. Y. Hu
分布：四川、贵州、云南、西藏

多核冬青 **Ilex polypyrena** C. J. Tseng et B. W. Liu
分布：广西

假楠叶冬青 **Ilex pseudomachilifolia** C. Y. Wu ex Y. R. Li
分布：云南

毛冬青 **Ilex pubescens** Hook. et Arn.
分布：安徽、浙江、江西、湖南、湖北、贵州、福建、台湾、广东、广西、海南

毛冬青(原变种) **Ilex pubescens** var. **pubescens**
分布：安徽、浙江、江西、湖南、湖北、贵州、福建、台湾、广东、广西、海南

广西毛冬青 **Ilex pubescens** var. **kwangsiensis** Hand.-Mazz.
分布：贵州、云南、广西

有毛冬青 **Ilex pubigera** (C. Y. Wu ex Y. R. Li) S. K. Chen et Y. X. Feng
分布：云南

毛叶冬青 **Ilex pubilimba** Merr. et Chun
分布：海南；越南

点叶冬青 **Ilex punctatilimba** C. Y. Wu ex Y. R. Li
分布：云南

梨叶冬青 **Ilex pyrifolia** C. J. Tseng
分布：四川

黔灵山冬青 **Ilex qianlingshanensis** C. J. Tseng
分布：贵州

庆元冬青 **Ilex qingyuanensis** C. Z. Zheng
分布：浙江、福建

拉拉山冬青 **Ilex rarasanensis** Sasaki
分布：台湾

网脉冬青 **Ilex reticulata** C. J. Tseng
分布：广西

微凹冬青 **Ilex retusifolia** S. Y. Hu
分布：广西

粗枝冬青 **Ilex robusta** C. J. Tseng
分布：广西

粗脉冬青 **Ilex robustinervosa** C. J. Tseng ex S. K. Chen et Y. X. Feng
分布：广东

高山冬青 **Ilex rockii** S. Y. Hu
分布：四川、云南、西藏

铁冬青 **Ilex rotunda** Thunb.
分布：安徽、江苏、浙江、江西、湖南、湖北、贵州、云

南、福建、台湾、广东、广西、海南；日本、朝鲜、越南

柳叶冬青 **Ilex salicina** Hand.-Mazz.
分布：广西；越南

石生冬青 **Ilex saxicola** C. J. Tseng et H. H. Liu
分布：广西

落霜红 **Ilex serrata** Thunb.
分布：浙江、江西、湖南、四川、福建；日本

神农架冬青 **Ilex shennongjiaensis** T. R. Dudley et S. C. Sun
分布：湖北

石枚冬青 **Ilex shimeica** K. F. Kwok
分布：海南

锡金冬青 **Ilex sikkimensis** Kurz.
分布：云南、西藏；不丹、印度、缅甸、尼泊尔

中华冬青 **Ilex sinica** (Loes.) S. Y. Hu
分布：云南、广西

华南冬青 **Ilex sterrophylla** Merr. et Chun
分布：广东、广西、海南；越南

黔桂冬青 **Ilex stewardii** S. Y. Hu
分布：湖南、贵州、广东、广西；越南

粗毛冬青 **Ilex strigillosa** T. R. Dudley
分布：广东

香冬青 **Ilex suaveolens** (H. Lév.) Loes.
分布：安徽、浙江、江西、湖南、湖北、四川、贵州、云南、福建、广东、广西

薄革叶冬青 **Ilex subcoriacea** Z. M. Tan
分布：四川

拟钝齿冬青 **Ilex subcrenata** S. Y. Hu
分布：广西

拟榕叶冬青 **Ilex subficoidea** S. Y. Hu
分布：江西、湖南、福建、广东、广西、海南；越南

拟长尾冬青 **Ilex sublongecaudata** C. J. Tseng et Y. R. Li ex S. Liu
分布：云南

微香冬青 **Ilex subodorata** S. Y. Hu
分布：贵州、云南

异齿冬青 **Ilex subrugosa** Loes.
分布：四川、云南、西藏

太平山冬青 **Ilex sugerokii** Maxim.
分布：台湾；日本

遂昌冬青 **Ilex suichangensis** C. Z. Zheng
分布：浙江

铃木冬青 **Ilex suzukii** S. Y. Hu
分布：台湾

合核冬青 **Ilex synpyrena** C. J. Tseng
分布：云南

蒲叶冬青 **Ilex syzygiophylla** C. J. Tseng ex S. K. Chen ex Y. X. Feng
分布：广东

四川冬青 **Ilex szechwanensis** Loesener
分布：江西、湖南、湖北、四川、重庆、贵州、云南、西藏、广东、广西

四川冬青(原变种) **Ilex szechwanensis var. Szechwanensis**
分布：江西、湖南、湖北、四川、重庆、贵州、云南、西藏、广东、广西

桂南四川冬青 **Ilex szechwanensis** var. **huana** T. R. Dudley
分布：广西

毛叶川冬青 **Ilex szechwanensis** var. **mollissima** C. Y. Wu ex Y. R. Li
分布：云南

卷边冬青 **Ilex tamii** T. R. Dudley
分布：广东、海南

薄核冬青 **Ilex tenuis** C. J. Tseng
分布：广东

灰叶冬青 **Ilex tetramera** (Rehder) H. Y. Zou
分布：湖南、四川、重庆、贵州、云南、广西

灰叶冬青(原变种) **Ilex tetramera** var. **tetramera**
分布：湖南、四川、重庆、贵州、云南、广西

无毛灰叶冬青 **Ilex tetramera** var. **glabra** (C. Y. Wu ex Y. R. Li) T. R. Dudley
分布：云南

毛果冬青 **Ilex trichocarpa** H. W. Li ex Y. R. Li
分布：云南

三花冬青 **Ilex triflora** Blume
分布：安徽、浙江、江西、湖南、湖北、四川、贵州、云南、福建、广东、广西、海南；孟加拉国、印度、印度尼西亚、马来西亚、缅甸、泰国、越南

三花冬青(原变种) **Ilex triflora** var. **triflora**
分布：安徽、浙江、江西、湖南、湖北、四川、贵州、云南、福建、广东、广西、海南；孟加拉国、印度、印度尼西亚、马来西亚、缅甸、泰国、越南

钝头冬青 **Ilex triflora** var. **kanehirae** (Yamamoto) S. Y. Hu
分布：江西、湖南、福建、台湾、广东

细枝冬青 **Ilex tsangii** S. Y. Hu
分布：广东、广西

细枝冬青(原变种) **Ilex tsangii** var. **tsangii**
分布：广东

瑶山细枝冬青 **Ilex tsangii** var. **guangxiensis** T. R. Dudley
分布：广西

蒋英冬青 **Ilex tsiangiana** C. J. Tseng
分布：云南

紫果冬青 **Ilex tsoi** Merr. et Chun
分布：安徽、江苏、江西、湖南、湖北、四川、贵州、福建、广东、广西

雪山冬青 **Ilex tugitakayamensis** Sasaki
分布：台湾

罗浮冬青 **Ilex tutcheri** Merr.
分布：广东、广西

伞序冬青 **Ilex umbellulata** (Wall.) Loes.
分布：云南；孟加拉国、印度、缅甸、泰国、越南

乌来冬青 **Ilex uraiensis** Yamam.
分布：福建、台湾；日本

壶果冬青 **Ilex urceolatus** C. B. Shang, K. S. Tang et D. Q. Du
分布：湖南

细脉冬青 **Ilex venosa** C. Y. Wu ex Y. R. Li
分布：云南

微脉冬青 **Ilex venulosa** Hook. f.
分布：云南；孟加拉国、不丹、印度、缅甸

微脉冬青(原变种) **Ilex venulosa** var. **venulosa**
分布：云南；孟加拉国、不丹、印度、缅甸

短梗微脉冬青 **Ilex venulosa** var. **simplicifrons** S. Y. Hu
分布：云南；印度

湿生冬青 **Ilex verisimilis** Chun ex S. K. Chen et Y. X. Feng
分布：湖南、广东、广西

绿叶冬青 **Ilex viridis** Champ. ex Benth.
分布：安徽、浙江、江西、湖南、贵州、福建、广东、广西、海南

假枝冬青 **Ilex wangiana** S. Y. Hu
分布：云南

滇缅冬青 **Ilex wardii** Merr.
分布：云南；缅甸

假香冬青 **Ilex wattii** Loes.
分布：云南；印度

温州冬青 **Ilex wenchowensis** S. Y. Hu
分布：浙江

尾叶冬青 **Ilex wilsonii** Loes.
分布：安徽、浙江、江西、湖南、湖北、四川、贵州、云南、福建、台湾、广东、广西

尾叶冬青(原变种) **Ilex wilsonii** var. **wilsonii**
分布：安徽、浙江、江西、湖南、湖北、四川、贵州、云南、福建、台湾、广东、广西

武冈尾叶冬青 **Ilex wilsonii** var. **handel-mazzettii** T. R. Dudley
分布：湖南

征镒冬青 **Ilex wuana** T. R. Dudley
分布：云南

武功山冬青 **Ilex wugonshanensis** C. J. Tseng ex S. K. Chen ex Y. X. Feng
分布：江西

小金冬青 **Ilex xiaojinensis** Y. Q. Wang et P. Y. Chen
分布：广东

西藏冬青 **Ilex xizangensis** Y. R. Li
分布：西藏

阳春冬青 **Ilex yangchunensis** C. J. Tseng
分布：广东

独龙冬青 **Ilex yuana** S. Y. Hu
分布：云南

云南冬青 **Ilex yunnanensis** Franch.
分布：陕西、甘肃、湖北、四川、贵州、云南、西藏、广西、台湾；缅甸

云南冬青(原变种) **Ilex yunnanensis** var. **yunnanensis**
分布：陕西、甘肃、湖北、四川、贵州、云南、西藏、广西；缅甸

高贵云南冬青 Ilex yunnanensis var. **gentilis** Loes. ex Diels
分布：陕西、湖北、四川、贵州、云南、台湾

小叶云南冬青 Ilex yunnanensis var. **parvifolia** (Hayata) S. Y. Hu
分布：台湾

硬叶云南冬青 Ilex yunnanensis var. **paucidentata** S. Y. Hu
分布：云南

浙江冬青 Ilex zhejiangensis C. J. Tseng ex S. K. Chen ex Y. X. Feng
分布：浙江

218. 天南星科 Araceae Juss.

广东万年青属 Aglaonema Schott

广东万年青 Aglaonema modestum Schott ex Engler
分布：贵州、广东、广西；老挝、泰国、越南

越南万年青 Aglaonema simplex (Blume) Blume
分布：云南；柬埔寨、印度、印度尼西亚、老挝、马来西亚、缅甸、菲律宾、泰国、越南

海芋属 Alocasia (Schott) G. Don

越境海芋 Alocasia acuminata Schott
分布：云南；孟加拉国、印度、老挝、缅甸、尼泊尔、泰国、?越南

尖尾芋 Alocasia cucullata (Lour.) G. Don
分布：四川、贵州、云南、福建、台湾、广东、广西、海南；孟加拉国、缅甸、印度、斯里兰卡、泰国、老挝、尼泊尔、越南

南海芋 Alocasia hainanica N. E. Br.
分布：海南；越南

紫苞海芋 Alocasia hypnosa J. T. Yin, Y. H. Wang et Z. F. Xu
分布：云南；老挝、泰国

尖叶海芋 Alocasia longiloba Miq.
分布：云南、广东、海南；柬埔寨、印度尼西亚、老挝、马来西亚、缅甸、新加坡、泰国、越南

热亚海芋 Alocasia macrorrhizos (L.) G. Don
分布：四川、贵州、云南、西藏、福建、台湾、广东、广西、海南；泛热带地区广布

黄苞海芋 Alocasia navicularis (K. Koch et C. D. Bouché) K. Koch et C. D. Bouché
分布：云南；孟加拉国、印度、老挝、缅甸、尼泊尔、泰国，?越南

海芋 Alocasia odora (Roxb.) K. Koch
分布：江西、湖南、四川、贵州、云南、福建、台湾、广东、广西、海南；孟加拉国、不丹、柬埔寨、印度、日本、老挝、缅甸、尼泊尔、泰国

磨芋属 Amorphophallus Blume ex Decne.

白磨芋 Amorphophallus albus P. Y. Liu et J. F. Chen
分布：四川、云南

桂平磨芋 Amorphophallus coaetaneus S. Y. Liu et S. J. Wei
分布：云南、广西；越南

田阳磨芋 Amorphophallus corrugatus N. E. Br.
分布：云南、广西；缅甸、泰国

南蛇棒 Amorphophallus dunnii Tutcher
分布：广东、广西

红河磨芋 Amorphophallus hayi Hett.
分布：云南；越南

台湾磨芋 Amorphophallus henryi N. E. Br.
分布：台湾

密毛磨芋 Amorphophallus hirtus N. E. Br.
分布：台湾

勐海磨芋 Amorphophallus kachinensis Engl. et Gehrm.
分布：云南；老挝、缅甸、泰国

东亚磨芋 Amorphophallus kiusianus (Makino) Makino
分布：安徽、浙江、江西、湖南、福建、台湾、广东；日本

花磨芋 Amorphophallus konjac K. Koch
分布：云南

西盟磨芋 Amorphophallus krausei Engl.
分布：云南；孟加拉国、老挝、缅甸、泰国

湄公磨芋 Amorphophallus mekongensis Engl. et Gehrm.
分布：云南；老挝

香港磨芋 Amorphophallus oncophyllus Prain ex Hook. f.
分布：香港；印度、泰国、马来西亚

疣柄磨芋 Amorphophallus paeoniifolius (Dennst.) Nicolson
分布：云南、台湾、广东、广西、海南；孟加拉国、印度、

印度尼西亚、老挝、缅甸、巴布亚新几内亚、菲律宾、斯里兰卡、泰国、越南、澳大利亚(北部)、太平洋群岛，归化于印度洋群岛

梗序磨芋 **Amorphophallus stipitatus** Engl.

分布：广东

东京磨芋 **Amorphophallus tonkinensis** Engl. et Gehrm.

分布：云南；越南

野磨芋 **Amorphophallus variabilis** Blume

分布：江西、福建、广东及沿海岛屿；印度尼西亚(爪哇)、菲律宾

谢君磨芋 **Amorphophallus xiei** H. Li et E. L. Dao

分布：云南

攸乐磨芋 **Amorphophallus yuloensis** H. Li

分布：云南

滇磨芋 **Amorphophallus yunnanensis** Engl.

分布：贵州、云南、广西；老挝、越南、泰国

雷公连属 **Amydrium** Schott

穿心藤 **Amydrium hainanense** (Ting et C. Y. Wu ex H. Li, Y. Shiao et S. L. Tseng) H. Li

分布：湖南、云南、广东、广西、海南；越南

雷公连 **Amydrium sinense** (Engl.) H. Li

分布：湖南、湖北、四川、贵州、云南、广西；越南

上树南星属 **Anadendrum** Schott

宽叶上树南星 **Anadendrum latifolium** Hook. f.

分布：云南；越南、马来西亚

上树南星 **Anadendrum montanum** Schott

分布：云南、海南；印度尼西亚、老挝、马来西亚、新加坡、泰国、越南

花烛属 **Anthurium** Schott

深裂花烛 **Anthurium variabile** Kunth

分布：福建、广东等栽培；原产于巴西

天南星属 **Arisaema** Mart.

东北南星 **Arisaema amurense** Maxim.

分布：黑龙江、吉林、辽宁、内蒙古、河北、山西、山东、河南、宁夏；朝鲜、俄罗斯

旱生南星 **Arisaema aridum** H. Li

分布：云南

刺柄南星 **Arisaema asperatum** N. E. Br.

分布：山西、河南、甘肃、湖南、湖北、四川、重庆

长耳南星 **Arisaema auriculatum** Buchet

分布：湖南、四川、云南

滇南南星 **Arisaema austroyunnanense** H. Li

分布：云南；越南

元江南星 **Arisaema balansae** Engl.

分布：云南；越南、泰国

版纳南星 **Arisaema bannaense** H. Li

分布：云南

灯台莲 **Arisaema bockii** Engl.

分布：河南、安徽、江苏、浙江、江西、湖南、湖北、贵州、福建、广东、广西

丹珠南星 **Arisaema bonatianum** Engl.

分布：四川、云南

贝氏南星 **Arisaema brucei** H. Li, R. Li et J. Murata

分布：云南

北缅南星 **Arisaema burmaense** P. Boyce et H. Li

分布：云南；缅甸

金江南星 **Arisaema calcareum** H. Li

分布：云南

白苞南星 **Arisaema candidissimum** W. W. Sm.

分布：四川、云南、西藏

川西天南星 **Arisaema chuanxiense** Z. Y. Zhu, B. Q. Min et S. J. Zhu

分布：四川

缘毛南星 **Arisaema ciliatum** H. Li

分布：四川、云南

棒头南星 **Arisaema clavatum** Buchet

分布：湖北、四川、重庆、贵州

皱序南星 **Arisaema concinnum** Schott

分布：西藏

心檐南星 **Arisaema cordatum** N. E. Br.

分布：广东、广西

多脉南星 **Arisaema costatum** (Wall.) Mart. ex Schott et Endl.

分布：西藏；尼泊尔

会泽南星 **Arisaema dahaiense** H. Li

分布：云南

雪里见 **Arisaema decipiens** Schott

分布：湖南、四川、贵州、云南、西藏、广西；缅甸、印度、越南

刺棒南星 Arisaema echinatum (Wall.) Schott
分布：云南、西藏；不丹、尼泊尔、印度

拟刺棒南星 Arisaema echinoides H. Li
分布：云南

象南星 Arisaema elephas Buchet
分布：甘肃、四川、重庆、贵州、云南、西藏；不丹、缅甸

一把伞南星 Arisaema erubescens (Wall.) Schott
分布：河北、山西、山东、河南、陕西、甘肃、安徽、浙江、江西、湖南、湖北、四川、贵州、云南、福建、台湾、广东、广西；不丹、印度、老挝、缅甸、尼泊尔、泰国、越南

圈药南星 Arisaema exappendiculatum H. Hara
分布：西藏；尼泊尔

螃蟹七 Arisaema fargesii Buchet
分布：甘肃、湖南、湖北、四川、重庆、云南、西藏

黄苞南星 Arisaema flavum subsp. **tibeticum** J. Murata
分布：四川、云南、西藏；不丹、印度

象头花 Arisaema franchetianum Engl.
分布：湖南、四川、贵州、云南、广西；缅甸

盔檐南星 Arisaema galeatum N. E. Br.
分布：西藏；不丹、印度、缅甸

毛笔南星 Arisaema grapsospadix Hayata
分布：台湾

翼檐南星 Arisaema griffithii Schott
分布：云南、西藏；不丹、印度、尼泊尔

疣柄翼檐南星 Arisaema griffithii var. **verrucosum** (Schott) H. Hara
分布：云南；印度

广西南星 Arisaema guangxiense G. W. Hu et H. Li
分布：广西

黎婆花 Arisaema hainanense C. Y. Wu ex H. Li, Y. Shiao et S. L. Tseng
分布：海南

疣序南星 Arisaema handelii Stapf ex Hand.-Mazz.
分布：云南、西藏

天南星 Arisaema heterophyllum Blume
分布：除西藏外中国遍布；日本、朝鲜

湘南星 Arisaema hunanense Hand.-Mazz.
分布：湖南、湖北、四川、重庆、广东

宜兰南星 Arisaema ilanense J. C. Wang
分布：台湾

高原南星 Arisaema intermedium Blume
分布：云南、西藏；印度、克什米尔地区、尼泊尔

藏南绿南星 Arisaema jacquemontii Blume
分布：西藏；阿富汗、孟加拉国、不丹、印度、克什米尔地区、尼泊尔、巴基斯坦

景东南星 Arisaema jingdongense H. Peng et H. Li
分布：云南

勐海南星 Arisaema lackneri Engler
分布：云南；缅甸

丽江南星 Arisaema lichiangense W. W. Sm.
分布：四川、云南

文山南星 Arisaema lidaense J. Murata et S. G. Wa
分布：云南

李恒南星 Arisaema lihengianum J. Murata et S. K. Wu
分布：广西

凌云南星 Arisaema lingyunense H. Li
分布：广西；缅甸

花南星 Arisaema lobatum Engl.
分布：河北、山西、河南、甘肃、安徽、江苏、浙江、江西、湖南、湖北、四川、重庆、贵州、云南、广西

泸水南星(新拟) Arisaema lushuiense G. W. Hu et H. Li
分布：云南

乌蒙南星 Arisaema mairei H. Lév.
分布：四川、云南

褐斑南星 Arisaema meleagris Buchet
分布：四川、重庆、云南

勐腊南星 Arisaema menglaense H. Ji, H. Li et Z. F. Xu
分布：云南

邑田南星 Arisaema muratae G. Gusaman et J. T. Yin
分布：云南

南漳南星 Arisaema nangtciangense Pamp.
分布：湖北

猪笼南星 **Arisaema nepenthoides** (Wall.) Martius ex Schott et Endl.
分布：云南、西藏；不丹、印度、缅甸、尼泊尔

香南星 **Arisaema odoratum** J. Murata et S. K. Wu
分布：云南

小南星 **Arisaema parvum** N. E. Br.
分布：四川、云南、西藏

画笔南星 **Arisaema penicillatum** N. E. Br.
分布：台湾、广东、广西、海南

细齿南星 **Arisaema peninsulae** Nakai
分布：黑龙江、吉林、河南；日本、朝鲜

紫根南星 **Arisaema petelotii** K. Krause
分布：云南；越南

三匹箭 **Arisaema petiolulatum** Hook. f.
分布：云南；印度、缅甸

片马南星 **Arisaema pianmaense** H. Li
分布：云南

屏边南星 **Arisaema pingbianense** H. Li
分布：云南

河谷南星 **Arisaema prazeri** Hook. f.
分布：云南；缅甸、泰国

藏南星 **Arisaema propinquum** Schott
分布：西藏；不丹、印度、尼泊尔、巴基斯坦

五叶山珠南星 **Arisaema quinquelobatum** H. Li et J. Murata
分布：云南

普陀南星 **Arisaema ringens** (Thunb.) Schott
分布：江苏、浙江、台湾；日本、韩国

红根南星 **Arisaema rubrirhizomatum** H. Li et J. Murata
分布：云南

银南星 **Arisaema saxatile** Buchet
分布：四川、云南

绿苞灯台莲 **Arisaema sikokianum** var. **viridescens** D. D. Ma
分布：浙江

云台南星 **Arisaema silvestrii** Pamp.
分布：山西、河南、安徽、江苏、浙江、江西、湖南、湖北、贵州、福建、广东

瑶山南星 **Arisaema sinii** K. Krause
分布：湖南、贵州、云南、广西

披发南星 **Arisaema smitinandii** S. Y. Hu
分布：西藏；泰国

东俄洛南星 **Arisaema souliei** Buchet
分布：四川、重庆

美丽南星 **Arisaema speciosum** (Wall.) Mart. ex Schott
分布：西藏；不丹、印度、尼泊尔

中泰南星 **Arisaema sukotaiense** Gagnep.
分布：云南；泰国

蓬莱南星 **Arisaema taiwanense** J. Murata
分布：台湾

蓬莱南星(原变种) **Arisaema taiwanense** var. **taiwanense**
分布：台湾

短梗南星 **Arisaema taiwanense** var. **brevipedunculatum** J. Murata
分布：台湾

滕冲南星 **Arisaema tengtsungense** H. Li
分布：云南；缅甸

东台南星 **Arisaema thunbergii** subsp. **autumnale** J. C. Wang, J. Murata et H. Ohashi
分布：台湾

曲序南星 **Arisaema tortuosum** (Wall.) Schott
分布：四川、云南、西藏；不丹、印度、尼泊尔

网檐南星 **Arisaema utile** Hook. f. ex Schott
分布：云南、西藏；不丹、印度、克什米尔地区、缅甸、尼泊尔、巴基斯坦

细腰南星 **Arisaema vexillatum** Hara et Ohashi
分布：西藏；尼泊尔

马尾南星 **Arisaema victoriae** V. D. Nguyen
分布：广西；越南

望谟南星(新拟) **Arisaema wangmoense** M. T. An, H. H. Zhang et Q. Lin
分布：贵州

隐序南星 **Arisaema wardii** C. Marquand et Airy Shaw
分布：山西、青海、云南、西藏

双耳南星 **Arisaema wattii** Hook. f.
分布：云南、西藏；印度、缅甸

川中南星 **Arisaema wilsonii** Engl.
分布：甘肃、四川、云南、西藏

宣威南星 **Arisaema xuanweiense** H. Li

分布：云南

山珠南星 **Arisaema yunnanense** Buchet

分布：四川、贵州、云南；缅甸

维明南星 **Arisaema zhui** H. Li

分布：云南

疆南星属 **Arum** L.

疆南星 **Arum jacquemontii** Blume

分布：新疆、西藏；阿富汗、印度、克什米尔地区、尼泊尔(西部)、巴基斯坦(北部)、塔吉克斯坦、土库曼斯坦、乌兹别克斯坦、伊朗

五彩芋属 **Caladium** Vent.

五彩芋 **Caladium bicolor** (Aiton) Vent.

分布：福建、广东、台湾、云南等地栽培；原产于南美洲

水芋属 **Calla** L.

水芋 **Calla palustris** L.

分布：黑龙江、吉林、辽宁、内蒙古；亚洲、欧洲、北美洲

芋属 **Colocasia** Schott

卷苞芋 **Colocasia affinis** Schott

分布：云南；孟加拉国、印度、缅甸、尼泊尔

滇南芋 **Colocasia antiquorum** Schott

分布：云南；印度、老挝、缅甸、泰国

芋 **Colocasia esculenta** (L.) Schott

分布：安徽、江苏、江西、湖南、湖北、四川、贵州、福建、台湾、广东、广西、海南、云南、浙江栽培或逸生；广泛栽培于热带、亚热带地区

假芋 **Colocasia fallax** Schott

分布：云南、西藏；孟加拉国、不丹、印度、泰国

大野芋 **Colocasia gigantea** (Blume) Hook. f.

分布：浙江、江西、湖南、四川、贵州、云南、福建、广东、广西，栽培于安徽；柬埔寨、老挝、马来西亚、缅甸、泰国、越南，广泛栽培于东南亚

勐腊芋 **Colocasia menglaensis** J. T. Yin, H. Li et Z. F. Xu

分布：云南；老挝、缅甸、泰国

隐棒花属 **Cryptocoryne** Fisch. ex Wydler

旋苞隐棒花 **Cryptocoryne crispatula** Engl.

分布：贵州、广东、广西；孟加拉国、柬埔寨、泰国、缅甸、老挝、越南

旋苞隐棒花(原变种) **Cryptocoryne crispatula** var. **crispatula**

分布：贵州、广东、广西；孟加拉国、柬埔寨、老挝、缅甸、泰国、越南

广西隐棒花 **Cryptocoryne crispatula** var. **balansae** (Gagnep.) N. Jacobsen

分布：广西；老挝、泰国、越南

柔叶隐棒花 **Cryptocoryne crispatula** var. **flaccidifolia** N. Jacobsen

分布：广西；泰国、越南

宽叶缎带椒草 **Cryptocoryne crispatula** var. **planifolia** Hang Zhou, H. W. He et N. Jacobsen

分布：广西

八仙过海 **Cryptocoryne crispatula** var. **yunnanensis** (H. Li) H. Li et N. Jacobsen

分布：云南；老挝、泰国、越南

花叶万年青属 **Dieffenbachia** Schott

白斑万年青 **Dieffenbachia bowmannii** Carrière

分布：台湾栽培；原产于南美洲

白肋万年青 **Dieffenbachia leopoldii** Bull.

分布：台湾栽培；原产于南美洲

花叶万年青 **Dieffenbachia picta** (Lodd.) Schott

分布：福建、广东栽培；原产于南美洲

彩叶万年青 **Dieffenbachia seguine** (Jacq.) Schott

分布：台湾栽培；原产于中南美洲

麒麟叶属 **Epipremnum** Schott

绿萝 **Epipremnum aureum** (Linden et André) G. S. Bunting

分布：云南、福建、广东、广西、海南；太平洋岛屿

麒麟叶 **Epipremnum pinnatum** (L.) Engl.

分布：云南、台湾、广东、广西、海南；孟加拉国、柬埔寨、印度、印度尼西亚、日本、老挝、马来西亚、缅甸、巴布亚新几内亚、菲律宾、新加坡、泰国、越南、太平洋岛屿、澳大利亚

细柄芋属 **Hapaline** Schott

细柄芋 **Hapaline ellipticifolium** C. Y. Wu et H. Li

分布：云南

千年健属 **Homalomena** Schott

芬芳千年健 **Homalomena aromatica** Gagnep.

分布：?广西、云南；孟加拉国、印度、老挝、缅甸、泰国、

越南

海南千年健 **Homalomena hainanensis** H. Li

分布：海南

台湾千年健 **Homalomena kelungensis** Hayata

分布：台湾

千年健 **Homalomena occulta** (Lour.) Schott

分布：云南、广东、广西、海南；泰国、老挝、越南

菲律宾千年健 **Homalomena philippinensis** Engl.

分布：台湾；菲律宾

刺芋属 Lasia Lour.

刺芋 **Lasia spinosa** (L.) Thwaites

分布：台湾、广东、广西、海南；孟加拉国、不丹、印度、印度尼西亚、马来西亚、尼泊尔、巴布亚新几内亚、斯里兰卡、缅甸、泰国、柬埔寨、老挝、越南

浮萍属 Lemna L.

稀脉浮萍 **Lemna aequinoctialis** Welwitsch

分布：辽宁、河北、山西、山东、河南、陕西、青海、安徽、江苏、浙江、江西、湖北、贵州、云南、福建、台湾、广东；世界广布

日本浮萍 **Lemna japonica** Landolt

分布：黑龙江、内蒙古、河北、山西、山东、河南、陕西、江苏、浙江、湖北、四川、云南；日本、朝鲜

浮萍 **Lemna minor** L.

分布：西藏；阿富汗、印度、哈萨克斯坦、尼泊尔、巴基斯坦、俄罗斯、土库曼斯坦、南非、日本和太平洋群岛、澳大利亚；亚洲(西南部)、欧洲、北美洲

品藻 **Lemna trisulca** L.

分布：黑龙江、内蒙古、河北、山西、陕西、新疆、安徽、江苏、浙江、湖北、四川、云南、台湾；除南美洲外所有大陆

鳞根萍 **Lemna turionifera** Landolt

分布：黑龙江、内蒙古、河北、安徽；日本、韩国、蒙古国、俄罗斯；亚洲(中部及西南部)、北美洲，引入欧洲

龟背竹属 Monstera Adans.

龟背竹 **Monstera deliciosa** Liebm.

分布：南方各省（自治区、直辖市）引种栽培；原产于墨西哥

喜林芋属 Philodendron Schott

金叶喜林芋 **Philodendron andreanum** Devansaye

分布：台湾栽培；原产于哥伦比亚

粗糙喜林芋 **Philodendron asperatum** K. Koch

分布：台湾栽培；原产于巴西

红苞喜林芋 **Philodendron erubescens** K. Koch et Augustin

分布：广东栽培；原产于哥伦比亚

心叶喜林芋 **Philodendron gloriosum** André

分布：台湾栽培；原产于哥伦比亚

箭叶喜林芋 **Philodendron sagittifolium** Liebm.

分布：广东栽培；原产于墨西哥

三裂喜林芋 **Philodendron tripartitum** (Jacq.) Schott

分布：北京、福建、广东栽培；原产于墨西哥和南美洲

半夏属 Pinellia Ten.

滴水珠 **Pinellia cordata** N. E. Br.

分布：安徽、浙江、江西、湖南、湖北、贵州、福建、广东、广西

闽半夏 **Pinellia fujianensis** H. Li

分布：福建

湖南半夏 **Pinellia hunanensis** C. L. Long et X. J. Wu

分布：湖南

石蜘蛛 **Pinellia integrifolia** N. E. Br.

分布：湖北、四川、重庆

虎掌 **Pinellia pedatisecta** Schott

分布：山西、山东、河南、陕西、安徽、江苏、上海、浙江、湖南、湖北、四川、贵州、云南、福建、广西

盾叶半夏 **Pinellia peltata** C. P'ei

分布：浙江、福建

大半夏 **Pinellia polyphylla** S. L. Hu

分布：四川

半夏 **Pinellia ternata** (Thunb.) Breitenb.

分布：除青海、新疆和西藏外各省（自治区、直辖市）广布；日本、朝鲜；归化于欧洲和北美洲

三裂叶半夏 **Pinellia tripartita** (Blume) Schott

分布：香港；日本

鹞落坪半夏 **Pinellia yaoluopingensis** X. H. Guo et X. L. Liu

分布：安徽、江苏

大漂属 Pistia L.

大漂 **Pistia stratiotes** L.

分布：山东、安徽、江苏、浙江、江西、湖南、湖北、四

川、重庆、贵州、云南、西藏、福建、台湾、广东、广西、香港；原产于巴西；现广布于热带和亚热带

假石柑属 **Pothoidium** Schott

假石柑 **Pothoidium lobbianum** Schott

分布：台湾；印度尼西亚、菲律宾

石柑属 **Pothos** L.

石柑子 **Pothos chinensis** (Raf.) Merr.

分布：湖南、湖北、四川、贵州、云南、西藏、台湾、广东、广西、海南；孟加拉国、不丹、柬埔寨、印度、老挝、缅甸、尼泊尔、泰国、越南

长梗石柑 **Pothos kerrii** Buchet

分布：广西；老挝、越南

地柑 **Pothos pilulifer** Buchet

分布：云南、广西；越南

百足藤 **Pothos repens** (Lour.) Druce

分布：云南、广东、广西、海南；越南、老挝

螳螂跌打 **Pothos scandens** L.

分布：西藏、云南；孟加拉国、文莱、柬埔寨、印度、印度尼西亚、老挝、马来西亚、缅甸、尼泊尔、菲律宾、新加坡、斯里兰卡、泰国、越南、?印度洋岛屿、马达加斯加

岩芋属 **Remusatia** Schott

早花岩芋 **Remusatia hookeriana** Schott

分布：云南；不丹、印度、尼泊尔、泰国

曲苞芋 **Remusatia pumila** (D. Don) H. Li et A. Hay

分布：云南、西藏；不丹、印度、尼泊尔、泰国

岩芋 **Remusatia vivipara** (Roxb.) Schott

分布：云南、西藏、台湾；孟加拉国、不丹、印度、尼泊尔、斯里兰卡、泰国、老挝、越南、印度尼西亚、太平洋岛屿、马达加斯加、澳大利亚(北部)；非洲

云南岩芋 **Remusatia yunnanensis** (H. Li et A. Hay) H. Li et A. Hay

分布：云南

崖角藤属 **Rhaphidophora** Hassk.

粗茎崖角藤 **Rhaphidophora crassicaulis** Engl. et K. Krause

分布：云南、广西、海南；越南、老挝

爬树龙 **Rhaphidophora decursiva** (Roxb.) Schott

分布：四川、贵州、云南、西藏、福建、台湾、广东、广西、海南；孟加拉国、不丹、柬埔寨、尼泊尔、印度、老挝、缅甸、斯里兰卡、泰国、越南

独龙崖角藤 **Rhaphidophora dulongensis** H. Li

分布：云南

粉背崖角藤 **Rhaphidophora glauca** (Wall.) Schott

分布：西藏；孟加拉国、不丹、印度、缅甸、尼泊尔、泰国

狮子尾 **Rhaphidophora hongkongensis** Schott

分布：福建、广东、广西、贵州、海南、台湾、云南；?印度尼西亚、老挝、?马来西亚、缅甸、泰国、越南

毛过山龙 **Rhaphidophora hookeri** Schott

分布：四川、贵州、云南、西藏、广东、广西；孟加拉国、不丹、印度、老挝、缅甸、泰国、越南

莱州崖角藤 **Rhaphidophora laichauensis** Gagnep.

分布：云南、海南；越南

上树蜈蚣 **Rhaphidophora lancifolia** Schott

分布：云南、广西；孟加拉国、印度

针房藤 **Rhaphidophora liukiuensis** Hatusima

分布：台湾；日本

绿春崖角藤 **Rhaphidophora luchunensis** H. Li

分布：云南、西藏

大叶崖角藤 **Rhaphidophora megaphylla** H. Li

分布：云南；老挝、泰国、越南

大叶南苏 **Rhaphidophora peepla** (Roxb.) Schott

分布：贵州、云南；孟加拉国、不丹、印度、缅甸、老挝、尼泊尔、泰国、柬埔寨、越南

斑龙芋属 **Sauromatum** Schott

短柄斑龙芋 **Sauromatum brevipes** (Hook. f.) N. E. Br.

分布：西藏；孟加拉国、印度、尼泊尔

高原犁头尖 **Sauromatum diversifolium** (Wallich ex Schott) Cusimano et Hetterscheid

分布：四川、云南、西藏；不丹、柬埔寨、印度、缅甸、尼泊尔

贡山斑龙芋 **Sauromatum gaoligongense** Z. L. Wang et H. Li

分布：云南

独角莲 **Sauromatum giganteum** (Engler) Cusimano et Hetterscheid

分布：吉林、辽宁、河北、山西、山东、河南、甘肃、安

徽、四川、云南、西藏、广西，栽培于广东

毛犁头尖 **Sauromatum hirsutum** (S. Y. Hu) Cusimano et Hetterscheid
分布：云南；泰国

西南犁头尖 **Sauromatum horsfieldii** Miquel
分布：四川、贵州、云南、广西；柬埔寨、印度尼西亚、老挝、缅甸、泰国、越南

斑龙芋 **Sauromatum venosum** (Aiton) Kunth
分布：云南、西藏；不丹、印度、缅甸、尼泊尔；非洲

落檐属 **Schismatoglottis** Zoll. et Moritzi

广西落檐 **Schismatoglottis calyptrata** (Roxb.) Zoll. et Moritzi
分布：广西；太平洋岛屿；东南亚

落檐 **Schismatoglottis hainanensis** H. Li
分布：海南

藤芋属 **Scindapsus** Schott

海南藤芋 **Scindapsus maclurei** (Merr.) Merr. et F. P. Metcalf
分布：海南；泰国、越南

紫萍属 **Spirodela** Schleid.

紫萍 **Spirodela polyrhiza** (L.) Schleiden
分布：除西北外中国大部分省(自治区、直辖市)；世界广布

兰氏萍 **Spirodela punctata** (G. Mey.) C. H. Thompson
分布：河南、浙江、湖北、四川、云南、西藏、福建、台湾；印度、印度尼西亚、日本、马来西亚、菲律宾、泰国、越南、太平洋岛屿、澳大利亚；非洲、北美洲、南美洲

泉七属 **Steudnera** K. Koch

泉七 **Steudnera colocasiifolia** K. Koch
分布：云南、广西；孟加拉国、印度、老挝、缅甸、泰国、越南

全缘泉七 **Steudnera griffithii** (Schott) Schott
分布：云南；印度、缅甸

滇南泉七 **Steudnera henryana** Engl.
分布：云南；老挝、越南

广西泉七 **Steudnera kerrii** Gagnep.
分布：广西；泰国、越南

臭菘属 **Symplocarpus** Salisb. ex W. P. C. Barton

黑瞎子白菜 **Symplocarpus foetidus** (L.) Salsb. ex W. Barton
分布：黑龙江；日本、朝鲜、俄罗斯、加拿大、美国

日本臭菘 **Symplocarpus nipponicus** Makino
分布：黑龙江；日本、朝鲜

臭菘 **Symplocarpus renifolius** Schott ex Tzvelev
分布：黑龙江；日本、朝鲜

犁头尖属 **Typhonium** Schott

白脉犁头尖 Typhonium albidinervium C. Z. Tang et H. Li
分布：广东、海南、云南；泰国

保山犁头尖 **Typhonium baoshanense** Z. L. Dao et H. Li
分布：云南

犁头尖 **Typhonium blumei** Nicolson et Sivadasan
分布：浙江、江西、湖南、湖北、四川、贵州、云南、福建、台湾、广东、广西、海南；柬埔寨、印度、印度尼西亚、日本、缅甸、泰国、越南；引进到非洲、尼泊尔，新热带区、菲律宾、太平洋岛屿

鞭檐犁头尖 **Typhonium flagelliforme** (Lodd.) Blume
分布：云南、广东、广西；孟加拉国、不丹、柬埔寨、印度、印度尼西亚、老挝、马来西亚、缅甸、菲律宾、新加坡、斯里兰卡、泰国、澳大利亚(北部)

湖南犁头尖 **Typhonium hunanense** H. Li et Z. Q. Liu
分布：湖南

金平犁头尖 **Typhonium jinpingense** Z. L. Wang, H. Li et F. H. Bian
分布：云南

金慈姑 **Typhonium roxburghii** Schott
分布：云南、台湾；孟加拉国、印度、印度尼西亚、日本、马来西亚、巴布亚新几内亚、菲律宾、斯里兰卡、泰国；引进到东非、澳大利亚(西部)；南美洲

三叶犁头尖 **Typhonium trifoliatum** F. T. Wang et Lo ex H. Li, Y. Shiao et S. L. Tseng
分布：内蒙古、河北、山西、陕西

马蹄犁头尖 **Typhonium trilobatum** (L.) Schott
分布：云南、广东、广西、海南；孟加拉国、不丹、柬埔寨、印度、老挝、马来西亚、缅甸、尼泊尔、斯里兰卡、泰国；引进到西非、婆罗洲(西部)，新热带区、菲律宾、新加坡

芜萍属 **Wolffia** Horkel ex Schleid.

芜萍 **Wolffia arrhiza** (L.) Horkel ex Wimm.
分布：各省（自治区、直辖市）有引种；孟加拉国、柬

埔寨、印度、印度尼西亚、日本、老挝、马来西亚、缅甸、尼泊尔、巴基斯坦、菲律宾、新加坡、斯里兰卡、泰国、越南；引种到美洲

无根萍 Wolffia globosa (Roxburgh) Hartog et Plas

分布：台湾；印度尼西亚、马来西亚、巴布亚新几内亚、菲律宾、太平洋群岛

马蹄莲属 Zantedeschia Spreng.

马蹄莲 Zantedeschia aethiopica (L.) Spreng.

分布：北京、陕西、江苏、四川、云南、福建、台湾栽培；原产于非洲南部

白马蹄莲 Zantedeschia albomaculata (Hook.) Baill.

分布：云南栽培；原产于南非

紫心黄马蹄莲 Zantedeschia melanoleuca (Hook. f.) Engl.

分布：云南栽培；原产于非洲南部

红马蹄莲 Zantedeschia rehmannii Engl.

分布：云南栽培；原产于非洲南部

219. 五加科 Araliaceae Juss.

楤木属 Aralia L.

芹叶龙眼独活 Aralia apioides Hand.-Mazz.

分布：四川、云南

野楤头 Aralia armata (Wall. ex D. Don) Seem.

分布：云南；缅甸、印度、泰国

浓紫龙眼独活 Aralia atropurpurea Franch.

分布：四川、云南、西藏

台湾楤木 Aralia bipinnata Blanco

分布：台湾；印度尼西亚、日本、菲律宾、巴布亚新几内亚

黄毛楤木 Aralia chinensis L.

分布：江西、贵州、福建、广东、广西、海南、香港

东北土当归 Aralia continentalis Kitag.

分布：吉林、辽宁、河北、河南、陕西、安徽、四川、西藏；朝鲜、俄罗斯

食用土当归 Aralia cordata Thunb.

分布：安徽、浙江、江西、湖北、福建、台湾、广西

头序楤木 Aralia dasyphylla Miq.

分布：安徽、浙江、江西、湖南、湖北、四川、重庆、贵州、福建、广东、广西；印度尼西亚、马来西亚、越南

秀丽楤木 Aralia debilis J. Wen

分布：广东、广西

台湾毛楤木 Aralia decaisneana Hance

分布：台湾

云南羽叶参 Aralia delavayi J. Wen

分布：四川、云南

棘茎楤木 Aralia echinocaulis Hand.-Mazz.

分布：安徽、浙江、江西、湖南、湖北、四川、贵州、云南、福建、广东、广西

楤木 Aralia elata (Miq.) Seem.

分布：黑龙江、吉林、辽宁、河北、山西、河南、陕西、甘肃、安徽、江苏、浙江、江西、湖南、湖北、四川、重庆、贵州、云南、福建、广东、广西

楤木(原变种) Aralia elata var. **elata**

分布：河北、山西、河南、陕西、甘肃、安徽、江苏、浙江、江西、湖南、湖北、四川、贵州、云南、福建、广东、广西

辽东楤木 Aralia elata var. **glabrescens** (Franch. et Savat.) Pojark.

分布：黑龙江、吉林、辽宁、河北、山东；日本、朝鲜、俄罗斯

龙眼独活 Aralia fargesii Franch.

分布：陕西、四川、云南

虎刺楤木 Aralia finlaysoniana (Wall. ex DC.) Seem.

分布：贵州、云南、广西、海南；越南、泰国

小叶楤木 Aralia foliolosa Seem. ex C. B. Clarke

分布：云南；孟加拉国、缅甸、印度、泰国、越南、不丹

锈毛羽叶参 Aralia franchetii J. Wen

分布：安徽、浙江、江西、湖北、四川、广西

总羽羽叶参 Aralia gigantea J. Wen

分布：云南、西藏；不丹、尼泊尔、印度

景东楤木 Aralia gintungensis C. Y. Wu

分布：云南

光叶羽参 Aralia glabrifoliolata (C. B. Shang) J. Wen

分布：云南

柔毛龙眼独活 Aralia henryi Harms

分布：陕西、安徽、湖北、四川、重庆

粉背羽叶参 Aralia hypoglauca (C. J. Qi et T. R. Cao) J. Wen et Y. F. Deng

分布：湖南、广西

甘肃土当归 Aralia kansuensis C. Ho
分布：甘肃

独龙羽叶参 Aralia kingdon-wardii J. Wen
分布：云南、西藏；不丹、印度、缅甸

羽叶参 Aralia leschenaultii (DC.) J. Wen
分布：四川、云南、西藏；孟加拉国、缅甸、斯里兰卡、不丹、印度、尼泊尔、泰国、越南

黑果土当归 Aralia melanocarpa (H. Lév.) Lauener
分布：四川、贵州、云南

陕鄂楤木 Aralia officinalis Z. Z. Wang
分布：陕西、湖北、四川、重庆

云南五叶参 Aralia pentapanax Govaerts
分布：四川、云南

羽叶楤木 Aralia plumosa H. L. Li
分布：四川

假人参 Aralia pseudoginseng Wall.
分布：西藏；不丹、印度、尼泊尔

糙叶楤木 Aralia scaberula G. Hoo
分布：江西、福建

粗毛楤木 Aralia searelliana Dunn
分布：云南；缅甸、越南

长刺楤木 Aralia spinifolia Merr.
分布：浙江、江西、湖南、福建、台湾、广东、广西、香港

披针叶楤木 Aralia stipulata Franch.
分布：云南

心叶羽叶参 Aralia subcordata (Don) J. Wen
分布：云南；印度

云南楤木 Aralia thomsonii Seem. ex C. B. Clarke
分布：云南、广西；印度、越南、马来西亚、缅甸、泰国

西藏土当归 Aralia tibetana C. Ho
分布：西藏

马肠子树 Aralia tomentella Franch.
分布：云南、西藏

波缘楤木 Aralia undulata Hand.-Mazz.
分布：江西、湖南、湖北、四川、重庆、云南、广东、广西；越南

偃毛楤木 Aralia vietnamensis Ha
分布：贵州、云南、广东、广西；越南

西南楤木 Aralia wilsonii Harms
分布：四川、云南

云南龙眼独活 Aralia yunnanensis Franch.
分布：四川、云南

罗伞属 Brassaiopsis Decne. et Planch.

狭叶罗伞 Brassaiopsis angustifolia K. M. Feng
分布：云南

直序罗伞 Brassaiopsis bodinieri (H. Lév.) J. Wen et Lowry
分布：贵州、云南；越南

镇康罗伞 Brassaiopsis chengkangensis Hu
分布：云南

纤齿罗伞 Brassaiopsis ciliata Dunn
分布：四川、贵州、云南、西藏、广西；越南

翅叶罗伞 Brassaiopsis dumicola W. W. Sm.
分布：云南；越南

盘叶掌叶树 Brassaiopsis fatsioides Harms
分布：四川、贵州、云南

锈毛罗伞 Brassaiopsis ferruginea (H. L. Li) C. Ho
分布：四川、贵州、云南、福建、广东、广西

榕叶掌叶树 Brassaiopsis ficifolia Dunn
分布：云南；越南

罗伞 Brassaiopsis glomerulata (Blume) Regel
分布：四川、贵州、云南、广东、广西；不丹、柬埔寨、印度、印度尼西亚、老挝、缅甸、尼泊尔、泰国、越南

细梗罗伞 Brassaiopsis gracilis Hand.-Mazz.
分布：贵州、云南、广西；越南

南星毛罗伞 Brassaiopsis grushvitzkyi J. Wen, Lowry et T. H. Nguyên
分布：云南；越南

浅裂罗伞 Brassaiopsis hainla (Buch.-Ham.) Seem.
分布：云南；不丹、印度、缅甸、尼泊尔、泰国

粗毛罗伞 Brassaiopsis hispida Seem.
分布：云南、西藏；不丹、印度、缅甸、越南

广西罗伞 Brassaiopsis kwangsiensis C. Ho
分布：贵州、云南、广西

茂名罗伞 Brassaiopsis moumingensis (Y. R. Ling) C. B. Shang
分布：广东

尖苞罗伞 Brassaiopsis producta (Dunn) C. B. Shang
分布：贵州、云南、广西；越南

假榕叶罗伞 Brassaiopsis pseudoficifolia Lowry et C. B. Shang
分布：云南

栎叶罗伞 Brassaiopsis quercifolia G. Hoo
分布：广西

瑞丽罗伞 Brassaiopsis shweliensis W. W. Sm.
分布：云南、西藏

单叶罗伞 Brassaiopsis simplicifolia C. B. Clarke
分布：西藏；印度

星毛罗伞 Brassaiopsis stellata K. M. Feng
分布：云南、广西；越南

西藏罗伞 Brassaiopsis tibetana C. B. Shang
分布：西藏

三裂罗伞 Brassaiopsis triloba K. M. Feng
分布：云南、广西；越南

三叶罗伞 Brassaiopsis tripteris (H. Lév.) Rehder
分布：贵州、云南、广东、广西

人参木属 **Chengiopanax** C. B. Shang et J. Y. Huang

人参木 Chengiopanax fargesii (Franch.) C. B. Shang et J. Y. Huang
分布：湖南、重庆

树参属 **Dendropanax** Decne. et Planch.

双室树参 Dendropanax bilocularis C. N. Ho
分布：云南、广东、广西

缅甸树参 Dendropanax burmanicus Merr.
分布：云南；缅甸、越南

榕叶树参 Dendropanax caloneurus (Harms) Merr.
分布：云南；越南

挤果树参 Dendropanax confertus H. L. Li
分布：江西、湖南、广东、广西

树参 Dendropanax dentiger (Harms) Merr.
分布：安徽、浙江、江西、湖南、湖北、四川、贵州、云南、福建、广东、广西；柬埔寨、老挝、泰国、越南

海南树参 Dendropanax hainanensis (Merr. et Chun) Merr. et Chun
分布：湖南、贵州、云南、广东、广西、海南；越南

广西树参 Dendropanax kwangsiensis H. L. Li
分布：云南、广东、广西；越南

保亭树参 Dendropanax oligodontus Merr. et Chun
分布：海南

长萼树参 Dendropanax productus H. L. Li
分布：广东

变叶树参 Dendropanax proteus (Champ. ex Benth.) Benth.
分布：江西、湖南、云南、福建、广东、广西、香港

星柱树参 Dendropanax stellatus H. L. Li
分布：广西

三裂树参 Dendropanax trifidus (Thunb.) Makino ex H. Hara
分布：台湾；日本

五加属 **Eleutherococcus** Maxim.

宝兴五加 Eleutherococcus baoxinensis (X. P. Fang et C. K. Hsieh) P. S. Hsu et S. L. Pan
分布：四川

短柄五加 Eleutherococcus brachypus (Harms) Nakai
分布：陕西、宁夏、甘肃

乌蔹莓五加 Eleutherococcus cissifolius (Griff. ex C. B. Clarke) Nakai
分布：云南、西藏；不丹、尼泊尔、印度

离柱五加 Eleutherococcus eleutheristylus (G. Hoo) H. Ohashi
分布：陕西、甘肃

红毛五加 Eleutherococcus giraldii (Harms) Nakai
分布：河北、河南、陕西、宁夏、甘肃、青海、四川、云南

糙叶五加 Eleutherococcus henryi Oliv.
分布：山西、河南、陕西、安徽、浙江、江西、湖北、四川

毛梗糙叶五加 Eleutherococcus henryi var. **faberi** (Harms) S. Y. Hu
分布：陕西、安徽、浙江

糙叶五加(原变种) Eleutherococcus henryi var. **henryi**
分布：山西、河南、陕西、安徽、浙江、江西、湖北、四川

康定五加 Eleutherococcus lasiogyne (Harms) S. Y. Hu
分布：四川、云南、西藏

藤五加 Eleutherococcus leucorrhizus Oliver
分布：陕西、甘肃、安徽、浙江、江西、湖南、湖北、四川、贵州、云南、广东

糙藤五加(原变种) Eleutherococcus leucorrhizus var. **leucorrhizus**
分布：陕西、甘肃、安徽、浙江、江西、湖南、湖北、四川、贵州、云南、广东

叶藤五加 Eleutherococcus leucorrhizus var. **fulvescens** (Harms et Rehder) Nakai
分布：河南、江西、湖南、湖北、四川、贵州、云南、广东

狭叶藤五加 Eleutherococcus leucorrhizus var. **scaberulus** (Harms et Rehder) Nakai
分布：河南、安徽、浙江、江西、湖南、湖北、四川、贵州、云南、广东

蜀五加 Eleutherococcus leucorrhizus var. **setchuenensis** (Harms) C. B. Shang et J. Y. Huang
分布：河南、陕西、甘肃、湖北、四川、贵州

细柱五加 Eleutherococcus nodiflorus (Dunn) S. Y. Hu
分布：山西、河南、陕西、甘肃、安徽、江苏、浙江、江西、湖南、湖北、四川、贵州、云南、福建、台湾、广东、广西

匙叶五加 Eleutherococcus rehderianus (Harms) Nakai
分布：陕西、湖北、四川

匍匐五加 Eleutherococcus scandens H. Ohashi
分布：安徽、浙江

刺五加 Eleutherococcus senticosus (Rupr. et Maxim.) Maxim.
分布：黑龙江、吉林、辽宁、河北、山西、河南、陕西、四川；日本、朝鲜、俄罗斯

无梗五加 Eleutherococcus sessiliflorus (Rupr. et Maxim.) S. Y. Hu
分布：黑龙江、吉林、辽宁、河北、山西；朝鲜

刚毛白簕 Eleutherococcus setosus (H. L. Li) Y. R. Ling
分布：江西、湖南、贵州、云南、福建、台湾、广东、广西

细刺五加 Eleutherococcus setulosus (Franch.) S. Y. Hu
分布：甘肃、安徽、浙江、四川

白簕 Eleutherococcus trifoliatus (L.) S. Y. Hu
分布：安徽、江苏、浙江、江西、湖南、湖北、四川、贵州、云南、福建、台湾、广东、广西；印度、日本、菲律宾、泰国、越南

轮伞五加 Eleutherococcus verticillatus (G. Hoo) H. Ohashi
分布：西藏

狭叶五加 Eleutherococcus wilsonii (Harms) Nakai
分布：陕西、甘肃、湖北、四川、云南、西藏

狭叶五加(原变种) Eleutherococcus wilsonii var. **wilsonii**
分布：陕西、甘肃、湖北、四川、云南、西藏

毛狭叶五加 Eleutherococcus wilsonii var. **pilosulus** (Rehder) P. S. Hsu et S. L. Pan
分布：甘肃、青海

八角金盘属 **Fatsia** Decne. et Planch.

八角金盘 Fatsia japonica (Thunb.) Decne. et Planch.
分布：安徽、江苏、浙江、江西、福建；日本

多室八角金盘 Fatsia polycarpa Hayata
分布：台湾

萸叶五加属 **Gamblea** C. B. Clarke

萸叶五加 Gamblea ciliata C. B. Clarke
分布：四川、云南、西藏；不丹、印度、缅甸、尼泊尔

萸叶五加(原变种) Gamblea ciliata var. **ciliata**
分布：四川、云南、西藏；不丹、印度、缅甸、尼泊尔

吴茱萸五加 Gamblea ciliata var. **evodiifolia** (Franch.) C. B. Shang et al.
分布：陕西、安徽、浙江、江西、湖南、湖北、四川、贵州、云南、福建、广东、广西；越南

大果萸叶五加 Gamblea pseudoevodiifolia (K. M. Feng) C. B. Shang, Lowry et Frodin
分布：云南、广西；老挝、越南

常春藤属 **Hedera** L.

常春藤 Hedera nepalensis var. **sinensis** (Tobler) Rehder
分布：山东、河南、陕西、甘肃、安徽、江苏、浙江、江

西、湖南、湖北、四川、贵州、云南、福建、广东、广西；老挝、越南

台湾菱叶常春藤 Hedera rhombea var. **formosana** (Nakai) H. L. Li
分布：台湾

幌伞枫属 Heteropanax Seem.

短梗幌伞枫 Heteropanax brevipedicellatus H. L. Li
分布：江西、福建、广东、广西；越南

华幌伞枫 Heteropanax chinensis (Dunn) H. L. Li
分布：云南、广西；越南

幌伞枫 Heteropanax fragrans (D. Don) Seem.
分布：云南、福建、广东、广西、海南；不丹、印度、印度尼西亚、缅甸、尼泊尔、越南、泰国

海南幌伞枫 Heteropanax hainanensis C. B. Shang
分布：海南

亮叶幌伞枫 Heteropanax nitentifolius G. Hoo
分布：云南；越南

云南幌伞枫 Heteropanax yunnanensis C. Ho
分布：云南

天胡荽属 Hydrocotyle L.

吕宋天胡荽 Hydrocotyle benguetensis Elmer
分布：台湾；日本、朝鲜、菲律宾

石山天胡荽 Hydrocotyle calcicola Y. H. Li
分布：云南

陕西天胡荽(新拟) Hydrocotyle changanensis X. C. Du et Y. Ren
分布：陕西

毛柄天胡荽 Hydrocotyle dichondroides Makino
分布：台湾；日本

裂叶天胡荽 Hydrocotyle dielsiana H. Wolff
分布：湖北、四川

喜马拉雅天胡荽 Hydrocotyle himalaica P. K. Mukh.
分布：四川、贵州、云南、西藏、海南；不丹、印度、缅甸、尼泊尔

缅甸天胡荽 Hydrocotyle hookeri (C. B. Clarke) Craib
分布：湖南、四川、云南、西藏、广东；缅甸、?越南

缅甸天胡荽(原亚种) Hydrocotyle hookeri subsp. **hookeri**
分布：云南、西藏、广东

中华天胡荽 Hydrocotyle hookeri subsp. **chinensis** (Dunn ex R. H. Shan et S. L. Liou) M. F. Watson et M. L. Sheh
分布：湖南、四川、云南；?越南

普渡天胡荽 Hydrocotyle hookeri subsp. **handelii** (H. Wolff) M. F. Watson et M. L. Sheh
分布：四川、云南

红马蹄草 Hydrocotyle nepalensis Hook.
分布：陕西、安徽、浙江、江西、湖南、湖北、四川、贵州、云南、西藏、广东、广西、海南；不丹、印度、缅甸、尼泊尔、越南

盾叶天胡荽 Hydrocotyle peltiformis R. Li et H. Li
分布：云南

密伞天胡荽 Hydrocotyle pseudoconferta Masam.
分布：云南、台湾；缅甸

长梗天胡荽 Hydrocotyle ramiflora Maxim.
分布：浙江、台湾；日本，引种到印度、俄罗斯、土耳其

怒江天胡荽 Hydrocotyle salwinica Shan et S. L. Liou
分布：云南、西藏

刺毛天胡荽 Hydrocotyle setulosa Hayata
分布：台湾

天胡荽 Hydrocotyle sibthorpioides Lam.
分布：陕西、安徽、江苏、江西、湖南、湖北、四川、贵州、福建、广东、广西、海南；不丹、印度尼西亚、印度、日本、朝鲜、尼泊尔、菲律宾、泰国、越南；热带非洲

天胡荽(原变种) Hydrocotyle sibthorpioides var. **sibthorpioides**
分布：陕西、安徽、江苏、浙江、江西、湖南、湖北、四川、贵州、云南、福建、台湾、广东、广西、海南；不丹、印度、印度尼西亚、日本、韩国、尼泊尔、泰国、越南；非洲

破铜钱 Hydrocotyle sibthorpioides var. **batrachium** (Hance) Hand.-Mazz. ex Shan
分布：安徽、江西、湖南、湖北、四川、福建、台湾、广东、广西；菲律宾、越南

肾叶天胡荽 Hydrocotyle wilfordii Maxim.
分布：浙江、江西、四川、云南、福建、台湾、广东、广西；日本、朝鲜、越南

鄂西天胡荽 Hydrocotyle wilsonii Diels ex Shan et S. L. Liou
分布：湖南、重庆

刺楸属 **Kalopanax** Miq.

刺楸 **Kalopanax septemlobus** (Thunb.) Koidz.
分布：黑龙江、吉林、辽宁、山东、河南、陕西、江苏、浙江、湖北、四川、云南、广东、广西；日本、朝鲜、俄罗斯

大参属 **Macropanax** Miq.

显脉大参 **Macropanax chienii** G. Hoo
分布：云南

十蕊大参 **Macropanax decandrus** G. Hoo
分布：海南

大参 **Macropanax dispermus** (Blume) Kuntze
分布：云南；不丹、尼泊尔、缅甸、印度、越南、泰国、老挝、马来西亚

疏脉大参 **Macropanax paucinervis** C. B. Shang
分布：广西

短梗大参 **Macropanax rosthornii** (Harms) C. Y. Wu ex G. Hoo
分布：甘肃、江西、湖南、湖北、四川、贵州、云南、福建、广东、广西

粗齿大参 **Macropanax serratifolius** K. M. Feng et Y. R. Li
分布：云南、广西

波缘大参 **Macropanax undulatum** (Wall. ex G. Don) Seem.
分布：贵州、云南、广西；不丹、印度、克什米尔地区、缅甸、尼泊尔、泰国、越南

常春木属 **Merrilliopanax** H. L. Li

常春木 **Merrilliopanax listeri** (King) H. L. Li
分布：云南；缅甸、印度

长梗常春木 **Merrilliopanax membranifolius** (W. W. Sm.) C. B. Shang
分布：云南；缅甸、印度

梁王茶属 **Metapanax** J. Wen et Frodin

异叶梁王茶 **Metapanax davidii** (Franch.) J. Wen ex Frodin
分布：陕西、湖南、湖北、四川、贵州、云南；越南

梁王茶 **Metapanax delavayi** (Franch.) J. Wen et Frodin
分布：四川、贵州、云南；越南

刺人参属 **Oplopanax** Miq.

刺人参 **Oplopanax elatus** (Nakai) Nakai
分布：吉林；朝鲜、俄罗斯

兰屿加属 **Osmoxylon** Miquel

兰屿加 **Osmoxylon pectinatum** (Merr.) Philipson
分布：台湾；菲律宾

人参属 **Panax** L.

人参 **Panax ginseng** C. A. Mey.
分布：黑龙江、吉林、辽宁、河北、山西；朝鲜、俄罗斯

竹节参 **Panax japonicus** (T. Nees) C. A. Mey.
分布：河南、陕西、甘肃、安徽、浙江、江西、湖南、湖北、四川、贵州、云南、西藏、福建、广西；日本、朝鲜、越南

竹节参(原变种) **Panax japonicus** var. **japonicus**
分布：河南、陕西、甘肃、安徽、浙江、江西、湖南、湖北、四川、贵州、云南、西藏、福建、广西；日本、韩国、越南

狭叶竹节参 **Panax japonicus** var. **angustifolius** (Burkill) C. Y. Cheng et C. Y. Chu
分布：四川、贵州、云南；不丹、印度、尼泊尔、泰国

疙瘩七 **Panax japonicus** var. **bipinnatifidus** (Seemann) C. Y. Wu et K. M. Feng
分布：陕西、甘肃、湖北、四川、云南、西藏；不丹、印度、缅甸、尼泊尔

珠子参 **Panax japonicus** var. **major** (Burkill) C. Y. Wu et K. M. Feng
分布：山西、河南、甘肃、湖北、四川、贵州、云南、西藏；缅甸、尼泊尔、越南

三七 **Panax notoginseng** (Burkill) F. H. Chen ex C. H. Chow
分布：浙江、江西、云南、福建、广西；越南

西洋参 **Panax quinquefolius** L.
分布：黑龙江、吉林、辽宁、江西、贵州；加拿大、美国

屏边三七 **Panax stipuleanatus** Tsai et K. M. Feng
分布：云南；越南

姜状三七 **Panax zingiberensis** C. Y. Wu et K. M. Feng
分布：云南；越南

五叶参属 **Pentapanax** Seem.

圆叶羽叶参 **Pentapanax caesius** (Hand.-Mazz.) C. B. Shang
分布：四川

台湾羽叶参 **Pentapanax castanopsidicola** Hayata
分布：台湾

全缘羽叶参 **Pentapanax fragrans** var. **forrestii** (W. W. Smith) C. B. Shang
分布：云南、西藏

寄生羽叶参 **Pentapanax parasiticus** (D. Don) Seemann
分布：四川、云南；不丹、印度、尼泊尔、泰国

轮伞羽叶参 **Pentapanax verticillatus** Dunn
分布：云南、广西；越南

南洋参属 **Polyscias** J. R. Forst. et G. Forst.

线叶南洋参 **Polyscias cumingiana** (C. Presl) Fern.-Vill.
分布：福建、海南；太平洋西南部岛屿

南洋参 **Polyscias fruticosa** (L.) Harms
分布：海南；原产于太平洋西南部岛屿

银边南洋参 **Polyscias guilfoylei** (W. Bull.) L. H. Bailey
分布：福建、广东、海南；太平洋西南部岛屿

结节南洋参 **Polyscias nodosa** (Blume) Seem.
分布：福建、广东；马来西亚及所罗门群岛

圆叶南洋参 **Polyscias scutellaria** (Burm. f.) Fosberg
分布：福建、广东；太平洋西南部岛屿

鹅掌柴属 **Schefflera** J. R. Forst. et G. Forst.

鹅掌藤 **Schefflera arboricola** (Hayata) Merr.
分布：台湾、海南

短序鹅掌柴 **Schefflera bodinieri** (H. Lév.) Rehder
分布：湖北、四川、贵州、云南、广西；越南

多核鹅掌柴 **Schefflera brevipedicellata** Harms
分布：云南、广西；越南

异叶鹅掌柴 **Schefflera chapana** Harms
分布：云南；越南

中华鹅掌柴 **Schefflera chinensis** (Dunn) H. L. Li
分布：江西、云南

穗序鹅掌柴 **Schefflera delavayi** (Franch.) Harms
分布：江西、湖南、湖北、四川、贵州、云南、福建、广东、广西；越南

高鹅掌柴 **Schefflera elata** (Buch.-Ham.) Harms
分布：云南；不丹、印度、尼泊尔、越南

密脉鹅掌柴 **Schefflera elliptica** (Blume) Harms
分布：湖南、贵州、云南、西藏、广西；印度、泰国、越南

文山鹅掌柴 **Schefflera fengii** C. J. Tseng et G. Hoo
分布：云南

光叶鹅掌柴 **Schefflera glabrescens** (C. J. Tseng et G. Hoo) Frodin
分布：云南、西藏；缅甸

贵州鹅掌柴 **Schefflera guizhouensis** C. B. Shang
分布：贵州

海南鹅掌柴 **Schefflera hainanensis** Merr. et Chun
分布：海南；越南

鹅掌柴 **Schefflera heptaphylla** (Linn.) Frodin
分布：江西、湖南、贵州、福建、广东、广西；印度、日本、泰国、越南

红河鹅掌柴 **Schefflera hoi** (Dunn) Vig.
分布：四川、云南、西藏；越南

白背鹅掌柴 **Schefflera hypoleuca** (Kurz.) Harms
分布：云南；印度、缅甸、越南

离柱鹅掌柴 **Schefflera hypoleucoides** Harms
分布：云南、广西；泰国、越南

粉背鹅掌柴 **Schefflera insignis** C. N. Ho
分布：广东

扁盘鹅掌柴 **Schefflera khasiana** (C. B. Clarke) R. Vig.
分布：云南、西藏；不丹、印度、越南

白花鹅掌柴 **Schefflera leucantha** R. Vig.
分布：云南、广东、广西；越南、泰国

谅山鹅掌柴 **Schefflera lociana** Grushv. et Skvortsova
分布：广西；越南

大叶鹅掌柴 **Schefflera macrophylla** (Dunn) R. Vig.
分布：云南；越南

麻栗坡鹅掌柴 **Schefflera marlipoensis** C. J. Tseng et G. Hoo
分布：云南

多叶鹅掌柴 Schefflera metcalfiana Merr. ex H. L. Li
分布：广西；越南

星毛鸭脚木 Schefflera minutistellata Merr. ex H. L. Li
分布：浙江、江西、湖南、贵州、云南、福建、广东、广西

多脉鹅掌柴 Schefflera multinervia H. L. Li
分布：云南

那坡鹅掌柴 Schefflera napuoensis C. B. Shang
分布：广西

小叶鹅掌柴 Schefflera parvifoliolata C. J. Tseng et C. Ho
分布：云南

球序鹅掌柴 Schefflera pauciflora R. Vig.
分布：贵州、云南、广东、广西；印度、老挝、越南

樟叶鹅掌柴 Schefflera pes-avis R. Vig.
分布：广西；越南

金平鹅掌柴 Schefflera petelotii Merr.
分布：云南；越南

凹脉鹅掌柴 Schefflera rhododendrifolia (Griffich) Frodin
分布：西藏；不丹、印度、尼泊尔

瑞丽鹅掌柴 Schefflera shweliensis W. W. Sm.
分布：云南

台湾鹅掌柴 Schefflera taiwaniana (Nakai) Kaneh.
分布：台湾

西藏鹅掌柴 Schefflera wardii C. Marquand et Airy Shaw
分布：云南、西藏

光华鹅掌柴 Schefflera zhuana Lowry et C. B. Shang
分布：西藏

华参属 Sinopanax H. L. Li

华参 Sinopanax formosanus (Hayata) H. L. Li
分布：台湾

通脱木属 Tetrapanax (K. Koch) K. Koch

通脱木 Tetrapanax papyrifer (Hook.) K. Koch
分布：陕西、安徽、浙江、江西、湖南、湖北、四川、贵州、云南、福建、台湾、广东、广西

刺通草属 Trevesia Vis.

刺通草 Trevesia palmata (DC.) Vis.
分布：贵州、云南、广西；孟加拉国、柬埔寨、印度、老挝、尼泊尔、泰国、越南

多蕊木属 Tupidanthus Hook. f. et Thomson

多蕊木 Tupidanthus calyptratus Hook. et Thomson
分布：云南、西藏；孟加拉国、柬埔寨、印度、老挝、缅甸、泰国、越南

220. 棕榈科 Arecaceae Bercht. et J. Presl

假槟榔属 Archontophoenix H. Wendl. ex Drude

假槟榔 Archontophoenix alexandrae (F. Muell.) H. Wendl. et Drude
分布：云南、福建、台湾、广东、广西、海南；原产于澳大利亚

槟榔属 Areca L.

槟榔 Areca catechu Willd.
分布：云南、台湾、广西、海南；可能原产于马来西亚，亚热带地区广泛栽培

三药槟榔 Areca triandra Roxb. ex Buch.-Ham.
分布：云南、台湾、广东、海南、广西等地有栽培；亚洲热带和亚热带地区

桄榔属 Arenga Labill.

双籽棕 Arenga caudata (Lour.) H. E. Moore
分布：广西、海南；柬埔寨、老挝、缅甸、泰国、越南

山棕 Arenga engleri Becc.
分布：台湾

长果桄榔 Arenga longicarpa C. F. Wei
分布：广东

小花桄榔 Arenga micrantha C. F. Wei
分布：西藏；不丹、印度

砂糖椰子 Arenga pinnata (Wumrb.) Merr.
分布：云南、福建、广东、海南栽培；原产于印度、印度尼西亚、马来西亚、缅甸、菲律宾、泰国，其他地方引种

桄榔 Arenga westerhoutii Griff.
分布：云南、广西、海南；柬埔寨、老挝、缅甸、泰国、马来西亚半岛、越南

糖棕属 Borassus L.

糖棕 Borassus flabellifer L.
分布：云南、台湾；原产于亚洲热带和亚热带、非洲

省藤属 Calamus L.

云南省藤 Calamus acanthospathus Griff.
分布：云南、西藏；不丹、印度、尼泊尔、老挝、缅甸、泰国、越南

狭叶省藤 Calamus albidus L. X. Guo et A. J. Hend.
分布：云南

桂南省藤 Calamus austroguangxiensis S. J. Pei et S. Y. Chen
分布：广东、广西

土藤 Calamus beccarii A. J. Hend.
分布：台湾

短轴省藤 Calamus compsostachys Burret
分布：广东、广西

电白省藤 Calamus dianbaiensis C. F. Wei
分布：广东、广西

短叶省藤 Calamus egregius Burret
分布：海南

直立省藤 Calamus erectus Roxb.
分布：云南；孟加拉国、不丹、印度、老挝、缅甸、尼泊尔、泰国

长鞭藤 Calamus flagellum Griff. ex Martius
分布：云南、西藏、广西；孟加拉国、不丹、印度、老挝、缅甸、尼泊尔、泰国、越南

台湾省藤 Calamus formosanus Becc.
分布：台湾

细茎省藤 Calamus gracilis Roxb.
分布：云南；孟加拉国、印度、老挝、缅甸、越南

褐鞘省藤 Calamus guruba Buch.-Ham.
分布：云南；孟加拉国、不丹、印度、老挝、缅甸、尼泊尔、泰国、越南

海南省藤 Calamus hainanensis C. C. Chang et L. G. Xu ex R. H. Miao
分布：海南

滇南省藤 Calamus henryanus Becc.
分布：四川、云南、广西；老挝、缅甸、泰国、越南

大喙省藤 Calamus macrorrhynchus Burret
分布：广东、广西

瑶山省藤 Calamus melanochrous Burret
分布：广西

裂苞省藤 Calamus multispicatus Burret
分布：海南

南巴省藤 Calamus nambariensis Becc.
分布：云南；孟加拉国、不丹、印度、老挝、缅甸、尼泊尔、泰国、越南

尖果省藤 Calamus oxycarpus Becc.
分布：贵州、广西

泽生藤 Calamus palustris Griff.
分布：云南、广西；泰国、缅甸、老挝、印度、柬埔寨、越南

杖藤 Calamus rhabdocladus Burret
分布：贵州、云南、福建、广东、广西、海南；越南、老挝

皱鞘省藤 Calamus rugosus Becc.
分布：云南；马来西亚、印度尼西亚

单叶省藤 Calamus simplicifolius C. F. Wei
分布：海南

管苞省藤 Calamus siphonospathus Mart.
分布：台湾；印度尼西亚、菲律宾

多刺鸡藤 Calamus tetradactyloides Burret
分布：海南

白藤 Calamus tetradactylus Hance
分布：福建、广东、广西、海南；柬埔寨、老挝、泰国、越南

毛鳞省藤 Calamus thysanolepis Hance
分布：浙江、江西、湖南、福建、广东、广西；越南

柳条省藤 Calamus viminalis Willd.
分布：云南；印度、孟加拉国、柬埔寨、老挝、泰国、越南、缅甸、马来西亚半岛、印度尼西亚

多果省藤 Calamus walkeri Hance
分布：广东、海南；越南

无量山省藤 Calamus wuliangshanensis S. Y. Chen, K. L. Wang et S. J. Pei
分布：云南

鱼尾葵属 Caryota L.

鱼尾葵 Caryota maxima Blume ex Martius
分布：云南、广东、广西、海南；不丹、印度、印度尼西亚、老挝、马来西亚、缅甸、泰国、越南

短穗鱼尾葵 Caryota mitis Lour.
分布：广东、广西、海南；婆罗洲、柬埔寨、印度、印度

尼西亚、老挝、马来西亚、缅甸、菲律宾、新加坡、泰国、越南

单穗鱼尾葵 **Caryota monostachya** Becc.

分布：贵州、云南、广西；越南

大董棕 **Caryota no** Becc.

分布：云南；马来西亚、印度尼西亚

董棕 **Caryota obtusa** Griff.

分布：云南；印度、老挝、缅甸、泰国、越南

琼棕属 **Chuniophoenix** Burret

琼棕 **Chuniophoenix hainanensis** Burret

分布：海南

椰子属 **Cocos** L.

椰子 **Cocos nucifera** L.

分布：云南、台湾、广东、海南；热带地区

黄藤属 **Daemonorops** Blume

黄藤 **Daemonorops jenkinsiana** (Griff.) Mart.

分布：广东、广西、海南；孟加拉国、不丹、柬埔寨、印度、老挝、缅甸、尼泊尔、泰国、越南

油棕属 **Elaeis** Jacq.

油棕 **Elaeis guineensis** Jacquem.

分布：云南、台湾、海南、广东热带地区有栽培；原产于热带非洲

石山棕属 **Guihaia** J. Dransf., S. K. Lee et F. N. Wei

石山棕 **Guihaia argyrata** (S. K. Lee et F. N. Wei) S. K. Lee, F. N. Wei et J. Dransf.

分布：贵州、广东、广西；越南

两广石山棕 **Guihaia grossifibrosa** (Gagnep.) J. Dransf., S. K. Lee et F. N. Wei

分布：广东、广西；越南

轴榈属 **Licuala** Wurmb

毛花轴榈 **Licuala dasyantha** Burret

分布：云南、广西；越南

穗花轴榈 **Licuala fordiana** Becc.

分布：广东、海南

海南轴榈 **Licuala hainanensis** A. J. Hend., L. X. Guo et Barfod

分布：海南

刺轴榈 **Licuala spinosa** Wurmb

分布：海南；印度、中南半岛及东南亚热带地区

蒲葵属 **Livistona** R. Br.

蒲葵 **Livistona chinensis** (Jacq.) R. Br. ex Martius

分布：台湾、广东、海南；日本

美丽蒲葵 **Livistona jenkinsiana** Griff.

分布：云南、海南；孟加拉国、印度、不丹、缅甸、泰国、马来西亚半岛

大叶蒲葵 **Livistona saribus** (Lour.) Merr. ex A. Chev.

分布：云南、广东；婆罗洲、柬埔寨、印度尼西亚、老挝、马来西亚、菲律宾、泰国、越南

水椰属 **Nypa** Steck

水椰 **Nypa fruticans** Wurmb

分布：海南；孟加拉国、柬埔寨、印度、印度尼西亚、日本、缅甸、巴布亚新几内亚、菲律宾、斯里兰卡、泰国、越南、澳大利亚、太平洋岛屿

刺葵属 **Phoenix** L.

无茎刺葵 **Phoenix acaulis** Roxb.

分布：广东、广西、云南等地引种栽培；尼泊尔、印度、缅甸

加那利海枣 **Phoenix canariensis** Chabaud

分布：长江以南有栽培；加那利群岛

海枣 **Phoenix dactylifera** L.

分布：福建、广东、广西、云南等地有栽培；广泛栽培于亚洲(西南部)、北非

刺葵 **Phoenix loureiroi** Kunth

分布：云南、福建、台湾、广东、广西、海南；孟加拉国、不丹、柬埔寨、印度、老挝、缅甸、尼泊尔、巴基斯坦、菲律宾、泰国、越南

江边刺葵 **Phoenix roebelenii** O'Brien

分布：云南；越南、老挝、缅甸、泰国

林刺葵 **Phoenix sylvestris** (L.) Roxb.

分布：长江以南地区；巴基斯坦、孟加拉国、尼泊尔、斯里兰卡、印度、缅甸

山槟榔属 **Pinanga** Blume

滇缅山槟榔 **Pinanga acuminata** A. J. Hend.

分布：云南；缅甸

变色山槟榔 **Pinanga baviensis** Becc.

分布：云南、福建、广东、广西、海南；越南

纤细山槟榔 **Pinanga gracilis** Blume
分布：西藏；印度、不丹、孟加拉国、缅甸、尼泊尔

六列山槟榔 **Pinanga hexasticha** (Kurz.) Scheff.
分布：云南；缅甸

华山竹 **Pinanga sylvestris** (Loureiro) Hodel
分布：云南；柬埔寨、老挝、缅甸、泰国

兰屿山槟榔 **Pinanga tashiroi** Hayata
分布：台湾

钩叶藤属 **Plectocomia** Mart. et Blume

大钩叶藤 **Plectocomia assamica** Griff.
分布：云南；印度

高地钩叶藤 **Plectocomia himalayana** Griff.
分布：云南；不丹、印度、老挝、尼泊尔、泰国

小钩叶藤 **Plectocomia microstachys** Burret
分布：海南

钩叶藤 **Plectocomia pierreana** Becc.
分布：云南、广东、广西；柬埔寨、老挝、泰国、越南

酒椰属 **Raphia** P. Beauv.

酒椰 **Raphia vinifera** Beauverd
分布：云南、广西、广东、台湾有栽培；原产于非洲热带

棕竹属 **Rhapis** L. f.

棕竹 **Rhapis excelsa** (Thunb.) Henry
分布：贵州、云南、福建、广东、海南；越南、泰国

细棕竹 **Rhapis gracilis** Burret
分布：广东、广西、海南；越南

矮棕竹 **Rhapis humilis** Blume
分布：贵州、广西

多裂棕竹 **Rhapis multifida** Burret
分布：广西、云南；?越南

粗棕竹 **Rhapis robusta** Burret
分布：广西；越南

王棕属 **Roystonea** O. F. Cook

菜王棕 **Roystonea oleracea** (Jacq.) O. F. Cook
分布：中国南方热带地区有栽培；原产于加勒比海地区、圭亚那、委内瑞拉、哥伦比亚

王棕 **Roystonea regia** (Kunth) O. F. Cook
分布：中国南方热带地区有栽培；原产于美国、墨西哥、洪都拉斯、巴哈马、古巴

箬棕属 **Sabal** Adans.

矮菜棕 **Sabal minor** (Jacq.) Pers.
分布：云南、福建、台湾、广东、广西栽培；原产于美国东南部

菜棕 **Sabal palmetto** (Walter) Lodd. ex Schult. et Schult. f.
分布：云南、福建、台湾、广东、广西栽培；原产于美国东南部

蛇皮果属 **Salacca** Reinw.

滇西蛇皮果 **Salacca griffithii** A. J. Hend.
分布：云南；泰国、缅甸

金山葵属 **Syagrus** Mart.

金山葵 **Syagrus romanzoffiana** (Cham.) Glassman
分布：重庆、福建、广东栽培；原产于巴西、阿根廷、乌拉圭

棕榈属 **Trachycarpus** H. Wendl.

棕榈 **Trachycarpus fortunei** (Hook.) H. Wendl.
分布：秦岭长江以南各省（自治区、直辖市）；不丹、印度、缅甸、尼泊尔、日本

龙棕 **Trachycarpus nanus** Becc.
分布：云南

贡山棕榈 **Trachycarpus princeps** Gibbons, Spanner et S. Y. Chen
分布：云南

瓦理棕属 **Wallichia** Roxb.

琴叶瓦理棕 **Wallichia caryotoides** Roxb.
分布：云南；缅甸、孟加拉国、泰国

二列瓦理棕 **Wallichia disticha** T. Anderson
分布：云南；孟加拉国、不丹、印度、缅甸、泰国

瓦理棕 **Wallichia gracilis** Becc.
分布：广西；越南

密花瓦理棕 **Wallichia oblongifolia** Griff.
分布：云南；不丹、尼泊尔、印度、孟加拉国、缅甸

三药瓦理棕 **Wallichia triandra** (J. Joseph) S. K. Basu
分布：西藏；印度

丝葵属 **Washingtonia** H. Wendl.

丝葵 **Washingtonia filifera** (Linden ex André) H. Wendl. ex de Bary
分布：长江以南地区广为引种栽培；原产于美国、墨西哥

大丝葵 **Washingtonia robusta** H. Wendl.
分布：长江以南栽培；原产于墨西哥

221. 马兜铃科 Aristolochiaceae Juss.

马兜铃属 **Aristolochia** L.

华南马兜铃 **Aristolochia austrochinensis** C. Y. Ching et J. S. Ma
分布：福建、广东、广西、海南

竹叶马兜铃 **Aristolochia bambusifolia** C. F. Liang ex H. Q. Wen
分布：广西

翅茎马兜铃 **Aristolochia caulialata** C. Y. Wu ex J. S. Ma et C. Y. Cheng
分布：云南、福建

长叶马兜铃 **Aristolochia championii** Merr. et W. Y. Chun
分布：四川、贵州、广东、广西

苞叶马兜铃 **Aristolochia chlamydophylla** C. Y. Wu ex S. M. Hwang
分布：云南、广西

北马兜铃 **Aristolochia contorta** Bunge
分布：黑龙江、吉林、辽宁、内蒙古、河北、山西、山东、河南、陕西、甘肃；日本、朝鲜、俄罗斯

瓜叶马兜铃 **Aristolochia cucurbitifolia** Hayata
分布：台湾

葫芦叶马兜铃 **Aristolochia cucurbitoides** C. F. Liang
分布：贵州、云南、广西；缅甸

马兜铃 **Aristolochia debilis** Sieb. et Zucc.
分布：山东、河南、安徽、江苏、浙江、江西、湖南、湖北、四川、贵州、福建、广东、广西；日本

小草果 **Aristolochia delavayi** Franch.
分布：四川、云南

广防已 **Aristolochia fangchi** Y. C. Wu ex L. D. Chow et S. M. Hwang
分布：贵州、广东、广西

通城虎 **Aristolochia fordiana** Hemsl.
分布：广东、广西

大囊马兜铃 **Aristolochia forrestiana** J. S. Ma
分布：云南

蜂窝马兜铃 **Aristolochia foveolata** Merr.
分布：台湾；菲律宾

福建马兜铃 **Aristolochia fujianensis** S. M. Hwang
分布：浙江、福建

黄毛马兜铃 **Aristolochia fulvicoma** Merr. et Chun
分布：海南

优贵马兜铃 **Aristolochia gentilis** Franch.
分布：四川、云南

西藏马兜铃 **Aristolochia griffithii** Hook. f. et Thomson ex Duch.
分布：云南、西藏；不丹、印度、尼泊尔、缅甸

海南马兜铃 **Aristolochia hainanensis** Merr.
分布：广西、海南

南粤马兜铃 **Aristolochia howii** Merr. et Chun
分布：海南

环江马兜铃(新拟) **Aristolochia huanjiangensis** Yan Liu et L. Wu
分布：广西

凹脉马兜铃 **Aristolochia impressinervis** C. F. Liang
分布：广西

尖峰岭马兜铃(新拟) **Aristolochia jianfenglingensis** Han Xu, Y. D. Li et H. Q. Chen
分布：海南

异叶马兜铃 **Aristolochia kaempferi** Willd.
分布：陕西、甘肃、安徽、湖北、四川、台湾；日本

昆明马兜铃 **Aristolochia kunmingensis** C. Y. Cheng et J. S. Ma
分布：贵州、云南

广西马兜铃 **Aristolochia kwangsiensis** W. Y. Chun et F. C. How ex C. F. Liang
分布：浙江、湖南、四川、贵州、云南、福建、广东、广西

乐东马兜铃(新拟) **Aristolochia ledongensis** Han Xu, Y. D. Li et H. J. Yang
分布：海南

弄岗马兜铃 **Aristolochia longganensis** C. F. Liang
分布：广西；越南

关木通 **Aristolochia manshuriensis** Kom.
分布：黑龙江、吉林、辽宁、山西、陕西、甘肃、湖北、四川；朝鲜、俄罗斯(远东地区)

寻骨风 Aristolochia mollissima Hance
分布：山西、山东、河南、陕西、安徽、江苏、浙江、江西、湖南、湖北、贵州

淮通 Aristolochia moupinensis Franch.
分布：浙江、江西、湖南、四川、贵州、云南、福建

木论马兜铃(新拟) Aristolochia mulunensis Y. S. Huang et Yan Liu
分布：广西

偏花马兜铃 Aristolochia obliqua S. M. Hwang
分布：云南

卵叶马兜铃 Aristolochia ovatifolia S. M. Hwang
分布：四川、贵州、云南

滇南马兜铃 Aristolochia petelotii O. C. Schmidt
分布：云南、广西；越南

多型马兜铃 Aristolochia polymorpha S. M. Hwang
分布：海南

管兰香 Aristolochia saccata Wall.
分布：云南、西藏；不丹、印度、缅甸、尼泊尔

革叶马兜铃 Aristolochia scytophylla S. M. Hwang et D. Y. Chen
分布：四川、贵州、云南、广西

耳叶马兜铃 Aristolochia tagala Cham.
分布：贵州、云南、福建、台湾、广东、广西；不丹、柬埔寨、印度、印度尼西亚、日本、马来西亚、尼泊尔、缅甸、菲律宾、越南

川西马兜铃 Aristolochia thibetica Franch.
分布：四川、云南

海边马兜铃 Aristolochia thwaitesii Hook. f.
分布：广东、香港

粉花马兜铃 Aristolochia transsecta (Chatterjee) C. Y. Wu ex S. M. Hwang
分布：云南；缅甸

背蛇生 Aristolochia tuberosa C. F. Liang et S. M. Hwang
分布：湖南、湖北、四川、贵州、云南、广西

辟蛇雷 Aristolochia tubiflora Dunn
分布：河南、甘肃、安徽、浙江、江西、湖南、湖北、四川、贵州、福建、广东、广西

囊花马兜铃 Aristolochia utriformis S. M. Hwang
分布：云南

变色马兜铃 Aristolochia versicolor S. M. Hwang
分布：云南、广东、广西

香港马兜铃 Aristolochia westlandii Hemsl.
分布：广东、香港

征镒马兜铃(新拟) Aristolochia wuana Zhen W. Liu et Y. F. Deng
分布：西藏、云南

中甸马兜铃 Aristolochia zhongdianensis J. S. Ma
分布：云南

港口马兜铃 Aristolochia zollingeriana Miq.
分布：台湾；印度尼西亚、日本、马来西亚

细辛属 **Asarum** L.

巴山细辛 Asarum bashanense Z. L. Yang
分布：四川

九宫山细辛 Asarum campaniflorum Yong Wang et Q. F. Wang
分布：湖北

花叶细辛 Asarum cardiophyllum Franch.
分布：四川、云南

短尾细辛 Asarum caudigerellum C. Y. Cheng et C. H. Yueh
分布：湖北、四川、贵州、云南

尾花细辛 Asarum caudigerum Hance
分布：湖南、湖北、四川、贵州、云南、福建、台湾、广东、广西；日本、越南

双叶细辛 Asarum caulescens Maxim.
分布：陕西、甘肃、湖北、四川、贵州

神秘湖细辛 Asarum chatienshanianum C. T. Lu et J. C. Wang
分布：台湾

城口细辛 Asarum chengkouense Z. L. Yang
分布：重庆

川北细辛 Asarum chinense Franch.
分布：湖北、四川

鸳鸯湖细辛 Asarum crassisepalum S. F. Huang, C. X. Xie et T. C. Huang
分布：台湾

皱花细辛 Asarum crispulatum C. Y. Cheng et C. H. Yueh
分布：四川

铜钱细辛 Asarum debile Franch.
分布：陕西、安徽、湖北、四川

川滇细辛 **Asarum delavayi** Franch.
分布：四川、云南

台湾细辛 **Asarum epigynum** Hayata
分布：台湾、海南

杜衡 **Asarum forbesii** Maxim.
分布：河南、安徽、江苏、浙江、江西、湖北、四川

福建细辛 **Asarum fukienense** C. Y. Cheng et C. H. Yueh
分布：安徽、浙江、江西、福建

地花细辛 **Asarum geophilum** Hemsl.
分布：贵州、广东、广西

细辛 **Asarum heterotropoides** F. Schmidt
分布：黑龙江、吉林、辽宁；俄罗斯、日本、朝鲜

苕叶细辛 **Asarum himalaicum** Hook. f. et Thomson ex Klotzsch
分布：陕西、甘肃、湖北、四川、贵州、西藏；不丹、印度、尼泊尔

香港细辛 **Asarum hongkongense** S. M. Hwang et T. P. Wong Sui
分布：香港

下花细辛 **Asarum hypogynum** Hayata
分布：台湾

小叶马蹄香 **Asarum ichangense** C. Y. Cheng et C. S. Yang
分布：安徽、浙江、江西、湖南、湖北、福建、广东、广西

灯笼细辛 **Asarum inflatum** C. Y. Cheng et C. H. Yueh
分布：四川

金耳环 **Asarum insigne** Diels
分布：江西、广东、广西

长茎金耳环 **Asarum longirhizomatosum** C. F. Liang et C. S. Yang
分布：广西

大花细辛 **Asarum macranthum** Hook. f.
分布：台湾

祁阳细辛 **Asarum magnificum** Tsiang ex C. Y. Cheng et C. S. Yang
分布：湖南、广东

祁阳细辛(原变种) **Asarum magnificum** var. **magnificum**
分布：湖南

鼎湖细辛 **Asarum magnificum** var. **dinghuense** C. Y. Cheng et C. S. Yang
分布：广东

大叶马蹄香 **Asarum maximum** Hemsl.
分布：湖北、四川

南川细辛 **Asarum nanchuanense** C. S. Yang et J. L. Wu
分布：重庆

高贵细辛 **Asarum nobilissimum** Z. L. Yang
分布：四川

红金耳环 **Asarum petelotii** O. C. Schmidt
分布：云南；越南

紫背细辛 **Asarum porphyronotum** C. Y. Cheng et C. H. Yueh
分布：四川

紫背细辛(原变种) **Asarum porphyronotum** var. **porphyronotum**
分布：四川

深绿细辛 **Asarum porphyronotum** var. **atrovirens** C. Y. Cheng et C. S. Yang
分布：四川

长毛细辛 **Asarum pulchellum** Hemsl.
分布：安徽、江西、湖北、四川、贵州、云南

肾叶细辛 **Asarum renicordatum** C. Y. Cheng et C. H. Yueh
分布：安徽

慈姑叶细辛 **Asarum sagittarioides** C. F. Liang
分布：广西

汉城细辛 **Asarum sieboldii** Miq.
分布：辽宁；日本、朝鲜

花脸细辛 **Asarum splendens** (F. Maek.) C. Y. Cheng et C. S. Yang
分布：湖北、四川、贵州、云南

南漳细辛 **Asarum sprengeri** Pamp.
分布：湖北

太平小细辛 **Asarum taipingshanianum** S. F. Huang, C. X. Xie et T. C. Huang
分布：台湾

大武山细辛 **Asarum tawushanianum** C. T. Lu et J. C. Wang
分布：台湾

同江细辛 **Asarum tongjiangense** Z. L. Yang
分布：四川

插天山细辛 **Asarum villisepalum** C. T. Lu et J. C. Wang
分布：台湾

五岭细辛 **Asarum wulingense** C. F. Liang
分布：江西、湖南、贵州、广东、广西

云南细辛 **Asarum yunnanense** T. Sugawara, Ogisu et C. Y. Cheng
分布：云南

马蹄香属 **Saruma** Oliv.

马蹄香 **Saruma henryi** Oliv.
分布：陕西、甘肃、江西、湖北、四川、贵州

线果兜铃属 **Thottea** Rottb.

海南线果兜铃 **Thottea hainanensis** (Merr. et W. Y. Chun) D. Hou
分布：海南

222. 天门冬科 Asparagaceae Juss.

龙舌兰属 **Agave** L.

龙舌兰 **Agave americana** L.
分布：华南已归化；原产于热带美洲

狭叶龙舌兰 **Agave angustifolia** Haw.
分布：多个省(自治区)栽培；原产于美洲

马盖麻 **Agave cantula** Roxb.
分布：南方各省（自治区、直辖市）引种栽培；原产于墨西哥，后引种到菲律宾、印度尼西亚、印度及中南半岛等地；现广泛栽培于亚洲热带，多呈野生状态

剑麻 **Agave sisalana** Perrine ex Engelm.
分布：华南各地栽培；原产于墨西哥

知母属 **Anemarrhena** Bunge

知母 **Anemarrhena asphodeloides** Bunge
分布：黑龙江、吉林、辽宁、内蒙古、河北、山西、山东、陕西、甘肃、江苏、四川、贵州、台湾；朝鲜、蒙古国

天门冬属 **Asparagus** L.

山文竹 **Asparagus acicularis** F. T. Wang et S. C. Chen
分布：江西、湖南、湖北、广东、广西

折枝天门冬 **Asparagus angulofractus** Iljin
分布：新疆；哈萨克斯坦

攀援天门冬 **Asparagus brachyphyllus** Turcz.
分布：吉林、辽宁、内蒙古、河北、山西、陕西、宁夏；哈萨克斯坦、朝鲜、蒙古国、塔吉克斯坦、土库曼斯坦、乌兹别克斯坦

西北天门冬 **Asparagus breslerianus** Schult. et Schult. f.
分布：内蒙古、宁夏、甘肃、青海、新疆；哈萨克斯坦、蒙古国、俄罗斯、土库曼斯坦、乌兹别克斯坦；亚洲(西南部)

天门冬 **Asparagus cochinchinensis** (Lour.) Merr.
分布：河北、山西、山东、河南、陕西、甘肃、安徽、江苏、浙江、江西、湖南、湖北、四川、贵州、云南、西藏、福建、台湾、广东、广西、海南；日本、朝鲜、老挝、越南

兴安天门冬 **Asparagus dauricus** Link
分布：黑龙江、吉林、辽宁、内蒙古、河北、山西、山东、陕西、江苏；朝鲜、蒙古国、俄罗斯

非洲天门冬 **Asparagus densiflorus** (Kunth) Jessop
分布：各省（自治区、直辖市）广泛栽培；原产于南非

羊齿天门冬 **Asparagus filicinus** D. Don
分布：山西、河南、陕西、甘肃、浙江、湖南、湖北、四川、贵州、云南；不丹、印度、缅甸、泰国

戈壁天门冬 **Asparagus gobicus** Ivanova ex Grubov
分布：内蒙古、陕西、宁夏、甘肃、青海；蒙古国

甘肃天门冬 **Asparagus kansuensis** F. T. Wang et Ts. Tang
分布：甘肃

长花天门冬 **Asparagus longiflorus** Franch.
分布：河北、山西、山东、河南、陕西、甘肃、青海

短梗天门冬 **Asparagus lycopodineus** (Baker) F. T. Wang et Ts. Tang
分布：陕西、甘肃、湖南、湖北、四川、贵州、云南、广西；不丹、印度、缅甸

昆明天门冬 **Asparagus mairei** H. Lév.
分布：云南

密齿天门冬 **Asparagus meioclados** H. Lév.
分布：四川、贵州、云南

西南天门冬 **Asparagus munitus** F. T. Wang et S. C. Chen
分布：四川、云南

多刺天门冬 **Asparagus myriacanthus** F. T. Wang et S. C. Chen
分布：云南、西藏

新疆天门冬 Asparagus neglectus Kar. et Kir.

分布：新疆；阿富汗、哈萨克斯坦、蒙古国、巴基斯坦、俄罗斯、塔吉克斯坦、土库曼斯坦、乌兹别克斯坦

石刁柏 Asparagus officinalis L.

分布：新疆；哈萨克斯坦、蒙古国、俄罗斯；中亚、亚洲(西南部)、欧洲、非洲

南玉带 Asparagus oligoclonos Maxim.

分布：黑龙江、吉林、辽宁、内蒙古、河北、山东、河南；日本、朝鲜、蒙古国、俄罗斯

北天门冬 Asparagus przewalskyi N. A. Ivanova ex Grubov et T. V. Egorova

分布：内蒙古、青海

长刺天门冬 Asparagus racemosus Willd.

分布：西藏；不丹、印度、马来西亚、缅甸、尼泊尔、巴基斯坦、澳大利亚；非洲

龙须菜 Asparagus schoberioides Kunth

分布：黑龙江、吉林、辽宁、河北、山西、山东、河南、陕西、甘肃；日本、朝鲜、蒙古国、俄罗斯

文竹 Asparagus setaceus (Kunth) Jessop

分布：中国广泛栽培并偶然归化；原产于非洲南部

四川天门冬 Asparagus sichuanicus S. C. Chen et D. Q. Liu

分布：四川、西藏

滇南天门东 Asparagus subscandens F. T. Wang et S. C. Chen

分布：云南

大理天门冬 Asparagus taliensis F. T. Wang et Ts. Tang ex S. C. Chen

分布：云南

西藏天门冬 Asparagus tibeticus F. T. Wang et S. C. Chen

分布：西藏

细枝天门冬 Asparagus trichoclados (F. T. Wang et Ts. Tang) F. T. Wang et S. C. Chen

分布：云南

曲枝天门冬 Asparagus trichophyllus Bunge

分布：辽宁、内蒙古、河北、山西；蒙古国、俄罗斯

盐边天门冬 Asparagus yanbianensis S. C. Chen

分布：四川

盐源天门冬 Asparagus yanyuanensis S. C. Chen

分布：四川

蜘蛛抱蛋属 Aspidistra Ker Gawl.

蝶柱蜘蛛抱蛋 Aspidistra acetabuliformis Y. Wan et C. C. Huang

分布：广西

白花蜘蛛抱蛋(新拟) Aspidistra albiflora C. R. Lin, W. B. Xu et Yan Liu

分布：广西

忻城蜘蛛抱蛋 Aspidistra alternativa D. Fang et L. Y. Yu

分布：广西

防城蜘蛛抱蛋 Aspidistra arnautovii var. **angustifolia** L. Wu et Y. F. Huang

分布：广西

薄叶蜘蛛抱蛋 Aspidistra attenuata Hayata

分布：台湾

贵州蜘蛛抱蛋(新拟) Aspidistra australis S. Z. He et W. F. Xu

分布：贵州

华南蜘蛛抱蛋 Aspidistra austrosinensis Y. Wan et C. C. Huang

分布：广西

巴马蜘蛛抱蛋(新拟) Aspidistra bamaensis C. R. Lin, Y. Y. Liang et Yan Liu

分布：广西

两色蜘蛛抱蛋 Aspidistra bicolor H.-J. Tillich

分布：广西；越南

丛生蜘蛛抱蛋 Aspidistra caespitosa C. P'ei

分布：四川

天峨蜘蛛抱蛋 Aspidistra carinata Y. Wan et X. H. Lu

分布：广西

润生蜘蛛抱蛋 Aspidistra cavicola D. Fang et K. C. Yen

分布：广西

蜡黄蜘蛛抱蛋 Aspidistra cerina G. Z. Li et S. C. Tang

分布：广西

赤水蜘蛛抱蛋(新拟) Aspidistra chishuiensis S. Z. He et W. F. Xu

分布：贵州

棒蕊蜘蛛抱蛋 Aspidistra claviformis Y. Wan

分布：广西

十字蜘蛛抱蛋 **Aspidistra cruciformis** Y. Wan et X. H. Lu
分布：广西

杯花蜘蛛抱蛋 **Aspidistra cyathiflora** Y. Wan et C. C. Huang
分布：广西

大武蜘蛛抱蛋 **Aspidistra daibuensis** Hayata
分布：台湾

大新蜘蛛抱蛋 **Aspidistra daxinensis** M. F. Hou et Yan Liu
分布：广西

长药蜘蛛抱蛋 **Aspidistra dolichanthera** X. X. Chen
分布：广西

峨边蜘蛛抱蛋 **Aspidistra ebianensis** K. Y. Lang et Z. Y. Zhu
分布：四川

蜘蛛抱蛋 **Aspidistra elatior** Blume
分布：各省（自治区、直辖市）广泛栽培；原产于日本

直立蜘蛛抱蛋 **Aspidistra erecta** Yan Liu et C.-I Peng
分布：广西

带叶蜘蛛抱蛋 **Aspidistra fasciaria** G. Z. Li
分布：广西

凤凰蜘蛛抱蛋 **Aspidistra fenghuangensis** K. Y. Lang
分布：湖南

流苏蜘蛛抱蛋 **Aspidistra fimbriata** F. T. Wang et K. Y. Lang
分布：福建、广东、海南

黄花蜘蛛抱蛋 **Aspidistra flaviflora** K. Y. Lang et Z. Y. Zhu
分布：四川

伞柱蜘蛛抱蛋 **Aspidistra fungilliformis** Y. Wan
分布：广西

桂林蜘蛛抱蛋 **Aspidistra guangxiensis** S. C. Tang et Y. Liu
分布：广西

海南蜘蛛抱蛋 **Aspidistra hainanensis** Chun et F. C. How
分布：广东、广西、海南

河口蜘蛛抱蛋 **Aspidistra hekouensis** H. Li
分布：云南

贺州蜘蛛抱蛋 **Aspidistra hezhouensis** Qi Gao et Yan Liu
分布：广西

环江蜘蛛抱蛋 **Aspidistra huanjiangensis** G. Z. Li et Y. G. Wei
分布：广西

靖西蜘蛛抱蛋(新拟) **Aspidistra jingxiensis** Yan Liu et C. R. Lin
分布：广西

乐山蜘蛛抱蛋 **Aspidistra leshanensis** K. Y. Lang et Z. Y. Zhu
分布：四川

乐业蜘蛛抱蛋 **Aspidistra leyeensis** Y. Wan et C. C. Huang
分布：广西

荔波蜘蛛抱蛋(新拟) **Aspidistra liboensis** S. Z. He et J. Y. Wu
分布：贵州

线萼蜘蛛抱蛋 **Aspidistra linearifolia** Y. Wan et C. C. Huang
分布：广西

凌云蜘蛛抱蛋(新拟) **Aspidistra lingyunensis** C. R. Lin et L. F. Guo
分布：广西

隆安蜘蛛抱蛋 **Aspidistra longanensis** Y. Wan
分布：广西

巨型蜘蛛抱蛋 **Aspidistra longiloba** G. Z. Li
分布：广西

长梗蜘蛛抱蛋 **Aspidistra longipedunculata** D. Fang
分布：广西

长瓣蜘蛛抱蛋 **Aspidistra longipetala** S. Z. Huang
分布：广西

那坡蜘蛛抱蛋(新拟) **Aspidistra longituba** Yan Liu et C. R. Lin
分布：广西

罗甸蜘蛛抱蛋 **Aspidistra luodianensis** D. D. Tao
分布：贵州、广西

九龙盘 **Aspidistra lurida** Ker Gawl.
分布：贵州、广东、广西

啮边蜘蛛抱蛋 **Aspidistra marginella** D. Fang et L. Zeng
分布：广西

小花蜘蛛抱蛋 Aspidistra minutiflora Stapf

分布：湖南、贵州、广东、广西、海南、香港

帆状蜘蛛抱蛋 Aspidistra molendinacea G. Z. Li et S. C. Tang

分布：广西

糙果蜘蛛抱蛋 Aspidistra muricata F. C. How ex K. Y. Lang

分布：广西

雾社蜘蛛抱蛋 Aspidistra mushaensis Hayata

分布：台湾

南昆山蜘蛛抱蛋(新拟) Aspidistra nankunshanensis Yan Liu et C. R. Lin

分布：广东

锥花蜘蛛抱蛋(新拟) Aspidistra obconica C. R. Lin et Yan Liu

分布：广西

棕叶草 Aspidistra oblanceifolia F. T. Wang et K. Y. Lang

分布：湖北、四川、贵州

歪盾蜘蛛抱蛋 Aspidistra obliquipeltata D. Fang et L. Y. Yu

分布：广西

长圆叶蜘蛛抱蛋 Aspidistra oblongifolia F. T. Wang et K. Y. Lang

分布：广西

峨眉蜘蛛抱蛋 Aspidistra omeiensis Z. Y. Zhu et J. L. Zhang

分布：四川

乳突蜘蛛抱蛋 Aspidistra papillata G. Z. Li

分布：广西

柳江蜘蛛抱蛋 Aspidistra patentiloba Y. Wan et X. H. Lu

分布：广西

帽状蜘蛛抱蛋 Aspidistra pileata D. Fang et L. Y. Yu

分布：广西

平塘蜘蛛抱蛋(新拟) Aspidistra pingtangensis S. Z. He, W. F. Xu et Q. W. Sun

分布：贵州

紫点蜘蛛抱蛋 Aspidistra punctata Lindl.

分布：广东、香港

近紫点蜘蛛抱蛋(新拟) Aspidistra punctatoides Yan Liu et C. R. Lin

分布：广西

裂柱蜘蛛抱蛋 Aspidistra quadripartita G. Z. Li et S. C. Tang

分布：广西

广西蜘蛛抱蛋 Aspidistra retusa K. Y. Lang et S. Z. Huang

分布：广西

石山蜘蛛抱蛋 Aspidistra saxicola Y. Wan

分布：广西

四川蜘蛛抱蛋 Aspidistra sichuanensis K. Y. Lang et Z. Y. Zhu

分布：湖南、四川、贵州、云南、广西

刺果蜘蛛抱蛋 Aspidistra spinula S. Z. He

分布：贵州

辐花蜘蛛抱蛋 Aspidistra subrotata Y. Wan et C. C. Huang

分布：广西

大花蜘蛛抱蛋 Aspidistra tonkinensis (Gagnep.) F. T. Wang et K. Y. Lang

分布：贵州、云南、广西；越南

湖南蜘蛛抱蛋 Aspidistra triloba F. T. Wang et K. Y. Lang

分布：江西、湖南

卵叶蜘蛛抱蛋 Aspidistra typica Baill.

分布：云南、广西；越南

坛花蜘蛛抱蛋 Aspidistra urceolata F. T. Wang et K. Y. Lang

分布：贵州

西林蜘蛛抱蛋 Aspidistra xilinensis Y. Wan et X. H. Lu

分布：广西

盈江蜘蛛抱蛋 Aspidistra yingjiangensis L. J. Peng

分布：云南

棕耙叶 Aspidistra zongbayi K. Y. Lang et Z. Y. Zhu

分布：四川

绵枣儿属 **Barnardia** Lindl.

绵枣儿 Barnardia japonica (Thunb.) Schult. et Schult. f.

分布：黑龙江、吉林、辽宁、内蒙古、河北、山西、河南、江苏、江西、湖南、湖北、四川、云南、台湾、广东、广

西；日本、朝鲜、俄罗斯

开口箭属 **Campylandra** Baker

环花开口箭 **Campylandra annulata** (H. Li et J. L. Huang) M. N. Tamura, S. Yun Liang et Turland
分布：云南

橙花开口箭 **Campylandra aurantiaca** Baker
分布：云南、西藏；印度、尼泊尔

开口箭 **Campylandra chinensis** (Baker) M. N. Tamura, S. Yun Liang et Turland
分布：河南、陕西、安徽、江西、湖南、湖北、四川、云南、福建、台湾、广东、广西

筒花开口箭 **Campylandra delavayi** (Franch.) M. N. Tamura, S. Yun Liang et Turland
分布：湖南、湖北、四川、贵州、云南、广西

峨眉开口箭 **Campylandra emeiensis** (Z. Y. Zhu) M. N. Tamura, S. Yun Liang et Turland
分布：四川

剑叶开口箭 **Campylandra ensifolia** (F. T. Wang et Ts. Tang) M. N. Tamura, S. Yun Liang et Turland
分布：云南

齿瓣开口箭 **Campylandra fimbriata** (Hand.-Mazz.) M. N. Tamura, S. Yun Liang et Turland
分布：云南、西藏；印度、尼泊尔

金山开口箭 **Campylandra jinshanensis** (Z. L. Yang ex X. G. Luo) M. N. Tamura, S. Yun Liang et Turland
分布：四川

凉山开口箭 **Campylandra liangshanensis** (Z. Y. Zhu) M. N. Tamura, S. Yun Liang et Turland
分布：四川

利川开口箭 **Campylandra lichuanensis** (Y. K. Yang, J. K. WuD. T. Peng) M. N. Tamura, S. Yun Liang et Turland
分布：湖北

长梗开口箭 **Campylandra longipedunculata** (F. T. Wang et S. Yun Liang) M. N. Tamura, S. Yun Liang et Turland
分布：云南

蝶花开口箭 **Campylandra tui** (F. T. Wang et Ts. Tang) M. N. Tamura, S. Yun Liang et Turland
分布：四川

尾萼开口箭 **Campylandra urotepala** (Hand.-Mazz.) M. N. Tamura, S. Yun Liang et Turland
分布：四川

疣点开口箭 **Campylandra verruculosa** (Q. H. Chen) M. N. Tamura, S. Yun Liang et Turland
分布：贵州

弯蕊开口箭 **Campylandra wattii** C. B. Clarke
分布：四川、贵州、云南、广东、广西；不丹、印度

云南开口箭 **Campylandra yunnanensis** (F. T. Wang et S. Yun Liang) M. N. Tamura, S. Yun Liang et Turland
分布：云南

吊兰属 **Chlorophytum** Ker Gawl.

狭叶吊兰 **Chlorophytum chinense** Bureau et Franch.
分布：四川、云南

小花吊兰 **Chlorophytum laxum** R. Br.
分布：广东、海南；印度、印度尼西亚、马来西亚、缅甸、斯里兰卡、泰国、澳大利亚；非洲

大叶吊兰 **Chlorophytum malayense** Ridl.
分布：云南、广西；老挝、马来西亚、泰国、越南

西南吊兰 **Chlorophytum nepalense** (Lindl.) Baker
分布：四川、贵州、云南、西藏；不丹、印度、缅甸、尼泊尔

铃兰属 **Convallaria** L.

铃兰 **Convallaria majalis** L.
分布：黑龙江、吉林、辽宁、内蒙古、河北、山西、山东、河南、陕西、宁夏、甘肃、浙江、湖南；日本、朝鲜、蒙古国、缅甸、俄罗斯；欧洲、北美洲

朱蕉属 **Cordyline** Comm. et R. Br.

朱蕉 **Cordyline fruticosa** (L.) A. Chev.
分布：福建、广东、广西、海南；原产于太平洋岛屿

竹根七属 **Disporopsis** Hance

散斑竹根七 **Disporopsis aspersa** (Hua) Engl.
分布：湖南、湖北、四川、云南、广西

竹根七 **Disporopsis fuscopicta** Hance
分布：江西、湖南、四川、贵州、云南、福建、广东、广西；菲律宾

金佛山竹根七 **Disporopsis jinfushanensis** Z. Y. Liu
分布：四川

长叶竹根七 **Disporopsis longifolia** Craib
分布：云南、广西；老挝、泰国、越南

深裂竹根七 **Disporopsis pernyi** (Hua) Diels
分布：浙江、江西、湖南、四川、贵州、云南、台湾、广

东、广西

峨眉竹根七 **Disporopsis undulata** M. N. Tamura et Ogisu
分布：四川

鹭鸶草属 **Diuranthera** Hemsl.

秦岭鹭鸶兰 **Diuranthera chinglingensis** J. Q. Xing et T. C. Cui
分布：陕西

南川鹭鸶兰 **Diuranthera inarticulata** F. T. Wang et K. Y. Lang
分布：四川

鹭鸶兰 **Diuranthera major** Hemsl.
分布：四川、贵州、云南

小鹭鸶兰 **Diuranthera minor** (C. H. Wright) C. H. Wright ex Hemsl.
分布：四川、贵州、云南

龙血树属 **Dracaena** Vand. ex L.

长花龙血树 **Dracaena angustifolia** Roxb.
分布：云南、台湾、海南；不丹、柬埔寨、印度、印度尼西亚、老挝、马来西亚、缅甸、巴布亚新几内亚、菲律宾、泰国、越南

柬埔寨龙血树 **Dracaena cambodiana** Pierre ex Gagnep.
分布：海南；柬埔寨、老挝、泰国、越南

剑叶龙血树 **Dracaena cochinchinensis** (Lour.) S. C. Chen
分布：云南、广西；柬埔寨、越南

细枝龙血树 **Dracaena elliptica** Thunb.
分布：广西；印度尼西亚、老挝、马来西亚、缅甸、泰国、越南

河口龙血树 **Dracaena hokouensis** G. Z. Ye
分布：云南、广西；泰国、越南

矮龙血树 **Dracaena terniflora** Roxb.
分布：云南；印度、马来西亚、泰国

异黄精属 **Heteropolygonatum** Tamura et Ogisu

金佛山异黄精 **Heteropolygonatum ginfushanicum** (F. T. Wang et Ts. Tang) M. N. Tamura, S. C. Chen et Tu
分布：湖北、四川、贵州

贡嘎异黄精(新拟) **Heteropolygonatum ogisui** M. N. Tamura et J. M. Xu
分布：四川

垂茎异黄精 **Heteropolygonatum pendulum** (Z. G. Liu et X. H. Hu) M. N. Tamura et Ogisu
分布：四川

异黄精 **Heteropolygonatum roseolum** M. N. Tamura et Ogisu
分布：广西

四川异黄精 **Heteropolygonatum xui** W. K. Bao et M. N. Tamura
分布：四川

玉簪属 **Hosta** Tratt.

白粉玉簪 **Hosta albofarinosa** D. Q. Wang
分布：安徽

东北玉簪 **Hosta ensata** F. Maek.
分布：吉林、辽宁；朝鲜、俄罗斯

玉簪 **Hosta plantaginea** (Lam.) Asch.
分布：辽宁、?河北、陕西、安徽、江苏、浙江、湖北、湖南、四川、云南、福建、广东、广西

紫萼 **Hosta ventricosa** (Salisb.) Stearn
分布：安徽、江苏、江西、湖南、湖北、四川、贵州、福建、广东、广西

山麦冬属 **Liriope** Lour.

禾叶山麦冬 **Liriope graminifolia** (L.) Baker
分布：河北、山西、河南、陕西、甘肃、安徽、江苏、浙江、江西、湖北、四川、贵州、福建、台湾、广东

甘肃山麦冬 **Liriope kansuensis** (Batalin) C. H. Wright
分布：甘肃、四川

长梗山麦冬 **Liriope longipedicellata** F. T. Wang et Ts. Tang
分布：四川

矮小山麦冬 **Liriope minor** (Maxim.) Makino
分布：辽宁、河南、陕西、江苏、浙江、湖北、四川、福建、台湾、广西；日本

阔叶山麦冬 **Liriope muscari** (Decne.) L. H. Bailey
分布：山东、河南、安徽、江苏、浙江、江西、湖南、湖北、四川、贵州、福建、台湾、广东、广西；日本

山麦冬 **Liriope spicata** (Thunb.) Lour.
分布：河北、山西、山东、河南、陕西、甘肃、安徽、江苏、浙江、江西、湖南、湖北、四川、贵州、云南、福建、台湾、广东、广西、海南；日本、朝鲜、越南

浙江山麦冬(新拟) **Liriope zhejiangensis** G. H. Xia et G. Y. Li
分布：浙江

舞鹤草属 **Maianthemum** F. H. Wigg.

高大鹿药 **Maianthemum atropurpureum** (Franch.) La Frankie
分布：四川、云南

舞鹤草 **Maianthemum bifolium** (L.) F. W. Schmidt
分布：黑龙江、吉林、辽宁、内蒙古、河北、山西、陕西、甘肃、青海、新疆、四川；日本、朝鲜、蒙古国、俄罗斯；欧洲、北美洲

兴安鹿药 **Maianthemum dahuricum** (Fisch. et C. A. Mey.) La Frankie
分布：黑龙江、吉林、辽宁、内蒙古；朝鲜、俄罗斯

革叶鹿药 **Maianthemum dulongense** var. **coriaceum** R. Li et H. Li
分布：云南

台湾鹿药 **Maianthemum formosanum** (Hayata) LaFrankie
分布：台湾

抱茎鹿药 **Maianthemum forrestii** (W. W. Sm.) La Frankie
分布：云南

褐花鹿药 **Maianthemum fusciduliflorum** (Kawano) S. C. Chen et Kawano
分布：云南、西藏；缅甸

西南鹿药 **Maianthemum fuscum** (Wall.) LaFrankie
分布：云南、西藏；不丹、印度、缅甸、尼泊尔

心叶鹿药 **Maianthemum fuscum** var. **cordatum** R. Li et H. Li
分布：云南、西藏

贡山鹿药 **Maianthemum gongshanense** (S. Yun Liang) H. Li
分布：云南

原广鹿药(新拟) **Maianthemum harae** Tseng et Chao
分布：台湾

管花鹿药 **Maianthemum henryi** (Baker) La Frankie
分布：山西、河南、陕西、甘肃、湖南、湖北、四川、云南、西藏；缅甸、越南

鹿药 **Maianthemum japonicum** (A. Gray) LaFrankie
分布：黑龙江、吉林、辽宁、河北、山西、山东、河南、陕西、甘肃、安徽、江苏、浙江、江西、湖南、湖北、四川、贵州、福建、广西；日本、朝鲜、俄罗斯

丽江鹿药 **Maianthemum lichiangense** (W. W. Sm.) La Frankie
分布：陕西、甘肃、四川、云南

南川鹿药 **Maianthemum nanchuanense** H. Li et J. L. Huang
分布：四川

长柱鹿药 **Maianthemum oleraceum** (Baker) La Frankie
分布：四川、贵州、云南、西藏；不丹、印度、缅甸、尼泊尔

紫花鹿药 **Maianthemum purpureum** (Wall.) LaFrankie
分布：云南、西藏；不丹、印度、尼泊尔

少叶鹿药 **Maianthemum stenolobum** (Franch.) S. C. Chen et Kawano
分布：甘肃、湖北、四川

四川鹿药 **Maianthemum szechuanicum** (F. T. Wang et Ts. Tang) H. Li
分布：四川、云南

窄瓣鹿药 **Maianthemum tatsienense** (Franch.) La Frankie
分布：甘肃、湖南、湖北、四川、贵州、云南、广西；不丹、印度、缅甸

三叶鹿药 **Maianthemum trifolium** (L.) Sloboda
分布：黑龙江、吉林、内蒙古；朝鲜、俄罗斯；北美洲

合瓣鹿药 **Maianthemum tubiferum** (Batalin) La Frankie
分布：陕西、甘肃、青海、湖北、四川

沿阶草属 **Ophiopogon** Ker Gawl.

针苞沿阶草(新拟) **Ophiopogon acerobracteatus** R. H. Miau ex W. B. Liao, J. H. Jin et W. Q. Liu
分布：广东

白边沿阶草 **Ophiopogon albimarginatus** D. Fang
分布：广西

钝叶沿阶草 **Ophiopogon amblyphyllus** F. T. Wang et L. K. Dai
分布：四川、云南

短药沿街草 **Ophiopogon angustifoliatus** (F. T. Wang et Ts. Tang) S. C. Chen
分布：湖南、湖北、四川、贵州

连药沿阶草 **Ophiopogon bockianus** Diels
分布：湖南、湖北、四川、贵州、云南、广西

沿阶草 **Ophiopogon bodinieri** H. Lév.
分布：河南、陕西、甘肃、湖北、四川、贵州、云南、西藏、台湾；不丹

长茎沿阶草 **Ophiopogon chingii** F. T. Wang et Ts. Tang
分布：四川、贵州、云南、广东、广西、海南

长丝沿阶草 **Ophiopogon clarkei** Hook. f.
分布：云南、西藏；不丹、印度、尼泊尔

棒叶沿阶草 **Ophiopogon clavatus** C. H. Wright ex Oliv.
分布：湖南、湖北、四川、贵州、广东、广西

厚叶沿阶草 **Ophiopogon corifolius** F. T. Wang et K. Y. Lang
分布：贵州、广西

褐鞘沿阶草 **Ophiopogon dracaenoides** (Baker) Hook. f.
分布：贵州、云南、广西；印度、老挝、泰国、越南

丝梗沿街草 **Ophiopogon filipes** D. Fang
分布：广西

富宁沿阶草 **Ophiopogon fooningensis** F. T. Wang et L. K. Dai
分布：云南

大沿阶草 **Ophiopogon grandis** W. W. Sm.
分布：贵州、云南

异药沿街草 **Ophiopogon heterandrus** F. T. Wang et K. Y. Lang
分布：湖南、湖北、四川、贵州、广西

红疆沿街草 **Ophiopogon hongjiangensis** Y. Y. Qian
分布：云南

间型沿阶草 **Ophiopogon intermedius** D. Don
分布：河南、陕西、湖南、湖北、四川、贵州、云南、西藏、台湾、广东、广西、海南；孟加拉国、不丹、印度、尼泊尔、斯里兰卡、泰国、越南

麦冬 **Ophiopogon japonicus** (L. f.) Ker Gawl.
分布：河北、山东、河南、陕西、安徽、江苏、浙江、江西、湖南、湖北、四川、贵州、云南、福建、台湾、广东、广西；日本、朝鲜

江城沿阶草 **Ophiopogon jiangchengensis** Y. Y. Qian
分布：云南

大叶沿阶草 **Ophiopogon latifolius** L. Rodrigues
分布：云南、广西；越南

泸水沿街草 **Ophiopogon lushuiensis** S. C. Chen
分布：云南

西南沿阶草 **Ophiopogon mairei** H. Lév.
分布：湖北、四川、贵州、云南

丽叶沿阶草 **Ophiopogon marmoratus** Pierre ex L. Rodr.
分布：云南、广西；柬埔寨、老挝、泰国、越南

大花沿阶草 **Ophiopogon megalanthus** F. T. Wang et L. K. Dai
分布：云南

勐连沿阶草 **Ophiopogon menglianensis** H. W. Li
分布：云南

墨脱沿阶草 **Ophiopogon motouensis** S. C. Chen
分布：西藏

隆安沿阶草 **Ophiopogon multiflorus** Y. Wan
分布：广西

龙州沿阶草 **Ophiopogon ogisui** M. N. Tamura et J. M. Xu
分布：广西

锥序沿阶草 **Ophiopogon paniculatus** Z. Y. Zhu
分布：四川

长药沿阶草 **Ophiopogon peliosanthoides** F. T. Wang et Ts. Tang
分布：贵州、云南、广西

屏边沿阶草 **Ophiopogon pingbienensis** F. T. Wang et L. K. Dai
分布：云南

宽叶沿阶草 **Ophiopogon platyphyllus** Merr. et Chun
分布：广东、广西、海南

拟多花沿阶草 **Ophiopogon pseudotonkinensis** D. Fang
分布：广西

蔓茎沿阶草 **Ophiopogon reptans** Hook. f.
分布：广西、海南；印度、泰国、越南

高节沿阶草 **Ophiopogon reversus** C. C. Huang
分布：广西、海南

卷瓣沿阶草 **Ophiopogon revolutus** F. T. Wang et K. Y. Lang
分布：云南；泰国

匍茎沿阶草 **Ophiopogon sarmentosus** F. T. Wang et L. K. Dai
分布：云南

中华沿阶草 **Ophiopogon sinensis** Y. Wan et C. C. Huang
分布：云南、广西；越南

疏花沿阶草 **Ophiopogon sparsiflorus** F. T. Wang et L. K. Dai
分布：广东、广西

狭叶沿阶草 **Ophiopogon stenophyllus** (Merr.) L. Rodr.
分布：江西、云南、广东、广西、海南

林生沿阶草 **Ophiopogon sylvicola** F. T. Wang et Ts. Tang
分布：四川、贵州

四川沿阶草 **Ophiopogon szechuanensis** F. T. Wang et Ts. Tang
分布：四川、云南

云南沿阶草 **Ophiopogon tienensis** F. T. Wang et Ts. Tang
分布：云南

多花沿阶草 **Ophiopogon tonkinensis** L. Rodr.
分布：云南、广西；越南

簇叶沿阶草 **Ophiopogon tsaii** F. T. Wang et Ts. Tang
分布：云南

阴生沿阶草 **Ophiopogon umbraticola** Hance
分布：江西、四川、贵州、广东

木根沿阶草 **Ophiopogon xylorrhizus** F. T. Wang et L. K. Dai
分布：云南

阳朔沿阶草(新拟) **Ophiopogon yangshuoensis** R. H. Jiang et W. B. Xu
分布：广西

滇西沿阶草 **Ophiopogon yunnanensis** S. C. Chen
分布：云南

姜状沿阶草 **Ophiopogon zingiberaceus** F. T. Wang et L. K. Dai
分布：四川、云南

虎眼万年青属 **Ornithogalum** L.

虎眼万年青 **Ornithogalum caudatum** Jacquem.
分布：华北常见栽培

球子草属 **Peliosanthes** Andrews

滇西球子草 **Peliosanthes dehongensis** H. Li
分布：云南

滇越球子草(新拟) **Peliosanthes divaricatanthera** N. Tanaka
分布：云南；越南

台东球子草 **Peliosanthes kaoi** Ohwi
分布：台湾

大盖球子草 **Peliosanthes macrostegia** Hance
分布：湖南、四川、贵州、云南、台湾、广东、广西

长苞球子草 **Peliosanthes ophiopogonoides** F. T. Wang et Ts. Tang
分布：云南

粗穗球子草 **Peliosanthes pachystachya** W. H. Chen et Y. M. Shui
分布：云南

反折球子草(新拟) **Peliosanthes reflexa** M. N. Tamura et Ogisu
分布：广西

无柄球子草 **Peliosanthes sessile** H. Li
分布：云南

匍匐球子草 **Peliosanthes sinica** F. T. Wang et Ts. Tang
分布：云南、广西

簇花球子草 **Peliosanthes teta** Andrews
分布：云南、广西、海南；孟加拉国、印度、老挝、马来西亚、缅甸、泰国、越南

云南球子草 **Peliosanthes yunnanensis** F. T. Wang et Ts. Tang
分布：云南

黄精属 **Polygonatum** Mill.

五叶黄精 **Polygonatum acuminatifolium** Kom.
分布：吉林、辽宁、河北；俄罗斯

贴梗黄精 **Polygonatum adnatum** S. Yun Liang
分布：四川

短筒黄精 **Polygonatum altelobatum** Hayata
分布：台湾

互卷黄精 **Polygonatum alternicirrhosum** Hand.-Mazz.
分布：四川

阿里黄精 **Polygonatum arisanense** Hayata
分布：台湾

棒丝黄精 **Polygonatum cathcartii** Baker
分布：四川、云南、西藏；不丹、尼泊尔、印度

清水山黄精 **Polygonatum chingshuishanianum** S. S. Ying
分布：台湾

卷叶黄精 **Polygonatum cirrhifolium** (Wall.) Royle
分布：陕西、宁夏、甘肃、青海、四川、云南、西藏、广西；不丹、印度、尼泊尔

垂叶黄精 **Polygonatum curvistylum** Hua
分布：四川、云南

多花黄精 **Polygonatum cyrtonema** Hua
分布：安徽、福建、广东、广西、贵州、河南、湖北、湖南、江苏、江西、?陕西、四川、浙江

长苞黄精 **Polygonatum desoulavyi** Kom.
分布：黑龙江；朝鲜、俄罗斯

长梗黄精 **Polygonatum filipes** Merr. ex C. Jeffrey et McEwan
分布：安徽、江苏、浙江、江西、湖南、福建、广东、广西

距药黄精 **Polygonatum franchetii** Hua
分布：陕西、湖南、湖北、四川

细根茎黄精 **Polygonatum gracile** P. Y. Li
分布：山西、陕西、甘肃

三脉黄精 **Polygonatum griffithii** Baker
分布：西藏；尼泊尔

粗毛黄精 **Polygonatum hirtellum** Hand.-Mazz.
分布：陕西、甘肃、四川

独花黄精 **Polygonatum hookeri** Baker
分布：陕西、甘肃、青海、四川、云南、西藏；印度

小玉竹 **Polygonatum humile** Fisch. ex Maxim.
分布：黑龙江、吉林、辽宁、内蒙古、河北、山西；日本、朝鲜、蒙古国、俄罗斯

毛筒玉竹 **Polygonatum inflatum** Kom.
分布：黑龙江、吉林、辽宁

二苞黄精 **Polygonatum involucratum** (Franch. et Sav.) Maxim.
分布：河北、黑龙江、河南、吉林、辽宁、?内蒙古、?陕西、山西；日本、朝鲜、俄罗斯

金寨黄精 **Polygonatum jinzhaiense** D. C. Zhang et J. Z. Shao
分布：安徽

滇黄精 **Polygonatum kingianum** Collett et Hemsl.
分布：四川、贵州、云南、广西；缅甸、泰国、越南

雷波黄精 **Polygonatum leiboense** S. C. Chen et D. Q. Liu
分布：四川

长柄黄精 **Polygonatum longipedunculatum** S. Yun Liang
分布：四川、云南

百色黄精 **Polygonatum longistylum** Y. Wan et C. Z. Gao
分布：广西

热河黄精 **Polygonatum macropodum** Turcz.
分布：辽宁、内蒙古、河北、山西、山东

大苞黄精 **Polygonatum megaphyllum** P. Y. Li
分布：河北、山西、陕西、甘肃、四川

节根黄精 **Polygonatum nodosum** Hua
分布：陕西、甘肃、湖北、四川、云南、广西

玉竹 **Polygonatum odoratum** (Mill.) Druce
分布：黑龙江、辽宁、内蒙古、河北、山西、山东、河南、陕西、甘肃、青海、安徽、江苏、浙江、江西、湖南、湖北、台湾、广西；日本、朝鲜、蒙古国、俄罗斯；欧洲

萎莛 **Polygonatum odoratum** var. **pluriflorum** (Miq.) Ohwi
分布：台湾；日本、朝鲜

峨眉黄精 **Polygonatum omeiense** Z. Y. Zhu
分布：四川

对叶黄精 **Polygonatum oppositifolium** (Wall.) Royle
分布：西藏；不丹、印度、尼泊尔

康定玉竹 **Polygonatum prattii** Baker
分布：四川、云南

点花黄精 **Polygonatum punctatum** Royle ex Kunth
分布：陕西、四川、贵州、云南、西藏、广西、海南；不丹、印度、缅甸、尼泊尔、泰国、越南

青海黄精 **Polygonatum qinghaiense** Z. L. Wu et Y. C. Yang
分布：青海

新疆黄精 **Polygonatum roseum** (Ledeb.) Kunth
分布：新疆；哈萨克斯坦、吉尔吉斯斯坦、塔吉克斯坦、俄罗斯

黄精 **Polygonatum sibiricum** Redouté
分布：黑龙江、吉林、辽宁、内蒙古、河北、山西、山东、河南、陕西、宁夏、甘肃、安徽、浙江；朝鲜、蒙古国、俄罗斯

鹤峰黄精 **Polygonatum sparsifolium** F. T. Wang et Tang
分布：湖北

狭叶黄精 **Polygonatum stenophyllum** Maxim.
分布：黑龙江、吉林、辽宁、内蒙古；朝鲜、俄罗斯

西南黄精 **Polygonatum stewartianum** Diels
分布：四川、云南

格脉黄精 **Polygonatum tessellatum** F. T. Wang et Ts. Tang
分布：云南、广西；缅甸、泰国

轮叶黄精 **Polygonatum verticillatum** (L.) All.
分布：内蒙古、山西、陕西、甘肃、青海、四川、云南、西藏；阿富汗、不丹、尼泊尔、巴基斯坦、俄罗斯、印度；亚洲(西南部)、欧洲

西藏黄精 **Polygonatum wardii** F. T. Wang et Ts. Tang
分布：西藏；印度

湖北黄精 **Polygonatum zanlanscianense** Pamp.
分布：河南、陕西、甘肃、江苏、浙江、江西、湖南、湖北、四川、贵州、广西

吉祥草属 **Reineckea** Kunth

吉祥草 **Reineckea carnea** (Andrews) Kunth
分布：河南、陕西、安徽、江苏、浙江、江西、湖南、湖北、四川、贵州、云南、广东、广西；日本

万年青属 **Rohdea** Roth

万年青 **Rohdea japonica** (Thunb.) Roth
分布：山东、江苏、浙江、江西、湖南、湖北、四川、贵州、广西；日本

李氏万年青(新拟) **Rohdea lihengiana** Q. Qiao et C. Q. Zhang
分布：云南

假叶树属 **Ruscus** L.

假叶树 **Ruscus aculeatus** L.
分布：各省（自治区、直辖市）偶见栽培，作盆景；原产于欧洲南部

白穗花属 **Speirantha** Baker

白穗花 **Speirantha gardenii** (Hook.) Baill.
分布：安徽、江苏、浙江、江西

夏须草属 **Theropogon** Maxim.

夏须草 **Theropogon pallidus** Maxim.
分布：云南、西藏；不丹、印度、尼泊尔

异蕊草属 **Thysanotus** R. Br.

异蕊草 **Thysanotus chinensis** Benth.
分布：福建、台湾、广东、广西；印度尼西亚、马来西亚、菲律宾、泰国、越南、澳大利亚

长柱开口箭属 **Tupistra** Ker Gawl.

伞柱开口箭 **Tupistra fungilliformis** F. T. Wang et S. Yun Liang
分布：云南、广西

长柱开口箭 **Tupistra grandistigma** F. T. Wang et S. Yun Liang
分布：云南、广西；越南

红河长柱开口箭 **Tupistra hongheensis** G. W. Hu et H. Li
分布：云南

长穗开口箭 **Tupistra longispica** Y. Wan et X. H. Lu
分布：广西

屏边开口箭 **Tupistra pingbianensis** J. L. Huang et X. Z. Liu
分布：云南

223. 菊科 Asteraceae Bercht. et J. Presl

刺苞果属 **Acanthospermum** Schrank

美洲刺苞果 **Acanthospermum australe** (Loefl.) Kuntze
分布：云南；南美洲

刺苞果 **Acanthospermum hispidum** DC.
分布：广东、云南逸生；原产于南美洲

蓍属 **Achillea** L.

齿叶蓍 **Achillea acuminata** (Ledeb.) Sch. Bip.
分布：黑龙江、吉林、辽宁、内蒙古、陕西、宁夏、甘肃、青海；朝鲜、日本、蒙古国、俄罗斯

高山蓍 **Achillea alpina** L.
分布：黑龙江、吉林、辽宁、内蒙古、河北、山西、陕西、宁夏、甘肃、青海、安徽、四川、云南；日本、韩国、蒙

古国、尼泊尔、俄罗斯

亚洲蓍 Achillea asiatica Serg.

分布：黑龙江、辽宁、内蒙古、河北、新疆、湖南；蒙古国、俄罗斯

褐苞蓍 Achillea impatiens L.

分布：新疆；蒙古国、俄罗斯

阿尔泰蓍 Achillea ledebourii Heimerl

分布：新疆；哈萨克斯坦、俄罗斯

蓍 Achillea millefolium L.

分布：黑龙江、吉林、辽宁、内蒙古、河北、北京、河南、甘肃、安徽、江苏、江西、湖南、湖北、贵州、福建、广东、广西、海南、香港、澳门；蒙古国、俄罗斯；欧洲、非洲、北美洲

壮观蓍 Achillea nobilis L.

分布：新疆；哈萨克斯坦、俄罗斯、土库曼斯坦；亚洲(西南部)、欧洲(中部到南部)

短瓣蓍 Achillea ptarmicoides Maxim.

分布：黑龙江、吉林、辽宁、内蒙古、河北；朝鲜、日本、蒙古国、俄罗斯

柳叶蓍 Achillea salicifolia Bess.

分布：新疆；欧洲、俄罗斯

丝叶蓍 Achillea setacea Waldst. et Kir.

分布：黑龙江、新疆；哈萨克斯坦、蒙古国、俄罗斯；亚洲(西南部)、欧洲、非洲(北部)

云南蓍 Achillea wilsoniana (Heimerl ex Hand.-Mazz.) Heimerl

分布：山西、陕西、甘肃、湖南、湖北、四川、贵州、云南

金纽扣属 Acmella Persoon

短舌花金纽扣 Acmella brachyglossa Cass.

分布：台湾归化；原产于加勒比和中南美洲

美形金纽扣 Acmella calva (DC.) R. K. Jansen

分布：云南；印度、印度尼西亚、缅甸、尼泊尔、菲律宾、斯里兰卡、泰国

天文草 Acmella ciliata (Kunth) Cass.

分布：台湾归化；原产于南美洲，亚洲南部和东南部归化

桂圆菊 Acmella oleracea (L.) R. K. Jansen

分布：南部各省（自治区、直辖市）有栽培；原产于南美洲

金纽扣 Acmella paniculata (Wall. ex DC.) R. K. Jansen

分布：云南、台湾、广东、广西；印度、印度尼西亚、老挝、马来西亚、缅甸、尼泊尔、菲律宾、斯里兰卡、泰国、越南

沼生金纽扣 Acmella uliginosa (Sw.) Cass.

分布：香港和台湾逸生；原产于非洲、美洲和亚洲的热带地区及太平洋岛屿

和尚菜属 Adenocaulon Hook.

和尚菜 Adenocaulon himalaicum Edgew.

分布：中国各省（自治区、直辖市）都有分布；日本、朝鲜、印度、俄罗斯

下田菊属 Adenostemma J. R. Forst. ex G. Forst.

下田菊 Adenostemma lavenia (L.) Kuntze

分布：安徽、江苏、浙江、江西、湖南、四川、贵州、云南、福建、台湾、广东、广西；印度、中南半岛、菲律宾、日本、朝鲜、澳大利亚

下田菊(原变种) Adenostemma lavenia var. **lavenia**

分布：安徽、江苏、浙江、江西、湖南、贵州、云南、福建、台湾、广东、广西、海南、南海诸岛；印度、日本、韩国、尼泊尔、菲律宾、澳大利亚

宽叶下田菊 Adenostemma lavenia var. **latifolium** (D. Don) Hand.-Mazz.

分布：湖南、湖北、四川、云南、西藏、福建、台湾、广东、广西；印度、朝鲜、泰国、老挝、越南

小花下田菊 Adenostemma lavenia var. **parviflorum** (Blume) Hochr.

分布：江西、湖南、海南

紫茎泽兰属 Ageratina Spach

紫茎泽兰 Ageratina adenophora (Spreng.) R. M. King et H. Rob.

分布：贵州、南海诸岛，云南等地引入归化；原产于墨西哥、泛热带亚热带地区

藿香蓟属 Ageratum L.

藿香蓟 Ageratum conyzoides L.

分布：安徽、江苏、浙江、江西、湖南、湖北、四川、重庆、贵州、云南、西藏、福建、台湾、广东、广西、海南、香港、澳门；原产于中南美洲，现非洲、亚洲热带和亚热带地区归化

熊耳草 Ageratum houstonianum Mill.

分布：黑龙江、山东、安徽、江苏、浙江、四川、贵州、云南、福建、台湾、广东、广西、海南；原产于墨西哥、危地马拉及洪都拉斯等地；现非洲、亚洲和欧洲广布

兔儿风属 **Ainsliaea** DC.

槭叶兔儿风 **Ainsliaea acerifolia** var. **subapoda** Nakai
分布：吉林、辽宁；日本、韩国

马边兔儿风 **Ainsliaea angustata** C. C. Chang
分布：陕西、甘肃、四川

狭叶兔儿风 **Ainsliaea angustifolia** Hook. f. et Thomson ex C. B. Clarke
分布：四川、贵州、云南、西藏；印度、越南

五裂兔儿风 **Ainsliaea apiculata** var. **acerifolia** Masamune
分布：台湾；日本

无翅兔儿风 **Ainsliaea aptera** DC.
分布：西藏；印度、不丹

狭翅兔儿风 **Ainsliaea apteroides** (C. C. Chang) Y. C. Tseng
分布：云南

细辛叶兔儿风 **Ainsliaea asaroides** Y. S. Ye, Jun Wang et H. G. Ye
分布：广东

心叶兔儿风 **Ainsliaea bonatii** P. Beauv.
分布：四川、重庆、贵州、云南

心叶兔儿风(原变种) **Ainsliaea bonatii** var. **bonatii**
分布：四川、重庆、贵州、云南

薄叶兔儿风 **Ainsliaea bonatii** var. **multibracteata** (Mattfeld) S. E. Freire
分布：四川

蓝兔儿风 **Ainsliaea caesia** Hand.-Mazz.
分布：江西、湖南、广东

卡氏兔儿风 **Ainsliaea cavaleriei** H. Lév.
分布：江西、广东、广西

边地兔儿风 **Ainsliaea chapaensis** Merr.
分布：云南、广西、海南；越南

厚叶兔儿风 **Ainsliaea crassifolia** Chang
分布：四川、云南

秀丽兔儿风 **Ainsliaea elegans** Hemsl.
分布：贵州、云南

秀丽兔儿风(原变种) **Ainsliaea elegans** var. **elegans**
分布：贵州、云南

红毛兔儿风 **Ainsliaea elegans** var. **strigosa** Mattf.
分布：云南；越南

异叶兔儿风 **Ainsliaea foliosa** Hand.-Mazz.
分布：四川、云南

杏香兔儿风 **Ainsliaea fragrans** Champ. ex Benth.
分布：安徽、江苏、浙江、江西、湖南、湖北、四川、福建、台湾、广东、广西；日本

黄毛兔儿风 **Ainsliaea fulvipes** Jeffrey et W. W. Sm.
分布：云南

光叶兔儿风 **Ainsliaea glabra** Hemsl.
分布：四川、贵州、云南

光叶兔儿风(原变种) **Ainsliaea glabra** var. **glabra**
分布：四川、贵州、云南

四川兔儿风 **Ainsliaea glabra** var. **sutchuenensis** (Franch.) S. E. Freire
分布：江西、湖南、湖北、四川、重庆、贵州、福建

纤枝兔儿风 **Ainsliaea gracilis** Franch.
分布：江西、湖南、湖北、四川、贵州、广东、广西

粗齿兔儿风 **Ainsliaea grossedentata** Franch.
分布：江西、湖南、湖北、四川、贵州、广西

长穗兔儿风 **Ainsliaea henryi** Diels
分布：湖南、湖北、四川、贵州、云南、福建、台湾、广东、广西、海南

长穗兔儿风(原变种) **Ainsliaea henryi** var. **henryi**
分布：湖南、湖北、四川、贵州、云南、福建、台湾、广东、广西、海南

亚高山长穗兔儿风 **Ainsliaea henryi** var. **subalpina** (Hand.-Mazz.) S. E. Freire
分布：台湾

灯台兔儿风 **Ainsliaea kawakamii** Hayata
分布：安徽、浙江、湖南、福建、台湾、广东

澜沧兔儿风 **Ainsliaea lancangensis** Y. Y. Qian
分布：云南

宽叶兔儿风 **Ainsliaea latifolia** (D. Don) Sch. Bip.
分布：湖北、四川、贵州、云南、西藏、广东、广西、海南；孟加拉国、不丹、印度、印度尼西亚、克什米尔地区、缅甸、尼泊尔、泰国、越南

宽穗兔儿风 **Ainsliaea latifolia** var. **platyphylla** (Franch.) C. Y. Wu
分布：云南

大头兔儿风 **Ainsliaea macrocephala** (Mattf.) Y. Q. Tseng
分布：四川、云南

阿里山兔儿风 Ainsliaea macroclinidioides Hayata
分布：安徽、浙江、江西、湖南、湖北、福建、台湾、广东、广西

药山兔儿风 Ainsliaea mairei H. Lév.
分布：四川、贵州、云南

泸定兔儿风 Ainsliaea mollis Diels
分布：四川、云南

小兔儿风 Ainsliaea nana Y. C. Tseng
分布：四川

直脉兔儿风 Ainsliaea nervosa Franch.
分布：四川、贵州、云南

小叶兔儿风 Ainsliaea parvifolia Merr.
分布：广东

花莲兔儿风 Ainsliaea paucicapitata Hayata
分布：台湾

腋花兔儿风 Ainsliaea pertyoides Franch.
分布：四川、贵州、云南

腋花兔儿风(原变种) Ainsliaea pertyoides var. **pertyoides**
分布：四川、贵州、云南

白背兔儿风 Ainsliaea pertyoides var. **albotomentosa** Beauverd
分布：四川、贵州、云南

屏边兔儿风 Ainsliaea pingbianensis Y. C. Tseng
分布：云南

钱氏兔儿风 Ainsliaea qianiana S. E. Freire
分布：云南

莲沱兔儿风 Ainsliaea ramosa Hemsl.
分布：河南、湖北、四川、贵州、广东、广西

长柄兔儿风 Ainsliaea reflexa Merr.
分布：云南、西藏、台湾、广东、海南；印度尼西亚、菲律宾、越南

红背兔儿风 Ainsliaea rubrifolia Franch.
分布：陕西、甘肃、四川

红脉兔儿风 Ainsliaea rubrinervis C. C. Chang
分布：四川

紫枝兔儿风 Ainsliaea smithii Mattf.
分布：四川、云南

细穗兔儿风 Ainsliaea spicata Vaniot
分布：湖北、四川、贵州、云南、广东、广西；印度、不丹

三脉兔儿风 Ainsliaea trinervis Y. C. Tseng
分布：江西、贵州、福建、广东、广西

华南兔儿风 Ainsliaea walkeri Hook. f.
分布：福建、广东、广西

云南兔儿风 Ainsliaea yunnanensis Franch.
分布：四川、贵州、云南

亚菊属 **Ajania** Poljakov

蓍状亚菊 Ajania achilleoides (Turcz.) Poljakov ex Grubov
分布：内蒙古；蒙古国

丽江亚菊 Ajania adenantha (Diels) Ling et Shih
分布：云南

内蒙亚菊 Ajania alabasica H. C. Fu
分布：内蒙古

灰叶亚菊 Ajania amphisericea (Hand.-Mazz.) C. Shih
分布：四川

短冠亚菊 Ajania brachyantha C. Shih
分布：西藏

短裂亚菊 Ajania breviloba (Franch. ex Diels) Y. Ling et C. Shih
分布：云南

云南亚菊 Ajania elegantula (W. W. Sm.) C. Shih
分布：云南

新疆亚菊 Ajania fastigiata (C. Winkl.) Poljakov
分布：新疆；俄罗斯、蒙古国

灌木亚菊 Ajania fruticulosa (Ledeb.) Poljakov
分布：内蒙古、陕西、甘肃、青海、新疆、西藏；俄罗斯

纤细亚菊 Ajania gracilis (Hook. f. et Thomson) Poljakov
分布：宁夏、西藏；吉尔吉斯斯坦、塔吉克斯坦

下白亚菊 Ajania hypoleuca Y. Ling ex C. Shih
分布：甘肃、四川

铺散亚菊 Ajania khartensis (Dunn.) Shin
分布：宁夏、甘肃、青海、四川、云南、西藏；印度、俄罗斯

宽叶亚菊 Ajania latifolia C. Shih
分布：四川

多花亚菊 **Ajania myriantha** (Franch.) Y. Ling ex C. Shih
分布：甘肃、青海、四川、云南、西藏

丝裂亚菊 **Ajania nematoloba** (Hand.-Mazz.) Y. Ling et C. Shih
分布：内蒙古、甘肃、青海

光苞亚菊 **Ajania nitida** C. Shih
分布：四川

黄花亚菊 **Ajania nubigena** (Wall.) C. Shih
分布：西藏；尼泊尔、印度

亚菊 **Ajania pallasiana** (Fisch. ex Bess.) Poljakov
分布：黑龙江；俄罗斯、朝鲜

小花亚菊 **Ajania parviflora** (Gruming) Y. Ling
分布：河北、山西

川甘亚菊 **Ajania potaninii** (Krasch.) Poljakov
分布：陕西、甘肃、四川

细裂亚菊 **Ajania przewalskii** Poljakov
分布：宁夏、甘肃、青海、四川

紫花亚菊 **Ajania purpurea** C. Shih
分布：西藏

栎叶亚菊 **Ajania quercifolia** (W. W. Sm.) Ling et C. Shih
分布：四川、云南

分枝亚菊 **Ajania ramosa** (C. C. Chang) C. Shih
分布：四川、西藏

疏齿亚菊 **Ajania remotipinna** (Hand.-Mazz.) Ling et C. Shih
分布：陕西、甘肃、四川、西藏

柳叶亚菊 **Ajania salicifolia** (Mattf. ex Rehder) Poljakov
分布：甘肃、四川、云南

单头亚菊 **Ajania scharnhorstii** (Regel et Schmalh.) Tzvelev
分布：甘肃、青海、新疆、西藏；俄罗斯

密绒亚菊 **Ajania sericea** C. Shih
分布：云南

细叶亚菊 **Ajania tenuifolia** Tzvelev
分布：甘肃、青海、江苏、四川、云南、西藏

西藏亚菊 **Ajania tibetica** (Hook. f. et Thomson) Tzvelev
分布：四川、西藏；印度、俄罗斯

女蒿 **Ajania trifida** (Turcz.) Muldashev
分布：内蒙古；蒙古国

矮亚菊 **Ajania trilobata** Poljakov
分布：新疆

多裂亚菊 **Ajania tripinnatisecta** Y. Ling et C. Shih
分布：四川

深裂亚菊 **Ajania truncata** (Hand.-Mazz.) Y. Ling ex C. Shih
分布：四川

异叶亚菊 **Ajania variifolia** (C. C. Chang) Tzvelev
分布：黑龙江、陕西、湖北；俄罗斯、朝鲜

画笔菊属 **Ajaniopsis** C. Shih

画笔菊 **Ajaniopsis penicilliformis** C. Shih
分布：西藏

翅膜菊属 **Alfredia** Cass.

薄叶翅膜菊 **Alfredia acantholepis** Kar. et Kir.
分布：新疆；俄罗斯

糙毛翅膜菊 **Alfredia aspera** C. Shih
分布：新疆

翅膜菊 **Alfredia cernua** (L.) Cass.
分布：新疆；俄罗斯

长叶翅膜菊 **Alfredia fetissowii** Iljin
分布：新疆

厚叶翅膜菊 **Alfredia nivea** Kar. et Kir.
分布：新疆；俄罗斯

扁毛菊属 **Allardia** Decaisne

扁毛菊 **Allardia glabra** Decne.
分布：西藏；阿富汗、不丹、印度、哈萨克斯坦、巴基斯坦、乌兹别克斯坦

多毛扁毛菊 **Allardia huegelii** Sch. Bip.
分布：西藏；塔吉克斯坦

毛果扁毛菊 **Allardia lasiocarpa** (G. X. Fu) Bremer et Humphries
分布：西藏

小扁毛菊 **Allardia nivea** Hook. f. et Thomson ex C. B. Clarke
分布：西藏；阿富汗、印度、尼泊尔、巴基斯坦

光叶扁毛菊 **Allardia stoliczkae** C. B. Clarke
分布：新疆、西藏；阿富汗、印度、哈萨克斯坦、巴基斯坦、乌兹别克斯坦

羽裂扁毛菊 **Allardia tomentosa** Decne.
分布：西藏；阿富汗、印度、哈萨克斯坦、巴基斯坦、乌兹别克斯坦

三指扁毛菊 **Allardia tridactylites** (Kar. et Kir.) Sch.-Bip.
分布：新疆、西藏；哈萨克斯坦、蒙古国、俄罗斯

厚毛扁毛菊 **Allardia vestita** Hook. f. et Thomson ex C. B. Clarke
分布：西藏；印度、巴基斯坦

珀菊属 Amberboa Vaill.

珀菊 **Amberboa moschata** (L.) DC.
分布：甘肃；西南亚

黄花珀菊 **Amberboa turanica** Iljin
分布：新疆；俄罗斯；欧洲

豚草属 Ambrosia L.

豚草 **Ambrosia artemisiifolia** L.
分布：长江流域逸生；原产于中美洲和北美洲

裸穗豚草 **Ambrosia psilostachya** DC.
分布：台湾；原产于北美洲温带及南美洲部分地区

三裂叶豚草 **Ambrosia trifida** L.
分布：黑龙江、吉林、辽宁、内蒙古、河北、北京、山东、浙江、江西、湖南、湖北、四川；原产于北美洲

香青属 Anaphalis DC.

尖叶香青 **Anaphalis acutifolia** Hand.-Mazz.
分布：西藏

黄腺香青 **Anaphalis aureopunctata** Lingelsh. et Borza
分布：山西、河南、陕西、甘肃、青海、江西、湖南、湖北、四川、贵州、云南、广东、广西

黄腺香青(原变种) **Anaphalis aureopunctata** var. **aureopunctata**
分布：山西、河南、陕西、甘肃、青海、湖南、湖北、四川、贵州、云南、广东、广西

黑鳞黄腺香青 **Anaphalis aureopunctata** var. **atrata** (Hand.-Mazz.) Hand.-Mazz.
分布：四川、云南

车前叶黄腺香青 **Anaphalis aureopunctata** var. **plantaginifolia** F. H. Chen
分布：江西、湖南、湖北、四川

绒毛黄腺香青 **Anaphalis aureopunctata** var. **tomentosa** Hand.-Mazz.
分布：河南、陕西、湖北、四川、贵州、云南

巴塘香青 **Anaphalis batangensis** Y. L. Chen
分布：四川

二色香青 **Anaphalis bicolor** (Franch.) Diels
分布：四川、云南

二色香青(原变种) **Anaphalis bicolor** var. **bicolor**
分布：四川、云南

青海二色香青 **Anaphalis bicolor** var. **kokonorica** Y. Ling
分布：甘肃、青海

长叶二色香青 **Anaphalis bicolor** var. **longifolia** C. C. Chang
分布：四川、云南

同色二色香青 **Anaphalis bicolor** var. **subconcolor** Hand.-Mazz.
分布：甘肃、四川、西藏

波缘二色香青 **Anaphalis bicolor** var. **undulata** (Hand.-Mazz.) Y. Ling
分布：四川、云南

粘毛香青 **Anaphalis bulleyana** (Jeffrey) C. C. Chang
分布：四川、贵州、云南

蛛毛香青 **Anaphalis busua** (Buch.-Ham.) DC.
分布：四川、云南、西藏；印度、尼泊尔

茧衣香青 **Anaphalis chlamydophylla** Diels
分布：云南

中甸香青 **Anaphalis chungtienensis** F. H. Chen
分布：云南

灰毛香青 **Anaphalis cinerascens** Y. Ling et W. Wang
分布：四川、云南

灰毛香青(原变种) **Anaphalis cinerascens** var. **cinerascens**
分布：四川、云南

密聚灰毛香青 **Anaphalis cinerascens** var. **congesta** Y. Ling et W. Wang
分布：四川

旋叶香青 **Anaphalis contorta** (D. Don) Hook. f.
分布：湖南、四川、贵州、云南、西藏；阿富汗、不丹、印度、克什米尔地区、尼泊尔

银衣香青 **Anaphalis contortiformis** Hand.-Mazz.
分布：云南

伞房香青 **Anaphalis corymbifera** C. C. Chang
分布：云南；缅甸

苍山香青 **Anaphalis delavayi** (Franch.) Diels
分布：云南

江孜香青 **Anaphalis deserti** J. R. Drummond
分布：西藏

雅致香青 **Anaphalis elegans** Y. Ling
分布：四川、云南

萎软香青 **Anaphalis flaccida** Y. Ling
分布：贵州、云南

淡黄香青 **Anaphalis flavescens** Hand.-Mazz.
分布：陕西、甘肃、青海、四川、西藏

淡黄香青(原变种) **Anaphalis flavescens** var. **flavescens**
分布：陕西、甘肃、青海、四川、西藏

棉毛淡黄香青 **Anaphalis flavescens** var. **lanata** Y. Ling
分布：四川

太白淡黄香青 **Anaphalis flavescens** var. **taipeiensis** J. Q. Fu
分布：陕西

纤枝香青 **Anaphalis gracilis** Hand.-Mazz.
分布：四川、云南

糙叶纤枝香青 **Anaphalis gracilis** var. **aspera** Hand.-Mazz.
分布：四川

纤枝香青(原变种) **Anaphalis gracilis** var. **gracilis**
分布：四川

皱缘纤枝香青 **Anaphalis gracilis** var. **ulophylla** Hand.-Mazz.
分布：四川、云南

铃铃香青 **Anaphalis hancockii** Maxim.
分布：山西、陕西、甘肃、青海、湖北、四川、西藏

多茎香青 **Anaphalis hondae** Kitam.
分布：西藏；尼泊尔

大山香青 **Anaphalis horaimontana** Masam.
分布：台湾

膜苞香青 **Anaphalis hymenolepis** Y. Ling
分布：甘肃

乳白香青 **Anaphalis lactea** Maxim.
分布：甘肃、青海、四川

德钦香青 **Anaphalis larium** Hand.-Mazz.
分布：云南

宽翅香青 **Anaphalis latialata** Y. Ling et Y. L. Chen
分布：甘肃、青海、四川

丽江香青 **Anaphalis likiangensis** (Franch.) Y. Ling
分布：云南

珠光香青 **Anaphalis margaritacea** (L.) Benth. et Hook. f.
分布：山西、甘肃、青海、湖南、湖北、四川、云南、西藏、广西；不丹、印度、日本、韩国、缅甸、尼泊尔、俄罗斯、泰国、越南；北美洲、欧洲广泛引入栽培

珠光香青(原变种) **Anaphalis margaritacea** var. **margaritacea**
分布：山西、甘肃、青海、湖南、湖北、四川、云南、西藏、广西；印度、日本、尼泊尔、俄罗斯；北美洲、欧洲

线叶珠光香青 **Anaphalis margaritacea** var. **angustifolia** (Franch. et Savatier) Hayata
分布：山西、河南、甘肃、青海、湖北、四川、贵州、云南、西藏；日本、韩国

黄褐珠光香青 **Anaphalis margaritacea** var. **cinnamomea** (DC.) Herder ex Maxim.
分布：陕西、甘肃、湖北、四川、贵州、云南；尼泊尔、不丹、印度、缅甸

玉山香青 **Anaphalis morrisonicola** Hayata
分布：台湾；菲律宾

木里香青 **Anaphalis muliensis** (Hand.-Mazz.) Hand.-Mazz.
分布：四川、云南

永健香青 **Anaphalis nagasawae** Hayata
分布：台湾

尼泊尔香青 **Anaphalis nepalensis** (Spreng.) Hand.-Mazz.
分布：甘肃、陕西、四川、西藏、云南；不丹、印度、?缅

甸、尼泊尔

尼泊尔香青(原变种) **Anaphalis nepalensis** var. **nepalensis**

分布：陕西、甘肃、四川、云南、西藏；不丹、印度、尼泊尔

伞房尼泊尔香青 **Anaphalis nepalensis** var. **corymbosa** (Bureau et Franch.) Hand.-Mazz.

分布：四川、云南

单头尼泊尔香青 **Anaphalis nepalensis** var. **monocephala** (DC.) Hand.-Mazz.

分布：四川、云南、西藏

锐叶香青 **Anaphalis oxyphylla** Y. Ling et C. Shih

分布：云南

厚衣香青 **Anaphalis pachylaena** Y. L. Chen et Ling

分布：四川

污毛香青 **Anaphalis pannosa** Hand.-Mazz.

分布：云南

褶苞香青 **Anaphalis plicata** Kitam.

分布：西藏

紫苞香青 **Anaphalis porphyrolepis** Y. Ling et Y. L. Chen

分布：西藏

红指香青 **Anaphalis rhododactyla** W. W. Sm.

分布：四川、云南、西藏

须弥香青 **Anaphalis royleana** DC.

分布：西藏；喜马拉雅地区、印度

香青 **Anaphalis sinica** Hance

分布：河北、山西、山东、河南、陕西、甘肃、安徽、江苏、浙江、江西、湖南、湖北、四川、广西；日本、韩国

香青(原变种) **Anaphalis sinica** var. **sinica**

分布：安徽、江苏、浙江、江西、湖南、湖北、四川、广西；日本、韩国

疏生香青 **Anaphalis sinica** var. **alata** (Maxim.) S. X. Zhu et R. J. Bayer

分布：甘肃、河北、陕西、山西；?尼泊尔

密生香青 **Anaphalis sinica** var. **densata** Y. Ling

分布：山东

棉毛香青 **Anaphalis sinica** var. **lanata** Y. Ling

分布：河南

蜀西香青 **Anaphalis souliei** Diels

分布：四川

灰叶香青 **Anaphalis spodiophylla** Y. Ling et Y. L. Chen

分布：西藏

狭苞香青 **Anaphalis stenocephala** Y. Ling et C. Shih

分布：云南、西藏

亚灌木香青 **Anaphalis suffruticosa** Hand.-Mazz.

分布：云南

萌条香青 **Anaphalis surculosa** (Hand.-Mazz.) Hand.-Mazz.

分布：四川、云南

四川香青 **Anaphalis szechuanensis** Y. Ling et Y. L. Chen

分布：四川

细弱香青 **Anaphalis tenuissima** C. C. Chang

分布：四川

西藏香青 **Anaphalis tibetica** Kitam.

分布：西藏

能高香青 **Anaphalis transnokoensis** Sasaki

分布：台湾

三脉香青 **Anaphalis triplinervis** (Sims) C. B. Clarke

分布：西藏；阿富汗、不丹、印度、克什米尔地区、尼泊尔、巴基斯坦

黄绿香青 **Anaphalis virens** C. C. Chang

分布：四川、云南

帚枝香青 **Anaphalis virgata** Thomson

分布：新疆、西藏；中亚、伊朗

绿香青 **Anaphalis viridis** Cumm.

分布：四川、云南、西藏

绿香青(原变种) **Anaphalis viridis** var. **viridis**

分布：云南、西藏

无茎绿香青 **Anaphalis viridis** var. **acaulis** Hand.-Mazz.

分布：四川

木根香青 **Anaphalis xylorhiza** Sch.-Bip. ex Hook. f.

分布：西藏；不丹、印度、尼泊尔

竟生香青 **Anaphalis yangii** Y. L. Chen et Y. L. Lin

分布：西藏

云南香青 **Anaphalis yunnanensis** (Franch.) Diels

分布：四川、云南

肋果蓟属 **Ancathia** DC.

肋果蓟 **Ancathia igniaria** (Spreng.) DC.

分布：新疆；蒙古国、俄罗斯

山黄菊属 **Anisopappus** Hook. et Arn.

山黄菊 **Anisopappus chinensis** Hook. et Arn.
分布：云南、福建、广东、广西；东南亚

蝶须属 **Antennaria** Gaertn.

蝶须 **Antennaria dioica** (L.) Gaertn.
分布：黑龙江、甘肃、新疆；蒙古国、俄罗斯、日本、哈萨克斯坦；欧洲、北美洲

春黄菊属 **Anthemis** L.

田春黄菊 **Anthemis arvensis** L.
分布：山东等东部地区栽培

臭春黄菊 **Anthemis cotula** L.
分布：内蒙古栽培；原产于西南亚、欧洲、北非，广泛栽培

滇麻花头属 **Archiserratula** L. Martins

滇麻花头 **Archiserratula forrestii** (Iljin) L. Martins
分布：云南

牛蒡属 **Arctium** L.

牛蒡 **Arctium lappa** L.
分布：除台湾和西藏外中国各省（自治区、直辖市）有分布；阿富汗、不丹、印度、日本、尼泊尔、巴基斯坦；亚洲(西南部)、欧洲

毛头牛蒡 **Arctium tomentosum** Mill.
分布：新疆；哈萨克斯坦、吉尔吉斯斯坦、俄罗斯、塔吉克斯坦、乌兹别克斯坦；欧洲

莎菀属 **Arctogeron** DC.

莎菀 **Arctogeron gramineum** (L.) DC.
分布：黑龙江、内蒙古；俄罗斯、哈萨克斯坦、蒙古国

木茼蒿属 **Argyranthemum** Webb

木茼蒿 **Argyranthemum frutescens** (L.) Sch. Bip.
分布：国内多地栽培观赏；非洲

蒿属 **Artemisia** L.

阿坝蒿 **Artemisia abaensis** Y. R. Ling et S. Y. Zhao
分布：甘肃、青海、四川

中亚苦蒿 **Artemisia absinthium** L.
分布：新疆、江苏；阿富汗、印度、日本、哈萨克斯坦、克什米尔地区、吉尔吉斯斯坦、巴基斯坦、俄罗斯、伊朗；非洲、欧洲、北美洲

东北丝裂蒿 **Artemisia adamsii** Bess.
分布：黑龙江、内蒙古；蒙古国、俄罗斯

阿克塞蒿 **Artemisia aksaiensis** Y. R. Ling
分布：内蒙古、甘肃

碱蒿 **Artemisia anethifolia** Web. ex Stechm.
分布：黑龙江、内蒙古、河北、山西、陕西、宁夏、甘肃、青海、新疆；蒙古国、俄罗斯

莳萝蒿 **Artemisia anethoides** Mattf.
分布：黑龙江、吉林、辽宁、内蒙古、河北、山西、山东、河南、陕西、宁夏、甘肃、青海、新疆、四川；蒙古国、俄罗斯

狭叶牡蒿 **Artemisia angustissima** Nakai
分布：黑龙江、吉林、辽宁、河北、山西、山东、河南、陕西、甘肃、江苏；朝鲜

黄花蒿 **Artemisia annua** L.
分布：黑龙江、吉林、辽宁、内蒙古、河北、山西、山东、河南、陕西、宁夏、甘肃、青海、新疆、安徽、江苏、浙江、江西、湖南、湖北、四川、贵州、云南、西藏、福建、台湾、广东、广西；广布于亚洲、欧洲、非洲(北部)、北美洲

奇蒿 **Artemisia anomala** S. Moore
分布：河南、安徽、江苏、浙江、江西、湖南、湖北、四川、贵州、福建、台湾、广东、广西；越南

奇蒿(原变种) **Artemisia anomala** var. **anomala**
分布：河南、安徽、江苏、江西、湖南、湖北、四川、贵州、福建、台湾、广东、广西

密毛奇蒿 **Artemisia anomala** var. **tomentella** Hand.-Mazz.
分布：浙江、江西、湖南、湖北、广东、广西

艾 **Artemisia argyi** H. Lév. et Vaniot
分布：黑龙江、吉林、辽宁、内蒙古、河北、山西、山东、河南、陕西、宁夏、甘肃、青海、安徽、江苏、浙江、江西、湖南、湖北、四川、贵州、云南、福建、广东、广西；韩国、蒙古国、俄罗斯

银叶蒿 **Artemisia argyrophylla** Ledeb.
分布：内蒙古、宁夏、甘肃、新疆；蒙古国、俄罗斯

银叶蒿(原变种) **Artemisia argyrophylla** var. **argyrophylla**
分布：内蒙古、宁夏、甘肃、新疆；蒙古国、俄罗斯

小银叶蒿 **Artemisia argyrophylla** var. **brevis** (Pamp.) Y. R. Ling
分布：新疆

褐头蒿 **Artemisia aschurbajewii** C. Winkl.
分布：甘肃、青海、新疆；哈萨克斯坦、吉尔吉斯斯坦、塔吉克斯坦

暗绿蒿 **Artemisia atrovirens** Hand.-Mazz.

分布：河南、陕西、甘肃、安徽、浙江、江西、湖南、湖北、四川、贵州、云南、福建、广东、广西；泰国

黄金蒿 **Artemisia aurata** Kom.

分布：黑龙江、吉林、辽宁、内蒙古；日本、朝鲜、俄罗斯

银蒿 **Artemisia austriaca** Jacquem.

分布：内蒙古、新疆；哈萨克斯坦、吉尔吉斯斯坦、俄罗斯、塔吉克斯坦、伊朗、奥地利；欧洲

滇南艾 **Artemisia austroyunnanensis** Y. Ling et Y. R. Ling

分布：云南；印度、缅甸、泰国、越南

班玛蒿 **Artemisia baimaensis** Y. R. Ling et Z. C. Chou

分布：青海

巴尔古津蒿 **Artemisia bargusinensis** Spreng.

分布：黑龙江、内蒙古；蒙古国、俄罗斯；欧洲

白沙蒿 **Artemisia blepharolepis** Bunge

分布：内蒙古、陕西、宁夏；蒙古国

山蒿 **Artemisia brachyloba** Franch.

分布：内蒙古、河北、山西、宁夏、甘肃；蒙古国

高岭蒿 **Artemisia brachyphylla** Kitam.

分布：吉林；朝鲜

矮丛蒿 **Artemisia caespitosa** Ledeb.

分布：内蒙古、新疆；蒙古国、俄罗斯

美叶蒿 **Artemisia calophylla** Pamp.

分布：青海、四川、贵州、云南、西藏、广西

绒毛蒿 **Artemisia campbellii** Hook. et Thomson ex C. B. Clarke

分布：青海、四川、西藏；不丹、印度、巴基斯坦

荒野蒿 **Artemisia campestris** L.

分布：甘肃、新疆、台湾；日本、俄罗斯；亚洲、欧洲、北美洲

茵陈蒿 **Artemisia capillaris** Thunb.

分布：辽宁、河北、山东、河南、陕西、安徽、江苏、浙江、江西、湖南、湖北、四川、云南、福建、台湾、广东、广西；柬埔寨、印度尼西亚、日本、韩国、马来西亚、尼泊尔、菲律宾、俄罗斯、越南

青蒿 **Artemisia caruifolia** Buch.-Ham. ex Roxb.

分布：吉林、辽宁、河北、山东、河南、陕西、安徽、江苏、浙江、江西、湖南、湖北、四川、贵州、云南、福建、广东、广西；印度、日本、韩国、缅甸、尼泊尔、越南

青蒿(原变种) **Artemisia caruifolia** var. **caruifolia**

分布：安徽、福建、广东、广西、贵州、河北、河南、湖北、湖南、江苏、江西、吉林、辽宁、陕西、山东、四川、云南、浙江

大头青蒿 **Artemisia caruifolia** var. **schochii** (Mattfeld) Pampanini

分布：江苏、江西、湖南、湖北、贵州、广东、广西

千山蒿 **Artemisia chienshanica** Y. Ling et W. Wang

分布：辽宁

南毛蒿 **Artemisia chingii** Pamp.

分布：山西、河南、陕西、甘肃、安徽、浙江、江西、湖南、湖北、四川、贵州、云南、广东、广西；越南、泰国

高山矮蒿 **Artemisia comaiensis** Y. Ling et Y. R. Ling

分布：四川、西藏

错那蒿 **Artemisia conaensis** Y. Ling et Y. R. Ling

分布：西藏

米蒿 **Artemisia dalai-lamae** Krasch.

分布：内蒙古、甘肃、青海、西藏

纤杆蒿 **Artemisia demissa** Krasch.

分布：内蒙古、甘肃、青海、四川、西藏；塔吉克斯坦

中亚草原蒿 **Artemisia depauperata** Krasch.

分布：新疆；蒙古国、俄罗斯

沙蒿 **Artemisia desertorum** Spreng.

分布：黑龙江、吉林、辽宁、内蒙古、河北、山西、陕西、宁夏、甘肃、青海、新疆、四川、贵州、云南、西藏；印度、日本、韩国、蒙古国、尼泊尔、巴基斯坦、俄罗斯

沙蒿(原变种) **Artemisia desertorum** var. **desertorum**

分布：甘肃、贵州、河北、黑龙江、吉林、辽宁、内蒙古、宁夏、青海、陕西、山西、四川、新疆、西藏、云南；印度(北部)、日本、韩国、蒙古国、巴基斯坦(北部)、俄罗斯(东部)

矮沙蒿 **Artemisia desertorum** var. **foetida** (Jacquem. ex DC.) Y. Ling et Y. R. Ling

分布：青海、四川、西藏；印度、尼泊尔、巴基斯坦

东俄洛沙蒿 **Artemisia desertorum** var. **tongolensis** Pamp.

分布：甘肃、四川、西藏

侧蒿 **Artemisia deversa** Diels

分布：河南、陕西、甘肃、湖北、四川

矮丛光蒿 **Artemisia disjuncta** Krasch.

分布：新疆；蒙古国

叉枝蒿 Artemisia divaricata (Pamp.) Pamp.

分布：湖北、四川、云南

龙蒿 Artemisia dracunculus L.

分布：黑龙江、吉林、辽宁、内蒙古、河北；蒙古国、阿富汗、印度、巴基斯坦、克什米尔地区、俄罗斯；欧洲、北美洲

龙蒿(原变种) Artemisia dracunculus var. **dracunculus**

分布：黑龙江、吉林、辽宁、内蒙古、山西、陕西、宁夏、青海、新疆、甘肃；阿富汗、印度、蒙古国、巴基斯坦、俄罗斯；北美洲

杭爱龙蒿 Artemisia dracunculus var. **changaica** (Krasch.) Y. R. Ling

分布：宁夏、甘肃、青海、新疆；蒙古国

帕米尔蒿 Artemisia dracunculus var. **pamirica** (C. Winkl.) Y. R. Ling et Humphries

分布：青海、新疆、西藏；阿富汗、巴基斯坦、塔吉克斯坦

青海龙蒿 Artemisia dracunculus var. **qinghaiensis** Y. R. Ling

分布：青海

宽裂龙蒿 Artemisia dracunculus var. **turkestanica** Krasch.

分布：新疆；哈萨克斯坦、俄罗斯

牛尾蒿 Artemisia dubia Wall. ex Bess.

分布：内蒙古、河北、山西、山东、河南、陕西、宁夏、甘肃、青海、湖北、四川、贵州、云南、西藏、广西；不丹、印度、日本、尼泊尔、泰国

牛尾蒿(原变种) Artemisia dubia var. **dubia**

分布：内蒙古、甘肃、四川、云南、西藏；不丹、印度、日本、尼泊尔、泰国

无毛牛尾蒿 Artemisia dubia var. **subdigitata** (Mattf.) Y. R. Ling

分布：内蒙古、河北、山西、山东、河南、陕西、宁夏、甘肃、青海、湖北、四川、贵州、云南、广西；不丹、印度、克什米尔地区、尼泊尔

青藏蒿 Artemisia duthreuil-de-rhinsi Krasch.

分布：四川、西藏

峨眉蒿 Artemisia emeiensis Y. R. Ling

分布：四川

南牡蒿 Artemisia eriopoda Bunge

分布：辽宁、内蒙古、河北、山西、山东、河南、陕西、甘肃、安徽、江苏、湖南、湖北、四川、云南；日本、朝鲜、蒙古国

南牡蒿(原变种) Artemisia eriopoda var. **eriopoda**

分布：辽宁、内蒙古、河北、山西、山东、河南、陕西、安徽、江苏、湖南、湖北、四川、云南；日本、韩国、蒙古国

甘肃南牡蒿 Artemisia eriopoda var. **gansuensis** Y. Ling et Y. R. Ling

分布：甘肃

渤海滨南牡蒿 Artemisia eriopoda var. **maritima** Y. Ling et Y. R. Ling

分布：山东

圆叶南牡蒿 Artemisia eriopoda var. **rotundifolia** (Debeaux) Y. R. Ling

分布：内蒙古、河北、山东、陕西、甘肃、江苏

山西南牡蒿 Artemisia eriopoda var. **shanxiensis** Y. R. Ling

分布：山西

二郎山蒿 Artemisia erlangshanensis Y. Ling et Y. R. Ling

分布：四川

海州蒿 Artemisia fauriei Nakai

分布：河北、山东、江苏、台湾；日本、朝鲜

垂叶蒿 Artemisia flaccida Hand.-Mazz.

分布：四川、贵州、云南

垂叶蒿(原变种) Artemisia flaccida var. **flaccida**

分布：四川、贵州、云南

齿裂垂叶蒿 Artemisia flaccida var. **meiguensis** Y. R. Ling

分布：四川

亮苞蒿 Artemisia forrestii W. W. Sm.

分布：云南

绿栉齿叶蒿 Artemisia freyniana (Pamp.) Krasch.

分布：黑龙江、吉林、内蒙古、宁夏、甘肃；蒙古国、俄罗斯

冷蒿 Artemisia frigida Willd.

分布：黑龙江、吉林、辽宁、内蒙古、河北、山西、陕西、宁夏、甘肃、青海、新疆、西藏；吉尔吉斯斯坦、蒙古国、俄罗斯、塔吉克斯坦；欧洲、北美洲

冷蒿(原变种) Artemisia frigida var. **frigida**

分布：黑龙江、吉林、辽宁、内蒙古、陕西、宁夏、甘肃、青海、新疆、湖北、西藏；吉尔吉斯斯坦、蒙古国、俄罗斯、塔吉克斯坦

紫花冷蒿 Artemisia frigida var. **atropurpurea** Pamp.
分布：宁夏、甘肃、新疆

滨艾 Artemisia fukudo Makino
分布：浙江、台湾；日本、朝鲜

亮蒿 Artemisia fulgens Pamp.
分布：四川、西藏

甘肃蒿 Artemisia gansuensis Y. Ling et Y. R. Ling
分布：辽宁、内蒙古、河北、山西、陕西、宁夏、甘肃、青海

甘肃蒿(原变种) Artemisia gansuensis var. **gansuensis**
分布：内蒙古、河北、山西、陕西、宁夏、甘肃、青海

小甘肃蒿 Artemisia gansuensis var. **oligantha** Y. Ling et Y. R. Ling
分布：内蒙古

湘赣艾 Artemisia gilvescens Miq.
分布：安徽、江西、湖南、湖北、四川；日本

华北米蒿 Artemisia giraldii Pamp.
分布：内蒙古、河北、山西、陕西、宁夏、甘肃、四川

华北米蒿(原变种) Artemisia giraldii var. **giraldii**
分布：内蒙古、河北、山西、陕西、宁夏、甘肃、四川

长梗米蒿 Artemisia giraldii var. **longipedunculata** Y. R. Ling
分布：内蒙古、河北

假球蒿 Artemisia globosoides Y. Ling et Y. R. Ling
分布：内蒙古、宁夏

细裂叶莲蒿 Artemisia gmelinii Weber ex Stechm
分布：黑龙江、吉林、辽宁、内蒙古、河北、山西、山东、河南、陕西、宁夏、甘肃、青海、新疆、安徽、江苏、湖北、四川、西藏、广东；阿富汗、印度、哈萨克斯坦、吉尔吉斯斯坦、蒙古国、尼泊尔、巴基斯坦、俄罗斯、塔吉克斯坦、乌兹别克斯坦、日本、韩国；欧洲

白莲蒿(原变种) Artemisia gmelinii var. **gmelinii**
分布：吉林、辽宁、内蒙古、河北、山西、河南、陕西、宁夏、甘肃、新疆、安徽、江苏、湖北、四川、西藏、广东；阿富汗、印度、尼泊尔、巴基斯坦、哈萨克斯坦、吉尔吉斯斯坦、蒙古国、俄罗斯、塔吉克斯坦、日本、韩国

灰莲蒿 Artemisia gmelinii var. **incana** (Bess.) H. C. Fu
分布：中国广布；日本、韩国、蒙古国

密毛白莲蒿 Artemisia gmelinii var. **messerschmidiana** (Besser) Poljakov
分布：黑龙江、吉林、辽宁、内蒙古、河北、山西、山东、河南、陕西、宁夏、甘肃、青海、新疆、江苏；阿富汗、蒙古国、俄罗斯、日本、韩国

贡山蒿 Artemisia gongshanensis Y. R. Ling et Humphries
分布：云南

江孜蒿 Artemisia gyangzeensis Y. Ling et Y. R. Ling
分布：甘肃、青海、西藏

吉塘蒿 Artemisia gyitangensis Y. Ling et Y. R. Ling
分布：四川、西藏

盐蒿 Artemisia halodendron Turcz. ex Besser
分布：黑龙江、吉林、辽宁、内蒙古、河北、山西、陕西、宁夏、甘肃、新疆；蒙古国、俄罗斯

雷琼牡蒿 Artemisia hancei (Pamp.) Y. Ling et Y. R. Ling
分布：广东、海南；越南

臭蒿 Artemisia hedinii Ostenf.
分布：内蒙古、甘肃、青海、新疆、四川、云南、西藏；印度、克什米尔地区、尼泊尔、巴基斯坦、俄罗斯、塔吉克斯坦

歧茎蒿 Artemisia igniaria Maxim.
分布：黑龙江、吉林、辽宁、内蒙古、河北、山西、山东、河南、陕西

锈苞蒿 Artemisia imponens Pamp.
分布：湖北、四川、云南、西藏

尖裂叶蒿 Artemisia incisa Pamp.
分布：西藏；阿富汗、印度、克什米尔地区、尼泊尔、巴基斯坦

五月艾 Artemisia indica Willd.
分布：吉林、辽宁、内蒙古、河北、山西、山东、河南、陕西、甘肃、安徽、江苏、浙江、江西、湖南、湖北、四川、贵州、云南、西藏、福建、台湾、广东、广西、海南；印度、印度尼西亚、缅甸、菲律宾、泰国、越南、日本、韩国；大洋洲、北美洲、中美洲

五月艾(原变种) Artemisia indica var. **indica**
分布：安徽、福建、甘肃、广东、广西、贵州、海南、河北、河南、湖北、湖南、江苏、江西、吉林、辽宁、内蒙古、陕西、山东、山西、四川、台湾、西藏、云南、浙江；越南；北美洲

雅致艾 Artemisia indica var. **elegantissima** (Pamp.) Y. R. Ling et Humphries
分布：西藏；印度、克什米尔地区

柳叶蒿 Artemisia integrifolia L.
分布：黑龙江、吉林、辽宁、内蒙古、河北；韩国、蒙古

国、俄罗斯

牡蒿 **Artemisia japonica** Thunb.

分布：黑龙江、辽宁、河北、山西、山东、河南、陕西、甘肃、安徽、江苏、浙江、江西、湖南、湖北、四川、贵州、云南、西藏、福建、台湾、广东、广西、海南；阿富汗、不丹、印度、老挝、缅甸、尼泊尔、巴基斯坦、菲律宾、泰国、越南、日本、韩国、俄罗斯

海南牡蒿 **Artemisia japonica** var. **hainanensis** Y. R. Ling

分布：广西、海南

吉隆蒿 **Artemisia jilongensis** Y. R. Ling et Humphries

分布：西藏

狭裂白蒿 **Artemisia kanashiroi** Kitam.

分布：内蒙古、河北、山西、陕西、宁夏、甘肃、青海

康马蒿 **Artemisia kangmarensis** Y. Ling et Y. R. Ling

分布：西藏

山艾 **Artemisia kawakamii** Hayata

分布：台湾

无齿蒌蒿 **Artemisia keiskeana** Miq.

分布：黑龙江、吉林、辽宁、河北、山东；日本、朝鲜、俄罗斯

蒙古沙地蒿 **Artemisia klementzae** Krasch.

分布：内蒙古；蒙古国

掌裂蒿 **Artemisia kuschakewiczii** C. Winkl.

分布：新疆、西藏；俄罗斯、塔吉克斯坦

白苞蒿 **Artemisia lactiflora** Wall. ex DC.

分布：河北、陕西、甘肃、安徽、江苏、浙江、江西、湖南、湖北、四川、贵州、云南、福建、台湾、广东、广西、海南；柬埔寨、印度、印度尼西亚、老挝、新加坡、泰国

白苞蒿(原变种) **Artemisia lactiflora** var. **lactiflora**

分布：河南、陕西、甘肃、安徽、江苏、浙江、江西、湖南、湖北、四川、贵州、云南、福建、台湾、广东、广西；柬埔寨、印度、印度尼西亚、老挝、新加坡、泰国

细裂叶白苞蒿 **Artemisia lactiflora** var. **incisa** (Pamp.) Ling et Y. R. Ling

分布：陕西、湖北、四川

长叶羽裂蒿 **Artemisia lactiflora** var. **taibaishanensis** X. D. Cui

分布：陕西、甘肃

白山蒿 **Artemisia lagocephala** (Fisch. ex Bess.) DC.

分布：黑龙江、吉林、内蒙古；朝鲜、俄罗斯

矮蒿 **Artemisia lancea** Vaniot

分布：黑龙江、吉林、辽宁、内蒙古、河北、山西、山东、河南、陕西、甘肃、安徽、江苏、浙江、江西、湖南、湖北、四川、贵州、云南、福建、台湾、广东、广西；印度、日本、韩国、俄罗斯

宽叶蒿 **Artemisia latifolia** Ledeb.

分布：黑龙江、吉林、辽宁、内蒙古、甘肃；蒙古国、朝鲜、俄罗斯

野艾蒿 **Artemisia lavandulifolia** DC.

分布：黑龙江、吉林、辽宁、内蒙古、河北、山西、山东、河南、陕西、甘肃、安徽、江苏、江西、湖南、湖北、四川、贵州、云南、广东、广西；日本、韩国、蒙古国、俄罗斯

白叶蒿 **Artemisia leucophylla** C. B. Clarke

分布：黑龙江、吉林、辽宁、内蒙古、河北、山西、陕西、宁夏、甘肃、青海、新疆、四川、贵州、云南、西藏；韩国、蒙古国、俄罗斯

石渠蒿(新拟) **Artemisia lingyeouruennii** L. Shultz et Boufford

分布：四川

滨海牡蒿 **Artemisia littoricola** Kitam.

分布：黑龙江、内蒙古；日本、朝鲜、俄罗斯

细杆沙蒿 **Artemisia macilenta** (Maxim.) Krasch.

分布：内蒙古、河北、山西；俄罗斯

亚洲大花蒿 **Artemisia macrantha** Ledeb.

分布：内蒙古、青海、新疆；印度、哈萨克斯坦、吉尔吉斯斯坦、蒙古国、俄罗斯、塔吉克斯坦、土库曼斯坦、乌兹别克斯坦；亚洲(西南部)

大花蒿 **Artemisia macrocephala** Jacquem. ex Bess.

分布：宁夏、甘肃、青海、新疆、西藏；阿富汗、印度、哈萨克斯坦、吉尔吉斯斯坦、蒙古国、巴基斯坦、俄罗斯、塔吉克斯坦、伊朗

小亮苞蒿 **Artemisia mairei** H. Lév.

分布：云南

东北牡蒿 **Artemisia manshurica** (Kom.) Kom.

分布：黑龙江、吉林、辽宁、内蒙古、河北；日本、朝鲜、俄罗斯

中亚旱蒿 **Artemisia marschalliana** Spreng.

分布：新疆；哈萨克斯坦、俄罗斯；欧洲

中亚旱蒿(原变种) **Artemisia marschalliana** var. **marschalliana**

分布：新疆；哈萨克斯坦、俄罗斯

绢毛旱蒿 **Artemisia marschalliana** var. **sericophylla** (Rupr.) Y. R. Ling
分布：新疆；哈萨克斯坦、俄罗斯；欧洲

粘毛蒿 **Artemisia mattfeldii** Pamp.
分布：甘肃、青海、四川、西藏

粘毛蒿(原变种) **Artemisia mattfeldii** var. **mattfeldii**
分布：甘肃、青海、四川、西藏

无绒粘毛蒿 **Artemisia mattfeldii** var. **etomentosa** Hand.-Mazz.
分布：甘肃、青海、四川、西藏

东亚栉齿蒿 **Artemisia maximovicziana** Krasch. ex Poljakov
分布：黑龙江、内蒙古；俄罗斯

尖栉齿叶蒿 **Artemisia medioxima** Krasch. ex Poljakov
分布：黑龙江、内蒙古、河北、山西；俄罗斯

垫型蒿 **Artemisia minor** Jacquem. ex Bess.
分布：甘肃、青海、新疆、西藏；印度、克什米尔地区、巴基斯坦、伊朗

蒙古蒿 **Artemisia mongolica** (Fisch. ex Bess.) Nakai
分布：黑龙江、吉林、辽宁、内蒙古、河北、山西、山东、河南、陕西、宁夏、甘肃、青海、新疆、安徽、江苏、江西、湖南、湖北、四川、贵州、福建、台湾、广东；哈萨克斯坦、韩国、吉尔吉斯斯坦、俄罗斯、土库曼斯坦、乌兹别克斯坦

山地蒿 **Artemisia montana** (Nakai) Pamp.
分布：安徽、江西、湖南；日本、俄罗斯

小球花蒿 **Artemisia moorcroftiana** Wall. ex DC.
分布：宁夏、甘肃、青海、四川、云南、西藏；不丹、印度、巴基斯坦

细叶山艾 **Artemisia morrisonensis** Hayata
分布：台湾

多花蒿 **Artemisia myriantha** Wall. ex Bess.
分布：山西、甘肃、青海、四川、贵州、云南、西藏、广西；不丹、印度、缅甸、尼泊尔、泰国

多花蒿(原变种) **Artemisia myriantha** var. **myriantha**
分布：甘肃、青海、四川、贵州、云南、广西；不丹、印度、缅甸、尼泊尔、泰国

白毛多花蒿 **Artemisia myriantha** var. **pleiocephala** (Pamp.) Y. R. Ling
分布：青海、四川、贵州、云南、西藏；不丹、印度、克什米尔地区、尼泊尔

矮滨蒿 **Artemisia nakaii** Pamp.
分布：辽宁、内蒙古、河北；韩国

昆仑蒿 **Artemisia nanschanica** Krasch.
分布：甘肃、青海、新疆、西藏

玉山艾 **Artemisia niitakayamensis** Hayata
分布：台湾

南亚蒿 **Artemisia nilagirica** (C. B. Clarke) Pamp.
分布：四川、西藏；印度、缅甸

藏旱蒿 **Artemisia nortonii** Pamp.
分布：西藏

怒江蒿 **Artemisia nujianensis** (Y. Ling et Y. R. Ling) Y. R. Ling
分布：云南、西藏

钝裂蒿 **Artemisia obtusiloba** Ledeb.
分布：新疆；哈萨克斯坦、蒙古国、俄罗斯

钝裂蒿(原变种) **Artemisia obtusiloba** var. **obtusiloba**
分布：新疆；哈萨克斯坦、蒙古国、俄罗斯

亮绿蒿 **Artemisia obtusiloba** var. **glabra** Ledeb.
分布：新疆；俄罗斯

川西腺毛蒿 **Artemisia occidentalisichuanensis** Y. R. Ling et S. Y. Zhao
分布：四川

华西蒿 **Artemisia occidentalisinensis** Y. R. Ling
分布：甘肃、青海、四川、西藏

华西蒿(原变种) **Artemisia occidentalisinensis** var. **occidentalisinensis**
分布：西藏

齿裂华西蒿 **Artemisia occidentalisinensis** var. **denticulata** Y. R. Ling
分布：四川、西藏

高山艾 **Artemisia oligocarpa** Hayata
分布：台湾

黑沙蒿 **Artemisia ordosica** Krasch.
分布：内蒙古、河北、山西、陕西、宁夏、甘肃、新疆

东方蒿 **Artemisia orientalihengduangensis** Y. Ling et Y. R. Ling
分布：四川、云南；缅甸

昌都蒿 **Artemisia orientalixizangensis** Y. R. Ling et Humphries
分布：西藏

滇东蒿 Artemisia orientaliyunnanensis Y. R. Ling
分布：云南

光沙蒿 Artemisia oxycephala Kitag.
分布：黑龙江、吉林、辽宁、内蒙古、河北、山西

黑蒿 Artemisia palustris L.
分布：黑龙江、吉林、辽宁、内蒙古、河北；朝鲜、蒙古国、俄罗斯

西南牡蒿 Artemisia parviflora Buch.-Ham. ex D. Don
分布：陕西、甘肃、青海、湖北、四川、云南、西藏；阿富汗、不丹、印度、克什米尔地区、缅甸、尼泊尔、斯里兰卡、泰国

彭错蒿 Artemisia pengchuoensis Y. R. Ling et S. Y. Zhao
分布：四川

伊朗蒿 Artemisia persica Boiss.
分布：青海、新疆、西藏；阿富汗、印度、哈萨克斯坦、克什米尔地区、吉尔吉斯斯坦、巴基斯坦、俄罗斯、塔吉克斯坦、伊朗

伊朗蒿(原变种) Artemisia persica var. **persica**
分布：青海、西藏；阿富汗、印度(北部)、哈萨克斯坦、吉尔吉斯斯坦、缅甸、巴基斯坦(北部)、塔吉克斯坦；亚洲(西南部)

微刺伊朗蒿 Artemisia persica var. **subspinescens** (Boiss.) Boiss.
分布：西藏；阿富汗、伊朗

纤梗蒿 Artemisia pewzowii C. Winkl.
分布：青海、新疆、西藏

褐苞蒿 Artemisia phaeolepis Krasch.
分布：内蒙古、宁夏、甘肃、青海、新疆、四川、西藏；哈萨克斯坦、蒙古国、俄罗斯

叶苞蒿 Artemisia phyllobotrys (Hand.-Mazz.) Y. Ling et Y. R. Ling
分布：青海、四川

甘新青蒿 Artemisia polybotryoidea Y. R. Ling
分布：甘肃、新疆

西北蒿 Artemisia pontica L.
分布：宁夏、甘肃、新疆；哈萨克斯坦、俄罗斯；欧洲、北美洲

藏岩蒿 Artemisia prattii (Pamp.) Y. Ling et Y. R. Ling
分布：四川、西藏

魁蒿 Artemisia princeps Pamp.
分布：辽宁、内蒙古、河北、山西、山东、河南、陕西、甘肃、安徽、江苏、江西、湖南、湖北、四川、贵州、云南、台湾、广东、广西；日本、朝鲜

甘青小蒿 Artemisia przewalskii Krasch.
分布：甘肃、青海

柔毛蒿 Artemisia pubescens Ledeb.
分布：黑龙江、吉林、辽宁、内蒙古、河北、山西、陕西、甘肃、青海、新疆、四川；日本、蒙古国、俄罗斯

柔毛蒿(原变种) Artemisia pubescens var. **pubescens**
分布：黑龙江、吉林、辽宁、内蒙古、山西、陕西、甘肃、青海、新疆、四川

黑柔毛蒿 Artemisia pubescens var. **coracina** (W. Wang) Ling et Y. R. Ling
分布：吉林

大头柔毛蒿 Artemisia pubescens var. **gebleriana** (Bess.) Y. R. Ling
分布：黑龙江、吉林、辽宁、内蒙古；蒙古国、俄罗斯

秦岭蒿 Artemisia qinlingensis Y. Ling et Y. R. Ling
分布：河南、陕西、甘肃、青海、云南

粗茎蒿 Artemisia robusta (Pamp.) Y. Ling et Y. R. Ling
分布：四川、云南；印度

川南蒿 Artemisia rosthornii Pamp.
分布：四川

灰苞蒿 Artemisia roxburghiana Bess.
分布：陕西、甘肃、青海、湖北、四川、贵州、云南、西藏；阿富汗、印度、尼泊尔、巴基斯坦、泰国

灰苞蒿(原变种) Artemisia roxburghiana var. **roxburghiana**
分布：陕西、甘肃、青海、湖北、四川、贵州、云南、西藏；阿富汗、印度、尼泊尔、泰国

紫苞蒿 Artemisia roxburghiana var. **purpurascens** (Jacq. ex Bess.) Hook. f.
分布：四川、西藏；印度、克什米尔地区、尼泊尔、巴基斯坦

红足蒿 Artemisia rubripes Nakai
分布：黑龙江、吉林、辽宁、内蒙古、河北、山西、山东、安徽、江苏、浙江、四川、福建；日本、韩国、蒙古国、俄罗斯

岩蒿 Artemisia rupestris L.
分布：新疆；阿富汗、哈萨克斯坦、吉尔吉斯斯坦、蒙古

国、俄罗斯、塔吉克斯坦；欧洲

香叶蒿 **Artemisia rutifolia** Stephen ex Spreng.

分布：青海、新疆、西藏；蒙古国、阿富汗、伊朗、巴基斯坦、俄罗斯

香叶蒿(原变种) **Artemisia rutifolia** var. **rutifolia**

分布：青海、新疆、西藏；阿富汗、哈萨克斯坦、吉尔吉斯斯坦、蒙古国、尼泊尔、巴基斯坦、俄罗斯、塔吉克斯坦；亚洲(西南部)

阿尔泰香叶蒿 **Artemisia rutifolia** var. **altaica** (Krylov) Krasch.

分布：新疆；蒙古国、俄罗斯

若羌香叶蒿 **Artemisia rutifolia** var. **ruoqiangensis** Y. R. Ling

分布：新疆

昆仑沙蒿 **Artemisia saposhnikovii** Krasch. ex Poljakov

分布：新疆；吉尔吉斯斯坦

猪毛蒿 **Artemisia scoparia** Waldst. et Kitaibel

分布：黑龙江、吉林、辽宁、内蒙古、河北、山西、山东、河南、陕西、宁夏、甘肃、青海、新疆、安徽、江苏、浙江、江西、湖南、湖北、四川、贵州、云南、西藏、福建、广东、广西；阿富汗、印度、日本、韩国、巴基斯坦、俄罗斯、泰国；亚洲(中部和西南部)、欧洲

蒌蒿 **Artemisia selengensis** Turcz. ex Bess.

分布：黑龙江、吉林、辽宁、内蒙古、河北、山西、山东、河南、陕西、甘肃、安徽、江苏、江西、湖南、湖北、四川、贵州、云南、广东；韩国、蒙古国、俄罗斯

蒌蒿(原变种) **Artemisia selengensis** var. **selengensis**

分布：黑龙江、吉林、辽宁、内蒙古、河北、山西、山东、河南、陕西、甘肃、安徽、江苏、江西、湖南、湖北、四川、贵州、云南、广东；韩国、蒙古国、俄罗斯

山西蒌蒿 **Artemisia selengensis** var. **shansiensis** Y. R. Ling

分布：河北、山西、河南、湖南、湖北

绢毛蒿 **Artemisia sericea** (Besser) Webber ex Stechm

分布：内蒙古、宁夏、新疆；印度、哈萨克斯坦、蒙古国、巴基斯坦、俄罗斯；欧洲

商南蒿 **Artemisia shangnanensis** Y. Ling et Y. R. Ling

分布：河南、陕西、四川、云南

神农架蒿 **Artemisia shennongjiaensis** Y. Ling et Y. R. Ling

分布：湖北

四川艾 **Artemisia sichuanensis** Y. Ling et Y. R. Ling

分布：四川

四川艾(原变种) **Artemisia sichuanensis** var. **sichuanensis**

分布：四川

密毛四川艾 **Artemisia sichuanensis** var. **tomentosa** Y. Ling et Y. R. Ling

分布：四川

大籽蒿 **Artemisia sieversiana** Ehrh. ex Willd.

分布：黑龙江、吉林、辽宁、内蒙古、河北、山西、陕西、宁夏、甘肃、青海、新疆、四川、贵州、云南、西藏；阿富汗、印度、日本、哈萨克斯坦、韩国、吉尔吉斯斯坦、蒙古国、尼泊尔、巴基斯坦、俄罗斯、塔吉克斯坦、土库曼斯坦、乌兹别克斯坦；欧洲

中南蒿 **Artemisia simulans** Pamp.

分布：安徽、浙江、江西、湖南、湖北、四川、贵州、云南、福建、广东、广西

西南圆头蒿 **Artemisia sinensis** (Pamp.) Y. Ling et Y. R. Ling

分布：青海、四川、云南

球花蒿 **Artemisia smithii** Mattfeld

分布：甘肃、青海、四川

台湾狭叶艾 **Artemisia somae** Hayata

分布：台湾

台湾狭叶艾(原变种) **Artemisia somae** var. **somae**

分布：台湾

太鲁阁艾 **Artemisia somae** var. **batakensis** (Hayata) Kitam.

分布：台湾

准噶尔沙蒿 **Artemisia songarica** Schrenk

分布：内蒙古、新疆；哈萨克斯坦、俄罗斯

西南大头蒿 **Artemisia speciosa** (Pamp.) Ling et Y. R. Ling

分布：四川、云南、西藏

圆头蒿 **Artemisia sphaerocephala** Krasch.

分布：内蒙古、山西、陕西、宁夏、甘肃、青海、新疆；蒙古国

白莲蒿 **Artemisia stechmanniana** Bess.

分布：内蒙古、陕西、宁夏、甘肃、青海、新疆、湖北、四川、西藏；哈萨克斯坦、韩国、吉尔吉斯斯坦、蒙古国、俄罗斯、塔吉克斯坦、乌兹别克斯坦；欧洲

宽叶山蒿 Artemisia stolonifera (Maxim.) Kom.
分布：黑龙江、吉林、辽宁、内蒙古、河北、山西、山东、河南、新疆、安徽、江苏、浙江、江西、湖北；日本、韩国、俄罗斯

冻原白蒿 Artemisia stracheyi Hook. f. et Thomson ex C. B. Clarke
分布：新疆、西藏；印度、克什米尔地区、巴基斯坦

直茎蒿 Artemisia stricta Edgew.
分布：甘肃、青海、新疆、四川、云南、西藏；不丹、印度、尼泊尔

直茎蒿(原变种) Artemisia stricta var. **stricta**
分布：甘肃、青海、新疆、四川、云南、西藏；不丹、印度、尼泊尔

披散直茎蒿 Artemisia stricta var. **diffusa** (Pampanini) Y. R. Ling et M. G. Gilbert
分布：四川、云南、西藏；印度、尼泊尔

线叶蒿 Artemisia subulata Nakai
分布：黑龙江、吉林、辽宁、内蒙古、河北、山西；日本、朝鲜、俄罗斯

苏联肉质叶蒿 Artemisia succulenta Ledeb.
分布：新疆；哈萨克斯坦、俄罗斯

肉质叶蒿 Artemisia succulentoides Y. Ling et Y. R. Ling
分布：西藏

阴地蒿 Artemisia sylvatica Maxim.
分布：黑龙江、吉林、辽宁、内蒙古、陕西、广西；朝鲜、蒙古国、俄罗斯

阴地蒿(原变种) Artemisia sylvatica var. **sylvatica**
分布：黑龙江、吉林、辽宁、内蒙古、河北、山西、山东、河南、陕西、甘肃、青海、安徽、江苏、浙江、江西、湖南、湖北、四川、贵州、云南；韩国、蒙古国、俄罗斯

密序阴地蒿 Artemisia sylvatica var. **meridionalis** Pamp.
分布：山西、河南、江苏

波密蒿 Artemisia tafelii Mattf.
分布：西藏

太白山蒿 Artemisia taibaishanensis Y. R. Ling et Humphries
分布：陕西、四川

川藏蒿 Artemisia tainingensis Hand.-Mazz.
分布：青海、四川、西藏；印度

川藏蒿(原变种) Artemisia tainingensis var. **tainingensis**
分布：青海、湖北、四川、西藏

无毛川藏蒿 Artemisia tainingensis var. **nitida** Y. R. Ling
分布：西藏；印度、克什米尔地区

裂叶蒿 Artemisia tanacetifolia L.
分布：黑龙江、吉林、辽宁、内蒙古、河北、山西、陕西、宁夏、甘肃；哈萨克斯坦、朝鲜、蒙古国、俄罗斯；欧洲、北美洲

甘青蒿 Artemisia tangutica Pamp.
分布：甘肃、青海、四川、西藏

甘青蒿(原变种) Artemisia tangutica var. **tangutica**
分布：甘肃、青海、四川、西藏

绒毛甘青蒿 Artemisia tangutica var. **tomentosa** Hand.-Mazz.
分布：四川

藏腺毛蒿 Artemisia thellungiana Pamp.
分布：云南、西藏；印度

湿地蒿 Artemisia tournefortiana Rchb.
分布：新疆、西藏；阿富汗、克什米尔地区、蒙古国、巴基斯坦、俄罗斯

指裂蒿 Artemisia tridactyla Hand.-Mazz.
分布：四川

指裂蒿(原变种) Artemisia tridactyla var. **tridactyla**
分布：四川、西藏

小指裂蒿 Artemisia tridactyla var. **minima** Y. R. Ling
分布：西藏

雪山艾 Artemisia tsugitakaensis (Kitam.) Y. Ling et Y. R. Ling
分布：台湾

黄毛蒿 Artemisia velutina Pamp.
分布：河北、山西、山东、河南、陕西、安徽、江西、湖南、湖北、四川、云南、西藏、福建

辽东蒿 Artemisia verbenacea (Kom.) Kitag.
分布：黑龙江、吉林、辽宁、内蒙古、河北、山西、陕西、宁夏、甘肃、青海、四川

南艾蒿 Artemisia verlotorum Lamotte
分布：黑龙江、吉林、辽宁、内蒙古、河北、山西、山东、河南、陕西、甘肃、安徽、江苏、浙江、江西、湖南、湖北、四川、贵州、云南、福建、台湾、广东、广西；东南

亚、欧洲、大洋洲、北美洲、南美洲

毛莲蒿 **Artemisia vestita** Wall. et Bess.

分布：辽宁、甘肃、青海、新疆、湖北、四川、贵州、云南、西藏、广西；印度、尼泊尔、巴基斯坦

藏东蒿 **Artemisia vexans** Pamp.

分布：四川、西藏；不丹

绿苞蒿 **Artemisia viridisquama** Kitam.

分布：河北、山西、甘肃、四川

林艾蒿 **Artemisia viridissima** (Kom.) Pamp.

分布：吉林、辽宁；朝鲜

腺毛蒿 **Artemisia viscida** (Mattf.) Pamp.

分布：甘肃、青海、四川、西藏；巴基斯坦

密腺毛蒿 **Artemisia viscidissima** Y. Ling et Y. R. Ling

分布：西藏

北艾 **Artemisia vulgaris** L.

分布：陕西、甘肃、青海、新疆、四川、西藏；阿富汗、日本、蒙古国、缅甸、巴基斯坦、俄罗斯、泰国、越南、伊朗；欧洲、非洲、北美洲

北艾(原变种) **Artemisia vulgaris** var. **vulgaris**

分布：甘肃、青海、陕西、四川、新疆；阿富汗、日本、蒙古国、缅甸、巴基斯坦、俄罗斯、泰国(北部)、越南(北部)；亚洲(西南部)、欧洲、非洲、北美洲

藏北艾 **Artemisia vulgaris** var. **xizangensis** Y. Ling et Y. R. Ling

分布：西藏

藏龙蒿 **Artemisia waltonii** J. R. Drumm. ex Pamp.

分布：青海、四川、云南、西藏

藏龙蒿(原变种) **Artemisia waltonii** var. **waltonii**

分布：青海、四川、云南、西藏

玉树龙蒿 **Artemisia waltonii** var. **yushuensis** Y. R. Ling

分布：青海、西藏

藏沙蒿 **Artemisia wellbyi** Hemsl. et Pearson

分布：新疆、西藏；印度

乌丹蒿 **Artemisia wudanica** Liou et W. Wang

分布：内蒙古、河北

黄绿蒿 **Artemisia xanthochroa** Krasch.

分布：内蒙古；蒙古国

内蒙古旱蒿 **Artemisia xerophytica** Krasch.

分布：内蒙古、陕西、宁夏、甘肃、青海、新疆；蒙古国

日喀则蒿 **Artemisia xigazeensis** Y. Ling et Y. R. Ling

分布：甘肃、青海、西藏

亚东蒿 **Artemisia yadongensis** Y. Ling et Y. R. Ling

分布：西藏

藏白蒿 **Artemisia younghusbandii** J. R. Drumm. ex Pamp.

分布：西藏

高原蒿 **Artemisia youngii** Y. R. Ling

分布：青海、西藏

云南蒿 **Artemisia yunnanensis** Jeffrey ex Diels

分布：四川、云南

察隅蒿 **Artemisia zayuensis** Y. Ling et Y. R. Ling

分布：云南、西藏

片马蒿 **Artemisia zayuensis** var. **pienmaensis** Y. Ling et Y. R. Ling

分布：云南

察隅蒿(原变种) **Artemisia zayuensis** var. **zayuensis**

分布：西藏

中甸艾 **Artemisia zhongdianensis** Y. R. Ling

分布：云南

假苦菜属 **Askellia** W. A. Weber

红齿假苦菜 **Askellia alaica** (Krasch.) W. A. Weber

分布：新疆；吉尔吉斯斯坦、塔吉克斯坦

弯茎假苦菜 **Askellia flexuosa** (Ledeb.) W. A. Weber

分布：甘肃、内蒙古、宁夏、青海、山西、新疆、西藏；阿富汗、克什米尔地区、尼泊尔、巴基斯坦、哈萨克斯坦、吉尔吉斯斯坦、蒙古国、俄罗斯、塔吉克斯坦；亚洲(西南部)

乌恰假苦菜 **Askellia karelinii** (Popov et Schischkin ex Czerepanov) W. A. Weber

分布：青海、新疆、?西藏；哈萨克斯坦、吉尔吉斯斯坦、俄罗斯

红花假苦菜 **Askellia lactea** (Lipschitz) W. A. Weber

分布：新疆、西藏；塔吉克斯坦

长苞假苦菜 **Askellia pseudonaniformis** (C. Shih) Sennikov

分布：新疆

矮小假苦菜 **Askellia pygmaea** (Ledeb.) Sennikov

分布：新疆、西藏；哈萨克斯坦、蒙古国、俄罗斯(东部)；北美洲

紫菀属 **Aster** L.

狭叶三脉紫菀 **Aster ageratoides** var. **gerlachii** (Hance) Chang ex Y. Ling
分布：贵州、广东

异叶三脉紫菀 **Aster ageratoides** var. **heterophyllus** Maxim.
分布：河北、山西、河南、陕西、甘肃、湖北、四川、云南

毛枝三脉紫菀 **Aster ageratoides** var. **lasiocladus** (Hayata) Hand.-Mazz.
分布：安徽、江西、湖南、贵州、云南、福建、台湾、广东、广西

宽伞三脉紫菀 **Aster ageratoides** var. **laticorymbus** (Vaniot) Hand.-Mazz.
分布：陕西、安徽、江西、湖南、湖北、四川、贵州、福建、广东、广西

光叶三脉紫菀 **Aster ageratoides** var. **leiophyllus** (Franch. et Sav.) Y. Ling
分布：台湾；日本

小花三脉紫菀 **Aster ageratoides** var. **micranthus** Y. Ling
分布：四川

卵叶三脉紫菀 **Aster ageratoides** var. **oophyllus** Y. Ling
分布：陕西、湖北、四川、云南

长毛三脉紫菀 **Aster ageratoides** var. **pilosus** (Diels) Hand.-Mazz.
分布：陕西、湖北、四川

微糙三脉紫菀 **Aster ageratoides** var. **scaberulus** (Miq.) Y. Ling
分布：安徽、江苏、浙江、江西、湖南、湖北、四川、贵州、云南、福建、广东、广西；越南

翼柄紫菀 **Aster alatipes** Hemsl.
分布：陕西、湖北

小舌紫菀 **Aster albescens** (DC.) Wall. ex Hand.-Mazz.
分布：陕西、甘肃、湖北、四川、贵州、云南、西藏；缅甸、印度、不丹、尼泊尔

小舌紫菀(原变种) **Aster albescens** var. **albescens**
分布：云南、西藏

白背小舌紫菀 **Aster albescens** var. **discolor** Y. Ling
分布：四川

无毛小舌紫菀 **Aster albescens** var. **glabratus** (Diels) Boufford et Y. S. Chen
分布：湖北、四川、云南

腺点小舌紫菀 **Aster albescens** var. **glandulosus** Hand.-Mazz.
分布：四川、云南、西藏

狭叶小舌紫菀 **Aster albescens** var. **gracilior** (Hand.-Mazz.) Hand.-Mazz.
分布：陕西、甘肃、四川、云南

椭叶小舌紫菀 **Aster albescens** var. **limprichtii** (Diels) Hand.-Mazz.
分布：甘肃、四川

大叶小舌紫菀 **Aster albescens** var. **megaphyllus** Y. Ling
分布：四川

长毛小舌紫菀 **Aster albescens** var. **pilosus** Hand.-Mazz.
分布：四川、云南、西藏

糙叶小舌紫菀 **Aster albescens** var. **rugosus** Y. Ling
分布：四川、云南

柳叶小舌紫菀 **Aster albescens** var. **salignus** Hand.-Mazz.
分布：四川、云南；印度

高山紫菀 **Aster alpinus** L.
分布：吉林、内蒙古、河北、山西、陕西、新疆；欧洲、亚洲(北部)

高山紫菀(原变种) **Aster alpinus** var. **alpinus**
分布：黑龙江、内蒙古、河北、山西、陕西、甘肃、青海、新疆；蒙古国、俄罗斯、塔吉克斯坦；北美洲

异苞高山紫菀 **Aster alpinus** var. **diversisquamus** Y. Ling
分布：新疆

伪形高山紫菀 **Aster alpinus** var. **fallax** (Tamamsch.) Y. Ling
分布：黑龙江、内蒙古；俄罗斯

蛇岩高山紫菀 **Aster alpinus** var. **serpentimontanus** (Tamamsch.) Y. Ling
分布：新疆；蒙古国、俄罗斯

空秆高山紫菀 **Aster alpinus** var. **vierhapperi** (Onno) Cronquist
分布：河北、黑龙江、内蒙古、山西、新疆；俄罗斯(东部)；

北美洲(西部)

阿尔泰狗娃花 **Aster altaicus** Willd.

分布：黑龙江、吉林、辽宁、内蒙古、河北、山西、山东、河南、陕西、宁夏、甘肃、青海、新疆、浙江、四川、云南、西藏、台湾；阿富汗、印度、克什米尔地区、哈萨克斯坦、韩国、蒙古国、尼泊尔、巴基斯坦、俄罗斯、土库曼斯坦、乌兹别克斯坦；亚洲(西南部)

阿尔泰狗娃花(原变种) **Aster altaicus** var. **altaicus**

分布：黑龙江、吉林、辽宁、内蒙古、河北、山西、山东、河南、陕西、宁夏、甘肃、青海、新疆、四川、西藏；克什米尔地区、哈萨克斯坦、蒙古国、俄罗斯

灰白阿尔泰狗娃花 **Aster altaicus** var. **canescens** (Nees) Serg.

分布：新疆；阿富汗、印度、哈萨克斯坦、蒙古国、巴基斯坦、俄罗斯、土库曼斯坦、乌兹别克斯坦

糙毛阿尔泰狗娃花 **Aster altaicus** var. **hirsutus** Hand.-Mazz.

分布：黑龙江、吉林、辽宁、内蒙古、河北、山西、山东、河南、陕西、甘肃、青海、浙江、湖北、四川、云南；俄罗斯、蒙古国；亚洲(西南部)

千叶阿尔泰狗娃花 **Aster altaicus** var. **millefolius** (Vaniot) Hand.-Mazz.

分布：黑龙江、辽宁、内蒙古、河北、山西、陕西、甘肃

粗糙阿尔泰狗娃花 **Aster altaicus** var. **scaber** (Lallem.) Hand.-Mazz.

分布：辽宁、山西

台东阿尔泰狗娃花 **Aster altaicus** var. **taitoensis** Kitam.

分布：台湾

普陀狗娃花 **Aster arenarius** (Kitam.) Nemoto

分布：浙江；日本

银鳞紫菀 **Aster argyropholis** Hand.-Mazz.

分布：四川、云南

银鳞紫菀(原变种) **Aster argyropholis** var. **argyropholis**

分布：四川、西藏

白雪银鳞紫菀 **Aster argyropholis** var. **niveus** Y. Ling

分布：四川、云南

奇形银鳞紫菀 **Aster argyropholis** var. **paradoxus** Y. Ling

分布：四川、云南

华南狗娃花 **Aster asagrayi** Makino

分布：福建、广东、海南；日本

星舌紫菀 **Aster asteroides** (DC.) Kuntze

分布：青海、四川、西藏；不丹、印度、尼泊尔

耳叶紫菀 **Aster auriculatus** Franch.

分布：四川、贵州、云南

白舌紫菀 **Aster baccharoides** (Benth.) Steetz

分布：浙江、江西、湖南、福建、广东、香港

髯毛紫菀 **Aster barbellatus** Grierson

分布：西藏；不丹、印度、尼泊尔

巴塘紫菀 **Aster batangensis** Bureau et Franch.

分布：四川、云南、西藏

巴塘紫菀(原变种) **Aster batangensis** var. **batangensis**

分布：四川、云南、西藏

匙叶巴塘紫菀 **Aster batangensis** var. **staticifolius** (Franch.) Y. Ling

分布：四川、云南

线舌紫菀 **Aster bietii** Franch.

分布：云南、西藏

重羽紫菀 **Aster bipinnatisectus** Ludlow ex Grierson

分布：西藏

青藏狗娃花 **Aster boweri** Hemsl.

分布：甘肃、青海、新疆、云南、西藏

短毛紫菀 **Aster brachytrichus** Franch.

分布：四川、贵州、云南；缅甸

短茎紫菀 **Aster brevis** Hand.-Mazz.

分布：云南

扁毛紫菀 **Aster bulleyanus** Jeffrey ex Diels

分布：云南

清水马兰 **Aster chingshuiensis** Y. C. Liu et C. H. Ou

分布：台湾

圆齿狗娃花 **Aster crenatifolius** Hand.-Mazz.

分布：河北、陕西、宁夏、甘肃、青海、四川、云南、西藏；尼泊尔

重冠紫菀 **Aster diplostephioides** (DC.) Benth. ex C. B. Clarke

分布：甘肃、青海、四川、云南、西藏；不丹、印度、克什米尔地区、尼泊尔、巴基斯坦

长叶紫菀 **Aster dolichophyllus** Y. Ling
分布：广西

长梗紫菀 **Aster dolichopodus** Y. Ling
分布：四川

无舌狗娃花 **Aster eligulatus** (Y. Ling ex Y. L. Chen, S. Yun Liang et K. Y. Pan) Brouillet
分布：西藏

镰叶紫菀 **Aster falcifolius** Hand.-Mazz.
分布：陕西、甘肃、湖北、四川

梵净山紫菀 **Aster fanjingshanicus** Y. L. Chen et D. J. Liu
分布：贵州

狭苞紫菀 **Aster farreri** W. W. Sm. et Jeffrey
分布：河北、山西、甘肃、青海、四川

红柄紫菀 **Aster filipes** J. Q. Fu
分布：甘肃

萎软紫菀 **Aster flaccidus** Bunge
分布：河北、河南、陕西、甘肃、青海、新疆、四川、云南、西藏；喜马拉雅山区、蒙古国、俄罗斯；中亚

腺毛萎软紫菀 **Aster flaccidus** subsp. **glandulosus** (Keissl.) Onno
分布：西藏；克什米尔地区、印度

台岩紫菀 **Aster formosanus** Hayata
分布：台湾

辉叶紫菀 **Aster fulgidulus** Grierson
分布：西藏

褐毛紫菀 **Aster fuscescens** Bureau et Franch.
分布：四川、云南、西藏；缅甸

褐毛紫菀(原变种) **Aster fuscescens** var. **fuscescens**
分布：四川、云南、西藏；缅甸

长圆叶褐毛紫菀 **Aster fuscescens** var. **oblongifolius** Grierson
分布：西藏；缅甸

少毛褐毛紫菀 **Aster fuscescens** var. **scaberoides** C. C. Chang
分布：云南、西藏

秦中紫菀 **Aster giraldii** Diels
分布：陕西

拉萨狗娃花 **Aster gouldii** C. E. C. Fisch.
分布：青海、西藏；不丹、印度

细茎紫菀 **Aster gracilicaulis** Y. Ling
分布：甘肃

红冠紫菀 **Aster handelii** Onno
分布：四川、云南

横斜紫菀 **Aster hersileoides** C. K. Schneid.
分布：四川

异苞紫菀 **Aster heterolepis** Hand.-Mazz.
分布：甘肃

须弥紫菀 **Aster himalaicus** C. B. Clarke
分布：云南、西藏；尼泊尔、印度、不丹、缅甸

狗娃花 **Aster hispidus** Thunb.
分布：黑龙江、吉林、内蒙古、河北、山西、山东、陕西、甘肃、安徽、江苏、浙江、江西、湖北、四川、福建、台湾；日本、韩国、蒙古国、俄罗斯

全茸紫菀 **Aster hololachnus** Y. Ling
分布：西藏

等苞紫菀 **Aster homochlamydeus** Hand.-Mazz.
分布：甘肃、四川、云南

湖南紫菀 **Aster hunanensis** Hand.-Mazz.
分布：湖南

白背紫菀 **Aster hypoleucus** Hand.-Mazz.
分布：西藏

裂叶马兰 **Aster incisus** Fisch.
分布：黑龙江、吉林、辽宁、内蒙古；日本、韩国、俄罗斯

叶苞紫菀 **Aster indamellus** Grierson
分布：西藏；印度、尼泊尔、克什米尔地区

马兰 **Aster indicus** L.
分布：安徽、福建、甘肃、广东、广西、贵州、海南、河北、河南、湖北、湖南、江苏、江西、宁夏、陕西、山东、山西、四川、台湾、云南、浙江；印度、?老挝、马来西亚、缅甸、泰国、越南、日本、韩国、俄罗斯

马兰(原变种) **Aster indicus** var. **indicus**
分布：河北、山西、山东、河南、陕西、宁夏、甘肃、安徽、江苏、浙江、江西、湖南、湖北、四川、贵州、云南、福建、台湾、广东、广西；印度、老挝、马来西亚、缅甸、泰国(北部)、越南、日本、韩国、俄罗斯

丘陵马兰 **Aster indicus** var. **collinus** (Hance) Soejima et Igari
分布：江西、湖南、贵州、福建、广东、广西、海南

狭苞马兰 **Aster indicus** var. **stenolepis** (Hand.-Mazz.) Soejima et Igari
分布：河南、陕西、甘肃、安徽、江苏、浙江、江西、湖南、湖北、四川、福建、广东

堇舌紫菀 **Aster ionoglossus** Y. Ling
分布：西藏

大埔紫菀 **Aster itsunboshi** Kitam.
分布：台湾

滇西北紫菀 **Aster jeffreyanus** Diels
分布：四川、云南

吉首紫菀 **Aster jishouensis** W. P. Li et S. X. Liu
分布：湖南

菊柴胡 **Aster juchaihu** Z. Y. Zhu et B. Q. Min
分布：四川

兰皋紫菀 **Aster langaoensis** J. Q. Fu
分布：陕西

宽苞紫菀 **Aster latibracteatus** Franch.
分布：云南；缅甸

山马兰 **Aster lautureanus** (Debeaux) Franch.
分布：黑龙江、吉林、辽宁、河北、山西、山东、河南、陕西、宁夏、甘肃、江苏、浙江

山马兰(原变种) **Aster lautureanus** var. **lautureanus**
分布：黑龙江、吉林、辽宁、河北、山西、山东、河南、陕西、宁夏、甘肃、江苏、浙江

小龙山马兰 **Aster lautureanus** var. **mangtaoensis** (Kitag.) Kitag.
分布：辽宁

线叶紫菀 **Aster lavandulifolius** Hand.-Mazz.
分布：四川

丽江紫菀 **Aster likiangensis** Franch.
分布：四川、云南、西藏；不丹

湿生紫菀 **Aster limosus** Hemsl.
分布：湖北

舌叶紫菀 **Aster lingulatus** Franch.
分布：四川、云南

青海紫菀 **Aster lipskii** Kom.
分布：青海

理县裸菀 **Aster lixianensis** (J. Q. Fu) Brouillet
分布：四川

长柄马兰 **Aster longipetiolatus** C. C. Chang
分布：四川

卢氏裸菀 **Aster lushiensis** (J. Q. Fu) Brouillet
分布：河南

圆苞紫菀 **Aster maackii** Regel
分布：黑龙江、吉林；朝鲜、俄罗斯

莽山紫菀 **Aster mangshanensis** Y. Ling
分布：湖南

短冠东风菜 **Aster marchandii** H. Lév.
分布：浙江、江西、湖北、四川、贵州、福建、广东、广西

大花紫菀 **Aster megalanthus** Y. Ling
分布：四川

黔中紫菀 **Aster menelii** H. Lév.
分布：贵州

砂狗娃花 **Aster meyendorffii** (Regel et Maack) Voss
分布：黑龙江、吉林、内蒙古、河北、山西、陕西、甘肃；日本、韩国、俄罗斯

软毛紫菀 **Aster molliusculus** (Lindl. ex DC.) C. B. Clarke
分布：西藏；印度、克什米尔地区、巴基斯坦

蒙古马兰 **Aster mongolicus** Franch.
分布：黑龙江、吉林、辽宁、内蒙古、河北；韩国、俄罗斯

玉山紫菀 **Aster morrisonensis** Hayata
分布：台湾

墨脱紫菀 **Aster motuoensis** Y. L. Chen
分布：西藏

川鄂紫菀 **Aster moupinensis** (Franch.) Hand.-Mazz.
分布：湖北、四川、云南

木里紫菀 **Aster muliensis** Hand.-Mazz.
分布：四川

鞑靼狗娃花 **Aster neobiennis** Brouillet
分布：内蒙古、河北、山西；蒙古国、俄罗斯

新雅紫菀 **Aster neoelegans** Grierson
分布：西藏；不丹、印度

棉毛紫菀 **Aster neolanuginosus** Brouillet
分布：四川

黑山紫菀 **Aster nigromontanus** Dunn
分布：云南

亮叶紫菀 **Aster nitidus** C. C. Chang
分布：四川

台北狗娃花 **Aster oldhamii** Hemsl.
分布：台湾

石生紫菀 **Aster oreophilus** Franch.
分布：四川、云南

卵叶紫菀 **Aster ovalifolius** Kitam.
分布：台湾

琴叶紫菀 **Aster panduratus** Nees ex Walp.
分布：江苏、浙江、江西、湖南、湖北、四川、贵州、福建、广东、广西

全叶马兰 **Aster pekinensis** (Hance) F. H. Chen
分布：黑龙江、吉林、辽宁、内蒙古、河北、山西、山东、河南、陕西、甘肃、安徽、江苏、浙江、江西、湖南、湖北、四川、云南；韩国、俄罗斯

裸菀 **Aster piccolii** Hook. f.
分布：山西、河南、陕西、甘肃、四川、贵州

阔苞紫菀 **Aster platylepis** Y. L. Chen
分布：西藏；印度

灰枝紫菀 **Aster poliothamnus** Diels
分布：甘肃、青海、四川、西藏

灰毛紫菀 **Aster polius** C. K. Schneid.
分布：四川

厚棉紫菀 **Aster prainii** (J. R. Drumm.) Y. L. Chen
分布：西藏

高茎紫菀 **Aster procerus** Hemsl.
分布：安徽、浙江、湖北

四川裸菀 **Aster pseudosimplex** Brouillet
分布：四川

密叶紫菀 **Aster pycnophyllus** Franch. ex W. W. Sm.
分布：云南、西藏；印度、缅甸

凹叶紫菀 **Aster retusus** Ludlow
分布：西藏

腾越紫菀 **Aster rockianus** Hand.-Mazz.
分布：云南

怒江紫菀 **Aster salwinensis** Onno
分布：四川、云南、西藏；缅甸

短舌紫菀 **Aster sampsonii** (Hance) Hemsl.
分布：湖南、广东

短舌紫菀(原变种) **Aster sampsonii** var. **sampsonii**
分布：湖南、广东

等毛短舌紫菀 **Aster sampsonii** var. **isochaetus** C. C. Chang
分布：湖南、广东

东风菜 **Aster scaber** Thunb.
分布：黑龙江、吉林、辽宁、内蒙古、河北、山西、山东、河南、陕西、安徽、江苏、浙江、江西、湖南、湖北、四川、贵州、福建、广东、广西；日本、韩国、俄罗斯

半卧狗娃花 **Aster semiprostratus** (Grierson) H. Ikeda
分布：青海、西藏；克什米尔地区、尼泊尔

狗舌紫菀 **Aster senecioides** Franch.
分布：四川、云南

四川紫菀 **Aster setchuenensis** Franch.
分布：四川

毡毛马兰 **Aster shimadae** (Kitam.) Nemoto
分布：山西、山东、河南、陕西、甘肃、安徽、江苏、江西、湖南、湖北、四川、福建、台湾

锡金紫菀 **Aster sikkimensis** Hook. f.
分布：西藏；印度、尼泊尔

西固紫菀 **Aster sikuensis** W. W. Sm. et Farrer
分布：甘肃、四川

岳麓紫菀 **Aster sinianus** Hand.-Mazz.
分布：江西、湖南

狭叶裸菀 **Aster sinoangustifolius** Brouillet
分布：浙江、福建

甘川紫菀 **Aster smithianus** Hand.-Mazz.
分布：甘肃、四川、云南

缘毛紫菀 **Aster souliei** Franch.
分布：甘肃、四川、云南、西藏；不丹、缅甸

缘毛紫菀(原变种) **Aster souliei** var. **souliei**
分布：四川、云南、西藏；不丹、缅甸

毛背缘毛紫菀 **Aster souliei** var. **limitaneus** (W. W. Sm. et Farrer) Hand.-Mazz.
分布：云南；不丹、缅甸

圆耳紫菀 **Aster sphaerotus** Y. Ling
分布：广西

匍生紫菀 **Aster stracheyi** Hook. f.
分布：西藏；印度、尼泊尔、不丹

台湾紫菀 Aster taiwanensis Kitam.
分布：台湾

山紫菀 Aster takasagomontanus Sasaki
分布：台湾

凉山紫菀 Aster taliangshanensis Y. Ling
分布：四川

桃园马兰 Aster taoyuenensis S. S. Ying
分布：台湾

紫菀 Aster tataricus L.
分布：黑龙江、吉林、辽宁、内蒙古、河北、山西、河南、陕西、甘肃；朝鲜、日本、俄罗斯

德钦紫菀 Aster techinensis Y. Ling
分布：云南

天全紫菀 Aster tientschwanensis Hand.-Mazz.
分布：四川

东俄洛紫菀 Aster tongolensis Franch.
分布：甘肃、四川、云南

三头紫菀 Aster tricephalus C. B. Clarke
分布：西藏；印度、尼泊尔

毛脉紫菀 Aster trichoneurus Y. Ling
分布：云南

三基脉紫菀 Aster trinervius Roxb. ex D. Don
分布：中国绝大部分地区有分布；不丹、印度、缅甸、尼泊尔、泰国、越南、日本、韩国、俄罗斯

三基脉紫菀(原亚种) Aster trinervius subsp. **trinervius**
分布：西藏；不丹、印度、缅甸、尼泊尔、泰国

三脉紫菀 Aster trinervius subsp. **ageratoides** (Turcz.) Grierson
分布：中国绝大部分地区有分布；不丹、印度、缅甸、尼泊尔、泰国、越南、日本、韩国、俄罗斯

察瓦龙紫菀 Aster tsarungensis (Grierson) Y. Ling
分布：四川、云南、西藏

陀螺紫菀 Aster turbinatus S. Moore
分布：安徽、江苏、浙江、江西、福建

陀螺紫菀(原变种) Aster turbinatus var. **turbinatus**
分布：安徽、江苏、浙江、江西、福建

仙白草 Aster turbinatus var. **chekiangensis** C. Ling ex Y. Ling
分布：浙江

峨眉紫菀 Aster veitchianus Hutch. et J. R. Drumm. ex Y. Ling
分布：四川

毡毛紫菀 Aster velutinosus Y. Ling
分布：广西

秋分草 Aster verticillatus (Reinwardt) Brouillet
分布：江西、湖南、湖北、四川、贵州、云南、西藏、福建、台湾、广东、广西；不丹、印度、印度尼西亚、日本、马来西亚、缅甸、尼泊尔

密毛紫菀 Aster vestitus Franch.
分布：四川、云南；不丹、印度、缅甸

垣曲裸菀 Aster yuanqunensis (J. Q. Fu) Brouillet
分布：山西

云南紫菀 Aster yunnanensis Franch.
分布：甘肃、青海、四川、云南、西藏

云南紫菀(原变种) Aster yunnanensis var. **yunnanensis**
分布：四川、云南

狭苞云南紫菀 Aster yunnanensis var. **angustior** Hand.-Mazz.
分布：四川、云南

夏河云南紫菀 Aster yunnanensis var. **labrangensis** (Hand.-Mazz.) Y. Ling
分布：甘肃、青海、四川、西藏

察隅紫菀 Aster zayuensis Y. L. Chen
分布：西藏

紫菀木属 Asterothamnus Novopokr.

紫菀木 Asterothamnus alyssoides (Turcz.) Novopokr.
分布：内蒙古；蒙古国

中亚紫菀木 Asterothamnus centraliasiaticus Novopokr.
分布：内蒙古、宁夏、甘肃、青海、新疆；蒙古国

灌木紫菀木 Asterothamnus fruticosus (C. Winkl.) Novopokr.
分布：新疆；俄罗斯、哈萨克斯坦

软叶紫菀木 Asterothamnus molliusculus Novopokr.
分布：内蒙古；蒙古国

毛叶紫菀木 Asterothamnus poliifolius Novopokr.
分布：新疆；俄罗斯、蒙古国

苍术属 Atractylodes DC.

鄂西苍术 Atractylodes carlinoides (Hand.-Mazz.) Kitam.
分布：湖北

朝鲜苍术 Atractylodes koreana (Nakai) Kitam.
分布：辽宁、山东；韩国

苍术 Atractylodes lancea (Thunb.) DC.
分布：黑龙江、吉林、辽宁、内蒙古、河北、山西、甘肃、安徽、浙江、江西、湖南、湖北、四川；日本、朝鲜、俄罗斯

罗田苍术 Atractylodes lancea subsp. **luotianensis** S. L. Hu et X. F. Feng
分布：安徽、湖北

白术 Atractylodes macrocephala Koidz.
分布：安徽、江苏、浙江、江西、湖南、湖北、四川、福建；日本

南泽兰属 Austroeupatorium R. M. King et H. Rob.

南泽兰 Austroeupatorium inulifolium (Kunth) R. M. King et H. Rob.
分布：台湾有逸生；原产于中美洲和南美洲、印度尼西亚和斯里兰卡有归化

雏菊属 Bellis L.

雏菊 Bellis perennis L.
分布：各省（自治区、直辖市）广泛栽培；原产于非洲、亚洲(西南部)和欧洲

鬼针属 Bidens L.

婆婆针 Bidens bipinnata L.
分布：吉林、辽宁、内蒙古、河北、山西、山东、陕西、甘肃、安徽、江苏、浙江、江西、四川、云南、福建、台湾、广东、广西；柬埔寨、韩国、老挝、尼泊尔、泰国、越南、太平洋岛屿；欧洲、北美洲、南美洲

金盏银盘 Bidens biternata (Lour.) Merr. et Sherff
分布：辽宁、河北、山西、山东、河南、陕西、甘肃、安徽、浙江、江西、湖南、湖北、贵州、云南、福建、台湾、广东、广西、海南；亚洲、非洲、大洋洲

柳叶鬼针草 Bidens cernua L.
分布：黑龙江、吉林、辽宁、内蒙古、河北、四川、云南、西藏；蒙古国、俄罗斯；欧洲、北美洲

奉节鬼针草 Bidens fengjiensis S. X. Liu et W. P. Li
分布：四川

大狼杷草 Bidens frondosa L.
分布：吉林、辽宁、河北、北京、安徽、江苏、上海、江西、湖南、广东；原产于北美洲

薄叶鬼针草 Bidens leptophylla C. H. An
分布：新疆

羽叶鬼针草 Bidens maximowicziana Oett.
分布：黑龙江、吉林、辽宁、内蒙古；日本、韩国、俄罗斯

小花鬼针草 Bidens parviflora Willd.
分布：黑龙江、吉林、辽宁、内蒙古、河北、山西、山东、河南、陕西、宁夏、甘肃、青海、安徽、江苏、四川、贵州；日本、韩国、蒙古国、俄罗斯

鬼针草 Bidens pilosa L.
分布：辽宁、河北、山西、山东、河南、陕西、甘肃、安徽、浙江、江西、湖南、湖北、四川、贵州、云南、西藏、福建、台湾、广东、广西、海南；原产于亚洲、美洲热带和亚热带地区

大羽叶鬼针草 Bidens radiata Thuill.
分布：黑龙江、吉林、内蒙古、新疆；日本、朝鲜、俄罗斯；欧洲

狼杷草 Bidens tripartita L.
分布：安徽、福建、甘肃、贵州、河北、黑龙江、河南、湖北、湖南、江苏、江西、吉林、辽宁、内蒙古、宁夏、青海、陕西、山东、四川、台湾、新疆、西藏、云南、浙江；不丹、印度、印度尼西亚、马来西亚、蒙古国、尼泊尔、菲律宾、日本、韩国、俄罗斯、澳大利亚；非洲(北部)、欧洲、北美洲

百能葳属 Blainvillea Cass.

百能葳 Blainvillea acmella (L.) Philipson
分布：海南、四川、云南；印度、印度尼西亚、马来西亚、缅甸、尼泊尔、菲律宾、泰国、越南、澳大利亚；非洲、南美洲

艾纳香属 Blumea DC.

具腺艾纳香 Blumea adenophora Franch.
分布：云南；越南

馥芳艾纳香 Blumea aromatica DC.
分布：四川、贵州、云南、福建、台湾、广东、广西；尼泊尔、不丹、印度、缅甸、泰国、中南半岛

柔毛艾纳香 Blumea axillaris (Lam.) DC.
分布：福建、广东、广西、贵州、海南、湖南、江西、四川、台湾、云南、浙江；阿富汗、不丹、柬埔寨、印度、印度尼西亚、缅甸、尼泊尔、巴基斯坦、菲律宾、斯里兰卡、泰国、越南、太平洋群岛、澳大利亚；非洲

艾纳香 Blumea balsamifera (L.) DC.

分布：贵州、云南、福建、台湾、广东、广西；印度、巴基斯坦、缅甸、泰国、马来西亚、印度尼西亚、菲律宾、中南半岛

七里明 Blumea clarkei Hook. f.

分布：江西、福建、广东、广西、海南；印度、印度尼西亚、马来西亚、缅甸、菲律宾、泰国、越南

大花艾纳香 Blumea conspicua Hayata

分布：台湾；日本

节节红 Blumea fistulosa (Roxb.) Kurz.

分布：贵州、云南、广东、广西；印度、尼泊尔、不丹、缅甸、泰国、中南半岛

拟艾纳香 Blumea flava DC.

分布：贵州、云南、广西、海南；不丹、印度、印度尼西亚、马来西亚、缅甸、巴基斯坦、泰国、越南

台北艾纳香 Blumea formosana Kitam.

分布：浙江、江西、湖南、福建、台湾、广东、广西

毛毡草 Blumea hieraciifolia (D. Don) DC.

分布：浙江、江西、四川、贵州、云南、福建、台湾、广东、广西、海南；印度、印度尼西亚、日本、缅甸、尼泊尔、巴布亚新几内亚、巴基斯坦、菲律宾、泰国

薄叶艾纳香 Blumea hookeri C. B. Clarke ex Hook. f.

分布：云南；不丹、印度、越南

见霜黄 Blumea lacera (Burm. f.) DC.

分布：福建、广东、广西、贵州、海南、江西、四川、台湾、云南、浙江；不丹、印度、日本、老挝、马来西亚、缅甸、尼泊尔、巴布亚新几内亚、巴基斯坦、斯里兰卡、泰国、越南、太平洋群岛、澳大利亚(北部)；非洲

千头艾纳香 Blumea lanceolaria (Roxb.) Druce

分布：贵州、云南、台湾、广东、广西；印度、巴基斯坦、斯里兰卡、缅甸、泰国、菲律宾、印度尼西亚、中南半岛

条叶艾纳香 Blumea linearis C. I. Peng et W. P. Leu

分布：台湾

裂苞艾纳香 Blumea martiniana Vaniot

分布：贵州、云南、广西；越南

东风草 Blumea megacephala (Randeria) C. C. Chang et Y. Q. Tseng

分布：江西、湖南、四川、贵州、云南、福建、台湾、广东、广西；越南

长柄艾纳香 Blumea membranacea DC.

分布：云南、广东、广西、海南；印度、印度尼西亚、马来西亚、缅甸、尼泊尔、巴基斯坦、斯里兰卡、泰国、越南

芜菁叶艾纳香 Blumea napifolia DC.

分布：云南、海南；印度、缅甸、泰国、中南半岛

长圆叶艾纳香 Blumea oblongifolia Kitam.

分布：浙江、江西、福建、台湾、广东

尖齿艾纳香 Blumea oxyodonta DC.

分布：云南；印度、巴基斯坦、缅甸、马来西亚、菲律宾、中南半岛

高艾纳香 Blumea repanda (Roxb.) Hand.-Mazz.

分布：云南；尼泊尔、印度、巴基斯坦、缅甸、越南

假东风草 Blumea riparia (Blume) DC.

分布：云南、广东、广西；印度、缅甸、泰国、马来西亚、菲律宾、印度尼西亚、中南半岛、巴布亚新几内亚、太平洋岛屿

戟叶艾纳香 Blumea sagittata Gagnep.

分布：贵州、云南、广西；老挝、越南

全裂艾纳香 Blumea saussureoides Chang et Y. Q. Tseng

分布：云南

拟毛毡草 Blumea sericans (Kurz.) Hook. f.

分布：浙江、江西、湖南、贵州、福建、台湾、广东、广西；印度、印度尼西亚、缅甸、菲律宾、越南

无梗艾纳香 Blumea sessiliflora Decne.

分布：江西、广东；印度、缅甸、泰国、印度尼西亚、中南半岛

六耳铃 Blumea sinuata (Lour.) Merr.

分布：福建、广东、广西、贵州、海南、台湾、云南；不丹、印度、缅甸、尼泊尔、巴基斯坦、菲律宾、斯里兰卡、越南、印度尼西亚、马来西亚、巴布亚新几内亚、太平洋群岛

狭叶艾纳香 Blumea tenuifolia C. Y. Wu ex C. C. Chang et Y. Q. Tseng

分布：云南、台湾

纤枝艾纳香 Blumea veronicifolia Franch.

分布：四川、云南

绿艾纳香 Blumea virens DC.

分布：云南；印度、不丹、巴基斯坦、斯里兰卡、缅甸、泰国、马来西亚、菲律宾、中南半岛

球菊属 **Bolocephalus** Hand.-Mazz.

球菊 **Bolocephalus saussureoides** Hand.-Mazz.
分布：西藏

短舌菊属 **Brachanthemum** DC.

灌木短舌菊 **Brachanthemum fruticulosum** DC.
分布：新疆；俄罗斯

戈壁短舌菊 **Brachanthemum gobicum** Krasch.
分布：内蒙古；蒙古国

吉尔吉斯短舌菊 **Brachanthemum kirghisorum** Krasch.
分布：新疆；俄罗斯

蒙古短舌菊 **Brachanthemum mongolicum** Krasch.
分布：内蒙古、新疆；蒙古国

星毛短舌菊 **Brachanthemum pulvinatum** (Hand.-Mazz.) C. Shih
分布：内蒙古、宁夏、甘肃、青海、新疆

无毛短舌菊 **Brachanthemum titovii** Krasch.
分布：新疆；哈萨克斯坦

牛眼菊属 **Buphthalmum** L.

牛眼菊 **Buphthalmum salicifolium** L.
分布：各省（自治区、直辖市）庭园栽培；原产于中欧

金盏花属 **Calendula** L.

金盏菊 **Calendula officinalis** L.
分布：中国各省（自治区、直辖市）有栽培；原产地不明

翠菊属 **Callistephus** Cass.

翠菊 **Callistephus chinensis** (L.) Nees
分布：吉林、辽宁、河北、山西、山东、四川、云南；日本、朝鲜

刺冠菊属 **Calotis** R. Br.

刺冠菊 **Calotis caespitosa** C. C. Chang
分布：海南

金腰箭舅属 **Calyptocarpus** Less.

金腰箭舅 **Calyptocarpus vialis** Less.
分布：台湾逸生；原产于古巴、墨西哥和美国

凋缨菊属 **Camchaya** Gagnep.

凋缨菊 **Camchaya loloana** Kerr
分布：云南；泰国

小甘菊属 **Cancrinia** Kar. et Kir.

黄头小甘菊 **Cancrinia chrysocephala** Kar. et Kir.
分布：新疆；哈萨克斯坦

小甘菊 **Cancrinia discoidea** (Ledeb.) Poljakov ex Tzvelev
分布：内蒙古、甘肃、新疆、西藏；哈萨克斯坦、蒙古国、俄罗斯

毛果小甘菊 **Cancrinia lasiocarpa** C. Winkl.
分布：宁夏、甘肃、西藏；蒙古国

灌木小甘菊 **Cancrinia maximowiczii** C. Winkl.
分布：内蒙古、甘肃、青海、新疆、云南；蒙古国

天山小甘菊 **Cancrinia tianschanica** (Krasch.) Tzvelev
分布：新疆；哈萨克斯坦

飞廉属 **Carduus** L.

节毛飞廉 **Carduus acanthoides** L.
分布：内蒙古、河北、山西、山东、河南、陕西、宁夏、甘肃、青海、新疆、江苏、江西、湖南、四川、贵州、云南、西藏；俄罗斯；亚洲(西南部)、欧洲

丝毛飞廉 **Carduus crispus** L.
分布：全国；哈萨克斯坦、韩国、蒙古国、俄罗斯；亚洲(西南部)、欧洲

飞廉 **Carduus nutans** L.
分布：新疆；哈萨克斯坦、蒙古国、俄罗斯；亚洲(西南部)、欧洲、非洲(北部)

刺苞菊属 **Carlina** L.

刺苞菊 **Carlina biebersteinii** Bernh. ex Hornem.
分布：新疆；俄罗斯、哈萨克斯坦；欧洲

天名精属 **Carpesium** L.

天名精 **Carpesium abrotanoides** L.
分布：河南、陕西、甘肃、安徽、江苏、浙江、江西、湖南、湖北、四川、贵州、云南、西藏、福建、台湾、广东、广西、海南；阿富汗、不丹、印度、日本、韩国、缅甸、尼泊尔、俄罗斯、越南；亚洲(西南部)、欧洲

烟管头草 **Carpesium cernuum** L.
分布：吉林、辽宁、河北、山西、山东、河南、陕西、甘肃、安徽、江苏、浙江、江西、湖南、湖北、四川、贵州、云南、西藏、福建、台湾、广东、广西；阿富汗、印度、印度尼西亚、日本、韩国、巴基斯坦、巴布亚新几内亚、菲律宾、俄罗斯、越南、澳大利亚；亚洲(西南

部)、欧洲

心叶天名精 **Carpesium cordatum** F. H. Chen et C. M. Hu
分布：云南

金挖耳 **Carpesium divaricatum** Sieb. et Zucc.
分布：吉林、辽宁、河南、安徽、浙江、江西、湖南、湖北、四川、贵州、福建、台湾、广东；日本、韩国

日本天名精 **Carpesium faberi** Winkler
分布：湖北、四川、贵州、台湾、广西；日本

矮天名精 **Carpesium humile** C. Winkler
分布：青海、四川

高原天名精 **Carpesium lipskyi** C. Winkler
分布：甘肃、青海、四川、云南

长叶天名精 **Carpesium longifolium** F. H. Chen et C. M. Hu
分布：甘肃、湖北、四川、贵州、云南

大花金挖耳 **Carpesium macrocephalum** Franch. et Sav.
分布：黑龙江、吉林、辽宁、陕西、甘肃、四川；日本、朝鲜、俄罗斯

小花金挖耳 **Carpesium minus** Hemsl.
分布：江西、湖南、湖北、四川

尼泊尔天名精 **Carpesium nepalense** Less.
分布：湖北、四川、云南、西藏、台湾；印度、尼泊尔

尼泊尔天名精(原变种) **Carpesium nepalense** var. **nepalense**
分布：云南、西藏、台湾；不丹、印度、尼泊尔、巴基斯坦

棉毛尼泊尔天名精 **Carpesium nepalense** var. **lanatum** (Hook. f. et Thomson ex C. B. Clarke) Kitam.
分布：湖南、湖北、四川、贵州、云南、广西；印度

葶茎天名精 **Carpesium scapiforme** F. H. Chen et C. M. Hu
分布：四川、云南

四川天名精 **Carpesium szechuanense** F. H. Chen et C. M. Hu
分布：四川

粗齿天名精 **Carpesium tracheliifolium** Lessing
分布：四川、云南、西藏、台湾；不丹、印度、克什米尔地区、尼泊尔

暗花金挖耳 **Carpesium triste** Maxim.
分布：黑龙江、吉林、辽宁、四川、云南、西藏；日本、朝鲜、俄罗斯

绒毛天名精 **Carpesium velutinum** C. Winkler
分布：四川

舟曲天名精 **Carpesium zhouquensis** J. Q. Fu
分布：甘肃

红花属 Carthamus L.

红花 **Carthamus tinctorius** L.
分布：黑龙江、吉林、辽宁、内蒙古、河北、山西、山东、陕西、甘肃、青海、四川、西藏、广西、浙江、贵州栽培和归化；原产地不明，世界各地广泛栽培

葶菊属 Cavea W. W. Sm. et J. Small

葶菊 **Cavea tanguensis** (J. R. Drumm.) W. W. Sm. et J. Small
分布：四川、西藏；不丹、印度

矢车菊属 Centaurea L.

藏掖花 **Centaurea benedicta** (L.) L.
分布：新疆；阿富汗、哈萨克斯坦、吉尔吉斯斯坦、巴基斯坦、俄罗斯、塔吉克斯坦、土库曼斯坦、乌兹别克斯坦；亚洲(西南部)、欧洲、非洲(北部)

铺散矢车菊 **Centaurea diffusa** Lam.
分布：辽宁；欧洲

薄鳞菊 **Centaurea glastifolia** subsp. **intermedia** (Boissier) L. Martins
分布：新疆；哈萨克斯坦、俄罗斯；欧洲

镇刺矢车菊 **Centaurea iberica** Trevir. ex Spreng.
分布：新疆；阿富汗、克什米尔地区、哈萨克斯坦、吉尔吉斯斯坦、巴基斯坦、俄罗斯、塔吉克斯坦、土库曼斯坦、乌兹别克斯坦；亚洲(西南部)、欧洲

琉苞菊 **Centaurea pulchella** Ledeb.
分布：新疆；阿富汗、哈萨克斯坦、吉尔吉斯斯坦、蒙古国、塔吉克斯坦、土库曼斯坦、乌兹别克斯坦；亚洲(西南部)

糙叶矢车菊 **Centaurea scabiosa** subsp. **adpressa** (Ledeb.) Gugler
分布：内蒙古、新疆；哈萨克斯坦、吉尔吉斯斯坦、俄罗斯、乌兹别克斯坦；欧洲

小花矢车菊 Centaurea virgata subsp. **squarrosa** (Boissier) Gugler

分布：新疆；阿富汗、哈萨克斯坦、吉尔吉斯斯坦、巴基斯坦、俄罗斯、塔吉克斯坦、土库曼斯坦、乌兹别克斯坦；亚洲(西南部)、欧洲

石胡荽属 Centipeda Lour.

石胡荽 Centipeda minima (L.) A. Braun et Asch.

分布：山东、河南、陕西、安徽、江苏、浙江、江西、湖南、湖北、四川、重庆、贵州、云南、福建、台湾、广东、广西、海南；印度、印度尼西亚、日本、巴布亚新几内亚、菲律宾、俄罗斯、泰国、太平洋岛屿、澳大利亚

粉苞菊属 Chondrilla L.

沙地粉苞菊 Chondrilla ambigua Fisch. ex Kar. et Kir.

分布：新疆；俄罗斯、哈萨克斯坦、乌兹别克斯坦

硬叶粉苞菊 Chondrilla aspera (Schrad. ex Willd.) Poir.

分布：新疆；哈萨克斯坦、吉尔吉斯斯坦、俄罗斯、塔吉克斯坦

短喙粉苞菊 Chondrilla brevirostris Fisch. et C. A. Mey.

分布：新疆；哈萨克斯坦、吉尔吉斯斯坦、俄罗斯

宽冠粉苞菊 Chondrilla laticoronata Leonova

分布：新疆；哈萨克斯坦、俄罗斯

北疆粉苞菊 Chondrilla leiosperma Kar. et Kir.

分布：新疆；哈萨克斯坦、吉尔吉斯斯坦、蒙古国、塔吉克斯坦、乌兹别克斯坦

中亚粉苞菊 Chondrilla ornata Iljin

分布：新疆；吉尔吉斯斯坦

少花粉苞菊 Chondrilla pauciflora Ledeb.

分布：新疆；哈萨克斯坦、俄罗斯、乌兹别克斯坦

暗粉苞菊 Chondrilla phaeocephala Rupr.

分布：新疆；阿富汗、哈萨克斯坦、吉尔吉斯斯坦、塔吉克斯坦、乌兹别克斯坦

粉苞菊 Chondrilla piptocoma Fisch. et C. A. Mey.

分布：新疆；哈萨克斯坦、俄罗斯

基节粉苞菊 Chondrilla rouillieri Kar. et Kir.

分布：新疆；哈萨克斯坦、俄罗斯

飞机草属 Chromolaena DC.

飞机草 Chromolaena odorata (L.) R. M. King et H. Rob.

分布：福建、海南和云南归化；原产于墨西哥，广泛归化于亚洲热带地区

菊属 Chrysanthemum L.

北极菊 Chrysanthemum arcticum L.

分布：河北；俄罗斯；北美洲

银背菊 Chrysanthemum argyrophyllum Y. Ling

分布：河南、陕西

阿里山菊 Chrysanthemum arisanense Hayata

分布：台湾

小红菊 Chrysanthemum chanetii H. Lév.

分布：黑龙江、吉林、辽宁、内蒙古、河北、山东、陕西、甘肃、青海；韩国、俄罗斯、朝鲜

异色菊 Chrysanthemum dichroum (C. Shih) H. Ohashi et Yonekura

分布：河北

叶状菊 Chrysanthemum foliaceum (G. F. Peng, C. Shih et S. Q. Zhang) J. M. Wang et Y. T. Hou

分布：山东

拟亚菊 Chrysanthemum glabriusculum (W. W. Sm.) Hand.-Mazz.

分布：陕西、四川、云南

蓬莱油菊 Chrysanthemum horaimontanum Masamune

分布：台湾

黄花小山菊 Chrysanthemum hypargyreum Diels

分布：陕西、四川

野菊 Chrysanthemum indicum L.

分布：吉林、辽宁、内蒙古、河北、山西、河南、湖南、湖北、四川、贵州、云南、西藏、广东、广西、海南、香港；印度、日本、朝鲜、俄罗斯

甘菊 Chrysanthemum lavandulifolium (Fisch. ex Trautv.) Makino

分布：吉林、辽宁、河北、山西、山东、陕西、甘肃、青海、新疆、江苏、浙江、江西、湖北、四川、云南

甘菊(原变种) Chrysanthemum lavandulifolium var. **lavandulifolium**

分布：吉林、辽宁、河北、山西、山东、陕西、甘肃、青海、新疆、江苏、浙江、江西、湖北、四川、云南；印度、日本、韩国、蒙古国

稳舌甘菊 Chrysanthemum lavandulifolium var. **discoideum** Hand.-Mazz.

分布：四川

毛叶甘菊 Chrysanthemum lavandulifolium var. **tomentellum** Hand.-Mazz.
分布：江苏、浙江、云南、台湾

长苞菊 Chrysanthemum longibracteatum (C. Shih, G. F. Peng et S. Y. Jin) J. M. Wang et Y. T. Hou
分布：山东

细叶菊 Chrysanthemum maximowiczii Kom.
分布：黑龙江、吉林、辽宁、内蒙古；俄罗斯、朝鲜

蒙菊 Chrysanthemum mongolicum Y. Ling
分布：内蒙古；俄罗斯、蒙古国

菊花 Chrysanthemum morifolium Ramat.
分布：中国各地

森氏菊 Chrysanthemum morii Hayata
分布：台湾

楔叶菊 Chrysanthemum naktongense Nakai
分布：黑龙江、吉林、辽宁、内蒙古、河北、山西、山东、甘肃；韩国、蒙古国、俄罗斯

小山菊 Chrysanthemum oreastrum Hance
分布：吉林、河北、山西；俄罗斯

小叶菊 Chrysanthemum parvifolium C. C. Chang
分布：贵州

委陵菊 Chrysanthemum potentilloides Hand.-Mazz.
分布：山西、陕西

毛华菊 Chrysanthemum vestitum (Hemsl.) Stapf
分布：河南、陕西、安徽、湖北

毛华菊(原变种) Chrysanthemum vestitum var. **vestitum**
分布：河南、陕西、安徽、湖北

阔叶毛华菊 Chrysanthemum vestitum var. **latifolium** J. Zhou et Jun Y. Chen
分布：安徽、?河南

紫花野菊 Chrysanthemum zawadskii Herbich
分布：黑龙江、吉林、辽宁、内蒙古、河北、山西、陕西、甘肃、安徽；俄罗斯、蒙古国

岩参属 Cicerbita Wallroth

抱茎岩参 Cicerbita auriculiformis (C. Shih) N. Kilian
分布：内蒙古、甘肃、青海

岩参 Cicerbita azurea (Ledeb.) Beauverd
分布：新疆；哈萨克斯坦、蒙古国、俄罗斯

高原岩参 Cicerbita ladyginii (Tzvelev) N. Kilian
分布：西藏

光苞岩参 Cicerbita neglecta (Tzvelev) N. Kilian
分布：西藏

川甘岩参 Cicerbita roborowskii (Maxim.) Beauverd
分布：宁夏、甘肃、青海、四川、西藏

天山岩参 Cicerbita thianschanica (Regel et Schmalh.) Beauverd
分布：新疆；哈萨克斯坦、塔吉克斯坦

振铎岩参 Cicerbita zhenduoi (S. W. Liu et T. N. Ho) N. Kilian
分布：青海

菊苣属 Cichorium L.

菊苣 Cichorium intybus L.
分布：黑龙江、辽宁、河北、山西、山东、河南、陕西、新疆、台湾；亚洲(中部及西南部)、欧洲、非洲

蓟属 Cirsium Mill.

准噶尔蓟 Cirsium alatum (S. G. Gmel.) Bobrov
分布：新疆；俄罗斯；欧洲

天山蓟 Cirsium alberti Regel et Schmalh.
分布：新疆；哈萨克斯坦

南蓟 Cirsium argyracanthum DC.
分布：云南、西藏；不丹、印度、尼泊尔、巴基斯坦

丝路蓟 Cirsium arvense (L.) Scop.
分布：安徽、重庆、福建、甘肃、贵州、河北、黑龙江、河南、湖北、湖南、江苏、江西、吉林、辽宁、内蒙古、宁夏、青海、陕西、山东、山西、四川、新疆、西藏、浙江；阿富汗、印度、日本、哈萨克斯坦、韩国、蒙古国、尼泊尔、俄罗斯；亚洲(西南部)、欧洲

丝路蓟(原变种) Cirsium arvense var. **arvense**
分布：甘肃、新疆、西藏；阿富汗、印度、哈萨克斯坦、尼泊尔

藏蓟 Cirsium arvense var. **alpestre** Naig.
分布：甘肃、青海、新疆、西藏；欧洲

刺儿菜 Cirsium arvense var. **integrifolium** C. Wimm. et Grabowski
分布：安徽、重庆、福建、甘肃、贵州、河北、黑龙江、河南、湖北、湖南、江苏、江西、吉林、辽宁、内蒙古、宁夏、青海、陕西、山东、山西、四川、新疆、浙江；日本、韩国、蒙古国、俄罗斯；亚洲(西南部)、欧洲

阿尔泰蓟 Cirsium arvense var. **vestitum** Wimmer et Grabowski
分布：新疆；哈萨克斯坦；亚洲(西南部)、欧洲

灰蓟 Cirsium botryodes Petr.
分布：湖南、四川、贵州、云南

刺盖草 Cirsium bracteiferum C. Shih
分布：四川

岛蓟 Cirsium brevicaule A. Gray
分布：台湾

绿蓟 Cirsium chinense Gardner et Champ.
分布：辽宁、内蒙古、河北、山东、江苏、浙江、江西、四川、福建、广东、广西

两面蓟 Cirsium chlorolepis Petr.
分布：贵州、云南

黄苞蓟 Cirsium chrysolepis C. Shih
分布：西藏

贡山蓟 Cirsium eriophoroides (Hook. f.) Petr.
分布：四川、云南、西藏；印度

莲座蓟 Cirsium esculentum (Siev.) C. A. Mey.
分布：吉林、辽宁、内蒙古、河北、新疆；哈萨克斯坦、蒙古国、俄罗斯、乌兹别克斯坦

峨眉蓟 Cirsium fangii Petr.
分布：四川

梵净蓟 Cirsium fanjingshanense C. Shih
分布：贵州

等苞蓟 Cirsium fargesii (Franch.) Diels
分布：陕西、湖北、四川

鳞毛蓟 Cirsium ferum Kitam.
分布：台湾

褐毛蓟 Cirsium fuscotrichum C. C. Chang
分布：四川

无毛蓟 Cirsium glabrifolium Petr.
分布：新疆、西藏；印度、克什米尔地区、哈萨克斯坦、乌兹别克斯坦

骆骑 Cirsium handelii Petr.
分布：四川、云南

堆心蓟 Cirsium helenioides (L.) Hill
分布：新疆；哈萨克斯坦、俄罗斯

刺苞蓟 Cirsium henryi (Franch.) Diels
分布：湖北、四川、云南

细川氏蓟 Cirsium hosokawai Kitam.
分布：台湾

披裂蓟 Cirsium interpositum Petr.
分布：云南、西藏；印度

蓟 Cirsium japonicum DC.
分布：河北、山东、陕西、江苏、浙江、江西、湖南、湖北、四川、贵州、云南、福建、台湾、广东、广西；日本、朝鲜

玉山蓟 Cirsium kawakamii Hayata
分布：台湾

覆瓦蓟 Cirsium leducii (Franch.) H. Lév.
分布：四川、贵州、云南、广东、广西；越南

魁蓟 Cirsium leo Nakai et Kitag.
分布：河北、山西、河南、陕西、宁夏、甘肃、四川

丽江蓟 Cirsium lidjiangense Petr. et Hand.-Mazz.
分布：云南

线叶蓟 Cirsium lineare (Thunb.) Schult.
分布：河北、河南、陕西、甘肃、安徽、浙江、江西、湖南、湖北、四川、重庆、贵州、云南、福建、台湾、广东；日本、泰国、越南

野蓟 Cirsium maackii Maxim.
分布：黑龙江、吉林、辽宁、内蒙古、河北、山东、安徽、江苏、浙江；俄罗斯、朝鲜

马刺蓟 Cirsium monocephalum (Vaniot) H. Lév.
分布：陕西、甘肃、湖北、四川、贵州

森氏蓟 Cirsium morii Hayata
分布：台湾

木里蓟 Cirsium muliense C. Shih
分布：四川

烟管蓟 Cirsium pendulum Fisch. ex DC.
分布：黑龙江、吉林、辽宁、内蒙古、河北、山西、陕西、甘肃；日本、朝鲜、蒙古国、俄罗斯

川蓟 Cirsium periacanthaceum C. Shih
分布：四川

总序蓟 Cirsium racemiforme Y. Ling et C. Shih
分布：江西、湖南、贵州、云南、福建、广西

赛里木蓟 Cirsium sairamense (C. Winkler) O. Fedtsch. et B. Fedtsch.
分布：新疆；哈萨克斯坦、乌兹别克斯坦

林蓟 Cirsium schantarense Trautv. et C. A. Mey.
分布：黑龙江、吉林、辽宁；俄罗斯

新疆蓟 Cirsium semenowii Regel
分布：新疆；哈萨克斯坦、乌兹别克斯坦

麻花头蓟 Cirsium serratuloides (L.) Hill
分布：新疆；蒙古国、俄罗斯

牛口刺 Cirsium shansiense Petr.
分布：内蒙古、河北、山西、河南、陕西、甘肃、青海、安徽、江西、湖南、湖北、四川、重庆、贵州、云南、西藏、福建、广东、广西；不丹、印度、缅甸、越南

薄叶蓟 Cirsium shihianum Greuter
分布：新疆

附片蓟 Cirsium sieversii (Fisch. et C. A. Mey.) Petr.
分布：新疆；哈萨克斯坦、俄罗斯、乌兹别克斯坦

葵花大蓟 Cirsium souliei (Franch.) Mattf.
分布：甘肃、青海、四川、西藏

钻苞蓟 Cirsium subulariforme C. Shih
分布：西藏

铃木氏蓟 Cirsium suzukii Kitam.
分布：台湾

杭蓟 Cirsium tianmushanicum C. Shih
分布：浙江

斑鸠蓟 Cirsium vernonioides C. Shih
分布：广西

苞叶蓟 Cirsium verutum (D. Don) Spreng.
分布：西藏；阿富汗、不丹、印度、尼泊尔、巴基斯坦、越南

块蓟 Cirsium viridifolium (Hand.-Mazz.) C. Shih
分布：吉林、内蒙古、河北

绒背蓟 Cirsium vlassovianum Fisch. ex DC.
分布：黑龙江、吉林、辽宁、内蒙古、河北、山西；朝鲜、蒙古国、俄罗斯

翼蓟 Cirsium vulgare (Savi) Ten.
分布：新疆；阿富汗、哈萨克斯坦、吉尔吉斯斯坦、巴基斯坦、俄罗斯、土库曼斯坦；亚洲(西南部)、欧洲、非洲(北部)

藤菊属 **Cissampelopsis** (DC.) Miq.

尼泊尔藤菊 Cissampelopsis buimalia (Buch.-Ham. ex D. Don) C. Jeffrey et Y. L. Chen
分布：云南；不丹、印度、尼泊尔

革叶藤菊 Cissampelopsis corifolia C. Jeffrey et Y. L. Chen
分布：云南、西藏；印度、缅甸

赤缨藤菊 Cissampelopsis erythrochaeta C. Jeffrey et Y. L. Chen
分布：湖南

腺毛藤菊 Cissampelopsis glandulosa C. Jeffrey et Y. L. Chen
分布：云南

岩穴藤菊 Cissampelopsis spelaeicola (Vaniot) C. Jeffrey et Y. L. Chen
分布：四川、贵州、云南、广西

藤菊 Cissampelopsis volubilis (Blume) Miq.
分布：贵州、云南、广东、广西、海南；印度、马来西亚、缅甸、泰国、越南

苏利南野菊属 **Clibadium** F. Allamand ex L.

苏利南野菊 Clibadium surinamense L.
分布：台湾归化；原产于中美洲和南美洲，印度洋岛屿和印度尼西亚有引种

鞘冠菊属 **Coleostephus** Cass.

鞘冠菊 Coleostephus myconis (L.) Cass.
分布：北京；地中海

锥托泽兰属 **Conoclinium** DC.

锥托泽兰 Conoclinium coelestinum (L.) DC.
分布：贵州和云南有栽培逸生

金鸡菊属 **Coreopsis** L.

大花金鸡菊 Coreopsis grandiflora Hogg ex Sweet
分布：各省（自治区、直辖市）常栽培；美国

剑叶金鸡菊 Coreopsis lanceolata L.
分布：各省（自治区、直辖市）常栽培；北美洲

两色金鸡菊 Coreopsis tinctoria Nutt.
分布：各省（自治区、直辖市）常栽培；北美洲

秋英属 **Cosmos** Cav.

秋英 **Cosmos bipinnatus** Cav.
分布：黑龙江、吉林、辽宁、河北、北京、四川、云南等地逸生；原产于墨西哥，现世界各地广泛引种栽培并逸生

硫磺菊 **Cosmos sulphureus** Cav.
分布：北京、广东和云南引种；原产于墨西哥

山芫绥属 **Cotula** L.

芫绥菊 **Cotula anthemoides** L.
分布：福建、广东、湖北、四川、台湾、云南；柬埔寨、印度、印度尼西亚、老挝、缅甸、尼泊尔、巴基斯坦、泰国、越南；非洲

山芫绥 **Cotula hemisphaerica** Wall. ex C. B. Clarke
分布：湖北、四川、台湾；不丹、印度、尼泊尔、巴基斯坦

刺头菊属 **Cousinia** Cass.

刺头菊 **Cousinia affinis** Schrenk ex Fisch.
分布：新疆；哈萨克斯坦、蒙古国

翼茎刺头菊 **Cousinia alata** Schrenk ex Fisch.
分布：新疆；俄罗斯、伊朗；中亚

丛生刺头菊 **Cousinia caespitosa** C. Winkler
分布：新疆；哈萨克斯坦

深裂刺头菊 **Cousinia dissecta** Kar. et Kir.
分布：新疆；哈萨克斯坦

穗花刺头菊 **Cousinia falconeri** Hook. f.
分布：西藏；印度、巴基斯坦

丝毛刺头菊 **Cousinia lasiophylla** C. Shih
分布：新疆

光苞刺头菊 **Cousinia leiocephala** (Regel) Juz.
分布：新疆

宽苞刺头菊 **Cousinia platylepis** Fisch., C. A. Mey. et Avé-Lall.
分布：新疆；俄罗斯

多花刺头菊 **Cousinia polycephala** Rupr.
分布：新疆；塔吉克斯坦

硬苞刺头菊 **Cousinia sclerolepis** C. Shih
分布：新疆

毛苞刺头菊 **Cousinia thomsonii** C. B. Clarke
分布：西藏；印度、尼泊尔、巴基斯坦

野茼蒿属 **Crassocephalum** Moench

野茼蒿 **Crassocephalum crepidioides** (Benth.) S. Moore
分布：陕西、甘肃、江苏、浙江、江西、湖南、湖北、四川、重庆、贵州、云南、西藏、福建、台湾、广东、广西、海南、香港、澳门；原产于热带非洲，现世界温暖地区归化

蓝花野茼蒿 **Crassocephalum rubens** (Juss. ex Jacq.) S. Moore
分布：云南；原产于非洲、亚洲(西南部)、印度洋岛屿

垂头菊属 **Cremanthodium** Benth.

狭叶垂头菊 **Cremanthodium angustifolium** W. W. Sm.
分布：四川、云南、西藏

宽舌垂头菊 **Cremanthodium arnicoides** (DC. ex Royle) R. D. Good
分布：西藏；克什米尔地区、尼泊尔、巴基斯坦

黑头垂菊 **Cremanthodium atrocapitatum** R. D. Good
分布：云南；缅甸

不丹垂头菊 **Cremanthodium bhutanicum** Ludlow
分布：西藏；不丹、印度

总状垂头菊 **Cremanthodium botryocephalum** S. W. Liu
分布：西藏

短缨垂头菊 **Cremanthodium brachychaetum** C. C. Chang
分布：云南

褐毛垂头菊 **Cremanthodium brunneopilosum** S. W. Liu
分布：甘肃、青海、四川、西藏

珠芽垂头菊 **Cremanthodium bulbilliferum** W. W. Sm.
分布：云南、西藏

柴胡叶垂头菊 **Cremanthodium bupleurifolium** W. W. Sm.
分布：四川、云南、西藏

长鞘垂头菊 **Cremanthodium calcicola** W. W. Sm.
分布：云南

钟花垂头菊 **Cremanthodium campanulatum** Diels
分布：四川、云南、西藏；缅甸

钟花垂头菊(原变种) Cremanthodium campanulatum var. **campanulatum**
分布：四川、云南、西藏；缅甸

短毛钟花垂头菊 Cremanthodium campanulatum var. **brachytrichum** Y. Ling et S. W. Liu
分布：云南

黄苞垂头菊 Cremanthodium campanulatum var. **flavidum** S. W. Liu et T. N. Ho
分布：四川

中甸垂头菊 Cremanthodium chungdienense Y. Ling et S. W. Liu
分布：云南

柠檬色垂头菊 Cremanthodium citriflorum R. D. Good
分布：云南；缅甸

错那垂头菊 Cremanthodium conaense S. W. Liu
分布：西藏

心叶垂头菊 Cremanthodium cordatum S. W. Liu
分布：西藏

革叶垂头菊 Cremanthodium coriaceum S. W. Liu
分布：云南

兜鞘垂头菊 Cremanthodium cucullatum Y. Ling et S. W. Liu
分布：云南

仙客来垂头菊 Cremanthodium cyclaminanthum Hand.-Mazz.
分布：四川

稻城垂头菊 Cremanthodium daochengense Y. Ling et S. W. Liu
分布：四川

喜马拉雅垂头菊 Cremanthodium decaisnei C. B. Clarke
分布：甘肃、青海、四川、云南、西藏；不丹、印度、克什米尔地区、尼泊尔

大理垂头菊 Cremanthodium delavayi (Franch.) Diels ex H. Lév.
分布：云南；缅甸

盘花垂头菊 Cremanthodium discoideum Maxim.
分布：甘肃、青海、四川、西藏；印度、尼泊尔

细裂垂头菊 Cremanthodium dissectum Griers
分布：云南

车前叶垂头菊 Cremanthodium ellisii (Hook. f.) Kitam.
分布：甘肃、青海、四川、云南、西藏；不丹、印度、克什米尔地区、尼泊尔、巴基斯坦

车前叶垂头菊(原变种) Cremanthodium ellisii var. **ellisii**
分布：甘肃、青海、四川、云南、西藏；克什米尔地区、尼泊尔、巴基斯坦

祁连垂头菊变种 Cremanthodium ellisii var. **ramosum** (Y. Ling) Y. Ling et S. W. Liu
分布：青海、西藏

红舌垂头菊 Cremanthodium ellisii var. **roseum** (Hand.-Mazz.) S. W. Liu
分布：四川

红花垂头菊 Cremanthodium farreri W. W. Sm.
分布：云南；缅甸

矢叶垂头菊 Cremanthodium forrestii Jeffrey
分布：云南、西藏

腺毛垂头菊 Cremanthodium glandulipilosum Y. L. Chen ex S. W. Liu
分布：西藏

灰绿垂头菊 Cremanthodium glaucum Hand.-Mazz.
分布：云南

向日垂头菊 Cremanthodium helianthus (Franch.) W. W. Sm.
分布：四川、云南

矮垂头菊 Cremanthodium humile Maxim.
分布：甘肃、青海、四川、云南、西藏

条裂垂头菊 Cremanthodium laciniatum Y. Ling et Y. L. Chen ex S. W. Liu
分布：西藏

宽裂垂头菊 Cremanthodium latilobum Y. S. Chen
分布：云南

条叶垂头菊 Cremanthodium lineare Maxim.
分布：甘肃、青海、四川、西藏

条叶垂头菊(原变种) Cremanthodium lineare var. **lineare**
分布：甘肃、青海、四川、西藏

无舌条叶垂头菊 Cremanthodium lineare var. **eligulatum** Y. Ling et S. W. Liu
分布：四川

红花条叶垂头菊 **Cremanthodium lineare** var. **roseum** Hand.-Mazz.
分布：四川

舌叶垂头菊 **Cremanthodium lingulatum** S. W. Liu
分布：西藏

墨脱垂头菊 **Cremanthodium medogense** Y. S. Chen
分布：西藏

小舌垂头菊 **Cremanthodium microglossum** S. W. Liu
分布：青海、四川、甘肃

小叶垂头菊 **Cremanthodium microphyllum** S. W. Liu
分布：西藏

小垂头菊 **Cremanthodium nanum** (Decne.) W. W. Sm.
分布：新疆、四川、云南、西藏；印度、克什米尔地区、尼泊尔、巴基斯坦

尼泊尔垂头菊 **Cremanthodium nepalense** Kitam.
分布：西藏；尼泊尔

显脉垂头菊 **Cremanthodium nervosum** S. W. Liu
分布：西藏

壮观垂头菊 **Cremanthodium nobile** (Franch.) Diels ex H. Lév.
分布：四川、云南、西藏

矩叶垂头菊 **Cremanthodium oblongatum** C. B. Clarke
分布：西藏；印度、尼泊尔

硕首垂头菊 **Cremanthodium obovatum** Y. Ling et S. W. Liu
分布：西藏

掌叶垂头菊 **Cremanthodium palmatum** Benth.
分布：西藏；不丹、印度

长柄垂头菊 **Cremanthodium petiolatum** S. W. Liu
分布：西藏

呈状柄垂头菊 **Cremanthodium phyllodineum** S. W. Liu
分布：云南、西藏

黄毛垂头菊 **Cremanthodium pilosum** S. W. Liu
分布：四川

羽裂垂头菊 **Cremanthodium pinnatifidum** Benth.
分布：西藏；不丹、印度、尼泊尔

裂叶垂头菊 **Cremanthodium pinnatisectum** (Ludlow) Y. L. Chen et S. W. Liu
分布：云南、西藏；缅甸

戟叶垂头菊 **Cremanthodium potaninii** C. Winkler
分布：陕西、甘肃、四川

长舌垂头菊 **Cremanthodium prattii** (Hemsl.) R. D. Good
分布：四川

方叶垂头菊 **Cremanthodium principis** (Franch.) R. D. Good
分布：四川、云南

无毛垂头菊 **Cremanthodium pseudo-oblongatum** R. D. Good
分布：西藏；不丹

毛叶垂头菊 **Cremanthodium puberulum** S. W. Liu
分布：西藏

美丽垂头菊 **Cremanthodium pulchrum** R. D. Good
分布：云南；缅甸

紫叶垂头菊 **Cremanthodium purpureifolium** Kitam.
分布：西藏；尼泊尔

肾叶垂头菊 **Cremanthodium reniforme** (DC.) Benth.
分布：西藏；不丹、印度、尼泊尔

长柱垂头菊 **Cremanthodium rhodocephalum** Diels
分布：四川、云南、西藏

箭叶垂头菊 **Cremanthodium sagittifolium** Y. Ling et Y. L. Chen ex S. W. Liu
分布：云南

铲叶垂头菊 **Cremanthodium sino-oblongatum** R. D. Good
分布：云南

紫茎垂头菊 **Cremanthodium smithianum** (Hand.-Mazz.) Hand.-Mazz.
分布：四川、云南、西藏；缅甸

匙叶垂头菊 **Cremanthodium spathulifolium** S. W. Liu
分布：西藏

膜苞垂头菊 **Cremanthodium stenactinium** Diels
分布：四川

狭舌垂头菊 **Cremanthodium stenoglossum** Y. Ling et S. W. Liu
分布：青海

木里垂头菊 **Cremanthodium suave** W. W. Sm.
分布：四川、云南

叉舌垂头菊 **Cremanthodium thomsonii** C. B. Clarke
分布：云南、西藏；尼泊尔、印度、不丹

裂舌垂头菊 **Cremanthodium trilobum** S. W. Liu
分布：西藏

变叶垂头菊 **Cremanthodium variifolium** R. D. Good
分布：四川、云南、西藏

亚东垂头菊 **Cremanthodium yadongense** S. W. Liu
分布：西藏

假还阳参属 Crepidiastrum Nakai

叉枝假还阳参 **Crepidiastrum akagii** (Kitag.) J. W. Zhang et N. Kilian
分布：内蒙古、河北、甘肃、新疆；蒙古国、俄罗斯

少花假还阳参 **Crepidiastrum chelidoniifolium** (Makino) Pak et Kawano
分布：黑龙江、吉林；日本、韩国、俄罗斯

黄瓜假还阳参 **Crepidiastrum denticulatum** (Houttuyn) Pak et Kawano
分布：黑龙江、吉林、辽宁、河北、山西、山东、河南、安徽、江苏、浙江、江西、湖南、湖北、四川、重庆、贵州、云南、福建、广东、广西；日本、韩国、蒙古国、俄罗斯、越南

黄瓜假还阳参(原亚种) **Crepidiastrum denticulatum** subsp. **denticulatum**
分布：黑龙江、吉林、辽宁、河北、山西、山东、河南、安徽、江苏、浙江、江西、湖南、湖北、贵州、福建、广东、广西；日本、韩国、蒙古国、俄罗斯、越南

长叶假还阳参 **Crepidiastrum denticulatum** subsp. **longiflorum** (Stebbins) N. Kilian
分布：福建、广东

枝状假还阳参 **Crepidiastrum denticulatum** subsp. **ramosissimum** (Benth.) N. Kilian
分布：贵州、广东、广西

细裂假还阳参 **Crepidiastrum diversifolium** (Ledeb. ex Spreng.) J. W. Zhang et N. Kilian
分布：甘肃、新疆、西藏；印度、克什米尔地区、哈萨克斯坦、蒙古国、尼泊尔、俄罗斯

心叶假还阳参 **Crepidiastrum humifusum** (Dunn) Sennikov
分布：重庆、湖北、?四川、云南

假还阳参 **Crepidiastrum lanceolatum** (Houtt.) Nakai
分布：台湾；日本、韩国

尖裂假还阳参 **Crepidiastrum sonchifolium** (Maxim.) Pak et Kawano
分布：安徽、重庆、甘肃、?广西、贵州、河北、黑龙江、河南、湖北、湖南、江苏、江西、吉林、辽宁、内蒙古、陕西、山东、山西、四川；韩国、蒙古国、俄罗斯

尖裂假还阳参(原亚种) **Crepidiastrum sonchifolium** subsp. **sonchifolium**
分布：黑龙江、吉林、辽宁、内蒙古、河北、山西、山东、河南、陕西、甘肃、安徽、江苏、江西、湖南、湖北、四川、重庆、贵州、广西；韩国、蒙古国、俄罗斯

柔毛假还阳参 **Crepidiastrum sonchifolium** subsp. **pubescens** (Stebbins) N. Kilian
分布：湖北

台湾假还阳参 **Crepidiastrum taiwanianum** Nakai
分布：台湾

细叶假还阳参 **Crepidiastrum tenuifolium** (Willd.) Sennikov
分布：黑龙江、吉林、辽宁、内蒙古、河北、新疆、西藏；蒙古国、俄罗斯

还阳参属 Crepis L.

果山还阳参 **Crepis bodinieri** H. Lév.
分布：四川、云南、西藏

金黄还阳参 **Crepis chrysantha** (Ledeb.) Turcz.
分布：新疆；哈萨克斯坦、蒙古国、俄罗斯；欧洲

宽叶还阳参 **Crepis coreana** (Nakai) H. S. Pak
分布：吉林、辽宁；韩国

北方还阳参 **Crepis crocea** (Lam.) Babc.
分布：内蒙古、河北、北京、山西、陕西、甘肃、青海；俄罗斯、蒙古国

新疆还阳参 **Crepis darvazica** Krasch.
分布：新疆；哈萨克斯坦、吉尔吉斯斯坦、塔吉克斯坦

藏滇还阳参 **Crepis elongata** Babc.
分布：四川、云南、西藏

绿茎还阳参 **Crepis lignea** (Vaniot) Babc.
分布：四川、贵州、云南

琴叶还阳参 **Crepis lyrata** (L.) Froel.
分布：新疆；哈萨克斯坦、俄罗斯

多茎还阳参 **Crepis multicaulis** Ledeb.
分布：新疆；克什米尔地区、哈萨克斯坦、吉尔吉斯斯坦、蒙古国、巴基斯坦、俄罗斯、塔吉克斯坦；亚洲(西南部)、欧洲

芜菁还阳参 Crepis napifera (Franch.) Babc.
分布：四川、贵州、云南

山地还阳参 Crepis oreades Schrenk
分布：青海、新疆；阿富汗、哈萨克斯坦、吉尔吉斯斯坦、塔吉克斯坦

万丈深 Crepis phoenix Dunn
分布：云南

还阳参 Crepis rigescens Diels
分布：四川、云南

沙湾还阳参 Crepis shawanensis C. Shih
分布：新疆

全叶还阳参 Crepis shihii Tzvelev
分布：新疆

西伯利亚还阳参 Crepis sibirica L.
分布：内蒙古、新疆；哈萨克斯坦、蒙古国、俄罗斯；中欧

抽茎还阳参 Crepis subscaposa Collett et Hemsl.
分布：云南；缅甸

屋根草 Crepis tectorum L.
分布：黑龙江、内蒙古、新疆；哈萨克斯坦、蒙古国、俄罗斯；欧洲

天山还阳参 Crepis tianshanica C. Shih
分布：新疆

麻菀属 Crinitina Soják

新疆麻菀 Crinitina tatarica (Lessing) Soják
分布：新疆；哈萨克斯坦、俄罗斯；欧洲

灰毛麻菀 Crinitina villosa (L.) Soják
分布：新疆；哈萨克斯坦、俄罗斯

芙蓉菊属 Crossostephium Less.

芙蓉菊 Crossostephium chinensis (L.) Makino
分布：浙江、云南、福建、台湾、广东；日本

半毛菊属 Crupina (Pers.) DC.

半毛菊 Crupina vulgaris Pers. ex Cass.
分布：新疆；阿富汗、印度、克什米尔地区、哈萨克斯坦、吉尔吉斯斯坦、俄罗斯、塔吉克斯坦、土库曼斯坦、乌兹别克斯坦；亚洲(西南部)、欧洲、非洲

蓝花矢车菊属 Cyanus Mill.

蓝花矢车菊 Cyanus segetum Hill
分布：青海、新疆归化；原产于欧洲

杯菊属 Cyathocline Cass.

杯菊 Cyathocline purpurea (Buch.-Ham. ex D. Don) Kuntze
分布：四川、贵州、云南、广东、广西；孟加拉国、不丹、柬埔寨、印度、老挝、缅甸、尼泊尔、泰国、越南

菜蓟属 Cynara L.

刺苞菜蓟 Cynara cardunculus L.
分布：北京；欧洲

菜蓟 Cynara scolymus L.
分布：北京、云南；欧洲

大丽花属 Dahlia Cav.

大丽花 Dahlia pinnata Cav.
分布：中国各省（自治区、直辖市）广泛栽培；墨西哥

歧笔菊属 Dicercoclados C. Jeffrey et Y. L. Chen

歧笔菊 Dicercoclados triplinervis C. Jeffrey et Y. L. Chen
分布：贵州

鱼眼草属 Dichrocephala L'Hér. ex DC.

小鱼眼草 Dichrocephala benthamii C. B. Clarke
分布：甘肃、湖北、四川、贵州、云南、西藏、广西；不丹、柬埔寨、印度、老挝、尼泊尔、越南

菊叶鱼眼草 Dichrocephala chrysanthemifolia DC.
分布：云南、西藏；不丹、印度、印度尼西亚、日本、马来西亚、缅甸、尼泊尔、巴布亚新几内亚、菲律宾、澳大利亚；非洲

鱼眼草 Dichrocephala integrifolia (L. f.) Kuntze
分布：福建、广东、广西、贵州、海南、湖北、湖南、江西、陕西、四川、台湾、西藏、云南、浙江；柬埔寨、印度、印度尼西亚、老挝、马来西亚、缅甸、尼泊尔、巴布亚新几内亚、菲律宾、泰国、越南、澳大利亚；西南亚和非洲热带地区；引种于亚洲(西南部)、太平洋群岛

重羽菊属 Diplazoptilon Y. Ling

重羽菊 Diplazoptilon picridifolium (Hand.-Mazz.) Y. Ling
分布：云南

黄花斑鸠菊属 Distephanus Cass.

滇西斑鸠菊 Distephanus forrestii (J. Anthony) H. Robinson et B. Kahn
分布：四川

黄花斑鸠菊 **Distephanus henryi** (Dunn) H. Robinson
分布：云南

川木香属 **Dolomiaea** DC.

厚叶川木香 **Dolomiaea berardioidea** (Franch.) C. Shih
分布：云南

美叶川木香 **Dolomiaea calophylla** Y. Ling
分布：西藏

皱叶川木香 **Dolomiaea crispoundulata** (C. C. Chang) Y. Ling
分布：西藏

菜川木香 **Dolomiaea edulis** (Franch.) C. Shih
分布：云南、西藏；缅甸

膜缘川木香 **Dolomiaea forrestii** (Diels) C. Shih
分布：四川、云南、西藏

腺叶川木香 **Dolomiaea georgei** (J. Anthony) C. Shih
分布：云南

红冠川木香 **Dolomiaea lateritia** C. Shih
分布：西藏

平苞川木香 **Dolomiaea platylepis** (Hand.-Mazz.) C. Shih
分布：四川

怒江川木香 **Dolomiaea salwinensis** (Hand.-Mazz.) C. Shih
分布：云南；缅甸

糙羽川木香 **Dolomiaea scabrida** C. Shih et (S. Y. Jin) C. Shih
分布：西藏

川木香 **Dolomiaea souliei** (Franch.) C. Shih
分布：四川、西藏

川木香(原变种) **Dolomiaea souliei** var. **souliei**
分布：四川、西藏

灰毛川木香 **Dolomiaea souliei** var. **cinerea** (Y. Ling) Q. Yuan
分布：四川、云南、西藏

西藏川木香 **Dolomiaea wardii** (Hand.-Mazz.) Y. Ling
分布：西藏

多榔菊属 **Doronicum** L.

阿尔泰多榔菊 **Doronicum altaicum** Pall.
分布：内蒙古、陕西、新疆；蒙古国、俄罗斯

西藏多榔菊 **Doronicum calotum** (Diels) Q. Yuan
分布：陕西、青海、四川、云南、西藏

错那多榔菊 **Doronicum conaense** Y. L. Chen
分布：西藏

甘肃多榔菊 **Doronicum gansuense** Y. L. Chen
分布：甘肃

长圆叶多榔菊 **Doronicum oblongifolium** DC.
分布：新疆；哈萨克斯坦、蒙古国、俄罗斯

狭舌多榔菊 **Doronicum stenoglossum** Maxim.
分布：甘肃、青海、四川、云南、西藏

中亚多榔菊 **Doronicum turkestanicum** Cavill.
分布：内蒙古、新疆；哈萨克斯坦、蒙古国、俄罗斯

厚喙菊属 **Dubyaea** DC.

棕毛厚喙菊 **Dubyaea amoena** (Hand.-Mazz.) Stebbins
分布：云南

紫花厚喙菊 **Dubyaea atropurpurea** Stebbins
分布：四川、云南

刚毛厚喙菊 **Dubyaea blinii** (H. Lév.) N. Kilian
分布：四川、云南

伞房厚喙菊 **Dubyaea cymiformis** C. Shih
分布：西藏

峨眉厚喙菊 **Dubyaea emeiensis** C. Shih
分布：四川

云南厚喙菊(新拟) **Dubyaea forrestii** Mamgain et R. R. Rao
分布：云南

光滑厚喙菊 **Dubyaea glaucescens** Stebbins
分布：四川

矮小厚喙菊 **Dubyaea gombalana** (Hand.-Mazz.) Stebbins
分布：云南、西藏

厚喙菊 **Dubyaea hispida** (D. Don) DC.
分布：四川、云南、西藏；不丹、印度、缅甸、尼泊尔

金阳厚喙菊 **Dubyaea jinyangensis** C. Shih
分布：四川

木里厚喙菊 **Dubyaea muliensis** C. Shih
分布：四川

琴叶厚喙菊 **Dubyaea panduriformis** C. Shih
分布：云南

长柄厚喙菊 Dubyaea rubra Stebbins
分布：四川、云南

朗县厚喙菊 Dubyaea stebbinii Ludlow
分布：西藏；不丹

察隅厚喙菊 Dubyaea tsarongensis (W. W. Sm.) Stebbins
分布：云南；缅甸

羊耳菊属 Duhaldea DC.

羊耳菊 Duhaldea cappa (Buch.-Ham. ex D. Don) Pruski et Anderb.
分布：浙江、四川、贵州、云南、福建、广东、广西、海南；不丹、印度、马来西亚、尼泊尔、巴基斯坦、泰国、越南

泽兰羊耳菊 Duhaldea eupatorioides (DC.) Steetz
分布：西藏；不丹、印度、老挝、缅甸、尼泊尔、巴基斯坦、泰国、越南

拟羊耳菊 Duhaldea forrestii (J. Anthony) Anderberg
分布：四川

显脉旋覆花 Duhaldea nervosa (Wall. ex DC.) Anderb.
分布：四川、贵州、云南、西藏；不丹、印度、缅甸、尼泊尔、泰国、越南

翼茎羊耳菊 Duhaldea pterocaula (Franch.) Anderberg
分布：四川

赤茎羊耳菊 Duhaldea rubricaulis (DC.) Anderb.
分布：云南；不丹、印度、缅甸、尼泊尔、泰国、越南

滇南羊耳菊 Duhaldea wissmanniana (Hand.-Mazz.) Anderb.
分布：云南；越南

蓝刺头属 Echinops L.

截叶蓝刺头 Echinops coriophyllus C. Shih
分布：江苏

驴欺口 Echinops davuricus Fischer ex Hornemann
分布：黑龙江、吉林、辽宁、内蒙古、河北、山西、山东、河南、陕西、宁夏、甘肃；蒙古国、俄罗斯

东北蓝刺头 Echinops dissectus Kitag.
分布：黑龙江、吉林、辽宁、内蒙古、河北、山东；朝鲜、俄罗斯

砂蓝刺头 Echinops gmelinii Turcz.
分布：黑龙江、吉林、辽宁、内蒙古、河北、山西、河南、陕西、宁夏、甘肃、青海、新疆；蒙古国、俄罗斯

华东蓝刺头 Echinops grijsii Hance
分布：辽宁、山东、河南、安徽、江苏、福建、台湾、广西

矮蓝刺头 Echinops humilis Bieb.
分布：新疆；俄罗斯

全缘叶蓝刺头 Echinops integrifolius Kar. et Kir.
分布：新疆

丝毛蓝刺头 Echinops nanus Bunge
分布：新疆；哈萨克斯坦、蒙古国、俄罗斯、乌兹别克斯坦

火烙草 Echinops przewalskyi Iljin
分布：内蒙古、山西、山东、宁夏、甘肃、新疆

羽裂蓝刺头 Echinops pseudosetifer Kitag.
分布：河北、山西

硬叶蓝刺头 Echinops ritro L.
分布：新疆；哈萨克斯坦、蒙古国、俄罗斯、土库曼斯坦；亚洲(西南部)、欧洲

糙毛蓝刺头 Echinops setifer Iljin
分布：山东、河南；日本、朝鲜

蓝刺头 Echinops sphaerocephalus L.
分布：新疆；哈萨克斯坦、俄罗斯；亚洲(西南部)、欧洲

林生蓝刺头 Echinops sylvicola C. Shih
分布：新疆

大蓝刺头 Echinops talassicus Golosk.
分布：新疆

天山蓝刺头 Echinops tjanschanicus Bobrov
分布：新疆

薄叶蓝刺头 Echinops tricholepis Schrenk
分布：新疆；哈萨克斯坦

醴肠属 Eclipta L.

鳢肠 Eclipta prostrata (L.) L.
分布：吉林、辽宁、河北、山西、山东、河南、陕西、甘肃、安徽、江苏、浙江、江西、湖南、湖北、四川、贵州、云南、福建、台湾、广西；原产于美洲，在非洲、亚洲、澳大利亚、欧洲和太平洋岛屿有引进

地胆草属 Elephantopus L.

地胆草 Elephantopus scaber L.
分布：浙江、江西、湖南、贵州、云南、福建、台湾、广东、广西；亚洲、非洲、美洲

白花地胆草 Elephantopus tomentosus L.
分布：福建、台湾、广东；热带

离药金腰箭属 **Eleutheranthera** Poit.

离药金腰箭 **Eleutheranthera ruderalis** (Sw.) Schult.

分布：归化于台湾；澳大利亚；非洲(西部)、中美洲、南美洲

一点红属 **Emilia** Cass.

绒缨菊 **Emilia coccinea** (Sims) G. Don

分布：河北、北京；原产于非洲

缨荣花 **Emilia fosbergii** Nicolson

分布：台湾；热带太平洋岛屿，新热带

黄花紫背草 **Emilia praetermissa** Milne-Redh.

分布：台湾；热带非洲(西部)

小一点红 **Emilia prenanthoidea** DC.

分布：浙江、四川、贵州、云南、福建、广东、广西；印度、印度尼西亚、马来西亚、巴布亚新几内亚、菲律宾、泰国、越南

一点红 **Emilia sonchifolia** (L.) DC.

分布：河北、河南、陕西、安徽、江苏、浙江、湖南、湖北、四川、贵州、云南、福建、台湾、广东、海南；泛热带地区

一点红(原变种) **Emilia sonchifolia** var. **sonchifolia**

分布：河北、河南、陕西、安徽、江苏、浙江、湖南、湖北、四川、贵州、云南、福建、台湾、广东、海南

紫背草 **Emilia sonchifolia** var. **javanica** (N. L. Burman) Mattfeld

分布：安徽、福建、广东、海南、湖南、台湾、浙江；日本、印度尼西亚到波利尼西亚的太平洋群岛

沼菊属 **Enydra** Lour.

沼菊 **Enydra fluctuans** Lour.

分布：云南、海南；印度、印度尼西亚、马来西亚、缅甸、泰国、越南、澳大利亚

鹅不食草属 **Epaltes** Cass.

鹅不食草 **Epaltes australis** Less.

分布：云南、福建、台湾、广东、广西；印度、泰国、马来西亚、澳大利亚

翅柄球菊 **Epaltes divaricata** (L.) Cass.

分布：海南；印度、印度尼西亚、斯里兰卡、越南

鼠毛菊属 **Epilasia** (Bunge) Benth.

顶毛鼠毛菊 **Epilasia acrolasia** (Bunge) C. B. Clarke ex Lipsch.

分布：新疆；阿富汗、哈萨克斯坦、巴基斯坦、塔吉克斯坦、土库曼斯坦、乌兹别克斯坦；亚洲(西南部)

鼠毛菊 **Epilasia hemilasia** (Bunge) C. B. Clarke ex Kuntze

分布：新疆；阿富汗、哈萨克斯坦、巴基斯坦、塔吉克斯坦、土库曼斯坦、乌兹别克斯坦；亚洲(西南部)

菊芹属 **Erechtites** Raf.

梁子菜 **Erechtites hieraciifolius** (L.) Raf. ex DC.

分布：四川、贵州、云南、福建、台湾；原产于热带美洲，东南亚广布

败酱叶菊芹 **Erechtites valerianifolius** (Link ex Spreng.) DC.

分布：台湾、广东、海南；原产于热带美洲

飞蓬属 **Erigeron** L.

飞蓬 **Erigeron acris** L.

分布：甘肃、广东、广西、河北、黑龙江、河南、湖北、湖南、吉林、辽宁、内蒙古、青海、陕西、山西、四川、新疆、西藏、云南；阿富汗、不丹、哈萨克斯坦、韩国、日本、吉尔吉斯斯坦、蒙古国、俄罗斯、乌兹别克斯坦；亚洲(西南部)、欧洲、北美洲

飞蓬(原亚种) **Erigeron acris** subsp. **acris**

分布：吉林、辽宁、内蒙古、河北、山西、陕西、甘肃、青海、新疆、湖南、湖北、四川、云南、西藏、广西；阿富汗、日本、哈萨克斯坦、韩国、蒙古国、俄罗斯、乌兹别克斯坦

堪察加飞蓬 **Erigeron acris** subsp. **kamtschaticus** (DC.) H. Hara

分布：甘肃、广东、河北、黑龙江、河南、吉林、辽宁、内蒙古、青海、陕西、山西；蒙古国、俄罗斯；北美洲

长茎飞蓬 **Erigeron acris** subsp. **politus** (Fries) H. Lindberg

分布：甘肃、河北、黑龙江、吉林、内蒙古、宁夏、青海、陕西、山西、四川、新疆、西藏；哈萨克斯坦、吉尔吉斯斯坦、俄罗斯；欧洲(中部到北部)

异色飞蓬 **Erigeron allochrous** Botsch.

分布：新疆；哈萨克斯坦

山飞蓬 **Erigeron alpicola** Makino

分布：吉林；日本、俄罗斯

阿尔泰飞蓬 **Erigeron altaicus** Popov

分布：新疆；哈萨克斯坦、俄罗斯

一年蓬 **Erigeron annuus** (L.) Pers.

分布：大部分省份；原产于北美洲，现北半球温带和亚热

带地区常见

橙花飞蓬 Erigeron aurantiacus Regel

分布：新疆；哈萨克斯坦

香丝草 Erigeron bonariensis L.

分布：河北、山东、河南、陕西、甘肃、安徽、江苏、浙江、江西、湖南、湖北、四川、贵州、云南、西藏、福建、台湾、广东、广西、海南；原产于南美洲，广布于世界热带和亚热带地区

短葶飞蓬 Erigeron breviscapus (Vaniot) Hand.-Mazz.

分布：湖南、四川、贵州、云南、西藏、广西

小蓬草 Erigeron canadensis L.

分布：黑龙江、吉林、辽宁、河北、山西、山东、河南、陕西、甘肃、新疆、安徽、江苏、浙江、江西、湖南、湖北、四川、贵州、云南、西藏、福建、台湾、广东、广西；原产于北美洲

棉苞飞蓬 Erigeron eriocalyx (Ledeb.) Vierh.

分布：新疆；哈萨克斯坦、蒙古国、俄罗斯；欧洲

台湾飞蓬 Erigeron fukuyamae Kitam.

分布：台湾

珠峰飞蓬 Erigeron himalajensis Vierh.

分布：四川、云南、西藏；阿富汗

加勒比飞蓬 Erigeron karvinskianus DC.

分布：香港；原产于中美洲和北美洲

俅江飞蓬 Erigeron kiukiangensis Y. Ling et Y. L. Chen

分布：云南、西藏

西疆飞蓬 Erigeron krylovii Serg.

分布：新疆；俄罗斯、哈萨克斯坦

贡山飞蓬 Erigeron kunshanensis Y. Ling et Y. L. Chen

分布：云南

毛苞飞蓬 Erigeron lachnocephalus Botsch.

分布：新疆；俄罗斯、哈萨克斯坦、乌兹别克斯坦

棉毛飞蓬 Erigeron lanuginosus Y. L. Chen

分布：西藏

宽叶飞蓬 Erigeron latifolius Hao Zhang et Z. F. Zhang

分布：四川

光山飞蓬 Erigeron leioreades M. Pop.

分布：新疆；俄罗斯、哈萨克斯坦

白舌飞蓬 Erigeron leucoglossus Y. Ling et Y. L. Chen

分布：西藏

矛叶飞蓬 Erigeron lonchophyllus Hook.

分布：新疆；哈萨克斯坦、蒙古国、俄罗斯、伊朗；北美洲

玉山飞蓬 Erigeron morrisonensis Hayata

分布：台湾

密叶飞蓬 Erigeron multifolius Hand.-Mazz.

分布：云南、西藏

多舌飞蓬 Erigeron multiradiatus (Lindl.) Benth.

分布：四川、云南、西藏；阿富汗、不丹、印度、克什米尔地区、尼泊尔、伊朗

山地飞蓬 Erigeron oreades (Schrenk) Fisch. et C. A. Mey.

分布：新疆；哈萨克斯坦、蒙古国、俄罗斯

展苞飞蓬 Erigeron patentisquama Jeffrey

分布：四川、云南

柄叶飞蓬 Erigeron petiolaris Vierh.

分布：新疆；哈萨克斯坦、俄罗斯、乌兹别克斯坦

紫苞飞蓬 Erigeron porphyrolepis Y. Ling et Y. L. Chen

分布：西藏

假泽山飞蓬 Erigeron pseudoseravschanicus Botsch.

分布：新疆；哈萨克斯坦、俄罗斯、乌兹别克斯坦

紫茎飞蓬 Erigeron purpurascens Y. Ling et Y. L. Chen

分布：四川

革叶飞蓬 Erigeron schmalhausenii Popov

分布：新疆；哈萨克斯坦、俄罗斯、乌兹别克斯坦

泽山飞蓬 Erigeron seravschanicus Popov

分布：新疆；哈萨克斯坦、乌兹别克斯坦

糙伏毛飞蓬 Erigeron strigosus Muhl. ex Willd.

分布：吉林、河北、山东、河南、安徽、江苏、江西、湖南、湖北、四川、西藏、福建；原产于北美洲

苏门白酒草 Erigeron sumatrensis Retz.

分布：甘肃、安徽、江苏、浙江、江西、湖南、四川、贵州、云南、西藏、福建、台湾、广东、广西、海南；原产于南美洲，热带和亚热带地区常见杂草

太白飞蓬 Erigeron taipeiensis Y. Ling et Y. L. Chen

分布：陕西

天山飞蓬 Erigeron tianschanicus Botsch.

分布：新疆；哈萨克斯坦

蓝舌飞蓬 Erigeron vicarius Botsch.

分布：新疆；乌兹别克斯坦

白酒草属 Eschenbachia Moench

埃及白酒草 Eschenbachia aegyptiaca (L.) Brouillet

分布：福建、台湾、广东；阿富汗、孟加拉国、印度、日本、马来西亚、缅甸、巴基斯坦、越南、澳大利亚；亚洲(西南部)、非洲

熊胆草 Eschenbachia blinii (H. Lév.) Brouillet

分布：四川、贵州、云南

白酒草 Eschenbachia japonica (Thunb.) J. Koster

分布：安徽、江苏、浙江、江西、湖南、四川、贵州、云南、西藏、福建、台湾、广东、广西；阿富汗、不丹、印度、日本、马来西亚、缅甸、尼泊尔、巴基斯坦、泰国、越南

粘毛白酒草 Eschenbachia leucantha (D. Don) Brouillet

分布：贵州、云南、福建、台湾、广东、广西、海南；孟加拉国、不丹、柬埔寨、印度、印度尼西亚、老挝、马来西亚、缅甸、菲律宾、尼泊尔、泰国、越南、澳大利亚

木里白酒草 Eschenbachia muliensis (Y. L. Chen) Brouillet

分布：四川

宿根白酒草 Eschenbachia perennis (Hand.-Mazz.) Brouillet

分布：贵州、云南

都丽菊属 Ethulia L. f.

都丽菊 Ethulia conyzoides L.

分布：云南、台湾；柬埔寨、印度、老挝、泰国；非洲、南美洲

纤细都丽菊 Ethulia gracilis Delile

分布：?云南；泰国；非洲

泽兰属 Eupatorium L.

多花泽兰 Eupatorium amabile Kitam.

分布：台湾

狭裂泽兰 Eupatorium angustilobum (Y. Ling) C. Shih, S. Y. Jin et S. R. Chen

分布：湖北、贵州、广西

大麻叶泽兰 Eupatorium cannabinum DC.

分布：江苏、?台湾、浙江；欧洲可能有引种

多须公 Eupatorium chinese L.

分布：安徽、浙江、湖南、湖北、四川、贵州、云南、福建、广东、广西

台湾泽兰 Eupatorium formosanum Hayata

分布：台湾

佩兰 Eupatorium fortunei Turcz.

分布：?安徽、?福建、广东、广西、贵州、海南、河南、湖北、湖南、江苏、江西、陕西、山东、四川、云南、浙江；日本、韩国、泰国、越南有引种

异叶泽兰 Eupatorium heterophyllum DC.

分布：四川、贵州、云南、西藏

花莲泽兰 Eupatorium hualienense C. H. Ou et S. W. Chung et C. I. Peng

分布：台湾

白头婆 Eupatorium japonicum Thunb.

分布：黑龙江、吉林、辽宁、山西、山东、河南、陕西、安徽、江苏、浙江、江西、湖北、四川、贵州、云南、福建、广东、海南；日本、韩国

林泽兰 Eupatorium lindleyanum DC.

分布：除新疆外各省（自治区、直辖市）广布；日本、韩国、缅甸、菲律宾、俄罗斯

林泽兰(原变种) Eupatorium lindleyanum var. **lindleyanum**

分布：新疆；日本、韩国、俄罗斯

无腺林泽兰 Eupatorium lindleyanum var. **eglandulosum** Kitam.

分布：浙江

基隆泽兰 Eupatorium luchuense Nakai

分布：台湾；日本

南川泽兰 Eupatorium nanchuanense Y. Ling et C. Shih

分布：四川

峨眉泽兰 Eupatorium omeiense Y. Ling et C. Shih

分布：四川

毛果泽兰 Eupatorium shimadae Kitam.

分布：福建、台湾

木泽兰 Eupatorium tashiroi Hayata

分布：台湾

北美紫菀属 Eurybia (Cass.) Cass.

西伯利亚紫菀 Eurybia sibirica (L.) G. L. Nesom

分布：黑龙江；日本、蒙古国、俄罗斯(东部)；欧洲(北部)、北美洲(西北部)

花佩菊属 **Faberia** Hemsl. ex Forbes et Hemsl.

贵州花佩菊 **Faberia cavaleriei** H. Lév.
分布：贵州、广西

滇花佩菊 **Faberia ceterach** Beauverd
分布：云南

狭锥花佩菊 **Faberia faberi** (Hemsl.) N. Kilian
分布：四川、重庆、贵州、云南

披针叶花佩菊 **Faberia lancifolia** J. Anthony
分布：云南

假花佩菊 **Faberia nanchuanensis** C. Shih
分布：四川

花佩菊 **Faberia sinensis** Hemsl.
分布：四川、云南

光滑花佩菊 **Faberia thibetica** (Franch.) Beauverd
分布：四川

大吴风草属 **Farfugium** Lindl.

大吴风草 **Farfugium japonicum** (L.) Kitam.
分布：湖南、湖北、福建、台湾、广东、广西；日本

絮菊属 **Filago** L.

絮菊 **Filago arvensis** L.
分布：新疆、西藏；哈萨克斯坦、蒙古国、俄罗斯；欧洲

匙叶絮菊 **Filago spathulata** J. Presl
分布：新疆、西藏；哈萨克斯坦、俄罗斯、伊朗；欧洲

线叶菊属 **Filifolium** Kitam.

线叶菊 **Filifolium sibiricum** (L.) Kitam.
分布：黑龙江、吉林、辽宁、内蒙古、河北、山西；朝鲜、日本、俄罗斯

黄顶菊属 **Flaveria** Juss.

黄顶菊 **Flaveria bidentis** (L.) Kuntze
分布：河北、天津、山东、河南；原产于美洲和西印度群岛

复芒菊属 **Formania** W. W. Sm. et J. Small

复芒菊 **Formania mekongensis** W. W. Sm. et J. Small
分布：四川、云南

齿冠属 **Frolovia** (DC.) Lipsch.

大序齿冠 **Frolovia frolowii** (Ledeb.) Raab-Straube
分布：新疆；哈萨克斯坦、俄罗斯

天人菊属 **Gaillardia** Foug.

宿根天人菊 **Gaillardia aristata** Pursh
分布：江苏；北美洲

天人菊 **Gaillardia pulchella** Foug.
分布：江苏、上海、台湾；南美洲、北美洲

乳菀属 **Galatella** Cass.

阿尔泰乳菀 **Galatella altaica** Tzvelev
分布：新疆；俄罗斯、蒙古国；中亚

窄叶乳菀 **Galatella angustissima** (Tausch) Novopokr.
分布：新疆；哈萨克斯坦、蒙古国、俄罗斯

盘花乳菀 **Galatella biflora** (L.) Nees
分布：新疆；俄罗斯、哈萨克斯坦

紫缨乳菀 **Galatella chromopappa** Novopokr.
分布：新疆；俄罗斯、哈萨克斯坦、乌兹别克斯坦

兴安乳菀 **Galatella dahurica** DC.
分布：黑龙江、吉林、辽宁、内蒙古、新疆；哈萨克斯坦、蒙古国、俄罗斯、乌兹别克斯坦

帚枝乳菀 **Galatella fastigiiformis** Novopokr.
分布：新疆；俄罗斯、哈萨克斯坦、乌兹别克斯坦

鳞苞乳菀 **Galatella hauptii** (Ledeb.) Lindl.
分布：新疆；俄罗斯、哈萨克斯坦、蒙古国

乳菀 **Galatella punctata** (Waldst. et Kitaibel) Nees
分布：新疆；俄罗斯、哈萨克斯坦；亚洲(西南部)、欧洲

昭苏乳菀 **Galatella regelii** Tzvelev
分布：新疆；俄罗斯、哈萨克斯坦

卷缘乳菀 **Galatella scoparia** (Kar. et Kir.) Novopokr.
分布：新疆；俄罗斯、哈萨克斯坦

天山乳菀 **Galatella tianschanica** Novopokr.
分布：新疆；哈萨克斯坦

牛膝菊属 **Galinsoga** Ruiz et Pav.

牛膝菊 **Galinsoga parviflora** Cav.
分布：黑龙江、吉林、辽宁、内蒙古、河北、天津、山西、山东、河南、陕西、安徽、江苏、浙江、江西、湖南、湖北、四川、云南、福建、台湾、广西、贵州、西藏；原产于南美洲，现世界各地广布

粗毛牛膝菊 **Galinsoga quadriradiata** Ruiz et Pav.
分布：台湾归化；原产于墨西哥

合冠鼠麴草属 **Gamochaeta** Wedd.

直茎合冠鼠麴草 **Gamochaeta calviceps** (Fernald) Cabrera
分布：台湾有引种；原产于南美洲

里白合冠鼠麴草 **Gamochaeta coarctata** (Willd.) Kerguélen
分布：归化于贵州、台湾；原产于南美洲，引种于亚洲、太平洋群岛、欧洲、大洋洲、北美洲

南川合冠鼠麴草 **Gamochaeta nanchuanensis** (Y. Ling et Y. Q. Tseng) Y. S. Chen et R. J. Bayer
分布：湖北、重庆

挪威合冠鼠麴草 **Gamochaeta norvegica** (Gunnerus) Y. S. Chen et R. J. Bayer
分布：新疆；俄罗斯；欧洲、北美洲

匙叶合冠鼠麴草 **Gamochaeta pensylvanica** (Willd.) Cabrera
分布：浙江、江西、湖南、四川、贵州、云南、西藏、福建、台湾、广东、广西、海南；澳大利亚；亚洲、欧洲、非洲、美洲

合冠鼠麴草 **Gamochaeta purpurea** (L.) Cabrera
分布：引种于台湾；原产于北美洲，引种于亚洲、欧洲、南美洲

林地合冠鼠麴草 **Gamochaeta sylvatica** (L.) Fourreau
分布：新疆；哈萨克斯坦、蒙古国、俄罗斯；亚洲(西南部)、欧洲

小疮菊属 **Garhadiolus** Jaub. et Spach

小疮菊 **Garhadiolus papposus** Boiss. et Buhse
分布：新疆；哈萨克斯坦、吉尔吉斯斯坦、塔吉克斯坦、土库曼斯坦、乌兹别克斯坦；亚洲(西南部)

火石花属 **Gerbera** L.

火石花 **Gerbera delavayi** Franch.
分布：四川、贵州、云南；越南

火石花(原变种) **Gerbera delavayi** var. **delavayi**
分布：四川、云南；?越南

蒙自火石花 **Gerbera delavayi** var. **henryi** (Dunn) C. C. Wu et H. Peng
分布：贵州、云南

非洲菊 **Gerbera jamesonii** Bolus
分布：中国各省（自治区、直辖市）广布；非洲

阔舌火石花 **Gerbera latiligulata** Y. C. Tseng
分布：云南

箭叶火石花 **Gerbera maxima** (D. Don) Beauverd
分布：西藏；巴基斯坦、印度、尼泊尔、不丹、泰国

白背火石花 **Gerbera nivea** (DC.) Sch.-Bip.
分布：四川、云南、西藏；不丹、印度、尼泊尔

光叶火石花 **Gerbera raphanifolia** Franch.
分布：云南

巨头火石花 **Gerbera rupicola** T. G. Gao et D. J. N. Hind
分布：云南

钝苞大丁草 **Gerbera tanantii** Franch.
分布：云南

茼蒿属 **Glebionis** Cass.

蒿子杆 **Glebionis carinata** (Schousboe) Tzvelev
分布：黑龙江、吉林、辽宁、内蒙古、河北、山东、青海、新疆、安徽、江苏、浙江、湖南、湖北、贵州、云南、海南；原产于非洲(西北部)

茼蒿 **Glebionis coronaria** (L.) Cass. ex Spach
分布：吉林、河北、山东、安徽、浙江、湖南、贵州、福建、广东、广西、海南；原产于地中海地区

南茼蒿 **Glebionis segetum** (L.) Fourr.
分布：北京、安徽、江苏、浙江、江西、湖南、湖北、贵州、云南、福建、广东、海南；原产于地中海地区

鹿角草属 **Glossocardia** Cass.

鹿角草 **Glossocardia bidens** (Retz.) Veldkamp
分布：福建、广东、广西、海南、台湾、西藏；孟加拉国、印度、印度尼西亚、马来西亚、巴布亚新几内亚、菲律宾、泰国、越南、澳大利亚、太平洋群岛

鼠麴草属 **Gnaphalium** L.

星芒鼠麴草 **Gnaphalium involucratum** G. Forst.
分布：福建、台湾；印度尼西亚、日本、菲律宾、马来西亚、太平洋岛屿；非洲

细叶鼠麴草 **Gnaphalium japonicum** Thunb.
分布：安徽、福建、广东、广西、贵州、河南、湖北、湖南、江苏、江西、陕西、四川、台湾、云南、浙江；日本、韩国；大洋洲

南川鼠麴草 **Gnaphalium nanchuanense** Y. Ling et Y. Q. Tseng
分布：湖北、四川

多茎鼠麴草 **Gnaphalium polycaulon** Pers.
分布：浙江、贵州、云南、福建、广东；印度、泰国、澳

大利亚；非洲

矮鼠麴草 **Gnaphalium stewartii** C. B. Clarke ex Hook. f.
分布：新疆、西藏；阿富汗、印度、巴基斯坦；亚洲(西南部)

平卧鼠麴草 **Gnaphalium supinum** L.
分布：新疆；哈萨克斯坦、俄罗斯；亚洲(西南部)、欧洲、北美洲

湿生鼠麴草 **Gnaphalium uliginosum** L.
分布：河北、黑龙江、吉林、辽宁、内蒙古、新疆、西藏；日本、哈萨克斯坦、韩国、蒙古国、巴基斯坦、俄罗斯；欧洲、北美洲

垫头鼠麴草属 **Gnomophalium** Greuter

垫头鼠麴草 **Gnomophalium pulvinatum** (Delile) Greuter
分布：西藏；阿富汗、印度、尼泊尔、巴基斯坦；亚洲(西南部)

田基黄属 **Grangea** Adans.

田基黄 **Grangea maderaspatana** (L.) Poir.
分布：云南、台湾、广东、广西、海南；柬埔寨、印度、印度尼西亚、老挝、马来西亚、缅甸、尼泊尔、巴基斯坦、斯里兰卡、泰国、越南；热带非洲

胶菀属 **Grindelia** Willd.

胶菀 **Grindelia squarrosa** (Pursh) Dunal
分布：辽宁；原产于北美洲(西部)

小葵子属 **Guizotia** Cass.

小葵子 **Guizotia abyssinica** (L. f.) Cass.
分布：栽培于福建、四川、云南；原产于非洲，归化于印度

裸冠菊属 **Gymnocoronis** DC.

裸冠菊 **Gymnocoronis spilanthoides** (D. Don ex Hook. et Arn.) DC.
分布：广西、台湾和云南归化；原产于南美洲、澳大利亚、日本和太平洋群岛

菊三七属 **Gynura** Cass.

山芥菊三七 **Gynura barbareifolia** Gagnep.
分布：云南、海南；越南

红凤菜 **Gynura bicolor** (Roxb. ex Willd.) DC.
分布：四川、贵州、云南、台湾、广东、广西；不丹、印度、日本、缅甸、尼泊尔

木耳菜 **Gynura cusimbua** (D. Don) S. Moore
分布：四川、云南、西藏；印度、缅甸、尼泊尔、泰国

白子菜 **Gynura divaricata** (L.) DC.
分布：云南、广东、海南、香港；越南

兰屿木耳菜 **Gynura elliptica** Y. Yabe et Hayata
分布：台湾

白凤菜 **Gynura formosana** Kitam.
分布：台湾

菊三七 **Gynura japonica** (Thunb.) Juel
分布：陕西、安徽、浙江、江西、湖南、湖北、四川、贵州、云南、福建、台湾、广西；日本、尼泊尔、泰国

尼泊尔菊三七 **Gynura nepalensis** DC.
分布：贵州、云南；不丹、印度、缅甸、尼泊尔、泰国

平卧菊三七 **Gynura procumbens** (Lour.) Merr.
分布：贵州、云南、广东、海南；印度尼西亚、泰国、越南；非洲

狗头七 **Gynura pseudochina** (L.) DC.
分布：广东、广西、贵州、海南、云南；不丹、印度、缅甸、尼泊尔、斯里兰卡、泰国；非洲，栽培于印度尼西亚

海南菊属 **Hainanecio** Y. Liu et Q. E. Yang

海南菊 **Hainanecio hainanensis** (C. C. Chang et Y. C. Tseng) Y. Liu et Q. E. Yang
分布：海南

天山蓍属 **Handelia** Heimerl

天山蓍 **Handelia trichophylla** (Schrenk ex Fisch. et C. A. Mey.) Heimerl
分布：新疆；俄罗斯

向日葵属 **Helianthus** L.

向日葵 **Helianthus annuus** L.
分布：世界各地；北美洲

瓜叶葵 **Helianthus debilis** subsp. **cucumerifolius** (Torrey et A. Gray) Heiser
分布：台湾、北京和上海有栽培；原产于北美洲

菊芋 **Helianthus tuberosus** L.
分布：中国各省（自治区、直辖市）广泛栽培；北美洲

拟蜡菊属 **Helichrysum** Mill.

沙生蜡菊 **Helichrysum arenarium** (L.) Moench
分布：新疆；蒙古国、俄罗斯；欧洲

喀什蜡菊 Helichrysum kashgaricum C. H. An
分布：新疆

天山蜡菊 Helichrysum thianschanicum Regel
分布：新疆；俄罗斯

泥胡菜属 Hemisteptia Bunge ex Fisch.

泥胡菜 Hemisteptia lyrata (Bunge) Bunge
分布：黑龙江、吉林、辽宁、内蒙古、河北、山西、山东、河南、陕西、甘肃、安徽、江苏、浙江、湖南、湖北、四川、贵州、云南、福建、台湾、广东、广西、海南；不丹、印度、日本、韩国、老挝、缅甸、尼泊尔、泰国、越南

异喙菊属 Heteracia Fisch. et C. A. Mey.

异喙菊 Heteracia szovitsii Fisch. et C. A. Mey.
分布：新疆；哈萨克斯坦、吉尔吉斯斯坦、俄罗斯、塔吉克斯坦、土库曼斯坦、乌兹别克斯坦；亚洲(西南部)

异裂菊属 Heteroplexis C. C. Chang

凹脉异裂菊 Heteroplexis impressinervia J. Y. Liang
分布：广西

柳州异裂菊 Heteroplexis incana J. Y. Liang
分布：广西

小花异裂菊 Heteroplexis microcephala Y. L. Chen
分布：广西

绢叶异裂菊 Heteroplexis sericophylla Y. L. Chen
分布：广西

异裂菊 Heteroplexis vernonioides C. C. Chang
分布：广西

山柳菊属 Hieracium L.

中亚山柳菊 Hieracium asiaticum Nageli et Peter
分布：新疆；哈萨克斯坦、俄罗斯

宽叶山柳菊 Hieracium coreanum Nakai
分布：吉林、辽宁；朝鲜

高山柳菊 Hieracium korshinskyi Zahn
分布：新疆；哈萨克斯坦、蒙古国、俄罗斯

腺毛山柳菊 Hieracium morii Hayata
分布：台湾

卵叶山柳菊 Hieracium regelianum Zahn
分布：新疆；哈萨克斯坦

新疆山柳菊 Hieracium robustum Fr.
分布：新疆；印度、哈萨克斯坦、俄罗斯；亚洲(西南部)、欧洲（东南部）

山柳菊 Hieracium umbellatum L.
分布：广西、贵州、河北、黑龙江、河南、湖北、湖南、江西、辽宁、内蒙古、陕西、山东、山西、四川、新疆、西藏、云南；印度、日本、哈萨克斯坦、蒙古国、巴基斯坦、俄罗斯、乌兹别克斯坦；亚洲(西南部)、欧洲、北美洲

粗毛山柳菊 Hieracium virosum Pall.
分布：新疆；印度、日本、哈萨克斯坦、蒙古国、俄罗斯、乌兹别克斯坦；亚洲(西南部)、欧洲

须弥菊属 Himalaiella Raab-Straube

普兰须弥菊 Himalaiella abnormis (Lipschitz) Raab-Straube
分布：西藏；印度、尼泊尔

白背须弥菊 Himalaiella auriculata (DC.) Raab-Straube
分布：西藏；不丹、印度、克什米尔地区、尼泊尔

三角叶须弥菊 Himalaiella deltoidea (DC.) Raab-Straube
分布：河南、陕西、安徽、浙江、江西、湖南、湖北、四川、贵州、云南、西藏、福建、台湾、广东、广西；不丹、印度、老挝、缅甸、尼泊尔、巴基斯坦、泰国、越南

小头须弥菊 Himalaiella nivea (DC.) Raab-Straube
分布：四川、贵州、云南、西藏；印度、老挝、缅甸、尼泊尔、泰国、越南

叶头须弥菊 Himalaiella peguensis (C. B. Clarke) Raab-Straube
分布：贵州、云南；缅甸、泰国

青海须弥菊 Himalaiella qinghaiensis (S. W. Liu et T. N. Ho) Raab-Straube
分布：青海

亚东须弥菊 Himalaiella yakla (C. B. Clarke) Fujikawa et H. Ohba
分布：西藏；不丹、印度、尼泊尔

女蒿属 Hippolytia Poljakov

川滇女蒿 Hippolytia delavayi (Franch. ex W. W. Sm.) C. Shih
分布：四川、云南

束伞女蒿 Hippolytia desmantha C. Shih
分布：青海

团伞女蒿 **Hippolytia glomerata** C. Shih
分布：西藏

棉毛女蒿 **Hippolytia gossypina** (C. B. Clarke) C. Shih
分布：西藏；印度、尼泊尔

新疆女蒿 **Hippolytia herderi** (Regel et Schmalh.) Poljakov
分布：新疆；哈萨克斯坦

贺兰山女蒿 **Hippolytia kaschgarica** (Krasch.) Poljakov
分布：内蒙古、宁夏、甘肃、新疆

垫状女蒿 **Hippolytia kennedyi** (Dunn) Y. Ling
分布：西藏

普兰女蒿 **Hippolytia senecionis** (Jacq. ex Bess.) Poljakov et Tzvelev
分布：西藏；印度

合头女蒿 **Hippolytia syncalathiformis** C. Shih
分布：西藏

灰叶女蒿 **Hippolytia tomentosa** (DC.) Tzvelev
分布：西藏；克什米尔地区

云南女蒿 **Hippolytia yunnanensis** (Jeffrey) C. Shih
分布：云南

全光菊属 **Hololeion** Kitam.

全光菊 **Hololeion maximowiczii** Kitam.
分布：黑龙江、吉林、内蒙古、江苏、浙江；日本、韩国、俄罗斯

猫儿菊属 **Hypochaeris** L.

白花猫儿菊 **Hypochaeris albiflora** (Kuntze) Azevêdo-Gonç. et Matzenb.
分布：台湾有引种；原产于南美洲东南部

智利猫儿菊 **Hypochaeris chillensis** (Kunth) Hieron.
分布：台湾；原产于南美洲东南部

猫儿菊 **Hypochaeris ciliata** (Thunb.) Makino
分布：黑龙江、吉林、辽宁、内蒙古、河北、山西、河南；韩国、蒙古国、俄罗斯

光猫儿菊 **Hypochaeris glabra** L.
分布：台湾；原产于非洲(北部)和欧洲

新疆猫儿菊 **Hypochaeris maculata** L.
分布：新疆；俄罗斯；欧洲

假蒲公英猫儿菊 **Hypochaeris radicata** L.
分布：台湾和云南归化；原产于非洲(北部)和欧洲

旋覆花属 **Inula** L.

欧亚旋覆花 **Inula britannica** L.
分布：黑龙江、内蒙古、河北、新疆；俄罗斯、塔吉克斯坦、土库曼斯坦、乌兹别克斯坦；欧洲

欧亚旋覆花(原变种) **Inula britannica** var. **britannica**
分布：内蒙古、河北、新疆；俄罗斯

狭叶欧亚旋覆花 **Inula britannica** var. **angustifolia** Beck
分布：新疆；俄罗斯；欧洲

多枝欧亚旋覆花 **Inula britannica** var. **ramosissima** Ledeb.
分布：新疆；俄罗斯

棉毛欧亚旋覆花 **Inula britannica** var. **sublanata** Kom.
分布：黑龙江、内蒙古、新疆；俄罗斯

里海旋覆花 **Inula caspica** Ledeb.
分布：新疆、西藏；印度、哈萨克斯坦、巴基斯坦、俄罗斯、土库曼斯坦、乌兹别克斯坦；亚洲(西南部)

土木香 **Inula helenium** L.
分布：新疆，其他各省（自治区、直辖市）广泛栽培；俄罗斯、塔吉克斯坦、乌兹别克斯坦；亚洲(西南部)、欧洲、北美洲

水朝阳旋覆花 **Inula helianthus-aquatilis** C. Y. Wu ex Y. Ling
分布：甘肃、四川、贵州、云南

锈毛旋覆花 **Inula hookeri** C. B. Clarke
分布：云南、西藏；不丹、印度、缅甸、尼泊尔

湖北旋覆花 **Inula hupehensis** (Y. Ling) Y. Ling
分布：湖北、四川

旋覆花 **Inula japonica** Thunb.
分布：黑龙江、吉林、辽宁、内蒙古、河北、山西、山东、河南、陕西、甘肃、安徽、江苏、浙江、江西、湖北、四川、福建、广东、广西；日本、韩国、蒙古国、俄罗斯

旋覆花(原变种) **Inula japonica** var. **japonica**
分布：黑龙江、吉林、辽宁、内蒙古、河北、山西、山东、河南、陕西、甘肃、安徽、江苏、浙江、江西、湖北、四川、福建、广东、广西；日本、韩国、蒙古国、俄罗斯

卵叶旋覆花 **Inula japonica** var. **ovata** C. Y. Li
分布：吉林、辽宁、内蒙古

多枝旋覆花 **Inula japonica** var. **ramosa** (Kom.) C. Y. Li in C. Y. Li et W. Cao

分布：黑龙江、吉林、辽宁、内蒙古、陕西、安徽；日本、韩国

线叶旋覆花 **Inula linariifolia** Turcz.

分布：黑龙江、吉林、辽宁、河北、山西、山东、河南、陕西、安徽、江苏、浙江、江西、湖北；日本、韩国、蒙古国、俄罗斯

钝叶旋覆花 **Inula obtusifolia** Kern

分布：西藏；阿富汗、印度、克什米尔地区、巴基斯坦

总状土木香 **Inula racemosa** Hook. f.

分布：新疆；阿富汗、克什米尔地区、尼泊尔、巴基斯坦

羊眼花 **Inula rhizocephala** Schrenk

分布：新疆、西藏；阿富汗、印度、哈萨克斯坦、巴基斯坦、塔吉克斯坦、土库曼斯坦、乌兹别克斯坦

柳叶旋覆花 **Inula salicina** L.

分布：黑龙江、吉林、辽宁、内蒙古、山东、河南；朝鲜、俄罗斯；欧洲

蓼子朴 **Inula salsoloides** (Turcz.) Ostenf.

分布：辽宁、内蒙古、河北、山西、陕西、甘肃、青海、新疆；阿富汗、蒙古国、俄罗斯

绢叶旋覆花 **Inula sericophylla** Franch.

分布：云南

小苦荬属 **Ixeridium** (A. Gray) Tzvelev

刺株小苦荬 **Ixeridium aculeolatum** C. Shih

分布：西藏

狭叶小苦荬 **Ixeridium beauverdianum** (H. Lév.) Springate

分布：重庆、福建、?甘肃、广西、贵州、湖北、湖南、江西、?陕西、四川、西藏、云南、浙江；不丹、日本、尼泊尔、泰国、越南

小苦荬 **Ixeridium dentatum** (Thunb.) Tzvelev

分布：安徽、福建、?广东、河北、?黑龙江、湖北、江苏、江西、?吉林、?辽宁、山东、浙江；日本、韩国、俄罗斯

细叶小苦荬 **Ixeridium gracile** (DC.) C. Shih

分布：云南、西藏；不丹、印度、尼泊尔

褐冠小苦荬 **Ixeridium laevigatum** (Blume) Pak et Kawano

分布：福建、广东、?广西、海南、台湾、浙江；柬埔寨、印度尼西亚、日本、老挝、巴布亚新几内亚、菲律宾、越南

戟叶小苦荬 **Ixeridium sagittarioides** (C. B. Clarke) Pak et Kawano

分布：云南；不丹、印度、缅甸、尼泊尔、泰国

能高小苦荬 **Ixeridium transnokoense** (Sasaki) J. H. Pak et Kawano

分布：台湾

云南小苦荬 **Ixeridium yunnanense** C. Shih

分布：云南

苦荬菜属 **Ixeris** (Cass.) Cass.

中华苦荬菜 **Ixeris chinensis** (Thunb.) Kitag.

分布：中国分布；?柬埔寨、日本、韩国、老挝、蒙古国、俄罗斯、?泰国、越南

中华苦荬菜(原亚种) **Ixeris chinensis** subsp. **chinensis**

分布：中国分布；柬埔寨、韩国、老挝、俄罗斯、泰国、越南

光滑苦荬菜 **Ixeris chinensis** subsp. **strigosa** (H. Lév. et Vaniot) Kitam.

分布：?安徽、河北、黑龙江、?湖北、江苏、吉林、辽宁、内蒙古、?山东、?山西；日本、韩国、?蒙古国、俄罗斯

多色苦荬菜 **Ixeris chinensis** subsp. **versicolor** (Fisch. ex Link) Kitam.

分布：?安徽、?福建、甘肃、贵州、河北、黑龙江、河南、湖北、湖南、江苏、?江西、吉林、内蒙古、青海、陕西、山东、山西、四川、新疆、西藏、云南、?浙江；韩国、蒙古国、俄罗斯

剪刀股 **Ixeris japonica** (N. L. Burman) Nakai

分布：安徽、福建、广东、广西、?河南、辽宁、台湾、浙江；日本、韩国

苦荬菜 **Ixeris polycephala** Cass.

分布：安徽、重庆、福建、广东、广西、贵州、?河南、?湖北、湖南、江苏、江西、陕西、山东、四川、台湾、云南、浙江；阿富汗、不丹、柬埔寨、印度、日本、克什米尔地区、老挝、缅甸、尼泊尔、越南

沙苦荬菜 **Ixeris repens** (L.) A. Gray

分布：福建、广东、?海南、河北、江苏、辽宁、山东、台湾、浙江；日本、韩国、俄罗斯、?越南

圆叶苦荬菜 **Ixeris stolonifera** A. Gray

分布：?安徽、江苏、江西、台湾、浙江；日本、韩国；引种到北美洲

泽苦荬 **Ixeris tamagawaensis** (Makino) Kitam.

分布：台湾；日本、韩国

苓菊属 **Jurinea** Cass.

腺果苓菊 **Jurinea adenocarpa** Schrenk
分布：新疆；哈萨克斯坦

矮小苓菊 **Jurinea algida** Iljin
分布：新疆；哈萨克斯坦、吉尔吉斯斯坦、塔吉克斯坦、乌兹别克斯坦

刺果苓菊 **Jurinea chaetocarpa** (Ledeb.) Ledeb.
分布：新疆；蒙古国、哈萨克斯坦

天山苓菊 **Jurinea dshungarica** (N. I. Rubtzov) Iljin
分布：新疆；哈萨克斯坦

毛蕊苓菊 **Jurinea filifolia** (Regel et Schmalh.) C. Winkler
分布：新疆；哈萨克斯坦

南疆苓菊 **Jurinea kaschgarica** Iljin
分布：新疆

绒毛苓菊 **Jurinea lanipes** Rupr.
分布：新疆；哈萨克斯坦、吉尔吉斯斯坦、塔吉克斯坦

苓菊 **Jurinea lipskyi** Iljin
分布：新疆；哈萨克斯坦

蒙疆苓菊 **Jurinea mongolica** Maxim.
分布：内蒙古、陕西、宁夏、新疆；蒙古国

多花苓菊 **Jurinea multiflora** (L.) B. Fedtsch.
分布：新疆；蒙古国、哈萨克斯坦；欧洲

花花柴属 **Karelinia** Less.

花花柴 **Karelinia caspia** (Pall.) Less.
分布：内蒙古、甘肃、青海、新疆；哈萨克斯坦、蒙古国、俄罗斯、土库曼斯坦；亚洲(西南部)

喀什菊属 **Kaschgaria** Poljakov

密枝喀什菊 **Kaschgaria brachanthemoides** (C. Winkl.) Poljakov
分布：新疆；哈萨克斯坦

喀什菊 **Kaschgaria komarovii** (Krasch. et Poljakov) Rubtzov
分布：新疆；哈萨克斯坦

麻花头属 **Klasea** Cass.

分枝麻花头 **Klasea cardunculus** (Pallas) Holub
分布：新疆、内蒙古；哈萨克斯坦、蒙古国、俄罗斯；欧洲

麻花头 **Klasea centauroides** (L.) Cass.
分布：黑龙江、吉林、辽宁、内蒙古、河北、山西、山东、河南、陕西、宁夏、甘肃、青海、安徽、四川；韩国、蒙古国、俄罗斯

碗苞麻花头 **Klasea centauroides** subsp. **chanetii** (H. Lév.) L. Martins
分布：河北、山西、山东、河南、安徽

钟苞麻花头 **Klasea centauroides** subsp. **cupuliformis** (Nakai et Kitag.) L. Martins
分布：辽宁、河北、山西、河南

北麻花头 **Klasea centauroides** subsp. **komarovii** (Iljin) L. Martins
分布：黑龙江、吉林、辽宁、内蒙古、河北、山西、陕西；韩国、俄罗斯

多花麻花头 **Klasea centauroides** subsp. **polycephala** (Iljin) L. Martins
分布：辽宁、内蒙古、河北、山西

缢苞麻花头 **Klasea centauroides** subsp. **strangulata** (Iljin) L. Martins
分布：内蒙古、山西、河南、陕西、宁夏、甘肃、青海、四川

羽裂麻花头 **Klasea dissecta** (Ledeb.) L. Martins
分布：新疆；哈萨克斯坦

无茎麻花头 **Klasea lyratifolia** (Schrenk ex Fischer et C. A. Meyer) L. Martins
分布：新疆；哈萨克斯坦、吉尔吉斯斯坦、塔吉克斯坦、乌兹别克斯坦

薄叶麻花头 **Klasea marginata** (Tausch) Kitag.
分布：黑龙江、内蒙古、甘肃、新疆；哈萨克斯坦、吉尔吉斯斯坦、蒙古国、俄罗斯、塔吉克斯坦、乌兹别克斯坦

歪斜麻花头 **Klasea procumbens** (Regel) Holub
分布：新疆；阿富汗、克什米尔地区、巴基斯坦、塔吉克斯坦

阿拉套麻花头 **Klasea sogdiana** (Bunge) L. Martins
分布：新疆；哈萨克斯坦、吉尔吉斯斯坦、塔吉克斯坦、乌兹别克斯坦

木根麻花头 **Klasea suffruticulosa** (Schrenk) L. Martins
分布：新疆；哈萨克斯坦、吉尔吉斯斯坦

蝎尾菊属 **Koelpinia** Pall.

蝎尾菊 **Koelpinia linearis** Pall.
分布：新疆、西藏；阿富汗、印度、克什米尔地区、哈

萨克斯坦、吉尔吉斯斯坦、巴基斯坦、俄罗斯、塔吉克斯坦、土库曼斯坦、乌兹别克斯坦；亚洲(西南部)、欧洲、非洲(北部)

莴苣属 **Lactuca** L.

裂叶莴苣 **Lactuca dissecta** D. Don

分布：新疆、西藏；阿富汗、不丹、印度、克什米尔地区、哈萨克斯坦、吉尔吉斯斯坦、尼泊尔、巴基斯坦、塔吉克斯坦；亚洲(西南部)

长叶莴苣 **Lactuca dolichophylla** Kitam.

分布：云南、西藏；阿富汗、印度、尼泊尔、巴基斯坦、克什米尔地区

台湾翅果菊 **Lactuca formosana** Maxim.

分布：河南、陕西、宁夏、安徽、江苏、浙江、江西、湖南、湖北、四川、贵州、云南、福建、台湾、广东、广西

翅果菊 **Lactuca indica** L.

分布：黑龙江、吉林、辽宁、河北、山西、山东、河南、陕西、安徽、江苏、浙江、江西、湖南、四川、贵州、云南、西藏、福建、台湾、广东、广西、海南；不丹、印度、印度尼西亚、日本、韩国、菲律宾、俄罗斯、泰国、越南

雀苣 **Lactuca orientalis** (Boiss.) Boiss.

分布：新疆；克什米尔地区、哈萨克斯坦、吉尔吉斯斯坦、巴基斯坦、塔吉克斯坦；亚洲(西南部)

毛脉翅果菊 **Lactuca raddeana** Maxim.

分布：吉林、辽宁、河北、山西、山东、河南、陕西、甘肃、安徽、江西、湖南、湖北、四川、贵州、云南、福建、广东、广西；日本、韩国、俄罗斯、越南

莴苣 **Lactuca sativa** L.

分布：中国各地广布

野莴苣 **Lactuca serriola** L.

分布：台湾、新疆；阿富汗、印度(北部)、克什米尔地区、哈萨克斯坦、吉尔吉斯斯坦、蒙古国、俄罗斯(西部)、塔吉克斯坦；西南亚、欧洲、非洲

山莴苣 **Lactuca sibirica** (L.) Benth. ex Maxim.

分布：黑龙江、吉林、辽宁、内蒙古、河北、山西、陕西、甘肃、青海、新疆；日本、哈萨克斯坦、韩国、蒙古国、俄罗斯；欧洲

乳苣 **Lactuca tatarica** (L.) C. A. Mey.

分布：辽宁、内蒙古、河北、山西、河南、陕西、甘肃、青海、新疆、西藏；阿富汗、印度、克什米尔地区、哈萨克斯坦、吉尔吉斯斯坦、蒙古国、巴基斯坦、俄罗斯、塔吉克斯坦、乌兹别克斯坦；亚洲(西南部)、欧洲、北美洲

翼柄翅果菊 **Lactuca triangulata** Maxim.

分布：黑龙江、吉林、辽宁、河北、山西；日本、韩国、俄罗斯

飘带果 **Lactuca undulata** Ledeb.

分布：新疆；阿富汗、克什米尔地区、哈萨克斯坦、吉尔吉斯斯坦、巴基斯坦、俄罗斯、塔吉克斯坦、土库曼斯坦、乌兹别克斯坦；亚洲(西南部)

单花葵属 **Lagascea** Cavanilles

单花葵 **Lagascea mollis** Cav.

分布：香港；广布于整个热带地区，可能原产于中美洲

瓶头草属 **Lagenophora** Cass.

瓶头草 **Lagenophora stipitata** (Labill.) Druce

分布：福建、台湾、广东、广西；印度、印度尼西亚、越南、澳大利亚

六棱菊属 **Laggera** Sch.-Bip. ex Benth.

六棱菊 **Laggera alata** (D. Don) Sch.-Bip. ex Oliv.

分布：浙江、江西、湖南、湖北、贵州、云南、福建、台湾、广西、海南；不丹、印度、印度尼西亚、老挝、缅甸、尼泊尔、巴基斯坦、菲律宾、斯里兰卡、泰国、越南、马达加斯加；非洲(东部)

翼齿六棱菊 **Laggera crispata** (Vahl) Hepper et J. R. I. Wood

分布：广西、贵州、湖北、四川、西藏、云南；不丹、印度、泰国、越南；非洲热带地区

稻槎菜属 **Lapsanastrum** Pak et K. Bremer

稻槎菜 **Lapsanastrum apogonoides** (Maxim.) J. H. Pak et Bremer

分布：陕西、安徽、江苏、浙江、江西、湖南、云南、福建、广东、广西；日本、朝鲜

矮小稻槎菜 **Lapsanastrum humile** (Thunb.) Pak et K. Bremer

分布：安徽、江苏、浙江、福建；日本、韩国

台湾稻槎菜 **Lapsanastrum takasei** (Sasaki) Pak et K. Bremer

分布：台湾

具钩稻槎菜 **Lapsanastrum uncinatum** (Stebbins) Pak et K. Bremer

分布：安徽

栓果菊属 Launaea Cass.

光茎栓果菊 **Launaea acaulis** (Roxb.) Babc. ex Kerr
分布：四川、贵州、云南、广西、海南；孟加拉国、不丹、印度、克什米尔地区、老挝、缅甸、尼泊尔、泰国、越南

河西菊 **Launaea polydichotoma** (Ostenfeld) Amin ex N. Kilian
分布：甘肃、新疆

假小喙菊 **Launaea procumbens** (Roxb.) Ramayya et Rajagopal
分布：内蒙古、甘肃、新疆、四川、云南；阿富汗、印度、克什米尔地区、哈萨克斯坦、缅甸、尼泊尔、巴基斯坦、塔吉克斯坦、土库曼斯坦、乌兹别克斯坦；亚洲(西南部)

匐枝栓果菊 **Launaea sarmentosa** (Willd.) Merr. et Chun
分布：?广东、广西、海南；印度、印度尼西亚、缅甸、斯里兰卡、泰国、越南、澳大利亚；非洲

大丁草属 Leibnitzia Cass.

大丁草 **Leibnitzia anandria** (L.) Turcz.
分布：除新疆和西藏外各省（自治区、直辖市）广布；日本、韩国、俄罗斯

尼泊尔大丁草 **Leibnitzia nepalensis** (Kunze) Kitam.
分布：四川、云南、西藏；不丹、印度、尼泊尔、巴基斯坦

灰岩大丁草 **Leibnitzia pusilla** (DC.) S. Gould
分布：青海、四川、贵州、云南、西藏；不丹、尼泊尔

红缨大丁草 **Leibnitzia ruficoma** (Franch.) Kitam.
分布：四川、云南、西藏；不丹、尼泊尔

火绒草属 Leontopodium R. Br. ex Cass.

白灰火绒草 **Leontopodium albogriseum** Hand.-Mazz.
分布：云南

松毛火绒草 **Leontopodium andersonii** C. B. Clarke
分布：四川、贵州、云南；老挝、缅甸

艾叶火绒草 **Leontopodium artemisiifolium** (H. Lév.) Beauverd
分布：四川、贵州、云南

黄毛火绒草 **Leontopodium aurantiacum** Hand.-Mazz.
分布：云南；缅甸

短星火绒草 **Leontopodium brachyactis** Gandog
分布：西藏；印度、克什米尔地区、尼泊尔、巴基斯坦

丛生火绒草 **Leontopodium caespitosum** Diels
分布：四川、云南；缅甸

美头火绒草 **Leontopodium calocephalum** (Franch.) P. Beauv.
分布：甘肃、青海、四川、云南

山野火绒草 **Leontopodium campestre** (Ledeb.) Hand.-Mazz.
分布：青海、新疆；哈萨克斯坦、蒙古国、俄罗斯

团球火绒草 **Leontopodium conglobatum** (Turcz.) Hand.-Mazz.
分布：黑龙江、内蒙古；蒙古国、俄罗斯

戟叶火绒草 **Leontopodium dedekensii** (Bureau et Franch.) Beauverd
分布：甘肃、青海、四川、云南、西藏；缅甸

云岭火绒草 **Leontopodium delavayanum** Hand.-Mazz.
分布：云南；缅甸

梵净火绒草 **Leontopodium fangingense** Y. Ling
分布：贵州

鼠麹火绒草 **Leontopodium forrestianum** Hand.-Mazz.
分布：云南；缅甸

坚杆火绒草 **Leontopodium franchetii** P. Beauv.
分布：四川、云南

秦岭火绒草 **Leontopodium giraldii** Diels
分布：陕西

纤细火绒草 **Leontopodium gracile** Hand.-Mazz.
分布：四川

密垫火绒草 **Leontopodium haastioides** Hand.-Mazz.
分布：四川、西藏；印度

香芸火绒草 **Leontopodium haplophylloides** Hand.-Mazz.
分布：甘肃、青海、四川

珠峰火绒草 **Leontopodium himalayanum** DC.
分布：云南、西藏；印度、尼泊尔、印度、缅甸、克什米尔地区

雅谷火绒草 **Leontopodium jacotianum** P. Beauv.
分布：西藏；不丹、印度、克什米尔地区、缅甸、尼泊尔、巴基斯坦

薄雪火绒草 Leontopodium japonicum Miq.

分布：山西、河南、陕西、甘肃、安徽、江苏、浙江、湖北、四川；日本

薄雪火绒草(原变种) Leontopodium japonicum var. **japonicum**

分布：山西、河南、陕西、甘肃、安徽、江苏、浙江、湖北、四川；日本

小头薄雪火绒草 Leontopodium japonicum var. **microcephalum** Hand.-Mazz.

分布：山西、河南、陕西

岩生薄雪火绒草 Leontopodium japonicum var. **saxatile** Y. S. Chen

分布：安徽、浙江

长叶火绒草 Leontopodium junpeianum Kitam.

分布：内蒙古、河北、山西、陕西、甘肃、青海、四川、西藏；克什米尔地区

火绒草 Leontopodium leontopodioides (Willd.) Beauverd

分布：内蒙古、河北、山西、山东、陕西、甘肃、青海、新疆；日本、韩国、蒙古国、俄罗斯

小叶火绒草 Leontopodium microphyllum Hayata

分布：台湾

单头火绒草 Leontopodium monocephalum Klatt

分布：西藏；不丹、印度、尼泊尔、巴基斯坦

藓状火绒草 Leontopodium muscoides Hand.-Mazz.

分布：云南、西藏

矮火绒草 Leontopodium nanum (Hook. f. et Thomson) Hand.-Mazz.

分布：陕西、甘肃、青海、新疆、四川、西藏；印度、哈萨克斯坦、克什米尔地区

黄白火绒草 Leontopodium ochroleucum Beauverd

分布：青海、新疆、西藏；蒙古国、印度、俄罗斯

峨眉火绒草 Leontopodium omeiense Y. Ling

分布：甘肃、四川

弱小火绒草 Leontopodium pusillum (Beauverd) Hand.-Mazz.

分布：青海、新疆、西藏；印度

红花火绒草 Leontopodium roseum Hand.-Mazz.

分布：四川

华火绒草 Leontopodium sinense Hemsl.

分布：湖北、四川、贵州、云南、西藏

绢茸火绒草 Leontopodium smithianum Hand.-Mazz.

分布：内蒙古、河北、山西、陕西、甘肃

银叶火绒草 Leontopodium souliei Beauverd

分布：四川、云南、西藏

匍枝火绒草 Leontopodium stoloniferum Hand.-Mazz.

分布：四川

毛香火绒草 Leontopodium stracheyi (Hook. f.) C. B. Clarke ex Hemsl.

分布：青海、四川、云南、西藏

亚灌木火绒草 Leontopodium suffruticosum Y. L. Chen

分布：西藏

柔毛火绒草 Leontopodium villosum Hand.-Mazz.

分布：四川

川西火绒草 Leontopodium wilsonii Beauverd

分布：四川

小滨菊属 Leucanthemella Tzvelev

小滨菊 Leucanthemella linearis (Matsum.) Tzvelev

分布：黑龙江、吉林、内蒙古；日本、韩国、俄罗斯

滨菊属 Leucanthemum Mill.

滨菊 Leucanthemum vulgare Lam.

分布：河南、甘肃、江西；日本、俄罗斯；欧洲、北美洲

白菊木属 Leucomeris D. Don

白菊木 Leucomeris decora Kurz.

分布：云南；缅甸、泰国、越南

橐吾属 Ligularia Cass.

刚毛橐吾 Ligularia achyrotricha (Diels) Y. Ling

分布：陕西

翅柄橐吾 Ligularia alatipes Hand.-Mazz.

分布：四川、云南

帕米尔橐吾 Ligularia alpigena Pojark.

分布：新疆；阿富汗、吉尔吉斯斯坦、巴基斯坦、塔吉克斯坦、乌兹别克斯坦

阿勒泰橐吾 Ligularia altaica DC.

分布：新疆；哈萨克斯坦、蒙古国、俄罗斯

白序橐吾 Ligularia anoleuca Hand.-Mazz.

分布：云南

亚东橐吾 **Ligularia atkinsonii** (C. B. Clarke) S. W. Liu
分布：西藏；印度、不丹

黑紫橐吾 **Ligularia atroviolacea** (Franch.) Hand.-Mazz.
分布：四川、云南

无缨橐吾 **Ligularia biceps** Kitam.
分布：辽宁

总状橐吾 **Ligularia botryodes** (C. Winkler) Hand.-Mazz.
分布：陕西、甘肃、四川

芥形橐吾 **Ligularia brassicoides** Hand.-Mazz.
分布：四川

黄亮橐吾 **Ligularia caloxantha** (Diels) Hand.-Mazz.
分布：四川、云南

乌苏里橐吾 **Ligularia calthifolia** Maxim.
分布：黑龙江；俄罗斯

灰苞橐吾 **Ligularia chalybea** S. W. Liu
分布：四川

长毛橐吾 **Ligularia changiana** S. W. Liu ex Y. L. Chen et Z. Yu Li
分布：云南

浙江橐吾 **Ligularia chekiangensis** Kitam.
分布：浙江

缅甸橐吾 **Ligularia chimiliensis** C. C. Chang
分布：云南、西藏；缅甸

密花橐吾 **Ligularia confertiflora** C. C. Chang
分布：云南

垂头橐吾 **Ligularia cremanthodioides** Hand.-Mazz.
分布：云南、西藏；尼泊尔

楔舌橐吾 **Ligularia cuneata** S. W. Liu et T. N. Ho
分布：西藏

弯苞橐吾 **Ligularia curvisquama** Hand.-Mazz.
分布：云南

浅苞橐吾 **Ligularia cyathiceps** Hand.-Mazz.
分布：云南

舟叶橐吾 **Ligularia cymbulifera** (W. W. Sm.) Hand.-Mazz.
分布：四川、云南、西藏

聚伞橐吾 **Ligularia cymosa** (Hand.-Mazz.) S. W. Liu
分布：四川、西藏

齿叶橐吾 **Ligularia dentata** (A. Gray) Hara
分布：河北、山西、河南、陕西、甘肃、安徽、浙江、江西、湖南、湖北、四川、贵州、云南、广西；日本、缅甸、越南；欧洲有栽培

网脉橐吾 **Ligularia dictyoneura** (Franch.) Hand.-Mazz.
分布：四川、云南、西藏

盘状橐吾 **Ligularia discoidea** S. W. Liu
分布：西藏

太白山橐吾 **Ligularia dolichobotrys** Diels
分布：陕西

大黄橐吾 **Ligularia duciformis** (C. Winkler) Hand.-Mazz.
分布：宁夏、甘肃、湖北、四川、云南

紫花橐吾 **Ligularia dux** (C. B. Clarke) Y. Ling
分布：西藏；印度、缅甸

紫花橐吾(原变种) **Ligularia dux** var. **dux**
分布：西藏；印度、缅甸

小紫花橐吾 **Ligularia dux** var. **minima** S. W. Liu
分布：西藏

毛茎橐吾 **Ligularia eriocaulis** M. Zhang et L. S. Xu
分布：云南

广叶橐吾 **Ligularia euryphylla** (C. Winkler) Hand.-Mazz.
分布：四川

植扶橐吾 **Ligularia fangiana** Hand.-Mazz.
分布：四川

矢叶橐吾 **Ligularia fargesii** (Franch.) Diels
分布：陕西、湖北、四川、重庆

蹄叶橐吾 **Ligularia fischeri** (Ledeb.) Turcz.
分布：黑龙江、吉林、辽宁、内蒙古、河南、陕西、安徽、浙江、湖北、四川；不丹、印度、日本、克什米尔地区、朝鲜、蒙古国、缅甸、尼泊尔、俄罗斯

隐舌橐吾 **Ligularia franchetiana** (H. Lév.) Hand.-Mazz.
分布：四川、云南

粗茎橐吾 **Ligularia ghatsukupa** Kitam.
分布：西藏

哈密橐吾 Ligularia hamiica C. H. An
分布：新疆

异叶橐吾 Ligularia heterophylla Chang
分布：新疆；哈萨克斯坦、吉尔吉斯斯坦、塔吉克斯坦、乌兹别克斯坦

鹿蹄橐吾 Ligularia hodgsonii Hook.
分布：陕西、甘肃、湖北、四川、贵州、云南、广西；日本、俄罗斯

细茎橐吾 Ligularia hookeri (C. B. Clarke) Hand.-Mazz.
分布：陕西、四川、云南、西藏；不丹、印度、尼泊尔

河北橐吾 Ligularia hopeiensis Nakai
分布：河北

岷县橐吾 Ligularia ianthochaeta C. C. Chang
分布：甘肃

狭苞橐吾 Ligularia intermedia Nakai
分布：河南、陕西、甘肃、湖南、湖北、四川、贵州、云南；朝鲜

复序橐吾 Ligularia jaluensis Kom.
分布：吉林、辽宁；朝鲜、俄罗斯

长白山橐吾 Ligularia jamesii (Hemsl.) Kom.
分布：吉林、辽宁、内蒙古；朝鲜

大头橐吾 Ligularia japonica (Thunb.) Less.
分布：安徽、浙江、江西、湖南、湖北、福建、台湾、广东、广西；印度、日本、朝鲜

大头橐吾(原变种) Ligularia japonica var. **japonica**
分布：安徽、福建、广东、广西、?贵州、?河南、湖北、湖南、江西、台湾、浙江；日本、韩国，栽培于北美洲

糙叶大头橐吾 Ligularia japonica var. **scaberrima** Hayata ex Y. Ling
分布：浙江、江西、福建、台湾、广东；日本

干崖子橐吾 Ligularia kanaitzensis (Franch.) Hand.-Mazz.
分布：四川、云南

干崖子橐吾(原变种) Ligularia kanaitzensis var. **kanaitzensis**
分布：四川、云南

菱苞橐吾 Ligularia kanaitzensis var. **subnudicaulis** (Hand.-Mazz.) S. W. Liu
分布：云南

康定橐吾 Ligularia kangtingensis S. W. Liu
分布：四川

台湾橐吾 Ligularia kojimae Kitam.
分布：台湾

贡嘎岭橐吾 Ligularia konkalingensis Hand.-Mazz.
分布：四川

昆仑山橐吾 Ligularia kunlunshanica Z. X. An
分布：新疆

沼生橐吾 Ligularia lamarum (Diels) C. C. Chang
分布：甘肃、四川、云南、西藏；缅甸

洱源橐吾 Ligularia lankongensis (Franch.) Hand.-Mazz.
分布：四川、云南

牛蒡叶橐吾 Ligularia lapathifolia (Franch.) Hand.-Mazz.
分布：四川、云南

宽戟橐吾 Ligularia latihastata (W. W. Sm.) Hand.-Mazz.
分布：云南

阔柄橐吾 Ligularia latipes S. W. Liu
分布：四川

贵州橐吾 Ligularia leveillei (Vaniot) Hand.-Mazz.
分布：贵州

缘毛橐吾 Ligularia liatroides (C. Winkler) Hand.-Mazz.
分布：四川、西藏

缘毛橐吾(原变种) Ligularia liatroides var. **liatroides**
分布：四川、西藏

什邡缘毛橐吾 Ligularia liatroides var. **shifangensis** (G. H. Chen et W. J. Zhang) S. W. Liu et T. N. Ho
分布：四川

丽江橐吾 Ligularia lidjiangensis Hand.-Mazz.
分布：云南

君范橐吾 Ligularia lingiana S. W. Liu
分布：四川

长叶橐吾 Ligularia longifolia Hand.-Mazz.
分布：四川、云南

长戟橐吾 Ligularia longihastata Hand.-Mazz.
分布：云南

大齿橐吾 Ligularia macrodonta Y. Ling
分布：甘肃、青海

大叶橐吾 **Ligularia macrophylla** (Ledeb.) DC.
分布：新疆；哈萨克斯坦、吉尔吉斯斯坦、巴基斯坦、塔吉克斯坦

牦牛山橐吾(新拟) **Ligularia maoniushanensis** X. Gong et Y. Z. Pan
分布：云南

黑苞橐吾 **Ligularia melanocephala** (Franch.) Hand.-Mazz.
分布：四川、云南

黑穗橐吾 **Ligularia melanothyrsa** Hand.-Mazz.
分布：四川

心叶橐吾 **Ligularia microcardia** Hand.-Mazz.
分布：四川

小头橐吾 **Ligularia microcephala** (Hand.-Mazz.) Hand.-Mazz.
分布：云南

全缘橐吾 **Ligularia mongolica** (Turcz.) DC.
分布：黑龙江、内蒙古、河北；韩国、蒙古国、俄罗斯

木里橐吾 **Ligularia muliensis** Hand.-Mazz.
分布：四川、云南

千花橐吾 **Ligularia myriocephala** Y. Ling ex S. W. Liu
分布：西藏

南川橐吾 **Ligularia nanchuanica** S. W. Liu
分布：重庆

山地橐吾 **Ligularia narynensis** (C. Winkler) O. Fedtsch. et B. Fedtsch.
分布：新疆；哈萨克斯坦、吉尔吉斯斯坦

莲叶橐吾 **Ligularia nelumbifolia** (Bureau et Franch.) Hand.-Mazz.
分布：甘肃、湖北、四川、云南

林芝橐吾 **Ligularia nyingchiensis** S. W. Liu
分布：西藏

马蹄叶橐吾 **Ligularia odontomanes** Hand.-Mazz.
分布：四川

疏舌橐吾 **Ligularia oligonema** Hand.-Mazz.
分布：四川、云南

奇异橐吾 **Ligularia paradoxa** Hand.-Mazz.
分布：云南

奇异橐吾(原变种) **Ligularia paradoxa** var. **paradoxa**
分布：云南

半裂橐吾 **Ligularia paradoxa** var. **palmatifida** S. W. Liu et T. N. Ho
分布：云南

小叶橐吾 **Ligularia parvifolia** C. C. Chang
分布：云南

裸柱橐吾 **Ligularia petiolaris** Hand.-Mazz.
分布：西藏

紫缨橐吾 **Ligularia phaenicochaeta** (Franch.) S. W. Liu
分布：西藏

叶状鞘橐吾 **Ligularia phyllocolea** Hand.-Mazz.
分布：云南；缅甸

宽舌橐吾 **Ligularia platyglossa** (Franch.) Hand.-Mazz.
分布：云南

侧茎橐吾 **Ligularia pleurocaulis** (Franch.) Hand.-Mazz.
分布：四川、云南、西藏

浅齿橐吾 **Ligularia potaninii** (C. Winkler) Y. Ling
分布：甘肃、四川

掌叶橐吾 **Ligularia przewalskii** (Maxim.) Diels
分布：内蒙古、山西、陕西、宁夏、甘肃、青海、江苏、四川

宽翅橐吾 **Ligularia pterodonta** C. C. Chang
分布：西藏

毛叶橐吾 **Ligularia pubifolia** S. W. Liu
分布：西藏

褐毛橐吾 **Ligularia purdomii** (Turrill) Chitt.
分布：甘肃、青海、四川

梨叶橐吾 **Ligularia pyrifolia** S. W. Liu
分布：云南

巧家橐吾 **Ligularia qiaojiaensis** Y. S. Chen et H. J. Dong
分布：云南

黑毛橐吾 **Ligularia retusa** DC.
分布：云南、西藏；不丹、印度、尼泊尔

独舌橐吾 Ligularia rockiana Hand.-Mazz.

分布：云南

节毛橐吾 Ligularia ruficoma (Franch.) Hand.-Mazz.

分布：云南

藏橐吾 Ligularia rumicifolia S. W. Liu

分布：四川、西藏；尼泊尔

黑龙江橐吾 Ligularia sachalinensis Nakai

分布：黑龙江；俄罗斯

箭叶橐吾 Ligularia sagitta (Maxim.) Mattf. ex Rehd.

分布：黑龙江、内蒙古、河北、山西、陕西、宁夏、甘肃、青海、四川、云南、西藏；东喜马拉雅地区、蒙古国

高山橐吾 Ligularia schischkinii Rubtzov

分布：新疆；哈萨克斯坦

合苞橐吾 Ligularia schmidtii (Maxim.) Makino

分布：黑龙江；朝鲜、俄罗斯

橐吾 Ligularia sibirica L. f.

分布：黑龙江、吉林、内蒙古；蒙古国、俄罗斯；欧洲

准噶尔橐吾 Ligularia songarica (Fisch.) Y. Ling

分布：新疆；哈萨克斯坦、吉尔吉斯斯坦

窄头橐吾 Ligularia stenocephala (Maxim.) Matsum. et Koidz.

分布：安徽、?福建、广东、广西、河北、河南、湖北、江苏、江西、山东、山西、四川、台湾、西藏、云南、浙江；日本

窄头橐吾(原变种) Ligularia stenocephala var. **stenocephala**

分布：河北、山西、山东、河南、安徽、江苏、浙江、江西、湖北、四川、云南、西藏、台湾、广东、广西；日本

糙叶窄头橐吾 Ligularia stenocephala var. **scabrida** Koidz.

分布：四川、云南、广西；日本

裂舌橐吾 Ligularia stenoglossa (Franch.) Hand.-Mazz.

分布：云南

穗序橐吾 Ligularia subspicata (Bureau et Franch.) Hand.-Mazz.

分布：四川、云南

唐古特橐吾 Ligularia tangutorum Pojark.

分布：甘肃、青海、四川

纤细橐吾 Ligularia tenuicaulis C. C. Chang

分布：云南、西藏

簇梗橐吾 Ligularia tenuipes (Franch.) Diels

分布：湖北、四川、贵州

西域橐吾 Ligularia thomsonii (C. B. Clarke) Pojark.

分布：新疆；阿富汗、克什米尔地区、哈萨克斯坦、吉尔吉斯斯坦、尼泊尔、巴基斯坦、塔吉克斯坦、乌兹别克斯坦

塔序橐吾 Ligularia thyrsoidea (Ledeb.) DC.

分布：新疆；哈萨克斯坦、吉尔吉斯斯坦、蒙古国、俄罗斯

天山橐吾 Ligularia tianschanica Chang Y. Yang et S. L. Keng

分布：新疆

东久橐吾 Ligularia tongkyukensis Hand.-Mazz.

分布：西藏

东俄洛橐吾 Ligularia tongolensis (Franch.) Hand.-Mazz.

分布：四川、云南、西藏

横叶橐吾 Ligularia transversifolia Hand.-Mazz.

分布：云南

苍山橐吾 Ligularia tsangchanensis (Franch.) Hand.-Mazz.

分布：四川、云南、西藏

土鲁番橐吾 Ligularia tulupanica Z. X. An

分布：新疆

离舌橐吾 Ligularia veitchiana (Hemsl.) Greenm.

分布：陕西、甘肃、湖北、四川、贵州、云南

棉毛橐吾 Ligularia vellerea (Franch.) Hand.-Mazz.

分布：四川、云南

黄帚橐吾 Ligularia virgaurea (Maxim.) Mattf. ex Rehd.

分布：甘肃、青海、四川、云南、西藏；不丹、印度、尼泊尔

黄帚橐吾(原变种) Ligularia virgaurea var. **virgaurea**

分布：甘肃、青海、四川、云南、西藏；不丹、印度、尼泊尔

疏序黄帚橐吾 Ligularia virgaurea var. **oligocephala** (R. D. Good) S. W. Liu

分布：青海、甘肃(西南部)

毛黄帚橐吾 Ligularia virgaurea var. **pilosa** S. W. Liu et T. N. Ho

分布：四川、西藏

川鄂橐吾 Ligularia wilsoniana (Hemsl.) Greenm.
分布：湖北、四川

黄毛橐吾 Ligularia xanthotricha (Grüning) Y. Ling
分布：河北、山西

新疆橐吾 Ligularia xinjiangensis Chang Y. Yang et S. L. Keng
分布：新疆

云南橐吾 Ligularia yunnanensis (Franch.) C. C. Chang
分布：云南

舟曲橐吾 Ligularia zhouquensis W. D. Peng et Z. X. Peng
分布：甘肃

假橐吾属 Ligulariopsis Y. L. Chen

假橐吾 Ligulariopsis shichuana Y. L. Chen
分布：陕西、甘肃

母菊属 Matricaria L.

母菊 Matricaria chamomilla L.
分布：辽宁、河北、山东、陕西、新疆、安徽、江苏、四川；哈萨克斯坦、蒙古国、俄罗斯、乌兹别克斯坦；欧洲、北美洲

同花母菊 Matricaria matricarioides (Less.) Porter
分布：吉林、辽宁、内蒙古；不丹、日本、哈萨克斯坦、韩国、俄罗斯；欧洲、北美洲

毛鳞菊属 Melanoseris Decaisne

大花毛鳞菊 Melanoseris atropurpurea (Franch.) N. Kilian et Z. H. Wang
分布：四川、云南、西藏；缅甸

毛鳞菊 Melanoseris beesiana (Diels) N. Kilian
分布：四川、西藏

苞叶毛鳞菊 Melanoseris bracteata (Hook. f. et Thomson ex C. B. Clarke) N. Kilian
分布：西藏；不丹、印度、尼泊尔

景东毛鳞菊 Melanoseris ciliata (C. Shih) N. Kilian
分布：云南

蓝花毛鳞菊 Melanoseris cyanea (D. Don) Edgeworth
分布：四川、重庆、贵州、云南、西藏；不丹、印度、克什米尔地区、缅甸、尼泊尔

细莴苣 Melanoseris graciliflora (DC.) N. Kilian
分布：四川、贵州、云南、西藏；不丹、印度、缅甸、尼泊尔

普洱毛鳞菊 Melanoseris henryi (Dunn) N. Kilian
分布：云南

鹤庆毛鳞菊 Melanoseris hirsuta (C. Shih) N. Kilian
分布：四川、云南

光苞毛鳞菊 Melanoseris leiolepis (C. Shih) N. Kilian et J. W. Zhang
分布：云南

景东细莴苣 Melanoseris leptantha (C. Shih) N. Kilian
分布：四川、云南

黑苞毛鳞菊 Melanoseris lessertiana (DC.) Decaisne
分布：青海、云南、西藏；不丹、印度、克什米尔地区、尼泊尔、巴基斯坦

丽江毛鳞菊 Melanoseris likiangensis (Franch.) N. Kilian et Z. H. Wang
分布：云南

缘毛毛鳞菊 Melanoseris macrantha (C. B. Clarke) N. Kilian et J. W. Zhang
分布：西藏

大头毛鳞菊 Melanoseris macrocephala (C. Shih) N. Kilian et J. W. Zhang
分布：西藏

头嘴菊 Melanoseris macrorhiza (Royle) N. Kilian
分布：西藏、云南；阿富汗、不丹、印度、克什米尔地区、缅甸、尼泊尔、巴基斯坦；亚洲(西南部)

大理毛鳞菊 Melanoseris oligolepis (C. C. Chang ex C. Shih) N. Kilian
分布：云南

栉齿毛鳞菊 Melanoseris pectiniformis (C. Shih) N. Kilian et J. W. Zhang
分布：西藏

菱裂毛鳞菊 Melanoseris rhombiformis (C. Shih) N. Kilian et Z. H. Wang
分布：云南

四川毛鳞菊 Melanoseris sichuanensis (C. Shih) N. Kilian
分布：四川

康滇毛鳞菊 Melanoseris souliei (Franch.) N. Kilian
分布：四川、西藏、云南；?不丹、缅甸

戟裂毛鳞菊 Melanoseris taliensis (C. Shih) N. Kilian et Z. H. Wang
分布：云南

全叶细莴苣 Melanoseris tenuis (C. Shih) N. Kilian
分布：西藏

栉齿细莴苣 Melanoseris triflora (C. C. Chang et C. Shih) N. Kilian
分布：云南

西藏毛鳞菊 Melanoseris violifolia (Decaisne) N. Kilian
分布：西藏；不丹、印度、克什米尔地区、尼泊尔

云南毛鳞菊 Melanoseris yunnanensis (C. Shih) N. Kilian et Z. H. Wang
分布：四川、云南

卤地菊属 **Melanthera** Rohrb.

卤地菊 Melanthera prostrata (Hemsl.) W. L. Wagner et H. Rob.
分布：台湾、广东；日本、韩国、泰国、越南

小花菊属 **Microcephala** Pobed.

近球状小花菊 Microcephala subglobosa (Krasch.) Pobed.
分布：新疆；哈萨克斯坦、吉尔吉斯斯坦、土库曼斯坦

小舌菊属 **Microglossa** DC.

小舌菊 Microglossa pyrifolia (Lam.) Kuntze
分布：贵州、云南、台湾、广东、广西、海南；孟加拉国、不丹、柬埔寨、印度、印度尼西亚、老挝、马来西亚、缅甸、菲律宾、泰国、越南；非洲

假泽兰属 **Mikania** Willd.

假泽兰 Mikania cordata (Burm. f.) B. L. Rob.
分布：云南、台湾、海南；婆罗洲、柬埔寨、印度尼西亚、老挝、巴布亚新几内亚、菲律宾、泰国、越南，东南亚广布

微甘菊 Mikania micrantha Kunth
分布：广东、台湾、香港、澳门；原产于加勒比海地区，中美洲、南美洲、墨西哥，引种于亚洲和太平洋群岛

粘冠草属 **Myriactis** Less.

羽裂粘冠草 Myriactis delavayi Gagnep.
分布：四川、云南

台湾粘冠草 Myriactis humilis Merr.
分布：台湾

圆舌粘冠草 Myriactis nepalensis Less.
分布：江西、湖南、湖北、四川、贵州、云南、西藏、广东、广西；不丹、印度、缅甸、尼泊尔、巴基斯坦、越南

狐狸草 Myriactis wallichii Less.
分布：湖南、四川、贵州、云南、西藏；阿富汗、不丹、印度、印度尼西亚、缅甸、尼泊尔、巴基斯坦、泰国、越南；亚洲(西南部)

粘冠草 Myriactis wightii DC.
分布：四川、贵州、云南、西藏；印度、印度尼西亚、尼泊尔、斯里兰卡、越南

蚂蚱腿子属 **Myripnois** Bunge

蚂蚱腿子 Myripnois dioica Bunge
分布：辽宁、内蒙古、河北、河南、陕西、湖北

耳菊属 **Nabalus** Cass.

耳菊 Nabalus ochroleucus Maxim.
分布：吉林；朝鲜、俄罗斯

盘果菊 Nabalus tatarinowii (Maxim.) Nakai
分布：黑龙江、吉林、辽宁、内蒙古、河北、山西、山东、河南、陕西、宁夏、甘肃、湖北、四川、云南；韩国、俄罗斯

盘果菊(原亚种) Nabalus tatarinowii subsp. **tatarinowii**
分布：黑龙江、吉林、辽宁、内蒙古、河北、山西、山东、河南、陕西、宁夏、甘肃、湖北、四川、云南；韩国、俄罗斯

多裂耳菊 Nabalus tatarinowii subsp. **macrantha** (Stebbins) N. Kilian
分布：河北、山西、河南、陕西、甘肃、四川

毛冠菊属 **Nannoglottis** Maxim.

毛冠菊 Nannoglottis carpesioides Maxim.
分布：陕西、甘肃、青海、云南

厚毛毛冠菊 Nannoglottis delavayi (Franch.) Ling et Y. L. Chen
分布：四川、云南

狭舌毛冠菊 Nannoglottis gynura (C. Winkl.) Ling et Y. L. Chen
分布：青海、四川、云南、西藏

玉龙毛冠菊 Nannoglottis hieraciophylla (Hand.-Mazz.) Y. Ling et Y. L. Chen
分布：云南

虎克毛冠菊 Nannoglottis hookeri (Clarke ex Hook. f.) Kitam.
分布：西藏；不丹、印度、尼泊尔

宽苞毛冠菊 Nannoglottis latisquama Y. Ling et Y. L. Chen
分布：四川、云南

大果毛冠菊 Nannoglottis macrocarpa Y. Ling et Y. L. Chen
分布：西藏

青海毛冠菊 Nannoglottis ravida (C. Winkl.) Y. L. Chen
分布：青海

云南毛冠菊 Nannoglottis yunnanensis (Hand.-Mazz.) Hand.-Mazz.
分布：四川、云南

羽叶菊属 **Nemosenecio** (Kitam.) B. Nordenstam

裸果羽叶菊 Nemosenecio concinnus (Franch.) C. Jeffrey et Y. L. Chen
分布：重庆

台湾刘寄奴 Nemosenecio formosanus B. Nord.
分布：台湾

刻裂羽叶菊 Nemosenecio incisifolius (Jeffrey) B. Nord.
分布：云南

茄状羽叶菊 Nemosenecio solenoides (Dunn) B. Nord.
分布：云南

滇羽叶菊 Nemosenecio yunnanensis B. Nord.
分布：贵州、云南

短星菊属 **Neobrachyactis** Brouillet

香短星菊 Neobrachyactis anomala (DC.) Brouillet
分布：西藏；不丹、印度、尼泊尔

腺毛短星菊 Neobrachyactis pubescens (DC.) Brouillet
分布：西藏；阿富汗、印度、尼泊尔、巴基斯坦

西疆短星菊 Neobrachyactis roylei (DC.) Brouillet
分布：新疆、西藏；阿富汗、印度、哈萨克斯坦、尼泊尔、巴基斯坦、俄罗斯、乌兹别克斯坦

栉叶蒿属 **Neopallasia** Poljakov

栉叶蒿 Neopallasia pectinata (Pall.) Poljakov
分布：黑龙江、吉林、辽宁、内蒙古、河北、山西、宁夏、甘肃、青海、新疆、四川、西藏；哈萨克斯坦、蒙古国、俄罗斯

紫菊属 **Notoseris** C. Shih

全叶紫菊 Notoseris guizhouensis C. Shih
分布：贵州

光苞紫菊 Notoseris macilenta (Vaniot et H. Lév.) N. Kilian
分布：江西、湖南、湖北、重庆、贵州、云南、广西

黑花紫菊 Notoseris melanantha (Franch.) C. Shih
分布：四川

金佛山紫菊 Notoseris nanchuanensis C. Shih
分布：四川

南川紫菊 Notoseris porphyrolepis C. Shih
分布：重庆、贵州

藤本紫菊 Notoseris scandens (Hook. f.) N. Kilian
分布：云南、西藏；印度

三花紫菊 Notoseris triflora (Hemsl.) C. Shih
分布：四川

峨眉紫菊 Notoseris wilsonii (C. C. Chang) C. Shih
分布：四川

垭口紫菊 Notoseris yakoensis (Jeffrey) N. Kilian
分布：云南；缅甸

云南紫菊 Notoseris yunnanensis C. Shih
分布：云南

栌菊木属 **Nouelia** Franch.

栌菊木 Nouelia insignis Franch.
分布：四川、云南

蝟菊属 **Olgaea** Iljin

九眼菊 Olgaea laniceps (C. Winkler) Iljin
分布：新疆；哈萨克斯坦

火媒草 Olgaea leucophylla (Turcz.) Iljin
分布：黑龙江、吉林、辽宁、内蒙古、山西、陕西、宁夏；蒙古国

蝟菊 Olgaea lomonossowii (Trautvetter) Iljin
分布：吉林、内蒙古、河北、山西、陕西、宁夏、甘肃；蒙古国

新疆蝟 Olgaea pectinata Iljin
分布：新疆；俄罗斯

假九眼菊 **Olgaea roborowskyi** Iljin
分布：新疆

刺疙瘩 **Olgaea tangutica** Iljin
分布：内蒙古、河北、山西、陕西、甘肃

寡毛菊属 **Oligochaeta** K. Koch

寡毛菊 **Oligochaeta minima** (Boiss.) Briq.
分布：新疆；阿富汗、巴基斯坦、土库曼斯坦、乌兹别克斯坦；亚洲(西南部)

大翅蓟属 **Onopordum** L.

大翅蓟 **Onopordum acanthium** L.
分布：新疆；阿富汗、哈萨克斯坦、吉尔吉斯斯坦、巴基斯坦、俄罗斯、塔吉克斯坦、土库曼斯坦、乌兹别克斯坦；亚洲(西南部)、欧洲

羽冠大翅蓟 **Onopordum leptolepis** DC.
分布：新疆；哈萨克斯坦

太行菊属 **Opisthopappus** C. Shih

太行菊 **Opisthopappus taihangensis** (Y. Ling) C. Shih
分布：河北、山西、河南

假福王草属 **Paraprenanthes** C. C. Chang ex C. Shih

圆耳假福王草 **Paraprenanthes auriculiformis** C. Shih
分布：云南

林生假福王草 **Paraprenanthes diversifolia** (Vaniot) N. Kilian
分布：陕西、浙江、江西、湖南、湖北、四川、重庆、贵州、云南、福建、广东、广西

长叶假福王草 **Paraprenanthes dolichophylla** (C. Shih) N. Kilian et Z. H. Wang
分布：四川

密毛假福王草 **Paraprenanthes glandulosissima** (C. C. Chang) C. Shih
分布：四川、云南

雷山假福王草 **Paraprenanthes heptantha** C. Shih et D. J. Liu
分布：江苏、湖南、四川、贵州、广西

狭裂假福王草 **Paraprenanthes longiloba** Y. Ling et C. Shih
分布：云南

三裂假福王草 **Paraprenanthes multiformis** C. Shih
分布：江西、湖南、四川、福建

蕨叶假福王草 **Paraprenanthes polypodiifolia** (Franch.) C. C. Chang ex C. Shih
分布：四川、广西

异叶假福王草 **Paraprenanthes prenanthoides** (Hemsl.) C. Shih
分布：四川、贵州

假福王草 **Paraprenanthes sororia** (Miq.) C. Shih
分布：安徽、江苏、浙江、江西、湖南、湖北、四川、贵州、西藏、福建、广东、广西；日本、朝鲜

伞房假福王草 **Paraprenanthes umbrosa** (Dunn) Sennikov
分布：云南

云南假福王草 **Paraprenanthes yunnanensis** (Franch.) C. Shih
分布：云南

蟹甲草属 **Parasenecio** W. W. Smith et J. Small

兔儿风蟹甲草 **Parasenecio ainsliaeiflorus** (Franch.) Y. L. Chen
分布：湖南、湖北、四川、贵州

无毛蟹甲草 **Parasenecio albus** Y. S. Chen
分布：湖北、贵州、福建、广西

两假蟹甲草 **Parasenecio ambiguus** (Y. Ling) Y. L. Chen
分布：河北、山西、河南、陕西

两似蟹甲草(原变种) **Parasenecio ambiguus** var. **ambiguus**
分布：河北、山西、河南、陕西

王氏两似蟹甲草 **Parasenecio ambiguus** var. **wangianus** (Y. Ling) Y. L. Chen
分布：山西

耳叶蟹甲草 **Parasenecio auriculatus** (DC.) H. Koyama
分布：黑龙江、吉林、内蒙古；日本、韩国、俄罗斯

秋海棠叶蟹甲草 **Parasenecio begoniifolius** (Franch.) Y. L. Chen
分布：湖北、四川、重庆

珠芽蟹甲草 **Parasenecio bulbiferoides** (Hand.-Mazz.) Y. L. Chen
分布：陕西、湖南、湖北

藏南蟹甲草 **Parasenecio chola** (W. W. Sm.) R. C. Srivastava
分布：西藏；尼泊尔、印度、克什米尔地区

轮叶蟹甲草 **Parasenecio cyclotus** (Bureau et Franch.) Y. L. Chen
分布：四川

山西蟹甲草 **Parasenecio dasythyrsus** (Hand.-Mazz.) Y. L. Chen
分布：山西、陕西、甘肃

翠雀蟹甲草 **Parasenecio delphiniifolius** (Sieb. et Zucc.) H. Koyama
分布：贵州、云南；日本

三角叶蟹甲草 **Parasenecio deltophyllus** (Maxim.) Y. L. Chen
分布：甘肃、青海、四川

湖北蟹甲草 **Parasenecio dissectus** Y. S. Chen
分布：湖北

大叶蟹甲草 **Parasenecio firmus** (Kom.) Y. L. Chen
分布：吉林；朝鲜

蟹甲草 **Parasenecio forrestii** W. W. Sm. et J. Small
分布：四川、云南

甘肃蟹甲草 **Parasenecio gansuensis** Y. L. Chen
分布：陕西、甘肃

山尖子 **Parasenecio hastatus** (L.) H. Koyama
分布：黑龙江、吉林、辽宁、内蒙古、河北、山西、陕西、宁夏、甘肃；日本、韩国、蒙古国、俄罗斯

山尖子(原变种) **Parasenecio hastatus** var. **hastatus**
分布：黑龙江、吉林、辽宁、内蒙古、河北、山西、陕西、宁夏、甘肃；日本、韩国、蒙古国、俄罗斯

无毛山尖子 **Parasenecio hastatus** var. **glaber** (Ledeb.) Y. L. Chen
分布：辽宁、内蒙古、河北、山西、陕西、宁夏

戟状蟹甲草 **Parasenecio hastiformis** Y. L. Chen
分布：云南

黄山蟹甲草 **Parasenecio hwangshanicus** (Y. Ling) C. I. Peng et S. W. Chung
分布：安徽、浙江、江西、台湾

紫背蟹甲草 **Parasenecio ianthophyllus** (Franch.) Y. L. Chen
分布：湖北、重庆

九龙蟹甲草 **Parasenecio jiulongensis** Y. L. Chen
分布：四川

康县蟹甲草 **Parasenecio kangxianensis** (Z. Y. Zhang et Y. H. Guo) Y. L. Chen
分布：甘肃

星叶蟹甲草 **Parasenecio komarovianus** (Pojark.) Y. L. Chen
分布：吉林、辽宁；朝鲜、俄罗斯

瓜拉坡蟹甲草 **Parasenecio koualapensis** (Franch.) Y. L. Chen
分布：云南

披针叶蟹甲草 **Parasenecio lancifolius** (Franch.) Y. L. Chen
分布：湖北、四川

阔柄蟹甲草 **Parasenecio latipes** (Franch.) Y. L. Chen
分布：四川、云南

白头蟹甲草 **Parasenecio leucocephalus** (Franch.) Y. L. Chen
分布：湖北

丽江蟹甲草 **Parasenecio lidjiangensis** (Hand.-Mazz.) Y. L. Chen
分布：云南

长穗蟹甲草 **Parasenecio longispicus** (Hand.-Mazz.) Y. L. Chen
分布：四川

茂汶蟹甲草 **Parasenecio maowenensis** Y. L. Chen
分布：四川

天目山蟹甲草 **Parasenecio matsudae** (Kitam.) Y. L. Chen
分布：安徽、浙江

玉山蟹甲草 **Parasenecio morrisonensis** Y. Liu, C. I. Peng et Q. E. Yang
分布：台湾

高能蟹甲草 **Parasenecio nokoensis** (Masam. et Suzuki) Y. L. Chen
分布：台湾

耳翼蟹甲草 **Parasenecio otopteryx** (Hand.-Mazz.) Y. L. Chen
分布：河南、陕西、湖南、湖北、四川

掌裂蟹甲草 **Parasenecio palmatisectus** (Jeffrey) Y. L. Chen
分布：四川、云南、西藏；不丹

掌裂蟹甲草(原变种) Parasenecio palmatisectus var. **palmatisectus**
分布：四川、云南、西藏

腺毛掌裂蟹甲草 Parasenecio palmatisectus var. **moupinensis** (Franch.) Y. L. Chen
分布：四川、西藏；不丹

蜂斗菜状蟹甲草 Parasenecio petasitoides (H. Lév.) Y. L. Chen
分布：四川、贵州

苞鳞蟹甲草 Parasenecio phyllolepis (Franch.) Y. L. Chen
分布：湖北、四川

太白蟹甲草 Parasenecio pilgerianus (Diels) Y. L. Chen
分布：陕西、甘肃、青海

长白蟹甲草 Parasenecio praetermissus (Pojark.) Y. L. Chen
分布：黑龙江、吉林；朝鲜、俄罗斯

深山蟹甲草 Parasenecio profundorum (Dunn) Y. L. Chen
分布：湖北、四川、重庆

五裂蟹甲草 Parasenecio quinquelobus (Wall. ex DC.) Y. L. Chen
分布：四川、云南、西藏；不丹、印度、缅甸、尼泊尔

五裂蟹甲草(原变种) Parasenecio quinquelobus var. **quinquelobus**
分布：四川、云南、西藏；不丹、印度、缅甸、尼泊尔

深裂五裂蟹甲草 Parasenecio quinquelobus var. **sinuatus** (Koyama) Y. L. Chen
分布：西藏；不丹

蛛毛蟹甲草 Parasenecio roborowskii (Maxim.) Y. L. Chen
分布：陕西、甘肃、青海、四川、云南

玉龙蟹甲草 Parasenecio rockianus (Hand.-Mazz.) Y. L. Chen
分布：云南

矢镞叶蟹甲草 Parasenecio rubescens (S. Moore) Y. L. Chen
分布：安徽、江西、湖南、福建

红毛蟹甲草 Parasenecio rufipilis (Franch.) Y. L. Chen
分布：河南、陕西、甘肃、四川

中华蟹甲草 Parasenecio sinicus (Y. Ling) Y. L. Chen
分布：河南、陕西

川西蟹甲草 Parasenecio souliei (Franch.) Y. L. Chen
分布：四川

大理蟹甲草 Parasenecio taliensis (Franch.) Y. L. Chen
分布：云南

盐丰蟹甲草 Parasenecio tenianus (Hand.-Mazz.) Y. L. Chen
分布：云南

昆明蟹甲草 Parasenecio tripteris (Hand.-Mazz.) Y. L. Chen
分布：云南

秦岭蟹甲草 Parasenecio tsinlingensis (Hand.-Mazz.) Y. L. Chen
分布：陕西、甘肃

川鄂蟹甲草 Parasenecio vespertilio (Franch.) Y. L. Chen
分布：湖北

辛家山蟹甲草 Parasenecio xinjiashanensis (Z. Y. Zhang et Y. H. Guo) Y. L. Chen
分布：陕西

拟合头菊属(新拟) Parasyncalathium J. W. Zhang, D. E. Boufford et H. Sun

拟合头菊(新拟) Parasyncalathium souliei (Franch.) J. W. Zhang, D. E. Boufford et H. Sun
分布：四川、云南、西藏；缅甸、不丹

银胶菊属 Parthenium L.

灰白银胶菊 Parthenium argentatum A. Gray
分布：中国南部有栽培；美国

银胶菊 Parthenium hysterophorus L.
分布：贵州、云南、福建、台湾、广东、广西、海南、香港；原产于热带美洲，现广布于世界热带地区

香檬菊属 Pectis L.

伏生香檬菊 Pectis prostrata Cav.
分布：台湾；原产于加勒比地区、墨西哥、美国南部，中美洲

苇谷草属 Pentanema Cass.

垂头苇谷草 Pentanema cernuum (Dalzell) Y. Ling
分布：云南；不丹、印度、尼泊尔

苇谷草 Pentanema indicum (L.) Y. Ling
分布：四川、贵州、云南、广西；印度、缅甸、尼泊尔、巴基斯坦、斯里兰卡、泰国、越南；热带非洲

苇谷草(原变种) Pentanema indicum var. **indicum**
分布：贵州、云南、广西；印度、缅甸、巴基斯坦、斯里兰卡、泰国、越南

白背苇谷草 Pentanema indicum var. **hypoleucum** (Hand.-Mazz.) Y. Ling
分布：贵州、云南、广西

毛苇谷草 Pentanema vestitum (Wall. ex DC.) Y. Ling
分布：西藏；阿富汗、印度、巴基斯坦

瓜叶菊属 Pericallis D. Don

瓜叶菊 Pericallis hybrida B. Nord.
分布：中国各省（自治区、直辖市）广布；大西洋

帚菊属 Pertya Sch.-Bip.

狭叶帚菊 Pertya angustifolia Y. C. Tseng
分布：四川

异叶帚菊 Pertya berberidoides (Hand.-Mazz.) Y. Q. Tseng
分布：四川、云南、西藏

昆明帚菊 Pertya bodinieri Vaniot
分布：云南

心叶帚菊 Pertya cordifolia Mattf.
分布：安徽、浙江、江西、湖南

疏花帚菊 Pertya corymbosa Y. C. Tseng
分布：湖南、广西

聚头帚菊 Pertya desmocephala Diels
分布：浙江、江西、福建、广东

两色帚菊 Pertya discolor Rehder
分布：山西、宁夏、甘肃、青海、四川

两色帚菊(原变种) Pertya discolor var. **discolor**
分布：陕西、宁夏、甘肃、青海、四川

同色帚菊 Pertya discolor var. **calvescens** Y. Ling
分布：甘肃

瓜叶帚菊 Pertya henanensis Y. C. Tseng
分布：河南、四川

单头帚菊 Pertya monocephala W. W. Sm.
分布：云南、西藏

针叶帚菊 Pertya phylicoides Jeffrey
分布：云南、西藏

腺叶帚菊 Pertya pubescens Y. Ling
分布：浙江、江西、福建、广东

尖苞帚菊 Pertya pungens Y. C. Tseng
分布：广东

长花帚菊 Pertya scandens (Thunb.) Sch.-Bip.
分布：江西、福建；日本

台湾帚菊 Pertya simozawae Masamune
分布：台湾

华帚菊 Pertya sinensis Oliv.
分布：山西、河南、陕西、宁夏、甘肃、青海、湖北、四川

巫山帚菊 Pertya tsoongiana Y. Ling
分布：重庆

单花帚菊 Pertya uniflora (Maxim.) Mattf.
分布：甘肃

蜂斗菜属 Petasites Mill.

台湾蜂斗菜 Petasites formosanus Kitam.
分布：台湾

蜂斗菜 Petasites japonicus (Sieb. et Zucc.) Maxim.
分布：山东、河南、陕西、安徽、江苏、浙江、江西、湖北、四川、福建；日本、韩国、俄罗斯

长白蜂斗菜 Petasites rubellus (J. F. Gmelin) Toman
分布：吉林、辽宁；朝鲜、蒙古国、俄罗斯

掌叶蜂斗菜 Petasites tatewakianus Kitam.
分布：黑龙江；俄罗斯

毛裂蜂斗菜 Petasites tricholobus Franch.
分布：山西、河南、陕西、甘肃、青海、四川、贵州、云南、西藏；不丹、印度、尼泊尔、越南

盐源蜂斗菜 Petasites versipilus Hand.-Mazz.
分布：四川、云南

棉毛菊属 Phagnalon Cass.

棉毛菊 Phagnalon niveum Edgew.
分布：西藏；阿富汗、印度、克什米尔地区、尼泊尔、巴基斯坦

毛连菜属 Picris L.

滇苦菜 Picris divaricata Vaniot
分布：云南、西藏

毛连菜 Picris hieracioides L.

分布：黑龙江、吉林、河北、山西、山东、河南、陕西、甘肃、湖北、四川、贵州、云南、西藏；不丹、印度、克什米尔地区、哈萨克斯坦、俄罗斯、越南、地中海地区；亚洲(西南部)、欧洲

日本毛连菜 Picris japonica Thunb.

分布：黑龙江、吉林、辽宁、内蒙古、河北、山西、山东、河南、陕西、青海、新疆、安徽、四川、贵州、西藏、广西；日本、哈萨克斯坦、蒙古国、俄罗斯

云南毛连菜 Picris junnanensis V. N. Vassiljev

分布：云南、西藏

台湾毛连菜 Picris morrisonensis Hayata

分布：台湾

新疆毛连菜 Picris nuristanica Bornm.

分布：新疆；阿富汗、克什米尔地区、哈萨克斯坦、吉尔吉斯斯坦、巴基斯坦、塔吉克斯坦

黄毛毛连菜 Picris ohwiana Kitam.

分布：台湾

细毛菊属 Pilosella Hill

刚毛细毛菊 Pilosella echioides (Lumnitzer) F. W. Schultz et Schultz Bipontinus

分布：新疆；哈萨克斯坦；欧洲

棕毛细毛菊 Pilosella procera (Fries) F. W. Schultz et Schultz Bipontinus

分布：新疆；哈萨克斯坦、乌兹别克斯坦；亚洲(西南部)

兔耳一枝箭属 Piloselloides (Less.) C. Jeffrey

兔耳一枝箭 Piloselloides hirsuta (Forsskal) C. Jeffrey ex Cufodontis

分布：重庆、福建、广东、广西、贵州、海南、湖北、湖南、江苏、江西、四川、西藏、云南、浙江；印度、印度尼西亚、日本、老挝、缅甸、尼泊尔、泰国、越南、澳大利亚；非洲

斜果菊属 Plagiobasis Schrenk

斜果菊 Plagiobasis centauroides Schrenk

分布：新疆；哈萨克斯坦、吉尔吉斯斯坦

阔苞菊属 Pluchea Cass.

美洲阔苞菊 Pluchea carolinensis (Jacq.) G. Don

分布：台湾归化；原产于新世界和非洲西部温暖地区

长叶阔苞菊 Pluchea eupatorioides Kurz.

分布：云南、广西；柬埔寨、老挝、缅甸、泰国、越南

阔苞菊 Pluchea indica (L.) Less.

分布：台湾、广东、海南；柬埔寨、印度、日本、老挝、马来西亚、菲律宾、新加坡、泰国、越南、澳大利亚、太平洋岛屿

光梗阔苞菊 Pluchea pteropoda Hemsl.

分布：台湾、广东、广西、海南；越南

翼茎阔苞菊 Pluchea sagittalis (Lam.) Cabrera

分布：台湾归化；原产于北美洲和南美洲

柄果菊属 Podospermum DC.

准噶柄果菊 Podospermum songoricum (Kar. et Kir.) Tzvelev

分布：新疆；阿富汗、哈萨克斯坦、吉尔吉斯斯坦、塔吉克斯坦、土库曼斯坦、乌兹别克斯坦；亚洲(西南部)

假臭草属 Praxelis Cass.

假臭草 Praxelis clematidea (Griseb.) R. M. King et H. Rob.

分布：福建、台湾、广东、海南、香港、澳门；原产于南美洲，东半球热带地区常见

矮小矢车菊属 Psephellus Cass.

矮小矢车菊 Psephellus sibiricus (L.) Wagenitz

分布：新疆；哈萨克斯坦、俄罗斯

假地胆草属 Pseudelephantopus Rohrb.

假地胆草 Pseudelephantopus spicatus (Juss. ex Aubl.) C. F. Baker

分布：台湾、广东；原产于热带非洲和美洲、印度尼西亚、马来西亚、菲律宾、泰国

假飞蓬属 Pseudoconyza Cuatrecasas

假飞蓬 Pseudoconyza viscosa (Miller) D'Arcy

分布：台湾；印度、巴基斯坦；亚洲(西南部)、非洲、中美洲

拟鼠麹草属 Pseudognaphalium Kirpicznikov

宽叶拟鼠麹草 Pseudognaphalium adnatum (DC.) Y. S. Chen

分布：河南、甘肃、江苏、浙江、江西、湖南、四川、贵州、云南、西藏、福建、台湾、广东、广西；不丹、印度、缅甸、尼泊尔、菲律宾、泰国、越南

拟鼠麹草 Pseudognaphalium affine (D. Don) Anderb.

分布：安徽、福建、广东、广西、贵州、海南、河南、湖北、湖南、江苏、江西、陕西、山东、四川、台湾、西藏、

云南、浙江；阿富汗、不丹、印度、印度尼西亚、日本、韩国、缅甸、尼泊尔、巴基斯坦、菲律宾、越南、澳大利亚；亚洲(西南部)

金头拟鼠麴草 **Pseudognaphalium chrysocephalum** Hilliard et B. L. Burtt
分布：四川、云南

拉萨拟鼠麴草 **Pseudognaphalium flavescens** (Kitam.) Anderberg
分布：西藏

秋拟鼠麴草 **Pseudognaphalium hypoleucum** (DC.) Hilliard et B. L. Burtt
分布：安徽、福建、广东、湖南、江西、四川、台湾、云南、浙江；不丹、印度、印度尼西亚、日本、韩国、缅甸、尼泊尔、巴基斯坦、菲律宾、泰国、越南；亚洲(西南部)

丝棉草 **Pseudognaphalium luteoalbum** (L.) Hilliard et B. L. Burtt
分布：甘肃、海南、河南、湖北、江苏、陕西、山东、四川、台湾；阿富汗、印度、老挝、巴基斯坦、泰国(北部)、越南、澳大利亚；亚洲(西南部)、欧洲、非洲、北美洲

拟天山蓍属 **Pseudohandelia** Tzvelev

拟天山蓍 **Pseudohandelia umbellifera** (Boiss.) Tzvelev
分布：新疆；阿富汗、哈萨克斯坦、塔吉克斯坦、土库曼斯坦；亚洲(西南部)

寒蓬属 **Psychrogeton** Boiss.

黑山寒蓬 **Psychrogeton nigromontanus** (Boiss. et Buhse) Griers
分布：新疆；阿富汗、哈萨克斯坦、吉尔吉斯斯坦；亚洲(西南部)

藏寒蓬 **Psychrogeton poncinsii** (Franch.) Ling et Y. L. Chen
分布：新疆、西藏；阿富汗、印度、巴基斯坦、俄罗斯、塔吉克斯坦；亚洲(西南部)

翼茎草属 **Pterocaulon** Elliott

翼茎草 **Pterocaulon redolens** (Willd.) Fern.-Vill.
分布：海南；印度、老挝、越南、菲律宾、印度尼西亚、澳大利亚

蚤草属 **Pulicaria** Gaertn.

金仙草 **Pulicaria chrysantha** (Diels) Y. Ling
分布：四川

止痢蚤草 **Pulicaria dysenterica** (L.) Bernh.
分布：北京；欧洲

鼠麴蚤草 **Pulicaria gnaphalodes** (Vent.) Boiss.
分布：西藏；阿富汗、吉尔吉斯斯坦、巴基斯坦、塔吉克斯坦、土库曼斯坦；亚洲(西南部)

臭蚤草 **Pulicaria insignis** Drumm. ex Dunn
分布：西藏

蚤草 **Pulicaria prostrata** (Gilib.) Asch.
分布：黑龙江、新疆；蒙古国、俄罗斯、伊朗；欧洲

鼠尾蚤草 **Pulicaria salviifolia** Bunge
分布：新疆、西藏；亚洲(中部)

欧亚矢车菊属 **Rhaponticoides** Vail

准噶尔矢车菊 **Rhaponticoides dschungarica** (C. Shih) L. Martins
分布：新疆；吉尔吉斯斯坦

天山矢车菊 **Rhaponticoides kasakorum** (Iljin) M. V. Agababjan et Greuter
分布：新疆；哈萨克斯坦、俄罗斯

欧亚矢车菊 **Rhaponticoides ruthenica** (Lam.) M. V. Agababjan et Greuter
分布：新疆；阿富汗、哈萨克斯坦、吉尔吉斯斯坦、巴基斯坦、俄罗斯、塔吉克斯坦、乌兹别克斯坦；亚洲(西南部)、欧洲

漏芦属 **Rhaponticum** Vail

漏草 **Rhaponticum carthamoides** (Willd.) Iljin
分布：新疆；哈萨克斯坦、蒙古国、俄罗斯

华漏芦 **Rhaponticum chinense** (S. Moore) L. Martins et Hidalgo
分布：河南、陕西、甘肃、安徽、江苏、浙江、江西、湖南、湖北、四川、贵州、云南、福建、广东

华漏芦(原变种) **Rhaponticum chinense** var. **chinense**
分布：河南、陕西、甘肃、安徽、江苏、浙江、江西、湖南、湖北、四川、福建、广东

滇黔漏芦 **Rhaponticum chinense** var. **missionis** (H. Lév.) L. Martins
分布：贵州、云南

顶羽菊 **Rhaponticum repens** (L.) Hidalgo
分布：内蒙古、河北、山西、陕西、宁夏、甘肃、青海、新疆；阿富汗、克什米尔地区、哈萨克斯坦、吉尔吉斯斯坦、蒙古国、巴基斯坦、俄罗斯、塔吉克斯坦、土库曼斯坦、乌兹别克斯坦；欧洲

漏芦 **Rhaponticum uniflorum** (L.) DC.

分布：黑龙江、吉林、辽宁、内蒙古、河北、山西、山东、河南、陕西、宁夏、甘肃、青海、湖北、四川；韩国、蒙古国、俄罗斯

岩菀属 **Rhinactinidia** Novopokr.

沙生岩菀 **Rhinactinidia eremophila** (Bunge) Novopokr. ex Botsch.

分布：新疆；哈萨克斯坦、蒙古国、俄罗斯

岩菀 **Rhinactinidia limoniifolia** (Less.) Novopokr. ex Botsch.

分布：西藏；哈萨克斯坦、蒙古国、俄罗斯、乌兹别克斯坦

灰叶匹菊属 **Richteria** Kar. et Kir.

灰叶匹菊 **Richteria pyrethroides** Kar. et Kir.

分布：新疆；印度、哈萨克斯坦、俄罗斯、乌兹别克斯坦

金光菊属 **Rudbeckia** L.

黑心金光菊 **Rudbeckia hirta** L.

分布：中国广泛栽培；北美洲

金光菊 **Rudbeckia laciniata** L.

分布：中国各省（自治区、直辖市）广布；北美洲

纹苞菊属 **Russowia** C. Winkl.

纹苞菊 **Russowia sogdiana** (Bunge) B. Fedtsch.

分布：新疆；阿富汗、哈萨克斯坦、塔吉克斯坦、土库曼斯坦、乌兹别克斯坦

蛇目菊属 **Sanvitalia** Lam.

蛇目菊 **Sanvitalia procumbens** Lam.

分布：香港；墨西哥

风毛菊属 **Saussurea** DC.

肾叶风毛菊 **Saussurea acromelaena** Hand.-Mazz.

分布：河北、河南、陕西、湖北

破血丹 **Saussurea acrophilla** Diels

分布：陕西

川甘风毛菊 **Saussurea acroura** Cummins

分布：甘肃、四川

渐尖风毛菊 **Saussurea acuminata** Turcz. ex Fisch. et C. A. Mey.

分布：黑龙江、内蒙古；蒙古国、俄罗斯

尖苞风毛菊 **Saussurea acutisquama** Raab-Straube

分布：甘肃、青海、四川、云南、西藏

阿尔金风毛菊 **Saussurea aerjingensis** K. M. Shen

分布：新疆

阿拉善风毛菊 **Saussurea alaschanica** Maxim.

分布：内蒙古、宁夏；蒙古国

具翅风毛菊 **Saussurea alata** DC.

分布：新疆；俄罗斯、蒙古国

翼柄风毛菊 **Saussurea alatipes** Hemsl.

分布：湖北

新疆风毛菊 **Saussurea alberti** Regel et C. Winkler

分布：新疆；吉尔吉斯斯坦

高山风毛菊 **Saussurea alpina** (L.) DC.

分布：新疆；哈萨克斯坦、吉尔吉斯斯坦、蒙古国、俄罗斯、塔吉克斯坦；欧洲

草地风毛菊 **Saussurea amara** (L.) DC.

分布：黑龙江、吉林、辽宁、内蒙古、河北、北京、山西、陕西、甘肃、青海、新疆；俄罗斯、蒙古国、塔吉克斯坦、乌兹别克斯坦、哈萨克斯坦；欧洲

草地风毛菊(原变种) **Saussurea amara** var. **amara**

分布：黑龙江、吉林、辽宁、内蒙古、河北、山西、河南、陕西、宁夏、甘肃、青海、新疆；哈萨克斯坦、吉尔吉斯斯坦、蒙古国、俄罗斯、塔吉克斯坦、乌兹别克斯坦

尖苞草地风毛菊 **Saussurea amara** var. **exappendiculata** H. C. Fu

分布：内蒙古

龙江风毛菊 **Saussurea amurensis** Turcz. ex DC.

分布：黑龙江、吉林、辽宁、内蒙古；朝鲜、俄罗斯

卵苞风毛菊 **Saussurea andersonii** C. B. Clarke

分布：云南、西藏；印度

吉隆风毛菊 **Saussurea andryaloides** (DC.) Sch.-Bip.

分布：青海、新疆、西藏；印度、克什米尔地区

无梗风毛菊 **Saussurea apus** Maxim.

分布：甘肃、青海、西藏

沙生风毛菊 **Saussurea arenaria** Maxim.

分布：甘肃、青海、四川

云状雪兔子 **Saussurea aster** Hemsl.

分布：青海、四川、西藏

大头风毛菊 **Saussurea baicalensis** (Adams) Robins.

分布：河北；蒙古国、俄罗斯

宝兴雪莲 **Saussurea baoxingensis** Y. S. Chen

分布：四川

棕脉风毛菊 **Saussurea baroniana** Diels
分布：陕西

玉树风毛菊 **Saussurea bartholomewii** S. W. Liu et T. N. Ho
分布：青海

漂亮风毛菊 **Saussurea bella** Y. Ling
分布：青海、西藏

定日雪兔子 **Saussurea bhutkesh** Fujikawa et H. Ohba
分布：西藏；尼泊尔

碧江风毛菊(新拟) **Saussurea bijiangensis** Y. L. Chen ex B. Q. Xu, N. H. Xia et G. Hao
分布：云南

绿风毛菊 **Saussurea blanda** Schrenk
分布：新疆；哈萨克斯坦

短苞风毛菊 **Saussurea brachylepis** Hand.-Mazz.
分布：四川

膜苞雪莲 **Saussurea bracteata** Decne.
分布：青海、新疆、西藏；印度、克什米尔地区

异色风毛菊 **Saussurea brunneopilosa** Hand.-Mazz.
分布：甘肃、青海

泡叶风毛菊 **Saussurea bullata** W. W. Sm.
分布：云南

卢山风毛菊 **Saussurea bullockii** Dunn
分布：陕西、安徽、浙江、江西、湖南、湖北、福建、广东

灰白风毛菊 **Saussurea cana** Ledeb.
分布：内蒙古、山西、甘肃、青海、新疆；俄罗斯；中亚

宽翅风毛菊 **Saussurea candolleana** (DC.) Wallich ex Schultz Bipontinus
分布：西藏；不丹、印度、克什米尔地区、尼泊尔

伊宁风毛菊 **Saussurea canescens** C. Winkl.
分布：新疆；哈萨克斯坦

蓟状风毛菊 **Saussurea carduiformis** Franch.
分布：四川

尾叶风毛菊 **Saussurea caudata** Franch.
分布：四川、云南

翅茎风毛菊 **Saussurea cauloptera** Hand.-Mazz.
分布：陕西

百裂缝毛菊 **Saussurea centiloba** Hand.-Mazz.
分布：四川、云南

康定风毛菊 **Saussurea ceterach** Hand.-Mazz.
分布：四川、西藏

大坪风毛菊 **Saussurea chetchozensis** Franch.
分布：四川、贵州、云南

大坪风毛菊(原变种) **Saussurea chetchozensis** var. **chetchozensis**
分布：四川、贵州、云南

光叶风毛菊 **Saussurea chetchozensis** var. **glabrescens** (Hand.-Mazz.) Lipsch.
分布：四川、云南

中华风毛菊 **Saussurea chinensis** (Maxim.) Lipsch.
分布：河北

抱茎风毛菊 **Saussurea chingiana** Hand.-Mazz.
分布：甘肃

京风毛菊 **Saussurea chinnampoensis** H. Lév. et Vaniot
分布：辽宁、内蒙古、河北、北京、陕西；朝鲜

木质风毛菊 **Saussurea chondrilloides** C. Winkl.
分布：新疆；阿富汗、巴基斯坦、塔吉克斯坦、乌兹别克斯坦

菊状风毛菊 **Saussurea chrysanthemoides** F. H. Chen
分布：云南

硬尖风毛菊 **Saussurea ciliaris** Franch.
分布：四川、云南

昆仑风毛菊 **Saussurea cinerea** Franch.
分布：新疆

匙叶风毛菊 **Saussurea cochleariifolia** Y. L. Chen et S. Yun Liang
分布：西藏；?印度

鞘基风毛菊 **Saussurea colpodes** Y. L. Chen et S. Yun Liang
分布：西藏

柱茎风毛菊 **Saussurea columnaris** Hand.-Mazz.
分布：四川、云南、西藏

华美风毛菊 **Saussurea compta** Franch.
分布：四川

错那雪兔子 **Saussurea conaensis** (S. W. Liu) Fujikawa et H. Ohba
分布：西藏；不丹

假蓬风毛菊 **Saussurea conyzoides** Hemsl.
分布：河南、陕西、湖北、四川、贵州

心叶风毛菊 **Saussurea cordifolia** Hemsl.
分布：河南、陕西、安徽、浙江、湖南、湖北、四川、贵州

革苞风毛菊 **Saussurea coriacea** Y. L. Chen et S. Yun Liang
分布：西藏

硬苞风毛菊 **Saussurea coriolepis** Hand.-Mazz.
分布：四川

副冠风毛菊 **Saussurea coronata** Schrenk
分布：新疆；哈萨克斯坦、蒙古国

云木香 **Saussurea costus** (Falc.) Lipsch.
分布：四川、贵州、云南、广东；克什米尔地区

达乌里风毛菊 **Saussurea daurica** Adams
分布：黑龙江、内蒙古、宁夏、青海、新疆、甘肃(西部)；蒙古国、俄罗斯

大理雪兔子 **Saussurea delavayi** Franch.
分布：云南

大理雪兔子(原变种) **Saussurea delavayi** var. **delavayi**
分布：云南

硬毛大理雪兔子 **Saussurea delavayi** var. **hirsuta** (J. Anthony) Raab-Straube
分布：云南

昆仑雪兔子 **Saussurea depsangensis** Pamp.
分布：青海、新疆、西藏；克什米尔地区

荒漠风毛菊 **Saussurea deserticola** H. C. Fu
分布：内蒙古

狭头风毛菊 **Saussurea dielsiana** Koidz.
分布：内蒙古、山西、陕西、四川

东川风毛菊 **Saussurea dimorphaea** Franch.
分布：重庆

长梗风毛菊 **Saussurea dolichopoda** Diels
分布：河南、陕西、甘肃、湖北、四川、贵州、云南

亚东风毛菊 **Saussurea donkiah** C. B. Clarke ex Springate
分布：西藏；?不丹、印度、尼泊尔

中甸风毛菊 **Saussurea dschungdienensis** Hand.-Mazz.
分布：四川、云南

川西风毛菊 **Saussurea dzeurensis** Franch.
分布：甘肃、青海、四川

高风毛菊 **Saussurea elata** Ledeb.
分布：新疆；哈萨克斯坦

优雅风毛菊 **Saussurea elegans** Ledeb.
分布：新疆；哈萨克斯坦、俄罗斯、乌兹别克斯坦、吉尔吉斯斯坦

藏新风毛菊 **Saussurea elliptica** C. B. Clarke ex Hook. f.
分布：新疆；克什米尔地区、哈萨克斯坦、吉尔吉斯斯坦、巴基斯坦、塔吉克斯坦

柳叶菜风毛菊 **Saussurea epilobioides** Maxim.
分布：宁夏、甘肃、青海、四川

棉头风毛菊 **Saussurea eriocephala** Franch.
分布：云南

尼泊尔风毛菊 **Saussurea eriostemon** Wall. ex C. B. Clarke
分布：西藏；不丹、印度、尼泊尔

红柄雪莲 **Saussurea erubescens** Lipsch.
分布：甘肃、青海、四川、西藏

锐齿风毛菊 **Saussurea euodonta** Diels
分布：四川、云南

中新风毛菊 **Saussurea famintziniana** Krassn.
分布：新疆；哈萨克斯坦、吉尔吉斯斯坦、塔吉克斯坦

川东风毛菊 **Saussurea fargesii** Franch.
分布：重庆

奇形风毛菊 **Saussurea fastuosa** (Decne.) Sch.-Bip.
分布：四川、云南、西藏；不丹、印度、缅甸、尼泊尔

硬叶风毛菊 **Saussurea firma** (Kitag.) Kitam.
分布：黑龙江、吉林、辽宁、内蒙古、河北；俄罗斯

管茎雪兔子 **Saussurea fistulosa** J. Anthony
分布：云南

萎软风毛菊 **Saussurea flaccida** Y. Ling
分布：陕西

城口风毛菊 **Saussurea flexuosa** Franch.
分布：河南、陕西、甘肃、湖北、四川、重庆

狭翼风毛菊 **Saussurea frondosa** Hand.-Mazz.
分布：福建、河南、?陕西、山西、?四川、云南

川滇雪兔子 **Saussurea georgei** J. Anthony
分布：云南

冰川雪兔子 **Saussurea glacialis** Herder

分布：青海、新疆、西藏；阿富汗、印度、克什米尔地区、哈萨克斯坦、吉尔吉斯斯坦、蒙古国、巴基斯坦、俄罗斯、塔吉克斯坦

腺点风毛菊 **Saussurea glandulosa** Kitam.

分布：台湾

球花雪莲 **Saussurea globosa** F. H. Chen

分布：四川、云南

鼠麴雪兔子 **Saussurea gnaphalodes** (Royle) Sch.-Bip.

分布：甘肃、青海、新疆、四川、西藏；阿富汗、印度、克什米尔地区、哈萨克斯坦、吉尔吉斯斯坦、尼泊尔、巴基斯坦、塔吉克斯坦

雪兔子 **Saussurea gossipiphora** D. Don

分布：云南、西藏；尼泊尔、印度

纤细风毛菊 **Saussurea graciliformis** Lipsch.

分布：甘肃

禾叶风毛菊 **Saussurea graminea** Dunn

分布：内蒙古、宁夏、甘肃、青海、四川、云南、西藏

禾叶风毛菊(原变种) **Saussurea graminea** var. **graminea**

分布：内蒙古、宁夏、甘肃、四川、云南

直鳞禾叶风毛菊 **Saussurea graminea** var. **ortholepis** Hand.-Mazz.

分布：内蒙古、甘肃、青海、四川、西藏

密毛风毛菊 **Saussurea graminifolia** Wall. ex DC.

分布：西藏；不丹、印度、克什米尔地区、尼泊尔

硕首雪兔子 **Saussurea grandiceps** S. W. Liu

分布：西藏

大叶风毛菊 **Saussurea grandifolia** Maxim.

分布：黑龙江、吉林、辽宁；韩国、俄罗斯

粗裂风毛菊 **Saussurea grosseserrata** Franch.

分布：云南

蒙新风毛菊 **Saussurea grubovii** Lipsch.

分布：新疆；哈萨克斯坦、蒙古国

加查雪兔子 **Saussurea gyacaensis** S. W. Liu

分布：西藏

裸头雪莲 **Saussurea gymnocephala** (Y. Ling) Raab-Straube

分布：青海、四川、西藏

湖北风毛菊 **Saussurea hemsleyi** Lipsch.

分布：湖北、四川、贵州、云南

巴东风毛菊 **Saussurea henryi** Hemsl.

分布：陕西、湖北、四川、重庆

长毛风毛菊 **Saussurea hieracioides** Hook. f.

分布：四川、云南、西藏；不丹、印度、尼泊尔

椭圆风毛菊 **Saussurea hookeri** C. B. Clarke

分布：青海、四川、西藏；不丹、印度、克什米尔地区、尼泊尔

华山风毛菊 **Saussurea huashanensis** (Y. Ling) X. Y. Wu

分布：陕西

雅龙江风毛菊 **Saussurea hultenii** Lipsch.

分布：云南

黄山风毛菊 **Saussurea hwangshanensis** Y. Ling

分布：安徽、浙江

林地风毛菊 **Saussurea hylophila** Hand.-Mazz.

分布：云南、西藏

锐裂风毛菊 **Saussurea incisa** F. H. Chen

分布：河北

全缘叶风毛菊 **Saussurea integrifolia** Hand.-Mazz.

分布：四川、云南

黑毛雪兔子 **Saussurea inversa** Raab-Straube

分布：青海、新疆、西藏；克什米尔地区

雪莲花 **Saussurea involucrata** (Kar. et Kir.) Sch.-Bip.

分布：新疆；哈萨克斯坦、吉尔吉斯斯坦、蒙古国

浅堇色风毛菊 **Saussurea iodoleuca** Hand.-Mazz.

分布：四川、云南

紫苞雪莲 **Saussurea iodostegia** Hance

分布：黑龙江、吉林、辽宁、内蒙古、河北、北京、山西、陕西、宁夏、甘肃

风毛菊 **Saussurea japonica** (Thunb.) DC.

分布：黑龙江、吉林、辽宁、内蒙古、河北、山西、山东、河南、陕西、宁夏、甘肃、青海、安徽、江苏、浙江、江西、湖南、湖北、四川、贵州、云南、福建、台湾、广东、广西；日本、韩国、蒙古国

风毛菊(原变种) **Saussurea japonica** var. **japonica**

分布：黑龙江、吉林、辽宁、内蒙古、河北、山西、山东、河南、陕西、宁夏、甘肃、青海、安徽、江苏、浙江、江西、湖南、湖北、四川、贵州、云南、福建、台湾、广东、广西；日本、韩国、蒙古国

翼茎风毛菊 **Saussurea japonica** var. **pteroclada** (Nakai et Kitag.) Raab-Straube

分布：黑龙江、内蒙古、河北、山东、宁夏、甘肃、青海、

四川

阿右风毛菊 **Saussurea jurineoides** H. C. Fu

分布：内蒙古

甘肃风毛菊 **Saussurea kansuensis** Hand.-Mazz.

分布：甘肃

台湾风毛菊 **Saussurea kanzanensis** Kitam.

分布：台湾

喀什风毛菊 **Saussurea kaschgarica** Rupr.

分布：新疆；哈萨克斯坦

重齿风毛菊 **Saussurea katochaete** Maxim.

分布：甘肃、青海、四川、云南、西藏；不丹、印度

拉萨雪兔子 **Saussurea kingii** Fisch.

分布：西藏

台岛风毛菊 **Saussurea kiraisiensis** Masamune

分布：台湾

腋头风毛菊 **Saussurea komarnitzkii** Lipsch.

分布：贵州

阿尔泰风毛菊 **Saussurea krylovii** Schischk. et Serg.

分布：新疆；哈萨克斯坦、蒙古国、俄罗斯

洋县风毛菊 **Saussurea kungii** Y. Ling

分布：陕西

裂叶风毛菊 **Saussurea laciniata** Ledeb.

分布：内蒙古、陕西、宁夏、甘肃、新疆；俄罗斯、哈萨克斯坦、蒙古国

高盐地风毛菊 **Saussurea lacostei** Danguy

分布：新疆

拉氏风毛菊 **Saussurea ladyginii** Lipsch.

分布：青海

鹤庆风毛菊 **Saussurea lampsanifolia** Franch.

分布：云南

绵头雪兔子 **Saussurea laniceps** Hand.-Mazz.

分布：四川、云南、西藏

天山风毛菊 **Saussurea larionowii** C. Winkl.

分布：新疆；哈萨克斯坦、吉尔吉斯斯坦

宽叶风毛菊 **Saussurea latifolia** Ledeb.

分布：新疆；哈萨克斯坦、蒙古国、俄罗斯

双齿风毛菊 **Saussurea lavrenkoana** Lipsch.

分布：四川

利马川风毛菊 **Saussurea leclerei** H. Lév.

分布：湖北、重庆、云南

光果风毛菊 **Saussurea leiocarpa** Hand.-Mazz.

分布：四川、云南、西藏

狮牙草状风毛菊 **Saussurea leontodontoides** (DC.) Sch. Bip.

分布：青海、四川、云南、西藏；印度、克什米尔地区、尼泊尔

薄苞风毛菊 **Saussurea leptolepis** Hand.-Mazz.

分布：四川

羽裂雪兔子 **Saussurea leucoma** Diels

分布：四川、云南、西藏

白叶风毛菊 **Saussurea leucophylla** Schrenk

分布：新疆；哈萨克斯坦、吉尔吉斯斯坦、蒙古国、俄罗斯、塔吉克斯坦

林周风毛菊 **Saussurea lhunzhubensis** Y. L. Chen et S. Yun Liang

分布：西藏

川陕风毛菊 **Saussurea licentiana** Hand.-Mazz.

分布：陕西、甘肃、湖北、四川

巴塘风毛菊 **Saussurea limprichtii** Diels

分布：四川

小舌风毛菊 **Saussurea lingulata** Franch.

分布：四川、云南

纹苞风毛菊 **Saussurea lomatolepis** Lipsch.

分布：新疆

长叶雪莲 **Saussurea longifolia** Franch.

分布：青海、四川、云南、西藏

带叶风毛菊 **Saussurea loriformis** W. W. Sm.

分布：四川、云南、西藏

宝璐雪莲 **Saussurea luae** Raab-Straube

分布：四川、西藏

大头羽裂风毛菊 **Saussurea lyratifolia** Y. L. Chen et S. Yun Liang

分布：西藏

大耳叶风毛菊 **Saussurea macrota** Franch.

分布：陕西、宁夏、甘肃、湖北、四川、重庆

毓泉风毛菊 **Saussurea mae** H. C. Fu

分布：内蒙古

尖头风毛菊 Saussurea malitiosa Maxim.
分布：甘肃、青海

东北风毛菊 Saussurea manshurica Kom.
分布：黑龙江、吉林、辽宁；朝鲜、俄罗斯

羽叶风毛菊 Saussurea maximowiczii Herder
分布：黑龙江、吉林、辽宁、内蒙古；日本、韩国、俄罗斯

水母雪兔子 Saussurea medusa Maxim.
分布：甘肃、青海、四川、云南、西藏；克什米尔地区

察隅风毛菊 Saussurea megacephala C. C. Chang ex Y. S. Chen
分布：西藏

秦岭风毛菊 Saussurea megaphylla (X. Y. Wu) Y. S. Chen
分布：陕西

黑苞风毛菊 Saussurea melanotricha Hand.-Mazz.
分布：四川、云南

截叶风毛菊 Saussurea merinoi H. Lév.
分布：云南

滇风毛菊 Saussurea micradenia Hand.-Mazz.
分布：云南

小风毛菊 Saussurea minuta C. Winkler
分布：甘肃、青海、四川

蒙古风毛菊 Saussurea mongolica (Franch.) Franch.
分布：黑龙江、吉林、辽宁、内蒙古、河北、山西、山东、陕西、宁夏、甘肃、青海；韩国、蒙古国

山地风毛菊 Saussurea montana J. Anthony
分布：四川、云南

桑叶风毛菊 Saussurea morifolia F. H. Chen
分布：陕西、甘肃

小尖风毛菊 Saussurea mucronulata Lipsch.
分布：新疆

木里雪莲 Saussurea muliensis Hand.-Mazz.
分布：四川

变叶风毛菊 Saussurea mutabilis Diels
分布：陕西、甘肃

尼泊尔雪兔子 Saussurea namikawae Kitam.
分布：西藏；尼泊尔

钻状风毛菊 Saussurea nematolepis Y. Ling
分布：四川

耳叶风毛菊 Saussurea neofranchetii Lipsch.
分布：四川、云南

齿叶风毛菊 Saussurea neoserrata Nakai
分布：黑龙江、吉林、内蒙古；韩国、蒙古国、俄罗斯

钝苞雪莲 Saussurea nigrescens Maxim.
分布：河南、陕西、甘肃、青海

倒披针叶风毛菊 Saussurea nimborum W. W. Sm.
分布：西藏；不丹、印度

须弥雪兔子 Saussurea nishiokae Kitam.
分布：西藏；?不丹、印度、尼泊尔

银背风毛菊 Saussurea nivea Turcz.
分布：辽宁、内蒙古、河北、山西、陕西、宁夏、甘肃；韩国

聂拉木风毛菊 Saussurea nyalamensis Y. L. Chen et S. Yun Liang
分布：西藏

长圆叶风毛菊 Saussurea oblongifolia F. H. Chen
分布：云南

苞叶雪莲 Saussurea obvallata (DC.) Sch.-Bip.
分布：青海、四川、云南、西藏；不丹、印度、克什米尔地区、缅甸、尼泊尔

齿苞风毛菊 Saussurea odontolepis Sch. Bip. ex Herder
分布：黑龙江、吉林、辽宁、内蒙古、山西；韩国、蒙古国、俄罗斯

少花风毛菊 Saussurea oligantha Franch.
分布：河南、陕西、甘肃、湖北、四川、重庆、云南、西藏

少头风毛菊 Saussurea oligocephala (Y. Ling) Y. Ling
分布：陕西

阿尔泰雪莲 Saussurea orgaadayi Khanm. et Krasnob.
分布：新疆；蒙古国、俄罗斯

卵叶风毛菊 Saussurea ovata Benth.
分布：新疆；塔吉克斯坦

青藏风毛菊 Saussurea ovatifolia Y. L. Chen et S. Yun Liang
分布：青海、西藏

东俄洛风毛菊 Saussurea pachyneura Franch.
分布：四川、贵州、云南、西藏；不丹、印度、缅甸、尼泊尔

糠秕毛风毛菊 Saussurea paleacea Y. L. Chen et S. Yun Liang
分布：西藏

膜片风毛菊 **Saussurea paleata** Maxim.
分布：辽宁、河北

小花风毛菊 **Saussurea parviflora** (Poir.) DC.
分布：甘肃、河北、?内蒙古、宁夏、青海、?山西、四川、新疆、?云南；哈萨克斯坦、蒙古国、俄罗斯

深裂风毛菊 **Saussurea paucijuga** Y. Ling
分布：陕西

红叶雪兔子 **Saussurea paxiana** Diels
分布：甘肃、青海、四川、云南、西藏

篦苞风毛菊 **Saussurea pectinata** Bunge ex DC.
分布：吉林、辽宁、内蒙古、河北、北京、山西、山东、河南、陕西、甘肃

显梗风毛菊 **Saussurea peduncularis** Franch.
分布：云南

西北风毛菊 **Saussurea petrovii** Lipsch.
分布：内蒙古、宁夏、甘肃

褐花雪莲 **Saussurea phaeantha** Maxim.
分布：甘肃、青海、四川、西藏

膜鞘风毛菊 **Saussurea pilinophylla** Diels
分布：青海、四川、西藏

松林风毛菊 **Saussurea pinetorum** Hand.-Mazz.
分布：四川、重庆、云南

羽裂风毛菊 **Saussurea pinnatidentata** Lipsch.
分布：内蒙古、甘肃、青海

川南风毛菊 **Saussurea platypoda** Hand.-Mazz.
分布：四川

多头风毛菊 **Saussurea polycephala** Hand.-Mazz.
分布：湖北、四川

多鞘雪莲 **Saussurea polycolea** Hand.-Mazz.
分布：四川、云南、西藏

蓼叶风毛菊 **Saussurea polygonifolia** F. H. Chen
分布：云南

水龙骨风毛菊 **Saussurea polypodioides** J. Anthony
分布：云南、西藏

革叶风毛菊 **Saussurea poochlamys** Hand.-Mazz.
分布：四川、云南

寡头风毛菊 **Saussurea popovii** Lipsch.
分布：新疆

杨叶风毛菊 **Saussurea populifolia** Hemsl.
分布：河南、陕西、甘肃、湖北、四川、重庆、云南、西藏

紫白风毛菊 **Saussurea porphyroleuca** Hand.-Mazz.
分布：云南

草原雪莲 **Saussurea pratensis** J. Anthony
分布：云南

展序风毛菊 **Saussurea prostrata** C. Winkler
分布：新疆；哈萨克斯坦、吉尔吉斯斯坦

弯齿风毛菊 **Saussurea przewalskii** Maxim.
分布：陕西、甘肃、青海、四川、云南、西藏；不丹

假高山风毛菊 **Saussurea pseudoalpina** N. D. Simpson
分布：新疆；哈萨克斯坦、蒙古国、俄罗斯

洮河风毛菊 **Saussurea pseudobullockii** Lipsch.
分布：甘肃

类尖头风毛菊 **Saussurea pseudomalitiosa** Lipsch.
分布：青海

假盐地风毛菊 **Saussurea pseudosalsa** Lipschitz
分布：内蒙古、甘肃、青海、新疆；蒙古国

延翅风毛菊 **Saussurea pteridophylla** Hand.-Mazz.
分布：四川

毛果风毛菊 **Saussurea pubescens** Y. L. Chen et S. Yun Liang
分布：西藏

毛背雪莲 **Saussurea pubifolia** S. W. Liu
分布：西藏

毛背雪莲(原变种) **Saussurea pubifolia** var. **pubifolia**
分布：西藏

小苞雪莲 **Saussurea pubifolia** var. **lhasaensis** S. W. Liu
分布：西藏

美花风毛菊 **Saussurea pulchella** (Fisch.) Fisch.
分布：黑龙江、吉林、辽宁、内蒙古、河北、山西；日本、韩国、蒙古国、俄罗斯

美丽风毛菊 **Saussurea pulchra** Lipsch.
分布：甘肃、青海

甘青风毛菊 **Saussurea pulvinata** Maxim.
分布：甘肃、青海、西藏

垫状风毛菊 **Saussurea pulviniformis** C. Winkl.
分布：新疆

矮小风毛菊 **Saussurea pumila** C. Winkler
分布：四川、西藏

紫苞风毛菊 **Saussurea purpurascens** Y. L. Chen et S. Yun Liang
分布：西藏

槲叶雪兔子 **Saussurea quercifolia** W. W. Sm.
分布：青海、四川、云南、西藏

折苞风毛菊 **Saussurea recurvata** (Maxim.) Lipsch.
分布：甘肃、黑龙江、吉林、?辽宁、内蒙古、宁夏、?青海、陕西；韩国、蒙古国、俄罗斯

倒齿风毛菊 **Saussurea retroserrata** Y. L. Chen et S. Yun Liang
分布：西藏

强壮风毛菊 **Saussurea robusta** Ledeb.
分布：新疆；哈萨克斯坦、俄罗斯、蒙古国

显鞘风毛菊 **Saussurea rockii** J. Anthony
分布：云南

鸢尾叶风毛菊 **Saussurea romuleifolia** Franch.
分布：四川、云南、西藏

圆叶风毛菊 **Saussurea rotundifolia** F. H. Chen
分布：陕西、四川

倒羽叶风毛菊 **Saussurea runcinata** DC.
分布：黑龙江、吉林、辽宁、内蒙古、山西、陕西、宁夏；俄罗斯、蒙古国

全叶碱地风毛菊 **Saussurea runcinata** var. **integrifolia** H. C. Fu et D. C. Wen
分布：内蒙古

倒卵叶风毛菊 **Saussurea salemannii** C. Winkl.
分布：新疆；哈萨克斯坦

柳叶风毛菊 **Saussurea salicifolia** (L.) DC.
分布：黑龙江、内蒙古、甘肃；蒙古国、俄罗斯

尾尖风毛菊 **Saussurea saligna** Franch.
分布：陕西、重庆

盐地风毛菊 **Saussurea salsa** (Pall.) Spreng.
分布：甘肃、内蒙古、宁夏、青海、新疆；阿富汗、哈萨克斯坦、吉尔吉斯斯坦、蒙古国、俄罗斯、塔吉克斯坦、乌兹别克斯坦；亚洲(西南部)、欧洲(东部)

怒江风毛菊 **Saussurea salwinensis** J. Anthony
分布：云南、西藏

糙毛风毛菊 **Saussurea scabrida** Franch.
分布：四川、云南、西藏

暗苞风毛菊 **Saussurea schanginiana** (Wydler) Fisch. ex Herder
分布：新疆；哈萨克斯坦、吉尔吉斯斯坦、蒙古国、俄罗斯

腺毛风毛菊 **Saussurea schlagintweitii** Klatt
分布：新疆、西藏；印度、克什米尔地区

克什米尔雪莲 **Saussurea schultzii** Hook. f.
分布：新疆；印度、克什米尔地区、巴基斯坦

半抱茎风毛菊 **Saussurea semiamplexicaulis** Lipsch.
分布：云南

锯叶风毛菊 **Saussurea semifasciata** Hand.-Mazz.
分布：甘肃、青海、四川、云南

半琴叶风毛菊 **Saussurea semilyrata** Bureau et Franch.
分布：四川、云南、西藏

绢毛风毛菊 **Saussurea sericea** Y. L. Chen et S. Yun Liang
分布：西藏

小果雪兔子 **Saussurea simpsoniana** (Field et Gardner) Lipsch.
分布：青海、新疆、西藏；不丹、印度、克什米尔地区、尼泊尔

林风毛菊 **Saussurea sinuata** Kom.
分布：黑龙江、吉林、内蒙古；韩国、俄罗斯

西康风毛菊 **Saussurea smithiana** Hand.-Mazz.
分布：四川

昂头风毛菊 **Saussurea sobarocephala** Diels
分布：河北、山西、河南、陕西、四川

污花风毛菊 **Saussurea sordida** Kar. et Kir.
分布：新疆；哈萨克斯坦、吉尔吉斯斯坦、塔吉克斯坦、乌兹别克斯坦

披针叶风毛菊 **Saussurea souliei** Franch.
分布：四川

维西风毛菊 **Saussurea spatulifolia** Franch.
分布：四川、云南

星状雪兔子 **Saussurea stella** Maxim.
分布：甘肃、青海、四川、云南、西藏；不丹、印度

窄苞风毛菊 **Saussurea stenolepis** Nakai
分布：吉林；朝鲜

喜林风毛菊 Saussurea stricta S. Y. Hu
分布：甘肃、四川、重庆

吉林风毛菊 Saussurea subtriangulata Kom.
分布：黑龙江、吉林；俄罗斯、韩国

钻叶风毛菊 Saussurea subulata C. B. Clarke
分布：甘肃、青海、新疆、西藏；印度、克什米尔地区

钻苞风毛菊 Saussurea subulisquama Hand.-Mazz.
分布：甘肃、青海、四川、云南

武素功雪兔子 Saussurea sugongii S. W. Liu et T. N. Ho
分布：新疆

横断山风毛菊 Saussurea superba J. Anthony
分布：甘肃、青海、四川、云南、西藏

四川风毛菊 Saussurea sutchuenensis Franch.
分布：河南、陕西、湖北、重庆

林生风毛菊 Saussurea sylvatica Maxim.
分布：河北、山西、陕西、甘肃、青海、四川

太白山雪莲 Saussurea taipaiensis Y. Ling
分布：陕西

唐古特雪莲 Saussurea tangutica Maxim.
分布：甘肃、青海、四川、西藏

蒲公英叶风毛菊 Saussurea taraxacifolia (Lindl. ex Royle) Wall. ex DC.
分布：云南、西藏；不丹、印度、克什米尔地区、尼泊尔

打箭风毛菊 Saussurea tatsienensis Bureau et Franch.
分布：青海、四川、云南

长白山风毛菊 Saussurea tenerifolia Kitag.
分布：吉林

肉叶雪兔子 Saussurea thomsonii C. B. Clarke
分布：青海、新疆、西藏

草甸雪兔子 Saussurea thoroldii Hemsl.
分布：甘肃、青海、新疆、西藏

天水风毛菊 Saussurea tianshuiensis X. Y. Wu
分布：陕西、宁夏、甘肃

天水风毛菊(原变种) Saussurea tianshuiensis var. **tianshuiensis**
分布：陕西、宁夏、甘肃

户县风毛菊 Saussurea tianshuiensis var. **huxianensis** X. Y. Wu
分布：陕西

西藏风毛菊 Saussurea tibetica C. Winkler
分布：青海、西藏

高岭风毛菊 Saussurea tomentosa Kom.
分布：吉林；韩国、俄罗斯

藏南雪兔子 Saussurea topkegolensis H. Ohba et S. Akiyama
分布：西藏；不丹、印度、尼泊尔

毛苞风毛菊 Saussurea triangulata Trautv. et C. A. Mey.
分布：吉林；韩国、俄罗斯

三指雪兔子 Saussurea tridactyla Sch. Bip. ex Hook. f.
分布：西藏；不丹、印度、尼泊尔

三指雪兔子(原变种) Saussurea tridactyla var. **triadctyla**
分布：西藏；不丹、印度、尼泊尔

丛株雪兔子 Saussurea tridactyla var. **maiduoganla** S. W. Liu
分布：西藏

卷苞风毛菊 Saussurea tunglingensis F. H. Chen
分布：辽宁、内蒙古、河北

太加风毛菊 Saussurea turgaiensis B. Fedtsch.
分布：新疆；哈萨克斯坦、吉尔吉斯斯坦、俄罗斯、塔吉克斯坦

湿地雪兔子 Saussurea uliginosa Hand.-Mazz.
分布：四川、云南

湿地雪兔子(原变种) Saussurea uliginosa var. **uliginosa**
分布：四川、云南

线叶湿地雪兔子 Saussurea uliginosa var. **vittifolia** (J. Anthony) Hand.-Mazz.
分布：云南

湿地风毛菊 Saussurea umbrosa Kom.
分布：黑龙江、吉林、内蒙古；韩国、俄罗斯

波缘风毛菊 Saussurea undulata Hand.-Mazz.
分布：四川

单花雪莲 Saussurea uniflora (DC.) Wall. ex Sch.-Bip.
分布：云南、西藏；不丹、印度、尼泊尔

乌苏里风毛菊 Saussurea ussuriensis Maxim.
分布：甘肃、河北、黑龙江、河南、江苏、吉林、辽宁、内蒙古、?宁夏、青海、陕西、山东、山西；日本、韩国、蒙古国、俄罗斯

变裂风毛菊 Saussurea variiloba Y. Ling
分布：甘肃、青海、四川

华中雪莲 **Saussurea veitchiana** J. R. Drumm. et Hutcher
分布：陕西、湖北、重庆

毡毛雪莲 **Saussurea velutina** W. W. Sm.
分布：四川、云南、西藏

绒背风毛菊 **Saussurea vestita** Franch.
分布：云南

河谷风毛菊 **Saussurea vestitiformis** Hand.-Mazz.
分布：云南

帚状风毛菊 **Saussurea virgata** Franch.
分布：云南

川滇风毛菊 **Saussurea wardii** J. Anthony
分布：青海、四川、云南、西藏

羌塘雪兔子 **Saussurea wellbyi** Hemsl.
分布：青海、新疆、四川、西藏

文成风毛菊(新拟) **Saussurea wenchengiae** B. Q. Xu, G. Hao et N. H. Xia
分布：青海

锥叶风毛菊 **Saussurea wernerioides** Sch. Bip. ex Hook. f.
分布：四川、云南、西藏；不丹、印度、尼泊尔

垂头雪莲 **Saussurea wettsteiniana** Hand.-Mazz.
分布：四川、云南

牛耳风毛菊 **Saussurea woodiana** Hemsl.
分布：青海、四川

雅布赖风毛菊 **Saussurea yabulaiensis** Y. Y. Yao
分布：内蒙古

云南风毛菊 **Saussurea yunnanensis** Franch.
分布：四川、云南

竹溪风毛菊 **Saussurea zhuxiensis** Y. S. Chen et Q. L. Gan
分布：湖北

白刺菊属 **Schischkinia** Iljin

白刺菊 **Schischkinia albispina** (Bunge) Iljin
分布：新疆；阿富汗、哈萨克斯坦、巴基斯坦、塔吉克斯坦、乌兹别克斯坦；亚洲(西南部)

虎头蓟属 **Schmalhausenia** C. Winkl.

虎头蓟 **Schmalhausenia nidulans** (Regel) Petr.
分布：新疆；哈萨克斯坦

硬果菊属 **Sclerocarpus** Jacquin

硬果菊 **Sclerocarpus africanus** Jacq.
分布：西藏归化；原产于热带非洲和亚洲

鸦葱属 **Scorzonera** L.

华北鸦葱 **Scorzonera albicaulis** Bunge
分布：黑龙江、内蒙古、河北、山西、山东、河南、陕西、安徽、江苏、湖北、四川、贵州；韩国、蒙古国、俄罗斯

长茎鸦葱 **Scorzonera aniana** N. Kilian
分布：新疆

鸦葱 **Scorzonera austriaca** Willd.
分布：吉林、辽宁、内蒙古、河北、山西、山东、河南、陕西、宁夏、甘肃、新疆；哈萨克斯坦、蒙古国、俄罗斯；欧洲

棉毛鸦葱 **Scorzonera capito** Maxim.
分布：内蒙古、宁夏；蒙古国

皱波球根鸦葱 **Scorzonera circumflexa** Krasch. et Lipsch.
分布：新疆；阿富汗、哈萨克斯坦、吉尔吉斯斯坦、塔吉克斯坦、乌兹别克斯坦

丝叶鸦葱 **Scorzonera curvata** (Popl.) Lipsch.
分布：黑龙江、内蒙古、青海；蒙古国、俄罗斯

拐轴鸦葱 **Scorzonera divaricata** Turcz.
分布：内蒙古、河北、山西、陕西、宁夏、甘肃；蒙古国

拐轴鸦葱(原变种) **Scorzonera divaricata** var. **divaricata**
分布：内蒙古、河北、山西、陕西、宁夏、甘肃

紫花拐轴鸦葱 **Scorzonera divaricata** var. **sublilacina** Maxim.
分布：内蒙古、甘肃

剑叶鸦葱 **Scorzonera ensifolia** Bieb.
分布：新疆；哈萨克斯坦、俄罗斯

毛果鸦葱 **Scorzonera ikonnikovii** Lipsch. et Krasch.
分布：辽宁、内蒙古、新疆；蒙古国

北疆鸦葱 **Scorzonera iliensis** Krasch.
分布：新疆；哈萨克斯坦、吉尔吉斯斯坦、乌兹别克斯坦

皱叶鸦葱 **Scorzonera inconspicua** Lipsch. ex Pavlov
分布：新疆；哈萨克斯坦、吉尔吉斯斯坦、塔吉克斯坦、乌兹别克斯坦

轮台鸦葱 **Scorzonera luntaiensis** C. Shih
分布：新疆

东北鸦葱 Scorzonera manshurica Nakai

分布：黑龙江、吉林、辽宁、内蒙古

蒙古鸦葱 Scorzonera mongolica Maxim.

分布：辽宁、内蒙古、河北、山西、山东、河南、陕西、宁夏、甘肃、青海、新疆；哈萨克斯坦、蒙古国

帕米尔鸦葱 Scorzonera pamirica C. Shih

分布：新疆

光鸦葱 Scorzonera parviflora Jacquem.

分布：新疆；阿富汗、哈萨克斯坦、吉尔吉斯斯坦、蒙古国、俄罗斯、土库曼斯坦、乌兹别克斯坦；亚洲(西南部)、欧洲

帚状鸦葱 Scorzonera pseudodivaricata Lipsch.

分布：甘肃、内蒙古、宁夏、青海、陕西、?四川、新疆；蒙古国

基枝鸦葱 Scorzonera pubescens DC.

分布：新疆；哈萨克斯坦、吉尔吉斯斯坦、俄罗斯、塔吉克斯坦

细叶鸦葱 Scorzonera pusilla Pall.

分布：新疆；阿富汗、哈萨克斯坦、吉尔吉斯斯坦、蒙古国、巴基斯坦、俄罗斯、塔吉克斯坦、土库曼斯坦、乌兹别克斯坦；亚洲(西南部)

毛梗鸦葱 Scorzonera radiata Fisch.

分布：黑龙江、吉林、辽宁、内蒙古、新疆；哈萨克斯坦、俄罗斯、乌兹别克斯坦

灰枝鸦葱 Scorzonera sericeolanata (Bunge) Krasch. et Lipschitz

分布：新疆；哈萨克斯坦、俄罗斯、乌兹别克斯坦

桃叶鸦葱 Scorzonera sinensis (Lipsch. ex Krasch.) Nakai

分布：辽宁、内蒙古、河北、山西、山东、河南、陕西、宁夏、甘肃、安徽、江苏；蒙古国

小鸦葱 Scorzonera subacaulis (Regel) Lipsch.

分布：新疆；哈萨克斯坦、吉尔吉斯斯坦

橙黄鸦葱 Scorzonera transiliensis Popov

分布：新疆；哈萨克斯坦、吉尔吉斯斯坦

千里光属 Senecio L.

湖南千里光 Senecio actinotus Hand.-Mazz.

分布：湖南、广西

尖羽千里光 Senecio acutipinnus Hand.-Mazz.

分布：云南

白紫千里光 Senecio albopurpureus Kitam.

分布：西藏；不丹、印度、尼泊尔

琥珀千里光 Senecio ambraceus Turcz. ex DC.

分布：黑龙江、吉林、辽宁、内蒙古、河北、山东、河南、陕西、甘肃；朝鲜、蒙古国、俄罗斯

菊状千里光 Senecio analogus DC.

分布：湖北、四川、贵州、云南、西藏；不丹、印度、尼泊尔、巴基斯坦

长舌千里光 Senecio arachnanthus Franch.

分布：云南

额河千里光 Senecio argunensis Turcz. Hand.-Mazz.

分布：黑龙江、吉林、辽宁、内蒙古、河北、山西、河南、陕西、宁夏、甘肃、青海、安徽、江苏、湖北、四川；日本、韩国、蒙古国、俄罗斯

糙叶千里光 Senecio asperifolius Franch.

分布：四川、贵州、云南

黑褐千里光 Senecio atrofuscus Grierson

分布：云南、西藏

双舌千里光 Senecio biligulatus W. W. Sm.

分布：西藏；不丹、缅甸、尼泊尔、印度

麻叶千里光 Senecio cannabifolius Less.

分布：黑龙江、吉林、内蒙古、河北；日本、韩国、蒙古国、俄罗斯、阿留申群岛

麻叶千里光(原变种) Senecio cannabifolius var. **cannabifolius**

分布：河北、黑龙江、吉林、内蒙古；日本、韩国、俄罗斯、阿留申群岛

全叶千里光 Senecio cannabifolius var. **integrifolius** (Koidz.) Kitam.

分布：吉林；日本、俄罗斯

中甸千里光 Senecio chungtienensis C. Jeffrey et Y. L. Chen

分布：云南

瓜叶千里光 Senecio cinarifolius H. Lév.

分布：云南

革苞千里光 Senecio coriaceisquamus C. C. Chang

分布：云南

稻城千里光 Senecio daochengensis Y. L. Chen

分布：四川

密齿千里光 Senecio densiserratus C. C. Chang

分布：甘肃、?陕西、四川

苞叶千里光 Senecio desfontainei Druce

分布：西藏；印度、克什米尔地区、加那利群岛；亚洲(西

南部)、非洲

异羽千里光 Senecio diversipinnus Y. Ling
分布：甘肃、青海、四川

异羽千里光(原变种) Senecio diversipinnus var. **diversipinnus**
分布：甘肃、青海、四川

异羽千里光无舌变种 Senecio diversipinnus var. **discoideus** C. Jeffrey et Y. L. Chen
分布：四川

黑缘千里光 Senecio dodrans C. Winkler
分布：四川

垂头千里光 Senecio drukensis C. Marquand et Airy Shaw
分布：西藏

北千里光 Senecio dubitabilis C. Jeffrey et Y. L. Chen
分布：河北、陕西、甘肃、青海、新疆、西藏；哈萨克斯坦、蒙古国、巴基斯坦、印度、俄罗斯

裸缨千里光 Senecio echaetus Y. L. Chen et K. Y. Pan
分布：西藏；尼泊尔

散生千里光 Senecio exul Hance
分布：浙江、湖北、四川、重庆、广东；泰国

峨眉千里光 Senecio faberi Hemsl.
分布：陕西、四川、贵州

匐枝千里光 Senecio filifer Franch.
分布：?贵州、四川、云南

闽千里光 Senecio fukienensis Y. Ling ex C. Jeffrey et Y. L. Chen
分布：福建

纤花千里光 Senecio graciliflorus (Wall.) DC.
分布：四川、贵州、云南、西藏；印度、克什米尔地区、马来西亚

弥勒千里光 Senecio humbertii C. C. Chang
分布：云南

新疆千里光 Senecio jacobaea L.
分布：新疆、江苏；哈萨克斯坦、吉尔吉斯斯坦、蒙古国、俄罗斯、塔吉克斯坦、乌兹别克斯坦；欧洲

工布千里光 Senecio kongboensis Ludlow
分布：西藏

细梗千里光 Senecio krascheninnikovii Schischk.
分布：青海、新疆、西藏；阿富汗、印度、哈萨克斯坦、吉尔吉斯斯坦、巴基斯坦、俄罗斯、塔吉克斯坦；亚洲(西南部)

关山千里光 Senecio kuanshanensis S. W. Chung et C. I. Peng
分布：台湾

须弥千里光 Senecio kumaonensis Duthie ex C. Jeffrey et Y. L. Chen
分布：西藏；不丹、印度、尼泊尔

拉萨千里光 Senecio lhasaensis Y. Ling ex Y. L. Chen, S. Yun Liang et K. Y. Pan
分布：西藏

凉山千里光 Senecio liangshanensis C. Jeffrey et Y. L. Chen
分布：四川、云南

丽江千里光 Senecio lijiangensis C. Jeffrey et Y. L. Chen
分布：云南

君范千里光 Senecio lingianus C. Jeffrey et Y. L. Chen
分布：西藏

大花千里光 Senecio megalanthus Y. L. Chen
分布：四川

玉山千里光 Senecio morrisonensis Hayata
分布：台湾

玉山千里光(原变种) Senecio morrisonensis var. **morrisonensis**
分布：台湾

齿叶玉山千里光 Senecio morrisonensis var. **dentatus** Kitam.
分布：台湾

木里千里光 Senecio muliensis C. Jeffrey et Y. L. Chen
分布：四川

多苞千里光 Senecio multibracteolatus C. Jeffrey et Y. L. Chen
分布：四川、云南

多裂千里光 Senecio multilobus C. C. Chang
分布：云南

林荫千里光 Senecio nemorensis L.
分布：吉林、内蒙古、河北、山西、山东、河南、陕西、甘肃、新疆、安徽、浙江、湖北、四川、贵州、福建、台湾；日本、哈萨克斯坦、韩国、吉尔吉斯斯坦、蒙古国、俄罗斯；欧洲

黑苞千里光 Senecio nigrocinctus Franch.
分布：云南、西藏

节花千里光 Senecio nodiflorus C. C. Chang
分布：云南、西藏

裸茎千里光 Senecio nudicaulis Buch.-Ham. ex D. Don
分布：四川、贵州、云南；不丹、印度、尼泊尔、巴基斯坦

钝叶千里光 Senecio obtusatus Wall. ex DC.
分布：四川、贵州、云南；印度、缅甸、泰国、孟加拉国

田野千里光 Senecio oryzetorum Diels
分布：云南

多肉千里光 Senecio pseudoarnica Less.
分布：黑龙江、吉林、辽宁；日本、俄罗斯；北美洲

西南千里光 Senecio pseudomairei H. Lév.
分布：四川、贵州、云南

蕨叶千里光 Senecio pteridophyllus Franch.
分布：云南

莱菔千里光 Senecio raphanifolius Wall. ex DC.
分布：西藏；不丹、印度、缅甸、尼泊尔

珠峰千里光 Senecio royleanus DC.
分布：西藏；不丹、克什米尔地区、缅甸

风毛菊状千里光 Senecio saussureoides Hand.-Mazz.
分布：四川、西藏

千里光 Senecio scandens Buch.-Ham. ex D. Don
分布：河南、陕西、甘肃、青海、安徽、江苏、浙江、江西、湖南、湖北、四川、贵州、云南、西藏、福建、台湾、广东、广西、海南；不丹、柬埔寨、印度、日本、老挝、缅甸、尼泊尔、菲律宾、斯里兰卡、泰国、越南

千里光(原变种) Senecio scandens var. **scandens**
分布：河南、陕西、安徽、江苏、浙江、江西、湖南、湖北、四川、贵州、云南、西藏、福建、台湾、广东、广西、海南；不丹、柬埔寨、印度、日本、老挝、缅甸、尼泊尔、菲律宾、泰国、越南

山楂叶千里光 Senecio scandens var. **crataegifolius** (Hayata) Kitam.
分布：台湾

缺裂千里光 Senecio scandens var. **incisus** Franch.
分布：陕西、甘肃、青海、浙江、江西、四川、贵州、云南、西藏、台湾、广东；不丹、印度、尼泊尔、斯里兰卡

匙叶千里光 Senecio spathiphyllus Franch.
分布：云南

闽粤千里光 Senecio stauntonii DC.
分布：湖南、广东、广西、香港、澳门

近全缘千里光 Senecio subdentatus Ledeb.
分布：新疆；哈萨克斯坦、吉尔吉斯斯坦、蒙古国、俄罗斯、塔吉克斯坦、土库曼斯坦、乌兹别克斯坦；亚洲(西南部)

太鲁阁千里光 Senecio tarokoensis C. I. Peng
分布：台湾

天山千里光 Senecio thianschanicus Regel et Schmalh.
分布：内蒙古、甘肃、青海、新疆、四川、西藏；哈萨克斯坦、吉尔吉斯斯坦、缅甸、俄罗斯

西藏千里光 Senecio tibeticus Hook. f.
分布：新疆；巴基斯坦

三尖千里光 Senecio tricuspis Franch.
分布：四川、云南

欧洲千里光 Senecio vulgaris L.
分布：黑龙江、吉林、辽宁、内蒙古、河北、山西、陕西、新疆、安徽、江苏、上海、浙江、江西、湖北、四川、重庆、贵州、云南、西藏、福建、台湾、香港；原产于欧洲，现欧洲、亚洲、非洲温带地区和北美洲有分布

岩生千里光 Senecio wightii (DC.) Benth. ex C. B. Clarke
分布：四川、贵州、云南；不丹、印度、缅甸、泰国

永宁千里光 Senecio yungningensis Hand.-Mazz.
分布：四川

绢蒿属 Seriphidium (Besser ex Less.) Fourr.

小针裂叶绢蒿 Seriphidium amoenum (Poljakov) Poljakov
分布：新疆

光叶绢蒿 Seriphidium aucheri (Boiss.) Ling et Y. R. Ling
分布：西藏；阿富汗、巴基斯坦；亚洲(西南部)

博洛塔绢蒿 Seriphidium borotalense (Poljakov) Ling et Y. R. Ling
分布：新疆

短叶绢蒿 Seriphidium brevifolium (Wall. ex DC.) Ling et Y. R. Ling
分布：西藏；阿富汗、印度、巴基斯坦

蛔蒿 Seriphidium cinum (Berg ex Poljakov) Poljakov
分布：甘肃、陕西、新疆；哈萨克斯坦

聚头绢蒿 **Seriphidium compactum** (Fisch. ex Bess.) Poljakov
分布：内蒙古、宁夏、甘肃、青海、新疆；哈萨克斯坦、蒙古国、俄罗斯

苍绿绢蒿 **Seriphidium fedtschenkoanum** (Krasch.) Poljakov
分布：甘肃、新疆；哈萨克斯坦、吉尔吉斯斯坦、塔吉克斯坦

费尔干绢蒿 **Seriphidium ferganense** (Krasch. ex Poljakov) Poljakov
分布：新疆；哈萨克斯坦、吉尔吉斯斯坦

东北蛔蒿 **Seriphidium finitum** (Kitag.) Ling et Y. R. Ling
分布：内蒙古

纤细绢蒿 **Seriphidium gracilescens** (Krasch. et Iljin) Poljakov
分布：新疆；哈萨克斯坦、蒙古国、俄罗斯

高原绢蒿 **Seriphidium grenardii** (Franch.) Y. R. Ling et Humphries
分布：新疆

半荒漠绢蒿 **Seriphidium heptapotamicum** (Poljakov) Ling et Y. R. Ling
分布：新疆；哈萨克斯坦

伊塞克绢蒿 **Seriphidium issykkulense** (Poljakov) Poljakov
分布：新疆；哈萨克斯坦

三裂叶绢蒿 **Seriphidium junceum** (Kar. et Kir.) Poljakov
分布：新疆；哈萨克斯坦

三裂叶绢蒿(原变种) **Seriphidium junceum** var. **junceum**
分布：新疆

大头三裂叶绢蒿 **Seriphidium junceum** var. **macrosciadium** (Poljakov) Ling et Y. R. Ling
分布：新疆；哈萨克斯坦

卡拉套绢蒿 **Seriphidium karatavicum** (Krasch. et Abolin ex Poljakov) et Ling et Y. R. Ling
分布：新疆；哈萨克斯坦

新疆绢蒿 **Seriphidium kaschgaricum** (Krasch.) Poljakov
分布：新疆；哈萨克斯坦

新疆绢蒿(原变种) **Seriphidium kaschgaricum** var. **kaschgaricum**
分布：新疆

准噶尔绢蒿 **Seriphidium kaschgaricum** var. **dshungaricum** (Filatova) Y. R. Ling
分布：新疆

昆仑绢蒿 **Seriphidium korovinii** (Poljakov) Poljakov
分布：新疆；阿富汗、哈萨克斯坦、吉尔吉斯斯坦、塔吉克斯坦

球序绢蒿 **Seriphidium lehmannianum** (Bunge) Poljakov
分布：新疆；阿富汗、印度、哈萨克斯坦；亚洲西南部地区

民勤绢蒿 **Seriphidium minchunense** Y. R. Ling
分布：甘肃、新疆

蒙青绢蒿 **Seriphidium mongolorum** (Krasch.) Ling et Y. R. Ling
分布：内蒙古、青海；蒙古国

西北绢蒿 **Seriphidium nitrosum** (Weber ex Stechm.) Poljakov
分布：内蒙古、甘肃、新疆；哈萨克斯坦、蒙古国、俄罗斯

西北绢蒿(原变种) **Seriphidium nitrosum** var. **nitrosum**
分布：内蒙古、甘肃、新疆；哈萨克斯坦、蒙古国、俄罗斯

戈壁绢蒿 **Seriphidium nitrosum** var. **gobicum** (Krasch.) Y. R. Ling
分布：新疆；哈萨克斯坦、蒙古国、俄罗斯

高山绢蒿 **Seriphidium rhodanthum** (Rupr.) Poljakov
分布：新疆；哈萨克斯坦、吉尔吉斯斯坦、塔吉克斯坦

沙漠绢蒿 **Seriphidium santolinum** (Schrenk) Poljakov
分布：新疆；哈萨克斯坦；亚洲(西南部)

沙湾绢蒿 **Seriphidium sawanense** Y. R. Ling et Humphries
分布：新疆

草原绢蒿 **Seriphidium schrenkianum** (Ledeb.) Poljakov
分布：新疆；哈萨克斯坦、蒙古国、俄罗斯

帚状绢蒿 **Seriphidium scopiforme** (Ledeb.) Poljakov
分布：新疆；哈萨克斯坦

半凋萎绢蒿 **Seriphidium semiaridum** (Krasch. et Lavrova) Ling et Y. R. Ling
分布：新疆；哈萨克斯坦

针裂叶绢蒿 **Seriphidium sublessingianum** (Krasch. ex Poljakov) Poljak.
分布：新疆；哈萨克斯坦、蒙古国、俄罗斯

白茎绢蒿 **Seriphidium terrae-albae** (Krasch.) Poljakov
分布：新疆；哈萨克斯坦、蒙古国

西藏绢蒿 **Seriphidium thomsonianum** (C. B. Clarke) Ling et Y. R. Ling
分布：西藏；阿富汗、印度、巴基斯坦

伊犁绢蒿 **Seriphidium transiliense** (Poljakov) Poljakov
分布：新疆；哈萨克斯坦、俄罗斯

伪泥胡菜属 **Serratula** L.

伪泥胡菜 **Serratula coronata** L.
分布：安徽、甘肃、贵州、河北、黑龙江、河南、湖北、江苏、江西、吉林、辽宁、内蒙古、陕西、山东、山西、新疆；哈萨克斯坦、吉尔吉斯斯坦、蒙古国、俄罗斯、日本、韩国；欧洲

尚武菊属(新拟) **Shangwua** Y. J. Wang et E. von Raab- Straube et A. Susanna et J. Q. Liu

齿叶尚武菊(新拟) **Shangwua denticulata** (DC.) E. von Raab-Straube et Y. J. Wang
分布：青海、四川、云南、西藏；尼泊尔、不丹、印度

虾须草属 **Sheareria** S. Moore

虾须草 **Sheareria nana** S. Moore
分布：陕西、安徽、江苏、浙江、江西、湖南、湖北、四川、贵州、云南、广东

豨莶属 **Sigesbeckia** L.

毛梗豨莶 **Sigesbeckia glabrescens** (Makino) Makino
分布：辽宁、河南、安徽、江苏、江西、湖南、湖北、四川、贵州、云南、福建、台湾、广东、广西、海南；日本、韩国

豨莶 **Sigesbeckia orientalis** L.
分布：安徽、福建、甘肃、广东、广西、贵州、海南、河南、湖北、湖南、江苏、江西、陕西、四川、台湾、西藏、云南、浙江；不丹、印度、日本、老挝、马来西亚、尼泊尔、俄罗斯、泰国、越南；非洲、大洋洲、美洲热带地区

腺梗豨莶 **Sigesbeckia pubescens** (Makino) Makino
分布：吉林、辽宁、内蒙古、河北、河南、陕西、甘肃、安徽、江苏、浙江、江西、湖南、湖北、四川、贵州、云南、西藏、福建、台湾、广东、广西、海南；印度、日本、韩国

水飞蓟属 **Silybum** Adans.

水飞蓟 **Silybum marianum** (L.) Gaertn.
分布：黑龙江、吉林、辽宁、河北、北京、河南、甘肃、安徽、江苏、江西、湖南、湖北、贵州、福建、广东、广西、海南、香港；地中海地区；亚洲(中部)、欧洲、北非

华蟹甲属 **Sinacalia** H. Robinson et Brettell

革叶华蟹甲 **Sinacalia caroli** (C. Winkler) C. Jeffrey et Y. L. Chen
分布：甘肃、四川

双花华蟹甲 **Sinacalia davidii** (Franch.) H. Koyama
分布：陕西、四川、云南、西藏

大头华蟹甲 **Sinacalia macrocephala** (H. Robins et Brettell) C. Jeffrey et Y. L. Chen
分布：湖北

华蟹甲 **Sinacalia tangutica** (Maxim.) B. Nord.
分布：河北、山西、陕西、宁夏、甘肃、青海、湖南、湖北、四川

君范菊属 **Sinoleontopodium** Y. L. Chen

君范菊 **Sinoleontopodium lingianum** Y. L. Chen
分布：西藏

蒲儿根属 **Sinosenecio** B. Nordenstam

白脉蒲儿根 **Sinosenecio albonervius** Y. Liu et Q. E. Yang
分布：湖南、湖北

保靖蒲儿根 **Sinosenecio baojingensis** Y. Liu et Q. E. Yang
分布：湖南

黔西蒲儿根 **Sinosenecio bodinieri** (Vaniot) B. Nord.
分布：贵州

莲座狗舌草 **Sinosenecio changii** (B. Nordenstam) B. Nordenstam
分布：重庆

雨农蒲儿根 **Sinosenecio chienii** (Hand.-Mazz.) B. Nord.
分布：四川

西南蒲儿根 **Sinosenecio confervifer** (H. Lév.) Y. Liu et Q. E. Yang
分布：湖南、四川、重庆、贵州、云南

齿耳蒲儿根 **Sinosenecio cortusifolius** (Hand.-Mazz.) B. Nord.
分布：四川

仙客来蒲儿根 **Sinosenecio cyclaminifolius** (Franch.) B. Nord.
分布：四川、重庆

齿裂蒲儿根 **Sinosenecio denticulatus** J. Q. Liu
分布：四川

川鄂蒲儿根 **Sinosenecio dryas** (Dunn) C. Jeffrey et Y. L. Chen
分布：湖北、重庆

毛柄蒲儿根 **Sinosenecio eriopodus** Jeffrey et Y. L. Chen
分布：湖南、湖北、四川、重庆

耳柄蒲儿根 **Sinosenecio euosmus** (Hand.-Mazz.) B. Nord.
分布：陕西、甘肃、湖北、四川、云南、西藏；缅甸

植夫蒲儿根 **Sinosenecio fangianus** Y. L. Chen
分布：四川

梵净蒲儿根 **Sinosenecio fanjingshanicus** C. Jeffrey et Y. L. Chen
分布：重庆、贵州

匍枝蒲儿根 **Sinosenecio globiger** (C. C. Chang) B. Nordenstam
分布：江西、湖南、湖北、四川、重庆、贵州、云南

匍枝蒲儿根(原变种) **Sinosenecio globiger** var. **globiger**
分布：江西、湖南、湖北、四川、重庆、贵州、云南

腺苞蒲儿根 **Sinosenecio globiger** var. **adenophyllus** C. Jeffrey et Y. L. Chen
分布：重庆，贵州

广西蒲儿根 **Sinosenecio guangxiensis** C. Jeffrey et Y. L. Chen
分布：湖南、广西

海南蒲儿根 **Sinosenecio hainanensis** (C. C. Chang et Y. Q. Tseng) C. Jeffrey et Y. L. Chen
分布：海南

单头蒲儿根 **Sinosenecio hederifolius** (Dummer) B. Nord.
分布：陕西、甘肃、湖北、四川、重庆

肾叶蒲儿根 **Sinosenecio homogyniphyllus** (Cumm.) B. Nord.
分布：四川

湖南蒲儿根 **Sinosenecio hunanensis** (Y. Ling) B. Nord.
分布：湖南

壶瓶山蒲儿根 **Sinosenecio hupingshanensis** Y. Liu et Q. E. Yang
分布：湖南、湖北

江西蒲儿根(新拟) **Sinosenecio jiangxiensis** Y. Liu et Q. E. Yang
分布：江西

吉首蒲儿根 **Sinosenecio jishouensis** D. G. Zhang, Y. Liu et Q. E. Yang
分布：湖南

九华蒲儿根 **Sinosenecio jiuhuashanicus** C. Jeffrey et Y. L. Chen
分布：安徽、江西、湖南

白背蒲儿根 **Sinosenecio latouchei** (Jeffrey) B. Nord.
分布：江西、福建

雷波蒲儿根 **Sinosenecio leiboensis** C. Jeffrey et Y. L. Chen
分布：四川

橐吾状蒲儿根 **Sinosenecio ligularioides** (Hand.-Mazz.) B. Nord.
分布：四川

南川蒲儿根 **Sinosenecio nanchuanicus** Z. Y. Liu, Y. Liu et Q. E. Yang
分布：重庆

蒲儿根 **Sinosenecio oldhamianus** (Maxim.) B. Nord.
分布：山西、河南、陕西、甘肃、安徽、江苏、浙江、江西、湖南、湖北、四川、贵州、云南、西藏、福建、广东、广西、香港；缅甸、泰国、越南

鄂西蒲儿根 **Sinosenecio palmatisectus** C. Jeffrey et Y. L. Chen
分布：湖北

假光果蒲儿根 **Sinosenecio phalacrocarpoides** (C. C. Chang) B. Nord.
分布：云南

秃果蒲儿根 **Sinosenecio phalacrocarpus** (Hance) B. Nord.
分布：广东

承经蒲儿根 **Sinosenecio qii** S. W. Liu et T. N. Ho
分布：湖南

圆叶蒲儿根 **Sinosenecio rotundifolius** Y. L. Chen
分布：甘肃、四川

岩生蒲儿根 **Sinosenecio saxatilis** Y. L. Chen
分布：湖南、广东

七裂蒲儿根 **Sinosenecio septilobus** (C. C. Chang) B. Nord.
分布：重庆、贵州

四川蒲儿根 **Sinosenecio sichuanicus** Y. Liu et Q. E. Yang
分布：四川

革叶蒲儿根 **Sinosenecio subcoriaceus** C. Jeffrey et Y. L. Chen
分布：重庆

莲座蒲儿根 **Sinosenecio subrosulatus** (Hand.-Mazz.) B. Nord.
分布：甘肃、四川

松潘蒲儿根 **Sinosenecio sungpanensis** (Hand.-Mazz.) B. Nord.
分布：四川

三脉蒲儿根 **Sinosenecio trinervius** (C. C. Chang) B. Nord.
分布：贵州

紫毛蒲儿根 **Sinosenecio villifer** (Franch.) B. Nordenstam
分布：四川、重庆

武夷蒲儿根 **Sinosenecio wuyiensis** Y. L. Chen
分布：江西、福建

艺林蒲儿根 **Sinosenecio yilingii** Y. Liu et Q. E. Yang
分布：四川

包果菊属 **Smallanthus** Mackenzie

菊薯 **Smallanthus sonchifolius** (Poepp.) H. Rob.
分布：河北、山东、浙江、湖南、湖北、贵州、云南、福建、台湾、海南；原产于南美洲

包果菊 **Smallanthus uvedalia** (L.) Mack.
分布：安徽、江苏归化；原产于中美洲和北美洲

一枝黄花属 **Solidago** L.

高大一枝黄花 **Solidago altissima** L.
分布：辽宁、河北、山东、河南、安徽、江苏、浙江、江西、湖北、四川、云南、福建、台湾；原产于北美洲

加拿大一枝黄花 **Solidago canadensis** L.
分布：辽宁、河南、新疆、安徽、江苏、上海、浙江、江西、湖南、湖北、四川、云南、福建、台湾、广东；原产于北美洲，北半球温带地区栽培或归化

钝苞一枝黄花 **Solidago pacifica** Juz.
分布：黑龙江、吉林、辽宁、河北；俄罗斯

多皱一枝黄花 **Solidago rugosa** Mill.
分布：江西；原产于北美洲

毛果一枝黄花 **Solidago virgaurea** L.
分布：新疆；俄罗斯

裸柱菊属 **Soliva** Ruiz et Pav.

裸柱菊 **Soliva anthemifolia** (Juss.) R. Br.
分布：安徽、浙江、江西、湖南、福建、台湾、广东、海南、香港；原产于南美洲，现世界温暖地区归化

翼子裸柱菊 **Soliva pterosperma** (Jussieu) Lessing
分布：台湾；原产于南美洲

小苦苣菜属 **Sonchella** Sennikov

草甸小苦苣菜 **Sonchella dentata** (Ledeb.) Sennikov
分布：青海；蒙古国、俄罗斯

碱小苦苣菜 **Sonchella stenoma** (Turczaninow ex DC.) Sennikov
分布：内蒙古、甘肃；蒙古国、俄罗斯

苦苣菜属 **Sonchus** L.

花叶滇苦菜 **Sonchus asper** (L.) Hill
分布：山东、新疆、江苏、浙江、湖北、四川、西藏、台湾、广西；可能原产于欧洲和地中海地区

长裂苦苣菜 **Sonchus brachyotus** DC.
分布：?福建、甘肃、广东、广西、河北、黑龙江、河南、?湖南、江苏、江西、吉林、辽宁、内蒙古、宁夏、青海、陕西、山东、山西、四川、新疆、西藏、云南、?浙江；哈萨克斯坦、吉尔吉斯斯坦、蒙古国、俄罗斯、日本、泰国

苦苣菜 **Sonchus oleraceus** L.
分布：中国各省（自治区、直辖市）广布；原产于欧洲和地中海地区，现世界各地广布

沼生苦苣菜 **Sonchus palustris** L.
分布：新疆；哈萨克斯坦、吉尔吉斯斯坦、俄罗斯、塔吉克斯坦、土库曼斯坦、乌兹别克斯坦；欧洲

苣荬菜 **Sonchus wightianus** DC.
分布：内蒙古、陕西、宁夏、新疆、江苏、浙江、湖南、湖北、四川、贵州、云南、西藏、福建、台湾、广东、广西、海南；阿富汗、不丹、印度、印度尼西亚、克什米尔地区、老挝、马来西亚、缅甸、尼泊尔、巴基斯坦、菲律宾、斯里兰卡、泰国、越南

绢毛苣属 **Soroseris** Stebbins

矮生绢毛苣 **Soroseris depressa** (Hook. f. et Thomson) J. W. Zhang, N. Kilian et H. Sun
分布：西藏；不丹、印度、尼泊尔

空桶参 **Soroseris erysimoides** (Hand.-Mazz.) C. Shih
分布：陕西、甘肃、青海、四川、云南、西藏；不丹、印度、尼泊尔

绢毛苣 **Soroseris glomerata** (Decne.) Stebbins
分布：甘肃、青海、四川、云南、西藏；印度、尼泊尔

羽裂绢毛苣 **Soroseris hirsuta** (J. Anthony) C. Shih
分布：甘肃、四川、云南、西藏

皱叶绢毛苣 **Soroseris hookeriana** Stebbins
分布：甘肃、青海、四川、云南、西藏；不丹、印度、尼泊尔

矮小绢毛菊 **Soroseris pumila** Stebbins
分布：西藏；不丹、印度

柱序绢毛苣 **Soroseris teres** C. Shih
分布：西藏

肉菊 **Soroseris umbrella** (Franch.) Stebbins
分布：四川、云南、西藏；不丹、印度

戴星草属 **Sphaeranthus** L.

戴星草 **Sphaeranthus africanus** L.
分布：广东、广西、海南、台湾、云南；柬埔寨、马来西亚、缅甸、泰国、越南、澳大利亚；非洲热带地区

绒毛戴星草 **Sphaeranthus indicus** L.
分布：云南；不丹、柬埔寨、印度、老挝、马来西亚、尼泊尔、泰国、越南、澳大利亚；非洲

非洲戴星草 **Sphaeranthus senegalensis** DC.
分布：云南；热带亚洲和非洲

蟛蜞菊属 **Sphagneticola** O. Hoffm.

蟛蜞菊 **Sphagneticola calendulacea** (L.) Pruski
分布：辽宁、福建、台湾、广东；印度、印度尼西亚、日本、缅甸、菲律宾、斯里兰卡、泰国、越南

南美蟛蜞菊 **Sphagneticola trilobata** (L.) Pruski
分布：福建、台湾、广东、海南、香港；原产于美洲，现世界热带地区广泛归化

百花蒿属 **Stilpnolepis** Krasch.

百花蒿 **Stilpnolepis centiflora** (Maxim.) Krasch.
分布：内蒙古、陕西、甘肃；蒙古国

紊蒿 **Stilpnolepis intricata** (Franch.) C. Shih
分布：内蒙古、宁夏、甘肃、青海、新疆；蒙古国

含苞草属 **Symphyllocarpus** Maxim.

含苞草 **Symphyllocarpus exilis** Maxim.
分布：黑龙江、吉林；俄罗斯

联毛紫菀属 **Symphyotrichum** Nees

短星菊 **Symphyotrichum ciliatum** (Ledeb.) G. L. Nesom
分布：甘肃、河北、黑龙江、河南、吉林、辽宁、内蒙古、宁夏、陕西、山东、山西、新疆；日本、哈萨克斯坦、韩国、蒙古国、俄罗斯、乌兹别克斯坦；欧洲(东部)、北美洲

倒折联毛紫菀 **Symphyotrichum retroflexum** (Lindl. ex DC.) G. L. Nesom
分布：江西有栽培；北美洲

钻叶紫菀 **Symphyotrichum subulatum** (Michaux) G. L. Nesom
分布：河北、山东、河南、陕西、安徽、江苏、江西、湖南、湖北、四川、贵州、云南、福建、台湾、广西、香港、浙江引入；原产于中亚、非洲、北美洲和南美洲

合头菊属 **Syncalathium** Lipsch.

黄花合头菊 **Syncalathium chrysocephalum** (C. Shih) S. W. Liu
分布：青海、西藏

盘状合头菊 **Syncalathium disciforme** (Mattf.) Y. Ling
分布：甘肃、青海、四川

合头菊 **Syncalathium kawaguchii** (Kitam.) Y. Ling
分布：青海、西藏

紫花合头菊 **Syncalathium porphyreum** (Marqd. et Shaw) Y. Ling
分布：青海、西藏

红花合头菊 **Syncalathium roseum** Y. Ling
分布：西藏

金腰箭属 **Synedrella** Gaertn.

金腰箭 **Synedrella nodiflora** (L.) Gaertn.
分布：云南、福建、台湾、广东、广西、海南、香港、澳门；原产于热带美洲，现世界热带地区广布

兔儿伞属 **Syneilesis** Maxim.

兔儿伞 **Syneilesis aconitifolia** (Bunge) Maxim.
分布：黑龙江、辽宁、河北、山西、河南、陕西、甘肃、安徽、江苏、浙江、贵州、福建；日本、韩国、俄罗斯

南方兔儿伞 Syneilesis australis Y. Ling

分布：安徽、浙江

台湾兔儿伞 Syneilesis intermedia Kitam.

分布：台湾

高山兔儿伞 Syneilesis subglabrata (Yamam. Sasaki) Kitam.

分布：台湾

合耳菊属 Synotis (C. B. Clarke) C. Jeffrey

尾尖合耳菊 Synotis acuminata (Wall. ex DC.) C. Jeffrey et Y. L. Chen

分布：西藏；不丹、尼泊尔、印度

宽翅合耳菊 Synotis ainsliaeifolia C. Jeffrey et Y. L. Chen

分布：西藏

翅柄合耳菊 Synotis alata (Wall. ex DC.) Jeffrey et Y. L. Chen

分布：贵州、云南、西藏；不丹、印度、缅甸、尼泊尔

术叶合耳菊 Synotis atractylidifolia (Y. Ling) C. Jeffrey et Y. L. Chen

分布：宁夏

耳叶合耳菊 Synotis auriculata C. Jeffrey et Y. L. Chen

分布：西藏

滇南合耳菊 Synotis austroyunnanensis C. Jeffrey et Y. L. Chen

分布：贵州、云南

缅甸合耳菊 Synotis birmanica C. Jeffrey et Y. L. Chen

分布：云南；缅甸

短缨合耳菊 Synotis brevipappa C. Jeffrey et Y. L. Chen

分布：西藏

美头合耳菊 Synotis calocephala C. Jeffrey et Y. L. Chen

分布：云南；缅甸

密花合耳菊 Synotis cappa (Buch.-Ham. ex D. Don) C. Jeffrey et Y. L. Chen

分布：四川、云南、西藏、广西；不丹、印度、缅甸、尼泊尔、泰国

昆明合耳菊 Synotis cavaleriei (H. Lév.) C. Jeffrey et Y. L. Chen

分布：四川、贵州、云南

肇骞尾药菊 Synotis changiana Y. L. Chen

分布：广西

子农合耳菊 Synotis chingiana C. Jeffrey et Y. L. Chen

分布：云南

心叶合耳菊 Synotis cordifolia Y. L. Chen

分布：云南

大苗山合耳菊 Synotis damiaoshanica C. Jeffrey et Y. L. Chen

分布：广西

滇东合耳菊 Synotis duclouxii (Dunn) C. Jeffrey et Y. L. Chen

分布：云南

红缨合耳菊 Synotis erythropappa (Bureau et Franch.) C. Jeffrey et Y. L. Chen

分布：湖北、四川、云南、西藏

褐柄合耳菊 Synotis fulvipes (Y. Ling) C. Jeffrey et Y. L. Chen

分布：江西、湖南

聚花合耳菊 Synotis glomerata (Jeffrey) C. Jeffrey et Y. L. Chen

分布：云南；缅甸

黔合耳菊 Synotis guizhouensis C. Jeffrey et Y. L. Chen

分布：贵州

毛叶合耳菊 Synotis hieraciifolia (H. Lév.) C. Jeffrey et Y. L. Chen

分布：贵州、云南

紫毛合耳菊 Synotis ionodasys (Hand.-Mazz.) C. Jeffrey et Y. L. Chen

分布：云南

长柄合耳菊 Synotis longipes C. Jeffrey et Y. L. Chen

分布：云南

丽江合耳菊 Synotis lucorum (Franch.) C. Jeffrey et Y. L. Chen

分布：云南

木里合耳菊 Synotis muliensis Y. L. Chen

分布：四川

锯叶合耳菊 Synotis nagensium (C. B. Clarke) C. Jeffrey et Y. L. Chen

分布：甘肃、湖南、湖北、四川、贵州、云南、西藏、广东、广西；印度、缅甸、泰国

纳拥合耳菊 Synotis nayongensis C. Jeffrey et Y. L. Chen
分布：贵州

耳柄合耳菊 Synotis otophylla Y. L. Chen
分布：西藏

掌裂合耳菊 Synotis palmatisecta Y. L. Chen et D. J. Liu
分布：贵州

紫背合耳菊 Synotis pseudoalata (C. C. Chang) C. Jeffrey et Y. L. Chen
分布：云南；缅甸

肾叶合耳菊 Synotis reniformis Y. L. Chen
分布：云南

腺毛合耳菊 Synotis saluenensis (Diels) C. Jeffrey et Y. L. Chen
分布：云南、西藏；缅甸、越南

林荫合耳菊 Synotis sciatrephes (W. W. Sm.) C. Jeffrey et Y. L. Chen
分布：云南

四川合耳菊 Synotis setchuenensis (Franch.) C. Jeffrey et Y. L. Chen
分布：四川

华合耳菊 Synotis sinica (Diels) C. Jeffrey et Y. L. Chen
分布：重庆、贵州

川西合耳菊 Synotis solidaginea (Hand.-Mazz.) C. Jeffrey et Y. L. Chen
分布：四川、云南、西藏

四花合耳菊 Synotis tetrantha (DC.) C. Jeffrey et Y. L. Chen
分布：西藏；印度、尼泊尔

三舌合耳菊 Synotis triligulata (Buch.-Ham. ex D. Don) C. Jeffrey et Y. L. Chen
分布：云南、西藏；不丹、印度、缅甸、尼泊尔、泰国

羽裂合耳菊 Synotis vaniotii (H. Lév.) C. Jeffrey et Y. L. Chen
分布：云南

合耳菊 Synotis wallichii (DC.) C. Jeffrey et Y. L. Chen
分布：西藏；尼泊尔、印度、不丹

黄白合耳菊 Synotis xantholeuca (Hand.-Mazz.) C. Jeffrey et Y. L. Chen
分布：云南

丫口合耳菊 Synotis yakoensis (Jeffrey) C. Jeffrey et Y. L. Chen
分布：云南

蔓生合耳菊 Synotis yui C. Jeffrey et Y. L. Chen
分布：云南、西藏；缅甸

山牛蒡属 Synurus Iljin

山牛蒡 Synurus deltoides (Aiton) Nakai
分布：黑龙江、吉林、辽宁、内蒙古、河北、山西、山东、河南、陕西、甘肃、安徽、浙江、江西、湖南、湖北、重庆、云南；日本、韩国、蒙古国、俄罗斯

疆菊属 Syreitschikovia Pavlov

疆菊 Syreitschikovia tenuifolia (Bongard) Pavlov
分布：新疆；哈萨克斯坦

万寿菊属 Tagetes L.

万寿菊 Tagetes erecta L.
分布：四川、贵州、云南、广东；原产于墨西哥，现亚热带地区常见

印加孔雀草 Tagetes minuta L.
分布：江苏

菊蒿属 Tanacetum L.

丝叶匹菊 Tanacetum abrotanoides K. Bremer et Humphries
分布：新疆；哈萨克斯坦、蒙古国、俄罗斯

新疆匹菊 Tanacetum alatavicum Herder
分布：新疆；哈萨克斯坦、蒙古国、俄罗斯

艾状菊蒿 Tanacetum artemisioides Sch. Bip. ex Hook. f.
分布：西藏；?印度、巴基斯坦

藏匹菊 Tanacetum atkinsonii (C. B. Clarke) Kitam.
分布：西藏；不丹、印度、尼泊尔

阿尔泰菊蒿 Tanacetum barclayanum DC.
分布：新疆；哈萨克斯坦、俄罗斯

除虫菊 Tanacetum cinerariifolium (Trevir.) Sch. Bip.
分布：辽宁、河北、安徽、浙江、贵州；原产于欧洲东南部

红花除虫菊 Tanacetum coccineum (Willd.) Grierson
分布：河北、安徽；原产于亚洲西南部

密头菊蒿 Tanacetum crassipes (Stschegl.) Tzvelev
分布：新疆；哈萨克斯坦、俄罗斯

西藏菊蒿 Tanacetum falconeri Hook. f.
分布：西藏；印度、巴基斯坦

托毛匹菊 Tanacetum kaschgarianum K. Bremer et Humphries
分布：新疆

黑苞匹菊 Tanacetum krylovianum (Krasch.) K. Bremer et Humphries
分布：新疆；哈萨克斯坦、蒙古国、俄罗斯

岩匹菊 Tanacetum petraeum (C. Shih) K. Bremer et Humphries
分布：新疆

美丽匹菊 Tanacetum pulchrum (Ledeb.) Sch. Bip.
分布：新疆；哈萨克斯坦、蒙古国、俄罗斯

单头匹菊 Tanacetum richterioides (C. Winkl.) K. Bremer et Humphries
分布：新疆；哈萨克斯坦

散头菊蒿 Tanacetum santolina C. Winkl.
分布：新疆；哈萨克斯坦、俄罗斯

岩菊蒿 Tanacetum scopulorum (Krasch.) Tzvelev
分布：新疆；哈萨克斯坦、俄罗斯

伞房菊蒿 Tanacetum tanacetoides (DC.) Tzvelev
分布：新疆；哈萨克斯坦、俄罗斯

川西小黄菊 Tanacetum tatsienense (Bureau et Franch.) K. Bremer et Humphries
分布：青海、四川、云南、西藏；不丹

川西小黄菊(原变种) Tanacetum tatsienense var. **tatsienense**
分布：青海、四川、云南、西藏；不丹

无舌小黄菊 Tanacetum tatsienense var. **tanacetopsis** (W. W. Smith) Grierson
分布：西藏

菊蒿 Tanacetum vulgare L.
分布：黑龙江、内蒙古、新疆；日本、哈萨克斯坦、韩国、蒙古国、俄罗斯、土库曼斯坦；欧洲、北美洲

蒲公英属 Taraxacum Zinn

平板蒲公英 Taraxacum abax Kirschner et Stepánek
分布：河北、新疆；俄罗斯

短茎蒲公英 Taraxacum abbreviatulum Kirschner et Stepánek
分布：湖北

无毛蒲公英 Taraxacum adglabrum Kirschner et Stepánek
分布：新疆

谦虚蒲公英 Taraxacum aeneum Kirschner et Stepánek
分布：新疆

翼柄蒲公英 Taraxacum alatopetiolum D. T. Zhai et Z. X. An
分布：新疆

白花蒲公英 Taraxacum albiflos Kirschner et Stepánek
分布：新疆

白边蒲公英 Taraxacum albomarginatum Kitam.
分布：辽宁；韩国

白蒲公英 Taraxacum album Kirschner et Stepánek
分布：新疆；吉尔吉斯斯坦

阿尔泰蒲公英 Taraxacum altaicum Schischk.
分布：新疆；哈萨克斯坦、俄罗斯

丹东蒲公英 Taraxacum antungense Kitag.
分布：辽宁

四川蒲公英 Taraxacum apargia Kirschner et Stepánek
分布：四川

天全蒲公英 Taraxacum apargiiforme Dahlstedt
分布：四川

全叶蒲公英 Taraxacum armeriifolium Soest
分布：河北、宁夏、新疆、西藏；阿富汗、印度、蒙古国、塔吉克斯坦

黑果蒲公英 Taraxacum atrocarpum Kirschner et Stepánek
分布：云南

橘黄蒲公英 Taraxacum aurantiacum Dahlstedt
分布：甘肃、四川

藏南蒲公英 Taraxacum austrotibetanum Kirschner et Stepánek
分布：西藏

棕色蒲公英 Taraxacum badiocinnamomeum Kirschner et Stepánek
分布：西藏

窄苞蒲公英 Taraxacum bessarabicum (Hornem.) Hand.-Mazz.
分布：宁夏、新疆；哈萨克斯坦、蒙古国、俄罗斯

双角蒲公英 Taraxacum bicorne Dahlst.
分布：甘肃、青海、新疆；哈萨克斯坦、吉尔吉斯斯坦、伊朗

芥叶蒲公英 Taraxacum brassicifolium Kitag.
分布：黑龙江、吉林、辽宁、内蒙古、河北

短角蒲公英 Taraxacum brevicorniculatum Korol.
分布：新疆；哈萨克斯坦

丽花蒲公英 Taraxacum calanthodium Dahlst.
分布：陕西、甘肃、青海、四川、西藏

纯白蒲公英 Taraxacum candidatum Kirschner et Štepánek
分布：新疆、西藏；阿富汗、印度、塔吉克斯坦

高茎蒲公英 Taraxacum celsum Kirschner et Stepánek
分布：四川

中亚蒲公英 Taraxacum centrasiaticum D. T. Zhai et Z. X. An
分布：新疆

蜡黄蒲公英 Taraxacum cereum Kirschner et Stepánek
分布：新疆

川西蒲公英 Taraxacum chionophilum Dahlst.
分布：四川

堆叶蒲公英 Taraxacum compactum Schischk.
分布：新疆；哈萨克斯坦

近亲蒲公英 Taraxacum consanguineum Kirschner et Stepánek
分布：西藏

朝鲜蒲公英 Taraxacum coreanum Nakai
分布：辽宁；朝鲜

杯形蒲公英 Taraxacum cyathiforme Kirschner et Stepánek
分布：新疆

丑蒲公英 Taraxacum damnabile Kirschner et Stepánek
分布：河南、陕西、湖北

丽江蒲公英 Taraxacum dasypodum Soest
分布：云南

粉绿蒲公英 Taraxacum dealbatum Hand.-Mazz.
分布：内蒙古；俄罗斯

柔弱蒲公英 Taraxacum delicatum Kirschner et Stepánek
分布：甘肃、青海

假蒲公英 Taraxacum deludens Kirschner et Stepánek
分布：四川

无角蒲公英 Taraxacum ecornutum Kovalevsk.
分布：新疆；哈萨克斯坦

毛柄蒲公英 Taraxacum eriopodum (D. Don) DC.
分布：云南、西藏；不丹、印度、尼泊尔

淡红座蒲公英 Taraxacum erythropodium Kitag.
分布：吉林、辽宁

红果蒲公英 Taraxacum erythrospermum Andrz. ex Bess.
分布：新疆；哈萨克斯坦；欧洲

金发蒲公英 Taraxacum florum Kirschner et Stepánek
分布：新疆

台湾蒲公英 Taraxacum formosanum Kitam.
分布：台湾

网苞蒲公英 Taraxacum forrestii Soest
分布：云南、西藏

光果蒲公英 Taraxacum glabrum DC.
分布：新疆；哈萨克斯坦、蒙古国、俄罗斯

灰叶蒲公英 Taraxacum glaucophylloides Kirschner et Stepánek
分布：四川

苍叶蒲公英 Taraxacum glaucophyllum Soest
分布：西藏

小叶蒲公英 Taraxacum goloskokovii Schischk.
分布：新疆；哈萨克斯坦

反苞蒲公英 Taraxacum grypodon Dahlst.
分布：青海、四川

平枝蒲公英 Taraxacum horizontale Kirschner et Stepánek
分布：新疆

黄疸蒲公英 Taraxacum icterinum Kirschner et Stepánek
分布：四川

大头蒲公英 Taraxacum ikonnikovii Schischk.
分布：新疆；塔吉克斯坦

伊犁蒲公英 Taraxacum iliense Kirschner et Stepánek
分布：新疆

叠鳞蒲公英 Taraxacum imbricatius Kirschner et Stepánek
分布：新疆

印度蒲公英 Taraxacum indicum Hand.-Mazz.
分布：四川、云南、西藏；印度、越南

长春蒲公英 Taraxacum junpeianum Kitam.
分布：吉林

橡胶草 Taraxacum koksaghyz Rodin
分布：新疆；哈萨克斯坦

大刺蒲公英 Taraxacum kozlovii Tzvelev
分布：甘肃

光苞蒲公英 Taraxacum lamprolepis Kitag.
分布：吉林

多毛蒲公英 Taraxacum lanigerum Soest
分布：四川

辽东蒲公英 Taraxacum liaotungense Kitag.
分布：辽宁

紫花蒲公英 Taraxacum lilacinum Schischk.
分布：新疆；哈萨克斯坦、吉尔吉斯斯坦

林周蒲公英 Taraxacum ludlowii Soest
分布：西藏

川甘蒲公英 Taraxacum lugubre Dahlst.
分布：四川

红角蒲公英 Taraxacum luridum G. E. Haglund ex Perss.
分布：新疆、西藏；印度、吉尔吉斯斯坦、塔吉克斯坦

斑点蒲公英 Taraxacum macula Kirschner et Stepánek
分布：四川

剑叶蒲公英 Taraxacum mastigophyllum Kirschner et Stepánek
分布：四川

灰果蒲公英 Taraxacum maurocarpum Dahlst.
分布：四川

毛叶蒲公英 Taraxacum minutilobum Popov ex Kovalevsk.
分布：西藏；阿富汗、印度、巴基斯坦、塔吉克斯坦、乌兹别克斯坦

亚东蒲公英 Taraxacum mitalii Soest
分布：西藏；印度、缅甸、尼泊尔

蒙古蒲公英 Taraxacum mongolicum Hand.-Mazz.
分布：黑龙江、吉林、辽宁、内蒙古、河北、山西、山东、河南、陕西、安徽、江苏、浙江、湖南、湖北、四川、贵州、西藏、福建、广东

荒漠蒲公英 Taraxacum monochlamydeum Hand.-Mazz.
分布：甘肃、新疆；阿富汗、印度、哈萨克斯坦、巴基斯坦、伊朗

多葶蒲公英 Taraxacum multiscaposum Schischk.
分布：新疆；哈萨克斯坦

异苞蒲公英 Taraxacum multisectum Kitag.
分布：吉林、辽宁、内蒙古

变化蒲公英 Taraxacum mutatum Kirschner et Stepánek
分布：云南

雪白蒲公英 Taraxacum niveum Kirschner et Stepánek
分布：新疆；俄罗斯

垂头蒲公英 Taraxacum nutans Dahlst.
分布：河北、山西、陕西、宁夏

椭圆蒲公英 Taraxacum oblongatum Dahlstedt
分布：云南有逸生；原产于欧洲

药用蒲公英 Taraxacum officinale Weber ex F. H. Wigg.
分布：新疆；哈萨克斯坦、吉尔吉斯斯坦；欧洲、北美洲

东方蒲公英 Taraxacum orientale Kirschner et Stepánek
分布：四川

小花蒲公英 Taraxacum parvulum (Wall.) DC.
分布：新疆、四川、云南、西藏；不丹、印度、缅甸、尼泊尔

冷静蒲公英 Taraxacum patiens Kirschner et Stepánek
分布：四川、西藏

五台山蒲公英 Taraxacum peccator Kirschner et Stepánek
分布：河北

惊喜蒲公英 Taraxacum perplexans Kirschner et Stepánek
分布：新疆

尖角蒲公英 Taraxacum pingue Schischk.
分布：新疆；哈萨克斯坦

白缘蒲公英 Taraxacum platypecidum Diels ex H. Limpr.
分布：河北、山西、甘肃

新疆蒲公英 Taraxacum potaninii Tzvelev
分布：新疆

长叶蒲公英 **Taraxacum protractifolium** G. E. Haglund
分布：新疆

藏北蒲公英 **Taraxacum przevalskii** Tzvelev
分布：西藏

山地蒲公英 **Taraxacum pseudoalpinum** Schischk. ex Orazova
分布：新疆；哈萨克斯坦、吉尔吉斯斯坦

窄边蒲公英 **Taraxacum pseudoatratum** Orazova
分布：新疆；哈萨克斯坦

假大斗蒲公英 **Taraxacum pseudocalanthodium** Kirschner et Stepánek
分布：新疆

假白花蒲公英 **Taraxacum pseudoleucanthum** Soest
分布：新疆；印度、吉尔吉斯斯坦、塔吉克斯坦

葱岑蒲公英 **Taraxacum pseudominutilobum** Kovalevsk.
分布：新疆；哈萨克斯坦、乌兹别克斯坦

假垂穗蒲公英 **Taraxacum pseudonutans** Kirschner et Stepánek
分布：宁夏、甘肃

绯红蒲公英 **Taraxacum pseudoroseum** Schischk.
分布：新疆；哈萨克斯坦、吉尔吉斯斯坦

长角蒲公英 **Taraxacum pseudostenoceras** Soest
分布：甘肃、青海；尼泊尔

假紫果蒲公英 **Taraxacum pseudosumneviczii** Kirschner et Stepánek
分布：新疆

疏毛蒲公英 **Taraxacum puberulum** G. E. Haglund
分布：新疆

策勒蒲公英 **Taraxacum qirae** D. T. Zhai et Z. X. An
分布：新疆

血果蒲公英 **Taraxacum repandum** Pavlov
分布：新疆；哈萨克斯坦、吉尔吉斯斯坦

红座蒲公英 **Taraxacum rhodopodum** Dahlstedt ex M. P. Christiansen et Wiinstedt
分布：云南有逸生；原产于欧洲

高山蒲公英 **Taraxacum roborovskyi** Tzvelev
分布：新疆

二色蒲公英 **Taraxacum roseoflavescens** Tzvelev
分布：青海

红蒲公英 **Taraxacum russum** Kirschner et Stepánek
分布：贵州

瑞典蒲公英 **Taraxacum scanicum** Dahlstedt
分布：辽宁有逸生；原产于欧洲

深裂蒲公英 **Taraxacum scariosum** (Tausch) Kirschner et Stepánek
分布：河北、黑龙江、内蒙古、山西、?新疆、西藏；哈萨克斯坦、蒙古国、俄罗斯

拉萨蒲公英 **Taraxacum sherriffii** Soest
分布：西藏

锡金蒲公英 **Taraxacum sikkimense** Hand.-Mazz.
分布：西藏；尼泊尔、印度

拟蒲公英 **Taraxacum simulans** Kirschner et Stepánek
分布：四川

华蒲公英 **Taraxacum sinicum** Kitag.
分布：黑龙江、吉林、辽宁、内蒙古、河北、山西、陕西、甘肃、青海；吉尔吉斯斯坦、蒙古国、俄罗斯

凸尖蒲公英 **Taraxacum sinomongolicum** Kitag.
分布：内蒙古、河北

东天山蒲公英 **Taraxacum sinotianschanicum** Tzvelev
分布：新疆

管花蒲公英 **Taraxacum siphonanthum** X. D. Sun
分布：内蒙古

枣红蒲公英 **Taraxacum spadiceum** Kirschner et Stepánek
分布：新疆

和田蒲公英 **Taraxacum stanjukoviczii** Schischk.
分布：新疆；阿富汗、哈萨克斯坦、吉尔吉斯斯坦、伊朗

柳叶蒲公英 **Taraxacum staticifolium** Soest
分布：西藏

角苞蒲公英 **Taraxacum stenoceras** Dahlst.
分布：四川

甜蒲公英 **Taraxacum suavissimum** Kirschner et Stepánek
分布：云南

亚大斗蒲公英 **Taraxacum subcalanthodium** Kirschner et Stepánek
分布：新疆

圆叶蒲公英 **Taraxacum subcontristans** Kirschner et Stepánek
分布：新疆、西藏

亚冠蒲公英 **Taraxacum subcoronatum** Tzvelev
分布：青海、西藏

滇北蒲公英 **Taraxacum suberiopodum** Soest
分布：云南

寒生蒲公英 **Taraxacum subglaciale** Schischk.
分布：新疆；哈萨克斯坦

高山耐旱蒲公英 **Taraxacum syrtorum** Dshanaeva
分布：新疆；吉尔吉斯斯坦

线叶蒲公英 **Taraxacum taxkorganicum** Z. X. An ex D. T. Zhai
分布：新疆

天山蒲公英 **Taraxacum tianschanicum** Pavlov
分布：新疆；哈萨克斯坦

藏蒲公英 **Taraxacum tibetanum** Hand.-Mazz.
分布：四川、西藏；不丹

短毛蒲公英 **Taraxacum tonsum** Kirschner et Stepánek
分布：新疆

塔状蒲公英 **Taraxacum turritum** Kirschner et Stepánek
分布：云南

斑叶蒲公英 **Taraxacum variegatum** Kitag.
分布：吉林、辽宁

普通蒲公英 **Taraxacum vendibile** Kirschner et Stepánek
分布：四川、云南、西藏；俄罗斯

新源蒲公英 **Taraxacum xinyuanicum** D. T. Zhai et Z. X. An
分布：新疆

狗舌草属 **Tephroseris** (Reich.) Reich.

腺苞狗舌草 **Tephroseris adenolepis** C. Jeffrey et Y. L. Chen
分布：黑龙江、吉林；俄罗斯

红轮狗舌草 **Tephroseris flammea** (Turcz. ex DC.) Holub.
分布：黑龙江、吉林、内蒙古、山西、陕西；日本、朝鲜、俄罗斯

狗舌草 **Tephroseris kirilowii** (Turcz. ex DC.) Holub.
分布：黑龙江、吉林、辽宁、内蒙古、河北、山西、山东、河南、陕西、甘肃、安徽、江苏、浙江、江西、湖南、湖北、四川、贵州、福建、台湾、广东；日本、韩国、蒙古国、俄罗斯

朝鲜蒲儿根 **Tephroseris koreana** (Kom.) B. Nordenstam et Pelser
分布：吉林、辽宁；韩国

湿生狗舌草 **Tephroseris palustris** (L.) Fourr.
分布：黑龙江、内蒙古、河北；世界各地

长白狗舌草 **Tephroseris phaeantha** (Nakai) C. Jeffrey et Y. L. Chen
分布：吉林；朝鲜

浙江狗舌草 **Tephroseris pierotii** (Miq.) Holub.
分布：黑龙江、辽宁、江苏、浙江、福建；日本、韩国

草原狗舌草 **Tephroseris praticola** (Schischk. et Serg.) Holub.
分布：新疆；俄罗斯

黔狗舌草 **Tephroseris pseudosonchus** (Vaniot) C. Jeffrey et Y. L. Chen
分布：山西、陕西、湖南、湖北、贵州

橙舌狗舌草 **Tephroseris rufa** (Hand.-Mazz.) B. Nord.
分布：甘肃、青海、四川、西藏

毛果橙舌狗舌草 **Tephroseris rufa** var. **chaetocarpa** C. Jeffrey et Y. L. Chen
分布：河北、山西、甘肃、青海

橙舌狗舌草(原变种) **Tephroseris rufa** var. **rufa**
分布：河北、陕西、甘肃、青海、四川、西藏

匍枝狗舌草 **Tephroseris stolonifera** (Cufod.) Holub.
分布：四川、云南

尖齿狗舌草 **Tephroseris subdentata** (Bunge) Holub.
分布：黑龙江、吉林、辽宁、内蒙古、河北、青海；朝鲜、俄罗斯

台东狗舌草 **Tephroseris taitoensis** (Hayata) Holub.
分布：台湾

天山狗舌草 **Tephroseris turczaninovii** (DC.) Holub.
分布：新疆；蒙古国、俄罗斯

歧伞菊属 **Thespis** DC.

歧伞菊 **Thespis divaricata** DC.
分布：云南、广东；孟加拉国、柬埔寨、印度、老挝、缅甸、尼泊尔、泰国、越南

肿柄菊属 **Tithonia** Desf. ex Juss.

肿柄菊 **Tithonia diversifolia** A. Gray
分布：浙江、云南、福建、台湾、广东、广西、海南、澳门；原产于墨西哥及中美洲

婆罗门参属 **Tragopogon** L.

阿勒泰婆罗门参 Tragopogon altaicus Nikitin et Schischk.
分布：新疆；哈萨克斯坦、蒙古国、俄罗斯

头状婆罗门参 Tragopogon capitatus S. A. Nikitin
分布：新疆；哈萨克斯坦、吉尔吉斯斯坦、乌兹别克斯坦

霜毛婆罗门参 Tragopogon dubius Scop.
分布：辽宁、新疆；原产于欧洲(南部、中部)及西亚，现克什米尔地区、印度及北美洲有分布

长茎婆罗门参 Tragopogon elongatus S. A. Nikitin
分布：青海、新疆；哈萨克斯坦、吉尔吉斯斯坦

纤细婆罗门参 Tragopogon gracilis D. Don
分布：新疆、西藏；阿富汗、印度、哈萨克斯坦、吉尔吉斯斯坦、尼泊尔、塔吉克斯坦、乌兹别克斯坦

长苞婆罗门参 Tragopogon heteropappus C. H. An
分布：新疆

中亚婆罗门参 Tragopogon kasachstanicus S. A. Nikitin
分布：新疆；哈萨克斯坦、吉尔吉斯斯坦

膜缘婆罗门参 Tragopogon marginifolius Pavlov
分布：新疆；哈萨克斯坦、吉尔吉斯斯坦、俄罗斯、乌兹别克斯坦

山地婆罗门参 Tragopogon montanus S. A. Nikitin
分布：新疆；哈萨克斯坦、吉尔吉斯斯坦、俄罗斯中南部、塔吉克斯坦、乌兹别克斯坦；亚洲(西南部)

黄花婆罗门参 Tragopogon orientalis L.
分布：内蒙古、新疆；哈萨克斯坦、俄罗斯；欧洲

东方婆罗门参 Tragopogon orientalis var. **latifolius** C. H. An
分布：新疆

蒜叶婆罗门参 Tragopogon porrifolius L.
分布：陕西、新疆、云南；俄罗斯；欧洲

北疆婆罗门参 Tragopogon pseudomajor S. A. Nikitin
分布：新疆；哈萨克斯坦、吉尔吉斯斯坦、塔吉克斯坦、乌兹别克斯坦

红花婆罗门参 Tragopogon ruber S. G. Gmel.
分布：新疆；哈萨克斯坦、俄罗斯

沙婆罗门参 Tragopogon sabulosus Krasch. et S Nikit.
分布：新疆；俄罗斯、哈萨克斯坦

西伯利亚婆罗门参 Tragopogon sibiricus Ganesch.
分布：新疆；俄罗斯；欧洲

准噶尔婆罗门参 Tragopogon songoricus S. A. Nikitin
分布：新疆；哈萨克斯坦、蒙古国、俄罗斯

草原婆罗门参 Tragopogon stepposus (S. A. Nikitin) Stankov
分布：新疆；哈萨克斯坦、俄罗斯

高山婆罗门参 Tragopogon subalpinus S. A. Nikitin
分布：新疆；哈萨克斯坦、塔吉克斯坦

瘤苞婆罗门参 Tragopogon verrucosobracteatus C. H. An
分布：新疆

镇苞菊属 **Tricholepis** DC.

镇苞菊 Tricholepis furcata DC.
分布：西藏；不丹、印度、尼泊尔

云南镇苞菊 Tricholepis karensium Kurs
分布：云南；印度、克什米尔地区、缅甸、泰国

红花镇苞菊 Tricholepis tibetica Hook. f. et Thomson ex C. B. Clarke
分布：西藏；阿富汗、克什米尔地区、巴基斯坦

羽芒菊属 **Tridax** L.

羽芒菊 Tridax procumbens L.
分布：云南、福建、台湾、广东、广西、海南、香港、澳门；原产于热带美洲

三肋果属 **Tripleurospermum** Sch.-Bip.

褐苞三肋果 Tripleurospermum ambiguum (Ledeb.) Franch. et Savatier
分布：黑龙江、新疆；哈萨克斯坦、蒙古国、俄罗斯；亚洲(西南部)

无舌三肋果 Tripleurospermum homogamum G. X. Fu ex Y. Ling et C. Shih
分布：新疆

新疆三肋果 Tripleurospermum inodorum (L.) Sch. Bip.
分布：吉林、辽宁、新疆、江苏；哈萨克斯坦、俄罗斯、乌兹别克斯坦；欧洲

三肋果 Tripleurospermum limosum (Maxim.) Pobed.
分布：黑龙江、吉林、辽宁、内蒙古、河北；日本、哈萨克斯坦、韩国、蒙古国、俄罗斯、乌兹别克斯坦

东北三肋果 Tripleurospermum tetragonospermum (F. Schmidt) Pobed.
分布：黑龙江、吉林、辽宁；日本、俄罗斯

碱菀属 **Tripolium** Nees

碱菀 **Tripolium pannonicum** (Jacquin) Dobroczajeva
分布：黑龙江、吉林、辽宁、内蒙古、河北、山西、山东、陕西、宁夏、甘肃、青海、新疆、江苏、浙江、湖南、四川；日本、哈萨克斯坦、韩国、吉尔吉斯斯坦、蒙古国、俄罗斯、塔吉克斯坦、土库曼斯坦、乌兹别克斯坦；西南亚洲、欧洲、非洲(北部)

革苞菊属 **Tugarinovia** Iljin

革苞菊 **Tugarinovia mongolica** Iljin
分布：内蒙古；蒙古国

革苞菊(原变种) **Tugarinovia mongolica** var. **mongolica**
分布：内蒙古

革苞菊卵叶变种 **Tugarinovia mongolica** var. **ovatifolia** Y. Ling et Ma
分布：内蒙古

女菀属 **Turczaninovia** DC.

女菀 **Turczaninovia fastigiata** (Fisch.) DC.
分布：黑龙江、吉林、辽宁、内蒙古、河北、山西、山东、河南、陕西、甘肃、安徽、江苏、浙江、江西、湖南、湖北、四川；日本、韩国、蒙古国、俄罗斯

款冬属 **Tussilago** L.

款冬 **Tussilago farfara** L.
分布：吉林、内蒙古、河北、山西、河南、陕西、宁夏、甘肃、新疆、安徽、江苏、浙江、江西、湖南、湖北、四川、贵州、云南、西藏；印度、尼泊尔、巴基斯坦、俄罗斯；亚洲(西南部)、欧洲、非洲

斑鸠菊属 **Vernonia** Schreb.

白苞斑鸠菊 **Vernonia albosquama** Y. L. Chen
分布：广西

驱虫斑鸠菊 **Vernonia anthelmintica** (L.) Willd.
分布：云南；阿富汗、印度、老挝、马来西亚、缅甸、尼泊尔、巴基斯坦、斯里兰卡；非洲

树斑鸠菊 **Vernonia arborea** Buch.-Ham.
分布：云南、广西；印度、尼泊尔、斯里兰卡、越南、老挝、泰国、印度尼西亚、马来西亚

糙叶斑鸠菊 **Vernonia aspera** (Roxb.) Buch.-Ham.
分布：贵州、云南、海南；印度、老挝、缅甸、尼泊尔、泰国、越南

狭长斑鸠菊 **Vernonia attenuata** (Wall.) DC.
分布：云南；印度、缅甸

本格特斑鸠菊 **Vernonia benguetensis** Elmer
分布：云南；菲律宾、泰国

喜斑鸠菊 **Vernonia blanda** (Wall.) DC.
分布：云南、西藏、广西；印度、缅甸、越南、老挝、泰国、马来西亚

南川斑鸠菊 **Vernonia bockiana** Diels
分布：四川、重庆、贵州、云南

广西斑鸠菊 **Vernonia chingiana** Hand.-Mazz.
分布：广西

少花斑鸠菊 **Vernonia chunii** C. C. Chang
分布：海南

夜香牛 **Vernonia cinerea** (L.) Less.
分布：浙江、江西、湖南、湖北、四川、云南、福建、台湾、广东、广西；印度、越南、老挝、泰国、日本、印度尼西亚；非洲

岗斑鸠菊 **Vernonia clivorum** Hance
分布：云南、广东；缅甸

毒根斑鸠菊 **Vernonia cumingiana** Benth.
分布：四川、贵州、云南、福建、台湾、广东、广西、海南；泰国、越南、老挝、柬埔寨

叉枝斑鸠菊 **Vernonia divergens** (DC.) Edgew.
分布：贵州、云南、广西；老挝、缅甸、泰国

泰国斑鸠菊 **Vernonia doichangensis** H. Koyama
分布：云南；泰国

光耀藤 **Vernonia elliptica** DC.
分布：台湾有栽培；原产于印度、缅甸、泰国

展枝斑鸠菊 **Vernonia extensa** (Wall.) DC.
分布：贵州、云南；尼泊尔、印度、不丹

台湾斑鸠菊 **Vernonia gratiosa** Hance
分布：福建、台湾

滨海斑鸠菊 **Vernonia maritima** Merr.
分布：台湾；菲律宾

南漳斑鸠菊 **Vernonia nantcianensis** (Pamp.) Hand.-Mazz.
分布：湖北、四川

滇缅斑鸠菊 **Vernonia parishii** Hook. f.
分布：云南；缅甸、老挝、泰国

咸虾花 **Vernonia patula** (Dryand.) Merr.
分布：福建、广东、广西、贵州、台湾、云南；印度、印度

尼西亚、老挝、马来西亚、缅甸、巴布亚新几内亚、菲律宾、泰国、越南、马达加斯加；加勒比地区有引种

柳叶斑鸠菊 **Vernonia saligna** DC.
分布：云南、广东、广西；孟加拉国、印度、缅甸、尼泊尔、越南、泰国

反苞斑鸠菊 **Vernonia silhetensis** (DC.) Hand.-Mazz.
分布：云南；不丹、柬埔寨、印度、缅甸、泰国

茄叶斑鸠菊 **Vernonia solanifolia** Benth.
分布：云南、福建、广东、广西；印度、缅甸、越南、老挝、柬埔寨

折苞斑鸠菊 **Vernonia spirei** Gand.
分布：贵州、云南、广西

刺苞斑鸠菊 **Vernonia squarrosa** (D. Don) Less.
分布：云南；印度、尼泊尔、不丹、缅甸、泰国、越南、柬埔寨

腾冲斑鸠菊 **Vernonia subsessilis** var. **macrophylla** Hook. f.
分布：云南；印度、缅甸、尼泊尔

大叶斑鸠菊 **Vernonia volkameriifolia** (Wall.) DC.
分布：贵州、云南、西藏、广西；不丹、印度、老挝、缅甸、尼泊尔、泰国、越南

孪花菊属 Wollastonia DC.

孪花菊 **Wollastonia biflora** (L.) DC.
分布：广东、广西、贵州、海南、湖北、湖南、江西、四川、台湾、西藏、云南；印度、印度尼西亚、日本、马来西亚、菲律宾、越南、太平洋群岛

山蟛蜞菊 **Wollastonia montana** (Blume) DC.
分布：四川、贵州、云南、广东、广西、海南；不丹、印度、缅甸、尼泊尔、泰国

苍耳属 Xanthium L.

刺苍耳 **Xanthium spinosum** L.
分布：北京、河南；原产于北美洲和南美洲

苍耳 **Xanthium strumarium** Lour.
分布：黑龙江、吉林、辽宁、内蒙古、河北、山西、山东、河南、陕西、宁夏、青海、新疆、安徽、江苏、浙江、江西、湖南、湖北、四川、贵州、云南、西藏、福建、台湾、广东、广西、海南；原产于北美洲和欧洲南部地区，现泛热带地区常见杂草

黄缨菊属 Xanthopappus C. Winkl.

黄缨菊 **Xanthopappus subacaulis** C. Winkl.
分布：内蒙古、宁夏、甘肃、青海、四川、云南

蜡菊属 Xerochrysum Tzvelev

蜡菊 **Xerochrysum bracteatum** (Vent.) Tzvelev
分布：中国广泛栽培；原产于澳大利亚

黄鹌菜属 Youngia Cass.

纤细黄鹌菜 **Youngia atripappa** (Babcock) N. Kilian
分布：西藏；不丹、印度

顶凹黄鹌菜 **Youngia bifurcata** Babcock et Stebbins
分布：云南

鼠冠黄鹌菜 **Youngia cineripappa** (Babc.) Babc. et Stebbins
分布：广西、贵州、四川、云南；印度、?缅甸、越南

甘肃黄鹌菜 **Youngia conjunctiva** Badbock et Stebbins
分布：甘肃、四川

角冠黄鹌菜 **Youngia cristata** C. Shih et C. Q. Cai
分布：西藏

红果黄鹌菜 **Youngia erythrocarpa** (Vaniot) Babc. et Stebbins
分布：安徽、重庆、福建、甘肃、贵州、湖北、?湖南、江苏、?江西、陕西、四川、浙江

厚绒黄鹌菜 **Youngia fusca** (Babc.) Babc. et Stebbins
分布：贵州、云南

细梗黄鹌菜 **Youngia gracilipes** (Hook. f.) Babc. et Stebbins
分布：四川、西藏；不丹、尼泊尔、印度

顶戟黄鹌菜 **Youngia hastiformis** C. Shih
分布：四川

长裂黄鹌菜 **Youngia henryi** (Diels) Babc. et Stebbins
分布：陕西、湖北、四川

异叶黄鹌菜 **Youngia heterophylla** (Hemsl.) Babc. et Stebbins
分布：?重庆、甘肃、广东、广西、贵州、湖北、湖南、江西、陕西、四川、云南

黄鹌菜 **Youngia japonica** (L.) DC.
分布：河北、山东、河南、陕西、甘肃、安徽、江苏、浙江、江西、湖南、湖北、四川、重庆、贵州、云南、西藏、福建、台湾、广东、广西、海南；泛热带地区广布

黄鹌菜(原亚种) **Youngia japonica** subsp. **japonica**
分布：河北、山东、河南、陕西、甘肃、安徽、江苏、浙江、江西、湖南、湖北、四川、重庆、贵州、云南、西藏、福建、台湾、广东、广西、海南

卵裂黄鹌菜 **Youngia japonica** subsp. **elstonii** (Hochr.) Babc. et Stebbins

分布：陕西、甘肃、安徽、江苏、江西、湖南、湖北、四川、贵州、云南、福建、广东、广西、海南

长花黄鹌菜 **Youngia japonica** subsp. **longiflora** Babc. et Stebbins

分布：安徽、重庆、福建、广东、广西、?贵州、湖北、湖南、江苏、江西、四川、台湾、浙江

台湾黄鹌菜 **Youngia japonica** subsp. **monticola** Koh Nakam. et C. I. Peng

分布：台湾

康定黄鹌菜 **Youngia kangdingensis** C. Shih

分布：四川

绒毛黄鹌菜 **Youngia lanata** Babcock et Stebbins

分布：云南

戟叶黄鹌菜 **Youngia longipes** (Hemsl.) Babc. et Stebbins

分布：浙江、湖北

东川黄鹌菜 **Youngia mairei** (H. Lév.) Babcock et Stebbins

分布：云南

羽裂黄鹌菜 **Youngia paleacea** (Diels) Babc. et Stebbins

分布：四川、云南、西藏

糙毛黄鹌菜 **Youngia pilifera** C. Shih

分布：四川

川西黄鹌菜 **Youngia prattii** (Babcock) Babcock et Stebbins

分布：河南、湖北、?陕西、四川

总序黄鹌菜 **Youngia racemifera** (Hook. f.) Babc. et Stebbins

分布：四川、云南、西藏；不丹、尼泊尔、印度

多裂黄鹌菜 **Youngia rosthornii** (Diels) Babc. et Stebbins

分布：浙江、湖北、四川、重庆、广东

川黔黄鹌菜 **Youngia rubida** Babc. et Stebbins

分布：湖南、四川、贵州

绢毛黄鹌菜 **Youngia sericea** C. Shih

分布：西藏

无茎黄鹌菜 **Youngia simulatrix** (Babc.) Babc. et Stebbins

分布：甘肃、青海、四川、西藏；尼泊尔、印度

少花黄鹌菜 **Youngia szechuanica** (E. S. Soderb.) S. Y. Hu

分布：四川

大头黄鹌菜 **Youngia terminalis** Babcock et Stebbins

分布：四川

栉齿黄鹌菜 **Youngia wilsonii** (Babcock) Babcock et Stebbins

分布：河南、湖北、重庆

艺林黄鹌菜 **Youngia yilingii** C. Shih

分布：云南

百日菊属 **Zinnia** L.

多花百日菊 **Zinnia peruviana** (L.) L.

分布：河北、河南、陕西、甘肃、四川和云南引入栽培；原产于墨西哥

224. 蛇菰科 Balanophoraceae Rich.

蛇菰属 **Balanophora** J. R. Forst. et G. Forst.

短穗蛇菰 **Balanophora abbreviata** Blume

分布：浙江、江西、湖南、四川、贵州、云南、福建、广东、广西、海南；印度、缅甸、泰国、柬埔寨、马来西亚、太平洋岛屿、印度尼西亚、老挝、马达加斯加；非洲

鹿仙草 **Balanophora dioica** R. Br. ex Royle

分布：湖南、云南、西藏；印度、缅甸、尼泊尔、不丹

长枝蛇菰 **Balanophora elongata** Blume

分布：云南；印度尼西亚

川藏蛇菰 **Balanophora fargesii** (Tiegh.) Harms

分布：四川、西藏；不丹

蛇菰 **Balanophora fungosa** J. R. Forst. et G. Forst.

分布：台湾；印度尼西亚、日本、巴布亚新几内亚、菲律宾、澳大利亚、太平洋岛屿

葛菌 **Balanophora harlandii** Hook. f.

分布：河南、陕西、安徽、浙江、江西、湖南、湖北、四川、贵州、云南、福建、台湾、广东、广西、海南；印度、泰国

印度蛇菰 **Balanophora indica** (Arn.) Griff.

分布：云南、广西、海南；印度、马来西亚、缅甸、印度尼西亚、老挝、菲律宾、泰国、越南、太平洋岛屿

红菌 **Balanophora involucrata** Hook. f.

分布：河南、陕西、湖南、湖北、四川、贵州、云南、西

藏；不丹、尼泊尔、印度

日本蛇菰 **Balanophora japonica** Makino
分布：广东、海南；日本

疏花蛇菰 **Balanophora laxiflora** Hemsl.
分布：浙江、江西、湖南、湖北、四川、贵州、云南、西藏、福建、台湾、广东、广西；老挝、泰国、越南

多蕊蛇菰 **Balanophora polyandra** Griff.
分布：湖南、湖北、云南、西藏、广西；不丹、印度、缅甸、尼泊尔

杯茎蛇菰 **Balanophora subcupularis** P. C. Tam
分布：江西、湖南、贵州、云南、广东、广西

海桐蛇菰 **Balanophora tobiracola** Makino
分布：江西、湖南、台湾、广东、广西；日本

盾片蛇菰属 **Rhopalocnemis** Jungh.

盾片蛇菰 **Rhopalocnemis phalloides** Jungh.
分布：云南、广西；泰国、印度、印度尼西亚、尼泊尔、越南

225. 凤仙花科 Balsaminaceae A. Rich.

水角属 **Hydrocera** Blume

水角 **Hydrocera triflora** (L.) Wight et Arn.
分布：海南；印度、斯里兰卡、泰国、越南、老挝、柬埔寨、马来西亚、印度尼西亚

凤仙花属 **Impatiens** L.

神父凤仙花 **Impatiens abbatis** Hook. f.
分布：云南

乌头凤仙花 **Impatiens aconitoides** Y. M. Shui et W. H. Chen
分布：云南

太子凤仙花 **Impatiens alpicola** Y. L. Chen et Y. Q. Lu
分布：四川

迷人凤仙花 **Impatiens amabilis** Hook. f.
分布：四川

抱茎凤仙花 **Impatiens amplexicaulis** Edgew.
分布：云南、西藏

棱茎凤仙花 **Impatiens angulata** S. X. Yu, Y. L. Chen et H. N. Qin
分布：广西

安徽凤仙花 **Impatiens anhuiensis** Y. L. Chen
分布：安徽

大叶凤仙花 **Impatiens apalophylla** Hook. f.
分布：贵州、云南、广东、广西

川西凤仙花 **Impatiens apsotis** Hook. f.
分布：青海、四川、西藏

水凤仙花 **Impatiens aquatilis** Hook. f.
分布：云南

紧萼凤仙花 **Impatiens arctosepala** Hook. f.
分布：云南

锐齿凤仙花 **Impatiens arguta** Hook. f.
分布：四川、云南、西藏；印度、尼泊尔、不丹、缅甸

杏黄凤仙花 **Impatiens armeniaca** S. H. Huang
分布：云南

芒萼凤仙花 **Impatiens atherosepala** Hook. f.
分布：贵州

缅甸华凤仙 **Impatiens aureliana** Hook. f.
分布：云南；缅甸

新滇南凤仙花 **Impatiens austroyunnanensis** S. H. Huang
分布：云南

马红凤仙花 **Impatiens bachii** H. Lévl
分布：云南

白汉洛凤仙花 **Impatiens bahanensis** Hand.-Mazz.
分布：云南

大苞凤仙花 **Impatiens balansae** Hook. f.
分布：云南；越南

凤仙花 **Impatiens balsamina** L.
分布：各省（自治区、直辖市）庭园广泛栽培；印度

西双版纳凤仙花 **Impatiens bannaensis** S. H. Huang
分布：云南

髯毛凤仙花 **Impatiens barbata** H. F. Comber
分布：四川、云南

秋海棠叶凤仙花 **Impatiens begoniifolia** S. Akiyama et H. Ohba
分布：云南

美丽凤仙花 **Impatiens bellula** Hook. f.
分布：重庆

双角凤仙花 Impatiens bicornuta Wall.
分布：西藏；印度、尼泊尔

睫毛萼凤仙花 Impatiens blepharosepala Pritz.
分布：安徽、福建、广东、广西、贵州、湖北、湖南、江西、?浙江

东川凤仙花 Impatiens blinii H. Lév.
分布：云南

包氏凤仙花 Impatiens bodinieri Hook. f.
分布：贵州

短距凤仙花 Impatiens brachycentra Kar. et Kir.
分布：新疆；哈萨克斯坦、吉尔吉斯斯坦

睫苞凤仙花 Impatiens bracteata Colebr. ex Roxb.
分布：西藏；印度

短柄凤仙花 Impatiens brevipes Hook. f.
分布：四川

具角凤仙花 Impatiens ceratophora H. F. Comber
分布：云南；缅甸

茶山凤仙花 Impatiens chashanensis H. Y. Bi et S. X. Yu
分布：四川

浙江凤仙花 Impatiens chekiangensis Y. L. Chen
分布：浙江

高黎贡山凤仙花 Impatiens chimiliensis H. F. Comber
分布：云南；缅甸

华凤仙 Impatiens chinensis L.
分布：安徽、浙江、江西、湖南、云南、福建、广东、广西、海南；印度、马来西亚、缅甸、泰国、越南

赤水凤仙花 Impatiens chishuiensis Y. X. Xiong
分布：贵州

九龙凤仙花 Impatiens chiulungensis Y. L. Chen
分布：四川

绿萼凤仙花 Impatiens chlorosepala Hand.-Mazz.
分布：湖南、贵州、广东、广西

淡黄绿凤仙花 Impatiens chloroxantha Y. L. Chen
分布：浙江

中甸凤仙花 Impatiens chungtienensis Y. L. Chen
分布：云南

棒尾凤仙花 Impatiens clavicuspis Hook. f. ex W. W. Sm.
分布：云南

棒尾凤仙花(原变种) Impatiens clavicuspis var. **clavicuspis**
分布：云南；缅甸

短尖棒尾凤仙花 Impatiens clavicuspis var. **brevicuspis** Hand.-Mazz.
分布：云南

棒凤仙花 Impatiens claviger Hook. f.
分布：云南、广西；越南

拟棒凤仙花 Impatiens clavigeroides S. Akiyama et H. Ohba et S. K. Wu
分布：云南

鸭跖草状凤仙花 Impatiens commelinoides Hand.-Mazz.
分布：浙江、江西、湖南、福建、广东

顶喙凤仙花 Impatiens compta Hook. f.
分布：湖北、重庆

错那凤仙花 Impatiens conaensis Y. L. Chen
分布：西藏

贝苞凤仙花 Impatiens conchibracteata Y. L. Chen et Y. Q. Lu
分布：四川

黄麻叶凤仙花 Impatiens corchorifolia Franch.
分布：四川、云南

叶底花凤仙花 Impatiens cornucopia Franch.
分布：四川、云南

角萼凤仙花(新拟) Impatiens cornutisepala S. X. Yu, Y. L. Chen et H. N. Qin
分布：广西

粗茎凤仙花 Impatiens crassicaudex Hook. f.
分布：四川、云南、西藏

厚裂凤仙花 Impatiens crassiloba Hook. f.
分布：贵州

细圆齿凤仙花 Impatiens crenulata Hook. f.
分布：重庆

西藏凤仙花 Impatiens cristata Wall.
分布：西藏；尼泊尔、不丹、印度

蓝花凤仙花 Impatiens cyanantha Hook. f.
分布：贵州、云南

金凤花 Impatiens cyathiflora Hook. f.
分布：云南

环萼凤仙花 Impatiens cyclosepala Hook. f. ex W. W. Sm.
分布：云南

舟状凤仙花 **Impatiens cymbifera** Hook. f.
分布：西藏；尼泊尔、印度、不丹、缅甸

大关凤仙花 **Impatiens daguanensis** S. H. Huang
分布：云南

牯岭凤仙花 **Impatiens davidii** Franch.
分布：安徽、浙江、江西、湖南、湖北、福建

耳叶凤仙花 **Impatiens delavayi** Franch.
分布：四川、云南、西藏

德钦凤仙花 **Impatiens deqinensis** S. H. Huang
分布：云南

束花凤仙花 **Impatiens desmantha** Hook. f.
分布：云南

棣慕华凤仙花 **Impatiens devolii** T. C. Huang
分布：台湾

透明凤仙花 **Impatiens diaphana** Hook. f.
分布：重庆

齿萼凤仙花 **Impatiens dicentra** Franch. ex Hook. f.
分布：河南、陕西、湖南、湖北、重庆、贵州

二色凤仙花 **Impatiens dichroa** Hook. f.
分布：云南

色果凤仙花 **Impatiens dichroocarpa** H. Lév.
分布：云南

异型叶凤仙花 **Impatiens dimorphophylla** Franch.
分布：四川、云南

散生凤仙花 **Impatiens distracta** Hook. f.
分布：四川

叉开凤仙花 **Impatiens divaricata** Franch.
分布：云南

长距凤仙花 **Impatiens dolichoceras** E. Pritz.
分布：湖北、重庆

镰萼凤仙花 **Impatiens drepanophora** Hook. f.
分布：云南、西藏；尼泊尔、不丹、印度、缅甸

滇南凤仙花 **Impatiens duclouxii** Hook. f.
分布：云南；泰国

柳叶菜状凤仙花 **Impatiens epilobioides** Y. L. Chen
分布：四川

川滇凤仙花 **Impatiens ernstii** Hook. f.
分布：四川、云南

鄂西凤仙花 **Impatiens exiguiflora** Hook. f.
分布：湖北

展叶凤仙花 **Impatiens extensifolia** Hook. f.
分布：云南

华丽凤仙花 **Impatiens faberi** Hook. f.
分布：四川

镰瓣凤仙花 **Impatiens falcifer** Hook. f.
分布：西藏；尼泊尔、印度、不丹

梵净山凤仙花 **Impatiens fanjingshanica** Y. L. Chen
分布：贵州

川鄂凤仙花 **Impatiens fargesii** Hook. f.
分布：湖北、重庆

封怀凤仙花 **Impatiens fenghwaiana** Y. L. Chen
分布：江西

裂距凤仙花 **Impatiens fissicornis** Maxim.
分布：陕西、甘肃、湖北

滇西凤仙花 **Impatiens forrestii** Hook. f. ex W. W. Sm.
分布：四川、云南；缅甸

草莓凤仙花 **Impatiens fragicolor** C. Marquand et Airy Shaw
分布：西藏

福贡凤仙花 **Impatiens fugongensis** K. M. Liu et Y. Y. Cong
分布：云南

东北凤仙花 **Impatiens furcillata** Hemsl.
分布：黑龙江、吉林、辽宁、内蒙古、河北；朝鲜、俄罗斯

平坝凤仙花 **Impatiens ganpiuana** Hook. f.
分布：贵州

腹唇凤仙花 **Impatiens gasterocheila** Hook. f.
分布：四川

贡山凤仙花 **Impatiens gongshanensis** Y. L. Chen
分布：云南

细梗凤仙花 **Impatiens gracilipes** Hook. f.
分布：四川

贵州凤仙花 **Impatiens guizhouensis** Y. L. Chen
分布：贵州

海南凤仙花 **Impatiens hainanensis** Y. L. Chen
分布：海南

滇东南凤仙花 **Impatiens hancockii** C. H. Wright
分布：云南

中州凤仙花 **Impatiens henanensis** Y. L. Chen
分布：山西、河南

横断山凤仙花 **Impatiens hengduanensis** Y. L. Chen
分布：云南

心萼凤仙花 **Impatiens henryi** Pritz.
分布：湖北

同距凤仙花 **Impatiens holocentra** Hand.-Mazz.
分布：云南；缅甸

香港凤仙花 **Impatiens hongkongensis** Grey-Wilson
分布：广东、香港

黄岩凤仙花 **Impatiens huangyanensis** X. F. Jin et B. Y. Ding
分布：浙江

渐尖黄岩凤仙花(新拟) **Impatiens huangyanensis** subsp. **attenuata** X. F. Jin et Z. H. Chen
分布：浙江

湖南凤仙花 **Impatiens hunanensis** Y. L. Chen
分布：江西、湖南、广东、广西

纤袅凤仙花 **Impatiens imbecilla** Hook. f.
分布：四川

脆弱凤仙花 **Impatiens infirma** Hook. f.
分布：四川、西藏

井冈山凤仙花 **Impatiens jinggangensis** Y. L. Chen
分布：江西、湖南

金平凤仙花 **Impatiens jinpingensis** Y. M. Shui et G. F. Li
分布：云南

九龙山凤仙花 **Impatiens jiulongshanica** Y. L. Xu et Y. L. Chen
分布：浙江

甘堤龙凤仙花 **Impatiens kamtilongensis** Toppin
分布：云南；缅甸

高坡凤仙花 **Impatiens labordei** Hook. f.
分布：贵州

撕裂萼凤仙花 **Impatiens lacinulifera** Y. L. Chen
分布：四川

狭萼凤仙花 **Impatiens lancisepala** S. H. Huang
分布：云南

老君山凤仙花 **Impatiens laojunshanensis** S. H. Huang
分布：云南

毛凤仙花 **Impatiens lasiophyton** Hook. f.
分布：贵州、云南、广西

阔苞凤仙花 **Impatiens latebracteata** Hook. f.
分布：陕西、四川

侧穗凤仙花 **Impatiens lateristachys** Y. L. Chen et Y. Q. Lu
分布：四川

宽瓣凤仙花 **Impatiens latipetala** S. H. Huang
分布：云南

滇西北凤仙花 **Impatiens lecomtei** Hook. f.
分布：云南

荞麦地凤仙花 **Impatiens lemeei** H. Lév.
分布：云南

具鳞凤仙花 **Impatiens lepida** Hook. f.
分布：贵州、云南

细柄凤仙花 **Impatiens leptocaulon** Hook. f.
分布：河南、湖南、湖北、四川、贵州、云南

羊坪凤仙花 **Impatiens leveillei** Hook. f.
分布：贵州

凉山凤仙花 **Impatiens liangshanensis** Q. Luo
分布：四川

丁香色凤仙花 **Impatiens lilacina** Hook. f.
分布：云南

线萼凤仙花 **Impatiens linearisepala** S. Akiyama et H. Ohba et S. K. Wu
分布：云南

林芝凤仙花 **Impatiens linghziensis** Y. L. Chen
分布：西藏

秦岭凤仙花 **Impatiens linocentra** Hand.-Mazz.
分布：河南、陕西

理县凤仙花(新拟) **Impatiens lixianensis** S. X. Yu
分布：四川

裂萼凤仙花 **Impatiens lobulifera** S. X. Yu, Y. L. Chen et H. N. Qin
分布：广西

长翼凤仙花 **Impatiens longialata** E. Pritz.
分布：湖北、四川

长角凤仙花 **Impatiens longicornuta** Y. L. Chen
分布：湖南

长梗凤仙花 **Impatiens longipes** Hook. f. et Thomson
分布：西藏；印度、不丹

长喙凤仙花 **Impatiens longirostris** S. H. Huang
分布：云南

路南凤仙花 **Impatiens loulanensis** Hook. f.
分布：贵州、云南

绿春凤仙花 **Impatiens luchunensis** S. Akiyama et H. Ohba et S. K. Wu
分布：云南

林生凤仙花 **Impatiens lucorum** Hook. f.
分布：四川

卢氏凤仙花 **Impatiens lushiensis** Y. L. Chen
分布：河南

大旗瓣凤仙花 **Impatiens macrovexilla** Y. L. Chen
分布：广西

马关凤仙花 **Impatiens maguanensis** S. Akiyama et H. Ohba et S. K. Wu
分布：云南

岔河凤仙花 **Impatiens mairei** H. Lév.
分布：云南

麻栗坡凤仙花 **Impatiens malipoensis** S. H. Huang
分布：云南

无距凤仙花 **Impatiens margaritifera** Hook. f.
分布：四川、云南、西藏

无距凤仙花(原变种) **Impatiens margaritifera** var. **margaritifera**
分布：云南

矮小无距凤仙花 **Impatiens margaritifera** var. **humilis** Y. L. Chen
分布：四川、云南、西藏

紫花无距凤仙花 **Impatiens margaritifera** var. **purpurascens** Y. L. Chen
分布：西藏

齿苞凤仙花 **Impatiens martinii** Hook. f.
分布：贵州

墨脱凤仙花 **Impatiens medogensis** Y. L. Chen
分布：西藏

膜叶凤仙花 **Impatiens membranifolia** Franch. ex Hook. f.
分布：重庆

蒙自凤仙花 **Impatiens mengtszeana** Hook. f.
分布：云南

梅氏凤仙花 **Impatiens meyana** Hook. f.
分布：云南

小距凤仙花 **Impatiens microcentra** Hand.-Mazz.
分布：云南

小穗凤仙花 **Impatiens microstachys** Hook. f.
分布：四川

微萼凤仙花 **Impatiens minimisepala** Hook. f.
分布：云南

山地凤仙花 **Impatiens monticola** Hook. f.
分布：四川、重庆

龙州凤仙花 **Impatiens morsei** Hook. f.
分布：广西

木里凤仙花 **Impatiens muliensis** Y. L. Chen
分布：四川

多枝凤仙花 **Impatiens multiramea** S. H. Huang
分布：云南

慕索凤仙花 **Impatiens mussoti** Hook. f.
分布：四川

越南凤仙花 **Impatiens musyana** Hook. f.
分布：云南；越南

南岭凤仙花 **Impatiens nanlingensis** A. Q. Dong et F. W. Xing
分布：广东

那坡凤仙花 **Impatiens napoensis** Y. L. Chen
分布：广西

大鼻凤仙花 **Impatiens nasuta** Hook. f.
分布：湖北、重庆

浙皖凤仙花 **Impatiens neglecta** Y. L. Xu et Y. L. Chen
分布：安徽、浙江

高贵凤仙花 **Impatiens nobilis** Hook. f.
分布：云南

水金凤 **Impatiens noli-tangere** L.
分布：黑龙江、吉林、辽宁、内蒙古、河北、山西、山东、河南、陕西、甘肃、安徽、浙江、湖北；日本、朝鲜、蒙古国、俄罗斯

西固凤仙花 **Impatiens notolopha** Maxim.
分布：河南、陕西、甘肃、四川

高山凤仙花 **Impatiens nubigena** W. W. Sm.
分布：四川、云南、西藏

米林凤仙花 Impatiens nyimana C. Marquand et Airy Shaw
分布：西藏

丰满华凤仙 **Impatiens obesa** Hook. f.
分布：江西、湖南、广东

矩圆萼凤仙花 **Impatiens oblongipetala** K. M. Liu et Y. Y. Cong
分布：云南

齿瓣凤仙花 **Impatiens odontopetala** Maxim.
分布：甘肃、四川

齿叶凤仙花 **Impatiens odontophylla** Hook. f.
分布：湖北、四川

少脉凤仙花 **Impatiens oligoneura** Hook. f.
分布：四川

峨眉凤仙花 **Impatiens omeiana** Hook. f.
分布：四川

红雉凤仙花 **Impatiens oxyanthera** Hook. f.
分布：湖北、四川

奇形凤仙花 **Impatiens paradoxa** C. S. Zhu et H. W. Yang
分布：河南

小花凤仙花 **Impatiens parviflora** DC.
分布：新疆；俄罗斯、哈萨克斯坦、吉尔吉斯斯坦、蒙古国；欧洲

小萼凤仙花 **Impatiens parvisepala** S. X. Yu et Y. T. Hou
分布：广西

片马凤仙花 **Impatiens pianmaensis** S. H. Huang
分布：云南

块节凤仙花 **Impatiens pinfanensis** Hook. f.
分布：重庆、贵州

凭祥凤仙花 **Impatiens pingxiangensis** H. Y. Bi et S. X. Yu
分布：广西

宽距凤仙花 **Impatiens platyceras** Maxim.
分布：甘肃、湖北、四川

紫萼凤仙花 **Impatiens platychlaena** Hook. f.
分布：四川

阔萼凤仙花 **Impatiens platysepala** Y. L. Chen
分布：浙江、江西

罗平凤仙花 **Impatiens poculifer** Hook. f.
分布：云南

多角凤仙花 **Impatiens polyceras** Hook. f. ex W. W. Sm.
分布：云南

多脉凤仙花 **Impatiens polyneura** K. M. Liu
分布：湖南

紫色凤仙花 **Impatiens porphyrea** Toppin
分布：云南；缅甸

陇南凤仙花 **Impatiens potaninii** Maxim.
分布：陕西、甘肃、四川

澜沧凤仙花 **Impatiens principis** Hook. f.
分布：云南；越南

湖北凤仙花 **Impatiens pritzelii** Hook. f.
分布：湖北、四川

平卧凤仙花 **Impatiens procumbens** Franch.
分布：云南

直距凤仙花 **Impatiens pseudokingii** Hand.-Mazz.
分布：云南

翅茎凤仙花 **Impatiens pterocaulis** S. X. Yu et L. R. Zhang
分布：广西

翼萼凤仙花 **Impatiens pterosepala** Hook. f.
分布：河南、安徽、湖南、湖北、四川

柔毛凤仙花 **Impatiens puberula** DC.
分布：云南、西藏；尼泊尔、印度、不丹

羞怯凤仙花 **Impatiens pudica** Hook. f.
分布：四川

紫花凤仙花 **Impatiens purpurea** Hand.-Mazz.
分布：云南

紫叶凤仙花 **Impatiens purpureifolia** S. H. Huang et Y. M. Shui
分布：云南；越南

青城山凤仙花 **Impatiens qingchengshanica** Y. M. Yuan, Y. Song et X. J. Ge
分布：四川

四裂片凤仙花 **Impatiens quadriloba** K. M. Liu et Y. L. Xiang
分布：四川

总状凤仙花 **Impatiens racemosa** DC.
分布：西藏；印度、不丹、尼泊尔、克什米尔地区、缅甸

总状凤仙花(原变种) **Impatiens racemosa** var. **racemosa**
分布：西藏；不丹、印度、克什米尔地区、尼泊尔

无距总状凤仙花 **Impatiens racemosa** var. **ecalcarata** Hook. f.
分布：西藏；印度、缅甸

辐射凤仙花 **Impatiens radiata** Hook. f.
分布：四川、贵州、云南、西藏；尼泊尔、印度、不丹、缅甸

直角凤仙花 **Impatiens rectangula** Hand.-Mazz.
分布：云南

直喙凤仙花 **Impatiens rectirostrata** Y. L. Chen et Y. Q. Lu
分布：四川

弯距凤仙花 **Impatiens recurvicornis** Maxim.
分布：湖北、四川

匍匐凤仙花 **Impatiens reptans** Hook. f.
分布：湖南、贵州

菱叶凤仙花 **Impatiens rhombifolia** Y. Q. Lu et Y. L. Chen
分布：四川

粗壮凤仙花 **Impatiens robusta** Hook. f.
分布：四川

短喙凤仙花 **Impatiens rostellata** Franch.
分布：四川

红纹凤仙花 **Impatiens rubrostriata** Hook. f.
分布：贵州、云南、广西

皱缩凤仙花 **Impatiens rugata** S. H. Huang et Y. M. Shui
分布：云南

瑞丽凤仙花 **Impatiens ruiliensis** S. Akiyama et H. Ohba
分布：云南

岩生凤仙花 **Impatiens rupestris** K. M. Liu et X. Z. Cai
分布：湖南

怒江凤仙花 **Impatiens salwinensis** S. H. Huang
分布：云南

糙毛凤仙花 **Impatiens scabrida** DC.
分布：西藏；尼泊尔、不丹、印度

盾萼凤仙花 **Impatiens scutisepala** Hook. f.
分布：云南

藏南凤仙花 **Impatiens serrata** Benth. ex Hook. f. et Thomson
分布：西藏；尼泊尔、印度、不丹

石棉凤仙花 **Impatiens shimianensis** Ge Chen Zhang et L. B. Zhang
分布：四川

黄金凤 **Impatiens siculifer** Hook. f.
分布：江西、湖南、湖北、贵州、云南、福建、广西

黄金凤(原变种) **Impatiens siculifer** var. **siculifer**
分布：江西、湖南、湖北、四川、贵州、云南、福建、广西

雅致黄金凤 **Impatiens siculifer** var. **mitis** Hook. f.
分布：云南

等花黄金凤 **Impatiens siculifer** var. **porphyrea** Hook. f.
分布：湖南、云南、广西

斯格玛凤仙花 **Impatiens sigmoidea** Hook. f.
分布：贵州

康定凤仙花 **Impatiens soulieana** Hook. f.
分布：四川

勺叶凤仙花 **Impatiens spathulata** Y. X. Xiong
分布：贵州

窄花凤仙花 **Impatiens stenantha** Hook. f.
分布：云南、西藏；不丹、印度、尼泊尔

窄萼凤仙花 **Impatiens stenosepala** Pritz.
分布：山西、河南、陕西、甘肃、湖南、湖北、四川、重庆、贵州

窄萼凤仙花(原变种) **Impatiens stenosepala** var. **stenosepala**
分布：山西、河南、陕西、甘肃、湖南、湖北、四川、贵州

小花窄萼凤仙花 **Impatiens stenosepala** var. **parviflora** Pritz. ex Diels
分布：重庆

近无距凤仙花 **Impatiens subecalcarata** (Hand.-Mazz.) Y. L. Chen
分布：四川、云南

遂昌凤仙花 **Impatiens suichangensis** Y. L. Xu et Y. L. Chen
分布：浙江

绥江凤仙花 **Impatiens suijiangensis** S. H. Huang
分布：云南

槽茎凤仙花 **Impatiens sulcata** Wall.
分布：西藏；印度、尼泊尔、克什米尔地区、不丹

孙氏凤仙花 **Impatiens sunii** S. H. Huang
分布：云南

四川凤仙花 **Impatiens sutchuenensis** Franch. ex Hook. f.
分布：陕西、湖北、四川

泰顺凤仙花 **Impatiens taishunensis** Y. L. Chen et Y. L. Lin
分布：浙江

独龙凤仙花 **Impatiens taronensis** Hand.-Mazz.
分布：云南

关雾凤仙花 **Impatiens tayemonii** Hayata
分布：台湾

柔茎凤仙花 **Impatiens tenerrima** Y. L. Chen
分布：四川

膜苞凤仙花 **Impatiens tenuibracteata** Y. L. Chen
分布：西藏

野凤仙花 **Impatiens textorii** Miq.
分布：吉林、辽宁、山东；朝鲜、俄罗斯、日本

硫色凤仙花 **Impatiens thiochroa** Hand.-Mazz.
分布：云南

藏西凤仙花 **Impatiens thomsonii** Hook. f.
分布：西藏；印度、克什米尔地区、缅甸

天全凤仙花 **Impatiens tienchuanensis** Y. L. Chen
分布：四川

天目山凤仙花 **Impatiens tienmushanica** Y. L. Chen
分布：浙江

天目山凤仙花(原变种) **Impatiens tienmushanica** var. **tienmushanica**
分布：浙江

长距天目山凤仙花 **Impatiens tienmushanica** var. **longicalcarata** Y. L. Xu et Y. L. Chen
分布：浙江

微绒毛凤仙花 **Impatiens tomentella** Hook. f.
分布：云南

铜壁关凤仙花 **Impatiens tongbiguanensis** S. Akiyama et H. Ohba
分布：云南

扭萼凤仙花 **Impatiens tortisepala** Hook. f.
分布：四川

念珠凤仙花 **Impatiens torulosa** Hook. f.
分布：四川

东俄洛凤仙花 **Impatiens toxophora** Hook. f.
分布：四川

毛柄凤仙花 **Impatiens trichopoda** Hook. f.
分布：重庆

毛萼凤仙花 **Impatiens trichosepala** Y. L. Chen
分布：贵州、云南、广西

三角萼凤仙花 **Impatiens trigonosepala** Hook. f.
分布：四川

苍山凤仙花 **Impatiens tsangshanensis** Y. L. Chen
分布：云南

瘤果凤仙花 **Impatiens tuberculata** Hook. f.
分布：西藏；印度、不丹

管茎凤仙花 **Impatiens tubulosa** Hemsl.
分布：浙江、江西、福建、广东、广西

滇水金凤 **Impatiens uliginosa** Franch.
分布：云南

波缘凤仙花 **Impatiens undulata** Y. L. Chen et Y. Q. Lu
分布：四川

具爪凤仙花 **Impatiens unguiculata** K. M. Liu et Y. Y. Cong
分布：西藏

单花凤仙花 **Impatiens uniflora** Hayata
分布：台湾

荨麻叶凤仙花 **Impatiens urticifolia** Wall.
分布：西藏；尼泊尔、印度、不丹

巧家凤仙花 **Impatiens vaniotiana** H. Lév.
分布：云南

条纹凤仙花 **Impatiens vittata** Franch.
分布：四川

瓦氏凤仙花 **Impatiens waldheimiana** Hook. f.
分布：四川

苏丹凤仙花 **Impatiens walleriana** Hook. f.
分布：河北、广东；原产于非洲

维西凤仙花 **Impatiens weihsiensis** Y. L. Chen
分布：云南

文山凤仙花 **Impatiens wenshanensis** S. H. Huang
分布：云南、广西

白花凤仙花 **Impatiens wilsonii** Hook. f.
分布：四川

吴氏凤仙花 **Impatiens wuchengyihii** S. Akiyama et H. Ohba
分布：云南

婺源凤仙花 **Impatiens wuyuanensis** Y. L. Chen
分布：江西

金黄凤仙花 **Impatiens xanthina** H. F. Comber
分布：云南；缅甸

金黄凤仙花(原变种) **Impatiens xanthina** var. **xanthina**
分布：云南；缅甸

细小金黄凤仙花 **Impatiens xanthina** var. **pusilla** Y. L. Chen
分布：云南

黄头凤仙花 **Impatiens xanthocephala** W. W. Sm.
分布：四川

阳山凤仙花(新拟) **Impatiens yangshanensis** A. Q. Dong et F. W. Xing
分布：广东

药山凤仙花 **Impatiens yaoshanensis** K. M. Liu et Y. Y. Cong
分布：云南

艺林凤仙花 **Impatiens yilingiana** X. F. Jin, S. Z. Yang et L. Qian
分布：浙江

盈江凤仙花 **Impatiens yingjiangensis** S. Akiyama et H. Ohba
分布：云南

永善凤仙花 **Impatiens yongshanensis** S. H. Huang
分布：云南

德浚凤仙花 **Impatiens yui** S. H. Huang
分布：云南

云南凤仙花 **Impatiens yunnanensis** Franch.
分布：云南

紫溪凤仙花 **Impatiens zixishanensis** S. H. Huang
分布：云南

226. 落葵科 Basellaceae Raf.

落葵薯属 **Anredera** Juss.

落葵薯 **Anredera cordifolia** (Ten.) Steenis
分布：各省（自治区、直辖市）广泛栽培；原产于南美洲，现世界各地广为引种栽培

短序落葵薯 **Anredera scandens** (L.) Moq.
分布：福建、广东；美洲

落葵属 **Basella** L.

落葵 **Basella alba** L.
分布：全国，归化于中国南部；泛热带地区

227. 秋海棠科 Begoniaceae C. Agardh

秋海棠属 **Begonia** L.

无翅秋海棠 **Begonia acetosella** Craib
分布：云南、西藏；泰国、缅甸、老挝、越南

无翅秋海棠(原变种) **Begonia acetosella** var. **acetosella**
分布：云南、西藏；老挝、缅甸、泰国、越南

粗毛无翅秋海棠 **Begonia acetosella** var. **hirtifolia** Irmsch.
分布：云南；缅甸

尖被秋海棠 **Begonia acutitepala** K. Y. Guan et D. K. Tian
分布：云南

美丽秋海棠 **Begonia algaia** L. B. Sm. et Wassh.
分布：江西

点叶秋海棠 **Begonia alveolata** T. T. Yu
分布：云南；越南

蛛网脉秋海棠 **Begonia arachnoidea** C. I. Peng, Yan Liu et S. M. Ku
分布：广西

树生秋海棠 **Begonia arboreta** Y. M. Shui
分布：云南

糙叶秋海棠 **Begonia asperifolia** Irmsch.
分布：云南、西藏

糙叶秋海棠（原变种） **Begonia asperifolia** var. **asperifolia**
分布：云南、西藏

俅江秋海棠 **Begonia asperifolia** var. **tomentosa** T. T. Yu
分布：云南

窄檐糙叶秋海棠 **Begonia asperifolia** var. **unialata** T. C. Ku
分布：云南

星果草叶秋海棠 **Begonia asteropyrifolia** Y. M. Shui et W. H. Chen
分布：广西

歪叶秋海棠 **Begonia augustinei** Hemsl.
分布：云南

橙花侧膜秋海棠 **Begonia aurantiflora** C. I. Peng, Yan Liu et S. M. Ku
分布：广西

耳托秋海棠 **Begonia auritistipula** Y. M. Shui et W. H. Chen
分布：广西

桂南秋海棠 **Begonia austroguangxiensis** Y. M. Shui et W. H. Chen
分布：广西

南台湾秋海棠 **Begonia austrotaiwanensis** Y. K. Chen et C. I. Peng
分布：台湾

巴马秋海棠 **Begonia bamaensis** Yan Lin et C. I. Peng
分布：广西

金平秋海棠 **Begonia baviensis** Gagnep.
分布：云南、广西；越南

双花秋海棠 **Begonia biflora** T. C. Ku
分布：云南

九九峰秋海棠 **Begonia bouffordii** C. I. Peng
分布：台湾

短梗秋海棠(新拟) **Begonia breviscapa** C.-I Peng, Yan Liu et S. M. Ku
分布：广西

短刺秋海棠 **Begonia brevisetulosa** C. Y. Wu
分布：四川

武威秋海棠 **Begonia buimontana** Yamam.
分布：台湾

花叶秋海棠 **Begonia cathayana** Hemsl.
分布：云南、广西；越南

昌感秋海棠 **Begonia cavaleriei** H. Lév.
分布：贵州、云南、广西；越南

册亨秋海棠 **Begonia cehengensis** T. C. Ku
分布：贵州

角果秋海棠 **Begonia ceratocarpa** S. H. Huang et Y. M. Shui
分布：云南；越南

凤山秋海棠 **Begonia chingii** Irmsch.
分布：广西

赤水秋海棠 **Begonia chishuiensis** T. C. Ku
分布：贵州

溪头秋海棠 **Begonia chitoensis** T. S. Liu et M. J. Lai
分布：台湾

崇左秋海棠(新拟) **Begonia chongzuoensis** Yan Liu, S. M. Ku et C.-I Peng
分布：广西

钟氏秋海棠 **Begonia chungii** C.-I Peng et S. M. Ku
分布：台湾

出云山秋海棠 **Begonia chuyunshanensis** C. I. Peng et Y. K. Chen
分布：台湾

周裂秋海棠 **Begonia circumlobata** Hance
分布：湖南、湖北、贵州、福建、广东、广西

卷毛秋海棠 **Begonia cirrosa** L. B. Sm. et Wassh.
分布：云南、广西

腾冲秋海棠 **Begonia clavicaulis** Irmsch.
分布：云南

假侧膜秋海棠 **Begonia coelocentroides** Y. M. Shui et Z. D. Wei
分布：云南

阳春秋海棠 **Begonia coptidifolia** H. G. Ye, F. G. Wang, Y. S. Ye et C. I. Peng
分布：广东

黄连山秋海棠 **Begonia coptidimontana** C. Y. Wu
分布：云南

橙花秋海棠 **Begonia crocea** C. I. Peng
分布：云南

水晶秋海棠 **Begonia crystallina** Y. M. Shui et W. H. Chen
分布：云南

瓜叶秋海棠 **Begonia cucurbitifolia** C. Y. Wu
分布：云南

弯果秋海棠 **Begonia curvicarpa** S. M. Ku, C. I. Peng et Yan Liu
分布：广西

柱果秋海棠 **Begonia cylindrica** D. R. Liang et X. X. Chen
分布：广西

大围山秋海棠 **Begonia daweishanensis** S. H. Huang et Y. M. Shui
分布：云南

大新秋海棠 **Begonia daxinensis** T. C. Ku
分布：广西

德保秋海棠 **Begonia debaoensis** C. I. Peng, Yan Liu et S. M. Ku
分布：广西

齿苞秋海棠 **Begonia dentatobracteata** C. Y. Wu
分布：云南

南川秋海棠 **Begonia dielsiana** E. Pritz.
分布：湖北、四川

槭叶秋海棠 **Begonia digyna** Irmsch.
分布：浙江、江西、福建

细茎秋海棠 **Begonia discrepans** Irmsch.
分布：云南

景洪秋海棠 **Begonia discreta** Craib
分布：云南；泰国

厚叶秋海棠 **Begonia dryadis** Irmsch.
分布：云南

川边秋海棠 **Begonia duclouxii** Gagnep.
分布：云南

食用秋海棠 **Begonia edulis** H. Lév.
分布：贵州、云南、广东、广西；越南

峨眉秋海棠 **Begonia emeiensis** C. M. Hu ex G. Y. Wu et T. C. Ku
分布：四川

方氏秋海棠 **Begonia fangii** Y. M. Shui et C. I. Peng
分布：广西；越南

兰屿秋海棠 **Begonia fenicis** Merr.
分布：台湾；日本、菲律宾

刺秋海棠 **Begonia ferox** C. I. Peng et Yan Liu
分布：广西

丝形秋海棠 **Begonia filiformis** Irmsch.
分布：广西

须苞秋海棠 **Begonia fimbribracteata** Y. M. Shui et W. H. Chen
分布：广西

紫背天葵 **Begonia fimbristipula** Hance
分布：浙江、江西、湖南、云南、福建、广东、广西、海南、香港

黄花秋海棠 **Begonia flaviflora** H. Hara
分布：云南、西藏；印度、缅甸、不丹

黄花秋海棠(原变种) **Begonia flaviflora** var. **flaviflora**
分布：西藏；印度

浅裂黄花秋海棠 **Begonia flaviflora** var. **gamblei** (Irmsch.) Golding et Kareg.
分布：西藏；印度、不丹

乳黄秋海棠 **Begonia flaviflora** var. **vivida** Golding et Kareg.
分布：云南；缅甸

西江秋海棠 **Begonia fordii** Irmsch.
分布：广东

水鸭脚 **Begonia formosana** (Hayata) Masam.
分布：台湾

陇川秋海棠 **Begonia forrestii** Irmsch.
分布：云南

昭通秋海棠 **Begonia gagnepainiana** Irmsch.
分布：云南

巨苞秋海棠 **Begonia gigabracteata** H. Z. Li et H. Ma
分布：广西

金秀秋海棠 **Begonia glechomifolia** C. M. Hu ex C. Y. Wu et T. C. Ku
分布：广西

秋海棠 **Begonia grandis** Dryand.
分布：河北、山东、河南、陕西、甘肃、安徽、浙江、江西、湖南、湖北、四川、贵州、福建、广东、广西

秋海棠(原亚种) Begonia grandis subsp. **grandis**
分布：河北、山西、山东、河南、陕西、安徽、浙江、江西、湖南、四川、贵州、福建、广西

全柱秋海棠 Begonia grandis subsp. **holostyla** Irmsch.
分布：四川、云南

中华秋海棠 Begonia grandis subsp. **sinensis** (A. Candolle) Irmscher
分布：河北、山西、山东、河南、陕西、甘肃、江西、贵州、云南、福建、广西

广西秋海棠 Begonia guangxiensis C. Y. Wu
分布：广西

管氏秋海棠 Begonia guaniana H. Ma et H. Z. Li
分布：云南

圭山秋海棠 Begonia guishanensis S. H. Huang et Y. M. Shui
分布：云南

古林箐秋海棠 Begonia gulinqingensis S. H. Huang et Y. M. Shui
分布：云南

贡山秋海棠 Begonia gungshanensis C. Y. Wu
分布：云南

海南秋海棠 Begonia hainanensis Chun et F. Chun
分布：海南

香花秋海棠 Begonia handelii Irmsch.
分布：云南、广东、广西、海南；泰国、老挝、越南、缅甸

香花秋海棠(原变种) Begonia handelii var. **handelii**
分布：云南、广东、广西、海南；缅甸、越南

铺地秋海棠 Begonia handelii var. **prostrata** (Irmsch.) Tebbitt
分布：云南、广东、广西；老挝、泰国、越南

红毛香花秋海棠 Begonia handelii var. **rubropilosa** (S. H. Huang et Y. M. Shui) C. I. Peng.
分布：云南

墨脱秋海棠 Begonia hatacoa Buch.-Ham. ex D. Don
分布：西藏；尼泊尔、不丹、印度

河口秋海棠 Begonia hekouensis S. H. Huang
分布：云南

掌叶秋海棠 Begonia hemsleyana Hook. f.
分布：云南、广西；越南

掌叶秋海棠(原变种) Begonia hemsleyana var. **hemsleyana**
分布：云南、广西；越南

广西掌叶秋海棠 Begonia hemsleyana var. **kwangsiensis** Irmsch.
分布：广西

独牛 Begonia henryi Hemsl.
分布：湖北、四川、贵州、云南、广西

香港秋海棠 Begonia hongkongensis F. W. Xing
分布：香港

候氏秋海棠 Begonia howii Merr. et Chun
分布：海南

黄氏秋海棠 Begonia huangii Y. M. Shui et W. H. Chen
分布：云南

膜果秋海棠 Begonia hymenocarpa C. Y. Wu
分布：广西

鸡爪秋海棠 Begonia imitans Irmsch.
分布：四川

靖西秋海棠 Begonia jingxiensis D. Fang et Y. G. Wei
分布：广西

重齿秋海棠 Begonia josephii A. DC.
分布：西藏；不丹、印度、尼泊尔

心叶秋海棠 Begonia labordei H. Lév.
分布：四川、贵州、云南

撕裂秋海棠 Begonia lacerata Irmsch.
分布：云南

圆翅秋海棠 Begonia laminariae Irmsch.
分布：贵州、云南；越南

澜沧秋海棠 Begonia lancangensis S. H. Huang
分布：云南

灯果秋海棠 Begonia lanternaria Irmsch.
分布：广西；越南

癞叶秋海棠 Begonia leprosa Hance
分布：广东、广西

蕺叶秋海棠 Begonia limprichtii Irmsch.
分布：四川、云南

黎平秋海棠 Begonia lipingensis Irmsch.
分布：湖南、贵州、广西

石生秋海棠 **Begonia lithophila** C. Y. Wu
分布：云南

刘演秋海棠 **Begonia liuyanii** C. I. Peng, S. M. Ku et W. C. Leong
分布：广西

隆安秋海棠 **Begonia longanensis** C. Y. Wu
分布：广西

龙岗秋海棠(新拟) **Begonia longgangensis** C. I. Peng et Yan Liu
分布：广西

长翅秋海棠 **Begonia longialata** K. Y. Guan et D. K. Tian
分布：云南

长果秋海棠 **Begonia longicarpa** K. Y. Guan et D. K. Tian
分布：云南；越南

粗喙秋海棠 **Begonia longifolia** Blume
分布：江西、湖南、贵州、云南、福建、台湾、广东、广西、海南；不丹、印度、印度尼西亚、老挝、缅甸、马来西亚、泰国、越南

长柱秋海棠 **Begonia longistyla** Y. M. Shui et W. H. Chen
分布：云南

鹿谷秋海棠 **Begonia lukuana** Y. C. Liu et C. H. Ou
分布：台湾

罗城秋海棠 **Begonia luochengensis** S. M. Ku, C. I. Peng et Yan Liu
分布：广西

鹿寨秋海棠 **Begonia luzhaiensis** T. C. Ku
分布：广西

大裂秋海棠 **Begonia macrotoma** Irmsch.
分布：云南；印度、尼泊尔、越南

麻栗坡秋海棠 **Begonia malipoensis** S. H. Huang et Y. M. Shui
分布：云南

蛮耗秋海棠 **Begonia manhaoensis** S. H. Huang et Y. M. Shui
分布：云南

铁甲秋海棠 **Begonia masoniana** Irmsch. ex Ziesenh.
分布：广西；越南

大叶秋海棠 **Begonia megalophyllaria** C. Y. Wu
分布：云南

蒙自秋海棠 **Begonia mengtzeana** Irmsch.
分布：云南

截裂秋海棠 **Begonia miranda** Irmsch.
分布：云南

云南秋海棠 **Begonia modestiflora** Kurz.
分布：云南；泰国、印度、缅甸、尼泊尔

桑叶秋海棠 **Begonia morifolia** T. T. Yu
分布：云南

龙州秋海棠 **Begonia morsei** Irmsch.
分布：广西

龙州秋海棠(原变种) **Begonia morsei** var. **morsei**
分布：广西

密毛龙州秋海棠 **Begonia morsei** var. **myriotricha** Y. M. Shui et W. H. Chen
分布：广西

木里秋海棠 **Begonia muliensis** T. T. Yu
分布：四川、云南

南投秋海棠 **Begonia nantoensis** M. J. Lai et N. J. Chung
分布：台湾

宁明秋海棠 **Begonia ningmingensis** D. Fang, Y. G. Wei et C. I. Peng
分布：广西

宁明秋海棠(原变种) **Begonia ningmingensis** var. **ningmingensis**
分布：广西

丽叶秋海棠 **Begonia ningmingensis** var. **bella** D. Fang, Y. G. Wei et C. I. Peng
分布：广西

斜叶秋海棠 **Begonia obliquifolia** S. H. Huang et Y. M. Shui
分布：云南

不显秋海棠 **Begonia obsolescens** Irmsch.
分布：云南、广西

山地秋海棠 **Begonia oreodoxa** Chun et F. Chun ex G. Y. Wu et T. C. Ku
分布：云南；越南

鸟叶秋海棠 **Begonia ornithophylla** Irmsch.
分布：广西

卵叶秋海棠(新拟) **Begonia ovatifolia** A. DC.
分布：西藏；印度

裂叶秋海棠 Begonia palmata D. Don

分布：江西、湖南、四川、贵州、云南、西藏、福建、台湾、广东、广西、海南；印度、孟加拉国、尼泊尔、不丹、缅甸、越南、老挝、泰国

裂叶秋海棠(原变种) Begonia palmata var. **palmata**

分布：云南、西藏；孟加拉国、不丹、印度、老挝、缅甸、尼泊尔、泰国、越南

红孩儿 Begonia palmata var. **bowringiana** (Champ. ex Benth.) Golding et Kareg.

分布：江西、湖南、四川、贵州、福建、台湾、广西、海南

刺毛红孩儿 Begonia palmata var. **crassisetulosa** (Irmsch.) Golding et Kareg.

分布：云南

变形红孩儿 Begonia palmata var. **difformis** (Irmsch.) Golding et Kareg.

分布：云南

光叶红孩儿 Begonia palmata var. **laevifolia** (Irmsch.) Golding et Kareg.

分布：云南

小叶秋海棠 Begonia parvula H. Lév. et Vaniot

分布：贵州、云南

少裂秋海棠 Begonia paucilobata C. Y. Wu

分布：云南

少裂秋海棠(原变种) Begonia paucilobata var. **paucilobata**

分布：云南

马关秋海棠 Begonia paucilobata var. **maguanensis** (S. H. Huang et Y. M. Shui) T. C. Ku

分布：云南

掌裂秋海棠 Begonia pedatifida H. Lév.

分布：湖南、湖北、四川、贵州

小花秋海棠 Begonia peii C. Y. Wu

分布：云南

盾叶秋海棠 Begonia peltatifolia H. L. Li

分布：海南

彭氏秋海棠 Begonia pengii S. M. Ku et Y. Liu

分布：广西

樟木秋海棠 Begonia picta Sm.

分布：西藏；印度、缅甸、尼泊尔

一口血秋海棠 Begonia picturata Yan Liu, S. M. Ku et C. I. Peng

分布：广西

坪林秋海棠 Begonia pinglinensis C. I. Peng

分布：台湾

扁果秋海棠 Begonia platycarpa Y. M. Shui et W. H. Chen

分布：云南

多毛秋海棠 Begonia polytricha C. Y. Wu

分布：云南

罗甸秋海棠 Begonia porteri H. Lév. et Vaniot

分布：贵州、广西

假大新秋海棠 Begonia pseudodaxinensis S. M. Ku, Yan Liu et C. I. Peng

分布：广西

假厚叶秋海棠 Begonia pseudodryadis C. Y. Wu

分布：云南

假癞叶秋海棠 Begonia pseudoleprosa C. I. Peng, Yan Liu et S. M. Ku

分布：广西

光滑秋海棠 Begonia psilophylla Irmsch.

分布：云南

肿柄秋海棠 Begonia pulvinifera C. I. Peng et Yan Liu

分布：广西

紫叶秋海棠 Begonia purpureofolia S. H. Huang et Y. M. Shui

分布：云南

岩生秋海棠 Begonia ravenii C. I. Peng et Y. K. Chen

分布：台湾

倒鳞秋海棠 Begonia reflexisquamosa C. Y. Wu

分布：云南

匍茎秋海棠 Begonia repenticaulis Irmsch.

分布：云南

突脉秋海棠 Begonia retinervia D. Fang, D. H. Qin et C. I. Peng

分布：广西

大王秋海棠 Begonia rex Putz.

分布：贵州、云南、广西；越南、印度

喙果秋海棠 **Begonia rhynchocarpa** Y. M. Shui et W. H. Chen
分布：云南

滇缅秋海棠 **Begonia rockii** Irmsch.
分布：云南；缅甸

榕江秋海棠 **Begonia rongjiangensis** T. C. Ku
分布：贵州

圆叶秋海棠 **Begonia rotundilimba** S. H. Huang et Y. M. Shui
分布：云南

玉柄秋海棠 **Begonia rubinea** H. Z. Li et H. Ma
分布：贵州

匍地秋海棠 **Begonia ruboides** C. M. Hu ex C. Y. Wu et T. C. Ku
分布：云南

红斑秋海棠 **Begonia rubropunctata** S. H. Huang et Y. M. Shui
分布：云南

成凤秋海棠 **Begonia scitifolia** Irmsch.
分布：云南

半侧膜秋海棠 **Begonia semiparietalis** Yan Liu, S. M. Ku et C. I. Peng
分布：广西

刚毛秋海棠 **Begonia setifolia** Irmsch.
分布：云南

刺盾叶秋海棠 **Begonia setulosopeltata** C. Y. Wu
分布：广西

锡金秋海棠 **Begonia sikkimensis** A. DC.
分布：西藏；印度、尼泊尔

厚壁秋海棠 **Begonia silletensis** subsp. **mengyangensis** Tebbitt et K. Y. Guan
分布：云南

多花秋海棠 **Begonia sinofloribunda** Dorr
分布：广西

中越秋海棠 **Begonia sinovietnamica** C. Y. Wu
分布：广西

长柄秋海棠 **Begonia smithiana** T. T. Yu
分布：湖南、湖北、四川、贵州

近革叶秋海棠 **Begonia subcoriacea** C. I. Peng, Yan Liu et S. M. Ku
分布：广西

粉叶秋海棠 **Begonia subhowii** S. H. Huang
分布：云南；越南

保亭秋海棠 **Begonia sublongipes** Y. M. Shui
分布：海南

都安秋海棠 **Begonia suboblata** D. Fang et D. H. Qin
分布：广西

光叶秋海棠 **Begonia summoglabra** T. T. Yu
分布：云南

台北秋海棠 **Begonia taipeiensis** C. I. Peng
分布：台湾

台湾秋海棠 **Begonia taiwaniana** Hayata
分布：台湾

大理秋海棠 **Begonia taliensis** Gagnep.
分布：云南

藤枝秋海棠 **Begonia tengchiana** C. I. Peng et Y. K. Chen
分布：台湾

陀螺果秋海棠 **Begonia tessaricarpa** C. B. Clarke
分布：西藏；印度

三裂秋海棠(新拟) **Begonia tetralobata** Y. M. Shui
分布：云南

截叶秋海棠 **Begonia truncatiloba** Irmsch.
分布：云南

观光秋海棠 **Begonia tsoongii** C. Y. Wu
分布：广西

伞叶秋海棠 **Begonia umbraculifolia** Y. Wan et B. N. Chang
分布：广西

伞叶秋海棠(原变种) **Begonia umbraculifolia** var. **umbraculifolia**
分布：广西

簇毛伞叶秋海棠 **Begonia umbraculifolia** var. **flocculosa** Y. M. Shui et W. H. Chen
分布：广西

彩纹秋海棠 **Begonia variegata** Y. M. Shui et W. H. Chen
分布：云南，其他省(自治区、直辖市)有引种栽培；原产于越南

变异秋海棠 **Begonia variifolia** Y. M. Shui et W. H. Chen
分布：广西

变色秋海棠 **Begonia versicolor** Irmsch.
分布：云南

长毛秋海棠 **Begonia villifolia** Irmsch.
分布：云南；缅甸、越南

少瓣秋海棠 **Begonia wangii** T. T. Yu
分布：云南、广西

文山秋海棠 **Begonia wenshanensis** C. M. Hu ex C. Y. Wu et T. C. Ku
分布：云南

一点血 **Begonia wilsonii** Gagnep.
分布：四川、重庆

雾台秋海棠 **Begonia wutaiana** C. I. Peng et Y. K. Chen
分布：台湾

黄瓣秋海棠 **Begonia xanthina** Hook. f.
分布：云南；印度

兴义秋海棠 **Begonia xingyiensis** T. C. Ku
分布：贵州

习水秋海棠 **Begonia xishuiensis** T. C. Ku
分布：贵州

盈江秋海棠 **Begonia yingjiangensis** S. H. Huang
分布：云南

宿苞秋海棠 **Begonia yui** Irmsch.
分布：云南

吴氏秋海棠 **Begonia zhengyiana** Y. M. Shui
分布：云南

228. 小檗科 Berberidaceae Juss.

小檗属 **Berberis** L.

峨嵋小檗 **Berberis aemulans** C. K. Schneid.
分布：四川

堆花小檗 **Berberis aggregata** C. K. Schneid.
分布：山西、甘肃、青海、湖北、四川

暗红小檗 **Berberis agricola** Ahrendt
分布：西藏

高山小檗 **Berberis alpicola** C. K. Schneid.
分布：台湾

可爱小檗 **Berberis amabilis** C. K. Schneid.
分布：云南；缅甸

美丽小檗 **Berberis amoena** Dunn
分布：四川、云南

黄芦木 **Berberis amurensis** Rupr.
分布：黑龙江、吉林、辽宁、内蒙古、河北、山西、山东、河南、陕西、甘肃；日本、俄罗斯、朝鲜

有棱小檗 **Berberis angulosa** Wall. ex Hook. f. et Thom.
分布：青海、西藏；尼泊尔、印度

安徽小檗 **Berberis anhweiensis** Ahrendt
分布：安徽、浙江、湖北

近似小檗 **Berberis approximata** Sprague
分布：青海、四川、云南、西藏

锐齿小檗 **Berberis arguta** (Franch.) C. K. Schneid.
分布：贵州、云南

密齿小檗 **Berberis aristatoserrulata** Hayata
分布：台湾

直梗小檗 **Berberis asmyana** C. K. Schneid.
分布：四川

黑果小檗 **Berberis atrocarpa** C. K. Schneid.
分布：湖南、四川、云南

那觉小檗 **Berberis atroviridiana** T. S. Ying
分布：西藏

巴塘小檗 **Berberis batangensis** T. S. Ying
分布：四川

康松小檗 **Berberis beaniana** C. K. Schneid.
分布：四川

北京小檗 **Berberis beijingensis** T. S. Ying
分布：北京、山东

汉源小檗 **Berberis bergmanniae** C. K. Schneid.
分布：四川

汉源小檗(原变种) **Berberis bergmanniae** var. **bergmanniae**
分布：四川

汶川小檗 **Berberis bergmanniae** var. **acanthophylla** C. K. Schneid.
分布：四川

二色小檗 **Berberis bicolor** H. Lév.
分布：贵州

滇小檗 **Berberis bodinieri** Lév.
分布：云南

短柄小檗 **Berberis brachypoda** Maxim.
分布：山西、河南、陕西、甘肃、青海、湖北、四川

长苞小檗 **Berberis bracteata** (Ahrendt) Ahrendt
分布：云南

钙原小檗 **Berberis calcipratorum** Ahrendt
分布：云南

弯果小檗 **Berberis campylotropa** T. S. Ying
分布：西藏

白粉叶小檗 **Berberis candidula** (C. K. Schneid.) C. K. Schneid.
分布：湖北、四川

贵州小檗 **Berberis cavaleriei** H. Lév.
分布：贵州、云南

多花大黄连刺 **Berberis centiflora** Diels
分布：云南

华东小檗 **Berberis chingii** S. S. Cheng
分布：江西、湖南、福建、广东

黄球小檗 **Berberis chrysosphaera** Mulligan
分布：西藏

淳安小檗 **Berberis chunanensis** T. S. Ying
分布：浙江

秦岭小檗 **Berberis circumserrata** (C. K. Schneid.) C. K. Schneid.
分布：河南、陕西、甘肃、青海、湖北

秦岭小檗(原变种) **Berberis circumserrata** var. **circumserrata**
分布：河南、陕西、甘肃、青海、湖北

多萼小檗 **Berberis circumserrata** var. **occidentalior** Ahrendt
分布：甘肃

雅洁小檗 **Berberis concinna** Hook.
分布：西藏；印度、尼泊尔

同色小檗 **Berberis concolor** W. W. Sm.
分布：云南

德钦小檗 **Berberis contracta** T. S. Ying
分布：云南

贡山小檗 **Berberis coryi** Veitch
分布：云南

厚檐小檗 **Berberis crassilimba** C. Y. Wu ex S. Y. Bao
分布：四川、云南

城口小檗 **Berberis daiana** T. S. Ying
分布：四川

稻城小檗 **Berberis daochengensis** T. S. Ying
分布：四川

直穗小檗 **Berberis dasystachya** Maxim.
分布：河北、山西、河南、陕西、宁夏、甘肃、青海、湖北、四川

密叶小檗 **Berberis davidii** Ahrendt
分布：云南

稻孚小檗 **Berberis dawoensis** K. Meyer
分布：四川、云南

壮刺小檗 **Berberis deinacantha** C. K. Schneid.
分布：四川、贵州、云南

显脉小檗 **Berberis delavayi** C. K. Schneid.
分布：四川、云南

得荣小檗 **Berberis derongensis** T. S. Ying
分布：四川

鲜黄小檗 **Berberis diaphana** Maxim.
分布：陕西、甘肃、青海

松潘小檗 **Berberis dictyoneura** C. K. Schneid.
分布：山西、甘肃、青海、四川、西藏

刺红珠 **Berberis dictyophylla** Franch.
分布：四川、云南、西藏

刺红珠(原变种) **Berberis dictyophylla** var. **dictyophylla**
分布：四川、云南、西藏

无粉刺红珠 **Berberis dictyophylla** var. **epruinosa** C. K. Schneid.
分布：青海、四川、云南、西藏

首阳小檗 **Berberis dielsiana** Fedde
分布：河北、山西、山东、河南、陕西、甘肃、湖北

东川小檗 **Berberis dongchuanensis** T. S. Ying
分布：云南

置疑小檗 **Berberis dubia** C. K. Schneid.
分布：内蒙古、宁夏、甘肃、青海

丛林小檗 **Berberis dumicola** C. K. Schneid.
分布：云南

红枝小檗 **Berberis erythroclada** Ahrendt
分布：西藏

珠峰小檗 **Berberis everestiana** Ahrendt
分布：西藏；尼泊尔

南川小檗 **Berberis fallaciosa** C. K. Schneid.
分布：湖北、四川

假小檗 **Berberis fallax** C. K. Schneid.
分布：云南

假小檗(原变种) **Berberis fallax** var. **fallax**
分布：云南

阔叶假小檗 **Berberis fallax** var. **latifolia** C. Y. Wu et S. Y. Bao
分布：云南

陇西小檗 **Berberis farreri** Ahrendt
分布：甘肃

异长穗小檗 **Berberis feddeana** C. K. Schneid.
分布：陕西、青海、湖北、四川

大果小檗 **Berberis fengii** S. Y. Bao
分布：云南

大叶小檗 **Berberis ferdinandi-coburgii** C. K. Schneid.
分布：云南

金江小檗 **Berberis forrestii** Ahrendt
分布：云南

滇西北小檗 **Berberis franchetiana** C. K. Schneid.
分布：四川、云南

大黄檗 **Berberis francisci-ferdinandi** C. K. Schneid.
分布：山西、甘肃、四川、西藏

福建小檗 **Berberis fujianensis** C. M. Hu
分布：福建

湖北小檗 **Berberis gagnepainii** C. K. Schneid.
分布：湖北、四川、贵州、云南

眉山小檗 **Berberis gagnepainii** var. **omeiensis** C. K. Schneid.
分布：四川

涝峪小檗 **Berberis gilgiana** Fedde
分布：陕西、湖北

吉隆小檗 **Berberis gilungensis** T. S. Ying
分布：西藏

狭叶小檗 **Berberis graminea** Ahrendt
分布：四川

错那小檗 **Berberis griffithiana** C. K. Schneid.
分布：西藏；不丹

错那小檗(原变种) **Berberis griffithiana** var. **griffithiana**
分布：西藏；不丹

灰叶小檗 **Berberis griffithiana** var. **pallida** (Hook. f. et Thomson) D. F. Chamb. et C. M. Hu
分布：西藏；不丹

安宁小檗 **Berberis grodtmanniana** C. K. Schneid.
分布：四川、云南

安宁小檗(原变种) **Berberis grodtmanniana** var. **grodtmanniana**
分布：四川

黄茎小檗 **Berberis grodtmanniana** var. **flavoramea** C. K. Schneid.
分布：云南

毕节小檗 **Berberis guizhouensis** T. S. Ying
分布：贵州

波密小檗 **Berberis gyalaica** Ahrendt
分布：西藏

洮河小檗 **Berberis haoi** T. S. Ying
分布：甘肃

南湖小檗 **Berberis hayatana** M. Mizush.
分布：台湾

拉萨小檗 **Berberis hemsleyana** Ahrendt
分布：西藏

川鄂小檗 **Berberis henryana** C. K. Schneid.
分布：河南、陕西、甘肃、湖南、湖北、四川、贵州

南阳小檗 **Berberis hersii** Ahrendt
分布：河北、山西、山东

异果小檗 **Berberis heteropoda** Schrenk
分布：新疆；俄罗斯

毛梗小檗 **Berberis hobsonii** Ahrendt
分布：西藏

风庆小檗 **Berberis holocraspedon** Ahrendt
分布：云南

河南小檗 **Berberis honanensis** Ahrendt
分布：河南

叙永小檗 **Berberis hsuyunensis** P. G. Xiao et W. C. Sung
分布：四川

阴湿小檗 **Berberis humidoumbrosa** Ahrendt
分布：西藏

异叶小檗 **Berberis hypericifolia** T. S. Ying
分布：西藏

黄背小檗 **Berberis hypoxantha** C. Y. Wu
分布：云南

烦果小檗 **Berberis ignorata** C. K. Schneid.
分布：西藏；印度、不丹

伊犁小檗 **Berberis iliensis** Popov
分布：新疆；哈萨克斯坦

南岭小檗 **Berberis impedita** C. K. Schneid.
分布：江西、湖南、四川、广东、广西

球果小檗 **Berberis insignis** subsp. **incrassata** (Ahrendt) D. F. Chamb. et C. M. Hu
分布：云南、西藏

西昌小檗 **Berberis insolita** C. K. Schneid.
分布：四川、贵州、云南

甘南小檗 **Berberis integripetala** T. S. Ying
分布：甘肃

鼠叶小檗 **Berberis iteophylla** C. Y. Wu ex S. Y. Bao
分布：云南

川滇小檗 **Berberis jamesiana** Forrest et W. W. Sm.
分布：四川、云南、西藏

江西小檗 **Berberis jiangxiensis** C. M. Hu
分布：江西

江西小檗(原变种) **Berberis jiangxiensis** var. **jiangxiensis**
分布：江西

短叶江西小檗 **Berberis jiangxiensis** var. **pulchella** C. M. Hu
分布：江西

金佛山小檗 **Berberis jinfoshanensis** T. S. Ying
分布：重庆

藤小檗 **Berberis jingguensis** G. S. Fan et X. W. Li
分布：云南

小瓣小檗 **Berberis jinshajiangensis** X. H. Li
分布：云南

九龙小檗 **Berberis jiulongensis** T. S. Ying
分布：四川

腰果小檗 **Berberis johannis** Ahrendt
分布：西藏

豪猪刺 **Berberis julianae** C. K. Schneid.
分布：湖南、湖北、四川、贵州、广西

康定小檗 **Berberis kangdingensis** T. S. Ying
分布：四川

甘肃小檗 **Berberis kansuensis** C. K. Schneid.
分布：陕西、宁夏、甘肃、青海、四川

喀什小檗 **Berberis kaschgarica** Rupr.
分布：新疆

台湾小檗 **Berberis kawakamii** Hayata
分布：台湾

工布小檗 **Berberis kongboensis** Ahrendt
分布：西藏

昆明小檗 **Berberis kunmingensis** C. Y. Wu ex S. Y. Bao
分布：云南

老君山小檗 **Berberis laojunshanensis** T. S. Ying
分布：湖北

雷波小檗 **Berberis leboensis** T. S. Ying
分布：四川

光叶小檗 **Berberis lecomtei** C. K. Schneid.
分布：四川、云南、西藏

天台小檗 **Berberis lempergiana** Ahrendt
分布：浙江

鳞叶小檗 **Berberis lepidifolia** Ahrendt
分布：四川、云南

平滑小檗 **Berberis levis** Franch.
分布：四川、云南

丽江小檗 **Berberis lijiangensis** C. Y. Wu ex S. Y. Bao
分布：云南

滑叶小檗 **Berberis liophylla** C. K. Schneid.
分布：四川、云南

长刺小檗 **Berberis longispina** T. S. Ying
分布：西藏

亮叶小檗 **Berberis lubrica** C. K. Schneid.
分布：四川

炉霍小檗 **Berberis luhuoensis** T. S. Ying
分布：四川

麻栗坡小檗 **Berberis malipoensis** C. Y. Wu et S. Y. Bao
分布：云南

矮生小檗 **Berberis medogensis** T. S. Ying
分布：西藏

湄公小檗 **Berberis mekongensis** W. W. Sm.
分布：四川、云南、西藏

万源小檗 **Berberis metapolyantha** Ahrendt
分布：四川、云南

冕宁小檗 **Berberis mianningensis** T. S. Ying
分布：四川

小毛小檗 **Berberis microtricha** C. K. Schneid.
分布：四川、云南

小花小檗 **Berberis minutiflora** C. K. Schneid.
分布：四川、云南、西藏

玉山小檗 **Berberis morrisonensis** Hayata
分布：台湾

变刺小檗 **Berberis mouillacana** C. K. Schneid.
分布：青海、四川

木里小檗 **Berberis muliensis** Ahrendt
分布：四川、云南、西藏

木里小檗(原变种) **Berberis muliensis** var. **muliensis**
分布：四川、云南、西藏

阿墩小檗 **Berberis muliensis** var. **atuntzeana** Ahrendt
分布：四川、云南、西藏

多枝小檗 **Berberis multicaulis** T. S. Ying
分布：西藏

多株小檗 **Berberis multiovula** T. S. Ying
分布：四川

粗齿小檗 **Berberis multiserrata** T. S. Ying
分布：西藏

林地小檗 **Berberis nemorosa** C. K. Schneid.
分布：广西

无脉小檗 **Berberis nullinervis** T. S. Ying
分布：西藏

垂果小檗 **Berberis nutanticarpa** C. Y. Wu ex S. Y. Bao
分布：四川、云南、西藏

石门小檗 **Berberis oblanceifolia** C. M. Hu
分布：湖南

裂瓣小檗 **Berberis obovatifolia** T. S. Ying
分布：西藏

淡色小檗 **Berberis pallens** Franch.
分布：云南

乳突小檗 **Berberis papillifera** (Franch.) Koehne
分布：四川、云南、西藏

拟粉叶小檗 **Berberis parapruinosa** T. S. Ying
分布：西藏

鸡角连 **Berberis paraspecta** Ahrendt
分布：云南

等萼小檗 **Berberis parisepala** Ahrendt
分布：西藏；缅甸、不丹、尼泊尔

疏齿小檗 **Berberis pectinocraspedon** C. Y. Wu ex S. Y. Bao
分布：云南

石楠小檗 **Berberis photiniifolia** C. M. Hu
分布：广东

平坝小檗 **Berberis pingbaensis** M. T. An
分布：贵州

屏边小檗 **Berberis pingbienensis** S. Y. Bao
分布：云南

屏山小檗 **Berberis pingshanensis** W. C. Sung et P. K. Hsiao
分布：四川

平武小檗 **Berberis pingwuensis** T. S. Ying
分布：四川

阔叶小檗 **Berberis platyphylla** (Ahrendt) Ahrendt
分布：四川、云南、西藏

细叶小檗 **Berberis poiretii** C. K. Schneid.
分布：吉林、辽宁、内蒙古、河北、山西、陕西、青海；朝鲜、蒙古国、俄罗斯

刺黄花 **Berberis polyantha** Hemsl.
分布：四川、西藏

少齿小檗 **Berberis potaninii** Maxim.
分布：陕西、甘肃、四川

短锥花小檗 **Berberis prattii** C. K. Schneid.
分布：四川、西藏

粉果小檗 **Berberis pruinocarpa** C. Y. Wu ex S. Y. Bao
分布：云南

粉叶小檗 Berberis pruinosa Franch.
分布：四川、贵州、云南、西藏

粉叶小檗(原变种) Berberis pruinosa var. **pruinosa**
分布：四川、云南、西藏

易门小檗 Berberis pruinosa var. **barresiana** Ahrendt
分布：云南

假美丽小檗 Berberis pseudoamoena T. S. Ying
分布：四川

假藏小檗 Berberis pseudotibetica C. Y. Wu ex S. Y. Bao
分布：云南

柔毛小檗 Berberis pubescens Pamp.
分布：陕西、湖北

普兰小檗 Berberis pulangensis T. S. Ying
分布：西藏

延安小檗 Berberis purdomii C. K. Schneid.
分布：山西、陕西、甘肃、青海

巧家小檗 Berberis qiaojiaensis S. Y. Bao
分布：云南

短序小檗 Berberis racemulosa T. S. Ying
分布：西藏

卷叶小檗 Berberis replicata W. W. Sm.
分布：云南

网脉小檗 Berberis reticulata Bijh.
分布：陕西

芒康小檗 Berberis reticulinervis T. S. Ying
分布：四川、西藏

芒康小檗(原变种) Berberis reticulinervis var. **reticulinervis**
分布：四川、西藏

无梗小檗 Berberis reticulinervis var. **brevipedicellata** T. S. Ying
分布：甘肃

心叶小檗 Berberis retusa T. S. Ying
分布：四川、云南

砂生小檗 Berberis sabulicola T. S. Ying
分布：西藏

柳叶小檗 Berberis salicaria Fedde
分布：陕西、甘肃、湖北

血红小檗 Berberis sanguinea Franch.
分布：湖北、四川

刺黑珠 Berberis sargentiana C. K. Schneid.
分布：湖北、四川

陕西小檗 Berberis shensiana Ahrendt
分布：陕西

短苞小檗 Berberis sherriffii Ahrendt
分布：西藏

西伯利亚小檗 Berberis sibirica Pall.
分布：内蒙古、河北、山西、新疆；俄罗斯、蒙古国

四川小檗 Berberis sichuanica T. S. Ying
分布：四川、云南

锡金小檗 Berberis sikkimensis (C. K. Schneid.) Ahrendt
分布：云南、西藏；尼泊尔、不丹、印度

华西小檗 Berberis silva-taroucana C. K. Schneid.
分布：甘肃、四川、云南、西藏、福建

兴山小檗 Berberis silvicola C. K. Schneid.
分布：湖北

假豪猪刺 Berberis soulieana C. K. Schneid.
分布：陕西、甘肃、湖北、四川

短梗小檗 Berberis stenostachya Ahrendt
分布：甘肃

亚尖叶小檗 Berberis subacuminata C. K. Schneid.
分布：湖南、贵州、云南

近缘小檗 Berberis subholophylla C. Y. Wu ex S. Y. Bao
分布：云南

近光滑小檗 Berberis sublevis W. W. Sm.
分布：四川、云南；缅甸、印度

大理小檗 Berberis taliensis C. K. Schneid.
分布：云南

独龙小檗 Berberis taronensis Ahrendt
分布：云南、西藏

林芝小檗 Berberis temolaica Ahrendt
分布：西藏

细梗小檗 Berberis tenuipedicellata T. S. Ying
分布：四川

西藏小檗 Berberis thibetica C. K. Schneid.
分布：西藏

日本小檗 Berberis thunbergii DC.
分布：中国普遍栽培；原产于日本

天水小檗 **Berberis tianshuiensis** T. S. Ying
分布：甘肃

川西小檗 **Berberis tischleri** C. K. Schneid.
分布：四川、西藏

微毛小檗 **Berberis tomentulosa** Ahrendt
分布：云南

芒齿小檗 **Berberis triacanthophora** Fedde
分布：陕西、湖南、湖北、四川、贵州

毛序小檗 **Berberis trichiata** T. S. Ying
分布：西藏

隐脉小檗 **Berberis tsarica** Ahrendt
分布：西藏

察瓦龙小檗 **Berberis tsarongensis** Stapf
分布：云南、西藏

永思小檗 **Berberis tsienii** T. S. Ying
分布：贵州

尤里小檗 **Berberis ulicina** Hook. f. et Thomson
分布：新疆、西藏；克什米尔地区

阴生小檗 **Berberis umbratica** T. S. Ying
分布：西藏

单花小檗 **Berberis uniflora** F. N. Wei et Y. G. Wei
分布：广西

宁远小檗 **Berberis valida** (C. K. Schneid.) C. K. Schneid.
分布：四川、云南

巴东小檗 **Berberis veitchii** C. K. Schneid.
分布：湖北、四川、贵州

匙叶小檗 **Berberis vernae** C. K. Schneid.
分布：甘肃、青海、四川

春小檗 **Berberis vernalis** (C. K. Schneid.) Chamb.
分布：湖南、云南

疣枝小檗 **Berberis verruculosa** Hemsl. et E. H. Wilson
分布：甘肃、四川、云南

可食小檗 **Berberis vinifera** T. S. Ying
分布：西藏

变绿小檗 **Berberis virescens** Hook. f.
分布：云南、西藏；尼泊尔、不丹、印度

庐山小檗 **Berberis virgetorum** C. K. Schneid.
分布：陕西、安徽、浙江、江西、湖南、湖北、贵州、福建、广东、广西

西山小檗 **Berberis wangii** C. K. Schneid.
分布：云南

万花山小檗 **Berberis wanhuashanensis** Yue J. Zhang
分布：陕西

威宁小檗 **Berberis weiningensis** T. S. Ying
分布：贵州

维西小檗 **Berberis weisiensis** C. Y. Wu ex S. Y. Bao
分布：云南

威信小檗 **Berberis weixinensis** S. Y. Bao
分布：云南

金花小檗 **Berberis wilsonae** Hemsl.
分布：甘肃、四川、云南、西藏

金花小檗(原变种) **Berberis wilsonae** var. **wilsonae**
分布：甘肃、四川、云南、西藏

古宗金花小檗 **Berberis wilsonae** var. **guhtzunica** (Ahrendt) Ahrendt
分布：陕西、四川、贵州、云南、西藏

乌蒙小檗 **Berberis woomungensis** C. Y. Wu ex S. Y. Bao
分布：云南

务川小檗(新拟) **Berberis wuchuanensis** Harber et S. Z. He
分布：贵州

无量山小檗 **Berberis wuliangshanensis** C. Y. Wu ex S. Y. Bao
分布：云南

武夷小檗 **Berberis wuyiensis** C. M. Hu
分布：江西、福建

梵净小檗 **Berberis xanthoclada** C. K. Schneid.
分布：贵州

黄皮小檗 **Berberis xanthophlaea** Ahrendt
分布：西藏

兴文小檗 **Berberis xingwenensis** T. S. Ying
分布：四川

荥经小檗(新拟) **Berberis yingjingensis** D. F. Chamberlain et J. Harber
分布：四川

德浚小檗 **Berberis yui** T. S. Ying
分布：四川

云南小檗 **Berberis yunnanensis** Franch.
分布：四川、云南、西藏

鄂西小檗 **Berberis zanlanscianensis** Pamp.
分布：湖北、四川

紫云小檗 **Berberis ziyunensis** P. K. Hsiao et Z. Yu Li
分布：贵州

红毛七属 **Caulophyllum** Michx.

红毛七 **Caulophyllum robustum** Maxim.
分布：黑龙江、吉林、辽宁、河北、山西、河南、陕西、甘肃、安徽、浙江、湖南、湖北、四川、贵州、云南、西藏；朝鲜、日本、俄罗斯

山荷叶属 **Diphylleia** Michx.

南方山荷叶 **Diphylleia sinensis** H. L. Li
分布：陕西、甘肃、湖北、四川、云南

八角莲属 **Dysosma** Woodson

云南八角莲 **Dysosma aurantiocaulis** (Hand.-Mazz.) Hu
分布：云南

川八角莲 **Dysosma delavayi** (Franch.) Hu
分布：四川、贵州、云南

小八角莲 **Dysosma difformis** (Hemsl. et E. H. Wilson) T. H. Wang
分布：湖南、湖北、四川、贵州、广西

贵州八角莲 **Dysosma majoensis** (Gagnep.) M. Hiroe
分布：湖北、四川、贵州、云南、广西

六角莲 **Dysosma pleiantha** (Hance) Woodson
分布：河南、安徽、浙江、江西、湖南、湖北、四川、福建、台湾、广东、广西

西藏八角莲 **Dysosma tsayuensis** T. S. Ying
分布：西藏

八角莲 **Dysosma versipellis** (Hance) M. Cheng ex T. S. Ying
分布：河南、陕西、安徽、浙江、江西、湖南、湖北、四川、贵州、云南、广东、广西

淫羊藿属 **Epimedium** L.

粗毛淫羊藿 **Epimedium acuminatum** Franch.
分布：四川、贵州、云南、广西

黔北淫羊藿 **Epimedium borealiguizhouense** S. Z. He et Y. K. Yang
分布：贵州

短茎淫羊藿 **Epimedium brachyrrhizum** Stearn
分布：贵州

淫羊藿 **Epimedium brevicornu** Maxim.
分布：山西、河南、陕西、甘肃、青海、湖北、四川

钟花淫羊藿 **Epimedium campanulatum** Ogisu
分布：四川

绿药淫羊藿 **Epimedium chlorandrum** Stearn
分布：四川

宝兴淫羊藿 **Epimedium davidii** Franch.
分布：四川、云南

德务淫羊藿 **Epimedium dewuense** S. Z. He, Probst et W. F. Xu
分布：贵州

长蕊淫羊藿 **Epimedium dolichostemon** Stearn
分布：四川

无距淫羊藿 **Epimedium ecalcaratum** G. Y. Zhong
分布：四川

川西淫羊藿 **Epimedium elongatum** Kom.
分布：四川

恩施淫羊藿 **Epimedium enshiense** B. L. Guo et P. G. Xiao
分布：湖北

紫距淫羊藿 **Epimedium epsteinii** Stearn
分布：湖南

方氏淫羊藿 **Epimedium fangii** Stearn
分布：四川

川鄂淫羊藿 **Epimedium fargesii** Franch.
分布：湖北、四川

天全淫羊藿 **Epimedium flavum** Stearn
分布：四川

木鱼坪淫羊藿 **Epimedium franchetii** Stearn
分布：湖北、贵州

腺毛淫羊藿 **Epimedium glandulosopilosum** H. R. Liang
分布：四川

湖南淫羊藿 **Epimedium hunanense** (Hand.-Mazz.) Hand.-Mazz.
分布：湖南、湖北、广西

镇坪淫羊藿 **Epimedium ilicifolium** Stearn
分布：陕西

靖州淫羊藿(新拟) **Epimedium jingzhouense** G. H. Xia et G. Y. Li
分布：湖南

朝鲜淫羊藿 **Epimedium koreanum** Nakai
分布：吉林、辽宁、安徽、浙江；朝鲜、日本

宽萼淫羊藿 **Epimedium latisepalum** Stearn
分布：四川

黔岭淫羊藿 **Epimedium leptorrhizum** Stearn
分布：湖南、湖北、四川、贵州

时珍淫羊藿 **Epimedium lishihchenii** Stearn
分布：江西

裂叶淫羊藿 **Epimedium lobophyllum** L. H. Liu et B. G. Li
分布：湖南

直距淫羊藿 **Epimedium mikinorii** Stearn
分布：湖北

多花淫羊藿 **Epimedium multiflorum** T. S. Ying
分布：贵州

天平山淫羊藿 **Epimedium myrianthum** Stearn
分布：湖南、湖北、广西

芦山淫羊藿 **Epimedium ogisui** Stearn
分布：四川

小叶淫羊藿 **Epimedium parvifolium** S. Z. He et T. L. Zhang
分布：贵州

少花淫羊藿 **Epimedium pauciflorum** K. C. Yen
分布：四川

茂汶淫羊藿 **Epimedium platypetalum** K. Meyer
分布：陕西、四川

拟巫山淫羊藿 **Epimedium pseudowushanense** B. L. Guo
分布：贵州、广西

柔毛淫羊藿 **Epimedium pubescens** Maxim.
分布：河南、陕西、甘肃、安徽、湖北、四川、贵州

普定淫羊藿(新拟) **Epimedium pudingense** S. Z. He, Y. Y. Wang et B. L. Guo
分布：贵州

青城山淫羊藿 **Epimedium qingchengshanense** G. Y. Zhong et B. L. Guo
分布：四川

革叶淫羊藿 **Epimedium reticulatum** C. Y. Wu ex S. Y. Bao
分布：四川

强茎淫羊藿 **Epimedium rhizomatosum** Stearn
分布：四川

三枝九叶草 **Epimedium sagittatum** (Sieb. et Zucc.) Maxim.
分布：陕西、甘肃、安徽、浙江、江西、湖南、湖北、四川、福建、广东、广西

三枝九叶草(原变种) **Epimedium sagittatum** var. **sagittatum**
分布：陕西、甘肃、安徽、浙江、江西、湖南、湖北、四川、福建、广东、广西

光叶淫羊藿 **Epimedium sagittatum** var. **glabratum** T. S. Ying
分布：湖北、贵州

神农架淫羊藿 **Epimedium shennongjiaensis** Yan J. Zhang et J. Q. Li
分布：湖北

水城淫羊藿 **Epimedium shuichengense** S. Z. He
分布：贵州

单叶淫羊藿 **Epimedium simplicifolium** T. S. Ying
分布：贵州

湖北淫羊藿(新拟) **Epimedium stearnii** Ogisu et Rix
分布：湖北

星花淫羊藿 **Epimedium stellulatum** Stearn
分布：湖北、四川

四川淫羊藿 **Epimedium sutchuenense** Franch.
分布：湖北、四川、贵州

偏斜淫羊藿 **Epimedium truncatum** H. R. Liang
分布：湖南

巫山淫羊藿 **Epimedium wushanense** T. S. Ying
分布：湖北、四川、贵州、广西

印江淫羊藿(新拟) **Epimedium yingjiangense** M. Y. Sheng et X. J. Tian
分布：贵州

竹山羊淫藿 **Epimedium zhushanense** K. F. Wu et S. X. Qian
分布：湖北

牡丹草属 **Gymnospermium** Spach

阿尔泰牡丹草 **Gymnospermium altaicum** (Pall.) Spach

分布：新疆；俄罗斯

江南牡丹草 **Gymnospermium kiangnanense** (P. L. Chiu) H. Loconte

分布：安徽、浙江

牡丹草 **Gymnospermium microrrhynchum** (S. Moore) Takht.

分布：吉林、辽宁；朝鲜

囊果草属 **Leontice** L.

囊果草 **Leontice incerta** Pall.

分布：新疆；哈萨克斯坦

十大功劳属 **Mahonia** Nutt.

阔叶十大功劳 **Mahonia bealei** (Fortune) Carrière

分布：河南、陕西、安徽、江苏、浙江、江西、湖南、湖北、四川、福建、广东、广西；日本；欧洲，墨西哥和美国等有栽培

单对十大功劳 **Mahonia bijiuga** Hand.-Mazz.

分布：四川

小果十大功劳 **Mahonia bodinieri** Gagnep.

分布：浙江、江西、湖南、四川、贵州、广东、广西

鹤庆十大功劳 **Mahonia bracteolata** Takeda

分布：四川、云南

短序十大功劳 **Mahonia breviracema** Y. S. Wang et P. K. Hsiao

分布：广西

察隅十大功劳 **Mahonia calamicaulis** subsp. **kingdon-wardiana** (Ahrendt) T. S. Ying et Boufford

分布：西藏

宜章十大功劳 **Mahonia cardiophylla** T. S. Ying et Boufford

分布：湖南、四川、云南、广西

密叶十大功劳 **Mahonia conferta** Takeda

分布：云南

鄂西十大功劳 **Mahonia decipiens** C. K. Schneid.

分布：湖北

长柱十大功劳 **Mahonia duclouxiana** Gagnep.

分布：四川、云南、广西；缅甸、印度、泰国

宽苞十大功劳 **Mahonia eurybracteata** Fedde

分布：湖南、湖北、四川、贵州、广西

宽苞十大功劳(原亚种) **Mahonia eurybracteata** subsp. **eurybracteata**

分布：湖南、湖北、四川、贵州、广西

安坪十大功劳 **Mahonia eurybracteata** subsp. **ganpinensis** (H. Lév.) T. S. Ying et Boufford

分布：湖北、四川、贵州

北江十大功劳 **Mahonia fordii** C. K. Schneid.

分布：四川、广东

十大功劳 **Mahonia fortunei** (Lindl.) Fedde

分布：浙江、江西、湖南、湖北、四川、重庆、贵州、台湾、广西

细柄十大功劳 **Mahonia gracilipes** (Oliv.) Fedde

分布：四川、云南

滇南十大功劳 **Mahonia hancockiana** Takeda

分布：云南

遵义十大功劳 **Mahonia imbricata** T. S. Ying et Boufford

分布：贵州、云南

台湾十大功劳 **Mahonia japonica** (Thunb.) DC.

分布：台湾；日本；北美洲和欧洲有栽培

细齿十大功劳 **Mahonia leptodonta** Gagnep.

分布：四川、云南

长苞十大功劳 **Mahonia longibracteata** Takeda

分布：四川、云南

小叶十大功劳 **Mahonia microphylla** T. S. Ying et G. R. Long

分布：广西

门隅十大功劳 **Mahonia monyulensis** Ahrendt

分布：西藏

尼泊尔十大功劳 **Mahonia napaulensis** DC.

分布：四川、云南、西藏；印度、不丹、缅甸、尼泊尔

亮叶十大功劳 **Mahonia nitens** C. K. Schneid.

分布：四川、贵州

四川十大功劳 **Mahonia ogisui** Lancaster et J. M. H. Shaw

分布：四川

阿里山十大功劳 **Mahonia oiwakensis** Hayata

分布：四川、贵州、云南、西藏、台湾、海南、香港

阿里山十大功劳(原变种) **Mahonia oiwakensis** var. **oiwakensis**

分布：四川、贵州、云南、西藏、台湾、海南、香港

薄叶阿里山十大功劳 **Mahonia oiwakensis** var. **tenuifoliola** J. M. H. Shaw

分布：云南

景东十大功劳 **Mahonia paucijuga** C. Y. Wu ex S. Y. Bao

分布：云南

峨眉十大功劳 **Mahonia polyodonta** Fedde

分布：湖北、四川、贵州、云南、西藏；缅甸、印度

网脉十大功劳 **Mahonia retinervis** P. G. Xiao et Y. S. Wang

分布：云南、广西

刺齿十大功劳 **Mahonia setosa** Gagnep.

分布：四川、云南

沈氏十大功劳 **Mahonia shenii** Chun

分布：湖南、贵州、广东、广西

长阳十大功劳 **Mahonia sheridaniana** C. K. Schneid.

分布：湖北、四川

靖西十大功劳 **Mahonia subimbricata** Chun et F. Chun

分布：广西

独龙十大功劳 **Mahonia taronensis** Hand.-Mazz.

分布：云南、西藏

南天竹属 **Nandina** Thunb.

南天竹 **Nandina domestica** Thunb.

分布：山西、山东、河南、陕西、安徽、江苏、浙江、江西、湖南、湖北、四川、贵州、云南、福建、广东、广西；印度、日本；南北美洲的可能是引进的

鲜黄连属 **Plagiorhegma** Maxim.

鲜黄连 **Plagiorhegma dubium** Maxim.

分布：吉林、辽宁；朝鲜、俄罗斯

桃儿七属 **Sinopodophyllum** T. S. Ying

桃儿七 **Sinopodophyllum hexandrum** (Royle) T. S. Ying

分布：陕西、甘肃、青海、四川、云南、西藏；尼泊尔、不丹、印度、巴基斯坦、阿富汗、克什米尔地区

229. 桦木科 Betulaceae Gray

桤木属 **Alnus** Mill.

桤木 **Alnus cremastogyne** Burkill

分布：陕西、甘肃、浙江、四川、贵州

川滇桤木 **Alnus ferdinandi-coburgii** C. K. Schneid.

分布：四川、贵州、云南

台湾桤木 **Alnus formosana** (Burkill) Makino

分布：台湾

台北桤木 **Alnus henryi** C. K. Schneid.

分布：台湾

辽东桤木 **Alnus hirsuta** Turcz. ex Rupr.

分布：黑龙江、吉林、辽宁、内蒙古、山东；日本、朝鲜、俄罗斯

日本桤木 **Alnus japonica** (Thunb.) Steud.

分布：吉林、辽宁、山东、河南、安徽、江苏；日本、朝鲜、俄罗斯

毛桤木 **Alnus lanata** Duthie ex Bean

分布：四川

东北桤木 **Alnus mandshurica** (Callier ex C. K. Schneid.) Hand.-Mazz.

分布：黑龙江、吉林、辽宁、内蒙古；朝鲜、俄罗斯

尼泊尔桤木 **Alnus nepalensis** D. Don

分布：四川、贵州、云南、西藏、广西；孟加拉国、不丹、印度、缅甸、尼泊尔、泰国、越南

江南桤木 **Alnus trabeculosa** Hand.-Mazz.

分布：河南、安徽、江苏、浙江、江西、湖南、湖北、贵州、福建、广东；日本

桦木属 **Betula** L.

红桦 **Betula albosinensis** Burkill

分布：河北、山西、河南、陕西、宁夏、甘肃、青海、湖北、四川

西桦 **Betula alnoides** Buch.-Ham. ex D. Don

分布：云南、福建、广东、广西、海南；不丹、印度、缅甸、尼泊尔、泰国、越南

贡布桦 **Betula ashburneri** McAll. et Rushforth

分布：西藏

华南桦 **Betula austrosinensis** Chun ex P. C. Li

分布：江西、湖南、湖北、四川、贵州、云南、福建、广东、广西

岩桦 Betula calcicola (W. W. Sm.) P. C. Li
分布：四川、云南

坚桦 Betula chinensis Maxim.
分布：辽宁、内蒙古、河北、山西、山东、河南、陕西、甘肃；朝鲜

硕桦 Betula costata Trautv.
分布：黑龙江、吉林、辽宁、内蒙古、河北、湖北；朝鲜、俄罗斯

硕桦(原变种) Betula costata var. **costata**
分布：黑龙江、吉林、辽宁、内蒙古、河北；朝鲜、俄罗斯

柔毛硕桦 Betula costata var. **pubescens** S. L. Liou
分布：湖北

长穗桦 Betula cylindrostachya Lindl.
分布：四川、云南、西藏；不丹、印度

黑桦 Betula dahurica Pall.
分布：黑龙江、吉林、辽宁、内蒙古、河北、山西、陕西；日本、朝鲜、蒙古国、俄罗斯

高山桦 Betula delavayi Franch.
分布：甘肃、湖北、四川、云南、西藏

高山桦(原变种) Betula delavayi var. **delavayi**
分布：甘肃、四川、云南、西藏

细穗高山桦 Betula delavayi var. **microstachya** P. C. Li
分布：湖北、?青海、四川、?西藏

多脉高山桦 Betula delavayi var. **polyneura** Hu ex P. C. Li
分布：云南

岳桦 Betula ermanii Cham.
分布：黑龙江、吉林、辽宁、内蒙古；日本、朝鲜、俄罗斯

岳桦(原变种) Betula ermanii var. **ermanii**
分布：黑龙江、吉林、辽宁、内蒙古；日本、韩国、俄罗斯

帽儿山岳桦 Betula ermanii var. **macrostrobila** Liou
分布：黑龙江

英吉里岳桦 Betula ermanii var. **yingkiliensis** Liou et Z. Wang
分布：黑龙江、内蒙古

狭翅桦 Betula fargesii Franch.
分布：湖北、四川

柴桦 Betula fruticosa Pall.
分布：黑龙江、内蒙古；朝鲜、蒙古国、俄罗斯

福建桦(新拟) Betula fujianensis J. Zeng, J. H. Li et Z. D. Chen
分布：福建

砂生桦 Betula gmelinii Bunge
分布：黑龙江、辽宁、内蒙古；蒙古国、俄罗斯

贡山桦 Betula gynoterminalis Y. C. Hsu et C. J. Wang
分布：云南

盐桦 Betula halophila Ching
分布：新疆

豫白桦 Betula honanensis S. Y. Wang et C. L. Chang
分布：河南

甸生桦 Betula humilis Schrank
分布：新疆；哈萨克斯坦、蒙古国、俄罗斯；欧洲

香桦 Betula insignis Franch.
分布：湖北、四川、贵州

金平桦 Betula jinpingensis P. C. Li
分布：云南

九龙桦 Betula jiulungensis Hu ex P. C. Li
分布：四川

亮叶桦 Betula luminifera H. J. P. Winkl.
分布：河南、陕西、甘肃、安徽、江苏、浙江、江西、湖南、湖北、四川、贵州、云南、福建、广东、广西

小叶桦 Betula microphylla Bunge
分布：新疆；哈萨克斯坦、蒙古国

小叶桦(原变种) Betula microphylla var. **microphylla**
分布：新疆；哈萨克斯坦、蒙古国

艾比湖小叶桦 Betula microphylla var. **ebinurica** C. Y. Yang et W. H. Li
分布：新疆

哈纳斯小叶桦 Betula microphylla var. **harasiica** C. Y. Yang
分布：新疆

宽苞小叶桦 Betula microphylla var. **latibracteata** C. Y. Yang
分布：新疆

沼泽小叶桦 Betula microphylla var. **paludosa** C. Wang et J. Wang
分布：新疆

吐曼特小叶桦 Betula microphylla var. **tumantica** C. Y. Yang et J. Wang
分布：新疆

扇叶桦 **Betula middendorfii** Trautv. et C. A. Mey.

分布：黑龙江、内蒙古；俄罗斯

油桦 **Betula ovalifolia** Rupr.

分布：黑龙江、吉林、内蒙古；日本、朝鲜、俄罗斯

垂枝桦 **Betula pendula** Roth

分布：新疆；哈萨克斯坦、蒙古国、俄罗斯；欧洲

白桦 **Betula platyphylla** Sukaczev

分布：黑龙江、吉林、辽宁、内蒙古、河北、山西、河南、陕西、宁夏、甘肃、青海、江苏、四川、云南、西藏；日本、朝鲜、蒙古国、俄罗斯

白桦(原变种) **Betula platyphylla** var. **platyphylla**

分布：黑龙江、吉林、辽宁、内蒙古、河北、山西、河南、陕西、宁夏、甘肃、青海、江苏、四川、云南、西藏；日本、朝鲜、蒙古国、俄罗斯

铁皮桦 **Betula platyphylla** var. **brunnea** J. X. Huang

分布：河北

栓皮白桦 **Betula platyphylla** var. **phellodendroides** S. L. Tung

分布：黑龙江

矮桦 **Betula potaninii** Batalin

分布：陕西、甘肃、四川

菱苞桦 **Betula rhombibracteata** P. C. Li

分布：云南

圆叶桦 **Betula rotundifolia** Spach

分布：新疆；哈萨克斯坦、蒙古国、俄罗斯

赛黑桦 **Betula schmidtii** Regel

分布：吉林、辽宁；日本、朝鲜、俄罗斯

斯氏桦 **Betula skvortsovii** McAll. et Ashburner

分布：青海、四川

肃南桦 **Betula sunanensis** Y. J. Zhang

分布：甘肃

天山桦 **Betula tianschanica** Rupr.

分布：新疆；吉尔吉斯斯坦、塔吉克斯坦

峨眉矮桦 **Betula trichogemma** (Hu ex P. C. Li) T. Hong

分布：四川

糙皮桦 **Betula utilis** D. Don

分布：陕西、宁夏、甘肃、青海、湖北、四川、云南、西藏；阿富汗、不丹、印度、尼泊尔

枣叶桦 **Betula zyzyphifolia** C. Wang et S. L. Tung

分布：内蒙古

鹅耳枥属 **Carpinus** L.

粤北鹅耳枥 **Carpinus chuniana** Hu

分布：湖北、贵州、广东

千斤榆 **Carpinus cordata** Blume

分布：辽宁、河北、山西、山东、陕西、宁夏、甘肃、安徽、江苏、浙江、江西、湖南、湖北、四川、贵州；日本、朝鲜、俄罗斯

千斤榆(原变种) **Carpinus cordata** var. **cordata**

分布：辽宁、河北、山西、山东、陕西、甘肃；日本、韩国、俄罗斯

直穗千斤榆 **Carpinus cordata** var. **brevistachyus** S. L. Tung

分布：吉林

华千斤榆 **Carpinus cordata** var. **chinensis** Franch.

分布：陕西、甘肃、安徽、江苏、浙江、江西、湖南、湖北、四川、贵州

毛叶千斤榆 **Carpinus cordata** var. **mollis** (Rehder) W. C. Cheng ex Chun

分布：陕西、宁夏、甘肃

大庸鹅耳枥 **Carpinus dayongina** K. W. Liu et Q. Z. Lin

分布：湖南

川黔千斤榆 **Carpinus fangiana** Hu

分布：四川、贵州、云南、广西

川陕鹅耳枥 **Carpinus fargesiana** H. Winkl.

分布：河南、陕西、甘肃、湖北、四川

川陕鹅耳枥(原变种) **Carpinus fargesiana** var. **fargesiana**

分布：河南、陕西、甘肃、湖北、四川

狭叶鹅耳枥 **Carpinus fargesiana** var. **hwai** (Hu et W. C. Cheng) P. C. Li

分布：湖北、四川

厚叶鹅耳枥 **Carpinus firmifolia** (H. J. P. Winkl.) Hu

分布：贵州

密腺鹅耳枥 **Carpinus glanduloso-punctata** (C. J. Qi) C. J. Qi

分布：湖南

太鲁阁鹅耳枥 **Carpinus hebestroma** Yamam.

分布：台湾

川鄂鹅耳枥 **Carpinus henryana** (H. J. P. Winkl.) H. J. P. Winkl.

分布：河南、陕西、甘肃、湖北、四川、贵州、云南

湖北鹅耳枥 Carpinus hupeana Hu
分布：河南、陕西、安徽、浙江、江西、湖南、湖北

阿里山鹅耳枥 Carpinus kawakamii Hayata
分布：福建、台湾

贵州鹅耳枥 Carpinus kweichowensis Hu
分布：贵州、云南

荔波鹅耳枥(新拟) Carpinus lipoensis Y. K. Li
分布：贵州

短尾鹅耳枥 Carpinus londoniana H. J. P. Winkl.
分布：安徽、江苏、浙江、湖南、四川、贵州、云南、福建、广东、广西；老挝、缅甸、泰国、越南

短尾鹅耳枥(原变种) Carpinus londoniana var. **londoniana**
分布：安徽、浙江、江西、湖南、四川、贵州、云南、福建、广东、广西；老挝、缅甸、泰国、越南

海南鹅耳枥 Carpinus londoniana var. **lanceolata** (Hand.-Mazz.) P. C. Li
分布：海南

宽叶鹅耳枥 Carpinus londoniana var. **latifolia** P. C. Li
分布：浙江

剑苞鹅耳枥 Carpinus londoniana var. **xiphobracteata** P. C. Li
分布：浙江

田阳鹅耳枥 Carpinus microphylla Z. C. Chen ex Y. S. Wang et J. P. Huang
分布：广西

细齿鹅耳枥 Carpinus minutiserrata Hayata
分布：台湾

软毛鹅耳枥 Carpinus mollicoma Hu
分布：四川、云南、西藏

云南鹅耳枥 Carpinus monbeigiana Hand.-Mazz.
分布：云南、西藏

宝华鹅耳枥 Carpinus oblongifolia (Hu) Hu et W. C. Cheng
分布：江苏

峨眉鹅耳枥 Carpinus omeiensis Hu et D. Fang
分布：四川、贵州

多脉鹅耳枥 Carpinus polyneura Franch.
分布：陕西、浙江、江西、湖南、湖北、四川、贵州、福建、广东

云贵鹅耳枥 Carpinus pubescens Burkill
分布：陕西、四川、贵州、云南；越南

紫脉鹅耳枥 Carpinus purpurinervis Hu
分布：贵州、广西

普陀鹅耳枥 Carpinus putoensis W. C. Cheng
分布：浙江

兰邯千斤榆 Carpinus rankanensis Hayata
分布：台湾

兰邯千斤榆(原变种) Carpinus rankanensis var. **rankanensis**
分布：台湾

细叶兰邯千斤榆 Carpinus rankanensis var. **matsudae** Yamam.
分布：台湾

岩生鹅耳枥 Carpinus rupestris A. Camus
分布：贵州、云南、广西

陕西鹅耳枥 Carpinus shensiensis Hu
分布：陕西、甘肃

陕西鹅耳枥(原变种) Carpinus shensiensis var. **shensiensis**
分布：陕西、甘肃

少脉鹅耳枥 Carpinus shensiensis var. **paucineura** S. Z. Qu et K. Y. Wang
分布：陕西

小叶鹅耳枥 Carpinus stipulata H. J. P. Winkl.
分布：陕西、甘肃、湖北

松潘鹅耳枥 Carpinus sungpanensis W. Y. Hsia
分布：四川

天台鹅耳枥 Carpinus tientaiensis W. C. Cheng
分布：浙江

宽苞鹅耳枥 Carpinus tsaiana Hu
分布：贵州、云南

昌化鹅耳枥 Carpinus tschonoskii Maxim.
分布：河南、安徽、江苏、浙江、江西、湖南、湖北、四川、贵州、云南、广西；日本、朝鲜

遵义鹅耳枥 Carpinus tsunyihensis Hu
分布：贵州

鹅耳枥 Carpinus turczaninowii Hance
分布：辽宁、北京、山东、河南、陕西、甘肃、江苏；日本、朝鲜

雷公鹅耳枥 Carpinus viminea Lindl.
分布：安徽、江苏、浙江、江西、湖南、湖北、四川、贵

州、云南、西藏、福建、广东、广西；不丹、印度、克什米尔地区、缅甸、尼泊尔、泰国、越南

雷公鹅耳枥(原变种) **Carpinus viminea** var. **viminea**

分布：安徽、江苏、浙江、江西、湖南、湖北、四川、贵州、云南、西藏、福建、广东、广西；不丹、印度、克什米尔地区、缅甸、尼泊尔、泰国、越南

贡山鹅耳枥 **Carpinus viminea** var. **chiukiangensis** Hu

分布：云南、西藏

榛属 **Corylus** L.

华榛 **Corylus chinensis** Franch.

分布：陕西、甘肃、湖北、四川、贵州、云南、西藏

披针叶榛 **Corylus fargesii** C. K. Schneid.

分布：河南、陕西、宁夏、甘肃、江西、湖北、四川、贵州

刺榛 **Corylus ferox** Wall.

分布：陕西、宁夏、甘肃、湖北、四川、贵州、云南、西藏；不丹、印度、缅甸、尼泊尔

刺榛(原变种) **Corylus ferox** var. **ferox**

分布：四川、贵州、云南；不丹、印度、缅甸、尼泊尔

藏刺榛 **Corylus ferox** var. **thibetica** (Batalin) Franch.

分布：陕西、宁夏、甘肃、湖北、四川、贵州、云南、西藏

榛 **Corylus heterophylla** Fisch. ex Trautv.

分布：黑龙江、吉林、辽宁、内蒙古、河北、山西、山东、河南、陕西、宁夏、甘肃、安徽、江苏、浙江、江西、湖南、湖北、四川、贵州；日本、朝鲜、俄罗斯

榛(原变种) **Corylus heterophylla** var. **heterophylla**

分布：黑龙江、吉林、辽宁、内蒙古、河北、山西、河南、宁夏、甘肃；日本、韩国、俄罗斯

川榛 **Corylus heterophylla** var. **sutchuanensis** Franch.

分布：山东、河南、陕西、甘肃、安徽、江苏、浙江、江西、湖南、湖北、四川、贵州

短柄川榛 **Corylus kweichowensis** var. **brevipes** W. J. Liang

分布：江苏、浙江、江西、湖南

维西榛 **Corylus wangii** Hu

分布：云南

武陵榛 **Corylus wulingensis** Q. X. Liu et C. M. Zhang

分布：湖南

滇榛 **Corylus yunnanensis** (Franch.) A. Camus

分布：湖北、四川、贵州、云南

铁木属 **Ostrya** Scop.

铁木 **Ostrya japonica** Sarg.

分布：河北、河南、陕西、甘肃、湖北、四川；日本、朝鲜

多脉铁木 **Ostrya multinervis** Rehder

分布：江苏、浙江、湖南、四川、贵州

天目铁木 **Ostrya rehderiana** Chun

分布：浙江

毛果铁木 **Ostrya trichocarpa** D. Fang et Y. S. Wang

分布：广西

云南铁木 **Ostrya yunnanensis** Hu ex P. C. Li

分布：云南

虎榛子属 **Ostryopsis** Decne.

虎榛子 **Ostryopsis davidiana** Decne.

分布：辽宁、内蒙古、河北、山西、陕西、宁夏、甘肃、四川

云南榛(新拟) **Ostryopsis intermedia** B. Tian et J. Q. Liu

分布：云南

滇虎榛 **Ostryopsis nobilis** I. B. Balfour et W. W. Sm.

分布：四川、云南

230. 熏倒牛科 Biebersteiniaceae Schnizl.

熏倒牛属 **Biebersteinia** Stephan

熏倒牛 **Biebersteinia heterostemon** Maxim.

分布：甘肃、宁夏、?新疆、青海、四川、西藏

高山熏倒牛 **Biebersteinia odora** Stephan ex Fisch.

分布：新疆、西藏；印度、克什米尔地区、哈萨克斯坦、吉尔吉斯斯坦、蒙古国、巴基斯坦、俄罗斯、塔吉克斯坦

231. 紫葳科 Bignoniaceae Juss.

凌霄花属 **Campsis** Lour.

凌霄 **Campsis grandiflora** (Thunb.) K. Schum.

分布：河北、山西、山东、福建、台湾、广东、广西；印度、日本、巴基斯坦、越南

梓属 **Catalpa** Scop.

楸 **Catalpa bungei** C. A. Mey.

分布：河北、山西、山东、河南、陕西、甘肃、江苏、浙江、湖南、贵州、云南、广西

梓 Catalpa ovata G. Don
分布：黑龙江、吉林、辽宁、内蒙古、河北、山西、山东、河南、陕西、宁夏、甘肃、青海、新疆、安徽、江苏、湖北、四川；日本

藏楸 Catalpa tibetica Forrest
分布：云南、西藏

厚膜树属 Fernandoa Welw. ex Seem.

广西厚膜树 Fernandoa guangxiensis D. D. Tao
分布：云南、广西

角蒿属 Incarvillea Juss.

高波罗花 Incarvillea altissima Forrest
分布：四川、云南、西藏

两头毛 Incarvillea arguta (Royle) Royle
分布：甘肃、四川、贵州、云南、西藏；不丹、印度、尼泊尔

两头毛(原变种) Incarvillea arguta var. **arguta**
分布：甘肃、四川、贵州、云南、西藏；印度、尼泊尔

长梗两头毛 Incarvillea arguta var. **longipedicellata** Q. S. Zhao
分布：四川、西藏

四川波罗花 Incarvillea berezovskii Batalin
分布：四川、西藏

密生波罗花 Incarvillea compacta Maxim.
分布：甘肃、青海、四川、云南、西藏

红波罗花 Incarvillea delavayi Bureau et Franch.
分布：四川、云南

裂叶波罗花 Incarvillea dissectifoliola Q. S. Zhao
分布：四川

单叶波罗花 Incarvillea forrestii H. R. Fletcher
分布：四川、云南

黄波罗花 Incarvillea lutea Bureau et Franch.
分布：四川、云南、西藏

鸡肉参 Incarvillea mairei (H. Lév.) Grierson
分布：青海、四川、云南、西藏；不丹、尼泊尔

鸡肉参(原变种) Incarvillea mairei var. **mairei**
分布：四川、云南、西藏

大花鸡肉参 Incarvillea mairei var. **grandiflora** (Wehrh.) Grierson
分布：青海、四川、云南、西藏；不丹、尼泊尔

多小叶鸡肉参 Incarvillea mairei var. **multifoliolata** (C. Y. Wu et W. C. Yin) C. Y. Wu et W. C. Yin
分布：四川、云南

聚叶角蒿 Incarvillea potaninii Batalin
分布：内蒙古；蒙古国

角蒿 Incarvillea sinensis Lam.
分布：黑龙江、内蒙古、河北、山西、山东、河南、陕西、宁夏、甘肃、青海、四川、云南、西藏

角蒿(原变种) Incarvillea sinensis var. **sinensis**
分布：黑龙江、内蒙古、河北、山西、山东、河南、陕西、宁夏、甘肃、青海、四川、云南、西藏

黄花角蒿 Incarvillea sinensis var. **przewalskii** (Batalin) C. Y. Wu et W. C. Yin
分布：陕西、甘肃、青海、四川

藏波罗花 Incarvillea younghusbandii Sprague
分布：青海、西藏

香格里拉角蒿(新拟) Incarvillea zhongdianensis Grey-Wilson
分布：云南

猫尾木属 Markhamia Seem. ex Baillon

西南猫尾木 Markhamia stipulata (Wall.) Seem. ex K. Schum.
分布：云南、福建、广东、广西、海南；柬埔寨、老挝、缅甸、泰国、越南

西南猫尾木(原变种) Markhamia stipulata var. **stipulata**
分布：云南、广东、广西、海南；柬埔寨、老挝、缅甸、泰国、越南

毛叶猫尾木 Markhamia stipulata var. **kerrii** Sprague
分布：云南、福建、广东、广西、海南；老挝、缅甸、泰国、越南

火烧花属 Mayodendron Kurz.

火烧花 Mayodendron igneum (Kurz.) Kurz.
分布：云南、台湾、广东、广西；老挝、缅甸、泰国、越南

老鸦烟筒花属 Millingtonia L. f.

老鸦烟筒花 Millingtonia hortensis L. f.
分布：云南；柬埔寨、印度、印度尼西亚、老挝、马来西亚、缅甸、泰国、越南

照夜白属 **Nyctocalos** Teijsm. et Binn.

照夜白 **Nyctocalos brunfelsiiflorum** Teijsm. et Binn.
分布：云南；印度尼西亚、马来西亚、缅甸、泰国

羽叶照夜白 **Nyctocalos pinnatum** Steenis
分布：云南

木蝴蝶属 **Oroxylum** Vent.

木蝴蝶 **Oroxylum indicum** (L.) Benth. ex Kurz.
分布：四川、贵州、云南、福建、台湾、广东、广西；不丹、柬埔寨、印度、印度尼西亚、老挝、马来西亚、缅甸、尼泊尔、菲律宾、泰国、越南

翅叶木属 **Pauldopia** Steenis

翅叶木 **Pauldopia ghorta** (Buch.-Ham. ex G. Don) Steenis
分布：云南；印度、老挝、缅甸、尼泊尔、斯里兰卡、泰国、越南

菜豆树属 **Radermachera** Zoll. et Moritzi

美叶菜豆树 **Radermachera frondosa** Chun et F. C. How
分布：广东、广西、海南

广西菜豆树 **Radermachera glandulosa** (Blume) Miq.
分布：广东、广西；印度、印度尼西亚、老挝、马来西亚、缅甸、菲律宾、泰国

海南菜豆树 **Radermachera hainanensis** Merr.
分布：云南、广东、海南；柬埔寨、老挝、泰国

小萼菜豆树 **Radermachera microcalyx** C. Y. Wu et W. C. Yin
分布：云南、广西

豇豆树 **Radermachera pentandra** Hemsl.
分布：云南

菜豆树 **Radermachera sinica** (Hance) Hemsl.
分布：贵州、云南、台湾、广东、广西；不丹、印度、缅甸、越南

滇菜豆树 **Radermachera yunnanensis** C. Y. Wu et W. C. Yin
分布：云南

羽叶楸属 **Stereospermum** Cham.

羽叶楸 **Stereospermum colais** (Buch.-Ham. ex Dillwyn) Mabb.
分布：贵州、云南、广西、海南；孟加拉国、不丹、柬埔寨、印度、印度尼西亚、老挝、马来西亚、缅甸、尼泊尔、斯里兰卡、泰国、越南

毛叶羽叶楸 **Stereospermum neuranthum** Kurz.
分布：云南；柬埔寨、印度、老挝、缅甸、泰国、越南

伏毛萼羽叶楸 **Stereospermum strigillosum** C. Y. Wu et W. C. Yin
分布：云南

232. 红木科 Bixaceae Kunth

红木属 **Bixa** L.

红木 **Bixa orellana** L.
分布：云南、台湾、广东栽培；原产于热带美洲，泛热带栽培

233. 紫草科 Boraginaceae Juss.

锚刺果属 **Actinocarya** Benth.

锚刺果 **Actinocarya tibetica** Benth.
分布：甘肃、青海、西藏；印度

钝背草属 **Amblynotus** (A. DC.) I. M. Johnst.

钝背草 **Amblynotus rupestris** (Pall. ex Georgi) Popov ex Serg.
分布：黑龙江、内蒙古、新疆；哈萨克斯坦、蒙古国、俄罗斯

牛舌草属 **Anchusa** L.

牛舌草 **Anchusa italica** Retz.
分布：中国有栽培；阿富汗、巴基斯坦、克什米尔地区、俄罗斯、哈萨克斯坦；欧洲、非洲、亚洲(西南部)

药用牛舌草 **Anchusa officinalis** L.
分布：中国有栽培；原产于欧洲

狼紫草 **Anchusa ovata** Lehm.
分布：内蒙古、河北、山西、陕西、宁夏、甘肃、青海、新疆、西藏、海南；阿富汗、印度、哈萨克斯坦、吉尔吉斯斯坦、蒙古国、尼泊尔、巴基斯坦、俄罗斯、塔吉克斯坦、土库曼斯坦、乌兹别克斯坦；亚洲(西南部)、欧洲、非洲

长蕊斑种草属 **Antiotrema** Hand.-Mazz.

长蕊斑种草 **Antiotrema dunnianum** (Diels) Hand.-Mazz.
分布：四川、贵州、云南、广西

软紫草属 **Arnebia** Forssk.

硬萼软紫草 **Arnebia decumbens** (Vent.) Coss. et Kralik
分布：新疆；阿富汗、蒙古国、巴基斯坦、土库曼斯坦；亚洲(西南部)、欧洲、非洲

软紫草 **Arnebia euchroma** (Royle) I. M. Johnst.
分布：新疆、西藏；阿富汗、印度、哈萨克斯坦、吉尔吉斯斯坦、尼泊尔、巴基斯坦、俄罗斯、塔吉克斯坦、土库曼斯坦、乌兹别克斯坦；亚洲(西南部)

灰毛软紫草 **Arnebia fimbriata** Maxim.
分布：内蒙古、宁夏、甘肃、青海；蒙古国

黄花软紫草 **Arnebia guttata** Bunge
分布：内蒙古、河北、宁夏、甘肃、新疆、西藏；阿富汗、印度、哈萨克斯坦、吉尔吉斯斯坦、蒙古国、巴基斯坦、俄罗斯、塔吉克斯坦、土库曼斯坦、乌兹别克斯坦

疏花软紫草 **Arnebia szechenyi** Kanitz
分布：内蒙古、宁夏、甘肃、青海

天山软紫草 **Arnebia tschimganica** (B. Fedtsch.) G. L. Chu
分布：新疆；哈萨克斯坦、乌兹别克斯坦

糙草属 **Asperugo** L.

糙草 **Asperugo procumbens** L.
分布：内蒙古、山西、陕西、甘肃、青海、新疆、四川、西藏；印度、克什米尔地区、哈萨克斯坦、吉尔吉斯斯坦、蒙古国、尼泊尔、俄罗斯、塔吉克斯坦、土库曼斯坦、乌兹别克斯坦；亚洲(西南部)、欧洲、非洲

斑种草属 **Bothriospermum** Bunge

斑种草 **Bothriospermum chinense** Bunge
分布：辽宁、河北、北京、山西、山东、河南、陕西、甘肃

云南斑种草 **Bothriospermum hispidissimum** Hand.-Mazz.
分布：四川、云南

狭苞斑种草 **Bothriospermum kusnezowii** Bunge
分布：黑龙江、吉林、内蒙古、河北、北京、山西、陕西、宁夏、甘肃、青海

多苞斑种草 **Bothriospermum secundum** Maxim.
分布：黑龙江、吉林、辽宁、河北、北京、山西、山东、陕西、甘肃、江苏

柔弱斑种草 **Bothriospermum zeylanicum** (J. Jacq.) Druce
分布：黑龙江、吉林、辽宁、内蒙古、河北、山西、山东、陕西、宁夏、浙江、江西、湖南、四川、贵州、云南、福建、台湾、广东、广西、海南；阿富汗、印度、印度尼西亚、日本、哈萨克斯坦、朝鲜、吉尔吉斯斯坦、巴基斯坦、俄罗斯、塔吉克斯坦、土库曼斯坦、乌兹别克斯坦、越南

山茄子属 **Brachybotrys** Maxim. ex Oliv.

山茄子 **Brachybotrys paridiformis** Maxim. ex Oliv.
分布：黑龙江、吉林、辽宁；朝鲜、俄罗斯

基及树属 **Carmona** Cav.

基及树 **Carmona microphylla** (Lam.) G. Don
分布：台湾、广东、海南；印度尼西亚、日本、澳大利亚

垫紫草属 **Chionocharis** I. M. Johnst.

垫紫草 **Chionocharis hookeri** (C. B. Clarke) I. M. Johnst.
分布：四川、云南、西藏；不丹、印度、尼泊尔

双柱紫草属 **Coldenia** L.

双柱紫草 **Coldenia procumbens** L.
分布：台湾、海南；柬埔寨、印度、印度尼西亚、马来西亚、巴基斯坦、斯里兰卡、泰国、越南、澳大利亚；非洲、北美洲、南美洲

破布木属 **Cordia** L.

越南破布木 **Cordia cochinchinensis** Gagnep.
分布：海南；泰国、越南

破布木 **Cordia dichotoma** G. Forst.
分布：贵州、云南、西藏、福建、台湾、广东、广西；柬埔寨、印度、印度尼西亚、日本、克什米尔地区、老挝、马来西亚、缅甸、巴基斯坦、泰国、越南、太平洋岛屿

二叉破布木 **Cordia furcans** I. M. Johnst.
分布：云南、广西、海南；印度、缅甸、泰国、越南

台湾破布木 **Cordia kanehirai** Hayata
分布：台湾；日本

橙花破布木 **Cordia subcordata** Lam.
分布：海南；印度、印度尼西亚、泰国、越南、太平洋岛屿；非洲

颅果草属 **Craniospermum** Lehm.

颅果草 **Craniospermum mongolicum** I. M. Johnst.
分布：内蒙古、新疆；蒙古国、俄罗斯

卷毛颅果草 **Craniospermum subfloccosum** Krylov
分布：新疆；哈萨克斯坦、蒙古国、俄罗斯

新疆颅果草(新拟) **Craniospermum tuvinicum** Ovczinnikova
分布：新疆；俄罗斯

琉璃草属 **Cynoglossum** L.

高山琉璃草 **Cynoglossum alpestre** Ohwi
分布：台湾

倒提壶 **Cynoglossum amabile** Stapf et Drummond
分布：甘肃、四川、贵州、云南、西藏；不丹

倒提壶(原变种) **Cynoglossum amabile** var. **amabile**
分布：甘肃、四川、贵州、云南、西藏；不丹

滇西倒提壶 **Cynoglossum amabile** var. **pauciglochidiatum** Y. L. Liu
分布：四川、云南

大果琉璃草 **Cynoglossum divaricatum** Stephan ex Lehm.
分布：黑龙江、吉林、辽宁、内蒙古、河北、山西、山东、陕西、宁夏、甘肃、新疆；哈萨克斯坦、蒙古国、俄罗斯

台湾琉璃草 **Cynoglossum formosanum** Nakai
分布：台湾；日本

琉璃草 **Cynoglossum furcatum** Wall.
分布：河南、陕西、甘肃、江苏、浙江、江西、湖南、四川、贵州、云南、福建、台湾、广东、广西、海南；阿富汗、印度、日本、马来西亚、巴基斯坦、菲律宾、泰国、越南

甘青琉璃草 **Cynoglossum gansuense** Y. L. Liu
分布：宁夏、甘肃、青海、四川

小花琉璃草 **Cynoglossum lanceolatum** Forssk.
分布：河南、陕西、甘肃、江苏、浙江、江西、湖南、四川、贵州、云南、福建、台湾、广东、广西、海南；柬埔寨、印度、克什米尔地区、老挝、马来西亚、缅甸、尼泊尔、巴基斯坦、菲律宾、斯里兰卡、泰国；亚洲(西南部)、非洲

大萼琉璃草 **Cynoglossum macrocalycinum** Riedl
分布：新疆

西藏琉璃草 **Cynoglossum schlagintweitii** (Brand) Kazmi
分布：西藏；印度

心叶琉璃草 **Cynoglossum triste** Diels
分布：四川、云南

绿花琉璃草 **Cynoglossum viridiflorum** Pall. ex Lehm.
分布：新疆；哈萨克斯坦、吉尔吉斯斯坦、俄罗斯、塔吉克斯坦、土库曼斯坦、乌兹别克斯坦

西南琉璃草 **Cynoglossum wallichii** G. Don
分布：甘肃、四川、云南、西藏；阿富汗、不丹、印度、克什米尔地区、缅甸、尼泊尔、巴基斯坦

西南琉璃草(原变种) **Cynoglossum wallichii** var. **wallichii**
分布：甘肃、四川、云南、西藏；阿富汗、不丹、印度、尼泊尔、巴基斯坦

倒钩西南琉璃草 **Cynoglossum wallichii** var. **glochidiatum** (Wall. ex Benth.) Kazmi
分布：甘肃、青海、四川、云南、西藏；阿富汗、不丹、印度、克什米尔地区、缅甸、尼泊尔、巴基斯坦

蓝蓟属 **Echium** L.

蓝蓟 **Echium vulgare** L.
分布：新疆；哈萨克斯坦、吉尔吉斯斯坦、俄罗斯、塔吉克斯坦、土库曼斯坦、乌兹别克斯坦；亚洲(西南部)、欧洲、北美洲

厚壳树属 **Ehretia** P. Browne

厚壳树 **Ehretia acuminata** R. Br.
分布：山东、河南、江苏、浙江、江西、湖南、四川、贵州、云南、台湾、广东、广西、海南；不丹、印度、印度尼西亚、日本、越南、澳大利亚

宿苞厚壳树 **Ehretia asperula** Zoll. et Moritzi
分布：海南；印度尼西亚、越南

昌江厚壳树 **Ehretia changjiangensis** F. W. Xing et Z. X. Li
分布：海南

云南厚壳树 **Ehretia confinis** I. M. Johnst.
分布：云南

西南厚壳树 **Ehretia coryifolia** C. H. Wright
分布：四川、云南

密花厚壳树 **Ehretia densiflora** F. N. Wei et H. Q. Wen
分布：广西

粗糠树 **Ehretia dicksonii** Hance
分布：河南、陕西、甘肃、青海、江苏、浙江、江西、湖南、四川、贵州、云南、福建、台湾、广东、广西、海南；不丹、日本、尼泊尔、越南

云贵厚壳树 **Ehretia dunniana** H. Lév.
分布：贵州、云南

海南厚壳树 **Ehretia hainanensis** I. M. Johnst.
分布：海南

毛萼厚壳树 **Ehretia laevis** Roxb.
分布：海南；不丹、印度、克什米尔地区、老挝、缅甸、巴基斯坦、越南、澳大利亚

长花厚壳树 **Ehretia longiflora** Champ. ex Benth.
分布：福建、台湾、广东、广西；越南

屏边厚壳树 **Ehretia pingbianensis** Y. L. Liu
分布：云南

台湾厚壳树 **Ehretia resinosa** Hance
分布：台湾；菲律宾

上思厚壳树 **Ehretia tsangii** I. M. Johnst.
分布：贵州、云南、广西

齿缘草属 Eritrichium Schrad. ex Gaudin

针刺齿缘草 **Eritrichium acicularum** Y. S. Lian et J. Q. Wang
分布：甘肃、青海

狭叶齿缘草 **Eritrichium angustifolium** Y. S. Lian et J. Q. Wang
分布：西藏

腋花齿缘草 **Eritrichium axillare** W. T. Wang
分布：西藏

北齿缘草 **Eritrichium borealisinense** Kitag.
分布：辽宁、内蒙古、河北、山西

灰毛齿缘草 **Eritrichium canum** (Benth.) Kitam.
分布：新疆、西藏；阿富汗、印度、克什米尔地区、尼泊尔、巴基斯坦

密花齿缘草 **Eritrichium confertiflorum** W. T. Wang
分布：新疆

三角刺齿缘草 **Eritrichium deltodentum** Y. S. Lian et J. Q. Wang
分布：新疆

德钦齿缘草 **Eritrichium deqinense** W. T. Wang
分布：云南

云南齿缘草 **Eritrichium echinocaryum** (I. M. Johnst.) Y. S. Lian et J. Q. Wang
分布：云南

短梗齿缘草 **Eritrichium fetisovii** Regel
分布：新疆；吉尔吉斯斯坦

小灌齿缘草 **Eritrichium fruticulosum** Klotzsch
分布：西藏；印度、巴基斯坦

条叶齿缘草 **Eritrichium gracile** W. T. Wang
分布：西藏

半球齿缘草 **Eritrichium hemisphaericum** W. T. Wang
分布：青海、西藏

异果齿缘草 **Eritrichium heterocarpum** Y. S. Lian et J. Q. Wang
分布：青海、云南

矮齿缘草 **Eritrichium humillimum** W. T. Wang
分布：甘肃、青海

互助齿缘草 **Eritrichium huzhuense** X. F. Lu et G. R. Zheng
分布：青海

钝叶齿缘草 **Eritrichium incanum** (Turcz.) A. DC.
分布：黑龙江、内蒙古；朝鲜、俄罗斯

康定齿缘草 **Eritrichium kangdingense** W. T. Wang
分布：四川

毛果齿缘草 **Eritrichium lasiocarpum** W. T. Wang
分布：西藏

宽叶齿缘草 **Eritrichium latifolium** Kar. et Kir.
分布：新疆；哈萨克斯坦

疏花齿缘草 **Eritrichium laxum** I. M. Johnst.
分布：青海、云南、西藏

阿克陶齿缘草 **Eritrichium longifolium** Decne.
分布：新疆

长梗齿缘草 **Eritrichium longipes** Y. S. Lian et J. Q. Wang
分布：青海

东北齿缘草 **Eritrichium mandshuricum** Popov
分布：黑龙江、内蒙古、河北；哈萨克斯坦、吉尔吉斯斯坦、塔吉克斯坦、土库曼斯坦、乌兹别克斯坦

青海齿缘草 **Eritrichium medicarpum** Y. S. Lian et J. Q. Wang
分布：青海

疏刺齿缘草 **Eritrichium oligacanthum** Y. S. Lian et J. Q. Wang
分布：新疆

帕米尔齿缘草 **Eritrichium pamiricum** B. Fedtsch.
分布：新疆；哈萨克斯坦、吉尔吉斯斯坦、俄罗斯、塔吉克斯坦、土库曼斯坦、乌兹别克斯坦

少花齿缘草 Eritrichium pauciflorum (Ledeb.) DC.
分布：内蒙古、河北、山西、宁夏、甘肃；哈萨克斯坦、蒙古国、俄罗斯

篦毛齿缘草 Eritrichium pectinatociliatum Y. S. Lian et J. Q. Wang
分布：青海、西藏

垂果齿缘草 Eritrichium pendulifructum Y. S. Lian et J. Q. Wang
分布：新疆

具柄齿缘草 Eritrichium petiolare W. T. Wang
分布：西藏

具柄齿缘草(原变种) Eritrichium petiolare var. **petiolare**
分布：西藏

陀果具柄齿缘草 Eritrichium petiolare var. **subturbinatum** W. T. Wang
分布：西藏

柔毛具柄齿缘草 Eritrichium petiolare var. **villosum** W. T. Wang
分布：西藏

对叶齿缘草 Eritrichium pseudolatifolium Popov
分布：新疆；哈萨克斯坦、吉尔吉斯斯坦、俄罗斯、塔吉克斯坦、土库曼斯坦、乌兹别克斯坦

珠峰齿缘草 Eritrichium qofengense Y. S. Lian et J. Q. Wang
分布：西藏

石渠齿缘草 Eritrichium serxuense W. T. Wang
分布：四川

无梗齿缘草 Eritrichium sessilifructum Y. S. Lian et J. Q. Wang
分布：新疆

小果齿缘草 Eritrichium sinomicrocarpum W. T. Wang
分布：西藏

匙叶齿缘草 Eritrichium spathulatum (Benth.) C. B. Clarke
分布：西藏；印度、巴基斯坦

新疆齿缘草 Eritrichium subjacquemontii Popov
分布：新疆；哈萨克斯坦、吉尔吉斯斯坦、俄罗斯、塔吉克斯坦、土库曼斯坦、乌兹别克斯坦

唐古拉齿缘草 Eritrichium tangkulaense W. T. Wang
分布：甘肃、新疆、西藏

假鹤虱齿缘草 Eritrichium thymifolium (A. DC.) Y. S. Lian et J. Q. Wang
分布：黑龙江、内蒙古、宁夏、甘肃、新疆、西藏；印度、日本、哈萨克斯坦、蒙古国、俄罗斯

假鹤虱齿缘草(原变种) Eritrichium thymifolium subsp. **thymifolium**
分布：黑龙江、内蒙古、宁夏、甘肃、新疆；印度、日本、哈萨克斯坦、蒙古国、俄罗斯

宽翅百里香叶齿缘草 Eritrichium thymifolium subsp. **latialatum** Y. S. Lian et J. Q. Wang
分布：西藏

长毛齿缘草 Eritrichium villosum (Ledeb.) Bunge
分布：黑龙江、新疆、西藏；阿富汗、印度、克什米尔地区、哈萨克斯坦、蒙古国、巴基斯坦、俄罗斯；欧洲

腹脐草属 Gastrocotyle Bunge

腹脐草 Gastrocotyle hispida (Forssk.) Bunge
分布：甘肃、新疆；阿富汗、印度、巴基斯坦；亚洲(西南部)、非洲

假鹤虱属 Hackelia Opiz ex Berch.

大叶假鹤虱 Hackelia brachytuba (Diels) I. M. Johnst.
分布：甘肃、四川、云南、西藏；尼泊尔

异型假鹤虱 Hackelia difformis (Y. S. Lian et J. Q. Wang) Riedl
分布：四川、云南、西藏

卵萼假鹤虱 Hackelia uncinatum (Benth.) C. E. C. Fisch.
分布：云南、西藏；不丹、印度、巴基斯坦

天芥菜属 Heliotropium L.

尖花天芥菜 Heliotropium acutiflorum Kar. et Kir.
分布：新疆；哈萨克斯坦、吉尔吉斯斯坦、俄罗斯、塔吉克斯坦、土库曼斯坦、乌兹别克斯坦

南美天芥菜 Heliotropium arborescens L.
分布：北京、江苏

新疆天芥菜 Heliotropium arguzioides Kar. et Kir.
分布：新疆；哈萨克斯坦、俄罗斯、乌兹别克斯坦

天芥菜 **Heliotropium europaeum** L.

分布：甘肃、新疆；阿富汗、印度、巴基斯坦、俄罗斯；亚洲(西南部)、欧洲、非洲

台湾天芥菜 **Heliotropium formosanum** I. M. Johnst.

分布：台湾

大尾摇 **Heliotropium indicum** L.

分布：云南、福建、台湾、海南；柬埔寨、印度、印度尼西亚、日本、老挝、马来西亚、缅甸、泰国、越南、太平洋岛屿；非洲、北美洲、南美洲

毛果天芥菜 **Heliotropium lasiocarpum** Fisch. et C. A. Mey.

分布：山西、河南、新疆；印度、克什米尔地区、哈萨克斯坦、吉尔吉斯斯坦、巴基斯坦、俄罗斯、塔吉克斯坦、土库曼斯坦、乌兹别克斯坦；亚洲(西南部)

大苞天芥菜 **Heliotropium marifolium** Retz.

分布：海南；柬埔寨、印度、印度尼西亚、马来西亚、巴基斯坦、斯里兰卡、泰国、越南

小花天芥菜 **Heliotropium micranthum** (Pall.) Bunge

分布：新疆；哈萨克斯坦、吉尔吉斯斯坦、俄罗斯、塔吉克斯坦、土库曼斯坦、乌兹别克斯坦；欧洲

拟大尾摇 **Heliotropium pseudoindicum** H. Chuang

分布：云南

细叶天芥菜 **Heliotropium strigosum** Willd.

分布：福建、广东；阿富汗、不丹、柬埔寨、印度、克什米尔地区、老挝、缅甸、尼泊尔、巴基斯坦、泰国、澳大利亚；非洲

异果鹤虱属 Heterocaryum A. DC.

异果鹤虱 **Heterocaryum rigidum** A. DC.

分布：新疆；阿富汗、哈萨克斯坦、吉尔吉斯斯坦、巴基斯坦、俄罗斯、塔吉克斯坦、土库曼斯坦、乌兹别克斯坦；亚洲(西南部)

鹤虱属 Lappula Fabr.

阿拉泰鹤虱 **Lappula alatavica** (Popov) Golosk.

分布：新疆；哈萨克斯坦、俄罗斯、塔吉克斯坦、土库曼斯坦、乌兹别克斯坦

畸形果鹤虱 **Lappula anocarpa** C. J. Wang

分布：甘肃

密枝鹤虱 **Lappula balchaschensis** Popov ex Pavlov

分布：新疆；哈萨克斯坦、吉尔吉斯斯坦、蒙古国、俄罗斯、塔吉克斯坦、土库曼斯坦、乌兹别克斯坦

短刺鹤虱 **Lappula brachycentra** (Ledeb.) Gürke

分布：新疆；哈萨克斯坦、吉尔吉斯斯坦、俄罗斯、塔吉克斯坦、土库曼斯坦、乌兹别克斯坦

密丛鹤虱 **Lappula caespitosa** C. J. Wang

分布：西藏

蓝刺鹤虱 **Lappula consanguinea** (Fisch. et C. A. Mey.) Gürke

分布：内蒙古、河北、宁夏、甘肃、青海、西藏；印度、克什米尔地区、哈萨克斯坦、吉尔吉斯斯坦、蒙古国、巴基斯坦、俄罗斯、塔吉克斯坦、土库曼斯坦、乌兹别克斯坦；欧洲

杯翅蓝刺鹤虱 **Lappula consanguinea** var. **cupuliformis** C. J. Wang

分布：新疆

沙生鹤虱 **Lappula deserticola** C. J. Wang

分布：内蒙古、甘肃

两形果鹤虱 **Lappula duplicicarpa** Pavlov

分布：甘肃、青海、新疆；哈萨克斯坦、吉尔吉斯斯坦、俄罗斯、塔吉克斯坦、土库曼斯坦、乌兹别克斯坦

两形果鹤虱(原变种) **Lappula duplicicarpa** var. **duplicicarpa**

分布：新疆；哈萨克斯坦、吉尔吉斯斯坦、俄罗斯、塔吉克斯坦、土库曼斯坦、乌兹别克斯坦

小刺两形果鹤虱 **Lappula duplicicarpa** var. **brevispinula** C. J. Wang

分布：新疆

密毛两形果鹤虱 **Lappula duplicicarpa** var. **densihispida** C. J. Wang

分布：甘肃、新疆

费尔干鹤虱 **Lappula ferganensis** (Popov) Kamelin et G. L. Chu

分布：新疆；塔吉克斯坦

粒状鹤虱 **Lappula granulata** (Krylov) Popov

分布：黑龙江、吉林、辽宁、内蒙古、河北、山西、山东、陕西、宁夏、甘肃；哈萨克斯坦、蒙古国

异形鹤虱 **Lappula heteromorpha** C. J. Wang

分布：内蒙古、山西

喜马拉雅鹤虱 **Lappula himalayensis** C. J. Wang

分布：西藏

蒙古鹤虱 **Lappula intermedia** (Ledeb.) Popov

分布：黑龙江、吉林、辽宁、内蒙古、河北、山西、山东、

陕西、宁夏、甘肃、青海、新疆、四川、西藏；哈萨克斯坦、吉尔吉斯斯坦、蒙古国、俄罗斯、塔吉克斯坦、土库曼斯坦、乌兹别克斯坦

光胖鹤虱 **Lappula karelinii** (Fisch. et C. A. Mey.) Kamelin

分布：新疆

翅鹤虱 **Lappula lasiocarpa** (W. T. Wang) Kamelin et G. L. Chu

分布：新疆；哈萨克斯坦

短柱鹤虱 **Lappula lipskyi** Popov

分布：新疆；哈萨克斯坦、蒙古国

白花鹤虱 **Lappula macra** Popov ex Pavlov

分布：新疆；哈萨克斯坦、蒙古国

大花鹤虱 **Lappula macrantha** (Ledeb.) Gürke

分布：新疆；哈萨克斯坦、蒙古国

小果鹤虱 **Lappula microcarpa** (Ledeb.) Gürke

分布：新疆、西藏；阿富汗、印度、克什米尔地区、哈萨克斯坦、吉尔吉斯斯坦、蒙古国、尼泊尔、巴基斯坦、俄罗斯、塔吉克斯坦、土库曼斯坦、乌兹别克斯坦；亚洲(西南部)

单果鹤虱 **Lappula monocarpa** C. J. Wang

分布：新疆

鹤虱 **Lappula myosotis** Moench

分布：内蒙古、河北、山西、山东、陕西、甘肃、青海、新疆；阿富汗、哈萨克斯坦、吉尔吉斯斯坦、蒙古国、巴基斯坦、俄罗斯、塔吉克斯坦、土库曼斯坦、乌兹别克斯坦；亚洲(西南部)、欧洲、非洲、北美洲

隐果鹤虱 **Lappula occultata** Popov

分布：新疆；哈萨克斯坦、吉尔吉斯斯坦、蒙古国、俄罗斯、塔吉克斯坦、土库曼斯坦、乌兹别克斯坦

卵果鹤虱 **Lappula patula** (Lehm.) Asch. ex Gürke

分布：新疆；阿富汗、印度、哈萨克斯坦、吉尔吉斯斯坦、巴基斯坦、俄罗斯、塔吉克斯坦、土库曼斯坦、乌兹别克斯坦；亚洲(西南部)、非洲

囊刺鹤虱 **Lappula physacantha** Golosk.

分布：新疆；吉尔吉斯斯坦

草地鹤虱 **Lappula pratensis** C. J. Wang

分布：新疆

多枝鹤虱 **Lappula ramulosa** C. J. Wang et X. D. Wang

分布：新疆

狭果鹤虱 **Lappula semiglabra** (Ledeb.) Gürke

分布：甘肃、青海、新疆；阿富汗、印度、哈萨克斯坦、吉尔吉斯斯坦、蒙古国、巴基斯坦、俄罗斯、塔吉克斯坦、土库曼斯坦、乌兹别克斯坦；亚洲(西南部)

狭果鹤虱(原变种) **Lappula semiglabra** var. **semiglabra**

分布：甘肃、青海、新疆；阿富汗、印度(西北部)、哈萨克斯坦、吉尔吉斯斯坦、蒙古国、巴基斯坦、俄罗斯、塔吉克斯坦、土库曼斯坦、乌兹别克斯坦；亚洲(西南部)

异形狭果鹤虱 **Lappula semiglabra** var. **heterocaryoides** Popov ex C. J. Wang

分布：甘肃、青海、新疆；哈萨克斯坦、吉尔吉斯斯坦、俄罗斯、塔吉克斯坦、土库曼斯坦、乌兹别克斯坦

绢毛鹤虱 **Lappula sericata** Popov

分布：新疆；哈萨克斯坦、吉尔吉斯斯坦、俄罗斯、塔吉克斯坦、土库曼斯坦、乌兹别克斯坦

山西鹤虱 **Lappula shanhsiensis** Kitag.

分布：内蒙古、河北、山西、甘肃、西藏

短萼鹤虱 **Lappula sinaica** (DC.) Asch. et Schweinf.

分布：新疆；阿富汗、印度、哈萨克斯坦、吉尔吉斯斯坦、巴基斯坦、俄罗斯、塔吉克斯坦、土库曼斯坦、乌兹别克斯坦；亚洲(西南部)、非洲

石果鹤虱 **Lappula spinocarpos** (Forssk.) Asch. ex Kuntze

分布：新疆；阿富汗、哈萨克斯坦、吉尔吉斯斯坦、巴基斯坦、俄罗斯、塔吉克斯坦、土库曼斯坦、乌兹别克斯坦；亚洲(西南部)、非洲

劲直鹤虱 **Lappula stricta** (Ledeb.) Gürke

分布：内蒙古、甘肃、新疆；哈萨克斯坦、吉尔吉斯斯坦、蒙古国、塔吉克斯坦、土库曼斯坦、乌兹别克斯坦

劲直鹤虱(原变种) **Lappula stricta** var. **stricta**

分布：内蒙古、新疆；哈萨克斯坦、吉尔吉斯斯坦、蒙古国、俄罗斯、塔吉克斯坦、土库曼斯坦、乌兹别克斯坦

平滑果劲直鹤虱 **Lappula stricta** var. **leiocarpa** Popov ex C. J. Wang

分布：甘肃、新疆；哈萨克斯坦、吉尔吉斯斯坦、俄罗斯、塔吉克斯坦、土库曼斯坦、乌兹别克斯坦

短梗鹤虱 **Lappula tadshikorum** Popov

分布：新疆；哈萨克斯坦、吉尔吉斯斯坦、俄罗斯、塔吉克斯坦、土库曼斯坦、乌兹别克斯坦

细刺鹤虱 **Lappula tenuis** (Ledeb.) Gürke

分布：新疆；哈萨克斯坦、吉尔吉斯斯坦、蒙古国、俄罗斯、塔吉克斯坦、土库曼斯坦、乌兹别克斯坦

天山鹤虱 **Lappula tianschanica** Popov et Zakirov
分布：新疆；哈萨克斯坦、吉尔吉斯斯坦、俄罗斯、塔吉克斯坦、土库曼斯坦、乌兹别克斯坦

天山鹤虱(原变种) **Lappula tianschanica** var. **tianschanica**
分布：新疆；哈萨克斯坦、吉尔吉斯斯坦、俄罗斯、塔吉克斯坦、土库曼斯坦、乌兹别克斯坦

阿尔泰鹤虱 **Lappula tianschanica** var. **altaica** C. J. Wang
分布：新疆

细枝天山鹤虱 **Lappula tianschanica** var. **gracilis** C. J. Wang
分布：新疆

隐柱鹤虱 **Lappula transalaica** (B. Fedtsch. ex Popov) Nabiev
分布：新疆；吉尔吉斯斯坦、塔吉克斯坦

毛果草属 **Lasiocaryum** I. M. Johnst.

毛果草 **Lasiocaryum densiflorum** (Duthie) I. M. Johnst.
分布：四川、西藏；不丹、印度、尼泊尔、巴基斯坦

卢氏毛果草 **Lasiocaryum ludlowii** R. R. Mill
分布：西藏；不丹、尼泊尔

小花毛果草 **Lasiocaryum munroi** (C. B. Clarke) I. M. Johnst.
分布：西藏；不丹、印度、尼泊尔

云南毛果草 **Lasiocaryum trichocarpum** (Hand.-Mazz.) I. M. Johnst.
分布：四川、云南

长柱琉璃草属 **Lindelofia** Lehm.

长柱琉璃草 **Lindelofia stylosa** (Kar. et Kir.) Brand
分布：甘肃、新疆、西藏；阿富汗、印度、克什米尔地区、哈萨克斯坦、吉尔吉斯斯坦、蒙古国、巴基斯坦、塔吉克斯坦、土库曼斯坦、乌兹别克斯坦

长柱琉璃草(原变种) **Lindelofia stylosa** subsp. **stylosa**
分布：甘肃、新疆、西藏；阿富汗、印度、克什米尔地区、哈萨克斯坦、吉尔吉斯斯坦、蒙古国、巴基斯坦、塔吉克斯坦、土库曼斯坦、乌兹别克斯坦

翅果长柱琉璃草 **Lindelofia stylosa** subsp. **pterocarpa** (Rupr.) Kamelin
分布：西藏；吉尔吉斯斯坦

紫草属 **Lithospermum** L.

田紫草 **Lithospermum arvense** L.
分布：黑龙江、吉林、辽宁、河北、山西、山东、陕西、甘肃、新疆、安徽、江苏、浙江、湖北；阿富汗、印度、克什米尔地区、巴基斯坦、中亚五国、俄罗斯、日本、朝鲜；亚洲(西南部)、欧洲

紫草 **Lithospermum erythrorhizon** Sieb. et Zucc.
分布：辽宁、河北、山西、山东、河南、陕西、甘肃、江西、湖南、湖北、四川、贵州、广西；日本、朝鲜、俄罗斯

石生紫草 **Lithospermum hancockianum** Oliv.
分布：贵州、云南

小花紫草 **Lithospermum officinale** L.
分布：内蒙古、宁夏、甘肃、新疆；阿富汗、不丹、印度、尼泊尔、俄罗斯；亚洲(西南部)、欧洲

梓木草 **Lithospermum zollingeri** A. DC.
分布：陕西、甘肃、安徽、江苏、浙江、四川、贵州、台湾；日本、朝鲜

胀萼紫草属 **Maharanga** DC.

二色胀萼紫草 **Maharanga bicolor** (Wall. ex G. Don) A. DC.
分布：西藏；不丹、印度、尼泊尔

丛林胀萼紫草 **Maharanga dumetorum** (I. M. Johnst.) I. M. Johnst.
分布：云南

污花胀萼紫草 **Maharanga emodi** (Wall.) A. DC.
分布：西藏；不丹、印度、尼泊尔

宽胀萼紫草 **Maharanga lycopsioides** (C. E. C. Fisch.) I. M. Johnst.
分布：云南；印度、泰国

镇康胀萼紫草 **Maharanga microstoma** (I. M. Johnst.) I. M. Johnst.
分布：云南

盘果草属 **Mattiastrum** (Boiss.) Brand

盘果草 **Mattiastrum himalayense** (Klotzsch) Brand
分布：西藏；阿富汗、印度、克什米尔地区、巴基斯坦

滨紫草属 **Mertensia** Roth

长筒滨紫草 **Mertensia davurica** (Sims) G. Don
分布：河北；蒙古国、俄罗斯

蓝花滨紫草 Mertensia dshagastanica Regel
分布：新疆；哈萨克斯坦、塔吉克斯坦

短花滨紫草 Mertensia meyeriana J. F. Macbr.
分布：新疆；哈萨克斯坦、蒙古国

薄叶滨紫草 Mertensia pallasii (Ledeb.) G. Don
分布：新疆；哈萨克斯坦、俄罗斯

大叶滨紫草 Mertensia sibirica (L.) G. Don
分布：山西；俄罗斯

华滨紫草(新拟) Mertensia sinica R. Kamelin
分布：新疆

浅裂滨紫草 Mertensia tarbagataica B. Fedtsch.
分布：新疆；哈萨克斯坦

颈果草属 Metaeritrichium W. T. Wang

颈果草 Metaeritrichium microuloides W. T. Wang
分布：青海、西藏

微果草属 Microcaryum I. M. Johnst.

微果草 Microcaryum pygmaeum (C. B. Clarke) I. M. Johnst.
分布：四川；印度

微孔草属 Microula Benth.

大孔微孔草 Microula bhutanica (T. Yamaz.) H. Hara
分布：四川、云南；不丹

尖叶微孔草 Microula blepharolepis (Maxim.) I. M. Johnst.
分布：青海

巴塘微孔草 Microula ciliaris (Bureau et Franch.) I. M. Johnst.
分布：四川

疏散微孔草 Microula diffusa (Maxim.) I. M. Johnst.
分布：甘肃、青海、西藏

无孔微孔草 Microula efoveolata W. T. Wang
分布：四川

细茎微孔草 Microula filicaulis W. T. Wang
分布：四川

多花微孔草 Microula floribunda W. T. Wang
分布：四川、西藏

丽江微孔草 Microula forrestii (Diels) I. M. Johnst.
分布：云南

乳白微孔草(新拟) Microula galactantha W. T. Yu, S. T. Chen et Z. K. Zhou
分布：青海

密毛微孔草 Microula hispidissima W. T. Wang
分布：西藏

总苞微孔草 Microula involucriformis W. T. Wang
分布：四川

吉隆微孔草 Microula jilongensis W. T. Wang
分布：西藏

光果微孔草 Microula leiocarpa W. T. Wang
分布：云南

白花微孔草 Microula leueantha W. T. Wang
分布：西藏

长梗微孔草 Microula longipes W. T. Wang
分布：四川

长筒微孔草 Microula longituba W. T. Wang
分布：西藏

木里微孔草 Microula muliensis W. T. Wang
分布：四川

鹤庆微孔草 Microula myosotidea (Franch.) I. M. Johnst.
分布：云南

长圆叶微孔草 Microula oblongifolia Hand.-Mazz.
分布：云南

疏毛长圆叶微孔草 Microula oblongifolia var. **glabrescens** W. T. Wang
分布：云南

长圆微孔草(原变种) Microula oblongifolia var. **oblongifolia**
分布：云南

卵叶微孔草 Microula ovalifolia (Bureau et Franch.) I. M. Johnst.
分布：四川

卵叶微孔草(原变种) Microula ovalifolia var. **ovalifolia**
分布：四川

毛花卵叶微孔草 Microula ovalifolia var. **pubiflora** W. T. Wang
分布：西藏

五角微孔草(新拟) Microula pentagona W. T. Yu, S. T. Chen et Z. K. Zhou
分布：四川

蓼状微孔草 **Microula polygonoides** W. T. Wang
分布：云南

甘青微孔草 **Microula pseudotrichocarpa** W. T. Wang
分布：甘肃、青海、四川、西藏

甘青微孔草(原变种) **Microula pseudotrichocarpa** var. **pseudotrichocarpa**
分布：甘肃、青海、四川、西藏

大花甘青微孔草 **Microula pseudotrichocarpa** var. **grandiflora** W. T. Wang
分布：四川、西藏

小果微孔草 **Microula pustulosa** (C. B. Clarke) Duthie
分布：青海、西藏；不丹、印度

小果微孔草(原变种) **Microula pustulosa** var. **pustulosa**
分布：青海、西藏；不丹、印度

刚毛小果微孔草 **Microula pustulosa** var. **setulosa** W. T. Wang
分布：西藏

柔毛微孔草 **Microula rockii** I. M. Johnst.
分布：甘肃、青海

微孔草 **Microula sikkimensis** (C. B. Clarke) Hemsl.
分布：陕西、甘肃、青海、四川、云南、西藏；不丹、印度、尼泊尔

匙叶微孔草 **Microula spathulata** W. T. Wang
分布：云南

狭叶微孔草 **Microula stenophylla** W. T. Wang
分布：甘肃、青海、四川、西藏

宽苞微孔草 **Microula tangutica** Maxim.
分布：甘肃、青海、西藏

西藏微孔草 **Microula tibetica** Benth.
分布：青海、新疆、西藏；印度、尼泊尔

西藏微孔草(原变种) **Microula tibetica** var. **tibetica**
分布：西藏；印度、尼泊尔

光果西藏微孔草 **Microula tibetica** var. **laevis** W. T. Wang
分布：西藏

小花西藏微孔草 **Microula tibetica** var. **pratensis** (Maxim.) W. T. Wang
分布：青海、新疆、西藏

长叶微孔草 **Microula trichocarpa** (Maxim.) I. M. Johnst.
分布：陕西、甘肃、青海、四川

长叶微孔草(原变种) **Microula trichocarpa** var. **trichocarpa**
分布：陕西、甘肃、青海、四川

毛花长叶微孔草 **Microula trichocarpa** var. **lasiantha** W. T. Wang
分布：四川

大花长叶微孔草 **Microula trichocarpa** var. **macrantha** W. T. Wang
分布：四川

长果微孔草 **Microula turbinata** W. T. Wang
分布：陕西、甘肃、青海、四川

小微孔草 **Microula younghusbandii** Duthie
分布：青海、四川、云南、西藏

勿忘草属 **Myosotis** L.

勿忘草 **Myosotis alpestris** F. W. Schmidt
分布：黑龙江、吉林、辽宁、内蒙古、河北、山西、山东、陕西、宁夏、甘肃、青海、新疆、江苏、四川、云南；阿富汗、印度、克什米尔地区、巴基斯坦、中亚五国、俄罗斯；欧洲、北美洲

台湾勿忘草(新拟) **Myosotis arvensis** (L.) Hill
分布：台湾

承德勿忘草 **Myosotis bothriospermoides** Kitag.
分布：河北

湿地勿忘草 **Myosotis caespitosa** Schultz
分布：黑龙江、吉林、辽宁、河北、甘肃、新疆、四川、云南；亚洲(热带和亚热带地区)、欧洲、非洲、北美洲

细根勿忘草 **Myosotis krylovii** Serg.
分布：新疆；哈萨克斯坦、吉尔吉斯斯坦、蒙古国、俄罗斯、塔吉克斯坦、土库曼斯坦、乌兹别克斯坦

稀花勿忘草 **Myosotis sparsiflora** Mikan
分布：新疆；哈萨克斯坦、吉尔吉斯斯坦、俄罗斯、塔吉克斯坦、土库曼斯坦、乌兹别克斯坦；亚洲(西南部)、欧洲

假狼紫草属 **Nonea** Medik.

假狼紫草 **Nonea caspica** (Willd.) G. Don
分布：新疆；阿富汗、哈萨克斯坦、吉尔吉斯斯坦、蒙古国、巴基斯坦、俄罗斯、塔吉克斯坦、土库曼斯坦、乌兹别克斯坦；亚洲(西南部)、欧洲

皿果草属 **Omphalotrigonotis** W. T. Wang

皿果草 **Omphalotrigonotis cupulifera** (I. M. Johnst.) W. T. Wang
分布：安徽、浙江、江西、湖南、广西

具鞘皿果草 **Omphalotrigonotis vaginata** Y. Y. Fang
分布：浙江

滇紫草属 **Onosma** L.

腺花滇紫草 **Onosma adenopus** I. M. Johnst.
分布：四川、西藏

白花滇紫草 **Onosma album** W. W. Sm. et Jeffrey
分布：云南

细尖滇紫草 **Onosma apiculatum** Riedl
分布：新疆

昭通滇紫草 **Onosma cingulatum** W. W. Sm. et Jeffrey
分布：云南

密花滇紫草 **Onosma confertum** W. W. Sm.
分布：四川、云南

易门滇紫草 **Onosma decastichum** Y. L. Liu
分布：云南

露蕊滇紫草 **Onosma exsertum** Hemsl.
分布：四川、贵州、云南

小花滇紫草 **Onosma farreri** I. M. Johnst.
分布：陕西、甘肃

管状滇紫草 **Onosma fistulosum** I. M. Johnst.
分布：四川

团花滇紫草 **Onosma glomeratum** Y. L. Liu
分布：西藏

黄花滇紫草 **Onosma gmelinii** Ledeb.
分布：新疆；哈萨克斯坦、吉尔吉斯斯坦、蒙古国、俄罗斯、塔吉克斯坦、土库曼斯坦、乌兹别克斯坦

细花滇紫草 **Onosma hookeri** C. B. Clarke
分布：西藏；不丹、印度、尼泊尔

细花滇紫草(原变种) **Onosma hookeri** var. **hookeri**
分布：西藏；不丹、印度

毛柱细花滇紫草 **Onosma hookeri** var. **hirsutum** Y. L. Liu
分布：西藏

长细花滇紫草 **Onosma hookeri** var. **longiflorum** (Duthie) Duthie ex Stapf
分布：西藏；尼泊尔

过敏滇紫草 **Onosma irritans** Popov ex Pavlov
分布：新疆；哈萨克斯坦、吉尔吉斯斯坦、俄罗斯、塔吉克斯坦、土库曼斯坦、乌兹别克斯坦

丽江滇紫草 **Onosma lijiangense** Y. L. Liu
分布：云南

埌塘滇紫草 **Onosma liui** Kamelin et T. N. Popova
分布：四川

禄劝滇紫草 **Onosma luquanense** Y. L. Liu
分布：云南

马尔康滇紫草 **Onosma maaikangense** W. T. Wang
分布：四川、西藏

川西滇紫草 **Onosma mertensioides** I. M. Johnst.
分布：四川

多枝滇紫草 **Onosma multiramosum** Hand.-Mazz.
分布：四川、云南、西藏

囊谦滇紫草 **Onosma nangqenense** Y. L. Liu
分布：青海

滇紫草 **Onosma paniculatum** Bureau et Franch.
分布：四川、贵州、云南；不丹、印度

刚毛滇紫草 **Onosma setosa** Ledeb.
分布：新疆；哈萨克斯坦、蒙古国、俄罗斯

刚毛滇紫草(原变种) **Onosma setosa** subsp. **setosa**
分布：新疆；哈萨克斯坦、俄罗斯

黄刚毛滇紫草 **Onosma setosa** subsp. **transrhymnense** (Klokov ex Popov) Kamelin
分布：新疆；哈萨克斯坦、蒙古国、俄罗斯

单茎滇紫草 **Onosma simplicissimum** L.
分布：新疆；哈萨克斯坦、俄罗斯；欧洲

小叶滇紫草 **Onosma sinicum** Diels
分布：甘肃、四川

丛茎滇紫草 **Onosma waddellii** Duthie
分布：西藏

西藏滇紫草 **Onosma waltonii** Duthie
分布：西藏

德钦滇紫草 **Onosma wardii** (W. W. Sm.) I. M. Johnst.
分布：云南

乡城滇紫草 **Onosma xiangchengense** W. T. Wang
分布：四川

雅江滇紫草 **Onosma yajiangense** W. T. Wang ex Y. L. Liu
分布：四川

察隅滇紫草 Onosma zayuense Y. L. Liu

分布：西藏

肺草属 Pulmonaria L.

腺毛肺草 Pulmonaria mollissima A. Kern.

分布：内蒙古、山西；哈萨克斯坦、吉尔吉斯斯坦、蒙古国、俄罗斯、塔吉克斯坦、土库曼斯坦、乌兹别克斯坦；亚洲(西南部)、欧洲

翅果草属 Rindera Pall.

翅果草 Rindera tetraspis Pall.

分布：新疆；哈萨克斯坦、吉尔吉斯斯坦、俄罗斯、塔吉克斯坦、土库曼斯坦、乌兹别克斯坦

李果鹤虱属 Rochelia Rchb.

李果鹤虱 Rochelia bungei Trautv.

分布：新疆；阿富汗、哈萨克斯坦、吉尔吉斯斯坦、蒙古国、俄罗斯、塔吉克斯坦、土库曼斯坦、乌兹别克斯坦；亚洲(西南部)

心萼李果鹤虱 Rochelia cardiosepala Bunge

分布：西藏；阿富汗、克什米尔地区、哈萨克斯坦、吉尔吉斯斯坦、巴基斯坦、俄罗斯、塔吉克斯坦、土库曼斯坦、乌兹别克斯坦；亚洲(西南部)

光果李果鹤虱 Rochelia leiocarpa Ledeb.

分布：新疆；印度、克什米尔地区、哈萨克斯坦、吉尔吉斯斯坦、蒙古国、巴基斯坦、俄罗斯、塔吉克斯坦、土库曼斯坦、乌兹别克斯坦

总梗李果鹤虱 Rochelia peduncularis Boiss.

分布：新疆、西藏；阿富汗、哈萨克斯坦、吉尔吉斯斯坦、巴基斯坦、俄罗斯、塔吉克斯坦、土库曼斯坦、乌兹别克斯坦；亚洲(西南部)

直柄李果鹤虱 Rochelia rectipes Stocks

分布：西藏；阿富汗、巴基斯坦、塔吉克斯坦、乌兹别克斯坦

轮冠木属 Rotula Lour.

轮冠木 Rotula aquatica Lour.

分布：贵州、云南、广西；印度、印度尼西亚、马来西亚、缅甸、菲律宾、泰国、越南

车前紫草属 Sinojohnstonia Hu

浙赣车前紫草 Sinojohnstonia chekiangensis (Migo) W. T. Wang

分布：山西、河南、陕西、安徽、浙江、江西、湖南

短蕊车前紫草 Sinojohnstonia moupinensis (Franch.) W. T. Wang

分布：山西、陕西、宁夏、甘肃、湖南、湖北、四川、云南

车前紫草 Sinojohnstonia plantaginea H. H. Hu

分布：甘肃、四川

长蕊琉璃草属 Solenanthus Ledeb.

长蕊琉璃草 Solenanthus circinnatus Ledeb.

分布：新疆；阿富汗、哈萨克斯坦、吉尔吉斯斯坦、巴基斯坦、俄罗斯、塔吉克斯坦、土库曼斯坦、乌兹别克斯坦；亚洲(西南部)

湖北长蕊琉璃草 Solenanthus hupehensis R. R. Mill

分布：湖北

紫筒草属 Stenosolenium Turcz.

紫筒草 Stenosolenium saxatile (Pall.) Turcz.

分布：黑龙江、吉林、辽宁、内蒙古、河北、山西、山东、陕西、宁夏、甘肃、青海；哈萨克斯坦、蒙古国、俄罗斯

聚合草属 Symphytum L.

聚合草 Symphytum officinale L.

分布：吉林、辽宁、河北、北京、山东、甘肃、新疆、江苏、浙江、湖南、湖北、四川、福建、台湾；原产于欧洲，现世界各地广泛栽培或逸生

盾果草属 Thyrocarpus Hance

弯齿盾果草 Thyrocarpus glochidiatus Maxim.

分布：河南、陕西、甘肃、安徽、江苏、江西、四川、广东

盾果草 Thyrocarpus sampsonii Hance

分布：河南、陕西、安徽、江苏、浙江、江西、湖南、湖北、四川、贵州、云南、台湾、广东、广西；越南

紫丹属 Tournefortia L.

银毛紫丹 Tournefortia argentea L. f.

分布：台湾、海南；印度尼西亚、日本、菲律宾、斯里兰卡、越南、太平洋岛屿

紫丹 Tournefortia montana Lour.

分布：云南、广东、广西、海南；越南

台湾紫丹 Tournefortia sarmentosa Lam.

分布：台湾；印度尼西亚、菲律宾、澳大利亚

砂引草 Tournefortia sibirica L.

分布：内蒙古、河北、山东、河南、陕西、宁夏、甘肃；日本、朝鲜、蒙古国、俄罗斯；亚洲(西南部)、欧洲

砂引草(原变种) **Tournefortia sibirica** var. **sibirica**
分布：河北、山东、河南、陕西、宁夏、甘肃；日本、韩国、蒙古国、俄罗斯

细叶西伯利亚紫丹 **Tournefortia sibirica** var. **angustior** (A. DC.) G. L. Chu et M. G. Gilbert
分布：黑龙江、辽宁、内蒙古、河北、山西、山东、河南、陕西、宁夏；哈萨克斯坦、俄罗斯

毛束草属 **Trichodesma** R. Br.

毛束草 **Trichodesma calycosum** Collett et Hemsl.
分布：贵州、云南、台湾；印度、老挝、缅甸、泰国

毛束草(原变种) **Trichodesma calycosum** var. **calycosum**
分布：贵州、云南；印度、老挝、缅甸、泰国

台湾毛束草 **Trichodesma calycosum** var. **Formosanum** (Matsum.) I. M. Johnst.
分布：台湾

附地菜属 **Trigonotis** Steven

金川附地菜 **Trigonotis barkamensis** C. J. Wang
分布：四川

全苞附地菜 **Trigonotis bracteata** C. J. Wang
分布：西藏

西南附地菜 **Trigonotis cavaleriei** (H. Lév.) Hand.-Mazz.
分布：湖南、四川、贵州、云南

西南附地菜(原变种) **Trigonotis cavaleriei** var. **cavaleriei**
分布：四川、贵州、云南

窄叶西南附地菜 **Trigonotis cavaleriei** var. **angustifolia** C. J. Wang
分布：湖南、四川、云南

城口附地菜 **Trigonotis chengkouensis** W. T. Wang
分布：四川

灰叶附地菜 **Trigonotis cinereifolia** C. J. Wang
分布：西藏

狭叶附地菜 **Trigonotis compressa** I. M. Johnst.
分布：四川

虫实附地菜 **Trigonotis corispermoides** C. J. Wang
分布：四川、云南

虫实附地菜(原变种) **Trigonotis corispermoides** var. **corispermoides**
分布：四川、云南

无柄虫实附地菜 **Trigonotis corispermoides** var. **sessilis** W. T. Wang
分布：四川

扭梗附地菜 **Trigonotis delicatula** Hand.-Mazz.
分布：四川、云南

凸脉附地菜 **Trigonotis elevatovenosa** Hayata
分布：台湾

多花附地菜 **Trigonotis floribunda** I. M. Johnst.
分布：四川

台湾附地菜 **Trigonotis formosana** Hayata
分布：台湾

富宁附地菜 **Trigonotis funingensis** H. Chuang
分布：云南

秦岭附地菜 **Trigonotis giraldii** Brand
分布：陕西

细梗附地菜 **Trigonotis gracilipes** I. M. Johnst.
分布：四川、云南、西藏

松潘附地菜 **Trigonotis harrysmithii** R. R. Mill
分布：四川

毛花附地菜 **Trigonotis heliotropifolia** Hand.-Mazz.
分布：四川、云南

金佛山附地菜 **Trigonotis jinfoshanica** W. T. Wang
分布：重庆

南川附地菜 **Trigonotis laxa** I. M. Johnst.
分布：四川

南川附地菜(原变种) **Trigonotis laxa** var. **laxa**
分布：江西、湖南、贵州、四川、云南

硬毛南川附地菜 **Trigonotis laxa** var. **hirsuta** W. T. Wang ex C. J. Wang
分布：江西、湖南、贵州

西畴南川附地菜 **Trigonotis laxa** var. **xichougensis** (H. Chuang) C. J. Wang, Kung et W. T. Wang
分布：云南

白花附地菜 **Trigonotis leucantha** W. T. Wang
分布：四川

乐叶附地菜 **Trigonotis leyeensis** W. T. Wang
分布：广西

长梗附地菜 **Trigonotis longipes** W. T. Wang
分布：四川

长枝附地菜 Trigonotis longiramosa W. T. Wang
分布：四川

大叶附地菜 Trigonotis macrophylla Vaniot
分布：四川、贵州、广东、广西

大叶附地菜(原变种) Trigonotis macrophylla var. **macrophylla**
分布：四川、贵州

毛果大叶附地菜 Trigonotis macrophylla var. **trichocarpa** Hand.-Mazz.
分布：四川、贵州

瘤果大叶附地菜 Trigonotis macrophylla var. **verrucosa** I. M. Johnst.
分布：贵州、广东、广西

四川附地菜 Trigonotis mairei (H. Lév.) I. M. Johnst.
分布：四川、云南

毛脉附地菜 Trigonotis microcarpa (DC.) Benth. ex C. B. Clarke
分布：贵州、云南、西藏、广西；不丹、印度、哈萨克斯坦、尼泊尔、俄罗斯

湖北附地菜 Trigonotis mollis Hemsl.
分布：陕西、湖北

木里附地菜 Trigonotis muliensis W. T. Wang
分布：四川

冕宁附地菜 Trigonotis muliensis var. **strigosa** W. T. Wang
分布：四川

水甸附地草 Trigonotis myosotidea (Maxim.) Maxim.
分布：黑龙江、吉林、辽宁、河北；俄罗斯

南丹附地菜 Trigonotis nandanensis C. J. Wang
分布：广东

南湖大山附地菜 Trigonotis nankotaizanensis (Sasaki) Masam. et Ohwi
分布：台湾

峨眉附地菜 Trigonotis omeiensis Matsuda
分布：四川

厚叶附地菜 Trigonotis orbicularifolia C. J. Wang
分布：四川

附地菜 Trigonotis peduncularis (Trevis.) Benth. ex Baker et S. Moore
分布：黑龙江、吉林、辽宁、内蒙古、北京、甘肃、新疆、江西、云南、西藏、福建、广西；日本、朝鲜、俄罗斯；亚洲(西南部)、欧洲

附地菜(原变种) Trigonotis peduncularis var. **peduncularis**
分布：黑龙江、吉林、辽宁、内蒙古、甘肃、新疆、江西、云南、西藏、福建、广西；欧洲

钝萼附地菜 Trigonotis peduncularis var. **amblyosepala** (Nakai et Kitag.) W. T. Wang
分布：内蒙古、河北、北京、山西、山东、陕西、宁夏

大花附地菜 Trigonotis peduncularis var. **macrantha** W. T. Wang
分布：内蒙古、河北、山西、山东、陕西、宁夏、甘肃

祁连山附地菜 Trigonotis petiolaris Maxim.
分布：甘肃、青海

北附地菜 Trigonotis radicans (Turcz.) Steven
分布：黑龙江、吉林、辽宁、河北；日本、朝鲜、俄罗斯

高山附地菜 Trigonotis rockii I. M. Johnst.
分布：云南、西藏

圆叶附地菜 Trigonotis rotundata I. M. Johnst.
分布：四川、云南

蒙山附地菜 Trigonotis tenera I. M. Johnst.
分布：山东

西藏附地菜 Trigonotis tibetica (C. B. Clarke) I. M. Johnst.
分布：青海、四川、西藏；不丹、印度、尼泊尔

灰毛附地菜 Trigonotis vestita (Hemsl.) I. M. Johnst.
分布：陕西、湖北、四川、云南

卓克基附地菜 Trigonotis zhuokejiensis W. T. Wang
分布：四川

234. 节蒴木科 Borthwickiaceae J. X. Su, Wei Wang, Li Bing Zhang et Z. D. Chen

节蒴木属 Borthwickia J. X. Su, Wei Wang, Li Bing Zhang et Z. D. Chen

节蒴木 Borthwickia trifoliata W. W. Sm.
分布：云南；缅甸

235. 十字花科 Brassicaceae Burnett

针喙芥属 Acirostrum Y. Z. Zhao

针喙芥 Acirostrum alaschanicum (Maxim.) Y. Z. Zhao
分布：内蒙古、山西、宁夏、甘肃、青海、四川

葱芥属 **Alliaria** Heist. ex Fabr.

葱芥 **Alliaria petiolata** (M. Bieb.) Cavara et Grande

分布：新疆、西藏；阿富汗、印度、克什米尔地区、哈萨克斯坦、吉尔吉斯斯坦、尼泊尔、巴基斯坦、俄罗斯、塔吉克斯坦、土库曼斯坦、乌兹别克斯坦；原产于亚洲(西南部)和欧洲，归化于世界各地

庭荠属 **Alyssum** L.

欧洲庭荠 **Alyssum alyssoides** (L.) L.

分布：辽宁归化；阿富汗、哈萨克斯坦、吉尔吉斯斯坦、俄罗斯、塔吉克斯坦、土库曼斯坦、乌兹别克斯坦；亚洲(西南部)、欧洲、非洲

灰毛庭荠 **Alyssum canescens** DC.

分布：黑龙江、吉林、内蒙古、河北、山西、陕西、宁夏、甘肃、青海、新疆、西藏；克什米尔地区、哈萨克斯坦、蒙古国、俄罗斯

粗果庭荠 **Alyssum dasycarpum** Stephan ex Willd.

分布：新疆；阿富汗、哈萨克斯坦、吉尔吉斯斯坦、巴基斯坦、俄罗斯、塔吉克斯坦、土库曼斯坦；亚洲(西南部)

庭荠 **Alyssum desertorum** Stapf

分布：新疆、西藏；阿富汗、印度、克什米尔地区、哈萨克斯坦、蒙古国、巴基斯坦、俄罗斯、塔吉克斯坦、土库曼斯坦、乌兹别克斯坦；欧洲

西藏庭荠 **Alyssum klimesii** Al-Shehbaz

分布：西藏；印度

北方庭荠 **Alyssum lenense** Adams

分布：黑龙江、内蒙古、河北、甘肃、新疆；哈萨克斯坦、蒙古国、俄罗斯

条叶庭荠 **Alyssum linifolium** Stephan ex Willd.

分布：新疆；阿富汗、哈萨克斯坦、吉尔吉斯斯坦、巴基斯坦、俄罗斯、塔吉克斯坦、土库曼斯坦、乌兹别克斯坦；亚洲(西南部)、欧洲、非洲

倒卵叶庭荠 **Alyssum obovatum** (C. A. Mey.) Turcz.

分布：黑龙江、内蒙古；哈萨克斯坦、蒙古国、俄罗斯；北美洲

新疆庭荠 **Alyssum simplex** Rudolphi

分布：新疆；俄罗斯、土库曼斯坦；亚洲(西南部)、欧洲、非洲

细叶庭荠 **Alyssum tenuifolium** Stephan ex Willd.

分布：内蒙古；哈萨克斯坦、蒙古国、俄罗斯

扭庭荠 **Alyssum tortuosum** Willd.

分布：新疆；哈萨克斯坦、俄罗斯、土库曼斯坦；亚洲(西南部)、欧洲

寒原荠属 **Aphragmus** Andrz. ex DC.

西藏寒原荠(新拟) **Aphragmus bouffordii** Al-Shehbaz

分布：西藏

尖果寒原荠 **Aphragmus oxycarpus** (Hook. f. et Thomson) Jafri

分布：青海、新疆、四川、云南、西藏；阿富汗、不丹、印度、克什米尔地区、尼泊尔、巴基斯坦、塔吉克斯坦

鼠耳芥属 **Arabidopsis** Heynh.

叶芽鼠耳芥 **Arabidopsis halleri** subsp. **gemmifera** (Matsum.) O'Kane et Al-Shehbaz

分布：黑龙江、吉林、辽宁、台湾；日本、朝鲜、俄罗斯

琴叶鼠耳芥 **Arabidopsis lyrata** subsp. **kamchatica** (Fisch. ex DC.) O'Kane et Al-Shehbaz

分布：吉林、台湾；日本、朝鲜、俄罗斯；北美洲

鼠耳芥 **Arabidopsis thaliana** (L.) Heynh.

分布：河南、甘肃、安徽、江苏、江西、湖南、湖北、贵州；印度、日本、哈萨克斯坦、朝鲜、蒙古国、俄罗斯、塔吉克斯坦、乌兹别克斯坦；亚洲(西南部)、欧洲、非洲、北美洲

南芥属 **Arabis** L.

抱茎南芥 **Arabis amplexicaulis** Edgew.

分布：西藏；阿富汗、不丹、印度、克什米尔地区、尼泊尔、巴基斯坦

耳叶南芥 **Arabis auriculata** Lam.

分布：新疆；哈萨克斯坦、吉尔吉斯斯坦、塔吉克斯坦、土库曼斯坦、乌兹别克斯坦；亚洲(西南部)、欧洲、非洲

腋花南芥 **Arabis axilliflora** (Jafri) H. Hara

分布：西藏；不丹

大花南芥 **Arabis bijuga** Watt

分布：四川、云南；克什米尔地区、巴基斯坦

匍匐南芥 **Arabis flagellosa** Miq.

分布：安徽、江苏、浙江、江西；日本

小灌木南芥 **Arabis fruticulosa** C. A. Mey.

分布：新疆；哈萨克斯坦、吉尔吉斯斯坦、蒙古国、巴基斯坦、俄罗斯、塔吉克斯坦、伊朗

硬毛南芥 **Arabis hirsuta** (L.) Scop.

分布：黑龙江、吉林、辽宁、内蒙古、河北、山西、山东、河南、陕西、宁夏、甘肃、青海、新疆、安徽、浙江、湖北、四川、贵州、云南、西藏；日本、哈萨克斯坦、韩国、

俄罗斯；亚洲(西南部)、欧洲、非洲、北美洲

新疆南芥(新拟) **Arabis kokonica** Regel et Schmalh.

分布：新疆

圆锥南芥 **Arabis paniculata** Franch.

分布：陕西、甘肃、湖北、四川、贵州、云南、西藏；克什米尔地区、尼泊尔

垂果南芥 **Arabis pendula** L.

分布：黑龙江、吉林、辽宁、内蒙古、河北、山西、山东、河南、陕西、宁夏、甘肃、青海、新疆、湖北、四川、贵州、云南、西藏；日本、哈萨克斯坦、韩国、蒙古国、俄罗斯；欧洲

窄翅南芥 **Arabis pterosperma** Edgew.

分布：青海、四川、云南、西藏；不丹、印度、克什米尔地区、巴基斯坦、尼泊尔

齿叶南芥 **Arabis serrata** Franch. et Sav.

分布：安徽、台湾；日本、朝鲜

刚毛南芥 **Arabis setosifolia** Al-Shehbaz

分布：西藏

基隆南芥 **Arabis stelleri** DC.

分布：台湾；日本、朝鲜、俄罗斯

西藏南芥 **Arabis tibetica** Hook. f. et Thomson

分布：西藏；阿富汗、克什米尔地区、吉尔吉斯斯坦、巴基斯坦、塔吉克斯坦

辣根属 **Armoracia** P. Gaertn. B. Mey. et Scherb.

辣根 **Armoracia rusticana** P. Gaertn., B. Mey. et Scherb.

分布：黑龙江、吉林、辽宁、河北、江苏栽培和归化；原产于欧洲，各地栽培和归化

异药芥属 **Atelanthera** Hook. f. et Thomson

异药芥 **Atelanthera perpusilla** Hook. f. et Thomson

分布：西藏；阿富汗、哈萨克斯坦、巴基斯坦、塔吉克斯坦

白马芥属 **Baimashania** Al-Shehbaz

白马芥 **Baimashania pulvinata** Al-Shehbaz

分布：云南

王氏白马芥 **Baimashania wangii** Al-Shehbaz

分布：青海

山芥属 **Barbarea** W. T. Aiton

洪氏山芥 **Barbarea hongii** Al-Shehbaz et G. Yang

分布：吉林

羽裂叶山芥 **Barbarea intermedia** Boreau

分布：新疆、西藏；不丹、印度、尼泊尔、巴基斯坦；亚洲(西南部)、欧洲

山芥 **Barbarea orthoceras** Ledeb.

分布：黑龙江、吉林、辽宁、内蒙古、甘肃、新疆、台湾；日本、朝鲜、蒙古国、俄罗斯；北美洲

台湾山芥 **Barbarea taiwaniana** Ohwi

分布：台湾

欧洲山芥 **Barbarea vulgaris** R. Br.

分布：黑龙江、吉林、新疆、江苏；印度、日本、克什米尔地区、哈萨克斯坦、朝鲜、蒙古国、巴基斯坦、俄罗斯、斯里兰卡、塔吉克斯坦；欧洲

团扇荠属 **Berteroa** DC.

团扇荠 **Berteroa incana** (L.) DC.

分布：辽宁、内蒙古、甘肃、新疆；哈萨克斯坦、吉尔吉斯斯坦、俄罗斯、塔吉克斯坦、乌兹别克斯坦；欧洲

锥果芥属 **Berteroella** O. E. Schulz

锥果芥 **Berteroella maximowiczii** (Palib.) O. E. Schulz

分布：辽宁、山东、河南、江苏、浙江、湖北；日本、朝鲜

芸苔属 **Brassica** L.

短喙芥 **Brassica elongata** Ehrh.

分布：新疆；阿富汗、哈萨克斯坦、俄罗斯、塔吉克斯坦、土库曼斯坦、乌兹别克斯坦；亚洲(西南部)、欧洲

芥菜 **Brassica juncea** (L.) Czern.

分布：各省（自治区、直辖市）栽培；世界广布

芥菜(原变种) **Brassica juncea** var. **juncea**

分布：各省（自治区、直辖市）栽培

芥菜疙瘩 **Brassica juncea** var. **napiformis** (Pailleux et Bois) Kitam.

分布：各省（自治区、直辖市）栽培

榨菜 **Brassica juncea** var. **tumida** M. Tsen et S. H. Lee

分布：四川、云南

欧洲油菜 **Brassica napus** L.

分布：各省（自治区、直辖市）栽培；世界广布

蔓菁甘蓝 **Brassica napus** var. **napobrassica** (L.) Rchb.

分布：内蒙古、江苏、浙江、四川、贵州、广东；世界各地

欧洲油菜(原变种) **Brassica napus** var. **napus**

分布：中国广泛栽培

黑芥 Brassica nigra (L.) W. D. J. Koch

分布：甘肃、青海、新疆、江苏、西藏；阿富汗、印度、克什米尔地区、哈萨克斯坦、尼泊尔、巴基斯坦、俄罗斯、越南；亚洲(西南部)、欧洲、非洲

野甘蓝 Brassica oleracea L.

分布：各省（自治区、直辖市）广泛栽培；世界广布

野甘蓝(原变种) Brassica oleracea var. **oleracea**

分布：各省（自治区、直辖市）广泛栽培；世界广布

羽衣甘蓝 Brassica oleracea var. **acephala** DC.

分布：中国广布；世界各地

白花甘蓝 Brassica oleracea var. **albiflora** Kuntze

分布：云南、广东、广西；世界各地

花椰菜 Brassica oleracea var. **botrytis** L.

分布：黑龙江、吉林、辽宁、内蒙古、河北、北京、河南、宁夏、甘肃、青海、安徽、江苏、江西、湖南、湖北、贵州、福建、广东、广西、海南、香港、澳门；世界各地

甘蓝 Brassica oleracea var. **capitata** L.

分布：黑龙江、吉林、辽宁、内蒙古、河北、北京、河南、宁夏、甘肃、青海、安徽、江苏、江西、湖南、湖北、贵州、福建、广东、广西、海南、香港、澳门；世界各地

抱子甘蓝 Brassica oleracea var. **gemmifera** de Candolle

分布：浙江、四川、云南

擘蓝 Brassica oleracea var. **gongylodes** L.

分布：黑龙江、吉林、辽宁、内蒙古、河北、北京、河南、宁夏、甘肃、青海、安徽、江苏、江西、湖南、湖北、贵州、福建、广东、广西、海南、香港、澳门；世界各地

绿花菜 Brassica oleracea var. **italica** Plenck

分布：广东；世界各地

蔓菁 Brassica rapa L.

分布：黑龙江、吉林、辽宁、内蒙古、河北、北京、河南、宁夏、甘肃、青海、安徽、江苏、江西、湖南、湖北、贵州、福建、广东、广西、海南、香港、澳门；世界各地

青菜 Brassica rapa var. **chinensis** (L.) Kitam.

分布：黑龙江、吉林、辽宁、内蒙古、河北、北京、河南、宁夏、甘肃、青海、安徽、江苏、江西、湖南、湖北、贵州、福建、广东、广西、海南、香港、澳门；世界各地

白菜 Brassica rapa var. **glabra** Regel

分布：黑龙江、吉林、辽宁、内蒙古、河北、北京、河南、宁夏、甘肃、青海、安徽、江苏、江西、湖南、湖北、贵州、福建、广东、广西、海南、香港、澳门；世界各地

芸苔 Brassica rapa var. **oleifera** DC.

分布：黑龙江、吉林、辽宁、内蒙古、河北、北京、河南、宁夏、甘肃、青海、安徽、江苏、江西、湖南、湖北、贵州、福建、广东、广西、海南、香港、澳门；世界各地

肉叶荠属 Braya Sternb. et Hoppe

弗氏肉叶荠 Braya forrestii W. W. Sm.

分布：四川、云南、西藏；不丹

红花肉叶荠 Braya rosea (Turcz.) Bunge

分布：甘肃、青海、新疆、四川、西藏；不丹、印度、克什米尔地区、吉尔吉斯斯坦、蒙古国、尼泊尔、巴基斯坦、俄罗斯、塔吉克斯坦

黄花肉叶荠 Braya scharnhorstii Regel et Schmalh.

分布：新疆；吉尔吉斯斯坦、塔吉克斯坦

匙荠属 Bunias L.

匙荠 Bunias cochlearioides Murray

分布：黑龙江、辽宁、河北；哈萨克斯坦、蒙古国、俄罗斯

疣果匙荠 Bunias orientalis L.

分布：黑龙江、辽宁；哈萨克斯坦、蒙古国、俄罗斯；亚洲(西南部)、欧洲

亚麻荠属 Camelina Crantz

小果亚麻荠 Camelina microcarpa DC.

分布：黑龙江、吉林、辽宁、内蒙古、山东、河南、甘肃、新疆；哈萨克斯坦、蒙古国、俄罗斯、塔吉克斯坦、土库曼斯坦、乌兹别克斯坦；亚洲(西南部)、欧洲

亚麻荠 Camelina sativa (L.) Crantz

分布：内蒙古、新疆；印度、哈萨克斯坦、朝鲜、蒙古国、巴基斯坦、俄罗斯、塔吉克斯坦、土库曼斯坦；亚洲(西南部)、欧洲、非洲

荠属 Capsella Medik.

荠 Capsella bursa-pastoris (L.) Medik.

分布：各省（自治区、直辖市）广泛栽培；原产于西南亚和欧洲

东方荠(新拟) Capsella orientalis Klokov

分布：新疆；俄罗斯

碎米荠属 Cardamine L.

安徽碎米荠 Cardamine anhuiensis D. C. Zhang et J. Z. Shao

分布：安徽、江苏、浙江、江西、湖南、湖北、贵州

博氏碎米荠 Cardamine bodinieri (H. Lév.) Lauener
分布：贵州

岩生碎米荠 Cardamine calcicola W. W. Sm.
分布：云南

驴蹄碎米荠 Cardamine calthifolia H. Lév.
分布：云南；缅甸

细裂碎米荠 Cardamine caroides C. Y. Wu ex W. T. Wang
分布：四川

天池碎米荠 Cardamine changbaiana Al-Shehbaz
分布：吉林；朝鲜

周氏碎米荠 Cardamine cheotaiyienii Al-Shehbaz et G. Yang
分布：云南

露珠碎米荠 Cardamine circaeoides Hook. f. et Thomson
分布：甘肃、湖南、湖北、四川、云南、台湾、广东、广西；印度、老挝、缅甸、泰国、越南

洱源碎米荠 Cardamine delavayi Franch.
分布：四川、云南；不丹

光头山碎米荠 Cardamine engleriana O. E. Schulz
分布：陕西、甘肃、安徽、湖南、湖北、四川、福建

法氏碎米荠 Cardamine fargesiana Al-Shehbaz
分布：四川

弯曲碎米荠 Cardamine flexuosa With.
分布：中国广布；孟加拉国、不丹、印度、印度尼西亚、日本、克什米尔地区、朝鲜、老挝、马来西亚、缅甸、尼泊尔、巴基斯坦、菲律宾、泰国、越南；欧洲

莓叶碎米荠 Cardamine fragariifolia O. E. Schulz
分布：湖南、湖北、四川、贵州、云南、西藏、广西；不丹、印度、缅甸

宽翅碎米荠 Cardamine franchetiana Diels
分布：青海、四川、云南、西藏

纤细碎米荠 Cardamine gracilis (O. E. Schulz) T. Y. Cheo et R. C. Fang
分布：云南

颗粒碎米荠 Cardamine granulifera (Franch.) Diels
分布：云南

山芥碎米荠 Cardamine griffithii Hook. f. et Thomson
分布：四川、云南、西藏；不丹、印度、尼泊尔

碎米荠 Cardamine hirsuta L.
分布：中国广布；印度、印度尼西亚、日本、老挝、马来西亚、巴布亚新几内亚、巴基斯坦、菲律宾、斯里兰卡、泰国、土库曼斯坦、越南；亚洲(西南部)、欧洲

壶坪碎米芥 Cardamine hupingshanensis K. M. Liu, L. B. Chen, H. F. Bai et L. H. Liu
分布：湖南、湖北

德钦碎米荠 Cardamine hydrocotyloides W. T. Wang
分布：四川、云南

湿生碎米荠 Cardamine hygrophila T. Y. Cheo et R. C. Fang
分布：湖南、湖北、四川、贵州、广西

弹裂碎米荠 Cardamine impatiens L.
分布：吉林、辽宁、山西、山东、河南、陕西、甘肃、青海、新疆、安徽、江苏、浙江、江西、湖南、湖北、四川、贵州、云南、西藏、福建、台湾、广西；阿富汗、不丹、印度、日本、克什米尔地区、哈萨克斯坦、朝鲜、吉尔吉斯斯坦、尼泊尔、巴基斯坦、俄罗斯、塔吉克斯坦、乌兹别克斯坦；亚洲(西南部)、欧洲

翼柄碎米荠 Cardamine komarovii Nakai
分布：黑龙江、吉林、辽宁；朝鲜

白花碎米荠 Cardamine leucantha (Tausch) O. E. Schulz
分布：黑龙江、吉林、辽宁、内蒙古、河北、山西、河南、陕西、宁夏、甘肃、安徽、江苏、浙江、江西、湖南、四川、贵州；日本、朝鲜、蒙古国、俄罗斯

李恒碎米荠 Cardamine lihengiana Al-Shehbaz
分布：云南

弯蕊碎米荠 Cardamine loxostemonoides O. E. Schulz
分布：云南、西藏；不丹、印度、克什米尔地区、尼泊尔

水田碎米荠 Cardamine lyrata Bunge
分布：黑龙江、吉林、辽宁、内蒙古、河北、山东、河南、安徽、江苏、浙江、江西、湖南、四川、贵州、福建、广西；日本、朝鲜、俄罗斯

大叶碎米荠 Cardamine macrophylla Willd.
分布：吉林、辽宁、内蒙古、河北、河南、甘肃、安徽、江西、湖南、湖北、贵州；不丹、印度、日本、克什米尔地区、哈萨克斯坦、蒙古国、尼泊尔、巴基斯坦、俄罗斯

小叶碎米荠 Cardamine microzyga O. E. Schulz
分布：四川、西藏

多花碎米荠 Cardamine multiflora T. Y. Cheo et R. C. Fang
分布：四川、云南

多裂碎米荠 Cardamine multijuga Franch.
分布：云南

日本碎米荠 Cardamine nipponica Franch. et Sav.

分布：台湾；日本

小花碎米荠 Cardamine parviflora L.

分布：黑龙江、辽宁、内蒙古、河北、山西、山东、陕西、新疆、安徽、江苏、浙江、台湾、广西；日本、哈萨克斯坦、朝鲜、蒙古国、俄罗斯；亚洲(西南部)、欧洲、非洲、北美洲

少叶碎米荠 Cardamine paucifolia Hand.-Mazz.

分布：云南

草甸碎米荠 Cardamine pratensis L.

分布：黑龙江、内蒙古、新疆、西藏；日本、哈萨克斯坦、朝鲜、蒙古国、俄罗斯；欧洲、北美洲

浮水碎米荠 Cardamine prorepens Fisch. ex DC.

分布：黑龙江、吉林、内蒙古；朝鲜、蒙古国、俄罗斯

细巧碎米荠 Cardamine pulchella (Hook. f. et Thomson) Al-Shehbaz et G. Yang

分布：青海、四川、云南、西藏；不丹、印度、尼泊尔

紫花碎米荠 Cardamine purpurascens (O. E. Schulz) Al-Shehbaz, T. Y. Cheo, L. L. Lou et G. Yang

分布：四川、云南

匍匐碎米荠 Cardamine repens (Franch.) Diels

分布：四川、云南

吉林碎米荠(新拟) Cardamine resedifolia L.

分布：吉林；朝鲜

鞭枝碎米荠 Cardamine rockii O. E. Schulz

分布：四川、云南

裸茎碎米荠 Cardamine scaposa Franch.

分布：内蒙古、河北、山西、陕西、四川

圆齿碎米荠 Cardamine scutata Thunb.

分布：吉林、安徽、江苏、浙江、四川、贵州、台湾、广东；日本、朝鲜、俄罗斯

单茎碎米荠 Cardamine simplex Hand.-Mazz.

分布：四川、云南

狭叶碎米荠 Cardamine stenoloba Hemsl.

分布：陕西、四川

唐古碎米荠 Cardamine tangutorum O. E. Schulz

分布：河北、山西、陕西、甘肃、青海、四川、云南、西藏

甘肃碎米荠(新拟) Cardamine tianqingiae Al-Shehbaz et Boufford

分布：甘肃

细叶碎米荠 Cardamine trifida (Lam. ex Poir.) B. M. G. Jones

分布：黑龙江、吉林、内蒙古；日本、哈萨克斯坦、朝鲜、蒙古国、俄罗斯

三小叶碎米荠 Cardamine trifoliolata Hook. f. et Thomson

分布：四川、云南；不丹、印度、尼泊尔

堇色碎米荠 Cardamine violacea (D. Don) Wall. ex Hook. f. et Thomson

分布：云南；不丹、尼泊尔、印度

云南碎米荠 Cardamine yunnanensis Franch.

分布：四川、云南、西藏；不丹、印度、尼泊尔

群心菜属 Cardaria Desv.

群心菜 Cardaria draba (L.) Desv.

分布：辽宁、山东、甘肃、新疆、西藏；阿富汗、克什米尔地区、哈萨克斯坦、吉尔吉斯斯坦、巴基斯坦、俄罗斯、塔吉克斯坦、土库曼斯坦、乌兹别克斯坦；亚洲(西南部)、欧洲

群心菜(原亚种) Cardaria draba subsp. **draba**

分布：辽宁、山东、甘肃、新疆、西藏；阿富汗、克什米尔地区、哈萨克斯坦、吉尔吉斯斯坦、巴基斯坦、俄罗斯、塔吉克斯坦、土库曼斯坦、乌兹别克斯坦

球果群心菜 Cardaria draba subsp. **chalepensis** (L.) O. E. Schulz

分布：山东、甘肃、新疆、西藏；阿富汗、克什米尔地区、哈萨克斯坦、吉尔吉斯斯坦、巴基斯坦、塔吉克斯坦、土库曼斯坦、乌兹别克斯坦；亚洲(西南部)

毛果群心菜 Cardaria pubescens (C. A. Mey.) Jarm.

分布：内蒙古、陕西、宁夏、甘肃、青海、新疆；哈萨克斯坦、吉尔吉斯斯坦、蒙古国、巴基斯坦、俄罗斯、塔吉克斯坦、土库曼斯坦、乌兹别克斯坦；北美洲、南美洲

离子芥属 Chorispora R. Br. ex DC.

高山离子芥 Chorispora bungeana Fisch. et C. A. Mey.

分布：新疆；阿富汗、印度、克什米尔地区、哈萨克斯坦、吉尔吉斯斯坦、蒙古国、巴基斯坦、俄罗斯、塔吉克斯坦、乌兹别克斯坦

具葶离子芥 Chorispora greigii Regel

分布：新疆；吉尔吉斯斯坦

小花离子芥 Chorispora macropoda Trautv.

分布：新疆；阿富汗、印度、克什米尔地区、哈萨克斯坦、吉尔吉斯斯坦、巴基斯坦、塔吉克斯坦

砂生离子芥 Chorispora sabulosa Cambess.

分布：西藏；印度、克什米尔地区、哈萨克斯坦、巴基斯坦、塔吉克斯坦、乌兹别克斯坦

西伯利亚离子芥 Chorispora sibirica (L.) DC.

分布：新疆、西藏；印度、克什米尔地区、哈萨克斯坦、吉尔吉斯斯坦、蒙古国、巴基斯坦、俄罗斯

准噶尔离子芥 Chorispora songarica Schrenk

分布：新疆；哈萨克斯坦、塔吉克斯坦、乌兹别克斯坦

塔什离子芥 Chorispora tashkorganica Al-Shehbaz, T. Y. Cheo, L. L. Lu et G. Yang

分布：新疆

离子芥 Chorispora tenella (Pall.) DC.

分布：辽宁、内蒙古、河北、山西、山东、河南、陕西、甘肃、青海、新疆、安徽；阿富汗、印度、克什米尔地区、哈萨克斯坦、朝鲜、吉尔吉斯斯坦、蒙古国、巴基斯坦、俄罗斯、塔吉克斯坦、土库曼斯坦、乌兹别克斯坦；亚洲(西南部)、欧洲、非洲

高原芥属 Christolea Cambess.

高原芥 Christolea crassifolia Cambess.

分布：青海、新疆、西藏；阿富汗、克什米尔地区、尼泊尔、巴基斯坦、塔吉克斯坦

尼雅高原芥 Christolea niyaensis Z. X. An

分布：新疆

对枝菜属 Cithareloma Bunge

对枝菜 Cithareloma vernum Bunge

分布：甘肃、新疆；哈萨克斯坦、土库曼斯坦、乌兹别克斯坦

香芥属 Clausia Korn.-Trotzky

香芥 Clausia aprica (Stephan) Korn.-Trotzky

分布：新疆；哈萨克斯坦、蒙古国、俄罗斯；欧洲

毛萼香芥 Clausia trichosepala (Turcz.) Dvorák

分布：吉林、内蒙古、河北、山西、山东；朝鲜、蒙古国

穴丝荠属 Coelonema Maxim.

穴丝荠 Coelonema draboides Maxim.

分布：甘肃、青海

线果芥属 Conringia Heist. ex Fabr.

线果芥 Conringia planisiliqua Fisch. et C. A. Mey.

分布：新疆、西藏；阿富汗、印度、克什米尔地区、哈萨克斯坦、吉尔吉斯斯坦、蒙古国、巴基斯坦、俄罗斯、塔吉克斯坦、土库曼斯坦、乌兹别克斯坦；亚洲(西南部)

臭荠属 Coronopus Zinn

臭荠 Coronopus didymus (L.) Sm.

分布：山东、河南、新疆、安徽、江苏、浙江、江西、湖南、湖北、四川、云南、福建、台湾、广东、香港；原产于南美洲，现欧洲、北美洲和亚洲广布

单叶臭荠 Coronopus integrifolius (DC.) Spreng.

分布：台湾、广东；原产于非洲

两节荠属 Crambe L.

两节荠 Crambe kotschyana Boiss.

分布：新疆、西藏；阿富汗、印度、哈萨克斯坦、吉尔吉斯斯坦、巴基斯坦、塔吉克斯坦、土库曼斯坦、乌兹别克斯坦；亚洲(西南部)

须弥芥属 Crucihimalaya Al-Shehbaz, O'Kane et R. A. Price

腋花须弥芥 Crucihimalaya axillaris (Hook. f. et Thomson) Al-Shehbaz, O'Kane et R. A. Price

分布：西藏；不丹、印度、克什米尔地区、尼泊尔

须弥芥 Crucihimalaya himalaica (Edgew.) Al-Shehbaz, O'Kane et R. A. Price

分布：四川、云南、西藏；阿富汗、不丹、印度、克什米尔地区、尼泊尔、巴基斯坦

毛果须弥芥 Crucihimalaya lasiocarpa (Hook. f. et Thomson) Al-Shehbaz, O'Kane et R. A. Price

分布：四川、云南、西藏；不丹、印度、尼泊尔

柔毛须弥芥 Crucihimalaya mollissima (C. A. Mey.) Al-Shehbaz, O'Kane et R. A. Price

分布：甘肃、新疆、四川、西藏；阿富汗、印度、克什米尔地区、哈萨克斯坦、吉尔吉斯斯坦、蒙古国、巴基斯坦、俄罗斯、塔吉克斯坦

直须弥芥 Crucihimalaya stricta (Cambess.) Al-Shehbaz, O'Kane et R. A. Price

分布：西藏；印度、克什米尔地区、尼泊尔、巴基斯坦

卵叶须弥芥 Crucihimalaya wallichii (Hook. f. et Thomson) Al-Shehbaz, O'Kane et R. A. Price

分布：西藏；阿富汗、不丹、印度、克什米尔地区、哈萨克斯坦、吉尔吉斯斯坦、尼泊尔、巴基斯坦、塔吉克斯坦、土库曼斯坦、乌兹别克斯坦；亚洲

隐子芥属 Cryptospora Kar. et Kir.

隐子芥 Cryptospora falcata Kar. et Kir.

分布：新疆；阿富汗、哈萨克斯坦、吉尔吉斯斯坦、塔吉

克斯坦、土库曼斯坦、乌兹别克斯坦；亚洲(西南部)

播娘蒿属 **Descurainia** Webb. et Berthel.

播娘蒿 **Descurainia sophia** (L.) Webb ex Prantl

分布：除广西、海南和台湾，其余各省（自治区、直辖市）有分布；阿富汗、不丹、日本、克什米尔地区、哈萨克斯坦、朝鲜、吉尔吉斯斯坦、蒙古国、尼泊尔、巴基斯坦、俄罗斯、印度、塔吉克斯坦、土库曼斯坦、乌兹别克斯坦；亚洲、欧洲、非洲(北部)

扇叶芥属 **Desideria** Pamp.

藏北扇叶芥 **Desideria baiogoinensis** (K. C. Kuan et Z. X. An) Al-Shehbaz

分布：青海、西藏

长毛扇叶芥 **Desideria flabellata** (Regel) Al-Shehbaz

分布：新疆；阿富汗、吉尔吉斯斯坦、塔吉克斯坦

须弥扇叶芥 **Desideria himalayensis** (Cambess.) Al-Shehbaz

分布：青海、西藏；印度、克什米尔地区、尼泊尔

线果扇叶芥 **Desideria linearis** (N. Busch) Al-Shehbaz

分布：新疆；克什米尔地区、尼泊尔、塔吉克斯坦

西藏扇叶芥(新拟) **Desideria mieheorum** Al-Shehbaz

分布：西藏

扇叶芥 **Desideria mirabilis** Pamp.

分布：新疆；克什米尔地区、塔吉克斯坦

丛生扇叶芥 **Desideria prolifera** (Maxim.) Al-Shehbaz

分布：青海、西藏

矮高原芥 **Desideria pumila** (Kurz.) Al-Shehbaz

分布：新疆、西藏；克什米尔地区

少花扇叶芥 **Desideria stewartii** (T. Anderson) Al-Shehbaz

分布：西藏；印度、克什米尔地区

双脊荠属 **Dilophia** Thomson

无苞双脊荠 **Dilophia ebracteata** Maxim.

分布：青海、西藏

盐泽双脊荠 **Dilophia salsa** Thomson

分布：甘肃、青海、新疆、西藏；不丹、印度、克什米尔地区、吉尔吉斯斯坦、尼泊尔、塔吉克斯坦

二行芥属 **Diplotaxis** DC.

二行芥 **Diplotaxis muralis** (L.) DC.

分布：辽宁有逸生；原产于欧洲

蛇头荠属 **Dipoma** Franch.

蛇头荠 **Dipoma iberideum** Franch.

分布：四川、云南

异果芥属 **Diptychocarpus** Trautv.

异果芥 **Diptychocarpus strictus** (Fisch. ex Bieb.) Trautv.

分布：内蒙古、甘肃、新疆；阿富汗、哈萨克斯坦、吉尔吉斯斯坦、巴基斯坦、俄罗斯、塔吉克斯坦、土库曼斯坦、乌兹别克斯坦；亚洲(西南部)、欧洲

花旗杆属 **Dontostemon** Andrz. ex C. A. Mey.

厚叶花旗杆 **Dontostemon crassifolius** (Bunge) Maxim.

分布：内蒙古；蒙古国、俄罗斯

花旗杆 **Dontostemon dentatus** (Bunge) Ledeb.

分布：黑龙江、吉林、辽宁、内蒙古、河北、山西、山东、河南、陕西、新疆、安徽、江苏、云南；日本、朝鲜、俄罗斯

扭果花旗杆 **Dontostemon elegans** Maxim.

分布：内蒙古、甘肃、新疆；蒙古国、俄罗斯

腺花旗杆 **Dontostemon glandulosus** (Kar. et Kir.) O. E. Schulz

分布：内蒙古、宁夏、甘肃、青海、新疆、四川、云南、西藏；克什米尔地区、哈萨克斯坦、尼泊尔、俄罗斯、印度、塔吉克斯坦

毛花旗杆 **Dontostemon hispidus** Maxim.

分布：黑龙江；俄罗斯

线叶花旗杆 **Dontostemon integrifolius** (L.) C. A. Mey.

分布：黑龙江、辽宁、内蒙古、山西、陕西、宁夏；蒙古国、俄罗斯

小花花旗杆 **Dontostemon micranthus** C. A. Mey.

分布：黑龙江、吉林、辽宁、内蒙古、河北、山西、甘肃、青海、新疆；蒙古国、俄罗斯

羽裂花旗杆 **Dontostemon pinnatifidus** (Maxim.) Al-Shehbaz et H. Ohba

分布：黑龙江、内蒙古、河北、山东、甘肃、青海、新疆、四川、云南、西藏；印度、蒙古国、尼泊尔、俄罗斯

羽裂花旗杆(原亚种) **Dontostemon pinnatifidus** subsp. **pinnatifidus**

分布：黑龙江、内蒙古、河北、山东、甘肃、青海、新疆、四川、云南、西藏；印度、蒙古国、尼泊尔、俄罗斯

线叶羽裂花旗杆 **Dontostemon pinnatifidus** subsp. **linearifolius** (Maxim.) Al-Shehbaz et H. Ohba

分布：甘肃、青海、新疆

白花花旗杆 Dontostemon senilis Maxim.

分布：内蒙古、宁夏、甘肃、新疆；蒙古国

西藏花旗杆 Dontostemon tibeticus (Maxim.) Al-Shehbaz

分布：甘肃、青海、西藏

葶苈属 Draba L.

帕米尔葶苈 Draba alajica Litv.

分布：西藏；塔吉克斯坦

阿尔泰葶苈 Draba altaica (C. A. Mey.) Bunge

分布：甘肃、青海、新疆、四川、云南、西藏；阿富汗、印度、克什米尔地区、哈萨克斯坦、吉尔吉斯斯坦、蒙古国、尼泊尔、巴基斯坦、俄罗斯、塔吉克斯坦

抱茎葶苈 Draba amplexicaulis Franch.

分布：四川、云南、西藏

青海葶苈(新拟) Draba bartholomewii Al-Shehbaz

分布：青海

不丹葶苈 Draba bhutanica H. Hara

分布：西藏；不丹

克什米尔葶苈 Draba cachemirica Gand.

分布：西藏；哈萨克斯坦

灰岩葶苈 Draba calcicola O. E. Schulz

分布：云南

大花葶苈 Draba cholaensis W. W. Sm.

分布：西藏；印度

拟葶苈(新拟) Draba draboides (Maxim.) Al-Shehbaz

分布：甘肃

高茎葶苈 Draba elata Hook. f. et Thom.

分布：西藏；印度

椭圆果葶苈 Draba ellipsoidea Hook. f. et Thomson

分布：甘肃、青海、四川、云南、西藏；克什米尔地区、尼泊尔、印度

毛葶苈 Draba eriopoda Turcz.

分布：山西、陕西、甘肃、青海、新疆、湖北、四川、云南、西藏；不丹、印度、蒙古国、尼泊尔、俄罗斯

球果葶苈 Draba glomerata Royle

分布：甘肃、青海、新疆、四川、西藏；印度、克什米尔地区、尼泊尔、巴基斯坦

纤细葶苈 Draba gracillima Hook. f. et Thomson

分布：云南、西藏；不丹、印度、尼泊尔

矮葶苈 Draba handelii O. E. Schulz

分布：云南

中亚葶苈 Draba huetii Boiss.

分布：新疆；哈萨克斯坦、吉尔吉斯斯坦、塔吉克斯坦、土库曼斯坦、乌兹别克斯坦；亚洲(西南部)

小葶苈 Draba humillima O. E. Schulz

分布：西藏；印度

总苞葶苈 Draba involucrata (W. W. Sm.) W. W. Sm.

分布：四川、云南、西藏

九龙葶苈(新拟) Draba jiulongensis Al-Shehbaz

分布：四川

愉悦葶苈 Draba jucunda W. W. Sm.

分布：云南、西藏

贡布葶苈 Draba kongboiana Al-Shehbaz

分布：西藏

科氏葶苈 Draba korshinskyi (O. Fedtsch.) Pohle

分布：新疆、西藏；阿富汗、克什米尔地区、巴基斯坦、塔吉克斯坦

苞序葶苈 Draba ladyginii Pohle

分布：内蒙古、河北、山西、陕西、宁夏、甘肃、青海、新疆、湖北、四川、云南、西藏

锥果葶苈 Draba lanceolata Royle

分布：内蒙古、甘肃、青海、新疆、西藏；阿富汗、印度、克什米尔地区、哈萨克斯坦、吉尔吉斯斯坦、巴基斯坦、俄罗斯、塔吉克斯坦、土库曼斯坦、乌兹别克斯坦

毛叶葶苈 Draba lasiophylla Royle

分布：陕西、甘肃、青海、新疆、湖北、四川、西藏；不丹、印度、克什米尔地区、哈萨克斯坦、吉尔吉斯斯坦、尼泊尔、塔吉克斯坦、乌兹别克斯坦

丽江葶苈 Draba lichiangensis W. W. Sm.

分布：青海、四川、云南、西藏；不丹、尼泊尔

线叶葶苈 Draba linearifolia L. L. Lou et T. Y. Cheo

分布：西藏

马塘葶苈 Draba matangensis O. E. Schulz

分布：四川、西藏

天山葶苈 Draba melanopus Kom.

分布：新疆；阿富汗、哈萨克斯坦、吉尔吉斯斯坦、巴基斯坦、塔吉克斯坦

西藏葶苈(新拟) Draba mieheorum Al-Shehbaz

分布：西藏

蒙古葶苈 Draba mongolica Turcz.

分布：黑龙江、吉林、内蒙古、河北、山西、陕西、甘肃、青海、新疆、四川；蒙古国、俄罗斯

山葶苈 Draba multiceps Kitag.

分布：内蒙古

葶苈 Draba nemorosa L.

分布：黑龙江、吉林、辽宁、内蒙古、河北、山西、山东、河南、陕西、宁夏、甘肃、青海、新疆、安徽、江苏、浙江、四川、贵州、云南、西藏；阿富汗、日本、克什米尔地区、朝鲜、哈萨克斯坦、吉尔吉斯斯坦、蒙古国、俄罗斯、塔吉克斯坦、土库曼斯坦、乌兹别克斯坦；亚洲(西南部)、欧洲、北美洲

裸露葶苈 Draba nuda (Bél.) Al-Shehbaz et M. Koch

分布：西藏；克什米尔地区

聂拉木葶苈 Draba nylamensis Al-Shehbaz

分布：西藏

奥氏葶苈 Draba olgae Regel et Schmalh.

分布：新疆；吉尔吉斯斯坦、巴基斯坦、塔吉克斯坦

喜山葶苈 Draba oreades Schrenk

分布：内蒙古、陕西、甘肃、青海、新疆、四川、云南、西藏；不丹、印度、克什米尔地区、哈萨克斯坦、吉尔吉斯斯坦、蒙古国、巴基斯坦、俄罗斯、塔吉克斯坦

山景葶苈 Draba oreodoxa W. W. Sm.

分布：四川、云南

小花葶苈 Draba parviflora (Regel) O. E. Schulz

分布：甘肃、青海、新疆；哈萨克斯坦、吉尔吉斯斯坦、俄罗斯、塔吉克斯坦

多叶葶苈 Draba polyphylla O. E. Schulz

分布：云南、西藏；不丹、尼泊尔、印度

疏花葶苈 Draba remotiflora O. E. Schulz

分布：四川

台湾葶苈 Draba sekiyana Ohwi

分布：台湾

衰老葶苈 Draba senilis O. E. Schulz

分布：青海、四川、云南、西藏

中甸葶苈 Draba serpens O. E. Schulz

分布：云南

刚毛葶苈 Draba setosa Royle

分布：西藏；印度、克什米尔地区

西伯利亚葶苈 Draba sibirica (Pall.) Thell.

分布：甘肃、新疆；哈萨克斯坦、吉尔吉斯斯坦、蒙古国、俄罗斯

锡金葶苈 Draba sikkimensis (Hook. f. et Thomson) Pohle

分布：西藏；不丹、尼泊尔、印度

狭果葶苈 Draba stenocarpa Hook. f. et Thomson

分布：甘肃、青海、新疆、四川、西藏；阿富汗、印度、克什米尔地区、吉尔吉斯斯坦、哈萨克斯坦、巴基斯坦、塔吉克斯坦、土库曼斯坦、乌兹别克斯坦

半抱茎葶苈 Draba subamplexicaulis C. A. Mey.

分布：陕西、青海、新疆、四川；哈萨克斯坦、吉尔吉斯斯坦、蒙古国、俄罗斯、乌兹别克斯坦

孙氏葶苈 Draba sunhangiana Al-Shehbaz

分布：西藏

山菜葶苈 Draba surculosa Franch.

分布：四川、云南、西藏

西藏葶苈 Draba tibetica Hook. f. et Thomson

分布：新疆、西藏；阿富汗、克什米尔地区、哈萨克斯坦、吉尔吉斯斯坦、巴基斯坦、印度、塔吉克斯坦

屠氏葶苈 Draba turczaninowii Pohle et N. Busch

分布：新疆；哈萨克斯坦、吉尔吉斯斯坦、蒙古国、俄罗斯

乌苏里葶苈 Draba ussuriensis Pohle

分布：吉林；日本、俄罗斯

棉毛葶苈 Draba winterbottomii (Hook. f. et Thomson) et Pohle

分布：青海、西藏；克什米尔地区、巴基斯坦

乐氏葶苈(新拟) Draba yueii Al-Shehbaz

分布：四川

云南葶苈 Draba yunnanensis Franch.

分布：四川、云南、西藏

藏北葶苈 Draba zangbeiensis L. L. Lou

分布：青海、西藏

假葶苈属 Drabopsis K. Koch

假葶苈 Drabopsis nuda (Bél.) Stapf

分布：新疆；阿富汗、印度、克什米尔地区、哈萨克斯坦、吉尔吉斯斯坦、巴基斯坦、塔吉克斯坦、土库曼斯坦、乌兹别克斯坦；亚洲(西南部)、欧洲

芝麻菜属 Eruca Mill.

芝麻菜 Eruca vesicaria (L.) Cavanilles subsp. **sativa** (Mill.) Thell.

分布：黑龙江、辽宁、内蒙古、河北、山西、陕西、甘肃、

青海、新疆、江苏、四川、广东；阿富汗、印度、哈萨克斯坦、吉尔吉斯斯坦、蒙古国、巴基斯坦、俄罗斯、塔吉克斯坦、土库曼斯坦、乌兹别克斯坦；欧洲、非洲

糖芥属 **Erysimum** L.

糖芥 **Erysimum amurense** Kitag.

分布：辽宁、内蒙古、河北、山西、陕西、江苏；朝鲜、俄罗斯

四川糖芥 **Erysimum benthamii** Monnet

分布：四川、云南、西藏；不丹、印度、尼泊尔

灰毛糖芥 **Erysimum canescens** Roth

分布：新疆；哈萨克斯坦、蒙古国、俄罗斯、塔吉克斯坦、乌兹别克斯坦

小花糖芥 **Erysimum cheiranthoides** L.

分布：黑龙江、吉林、内蒙古、新疆；日本、哈萨克斯坦、朝鲜、蒙古国、俄罗斯；欧洲、非洲、北美洲

外折糖芥 **Erysimum deflexum** Hook. f. et Thomson

分布：新疆、西藏；印度

蒙古糖芥 **Erysimum flavum** (Georgi) Bobrov

分布：黑龙江、内蒙古、新疆、西藏；克什米尔地区、哈萨克斯坦、吉尔吉斯斯坦、蒙古国、巴基斯坦、俄罗斯、塔吉克斯坦

蒙古糖芥(原亚种) **Erysimum flavum** subsp. **flavum**

分布：黑龙江、内蒙古；蒙古国、俄罗斯

阿尔泰糖芥 **Erysimum flavum** subsp. **altaicum** (C. A. Mey.) Polozhij

分布：新疆、西藏；克什米尔地区、哈萨克斯坦、吉尔吉斯斯坦、巴基斯坦、俄罗斯、塔吉克斯坦

匍匐糖芥 **Erysimum forrestii** (W. W. Sm.) Polatschek

分布：云南

紫花糖芥 **Erysimum funiculosum** Hook. f. et Thomson

分布：甘肃、青海、西藏；印度

无茎糖芥 **Erysimum handel-mazzettii** Polatschek

分布：四川

山柳菊叶糖芥 **Erysimum hieraciifolium** L.

分布：黑龙江、辽宁、内蒙古、新疆、西藏；克什米尔地区、巴基斯坦、哈萨克斯坦、蒙古国、俄罗斯、塔吉克斯坦、乌兹别克斯坦；欧洲、北美洲有引种

波齿糖芥 **Erysimum macilentum** Bunge

分布：吉林、辽宁、内蒙古、河北、山西、山东、河南、陕西、宁夏、甘肃、安徽、江苏、湖南、湖北、四川、云南

粗梗糖芥 **Erysimum repandum** L.

分布：辽宁、新疆；阿富汗、克什米尔地区、哈萨克斯坦、吉尔吉斯斯坦、巴基斯坦、俄罗斯、塔吉克斯坦、土库曼斯坦、乌兹别克斯坦；亚洲(西南部)、欧洲、非洲

红紫糖芥 **Erysimum roseum** (Maxim.) Polatschek

分布：甘肃、青海、四川、云南、西藏

矮糖芥 **Erysimum schlagintweitianum** O. E. Schulz

分布：西藏；巴基斯坦

棱果糖芥 **Erysimum siliculosum** (Bieb.) DC.

分布：新疆；哈萨克斯坦、俄罗斯、土库曼斯坦

小糖芥 **Erysimum sisymbrioides** C. A. Mey.

分布：新疆；阿富汗、哈萨克斯坦、吉尔吉斯斯坦、蒙古国、巴基斯坦、俄罗斯、塔吉克斯坦、土库曼斯坦、乌兹别克斯坦；亚洲(西南部)

具苞糖芥 **Erysimum wardii** Polatschek

分布：四川、云南、西藏

乌头荠属 **Euclidium** R. Br.

乌头荠 **Euclidium syriacum** (L.) R. Br.

分布：新疆；阿富汗、印度、克什米尔地区、哈萨克斯坦、吉尔吉斯斯坦、巴基斯坦、俄罗斯、塔吉克斯坦、土库曼斯坦、乌兹别克斯坦；亚洲(西南部)、欧洲

宽果芥属 **Eurycarpus** Botsch.

绒毛宽果芥 **Eurycarpus lanuginosus** (Hook. f. et Thomson) Botsch.

分布：西藏

马氏宽果芥 **Eurycarpus marinellii** (Pamp.) Al-Shehbaz et G. Yang

分布：西藏；克什米尔地区

山萮菜属 **Eutrema** R. Br.

四川山萮菜(新拟) **Eutrema bouffordii** Al-Shehbaz

分布：四川

三角叶山萮菜 **Eutrema deltoideum** (Hook. f. et Thomson) O. E. Schulz

分布：云南、西藏；不丹、印度

密序山萮菜 **Eutrema heterophyllum** (W. W. Sm.) H. Hara

分布：河北、陕西、甘肃、青海、新疆、四川、云南、西藏；不丹、哈萨克斯坦、吉尔吉斯斯坦、尼泊尔、塔吉克斯坦

川滇山萮菜 **Eutrema himalaicum** Hook. f. et Thomson

分布：四川、云南、西藏；不丹、印度

全缘叶山萮菜 Eutrema integrifolium (DC.) Bunge
分布：新疆；哈萨克斯坦、吉尔吉斯斯坦、塔吉克斯坦、乌兹别克斯坦

日本山萮菜 Eutrema tenue (Miq.) Makino
分布：四川、贵州、云南、西藏；日本

块茎山萮菜 Eutrema wasabi (Sieb.) Maxim.
分布：台湾；日本、朝鲜

云南山萮菜 Eutrema yunnanense Franch.
分布：河北、陕西、宁夏、甘肃、安徽、江苏、浙江、江西、湖南、湖北、四川、云南、西藏

菲比芥属(新拟) Fibigia Medicus

新疆菲比芥(新拟) Fibigia spathulata B. Fedtschekno
分布：新疆；俄罗斯

翅籽荠属 Galitzkya V. V. Botschantz.

大果翅籽荠 Galitzkya potaninii (Maxim.) V. V. Botschantz.
分布：内蒙古、甘肃、新疆；蒙古国

匙叶翅果荠 Galitzkya spathulata (Stephan ex Willd.) V. V. Botschantz.
分布：新疆；哈萨克斯坦

四棱荠属 Goldbachia DC.

短梗四棱荠 Goldbachia ikonnikovii Vass.
分布：内蒙古；蒙古国

四棱荠 Goldbachia laevigata (Bieb.) DC.
分布：新疆；阿富汗、克什米尔地区、哈萨克斯坦、吉尔吉斯斯坦、蒙古国、巴基斯坦、俄罗斯、塔吉克斯坦、土库曼斯坦、乌兹别克斯坦；亚洲(西南部)

垂果四棱荠 Goldbachia pendula Botsch.
分布：内蒙古、宁夏、甘肃、青海、新疆、西藏；哈萨克斯坦、吉尔吉斯斯坦、俄罗斯、塔吉克斯坦、土库曼斯坦

藏荠属 Hedinia Ostenf.

藏荠 Hedinia tibetica (Thomson) Ostenf.
分布：甘肃、青海、新疆、四川、西藏；不丹、印度、尼泊尔、塔吉克斯坦

半脊荠属 Hemilophia Franch.

法氏半脊荠 Hemilophia franchetii Al-Shehbaz
分布：云南

半脊荠 Hemilophia pulchella Franch.
分布：云南

小叶半脊荠 Hemilophia rockii O. E. Schulz
分布：四川、云南

匍匐半脊荠(新拟) Hemilophia serpens (O. E. Schulz) Al-Shehbaz
分布：云南

无柄叶半脊荠 Hemilophia sessilifolia Al-Shehbaz, Arai et H. Ohba
分布：云南

香花芥属 Hesperis L.

欧亚香花芥 Hesperis matronalis L.
分布：新疆；原产于西南亚和欧洲

北香花芥 Hesperis sibirica L.
分布：辽宁、内蒙古、河北、新疆；哈萨克斯坦、吉尔吉斯斯坦、蒙古国、俄罗斯、塔吉克斯坦、乌兹别克斯坦

薄果荠属 Hornungia Reich.

薄果荠 Hornungia procumbens (L.) Hayek
分布：新疆；阿富汗、印度、克什米尔地区、哈萨克斯坦、吉尔吉斯斯坦、蒙古国、巴基斯坦、俄罗斯、塔吉克斯坦、土库曼斯坦、乌兹别克斯坦；亚洲(西南部)、欧洲、非洲、北美洲

葶芥属 Ianhedgea Al-Shehbaz et O'Kane

葶芥 Ianhedgea minutiflora (Hook. f. et Thomson) Al-Shehbaz et O'Kane
分布：西藏；阿富汗、印度、巴基斯坦、塔吉克斯坦、土库曼斯坦、乌兹别克斯坦；亚洲(西南部)

屈曲花属 Iberis L.

屈曲花 Iberis amara L.
分布：各省（自治区、直辖市）；欧洲

披针叶屈曲花 Iberis intermedia Guersent
分布：西藏；原产于欧洲

菘蓝属 Isatis L.

三肋菘蓝 Isatis costata C. A. Mey.
分布：辽宁、内蒙古、甘肃、新疆；克什米尔地区、哈萨克斯坦、蒙古国、巴基斯坦、俄罗斯、塔吉克斯坦

小果菘蓝 Isatis minima Bunge
分布：甘肃、新疆；阿富汗、哈萨克斯坦、吉尔吉斯斯坦、巴基斯坦、塔吉克斯坦、土库曼斯坦、乌兹别克斯坦；亚洲(西南部)

长圆果菘蓝 Isatis oblongata DC.
分布：辽宁、内蒙古、甘肃、新疆；蒙古国、俄罗斯

菘蓝 Isatis tinctoria L.

分布：辽宁、河北、河南、甘肃、江西、湖北、贵州、福建；日本、哈萨克斯坦、朝鲜、蒙古国、巴基斯坦、俄罗斯、塔吉克斯坦、乌兹别克斯坦；亚洲(西南部)、欧洲

宽翅菘蓝 Isatis violascens Bunge

分布：新疆；阿富汗、哈萨克斯坦、吉尔吉斯斯坦、巴基斯坦、塔吉克斯坦、土库曼斯坦、乌兹别克斯坦；亚洲(西南部)

绵果荠属 Lachnoloma Bunge

绵果荠 Lachnoloma lehmannii Bunge

分布：新疆；哈萨克斯坦、吉尔吉斯斯坦、塔吉克斯坦、土库曼斯坦、乌兹别克斯坦；亚洲(西南部)

光籽芥属 Leiospora (C. A. Mey.) Dvorák

雏菊叶光籽芥 Leiospora bellidifolia (Danguy) Botsch. et Pach.

分布：新疆；塔吉克斯坦

毛萼光籽芥 Leiospora eriocalyx (Regel et Schmalh.) Dvorák

分布：新疆；哈萨克斯坦、吉尔吉斯斯坦、塔吉克斯坦

无茎条果芥 Leiospora exscapa (C. A. Mey.) Dvorák

分布：新疆；哈萨克斯坦、蒙古国、俄罗斯

帕米尔光籽芥 Leiospora pamirica (Botsch. et Vved.) Botsch. et Pach.

分布：新疆、西藏；克什米尔地区、塔吉克斯坦

独行菜属 Lepidium L.

阿拉善独行菜 Lepidium alashanicum H. L. Yang

分布：内蒙古、甘肃

独行菜 Lepidium apetalum Willd.

分布：黑龙江、吉林、辽宁、内蒙古、河北、山西、山东、河南、陕西、宁夏、甘肃、青海、新疆、安徽、江苏、浙江、湖北、四川、贵州、云南、西藏；印度、日本、哈萨克斯坦、朝鲜、蒙古国、尼泊尔、巴基斯坦

革叶独行菜 Lepidium brachyotum (Kar. et Kir.) Al-Shehbaz

分布：新疆

绿独行菜 Lepidium campestre (L.) R. Br.

分布：黑龙江、辽宁、山东；俄罗斯；亚洲(西南部)、欧洲

头花独行菜 Lepidium capitatum Hook. f. et Thomson

分布：甘肃、青海、新疆、四川、西藏；不丹、印度、克什米尔地区、尼泊尔

碱独行菜 Lepidium cartilagineum (J. Mayer) Thell.

分布：内蒙古、新疆；阿富汗、哈萨克斯坦、吉尔吉斯斯坦、蒙古国、巴基斯坦、俄罗斯、塔吉克斯坦、土库曼斯坦、乌兹别克斯坦；亚洲(西南部)、欧洲

心叶独行菜 Lepidium cordatum Willd. ex Steven

分布：内蒙古、宁夏、甘肃、青海、新疆、西藏；哈萨克斯坦、蒙古国、俄罗斯、塔吉克斯坦

楔叶独行菜 Lepidium cuneiforme C. Y. Wu

分布：陕西、甘肃、青海、江西、四川、贵州、云南

密花独行菜 Lepidium densiflorum Schrad.

分布：黑龙江、吉林、辽宁、河北、山东、云南；朝鲜、蒙古国、俄罗斯、塔吉克斯坦；北美洲

全缘独行菜 Lepidium ferganense Korsh.

分布：新疆；阿富汗、哈萨克斯坦、吉尔吉斯斯坦、塔吉克斯坦、乌兹别克斯坦

裂叶独行菜 Lepidium lacerum C. A. Mey.

分布：新疆；哈萨克斯坦、蒙古国

宽叶独行菜 Lepidium latifolium L.

分布：黑龙江、辽宁、内蒙古、河北、山西、山东、河南、陕西、宁夏、甘肃、青海、新疆、四川、西藏；阿富汗、印度、克什米尔地区、哈萨克斯坦、吉尔吉斯斯坦、蒙古国、巴基斯坦、俄罗斯、塔吉克斯坦、土库曼斯坦、乌兹别克斯坦；亚洲(西南部)、欧洲、非洲

宽叶独行菜(原变种) Lepidium latifolium var. **latifolium**

分布：黑龙江、辽宁、内蒙古、河北、山西、山东、河南、陕西、宁夏、甘肃、青海、新疆、四川、西藏；阿富汗、印度、克什米尔地区、哈萨克斯坦、吉尔吉斯斯坦、蒙古国、巴基斯坦、俄罗斯、塔吉克斯坦、土库曼斯坦、乌兹别克斯坦；亚洲(西南部)、欧洲、非洲

蒙古宽叶独行菜 Lepidium latifolium var. **mongolicum** Franch.

分布：内蒙古

钝叶独行菜 Lepidium obtusum Basiner

分布：内蒙古、宁夏、甘肃、青海、新疆、西藏；印度、哈萨克斯坦、蒙古国、俄罗斯、塔吉克斯坦、乌兹别克斯坦

抱茎独行菜 Lepidium perfoliatum L.

分布：辽宁、山西、甘肃、新疆、江苏；阿富汗、印度、日本、哈萨克斯坦、吉尔吉斯斯坦、巴基斯坦、俄罗斯、塔吉克斯坦、土库曼斯坦、乌兹别克斯坦；亚洲、欧洲、非洲

柱毛独行菜 Lepidium ruderale L.

分布：新疆；印度、哈萨克斯坦、吉尔吉斯斯坦、蒙古国、

俄罗斯、塔吉克斯坦、土库曼斯坦、乌兹别克斯坦；亚洲(西南部)、欧洲

家独行菜 **Lepidium sativum** L.

分布：黑龙江、江苏、吉林、山东、新疆、西藏；阿富汗、尼泊尔，巴基斯坦、印度、克什米尔地区、哈萨克斯坦、吉尔吉斯斯坦、俄罗斯、塔吉克斯坦、土库曼斯坦、乌兹别克斯坦、亚洲(西南部)、越南、日本；欧洲、非洲(北部)，归化于南美洲和北美洲

北美独行菜 **Lepidium virginicum** L.

分布：黑龙江、吉林、辽宁、内蒙古、河北、山东、河南、陕西、宁夏、甘肃、新疆、安徽、江苏、浙江、江西、湖南、湖北、四川、贵州、云南、西藏、福建、台湾、广东、广西；原产于美洲，现欧洲和亚洲地区广泛归化

鳞蕊芥属 **Lepidostemon** Hook. f. et Thomson

珠峰鳞蕊芥 **Lepidostemon everestianus** Al-Shehbaz

分布：西藏

鳞蕊芥 **Lepidostemon pedunculosus** Hook. f. et Thomson

分布：西藏；印度

莲座鳞蕊芥 **Lepidostemon rosularis** (K. C. Kuan et Z. X. An) Al-Shehbaz

分布：西藏

丝叶芥属 **Leptaleum** DC.

丝叶芥 **Leptaleum filifolium** (Willd.) DC.

分布：新疆；阿富汗、哈萨克斯坦、吉尔吉斯斯坦、巴基斯坦、俄罗斯、塔吉克斯坦、土库曼斯坦、乌兹别克斯坦；亚洲(西南部)

弯梗芥属 **Lignariella** Baehni

弯梗芥 **Lignariella hobsonii** (H. Pearson) Baehni

分布：西藏；不丹、尼泊尔

线果弯梗芥 **Lignariella ohbana** Al-Shehbaz et Arai

分布：云南；尼泊尔

蛇形弯梗芥 **Lignariella serpens** (W. W. Sm.) Al-Shehbaz, Kats., Arai, H. Ohba

分布：西藏；不丹、尼泊尔、印度

脱喙荠属 **Litwinowia** Woronow

脱喙荠 **Litwinowia tenuissima** (Pall.) Woronow ex Pavlov

分布：新疆；阿富汗、印度、哈萨克斯坦、吉尔吉斯斯坦、巴基斯坦、俄罗斯、塔吉克斯坦、土库曼斯坦、乌兹别克斯坦；亚洲(西南部)

香雪球属 **Lobularia** Desv.

香雪球 **Lobularia maritima** (L.) Desv.

分布：河北、山西、山东、陕西、甘肃、新疆、江苏、浙江、台湾；原产于地中海地区

长柄芥属 **Macropodium** R. Br.

长柄芥 **Macropodium nivale** (Pall.) R. Br.

分布：新疆；哈萨克斯坦、蒙古国、俄罗斯

涩荠属 **Malcolmia** W. T. Aiton

涩荠 **Malcolmia africana** (L.) R. Br.

分布：河北、山西、河南、陕西、宁夏、甘肃、青海、新疆、安徽、江苏、四川、西藏；阿富汗、印度、克什米尔地区、哈萨克斯坦、吉尔吉斯斯坦、蒙古国、巴基斯坦、俄罗斯、塔吉克斯坦、土库曼斯坦、乌兹别克斯坦；亚洲(西南部)、欧洲、非洲

刚毛涩荠 **Malcolmia hispida** Litv.

分布：西藏；哈萨克斯坦、吉尔吉斯斯坦、塔吉克斯坦、土库曼斯坦、乌兹别克斯坦

短梗涩荠 **Malcolmia karelinii** Lipsky

分布：内蒙古、新疆；阿富汗、哈萨克斯坦、吉尔吉斯斯坦、巴基斯坦、塔吉克斯坦、土库曼斯坦、乌兹别克斯坦；亚洲(西南部)

卷果涩荠 **Malcolmia scorpioides** (Bunge) Boiss.

分布：甘肃、新疆；阿富汗、哈萨克斯坦、吉尔吉斯斯坦、巴基斯坦、塔吉克斯坦、土库曼斯坦、乌兹别克斯坦；亚洲(西南部)

紫罗兰属 **Matthiola** R. Br.

伊朗紫罗兰 **Matthiola chorassanica** Bunge ex Boiss.

分布：新疆、西藏；阿富汗、巴基斯坦、塔吉克斯坦、乌兹别克斯坦；亚洲(西南部)

紫罗兰 **Matthiola incana** (L.) R. Br.

分布：中国各地常有引种；原产于西亚和欧洲

高河菜属 **Megacarpaea** DC.

高河菜 **Megacarpaea delavayi** Franch.

分布：甘肃、青海、四川、云南、西藏；缅甸

大果高河菜 **Megacarpaea megalocarpa** (Fisch. ex DC.) Schischk. ex B. Fedtsch.

分布：青海、新疆；哈萨克斯坦、吉尔吉斯斯坦、俄罗斯、乌兹别克斯坦

多蕊高河菜 **Megacarpaea polyandra** Benth. ex Madden

分布：西藏；印度、克什米尔地区、尼泊尔、巴基斯坦

双果荠属 **Megadenia** Maxim.

双果荠 **Megadenia pygmaea** Maxim.
分布：甘肃、青海、四川、西藏；俄罗斯

小柱芥属 **Microstigma** Trautv.

短果小柱芥 **Microstigma brachycarpum** Botsch.
分布：内蒙古、甘肃；蒙古国

龙纳托夫小柱芥 **Microstigma junatovii** Grubov
分布：内蒙古

豆瓣菜属 **Nasturtium** R. Br.

豆瓣菜 **Nasturtium officinale** R. Br.
分布：黑龙江、河北、山西、山东、河南、陕西、新疆、安徽、江苏、江西、湖北、四川、贵州、云南、西藏、台湾、广东、广西；原产于西南亚和欧洲

堇叶芥属 **Neomartinella** Pilg.

大花堇叶芥 **Neomartinella grandiflora** Al-Shehbaz
分布：湖南、四川

堇叶芥 **Neomartinella violifolia** (H. Lév.) Pilg.
分布：湖南、湖北、四川、贵州、云南

永顺堇叶芥 **Neomartinella yungshunensis** (W. T. Wang) Al-Shehbaz
分布：湖南

念珠芥属 **Neotorularia** Hedge et J. Léonard

短果念珠芥 **Neotorularia brachycarpa** (Vassilcz.) Hedge et J. Léonard
分布：甘肃、青海、新疆、西藏；塔吉克斯坦

短梗念珠芥 **Neotorularia brevipes** (Kar. et Kir.) Hedge et J. Léonard
分布：新疆；阿富汗、哈萨克斯坦、吉尔吉斯斯坦、巴基斯坦、土库曼斯坦

蚓果芥 **Neotorularia humilis** (C. A. Mey.) Hedge et J. Leonard
分布：内蒙古、河北、河南、宁夏、甘肃；阿富汗、不丹、印度、克什米尔地区、哈萨克斯坦、朝鲜、吉尔吉斯斯坦、蒙古国、尼泊尔、巴基斯坦、俄罗斯、塔吉克斯坦；北美洲

甘新念珠芥 **Neotorularia korolkowii** (Regel et Schmalh.) Hedge et J. Léonard
分布：甘肃、青海、新疆、西藏；阿富汗、哈萨克斯坦、吉尔吉斯斯坦、蒙古国、塔吉克斯坦、土库曼斯坦

青水河念珠芥 **Neotorularia qingshuiheense** (Ma et Zong Y. Zhu) Al-Shehbaz, O'Kane et G. Yang
分布：内蒙古

念珠芥 **Neotorularia torulosa** (Desf.) Hedge et J. Léonard
分布：新疆；阿富汗、哈萨克斯坦、巴基斯坦、俄罗斯、塔吉克斯坦、土库曼斯坦、乌兹别克斯坦；亚洲(西南部)、欧洲、非洲

球果荠属 **Neslia** Desv.

球果荠 **Neslia paniculata** (L.) Desv.
分布：辽宁、内蒙古、新疆；阿富汗、印度、克什米尔地区、哈萨克斯坦、吉尔吉斯斯坦、蒙古国、巴基斯坦、俄罗斯、塔吉克斯坦、土库曼斯坦、乌兹别克斯坦；亚洲(西南部)、欧洲、非洲

山菥蓂属 **Noccaea** Moench

西藏拟菥蓂 **Noccaea andersonii** (Hook. f. et Thomson) Al-Shehbaz
分布：西藏；不丹、克什米尔地区、尼泊尔、巴基斯坦、印度

四川拟菥蓂 **Noccaea flagillferum** (O. E. Schulz) Al-Shehbaz
分布：四川

云南拟菥蓂 **Noccaea yunnanense** (Franch.) Al-Shehbaz
分布：云南

无苞芥属 **Olimarabidopsis** Al-Shehbaz, O'Kane et R. A. Price

喀布尔无苞芥 **Olimarabidopsis cabulica** (Hook. f. et Thomson) Al-Shehbaz, O'Kane et R. A. Price
分布：新疆；阿富汗、吉尔吉斯斯坦、塔吉克斯坦

无苞芥 **Olimarabidopsis pumila** (Stephan) Al-Shehbaz, O'Kane et R. A. Price
分布：新疆；阿富汗、印度、克什米尔地区、哈萨克斯坦、吉尔吉斯斯坦、巴基斯坦、俄罗斯、塔吉克斯坦、土库曼斯坦、乌兹别克斯坦；亚洲(西南部)

爪花芥属 **Oreoloma** Botsch.

少腺爪花芥 **Oreoloma eglandulosum** Botsch.
分布：甘肃、青海、新疆

紫爪花芥 **Oreoloma matthioloides** (Franch.) Botsch.
分布：内蒙古、宁夏、青海

爪花芥 **Oreoloma violaceum** Botsch.
分布：新疆；蒙古国

诸葛菜属 **Orychophragmus** Bunge

心叶诸葛菜 **Orychophragmus limprichtianus** (Pax) Al-Shehbaz et G. Yang
分布：安徽、浙江

诸葛菜 **Orychophragmus violaceus** (L.) O. E. Schulz
分布：辽宁、内蒙古、河北、山西、山东、河南、陕西、甘肃、安徽、江苏、浙江、江西、湖南、湖北、四川；朝鲜、日本

诸葛菜(原变种) **Orychophragmus violaceus** var. **violaceus**
分布：辽宁、内蒙古、河北、山西、山东、河南、陕西、甘肃、安徽、江苏、浙江、江西、湖南、湖北、四川；朝鲜、日本

盾瓣诸葛菜(新拟) **Orychophragmus violaceus** var. **odontopetalus** Ling Wang et Chuan P. Yang
分布：黑龙江、辽宁、河北、山西、山东、陕西、江苏

多色诸葛菜(新拟) **Orychophragmus violaceus** var. **variegatus** Ling Wang et Chuan P. Yang
分布：辽宁、河北

秭归诸葛菜 **Orychophragmus ziguiensis**
分布：湖北

厚棱芥属(新拟) **Pachyneurum** Bunge

大叶厚棱芥(新拟) **Pachyneurum grandiflorum** Bunge
分布：新疆；俄罗斯

厚壁荠属 **Pachypterygium** Bunge

短梗厚壁荠 **Pachypterygium brevipes** Bunge
分布：新疆；阿富汗、哈萨克斯坦、吉尔吉斯斯坦、巴基斯坦、塔吉克斯坦、土库曼斯坦、乌兹别克斯坦；亚洲(西南部)

厚壁荠 **Pachypterygium multicaule** (Kar. et Kir.) Bunge
分布：新疆；阿富汗、哈萨克斯坦、吉尔吉斯斯坦、巴基斯坦、塔吉克斯坦、土库曼斯坦、乌兹别克斯坦；亚洲(西南部)

条果芥属 **Parrya** R. Br.

天山条果芥 **Parrya beketovii** Krassn.
分布：新疆；哈萨克斯坦、吉尔吉斯斯坦

柳叶条果芥 **Parrya lancifolia** Popov
分布：新疆；哈萨克斯坦、吉尔吉斯斯坦

裸茎条果芥 **Parrya nudicaulis** (L.) Regel
分布：青海、西藏；阿富汗、不丹、印度、克什米尔地区、俄罗斯；北美洲

羽裂条果芥 **Parrya pinnatifida** Kar. et Kir.
分布：新疆；阿富汗、克什米尔地区、哈萨克斯坦、吉尔吉斯斯坦、巴基斯坦、塔吉克斯坦

单花荠属 **Pegaeophyton** Hayek et Hand.-Mazz.

窄隔单花荠 **Pegaeophyton angustiseptatum** Al-Shehbaz, T. Y. Cheo, L. L. Lu et G. Yang
分布：云南

小单花荠 **Pegaeophyton minutum** H. Hara
分布：西藏；不丹、印度、尼泊尔

尼泊尔单花荠 **Pegaeophyton nepalense** Al-Shehbaz, Arai et H. Ohba
分布：西藏；不丹、尼泊尔、印度

单花荠 **Pegaeophyton scapiflorum** (Hook. f. et Thomson) C. Marquand et Airy Shaw
分布：甘肃、青海、新疆、四川、云南、西藏；不丹、印度、克什米尔地区、缅甸、尼泊尔

单花荠(原亚种) **Pegaeophyton scapiflorum** subsp. **scapiflorum**
分布：甘肃、青海、新疆、四川、云南、西藏；不丹、印度、克什米尔地区、缅甸、尼泊尔

粗壮单花荠 **Pegaeophyton scapiflorum** subsp. **robustum** (O. E. Schulz) Al-Shehbaz et al.
分布：四川、云南、西藏；不丹

藏芥属 **Phaeonychium** O. E. Schulz

白花藏芥 **Phaeonychium albiflorum** (T. Anderson) Jafri
分布：西藏；克什米尔地区

冯氏藏芥 **Phaeonychium fengii** Al-Shehbaz
分布：云南

杰氏藏芥 **Phaeonychium jafrii** Al-Shehbaz
分布：西藏；不丹、尼泊尔

喀什藏芥 **Phaeonychium kashgaricum** (Botsch.) Al-Shehbaz
分布：新疆

藏芥 **Phaeonychium parryoides** (Kurz. ex Hook. f. et T. Anderson) O. E. Schulz
分布：西藏；克什米尔地区

柔毛藏芥 **Phaeonychium villosum** (Maxim.) Al-Shehbaz
分布：甘肃、青海、四川、西藏

宽框荠属 **Platycraspedum** O. E. Schulz

宽框荠 **Platycraspedum tibeticum** O. E. Schulz

分布：四川、西藏

吴氏宽框荠 **Platycraspedum wuchengyii** Al-Shehbaz, T. Y. Cheo, L. L. Lu et G. Yang

分布：四川、西藏

假鼠耳芥属 **Pseudoarabidopsis** Al-Shehbaz, O'Kane et R. A. Price

假鼠耳芥 **Pseudoarabidopsis toxophylla** (Bieb.) Al-Shehbaz, O'Kane et R. A. Price

分布：新疆、西藏；阿富汗、哈萨克斯坦、俄罗斯

假香芥属 **Pseudoclausia** Popov

突厥假香芥 **Pseudoclausia turkestanica** (Lipsky) A. N. Vassiljeva

分布：新疆；阿富汗、哈萨克斯坦、吉尔吉斯斯坦、塔吉克斯坦、土库曼斯坦、乌兹别克斯坦；亚洲(西南部)

沙芥属 **Pugionium** Gaertn.

沙芥 **Pugionium cornutum** (L.) Gaertn.

分布：内蒙古、陕西、宁夏

斧翅沙芥 **Pugionium dolabratum** Maxim.

分布：内蒙古、陕西、宁夏、甘肃；蒙古国

假簇芥属 **Pycnoplinthopsis** Jafri

假簇芥 **Pycnoplinthopsis bhutanica** Jafri

分布：西藏；不丹、印度、尼泊尔

簇芥属 **Pycnoplinthus** O. E. Schulz

簇芥 **Pycnoplinthus uniflora** (Hook. f. et Thomson) O. E. Schulz

分布：甘肃、青海、西藏；克什米尔地区

萝卜属 **Raphanus** L.

野萝卜 **Raphanus raphanistrum** L.

分布：青海、四川、台湾；原产于西南亚、欧洲和地中海地区

萝卜 **Raphanus sativus** L.

分布：中国广泛栽培；原产于地中海地区

蔊菜属 **Rorippa** Scop.

山芥叶蔊菜 **Rorippa barbareifolia** (DC.) Kitag.

分布：黑龙江、吉林、内蒙古；蒙古国、俄罗斯；北美洲

孟加拉蔊菜 **Rorippa benghalensis** (DC.) H. Hara

分布：云南；孟加拉国、不丹、柬埔寨、印度、老挝、马来西亚、缅甸、尼泊尔、泰国、越南

广州蔊菜 **Rorippa cantoniensis** (Lour.) Ohwi

分布：辽宁、河北、山东、河南、陕西、安徽、江苏、浙江、江西、湖南、湖北、四川、贵州、云南、福建、台湾、广东、广西；日本、朝鲜、俄罗斯、越南

无瓣蔊菜 **Rorippa dubia** (Pers.) H. Hara

分布：安徽、福建、甘肃、广东、广西、贵州、海南、河北、河南、湖北、湖南、江苏、江西、辽宁、陕西、山东、四川、台湾、西藏、云南、浙江；孟加拉国、印度、印度尼西亚、日本、老挝、马来西亚、缅甸、尼泊尔、菲律宾、泰国、越南，归化于南美洲和北美洲

高蔊菜 **Rorippa elata** (Hook. f. et Thomson) Hand.-Mazz.

分布：陕西、青海、四川、云南、西藏；不丹、印度

风花菜 **Rorippa globosa** (Turcz. ex Fisch. et C. A. Mey.) Hayek

分布：黑龙江、吉林、辽宁、内蒙古、河北、山西、山东、宁夏、安徽、江苏、浙江、江西、湖南、湖北、四川、云南、西藏、福建、台湾、广东、广西；日本、朝鲜、蒙古国、俄罗斯、越南

蔊菜 **Rorippa indica** (L.) Hiern

分布：甘肃、安徽、贵州、福建、广东、广西、海南；孟加拉国、印度、印度尼西亚、日本、朝鲜、老挝、马来西亚、缅甸、尼泊尔、巴基斯坦、菲律宾、泰国、越南

沼生蔊菜 **Rorippa palustris** (L.) Bess.

分布：黑龙江、吉林、辽宁、内蒙古、河北、山西、山东、河南、陕西、宁夏、甘肃、青海、新疆、安徽、江苏、湖南、湖北、四川、贵州、云南、西藏、台湾、广西；阿富汗、不丹、印度、日本、哈萨克斯坦、朝鲜、蒙古国、尼泊尔、巴基斯坦、俄罗斯、塔吉克斯坦、土库曼斯坦、乌兹别克斯坦；欧洲、北美洲

欧亚蔊菜 **Rorippa sylvestris** (L.) Bess.

分布：辽宁、新疆；印度、日本、克什米尔地区、俄罗斯、塔吉克斯坦、乌兹别克斯坦；亚洲(西南部)、欧洲

香格里拉芥属 **Shangrilaia** Al-Shehbaz, J. P. Yue et H. Sun

香格里拉矮芥(新拟) **Shangrilaia nana** Al-Shehbaz, J. P. Yue et H. Sun

分布：云南

白芥属 **Sinapis** L.

白芥 **Sinapis alba** L.

分布：辽宁、河北、山西、山东、甘肃、青海、新疆、安徽、四川；印度、克什米尔地区、俄罗斯、塔吉克斯坦、土库曼斯坦；亚洲(西南部)、欧洲、非洲

新疆白芥 **Sinapis arvensis** L.

分布：新疆；阿富汗、哈萨克斯坦、吉尔吉斯斯坦、蒙古国、巴基斯坦、俄罗斯、塔吉克斯坦、土库曼斯坦、乌兹别克斯坦；亚洲(西南部)、欧洲、非洲

华羽芥属 **Sinosophiopsis** Al-Shehbaz

华羽芥 **Sinosophiopsis bartholomewii** Al-Shehbaz

分布：青海、西藏

叉华羽芥 **Sinosophiopsis furcata** Al-Shehbaz

分布：四川

黑水华羽芥 **Sinosophiopsis heishuiensis** (W. T. Wang) Al-Shehbaz

分布：四川

假蒜芥属 **Sisymbriopsis** Botsch. et Tzvelev

绒毛假蒜芥 **Sisymbriopsis mollipila** (Maxim.) Botsch.

分布：甘肃、青海、新疆、西藏；吉尔吉斯斯坦、塔吉克斯坦

帕米尔假蒜芥 **Sisymbriopsis pamirica** (Y. C. Lan et Z. X. An) Al-Shehbaz, Z. X. An et G. Yang

分布：新疆

双湖假蒜芥 **Sisymbriopsis shuanghuica** (K. C. Kuan et Z. X. An) Al-Shehbaz, Z. X. An et G. Yang

分布：西藏

叶城假蒜芥 **Sisymbriopsis yechengnica** (Z. X. An) Al-Shehbaz, Z. X. An et G. Yang

分布：新疆

大蒜芥属 **Sisymbrium** L.

大蒜芥 **Sisymbrium altissimum** L.

分布：辽宁、新疆、西藏；阿富汗、印度、日本、克什米尔地区、哈萨克斯坦、吉尔吉斯斯坦、巴基斯坦、俄罗斯、土库曼斯坦、乌兹别克斯坦；亚洲(西南部)、欧洲

无毛大蒜芥 **Sisymbrium brassiciforme** C. A. Mey.

分布：新疆、西藏；阿富汗、印度、克什米尔地区、哈萨克斯坦、吉尔吉斯斯坦、蒙古国、尼泊尔、巴基斯坦、俄罗斯、塔吉克斯坦、土库曼斯坦、乌兹别克斯坦

垂果大蒜芥 **Sisymbrium heteromallum** C. A. Mey.

分布：吉林、内蒙古、河北、山西、陕西、宁夏、甘肃、青海、新疆、江苏、四川、云南、西藏；印度、哈萨克斯坦、朝鲜、蒙古国、巴基斯坦、俄罗斯

水蒜芥 **Sisymbrium irio** L.

分布：内蒙古、新疆、台湾；阿富汗、印度、克什米尔地区、尼泊尔、巴基斯坦、塔吉克斯坦、土库曼斯坦、乌兹别克斯坦；亚洲(西南部)、欧洲

新疆大蒜芥 **Sisymbrium loeselii** L.

分布：甘肃、新疆；阿富汗、印度、克什米尔地区、哈萨克斯坦、吉尔吉斯斯坦、蒙古国、巴基斯坦、俄罗斯、塔吉克斯坦、土库曼斯坦、乌兹别克斯坦；亚洲(西南部)、欧洲

全叶大蒜芥 **Sisymbrium luteum** (Maxim.) O. E. Schulz

分布：黑龙江、吉林、辽宁、河北、山西、山东、陕西、甘肃、青海；日本、朝鲜、俄罗斯

全叶大蒜芥(原变种) **Sisymbrium luteum** var. **luteum**

分布：黑龙江、吉林、辽宁、河北、山西、山东、陕西、甘肃、青海；日本、朝鲜、俄罗斯

光叶大蒜芥(新拟) **Sisymbrium luteum** var. **glabrum** F. Z. Li et Z. Y. Sun

分布：山东

钻果大蒜芥 **Sisymbrium officinale** (L.) Scop.

分布：黑龙江、吉林、辽宁、内蒙古、西藏；日本、克什米尔地区、哈萨克斯坦、巴基斯坦、俄罗斯；亚洲(西南部)、欧洲、非洲

东方大蒜芥 **Sisymbrium orientale** L.

分布：山西、福建；印度、日本、克什米尔地区、巴基斯坦、俄罗斯；亚洲(西南部)、欧洲

多型大蒜芥 **Sisymbrium polymorphum** (Murray) Roth

分布：黑龙江、内蒙古、甘肃、青海、新疆；哈萨克斯坦、吉尔吉斯斯坦、蒙古国、俄罗斯、塔吉克斯坦

云南大蒜芥 **Sisymbrium yunnanense** W. W. Sm.

分布：四川、云南

芹叶荠属 **Smelowskia** C. A. Mey.

灰白芹叶荠 **Smelowskia alba** (Pallas) Regel

分布：黑龙江；蒙古国、俄罗斯

高山芹叶荠 **Smelowskia bifurcata** (Ledeb.) Botsch.

分布：新疆

芹叶荠 **Smelowskia calycina** (Stephan) C. A. Mey.

分布：新疆；阿富汗、印度、克什米尔地区、哈萨克斯坦、

吉尔吉斯斯坦、蒙古国、巴基斯坦、俄罗斯、塔吉克斯坦；北美洲

西藏芹叶荠(新拟) **Smelowskia tibetica** (Thomson) Lipsky

分布：甘肃、青海、新疆、四川、西藏；不丹、印度、尼泊尔、塔吉克斯坦

丛菔属 **Solms-laubachia** Muschl.

狭叶丛菔(新拟) **Solms-laubachia angustifolia** J. P. Yue, AlShehbaz et H. Sun

分布：四川

石生丛菔(新拟) **Solms-laubachia calcicola** J. P. Yue, Al-Shehbaz et H. Sun

分布：西藏

宽果丛菔 **Solms-laubachia eurycarpa** (Maxim.) Botsch.

分布：甘肃、青海、四川、云南、西藏

合萼丛菔 **Solms-laubachia gamosepala** Al-Shehbaz et G. Yang

分布：云南

大叶丛菔(新拟) **Solms-laubachia grandiflora** J. P. Yue, Al-Shehbaz et H. Sun

分布：四川

绵毛丛菔 **Solms-laubachia lanata** Botsch.

分布：西藏

线叶丛菔 **Solms-laubachia linearifolia** (W. W. Sm.) O. E. Schulz

分布：四川、云南、西藏

细叶丛菔 **Solms-laubachia minor** Hand.-Mazz.

分布：四川、云南

总状丛菔 **Solms-laubachia platycarpa** (Hook. f. et Thomson) Botsch.

分布：西藏；不丹、印度

丛菔 **Solms-laubachia pulcherrima** Muschl.

分布：四川、云南、西藏

倒毛丛菔 **Solms-laubachia retropilosa** Botsch.

分布：四川、云南、西藏

孙氏丛菔(新拟) **Solms-laubachia sunhangiana** J. P. Yue et Al-Shehbaz

分布：四川

旱生丛菔 **Solms-laubachia xerophyta** (W. W. Sm.) Comber

分布：四川、云南

香格里拉丛菔(新拟) **Solms-laubachia zhongdianensis** J. P. Yue

分布：云南

羽裂叶荠属 **Sophiopsis** O. E. Schulz

中亚羽裂叶荠 **Sophiopsis annua** (Rupr.) O. E. Schulz

分布：新疆、西藏；哈萨克斯坦、吉尔吉斯斯坦、塔吉克斯坦、乌兹别克斯坦

羽裂叶荠 **Sophiopsis sisymbrioides** (Regel et Herder) O. E. Schulz

分布：新疆；哈萨克斯坦、塔吉克斯坦、乌兹别克斯坦

螺喙荠属 **Spirorhynchus** Kar. et Kir.

螺果芥 **Spirorhynchus sabulosus** Kar. et Kir.

分布：新疆；阿富汗、哈萨克斯坦、吉尔吉斯斯坦、巴基斯坦、塔吉克斯坦、土库曼斯坦、乌兹别克斯坦；亚洲(西南部)

棒果芥属 **Sterigmostemum** M. Bieb.

棒果芥 **Sterigmostemum caspicum** (Lam.) Rupr.

分布：新疆；哈萨克斯坦、俄罗斯

曙南芥属 **Stevenia** Adams ex Fisch.

曙南芥 **Stevenia cheiranthoides** DC.

分布：内蒙古；蒙古国、俄罗斯

革叶荠属 **Stroganowia** Kar. et Kir.

革叶荠 **Stroganowia brachyota** Kar. et Kir.

分布：新疆；哈萨克斯坦

连蕊芥属 **Synstemon** Botsch.

陆氏连蕊芥 **Synstemon lulianlianus** Al-Shehbaz, T. Y. Cheo et G. Yang

分布：甘肃

连蕊芥 **Synstemon petrovii** Botsch.

分布：内蒙古、甘肃

沟子荠属 **Taphrospermum** C. A. Mey.

沟子荠 **Taphrospermum altaicum** C. A. Mey.

分布：甘肃、青海、新疆、西藏；哈萨克斯坦、吉尔吉斯斯坦、蒙古国、俄罗斯、塔吉克斯坦

泉沟子荠 **Taphrospermum fontanum** (Maxim.) Al-Shehbaz et G. Yang

分布：甘肃、青海、新疆、四川、西藏

泉沟子荠(原亚种)) **Taphrospermum fontanum** subsp. **fontanum**

分布：甘肃、青海、四川、西藏

小籽泉沟子荠 **Taphrospermum fontanum** subsp. **microspermum** Al-Shehbaz et G. Yang

分布：青海、新疆、西藏

须弥沟子荠 **Taphrospermum himalaicum** (Hook. f. et Thomson) Al-Shehbaz et O'Kane et R. A. Price

分布：青海、西藏；不丹、印度、尼泊尔

郎氏沟子荠 **Taphrospermum lowndesii** (H. Hara) Al-Shehbaz

分布：西藏；尼泊尔

西藏沟子荠 **Taphrospermum tibeticum** (O. E. Schulz) Al-Shehbaz

分布：西藏

轮叶沟子荠 **Taphrospermum verticillatum** (Jeffrey et W. W. Sm.) Al-Shehbaz

分布：云南、西藏

舟果荠属 **Tauscheria** Fisch. ex DC.

舟果荠 **Tauscheria lasiocarpa** Fisch. ex DC.

分布：内蒙古、新疆、西藏；阿富汗、克什米尔地区、哈萨克斯坦、吉尔吉斯斯坦、蒙古国、巴基斯坦、俄罗斯、塔吉克斯坦、土库曼斯坦、乌兹别克斯坦；亚洲(西南部)

四齿芥属 **Tetracme** Bunge

四齿芥 **Tetracme quadricornis** (Stephan) Bunge

分布：新疆；阿富汗、哈萨克斯坦、吉尔吉斯斯坦、蒙古国、塔吉克斯坦、土库曼斯坦、乌兹别克斯坦

弯角四齿芥 **Tetracme recurvata** Bunge

分布：新疆；哈萨克斯坦、吉尔吉斯斯坦、塔吉克斯坦、土库曼斯坦、乌兹别克斯坦；亚洲(西南部)

盐芥属 **Thellungiella** O. E. Schulz

小盐芥 **Thellungiella halophila** (C. A. Mey.) O. E. Schulz

分布：新疆；哈萨克斯坦、俄罗斯

条叶盐芥 **Thellungiella parvula** (Schrenk) Al-Shehbaz et O'Kane

分布：新疆；哈萨克斯坦、俄罗斯、土库曼斯坦、乌兹别克斯坦；亚洲(西南部)

盐芥 **Thellungiella salsuginea** (Pall.) O. E. Schulz

分布：吉林、内蒙古、河北、山东、河南、新疆、江苏；哈萨克斯坦、吉尔吉斯斯坦、蒙古国、俄罗斯、土库曼斯坦、乌兹别克斯坦；北美洲

遏蓝菜属 **Thlaspi** L.

西藏菥蓂 **Thlaspi andersonii** (Hook. f. et Thomson) O. E. Schulz

分布：西藏；不丹、克什米尔地区、尼泊尔、巴基斯坦、印度

菥蓂 **Thlaspi arvense** L.

分布：除海南、台湾外的各省（自治区、直辖市）；阿富汗、不丹、印度、日本、克什米尔地区、哈萨克斯坦、朝鲜、吉尔吉斯斯坦、蒙古国、尼泊尔、巴基斯坦、俄罗斯、塔吉克斯坦、土库曼斯坦、乌兹别克斯坦；亚洲、非洲

山菥蓂 **Thlaspi cochleariforme** DC.

分布：黑龙江、吉林、辽宁、内蒙古、河北、甘肃、新疆、西藏；克什米尔地区、哈萨克斯坦、蒙古国、巴基斯坦、俄罗斯、塔吉克斯坦

四川菥蓂 **Thlaspi flagelliferum** O. E. Schulz

分布：四川

全叶菥蓂 **Thlaspi perfoliatum** L.

分布：新疆；阿富汗、哈萨克斯坦、巴基斯坦、俄罗斯、塔吉克斯坦、土库曼斯坦、乌兹别克斯坦；亚洲(西南部)、欧洲、非洲

云南菥蓂 **Thlaspi yunnanense** Franch.

分布：四川、云南、西藏

旗杆芥属 **Turritis** L.

旗杆芥 **Turritis glabra** L.

分布：江苏、辽宁、山东、新疆、浙江；阿富汗、印度、日本、克什米尔地区、哈萨克斯坦、韩国、吉尔吉斯斯坦、蒙古国、尼泊尔、巴基斯坦、俄罗斯、塔吉克斯坦、土库曼斯坦、乌兹别克斯坦；亚洲(西南部)、欧洲、非洲(北部)、北美洲，归化于澳大利亚

阴山荠属 **Yinshania** Ma et Y. Z. Zhao

锐棱阴山荠 **Yinshania acutangula** (O. E. Schulz) Y. H. Zhang

分布：内蒙古、河北、陕西、甘肃、青海、四川

锐棱阴山荠(原亚种) **Yinshania acutangula** subsp. **acutangula**

分布：内蒙古、河北、陕西、甘肃、青海、四川

小果阴山荠 **Yinshania acutangula** subsp. **microcarpa** (K. C. Kuan) Al-Shehbaz

分布：甘肃、四川

威氏阴山荠 **Yinshania acutangula** subsp. **wilsonii** (O. E. Schulz) Al-Shehbaz et al.

分布：甘肃、四川

紫堇叶阴山荠 **Yinshania fumarioides** (Dunn) Y. Z. Zhao

分布：安徽、浙江、福建

叉毛阴山荠 **Yinshania furcatopilosa** (K. C. Kuan) Y. H. Zhang

分布：湖北

柔毛阴山荠 **Yinshania henryi** (Oliv.) Y. H. Zhang

分布：湖北、四川、贵州、云南

武功山阴山荠 **Yinshania hui** (O. E. Schulz) Y. Z. Zhao

分布：江西

湖南阴山荠 **Yinshania hunanensis** (Y. H. Zhang) Al-Shehbaz, G. Yang, L. L. Lu et T. Y. Cheo

分布：河南、江西、广西

利川阴山荠 **Yinshania lichuanensis** (Y. H. Zhang) Al-Shehbaz, G. Yang, L. L. Lu et T. Y. Cheo

分布：安徽、浙江、江西、福建、广东

卵叶阴山荠 **Yinshania paradoxa** (Hance) Y. Z. Zhao

分布：湖北、四川、广东、广西；越南

河岸阴山荠 **Yinshania rivulorum** (Dunn) Al-Shehbaz, G. Yang, L. L. Lu et T. Y. Cheo

分布：河南、福建、台湾

石生阴山荠 **Yinshania rupicola** (D. C. Zhang et J. Z. Shao) Al-Shehbaz et G. Yang, L. L. Lu et T. Y. Cheo

分布：河南、安徽、江西、四川、福建、广西

石生阴山荠(原亚种) **Yinshania rupicola** subsp. **rupicola**

分布：安徽

双牌阴山荠 **Yinshania rupicola** subsp. **shuangpaiensis** (Z. Y. Li) Al-Shehbaz et al.

分布：河南、江西、四川、福建、广西

弯缺阴山荠 **Yinshania sinuata** (K. C. Kuan) Al-Shehbaz, G. Yang, L. L. Lu et T. Y. Cheo

分布：河南、安徽、江西、广东

弯缺阴山荠(原亚种) **Yinshania sinuata** subsp. **sinuata**

分布：安徽、江西、湖南、广东

寻邬阴山荠 **Yinshania sinuata** subsp. **qianwuensis** (Y. H. Zhang) Al-Shehbaz

分布：江西

黟县阴山荠 **Yinshania yixianensis** (Y. H. Zhang) Al-Shehbaz, G. Yang, L. L. Lu et T. Y. Cheo

分布：安徽

察隅阴山荠 **Yinshania zayuensis** Y. H. Zhang

分布：湖北、四川、云南、西藏

察隅阴山荠(原变种) **Yinshania zayuensis** var. **zayuensis**

分布：湖北、四川、云南、西藏

戈壁阴山荠 **Yinshania zayuensis** var. **gobica** (Z. X. An) Y. H. Zhang

分布：湖北、云南、西藏

236. 凤梨科 Bromeliaceae Juss.

凤梨属 **Ananas** Gaertn.

凤梨 **Ananas comosus** (L.) Merr.

分布：云南、福建、台湾、广东、广西、海南栽培；原产于南美洲

水塔花属 **Billbergia** Thunb.

垂花水塔花 **Billbergia nutans** H. Wendl. ex Regel

分布：各省（自治区、直辖市）植物园温室有栽培；原产于巴西

水塔花 **Billbergia pyramidalis** (Sims) Lindl.

分布：各省（自治区、直辖市）植物园温室有栽培；原产于巴西

237. 水玉簪科 Burmanniaceae Blume

水玉簪属 **Burmannia** L.

头花水玉簪 **Burmannia championii** Thwaites

分布：湖南、福建、台湾、广东、广西；印度、印度尼西亚、日本、马来西亚、巴布亚新几内亚、斯里兰卡、泰国、太平洋岛屿

香港水玉簪 **Burmannia chinensis** Gand.

分布：浙江、江西、湖南、云南、福建、广东、广西、海南；印度、老挝、泰国、越南

三品一枝花 **Burmannia coelestis** D. Don

分布：广东、广西、海南；孟加拉国、柬埔寨、印度、印度尼西亚、老挝、马来西亚、缅甸、尼泊尔、巴布亚新几内亚、泰国、越南、澳大利亚

透明水玉簪 **Burmannia cryptopetala** Makino

分布：浙江、广东、海南；日本

水玉簪 Burmannia disticha L.

分布：湖南、贵州、云南、福建、广东、广西、海南；柬埔寨、印度、印度尼西亚、老挝、马来西亚、缅甸、尼泊尔、巴布亚新几内亚、斯里兰卡、泰国、越南、澳大利亚

粤东水玉簪 Burmannia filamentosa D. X. Zhang et R. M. K. Saunders

分布：广东

纤草 Burmannia itoana Makino

分布：云南、台湾、广东、广西、海南；日本

宽翅水玉簪 Burmannia nepalensis (Miers) Hook. f.

分布：湖南、云南、福建、台湾、广东、广西；印度、印度尼西亚、日本、尼泊尔、菲律宾、泰国

裂萼水玉簪 Burmannia oblonga Ridl.

分布：海南；柬埔寨、印度尼西亚、马来西亚、泰国、越南

亭立 Burmannia wallichii (Miers) Hook. f.

分布：云南、广东、海南；缅甸、泰国、越南

腐草属 Gymnosiphon Blume

腐草 Gymnosiphon aphyllus Blume

分布：台湾；印度尼西亚、马来西亚、巴布亚新几内亚、泰国

水玉杯属 Thismia Griff.

贡山水玉杯(新拟) Thismia gongshanensis Hong Qing Li et Y. K. Bi

分布：云南

黄金水玉杯 Thismia huangii P. Y. Jiang et T. H. Hsieh

分布：台湾

台湾水玉杯 Thismia taiwanensis Sheng Z. Yang, R. M. K. Saunders et C. J. Hsu

分布：台湾

三丝水玉杯 Thismia tentaculata K. Larsen et Aver.

分布：香港；越南

238. 橄榄科 Burseraceae Kunth

橄榄属 Canarium L.

橄榄 Canarium album Reausch.

分布：四川、贵州、云南、福建、台湾、广东、广西、海南；越南

方榄 Canarium bengalense Roxb.

分布：云南、广西；印度、老挝、缅甸、泰国

小叶榄 Canarium parvum Leenh.

分布：云南；越南

乌榄 Canarium pimela K. D. Koenig

分布：云南、广东、广西、海南；柬埔寨、老挝、越南

滇榄 Canarium strictum Roxb.

分布：云南；印度、缅甸

毛叶榄 Canarium subulatum Guillaumin

分布：云南；泰国、柬埔寨、老挝、越南

越榄 Canarium tonkinense Engl.

分布：云南；越南

嘉榄属 Garuga Roxb.

南洋白头树 Garuga floribunda Decne.

分布：云南、广东、广西、海南；孟加拉国、不丹、印度、马来西亚、菲律宾、印度尼西亚，大洋洲至西太平洋群岛

南洋白头树(原变种) Garuga floribunda var. **floribunda**

分布：中国不产；马来西亚、菲律宾、印度尼西亚，太平洲至西太平洋群岛

多花白头树 Garuga floribunda var. **gamblei** (King ex Smith) Kalkman

分布：云南、广东、广西、海南；孟加拉国、不丹、印度

白头树 Garuga forrestii W. W. Sm.

分布：四川、云南

光叶白头树 Garuga pierrei Guillaumin

分布：云南；柬埔寨、泰国、越南

羽叶白头树 Garuga pinnata Roxb.

分布：四川、云南、广西；孟加拉国、柬埔寨、印度、老挝、缅甸、泰国、越南

马蹄果属 Protium Burm. f.

马蹄果 Protium serratum (Wall. ex Colebr.) Engl.

分布：云南；不丹、柬埔寨、印度、老挝、缅甸、泰国、越南

滇马蹄果 Protium yunnanense (Hu) Kalkman

分布：云南

239. 花蔺科 Butomaceae Mirb.

花蔺属 Butomus L.

花蔺 Butomus umbellatus L.

分布：黑龙江、内蒙古、河北、山西、山东、河南、陕西、

新疆、安徽、江苏、湖北；阿富汗、印度、克什米尔地区、哈萨克斯坦、吉尔吉斯斯坦、蒙古国、巴基斯坦、俄罗斯、塔吉克斯坦、乌兹别克斯坦；西南亚、欧洲，引进至北美洲

240. 黄杨科 Buxaceae Dumort.

黄杨属 Buxus L.

滇南黄杨 **Buxus austroyunnanensis** Hatus.
分布：云南

雀舌黄杨 **Buxus bodinieri** H. Lév.
分布：河南、陕西、甘肃、浙江、江西、湖北、四川、贵州、云南、广东、广西

头花黄杨 **Buxus cephalantha** H. Lév. et Vaniot
分布：贵州、广东、广西

头花黄杨(原变种) **Buxus cephalantha** var. **cephalantha**
分布：贵州、广西

汕头黄杨 **Buxus cephalantha** var. **shantouensis** M. Cheng
分布：广东

海南黄杨 **Buxus hainanensis** Merr.
分布：海南

匙叶黄杨 **Buxus harlandii** Hance
分布：广东、海南

毛果黄杨 **Buxus hebecarpa** Hatus.
分布：四川

河南黄杨 **Buxus henanensis** T. B. Zhao, Z. X. Chen et G. H. Tian
分布：河南

大花黄杨 **Buxus henryi** Mayr
分布：湖北、四川、贵州

宜昌黄杨 **Buxus ichangensis** Hatus.
分布：湖北

阔柱黄杨 **Buxus latistyla** Gagnep.
分布：云南、广西；越南、老挝

线叶黄杨 **Buxus linearifolia** M. Cheng
分布：广西

大叶黄杨 **Buxus megistophylla** H. Lév.
分布：江西、湖南、贵州、广东、广西

软毛黄杨 **Buxus mollicula** W. W. Sm.
分布：四川、云南

软毛黄杨(原变种) **Buxus mollicula** var. **mollicula**
分布：云南

变光软毛黄杨 **Buxus mollicula** var. **glabra** Hand.-Mazz.
分布：四川、云南

杨梅黄杨 **Buxus myrica** H. Lév.
分布：湖南、四川、贵州、云南、广西、海南；越南

杨梅黄杨(原变种) **Buxus myrica** var. **myrica**
分布：湖南、四川、贵州、云南、广西、海南；越南

狭叶杨梅黄杨 **Buxus myrica** var. **angustifolia** Gagnep.
分布：贵州、广西；越南

毛枝黄杨 **Buxus pubiramea** Merr. et Chun
分布：海南

皱叶黄杨 **Buxus rugulosa** Hatus.
分布：四川、云南、西藏

皱叶黄杨(原变种) **Buxus rugulosa** var. **rugulosa**
分布：四川、云南

平卧皱叶黄杨 **Buxus rugulosa** var. **prostrata** (W. W. Sm.) M. Cheng
分布：四川、云南、西藏

岩生黄杨 **Buxus rugulosa** var. **rupicola** (W. W. Sm.) P. Brückner et T. L. Ming
分布：四川、云南、西藏

黄杨 **Buxus sinica** (Rehder et E. H. Wilson) M. Cheng
分布：山东、陕西、甘肃、安徽、江苏、浙江、江西、湖南、湖北、四川、重庆、贵州、福建、台湾、广东、广西

黄杨(原变种) **Buxus sinica** var. **sinica**
分布：山东、陕西、甘肃、安徽、江苏、浙江、江西、湖北、四川、贵州、广东、广西

尖叶黄杨 **Buxus sinica** var. **aemulans** (Rehder et E. H. Wilson) P. Brückner et T. L. Ming
分布：安徽、浙江、江西、湖南、湖北、四川、重庆、福建、广东、广西

雌花黄杨 **Buxus sinica** var. **femineiflora** T. B. Zhao et Z. Y. Chen
分布：河南

中间黄杨 **Buxus sinica** var. **intermedia** (Kaneh.) M. Cheng
分布：台湾

小叶黄杨 **Buxus sinica** var. **parvifolia** M. Cheng
分布：安徽、浙江、江西、湖北、重庆

矮生黄杨 **Buxus sinica** var. **pumila** M. Cheng
分布：湖北

越桔叶黄杨 **Buxus sinica** var. **vacciniifolia** M. Cheng
分布：江西、湖南、重庆、广东

狭叶黄杨 **Buxus stenophylla** Hance
分布：贵州、福建、广东

板凳果属 **Pachysandra** Michx.

板凳果 **Pachysandra axillaris** Franch.
分布：陕西、江西、四川、云南、福建、台湾、广东

板凳果(原变种) **Pachysandra axillaris** var. **axillaris**
分布：四川、云南、台湾

多毛板凳果 **Pachysandra axillaris** var. **stylosa** (Dunn) M. Cheng
分布：陕西、江西、云南、福建、广东

顶花板凳果 **Pachysandra terminalis** Sieb. et Zucc.
分布：陕西、甘肃、浙江、湖北、四川；日本

清香桂属 **Sarcococca** Lindl.

聚花野扇花 **Sarcococca confertiflora** Sealy
分布：云南

羽脉野扇花 **Sarcococca hookeriana** Baill.
分布：陕西、湖北、四川、重庆、云南、西藏；不丹、尼泊尔、阿富汗、印度

羽脉野扇花(原变种) **Sarcococca hookeriana** var. **hookeriana**
分布：西藏；阿富汗、不丹、印度、尼泊尔

双蕊野扇花 **Sarcococca hookeriana** var. **digyna** Franch.
分布：陕西、湖北、四川、重庆、云南

长叶野扇花 **Sarcococca longifolia** M. Cheng et K. F. Wu
分布：广西

长叶柄野扇花 **Sarcococca longipetiolata** M. Cheng
分布：湖南、广东

东方野扇花 **Sarcococca orientalis** C. Y. Wu ex M. Cheng
分布：浙江、江西、福建、广东

野扇花 **Sarcococca ruscifolia** Stapf
分布：山西、甘肃、湖南、湖北、四川、贵州、云南、广西

柳叶野扇花 **Sarcococca saligna** (D. Don) Müll.
分布：西藏、台湾；尼泊尔、印度、阿富汗、巴基斯坦

海南野扇花 **Sarcococca vagans** Stapf
分布：云南、海南；缅甸、越南

云南野扇花 **Sarcococca wallichii** Stapf
分布：云南、西藏；不丹、印度、尼泊尔、缅甸

241. 莼菜科 Cabombaceae Rich. ex A. Rich.

莼属 **Brasenia** Schreb.

莼菜 **Brasenia schreberi** J. F. Gmel.
分布：安徽、江苏、浙江、江西、湖南、四川、云南、台湾；印度、日本、朝鲜、俄罗斯、澳大利亚；非洲、北美洲、南美洲

水盾草属 **Cabomba** Aubl.

竹节水松 **Cabomba caroliniana** A. Gray
分布：安徽、江苏、上海、浙江、江西、湖南、湖北、福建、广东、广西；原产于北美洲和南美洲

242. 仙人掌科 Cactaceae Juss.

昙花属 **Epiphyllum** Haw.

昙花 **Epiphyllum oxypetalum** (DC.) Haw.
分布：云南有逸生；原产于墨西哥和危地马拉

量天尺属 **Hylocereus** (A. Berger) Britt. et Rose

量天尺 **Hylocereus undatus** (Haw.) Britton et Rose
分布：台湾、广东、海南、广西逸生；原产于墨西哥和中美洲

仙人掌属 **Opuntia** (L.) Mill.

胭脂掌 **Opuntia cochenillifera** (L.) Mill.
分布：广西、海南、广东；原产于墨西哥

仙人掌 **Opuntia dillenii** (Ker Gawl.) Haw.
分布：广东、广西、海南；原产于加勒比地区

梨果仙人掌 **Opuntia ficus-indica** (L.) Mill.
分布：浙江、四川、贵州、云南、西藏、福建、台湾、广东、广西；原产于墨西哥，世界温暖地区广泛栽培

单刺仙人掌 **Opuntia monacantha** (Willd.) Haw.
分布：云南、福建、台湾、广东、广西；原产于阿根廷、巴西、巴拉圭和乌拉圭

木麒麟属 **Pereskia** Mill.

木麒麟 **Pereskia aculeata** Mill.
分布：福建有逸生；原产于热带美洲和西印度群岛

243. 红厚壳科 Calophyllaceae J. Agardh

红厚壳属 **Calophyllum** L.

兰屿红厚壳 **Calophyllum blancoi** Planch. et Triana
分布：台湾；印度尼西亚、菲律宾、马来西亚

红厚壳 **Calophyllum inophyllum** L.
分布：台湾、海南；柬埔寨、印度、印度尼西亚、马来西亚、菲律宾、斯里兰卡、越南、太平洋岛屿、泰国、越南、日本、印度岛屿、澳大利亚；非洲

薄叶红厚壳 **Calophyllum membranaceum** Gardner et Champ.
分布：广东、广西、海南；越南

滇南红厚壳 **Calophyllum polyanthum** Wall. ex Choisy
分布：云南；孟加拉国、不丹、印度、老挝、缅甸、泰国、越南

格脉树属 **Mammea** L.

格脉树 **Mammea yunnanensis** (H. L. Li) Kosterm.
分布：云南

铁力木属 **Mesua** L.

铁力木 **Mesua ferrea** L.
分布：云南、广东、广西；孟加拉国、印度、印度尼西亚、斯里兰卡、马来西亚、泰国

244. 蜡梅科 Calycanthaceae Lindl.

夏蜡梅属 **Calycanthus** L.

夏蜡梅 **Calycanthus chinensis** (W. C. Cheng et S. Y. Chang) P. T. Li
分布：浙江

美国蜡梅 **Calycanthus floridus** L.
分布：浙江、江西；北美洲

美国蜡梅(原变种) **Calycanthus floridus** var. **floridus**
分布：浙江、江西；北美洲

长叶美国蜡梅 **Calycanthus floridus** var. **oblongifolius** (Nuttall) D. E. Boufford et S. A. Spogbe
分布：浙江、江西；北美洲

蜡梅属 **Chimonanthus** Lindl.

西南蜡梅 **Chimonanthus campanulatus** R. H. Chang et C. S. Ding
分布：贵州、云南

突托蜡梅 **Chimonanthus grammatus** M. C. Liu
分布：江西

山蜡梅 **Chimonanthus nitens** Oliv.
分布：陕西、安徽、江苏、浙江、江西、湖南、湖北、贵州、云南、福建、广西

蜡梅 **Chimonanthus praecox** (L.) Link
分布：山东、河南、陕西、安徽、江苏、浙江、江西、湖南、湖北、四川、贵州、云南、福建

柳叶蜡梅 **Chimonanthus salicifolius** Hu
分布：安徽、浙江、江西

浙江蜡梅 **Chimonanthus zhejiangensis** M. C. Liu
分布：浙江

245. 桔梗科 Campanulaceae Juss.

沙参属 **Adenophora** Fisch.

阿穆尔沙参 **Adenophora amurica** C. X. Fu et M. Y. Liu
分布：黑龙江

短花盘沙参 **Adenophora brevidiscifera** D. Y. Hong
分布：四川

丝裂沙参 **Adenophora capillaris** Hemsl.
分布：内蒙古、河北、山西、山东、河南、陕西、湖北、四川、重庆、贵州、云南；缅甸

丝裂沙参(原亚种) **Adenophora capillaris** subsp. **capillaris**
分布：陕西、湖北、四川、重庆、贵州

细萼沙参 **Adenophora capillaris** subsp. **leptosepala** (Diels) D. Y. Hong
分布：四川、云南；缅甸

细叶沙参 **Adenophora capillaris** subsp. **paniculata** (Nannfeldt) D. Y. Hong et S. Ge
分布：内蒙古、河北、山西、河南、陕西

天蓝沙参 **Adenophora coelestis** Diels
分布：四川、云南

缢花沙参 **Adenophora contracta** (Kitag.) J. Z. Qiu et D. Y. Hong
分布：辽宁、内蒙古

心叶沙参 Adenophora cordifolia D. Y. Hong
分布：河南

展枝沙参 Adenophora divaricata Franch. et Sav.
分布：黑龙江、吉林、辽宁、山西、山东；日本、朝鲜、俄罗斯

狭长花沙参 Adenophora elata Nannf.
分布：内蒙古、河北、山西

狭叶沙参 Adenophora gmelinii (Biehler) Fisch.
分布：黑龙江、吉林、辽宁、内蒙古、河北、山西；朝鲜、蒙古国、俄罗斯

狭叶沙参(原亚种) Adenophora gmelinii subsp. **gmelinii**
分布：黑龙江、吉林、辽宁、内蒙古、河北

海林沙参 Adenophora gmelinii subsp. **hailinensis** J. Z. Qiu et D. Y. Hong
分布：黑龙江；俄罗斯

山西沙参 Adenophora gmelinii subsp. **nystroemii** J. Z. Qiu et D. Y. Hong
分布：内蒙古、河北、山西

喜马拉雅沙参 Adenophora himalayana Feer
分布：陕西、甘肃、青海、新疆、四川、西藏；印度、哈萨克斯坦、吉尔吉斯斯坦、尼泊尔、塔吉克斯坦

喜马拉雅沙参(原亚种) Adenophora himalayana subsp. **himalayana**
分布：甘肃、青海、新疆、四川、西藏；印度、哈萨克斯坦、吉尔吉斯斯坦、尼泊尔、塔吉克斯坦

高山沙参 Adenophora himalayana subsp. **alpina** (Nannf.) D. Y. Hong
分布：甘肃、四川

鄂西沙参 Adenophora hubeiensis D. Y. Hong
分布：湖北

甘孜沙参 Adenophora jasionifolia Franch.
分布：四川、云南、西藏

云南沙参 Adenophora khasiana (Hook. f. et Thomson) Collett et Hemsl.
分布：四川、云南、西藏；印度、缅甸

天山沙参 Adenophora lamarckii Fisch.
分布：新疆；哈萨克斯坦、朝鲜、蒙古国、俄罗斯

新疆沙参 Adenophora liliifolia (L.) A. DC.
分布：新疆；哈萨克斯坦、俄罗斯；欧洲

川藏沙参 Adenophora liliifolioides Pax et K. Hoffm.
分布：陕西、甘肃、四川、西藏

裂叶沙参 Adenophora lobophylla D. Y. Hong
分布：四川

湖北沙参 Adenophora longipedicellata D. Y. Hong
分布：湖北、四川、重庆、贵州

小花沙参 Adenophora micrantha D. Y. Hong
分布：内蒙古

台湾沙参 Adenophora morrisonensis Hayata
分布：台湾

台湾沙参(原亚种) Adenophora morrisonensis subsp. **morrisonensis**
分布：台湾

玉山沙参 Adenophora morrisonensis subsp. **uehatae** (Yamam.) Lam.
分布：台湾

宁夏沙参 Adenophora ningxianica D. Y. Hong ex S. Ge et D. Y. Hong
分布：内蒙古、宁夏、甘肃

沼沙参 Adenophora palustris Kom.
分布：吉林；朝鲜

长白沙参 Adenophora pereskiifolia (Fisch. ex Schult.) Fisch. ex G. Don
分布：黑龙江、吉林；日本、朝鲜、蒙古国、俄罗斯

秦岭沙参 Adenophora petiolata Pax et K. Hoffm.
分布：河北、山西、河南、陕西、甘肃、安徽、江苏、浙江、江西、湖南、湖北、四川、重庆、贵州、福建、广东、广西

秦岭沙参(原亚种) Adenophora petiolata subsp. **petiolata**
分布：山西、河南、陕西、甘肃

华东杏叶沙参 Adenophora petiolata subsp. **huadungensis** (D. Y. Hong) D. Y. Hong et S. Ge
分布：安徽、江苏、浙江、江西、福建

杏叶沙参 Adenophora petiolata subsp. **hunanensis** (Nannf.) D. Y. Hong et S. Ge
分布：河北、山西、河南、陕西、江西、湖南、湖北、四川、重庆、贵州、广东、广西

松叶沙参 Adenophora pinifolia Kitag.
分布：辽宁

石沙参 Adenophora polyantha Nakai
分布：辽宁、内蒙古、河北、山东、河南、陕西、宁夏、

甘肃、安徽、江苏；朝鲜

石沙参(原亚种) **Adenophora polyantha** subsp. **polyantha**

分布：辽宁；朝鲜

毛萼石沙参 **Adenophora polyantha** subsp. **scabricalyx** (Kitag.) J. Z. Qiu et D. Y. Hong

分布：辽宁、内蒙古、河北、山西、山东、河南、宁夏、甘肃、安徽、江苏

泡沙参 **Adenophora potaninii** Korsh.

分布：辽宁、内蒙古、河北、山西、河南、陕西、宁夏、甘肃、青海、四川

泡沙参(原亚种) **Adenophora potaninii** subsp. **potaninii**

分布：山西、陕西、宁夏、甘肃、青海、四川

多歧沙参 **Adenophora potaninii** subsp. **wawreana** (Zahlbr.) S. Ge et D. Y. Hong

分布：辽宁、内蒙古、河北、山西、河南

薄叶荠苨 **Adenophora remotiflora** (Sieb. et Zucc.) Miq.

分布：黑龙江、吉林、辽宁；日本、朝鲜、俄罗斯

多毛沙参 **Adenophora rupincola** Hemsl.

分布：湖南、湖北

中华沙参 **Adenophora sinensis** A. DC.

分布：安徽、江西、湖南、福建、广东

长柱沙参 **Adenophora stenanthina** (Ledeb.) Kitag.

分布：吉林、内蒙古、河北、山西、陕西、宁夏、甘肃；蒙古国、俄罗斯

长柱沙参(原亚种) **Adenophora stenanthina** subsp. **stenanthina**

分布：吉林、内蒙古、河北、山西、陕西、宁夏、甘肃；蒙古国、俄罗斯

林沙参 **Adenophora stenanthina** subsp. **sylvatica** D. Y. Hong

分布：甘肃、青海

扫帚沙参 **Adenophora stenophylla** Hemsl.

分布：黑龙江、吉林、内蒙古

沙参 **Adenophora stricta** Miq.

分布：河南、陕西、甘肃、安徽、江苏、浙江、江西、湖南、湖北、四川、重庆、贵州、云南、福建、广西；朝鲜、日本

沙参(原亚种) **Adenophora stricta** subsp. **stricta**

分布：河南、安徽、江苏、浙江、江西、湖南、福建；朝鲜、日本归化

川西沙参 **Adenophora stricta** subsp. **aurita** (Franch.) D. Y. Hong et S. Ge

分布：四川

昆明沙参 **Adenophora stricta** subsp. **confusa** (Nannf.) D. Y. Hong

分布：云南

无柄沙参 **Adenophora stricta** subsp. **sessilifolia** D. Y. Hong

分布：河南、陕西、甘肃、湖南、湖北、四川、贵州、云南、广西

轮叶沙参 **Adenophora tetraphylla** (Thunb.) Fisch.

分布：黑龙江、吉林、辽宁、内蒙古、河北、山西、山东、河南、安徽、江苏、浙江、江西、湖南、四川、贵州、云南、福建、台湾、广东、广西；日本、越南、朝鲜、俄罗斯、老挝

荠苨 **Adenophora trachelioides** Maxim.

分布：辽宁、内蒙古、河北、山东、安徽、江苏、浙江

荠苨(原亚种) **Adenophora trachelioides** subsp. **trachelioides**

分布：辽宁、内蒙古、河北、山东、安徽、江苏、浙江

苏南荠苨 **Adenophora trachelioides** subsp. **giangsuensis** D. Y. Hong

分布：江苏

锯齿沙参 **Adenophora tricuspidata** (Fisch. ex Roem. et Schult.) A. DC.

分布：黑龙江、内蒙古；俄罗斯

聚叶沙参 **Adenophora wilsonii** Nannfeldt

分布：湖北、四川、贵州

雾灵沙参 **Adenophora wulingshanica** D. Y. Hong

分布：北京

牧根草属 **Asyneuma** Griseb. et Schenk

球果牧根草 **Asyneuma chinense** D. Y. Hong

分布：湖北、四川、贵州、云南、广西

长果牧根草 **Asyneuma fulgens** (Wall.) Briq.

分布：西藏；不丹、缅甸、印度、尼泊尔、斯里兰卡

牧根草 **Asyneuma japonicum** (Miq.) Briq.

分布：黑龙江、吉林、辽宁；日本、朝鲜、俄罗斯

风铃草属 **Campanula** L.

钻裂风铃草 **Campanula aristata** Wall.

分布：陕西、甘肃、青海、四川、云南、西藏；印度、尼

泊尔、巴基斯坦

南疆风铃草 Campanula austroxinjiangensis Y. K. Yang
分布：新疆

灰岩风铃草 Campanula calcicola W. W. Sm.
分布：四川、云南

灰毛风铃草 Campanula cana Wall.
分布：四川、贵州、云南、西藏；不丹、印度、尼泊尔

长柱风铃草 Campanula chinensis D. Y. Hong
分布：云南、西藏

丝茎风铃草 Campanula chrysospleniifolia Franch.
分布：四川、云南

流石风铃草 Campanula crenulata Franch.
分布：四川、云南

丽江风铃草 Campanula delavayi Franch.
分布：云南

一年风铃草 Campanula dimorphantha Schweinf.
分布：陕西、四川、重庆、贵州、云南、台湾、广东；阿富汗、印度、老挝、缅甸、尼泊尔、巴基斯坦、斯里兰卡、越南；非洲

甘肃风铃草 Campanula gansuensis L. Z. Wang et D. Y. Hong
分布：甘肃

北疆风铃草 Campanula glomerata L.
分布：黑龙江、吉林、辽宁、内蒙古、新疆；哈萨克斯坦、朝鲜、蒙古国、俄罗斯；欧洲广泛栽培，北美洲归化

北疆风铃草(原亚种) Campanula glomerata subsp. **glomerata**
分布：新疆；哈萨克斯坦、俄罗斯；欧洲广泛栽培，北美洲归化

大青山风铃草 Campanula glomerata subsp. **daqingshanica** D. Y. Hong et Y. Z. Zhao
分布：内蒙古

聚花风铃草 Campanula glomerata subsp. **speciosa** (Spreng.) Domin
分布：黑龙江、吉林、辽宁、内蒙古；日本、韩国、蒙古国、俄罗斯；广泛栽培

头花风铃草 Campanula glomeratoides D. Y. Hong
分布：西藏

藏滇风铃草 Campanula immodesta Lammers
分布：四川、云南、西藏；不丹、印度、尼泊尔

石生风铃草 Campanula langsdorffiana Fisch. ex Trautv. et C. A. Mey.
分布：黑龙江、吉林、辽宁；俄罗斯(远东地区)

澜沧风铃草 Campanula mekongensis Diels ex C. Y. Wu
分布：云南、广西

藏南风铃草 Campanula nakaoi Kitam.
分布：西藏；尼泊尔

峨眉风铃草 Campanula omeiensis (Z. Y. Zhu) D. Y. Hong et Z. Y. Li
分布：四川

西南风铃草 Campanula pallida Wall.
分布：四川、贵州、云南、西藏；阿富汗、不丹、印度、老挝、缅甸、尼泊尔、巴基斯坦、泰国

紫斑风铃草 Campanula punctata Lam.
分布：黑龙江、吉林、辽宁、内蒙古、河北、山西、河南、陕西、甘肃、湖北、四川；日本、朝鲜、俄罗斯

刺毛风铃草 Campanula sibirica L.
分布：新疆；哈萨克斯坦、俄罗斯；亚洲、欧洲

新疆风铃草 Campanula stevenii M. Bieb.
分布：新疆；吉尔吉斯斯坦、俄罗斯；亚洲(西南部)、欧洲

云南风铃草 Campanula yunnanensis D. Y. Hong
分布：云南

金钱豹属 Campanumoea Blume

藏南金钱豹 Campanumoea inflata (Hook. f.) C. B. Clarke
分布：西藏；不丹、印度

金钱豹 Campanumoea javanica Blume
分布：甘肃、安徽、浙江、江西、湖南、湖北、四川、贵州、云南、福建、台湾、广东、广西、海南；不丹、印度、印度尼西亚、日本、老挝、缅甸、尼泊尔、泰国、越南

金钱豹(原亚种) Campanumoea javanica subsp. **javanica**
分布：贵州、云南、台湾、广东、广西、海南；不丹、印度、印度尼西亚、日本、老挝、缅甸、尼泊尔、泰国、越南

小花金钱豹 Campanumoea javanica subsp. **japonica** (Makino) D. Y. Hong
分布：安徽、浙江、江西、湖南、湖北、四川、贵州、福建、台湾、广东、广西；日本

党参属 Codonopsis Wall.

大叶党参 **Codonopsis affinis** Hook. f. et Thomson
分布：西藏；印度、尼泊尔、缅甸

高山党参 **Codonopsis alpina** Nannf.
分布：四川、云南、西藏

银背叶党参 **Codonopsis argentea** P. C. Tsoong
分布：贵州

大萼党参 **Codonopsis benthamii** Hook. f. et Thomson
分布：四川、云南、西藏；不丹、印度、缅甸

西藏党参 **Codonopsis bhutanica** Ludlow
分布：西藏；不丹、尼泊尔

管钟党参 **Codonopsis bulleyana** Forrest ex Diels
分布：四川、云南、西藏

灰毛党参 **Codonopsis canescens** Nannf.
分布：四川、西藏

光叶党参 **Codonopsis cardiophylla** Diels ex Kom.
分布：山西、陕西、湖北

滇缅党参 **Codonopsis chimiliensis** Anthony
分布：云南

绿钟党参 **Codonopsis chlorocodon** C. Y. Wu
分布：四川、云南

新疆党参 **Codonopsis clematidea** (Schrenk) C. B. Clarke
分布：新疆、西藏；阿富汗、印度、巴基斯坦、哈萨克斯坦、塔吉克斯坦、吉尔吉斯

鸡蛋参 **Codonopsis convolvulacea** Kurz.
分布：四川、贵州、云南、西藏；不丹、缅甸、尼泊尔

鸡蛋参(原亚种) **Codonopsis convolvulacea** subsp. **convolvulacea**
分布：云南；缅甸

大叶鸡蛋参 **Codonopsis convolvulacea** subsp. **forrestii** (Diels) D. Y. Hong et L. M. Ma
分布：四川、贵州、云南

喜马拉雅鸡蛋参 **Codonopsis convolvulacea** subsp. **greywilsonii** (J. M. H. Shaw) D. Y. Hong
分布：西藏；不丹、尼泊尔

薄叶鸡蛋参 **Codonopsis convolvulacea** subsp. **vinciflora** (Kom.) D. Y. Hong
分布：四川、云南、西藏

心叶党参 **Codonopsis cordifolioidea** P. C. Tsoong
分布：云南

三角叶党参 **Codonopsis deltoidea** Chipp
分布：四川、云南

珠峰党参 **Codonopsis dicentrifolia** (C. B. Clarke) W. W. Sm.
分布：西藏；印度、尼泊尔

秃叶党参 **Codonopsis farreri** Anthony
分布：云南；缅甸

臭党参 **Codonopsis foetens** Hook. f. et Thom.
分布：甘肃、青海、四川、云南、西藏；不丹、印度

臭党参(原亚种) **Codonopsis foetens** subsp. **foetens**
分布：西藏；不丹、印度

脉花党参 **Codonopsis foetens** subsp. **nervosa** (Chipp) D. Y. Hong
分布：甘肃、青海、四川、云南、西藏

贡山党参 **Codonopsis gombalana** C. Y. Wu
分布：云南

松叶鸡蛋参 **Codonopsis graminifolia** H. Lév.
分布：四川、贵州、云南

川鄂党参 **Codonopsis henryi** Oliv.
分布：湖北、四川、西藏

毛叶鸡蛋参 **Codonopsis hirsuta** (Hand.-Mazz.) D. Y. Hong et L. M. Ma
分布：四川、云南

台湾党参 **Codonopsis kawakamii** Hayata
分布：台湾

羊乳 **Codonopsis lanceolata** (Sieb. et Zucc.) Trautv.
分布：河北、山西、山东、河南、安徽、江苏、浙江、湖南、湖北、福建；日本、朝鲜、俄罗斯

光萼党参 **Codonopsis levicalyx** L. T. Shen
分布：四川、西藏

珠鸡斑党参 **Codonopsis meleagris** Diels
分布：云南

小花党参 **Codonopsis micrantha** Chipp
分布：四川、云南

片马党参 **Codonopsis pianmaensis** S. H. Huang
分布：云南

党参 **Codonopsis pilosula** (Franch.) Nannf.
分布：黑龙江、吉林、辽宁、内蒙古、河北、山西、山东、

河南、陕西、宁夏、甘肃、青海、湖南、湖北、四川、重庆、贵州、云南；朝鲜、蒙古国、俄罗斯

党参(原亚种) Codonopsis pilosula subsp. **pilosula**
分布：黑龙江、吉林、辽宁、内蒙古、河北、山西、山东、河南、陕西、宁夏、甘肃、青海、四川；韩国、蒙古国、俄罗斯

闪毛党参 Codonopsis pilosula subsp. **handeliana** (Nannfeldt) D. Y. Hong et L. M. Ma
分布：四川、云南

川党参 Codonopsis pilosula subsp. **tangshen** (Oliver) D. Y. Hong
分布：陕西、湖南、湖北、四川、重庆、贵州

紫花党参 Codonopsis purpurea Wall.
分布：云南、西藏；印度、尼泊尔

莲座状党参 Codonopsis rosulata W. W. Sm.
分布：四川、云南

长叶党参 Codonopsis rotundifolia Benth.
分布：云南、西藏；印度、克什米尔地区、尼泊尔

球花党参 Codonopsis subglobosa W. W. Sm.
分布：四川、云南

抽葶党参 Codonopsis subscaposa Kom.
分布：四川、云南

藏南党参 Codonopsis subsimplex Hook. f. et Thomson
分布：西藏；不丹、印度、尼泊尔

唐松草党参 Codonopsis thalictrifolia Wall.
分布：西藏；尼泊尔、印度

秦岭党参 Codonopsis tsinlingensis Pax et K. Hoffmann
分布：陕西

管花党参 Codonopsis tubulosa Kom.
分布：四川、贵州、云南

雀斑党参 Codonopsis ussuriensis (Rupr. et Maxim.) Hemsl.
分布：黑龙江、吉林；日本、朝鲜、俄罗斯

藏党参(新拟) Codonopsis vadsea S. S. Dash et A. A. Mao
分布：西藏；印度

绿花党参 Codonopsis viridiflora Maxim.
分布：陕西、宁夏、甘肃、青海、四川、云南、西藏

细萼党参 Codonopsis viridis Wall.
分布：西藏；不丹、印度、尼泊尔、巴基斯坦

蓝钟花属 **Cyananthus** Wall. ex Benth.

心叶蓝钟花 Cyananthus cordifolius Duthie
分布：西藏；印度、尼泊尔

细叶蓝钟花 Cyananthus delavayi Franch.
分布：四川、云南(北部)

束花蓝钟花 Cyananthus fasciculatus Marquis
分布：四川、云南

黄钟花 Cyananthus flavus C. Marquand
分布：四川、云南

黄钟花(原亚种) Cyananthus flavus subsp. **flavus**
分布：云南

白钟花 Cyananthus flavus subsp. **montanus** (C. Y. Wu) D. Y. Hong et L. M. Ma
分布：四川、云南

美丽蓝钟花 Cyananthus formosus Diels
分布：四川、云南

蓝钟花 Cyananthus hookeri C. B. Clarke
分布：甘肃、青海、四川、云南、西藏；印度、不丹、尼泊尔

灰毛蓝钟花 Cyananthus incanus Hook. f. et Thomson
分布：青海、四川、云南、西藏；不丹、尼泊尔、印度

胀萼蓝钟花 Cyananthus inflatus Hook. f. et Thomson
分布：四川、贵州、云南、西藏；不丹、印度、尼泊尔、缅甸

丽江蓝钟花 Cyananthus lichiangensis W. W. Sm.
分布：四川、云南

裂叶蓝钟花 Cyananthus lobatus Wall. ex Benth.
分布：云南、西藏；不丹、印度、尼泊尔、缅甸

长花蓝钟花 Cyananthus longiflorus Franch.
分布：云南

大萼蓝钟花 Cyananthus macrocalyx Franch.
分布：甘肃、青海、四川、云南、西藏；不丹、印度、尼泊尔、缅甸

大萼蓝钟花(原亚种) Cyananthus macrocalyx subsp. **macrocalyx**
分布：甘肃、青海、四川、云南

匙叶蓝钟花 Cyananthus macrocalyx subsp. **spathulifolius** (Nannf.) K. K. Shrestha
分布：西藏；印度、尼泊尔、缅甸、不丹

小叶蓝钟花 Cyananthus microphyllus Edgew.
分布：西藏；印度、尼泊尔

有梗蓝钟花 **Cyananthus pedunculatus** C. B. Clarke
分布：西藏；尼泊尔、印度、不丹

绢毛蓝钟花 **Cyananthus sericeus** Y. S. Lian
分布：西藏

杂毛蓝钟花 **Cyananthus sherriffii** Cowan
分布：西藏；不丹、尼泊尔、印度

棕毛蓝钟花 **Cyananthus wardii** Marquis
分布：西藏

轮钟花属 **Cyclocodon** Griff. ex Hook. f. et Thom.

小叶轮钟草 **Cyclocodon celebicus** (Blume) D. Y. Hong
分布：云南、西藏；缅甸、泰国，巴布亚新几内亚

轮钟草 **Cyclocodon lancifolius** (Roxb.) Kurz.
分布：江西、湖南、湖北、四川、重庆、贵州、云南、福建、台湾、广东、广西、海南；孟加拉国、柬埔寨、印度、印度尼西亚、日本、老挝、菲律宾、越南

小花轮钟草 **Cyclocodon parviflorus** (Wall. ex A. DC.) Hook. f. et Thomson
分布：云南；印度、不丹、缅甸、老挝

刺萼参属 **Echinocodon** D. Y. Hong

刺萼参 **Echinocodon lobophyllus** D. H. Hong
分布：湖北

马醉草属 **Hippobroma** G. Don

马醉草 **Hippobroma longiflora** (L.) G. Don
分布：台湾和广东引种；原产于牙买加，现热带和亚热带地区广泛引种

同钟花属 **Homocodon** D. Y. Hong

同钟花 **Homocodon brevipes** (Hemsl.) D. Y. Hong
分布：四川、贵州、云南

长梗同钟花 **Homocodon pedicellatus** D. Y. Hong et L. M. Ma
分布：四川

细钟花属 **Leptocodon** (Hook. f. et Thomson) Lem.

细钟花 **Leptocodon gracilis** (Hook. f. et Thom.) Lem.
分布：四川、云南；不丹、印度、缅甸、尼泊尔

毛细钟花 **Leptocodon hirsutus** D. Y. Hong
分布：云南、西藏；不丹、缅甸

半边莲属 **Lobelia** L.

短柄半边莲 **Lobelia alsinoides** Lam.
分布：云南、西藏、台湾、广东、广西、海南；孟加拉国、印度、日本、老挝、马来西亚、缅甸、尼泊尔、巴布亚新几内亚、斯里兰卡、泰国、越南

短柄半边莲(原亚种) **Lobelia alsinoides** subsp. **alsinoides**
分布：海南；孟加拉国、印度、老挝、马来西亚、缅甸、尼泊尔、巴布亚新几内亚、斯里兰卡、泰国、越南

假半边莲 **Lobelia alsinoides** subsp. **hancei** (Hara) Lammers
分布：云南、西藏、台湾、广东、广西；日本

半边莲 **Lobelia chinensis** Lour.
分布：安徽、江苏、浙江、江西、湖南、湖北、四川、贵州、云南、福建、台湾、广东、广西、海南；印度

密毛山梗菜 **Lobelia clavata** E. Wimm.
分布：贵州、云南；印度、老挝、缅甸、泰国、越南

狭叶山梗菜 **Lobelia colorata** Wall.
分布：云南；印度、泰国

江南山梗菜 **Lobelia davidii** Franch.
分布：安徽、浙江、江西、湖南、湖北、四川、贵州、云南、西藏、福建、广东、广西；不丹、印度、缅甸、尼泊尔

滇紫锤草 **Lobelia deleiensis** C. E. C. Fischer
分布：云南；印度

微齿山梗菜 **Lobelia doniana** Skottsb.
分布：云南、西藏；不丹、印度、尼泊尔、缅甸

直立山梗菜 **Lobelia erectiuscula** H. Hara
分布：西藏；印度、缅甸、尼泊尔

峨眉紫锤草 **Lobelia fangiana** (E. Wimm.) S. Y. Hu
分布：四川

苞叶山梗菜 **Lobelia foliiformis** T. J. Zhang et D. Y. Hong
分布：云南

海南半边莲 **Lobelia hainanensis** E. Wimm.
分布：海南

翅茎半边莲 **Lobelia heyneana** Schult.
分布：台湾、云南；不丹、印度、印度尼西亚、老挝、缅甸、尼泊尔、巴布亚新几内亚、菲律宾、斯里兰卡、泰国、越南；非洲

柳叶山梗菜 **Lobelia iteophylla** C. Y. Wu
分布：云南

线萼山梗菜 **Lobelia melliana** E. Wimm.
分布：江苏、浙江、江西、湖南、湖北、福建、广东

山紫锤草 Lobelia montana Reinw. ex Blume

分布：云南、西藏；柬埔寨、印度、马来西亚、尼泊尔、泰国、越南

铜锤玉带草 Lobelia nummularia Lam.

分布：湖南、湖北、西藏、台湾、广西；孟加拉国、不丹、印度、印度尼西亚、老挝、马来西亚、缅甸、尼泊尔、巴布亚新几内亚、菲律宾、斯里兰卡、泰国、越南

毛萼山梗菜 Lobelia pleotricha Diels

分布：云南、西藏；缅甸

塔花山梗菜 Lobelia pyramidalis Wall.

分布：贵州、云南、西藏、广西；不丹、柬埔寨、印度、老挝、缅甸、尼泊尔、泰国、越南

西南山梗菜 Lobelia sequinii H. Lév. et Vaniot

分布：湖北、四川、重庆、贵州、云南、广西

山梗菜 Lobelia sessilifolia Lamb.

分布：黑龙江、吉林、辽宁、山东、安徽、浙江、湖南、四川、云南、广西；日本、朝鲜、俄罗斯

大理山梗菜 Lobelia taliensis Diels

分布：云南

顶花半边莲 Lobelia terminalis C. B. Clarke

分布：云南；印度、老挝、泰国、越南

卵叶半边莲 Lobelia zeylanica L.

分布：云南、福建、台湾、广东、广西；孟加拉国、不丹、印度、印度尼西亚、老挝、马来西亚、缅甸、尼泊尔、巴布亚新几内亚、菲律宾、斯里兰卡、泰国、越南

袋果草属 Peracarpa Hook. f. et Thomson

袋果草 Peracarpa carnosa (Wall.) Hook. f. et Thomson

分布：安徽、江苏、浙江、湖北、四川、重庆、贵州、云南、西藏、台湾；不丹、印度、日本、朝鲜、缅甸、尼泊尔、巴布亚新几内亚、菲律宾、俄罗斯、泰国

桔梗属 Platycodon DC.

桔梗 Platycodon grandiflorus (Jacquin) A. DC.

分布：黑龙江、吉林、辽宁、内蒙古、河北、山西、山东、河南、陕西、安徽、江苏、浙江、江西、湖南、湖北、四川、重庆、云南、福建、广东、广西；日本、朝鲜、俄罗斯

异檐花属 Triodanis Rafin.

穿叶异檐花 Triodanis perfoliata (L.) Nieuwl.

分布：安徽、浙江、福建、台湾；原产于美洲

穿叶异檐花(原亚种) Triodanis perfoliata subsp. **perfoliata**

分布：福建；北美洲

异檐花 Triodanis perfoliata subsp. **biflora** (Ruiz et Pavon) Lammers

分布：安徽、浙江、福建、台湾；原产于北美洲和南美洲

兰花参属 Wahlenbergia Schrad. ex Roth.

星花草 Wahlenbergia hookeri (C. B. Clarke) Tuyn

分布：云南；印度、泰国、印度尼西亚；非洲

蓝花参 Wahlenbergia marginata (Thunb.) A. DC.

分布：安徽、江苏、浙江、江西、湖南、湖北、四川、重庆、贵州、云南、福建、台湾、广东、广西；不丹、印度、印度尼西亚、日本、韩国、老挝、马来西亚、缅甸、尼泊尔、巴布亚新几内亚、菲律宾、斯里兰卡、越南

246. 大麻科 Cannabaceae Martinov

糙叶树属 Aphananthe Planch.

糙叶树 Aphananthe aspera (Thunb.) Planch.

分布：山西、山东、安徽、江苏、浙江、江西、湖南、湖北、四川、贵州、云南、福建、台湾、广东、广西；日本、朝鲜、越南

糙叶树(原变种) Aphananthe aspera var. **aspera**

分布：山西、山东、陕西、安徽、江苏、浙江、江西、湖南、湖北、四川、贵州、云南、福建、广东、广西、台湾东南部；日本、韩国、越南

柔毛糙叶树 Aphananthe aspera var. **pubescens** C. J. Chen

分布：浙江、江西、云南、台湾、广西

滇糙叶树 Aphananthe cuspidata (Blume) Planch.

分布：云南、广东、海南；印度、印度尼西亚、不丹、马来西亚、缅甸、泰国、斯里兰卡、越南

大麻属 Cannabis L.

大麻 Cannabis sativa L.

分布：中国各省（自治区、直辖市）有栽培并逸生；原产于亚洲(中部)和印度

朴属 Celtis L.

紫弹树 Celtis biondii Pamp.

分布：河南、陕西、甘肃、安徽、江苏、浙江、江西、湖北、四川、贵州、云南、福建、台湾、广东、广西；日本、朝鲜

黑弹树 Celtis bungeana Blume

分布：辽宁、内蒙古、河北、山西、山东、河南、陕西、宁夏、甘肃、青海、安徽、江苏、浙江、江西、湖南、湖北、四川、云南、西藏；朝鲜

小果朴 Celtis cerasifera C. K. Schneid.

分布：山西、陕西、浙江、湖南、湖北、四川、贵州、云南、西藏、广西

天目朴树 Celtis chekiangensis W. C. Cheng

分布：安徽、浙江

珊瑚朴 Celtis julianae C. K. Schneid.

分布：河南、陕西、安徽、浙江、江西、湖南、湖北、四川、贵州、福建、广东

大叶朴 Celtis koraiensis Nakai

分布：辽宁、河北、山西、山东、河南、陕西、甘肃、安徽、江苏；朝鲜

大果油朴 Celtis philippensis Blanco

分布：云南、台湾、广东、海南；印度、印度尼西亚、马来西亚、缅甸、菲律宾、斯里兰卡、泰国、越南、澳大利亚、太平洋岛屿；非洲

大果油朴(原变种) Celtis philippensis var. **philippensis**

分布：台湾、云南；印度南部、印度尼西亚、菲律宾、斯里兰卡、越南南部、太平洋群岛、澳大利亚；非洲

铁灵花 Celtis philippensis var. **wightii** (Planch.) Soepadmo

分布：广东、海南；泰国、越南、印度、印度尼西亚、马来西亚、太平洋岛屿、澳大利亚；非洲

朴树 Celtis sinensis Pers.

分布：山东、河南、安徽、江苏、浙江、江西、湖南、湖北、四川、贵州、福建、台湾、广东、广西；日本

四蕊朴 Celtis tetrandra Roxb.

分布：四川、云南、西藏、台湾、广西、海南；不丹、孟加拉国、印度、印度尼西亚、缅甸、尼泊尔、泰国、越南

假玉桂 Celtis timorensis Span.

分布：四川、贵州、云南、西藏、福建、广东、广西、海南；印度、印度尼西亚、马来西亚、缅甸、斯里兰卡、越南、泰国、孟加拉国

西川朴 Celtis vandervoetiana C. K. Schneid.

分布：浙江、江西、湖南、湖北、四川、贵州、云南、福建、广东、广西

白颜树属 Gironniera Gaudich.

白颜树 Gironniera subaequalis Planch.

分布：云南、广东、广西、海南；缅甸、泰国、越南、柬埔寨、马来西亚

葎草属 Humulus L.

啤酒花 Humulus lupulus L.

分布：甘肃、新疆、四川；北亚和东北亚、欧洲、北非、北美洲(东部)

葎草 Humulus scandens (Lour.) Merr.

分布：安徽、重庆、福建、广东、广西、贵州、海南、河北、黑龙江、河南、湖北、湖南、江苏、江西、吉林、辽宁、陕西、山东、山西、四川、台湾、西藏、云南、浙江；日本、韩国、越南，归化于欧洲和北美洲(东部)

滇葎草 Humulus yunnanensis Hu

分布：云南

青檀属 Pteroceltis Maxim.

青檀 Pteroceltis tatarinowii Maxim.

分布：辽宁、河北、山西、山东、河南、陕西、甘肃、青海、安徽、江苏、浙江、江西、湖南、湖北、四川、贵州、福建、广东、广西

山黄麻属 Trema Lour.

狭叶山黄麻 Trema angustifolia (Planch.) Blume

分布：云南、广东、广西、海南；印度、印度尼西亚、越南、马来西亚、泰国

光叶山黄麻 Trema cannabina Lour.

分布：安徽、江苏、浙江、江西、湖南、湖北、四川、贵州、云南、福建、台湾、广东、广西、海南；印度、缅甸、马来西亚、印度尼西亚、日本、尼泊尔、柬埔寨、菲律宾、泰国、越南、澳大利亚、太平洋岛屿

光叶山黄麻(原变种) Trema cannabina var. **cannabina**

分布：福建、广东、广西、贵州、海南、湖南、江西、四川、台湾、浙江；柬埔寨、印度、印度尼西亚、日本、马来西亚、缅甸、尼泊尔、菲律宾、泰国、越南、太平洋群岛、澳大利亚

山麻油 Trema cannabina var. **dielsiana** (Hand.-Mazz.) C. J. Chen

分布：安徽、江苏、浙江、江西、湖南、湖北、四川、贵州、云南、福建、广东、广西

羽脉山黄麻 Trema levigata Hand.-Mazz.

分布：湖北、四川、贵州、云南、广西

银毛叶山黄麻 Trema nitida C. J. Chen

分布：四川、贵州、云南、广西

异色山黄麻 Trema orientalis (L.) Blume

分布：四川、贵州、云南、西藏、福建、台湾、广东、广

西、海南；尼泊尔、泰国、越南、印度、斯里兰卡、缅甸、马来西亚、印度尼西亚、菲律宾、日本、太平洋岛屿、澳大利亚；非洲

山黄麻 **Trema tomentosa** (Roxb.) H. Hara

分布：四川、贵州、云南、西藏、福建、台湾、广东、广西、海南；孟加拉国、不丹、日本、印度、印度尼西亚、马来西亚、缅甸、尼泊尔、老挝、柬埔寨、越南、马达加斯加、太平洋岛屿、巴基斯坦、澳大利亚；非洲

247. 美人蕉科 Cannaceae Juss.

美人蕉属 **Canna** L.

柔瓣美人蕉 **Canna flaccida** Salisb.

分布：中国南北；南美洲

大花美人蕉 **Canna generalis** L. H. Bailey

分布：各省（自治区、直辖市）常见栽培；南美洲

粉美人蕉 **Canna glauca** L.

分布：中国南北；南美洲，西印度群岛

美人蕉 **Canna indica** L.

分布：中国南北；印度

兰花美人蕉 **Canna orchioides** Bailey

分布：中国大多数城市；欧洲

紫叶美人蕉 **Canna warszewiczii** A. Dietr.

分布：广东；南美洲

248. 山柑科 Capparaceae Juss.

山柑属 **Capparis** L.

独行千里 **Capparis acutifolia** Sweet

分布：浙江、江西、湖南、福建、台湾、广东；不丹、印度、泰国、越南

总序山柑 **Capparis assamica** Hook. f. et Thomson

分布：云南、西藏、广东、海南；泰国、不丹、印度、缅甸、老挝

野香橼花 **Capparis bodinieri** H. Lév.

分布：四川、贵州、云南、广西；不丹、印度、缅甸

广州山柑 **Capparis cantoniensis** Lour.

分布：贵州、云南、福建、广东、广西、海南；不丹、缅甸、越南、印度、菲律宾、印度尼西亚、印度洋岛屿、泰国

野槟榔 **Capparis chingiana** B. S. Sun

分布：云南、广西

多毛山柑 **Capparis dasyphylla** Merr. et F. P. Metcalf

分布：海南

文山山柑 **Capparis fengii** B. S. Sun

分布：云南

少蕊山柑 **Capparis floribunda** Wight

分布：台湾；印度洋岛屿、斯里兰卡、缅甸、泰国、越南、印度尼西亚、菲律宾

勐海山柑 **Capparis fohaiensis** B. S. Sun

分布：云南

台湾山柑 **Capparis formosana** Hemsl.

分布：台湾、广东、海南；越南、日本

海南山柑 **Capparis hainanensis** Oliv.

分布：海南

长刺山柑 **Capparis henryi** Matsum.

分布：台湾

爪钾山柑 **Capparis himalayensis** Jafri

分布：甘肃、新疆、西藏；印度、尼泊尔、巴基斯坦、塔吉克斯坦；亚洲(西南部)

屏边山柑 **Capparis khuamak** Gagnep.

分布：云南；老挝、越南

兰屿山柑 **Capparis lanceolaris** DC.

分布：台湾、海南；菲律宾、太平洋岛屿西南部、印度尼西亚、巴布亚新几内亚

弄岗山柑 **Capparis longgangensis** S. L. Mo, X. S. Lee ex Y. S. Huang

分布：广西

马槟榔 **Capparis masaikai** H. Lév.

分布：贵州、云南、广东、广西

雷公橘 **Capparis membranifolia** Kurz.

分布：湖南、贵州、云南、西藏、广东、广西、海南；不丹、柬埔寨、印度、老挝、缅甸、泰国、越南

小刺山柑 **Capparis micracantha** DC.

分布：云南、广东、广西、海南；柬埔寨、印度、印度尼西亚、老挝、马来西亚、缅甸、菲律宾、泰国、越南、印度洋岛屿

多花山柑 **Capparis multiflora** Hook. f. et Thomson

分布：云南、西藏；不丹、印度、缅甸、尼泊尔、越南

藏东南山柑 **Capparis olacifolia** Hook. f. et Thomson

分布：西藏；不丹、印度、缅甸、尼泊尔

厚叶山柑 **Capparis pachyphylla** Jacobs

分布：西藏；印度

毛蕊山柑 Capparis pubiflora DC.

分布：台湾、广东、广西、海南；越南、泰国、马来西亚、印度尼西亚、菲律宾、巴布亚新几内亚

毛叶山柑 Capparis pubifolia B. S. Sun

分布：云南、广西

黑叶山柑 Capparis sabiifolia Hook. f. et Thomson

分布：云南、西藏、台湾、海南；印度、老挝、缅甸、泰国、越南

青皮刺 Capparis sepiaria L.

分布：广东、广西、海南；柬埔寨、印度、印度尼西亚、老挝、马来西亚、缅甸、尼泊尔、巴布亚新几内亚、菲律宾、斯里兰卡、泰国、越南、澳大利亚；非洲

锡金山柑 Capparis sikkimensis Kurz.

分布：西藏；不丹、印度、缅甸(中部)

山柑 Capparis spinosa L.

分布：新疆、西藏；阿富汗、印度、印度尼西亚、尼泊尔、巴基斯坦、澳大利亚；亚洲、欧洲、非洲

无柄山柑 Capparis subsessilis B. S. Sun

分布：广西；越南

倒卵叶山柑 Capparis sunbisiniana M. L. Zhang et G. C. Turcker

分布：海南；缅甸、泰国、越南

薄叶山柑 Capparis tenera Dalz.

分布：云南、西藏；印度、缅甸、斯里兰卡、泰国、印度洋岛屿；非洲

毛果山柑 Capparis trichocarpa B. S. Sun

分布：云南

小绿刺 Capparis urophylla F. Chun

分布：湖南、云南、广西；老挝

屈头鸡 Capparis versicolor Griff.

分布：广东、广西、海南；马来西亚、泰国、越南、印度、缅甸

荚蒾叶山柑 Capparis viburnifolia Gagnep.

分布：云南；泰国、越南

元江山柑 Capparis wui B. S. Sun

分布：云南

苦子马槟榔 Capparis yunnanensis Craib et W. W. Sm.

分布：云南、广东；缅甸、泰国、越南

牛眼睛 Capparis zeylanica L.

分布：广东、广西、海南；印度、印度尼西亚、缅甸、尼泊尔、菲律宾、斯里兰卡、泰国、越南、印度洋岛屿

牛眼睛(原变种) Capparis zeylanica var. **zeylanica**

分布：广东、广西、海南；印度、印度尼西亚、缅甸、尼泊尔、菲律宾、斯里兰卡、泰国、越南、印度洋岛屿

广西牛眼睛(新拟) Capparis zeylanica var. **pubipetala** S. Y. Liu, X. Q. Ning et Y. F. Tan

分布：广西

鱼木属 Crateva L.

台湾鱼木 Crateva formosensis (M. Jacobs) B. S. Sun

分布：台湾、广东、广西；日本

沙梨木 Crateva magna (Lour.) DC.

分布：云南、西藏、广东、广西、海南；孟加拉国、柬埔寨、印度、印度尼西亚、老挝、马来西亚、缅甸、泰国、斯里兰卡

鱼木 Crateva religiosa G. Forst.

分布：台湾、广东、海南；不丹、柬埔寨、印度、印度尼西亚、缅甸、尼泊尔、菲律宾、斯里兰卡、泰国、越南、太平洋岛屿

钝叶鱼木 Crateva trifoliata (Roxb.) B. S. Sun

分布：云南、台湾、广东、广西、海南；印度、越南、老挝、柬埔寨、缅甸、泰国

树头菜 Crateva unilocularis Buch.-Ham.

分布：云南、福建、广东、广西、海南；孟加拉国、不丹、缅甸、柬埔寨、印度、老挝、尼泊尔、越南

六萼藤属 Stixis Lour.

即锥序斑果藤 Stixis ovata subsp. **fasciculata** (King) Jacobs

分布：云南；老挝、缅甸、越南

和闭脉斑果藤 Stixis scandens Lour.

分布：云南；印度、老挝、缅甸、越南

斑果藤 Stixis suaveolens (Roxb.) Pierre

分布：云南、西藏、广东、广西、海南；不丹、尼泊尔、孟加拉国、印度、缅甸、泰国、老挝、越南、柬埔寨

249. 忍冬科 Caprifoliaceae Juss.

糯米条属 Abelia R. Br.

糯米条 Abelia chinensis R. Br.

分布：浙江、江西、湖南、湖北、四川、贵州、云南、福建、台湾、广东、广西；日本

细瘦糯米条 **Abelia forrestii** (Diels) W. W. Sm.
分布：四川、云南

二翅糯米条 **Abelia macrotera** (Graebn. et Buchw.) Rehder
分布：河南、陕西、湖南、湖北、四川、贵州、云南、广西

黄花六道木 **Abelia serrata** Sieb. et Zucc.
分布：浙江；日本

温州六道木 **Abelia spathulata** Sieb. et Zucc.
分布：浙江；日本

二翅六道木 **Abelia uniflora** R. Br. ex Wall.
分布：河北、陕西、甘肃、湖南、湖北、四川、贵州、云南、福建、广西

刺续断属 **Acanthocalyx** (DC.) Tiegh.

白花刺续断 **Acanthocalyx alba** (Hand.-Mazz.) M. J. Cannon
分布：甘肃、青海、四川、云南、西藏；印度

刺续断 **Acanthocalyx nepalensis** (D. Don) M. J. Cannon
分布：四川、云南、西藏；不丹、印度、尼泊尔

刺续断(原亚种) **Acanthocalyx nepalensis** subsp. **nepalensis**
分布：西藏；不丹、印度、尼泊尔

大花刺参 **Acanthocalyx nepalensis** subsp. **delavayi** (Franch.) D. Y. Hong
分布：四川、云南、西藏；印度

双盾木属 **Dipelta** Maxim.

优美双盾木 **Dipelta elegans** Batalin
分布：陕西、甘肃、四川

双盾木 **Dipelta floribunda** Maxim.
分布：陕西、甘肃、湖南、湖北、四川、广西

云南双盾木 **Dipelta yunnanensis** Franch.
分布：陕西、甘肃、湖北、四川、贵州、云南

川续断属 **Dipsacus** L.

川续断 **Dipsacus asper** Wall. ex DC.
分布：湖北、四川、重庆、贵州、云南、西藏、广东、广西；印度、缅甸

紫花续断 **Dipsacus atratus** Hook. f. et Thomson ex C. B. Clarke
分布：西藏；尼泊尔、印度、不丹

深紫续断 **Dipsacus atropurpureus** C. Y. Cheng et Z. T. Yin
分布：四川

天蓝续断 **Dipsacus azureus** Schrenk
分布：新疆；哈萨克斯坦、吉尔吉斯斯坦

大头续断 **Dipsacus chinensis** Batalin
分布：四川、云南、西藏

藏续断 **Dipsacus inermis** Wall.
分布：云南、西藏；阿富汗、不丹、印度、克什米尔地区、缅甸、尼泊尔、巴基斯坦

日本续断 **Dipsacus japonicus** Miq.
分布：辽宁、河北、北京、山西、河南、陕西、甘肃、安徽、江苏、浙江、江西、湖南、湖北、四川、重庆；日本、朝鲜

七子花属 **Heptacodium** Rehder

七子花 **Heptacodium miconioides** Rehder
分布：安徽、浙江、湖北

蝟实属 **Kolkwitzia** Graebn.

蝟实 **Kolkwitzia amabilis** Graebn.
分布：山西、河南、陕西、甘肃、安徽、湖北

鬼吹箫属 **Leycesteria** Wall.

黄花鬼吹箫 **Leycesteria crocothyrsos** Airy Shaw
分布：西藏

鬼吹箫 **Leycesteria formosa** Wall.
分布：四川、贵州、云南、西藏；不丹、印度、克什米尔地区、巴基斯坦、缅甸、尼泊尔

西域鬼吹箫 **Leycesteria glaucophylla** (Hook. f. et Thomson) C. B. Clarke
分布：西藏；不丹、印度、缅甸、尼泊尔

纤细鬼吹箫 **Leycesteria gracilis** (Kurz.) Airy Shaw
分布：云南、西藏；不丹、印度、尼泊尔、缅甸

绵毛鬼吹箫 **Leycesteria stipulata** (Hook. f. et Thomson) Fritsch
分布：云南；不丹、印度、缅甸

西藏鬼吹箫 **Leycesteria thibetica** H. J. Wang
分布：西藏

北极花属 **Linnaea** L.

北极花 **Linnaea borealis** L.
分布：黑龙江、吉林、内蒙古、河北、新疆；北温带广布

忍冬属 Lonicera L.

淡红忍冬 **Lonicera acuminata** Wall.

分布：陕西、甘肃、安徽、浙江、江西、湖南、湖北、四川、贵州、云南、西藏、福建、台湾、广东、广西；不丹、印度、缅甸、尼泊尔、菲律宾

狭叶忍冬 **Lonicera angustifolia** Wall. ex DC.

分布：四川、云南、西藏；阿富汗、不丹、印度、克什米尔地区、缅甸、尼泊尔、巴基斯坦

狭叶忍冬(原变种) **Lonicera angustifolia** var. **angustifolia**

分布：云南、西藏；不丹、印度、克什米尔地区、尼泊尔

越桔叶忍冬 **Lonicera angustifolia** var. **myrtillus** (Hook. f.) Bedd.

分布：四川、云南、西藏；阿富汗、不丹、印度、克什米尔地区、缅甸、巴基斯坦

西南忍冬 **Lonicera bournei** Hemsl.

分布：云南、广西

蓝果忍冬 **Lonicera caerulea** L.

分布：甘肃、河北、黑龙江、?河南、吉林、辽宁、内蒙古、宁夏、青海、山西、四川、新疆、云南；日本、韩国、蒙古国、俄罗斯；欧洲、北美洲

长距忍冬 **Lonicera calcarata** Hemsl.

分布：四川、贵州、云南、西藏、广西

金花忍冬 **Lonicera chrysantha** Turcz. ex Ledeb.

分布：黑龙江、吉林、辽宁、内蒙古、河北、山西、山东、河南、陕西、宁夏、甘肃、青海、安徽、江苏、浙江、江西、湖北、四川、贵州、云南；日本、朝鲜、蒙古国、俄罗斯；欧洲

金花忍冬(原变种) **Lonicera chrysantha** var. **chrysantha**

分布：黑龙江、吉林、辽宁、内蒙古、河北、山西、山东、河南、陕西、宁夏、甘肃、青海、江苏、江西、湖北、四川；日本、韩国、俄罗斯

须蕊忍冬 **Lonicera chrysantha** var. **koehneana** (Rehder) Q. E. Yang

分布：山西、山东、河南、陕西、甘肃、安徽、江苏、浙江、湖北、四川、贵州、云南、西藏

水忍冬 **Lonicera confusa** DC.

分布：云南、广东、广西、海南；尼泊尔、越南

匍匐忍冬 **Lonicera crassifolia** Batalin

分布：湖南、湖北、四川、贵州、云南

微毛忍冬 **Lonicera cyanocarpa** Franch.

分布：四川、云南、西藏；印度、尼泊尔

北京忍冬 **Lonicera elisae** Franch.

分布：河北、山西、河南、陕西、甘肃、安徽、浙江、湖北、四川

粘毛忍冬 **Lonicera fargesii** Franch.

分布：山西、河南、陕西、甘肃、四川

粘毛忍冬(原变种) **Lonicera fargesii** var. **fargesii**

分布：山西、河南、陕西、甘肃、四川

四川粘毛忍冬 **Lonicera fargesii** var. **setchuenensis** (Franch.) Q. E. Yang

分布：重庆

葱皮忍冬 **Lonicera ferdinandi** Franch.

分布：黑龙江、辽宁、内蒙古、河北、山西、河南、陕西、宁夏、甘肃、青海、四川、云南；朝鲜

锈毛忍冬 **Lonicera ferruginea** Rehder

分布：江西、湖南、四川、贵州、云南、福建、广东、广西；印度、泰国

郁香忍冬 **Lonicera fragrantissima** Lindl. et Paxton

分布：河北、山西、山东、河南、陕西、甘肃、安徽、江苏、浙江、江西、湖南、湖北、四川、贵州

郁香忍冬(原变种) **Lonicera fragrantissima** var. **fragrantissima**

分布：河北、山西、山东、河南、陕西、甘肃、安徽、江苏、浙江、江西、湖南、湖北、四川、贵州

苦糖果 **Lonicera fragrantissima** var. **lancifolia** (Rehder) Q. E. Yang

分布：安徽、湖南、湖北、四川

蕊被忍冬 **Lonicera gynochlamydea** Hemsl.

分布：陕西、甘肃、安徽、湖北、四川、贵州

大果忍冬 **Lonicera hildebrandiana** Collett et Hemsl.

分布：云南、广西；缅甸、泰国

刚毛忍冬 **Lonicera hispida** Pall. ex Schult.

分布：河北、山西、陕西、宁夏、甘肃、青海、新疆、四川、云南、西藏；印度、蒙古国；亚洲(西南部)

矮小忍冬 **Lonicera humilis** Kar. et Kir.

分布：新疆；阿富汗、哈萨克斯坦、吉尔吉斯斯坦、塔吉克斯坦

菰腺忍冬 **Lonicera hypoglauca** Miq.

分布：安徽、浙江、江西、湖南、湖北、四川、贵州、云

南、福建、台湾、广东、广西；日本

白背忍冬 Lonicera hypoleuca Nakai

分布：西藏；印度、克什米尔地区、尼泊尔、巴基斯坦

忍冬 Lonicera japonica Thunb.

分布：吉林、辽宁、河北、山西、山东、河南、陕西、甘肃、安徽、江苏、浙江、江西、湖南、湖北、四川、贵州、云南、福建、台湾、广东、广西；日本、朝鲜

忍冬(原变种) Lonicera japonica var. **japonica**

分布：吉林、辽宁、河北、山西、山东、河南、陕西、甘肃、安徽、江苏、浙江、江西、湖南、湖北、四川、贵州、云南、福建、台湾、广东、广西；日本、韩国

红白忍冬 Lonicera japonica var. **chinensis** (P. Watson) Baker

分布：安徽

甘肃忍冬 Lonicera kansuensis (Batalin ex Rehder) Pojark.

分布：陕西、宁夏、甘肃、四川

玉山忍冬 Lonicera kawakamii (Hayata) Masam.

分布：台湾

光枝柳叶忍冬 Lonicera lanceolata var. **glabra** S. S. Chien ex P. S. Hsu et H. J. Wang

分布：安徽、湖北、四川、贵州、云南

女贞叶忍冬 Lonicera ligustrina Wall.

分布：陕西、甘肃、湖南、湖北、四川、贵州、云南、广东、广西；不丹、印度、尼泊尔

女贞叶忍冬(原变种) Lonicera ligustrina var. **ligustrina**

分布：湖南、湖北、四川、贵州、云南、广西；不丹、印度、尼泊尔

蕊帽忍冬 Lonicera ligustrina var. **pileata** (Oliv.) Franch.

分布：陕西、湖南、湖北、四川、贵州、云南、广东、广西

亮叶忍冬 Lonicera ligustrina var. **yunnanensis** Franch.

分布：陕西、甘肃、四川、云南

理塘忍冬 Lonicera litangensis Batalin

分布：四川、云南、西藏；不丹、印度、尼泊尔

长花忍冬 Lonicera longiflora (Lindl.) DC.

分布：云南、广东、广西、海南

金银忍冬 Lonicera maackii (Ruprecht) Maxim.

分布：安徽、甘肃、贵州、河北、黑龙江、河南、湖北、湖南、江苏、吉林、辽宁、?内蒙古、陕西、山东、山西、四川、西藏、云南、浙江；日本、韩国、俄罗斯，引种并归化于北美洲

金银忍冬(原变种) Lonicera maackii var. **maackii**

分布：黑龙江、吉林、辽宁、河北、山西、山东、河南、陕西、甘肃、安徽、江苏、浙江、湖南、湖北、四川、贵州、云南、西藏；日本、韩国、俄罗斯

红花金银忍冬 Lonicera maackii var. **erubescens** (Rehder) Q. E. Yang

分布：辽宁、河南、甘肃、安徽、江苏

大花忍冬 Lonicera macrantha (D. Don) Spreng.

分布：安徽、浙江、江西、湖南、湖北、四川、贵州、云南、西藏、福建、台湾、广东、广西；不丹、印度、尼泊尔

紫花忍冬 Lonicera maximowiczii (Rupr.) Regel

分布：黑龙江、吉林、辽宁、山东；日本、朝鲜、俄罗斯

小叶忍冬 Lonicera microphylla Willd. ex Schult.

分布：内蒙古、河北、山西、宁夏、甘肃、青海、新疆、西藏、台湾；阿富汗、印度、哈萨克斯坦、吉尔吉斯斯坦、蒙古国、巴基斯坦、俄罗斯

下江忍冬 Lonicera modesta Rehder

分布：安徽、浙江、江西、湖南、湖北

短尖忍冬 Lonicera mucronata Rehder

分布：湖北、四川

红脉忍冬 Lonicera nervosa Maxim.

分布：山西、河南、陕西、宁夏、甘肃、青海、四川

黑果忍冬 Lonicera nigra L.

分布：吉林、安徽、湖北、四川、贵州、云南、西藏；不丹、印度、尼泊尔、朝鲜；欧洲

丁香叶忍冬 Lonicera oblata K. S. Hao et P. S. Hsu et H. J. Wang

分布：河北

垫状忍冬 Lonicera oreodoxa Harry Sm. ex Rehder

分布：四川

早花忍冬 Lonicera praeflorens Batalin

分布：黑龙江、吉林、辽宁；日本、朝鲜、俄罗斯

皱叶忍冬 Lonicera reticulata Champ. ex Benth.

分布：福建、广东、广西、?贵州、湖南、江西

凹叶忍冬 Lonicera retusa Franch.

分布：山西、陕西、甘肃、四川

岩生忍冬 Lonicera rupicola Hook. f. et Thomson
分布：宁夏、甘肃、青海、四川、云南、西藏；不丹、印度、尼泊尔

岩生忍冬(原变种) Lonicera rupicola var. **rupicola**
分布：宁夏、甘肃、青海、四川、云南、西藏；印度、尼泊尔

矮生忍冬 Lonicera rupicola var. **minuta** (Batalin) Q. E. Yang
分布：甘肃、青海

红花岩生忍冬 Lonicera rupicola var. **syringantha** (Maxim.) Zabel
分布：宁夏、甘肃、青海、四川、云南、西藏

长白忍冬 Lonicera ruprechtiana Regel
分布：黑龙江、吉林、辽宁；朝鲜、俄罗斯

藏西忍冬 Lonicera semenovii Regel
分布：新疆、西藏；阿富汗、克什米尔地区、伊朗、哈萨克斯坦、吉尔吉斯斯坦

齿叶忍冬 Lonicera setifera Franch.
分布：四川、云南、西藏；印度

细毡毛忍冬 Lonicera similis Hemsl.
分布：山西、甘肃、浙江、湖南、湖北、四川、贵州、云南、福建、广西；缅甸

棘枝忍冬 Lonicera spinosa (Decaisne) Jacquem. ex Walp.
分布：新疆、西藏；阿富汗、印度、克什米尔地区、哈萨克斯坦、吉尔吉斯斯坦、塔吉克斯坦

冠果忍冬 Lonicera stephanocarpa Franch.
分布：陕西、宁夏、甘肃、四川

川黔忍冬 Lonicera subaequalis Rehder
分布：四川、贵州

单花忍冬 Lonicera subhispida Nakai
分布：吉林、辽宁；朝鲜、俄罗斯

唐古特忍冬 Lonicera tangutica Maxim.
分布：河北、山西、河南、陕西、宁夏、甘肃、青海、安徽、湖南、湖北、四川、贵州、云南、西藏；不丹、印度、尼泊尔

新疆忍冬 Lonicera tatarica L.
分布：黑龙江、辽宁、新疆；日本、朝鲜、吉尔吉斯斯坦、俄罗斯

新疆忍冬(原变种) Lonicera tatarica var. **tatarica**
分布：黑龙江、辽宁、河北、新疆；吉尔吉斯斯坦、蒙古国、俄罗斯

淡黄新疆忍冬 Lonicera tatarica var. **morrowii** (A. Gray) Q. E. Yang
分布：黑龙江、辽宁；日本、朝鲜

华北忍冬 Lonicera tatarinowii Maxim.
分布：辽宁、河北、山东

毛冠忍冬 Lonicera tomentella Hook. f. et Thomson
分布：云南、西藏；不丹、印度、缅甸、尼泊尔

毛冠忍冬(原变种) Lonicera tomentella var. **tomentella**
分布：云南、西藏；印度

察瓦龙忍冬 Lonicera tomentella var. **tsarongensis** W. W. Sm.
分布：云南、西藏

盘叶忍冬 Lonicera tragophylla Hemsl.
分布：河北、山西、河南、陕西、宁夏、甘肃、安徽、浙江、湖北、四川、贵州

毛花忍冬 Lonicera trichosantha Bureau et Franch.
分布：陕西、甘肃、四川、云南、西藏

毛花忍冬(原变种) Lonicera trichosantha var. **trichosantha**
分布：陕西、甘肃、四川、云南、西藏

长叶毛花忍冬 Lonicera trichosantha var. **deflexicalyx** (Diels) P. S. Hsu et H. J. Wang
分布：甘肃、四川、云南

管花忍冬 Lonicera tubuliflora Rehder
分布：四川

华西忍冬 Lonicera webbiana Wall. ex DC.
分布：山西、陕西、宁夏、甘肃、青海、江西、湖北、四川、云南、西藏；阿富汗、不丹、克什米尔地区

云南忍冬 Lonicera yunnanensis Franch.
分布：四川、云南

刺参属 Morina L.

宽苞刺参 Morina bracteata C. Y. Cheng et H. B. Chen
分布：四川

圆萼刺参 Morina chinensis Y. Y. Pai
分布：内蒙古、甘肃、青海、四川、西藏

绿花刺参 Morina chlorantha Diels
分布：青海、四川、云南

黄花刺参 Morina coulteriana Royle

分布：新疆、西藏；阿富汗、印度、吉尔吉斯斯坦、巴基斯坦、塔吉克斯坦、乌兹别克斯坦

青海刺参 Morina kokonorica K. S. Hao

分布：甘肃、青海、四川、西藏

长叶刺参 Morina longifolia Wall. ex DC.

分布：西藏；不丹、印度、尼泊尔、巴基斯坦、伊朗

藏南刺参 Morina ludlowii (M. Connon) D. Y. Hong

分布：西藏；不丹、印度

多叶刺参 Morina polyphylla Wall. ex DC.

分布：西藏；不丹、印度、尼泊尔

甘松属 Nardostachys DC.

甘松 Nardostachys jatamansi (D. Don) DC.

分布：甘肃、青海、四川、云南、西藏；不丹、印度、尼泊尔

败酱属 Patrinia Juss.

光叶败酱 Patrinia glabrifolia Yamam. et Sasaki

分布：台湾

异叶败酱 Patrinia heterophylla Bunge

分布：吉林、辽宁、内蒙古、河北、山西、山东、河南、陕西、宁夏、甘肃、青海、安徽、浙江、江西、湖南、湖北、四川、重庆、贵州、广西

中败酱 Patrinia intermedia (Hornem.) Roem. et Schult.

分布：新疆；哈萨克斯坦、吉尔吉斯斯坦、蒙古国、俄罗斯

少蕊败酱 Patrinia monandra C. B. Clarke

分布：辽宁、河北、山东、河南、陕西、甘肃、安徽、江苏、江西、湖南、湖北、四川、重庆、贵州、云南、广西

岩败酱 Patrinia rupestris (Pall.) Dufresne

分布：黑龙江、吉林、辽宁、内蒙古、河北、山西、山东、河南、陕西、宁夏、甘肃、四川；蒙古国、俄罗斯

败酱 Patrinia scabiosifolia Link

分布：除宁夏、青海、新疆、海南、西藏外的各省（自治区、直辖市）；日本、朝鲜、蒙古国、俄罗斯

糙叶败酱 Patrinia scabra Bunge

分布：黑龙江、吉林、辽宁、内蒙古、河北、山西、山东、河南、陕西、宁夏、甘肃

西伯利亚败酱 Patrinia sibirica (L.) Juss.

分布：黑龙江、内蒙古、新疆；日本、蒙古国、俄罗斯

秀苞败酱 Patrinia speciosa Hand.-Mazz.

分布：云南、西藏

三叶败酱 Patrinia trifoliata L. Jin et R. N. Zhao

分布：甘肃

攀倒甑 Patrinia villosa (Thunb.) Dufresne

分布：吉林、辽宁、河南、安徽、江苏、浙江、江西、湖南、湖北、重庆、贵州、福建、台湾、广东、广西；日本

攀倒甑(原亚种) Patrinia villosa subsp. **villosa**

分布：河南、安徽、江苏、浙江、江西、湖南、湖北、重庆、贵州、福建、台湾、广东、广西；日本

斑叶败酱 Patrinia villosa subsp. **punctifolia** H. J. Wang

分布：吉林、辽宁

翼首花属 Pterocephalus Vail ex Adans.

裂叶翼首花 Pterocephalus bretschneideri (Batalin) E. Pritz. ex Diels

分布：四川、云南、西藏

匙叶翼首花 Pterocephalus hookeri (C. B. Clarke) E. Pritz.

分布：青海、四川、云南、西藏；不丹、印度、尼泊尔

蓝盆花属 Scabiosa L.

高山蓝盆花 Scabiosa alpestris Kar. et Kir.

分布：新疆；俄罗斯；亚洲(西南部)、欧洲、非洲

紫盆花 Scabiosa atropurpurea L.

分布：陕西、云南；欧洲

阿尔泰蓝盆花 Scabiosa austroaltaica Bobrov

分布：新疆；哈萨克斯坦

华北蓝盆花 Scabiosa comosa Fisch. ex Roem. et Schult.

分布：黑龙江、吉林、辽宁、内蒙古、河北、山西、陕西、宁夏、甘肃；蒙古国、朝鲜、俄罗斯

台湾蓝盆花 Scabiosa lacerifolia Hayata

分布：台湾

黄盆花 Scabiosa ochroleuca L.

分布：新疆；哈萨克斯坦、蒙古国、俄罗斯；欧洲

小花蓝盆花 Scabiosa olivieri Coult.

分布：新疆；从地中海地区至中亚及印度

毛核木属 Symphoricarpos Duhamel

毛核木 Symphoricarpos sinensis Rehder

分布：陕西、甘肃、湖北、四川、云南、广西

莛子藨属 Triosteum L.

穿心莛子藨 **Triosteum himalayanum** Wall.
分布：陕西、湖南、湖北、四川、云南、西藏；不丹、印度、尼泊尔

莛子藨 **Triosteum pinnatifidum** Maxim.
分布：河北、山西、河南、陕西、宁夏、甘肃、青海、湖北、四川；日本

腋花莛子藨 **Triosteum sinuatum** Maxim.
分布：吉林、辽宁、新疆；日本

双参属 Triplostegia Wall. ex DC.

双参 **Triplostegia glandulifera** Wall. ex DC.
分布：陕西、甘肃、江西、湖北、四川、云南、西藏、台湾；不丹、印度、马来西亚、缅甸、尼泊尔

大花双参 **Triplostegia grandiflora** Gagnep.
分布：四川、云南

缬草属 Valeriana L.

黑水缬草 **Valeriana amurensis** P. Smirn. ex Kom.
分布：黑龙江、吉林；朝鲜、俄罗斯

髯毛缬草 **Valeriana barbulata** Diels
分布：四川、云南、西藏；不丹、缅甸、尼泊尔

滇北缬草 **Valeriana briquetiana** H. Lév.
分布：云南

瑞香缬草 **Valeriana daphniflora** Hand.-Mazz.
分布：四川、云南、西藏

新疆缬草 **Valeriana fedtschenkoi** Coincy
分布：新疆；阿富汗、哈萨克斯坦、吉尔吉斯斯坦、巴基斯坦

芥叶缬草 **Valeriana ficariifolia** Boiss.
分布：新疆；阿富汗、塔吉克斯坦、哈萨克斯坦、伊朗

柔垂缬草 **Valeriana flaccidissima** Maxim.
分布：河南、陕西、甘肃、安徽、浙江、湖南、湖北、四川、重庆、贵州、云南、台湾；日本

秀丽缬草 **Valeriana flagellifera** Batalin
分布：甘肃、青海、四川、云南

长序缬草 **Valeriana hardwickii** Wall.
分布：甘肃、江西、湖南、湖北、四川、重庆、贵州、云南、西藏、福建、广东、广西；不丹、印度、印度尼西亚、老挝、缅甸、尼泊尔、巴基斯坦、泰国、越南

横断山缬草 **Valeriana hengduanensis** D. Y. Hong
分布：四川、云南

全缘叶缬草 **Valeriana hiemalis** Graebn.
分布：陕西、四川

毛果缬草 **Valeriana hirticalyx** L. C. Chiu
分布：青海、西藏

许氏缬草(新拟)**Valeriana hsui** M. J. Jung
分布：台湾

蜘蛛香 **Valeriana jatamansi** Jones
分布：河南、甘肃、湖南、湖北、四川、重庆、贵州、云南、西藏；不丹、尼泊尔、越南、印度、泰国

高山缬草 **Valeriana kawakamii** Hayata
分布：台湾

披针叶缬草 **Valeriana lancifolia** Hand.-Mazz.
分布：四川

细花缬草 **Valeriana meonantha** C. Y. Cheng et H. B. Chen
分布：甘肃、青海

小花缬草 **Valeriana minutiflora** Hand.-Mazz.
分布：陕西、四川、云南、西藏

缬草 **Valeriana officinalis** L.
分布：河北、北京、山西、山东、河南、陕西、甘肃、青海、安徽、江苏、浙江、江西、湖南、湖北、四川、重庆、贵州、西藏、台湾；日本、俄罗斯；欧洲

川缬草 **Valeriana sichuanica** D. Y. Hong
分布：四川

窄叶缬草 **Valeriana stenoptera** Diels
分布：四川、云南、西藏

小缬草 **Valeriana tangutica** Batalin
分布：内蒙古、宁夏、甘肃、青海

毛口缬草 **Valeriana trichostoma** Hand.-Mazz.
分布：四川、云南

锦带花属 Weigela Thunb.

锦带花 **Weigela florida** (Bunge) A. DC.
分布：黑龙江、吉林、辽宁、内蒙古、山西、山东、河南、陕西、江苏；日本、朝鲜

半边月 **Weigela japonica** Thunb.
分布：安徽、福建、广东、广西、贵州、?海南、湖北、湖南、江西、四川、浙江；日本、韩国

六道木属 Zabelia (Rehd.) Makino

六道木 **Zabelia biflora** (Turcz.) Makino
分布：辽宁、内蒙古、河北、山西、河南、安徽；朝鲜、

俄罗斯

南方六道木 **Zabelia dielsii** (Graebn.) Makino

分布：山西、河南、陕西、宁夏、甘肃、安徽、浙江、江西、湖北、四川、贵州、云南、西藏、福建

醉鱼草状六道木 **Zabelia triflora** (R. Br.) Makino

分布：四川、云南、西藏；阿富汗、印度、尼泊尔、巴基斯坦

250. 心翼果科 Cardiopteridaceae Blume

心翼果属 **Cardiopteris** Wall. ex Royle

心翼果 **Cardiopteris quinqueloba** (Hassk.) Hassk.

分布：云南、广西、海南；不丹、印度、印度尼西亚、马来西亚、缅甸、泰国、越南

琼榄属 **Gonocaryum** Miq.

台湾琼榄 **Gonocaryum calleryanum** (Baill.) Becc.

分布：台湾；菲律宾、印度尼西亚

琼榄 **Gonocaryum lobbianum** (Miers) Kurz.

分布：云南、海南；缅甸、泰国、越南、柬埔寨、老挝、马来西亚、印度尼西亚

251. 番木瓜科 Caricaceae Dumort.

番木瓜属 **Carica** L.

番木瓜 **Carica papaya** L.

分布：云南、福建、台湾、广东、广西；原产于中美洲，热带地区广泛引种和栽培

252. 香茜科 Carlemanniaceae Airy Shaw

香茜属 **Carlemannia** Benth.

藏香茜(新拟) **Carlemannia griffithii** Benth.

分布：西藏；不丹、印度、缅甸、尼泊尔

香茜 **Carlemannia tetragona** Hook. f.

分布：云南、西藏；印度、缅甸、印度尼西亚、泰国

蜘蛛花属 **Silvianthus** Hook. f.

线萼蜘蛛花 **Silvianthus tonkinensis** (Gagnep.) Ridsdale

分布：云南；老挝、越南

253. 石竹科 Caryophyllaceae Juss.

刺叶属 **Acanthophyllum** C. A. Mey.

刺叶 **Acanthophyllum pungens** (Ledeb.) Boiss.

分布：新疆；哈萨克斯坦、蒙古国

麦毒草属 **Agrostemma** L.

麦仙翁 **Agrostemma githago** L.

分布：黑龙江、吉林、辽宁、内蒙古、山东、新疆、上海、江西、湖南、四川；原产于地中海地区，现广布于欧洲及亚洲温带和半干旱地区

蚤缀属 **Arenaria** L.

针叶老牛筋 **Arenaria acicularis** F. N. Williams

分布：西藏

阿克塞钦雪灵芝 **Arenaria aksayqingensis** L. H. Zhou

分布：新疆

安多无心菜 **Arenaria amdoensis** L. H. Zhou

分布：西藏

点地梅状老牛筋 **Arenaria androsacea** Grubov

分布：内蒙古、宁夏、甘肃、青海、新疆；蒙古国、俄罗斯

亚洲无心菜 **Arenaria asiatica** Schischk.

分布：新疆；俄罗斯、蒙古国

黄毛无心菜 **Arenaria auricoma** Y. W. Tsui ex L. H. Zhou

分布：云南

髯毛无心菜 **Arenaria barbata** Franch.

分布：四川、云南

髯毛无心菜(原变种) **Arenaria barbata** var. **barbata**

分布：四川、云南

硬毛无心菜 **Arenaria barbata** var. **hirsutissima** W. W. Sm.

分布：云南

八宿雪灵芝 **Arenaria baxoiensis** L. H. Zhou

分布：四川、西藏

波密无心菜 **Arenaria bomiensis** L. H. Zhou

分布：西藏

雪灵芝 **Arenaria brevipetala** Y. W. Cui et L. H. Zhou
分布：四川、西藏

藓状雪灵芝 **Arenaria bryophylla** Fernald
分布：青海、西藏；尼泊尔、印度

毛叶老牛筋 **Arenaria capillaris** Poir.
分布：黑龙江、吉林、辽宁、内蒙古、河北；蒙古国、俄罗斯；北美洲

昌都无心菜 **Arenaria chamdoensis** C. Y. Wu ex L. H. Zhou
分布：四川、西藏

缘毛无心菜 **Arenaria ciliolata** Edgew.
分布：西藏；不丹、尼泊尔、印度

扁翅无心菜 **Arenaria compressa** McNeill
分布：西藏；阿富汗、印度、巴基斯坦

道孚无心菜 **Arenaria dawuensis** A. J. Li et Q. Ban
分布：四川

柔软无心菜 **Arenaria debilis** Hook. f.
分布：云南、西藏；不丹、印度、尼泊尔

大理无心菜 **Arenaria delavayi** Franch.
分布：云南、西藏

密生福禄草 **Arenaria densissima** Wall. ex Edgew. et Hook. f.
分布：青海、四川、西藏；不丹、印度、尼泊尔

滇蜀无心菜 **Arenaria dimorphitricha** C. Y. Wu ex L. H. Zhou
分布：四川、云南

察龙无心菜 **Arenaria dsharaensis** Pax et K. Hoffm.
分布：四川

山居雪灵芝 **Arenaria edgeworthiana** Majumdar
分布：西藏；不丹、尼泊尔、印度

真齿无心菜 **Arenaria euodonta** W. W. Sm.
分布：云南

狐茅状雪灵芝 **Arenaria festucoides** Benth. ex Royle
分布：青海、新疆、西藏；印度、克什米尔地区、尼泊尔、巴基斯坦

狐茅状雪灵芝(原变种) **Arenaria festucoides** var. **festucoides**
分布：青海、新疆、西藏；印度、克什米尔地区、尼泊尔、巴基斯坦

小狐茅状雪灵芝 **Arenaria festucoides** var. **imbricata** Edgew. et Hook. f.
分布：西藏

细柄无心菜 **Arenaria filipes** C. Y. Wu ex L. H. Zhou
分布：四川

縫瓣无心菜 **Arenaria fimbriata** Mattf.
分布：陕西、甘肃

美丽老牛筋 **Arenaria formosa** Fisch. ex Ser.
分布：内蒙古、宁夏、甘肃、新疆；哈萨克斯坦、蒙古国、俄罗斯

西南无心菜 **Arenaria forrestii** Diels
分布：甘肃、青海、四川、云南、西藏；尼泊尔

玉龙山无心菜 **Arenaria fridericae** Hand.-Mazz.
分布：云南、西藏

轮叶无心菜 **Arenaria galliformis** C. Y. Wu
分布：四川

改则雪灵芝 **Arenaria gerzensis** L. H. Zhou
分布：西藏

秦岭无心菜 **Arenaria giraldii** (Diels) Mattf.
分布：陕西、甘肃

小腺无心菜 **Arenaria glanduligera** Edgew.
分布：西藏；不丹、尼泊尔、印度

裸茎老牛筋 **Arenaria griffithii** Boiss.
分布：新疆；阿富汗、哈萨克斯坦

华北老牛筋 **Arenaria grueningiana** Pax et K. Hoffm.
分布：内蒙古、河北、山西

海子山老牛筋 **Arenaria haitzeshanensis** Y. W. Cui ex L. H. Zhou
分布：四川、西藏

不显无心菜 **Arenaria inconspicua** Hand.-Mazz.
分布：云南

无饰无心菜 **Arenaria inornata** W. W. Sm.
分布：云南

药山无心菜 **Arenaria iochanensis** C. Y. Wu
分布：云南

紫蕊无心菜 **Arenaria ionandra** Diels
分布：四川、云南

紫蕊无心菜(原变种) **Arenaria ionandra** var. **ionandra**
分布：四川、云南

黑毛无心菜 **Arenaria ionandra** var. **melanotricha** H. F. Comber
分布：云南

瘦叶雪灵芝 **Arenaria ischnophylla** F. N. Williams
分布：西藏

老牛筋 **Arenaria juncea** Bieb.
分布：黑龙江、吉林、辽宁、内蒙古、河北、山西、陕西、宁夏、甘肃；朝鲜、蒙古国、俄罗斯

老牛筋(原变种) **Arenaria juncea** var. **juncea**
分布：黑龙江、吉林、辽宁、内蒙古、河北、山西、陕西、宁夏、甘肃；朝鲜、蒙古国、俄罗斯

无毛老牛筋 **Arenaria juncea** var. **glabra** Regel
分布：内蒙古、河北；俄罗斯

甘肃雪灵芝 **Arenaria kansuensis** Maxim.
分布：甘肃、青海、四川、云南、西藏

克拉克无心菜 **Arenaria karakorensis** Em. Schmid
分布：西藏

库莽雪灵芝 **Arenaria kumaonensis** Maxim.
分布：西藏；印度

澜沧雪灵芝 **Arenaria lancangensis** L. H. Zhou
分布：青海、四川、云南、西藏

毛萼无心菜 **Arenaria leucasteria** Mattf.
分布：四川

古临无心菜 **Arenaria littledalei** Hemsl.
分布：西藏

长茎无心菜 **Arenaria longicaulis** C. Y. Wu ex L. H. Zhou
分布：云南

长梗无心菜 **Arenaria longipes** C. Y. Wu ex L. H. Zhou
分布：四川

长柄无心菜 **Arenaria longipetiolata** C. Y. Wu ex L. H. Zhou
分布：四川

长刚毛无心菜 **Arenaria longiseta** C. Y. Wu
分布：云南

长柱无心菜 **Arenaria longistyla** Franch.
分布：四川、云南、西藏

长柱无心菜(原变种) **Arenaria longistyla** var. **longistyla**
分布：四川、云南、西藏

棱长柱无心菜 **Arenaria longistyla** var. **eugonophylla** Fernald
分布：四川、云南

侧长柱无心菜 **Arenaria longistyla** var. **pleurogynoides** Diels
分布：云南、西藏

黑蕊无心菜 **Arenaria melanandra** (Maxim.) Mattf. ex Hand.-Mazz.
分布：甘肃、青海、四川、西藏；尼泊尔、印度

女娄无心菜 **Arenaria melandryiformis** F. N. Williams
分布：西藏

桃色无心菜 **Arenaria melandryoides** Edgew.
分布：云南、西藏；不丹、尼泊尔、印度

膜萼无心菜 **Arenaria membranisepala** C. Y. Wu
分布：云南

高山老牛筋 **Arenaria meyeri** Fenzl
分布：内蒙古、新疆；俄罗斯

小星无心菜 **Arenaria microstella** C. Y. Wu ex L. H. Zhou
分布：四川

微无心菜 **Arenaria minima** C. Y. Wu ex L. H. Zhou
分布：四川

山地无心菜 **Arenaria monantha** F. N. Williams
分布：西藏

念珠无心菜 **Arenaria monilifera** Mattf.
分布：四川、西藏

单子无心菜 **Arenaria monosperma** F. N. Williams
分布：西藏

滇藏无心菜 **Arenaria napuligera** Franch.
分布：四川、云南、西藏

滇藏无心菜(原变种) **Arenaria napuligera** var. **napuligera**
分布：四川、云南、西藏

单头无心菜 **Arenaria napuligera** var. **monocephala** W. W. Sm.
分布：云南、西藏

尼盖无心菜 **Arenaria neelgherrensis** Wight et Arn.
分布：西藏；印度、尼泊尔、巴基斯坦

变黑无心菜 **Arenaria nigricans** Hand.-Mazz.
分布：云南

变黑无心菜(原变种) **Arenaria nigricans** var. **nigricans**
分布：云南

镇康无心菜 **Arenaria nigricans** var. **zhenkangensis** (C. Y. Wu ex L. H. Zhou) C. Y. Wu
分布：云南

大雪山无心菜 **Arenaria nivalomontana** C. Y. Wu ex L. H. Zhou
分布：云南

峨眉无心菜 **Arenaria omeiensis** C. Y. Wu ex L. H. Zhou
分布：四川

圆叶无心菜 **Arenaria orbiculata** Royle ex Edgew. et Hook. f.
分布：四川、云南、西藏；不丹、印度、克什米尔地区、尼泊尔

山生福禄草 **Arenaria oreophila** Hook. f.
分布：青海、四川、云南；印度

帕里无心菜 **Arenaria pharensis** McNeill et Majumdar
分布：西藏

须花无心菜 **Arenaria pogonantha** W. W. Sm.
分布：四川、云南、西藏

多子无心菜 **Arenaria polysperma** C. Y. Wu ex L. H. Zhou
分布：云南

团状福禄草 **Arenaria polytrichoides** Edgew.
分布：四川、西藏

五蕊老牛筋 **Arenaria potaninii** Schischk.
分布：新疆；哈萨克斯坦、俄罗斯

福禄草 **Arenaria przewalskii** Maxim.
分布：甘肃、青海

线叶无心菜 **Arenaria pseudostellaria** C. Y. Wu, L. H. Zhou et W. L. Wagner
分布：四川、云南

垫状雪灵芝 **Arenaria pulvinata** Edgew.
分布：西藏；不丹、印度、尼泊尔

普兰无心菜 **Arenaria puranensis** L. H. Zhou
分布：西藏

青海雪灵芝 **Arenaria qinghaiensis** Y. W. Cui et L. H. Zhou
分布：青海

四齿无心菜 **Arenaria quadridentata** (Maxim.) F. N. Williams
分布：甘肃、四川

嫩枝无心菜 **Arenaria ramellata** F. N. Williams
分布：西藏

减缩无心菜 **Arenaria reducta** Hand.-Mazz.
分布：四川、云南

红花无心菜 **Arenaria rhodantha** Pax et K. Hoffm.
分布：四川、西藏；印度、尼泊尔

青藏雪灵芝 **Arenaria roborowskii** Maxim.
分布：四川、西藏

紫红无心菜 **Arenaria rockii** Diels
分布：云南

粉花无心菜 **Arenaria roseiflora** Sprague
分布：云南

漆姑无心菜 **Arenaria saginoides** Maxim.
分布：青海、新疆、四川、西藏

怒江无心菜 **Arenaria salweenensis** W. W. Sm.
分布：云南

雪山无心菜 **Arenaria schneideriana** Hand.-Mazz.
分布：云南

无心菜 **Arenaria serpyllifolia** L.
分布：黑龙江、吉林、辽宁、内蒙古、河北、北京、河南、甘肃、安徽、江苏、江西、湖南、湖北、重庆、贵州、福建、广东、海南、香港；澳大利亚；亚洲、欧洲、非洲、北美洲

刚毛无心菜 **Arenaria setifera** C. Y. Wu ex L. H. Zhou
分布：云南

粉花雪灵芝 **Arenaria shannanensis** L. H. Zhou
分布：西藏

神农架无心菜 **Arenaria shennongjiaensis** Z. E. Chao et Z. H. Shen
分布：湖北

大花福禄草 **Arenaria smithiana** Mattf.
分布：云南、西藏

匙叶无心菜 **Arenaria spathulifolia** C. Y. Wu ex L. H. Zhou
分布：四川、云南

藏西无心菜 **Arenaria stracheyi** Edgew.
分布：西藏；印度、尼泊尔

四川无心菜 **Arenaria szechuensis** F. N. Williams
分布：四川

太白雪灵芝 **Arenaria taibaishanensis** L. H. Zhou
分布：陕西

具毛无心菜 **Arenaria trichophora** Franch.
分布：四川、云南、西藏

毛叶无心菜 **Arenaria trichophylla** C. Y. Wu ex L. H. Zhou
分布：四川

土门无心菜 **Arenaria tumengelaensis** L. H. Zhou
分布：西藏

多柱无心菜 **Arenaria weissiana** Hand.-Mazz.
分布：四川、云南

多柱无心菜(原变种) **Arenaria weissiana** var. **weissiana**
分布：四川、云南

裂瓣无心菜 **Arenaria weissiana** var. **bifida** H. Chuang
分布：云南

微毛无心菜 **Arenaria weissiana** var. **puberula** C. Y. Wu ex L. H. Zhou
分布：四川

旱生无心菜 **Arenaria xerophila** W. W. Sm.
分布：四川、云南

旱生无心菜(原变种) **Arenaria xerophila** var. **xerophila**
分布：四川、云南

乡城无心菜 **Arenaria xerophila** var. **xiangchengensis** (L. H. Zhou) C. Y. Wu
分布：四川

狭叶无心菜 **Arenaria yulongshanensis** L. H. Zhou
分布：云南

云南无心菜 **Arenaria yunnanensis** Franch.
分布：四川、云南

云南无心菜(原变种) **Arenaria yunnanensis** var. **yunnanensis**
分布：四川、云南

簇生无心菜 **Arenaria yunnanensis** var. **caespitosa** C. Y. Wu
分布：云南

杂多雪灵芝 **Arenaria zadoiensis** L. H. Zhou
分布：青海

中甸无心菜 **Arenaria zhongdianensis** C. Y. Wu
分布：云南

短瓣花属 Brachystemma D. Don

短瓣花 **Brachystemma calycinum** D. Don
分布：四川、贵州、云南、西藏、广西；不丹、柬埔寨、印度、老挝、尼泊尔、泰国、越南

卷耳属 Cerastium L.

卷耳 **Cerastium arvense** subsp. **strictum** Gaudin
分布：吉林、内蒙古、河北、山西、河南、陕西、宁夏、甘肃、青海、新疆、江西、四川、云南；日本、哈萨克斯坦、朝鲜、蒙古国、俄罗斯；欧洲、北美洲、南美洲

长白卷耳 **Cerastium baischanense** Y. C. Chu
分布：吉林

石灰岩卷耳 **Cerastium calcicola** Ohwi
分布：台湾

六齿卷耳 **Cerastium cerastoides** (L.) Britton
分布：吉林、辽宁、青海、新疆、西藏；阿富汗、印度、克什米尔地区、哈萨克斯坦、蒙古国、?尼泊尔、巴基斯坦、俄罗斯；亚洲(西南部)、欧洲、非洲、北美洲

达乌里卷耳 **Cerastium davuricum** Fisch. ex Spreng.
分布：新疆；哈萨克斯坦、蒙古国、巴基斯坦、俄罗斯；亚洲(西南部)

膨萼卷耳 **Cerastium dichotomum** subsp. **inflatum** (Link) Cullen
分布：新疆；哈萨克斯坦；亚洲(西南部)

披针叶卷耳 **Cerastium falcatum** Bunge
分布：内蒙古、河北、山西、甘肃、新疆；阿富汗、哈萨克斯坦、巴基斯坦、俄罗斯

长蒴卷耳 **Cerastium fischerianum** Ser.
分布：新疆；俄罗斯；北美洲

喜泉卷耳 **Cerastium fontanum** Baumg.
分布：黑龙江、吉林、辽宁、内蒙古、河北、山西、河南、陕西、宁夏、甘肃、青海、新疆、安徽、江苏、浙江、江西、湖南、湖北、四川、贵州、云南、西藏、福建、台湾、广东；世界广布

喜泉卷耳(原亚种) **Cerastium fontanum** subsp. **fontanum**
分布：黑龙江、吉林、辽宁、内蒙古、河北、山西、河南、陕西、宁夏、甘肃、青海、新疆、安徽、江苏、浙江、江西、湖南、湖北、四川、贵州、云南、西藏、福建、台湾、广东；世界广布

大花泉卷耳 Cerastium fontanum subsp. **grandiflorum** H. Hara
分布：西藏；尼泊尔

簇生泉卷耳 Cerastium fontanum subsp. **vulgare** (Hartm.) Greuter et Burdet
分布：黑龙江、吉林、辽宁、内蒙古、河北、山西、河南、陕西、宁夏、甘肃、青海、新疆、安徽、江苏、浙江、江西、湖南、湖北、四川、贵州、云南、西藏、福建、台湾、广东；世界广布

缘毛卷耳 Cerastium furcatum Cham. et Schltdl.
分布：吉林、山西、河南、陕西、宁夏、甘肃、四川、云南、西藏；朝鲜、俄罗斯

球序卷耳 Cerastium glomeratum Thuill.
分布：山东、河南、江苏、浙江、江西、湖南、湖北、贵州、云南、西藏、福建、广西；世界广布

球序卷耳(原变种) Cerastium glomeratum var. **glomeratum**
分布：山东、河南、江苏、浙江、江西、湖南、湖北、贵州、云南、西藏、福建、广西

短果卷耳 Cerastium glomeratum var. **brachycarpum** L. H. Zhou et Q. Z. Han
分布：辽宁

椭圆叶卷耳 Cerastium limprichtii Pax et K. Hoffm.
分布：河北、陕西

紫草叶卷耳 Cerastium lithospermifolium Fisch.
分布：新疆；哈萨克斯坦、蒙古国、俄罗斯

大卷耳 Cerastium maximum L.
分布：新疆；俄罗斯；北美洲

玉山卷耳 Cerastium morrisonense Hayata
分布：台湾

小瓣卷耳 Cerastium parvipetalum Hosok.
分布：台湾

疏花卷耳 Cerastium pauciflorum Stev. ex Ser.
分布：甘肃、新疆；日本、哈萨克斯坦、朝鲜、蒙古国、俄罗斯

疏花卷耳(原变种) Cerastium pauciflorum var. **pauciflorum**
分布：甘肃、新疆；日本、哈萨克斯坦、韩国、蒙古国、俄罗斯

毛蕊卷耳 Cerastium pauciflorum var. **oxalidiflorum** (Makino) Ohwi
分布：黑龙江、吉林、辽宁；日本、朝鲜、俄罗斯

抱茎叶卷耳 Cerastium perfoliatum L.
分布：浙江；俄罗斯；亚洲(西南部)、欧洲

山卷耳 Cerastium pusillum Ser.
分布：内蒙古、宁夏、甘肃、青海、新疆、云南；阿富汗、哈萨克斯坦、蒙古国、俄罗斯

清凉峰卷耳 Cerastium qingliangfengicum H. W. Zhang et X. F. Jin
分布：浙江

毛卷耳 Cerastium subpilosum Hayata
分布：台湾

四川卷耳 Cerastium szechuense F. N. Williams
分布：四川

高山卷耳 Cerastium takasagomontanum Masam.
分布：台湾

藏南卷耳 Cerastium thomsonii Hook. f.
分布：西藏；阿富汗、印度、克什米尔地区、尼泊尔、巴基斯坦

天山卷耳 Cerastium tianschanicum Schischk.
分布：新疆；阿富汗、哈萨克斯坦

轮叶卷耳 Cerastium verticifolium R. L. Dang et X. M. Pi
分布：新疆

卵叶卷耳 Cerastium wilsonii Takeda
分布：河南、陕西、甘肃、安徽、湖北、四川、云南

石竹属 Dianthus L.

针叶石竹 Dianthus acicularis Fisch. ex Ledeb.
分布：新疆；哈萨克斯坦、俄罗斯；欧洲

阿尔泰石竹 Dianthus altaicus L. X. Dong et C. Y. Yang
分布：新疆

头石竹 Dianthus barbatus var. **asiaticus** Nakai
分布：吉林；朝鲜、俄罗斯

石竹 Dianthus chinensis L.
分布：黑龙江、吉林、辽宁、内蒙古、河北、山西、山东、河南、陕西、宁夏、甘肃、青海、新疆及南方各省（自治区、直辖市）归化；哈萨克斯坦、韩国、蒙古国、俄罗斯；欧洲

高石竹 Dianthus elatus Ledeb.
分布：新疆；哈萨克斯坦、俄罗斯

大苞石竹 **Dianthus hoeltzeri** C. Winkl.
分布：新疆；哈萨克斯坦、蒙古国

长萼石竹 **Dianthus kuschakewiczii** Regel et Schmalh.
分布：新疆；哈萨克斯坦

长萼瞿麦 **Dianthus longicalyx** Miq.
分布：辽宁、内蒙古、河北、山西、山东、河南、陕西、宁夏、甘肃、安徽、江苏、浙江、江西、湖南、湖北、四川、贵州、福建、台湾、广东、广西、海南；日本、朝鲜

南山石竹 **Dianthus nanshanicus** C. Y. Yang et L. X. Dong
分布：新疆

縫裂石竹 **Dianthus orientalis** Adams
分布：新疆、西藏；亚洲(西南部)

八里石竹 **Dianthus palinensis** S. S. Ying
分布：台湾

玉山石竹 **Dianthus pygmaeus** Hayata
分布：台湾

多分枝石竹 **Dianthus ramosissimus** Pall. ex Poir.
分布：新疆；哈萨克斯坦、蒙古国、俄罗斯

簇茎石竹 **Dianthus repens** Willd.
分布：内蒙古；俄罗斯；北美洲

簇茎石竹(原变种) **Dianthus repens** var. **repens**
分布：内蒙古；俄罗斯；北美洲

毛簇茎石竹 **Dianthus repens** var. **scabripilosus** Y. Z. Zhao
分布：内蒙古

狭叶石竹 **Dianthus semenovii** (Regel et Herder) Vierh.
分布：新疆；哈萨克斯坦、吉尔吉斯斯坦

准噶尔石竹 **Dianthus soongoricus** Schischk.
分布：新疆；哈萨克斯坦、蒙古国

瞿麦 **Dianthus superbus** L.
分布：黑龙江、吉林、内蒙古、河北、山西、山东、河南、陕西、宁夏、甘肃、青海、新疆、安徽、江苏、浙江、江西、湖南、湖北、四川、贵州、广西；日本、哈萨克斯坦、韩国、蒙古国、俄罗斯；欧洲

瞿麦(原亚种) **Dianthus superbus** subsp. **superbus**
分布：黑龙江、吉林、内蒙古、河北、山西、山东、河南、陕西、宁夏、甘肃、青海、新疆、安徽、江苏、浙江、江西、湖南、湖北、四川、贵州、广西；日本、哈萨克斯坦、韩国、蒙古国、俄罗斯

高山瞿麦 **Dianthus superbus** subsp. **alpestris** Kablík. ex Celak.
分布：吉林、内蒙古、河北、山西、陕西；亚洲和欧洲的高山地区

细茎石竹 **Dianthus turkestanicus** Preobr.
分布：新疆；哈萨克斯坦

荷莲豆草属 **Drymaria** Willd. ex Schult.

荷莲豆草 **Drymaria cordata** (L.) Willd. ex Schult.
分布：浙江、湖南、四川、贵州、云南、西藏、福建、台湾、广东、广西、海南；北美洲、南美洲

毛荷莲豆草 **Drymaria villosa** Cham. et Schltdl.
分布：西藏；原产于中南美洲

裸果木属 **Gymnocarpos** Forssk.

裸果木 **Gymnocarpos przewalskii** Bunge ex Maxim.
分布：内蒙古、宁夏、甘肃、青海、新疆；蒙古国

石头花属 **Gypsophila** L.

高石头花 **Gypsophila altissima** L.
分布：新疆；哈萨克斯坦、俄罗斯；欧洲

光萼石头花 **Gypsophila capitata** Bieb.
分布：新疆；哈萨克斯坦

头状石头花 **Gypsophila capituliflora** Rupr.
分布：内蒙古、宁夏、甘肃、新疆；哈萨克斯坦、吉尔吉斯斯坦、蒙古国

膜苞石头花 **Gypsophila cephalotes** (Schrenk) F. N. Williams
分布：新疆；阿富汗、哈萨克斯坦、蒙古国、巴基斯坦、俄罗斯

卷耳状石头花 **Gypsophila cerastioides** D. Don
分布：西藏；孟加拉国、不丹、印度、尼泊尔、巴基斯坦

草原石头花 **Gypsophila davurica** Turcz. ex Fenzl
分布：黑龙江、吉林、辽宁、内蒙古、河北、山西；蒙古国、俄罗斯

草原石头花(原变种) **Gypsophila davurica** var. **davurica**
分布：黑龙江、吉林、辽宁、内蒙古、河北、山西；蒙古国、俄罗斯

狭叶石头花 **Gypsophila davurica** var. **angustifolia** Fenzl
分布：内蒙古；俄罗斯

荒漠石头花 **Gypsophila desertorum** (Bunge) Fenzl
分布：内蒙古、新疆；蒙古国、俄罗斯

缕丝花 Gypsophila elegans Bieb.

分布：中国常栽培供观赏；欧洲至高加索地区、土耳其(东部)、伊朗；美洲引进栽培

华山石头花 Gypsophila huashanensis Y. W. Tsui et D. Q. Lu

分布：陕西

细叶石头花 Gypsophila licentiana Hand.-Mazz.

分布：内蒙古、山西、陕西、宁夏、甘肃、青海、新疆；亚洲(西南部)

小叶石头花 Gypsophila microphylla (Schrenk) Fenzl

分布：新疆；中亚

细小石头花 Gypsophila muralis L.

分布：黑龙江；哈萨克斯坦、俄罗斯；亚洲(西南部)、欧洲

长蕊石头花 Gypsophila oldhamiana Miq.

分布：辽宁、河北、山西、山东、河南、陕西、安徽、江苏、湖北；朝鲜

大叶石头花 Gypsophila pacifica Kom.

分布：黑龙江、吉林、辽宁；朝鲜、俄罗斯

圆锥石头花 Gypsophila paniculata L.

分布：新疆；哈萨克斯坦、蒙古国、俄罗斯

紫萼石头花 Gypsophila patrinii Ser.

分布：宁夏、甘肃、青海、新疆；哈萨克斯坦、蒙古国、俄罗斯

钝叶石头花 Gypsophila perfoliata L.

分布：新疆；哈萨克斯坦、蒙古国、俄罗斯、土库曼斯坦；亚洲(西南部)、欧洲

绢毛石头花 Gypsophila sericea (Ser.) Krylov

分布：新疆；哈萨克斯坦、蒙古国、俄罗斯

刺序石头花 Gypsophila spinosa D. Q. Lu

分布：新疆

河北石头花 Gypsophila tschiliensis J. Krause

分布：河北、北京

治疝草属 Herniaria L.

高加索治疝草 Herniaria caucasica Rupr.

分布：新疆；哈萨克斯坦、蒙古国、俄罗斯；亚洲(西南部)

治疝草 Herniaria glabra L.

分布：新疆、四川；阿富汗、蒙古国、俄罗斯、乌兹别克斯坦；欧洲

杂性治疝草 Herniaria polygama J. Gay

分布：新疆；俄罗斯；欧洲

硬骨草属 Holosteum L.

硬骨草 Holosteum umbellatum L.

分布：新疆；阿富汗、印度、克什米尔地区、哈萨克斯坦、巴基斯坦、俄罗斯；亚洲(西南部)、欧洲

薄蒴草属 Lepyrodiclis Fenzl

薄蒴草 Lepyrodiclis holosteoides (C. A. Mey.) Fenzl ex Fisch. et C. A. Mey.

分布：内蒙古、河南、陕西、宁夏、甘肃、青海、新疆、四川、西藏；阿富汗、印度、克什米尔地区、哈萨克斯坦、蒙古国、尼泊尔、巴基斯坦；中亚和亚洲西南部

繁缕薄蒴草 Lepyrodiclis stellarioides Schrenk ex Fisch. et C. A. Mey.

分布：新疆；阿富汗、哈萨克斯坦；中亚和亚洲西南部

剪秋罗属 Lychnis L.

皱叶剪秋罗 Lychnis chalcedonica L.

分布：新疆；蒙古国、俄罗斯

浅裂剪秋罗 Lychnis cognata Maxim.

分布：黑龙江、吉林、辽宁、内蒙古、河北、山西、山东、河南、陕西、浙江；朝鲜、俄罗斯

毛剪秋罗 Lychnis coronaria (L.) Desr.

分布：中国城市庭园栽培供观赏；亚洲(西部)、欧洲(南部)

剪春罗 Lychnis coronata Thunb.

分布：安徽、江苏、浙江、江西、湖南、四川、福建

剪秋罗 Lychnis fulgens Fisch. ex Spreng.

分布：黑龙江、吉林、辽宁、内蒙古、河北、山西、河南、湖北、四川、贵州、云南；日本、朝鲜、俄罗斯

剪红纱花 Lychnis senno Sieb. et Zucc.

分布：河北、河南、甘肃、安徽、江苏、浙江、江西、湖南、湖北、四川、贵州、云南；日本

丝瓣剪秋罗 Lychnis wilfordii (Regel) Maxim.

分布：吉林；日本、朝鲜、俄罗斯

高山漆姑草属 Minuartia L.

北极米努草 Minuartia arctica (Steven ex Ser.) Graebn.

分布：吉林；哈萨克斯坦、蒙古国、俄罗斯；北美洲

二花米努草 Minuartia biflora (L.) Schinz et Thell.

分布：新疆；阿富汗、哈萨克斯坦、蒙古国、巴基斯坦、俄罗斯；欧洲、北美洲

腺毛米努草 Minuartia helmii (Fisch. ex Ser.) Schischk.

分布：新疆；俄罗斯；欧洲

克什米尔米努草 **Minuartia kashmirica** (Edgew.) Mattf.
分布：西藏；阿富汗、印度、尼泊尔、巴基斯坦

新疆米努草 **Minuartia kryloviana** Schischk.
分布：新疆；阿富汗、哈萨克斯坦、俄罗斯

石米努草 **Minuartia laricina** (L.) Mattfeld
分布：黑龙江、吉林、内蒙古；朝鲜、蒙古国、俄罗斯

西北米努草 **Minuartia litwinowii** Schischk.
分布：新疆；哈萨克斯坦、土库曼斯坦；亚洲(西南部)

长百米努草 **Minuartia macrocarpa** var. **koreana** (Nakai) Hara
分布：吉林；朝鲜

米努草 **Minuartia regeliana** (Trautv.) Mattf.
分布：新疆；哈萨克斯坦、蒙古国、俄罗斯、土库曼斯坦；亚洲(西南部)

小米努草 **Minuartia schischkinii** Adylov
分布：新疆；中亚

直立米努草 **Minuartia stricta** (Sw.) Hiern
分布：新疆；俄罗斯(远东地区)；欧洲、北美洲

土库曼米努草 **Minuartia turcomanica** Schischk.
分布：新疆；伊朗；中亚

春米努草 **Minuartia verna** (L.) Hiern
分布：新疆；日本、哈萨克斯坦、蒙古国、俄罗斯；欧洲、北美洲

种阜草属 **Moehringia** L.

种阜草 **Moehringia lateriflora** (L.) Fenzl
分布：黑龙江、吉林、辽宁、内蒙古、山西、宁夏、甘肃、新疆、湖北；日本、哈萨克斯坦、朝鲜、蒙古国、俄罗斯；亚洲(西南部)、欧洲

三脉种阜草 **Moehringia trinervia** (L.) Clairv.
分布：陕西、甘肃、新疆、安徽、浙江、江西、湖南、湖北、四川、台湾；日本、哈萨克斯坦、俄罗斯；亚洲(西南部)、欧洲

新疆种阜草 **Moehringia umbrosa** (Bunge) Fenzl
分布：新疆；哈萨克斯坦、俄罗斯

鹅肠菜属 **Myosoton** Moench

鹅肠菜 **Myosoton aquaticum** (L.) Moench
分布：黑龙江、吉林、辽宁、内蒙古、河北、北京、河南、宁夏、甘肃、青海、安徽、江苏、江西、湖南、湖北、贵州、福建、广东、广西、海南、香港、澳门；世界广布

膜萼花属 **Petrorhagia** (Ser.) Link

直立膜萼花 **Petrorhagia alpina** (Hablitz) P. W. Ball et Heyw.
分布：新疆；克什米尔地区、哈萨克斯坦、巴基斯坦、俄罗斯、塔吉克斯坦；亚洲(西南部)、欧洲

白鼓钉属 **Polycarpaea** Lam.

白鼓钉 **Polycarpaea corymbosa** (L.) Lam.
分布：安徽、江西、湖北、云南、福建、台湾、广东、广西、海南；热带至亚热带广布

大花白鼓钉 **Polycarpaea gaudichaudii** Gagnep.
分布：广东、海南；柬埔寨、印度、马来西亚、越南

多荚草属 **Polycarpon** L.

多荚草 **Polycarpon prostratum** (Forssk.) Asch. et Schweinf.
分布：云南、福建、广东、广西、海南；亚洲、非洲

金铁锁属 **Psammosilene** W. C. Wu et C. Y. Wu

金铁锁 **Psammosilene tunicoides** W. C. Wu et C. Y. Wu
分布：四川、贵州、云南、西藏

假卷耳属 **Pseudocerastium** C. Y. Wu et X. H. Guo et X. P. Zhang

假卷耳 **Pseudocerastium stellarioides** X. H. Guo et X. P. Zhang
分布：安徽

孩儿参属 **Pseudostellaria** Pax

蔓孩儿参 **Pseudostellaria davidii** (Franch.) Pax
分布：黑龙江、吉林、辽宁、内蒙古、河北、山西、山东、河南、陕西、甘肃、青海、新疆、安徽、浙江、四川、云南、西藏、广西；朝鲜、蒙古国、俄罗斯

贺兰山孩儿参 **Pseudostellaria helanshanensis** W. Z. Di et Y. Ren
分布：内蒙古

异花孩儿参 **Pseudostellaria heterantha** (Maxim.) Pax
分布：内蒙古、河北、山西、河南、陕西、宁夏、甘肃、青海、安徽、四川、贵州、西藏；日本、俄罗斯

孩儿参 **Pseudostellaria heterophylla** (Miq.) Pax
分布：辽宁、内蒙古、河北、山东、河南、陕西、青海、安徽、江苏、浙江、江西、湖南、湖北、四川；日本、朝鲜

须弥孩儿参 **Pseudostellaria himalaica** (Franch.) Pax
分布：甘肃、青海、湖北、四川、云南、西藏；不丹、印

度、克什米尔地区、尼泊尔、巴基斯坦

毛脉孩儿参 **Pseudostellaria japonica** (Korsh.) Pax

分布：黑龙江、吉林、辽宁、内蒙古、河北；日本、朝鲜、俄罗斯

多花孩儿参(新拟) **Pseudostellaria polymorpha** Y. S. Lian

分布：甘肃

石生孩儿参 **Pseudostellaria rupestris** (Turcz.) Pax

分布：吉林、内蒙古、青海；蒙古国、俄罗斯

细叶孩儿参 **Pseudostellaria sylvatica** (Maxim.) Pax

分布：黑龙江、吉林、辽宁、河北、河南、陕西、甘肃、青海、新疆、湖北、四川、贵州、云南、西藏；不丹、日本、朝鲜、俄罗斯

天目山孩儿参(新拟) **Pseudostellaria tianmushanensis** G. H. Xia et G. Y. Li

分布：浙江

西藏孩儿参 **Pseudostellaria tibetica** Ohwi

分布：四川、西藏

浙江孩儿参(新拟) **Pseudostellaria zhejiangensis** X. F. Jin et B. Y. Ding

分布：浙江

漆姑草属 **Sagina** L.

漆姑草 **Sagina japonica** (Sw.) Ohwi

分布：黑龙江、辽宁、内蒙古、河北、山西、山东、河南、陕西、甘肃、青海、安徽、江苏、浙江、江西、湖南、湖北、四川、贵州、云南、西藏、福建、台湾、广东、广西；不丹、印度、日本、韩国、尼泊尔、俄罗斯

根叶漆姑草 **Sagina maxima** A. Gray

分布：辽宁、新疆、安徽、四川、台湾；日本、朝鲜、俄罗斯；北美洲

仰卧漆姑草 **Sagina procumbens** L.

分布：新疆；阿富汗、印度、菲律宾、俄罗斯；西亚、欧洲

无毛漆姑草 **Sagina saginoides** (L.) H. Karst.

分布：内蒙古、青海、新疆、四川、云南、西藏；不丹、印度、日本、哈萨克斯坦、朝鲜、尼泊尔、巴基斯坦、俄罗斯、越南；亚洲(西南部)、欧洲、北美洲

肥皂草属 **Saponaria** L.

肥皂草 **Saponaria officinalis** L.

分布：黑龙江、吉林、辽宁、山东、湖北，其他各省（自治区、直辖市）广泛栽培；原产于西亚和欧洲，地中海沿岸有分布

蝇子草属 **Silene** L.

腺萼蝇子草 **Silene adenocalyx** F. N. Williams

分布：西藏

贺兰山蝇子草 **Silene alaschanica** (Maxim.) Bocquet

分布：内蒙古、宁夏

斋桑蝇子草 **Silene alexandrae** B. Keller

分布：新疆；哈萨克斯坦

阿尔泰蝇子草 **Silene altaica** Pers.

分布：新疆；哈萨克斯坦、俄罗斯

女娄菜 **Silene aprica** Turcz. ex Fisch. et C. A. Mey.

分布：中国广布；日本、朝鲜、蒙古国、俄罗斯

高雪轮 **Silene armeria** L.

分布：中国城市栽培；欧洲

掌脉蝇子草 **Silene asclepiadea** Franch.

分布：四川、贵州、云南

栗色蝇子草 **Silene atrocastanea** Diels

分布：云南

阿扎蝇子草 **Silene atsaensis** (C. Marquand) Bocquet

分布：西藏

耳瓣女娄菜 **Silene auritipetala** (Y. Z. Zhao et P. Ma) Y. Z. Zhao

分布：内蒙古

狗筋蔓 **Silene baccifera** (L.) Roth

分布：辽宁、内蒙古、河北、山西、山东、河南、陕西、宁夏、甘肃、新疆、安徽、江苏、浙江、湖北、四川、贵州、云南、西藏、福建、台湾、广西；不丹、日本、克什米尔地区、哈萨克斯坦、韩国、尼泊尔、俄罗斯；欧洲

巴塘蝇子草 **Silene batangensis** H. Limpr.

分布：四川、西藏

双舌蝇子草 **Silene bilingua** W. W. Sm.

分布：四川、云南、西藏

小花蝇子草 **Silene borysthenica** (Gruner) Walters

分布：新疆；中亚、欧洲

暗色蝇子草 **Silene bungei** Bocquet

分布：新疆；哈萨克斯坦、吉尔吉斯斯坦、蒙古国、俄罗斯

丛生蝇子草 **Silene caespitella** F. N. Williams

分布：青海、四川、西藏；不丹、克什米尔地区

头序蝇子草 **Silene capitata** Kom.

分布：吉林；朝鲜

心瓣蝇子草 **Silene cardiopetala** Franch.
分布：四川、云南、西藏

克什米尔蝇子草 **Silene cashmeriana** (Royle ex Benth.) Majumdar
分布：西藏；克什米尔地区

球萼蝇子草 **Silene chodatii** Bocquet
分布：云南

球萼蝇子草(原变种) **Silene chodatii** var. **chodatii**
分布：云南

矮球萼蝇子草 **Silene chodatii** var. **pygmaea** Bocquet
分布：四川

中甸蝇子草 **Silene chungtienensis** W. W. Sm.
分布：云南

麦瓶草 **Silene conoidea** L.
分布：新疆、西藏；亚洲、欧洲、非洲

长果蝇子草 **Silene cyri** Schischk.
分布：新疆；哈萨克斯坦

垫状蝇子草 **Silene davidii** (Franch.) Oxelman et Lidén
分布：青海、四川、云南、西藏

道孚蝇子草 **Silene dawoensis** Limpr.
分布：四川、云南

西南蝇子草 **Silene delavayi** Franch.
分布：云南

密山蝇子草 **Silene densiflora** D'Urv.
分布：新疆；俄罗斯、哈萨克斯坦

灌丛蝇子草 **Silene dumetosa** C. L. Tang
分布：云南

无鳞蝇子草 **Silene esquamata** W. W. Sm.
分布：四川、云南

疏毛女娄菜 **Silene firma** Sieb. et Zucc.
分布：中国广布；日本、韩国、俄罗斯

石缝蝇子草 **Silene foliosa** Maxim.
分布：黑龙江、内蒙古、山西、陕西、宁夏、甘肃；日本、朝鲜、俄罗斯

鹤草 **Silene fortunei** Vis.
分布：河北、山西、山东、陕西、甘肃、安徽、江西、四川、福建、台湾

线叶蝇子草 **Silene gebleriana** Schrenk
分布：新疆；哈萨克斯坦

隐瓣蝇子草 **Silene gonosperma** (Rupr.) Bocquet
分布：河北、山西、甘肃、青海、新疆、西藏；中亚

纤细蝇子草 **Silene gracilenta** H. Chuang
分布：云南

细蝇子草 **Silene gracilicaulis** C. L. Tang
分布：内蒙古、青海、四川、云南、西藏

禾叶蝇子草 **Silene graminifolia** Otth
分布：内蒙古、新疆、西藏；哈萨克斯坦、蒙古国、俄罗斯

大花蝇子草 **Silene grandiflora** Franch.
分布：云南

大花蝇子草(原变种) **Silene grandiflora** var. **grandiflora**
分布：云南

旱生大花蝇子草 **Silene grandiflora** var. **xerobatica** W. W. Sm.
分布：云南

粘蝇子草 **Silene heptapotamica** Schischk.
分布：新疆；哈萨克斯坦、埃及

多裂腺毛蝇子草 **Silene herbilegorum** (Bocquet) Lidén et Oxelman
分布：四川、云南

须弥蝇子草 **Silene himalayensis** (Rohrb.) Majumdar
分布：河北、陕西、湖北、四川、云南、西藏；阿富汗、不丹、尼泊尔、巴基斯坦、印度

全缘蝇子草 **Silene holopetala** Bunge
分布：新疆；哈萨克斯坦

狭果蝇子草 **Silene huguettiae** Bocquet
分布：甘肃、青海、四川、云南、西藏

狭果蝇子草(原变种) **Silene huguettiae** var. **huguettiae**
分布：甘肃、青海、四川、云南、西藏

无腺狭果蝇子草 **Silene huguettiae** var. **pilosa** C. Y. Wu et H. Chuang
分布：青海、四川、云南、西藏

霍城蝇子草 **Silene huochenensis** X. M. Pi et X. L. Pan
分布：新疆

湖北蝇子草 **Silene hupehensis** C. L. Tang
分布：河南、陕西、甘肃、湖北、四川

湖北蝇子草(原变种) **Silene hupehensis** var. **hupehensis**
分布：河南、陕西、甘肃、湖北、四川

毛湖北蝇子草 **Silene hupehensis** var. **pubescens** C. L. Tang
分布：陕西

齿瓣蝇子草 **Silene incisa** C. L. Tang
分布：四川

镰叶蝇子草 **Silene incurvifolia** Kar. et Kir.
分布：新疆；哈萨克斯坦、吉尔吉斯斯坦、俄罗斯

印度蝇子草 **Silene indica** Roxb. ex Otth
分布：西藏；不丹、印度、克什米尔地区、尼泊尔

印度蝇子草(原变种) **Silene indica** var. **indica**
分布：西藏；不丹、印度、克什米尔地区、尼泊尔

不丹蝇子草 **Silene indica** var. **bhutanica** (W. W. Sm.) Bocquet
分布：西藏；不丹、印度、克什米尔地区、尼泊尔

山蚂蚱草 **Silene jenisseensis** Willd.
分布：黑龙江、吉林、辽宁、内蒙古、河北、山西；韩国、蒙古国、俄罗斯

山蚂蚱草(原变种) **Silene jenisseensis** var. **jenisseensis**
分布：黑龙江、吉林、辽宁、内蒙古、河北、山西；韩国、蒙古国、俄罗斯

宽叶旱麦瓶草 **Silene jenisseensis** var. **latifolia** (Turcz.) Y. Z. Zhao
分布：内蒙古

紫花麦瓶草 **Silene jiningensis** Y. Z. Zhao
分布：内蒙古

喀拉蝇子草 **Silene karaczukuri** B. Fedtsch.
分布：新疆；塔吉克斯坦

污色蝇子草 **Silene karekirii** Bocquet
分布：新疆；哈萨克斯坦

卡西亚蝇子草 **Silene khasiana** Rohrb.
分布：西藏；印度、尼泊尔

甲拉蝇子草 **Silene kialensis** (F. N. Williams) Lidén et Oxelman
分布：甘肃、青海、四川、西藏

轮伞蝇子草 **Silene komarovii** Schischk.
分布：新疆；哈萨克斯坦、吉尔吉斯斯坦、塔吉克斯坦

朝鲜蝇子草 **Silene koreana** Kom.
分布：黑龙江、吉林；日本、朝鲜、俄罗斯

巩乃斯蝇子草 **Silene kungessana** B. Fedtsch.
分布：新疆

喇嘛蝇子草 **Silene lamarum** C. Y. Wu
分布：四川、云南

叉枝蝇子草 **Silene latifolia** Poir.
分布：新疆；亚洲(西南部)、欧洲

叉枝蝇子草(原亚种) **Silene latifolia** subsp. **latifolia**
分布：新疆；亚洲、欧洲

白花蝇子草 **Silene latifolia** subsp. **alba** (Mill.) Greuter et Burdet
分布：辽宁；亚洲(西南部)、欧洲

拉萨蝇子草 **Silene lhassana** (F. N. Williams) Majumdar
分布：西藏

丽江蝇子草 **Silene lichiangensis** W. W. Sm.
分布：云南

线瓣蝇子草 **Silene leariloba** C. Y. Wu
分布：云南

林奈蝇子草 **Silene linnaeana** Vorosch.
分布：内蒙古；蒙古国、俄罗斯

喜岩蝇子草 **Silene lithophila** Kar. et Kir.
分布：新疆；中亚

长果女娄菜 **Silene longicarpa** (Y. Z. Zhao et Z. Y. Chu) Y. Z. Zhao
分布：内蒙古、宁夏

长角蝇子草 **Silene longicornuta** C. Y. Wu et C. L. Tang
分布：四川、云南

长柱蝇子草 **Silene macrostyla** Maxim.
分布：黑龙江、吉林、辽宁；朝鲜、俄罗斯

中型蝇子草 **Silene media** Kleop.
分布：新疆；哈萨克斯坦

黑花蝇子草 **Silene melanantha** Franch.
分布：云南

沧江蝇子草 **Silene monbeigii** W. W. Sm.
分布：四川、云南、西藏

冈底斯山蝇子草 **Silene moorcroftiana** Wall. ex Benth.
分布：西藏；阿富汗、印度、克什米尔地区、尼泊尔、巴基斯坦

玉山蝇子草 **Silene morrisonmontana** (Hayata) Ohwi et Ohashi
分布：台湾

玉山蝇子草(原变种) **Silene morrisonmontana** var. **morrisonmontana**
分布：台湾

秃玉山蝇子草 **Silene morrisonmontana** var. **glabella** (Ohwi) Ohwi et Ohashi
分布：台湾

木里蝇子草 **Silene muliensis** C. Y. Wu
分布：四川

花脉蝇子草 **Silene multifurcata** C. L. Tang
分布：西藏

墨脱蝇子草 **Silene namlaensis** (C. Marquand) Bocquet
分布：西藏

矮蝇子草 **Silene nana** Kar. et Kir.
分布：新疆；哈萨克斯坦、巴基斯坦；亚洲(西南部)

囊谦蝇子草 **Silene nangqenensis** C. L. Tang
分布：青海、西藏

纺锤蝇子草 **Silene napuligera** Franch.
分布：四川、云南、西藏

尼泊尔蝇子草 **Silene nepalensis** Majumdar
分布：青海、四川、云南、西藏；不丹、克什米尔地区、尼泊尔、巴基斯坦、印度

变黑蝇子草 **Silene nigrescens** (Edgew.) Majumdar
分布：西藏；不丹、缅甸、尼泊尔、印度

变黑蝇子草(原亚种) **Silene nigrescens** subsp. **nigrescens**
分布：西藏；不丹、缅甸、尼泊尔、印度

宽叶变黑蝇子草 **Silene nigrescens** subsp. **latifolia** Bocquet
分布：四川、云南

宁夏蝇子草 **Silene ningxiaensis** C. L. Tang
分布：内蒙古、宁夏、甘肃

夜花蝇子草 **Silene noctiflora** L.
分布：新疆；哈萨克斯坦、俄罗斯；亚洲(西南部)、欧洲

倒披针叶蝇子草 **Silene oblanceolata** W. W. Sm.
分布：四川、云南

香蝇子草 **Silene odoratissima** Bunge
分布：新疆；哈萨克斯坦、俄罗斯

沙生蝇子草 **Silene olgiana** B. Fedtsch.
分布：新疆；哈萨克斯坦、埃及

内蒙古女娄菜 **Silene orientalimongolica** Kozhevn.
分布：内蒙古；俄罗斯

黄雪轮 **Silene otites** (L.) Wibel
分布：新疆；欧洲

耳齿蝇子草 **Silene otodonta** Franch.
分布：四川、云南

红齿蝇子草 **Silene phoenicodonta** Franch.
分布：四川、云南

宽叶蝇子草 **Silene platyphylla** Franch.
分布：四川、云南

宽瓣蝇子草 **Silene principis** Oxelman et Lidén
分布：四川

团伞蝇子草 **Silene pseudofortunei** Y. W. Tsui et C. L. Tang
分布：山西、四川

昭苏蝇子草 **Silene pseudotenuis** Schischk.
分布：新疆；哈萨克斯坦、吉尔吉斯斯坦

长梗细蝇子草 **Silene pterosperma** Maxim.
分布：内蒙古、陕西、甘肃、青海、四川

毛萼蝇子草 **Silene pubicalycina** C. Y. Wu
分布：四川、云南、西藏

普兰蝇子草 **Silene puranensis** (L. H. Zhou) C. Y. Wu et H. Chuang
分布：西藏

齐云山蝇子草 **Silene qiyunshanensis** X. H. Guo et X. L. Liu
分布：安徽

四裂蝇子草 **Silene quadriloba** Turcz. ex Kar. et Kir.
分布：新疆；哈萨克斯坦、蒙古国、俄罗斯

蔓茎蝇子草 **Silene repens** Patrin
分布：甘肃、河北、吉林、内蒙古、陕西、四川、西藏；日本、韩国、蒙古国、俄罗斯；北美洲(西北部)

粉花蝇子草 **Silene rosiflora** Kingdon-Ward
分布：四川、云南

红萼蝇子草 **Silene rubricalyx** (C. Marquand) Bocquet
分布：四川、西藏

柳叶蝇子草 **Silene salicifolia** C. L. Tang
分布：四川

岩生蝇子草 Silene scopulorum Franch.

分布：云南

汉城蝇子草 Silene seoulensis Nakai

分布：黑龙江、吉林、辽宁；韩国

汉城蝇子草(原变种) Silene seoulensis var. **seoulensis**

分布：黑龙江、吉林、辽宁；韩国

狭叶汉城蝇子草 Silene seoulensis var. **angustata** C. L. Tang

分布：辽宁

准噶尔蝇子草 Silene songarica (Fisch., C. A. Mey. et Avé-Lall.) Bocquet

分布：吉林、内蒙古、新疆；哈萨克斯坦、蒙古国、俄罗斯

大子蝇子草 Silene stewartiana Diels

分布：云南

细裂蝇子草 Silene suaveolens Turcz. ex Kar. et Kir.

分布：新疆；阿富汗、哈萨克斯坦、吉尔吉斯斯坦、蒙古国、塔吉克斯坦

藏蝇子草 Silene subcretacea F. N. Williams

分布：西藏

德钦蝇子草 Silene sveae Lidén et Oxelman

分布：云南

冠瘤蝇子草 Silene tachtensis Franch.

分布：新疆；哈萨克斯坦、伊朗

石生蝇子草 Silene tatarinowii Regel

分布：内蒙古、河北、山西、河南、陕西、宁夏、甘肃、湖南、四川、贵州

天山蝇子草 Silene tianschanica Schischk.

分布：新疆；哈萨克斯坦

西藏蝇子草 Silene tibetica Lidén et Oxelman

分布：西藏

糙叶蝇子草 Silene trachyphylla Franch.

分布：青海、四川、云南、西藏

剑门蝇子草 Silene tubiformis C. L. Tang

分布：四川

管花蝇子草 Silene tubulosa Oxelman et Lidén

分布：西藏

粘萼蝇子草 Silene viscidula Franch.

分布：四川、贵州、云南、西藏

白玉草 Silene vulgaris (Moench) Garcke

分布：黑龙江、内蒙古、新疆、西藏；印度、蒙古国、尼泊尔；中亚、欧洲、非洲

林芝蝇子草 Silene wardii (C. Marquand) Bocquet

分布：西藏

伏尔加蝇子草 Silene wolgensis (Hornem.) Otth

分布：新疆；中亚、欧洲

腺毛蝇子草 Silene yetii Bocquet

分布：甘肃、青海、四川、西藏

云南蝇子草 Silene yunnanensis Franch.

分布：云南

仲巴蝇子草 Silene zhongbaensis (L. H. Zhou) C. Y. Wu et C. L. Tang

分布：西藏

耐国蝇子草 Silene zhoui C. Y. Wu

分布：西藏

大爪草属 Spergula L.

大爪草 Spergula arvensis L.

分布：黑龙江、山东、贵州、云南；不丹、印度、日本、哈萨克斯坦、菲律宾、俄罗斯；亚洲(西南部)、欧洲、非洲、北美洲

拟漆姑草属 Spergularia (Pers.) J. Presl et C. Presl

二蕊拟漆姑 Spergularia diandra (Guss.) Heldr.

分布：宁夏、甘肃、青海、新疆；哈萨克斯坦、巴基斯坦、俄罗斯；亚洲(西南部)、欧洲

拟漆姑 Spergularia marina (L.) Griseb.

分布：甘肃、河北、黑龙江、河南、江苏、吉林、辽宁、内蒙古、宁夏、青海、陕西、山东、山西、四川、新疆、云南、浙江；阿富汗、巴基斯坦、哈萨克斯坦、蒙古国、俄罗斯、日本、韩国；欧洲、非洲(北部)、北美洲

拟漆姑(原变种) Spergularia marina var. **marina**

分布：甘肃、黑龙江、吉林、辽宁、内蒙古、河北、山西、山东、河南、陕西、宁夏、青海、新疆、江苏、浙江、四川、云南；阿富汗、日本、哈萨克斯坦、韩国、蒙古国、巴基斯坦、俄罗斯；北美洲

闭花拟漆姑草 Spergularia marina var. **cleistogama** Y. X. Ma et D. L. Cui

分布：浙江

缘翅拟漆姑 **Spergularia media** (L.) C. Presl ex Griseb.

分布：内蒙古、新疆；阿富汗、哈萨克斯坦、巴基斯坦、俄罗斯、土库曼斯坦；亚洲(西南部)、欧洲、非洲

无翅拟漆姑 **Spergularia rubra** (L.) J. Presl et C. Presl

分布：新疆；阿富汗、印度、日本、哈萨克斯坦、俄罗斯；欧洲

繁缕属 **Stellaria** L.

贺兰山繁缕 **Stellaria alaschanica** Y. Z. Zhao

分布：内蒙古、宁夏、甘肃、青海

阿拉套繁缕 **Stellaria alatavica** M. Pop.

分布：新疆；哈萨克斯坦

雀舌草 **Stellaria alsine** Grimm

分布：安徽、福建、甘肃、广东、广西、贵州、河南、湖南、江苏、江西、内蒙古、四川、台湾、西藏、云南、浙江；不丹、印度、日本、克什米尔地区、韩国、尼泊尔、巴基斯坦、越南；欧洲

雀舌草(原变种) **Stellaria alsine** var. **alsine**

分布：内蒙古、河南、甘肃、安徽、江苏、浙江、江西、湖南、四川、贵州、云南、西藏、福建、台湾、广东、广西；不丹、印度、日本、克什米尔地区、韩国、尼泊尔、巴基斯坦、越南

高山雀舌草 **Stellaria alsine** var. **alpina** (Schur) Hand.-Mazz.

分布：四川、云南；欧洲

钝萼繁缕 **Stellaria amblyosepala** Schrenk

分布：内蒙古、甘肃、新疆；哈萨克斯坦、蒙古国、俄罗斯

沙生繁缕 **Stellaria arenarioides** Shi L. Chen, Rabeler et Turland

分布：甘肃、青海、新疆、西藏

阿里山繁缕 **Stellaria arisanensis** (Hayata) Hayata

分布：台湾

二柱繁缕 **Stellaria bistyla** Y. Z. Zhao

分布：内蒙古、宁夏

短瓣繁缕 **Stellaria brachypetala** Bunge

分布：内蒙古、甘肃、青海、新疆；哈萨克斯坦、蒙古国、俄罗斯

林繁缕 **Stellaria bungeana** var. **stubendorfii** (Regel) Y. C. Chu

分布：吉林、内蒙古；日本、朝鲜、俄罗斯；欧洲

兴安繁缕 **Stellaria cherleriae** (Fisch. ex Ser.) F. N. Williams

分布：内蒙古、河北、山西、陕西

中国繁缕 **Stellaria chinensis** Regel

分布：河北、山东、河南、陕西、甘肃、安徽、浙江、江西、湖南、湖北、四川、福建、广西

中国繁缕(原变种) **Stellaria chinensis** var. **chinensis**

分布：河北、山东、河南、陕西、甘肃、安徽、浙江、江西、湖南、湖北、四川、福建、广西

缘毛中国繁缕 **Stellaria chinensis** var. **ciliata** C. S. Zhu et H. M. Li

分布：河南

密花繁缕 **Stellaria congestiflora** H. Hara

分布：西藏；不丹、尼泊尔、印度

叶苞繁缕 **Stellaria crassifolia** Ehrh.

分布：内蒙古、新疆；日本、哈萨克斯坦、蒙古国、俄罗斯；欧洲、北美洲

叶苞繁缕(原变种) **Stellaria crassifolia** var. **crassifolia**

分布：内蒙古；日本、哈萨克斯坦、蒙古国、俄罗斯；欧洲、北美洲

线形叶苞繁缕 **Stellaria crassifolia** var. **linearis** Fenzl

分布：内蒙古、新疆；日本、俄罗斯；欧洲

偃卧繁缕 **Stellaria decumbens** Edgew.

分布：青海、四川、云南、西藏；不丹、印度、克什米尔地区、尼泊尔、巴基斯坦

偃卧繁缕(原变种) **Stellaria decumbens** var. **decumbens**

分布：青海、四川、云南、西藏；不丹、印度、克什米尔地区、尼泊尔、巴基斯坦

错那繁缕 **Stellaria decumbens** var. **arenarioides** L. H. Zhou

分布：四川、云南、西藏

多花偃卧繁缕 **Stellaria decumbens** var. **polyantha** Edgew. et Hook. f.

分布：西藏；印度、克什米尔地区、尼泊尔

垫状偃卧繁缕 **Stellaria decumbens** var. **pulvinata** Edgew. et Hook. f.

分布：青海、四川、云南、西藏；不丹、印度、尼泊尔

大叶繁缕 **Stellaria delavayi** Franch.

分布：四川、云南

凹陷繁缕 **Stellaria depressa** Em. Schmid

分布：?新疆、西藏

石竹叶繁缕 Stellaria dianthifolia F. N. Williams
分布：甘肃、青海、四川、西藏

叉歧繁缕 Stellaria dichotoma L.
分布：黑龙江、辽宁、内蒙古、河北、陕西、宁夏、甘肃、青海、新疆；蒙古国、俄罗斯

叉歧繁缕(原变种) Stellaria dichotoma var. **dichotoma**
分布：黑龙江、辽宁、内蒙古、河北、甘肃、青海、新疆；蒙古国、俄罗斯

银柴胡 Stellaria dichotoma var. **lanceolata** Bunge
分布：辽宁、内蒙古、陕西、宁夏、甘肃；蒙古国、俄罗斯

线叶繁缕 Stellaria dichotoma var. **linearis** Fenzl
分布：内蒙古、陕西

翻白繁缕 Stellaria discolor Turcz.
分布：黑龙江、吉林、辽宁、内蒙古、河北、陕西；日本、蒙古国、俄罗斯

无苞繁缕 Stellaria ebracteata Kom.
分布：黑龙江；朝鲜、俄罗斯

细叶繁缕 Stellaria filicaulis Makino
分布：黑龙江、吉林、辽宁、内蒙古、河北、山西；日本、朝鲜

禾叶繁缕 Stellaria graminea L.
分布：山西、山东、陕西、甘肃、青海、新疆、湖北、四川、西藏；阿富汗、印度、克什米尔地区、尼泊尔、巴基斯坦、俄罗斯；欧洲

禾叶繁缕(原变种) Stellaria graminea var. **graminea**
分布：山西、山东、陕西、甘肃、青海、新疆、湖北、四川、西藏；阿富汗、印度、克什米尔地区、尼泊尔、巴基斯坦、俄罗斯

中华禾叶繁缕 Stellaria graminea var. **chinensis** Maxim.
分布：四川、西藏

毛禾叶繁缕 Stellaria graminea var. **pilosula** Maxim.
分布：青海

常绿禾叶繁缕 Stellaria graminea var. **viridescens** Maxim.
分布：陕西、甘肃、青海、四川、西藏

江孜繁缕 Stellaria gyangtseensis F. N. Williams
分布：西藏；印度

吉隆繁缕 Stellaria gyirongensis L. H. Zhou
分布：西藏

湖北繁缕 Stellaria henryi F. N. Williams
分布：湖北、四川

覆瓦繁缕 Stellaria imbricata Bunge
分布：新疆；俄罗斯

内弯繁缕 Stellaria infracta Maxim.
分布：内蒙古、河北、山西、河南、陕西、甘肃、四川

冻原繁缕 Stellaria irrigua Bunge
分布：新疆；俄罗斯

光萼繁缕 Stellaria kostchyana Fenzl ex Boiss.
分布：新疆；哈萨克斯坦、伊朗

绵毛繁缕 Stellaria lanata Hook. f.
分布：西藏；不丹、印度、尼泊尔

绵柄繁缕 Stellaria lanipes C. Y. Wu et H. Chuang
分布：云南

长叶繁缕 Stellaria longifolia Muhl. ex Willd.
分布：黑龙江、吉林、辽宁、内蒙古、河北、陕西、宁夏；日本、朝鲜、蒙古国、俄罗斯；欧洲、北美洲

米林繁缕 Stellaria mainlingensis L. H. Zhou
分布：西藏

长裂繁缕 Stellaria martjanovii Krylov
分布：新疆；俄罗斯

繁缕 Stellaria media (L.) Vill.
分布：安徽、福建、甘肃、广东、广西、贵州、河北、河南、湖北、湖南、江苏、江西、吉林、辽宁、内蒙古、宁夏、青海、陕西、山东、山西、四川、台湾、西藏、云南、浙江；阿富汗、不丹、印度、巴基斯坦、俄罗斯、日本、韩国；欧洲

繁缕(原变种) Stellaria media var. **media**
分布：吉林、辽宁、内蒙古、河北、山西、山东、河南、陕西、宁夏、甘肃、青海、安徽、江苏、浙江、江西、湖南、湖北、四川、贵州、云南、西藏、福建、广东、广西；阿富汗、不丹、印度、日本、韩国、巴基斯坦、俄罗斯

小花繁缕 Stellaria media var. **micrantha** (Hayata) T. S. Liu et S. S. Ying
分布：台湾

独子繁缕 Stellaria monosperma Buch.-Ham. ex D. Don
分布：浙江、湖北、贵州、云南、西藏、福建、台湾、广东；阿富汗、不丹、印度、日本、克什米尔地区、缅甸、尼泊尔、巴基斯坦、泰国、越南

独子繁缕(原变种) Stellaria monosperma var. **monosperma**
分布：西藏；阿富汗、不丹、印度、克什米尔地区、尼泊

尔、巴基斯坦

皱叶繁缕 **Stellaria monosperma** var. **japonica** Maxim.

分布：浙江、湖北、贵州、福建、台湾、广东；日本

锥花繁缕 **Stellaria monosperma** var. **paniculata** (Edgew.) Majumdar

分布：云南；阿富汗、不丹、印度、克什米尔地区、缅甸、尼泊尔、泰国、越南

鸡肠繁缕 **Stellaria neglecta** Weihe ex Bluff et Fingerh.

分布：黑龙江、内蒙古、陕西、青海、新疆、江苏、浙江、四川、贵州、云南、西藏、台湾；阿富汗、日本、哈萨克斯坦、尼泊尔、俄罗斯；亚洲(西南部)、欧洲、非洲

腺毛繁缕 **Stellaria nemorum** L.

分布：陕西、甘肃；日本、蒙古国、俄罗斯；欧洲

尼泊尔繁缕 **Stellaria nepalensis** Majumdar et Vartak

分布：西藏；不丹、印度、尼泊尔

多花繁缕 **Stellaria nipponica** Ohwi

分布：湖北；日本

峨眉繁缕 **Stellaria omeiensis** C. Y. Wu et Y. W. Tsui ex P. Ke

分布：湖北、四川、贵州、云南

卵叶繁缕 **Stellaria ovatifolia** (M. Mizush.) M. Mizush.

分布：西藏；尼泊尔

莓苔状繁缕 **Stellaria oxycoccoides** Kom.

分布：四川

无瓣繁缕 **Stellaria pallida** (Dumort.) Crép.

分布：北京、河南、新疆、安徽、江苏、浙江、江西；原产于地中海地区，现亚洲、欧洲和北美洲有分布

沼生繁缕 **Stellaria palustris** Ehrh. ex Retz.

分布：黑龙江、辽宁、内蒙古、河北、山西、山东、河南、陕西、甘肃、四川、云南；阿富汗、日本、哈萨克斯坦、蒙古国、俄罗斯；亚洲(西南部)、欧洲

小伞花繁缕 **Stellaria parviumbellata** Y. Z. Zhao

分布：内蒙古、陕西、宁夏、甘肃、青海、新疆

白毛繁缕 **Stellaria patens** D. Don

分布：西藏；不丹、印度、克什米尔地区、尼泊尔

细柄繁缕 **Stellaria petiolaris** Hand.-Mazz.

分布：四川、云南、西藏

岩生繁缕 **Stellaria petraea** Bunge

分布：内蒙古、新疆；哈萨克斯坦、蒙古国、俄罗斯

长毛箐姑草 **Stellaria pilosoides** Shi L. Chen, Rabeler et Turland

分布：四川、云南

新疆繁缕(新拟) **Stellaria pulvinata** Grubov

分布：新疆；蒙古国

小繁缕 **Stellaria pusilla** Em. Schmid

分布：西藏

繸瓣繁缕 **Stellaria radians** L.

分布：黑龙江、吉林、辽宁、内蒙古、河北；日本、韩国、蒙古国、俄罗斯

网脉繁缕 **Stellaria reticulivena** Hayata

分布：浙江、台湾；不丹、印度

柳叶繁缕 **Stellaria salicifolia** Y. W. Tsui ex P. Ke

分布：陕西、宁夏、甘肃、浙江、湖南、湖北、四川

准噶尔繁缕 **Stellaria soongorica** Roshev.

分布：新疆；哈萨克斯坦、俄罗斯

康定繁缕 **Stellaria souliei** F. N. Williams

分布：四川

圆萼繁缕 **Stellaria strongylosepala** Hand.-Mazz.

分布：内蒙古

亚伞花繁缕 **Stellaria subumbellata** Edgew.

分布：四川、云南、西藏；印度、克什米尔地区、尼泊尔

西藏繁缕 **Stellaria tibetica** Kurz.

分布：西藏

湿地繁缕 **Stellaria uda** F. N. Williams

分布：青海、新疆、四川、云南、西藏

伞花繁缕 **Stellaria umbellata** Turcz.

分布：河北、山西、陕西、甘肃、青海、新疆、四川、西藏；哈萨克斯坦、俄罗斯；北美洲

箐姑草 **Stellaria vestita** Kurz.

分布：河北、山东、河南、陕西、甘肃、浙江、江西、湖南、湖北、四川、贵州、云南、西藏、福建、台湾、广西；不丹、印度、印度尼西亚、缅甸、尼泊尔、巴布亚新几内亚、菲律宾、越南

箐姑草(原变种) **Stellaria vestita** var. **vestita**

分布：河北、山东、河南、陕西、甘肃、浙江、江西、湖南、湖北、四川、贵州、云南、西藏、福建、台湾、广西；不丹、印度、印度尼西亚、缅甸、尼泊尔、巴布亚新几内亚、菲律宾、越南

抱茎箐姑草 Stellaria vestita var. **amplexicaulis** (Hand.-Mazz.) C. Y. Wu
分布：四川、云南

帕米尔繁缕 Stellaria winkleri (Briq.) Schischk.
分布：新疆；吉尔吉斯斯坦、塔吉克斯坦

巫山繁缕 Stellaria wushanensis F. N. Williams
分布：陕西、浙江、江西、湖南、湖北、四川、贵州、云南、广东、广西

千针万线草 Stellaria yunnanensis Franch.
分布：四川、云南

藏南繁缕 Stellaria zangnanensis L. H. Zhou
分布：云南、西藏

柔子草属 Thylacospermum Fenzl

囊种草 Thylacospermum caespitosum (Cambess.) Schischk.
分布：甘肃、青海、新疆、四川、西藏；印度、哈萨克斯坦、吉尔吉斯斯坦、尼泊尔

王不留行属 Vaccaria Wolff

麦蓝菜 Vaccaria hispanica (Mill.) Rauschert
分布：黑龙江、吉林、辽宁、内蒙古、河北、山西、山东、河南、陕西、宁夏、甘肃、青海、新疆、安徽、江苏、江西、湖南、湖北、四川、贵州、云南、西藏；原产于欧洲，现亚洲和欧洲广布

254. 木麻黄科 Casuarinaceae R. Br.

木麻黄属 Casuarina L.

细枝木麻黄 Casuarina cunninghamiana Miq.
分布：浙江、福建、台湾、广东、广西、海南；原产于澳大利亚

木麻黄 Casuarina equisetifolia L.
分布：浙江、云南、福建、台湾、广东、广西；原产于印度尼西亚、马来西亚、缅甸，巴布亚新几内亚、菲律宾、泰国、越南、太平洋岛屿和澳大利亚

粗枝木麻黄 Casuarina glauca Sieber ex Spreng.
分布：浙江、福建、台湾、广东、海南；原产于澳大利亚

255. 卫矛科 Celastraceae R. Br.

巧茶属 Catha Forssk. ex Scop.

巧茶 Catha edulis (Vahl) Endl.
分布：云南、广西、海南；原产于东非山地

南蛇藤属 Celastrus L.

过山枫 Celastrus aculeatus Merr.
分布：浙江、江西、云南、福建、广东、广西

苦皮藤 Celastrus angulatus Maxim.
分布：河北、山东、河南、陕西、甘肃、安徽、江苏、江西、湖南、湖北、四川、贵州、云南、广东、广西

小南蛇藤 Celastrus cuneatus (Rehder et E. H. Wilson) C. Y. Cheng et T. C. Kao
分布：湖北、四川

刺苞南蛇藤 Celastrus flagellaris Rupr.
分布：黑龙江、吉林、辽宁、河北；俄罗斯、朝鲜、日本

洱源南蛇藤 Celastrus franchetiana Loes.
分布：云南

大芽南蛇藤 Celastrus gemmatus Loes.
分布：山西、河南、陕西、甘肃、安徽、江苏、浙江、江西、湖南、湖北、四川、贵州、云南、福建、台湾、广东、广西

灰叶南蛇藤 Celastrus glaucophyllus Rehder et E. H. Wilson
分布：陕西、湖南、湖北、四川、贵州、云南

青江藤 Celastrus hindsii Benth.
分布：江西、湖南、湖北、四川、贵州、云南、西藏、福建、台湾、广东、广西、海南；印度、马来西亚、缅甸、越南

硬毛南蛇藤 Celastrus hirsutus H. F. Comber
分布：四川、云南

小果南蛇藤 Celastrus homaliifolius Hsu
分布：四川、云南

滇边南蛇藤 Celastrus hookeri Prain
分布：云南、西藏；不丹、印度、缅甸、尼泊尔、巴基斯坦

薄叶南蛇藤 Celastrus hypoleucoides P. L. Chiu
分布：安徽、浙江、江西、湖南、湖北、云南、广东、广西

粉背南蛇藤 Celastrus hypoleucus (Oliv.) Warb. ex Loes.
分布：河南、陕西、甘肃、安徽、浙江、湖南、湖北、四川、贵州、云南

圆叶南蛇藤 Celastrus kusanoi Hayata
分布：台湾、海南

拟独子藤 Celastrus monospermoides Loes.
分布：云南

独子藤 Celastrus monospermus Roxb.

分布：贵州、云南、福建、广东、广西、海南；不丹、印度、孟加拉国、巴基斯坦、缅甸、越南

窄叶南蛇藤 Celastrus oblanceifolius C. H. Wang et P. C. Tsoong

分布：安徽、浙江、江西、湖南、福建、广东、广西

卵叶南蛇藤(新拟) Celastrus obovatifolius X. Y. Mu et Z. X. Zhang

分布：河南、湖北、四川、贵州

南蛇藤 Celastrus orbiculatus Thunb.

分布：黑龙江、吉林、辽宁、内蒙古、河北、山西、山东、河南、陕西、甘肃、安徽、江苏、浙江、江西、湖北、四川；日本、朝鲜

灯油藤 Celastrus paniculatus Willd.

分布：贵州、广东、广西；不丹、柬埔寨、印度、印度尼西亚、老挝、马来西亚、缅甸、尼泊尔、斯里兰卡、泰国、越南、澳大利亚、太平洋岛屿

东南南蛇藤 Celastrus punctatus Thunb.

分布：安徽、浙江、福建、台湾；日本

短梗南蛇藤 Celastrus rosthornianus Loes.

分布：山西、河南、陕西、甘肃、安徽、浙江、江西、湖南、湖北、四川、贵州、云南、福建、广东、广西

短梗南蛇藤(原变种) Celastrus rosthornianus var. **rosthornianus**

分布：河南、陕西、甘肃、安徽、浙江、江西、湖南、湖北、四川、贵州、云南、福建、广东、广西

宽叶短梗南蛇藤 Celastrus rosthornianus var. **loeseneri** (Rehder et E. H. Wilson) C. Y. Wu

分布：河南、陕西、甘肃、湖北、四川、贵州、广西

皱叶南蛇藤 Celastrus rugosus Rehder et E. H. Wilson

分布：陕西、湖北、四川、贵州、云南、西藏、广西

显柱南蛇藤 Celastrus stylosus Wall.

分布：安徽、江苏、浙江、江西、湖南、湖北、四川、重庆、贵州、云南、广东、广西；不丹、印度、缅甸、尼泊尔、泰国

显柱南蛇藤(原变种) Celastrus stylosus var. **stylosus**

分布：安徽、江西、湖南、湖北、四川、重庆、贵州、云南、广东、广西；不丹、印度、缅甸、尼泊尔、泰国

毛脉显柱南蛇藤 Celastrus stylosus var. **puberulus** (Hsueh) C. Y. Cheng et T. C. Kao

分布：安徽、江苏、浙江、江西、湖南、广东

皱果南蛇藤 Celastrus tonkinensis Pit.

分布：云南、广西；越南

长序南蛇藤 Celastrus vaniotii (Lév.) Rehder

分布：湖南、湖北、四川、贵州、云南、广西

绿独子藤 Celastrus virens (Wang et Tang) C. Y. Cheng et T. C. Kao

分布：云南

玉龙山南蛇藤 Celastrus yuloensis X. Y. Mu

分布：云南

卫矛属 Euonymus L.

刺果卫矛 Euonymus acanthocarpus Franch.

分布：河南、陕西、安徽、浙江、江西、湖南、湖北、四川、贵州、云南、西藏、福建、广东、广西；缅甸

三脉卫矛 Euonymus acanthoxanthus Pit.

分布：贵州、云南；越南

星刺卫矛 Euonymus actinocarpus Loes.

分布：陕西、甘肃、湖南、湖北、四川、贵州、云南、广东、广西

小千金 Euonymus aculeatus Hemsl.

分布：?广东、广西、贵州、?河南、湖北、湖南、四川、云南

微刺卫矛 Euonymus aculeolus C. Y. Cheng ex J. S. Ma

分布：云南

矛 Euonymus alatus (Thunb.) Sieb.

分布：黑龙江、吉林、辽宁、内蒙古、河北、山西、山东、河南、陕西、宁夏、甘肃、安徽、江苏、浙江、江西、湖南、湖北、四川、贵州、广东；日本、朝鲜、俄罗斯

刺猬卫矛 Euonymus balansae Sprague

分布：云南；越南

南川卫矛 Euonymus bockii Loes. ex Diels

分布：四川、重庆、贵州、云南、广西；印度、越南

凸脉卫矛 Euonymus bullatus Wall.

分布：云南；孟加拉国、印度、缅甸、泰国

多花白杜 Euonymus bungeanus var. **multiflora** S. X. Yan

分布：河南

肉花卫矛 Euonymus carnosus Hemsl.

分布：河南、安徽、江苏、浙江、江西、湖南、湖北、福建、台湾、广东；日本

百齿卫矛 Euonymus centidens H. Lév.
分布：河南、安徽、江苏、浙江、江西、湖南、湖北、四川、贵州、云南、福建、广东、广西

静容卫矛 Euonymus chengii J. S. Ma
分布：广东、海南

静容卫矛(原变种) Euonymus chengii var. **chengii**
分布：广东、海南

阳西静容卫矛 Euonymus chengii var. **yangxiensis** Y. S. Ye et L. F. Wu
分布：广东

陈谋卫矛 Euonymus chenmoui W. C. Cheng
分布：安徽、浙江、江西

缙云卫矛 Euonymus chloranthoides Yang
分布：四川

隐刺卫矛 Euonymus chui Hand.-Mazz.
分布：甘肃、湖南、湖北、四川、云南

灰绿卫矛 Euonymus cinereus Laws.
分布：贵州、云南、广西；孟加拉国、喜马拉雅地区、印度

岩波卫矛 Euonymus clivicola W. W. Smith
分布：陕西、湖北、四川、云南、西藏；不丹、缅甸、尼泊尔

角翅卫矛 Euonymus cornutoides Hemsl.
分布：?甘肃、河南、湖北、?湖南、陕西、四川、西藏、云南；印度、缅甸

裂果卫矛 Euonymus dielsianus Loes. et Diels
分布：广东、广西、贵州、?河南、湖北、湖南、江西、四川、云南、浙江

双歧卫矛 Euonymus distichus H. Lév.
分布：?广东、贵州、湖南、四川

长梗卫矛 Euonymus dolichopus Merr. ex J. S. Ma
分布：广西

棘刺卫矛 Euonymus echinatus Wall.
分布：甘肃、安徽、浙江、江西、湖南、湖北、四川、贵州、云南、西藏、福建、台湾、广东、广西、海南；不丹、印度、日本、缅甸、尼泊尔、巴基斯坦、泰国

鸦椿卫矛 Euonymus euscaphis Hand.-Mazz.
分布：安徽、浙江、江西、湖南、福建、广东

榕叶卫矛 Euonymus ficoides C. Y. Cheng ex J. S. Ma
分布：云南

遂叶卫矛 Euonymus fimbriatus Wall. et Roxb.
分布：西藏；阿富汗、印度、克什米尔地区、尼泊尔、巴基斯坦

扶芳藤 Euonymus fortunei (Turcz.) Hand.-Mazz.
分布：辽宁、河北、山西、山东、河南、陕西、甘肃、青海、新疆、安徽、江苏、浙江、江西、湖南、湖北、四川、贵州、云南、福建、台湾、广东、广西、海南；印度、印度尼西亚、日本、韩国、老挝、缅甸、巴基斯坦、菲律宾、泰国

冷地卫矛 Euonymus frigidus Wall. ex Roxb.
分布：?甘肃、贵州、河南、湖北、宁夏、青海、?山西、四川、西藏、云南；不丹、尼泊尔、缅甸、印度

流苏卫矛 Euonymus gibber Hance
分布：云南、台湾、广东、海南

纤齿卫矛 Euonymus giraldii Loes. ex Diels
分布：河北、山西、河南、陕西、宁夏、甘肃、青海、安徽、湖北、四川、云南

帽果卫矛 Euonymus glaber Roxb.
分布：云南、广西；孟加拉国、柬埔寨、印度、马来西亚、缅甸、泰国、越南

纤细卫矛 Euonymus gracillimus Hemsl.
分布：广东、广西、海南

大花卫矛 Euonymus grandiflorus Wall.
分布：陕西、甘肃、湖南、湖北、四川、贵州、云南、广西；不丹、印度、缅甸、尼泊尔、越南

海南卫矛 Euonymus hainanensis Chun et F. C. How
分布：海南

西南卫矛 Euonymus hamiltonianus Wall .
分布：山西、河南、陕西、甘肃、安徽、江苏、浙江、江西、湖南、湖北、四川、贵州、云南、西藏、福建、广东、广西；阿富汗、不丹、印度、日本、克什米尔地区、朝鲜、缅甸、尼泊尔、巴基斯坦、俄罗斯、泰国

秀英卫矛 Euonymus hui J. S. Ma
分布：四川

湖广卫矛 Euonymus hukuangensis C. Y. Cheng ex J. S. Ma
分布：湖南、福建、广东、广西

湖北卫矛 Euonymus hupehensis (Loes.) Loes.
分布：湖南、湖北、四川、贵州、云南、广东、广西

冬青卫矛 Euonymus japonicus Thunb.
分布：江西、浙江，中国各城市均有栽培做绿篱；日本、

朝鲜

金阳卫矛 **Euonymus jinyangensis** C. Y. Chang

分布：四川、云南、西藏

克钦卫矛 **Euonymus kachinensis** Prain

分布：云南；印度、缅甸

耿马卫矛 **Euonymus kengmaensis** C. Y. Cheng ex J. S. Ma

分布：云南

贵州卫矛 **Euonymus kweichowensis** Chung H. Wang

分布：贵州

稀序卫矛 **Euonymus laxicymosus** C. Y. Cheng ex J. S. Ma

分布：云南、广东、广西；越南

疏花卫矛 **Euonymus laxiflorus** Champ. et Bentham

分布：江苏、浙江、江西、湖南、湖北、四川、贵州、云南、西藏、福建、台湾、广东、广西、海南；柬埔寨、印度、缅甸、越南

丽江卫矛 **Euonymus lichiangensis** W. W. Sm.

分布：云南

垂序卫矛 **Euonymus lucidus** D. Don

分布：西藏；不丹、印度、缅甸、尼泊尔、巴基斯坦

庐山卫矛 **Euonymus lushanensis** F. H. Chen et Chen H. Wang

分布：?安徽、贵州、湖北、湖南、江西、浙江

白杜 **Euonymus maackii** Rupr.

分布：黑龙江、吉林、辽宁、内蒙古、河北、山西、山东、河南、陕西、宁夏、甘肃、青海、新疆、安徽、江苏、浙江、江西、湖北、四川、贵州、云南；日本、朝鲜、俄罗斯

黄心卫矛 **Euonymus macropterus** Rupr.

分布：?河北、黑龙江、吉林、辽宁；日本、朝鲜、俄罗斯

小果卫矛 **Euonymus microcarpus** (Oliv.) Sprague

分布：湖北、陕西、四川、河南、西藏、?云南

大果卫矛 **Euonymus myrianthus** Hemsl.

分布：陕西、安徽、浙江、江西、湖南、湖北、四川、贵州、云南、福建、广东、广西

小卫矛 **Euonymus nanoides** Loes. et Rehder

分布：河北、河南、陕西、西藏、山西、?内蒙古、甘肃、四川、云南

矮卫矛 **Euonymus nanus** M. Bieb.

分布：内蒙古、山西、陕西、宁夏、甘肃、青海；蒙古国、俄罗斯；欧洲

中华卫矛 **Euonymus nitidus** Benth.

分布：安徽、浙江、江西、湖南、湖北、四川、贵州、云南、福建、广东、广西、海南；孟加拉国、柬埔寨、日本、越南

垂丝卫矛 **Euonymus oxyphyllus** Miq.

分布：辽宁、山东、河南、安徽、浙江、江西、湖南、湖北、福建、台湾；日本、朝鲜

碧江卫矛 **Euonymus parasimilis** C. Y. Cheng ex J. S. Ma

分布：云南

西畴卫矛 **Euonymus percoriaceus** C. Y. Wu et J. S. Ma

分布：云南

栓翅卫矛 **Euonymus phellomanus** Loes. ex Diels

分布：山西、河南、陕西、宁夏、甘肃、青海、湖北、四川

海桐卫矛 **Euonymus pittosporoides** C. Y. Cheng ex J. S. Ma

分布：四川、贵州、云南、广东、广西；越南

保亭卫矛 **Euonymus potingensis** Chun et F. C. How ex J. S. Ma

分布：海南

显脉卫矛 **Euonymus prismatomerioides** C. Y. Wu ex J. S. Ma

分布：云南

假游藤卫矛 **Euonymus pseudovagans** Pit.

分布：贵州、云南、广西；越南

短翅卫矛 **Euonymus rehderianus** Loes.

分布：四川、贵州、云南、广西

东北卫矛 **Euonymus sachalinensis** (F. Schmidt) Maxim.

分布：黑龙江、吉林、辽宁；日本、朝鲜、俄罗斯

柳叶卫矛 **Euonymus salicifolius** Loes.

分布：云南；越南

石枣子 **Euonymus sanguineus** Loes. ex Diels

分布：甘肃、?贵州、河南、湖北、湖南、宁夏、青海、陕西、山西、四川、西藏、云南

石枣子(原变种) **Euonymus sanguineus** var. **sanguineus**

分布：甘肃、?贵州、河南、湖北、湖南、宁夏、青海、陕

西、山西、四川、西藏、云南

腥臭卫矛 **Euonymus sanguineus** var. **paedidus** L. M. Wang

分布：山西、甘肃、西藏

陕西卫矛 **Euonymus schensianus** Maxim.

分布：甘肃、?贵州、河南、湖北、宁夏、陕西、四川

中亚卫矛 **Euonymus semenovii** Regel et Herd.

分布：河北、山西、河南、陕西、宁夏、甘肃、青海、新疆、四川、云南、西藏；中亚

印度卫矛 **Euonymus serratifolius** Bedd.

分布：云南、广西；印度

疏刺卫矛 **Euonymus spraguei** Hayata

分布：台湾

近心叶卫矛 **Euonymus subcordatus** J. S. Ma

分布：广西

四川卫矛 **Euonymus szechuanensis** Chung H. Wang

分布：陕西、四川、云南

菱叶卫矛 **Euonymus tashiroi** Maxim.

分布：台湾；日本

柔齿卫矛 **Euonymus tenuiserratus** C. Y. Cheng ex J. S. Ma

分布：云南

韩氏卫矛 **Euonymus ternifolius** Hand.-Mazz.

分布：四川

茶色卫矛 **Euonymus theacola** C. Y. Cheng ex T. L. Xu et Q. H. Chen

分布：四川、贵州、云南、广西；孟加拉国、印度、缅甸、泰国

茶叶卫矛 **Euonymus theifolius** Wall.

分布：?贵州、?四川、云南、西藏；孟加拉国、不丹、印度、缅甸、尼泊尔、泰国

西藏卫矛 **Euonymus tibeticus** W. W. Sm.

分布：西藏；印度

染用卫矛 **Euonymus tingens** Wall.

分布：?广西、四川、云南、贵州、西藏；不丹、印度、缅甸、尼泊尔

北部湾卫矛 **Euonymus tonkinensis** (Loes.) Loes.

分布：广东、广西、?海南；越南

狭叶卫矛 **Euonymus tsoi** Merr.

分布：广东、广西

拟游藤卫矛 **Euonymus vaganoides** C. Y. Cheng ex J. S. Ma

分布：湖南、云南、广西

游藤卫矛 **Euonymus vagans** Wall. ex Roxb.

分布：?广东、广西、贵州、?河南、?湖北、江西、?山西、四川、西藏、云南；孟加拉国、不丹、印度、缅甸、尼泊尔

曲脉卫矛 **Euonymus venosus** Hemsl.

分布：陕西、湖北、四川、河南、湖南、?云南

瘤果卫矛 **Euonymus verrucocarpus** C. Y. Cheng ex J. S. Ma

分布：云南

疣点卫矛 **Euonymus verrucosoides** Loes.

分布：甘肃、?贵州、河南、湖北、青海、陕西、山西、四川、西藏、云南

瘤枝卫矛 **Euonymus verrucosus** Scop.

分布：黑龙江、吉林、辽宁、陕西、宁夏、甘肃、青海；日本、朝鲜、俄罗斯；亚洲(中北部)

荚蒾卫矛 **Euonymus viburnoides** Prain

分布：?广西、贵州、云南、四川；不丹、印度、缅甸

长刺卫矛 **Euonymus wilsonii** Sprague

分布：陕西、湖北、四川、贵州、云南、广西

征镒卫矛 **Euonymus wui** J. S. Ma

分布：云南、广西

云南卫矛 **Euonymus yunnanensis** Franch.

分布：?贵州、四川、?西藏、云南

沟瓣木属 Glyptopetalum Thwaites

冬青沟瓣 **Glyptopetalum aquifolium** (Loes. et Rehder) C. Y. Cheng et Q. S. Ma

分布：四川

罗甸沟瓣 **Glyptopetalum feddei** (Lév.) D. Hou

分布：贵州、广西

海南沟瓣 **Glyptopetalum fengii** (Chun et F. C. How) D. Hou

分布：海南

白树沟瓣 **Glyptopetalum geloniifolium** (Chun et F. C. How) C. Y. Cheng

分布：广东、广西、海南

刺叶沟瓣 **Glyptopetalum ilicifolium** (Franch.) C. Y. Cheng et Q. S. Ma

分布：四川、贵州、云南

披针叶沟瓣 **Glyptopetalum lancilimbum** C. Y. Wu ex G. S. Fan et Y. J. Xu
分布：云南

细梗沟瓣 **Glyptopetalum longepedunculatum** Tardieu
分布：广西；越南

长梗沟瓣 **Glyptopetalum longipedicellatum** (Merr. et Chun) C. Y. Cheng
分布：广东、海南

淡绿叶卫矛 **Glyptopetalum pallidifolium** (Hayata) Q. R. Liu et S. Y. Meng
分布：台湾

大果沟瓣 **Glyptopetalum reticulinerve** C. Y. Wu ex G. S. Fan et Y. J. Xu
分布：云南

皱叶沟瓣 **Glyptopetalum rhytidophyllum** (Chun et F. C. How) C. Y. Cheng
分布：云南、广西

硬果沟瓣 **Glyptopetalum sclerocarpum** (Kurz.) Laws
分布：云南；印度

裸实属 **Gymnosporia** (Wight et Arn.) Benth. et Hook. f.

小檗裸实 **Gymnosporia berberoides** W. W. Sm.
分布：四川、云南

变叶裸实 **Gymnosporia diversifolia** Maxim.
分布：福建、台湾、广东、广西、海南；日本，马亚西亚、菲律宾、泰国、越南

台湾裸实 **Gymnosporia emarginata** (Willd.) Thwaites
分布：台湾；斯里兰卡、澳大利亚

贵州裸实 **Gymnosporia esquirolii** H. Lév.
分布：贵州、云南

细梗裸实 **Gymnosporia graciliramula** (S. J. Pei et Y. H. Li) Q. R. Liu et Funston
分布：云南、广西

金阳美登木 **Gymnosporia jinyangensis** (C. Y. Cheng) Q. R. Liu et Funston
分布：四川、云南

圆叶裸实 **Gymnosporia orbiculata** (C. Y. Wu ex S. J. Pei et Y. H. Li) Q. R. Liu et Funston
分布：云南

被子裸实 **Gymnosporia royleana** Laws.
分布：?新疆、?西藏、?云南；印度、巴基斯坦、阿富汗、克什米尔地区

淡红美登木 **Gymnosporia rufa** (Wall.) M. A. Lawson
分布：西藏；不丹、印度、缅甸、尼泊尔

吊罗美登木 **Gymnosporia tiaoloshanensis** Chun et F. C. How
分布：海南

刺茶裸实 **Gymnosporia variabilis** (Hemsl.) Loes.
分布：湖北、四川、贵州、云南、广西

翅子藤属 **Loeseneriella** A. C. Sm.

程香仔树 **Loeseneriella concinna** A. C. Sm.
分布：广东、广西

灰枝翅子藤 **Loeseneriella griseoramula** S. Y. Pao
分布：广西

皮孔翅子藤 **Loeseneriella lenticellata** C. Y. Wu
分布：云南、广西

翅子藤 **Loeseneriella merrilliana** A. C. Sm.
分布：云南、广西、海南

云南翅子藤 **Loeseneriella yunnanensis** (Hu) A. C. Sm.
分布：云南、广西

美登木属 **Maytenus** Molina

滇南美登木 **Maytenus austroyunnanensis** S. J. Pei et Y. H. Li
分布：云南

密花美登木 **Maytenus confertiflora** J. Y. Luo et X. X. Chen
分布：广西

东方美登木(新拟) **Maytenus dongfangensis** F. W. Xing et X. S. Qin
分布：海南

广西美登木 **Maytenus guangxiensis** C. Y. Cheng et W. L. Sha
分布：广西

海南美登木 **Maytenus hainanensis** (Merr. et Chun) C. Y. Cheng
分布：海南

美登木 **Maytenus hookeri** Loes.
分布：云南；不丹、印度

胀果美登木 **Maytenus inflata** S. J. Pei et Y. H. Li
分布：云南

假卫矛属 **Microtropis** Wall. ex Meisn.

双花假卫矛 **Microtropis biflora** Merr. et F. L. Freem.
分布：广东

大围山假卫矛(新拟) **Microtropis daweishanensis** Q. W. Lin et Z. X. Zhang
分布：云南

德化假卫矛 **Microtropis dehuaensis** Z. S. Huang et Y. Y. Lin
分布：福建

异色假卫矛 **Microtropis discolor** (Wall.) Arn.
分布：云南；不丹、印度、马来西亚、缅甸、泰国、越南

越南假卫矛 **Microtropis fallax** Pit.
分布：云南；越南

福建假卫矛 **Microtropis fokienensis** Dunn
分布：安徽、浙江、江西、湖南、福建、台湾

密花假卫矛 **Microtropis gracilipes** Merr. et F. P. Metcalf
分布：湖南、贵州、福建、广东、广西

滇东假卫矛 **Microtropis henryi** Merr. et F. L. Freem.
分布：云南

六蕊假卫矛 **Microtropis hexandra** Merr. et F. L. Freem.
分布：云南

日本假卫矛 **Microtropis japonica** (Franch. et Sav.) H. Hallier
分布：台湾；日本

长果假卫矛(新拟) **Microtropis longicarpa** Q. W. Lin et Z. X. Zhang
分布：云南

大叶假卫矛 **Microtropis macrophylla** Merr. et F. L. Freem.
分布：云南、西藏；缅甸

麻栗坡假卫矛 **Microtropis malipoensis** Y. M. Shui et W. H. Chen
分布：云南

斜脉假卫矛 **Microtropis obliquinervia** Merr. et F. L. Freem.
分布：湖南、贵州、云南、广东、广西

隐脉假卫矛 **Microtropis obscurinervia** Merr. et F. L. Freem.
分布：海南

逢春假卫矛 **Microtropis oligantha** Merr. et F. L. Freem.
分布：云南

木樨假卫矛 **Microtropis osmanthoides** (Hand.-Mazz.) Hand.-Mazz.
分布：贵州、广西；越南

淡色假卫矛 **Microtropis pallens** Pierre
分布：云南；越南、老挝

少脉假卫矛 **Microtropis paucinervia** Merr. et Chun ex Merr. et F. L. Freem.
分布：广东、广西、海南

广序假卫矛 **Microtropis petelotii** Merr. et F. L. Freem.
分布：云南、广西；越南

塔蕾假卫矛 **Microtropis pyramidalis** C. Y. Cheng et T. C. Kao
分布：云南、广西

网脉假卫矛 **Microtropis reticulata** Dunn
分布：广东、海南

复序假卫矛 **Microtropis semipaniculata** C. Y. Cheng et T. C. Kao
分布：广西

深圳假卫矛(新拟) **Microtropis shenzhenensis** L. Chen et F. W. Xing
分布：广东

圆果假卫矛 **Microtropis sphaerocarpa** C. Y. Cheng et T. C. Kao
分布：云南

灵香假卫矛 **Microtropis submembranacea** Merr. et F. L. Freem.
分布：云南、福建、广东、广西、海南

方枝假卫矛 **Microtropis tetragona** Merr. et F. L. Freem.
分布：云南、西藏、广西、海南

大序假卫矛 **Microtropis thyrsiflora** C. Y. Cheng et T. C. Kao
分布：广西

三花假卫矛 **Microtropis triflora** Merr. et F. L. Freem.
分布：湖北、四川、贵州、云南

吴氏假卫矛 **Microtropis wui** Y. M. Shui et W. H. Chen
分布：云南；越南

西藏假卫矛(新拟) **Microtropis xizangensis** Q. W. Lin et Z. X. Zhang
分布：西藏

云南假卫矛 **Microtropis yunnanensis** (Hu) C. Y. Cheng et T. C. Kao
分布：贵州、云南、广西

永瓣藤属 **Monimopetalum** Rehder

永瓣藤 **Monimopetalum chinense** Rehder
分布：安徽、江西、湖北

梅花草属 **Parnassia** L.

南川梅花草 **Parnassia amoena** Diels
分布：四川

窄瓣梅花草 **Parnassia angustipetala** T. C. Ku
分布：四川

双叶梅花草 **Parnassia bifolia** Nekr.
分布：新疆；俄罗斯

短柱梅花草 **Parnassia brevistyla** (Brieger) Hand.-Mazz.
分布：陕西、甘肃、四川、云南、西藏

高山梅花草 **Parnassia cacuminum** Hand.-Mazz.
分布：青海、四川

城口梅花草 **Parnassia chengkouensis** T. C. Ku
分布：四川

中国梅花草 **Parnassia chinensis** Franch.
分布：四川、云南、西藏；不丹、缅甸、尼泊尔、印度

中国梅花草(原变种) **Parnassia chinensis** var. **chinensis**
分布：云南、西藏；不丹、缅甸、尼泊尔、印度

四川梅花草 **Parnassia chinensis** var. **sechuanensis** Z. P. Jien
分布：四川

指裂梅花草 **Parnassia cooperi** W. E. Evans
分布：西藏；不丹、印度

心叶梅花草 **Parnassia cordata** (Drude) Z. P. Jien ex T. C. Ku
分布：云南；印度

鸡心梅花草 **Parnassia crassifolia** Franch.
分布：四川、云南

大卫梅花草 **Parnassia davidii** Franch.
分布：四川

大卫梅花草(原变种) **Parnassia davidii** var. **davidii**
分布：四川

喜砂梅花草 **Parnassia davidii** var. **arenicola** Z. P. Jien
分布：四川

德格梅花草 **Parnassia degeensis** T. C. Ku
分布：四川

突隔梅花草 **Parnassia delavayi** Franch.
分布：陕西、甘肃、湖北、四川、云南；不丹

德钦梅花草 **Parnassia deqenensis** T. C. Ku
分布：云南、西藏

宽叶梅花草 **Parnassia dilatata** Hand.-Mazz.
分布：贵州

无斑梅花草 **Parnassia epunctulata** J. T. Pan
分布：云南

龙场梅花草 **Parnassia esquirolii** H. Lév.
分布：贵州

峨眉梅花草 **Parnassia faberi** Oliv.
分布：四川、云南

长爪梅花草 **Parnassia farreri** W. E. Evans
分布：云南；缅甸

藏北梅花草 **Parnassia filchneri** Ulbr.
分布：青海

白耳菜 **Parnassia foliosa** Hook. f. et Thomson
分布：安徽、浙江、江西、福建；印度、日本

甘肃梅花草 **Parnassia gansuensis** T. C. Ku
分布：甘肃

桂林梅花草 **Parnassia guilinensis** G. Z. Li et S. C. Tang
分布：广西

矮小梅花草 **Parnassia humilis** T. C. Ku
分布：西藏

康定梅花草 **Parnassia kangdingensis** T. C. Ku
分布：四川

宝兴梅花草 **Parnassia labiata** Z. P. Jien
分布：四川

披针瓣梅花草 **Parnassia lanceolata** T. C. Ku
分布：四川、云南

披针瓣梅花草(原变种) **Parnassia lanceolata** var. **lanceolata**
分布：四川

长圆瓣梅花草 **Parnassia lanceolata** var. **oblongipetala** T. C. Ku
分布：云南

新疆梅花草 Parnassia laxmannii Pall. ex Schult.
分布：新疆；哈萨克斯坦、蒙古国、俄罗斯

细裂梅花草 Parnassia leptophylla Hand.-Mazz.
分布：四川

丽江梅花草 Parnassia lijiangensis T. C. Ku
分布：云南

长瓣梅花草 Parnassia longipetala Hand.-Mazz.
分布：云南、西藏

长瓣梅花草(原变种) Parnassia longipetala var. **longipetala**
分布：云南、西藏

白花长瓣梅花草 Parnassia longipetala var. **alba** H. Chuang
分布：云南

短瓣梅花草 Parnassia longipetala var. **brevipetala** Z. P. Jien ex T. C. Ku
分布：云南

斑纹长瓣梅花草 Parnassia longipetala var. **striata** H. Chuang
分布：云南、西藏

似长瓣梅花草 Parnassia longipetaloides J. T. Pan
分布：云南

龙胜梅花草 Parnassia longshengensis T. C. Ku
分布：广西

黄花梅花草 Parnassia lutea Batalin
分布：青海

大叶梅花草 Parnassia monochoriifolia Franch.
分布：云南

凹瓣梅花草 Parnassia mysorensis F. Heyne ex Wight et Arn.
分布：四川、贵州、云南、西藏；印度

凹瓣梅花草(原变种) Parnassia mysorensis var. **mysorensis**
分布：四川、贵州、云南、西藏；印度

锐尖凹瓣梅花草 Parnassia mysorensis var. **aucta** Diels
分布：云南

棒状梅花草 Parnassia noemiae Franch.
分布：四川

云梅花草 Parnassia nubicola Wall. ex Royle
分布：云南、西藏；阿富汗、不丹、印度、克什米尔地区、尼泊尔、巴基斯坦

云梅花草(原变种) Parnassia nubicola var. **nubicola**
分布：云南、西藏；阿富汗、不丹、印度、克什米尔地区、尼泊尔、巴基斯坦

矮云梅花草 Parnassia nubicola var. **nana** T. C. Ku
分布：云南、西藏

倒卵叶梅花草 Parnassia obovata Hand.-Mazz.
分布：贵州

金顶梅花草 Parnassia omeiensis T. C. Ku
分布：四川

细叉梅花草 Parnassia oreophila Hance
分布：河北、山西、陕西、宁夏、甘肃、青海、四川

梅花草 Parnassia palustris L.
分布：黑龙江、吉林、辽宁、内蒙古、河北、山西、宁夏、新疆；日本、哈萨克斯坦、朝鲜、蒙古国、俄罗斯；欧洲、北美洲

梅花草(原变种) Parnassia palustris var. **palustris**
分布：新疆；哈萨克斯坦、俄罗斯；欧洲、北美洲

多枝梅花草 Parnassia palustris var. **multiseta** Ledeb.
分布：黑龙江、吉林、辽宁、内蒙古、河北、山西、宁夏；日本、朝鲜、俄罗斯

厚叶梅花草 Parnassia perciliata Diels
分布：四川

贵阳梅花草 Parnassia petitmenginii H. Lév.
分布：贵州

类三脉梅花草 Parnassia pusilla Wall. ex Arn.
分布：西藏；不丹、印度、尼泊尔

青海梅花草 Parnassia qinghaiensis J. T. Pan
分布：青海

叙永梅花草 Parnassia rhombipetala B. L. Chai
分布：四川

白花梅花草 Parnassia scaposa Mattf.
分布：四川、西藏

思茅梅花草 Parnassia simaoensis Y. Y. Qian
分布：云南

近凹瓣梅花草 Parnassia submysorensis J. T. Pan
分布：云南

倒卵瓣梅花草 Parnassia subscaposa C. Y. Wu ex T. C. Ku
分布：云南

青铜钱 **Parnassia tenella** Hook. f. et Thom.
分布：四川、云南、西藏；尼泊尔、印度

西藏梅花草 **Parnassia tibetana** Z. P. Jien ex T. C. Ku
分布：西藏

三脉梅花草 **Parnassia trinervis** Drude
分布：甘肃、青海、四川、西藏

娇媚梅花草 **Parnassia venusta** Z. P. Jien
分布：云南

绿花梅花草 **Parnassia viridiflora** Batalin
分布：陕西、青海、四川、云南

鸡肫草 **Parnassia wightiana** Wall. ex Wight et Arn.
分布：陕西、湖南、湖北、四川、贵州、云南、西藏、广东、广西；不丹、印度、尼泊尔、泰国

兴安梅花草 **Parnassia xinganensis** C. Z. Gao et G. Z. Li
分布：广西

盐源梅花草 **Parnassia yanyuanensis** T. C. Ku
分布：四川

彝良梅花草 **Parnassia yiliangensis** T. C. Ku
分布：云南

俞氏梅花草 **Parnassia yui** Z. P. Jien
分布：云南

玉龙山梅花草 **Parnassia yulongshanensis** T. C. Ku
分布：云南

云南梅花草 **Parnassia yunnanensis** Franch.
分布：四川、云南

云南梅花草(原变种) **Parnassia yunnanensis** var. **yunnanensis**
分布：云南

长柄云南梅花草 **Parnassia yunnanensis** var. **longistipitata** Z. P. Jien
分布：四川

斜翼属 **Plagiopteron** Griff.

斜翼 **Plagiopteron suaveolens** Griff.
分布：广西；缅甸、泰国

盾柱属 **Pleurostylia** Wight et Arn.

盾柱 **Pleurostylia opposita** (Wall.) Alston
分布：海南；印度、印度尼西亚、马来西亚、巴布亚新几内亚、菲律宾、斯里兰卡、泰国、越南、澳大利亚、太平洋群岛

扁蒴藤属 **Pristimera** Miers

二籽扁蒴藤 **Pristimera arborea** (Roxb.) A. C. Sm.
分布：云南、广西；印度、缅甸、不丹

风车果 **Pristimera cambodiana** (Pierre) A. C. Sm.
分布：云南、广西；泰国、越南、缅甸、柬埔寨

扁蒴藤 **Pristimera indica** (Willd.) A. C. Sm.
分布：广东、海南；印度、印度尼西亚、斯里兰卡、泰国、越南、马来西亚、缅甸、菲律宾

毛扁蒴藤 **Pristimera setulosa** A. C. Sm.
分布：云南、广西

五层龙属 **Salacia** L.

阔叶五层龙 **Salacia amplifolia** Merr. et F. C. How
分布：海南

橙果五层龙 **Salacia aurantiaca** C. Y. Wu
分布：云南

五层龙 **Salacia chinensis** L.
分布：广东、广西；印度、斯里兰卡、缅甸、老挝、越南、柬埔寨、马来西亚、印度尼西亚、菲律宾、泰国

柳叶五层龙 **Salacia cochinchinensis** Lour.
分布：云南；越南、柬埔寨

密花五层龙 **Salacia confertiflora** Merr.
分布：海南

粉叶五层龙 **Salacia glaucifolia** C. Y. Wu
分布：云南

海南五层龙 **Salacia hainanensis** Chun et F. C. How
分布：海南

河口五层龙 **Salacia obovatilimba** S. Y. Pao
分布：云南

多籽五层龙 **Salacia polysperma** Hu
分布：云南、广西

无柄五层龙 **Salacia sessiliflora** Hand.-Mazz.
分布：湖南、贵州、云南、广东、广西

雷公藤属 **Tripterygium** Hook. f.

雷公藤 **Tripterygium wilfordii** Hook. f.
分布：吉林、辽宁、安徽、江苏、浙江、江西、湖南、湖北、四川、贵州、云南、西藏、福建、台湾、广东、广西；日本、朝鲜、缅甸

256. 刺鳞草科 Centrolepidaceae Endl.

刺鳞草属 **Centrolepis** Labill.

刺鳞草 **Centrolepis banksii** (R. Br.) Roem. et Schult.
分布：海南；柬埔寨、马来西亚、泰国、越南、澳大利亚

257. 扁距木科 Centroplacaceae Doweld et Reveal

膝柄木属 **Bhesa** Buch.-Ham. ex Arn.

膝柄木 **Bhesa robusta** (Roxb.) D. Hou
分布：广西；孟加拉国、?不丹、柬埔寨、印度(东部)、印度尼西亚、老挝、马来西亚、缅甸、尼泊尔、泰国、越南

258. 金鱼藻科 Ceratophyllaceae Gray

金鱼藻属 **Ceratophyllum** L.

金鱼藻 **Ceratophyllum demersum** L.
分布：黑龙江、吉林、内蒙古、河北、山西、山东、河南、陕西、宁夏、新疆、安徽、江苏、浙江、湖南、湖北、四川、贵州、云南、西藏、福建、台湾、广东、广西；世界广布

粗糙金鱼藻 **Ceratophyllum muricatum** subsp. **kossinskyi** (Kuzen.) Les
分布：黑龙江、吉林、辽宁、内蒙古、河北、宁夏、江苏、湖北、云南、福建、台湾；哈萨克斯坦、俄罗斯；欧洲

五刺金鱼藻 **Ceratophyllum platyacanthum** subsp. **oryzetorum** (Kom.) Les
分布：黑龙江、吉林、辽宁、内蒙古、河北、山东、宁夏、安徽、浙江、湖北、台湾、广西；日本、朝鲜、俄罗斯

259. 连香树科 Cercidiphyllaceae Engl.

连香树属 **Cercidiphyllum** Sieb. et Zucc.

连香树 **Cercidiphyllum japonicum** Sieb. et Zucc.
分布：山西、河南、陕西、甘肃、安徽、浙江、江西、湖南、湖北、四川、贵州、云南；日本

260. 金粟兰科 Chloranthaceae R. Br. ex Sims

金粟兰属 **Chloranthus** Sw.

狭叶金粟兰 **Chloranthus angustifolius** Oliv.
分布：湖北、四川

安徽金粟兰 **Chloranthus anhuiensis** K. F. Wu
分布：安徽

鱼子兰 **Chloranthus erectus** (Buch.-Ham.) Verdc.
分布：四川、贵州、云南、广西；不丹、柬埔寨、印度、印度尼西亚、老挝、马来西亚、缅甸、尼泊尔、菲律宾、泰国、越南

水晶花 **Chloranthus fortunei** (A. Gray) Solms Laubach
分布：山东、安徽、江苏、浙江、江西、湖南、湖北、四川、云南、台湾、广东、广西、海南

宽叶金粟兰 **Chloranthus henryi** Hemsl.
分布：陕西、甘肃、安徽、浙江、湖南、湖北、四川、贵州、福建、广东、广西、海南

宽叶金粟兰(原变种) **Chloranthus henryi** var. **henryi**
分布：陕西、甘肃、安徽、浙江、湖南、湖北、四川、贵州、福建、广东、广西、海南

湖北金粟兰 **Chloranthus henryi** var. **hupehensis** (Pamp.) K. F. Wu
分布：陕西、甘肃、湖北

全缘金粟兰 **Chloranthus holostegius** (Hand.-Mazz.) S. J. Pei et Shan
分布：四川、贵州、云南、广西

全缘金粟兰(原变种) **Chloranthus holostegius** var. **holostegius**
分布：四川、贵州、云南、广西

石棉金粟兰 **Chloranthus holostegius** var. **shimianensis** K. F. Wu
分布：四川

毛脉金粟兰 **Chloranthus holostegius** var. **trichoneurus** K. F. Wu
分布：贵州、云南

银线草 **Chloranthus japonicus** Sieb.
分布：吉林、辽宁、内蒙古、河北、山西、山东、陕西、甘肃；日本、朝鲜、俄罗斯

多穗金粟兰 **Chloranthus multistachys** S. J. Pei
分布：河南、陕西、甘肃、安徽、江苏、江西、湖南、湖北、四川、贵州、福建、广东、广西、海南

台湾金粟兰 **Chloranthus oldhamii** Solms
分布：台湾

及已 **Chloranthus serratus** (Thunb.) Roem. et Schult.
分布：安徽、江苏、江西、湖南、湖北、四川、贵州、云南、福建、台湾、广东、广西、海南；日本、俄罗斯

及已(原变种) **Chloranthus serratus** var. **serratus**
分布：安徽、江苏、江西、湖南、湖北、四川、贵州、云

南、福建、广东、广西、海南；日本、俄罗斯

台湾及已 **Chloranthus serratus** var. **taiwanensis** K. F. Wu

分布：台湾

四川金粟兰 **Chloranthus sessilifolius** K. F. Wu

分布：江西、四川、贵州、福建、广东、广西

四川金粟兰(原变种) **Chloranthus sessilifolius** var. **sessilifolius**

分布：四川

华南金粟兰 **Chloranthus sessilifolius** var. **austrosinensis** K. F. Wu

分布：江西、贵州、福建、广东、广西

金粟兰 **Chloranthus spicatus** (Thunb.) Makino

分布：四川、贵州、云南、福建、广东；日本、泰国

天目金粟兰 **Chloranthus tianmushanensis** K. F. Wu

分布：浙江

雪香兰属 **Hedyosmum** Sw.

雪香兰 **Hedyosmum orientale** Merr. et Chun

分布：广东、海南；印度尼西亚、越南

草珊瑚属 **Sarcandra** Gardner

草珊瑚 **Sarcandra glabra** (Thunb.) Nakai

分布：安徽、浙江、江西、湖南、湖北、四川、贵州、云南、福建、台湾、广东、广西、海南；柬埔寨、印度、日本、朝鲜、老挝、马来西亚、菲律宾、斯里兰卡、泰国、越南

草珊瑚(原亚种) **Sarcandra glabra** subsp. **glabra**

分布：安徽、浙江、江西、湖南、湖北、四川、贵州、云南、福建、台湾、广东、广西、海南；柬埔寨、印度、日本、韩国、马来西亚、菲律宾、斯里兰卡、越南

海南草珊瑚 **Sarcandra glabra** subsp. **brachystachys** (Blume) Verdc.

分布：云南、广东、广西、海南；老挝、泰国、越南

261. 星叶草科 Circaeasteraceae Hutch.

星叶草属 **Circaeaster** Maxim.

星叶草 **Circaeaster agrestis** Maxim.

分布：陕西、甘肃、青海、新疆、四川、云南、西藏；不丹、印度、尼泊尔

独叶草属 **Kingdonia** Balf. f. et W. W. Sm.

独叶草 **Kingdonia uniflora** Balf. f. et W. W. Sm.

分布：陕西、甘肃、四川、云南

262. 半日花科 Cistaceae Juss.

半日花属 **Helianthemum** Mill.

鄂尔多斯半日花 **Helianthemum ordosicum** Y. Z. Zhao, Z. Y. Zhu et R. Cao

分布：内蒙古

半日花 **Helianthemum songaricum** Schrenk

分布：新疆；哈萨克斯坦

263. 白花菜科 Cleomaceae Bercht. et J. Presl

黄花草属 **Arivela** Rafin.

黄花草 **Arivela viscosa** (L.) Raf.

分布：安徽、浙江、江西、湖南、湖北、云南、福建、台湾、广东、广西、海南；不丹、柬埔寨、印度、印度尼西亚、日本、老挝、马来西亚、尼泊尔、巴基斯坦、斯里兰卡、泰国、越南；亚洲(西南部)、热带非洲、热带大洋洲

黄花草(原变种) **Arivela viscosa** var. **viscosa**

分布：安徽、福建、广东、广西、海南、湖北、湖南、江西、台湾、云南、浙江；不丹、柬埔寨、印度、印度尼西亚、日本、老挝、马来西亚、尼泊尔、巴基斯坦、斯里兰卡、泰国、越南、澳大利亚热带地区；亚洲(西南部)、非洲热带地区，归化于美洲热带地区

无毛黄花草 **Arivela viscosa** var. **deglabrata** (Backer) M. L. Zhang et G. C. Tucker

分布：浙江、江西、福建、广东；越南、印度尼西亚、马来西亚

白花菜属 **Cleome** L.

皱子白花菜 **Cleome rutidosperma** DC.

分布：安徽、云南、广东、广西、海南、台湾逸生；原产于热带非洲，归化于热带美洲、亚洲和澳大利亚

西洋白花菜属 **Cleoserrata** Iltis

西洋白花菜 **Cleoserrata speciosa** (Raf.) Iltis

分布：云南、广东、台湾引种逸生；原产于墨西哥和美洲(中部)

羊角菜属 **Gynandropsis** DC.

羊角菜 **Gynandropsis gynandra** (L.) Briq.

分布：河北、山东、河南、安徽、江苏、浙江、江西、湖

南、湖北、重庆、贵州、云南、福建、台湾、广东、广西、海南；不丹、印度、印度尼西亚、马来西亚、尼泊尔、斯里兰卡、泰国、越南；热带非洲

醉蝶花属 **Tarenaya** Raf.

醉蝶花 **Tarenaya hassleriana** (Chodat) Iltis
分布：江苏、浙江、四川、云南、广东、海南；原产于南美洲，广泛栽培，在热带和暖温带地区偶有归化

264. 桤叶树科 Clethraceae Klotzsch

山柳属 **Clethra** L.

髭脉桤叶树 **Clethra barbinervis** Sieb. et Zucc.
分布：山东、安徽、浙江、江西、湖南、湖北、福建；日本、朝鲜

单毛桤叶树 **Clethra bodinieri** H. Lév.
分布：湖南、贵州、云南、福建、广东、广西、海南

云南桤叶树 **Clethra delavayi** Franch.
分布：浙江、江西、湖南、湖北、四川、重庆、贵州、云南、西藏、福建、广东、广西；印度、缅甸、越南、不丹

华南桤叶树 **Clethra fabri** Hance
分布：湖南、贵州、云南、广东、广西、海南；越南

城口桤叶树 **Clethra fargesii** Franch.
分布：江西、湖南、湖北、四川、贵州

贵州桤叶树 **Clethra kaipoensis** H. Lév.
分布：江西、湖南、湖北、贵州、福建、广东、广西

白背桤叶树 **Clethra petelotii** Dop et Troch.-Marquis
分布：云南；越南

湖南桤叶树 **Clethra sleumeriana** K. S. Hao
分布：湖南、贵州

265. 山竹子科 Clusiaceae Lindl.

藤黄属 **Garcinia** L.

大苞藤黄 **Garcinia bracteata** C. Y. Wu ex Y. H. Li
分布：云南、广西

云树 **Garcinia cowa** Roxb.
分布：云南；孟加拉国、柬埔寨、印度、老挝、马来西亚、越南

红萼藤黄 **Garcinia erythrosepala** Y. H. Li
分布：云南

山木瓜 **Garcinia esculenta** Y. H. Li
分布：云南

广西藤黄 **Garcinia kwangsiensis** Merr. ex F. N. Wei
分布：广西

长裂藤黄 **Garcinia lancilimba** C. Y. Wu ex Y. H. Li
分布：云南

兰屿福木 **Garcinia linii** C. E. Chang
分布：台湾

莽吉柿 **Garcinia mangostana** L.
分布：云南、福建、台湾、广东、海南；印度尼西亚

木竹子 **Garcinia multiflora** Champ. ex Benth.
分布：江西、湖南、贵州、云南、福建、台湾、广东、广西、海南；越南

怒江藤黄 **Garcinia nujiangensis** C. Y. Wu et Y. H. Li
分布：云南、西藏

岭南山竹子 **Garcinia oblongifolia** Champ. ex Benth.
分布：广东、广西、海南

单花山竹子 **Garcinia oligantha** Merr.
分布：广东、海南；越南

金丝李 **Garcinia paucinervis** Chun ex F. C. How
分布：云南、广西

大果藤黄 **Garcinia pedunculata** Roxb. ex Buch.-Ham.
分布：云南、西藏；孟加拉国、印度

钦州藤黄 **Garcinia qinzhouensis** Y. X. Liang et Z. M. Wu
分布：广西

菲岛福木 **Garcinia subelliptica** Merr.
分布：台湾；印度尼西亚、日本、菲律宾、斯里兰卡

尖叶藤黄 **Garcinia subfalcata** Y. H. Li et F. N. Wei
分布：广西

双籽藤黄 **Garcinia tetralata** C. Y. Wu ex Y. H. Li
分布：云南

大叶藤黄 **Garcinia xanthochymus** Hook. f. ex T. Anderson
分布：云南、广东、广西；孟加拉国、不丹、柬埔寨、印度、缅甸、泰国、老挝、尼泊尔、越南

版纳藤黄 **Garcinia xishuanbannaensis** Y. H. Li
分布：云南

云南藤黄 **Garcinia yunnanensis** H. H. Hu
分布：云南

266. 秋水仙科 Colchicaceae DC.

万寿竹属 **Disporum** Salisb. ex D. Don

尖被万寿竹 **Disporum acuminatissimum** W. L. Sha
分布：广西

短蕊万寿竹 **Disporum bodinieri** (H. Lév. et Vaniot) F. T. Wang et Ts. Tang
分布：湖南、四川、贵州、云南

距花万寿竹 **Disporum calcaratum** D. Don
分布：云南；不丹、印度、缅甸、尼泊尔、泰国、越南

万寿竹 **Disporum cantoniense** (Lour.) Merr.
分布：陕西、安徽、湖南、湖北、四川、贵州、云南、西藏、福建、台湾、广东、广西；不丹、印度、老挝、缅甸、尼泊尔、越南、泰国

海南万寿竹 **Disporum hainanense** Merr.
分布：海南

金佛山万寿竹(新拟) **Disporum jinfoshanense** X. Z. Li, D. M. Zhang et D. Y. Hong
分布：重庆

台湾万寿竹 **Disporum kawakamii** Hayata
分布：台湾

长蕊万寿竹 **Disporum longistylum** (H. Lév. et Vaniot) H. Hara
分布：陕西、甘肃、湖北、四川、贵州、云南、西藏

大花万寿竹 **Disporum megalanthum** F. T. Wang et Ts. Tang
分布：陕西、甘肃、湖北、四川

南投万寿竹 **Disporum nantouense** S. S. Ying
分布：台湾

山万寿竹 **Disporum shimadae** Hayata
分布：台湾

山东万寿竹 **Disporum smilacinum** A. Gray
分布：山东；日本、朝鲜、俄罗斯

横脉万寿竹 **Disporum trabeculatum** Gagnep.
分布：贵州、云南、广东；越南

少花万寿竹 **Disporum uniflorum** Baker ex S. Moore
分布：辽宁、河北、山东、陕西、安徽、江苏、江西、湖北、四川；朝鲜

宝珠草 **Disporum viridescens** (Maxim.) Nakai
分布：黑龙江、吉林、辽宁、内蒙古；日本、朝鲜、俄罗斯

嘉兰属 **Gloriosa** L.

嘉兰 **Gloriosa superba** L.
分布：云南；亚洲热带地区和非洲

山慈姑属 **Iphigenia** Kunth

山慈姑 **Iphigenia indica** Kunth
分布：云南、海南；柬埔寨、印度、印度尼西亚、缅甸、泰国、越南、菲律宾、斯里兰卡、尼泊尔、澳大利亚

267. 使君子科 Combretaceae R. Br.

榆绿木属 **Anogeissus** (DC.) Wall. ex Guill. et Guillaumin *et al.*

榆绿木 **Anogeissus acuminata** (Roxb. ex DC.) Wall. ex Guillaumin et Perr.
分布：云南；柬埔寨、老挝、越南、缅甸、孟加拉国、印度、泰国

风车子属 **Combretum** Loefl.

风车子 **Combretum alfredii** Hance
分布：江西、湖南、广东、广西

西南风车子 **Combretum griffithii** Van Heurck et Müll. Arg.
分布：云南；孟加拉国、不丹、老挝、泰国、越南、印度、马来西亚、缅甸

西南风车子(原变种) **Combretum griffithii** var. **griffithii**
分布：云南；孟加拉国、不丹、印度、老挝、马来西亚、缅甸、泰国、越南

云南风车子 **Combretum griffithii** var. **yunnanense** (Exell) Turland et C. Chen
分布：云南；泰国、缅甸

阔叶风车子 **Combretum latifolium** Blume
分布：云南；孟加拉国、柬埔寨、印度、印度尼西亚、老挝、马来西亚、缅甸、菲律宾、斯里兰卡、泰国、越南、巴布亚新几内亚

长毛风车子 **Combretum pilosum** Roxb.
分布：云南、海南；孟加拉国、柬埔寨、印度、老挝、缅甸、泰国、越南

盾鳞风车子 **Combretum punctatum** Blume
分布：云南；印度尼西亚、马来西亚、菲律宾、泰国、越南

盾鳞风车子(原变种) **Combretum punctatum** var. **punctatum**
分布：云南；印度尼西亚、马来西亚、菲律宾、泰国、越南

水密花 **Combretum punctatum** var. **squamosum** (Roxb. ex G. Don) M. G. Gangopadhyay et Chatraba

分布：云南、广东、广西、海南；孟加拉国、不丹、印度、印度尼西亚、马来西亚、缅甸、尼泊尔、菲律宾、泰国、越南

十蕊风车子 **Combretum roxburghii** Spreng.

分布：云南、广西；印度、孟加拉国、老挝、缅甸、尼泊尔、泰国、斯里兰卡、越南

榄形风车子 **Combretum sundaicum** Miq.

分布：云南、广西、海南；泰国、越南、马来西亚、新加坡、印度尼西亚

石风车子 **Combretum wallichii** DC.

分布：四川、贵州、云南、广西；印度、不丹、缅甸、尼泊尔、孟加拉国、越南

萼翅藤属 Getonia Roxb.

萼翅藤 **Getonia floribunda** Roxb.

分布：云南；柬埔寨、印度、老挝、马来西亚、缅甸、泰国、越南、马来西亚

榄李属 Lumnitzera Willd.

红榄李 **Lumnitzera littorea** (Jack) Voigt

分布：海南；印度、柬埔寨、泰国、越南、斯里兰卡、马来西亚、新加坡、菲律宾、巴布亚新几内亚、澳大利亚、太平洋岛屿

榄李 **Lumnitzera racemosa** Willd.

分布：台湾、广东、广西、海南；孟加拉国、印度、泰国、越南、日本、韩国、巴布亚新几内亚、菲律宾、斯里兰卡、印度尼西亚、马来西亚、澳大利亚、太平洋岛屿；非洲

使君子属 Quisqualis L.

小花使君子 **Quisqualis conferta** (Jack) Exell

分布：云南；越南、柬埔寨、马来西亚、印度尼西亚、泰国

使君子 **Quisqualis indica** L.

分布：江西、湖南、四川、贵州、云南、福建、台湾、广东、广西；孟加拉国、柬埔寨、印度、印度尼西亚、老挝、马来西亚、缅甸、尼泊尔、巴基斯坦、巴布亚新几内亚、菲律宾、新加坡、斯里兰卡、泰国、越南、印度洋群岛、太平洋群岛；非洲

诃子属 Terminalia L.

毗黎勒 **Terminalia bellirica** (Gaertn.) Roxb.

分布：云南；孟加拉国、尼泊尔、斯里兰卡、柬埔寨、印度、印度尼西亚、老挝、马来西亚、缅甸、泰国、越南至澳大利亚；非洲

榄仁树 **Terminalia catappa** L.

分布：云南、台湾、广东、海南；孟加拉国、缅甸、泰国、印度尼西亚、菲律宾、澳大利亚、印度、马来西亚、越南、太平洋诸岛

诃子 **Terminalia chebula** Retz.

分布：云南，栽培于福建、台湾、广东、广西；孟加拉国、柬埔寨、印度、不丹、老挝、缅甸、尼泊尔、泰国、越南

诃子(原变种) **Terminalia chebula** var. **chebula**

分布：云南、台湾、广东、广西；孟加拉国、不丹、柬埔寨、印度、老挝、马来西亚、缅甸、尼泊尔、斯里兰卡、泰国、越南

微毛诃子 **Terminalia chebula** var. **tomentella** (Kurz.) C. B. Clarke

分布：云南；缅甸

滇榄仁 **Terminalia franchetii** Gagnep.

分布：四川、云南、广西

滇榄仁(原变种) **Terminalia franchetii** var. **franchetii**

分布：四川、云南

错枝榄仁 **Terminalia franchetii** var. **intricata** (Hand.-Mazz.) Turland et C. Chen

分布：四川、云南、西藏

千果榄仁 **Terminalia myriocarpa** Van Heurck et Müll. Arg.

分布：云南、西藏、广西；孟加拉国、不丹、尼泊尔、印度尼西亚、印度、老挝、马来西亚、缅甸、泰国、越南

千果榄仁(原变种) **Terminalia myriocarpa** var. **myriocarpa**

分布：云南、西藏、广东、广西；孟加拉国、不丹、印度、印度尼西亚、老挝、马来西亚、缅甸、尼泊尔、泰国、越南

硬毛千果榄仁 **Terminalia myriocarpa** var. **hirsuta** Craib

分布：云南；泰国

海南榄仁 **Terminalia nigrovenulosa** Pierre

分布：海南；缅甸、柬埔寨、老挝、泰国、越南、马来西亚

268. 鸭跖草科 Commelinaceae Mirb.

穿鞘花属 Amischotolype Hassk.

穿鞘花 **Amischotolype hispida** (A. Rich.) D. Y. Hong

分布：贵州、云南、西藏、福建、台湾、广东、广西、海

南；柬埔寨、印度尼西亚、日本、老挝、马来西亚、巴布亚新几内亚、菲律宾、泰国、越南

尖果穿鞘花 **Amischotolype hookeri** (Hassk.) H. Hara

分布：云南、西藏；孟加拉国、不丹、印度、老挝、缅甸、尼泊尔、越南

假紫万年青属 **Belosynapsis** Hassk.

假紫万年青 **Belosynapsis ciliata** (Blume) R. S. Rao

分布：云南、台湾、广东、广西、海南、香港；印度、印度尼西亚、日本、老挝、马来西亚、巴布亚新几内亚、菲律宾、泰国、越南

洋竹草属 **Callisia** Loefl.

洋竹草 **Callisia repens** L.

分布：香港逸生；原产于美洲

鸭跖草属 **Commelina** L.

耳苞鸭跖草 **Commelina auriculata** Bl.

分布：福建、台湾、广东；印度尼西亚；大洋洲(西部)

饭包草 **Commelina benghalensis** L.

分布：河北、山东、河南、陕西、安徽、江苏、浙江、江西、湖南、湖北、四川、贵州、云南、福建、台湾、广东、广西、海南；非洲、亚洲热带和亚热带地区

鸭跖草 **Commelina communis** L.

分布：新疆，其他各省（自治区、直辖市）均有分布；柬埔寨、日本、朝鲜、老挝、马来西亚、俄罗斯、泰国、越南

竹节菜 **Commelina diffusa** Burm.

分布：贵州、云南、西藏、广东、广西、海南；世界热带和亚热带地区

地地藕 **Commelina maculata** Edgew.

分布：四川、贵州、云南、西藏；不丹、印度、缅甸

大苞鸭跖草 **Commelina paludosa** Blume

分布：江西、湖南、四川、贵州、云南、西藏、福建、台湾、广东、广西；不丹、柬埔寨、印度、印度尼西亚、老挝、马来西亚、缅甸、尼泊尔、泰国、越南

大叶鸭跖草 **Commelina suffruticosa** Blume

分布：云南；孟加拉国、印度、印度尼西亚、泰国

波缘鸭跖草 **Commelina undulata** R. Br.

分布：四川、云南、台湾、广东、澳门；印度、印度尼西亚、菲律宾

蓝耳草属 **Cyanotis** D. Don

蛛丝毛蓝耳草 **Cyanotis arachnoidea** C. B. Clarke

分布：江西、贵州、云南、福建、台湾、广东、广西、海南；印度、老挝、缅甸、斯里兰卡、泰国、越南

鞘苞花 **Cyanotis axillaris** (L.) D. Don ex Sweet

分布：广东、海南、香港；柬埔寨、印度、印度尼西亚、老挝、马来西亚、缅甸、菲律宾、斯里兰卡、泰国、越南；大洋洲

四孔草 **Cyanotis cristata** (L.) D. Don

分布：贵州、云南、广东、广西、海南；不丹、柬埔寨、印度、印度尼西亚、老挝、马来西亚、缅甸、菲律宾、斯里兰卡、泰国、越南

沙地蓝耳草 **Cyanotis loureiroana** (Schult. et J. H. Schult.) Merr.

分布：广东、海南；越南

蓝耳草 **Cyanotis vaga** (Lour.) Roem. et Schult.

分布：四川、贵州、云南、西藏、台湾、广东、海南；不丹、印度、老挝、缅甸、尼泊尔、泰国、越南

网籽草属 **Dictyospermum** Wight

网籽草 **Dictyospermum conspicuum** (Blume) Hassk.

分布：云南、海南；印度、印度尼西亚、老挝、马来西亚、缅甸、泰国、越南

聚花草属 **Floscopa** Lour.

聚花草 **Floscopa scandens** Lour.

分布：浙江、江西、湖南、四川、云南、西藏、福建、广东、广西、海南；不丹、印度、老挝、缅甸、泰国、越南；大洋洲

云南聚花草 **Floscopa yunnanensis** D. Y. Hong

分布：云南

水竹叶属 **Murdannia** Royle

大苞水竹叶 **Murdannia bracteata** (C. B. Clarke) J. K. Morton ex D. Y. Hong

分布：云南、广东、广西、海南；老挝、泰国、越南

橙花水竹叶 **Murdannia citrina** D. Fang

分布：广西

紫背水竹叶 **Murdannia divergens** (C. B. Clarke) A. Brückn

分布：四川、云南、广西；不丹、印度、缅甸

葶花水竹叶 **Murdannia edulis** (Stokes) Faden

分布：台湾、广东、广西、海南；印度、印度尼西亚、马来西亚、缅甸、尼泊尔、巴布亚新几内亚、菲律宾、泰国、越南

根茎水竹叶 **Murdannia hookeri** (C. B. Clarke) A. Bruchn.

分布：湖南、四川、贵州、云南、福建、广东、广西；

印度

宽叶水竹叶 **Murdannia japonica** (Thunb.) Faden

分布：云南；不丹、印度、印度尼西亚、日本、老挝、马来西亚、缅甸、泰国

狭叶水竹叶 **Murdannia kainantensis** (Masam.) D. Y. Hong

分布：福建、广东、广西、海南

疣草 **Murdannia keisak** (Hassk.) Hand.-Mazz.

分布：吉林、辽宁、浙江、江西、福建；日本、朝鲜

牛轭草 **Murdannia loriformis** (Hassk.) R. S. Rao et Kammathy

分布：安徽、江西、湖南、四川、贵州、云南、西藏、福建、台湾、广东、广西、海南；印度、印度尼西亚、日本、巴布亚新几内亚、菲律宾、斯里兰卡、泰国、越南

大果水竹叶 **Murdannia macrocarpa** D. Y. Hong

分布：云南、广东

少叶水竹叶 **Murdannia medica** (Lour.) D. Y. Hong

分布：广东、海南；柬埔寨、泰国、越南

裸花水竹叶 **Murdannia nudiflora** (L.) Brenan

分布：安徽、福建；不丹、柬埔寨、印度、印度尼西亚、日本、老挝、马来西亚、缅甸、巴布亚新几内亚、菲律宾、斯里兰卡、印度洋、太平洋岛屿、印度洋岛屿

细竹篙草 **Murdannia simplex** (Vahl) Brenan

分布：四川、贵州、云南、广东、广西、海南；印度、印度尼西亚、老挝、马来西亚、缅甸、泰国、越南；非洲(东部)

腺毛水竹叶 **Murdannia spectabilis** (Kurz.) Faden

分布：云南、广东、海南；柬埔寨、老挝、缅甸、菲律宾、泰国、越南

矮水竹叶 **Murdannia spirata** (L.) Brückn.

分布：云南、福建、台湾、广东、海南；不丹、印度、印度尼西亚、老挝、马来西亚、缅甸、菲律宾、斯里兰卡、越南、太平洋岛屿

树头花 **Murdannia stenothyrsa** (Diels) Hand.-Mazz.

分布：四川、云南

水竹叶 **Murdannia triquetra** (Wall. ex C. B. Clarke) Brückner

分布：河南、陕西、安徽、江苏、浙江、江西、湖南、湖北、四川、贵州、云南、福建、台湾、广东、广西、海南；印度、老挝、缅甸、泰国、越南

波缘水竹叶 **Murdannia undulata** D. Y. Hong

分布：云南

细柄水竹叶 **Murdannia vaginata** (L.) Bruckn.

分布：江苏、广东、广西、海南；印度、菲律宾、斯里兰卡、泰国、越南

云南水竹叶 **Murdannia yunnanensis** D. Y. Hong

分布：云南

杜若属 **Pollia** Thunb.

大杜若 **Pollia hasskarlii** R. S. Rao

分布：四川、贵州、云南、西藏、广东、广西；不丹、印度、老挝、缅甸、泰国、越南

杜若 **Pollia japonica** Thunb.

分布：安徽、浙江、江西、湖南、湖北、四川、贵州、福建、台湾、广东、广西；日本、朝鲜

大苞杜若 **Pollia macrobracteata** D. Y. Hong

分布：广西

小杜若 **Pollia miranda** (H. Lév.) H. Hara

分布：四川、贵州、云南、台湾、广西；日本

长花枝杜若 **Pollia secundiflora** (Blume) Bakh. f.

分布：湖南、贵州、云南、广西、海南、香港；印度、印度尼西亚、老挝、马来西亚、缅甸、泰国、越南

长柄杜若 **Pollia siamensis** (Craib) Faden ex D. Y. Hong

分布：云南、广西、海南；印度尼西亚、老挝、巴布亚新几内亚、菲律宾、泰国、越南

伞花杜若 **Pollia subumbellata** C. B. Clarke

分布：云南、广西；不丹、印度

密花杜若 **Pollia thyrsiflora** (Blume) Endl. ex Hassk.

分布：云南、海南；印度、印度尼西亚、老挝、马来西亚、菲律宾、泰国、越南

孔药花属 **Porandra** D. Y. Hong

小叶孔药花 **Porandra microphylla** Y. Wan

分布：广西

孔药花 **Porandra ramosa** D. Y. Hong

分布：贵州、云南、广西

攀援孔药花 **Porandra scandens** D. Y. Hong

分布：云南；老挝、泰国、越南

钩毛子草属 **Rhopalephora** Hassk.

钩毛子草 **Rhopalephora scaberrima** (Blume) Faden

分布：贵州、云南、西藏、台湾、广东、广西、海南；不丹、印度、印度尼西亚、老挝、马来西亚、缅甸、菲律宾、

斯里兰卡、泰国、越南

竹叶吉祥草属 **Spatholirion** Ridl.

矩叶吉祥草 **Spatholirion elegans** (Cherfils) C. Y. Wu
分布：云南；越南

竹叶吉祥草 **Spatholirion longifolium** (Gagnep.) Dunn
分布：江西、湖南、湖北、四川、贵州、云南、福建、广东、广西；越南

竹叶子属 **Streptolirion** Edgew.

竹叶子 **Streptolirion volubile** Edgew.
分布：辽宁、河北、山西、河南、陕西、甘肃、浙江、湖南、湖北、四川、贵州、云南、西藏、广西；不丹、印度、日本、朝鲜、老挝、缅甸、泰国、越南

红毛竹叶子 **Streptolirion volubile** subsp. **khasianum** (C. B. Clarke) D. Y. Hong
分布：贵州、云南、西藏；不丹、印度、越南

紫万年青属 **Tradescantia** L.

紫背万年青 **Tradescantia spathacea** Sw.
分布：香港；原产于中美洲加勒比海地区

吊竹梅 **Tradescantia zebrina** Bosse
分布：福建、台湾、广西、香港；热带美洲

三瓣果属 **Tricarpelema** J. K. Morton

三瓣果 **Tricarpelema chinense** D. Y. Hong
分布：四川

西藏三瓣果 **Tricarpelema xizangense** D. Y. Hong
分布：西藏

269. 牛栓藤科 Connaraceae R. Br.

栗豆藤属 **Agelaea** Sol. ex Planch.

栗豆藤 **Agelaea trinervis** (Llanos) Merr.
分布：海南；柬埔寨、印度尼西亚、老挝、马来西亚、菲律宾、泰国、越南

螫毛果属 **Cnestis** Juss.

螫毛果 **Cnestis palala** (Lour.) Merr.
分布：海南；印度尼西亚、老挝、马来西亚、缅甸、泰国、越南

牛栓藤属 **Connarus** L.

牛栓藤 **Connarus paniculatus** Roxb.
分布：海南；柬埔寨、印度、老挝、马来西亚、泰国、越南

云南牛栓藤 **Connarus yunnanensis** Schellenb.
分布：云南、广西；缅甸

单叶豆属 **Ellipanthus** Hook. f.

单叶豆 **Ellipanthus glabrifolius** Merr.
分布：海南

红叶藤属 **Rourea** Aubl.

长尾红叶藤 **Rourea caudata** Planch.
分布：云南、广东、广西；印度

小叶红叶藤 **Rourea microphylla** (Hook. et Arn.) Planch.
分布：云南、福建、广东、广西；印度、印度尼西亚、斯里兰卡、越南

红叶藤 **Rourea minor** (Gaertn.) Leenh.
分布：云南、台湾、广东；柬埔寨、印度、老挝、斯里兰卡、泰国、越南、澳大利亚

朱果藤属 **Roureopsis** Planch.

朱果藤 **Roureopsis emarginata** (Jack) Merr.
分布：云南、广西；印度尼西亚、老挝、马来西亚、缅甸、泰国

270. 旋花科 Convolvulaceae Juss.

银背藤属 **Argyreia** Lour.

白鹤藤 **Argyreia acuta** Lour.
分布：广东、广西、海南；老挝、越南

保山银背藤 **Argyreia baoshanensis** S. H. Huang
分布：云南

头花银背藤 **Argyreia capitiformis** (Poir.) Ooststr.
分布：贵州、云南、广西、海南；柬埔寨、印度、印度尼西亚、老挝、马来西亚、缅甸、泰国、越南

车里银背藤 **Argyreia cheliensis** C. Y. Wu
分布：云南

毛头银背藤 **Argyreia eriocephala** C. Y. Wu
分布：云南

台湾银背藤 **Argyreia formosana** Ishigami ex T. Yamazaki
分布：台湾

黄伞白鹤藤 **Argyreia fulvocymosa** C. Y. Wu
分布：云南、广西

黄伞白鹤藤(原变种) Argyreia fulvocymosa var. **fulvocymosa**
分布：云南、广西

少花黄伞白鹤藤 Argyreia fulvocymosa var. **pauciflora** C. Y. Wu
分布：云南

黄背藤 Argyreia fulvovillosa C. Y. Wu et S. H. Huang
分布：云南

长叶银背藤 Argyreia henryi (Craib) Craib
分布：云南；泰国

长叶银背藤(原变种) Argyreia henryi var. **henryi**
分布：云南

金背长叶藤 Argyreia henryi var. **hypochrysa** C. Y. Wu et Li
分布：云南

线叶银背藤 Argyreia lineariloba C. Y. Wu
分布：云南

麻栗坡银背藤 Argyreia marlipoensis C. Y. Wu et S. H. Huang
分布：云南

叶苞银背藤 Argyreia mastersii (Prain) Raizada
分布：云南；印度、缅甸、泰国

思茅银背藤 Argyreia maymyo (W. W. Sm.) Raizada
分布：云南；缅甸

银背藤 Argyreia mollis (Burm. f.) Choisy
分布：海南；柬埔寨、印度、印度尼西亚、老挝、马来西亚、缅甸、泰国、越南

勐腊银背藤 Argyreia monglaensis C. Y. Wu et S. H. Huang
分布：云南

单籽银背藤 Argyreia monosperma C. Y. Wu
分布：云南

美丽银背藤 Argyreia nervosa (Burm. f.) Bojer
分布：广东及沿海岛屿；印度、孟加拉国、印度尼西亚、马来西亚，栽培或野生

聚花白鹤藤 Argyreia osyrensis (Roth) Choisy
分布：海南；孟加拉国、柬埔寨、印度、印度尼西亚、老挝、马来西亚、缅甸、斯里兰卡、泰国、越南

聚花白鹤藤(原变种) Argyreia osyrensis var. **osyrensis**
分布：海南；孟加拉国、柬埔寨、印度、印度尼西亚、老挝、马来西亚、缅甸、斯里兰卡、泰国、越南

灰毛白鹤藤 Argyreia osyrensis var. **cinerea** Hand.-Mazz.
分布：云南、广西；缅甸、泰国

东京银背藤 Argyreia pierreana Bois
分布：贵州、云南、广西；老挝、越南

亮叶银背藤 Argyreia splendens (Hornem.) Sweet
分布：云南；印度、缅甸、泰国

细毛银背藤 Argyreia strigillosa C. Y. Wu et Li
分布：云南

黄毛银背藤 Argyreia velutina C. Y. Wu et Li
分布：云南

大叶银背藤 Argyreia wallichii Choisy
分布：四川、贵州、云南；不丹、印度、缅甸、泰国

苞叶藤属 Blinkworthia Choisy

苞叶藤 Blinkworthia convolvuloides Prain
分布：云南、广西；缅甸

打碗花属 Calystegia R. Br.

打碗花 Calystegia hederacea Wall.
分布：河北、甘肃、安徽、贵州、福建、广东、广西、海南；阿富汗、印度、日本、朝鲜、马来西亚、蒙古国、缅甸、尼泊尔、巴基斯坦、俄罗斯、塔吉克斯坦；非洲、北美洲

藤长苗 Calystegia pellita (Ledeb.) G. Don
分布：吉林、辽宁、黑龙江、内蒙古、河北、山东、安徽、江苏；蒙古国、俄罗斯、朝鲜

藤长苗(原变种) Calystegia pellita subsp. **pellita**
分布：黑龙江、内蒙古；蒙古国、俄罗斯

长叶藤长苗 Calystegia pellita subsp. **longifolia** Brummitt
分布：吉林、辽宁、河北、山东、安徽、江苏；朝鲜

直立藤长苗 Calystegia pellita subsp. **stricta** Brummitt
分布：吉林；朝鲜、俄罗斯

柔毛打碗花 Calystegia pubescens Lindl.
分布：黑龙江、吉林、辽宁、河北、北京、山东、江苏、浙江、湖北；日本、朝鲜

欧旋花 Calystegia sepium subsp. **spectabilis** Brummitt
分布：黑龙江、吉林、辽宁、北京、天津；日本、朝鲜、俄罗斯；北欧有引种

鼓子花 Calystegia silvatica subsp. **orientalis** Brummitt

分布：安徽、江苏、浙江、江西、湖南、湖北、四川、贵州、云南、广西

肾叶打碗花 Calystegia soldanella (L.) R. Br.

分布：辽宁、河北、山东、江苏、浙江、福建、台湾；日本、朝鲜、俄罗斯、太平洋岛屿、澳大利亚；欧洲、非洲、北美洲、南美洲

旋花属 Convolvulus L.

银灰旋花 Convolvulus ammannii Desr.

分布：黑龙江、吉林、辽宁、内蒙古、河北、山西、河南、陕西、宁夏、甘肃、青海、新疆、四川、西藏；哈萨克斯坦、朝鲜、吉尔吉斯斯坦、蒙古国、俄罗斯

田旋花 Convolvulus arvensis L.

分布：黑龙江、吉林、辽宁、内蒙古、河北、山西、山东、河南、陕西、宁夏、甘肃、青海、新疆、安徽、江苏、湖北、四川、西藏；亚洲(西南部)、欧洲、北美洲、南美洲

灌木旋花 Convolvulus fruticosus Pall.

分布：新疆；阿富汗、哈萨克斯坦、吉尔吉斯斯坦、蒙古国、巴基斯坦、俄罗斯、塔吉克斯坦、土库曼斯坦、乌兹别克斯坦；亚洲(西南部)

鹰爪柴 Convolvulus gortschakovii Schrenk

分布：甘肃、内蒙古、宁夏、山西、新疆；哈萨克斯坦、吉尔吉斯斯坦、蒙古国、俄罗斯、塔吉克斯坦、?乌兹别克斯坦

线叶旋花 Convolvulus lineatus L.

分布：新疆；阿富汗、哈萨克斯坦、吉尔吉斯斯坦、巴基斯坦、俄罗斯、塔吉克斯坦、土库曼斯坦；亚洲(西南部)、欧洲、非洲

直立旋花 Convolvulus pseudocantabricus Schrenk

分布：新疆；阿富汗、哈萨克斯坦、吉尔吉斯斯坦、塔吉克斯坦、土库曼斯坦、乌兹别克斯坦；亚洲(西南部)

草坡旋花 Convolvulus steppicola Hand.-Mazz.

分布：云南

刺旋花 Convolvulus tragacanthoides Turcz.

分布：内蒙古、河北、山西、宁夏、甘肃、新疆、四川；哈萨克斯坦、吉尔吉斯斯坦、蒙古国、俄罗斯、塔吉克斯坦、土库曼斯坦、乌兹别克斯坦

菟丝子属 Cuscuta L.

杯花菟丝子 Cuscuta approximata Bab.

分布：新疆；亚洲(西南部)、欧洲、非洲

南方菟丝子 Cuscuta australis R. Br.

分布：黑龙江、吉林、辽宁、内蒙古、河北、河南、宁夏、甘肃、青海、安徽、江苏、江西、湖南、湖北、贵州、福建、广东、广西、海南；澳大利亚；亚洲(西南部)、欧洲

原野菟丝子 Cuscuta campestris Yunck.

分布：新疆、福建；澳大利亚、太平洋岛屿；亚洲(西南部)、欧洲、非洲、北美洲、南美洲

菟丝子 Cuscuta chinensis Lam.

分布：中国广布；阿富汗、印度尼西亚、日本、哈萨克斯坦、朝鲜、蒙古国、俄罗斯、斯里兰卡、澳大利亚；亚洲(西南部)、非洲

欧洲菟丝子 Cuscuta europaea L.

分布：黑龙江、内蒙古、山西、陕西、甘肃、青海、新疆、四川、云南、西藏；日本、克什米尔地区；西亚、欧洲、非洲、北美洲、南美洲

高大菟丝子 Cuscuta gigantea Griff.

分布：西藏；阿富汗、塔吉克斯坦

金灯藤 Cuscuta japonica Choisy

分布：黑龙江、吉林、辽宁、内蒙古、河北、山西、山东、河南、陕西、宁夏、甘肃、青海、新疆、安徽、江苏、浙江、江西、湖南、湖北、四川、贵州、云南、福建、台湾、广东、广西、海南；日本、朝鲜、俄罗斯、越南

金灯藤(原变种) Cuscuta japonica var. **japonica**

分布：黑龙江、吉林、辽宁、内蒙古、河北、山西、山东、河南、陕西、宁夏、甘肃、青海、新疆、安徽、江苏、浙江、江西、湖南、湖北、四川、贵州、云南、福建、台湾、广东、广西、海南；日本、韩国、俄罗斯、越南

台湾菟丝子 Cuscuta japonica var. **formosana** (Hayata) Yunck.

分布：台湾

啤酒花菟丝子 Cuscuta lupuliformis Krock.

分布：吉林、辽宁、内蒙古、河北、山西、山东、陕西、甘肃、新疆；蒙古国；亚洲(西南部)、欧洲

大鳞菟丝子 Cuscuta macrolepis R. C. Fang et S. H. Huang

分布：西藏

单柱菟丝子 Cuscuta monogyna Vahl

分布：新疆；蒙古国、俄罗斯；亚洲(西南部)

大花菟丝子 Cuscuta reflexa Roxb.

分布：湖南、四川、云南、西藏；阿富汗、印度、印度尼西亚、尼泊尔、马来西亚、缅甸、巴基斯坦、斯里兰卡、泰国

马蹄金属 **Dichondra** J. R. Forst. et G. Forst.

马蹄金 Dichondra micrantha Urb.

分布：安徽、福建、广东、广西、贵州、海南、湖北、湖南、江苏、江西、?青海、四川、台湾、西藏、云南、浙江；日本、朝鲜、泰国、太平洋岛屿；北美洲、南美洲

飞蛾藤属 **Dinetus** Buch.-Ham. ex Sweet.

白飞蛾藤 Dinetus decorus (W. W. Sm.) Staples

分布：四川、云南；印度、缅甸

蒙自飞蛾藤 Dinetus dinetoides (C. K. Schneid.) Staples

分布：四川、云南；印度、缅甸

三列飞蛾藤 Dinetus duclouxii (Gagnep. et Courch.) Staples

分布：湖北、四川、云南

藏飞蛾藤 Dinetus grandiflorus (Wall.) Staples

分布：西藏；不丹、印度、尼泊尔

飞蛾藤 Dinetus racemosus (Wall.) Sweet

分布：河南、甘肃、安徽、江苏、江西、湖南、湖北、贵州、福建、广东、广西、海南；不丹、印度、印度尼西亚、老挝、缅甸、尼泊尔、巴基斯坦、菲律宾、泰国、越南

毛果飞蛾藤 Dinetus truncatus (Kurz.) Staples

分布：安徽、江西、云南、广东、广西；缅甸、泰国

丁公藤属 **Erycibe** Roxb.

九来龙 Erycibe elliptilimba Merr. et Chun

分布：广东、海南；柬埔寨、老挝、泰国、越南

锈毛丁公藤 Erycibe expansa Wall. ex G. Don

分布：云南；印度、马来西亚、缅甸、泰国

毛叶丁公藤 Erycibe hainanensis Merr.

分布：广东、广西、海南；越南

台湾丁公藤 Erycibe henryi Prain

分布：台湾；日本

多花丁公藤 Erycibe myriantha Merr.

分布：广东、海南

丁公藤 Erycibe obtusifolia Benth.

分布：广东、广西、海南、香港；越南

疏花丁公藤 Erycibe oligantha Merr. et Chun

分布：海南

光叶丁公藤 Erycibe schmidtii Craib

分布：云南；印度、泰国、越南

瑶山丁公藤 Erycibe sinii F. C. How

分布：广西

锥序丁公藤 Erycibe subspicata Wall. ex G. Don

分布：云南、广西；柬埔寨、印度、老挝、缅甸、泰国、越南

土丁桂属 **Evolvulus** L.

土丁桂 Evolvulus alsinoides (L.) L.

分布：青海、安徽、江苏、浙江、江西、湖南、湖北、四川、贵州、云南、西藏、福建、台湾、广东、广西、海南；孟加拉国、柬埔寨、印度、印度尼西亚、日本、老挝、马来西亚、缅甸、尼泊尔、巴基斯坦、菲律宾、泰国、越南、太平洋群岛；非洲、大洋洲、北美洲、南美洲

土丁桂(原变种) Evolvulus alsinoides var. **alsinoides**

分布：安徽、福建、广东、广西、贵州、海南、湖北、湖南、江苏、江西、青海、四川、台湾、西藏、云南、浙江；孟加拉国、柬埔寨、印度、印度尼西亚、日本、老挝、马来西亚、缅甸、尼泊尔、巴基斯坦、菲律宾、泰国、越南；非洲

银丝草 Evolvulus alsinoides var. **decumbens** (R. Br.) Ooststr.

分布：江西、湖南、湖北、云南、福建、台湾、广东、广西、海南、香港；印度尼西亚、马来西亚、巴布亚新几内亚、泰国、越南、太平洋岛屿

圆叶土丁桂 Evolvulus alsinoides var. **rotundifolius** Hayata ex Ooststr.

分布：台湾；日本、菲律宾

短梗土丁桂 Evolvulus nummularius (L.) L.

分布：云南逸生；原产于美洲，引种到印度、马来西亚和非洲

猪菜藤属 **Hewittia** Wight et Arn.

猪菜藤 Hewittia malabarica (L.) Suresh

分布：云南、台湾、广东、广西、海南；柬埔寨、印度、印度尼西亚、老挝、马来西亚、缅甸、巴布亚新几内亚、菲律宾、斯里兰卡、泰国、越南、太平洋岛屿；亚洲(西南部)、非洲、北美洲

番薯属 **Ipomoea** L.

夜花薯藤 Ipomoea aculeata var. **mollissima** (Zoll.) Hallier f. ex Ooststr.

分布：海南；印度尼西亚、缅甸、菲律宾、泰国

月光花 Ipomoea alba L.

分布：陕西、江苏、浙江、江西、四川、云南、广东、广

西、海南栽培；原产地可能为热带美洲，现广布于全热带

蕹菜 Ipomoea aquatica Forssk.

分布：华中至华南；孟加拉国、柬埔寨、印度、印度尼西亚、老挝、马来西亚、缅甸、尼泊尔、巴布亚新几内亚、巴基斯坦、菲律宾、斯里兰卡、泰国、越南、太平洋群岛；非洲、大洋洲、南美洲

番薯 Ipomoea batatas (L.) Lam.

分布：栽培于全国；印度尼西亚、日本、老挝、马来西亚、尼泊尔、巴布亚新几内亚、巴勒斯坦、菲律宾、斯里兰卡、泰国、越南、澳大利亚、太平洋岛屿；非洲、北美洲、南美洲

毛牵牛 Ipomoea biflora (L.) Pers.

分布：江西、湖南、贵州、云南、福建、台湾、广东、广西；印度、印度尼西亚、日本、缅甸、越南、澳大利亚；非洲

五爪金龙 Ipomoea cairica Hand.-Mazz.

分布：云南、福建、台湾、广东、广西、海南、香港、澳门；可能原产于美洲，现热带地区广布

五爪金龙(原变种) Ipomoea cairica var. **cairica**

分布：福建、广东、广西、海南、台湾、云南；印度、印度尼西亚、日本、马来西亚、缅甸、尼泊尔、巴布亚新几内亚、巴基斯坦、菲律宾、斯里兰卡、泰国、越南、太平洋群岛；亚洲(西南部)、非洲、南美洲

纤细五爪金龙 Ipomoea cairica var. **gracillima** (Collett et Hemsl.) C. Y. Wu

分布：云南；缅甸

树牵牛 Ipomoea carnea subsp. **fistulosa** (Mart. ex Choisy) D. F. Austin

分布：台湾、广西、海南；柬埔寨、印度、印度尼西亚、日本、缅甸、尼泊尔、巴布亚新几内亚、巴基斯坦、斯里兰卡、泰国、太平洋岛屿；北美洲、南美洲

峨眉牵牛(新拟) Ipomoea emeiensis Z. Y. Zhu

分布：四川

毛果薯 Ipomoea eriocarpa R. Br.

分布：四川、云南；柬埔寨、印度、印度尼西亚、克什米尔地区、老挝、马来西亚、缅甸、尼泊尔、巴布亚新几内亚、巴基斯坦、菲律宾、斯里兰卡、泰国、越南、澳大利亚；非洲

齿萼薯 Ipomoea fimbriosepala Choisy

分布：浙江、福建、广东；巴布亚新几内亚、墨西哥、太平洋岛屿；非洲、南美洲

异叶牵牛(新拟) Ipomoea hederifolia L.

分布：台湾

粗毛薯藤 Ipomoea hirtifolia R. C. Fang et S. H. Huang

分布：西藏

假厚藤 Ipomoea imperati (Vahl) Griseb.

分布：福建、台湾、广东、广西、海南；印度尼西亚、日本、马来西亚、菲律宾、斯里兰卡、泰国、越南、澳大利亚、太平洋岛屿；非洲、欧洲、北美洲

变色牵牛 Ipomoea indica (Burm.) Merr.

分布：台湾、广东、南海诸岛；原产于南美洲，现热带广泛栽培和归化

南沙薯藤 Ipomoea littoralis (L.) Bl.

分布：台湾、海南；柬埔寨、印度、印度尼西亚、日本、马来西亚、缅甸、巴布亚新几内亚、菲律宾、斯里兰卡、泰国、越南、太平洋岛屿；非洲、大洋洲

毛茎薯 Ipomoea marginata (Desr.) Verdc.

分布：台湾、海南；印度、印度尼西亚、老挝、马来西亚、缅甸、巴布亚新几内亚、巴基斯坦、斯里兰卡、泰国、越南、澳大利亚、太平洋岛屿；非洲

七爪龙 Ipomoea mauritiana Jacquin

分布：云南、台湾、广东、广西、海南；柬埔寨、印度尼西亚、日本、老挝、马来西亚、缅甸、巴布亚新几内亚、菲律宾、斯里兰卡、泰国、越南、太平洋岛屿

牵牛 Ipomoea nil (L.) Roth

分布：中国大部分地区有分布；原产于热带美洲，现广布于热带和亚热带地区

小心叶薯 Ipomoea obscura (L.) Ker Gawl.

分布：广东、海南、台湾、云南；柬埔寨、印度、印度尼西亚、老挝、马来西亚、缅甸、巴布亚新几内亚、?巴基斯坦、菲律宾、斯里兰卡、泰国、越南、澳大利亚、太平洋岛屿；非洲

厚藤 Ipomoea pes-caprae (L.) R. Br.

分布：福建、海南、台湾、浙江；柬埔寨、印度尼西亚、日本、琉球群岛、马来西亚、缅甸、巴布亚新几内亚、巴基斯坦、菲律宾、斯里兰卡、泰国、越南、澳大利亚、太平洋群岛；亚洲(西南部)、非洲、北美洲、南美洲

虎掌藤 Ipomoea pes-tigridis L.

分布：云南、台湾、广东、广西、海南；柬埔寨、印度尼西亚、克什米尔地区、马来西亚、缅甸、尼泊尔、巴布亚新几内亚、巴基斯坦、菲律宾、斯里兰卡、泰国、越南、澳大利亚、太平洋岛屿；非洲

帽苞薯藤 Ipomoea pileata Roxb.

分布：云南、广东、广西、海南；柬埔寨、印度、印度尼西亚、老挝、马来西亚、菲律宾、斯里兰卡、泰国、越南；非洲

羽叶薯 Ipomoea polymorpha Roem. et Schult.

分布：海南、台湾；柬埔寨、?印度、印度尼西亚、日本、老挝、马来西亚、巴布亚新几内亚、菲律宾、越南、澳大利亚；非洲

圆叶牵牛 Ipomoea purpurea (Linn.) Roth

分布：黑龙江、吉林、辽宁、河北、北京、天津、山西、山东、河南、陕西、青海、新疆、安徽、江苏、上海、浙江、湖南、湖北、四川、重庆、贵州、云南、福建、广东、广西、香港；原产于热带美洲，现世界各地广泛栽培和归化

茑萝松 Ipomoea quamoclit L.

分布：南北方均有栽培；广布于全球温带及热带

刺毛月光花 Ipomoea setosa Ker Gawl.

分布：云南、广东；北美洲、南美洲

白大花千斤藤 Ipomoea soluta var. **alba** C. Y. Wu et Li

分布：云南

海南薯 Ipomoea sumatrana (Miq.) Ooststr.

分布：云南、台湾、广西、海南；印度尼西亚、老挝、马来西亚、缅甸、泰国

三裂叶薯 Ipomoea triloba L.

分布：安徽、广东、陕西、台湾、浙江；原产于美洲，现在成为泛热带杂草

丁香茄 Ipomoea turbinata Lag.

分布：河南、湖南、湖北、云南；印度、印度尼西亚、日本、克什米尔地区、缅甸、尼泊尔、巴基斯坦、菲律宾、斯里兰卡、越南；非洲、北美洲、南美洲

管花薯 Ipomoea violacea L.

分布：台湾、广东、海南；印度尼西亚、日本、马来西亚、巴布亚新几内亚、菲律宾、斯里兰卡、泰国、澳大利亚、太平洋岛屿；非洲、北美洲、南美洲

大萼山土瓜 Ipomoea wangii C. Y. Wu

分布：云南

小牵牛属 Jacquemontia Choisy

小牵牛 Jacquemontia paniculata (Burm. f.) Hallier f.

分布：台湾、广东、广西、海南；柬埔寨、印度、印度尼西亚、老挝、马来西亚、缅甸、巴布亚新几内亚、菲律宾、斯里兰卡、泰国、越南、澳大利亚、太平洋岛屿；非洲

小牵牛(原变种) Jacquemontia paniculata var. **paniculata**

分布：广东、广西、海南、台湾、云南；柬埔寨、印度、印度尼西亚、老挝、马来西亚、缅甸、巴布亚新几内亚、菲律宾、斯里兰卡、泰国、越南、澳大利亚、太平洋岛屿；非洲

披针叶小牵牛 Jacquemontia paniculata var. **lanceolata** S. H. Huang

分布：海南

鳞蕊藤属 Lepistemon Blume

鳞蕊藤 Lepistemon binectariferum (Wall.) Kuntze

分布：海南；柬埔寨、印度、印度尼西亚、老挝、马来西亚、缅甸、菲律宾、泰国、越南

鳞蕊藤(原变种) Lepistemon binectariferum var. **binectariferum**

分布：海南；柬埔寨、印度、印度尼西亚、老挝、马来西亚、缅甸、泰国、越南

毛果鳞蕊藤 Lepistemon binectariferum var. **trichocarpum** (Gagnep.) Ooststr.

分布：台湾、海南；印度尼西亚、日本、菲律宾、太平洋岛屿

裂叶鳞蕊藤 Lepistemon lobatum Pilg.

分布：浙江、福建、广东、广西、海南

鱼黄草属 Merremia Dennst. ex Endl.

金钟藤 Merremia boisiana (Gagnep.) Ooststr.

分布：云南、广西、海南；印度尼西亚、老挝、越南

金钟藤(原变种) Merremia boisiana var. **boisiana**

分布：云南、广西、海南；印度尼西亚、老挝、越南

黄毛金钟藤 Merremia boisiana var. **fulvopilosa** (Gagnep.) Ooststr.

分布：云南、广西；越南

美花鱼黄草 Merremia caloxantha (Diels) Staples et R. C. Fang

分布：云南

丘陵鱼黄草 Merremia collina S. Y. Liu

分布：广西

心叶山土瓜 Merremia cordata C. Y. Wu et R. C. Fang

分布：四川、云南

多裂鱼黄草 Merremia dissecta (Jacq.) Hallier f.

分布：广东；印度、印度尼西亚、缅甸、巴基斯坦、斯里兰卡、泰国；北美洲、南美洲

肾叶山猪菜 Merremia emarginata (Burm. f.) Hallier f.

分布：广东、海南；印度、印度尼西亚、马来西亚、缅甸、尼泊尔、菲律宾、斯里兰卡、泰国；非洲

金花鱼黄草 **Merremia gemella** (Burm. f.) Hallier f.

分布：台湾；柬埔寨、印度尼西亚、老挝、马来西亚、缅甸、巴布亚新几内亚、菲律宾、斯里兰卡、泰国、越南、澳大利亚

海南山猪菜 **Merremia hainanensis** H. S. Kiu

分布：海南

篱栏网 **Merremia hederacea** (Burm. f.) Hallier f.

分布：江西、云南、福建、台湾、广东、广西、海南；柬埔寨、印度、印度尼西亚、日本、老挝、马来西亚、缅甸、尼泊尔、巴布亚新几内亚、巴基斯坦、菲律宾、斯里兰卡、泰国、越南、澳大利亚、太平洋岛屿；非洲

毛山猪菜 **Merremia hirta** (L.) Merr.

分布：云南、台湾、广东、广西、海南；印度、印度尼西亚、老挝、马来西亚、缅甸、菲律宾、泰国、越南、澳大利亚

山土瓜 **Merremia hungaiensis** (Lingelsh. et Borza) R. C. Fang

分布：四川、贵州、云南

山土瓜(原变种) **Merremia hungaiensis** var. **hungaiensis**

分布：四川、贵州、云南

线叶山土瓜 **Merremia hungaiensis** var. **linifolia** (C. C. Huang) R. C. Fang

分布：四川、云南

长梗山土瓜 **Merremia longipedunculata** (C. Y. Wu) R. C. Fang

分布：贵州、云南、广西

指叶山猪菜 **Merremia quinata** (R. Br.) Ooststr.

分布：云南、台湾、广西、海南、香港；印度尼西亚、缅甸、巴布亚新几内亚、菲律宾、泰国、澳大利亚

北鱼黄草 **Merremia sibirica** (L.) Hallier f.

分布：吉林、河北、山西、山东、陕西、甘肃、安徽、江苏、浙江、湖南、四川、贵州、云南、广西；蒙古国、俄罗斯

北鱼黄草(原变种) **Merremia sibirica** var. **sibirica**

分布：吉林、河北、山西、山东、陕西、甘肃、安徽、江苏、浙江、湖南、四川、贵州、云南、广西；蒙古国、俄罗斯

九华北鱼黄草 **Merremia sibirica** var. **jiuhuaensis** B. A. Shen et X. L. Liu

分布：安徽

大籽鱼黄草 **Merremia sibirica** var. **macrosperma** C. C. Huang

分布：四川、云南

毛籽鱼黄草 **Merremia sibirica** var. **trichosperma** C. C. Huang

分布：吉林、辽宁、河北、山西、陕西、四川、云南

囊毛鱼黄草 **Merremia sibirica** var. **vesiculosa** C. Y. Wu et H. W. Li

分布：四川、云南

红花姬旋花 **Merremia similis** Elmer

分布：台湾；菲律宾

山猪菜 **Merremia umbellata** subsp. **orientalis** (Hallier f.) Ooststr.

分布：广东、广西；孟加拉国、柬埔寨、印度尼西亚、老挝、马来西亚、缅甸、尼泊尔、巴布亚新几内亚、菲律宾、斯里兰卡、泰国、越南、澳大利亚、太平洋岛屿；非洲

疣萼鱼黄草 **Merremia verruculosa** S. Y. Liu

分布：广西

掌叶鱼黄草 **Merremia vitifolia** (Burm. f.) Hallier f.

分布：云南、广东、广西、海南；印度、印度尼西亚、老挝、马来西亚、缅甸、尼泊尔、斯里兰卡、泰国、越南

蓝花土瓜 **Merremia yunnanensis** (Courch. et Gagnep.) R. C. Fang

分布：四川、云南

蓝花土瓜(原变种) **Merremia yunnanensis** var. **yunnanensis**

分布：四川、云南

近无毛蓝花土瓜 **Merremia yunnanensis** var. **glabrescens** (C. Y. Wu) R. C. Fang

分布：云南

红花土瓜 **Merremia yunnanensis** var. **pallescens** (C. Y. Wu) R. C. Fang

分布：四川、云南

盾苞藤属 **Neuropeltis** Wall.

盾苞藤 **Neuropeltis racemosa** Wall.

分布：云南、海南；印度尼西亚、马来西亚、缅甸、泰国

盒果藤属 **Operculina** S. Manso

盒果藤 **Operculina turpethum** (L.) S. Manso

分布：云南、台湾、广东、广西、海南；孟加拉国、柬埔寨、印度、印度尼西亚、日本、老挝、马来西亚、缅甸、

尼泊尔、巴布亚新几内亚、巴基斯坦、菲律宾、斯里兰卡、泰国、越南、澳大利亚；非洲

白花叶属 **Poranopsis** Roberty

搭棚藤 **Poranopsis discifera** (C. K. Schneid.) Staples
分布：四川、云南；印度、老挝、缅甸、泰国、越南

圆锥白花叶 **Poranopsis paniculata** (Roxb.) Roberty
分布：云南、西藏；不丹、印度、缅甸、尼泊尔、巴基斯坦

白花叶 **Poranopsis sinensis** (Hand.-Mazz.) Staples
分布：四川、云南

腺叶藤属 **Stictocardia** Hallier f.

腺叶藤 **Stictocardia tiliifolia** (Desr.) Hallier f.
分布：台湾、海南；孟加拉国、印度、印度尼西亚、日本、马来西亚、缅甸、菲律宾、斯里兰卡、泰国、越南、澳大利亚、太平洋岛屿；北美洲

三翅藤属 **Tridynamia** Gagnep.

大花三翅藤 **Tridynamia megalantha** (Merr.) Staples
分布：云南、广东、广西、海南；印度、老挝、马来西亚、缅甸、泰国、越南

大果三翅藤 **Tridynamia sinensis** (Hemsl.) Staples
分布：湖南、贵州、广东、广西；越南

大果三翅藤(原变种) **Tridynamia sinensis** var. **sinensis**
分布：贵州、广东、广西；越南

近无毛三翅藤 **Tridynamia sinensis** var. **delavayi** (Gagnep. et Courchet) Staples
分布：陕西、甘肃、湖南、湖北、四川、贵州、云南、广西

地旋花属 **Xenostegia** D. F. Austin et Staples

地旋花 **Xenostegia tridentata** (L.) D. F. Austin et Staples
分布：云南、台湾、广东、广西、海南；孟加拉国、柬埔寨、印度、印度尼西亚、老挝、马来西亚、缅甸、巴布亚新几内亚、菲律宾、新加坡、斯里兰卡、泰国、越南；非洲、大洋洲

271. 马桑科 Coriariaceae DC.

马桑属 **Coriaria** L.

台湾马桑 **Coriaria intermedia** Matsum.
分布：台湾；菲律宾

马桑 **Coriaria nepalensis** Wall.
分布：河南、陕西、甘肃、江苏、湖南、湖北、四川、贵州、云南、西藏、广西、香港；不丹、克什米尔地区、缅甸、巴基斯坦、印度、尼泊尔

草马桑 **Coriaria terminalis** Hemsl.
分布：四川、云南、西藏；不丹、尼泊尔、印度

272. 山茱萸科 Cornaceae Bercht. et J. Presl

八角枫属 **Alangium** Lam.

高山八角枫 **Alangium alpinum** (C. B. Clarke) W. W. Sm. et Cave
分布：云南、西藏；不丹、印度、缅甸、尼泊尔

髯毛八角枫 **Alangium barbatum** Baill. ex Kuntze
分布：云南、广东、广西；印度、老挝、缅甸、泰国、越南

八角枫 **Alangium chinense** (Lour.) Harms
分布：河南、陕西、安徽、江苏、浙江、江西、湖南、湖北、四川、重庆、贵州、云南、西藏、福建、台湾、广东、广西、海南；不丹、印度、尼泊尔；东南亚、东非

八角枫(原亚种) **Alangium chinense** subsp. **chinense**
分布：安徽、福建、甘肃、广东、广西、贵州、海南、河南、湖北、湖南、江苏、江西、山西、四川、台湾、西藏、云南、浙江；不丹、印度、尼泊尔；亚洲(东南部)、非洲(东部)

稀花八角枫 **Alangium chinense** subsp. **pauciflorum** W. P. Fang
分布：河南、陕西、甘肃、湖南、湖北、四川、贵州、云南

伏毛八角枫 **Alangium chinense** subsp. **strigosum** W. P. Fang
分布：陕西、安徽、江苏、江西、湖南、湖北、重庆、贵州、云南

深裂八角枫 **Alangium chinense** subsp. **triangulare** (Wangerin) W. P. Fang
分布：陕西、甘肃、安徽、湖南、湖北、四川、贵州、云南

小花八角枫 **Alangium faberi** Oliv.
分布：湖南、湖北、四川、西藏、四川、贵州、云南、广东、广西

小花八角枫(原变种) **Alangium faberi** var. **faberi**
分布：湖南、湖北、四川、贵州、广东、广西

长果八角枫 **Alangium faberi** var. **dolichocarpum** Z. Y. Li
分布：西藏

异叶八角枫 Alangium faberi var. **heterophyllum** Y. C. Yang
分布：四川、贵州、云南

小叶八角枫 Alangium faberi var. **perforatum** (H. Lév.) Rehder
分布：贵州、云南

阔叶八角枫 Alangium faberi var. **platyphyllum** Chun et F. C. How
分布：广东、广西

毛八角枫 Alangium kurzii Craib
分布：山西、河南、安徽、江苏、浙江、江西、湖南、湖北、贵州、云南、福建、广东、广西、海南；印度尼西亚、日本、韩国、老挝、马来西亚、缅甸、菲律宾、泰国、越南

毛八角枫(原变种) Alangium kurzii var. **kurzii**
分布：山西、河南、安徽、江苏、浙江、江西、湖南、贵州、云南、福建、广东、广西、海南；印度尼西亚、老挝、马来西亚、缅甸、菲律宾、泰国、越南

云山八角枫 Alangium kurzii var. **handelii** (Schnarf) W. P. Fang
分布：河南、安徽、浙江、江西、湖南、湖北、贵州、福建、广东、广西；日本、韩国

广西八角枫 Alangium kwangsiense Melch.
分布：广东、广西

三裂瓜木 Alangium platanifolium var. **trilobum** (Miq.) Ohwi
分布：吉林、辽宁、河北、山西、山东、河南、陕西、甘肃、浙江、江西、湖北、四川、贵州、云南、台湾；日本、朝鲜

日本八角枫 Alangium premnifolium Ohwi
分布：安徽、江苏、浙江、江西、湖南、广东、广西；印度、印度尼西亚、日本、马来西亚、缅甸、越南

青川八角枫 Alangium qingchuanense M. Y. He
分布：四川

土坛树 Alangium salviifolium (L. f.) Wangerin
分布：广东、广西、海南；柬埔寨、越南、老挝、泰国、马来西亚、印度尼西亚、菲律宾、尼泊尔、印度、斯里兰卡；东南非洲

云南八角枫 Alangium yunnanense C. Y. Wu ex W. P. Fang
分布：云南

喜树属 Camptotheca Decne.

喜树 Camptotheca acuminata Decne.
分布：江苏、浙江、江西、湖南、湖北、四川、贵州、云南、福建、广东、广西

洛氏喜树 Camptotheca lowreyana S. Y. Li
分布：江西、湖南、四川、福建、广东、广西

山茱萸属 Cornus L.

红瑞木 Cornus alba L.
分布：黑龙江、吉林、辽宁、内蒙古、河北、山东、陕西、甘肃、青海、江苏、江西、海南；朝鲜、蒙古国、俄罗斯；欧洲，广泛栽培于温带地区

华南梾木 Cornus austrosinensis W. P. Fang et W. K. Hu
分布：湖南、贵州、广东、广西

沙梾 Cornus bretschneideri L. Henry
分布：黑龙江、吉林、辽宁、内蒙古、河北、山西、河南、陕西、宁夏、甘肃、青海、湖北、四川

沙梾(原变种) Cornus bretschneideri var. **bretschneideri**
分布：辽宁、内蒙古、河北、山西、河南、陕西、宁夏、甘肃、青海、湖北、四川

卷毛沙梾 Cornus bretschneideri var. **crispa** W. P. Fang et W. K. Hu
分布：黑龙江、吉林、辽宁、内蒙古、河北、山西、陕西、甘肃

草茱萸 Cornus canadensis L.
分布：吉林；日本、朝鲜、缅甸、俄罗斯；北美洲

头状四照花 Cornus capitata Wall.
分布：四川、贵州、云南、西藏；不丹、印度、缅甸、尼泊尔

川鄂山茱萸 Cornus chinensis Wangerin
分布：河南、陕西、甘肃、浙江、湖北、四川、贵州、云南、西藏、广东；缅甸

灯台树 Cornus controversa Hemsl.
分布：辽宁、山西、山东、河南、陕西、甘肃、安徽、江苏、浙江、江西、湖南、湖北、四川、贵州、云南、西藏、福建、台湾、广东、广西、海南；不丹、印度、日本、朝鲜、缅甸、尼泊尔

朝鲜梾木 Cornus coreana Wangerin
分布：辽宁；朝鲜

尖叶四照花 Cornus elliptica (Pojark.) Q. Y. Xiang et Bofford
分布：江西、湖南、湖北、四川、贵州、福建、广东、广西

红椋子 Cornus hemsleyi C. K. Schneid. et Wangerin
分布：河北、山西、河南、陕西、甘肃、青海、湖北、四川、贵州、云南、西藏

香港四照花 Cornus hongkongensis Hemsl.
分布：浙江、江西、湖南、四川、贵州、云南、福建、广东、广西；老挝、越南

香港四照花(原亚种) Cornus hongkongensis subsp. **hongkongensis**
分布：湖南、贵州、广东、广西；老挝、越南

秀丽四照花 Cornus hongkongensis subsp. **elegans** (W. P. Fang et Y. T. Hsieh) Q. Y. Xiang
分布：浙江、江西、福建

褐毛四照花 Cornus hongkongensis subsp. **ferruginea** (Y. C. Wu) Q. Y. Xiang
分布：江西、湖南、贵州、广东、广西

大型四照花 Cornus hongkongensis subsp. **gigantea** (Hand.-Mazz.) Q. Y. Xiang
分布：四川、贵州、云南；越南

黑毛四照花 Cornus hongkongensis subsp. **melanotricha** (Pojark.) Q. Y. Xiang
分布：湖南、四川、贵州、云南

东京四照花 Cornus hongkongensis subsp. **tonkinensis** (W. P. Fang) Q. Y. Xiang
分布：云南、广西；越南

川陕梾木 Cornus koehneana Wangerin
分布：山西、陕西、甘肃、四川

四照花 Cornus kousa subsp. **chinensis** (Osborn) Q. Y. Xiang
分布：安徽、福建、甘肃、贵州、河南、湖北、湖南、江苏、江西、内蒙古、陕西、山西、四川、台湾、?云南、浙江

梾木 Cornus macrophylla Wall.
分布：山东、陕西、宁夏、甘肃、安徽、江苏、浙江、江西、湖北、四川、贵州、云南、西藏、福建、台湾、广东、广西、海南；阿富汗、不丹、印度、克什米尔地区、缅甸、尼泊尔、巴基斯坦

梾木(原变种) Cornus macrophylla var. **macrophylla**
分布：山东、陕西、宁夏、甘肃、安徽、江苏、浙江、江西、湖南、湖北、四川、贵州、西藏、福建、台湾、广东、广西、海南；阿富汗、不丹、印度、克什米尔地区、缅甸、尼泊尔、巴基斯坦

密毛梾木 Cornus macrophylla var. **stracheyi** C. B. Clarke
分布：云南、西藏；印度、尼泊尔

多脉四照花 Cornus multinervosa (Pojark.) Q. Y. Xiang
分布：四川、云南

长圆叶梾木 Cornus oblonga Wall .
分布：湖北、四川、贵州、云南、西藏；不丹、印度、克什米尔地区、缅甸、尼泊尔、巴基斯坦、斯里兰卡、泰国、越南

长圆叶梾木(原变种) Cornus oblonga var. **oblonga**
分布：湖北、四川、贵州、云南、西藏；不丹、印度、克什米尔地区、缅甸、巴基斯坦、斯里兰卡、泰国、越南

无毛长圆叶梾木 Cornus oblonga var. **glabrescens** W. P. Fang et W. K. Hu
分布：云南、西藏

毛叶梾木 Cornus oblonga var. **griffithii** C. B. Clarke
分布：湖北、四川、贵州、云南、西藏；不丹、印度

山茱萸 Cornus officinalis Sieb. et Zucc.
分布：山西、山东、河南、陕西、甘肃、安徽、江苏、浙江、江西、湖南；日本、韩国

樟叶梾木 Cornus oligophlebia Merr.
分布：云南；不丹、印度、缅甸、泰国、越南

乳突梾木 Cornus papillosa W. P. Fang et W. K. Hu
分布：四川、云南

小花梾木 Cornus parviflora S. S. Chien
分布：贵州、广西

小梾木 Cornus quinquenervis Franch.
分布：陕西、甘肃、江苏、湖南、湖北、四川、贵州、云南、福建、广东、广西

康定梾木 Cornus schindleri Wangerin
分布：山西、河南、甘肃、湖北、四川、贵州、云南、西藏

康定梾木(原亚种) Cornus schindleri subsp. **schindleri**
分布：四川、贵州、云南、西藏

灰叶梾木 Cornus schindleri subsp. **poliophylla** (C. K. Schneid. et Wangerin) Q. Y. Xiang
分布：河南、陕西、甘肃、湖北、四川、西藏

卷毛梾木 **Cornus ulotricha** C. K. Schneid. et Wangerin
分布：河南、陕西、甘肃、湖北、四川、贵州、云南、西藏

毛梾 **Cornus walteri** Wangerin
分布：辽宁、山西、山东、河南、陕西、宁夏、安徽、江苏、浙江、江西、湖南、湖北、四川、贵州、云南、福建、广东、广西、海南

光皮梾木 **Cornus wilsoniana** Wangerin
分布：河南、陕西、甘肃、浙江、江西、湖南、湖北、四川、福建、广东、广西、贵州

珙桐属 **Davidia** Baill.

珙桐 **Davidia involucrata** Baill.
分布：湖南、湖北、四川、贵州、云南

珙桐(原变种) **Davidia involucrata** var. **involucrata**
分布：湖南、湖北、四川、贵州、云南

光叶珙桐 **Davidia involucrata** var. **vilmoriniana** (Dode) Wangerin
分布：湖北、四川、贵州

马蹄参属 **Diplopanax** Hand.-Mazz.

马蹄参 **Diplopanax stachyanthus** Hand.-Mazz.
分布：湖南、贵州、云南、广东、广西；越南

单室茱萸属 **Mastixia** Blume

长尾单室茱萸 **Mastixia caudatilimba** C. Y. Wu ex Soong
分布：云南

小果单室茱萸(新拟) **Mastixia microcarpa** Y. C. Liu et H. Peng
分布：云南

五蕊单室茱萸 **Mastixia pentandra** Blume
分布：云南、海南；柬埔寨、越南、缅甸、不丹、印度、泰国

五蕊单室茱萸(原亚种) **Mastixia pentandra** subsp. **pentandra**
分布：云南、海南；柬埔寨、越南、缅甸、不丹、印度、泰国

单室茱萸 **Mastixia pentandra** subsp. **cambodiana** (Pierre) K. M. Matthew
分布：海南；柬埔寨、越南

云南单室茱萸 **Mastixia pentandra** subsp. **chinensis** (Merr.) K. M. Matthew
分布：云南；印度、越南、缅甸、泰国、马来西亚

毛叶单室茱萸 **Mastixia trichophylla** W. P. Fang
分布：广西

蓝果树属 **Nyssa** L.

华南蓝果树 **Nyssa javanica** (Blume) Wangerin
分布：云南、广东、广西、海南；不丹、印度、缅甸、越南、老挝、马来西亚、印度尼西亚

薄叶蓝果树 **Nyssa leptophylla** W. P. Fang et T. P. Chen
分布：湖南

上思蓝果树 **Nyssa shangszeensis** W. P. Fang et Soong
分布：广西

瑞丽蓝果树 **Nyssa shweliensis** (W. W. Sm.) Airy Shaw
分布：云南；越南

蓝果树 **Nyssa sinensis** Oliver
分布：安徽、江苏、浙江、江西、湖南、湖北、四川、贵州、云南、福建、广东、广西；越南

文山蓝果树 **Nyssa wenshanensis** W. P. Fang et Soong
分布：云南

云南蓝果树 **Nyssa yunnanensis** W. Q. Yin ex H. N. Qin et Phengklai
分布：云南

273. 白玉簪科 Corsiaceae Becc.

白玉簪属 **Corsiopsis** D. X. Zhang

白玉簪 **Corsiopsis chinensis** D. X. Zhang, R. M. K. Saunders et C. M. Hu
分布：广东

274. 闭鞘姜科 Costaceae Nakai

闭鞘姜属 **Costus** L.

莴笋花 **Costus lacerus** Gagnep.
分布：云南、西藏、广西；不丹、印度、泰国

长圆闭鞘姜 **Costus oblongus** S. Q. Tong
分布：云南、西藏

闭鞘姜 **Costus speciosus** (Koen.) Sm.
分布：云南、台湾、广东、广西；不丹、柬埔寨、印度、印度尼西亚、老挝、马来西亚、缅甸、尼泊尔、菲律宾、斯里兰卡、泰国、越南、澳大利亚

光叶闭鞘姜 **Costus tonkinensis** Gagnep.
分布：云南、广东、广西；越南

绿苞闭鞘姜 **Costus viridis** S. Q. Tong
分布：云南

275. 景天科 Crassulaceae J. St.-Hil.

落地生根属 **Bryophyllum** Salisb.

落地生根 **Bryophyllum pinnatum** (L. f.) Oken
分布：云南、福建、台湾、广东、广西栽培和归化；原产于非洲，各地归化

八宝属 **Hylotelephium** Ohba

狭穗八宝 **Hylotelephium angustum** (Maxim.) H. Ohba
分布：山西、陕西、宁夏、甘肃、青海、湖北、四川、云南

川鄂八宝 **Hylotelephium bonnafousii** (Raym.-Hamet) H. Ohba
分布：湖北、四川

八宝 **Hylotelephium erythrostictum** (Miq.) H. Ohba
分布：吉林、辽宁、河北、山西、山东、河南、陕西、安徽、江苏、浙江、四川、贵州、云南；日本、朝鲜、俄罗斯

圆叶八宝 **Hylotelephium ewersii** (Ledeb.) H. Ohba
分布：内蒙古、新疆、西藏；阿富汗、印度、哈萨克斯坦、吉尔吉斯斯坦、蒙古国、巴基斯坦、俄罗斯、塔吉克斯坦

紫花八宝 **Hylotelephium mingjinianum** (S. H. Fu) H. Ohba
分布：安徽、浙江、湖南、湖北、广西

承德八宝 **Hylotelephium mongolicum** (Franch.) S. H. Fu
分布：河北

白八宝 **Hylotelephium pallescens** (Freyn) H. Ohba
分布：黑龙江、吉林、辽宁、内蒙古、河北、山西；日本、朝鲜、蒙古国、俄罗斯

圆扇八宝 **Hylotelephium sieboldii** var. **chinense** (Sweet ex Hook.) H. Ohba
分布：湖北

长药八宝 **Hylotelephium spectabile** (Boreau) H. Ohba
分布：黑龙江、吉林、辽宁、河北、山东、河南、陕西、安徽；朝鲜

长药八宝(原变种) **Hylotelephium spectabile** var. **spectabile**
分布：黑龙江、吉林、辽宁、河北、山东、河南、陕西、安徽；朝鲜

狭叶长药八宝 **Hylotelephium spectabile** var. **angustifolium** (Kitag.) S. H. Fu
分布：吉林、辽宁、河北

头状八宝 **Hylotelephium subcapitatum** (Hayata) H. Ohba
分布：台湾

华北八宝 **Hylotelephium tatarinowii** (Maxim.) H. Ohba
分布：内蒙古、河北、陕西；蒙古国

紫八宝 **Hylotelephium telephium** (L.) H. Ohba
分布：黑龙江、吉林、辽宁、新疆；哈萨克斯坦、俄罗斯、日本；欧洲、北美洲

轮叶八宝 **Hylotelephium verticillatum** (L.) H. Ohba
分布：吉林、辽宁、山西、山东、河南、陕西、甘肃、安徽、浙江、湖北、四川；日本、朝鲜、俄罗斯

珠芽八宝 **Hylotelephium viviparum** (Maxim.) H. Ohba
分布：吉林、辽宁；朝鲜、俄罗斯

伽蓝菜属 **Kalanchoe** Adans.

伽蓝菜 **Kalanchoe ceratophylla** Haw.
分布：云南、福建、台湾、广东、广西；印度；东南亚

台南伽蓝菜 **Kalanchoe garambiensis** Kudo
分布：台湾

匙叶伽蓝菜 **Kalanchoe integra** (Medik.) Kuntze
分布：云南、西藏、福建、台湾、广东；不丹、柬埔寨、印度、印度尼西亚、克什米尔地区、老挝、马来西亚、尼泊尔、菲律宾、泰国、越南；亚洲(西南部)

越南伽蓝菜(新拟) **Kalanchoe spathulata** var. **annamica** (Gagnep.) H. Ohba
分布：云南；老挝、越南

台东伽蓝菜 **Kalanchoe tashiroi** Yamam.
分布：台湾

孔岩草属 **Kungia** K. T. Fu

孔岩草 **Kungia aliciae** (Raym.-Hamet) K. T. Fu
分布：甘肃、四川

孔岩草(原变种) **Kungia aliciae** var. **aliciae**
分布：甘肃、四川

对叶孔岩草 **Kungia aliciae** var. **komarovii** (Raym.-Hamet) K. T. Fu
分布：四川

弯毛孔岩草 **Kungia schoenlandii** (Raym.-Hamet) K. T. Fu
分布：四川

弯毛孔岩草(原变种) **Kungia schoenlandii** var. **schoenlandii**
分布：四川

狭穗孔岩草 **Kungia schoenlandii** var. **stenostachya** (Fröd.) K. T. Fu
分布：陕西、甘肃

岷江景天属 **Ohbaea** V. V. Byalt et I. V. Sokolova

岷江景天 **Ohbaea balfourii** (Raym.-Hamet) Byalt et I. V. Sokolova
分布：四川、云南

瓦松属 **Orostachys** Fisch.

狼爪瓦松 **Orostachys cartilaginea** Boriss.
分布：黑龙江、吉林、辽宁、内蒙古、山东；俄罗斯

塔花瓦松 **Orostachys chanetii** (H. Lév.) A. Berger
分布：河北、山西、甘肃、四川

瓦松 **Orostachys fimbriata** (Turcz.) A. Berger
分布：黑龙江、辽宁、内蒙古、河北、山西、山东、河南、陕西、宁夏、甘肃、青海、安徽、江苏、浙江、湖北；朝鲜、蒙古国、俄罗斯

晚红瓦松 **Orostachys japonica** A. Berger
分布：黑龙江、山东、安徽、江苏、浙江；日本、朝鲜、俄罗斯

钝叶瓦松 **Orostachys malacophylla** (Pall.) Fisch.
分布：黑龙江、吉林、辽宁、内蒙古、河北；日本、朝鲜、蒙古国、俄罗斯

钝叶瓦松(原亚种) **Orostachys malacophylla** subsp. **malacophylla**
分布：黑龙江、吉林、辽宁、内蒙古、河北；日本、朝鲜、蒙古国、俄罗斯

慎谔瓦松 **Orostachys malacophylla** subsp. **lioutchenngoi** H. Ohba
分布：内蒙古

黄花瓦松 **Orostachys spinosa** (L.) Sweet
分布：黑龙江、吉林、辽宁、内蒙古、甘肃、新疆、西藏；朝鲜、蒙古国、俄罗斯

小苞瓦松 **Orostachys thyrsiflora** Fisch.
分布：甘肃、新疆、西藏；哈萨克斯坦、蒙古国、俄罗斯

费菜属 **Phedimus** Raf.

费菜 **Phedimus aizoon** (L.) 't Hart
分布：黑龙江、吉林、辽宁、内蒙古、河北、山西、山东、河南、陕西、宁夏、甘肃、青海、安徽、江苏、浙江、江西、湖北、四川；日本、朝鲜、蒙古国、俄罗斯

多花费菜 **Phedimus floriferus** (Praeger) 't Hart
分布：山东

杂交费菜 **Phedimus hybridus** (L.) 't Hart
分布：新疆；蒙古国、俄罗斯

堪察加费菜 **Phedimus kamtschaticus** (Fisch.) 't Hart
分布：黑龙江、吉林、辽宁、内蒙古、河北；日本、朝鲜、俄罗斯

吉林费菜 **Phedimus middendorffianus** (Maxim.) 't Hart
分布：吉林、辽宁；日本、朝鲜、俄罗斯

齿叶费菜 **Phedimus odontophyllus** (Fröd.) 't Hart
分布：湖北、四川；尼泊尔

灰毛费菜 **Phedimus selskianus** (Regel et Herder) 't Hart
分布：黑龙江、吉林、辽宁；朝鲜、俄罗斯

合景天属 **Pseudosedum** (Boiss.) A. Berger

合景天 **Pseudosedum lievenii** (Ledeb.) A. Berger
分布：新疆；哈萨克斯坦、蒙古国、俄罗斯

红景天属 **Rhodiola** L.

西川红景天 **Rhodiola alsia** (Fröd.) S. H. Fu
分布：四川、云南、西藏

西川红景天(原变种) **Rhodiola alsia** subsp. **alsia**
分布：四川、云南、西藏

河口红景天 **Rhodiola alsia** subsp. **kawaguchii** H. Ohba
分布：西藏

互生红景天 **Rhodiola alterna** S. H. Fu
分布：西藏

长白红景天 **Rhodiola angusta** Nakai
分布：黑龙江；朝鲜、俄罗斯

阿扎红景天 **Rhodiola atsaensis** (Fröd.) H. Ohba
分布：西藏；印度

德钦红景天 **Rhodiola atuntsuensis** (Praeger) S. H. Fu
分布：四川、云南、西藏；缅甸

柴胡红景天 Rhodiola bupleuroides (Wall. ex Hook. f. et Thomson) S. H. Fu
分布：四川、云南、西藏；不丹、缅甸、尼泊尔、印度

美花红景天 Rhodiola calliantha (H. Ohba) H. Ohba
分布：西藏；尼泊尔

菊叶红景天 Rhodiola chrysanthemifolia (H. Lév.) S. H. Fu
分布：四川、云南

圆丛红景天 Rhodiola coccinea (Royle) Boriss.
分布：甘肃、青海、新疆、四川、云南、西藏；阿富汗、不丹、印度、克什米尔地区、尼泊尔

圆丛红景天(原亚种) Rhodiola coccinea subsp. **coccinea**
分布：甘肃、青海、新疆、四川、西藏；阿富汗、不丹、印度、克什米尔地区、尼泊尔

粗糙红景天 Rhodiola coccinea subsp. **scabrida** (Franch.) H. Ohba
分布：四川、云南、西藏；印度

大花红景天 Rhodiola crenulata (Hook. f. et Thomson) H. Ohba
分布：青海、四川、云南、西藏；不丹、尼泊尔、印度

根出红景天 Rhodiola cretinii (Raym.-Hamet) H. Ohba
分布：西藏；不丹、印度、尼泊尔

根出红景天(原亚种) Rhodiola cretinii subsp. **cretinii**
分布：西藏；不丹、印度、尼泊尔

高山红景天 Rhodiola cretinii subsp. **sinoalpina** (Fröd.) H. Ohba
分布：云南

异色红景天 Rhodiola discolor (Franch.) S. H. Fu
分布：四川、云南、西藏；尼泊尔、印度

小丛红景天 Rhodiola dumulosa (Franch.) S. H. Fu
分布：吉林、内蒙古、河北、山西、陕西、甘肃、青海、湖北、四川、云南；不丹、缅甸

长鞭红景天 Rhodiola fastigiata (Hook. f. et Thomson) S. H. Fu
分布：四川、云南、西藏；不丹、印度、克什米尔地区、尼泊尔

费勇红景天 Rhodiola feiyongii H. Ohba, S. Akiyama et S. K. Wu
分布：新疆

长圆红景天 Rhodiola forrestii (Raym.-Hamet) S. H. Fu
分布：四川、云南

书遐红景天 Rhodiola fushuhsiae H. Ohba, S. Akiyama et S. K. Wu
分布：新疆

甘南红景天 Rhodiola gannanica K. T. Fu
分布：甘肃

长鳞红景天 Rhodiola gelida Schrenk
分布：新疆；蒙古国、俄罗斯、塔吉克斯坦

小株红景天 Rhodiola handelii H. Ohba
分布：四川

异齿红景天 Rhodiola heterodonta (Hook. f. et Thomson) Boriss.
分布：新疆、西藏；阿富汗、印度、蒙古国、巴基斯坦、塔吉克斯坦；亚洲(西南部)

喜马红景天 Rhodiola himalensis (D. Don) S. H. Fu
分布：甘肃、青海、四川、云南、西藏；不丹、尼泊尔、印度

喜马红景天(原亚种) Rhodiola himalensis subsp. **himalensis**
分布：四川、云南、西藏；不丹、尼泊尔、印度

洮河红景天 Rhodiola himalensis subsp. **taohoensis** (S. H. Fu) H. Ohba
分布：甘肃、青海

背药红景天 Rhodiola hobsonii (Prain ex Raym.-Hamet) S. H. Fu
分布：西藏；不丹、印度

矮生红景天 Rhodiola humilis (Hook. f. et Thomson) S. H. Fu
分布：青海、西藏；尼泊尔、印度

准噶尔红景天 Rhodiola junggarica C. Y. Yang et N. R. Cui
分布：新疆

甘肃红景天 Rhodiola kansuensis (Fröd.) S. H. Fu
分布：甘肃

喀什红景天 Rhodiola kashgarica Boriss.
分布：新疆；哈萨克斯坦

狭叶红景天 Rhodiola kirilowii (Regel) Maxim.
分布：河北、山西、陕西、甘肃、青海、新疆、四川、云南、西藏；哈萨克斯坦、缅甸

昆仑红景天(新拟) Rhodiola kunlunica H. Ohba, S. Akiyama et S. K. Wu
分布：新疆

昆明红景天 **Rhodiola liciae** (Raym.-Hamet) S. H. Fu
分布：云南

黄萼红景天 **Rhodiola litwinowii** Boriss.
分布：新疆；蒙古国、乌兹别克斯坦

大果红景天 **Rhodiola macrocarpa** (Praeger) S. H. Fu
分布：陕西、甘肃、青海、四川、云南、西藏；缅甸

多苞红景天 **Rhodiola multibracteata** H. Chuang
分布：云南

优秀红景天 **Rhodiola nobilis** (Franch.) S. H. Fu
分布：云南；缅甸

卵萼红景天 **Rhodiola ovatisepala** (Raym.-Hamet) S. H. Fu
分布：西藏；不丹、缅甸、尼泊尔、印度

卵萼红景天(原变种) **Rhodiola ovatisepala** var. **ovatisepala**
分布：西藏；不丹、缅甸、尼泊尔、印度

线萼红景天 **Rhodiola ovatisepala** var. **chingii** S. H. Fu
分布：云南、西藏

帕米红景天 **Rhodiola pamiroalaica** Boriss.
分布：新疆；塔吉克斯坦

羽裂红景天 **Rhodiola pinnatifida** Boriss.
分布：新疆；蒙古国、俄罗斯

四轮红景天 **Rhodiola prainii** (Raym.-Hamet) H. Ohba
分布：西藏；印度、尼泊尔

报春红景天 **Rhodiola primuloides** (Franch.) S. H. Fu
分布：青海、四川、云南、西藏

报春红景天(原亚种) **Rhodiola primuloides** subsp. **primuloides**
分布：青海、四川、云南

工布红景天 **Rhodiola primuloides** subsp. **kongboensis** H. Ohba
分布：西藏

紫绿红景天 **Rhodiola purpureoviridis** (Praeger) S. H. Fu
分布：四川、云南、西藏

紫绿红景天(原亚种) **Rhodiola purpureoviridis** subsp. **purpureoviridis**
分布：四川、云南

帕里红景天 **Rhodiola purpureoviridis** subsp. **pharionsis** (H. Ohba) H. Ohba
分布：西藏

四裂红景天 **Rhodiola quadrifida** (Pall.) Schrenk
分布：新疆；哈萨克斯坦、蒙古国、俄罗斯

直茎红景天 **Rhodiola recticaulis** Boriss.
分布：新疆；哈萨克斯坦；亚洲(西南部)

红景天 **Rhodiola rosea** L.
分布：吉林、河北、山西、甘肃、新疆；日本、哈萨克斯坦、朝鲜、蒙古国、俄罗斯；欧洲、北美洲

红景天(原变种) **Rhodiola rosea** var. **rosea**
分布：吉林、河北、山西、新疆；日本、哈萨克斯坦、朝鲜、蒙古国、俄罗斯；欧洲、北美洲

小叶红景天 **Rhodiola rosea** var. **microphylla** (Fröd.) S. H. Fu
分布：甘肃

库页红景天 **Rhodiola sachalinensis** Boriss.
分布：黑龙江、吉林；日本、朝鲜、俄罗斯

圣地红景天 **Rhodiola sacra** (Prain ex Raym.-Hamet) S. H. Fu
分布：青海、西藏；尼泊尔

圣地红景天(原变种) **Rhodiola sacra** var. **sacra**
分布：西藏；尼泊尔

长毛圣地红景天 **Rhodiola sacra** var. **tsuiana** (S. H. Fu) S. H. Fu
分布：青海、西藏

石生红景天(新拟) **Rhodiola saxicola** H. Ohba, S. Akiyama et S. K. Wu
分布：新疆

柱花红景天 **Rhodiola semenovii** (Regel et Herder) Boriss.
分布：新疆；哈萨克斯坦

齿叶红景天 **Rhodiola serrata** H. Ohba
分布：西藏；印度

六叶红景天 **Rhodiola sexifolia** S. H. Fu
分布：西藏

小杯红景天 **Rhodiola sherriffii** H. Ohba
分布：西藏；不丹、印度

裂叶红景天 **Rhodiola sinuata** (Royle ex Edgew.) S. H. Fu
分布：云南、西藏；印度、尼泊尔、巴基斯坦

异鳞红景天 **Rhodiola smithii** (Raym.-Hamet) S. H. Fu
分布：西藏；印度

托花红景天 **Rhodiola stapfii** (Raym.-Hamet) S. H. Fu
分布：西藏；不丹、印度

兴安红景天 **Rhodiola stephanii** (Cham.) Trautv. et C. A. Mey.
分布：内蒙古；俄罗斯

对叶红景天 **Rhodiola subopposita** (Maxim.) Jacobsen
分布：甘肃、青海

唐古红景天 **Rhodiola tangutica** (Maxim.) S. H. Fu
分布：甘肃、青海、四川

西藏红景天 **Rhodiola tibetica** (Hook. f. et Thomson) S. H. Fu
分布：西藏；阿富汗、印度、巴基斯坦

巴塘红景天 **Rhodiola tieghemii** (Raym.-Hamet) S. H. Fu
分布：四川、西藏

粗茎红景天 **Rhodiola wallichiana** (Hook.) S. H. Fu
分布：四川、云南、西藏；不丹、印度、缅甸、尼泊尔

粗茎红景天(原变种) **Rhodiola wallichiana** var. **wallichiana**
分布：云南、西藏；不丹、印度、缅甸、尼泊尔

大株粗茎红景天 **Rhodiola wallichiana** var. **cholaensis** (Praeger) S. H. Fu
分布：四川、云南；印度

汶川红景天(新拟) **Rhodiola wenchuanensis** Tao Li et Hao Zhang
分布：四川

云南红景天 **Rhodiola yunnanensis** (Franch.) S. H. Fu
分布：河南、陕西、甘肃、湖北、四川、贵州、云南、西藏

瓦莲属 **Rosularia** (DC.) Stapf

长叶瓦莲 **Rosularia alpestris** (Kar. et Kir.) Boriss.
分布：新疆、西藏；俄罗斯

卵叶瓦莲 **Rosularia platyphylla** (Schrenk) A. Berger
分布：新疆；哈萨克斯坦、吉尔吉斯斯坦

景天属 **Sedum** L.

星果佛甲草 **Sedum actinocarpum** Yamam.
分布：台湾

白花景天(新拟) **Sedum albertii** Regel
分布：新疆；哈萨克斯坦、乌兹别克斯坦、吉尔吉斯斯坦、塔吉克斯坦、俄罗斯

东南景天 **Sedum alfredii** Hance
分布：安徽、江苏、浙江、江西、湖南、湖北、四川、贵州、福建、台湾、广东、广西；日本、朝鲜

对叶景天 **Sedum baileyi** Praeger
分布：江西、湖南、广东、广西

离瓣景天 **Sedum barbeyi** Raym.-Hamet
分布：河南、陕西、湖北

短尖景天 **Sedum beauverdii** Raym.-Hamet
分布：四川、云南

长丝景天 **Sedum bergeri** Raym.-Hamet
分布：云南

繸叶景天 **Sedum blepharophyllum** Fröd.
分布：四川

城口景天 **Sedum bonnieri** Raym.-Hamet
分布：陕西、四川

珠芽景天 **Sedum bulbiferum** Makino
分布：安徽、江苏、浙江、江西、湖南、四川、福建、台湾、广东；日本

隐匿景天 **Sedum celatum** Fröd.
分布：甘肃、青海

镰座景天 **Sedum celiae** Raym.-Hamet
分布：四川、云南

轮叶景天 **Sedum chauveaudii** Raym.-Hamet
分布：四川、贵州、云南；尼泊尔

景东景天 **Sedum chingtungense** K. T. Fu
分布：云南

楚雄景天 **Sedum chuhsingense** K. T. Fu
分布：云南

合果景天 **Sedum concarpum** Fröd.
分布：湖北、云南

单花景天 **Sedum correptum** Fröd.
分布：四川、云南；不丹

啮瓣景天 **Sedum daigremontianum** Raym.-Hamet
分布：甘肃、四川

啮瓣景天(原变种) **Sedum daigremontianum** var. **daigremontianum**
分布：四川

大萼啮瓣景天 **Sedum daigremontianum** var. **macrosepalum** Fröd.
分布：甘肃、四川

双萼景天 **Sedum didymocalyx** Fröd.
分布：四川

乳瓣景天 **Sedum dielsii** Raym.-Hamet
分布：甘肃、湖北、四川

二型叶景天 **Sedum dimorphophyllum** K. T. Fu et G. Y. Rao
分布：四川

东至景天 **Sedum dongzhiense** D. Q. Wang et Y. L. Shi
分布：安徽

大叶火焰草 **Sedum drymarioides** Hance
分布：河南、安徽、浙江、江西、湖南、湖北、福建、台湾、广东、广西；日本

大叶火焰草(原变种) **Sedum drymarioides** var. **drymarioides**
分布：河南、安徽、浙江、江西、湖南、湖北、福建、台湾、广东、广西；日本

虎耳草状景天 **Sedum drymarioides** var. **saxifragiforme** X. F. Jin et H. W. Zhang
分布：浙江

藓茎景天 **Sedum dugueyi** Raym.-Hamet
分布：四川、云南

卡卡景天(新拟) **Sedum ecalcaratum** H. J. Wang et P. S. Hsu
分布：浙江

细叶景天 **Sedum elatinoides** Franch.
分布：山西、陕西、甘肃、湖北、四川、云南；缅甸

凹叶景天 **Sedum emarginatum** Migo
分布：陕西、甘肃、安徽、江苏、浙江、江西、湖南、湖北、四川、云南

粗壮景天 **Sedum engleri** Raym.-Hamet
分布：湖北、四川、云南

大炮山景天 **Sedum erici-magnusii** Fröd.
分布：甘肃、四川、西藏

大炮山景天(原亚种) **Sedum erici-magnusii** subsp. **erici-magnusii**
分布：四川、西藏

祈连山景天 **Sedum erici-magnusii** subsp. **chilianense** K. T. Fu
分布：甘肃

红籽佛甲草 **Sedum erythrospermum** Hayata
分布：台湾

梵净山景天 **Sedum fanjingshanense** C. D. Yang et X. Yu Wang
分布：贵州

折多景天 **Sedum feddei** Raym.-Hamet
分布：四川

尖叶景天 **Sedum fedtschenkoi** Raym.-Hamet
分布：四川、西藏

小山飘风 **Sedum filipes** Hemsl.
分布：河南、陕西、江苏、浙江、湖北、四川、云南；不丹、缅甸、尼泊尔、印度

小景天 **Sedum fischeri** Raym.-Hamet
分布：青海、西藏；不丹、印度

台湾佛甲草 **Sedum formosanum** N. E. Br.
分布：台湾；日本、菲律宾

川滇景天 **Sedum forrestii** Raym.-Hamet
分布：云南

细叶山景天 **Sedum franchetii** Grande
分布：云南

宽叶景天 **Sedum fui** G. D. Rowley
分布：四川、云南

宽叶景天(原变种) **Sedum fui** var. **fui**
分布：四川、云南

长萼宽叶景天 **Sedum fui** var. **longisepalum** (K. T. Fu) S. H. Fu
分布：云南

锡金景天 **Sedum gagei** Raym.-Hamet
分布：西藏；不丹、尼泊尔、印度

柔毛景天 **Sedum giajae** Raym.-Hamet
分布：四川

道孚景天 **Sedum glaebosum** Fröd.
分布：四川、西藏

禾叶景天 **Sedum grammophyllum** Fröd.
分布：广东、广西

本州景天 **Sedum hakonense** Makino
分布：广东；日本

杭州景天 **Sedum hangzhouense** K. T. Fu et G. Y. Rao
分布：浙江

巴塘景天 **Sedum heckelii** Raym.-Hamet
分布：四川、西藏

横断山景天 **Sedum hengduanense** K. T. Fu
分布：四川、云南、西藏

山岭景天 **Sedum henrici-robertii** Raym.-Hamet
分布：青海、西藏；不丹、尼泊尔、印度

贺氏景天 **Sedum hoi** X. F. Jin et B. Y. Ding
分布：浙江

合瓣景天(新拟) **Sedum holopetalum** Fröd.
分布：四川

九华山景天(新拟) **Sedum jiuhuashanense** P. S. Hsu et H. J. Wang
分布：安徽

九龙山景天 **Sedum jiulungshanense** Y. C. Ho
分布：浙江

江南景天 **Sedum kiangnanense** D. Q. Wang et Z. F. Wu
分布：安徽

坤俊景天(新拟) **Sedum kuntsunianum** X. F. Jin, S. H. Jin et B. Y. Ding
分布：浙江

潜茎景天 **Sedum latentibulbosum** K. T. Fu et G. Y. Rao
分布：江西

钝萼景天 **Sedum leblancae** Raym.-Hamet
分布：四川、云南

薄叶景天 **Sedum leptophyllum** Fröd.
分布：安徽、浙江、湖南、湖北

白果景天 **Sedum leucocarpum** Franch.
分布：四川、云南

佛甲草 **Sedum lineare** Thunb.
分布：河南、陕西、甘肃、安徽、江苏、浙江、江西、湖南、湖北、四川、贵州、云南、福建、广东；日本

长珠柄景天 **Sedum longifuniculatum** K. T. Fu
分布：四川

浪岩景天 **Sedum longyanense** K. T. Fu
分布：西藏

禄劝景天 **Sedum luchuanicum** K. T. Fu
分布：云南

龙泉景天 **Sedum lungtsuanense** S. H. Fu
分布：浙江、福建

康定景天 **Sedum lutzii** Raym.-Hamet
分布：四川

康定景天(原变种) **Sedum lutzii** var. **lutzii**
分布：四川

黄绿景天 **Sedum lutzii** var. **viridiflavum** K. T. Fu
分布：四川

大花景天 **Sedum magniflorum** K. T. Fu
分布：云南

山飘风 **Sedum majus** (Hemsl.) Migo
分布：陕西、湖北、四川、云南、西藏；不丹、尼泊尔、印度

圆叶景天 **Sedum makinoi** Maxim.
分布：安徽、浙江；日本

小萼佛甲草 **Sedum microsepalum** Hayata
分布：台湾

玉山佛甲草 **Sedum morrisonense** Hayata
分布：台湾

多茎景天 **Sedum multicaule** Wall. ex Lindl.
分布：陕西、甘肃、四川、云南、西藏；不丹、印度、缅甸、尼泊尔、巴基斯坦

多茎景天(原亚种) **Sedum multicaule** subsp. **Multicaule**
分布：陕西、甘肃、四川、云南、西藏；不丹、印度、缅甸、尼泊尔、巴基斯坦

皱茎景天 **Sedum multicaule** subsp. **rugosum** K. T. Fu
分布：云南、西藏

木雅景天 **Sedum muyaicum** K. T. Fu
分布：四川

金佛山景天 **Sedum nanchuanense** K. T. Fu et G. Y. Rao
分布：四川

能高佛甲草 **Sedum nokoense** Yamam.
分布：台湾

距萼景天 **Sedum nothodugueyi** K. T. Fu
分布：四川

铲瓣景天 **Sedum obtrullatum** K. T. Fu
分布：云南、西藏

钝瓣景天 **Sedum obtusipetalum** Franch.
分布：四川、云南；尼泊尔

少果景天 **Sedum oligocarpum** Fröd.
分布：四川

大苞景天 **Sedum oligospermum** Maire
分布：河南、陕西、甘肃、湖南、湖北、四川、云南；缅甸

爪瓣景天 **Sedum onychopetalum** Fröd.
分布：安徽、江苏、浙江

山景天 **Sedum oreades** (Decne.) Raym.-Hamet
分布：云南、西藏；不丹、印度、缅甸、巴基斯坦

寒地景天 **Sedum pagetodes** Fröd.
分布：青海、四川

秦岭景天 **Sedum pampaninii** Raym.-Hamet
分布：河南、陕西、四川、云南

尖萼佛甲草 **Sedum parvisepalum** Yamam.
分布：台湾

甘肃景天 **Sedum perrotii** Raym.-Hamet
分布：甘肃、青海、四川

叶花景天 **Sedum phyllanthum** H. Lév. et Vaniot
分布：河南、陕西、贵州

碧罗山景天(新拟) **Sedum piloshanense** Fröd.
分布：四川、云南

平叶景天 **Sedum planifolium** K. T. Fu
分布：陕西、甘肃

宽萼景天 **Sedum platysepalum** Franch.
分布：四川、云南

伴矿景天(新拟) **Sedum plumbizincicola** X. H. Guo et S. B. Zhou ex L. H. Wu
分布：浙江

藓状景天 **Sedum polytrichoides** Hemsl.
分布：黑龙江、吉林、辽宁、山东、河南、陕西、安徽、浙江、江西；日本、朝鲜

绿瓣景天 **Sedum prasinopetalum** Fröd.
分布：青海、四川

牧山景天 **Sedum pratoalpinum** Fröd.
分布：青海、四川

高原景天 **Sedum przewalskii** Maxim.
分布：甘肃、青海、四川、云南、西藏；尼泊尔

裂鳞景天 **Sedum purdomii** W. W. Sm.
分布：甘肃

糠秕景天 **Sedum ramentaceum** K. T. Fu
分布：四川

膨果景天 **Sedum raymondii** Fröd.
分布：云南

阔叶景天 **Sedum roborowskii** Maxim.
分布：宁夏、甘肃、青海、西藏；尼泊尔

南川景天 **Sedum rosthornianum** Diels
分布：四川

箭瓣景天 **Sedum sagittipetalum** Fröd.
分布：四川

垂盆草 **Sedum sarmentosum** Bunge
分布：吉林、辽宁、河北、山西、山东、河南、陕西、甘肃、安徽、江苏、浙江、江西、湖南、湖北、四川、贵州、福建；日本、朝鲜、泰国

石啶佛甲草 **Sedum sekiteiense** Yamam.
分布：台湾

月座景天 **Sedum semilunatum** K. T. Fu
分布：云南

西藏景天(新拟) **Sedum shigatsense** Fröd.
分布：西藏

冰川景天 **Sedum sinoglaciale** K. T. Fu
分布：云南

邓川景天 **Sedum somenii** Raym.-Hamet
分布：云南

繁缕景天 **Sedum stellariifolium** Franch.
分布：辽宁、河北、山西、山东、河南、陕西、甘肃、湖南、湖北、四川、贵州、云南、台湾

刺毛景天 **Sedum stimulosum** K. T. Fu
分布：四川

细小景天 **Sedum subtile** Miq.
分布：山西、安徽、江苏、江西；越南

方腺景天 **Sedum susanneae** Raym.-Hamet
分布：四川、西藏；缅甸

方腺景天(原变种) **Sedum susanneae** var. **susanneae**
分布：四川

大萼方腺景天 **Sedum susanneae** var. **macrosepalum** K. T. Fu
分布：西藏

四芒景天 **Sedum tetractinum** Fröd.
分布：安徽、江西、贵州、广东

天目山景天 **Sedum tianmushanense** Y. C. Ho et F. Chai
分布：浙江

土佐景天 **Sedum tosaense** Makino
分布：浙江；日本

三芒景天 **Sedum triactina** A. Berger
分布：四川、云南、西藏；不丹、尼泊尔、印度

三芒景天(原亚种) **Sedum triactina** subsp. **triactina**
分布：四川、云南、西藏；不丹、尼泊尔、印度

小三芒景天 **Sedum triactina** subsp. **leptum** Fröd.
分布：四川

毛籽景天 **Sedum trichospermum** K. T. Fu
分布：四川

镘瓣景天 **Sedum trullipetalum** Hook. f. et Thomson
分布：四川、云南、西藏；尼泊尔、印度

缘毛景天 **Sedum trullipetalum** var. **ciliatum** Fröd.
分布：四川、西藏

镘瓣景天(原变种) **Sedum trullipetalum** var. **trullipetalum**
分布：四川、云南、西藏；尼泊尔、印度

安龙景天 **Sedum tsiangii** Fröd.
分布：贵州、云南

安龙景天(原变种) **Sedum tsiangii** var. **tsiangii**
分布：贵州、云南

珠节景天 **Sedum tsiangii** var. **torquatum** (Fröd.) K. T. Fu
分布：云南

青海景天 **Sedum tsinghaicum** K. T. Fu
分布：青海

错那景天 **Sedum tsonanum** K. T. Fu
分布：西藏

甘南景天 **Sedum ulricae** Fröd.
分布：甘肃、青海、西藏

梳花佛甲草 **Sedum uniflorum** Hook. et Arn.
分布：安徽、浙江、江西、湖南、台湾、广东；日本

梳花佛甲草(原变种) **Sedum uniflorum** var. **uniflorum**
分布：台湾；日本

日本景天 **Sedum uniflorum** var. **japonicum** (Siebold ex Miq.) H. Ohba
分布：安徽、浙江、江西、湖南、台湾、广东；日本

德钦景天 **Sedum wangii** S. H. Fu
分布：云南

汶川景天 **Sedum wenchuanense** S. H. Fu
分布：四川

兴山景天 **Sedum wilsonii** Fröd.
分布：湖北

长萼景天 **Sedum woronowii** Raym.-Hamet
分布：云南

短蕊景天 **Sedum yvesii** Raym.-Hamet
分布：湖北、四川、贵州、台湾

石莲属 Sinocrassula A. Berger

长萼石莲 **Sinocrassula ambigua** (Praeger) A. Berger
分布：四川、云南

密叶石莲 **Sinocrassula densirosulata** (Praeger) A. Berger
分布：四川、云南

异形叶石莲 **Sinocrassula diversifolia** H. Chuang
分布：云南

石莲 **Sinocrassula indica** (Decne.) A. Berger
分布：河南、陕西、甘肃、湖南、湖北、四川、贵州、云南、西藏、广西；不丹、印度、尼泊尔、巴基斯坦

石莲(原变种) **Sinocrassula indica** var. **indica**
分布：陕西、湖南、湖北、四川、贵州、云南、西藏、广西；不丹、印度、尼泊尔、巴基斯坦

圆叶石莲 **Sinocrassula indica** var. **forrestii** (Raym.-Hamet) S. H. Fu
分布：云南

黄花石莲 **Sinocrassula indica** var. **luteorubra** (Praeger) S. H. Fu
分布：四川、云南

钝叶石莲 **Sinocrassula indica** var. **obtusifolia** (Fröd.) S. H. Fu
分布：四川、云南

锯叶石莲 **Sinocrassula indica** var. **serrata** (Raym.-Hamet) S. H. Fu
分布：四川

绿花石莲 **Sinocrassula indica** var. **viridiflora** K. T. Fu
分布：河南、陕西、四川

长柱石莲 **Sinocrassula longistyla** (Praeger) S. H. Fu
分布：四川

宝兴石莲 Sinocrassula paoshingensis (S. H. Fu) H. Ohba, et al.
分布：西藏

宝兴石莲(原变种) Sinocrassula paoshingensis var. **paoshingensis**
分布：西藏

刺石莲 Sinocrassula paoshingensis var. **spinulosa** H. Ohba, S. Akiyama et S. K. Wu
分布：西藏

狭鳞石莲 Sinocrassula stenosquamata J. Wang et F. Du
分布：云南

德钦石莲 Sinocrassula techinensis (S. H. Fu) S. H. Fu
分布：云南

云南石莲 Sinocrassula yunnanensis (Franch.) A. Berger
分布：云南

东爪草属 **Tillaea** L.

云南东爪草 Tillaea alata Viv.
分布：云南；印度、巴基斯坦；亚洲(西南部)、非洲

东爪草 Tillaea aquatica L.
分布：黑龙江、内蒙古；日本、朝鲜、蒙古国、俄罗斯；欧洲、北美洲

丽江东爪草 Tillaea likiangensis H. Chuang
分布：云南

承德东爪草 Tillaea mongolica (Franch.) S. H. Fu
分布：河北

五蕊东爪草 Tillaea schimperi (C. A. Meyer) M. G. Gilbert, H. Ohba et K. T. Fu
分布：西藏；不丹、印度、克什米尔地区、尼泊尔、巴基斯坦；亚洲(西南部)

276. 隐翼科 Crypteroniaceae A. DC.

隐翼属 **Crypteronia** Blume

隐翼木 Crypteronia paniculata Blume
分布：云南；孟加拉国、柬埔寨、缅甸、泰国、印度、印度尼西亚、老挝、马来西亚、菲律宾、越南

277. 葫芦科 Cucurbitaceae Juss.

盒子草属 **Actinostemma** Griff.

盒子草 Actinostemma tenerum Griff.
分布：辽宁、河北、山东、河南、安徽、江苏、浙江、江西、湖南、四川、云南、西藏、福建、台湾、广西；印度、日本、朝鲜；亚洲(西南部)

盒子草(原变种) Actinostemma tenerum var. **tenerum**
分布：辽宁、河北、山东、河南、安徽、江苏、浙江、江西、湖南、湖北、福建、广西；印度、日本、韩国、老挝、泰国、越南

云南盒子草 Actinostemma tenerum var. **yunnanense** A. M. Lu et Zhi Y. Zhang
分布：云南

冬瓜属 **Benincasa** Savi

冬瓜 Benincasa hispida (Thunb.) Cogn.
分布：云南；澳大利亚；亚洲(西南部)、非洲

三裂瓜属 **Biswarea** Cogn.

三裂瓜 Biswarea tonglensis (C. B. Clarke) Cogn.
分布：云南；印度、缅甸、尼泊尔

假贝母属 **Bolbostemma** Franquet

刺儿瓜 Bolbostemma biglandulosum (Hemsl.) Franquet
分布：云南

刺儿瓜(原变种) Bolbostemma biglandulosum var. **biglandulosum**
分布：云南

波裂叶刺儿瓜 Bolbostemma biglandulosum var. **sinuatolobulatum** C. Y. Wu
分布：云南

假贝母 Bolbostemma paniculatum (Maxim.) Franquet
分布：河北、山西、山东、河南、陕西、甘肃、湖南、四川

西瓜属 **Citrullus** Schrad.

西瓜 Citrullus lanatus (Thunb.) Matsum. et Nakai
分布：中国广布；非洲

红瓜属 **Coccinia** Wight et Arn.

红瓜 Coccinia grandis (L.) Voigt
分布：云南、广东、广西；热带非洲、亚洲

黄瓜属 **Cucumis** L.

滇黄瓜 Cucumis debilis W. J. de Wilde et Duyfjes
分布：云南；越南

野黄瓜 Cucumis hystrix Chakr.
分布：云南；印度、缅甸

甜瓜 Cucumis melo L.

分布：山东、新疆、安徽、江苏；原产于旧大陆热带和亚热带地区

甜瓜(原亚种) Cucumis melo subsp. **melo**

分布：山东、新疆、安徽、江苏，全国栽培；原产于旧世界热带亚热带，热带和温带地区广泛栽培

菜瓜 Cucumis melo subsp. **agrestis** (Naudin) Pangalo

分布：中国中东部，全国栽培；旧世界热带地区、亚洲广泛栽培，并引种到新世界热带地区

黄瓜 Cucumis sativus L.

分布：中国各地栽培；广泛栽培于温带和热带地区

黄瓜(原变种) Cucumis sativus var. **sativus**

分布：中国各地栽培

西南野黄瓜 Cucumis sativus var. **hardwickii** (Royle) Gabaev

分布：贵州、云南、广西；印度、缅甸、尼泊尔、泰国

南瓜属 Cucurbita L.

笋瓜 Cucurbita maxima Duchesne ex Lam.

分布：中国各地广泛栽培；印度

南瓜 Cucurbita moschata (Duch. ex Lam.) Duch. ex Poir.

分布：中国南北普遍栽培；北美洲

西葫芦 Cucurbita pepo L.

分布：中国南北普遍栽培；欧洲

小雀瓜属 Cyclanthera Schrad.

小雀瓜 Cyclanthera pedata (L.) Schrad.

分布：云南、西藏；南美洲、北美洲

毒瓜属 Diplocyclos (Endl.) T. Post et Kuntze

毒瓜 Diplocyclos palmatus (L.) C. Jeffrey

分布：台湾、广东、广西；印度、马来西亚、越南、澳大利亚；非洲

喷瓜属 Ecballium A. Rich.

喷瓜 Ecballium elaterium (L.) A. Rich.

分布：新疆；原产于西南亚和地中海地区

三棱瓜属 Edgaria C. B. Clarke

三棱瓜 Edgaria darjeelingensis C. B. Clarke

分布：西藏；不丹、印度、尼泊尔

锥形果属 Gomphogyne Griff.

锥形果 Gomphogyne cissiformis Griff.

分布：云南；不丹、印度、尼泊尔

锥形果(原变种) Gomphogyne cissiformis var. **cissiformis**

分布：云南；不丹、印度、尼泊尔

毛锥形果 Gomphogyne cissiformis var. **villosa** Cogn.

分布：云南；印度、尼泊尔

金瓜属 Gymnopetalum Arn.

金瓜 Gymnopetalum chinense (Lour.) Merr.

分布：云南、广东、广西、海南；不丹、印度、印度尼西亚、马来西亚、缅甸、尼泊尔、菲律宾、泰国、越南

风瓜 Gymnopetalum scabrum (Lour.) W. J. de Wilde et Duyfjes

分布：贵州、云南、广东、广西、海南；柬埔寨、印度、印度尼西亚、老挝、马来西亚、缅甸、菲律宾、斯里兰卡、泰国、越南

绞股蓝属 Gynostemma Blume

聚果绞股蓝 Gynostemma aggregatum C. Y. Wu et S. K. Chen

分布：云南

缅甸绞股蓝 Gynostemma burmanicum King ex Chakr.

分布：云南；缅甸、泰国

缅甸绞股蓝(原变种) Gynostemma burmanicum var. **burmanicum**

分布：云南；缅甸、泰国

大果绞股蓝 Gynostemma burmanicum var. **molle** C. Y. Wu

分布：云南

心籽绞股蓝 Gynostemma cardiospermum Cogn. ex Oliv.

分布：陕西、湖北、四川

翅茎绞股蓝 Gynostemma caulopterum S. Z. He

分布：贵州

扁果绞股蓝 Gynostemma compressum X. X. Chen et D. R. Liang

分布：广西

广西绞股蓝 Gynostemma guangxiense X. X. Chen et D. H. Qin

分布：广西

疏花绞股蓝 Gynostemma laxiflorum C. Y. Wu et S. K. Chen
分布：安徽

光叶绞股蓝 Gynostemma laxum (Wall.) Cogn.
分布：云南、广西、海南；印度、印度尼西亚、马来西亚、缅甸、尼泊尔、菲律宾、泰国、越南

长梗绞股蓝 Gynostemma longipes C. Y. Wu
分布：陕西、四川、贵州、云南、广西

小籽绞股蓝 Gynostemma microspermum C. Y. Wu et S. K. Chen
分布：云南

五柱绞股蓝 Gynostemma pentagynum Z. P. Wang
分布：湖南

绞股蓝 Gynostemma pentaphyllum (Thunb.) Makino
分布：山东、河南、安徽、江苏、浙江、江西、湖南、湖北、四川、贵州、云南、福建、台湾、广东、广西、海南；孟加拉国、印度、印度尼西亚、日本、朝鲜、老挝、马来西亚、缅甸、尼泊尔、斯里兰卡、越南、巴布亚新几内亚

绞股蓝(原变种) Gynostemma pentaphyllum var. **pentaphyllum**
分布：山东、河南、安徽、江苏、浙江、江西、湖南、湖北、四川、贵州、云南、福建、台湾、广东、广西、海南；孟加拉国、印度、印度尼西亚、韩国、老挝、马来西亚、缅甸、尼泊尔、巴布亚新几内亚、斯里兰卡、越南

毛果绞股蓝 Gynostemma pentaphyllum var. **dasycarpum** C. Y. Wu
分布：云南；印度尼西亚、缅甸、泰国

毛绞股蓝 Gynostemma pubescens (Gagnep.) C. Y. Wu
分布：云南；老挝

单叶绞股蓝 Gynostemma simplicifolium Blume
分布：云南、海南；印度尼西亚、马来西亚、缅甸、菲律宾

喙果绞股蓝 Gynostemma yixingense (Z. P. Wang Q. Z. Xie) C. Y. Wu et S. K. Chen
分布：安徽、江苏、浙江

喙果绞股蓝(原变种) Gynostemma yixingense var. **yixingense**
分布：安徽、江苏、浙江

毛果喙果藤 Gynostemma yixingense var. **trichocarpum** J. N. Ding
分布：安徽

雪胆属 Hemsleya Cogn. ex Forbes et Hemsl.

曲莲 Hemsleya amabilis Diels
分布：四川、云南

肉花雪胆 Hemsleya carnosiflora C. Y. Wu et C. L. Chen
分布：云南

征镒雪胆 Hemsleya chengyihana D. Z. Li
分布：云南

雪胆 Hemsleya chinensis Cogn. ex F. B. Forbes et Hemsl.
分布：湖北、四川、贵州、云南

雪胆(原变种) Hemsleya chinensis var. **chinensis**
分布：湖北、四川、贵州、云南

长毛雪胆 Hemsleya chinensis var. **longevillosa** (C. Y. Wu et Z. L. Chen) D. Z. Li
分布：云南

宁南雪胆 Hemsleya chinensis var. **ningnanensis** L. T. Shen et W. J. Chang
分布：四川、云南

毛雪胆 Hemsleya chinensis var. **polytricha** Kuang et A. M. Lu
分布：湖北

短柄雪胆 Hemsleya delavayi (Gagnep.) C. Jeffrey ex C. Y. Wu et C. L. Chen
分布：四川、云南

短柄雪胆(原变种) Hemsleya delavayi var. **delavayi**
分布：四川、云南

雅砻雪胆 Hemsleya delavayi var. **yalungensis** (Hand.-Mazz.) C. Y. Wu et C. L. Chen
分布：四川

翼蛇莲 Hemsleya dipterygia Kuang et A. M. Lu
分布：贵州、云南、广西；越南

长果雪胆 Hemsleya dolichocarpa W. J. Chang
分布：四川

椭圆果雪胆 Hemsleya ellipsoidea L. T. Shen et W. J. Chang
分布：四川

峨眉雪胆 Hemsleya emeiensis L. D. Shen et W. J. Chang
分布：四川

十一叶雪胆 **Hemsleya endecaphylla** C. Y. Wu ex C. Y. Wu et C. L. Chen
分布：云南

巨花雪胆 **Hemsleya gigantha** W. J. Chang
分布：四川

马铜铃 **Hemsleya graciliflora** (Harms) Cogn.
分布：浙江、江西、湖北、四川、广东、广西；越南

异子雪胆 **Hemsleya heterosperma** (Wallich) C. Jeffrey
分布：云南；泰国、缅甸

昆明雪胆 **Hemsleya kunmingensis** H. T. Li et D. Z. Li
分布：云南

丽江雪胆 **Hemsleya lijiangensis** A. M. Lu ex C. Y. Wu et C. L. Chen
分布：云南

大果雪胆 **Hemsleya macrocarpa** C. Y. Wu ex C. Y. Wu et C. L. Chen
分布：云南

大果雪胆(原变种) **Hemsleya macrocarpa** var. **macrocarpa**
分布：云南；印度

棒果雪胆 **Hemsleya macrocarpa** var. **clavata** (C. Y. Wu) D. Z. Li
分布：云南

大花雪胆 **Hemsleya macrocarpa** var. **grandiflora** (C. Y. Wu) D. Z. Li
分布：云南

罗锅底 **Hemsleya macrosperma** C. Y. Wu ex C. Y. Wu et C. L. Chen
分布：云南

罗锅底(原变种) **Hemsleya macrosperma** var. **macrosperma**
分布：四川、云南

长果罗锅底 **Hemsleya macrosperma** var. **oblongicarpa** C. Y. Wu et Z. L. Chen
分布：四川、云南

帽果雪胆 **Hemsleya mitrata** C. Y. Wu et C. L. Chen
分布：云南

圆锥果雪胆 **Hemsleya obconica** C. Y. Wu et C. L. Chen
分布：云南

藤三七雪胆 **Hemsleya panacis-scandens** C. Y. Wu et C. L. Chen
分布：云南

藤三七雪胆(原变种) **Hemsleya panacis-scandens** var. **panacis-scandens**
分布：云南

屏边藤三七雪胆 **Hemsleya panacis-scandens** var. **pingbianensis** C. Y. Wu et C. L. Chen
分布：云南

盘龙七 **Hemsleya panlongqi** A. M. Lu et W. J. Chang
分布：四川

彭县雪胆 **Hemsleya pengxianensis** W. J. Chang
分布：四川、重庆

彭县雪胆(原变种) **Hemsleya pengxianensis** var. **pengxianensis**
分布：四川、重庆

古蔺雪胆 **Hemsleya pengxianensis** var. **gulinensis** L. T. Shen et W. J. Chang
分布：四川

筠连雪胆 **Hemsleya pengxianensis** var. **junlianensis** L. T. Shen et W. J. Chang
分布：四川

蛇莲 **Hemsleya sphaerocarpa** Kuang et A. M. Lu
分布：湖南、贵州、云南、广西

蛇莲(原亚种) **Hemsleya sphaerocarpa** subsp. **sphaerocarpa**
分布：湖南、贵州、云南、广西

大序雪胆 **Hemsleya sphaerocarpa** subsp. **megathyrsa** (C. Y. Wu) D. Z. Li
分布：云南

文山雪胆 **Hemsleya sphaerocarpa** subsp. **wenshanensis** (A. M. Lu ex C. Y. Wu et Z. L. Chen) D. Z. Li
分布：云南

陀罗果雪胆 **Hemsleya turbinata** C. Y. Wu
分布：云南

浙江雪胆 **Hemsleya zhejiangensis** C. Z. Zheng
分布：浙江

波棱瓜属 **Herpetospermum** Wall. ex Hook. f.

波棱瓜 **Herpetospermum pedunculosum** (Ser.) C. B. Clarke
分布：云南、西藏；不丹、印度、尼泊尔

油渣果属 **Hodgsonia** Hook. f. et Thomson

油渣果 **Hodgsonia heteroclita** (Roxb.) Hook. f. et Thom.

分布：云南、西藏、广西；不丹、柬埔寨、印度、老挝、缅甸、泰国、越南

藏瓜属 **Indofevillea** Chatterjee

藏瓜 **Indofevillea khasiana** Chatterjee

分布：西藏；印度

葫芦属 **Lagenaria** Ser.

葫芦 **Lagenaria siceraria** (Molina) Standl.

分布：中国各地栽培

丝瓜属 **Luffa** Mill.

广东丝瓜 **Luffa acutangula** (L.) Roxb.

分布：中国南部多栽培；世界其他热带地区有栽培

丝瓜 **Luffa aegyptiaca** Miller

分布：中国各地栽培；广泛栽培于热带和温带地区

美洲马瓟儿属 **Melothria** L.

美洲马瓟儿 **Melothria pendula** L.

分布：台湾；原产于美洲

苦瓜属 **Momordica** L.

苦瓜 **Momordica charantia** L.

分布：中国南北普遍栽培；广泛栽培于世界热带至温带地区

木鳖子 **Momordica cochinchinensis** (Lour.) Spreng.

分布：安徽、江苏、江西、湖南、四川、贵州、云南、西藏、福建、台湾、广东、广西；亚洲(西南部)

凹萼木鳖 **Momordica subangulata** Blume

分布：贵州、云南、广东、广西；印度尼西亚、老挝、马来西亚、缅甸、越南

凹萼木鳖(原亚种) **Momordica subangulata** subsp. **subangulata**

分布：贵州、云南、广东、广西；印度尼西亚、老挝、马来西亚、缅甸、泰国、越南

云南木鳖 **Momordica subangulata** subsp. **renigera** (Wallich ex G. Don) W. J. de Wilde

分布：云南；孟加拉国、印度、缅甸、泰国

帽儿瓜属 **Mukia** Arn.

爪哇帽儿瓜 **Mukia javanica** (Miq.) C. Jeffrey

分布：云南、台湾、广东、广西；印度、印度尼西亚、越南、菲律宾、泰国

帽儿瓜 **Mukia maderaspatana** (L.) M. J. Roem.

分布：贵州、云南、台湾、广东、广西；澳大利亚；亚洲(西南部)、热带非洲

棒锤瓜属 **Neoalsomitra** Hutch.

藏棒锤瓜 **Neoalsomitra clavigera** (Wall.) Hutch.

分布：云南、西藏、台湾、广东、广西；不丹、柬埔寨、印度、印度尼西亚、老挝、马来西亚、缅甸、尼泊尔、菲律宾、泰国、越南、澳大利亚、太平洋岛屿

裂瓜属 **Schizopepon** Maxim.

新裂瓜 **Schizopepon bicirrhosus** (C. B. Clarke) C. Jeffrey

分布：西藏；不丹、印度、缅甸

喙裂瓜 **Schizopepon bomiensis** A. M. Lu et Z. Y. Zhang

分布：西藏

裂瓜 **Schizopepon bryoniifolius** Maxim.

分布：黑龙江、吉林、辽宁、河北；俄罗斯

湖北裂瓜 **Schizopepon dioicus** Cogn. ex Oliv.

分布：陕西、湖南、湖北、四川、贵州

湖北裂瓜(原变种) **Schizopepon dioicus** var. **dioicus**

分布：陕西、湖南、湖北、四川

毛蕊裂瓜 **Schizopepon dioicus** var. **trichogynus** Hand.-Mazz.

分布：湖北、贵州

四川裂瓜 **Schizopepon dioicus** var. **wilsonii** (Gagnep.) A. M. Lu et Z. Y. Zhang

分布：四川、贵州

长柄裂瓜 **Schizopepon longipes** Gagnep.

分布：四川

大花裂瓜 **Schizopepon macranthus** Hand.-Mazz.

分布：四川、云南

峨眉裂瓜 **Schizopepon monoicus** A. M. Lu et Z. Y. Zhang

分布：四川

西藏裂瓜 **Schizopepon xizangensis** A. M. Lu et Z. Y. Zhang

分布：西藏

云南马㼎儿属 Scopellaria W. J. de Wilde et Duyfjes

云南马㼎儿 **Scopellaria marginata** (Bl.) W. J. de Wilde et Duyfjes

分布：云南；柬埔寨、印度尼西亚、老挝、缅甸、菲律宾、泰国、越南

佛手瓜属 Sechium P. Browne

佛手瓜 **Sechium edule** (Jacq.) Sw.

分布：云南、广东、广西有栽培或逸为野生；原产于墨西哥

白兼果属 Sinobaijiania C. Jeffrey et W. J. de Wilde

白兼果 **Sinobaijiania decipiens** C. Jeffrey et W. J. de Wilde

分布：云南、西藏、广东

台湾白兼果 **Sinobaijiania taiwaniana** (Hayata) C. Jeffrey et W. J. de Wilde

分布：台湾

云南白兼果 **Sinobaijiania yunnanensis** (A. M. Lu et Zhi Y. Zhang) C. Jeffrey et W. J. de Wilde

分布：云南；老挝

罗汉果属 Siraitia Merr.

罗汉果 **Siraitia grosvenorii** (Swingle) C. Jeffrey ex A. M. Lu et Z. Y. Zhang

分布：江西、湖南、贵州、广东、广西

翅子罗汉果 **Siraitia siamensis** (Craib) C. Jeffrey ex S. Q. Zhong et D. Fang

分布：云南、广西；泰国、越南

锡金罗汉果 **Siraitia sikkimensis** (Chakrab.) C. Jeffrey

分布：云南；印度

茅瓜属 Solena Lour.

茅瓜 **Solena heterophylla** Lour.

分布：江西、四川、贵州、云南、西藏、福建、台湾、广东、广西；阿富汗、不丹、印度、印度尼西亚、马来西亚、缅甸、尼泊尔、巴基斯坦、泰国、越南

茅瓜(原亚种) **Solena heterophylla** subsp. **heterophylla**

分布：江西、四川、贵州、云南、西藏、福建、台湾、广东、广西；阿富汗、印度、印度尼西亚、马来西亚、缅甸、尼泊尔、泰国、越南

西藏茅瓜 **Solena heterophylla** subsp. **napaulensis** (Seringe) W. J. de Wilde et Duyfjes

分布：云南、西藏；印度、缅甸、尼泊尔

赤瓟属 Thladiantha Bunge

头花赤瓟 **Thladiantha capitata** Cogn.

分布：四川

大苞赤瓟 **Thladiantha cordifolia** (Blume) Cogn.

分布：云南、西藏、广东、广西；印度、老挝、越南

川赤瓟 **Thladiantha davidii** Franch.

分布：四川、贵州

齿叶赤瓟 **Thladiantha dentata** Cogn.

分布：湖南、湖北、四川、贵州

山西赤瓟 **Thladiantha dimorphantha** Hand.-Mazz.

分布：山西、陕西

赤瓟 **Thladiantha dubia** Bunge

分布：黑龙江、吉林、辽宁、河北、山西、山东、陕西、宁夏、甘肃；日本、朝鲜；欧洲

大萼赤瓟 **Thladiantha grandisepala** A. M. Lu et Z. Y. Zhang

分布：云南

皱果赤瓟 **Thladiantha henryi** Hemsl.

分布：陕西、湖南、湖北、四川

异叶赤瓟 **Thladiantha hookeri** C. B. Clarke

分布：云南；不丹、印度、老挝、缅甸、泰国、越南

丽江赤瓟 **Thladiantha lijiangensis** A. M. Lu et Z. Y. Zhang

分布：四川、云南、西藏

丽江赤瓟(原变种) **Thladiantha lijiangensis** var. **lijiangensis**

分布：四川、云南、西藏

木里赤瓟 **Thladiantha lijiangensis** var. **latisepala** A. M. Lu et Z. Y. Zhang

分布：四川

长叶赤瓟 **Thladiantha longifolia** Cogn. ex Oliv.

分布：湖南、湖北、四川、贵州、广西

长萼赤瓟 **Thladiantha longisepala** C. Y. Wu ex Lu et Z. Y. Zhang

分布：云南

斑赤瓟 **Thladiantha maculata** Cogn.

分布：河南、湖北

墨脱赤瓟 Thladiantha medogensis A. M. Lu et J. Q. Li

分布：西藏

山地赤瓟 Thladiantha montana Cogn.

分布：云南

南赤瓟 Thladiantha nudiflora Hemsl.

分布：陕西、甘肃、安徽、江苏、浙江、江西、四川；菲律宾

南赤瓟(原变种) Thladiantha nudiflora var. **nudiflora**

分布：河南、陕西、甘肃、安徽、江苏、浙江、江西、湖南、湖北、四川、贵州、福建、台湾、广东、广西；菲律宾

西固赤瓟 Thladiantha nudiflora var. **bracteata** A. M. Lu et Z. Y. Zhang

分布：甘肃

鄂赤瓟 Thladiantha oliveri Cogn. ex Mottet

分布：陕西、甘肃、湖北、四川、贵州

掌叶赤瓟 Thladiantha palmatipartita A. M. Lu et C. Jeffrey

分布：云南

台湾赤瓟 Thladiantha punctata Hayata

分布：安徽、浙江、江西、福建、台湾

云南赤瓟 Thladiantha pustulata (H. Lév.) C. Jeffrey ex A. M. Lu et Z. Y. Zhang

分布：四川、贵州、云南

云南赤瓟(原变种) Thladiantha pustulata var. **pustulata**

分布：贵州、云南

金佛山赤瓟 Thladiantha pustulata var. **jingfushanensis** A. M. Lu et J. Q. Li

分布：四川

短柄赤瓟 Thladiantha sessilifolia Hand.-Mazz.

分布：四川

短柄赤瓟(原变种) Thladiantha sessilifolia var. **sessilifolia**

分布：四川

沧源赤瓟 Thladiantha sessilifolia var. **longipes** A. M. Lu et Z. Y. Zhang

分布：云南

刚毛赤瓟 Thladiantha setispina A. M. Lu et Z. Y. Zhang

分布：四川、西藏

毛赤瓟(新拟) Thladiantha tomentosa (A. M. Lu et Z. Y. Zhang) W. Jiang et H. Wang

分布：云南、广西

长毛赤瓟 Thladiantha villosula Cogn.

分布：河南、陕西、甘肃、湖北、四川、贵州、云南

栝楼属 Trichosanthes L.

蛇瓜 Trichosanthes anguina L.

分布：中国南北均有栽培；印度、日本、马来西亚、菲律宾；非洲

短序栝楼 Trichosanthes baviensis Gagnep.

分布：贵州、云南、广西

心叶栝楼 Trichosanthes cordata Roxb.

分布：西藏；印度、老挝、马来西亚、缅甸、新加坡

瓜叶栝楼 Trichosanthes cucumerina L.

分布：云南、广西；孟加拉国、印度、印度尼西亚、马来西亚、缅甸、尼泊尔、巴基斯坦、斯里兰卡、澳大利亚

王瓜 Trichosanthes cucumeroides (Ser.) Maxim.

分布：浙江、江西、湖南、四川、西藏、台湾、广东、广西、海南；印度、日本

王瓜(原变种) Trichosanthes cucumeroides var. **cucumeroides**

分布：浙江、江西、四川、台湾、广东、广西；日本

波叶栝楼 Trichosanthes cucumeroides var. **dicaelosperma** (C. B. Clarke) S. K. Chen

分布：西藏、广西；印度

海南栝楼 Trichosanthes cucumeroides var. **hainanensis** (Hayata) S. K. Chen

分布：广东、广西

狭果草栝楼 Trichosanthes cucumeroides var. **stenocarpa** Honda

分布：台湾；日本

大方油栝楼 Trichosanthes dafangensis N. G. Ye et S. J. Li

分布：贵州

糙点栝楼 Trichosanthes dunniana H. Lév.

分布：四川、贵州、云南、广西；老挝、缅甸、泰国

裂苞栝楼 Trichosanthes fissibracteata C. Y. Wu ex C. Y. Cheng et C. H. Yueh

分布：云南、广西

芋叶栝楼 Trichosanthes homophylla Hayata

分布：台湾

湘桂栝楼 Trichosanthes hylonoma Hand.-Mazz.

分布：湖南、贵州、广西

井冈栝楼 Trichosanthes jinggangshanica C. H. Yueh
分布：江西

长果栝楼 Trichosanthes kerrii Craib
分布：云南、广西；印度、泰国、老挝、越南

栝楼 Trichosanthes kirilowii Maxim.
分布：河北、山西、山东、河南、甘肃、江苏、浙江、江西；日本、朝鲜

长萼栝楼 Trichosanthes laceribractea Hayata
分布：山东、江西、湖北、四川、台湾、广西

马干铃栝楼 Trichosanthes lepiniana (Naudin) Cogn.
分布：云南、西藏；印度、不丹

绵阳栝楼 Trichosanthes mianyangensis C. H. Yueh et R. G. Liao
分布：湖北、四川

小花栝楼 Trichosanthes parviflora C. Y. Wu ex S. K. Chen
分布：江苏、浙江

趾叶栝楼 Trichosanthes pedata Merr. et Chun
分布：江西、湖南、云南、广东、广西；越南

全缘栝楼 Trichosanthes pilosa Loureiro
分布：贵州、云南、广东、广西；印度、印度尼西亚、日本、尼泊尔、泰国、越南

五角栝楼 Trichosanthes quinquangulata A. Gray
分布：云南、台湾；印度尼西亚、马来西亚、缅甸、巴布亚新几内亚、菲律宾、泰国、越南

木基栝楼 Trichosanthes quinquefolia C. Y. Wu ex C. Y. Cheng et C. H. Yueh
分布：云南

两广栝楼 Trichosanthes reticulinervis C. Y. Wu ex S. K. Chen
分布：广东、广西

中华栝楼 Trichosanthes rosthornii Harms
分布：安徽、江西、四川、贵州、云南、广东、广西

中华栝楼(原变种) Trichosanthes rosthornii var. **rosthornii**
分布：四川、贵州、云南

黄山栝楼 Trichosanthes rosthornii var. **huangshanensis** S. K. Chen
分布：安徽

多卷须栝楼 Trichosanthes rosthornii var. **multicirrata** (C. Y. Cheng et C. H. Yueh) S. K. Chen
分布：四川、贵州、广东、广西

糙籽栝楼 Trichosanthes rosthornii var. **scabrella** (C. H. Yueh et D. F. Gao) S. K. Chen
分布：四川

红花栝楼 Trichosanthes rubriflos Thorel ex Cayla
分布：贵州、云南、西藏、广东、广西；柬埔寨、印度、老挝、缅甸、泰国、越南

皱籽栝楼 Trichosanthes rugatisemina C. Y. Cheng et C. H. Yueh
分布：云南

丝毛栝楼 Trichosanthes sericeifolia C. Y. Cheng et C. H. Yueh
分布：贵州、云南、广西

菝葜叶栝楼 Trichosanthes smilacifolia C. Y. Wu ex C. H. Yueh et C. Y. Cheng
分布：云南、西藏

粉花栝楼 Trichosanthes subrosea C. Y. Cheng et C. H. Yueh
分布：云南、广西；缅甸

方籽栝楼 Trichosanthes tetragonosperma C. Y. Cheng et C. H. Yueh
分布：云南

杏籽栝楼 Trichosanthes trichocarpa C. Y. Wu ex C. Y. Cheng et C. H. Yueh
分布：云南

三尖栝楼 Trichosanthes tricuspidata Lour.
分布：贵州；印度尼西亚、马来西亚、尼泊尔、泰国、越南

大子栝楼 Trichosanthes truncata C. B. Clarke
分布：云南、广东、广西；孟加拉国、不丹、印度、泰国、越南

密毛栝楼 Trichosanthes villosa Bl.
分布：云南、广西；印度尼西亚、老挝、马来西亚、菲律宾、越南

薄叶栝楼 Trichosanthes wallichiana (Ser.) Wight
分布：云南、西藏；不丹、印度、尼泊尔

翅子瓜属 Zanonia L.

翅子瓜 Zanonia indica L.
分布：云南、广西；不丹、柬埔寨、印度、印度尼西亚、老挝、马来西亚、缅甸、菲律宾、斯里兰卡、泰国、越南

翅子瓜(原变种) Zanonia indica var. **indica**

分布：广西；柬埔寨、印度、印度尼西亚、老挝、马来西亚、缅甸、菲律宾、斯里兰卡、泰国、越南

滇南翅子瓜 Zanonia indica var. **pubescens** Cogn.

分布：云南；印度

马㼎儿属 Zehneria Endl.

钮子瓜 Zehneria bodinieri (H. Lév.) W. J. de Wilde et Duyfjes

分布：江西、四川、贵州、云南、福建、广东、广西、海南；印度、印度尼西亚、老挝、缅甸、斯里兰卡、泰国、越南

台湾马㼎儿 Zehneria guamensis (Merr.) Fosberg

分布：广东、台湾、云南；日本、太平洋群岛

马㼎儿 Zehneria japonica (Thunb.) H. Y. Liu

分布：安徽、江苏、浙江、江西、湖南、湖北、四川、贵州、云南、福建、台湾、广东、广西；印度、印度尼西亚、日本、朝鲜、尼泊尔、菲律宾、越南

锤果马㼎儿 Zehneria wallichii (C. B. Clarke) C. Jeffrey

分布：云南；印度、缅甸、泰国

278. 丝粉藻科 Cymodoceaceae Vines

丝粉藻属 Cymodocea K. D. Koenig

丝粉藻 Cymodocea rotundata Asch. et Schweinf.

分布：海南；印度、印度尼西亚、马来西亚、缅甸、菲律宾、泰国、越南、澳大利亚、太平洋西部和印度洋到红海；非洲

二药藻属 Halodule Endl.

羽叶二药藻 Halodule pinifolia (Miki) Hartog

分布：台湾、海南；日本、马来西亚、缅甸、印度、印度尼西亚、菲律宾、斯里兰卡、越南、澳大利亚

二药藻 Halodule uninervis (Forssk.) Asch.

分布：台湾、海南；印度、印度尼西亚、日本、马来西亚、缅甸、菲律宾、斯里兰卡、泰国、越南、澳大利亚、西太平洋和印度洋到红海；亚洲(西南部)、非洲

针叶藻属 Syringodium Kützing

针叶藻 Syringodium isoetifolium (Asch.) Dandy

分布：广东、东沙群岛；印度、印度尼西亚、马来西亚、缅甸、菲律宾、斯里兰卡、越南、澳大利亚、西太平洋和热带地区的边缘海与印度洋；非洲

279. 锁阳科 Cynomoriaceae Endl. ex Lindl.

锁阳属 Cynomorium L.

锁阳 Cynomorium songaricum Rupr.

分布：内蒙古、陕西、宁夏、甘肃、青海、新疆；蒙古国、阿富汗、伊朗

280. 莎草科 Cyperaceae Juss.

星穗莎属 Actinoschoenus Benth.

星穗莎 Actinoschoenus thouarsii (Kunth) Benth.

分布：广东、海南；柬埔寨、印度、印度尼西亚、马来西亚、菲律宾、斯里兰卡、泰国、越南、印度洋群岛、马达加斯加；热带非洲、大洋洲

云南星穗莎 Actinoschoenus yunnanensis (C. B. Clarke) Y. C. Tang

分布：云南；印度、泰国、越南

大藨草属 Actinoscirpus (Ohwi) R. W. Haines et Lye

大藨草 Actinoscirpus grossus (L. f.) Goetgh. et D. A. Simpson

分布：云南、台湾、广东、广西、海南；柬埔寨、印度、印度尼西亚、日本、老挝、马来西亚、缅甸、尼泊尔、巴基斯坦、巴布亚新几内亚、菲律宾、斯里兰卡、泰国、越南、澳大利亚、太平洋岛屿

扁穗草属 Blysmus Panz. ex Schult.

扁穗草 Blysmus compressus (L.) Panz. ex Link

分布：山西、青海、新疆、西藏；阿富汗、不丹、印度、克什米尔地区、哈萨克斯坦、吉尔吉斯斯坦、尼泊尔、巴基斯坦、俄罗斯、塔吉克斯坦、土库曼斯坦、乌兹别克斯坦；亚洲(西南部)、欧洲、北非

内蒙古扁穗草 Blysmus rufus (Huds.) Link

分布：黑龙江、吉林、辽宁、内蒙古、宁夏、青海、新疆；克什米尔地区、哈萨克斯坦、吉尔吉斯斯坦、蒙古国、巴基斯坦、俄罗斯、塔吉克斯坦、乌兹别克斯坦；欧洲、北美洲

华扁穗草 Blysmus sinocompressus

分布：辽宁、内蒙古、河北、山西、陕西、宁夏、甘肃、青海、新疆、四川、云南、西藏；蒙古国

节秆扁穗草 Blysmus sinocompressus var. **nodosus** T. Tang et F. T. Wang

分布：内蒙古、河北、山西、陕西

华扁穗草(原变种) Blysmus sinocompressus var. **sinocompressus**

分布：辽宁、内蒙古、河北、陕西、宁夏、甘肃、青海、新疆、四川、云南、西藏

细叶扁穗草 Blysmus sinocompressus var. **tenuifolius** T. Tang et F. T. Wang

分布：山西、甘肃、四川

三棱草属 Bolboschoenus (Asch.) Palla

球穗三棱草 Bolboschoenus affinis (Roth) Drobow

分布：内蒙古、宁夏、甘肃、青海、新疆；阿富汗、柬埔寨、印度、日本、哈萨克斯坦、老挝、蒙古国、巴基斯坦、俄罗斯、泰国、土库曼斯坦、乌兹别克斯坦、越南；亚洲(西南部)、欧洲

海滨三棱草 Bolboschoenus maritimus (L.) Palla

分布：新疆、台湾；阿富汗、印度、日本、哈萨克斯坦、吉尔吉斯斯坦、巴基斯坦、俄罗斯、土库曼斯坦、乌兹别克斯坦、太平洋岛屿；亚洲(西南部)、欧洲、非洲、南美洲和北美洲

扁秆荆三棱 Bolboschoenus planiculmis (F. Schmidt) T. Koyama

分布：黑龙江、吉林、辽宁、内蒙古、河北、山西、山东、河南、陕西、宁夏、甘肃、青海、新疆、安徽、江苏、浙江、湖北、云南、台湾；印度、日本、哈萨克斯坦、朝鲜、吉尔吉斯斯坦、蒙古国、巴布亚新几内亚、菲律宾、俄罗斯、塔吉克斯坦；亚洲(西南部)、欧洲

荆三棱 Bolboschoenus yagara (Ohwi) Y. C. Yang et M. Zhang

分布：黑龙江、吉林、辽宁、内蒙古、河北、山东、河南、新疆、安徽、江苏、浙江、湖南、湖北、贵州、云南；印度、日本、哈萨克斯坦、韩国、俄罗斯、越南；欧洲

球柱草属 Bulbostylis Kunth

球柱草 Bulbostylis barbata (Rottb.) C. B. Clarke

分布：辽宁、内蒙古、河北、山东、河南、安徽、江苏、浙江、江西、湖南、湖北、福建、台湾、广东、广西、海南；不丹、柬埔寨、印度、印度尼西亚、日本、克什米尔地区、朝鲜、老挝、尼泊尔、巴基斯坦、巴布亚新几内亚、菲律宾、斯里兰卡、泰国、越南、大西洋及印度洋群岛、澳大利亚；北非

丝叶球柱草 Bulbostylis densa (Wall.) Hand.-Mazz.

分布：黑龙江、辽宁、河北、山东、河南、安徽、江苏、浙江、江西、湖南、湖北、四川、重庆、贵州、云南、西藏、福建、台湾、广东、广西；孟加拉国、不丹、印度、印度尼西亚、日本、克什米尔地区、缅甸、尼泊尔、巴布亚新几内亚、菲律宾、俄罗斯、斯里兰卡、泰国、越南、澳大利亚、太平洋岛屿；热带非洲

毛鳞球柱草 Bulbostylis puberula Kunth

分布：福建、广东、海南；柬埔寨、印度、印度尼西亚、老挝、马来西亚、缅甸、斯里兰卡、泰国、越南、印度洋群岛、马达加斯加；热带非洲

苔草属 Carex L.

广东苔草 Carex adrienii E. G. Camus

分布：湖南、四川、云南、福建、广东、广西；越南、老挝

等高苔草 Carex aequialta Kük.

分布：安徽、江苏；日本

团穗苔草 Carex agglomerata C. B. Clarke

分布：陕西、甘肃、青海、四川

葱岭苔草 Carex alajica Litv.

分布：新疆

白鳞苔草 Carex alba Scop.

分布：新疆；俄罗斯；欧洲中南部

葱状苔草 Carex alliiformis C. B. Clarke

分布：湖南、湖北、四川、贵州、台湾；日本、越南

禾状苔草 Carex alopecuroides D. Don

分布：浙江、湖南、湖北、四川、云南、台湾；不丹、印度、印度尼西亚、日本、尼泊尔、巴布亚新几内亚、菲律宾

高秆苔草 Carex alta Boott

分布：四川、贵州、云南、西藏、广西；越南、印度、印度尼西亚

阿尔泰苔草 Carex altaica (Gorodk.) V. I. Krecz.

分布：新疆；俄罗斯

球穗苔草 Carex amgunensis F. Schmidt

分布：黑龙江、河北；蒙古国、俄罗斯；欧洲

圆穗苔草 Carex angarae Steud.

分布：黑龙江、吉林、内蒙古；俄罗斯、蒙古国

狭果囊苔草 Carex angustiutricula F. T. Wang et T. Tang ex L. K. Dai

分布：四川

安宁苔草 Carex anningensis F. T. Wang et T. Tang ex P. C. Li

分布：云南

中甸苔草 Carex anomoea Hand.-Mazz.

分布：云南；不丹、印度、尼泊尔

亚美苔草 **Carex aperta** Boott
分布：黑龙江；俄罗斯；北美洲

匿鳞苔草 **Carex aphanolepis** Franch. et Sav.
分布：安徽、江苏；日本、朝鲜

灰脉苔草 **Carex appendiculata** (Trautv.) Kük.
分布：黑龙江、吉林、内蒙古；朝鲜、俄罗斯

灰脉苔草(原变种) **Carex appendiculata** var. **appendiculata**
分布：黑龙江、吉林、内蒙古；朝鲜、俄罗斯

小囊灰脉苔草 **Carex appendiculata** var. **sacculiformis** Y. L. Chang et Y. L. Yang
分布：吉林、内蒙古

北疆苔草 **Carex arcatica** Meinsh.
分布：宁夏、甘肃、青海、新疆；俄罗斯

额尔古纳苔草 **Carex argunensis** Turcz. ex Ledeb.
分布：黑龙江；蒙古国、俄罗斯

阿齐苔草 **Carex argyi** H. Lév. et Vaniot
分布：安徽、江苏、湖北

干生苔草 **Carex aridula** V. Krecz.
分布：内蒙古、甘肃、青海、四川、西藏

阿里山苔草 **Carex arisanensis** Hayata
分布：浙江、湖南、福建、台湾、广西；日本

阿里山苔草(原亚种) **Carex arisanensis** subsp. **arisanensis**
分布：湖南、台湾、广西；日本

瑞安苔草 **Carex arisanensis** subsp. **ruianensis** Hong Wang, C. Song et X. F. Jin
分布：浙江

芸苞苔草 **Carex aristata** var. **lanceisquama** Hand.- Mazz.
分布：云南

芒鳞苔草 **Carex aristatisquamata** T. Tang et F. T. Wang ex L. K. Dai
分布：四川

具芒苔草 **Carex aristulifera** P. C. Li
分布：云南

麻根苔草 **Carex arnellii** Christ et Scheutz
分布：黑龙江、吉林、内蒙古、河北；俄罗斯、朝鲜、蒙古国、日本

宜昌苔草 **Carex ascotreta** C. B. Clarke ex Franch.
分布：贵州、湖北、湖南、陕西、四川、台湾；日本、韩国

粗糙囊苔草 **Carex asperifructus** Kük.
分布：山西、青海

黑穗苔草 **Carex atrata** L.
分布：吉林、青海、新疆、四川、云南、西藏、台湾；不丹、印度、朝鲜、日本、蒙古国、尼泊尔、俄罗斯；中亚、欧洲

黑穗苔草(原亚种) **Carex atrata** subsp. **atrata**
分布：台湾；不丹、印度、日本、韩国、俄罗斯；欧洲

南湖苔草 **Carex atrata** subsp. **apodostachya** (Ohwi) T. Koyama
分布：台湾

大桥苔草 **Carex atrata** subsp. **aterrima** (Hoppe) S. Y. Liang
分布：新疆；蒙古国、俄罗斯；中亚

长匍匐茎苔草 **Carex atrata** subsp. **longistolonifera** (Kükenth.) S. Y. Liang
分布：四川

尖鳞苔草 **Carex atrata** subsp. **pullata** (Boott) Kükenth.
分布：四川、云南、西藏、台湾；印度、尼泊尔

黑褐穗苔草 **Carex atrofusca** subsp. **minor** (Boott) T. Koyama
分布：甘肃、青海、新疆、四川、云南、西藏；阿富汗、印度、尼泊尔、不丹、克什米尔地区；中亚

类黑褐穗苔草 **Carex atrofuscoides** K. T. Ku
分布：陕西、青海、四川、西藏

短鳞苔草 **Carex augustinowiczii** Meinsh. ex Korsh.
分布：黑龙江、吉林、辽宁、河北；日本、俄罗斯

西南苔草 **Carex austro-occidentalis** F. T. Wang et T. Tang
分布：四川

华南苔草 **Carex austrosinensis** T. Tang et F. T. Wang ex S. Y. Liang
分布：广东

浙南苔草 **Carex austrozhejiangensis** C. Z. Zheng et X. F. Jin
分布：浙江

秋生苔草 **Carex autumnalis** Ohwi
分布：浙江、福建；日本

浆果苔草 **Carex baccans** Nees
分布：四川、贵州、云南、福建、台湾、广东、广西、海

南；柬埔寨、马来西亚、越南、尼泊尔、印度、老挝、泰国

白马苔草 **Carex baimaensis** S. W. Su
分布：安徽

百坡山苔草 **Carex baiposhanensis** P. C. Li
分布：四川

宝华山苔草 **Carex baohuashanica** T. Tang et F. T. Wang ex L. K. Dai
分布：江苏

小星穗苔草 **Carex basilata** Ohwi
分布：吉林；日本、韩国、俄罗斯；北美洲

东亚苔草 **Carex benkei** Tak. Shimizu
分布：安徽；日本

碧江苔草 **Carex bijiangensis** S. Yun Liang et S. R. Zhang
分布：云南、西藏

台湾苔草 **Carex bilateralis** Hayata
分布：台湾

白里苔草 **Carex blinii** H. Lév. et Vaniot
分布：上海、贵州、广西；泰国、越南

白里苔草(原亚种) **Carex blinii** subsp. **blinii**
分布：贵州、广西；泰国、越南

上海苔草 **Carex blinii** subsp. **shanghaiensis** (S. X. Qian et Y. Q. Liu) S. Yun Liang et T. Koyama
分布：上海

滨海苔草 **Carex bodinieri** Franch.
分布：安徽、江苏、浙江、湖南、福建、广东；日本

莎苔草 **Carex bohemica** Schreb.
分布：黑龙江、吉林、内蒙古；日本、朝鲜、俄罗斯；欧洲

北兴安苔草 **Carex borealihinganica** Y. L. Chang
分布：黑龙江

卷柱头苔草 **Carex bostrychostigma** Maxim.
分布：吉林、辽宁、陕西、浙江；日本、朝鲜、俄罗斯

垂穗苔草 **Carex brachyathera** Ohwi
分布：台湾

短芒苔草 **Carex breviaristata** K. T. Fu
分布：陕西、甘肃、安徽、浙江、湖南

青绿苔草 **Carex breviculmis** R. Br.
分布：黑龙江、吉林、辽宁、河北、山西、山东、河南、陕西、甘肃、安徽、江苏、浙江、江西、湖南、湖北、四川、贵州、云南、福建、台湾、广东；印度、日本、朝鲜、缅甸、俄罗斯

青绿苔草(原变种) **Carex breviculmis** var. **breviculmis**
分布：黑龙江、吉林、辽宁、河北、山西、山东、河南、陕西、甘肃、安徽、江苏、浙江、江西、湖南、湖北、四川、贵州、云南、福建、台湾、广东；印度、日本、韩国、缅甸、俄罗斯

纤维青菅 **Carex breviculmis** var. **fibrillosa** (Franch. et Sav.) Kükenth. ex Matsum. et Hayata
分布：陕西、甘肃、安徽、台湾；日本、朝鲜

短尖苔草 **Carex brevicuspis** C. B. Clarke
分布：陕西、安徽、浙江、江西、湖南、湖北、福建、台湾

短尖苔草(原变种) **Carex brevicuspis** var. **brevicuspis**
分布：安徽、浙江、江西、湖南、福建、台湾

基花苔草 **Carex brevicuspis** var. **basiflora** (C. B. Clarke) Kükenth.
分布：陕西、湖北

短葶苔草 **Carex breviscapa** C. B. Clarke
分布：福建、台湾、海南；印度尼西亚、日本、马来西亚、缅甸、菲律宾、斯里兰卡、泰国、越南、澳大利亚

亚澳苔草 **Carex brownii** Tuckerm.
分布：山西、河南、甘肃、安徽、江苏、浙江、江西、四川、台湾；印度尼西亚、日本、朝鲜、澳大利亚、太平洋岛屿

褐果苔草 **Carex brunnea** Thunb.
分布：陕西、甘肃、安徽、江苏、浙江、江西、湖南、湖北、四川、贵州、云南、西藏、福建、台湾、广东、广西；日本、越南、印度、菲律宾、澳大利亚、尼泊尔、朝鲜

伯特苔草 **Carex burttii** Noltie
分布：西藏；不丹、印度

丛生苔草 **Carex caespititia** Nees
分布：四川、云南、西藏；尼泊尔

丛苔草 **Carex caespitosa** L.
分布：黑龙江、吉林

灰岩生苔草 **Carex calcicola** Tang et F. T. Wang
分布：贵州、广西

羊须草 **Carex callitrichos** V. Krecz.
分布：黑龙江、吉林、辽宁、内蒙古、河北；日本、韩国、俄罗斯

羊须草(原变种) Carex callitrichos var. **callitrichos**
分布：黑龙江；日本、韩国、俄罗斯

矮丛苔草 Carex callitrichos var. **nana** (H. Lév. et Vaniot) Ohwi
分布：黑龙江、吉林、辽宁、内蒙古、河北；俄罗斯、朝鲜、日本

沟囊苔草 Carex canaliculata P. C. Li
分布：四川、云南

白山苔草 Carex canescens Kük.
分布：黑龙江、吉林、内蒙古、新疆；温带亚洲、欧洲、北美洲和南美洲

发秆苔草 Carex capillacea Boott
分布：安徽、浙江、江西、云南、福建、台湾；印度尼西亚、缅甸、泰国、菲律宾、日本

细秆苔草 Carex capillaris L.
分布：吉林、辽宁、内蒙古、山西、陕西、甘肃、青海；日本、俄罗斯、朝鲜；欧洲、北美洲

丝杆苔草 Carex capilliculmis S. R. Zhang
分布：陕西、甘肃、青海、四川、云南

丝叶苔草 Carex capilliformis Franch.
分布：陕西、四川

弓喙苔草 Carex capricornis Meinsh. et Maxim.
分布：黑龙江、吉林、辽宁、江苏；俄罗斯、朝鲜、日本

藏东苔草 Carex cardiolepis Nees
分布：青海、四川、云南、西藏；尼泊尔、印度、阿富汗、克什米尔地区

高加索苔草 Carex caucasica Steven
分布：新疆、台湾；中亚、亚洲(西南部)、欧洲

高加索苔草(原亚种) Carex caucasica subsp. **caucasica**
分布：新疆；亚洲、欧洲

大井扁果苔 Carex caucasica subsp. **jisaburo-ohwiana** (T. Koyama) T. Koyama
分布：台湾

尾穗苔草 Carex caudispicata F. T. Wang et T. Tang ex P. C. Li
分布：云南

樟木苔草 Carex changmuensis Tang et F. T. Wang ex Y. C. Yang
分布：西藏

朝芳苔草 Carex chaofangii C. Z. Zheng et X. F. Jin
分布：浙江

陈氏苔草 Carex cheniana T. Tang et F. T. Wang ex S. Y. Liang
分布：浙江、江西、湖南、福建

中华苔草 Carex chinensis Retz.
分布：陕西、浙江、江西、湖南、四川、贵州、云南、福建、广东

中华苔草(原变种) Carex chinensis var. **chinensis**
分布：陕西、浙江、江西、湖南、四川、贵州、云南、福建、广东

龙奇苔草 Carex chinensis var. **longkiensis** (Franch.) Kukenth.
分布：云南

兴安苔草 Carex chinganensis Litw.
分布：黑龙江、吉林、内蒙古；俄罗斯

启无苔草 Carex chiwuana F. T. Wang et T. Tang ex P. C. Li
分布：云南

绿头苔草 Carex chlorocephalula F. T. Wang et T. Tang ex P. C. Li
分布：云南

绿穗苔草 Carex chlorostachys Stev.
分布：内蒙古、河北、山西、甘肃、青海、新疆、四川、西藏；朝鲜、日本、俄罗斯

绿穗苔草(原变种) Carex chlorostachys var. **chlorostachys**
分布：内蒙古、河北、山西、甘肃、青海、新疆、四川、西藏；日本、韩国、俄罗斯

无喙绿穗苔草 Carex chlorostachys var. **conferta** T. Tang et F. T. Wang
分布：青海

黄花苔草 Carex chrysolepis Franch. et Sav.
分布：台湾；日本

桂龄苔草 Carex chuana F. T. Wang et Tang ex P. C. Li
分布：四川

曲氏苔草 Carex chui Nelmes
分布：四川

仲氏苔草 Carex chungii C. P. Wang
分布：河南、陕西、安徽、江苏、浙江、湖南、四川、福建

仲氏苔草(原变种) Carex chungii var. **chungii**
分布：河南、陕西、安徽、江苏、浙江、湖南、四川

坚硬苔草 Carex chungii var. **rigida** Y. C. Tang et S. Yun Liang
分布：湖南、福建

灰化苔草 Carex cinerascens Kük.
分布：黑龙江、吉林、辽宁、内蒙古、陕西、安徽、江苏、湖南、湖北；日本

细长喙苔草 Carex commixta Steud.
分布：海南；缅甸、泰国、越南、印度尼西亚、马来西亚

复序苔草 Carex composita Boott
分布：贵州、云南；不丹、印度

密花苔草 Carex confertiflora Boott
分布：湖北、贵州、云南；日本

连续苔草 Carex continua C. B. Clarke
分布：云南；印度、印度尼西亚、老挝、马来西亚、缅甸、菲律宾、泰国、越南

扁囊苔草 Carex coriophora Fisch. et C. A. Mey. ex Kunth
分布：黑龙江、内蒙古、河北、山西、甘肃、青海；俄罗斯、蒙古国

扁囊苔草(原亚种) Carex coriophora subsp. **coriophora**
分布：黑龙江、内蒙古、山西、甘肃、青海；蒙古国、俄罗斯

浪淘殿苔草 Carex coriophora subsp. **langtaodianensis** S. Yun Liang
分布：甘肃

隐穗柄苔草 Carex courtallensis Nees ex Boott
分布：云南；越南、老挝、印度、尼泊尔

鹤果苔草 Carex cranaocarpa Nelmes
分布：内蒙古、河北、陕西

缘毛苔草 Carex craspedotricha Nelmes
分布：河南、浙江、江西、湖南、福建、广东；泰国

密生苔草 Carex crebra V. Krecz.
分布：甘肃、四川、云南、西藏

燕子苔草 Carex cremostachys Franch.
分布：四川、云南

十字苔草 Carex cruciata Wahlenb.
分布：浙江、江西、湖北、四川、贵州、云南、西藏、福建、台湾、广东、广西、海南；不丹、印度、印度尼西亚、日本、尼泊尔、泰国、越南、马达加斯加

狭囊苔草 Carex cruenta Nees
分布：四川、西藏；尼泊尔、印度、巴基斯坦、克什米尔地区

隐穗苔草 Carex cryptostachys Brongn.
分布：福建、台湾、广东、广西、海南；越南、泰国、马来西亚、印度尼西亚、菲律宾、澳大利亚

库地苔草 Carex curaica Kunth
分布：新疆；俄罗斯、蒙古国

柱穗苔草 Carex cylindrostachys Franch.
分布：四川

针苔草 Carex dahurica Kük.
分布：吉林；俄罗斯

带岭苔草 Carex dailingensis Y. L. Chou
分布：黑龙江

大苗山苔草 Carex damiaoshanensis X. F. Jin et C. Z. Zheng
分布：广西

大盘山苔草(新拟) Carex dapanshanica X. F. Jin, Y. J. Zhao et Z. L. Chen
分布：浙江

无喙囊苔草 Carex davidii Franch.
分布：陕西、甘肃、安徽、浙江、湖北、四川

大庸苔草 Carex dayuongensis Z. P. Wang
分布：湖南

落鳞苔草 Carex deciduisquama F. T. Wang et T. Tang ex P. C. Li
分布：云南

年佳苔草 Carex delavayi Franch.
分布：四川、云南

密丛苔草 Carex densicaespitosa L. K. Dai
分布：广西

流苏苔草 Carex densifimbriata Tang et F. T. Wang
分布：湖南、贵州、广西

流苏苔草(原变种) Carex densifimbriata var. **densifimbriata**
分布：湖南、贵州、广西

粗毛流苏苔草 **Carex densifimbriata** var. **hirsuta** P. C. Li
分布：湖南、贵州

金华苔草 **Carex densipilosa** C. Z. Zheng et X. F. Jin
分布：浙江

德钦苔草 **Carex deqinensis** L. K. Dai
分布：云南

圆锥苔草 **Carex diandra** Schrank
分布：内蒙古；俄罗斯、太平洋群岛；亚洲(中部及西南部)、欧洲(中部及北部)、北美洲

小穗苔草 **Carex dichroa** Freyn
分布：内蒙古；俄罗斯、蒙古国

朝鲜苔草 **Carex dickinsii** Franch. et Sav.
分布：福建；朝鲜、日本

丽江苔草 **Carex dielsiana** Kük.
分布：四川、云南

二形鳞苔草 **Carex dimorpholepis** Steud.
分布：辽宁、山东、河南、陕西、甘肃、安徽、江苏、浙江、江西、湖北、四川、广东；印度、日本、朝鲜、缅甸、尼泊尔、斯里兰卡、泰国、越南

秦岭苔草 **Carex diplodon** Nelmes
分布：陕西、甘肃

皱果苔草 **Carex dispalata** Boott ex A. Gray
分布：吉林、辽宁、内蒙古、河北、山西、陕西、安徽、江苏、浙江；日本、朝鲜

二籽苔草 **Carex disperma** Dew
分布：黑龙江、吉林、内蒙古；俄罗斯；欧洲、北美洲

景洪苔草 **Carex doisutepensis** T. Koyama
分布：云南；泰国

长穗苔草 **Carex dolichostachya** Hayata
分布：陕西、安徽、浙江、四川、台湾；日本、菲律宾

长穗苔草(原亚种) **Carex dolichostachya** subsp. **dolichostachya**
分布：陕西、安徽、浙江、四川、台湾；日本、菲律宾

阿里山宿柱苔 **Carex dolichostachya** subsp. **trichosperma** (Ohwi) T. Koyama
分布：台湾

签草 **Carex doniana** Spreng.
分布：陕西、江苏、浙江、湖北、四川、云南、福建、台湾、广东、广西；日本、韩国、尼泊尔、菲律宾

镰喙苔草 **Carex drepanorhyncha** Franch.
分布：四川、云南

野笠苔草 **Carex drymophila** Turcz. et Steud.
分布：黑龙江、吉林、内蒙古；日本、俄罗斯、蒙古国、朝鲜

野笠苔草(原变种) **Carex drymophila** var. **drymophila**
分布：黑龙江、吉林、内蒙古；朝鲜、蒙古国、俄罗斯

毛果野笠苔草 **Carex drymophila** var. **abbreviata** (Kükenth.) Ohwi
分布：黑龙江、吉林、内蒙古；俄罗斯、朝鲜、日本

寸草 **Carex duriuscula** C. A. Mey.
分布：甘肃、河北、黑龙江、河南、吉林、辽宁、内蒙古、宁夏、青海、陕西、山东、山西、新疆、西藏；阿富汗、巴基斯坦、蒙古国、中亚五国、俄罗斯、韩国；亚洲(西南部)、北美洲

寸草(原亚种) **Carex duriuscula** subsp. **duriuscula**
分布：甘肃、黑龙江、吉林、辽宁、内蒙古；哈萨克斯坦、韩国、蒙古国、巴布亚新几内亚、俄罗斯；北美洲

白颖苔草 **Carex duriuscula** subsp. **rigescens** (Franch.) S. Y. Liang et Y. C. Tang
分布：吉林、辽宁、内蒙古、河北、山西、山东、河南、陕西、宁夏、甘肃、青海；俄罗斯

细叶苔草 **Carex duriuscula** subsp. **stenophylloides** (V. I. Krecz.) S. Yun Liang et Y. C. Tang
分布：内蒙古、陕西、甘肃、新疆、西藏；阿富汗、哈萨克斯坦、韩国、吉尔吉斯斯坦、蒙古国、巴基斯坦、塔吉克斯坦、土库曼斯坦、乌兹别克斯坦；亚洲(西南部)

雷波苔草 **Carex duthiei** C. B. Clarke
分布：四川、云南；不丹、印度

三阳苔草 **Carex duvaliana** Franch. et Sav.
分布：安徽；日本

无芒苔草 **Carex earistata** F. T. Wang et Y. C. Chang ex S. Yun Liang
分布：甘肃

类稗苔草 **Carex echinochloiformis** Y. L. Chang ex Y. C. Yang
分布：云南、西藏

蟋蟀苔草 **Carex eleusinoides** Turcz. ex Kunth.
分布：吉林；俄罗斯、朝鲜、日本、蒙古国；北美洲

显异苔草 Carex eminens Nees
分布：湖南、四川、西藏；不丹、印度、尼泊尔、克什米尔地区

无脉苔草 Carex enervis C. A. Mey.
分布：黑龙江、吉林、内蒙古、山西、甘肃、青海、新疆、四川、云南、西藏；俄罗斯、蒙古国

箭叶苔草 Carex ensifolia Turcz. ex Besser
分布：宁夏、甘肃、青海、新疆、西藏；俄罗斯、蒙古国

二峨苔草 Carex ereica T. Tang et F. T. Wang ex L. K. Dai
分布：四川

离穗苔草 Carex eremopyroides V. Krecz.
分布：黑龙江、吉林、内蒙古；俄罗斯、蒙古国

毛叶苔草 Carex eriophylla (Kükenth.) Kom.
分布：黑龙江、吉林；俄罗斯、朝鲜

红鞘苔草 Carex erythrobasis H. Lév. et Vaniot
分布：吉林；俄罗斯、朝鲜

贵州苔草 Carex esguirolii H. Lév. et Vaniot
分布：贵州、广西；越南

川东苔草 Carex fargesii Franch.
分布：湖南、湖北、四川、贵州

簇穗苔草 Carex fastigiata Franch.
分布：四川、云南；不丹、尼泊尔

南亚苔草 Carex fedia Nees ex Wight
分布：云南；缅甸、越南、尼泊尔、印度、阿富汗、巴基斯坦、泰国

蕨状苔草 Carex filicina Nees
分布：浙江、江西、湖北、四川、贵州、云南、西藏、福建、台湾、广东、广西、海南；印度、印度尼西亚、马来西亚、缅甸、尼泊尔、菲律宾、斯里兰卡、泰国、越南

丝梗苔草 Carex filipedunculata S. W. Su
分布：安徽

线柄苔草 Carex filipes Franch. et Sav.
分布：黑龙江、辽宁、河北、安徽、江苏、浙江、湖北、贵州、福建；日本、韩国、俄罗斯

丝柄苔草(原变种) Carex filipes var. **filipes**
分布：安徽、江苏、浙江、湖北、贵州、福建；日本、韩国

少囊苔草 Carex filipes var. **oligostachys** (Meinsh. ex Maxim.) Kükenth.
分布：黑龙江、辽宁、河北；韩国、俄罗斯

亮绿苔草 Carex finitima Boott
分布：甘肃、四川、云南、台湾；不丹、印度、印度尼西亚、尼泊尔、巴布亚新几内亚

亮绿苔草(原变种) Carex finitima var. **finitima**
分布：甘肃、四川、云南、台湾；印度、印度尼西亚、巴布亚新几内亚

短叶亮绿苔草 Carex finitima var. **attenuata** C. B. Clarke
分布：云南；不丹、印度、尼泊尔

溪生苔草 Carex fluviatilis Boott
分布：四川、贵州、云南、西藏；印度、缅甸

穿孔苔草 Carex foraminata C. B. Clarke
分布：安徽、浙江、江西、贵州、福建

拟穿孔苔草 Carex foraminatiformis Y. C. Tang et S. Yun Liang
分布：四川、贵州

溪水苔草 Carex forficula Franch. et Sav.
分布：吉林、辽宁、河北、陕西、安徽；俄罗斯、朝鲜、日本

刺喙苔草 Carex forrestii Kük.
分布：云南、西藏

茶色苔草 Carex fulvorubescens Hayata
分布：台湾

茶色苔草(原亚种) Carex fulvorubescens subsp. **fulvorubescens**
分布：台湾

长梗扁果苔草 Carex fulvorubescens subsp. **longistipes** (Hayata) T. Koyama
分布：台湾

凤凰山苔草 Carex funhuangshanica F. T. Wang et Tang ex P. C. Li
分布：广西

富宁苔草 Carex funingensis T. Tang et F. T. Wang ex S. Y. Liang
分布：云南

亲族苔草 Carex gentilis Franch.
分布：陕西、江西、四川、重庆、贵州、云南、西藏、台湾

亲族苔草(原变种) Carex gentilis var. **gentilis**
分布：江西、四川、云南

宽叶亲族苔草 **Carex gentilis** var. **intermedia** T. Tang et F. T. Wang ex L. K. Dai
分布：陕西、重庆、贵州、云南、西藏

大果亲族苔草 **Carex gentilis** var. **macrocarpa** T. Tang et F. T. Wang ex L. K. Dai
分布：重庆

短喙亲族苔草 **Carex gentilis** var. **nakaharae** (Hayata) T. Koyama
分布：台湾

穹隆苔草 **Carex gibba** Wahlenb.
分布：辽宁、山西、河南、陕西、甘肃、安徽、江苏、浙江、江西、湖南、湖北、四川、贵州、福建、广东、广西；朝鲜、日本

涝峪苔草 **Carex giraldiana** Kük.
分布：河北、陕西

辽东苔草 **Carex glabrescens** (Kükenth.) Ohwi
分布：辽宁；朝鲜、日本

米柱苔草 **Carex glauciformis** Meinsh.
分布：黑龙江、吉林、辽宁、内蒙古；朝鲜、俄罗斯

球柱苔草 **Carex globistylosa** P. C. Li
分布：四川

玉簪苔草 **Carex globularis** L.
分布：黑龙江、吉林、内蒙古；朝鲜、俄罗斯、日本；欧洲

长梗苔草 **Carex glossostigma** Hand.-Mazz.
分布：安徽、浙江、江西、湖南、福建、广东、广西

长芒苔草 **Carex gmelinii** Hook. et Arn.
分布：吉林；俄罗斯、朝鲜、日本；北美洲

高黎贡山苔草 **Carex gaoligongshanensis** P. C. Li
分布：云南

贡嘎苔草 **Carex gonggaensis** P. C. Li
分布：四川

贡山苔草 **Carex gongshanensis** T. Tang et F. T. Wang ex Y. C. Yang
分布：云南、西藏

叉齿苔草 **Carex gotoi** Ohwi
分布：黑龙江、吉林、辽宁、内蒙古、河北、陕西、甘肃；朝鲜、俄罗斯、蒙古国

异型菱果苔 **Carex grallatoria** var. **heteroclita** (Franch.) Kükenth. ex Matsum.
分布：台湾；日本

禾秆苔草 **Carex graminiculmis** T. Koyama
分布：山西

大舌苔草 **Carex grandiligulata** Kük.
分布：河北、陕西、四川

异株苔草 **Carex gynocrates** Wormskj. ex Drejer
分布：吉林；北美洲、俄罗斯、日本

红嘴苔草 **Carex haematostoma** Nees
分布：青海、四川、云南、西藏；不丹、印度、尼泊尔

点叶苔草 **Carex hancockiana** Maxim.
分布：吉林、内蒙古、河北、山西、陕西、甘肃、青海、新疆；朝鲜、蒙古国、俄罗斯

双脉囊苔草 **Carex handelii** Kük.
分布：四川、云南

杭州苔草 **Carex hangzhouensis** C. Z. Zheng, X. F. Jin et B. Y. Ding
分布：浙江

长囊苔草 **Carex harlandii** Boott
分布：安徽、浙江、江西、湖北、福建、广东、广西、海南；印度尼西亚、缅甸、泰国、越南

哈氏苔草 **Carex harrysmithii** Kük.
分布：四川

戟叶苔草 **Carex hastata** Kük.
分布：浙江、湖南

长叶苔草 **Carex hattoriana** Nakai ex Tuyama
分布：台湾；日本

蔬果苔草 **Carex hebecarpa** C. A. Mey.
分布：湖南、福建、台湾、广东；不丹、印度、尼泊尔

和林格尔苔草(新拟) **Carex helingeeriensis** L. Q. Zhao et J. Yang
分布：内蒙古

藏南苔草 **Carex hemineuros** T. Koyama
分布：西藏；尼泊尔

亨氏苔草 **Carex henryi** (C. B. Clarke) L. K. Dai
分布：陕西、安徽、浙江、湖北、四川、贵州、云南

和硕苔草 **Carex heshuonensis** S. Yun Liang
分布：新疆

异鳞苔草 **Carex heterolepis** Bunge
分布：黑龙江、吉林、辽宁、内蒙古、河北、山西、山东、陕西、江西、湖北；朝鲜、日本

异穗苔草 Carex heterostachya Bunge
分布：黑龙江、吉林、辽宁、河北、山西、山东、河南、陕西；朝鲜

长安苔草 Carex heudesii H. Lév. et Vaniot
分布：陕西、甘肃、湖北、四川

贺州苔草 Carex hezhouensis H. Wang et S. N. Wang
分布：广西

流石苔草 Carex hirtelloides (Kükenth.) Tang et Wang ex P. C. Li
分布：四川、云南

密毛苔草 Carex hirticaulis P. C. Li
分布：云南

糙毛苔草 Carex hirtiutriculata L. K. Dai
分布：云南

红原苔草 Carex hongyuanensis Y. C. Tang et S. Yun Liang
分布：四川

凤凰苔草 Carex hoozanensis Hayata
分布：台湾；越南

华山苔草 Carex huashanica T. Tang et F. T. Wang ex L. K. Dai
分布：陕西

湿苔草 Carex humida Y. L. Chang et Y. L. Yang
分布：黑龙江、吉林、内蒙古

低矮苔草 Carex humilis Leyss.
分布：辽宁、山西、安徽、湖北；日本、俄罗斯；欧洲

低矮苔草(原变种) Carex humilis var. **humilis**
分布：辽宁、安徽；日本、俄罗斯

雏田苔草 Carex humilis var. **scirrobasis** (Kitag.) Y. L. Chang et Y. L. Yang
分布：辽宁、河北、山西

火炉山苔草 Carex huolushanensis P. C. Li
分布：四川

睫背苔草 Carex hypoblephara Ohwi et T. S. Liu
分布：江西

绿囊苔草 Carex hypochlora Freyn
分布：黑龙江、吉林、辽宁；俄罗斯、朝鲜

马菅 Carex idzuroei Franch. et Sav.
分布：江苏、浙江、福建；日本

毛囊苔草 Carex inanis Kunth
分布：云南、西藏；不丹、尼泊尔、印度、克什米尔地区

印度苔草 Carex indica L.
分布：贵州、广西；孟加拉国、柬埔寨、印度、印度尼西亚、老挝、马来西亚、缅甸、巴布亚新几内亚、菲律宾、斯里兰卡、泰国、越南、澳大利亚、太平洋岛屿

印度型苔草 Carex indiciformis F. T. Wang et Tang ex P. C. Li
分布：贵州、云南、广西、海南

隐匿苔草 Carex infossa C. P. Wang
分布：安徽、江苏

隐匿苔草(原变种) Carex infossa var. **infossa**
分布：安徽、江苏

显穗苔草 Carex infossa var. **extensa** S. W. Su
分布：安徽

秆叶苔草 Carex insignis Boott
分布：云南、西藏；尼泊尔、不丹、印度、越南

狭穗苔草 Carex ischnostachya Steud.
分布：江苏、浙江、江西、湖南、四川、贵州、福建；日本、朝鲜

无穗柄苔草 Carex ivanoviae Egorova
分布：青海、西藏

鸭绿苔草 Carex jaluensis Kom.
分布：吉林、辽宁、河北；俄罗斯、朝鲜

日本苔草 Carex japonica Thunb.
分布：辽宁、内蒙古、河北、山西、河南、陕西、江苏、湖北、四川、云南；日本、朝鲜

胶东苔草 Carex jiaodongensis Y. M. Zhang et X. D. Chen
分布：山东

金佛山苔草 Carex jinfoshanensis T. Tang et F. T. Wang ex S. Yun Liang
分布：重庆

九仙山苔草 Carex jiuxianshanensis L. K. Dai et Y. Z. Huang
分布：浙江、福建

季庄苔草 Carex jizhuangensis S. Yun Liang
分布：广东

甘肃苔草 Carex kansuensis Nelmes
分布：陕西、甘肃、青海、四川、云南、西藏

高氏苔草 Carex kaoi T. Tang et F. T. Wang ex S. Yun Liang
分布：广东

卡郎苔草 Carex karlongensis Kük.
分布：四川

小粒苔草 Carex karoi (Freyn) Freyn
分布：辽宁、内蒙古、河北、山西；俄罗斯、蒙古国

江苏苔草 Carex kiangsuensis Kük.
分布：安徽、江苏

褐柄苔草 Carex kiotensis Franch. et Sav.
分布：台湾；日本

显脉苔草 Carex kirganica Kom.
分布：黑龙江、内蒙古；俄罗斯、朝鲜

吉林苔草 Carex kirinensis F. T. Wang et Y. C. Chang
分布：黑龙江、吉林

筛草 Carex kobomugi Ohwi
分布：黑龙江、辽宁、河北、山东、青海、安徽、江苏、浙江、台湾；俄罗斯、朝鲜、日本

黄囊苔草 Carex korshinskii Kom.
分布：黑龙江、辽宁、内蒙古、陕西、甘肃、新疆；朝鲜、蒙古国、俄罗斯

古城苔草 Carex kuchunensis T. Tang et F. T. Wang ex S. Yun Liang
分布：广西

棕叶苔草 Carex kucyniakii Raymond
分布：云南；越南

昆仑苔草 Carex kunlunsanensis N. R. Cui
分布：新疆

广西苔草 Carex kwangsiensis F. T. Wang et T. Tang ex P. C. Li
分布：广西

光头山苔草 Carex kwangtoushanica K. T. Fu
分布：陕西

二裂苔草 Carex lachenalii Schkuhr
分布：吉林；朝鲜、日本、俄罗斯；欧洲

明亮苔草 Carex laeta Boott
分布：四川、云南、西藏；不丹、印度、尼泊尔

假尖嘴苔草 Carex laevissima Nakai
分布：黑龙江、吉林、辽宁、内蒙古；俄罗斯

澜沧苔草 Carex lancangensis S. Yun Liang
分布：云南

大披针苔草 Carex lanceolata Boott
分布：黑龙江、吉林、辽宁、内蒙古、河北、山东、河南、陕西、宁夏、甘肃、安徽、江苏、江西、湖北、贵州；日本、韩国、蒙古国、俄罗斯

大披针苔草(原变种) Carex lanceolata var. **lanceolata**
分布：黑龙江、吉林、辽宁、内蒙古、河北、山西、山东、河南、陕西、甘肃、安徽、江苏、浙江、江西、四川、贵州、云南；日本、韩国、蒙古国、俄罗斯

少花大披针苔草 Carex lanceolata var. **laxa** Ohwi
分布：吉林、内蒙古；日本、俄罗斯

亚柄苔草 Carex lanceolata var. **subpediformis** Kük.
分布：辽宁、内蒙古、河北、山西、陕西、宁夏、甘肃、湖北、四川；俄罗斯、日本

披针苔草 Carex lancifolia C. B. Clarke
分布：陕西、湖北

披针鳞苔草 Carex lancisquamata L. K. Dai
分布：云南

落叶松苔草 Carex laricetorum Y. L. Chou
分布：吉林

毛苔草 Carex lasiocarpa Ehrh.
分布：黑龙江、内蒙古；俄罗斯、朝鲜、蒙古国；欧洲、北美洲

弯喙苔草 Carex laticeps C. B. Clarke
分布：安徽、江苏、浙江、江西、湖南、湖北、福建；日本、朝鲜

宽鳞苔草 Carex latisquamea Kom.
分布：黑龙江、吉林、辽宁；俄罗斯、朝鲜、日本

稀花苔草 Carex laxa Wahlenb.
分布：黑龙江、辽宁、内蒙古；日本、俄罗斯；欧洲

棒穗苔草 Carex ledebouriana C. A. Mey. et Trev.
分布：新疆；俄罗斯、蒙古国(北部)

膨囊苔草 Carex lehmannii Drejer
分布：山西、河南、陕西、甘肃、青海、湖北、四川、云南、西藏；不丹、印度、日本、朝鲜、尼泊尔

尖嘴苔草 Carex leiorhyncha C. A. Mey.
分布：黑龙江、河北、山西；俄罗斯、朝鲜

卵形苔草 Carex leporina L.
分布：新疆；俄罗斯；欧洲(北部)

连城苔草 Carex lianchengensis S. Yun Liang et Y. Z. Huang
分布：福建

香港苔草 **Carex ligata** Boott
分布：安徽、福建、广东

舌叶苔草 **Carex ligulata** Nees
分布：山西、河南、陕西、江苏、浙江、湖南、湖北、四川、贵州、云南、福建、台湾；印度、日本、尼泊尔、斯里兰卡

湿生苔草 **Carex limosa** L.
分布：黑龙江、辽宁；日本、俄罗斯、朝鲜、蒙古国；欧洲、北美洲

小果囊苔草 **Carex limprichtiana** Kük.
分布：四川

林氏苔草 **Carex lingii** F. T. Wang et T. Tang
分布：浙江、福建

刘氏苔草 **Carex liouana** F. T. Wang et T. Tang
分布：江西、湖南、福建、广东、广西

立卿苔草 **Carex liqingii** T. Tang et F. T. Wang ex S. Yun Liang
分布：广西

二柱苔草 **Carex lithophila** Turcz.
分布：黑龙江、吉林、辽宁、内蒙古、河北、山西、山东、陕西、甘肃、新疆；俄罗斯、朝鲜、蒙古国、日本

坚喙苔草 **Carex litorhyncha** Franch.
分布：云南

台中苔草 **Carex liui** T. Koyama et T. I. Chuang
分布：浙江、台湾

间穗苔草 **Carex loliacea** L.
分布：黑龙江；俄罗斯、哈萨克斯坦、蒙古国(北部)、朝鲜、日本；欧洲(中东部和北部)、北美洲

长嘴苔草 **Carex longerostrata** C. A. Mey.
分布：黑龙江、吉林、辽宁、河北、山西、陕西、浙江；日本、韩国、俄罗斯

长嘴苔草(原变种) **Carex longerostrata** var. **longerostrata**
分布：黑龙江、吉林、辽宁、河北、山西、陕西；日本、朝鲜、俄罗斯

无芒长嘴苔草 **Carex longerostrata** var. **exaristata** X. F. Jin et C. Z. Zheng
分布：浙江

城弯苔草 **Carex longerostrata** var. **hoi** S. Yun Liang
分布：浙江

细穗苔草 **Carex longerostrata** var. **pallida** (Kitag.) Ohwi
分布：吉林、辽宁；日本、朝鲜

长穗柄苔草 **Carex longipes** D. Don
分布：湖北、四川、云南；不丹、尼泊尔、印度、印度尼西亚、克什米尔地区

长穗柄苔草(原变种) **Carex longipes** var. **longipes**
分布：湖北、四川、云南；印度、印度尼西亚、尼泊尔

短穗柄苔草 **Carex longipes** var. **sessilis** T. Tang et F. T. Wang et L. K.
分布：云南

长柄苔草(新拟) **Carex longipetiolata** Q. L. Wang, H. B. Yang et Y. F. Deng
分布：海南

长密花穗苔草 **Carex longispiculata** Y. C. Yang
分布：甘肃、四川

龙盘拉苔草 **Carex longpanlaensis** S. Yun Liang
分布：云南

陇栖山苔草 **Carex longqishanensis** S. Yun Liang
分布：福建

龙胜苔草 **Carex longshengensis** Y. C. Tang et S. Yun Liang
分布：广西

城口苔草 **Carex luctuosa** Franch.
分布：陕西、甘肃、四川

芦山苔草 **Carex lushanensis** Kük.
分布：四川

卵果苔草 **Carex maackii** Maxim.
分布：黑龙江、吉林、辽宁、河南、安徽、江苏、浙江；俄罗斯、朝鲜、日本

和平菱果苔草 **Carex macrandrolepis** H. Lév. et Vaniot
分布：台湾；日本、朝鲜

大雄苔草 **Carex macrosandra** (Franch.) V. Krecz.
分布：湖北、四川

斑点果苔草 **Carex maculata** Boott
分布：江苏、浙江、江西、湖南、四川、福建、台湾、广东；印度、印度尼西亚、斯里兰卡

大果囊苔草 **Carex magnoutriculata** T. Tang et F. T. Wang ex L. K. Dai
分布：四川、云南

牧野苔草 **Carex makinoensis** Franch.
分布：台湾；日本

马库苔草 **Carex makuensis** P. C. Li
分布：云南

弯柄苔草 **Carex manca** Boott
分布：安徽、湖北、台湾、广东、澳门

弯柄苔草(原亚种) **Carex manca** subsp. **manca**
分布：湖北、广东

九华苔草 **Carex manca** subsp. **jiuhuaensis** (S. W. Su) S. Yun Liang
分布：安徽

梦佳苔草 **Carex manca** subsp. **takasagoana** (Akiyama) T. Koyama
分布：台湾

短叶苔草 **Carex manca** subsp. **wichurae** (Boeckeler) S. Yun Liang
分布：澳门

鄂西苔草 **Carex manciformis** C. B. Clarke ex Franch.
分布：湖北、四川、贵州

帽儿山苔草 **Carex maorshanica** Y. L. Chou
分布：黑龙江

玛曲苔草 **Carex maquensis** Y. C. Yang
分布：甘肃

套鞘苔草 **Carex maubertiana** Boott
分布：浙江、湖北、四川、云南、福建；印度、尼泊尔、越南

乳突苔草 **Carex maximowiczii** Miq.
分布：辽宁、山东；朝鲜、日本

眉县苔草 **Carex meihsienica** K. T. Fu
分布：陕西

黑花苔草 **Carex melanantha** C. A. Mey.
分布：新疆；阿富汗、蒙古国、尼泊尔、俄罗斯；中亚

尤尔都斯苔草 **Carex melananthiformis** Litv.
分布：新疆；蒙古国、俄罗斯；中亚

黑鳞苔草 **Carex melanocephala** Turcz.
分布：新疆；俄罗斯、蒙古国；中亚

凹脉苔草 **Carex melanostachya** M. Bieb. ex Willd.
分布：新疆；俄罗斯；中亚、欧洲(中部)

扭喙苔草 **Carex melinacra** Franch.
分布：四川、云南

扭喙苔草(原变种) **Carex melinacra** var. **melinacra**
分布：四川、云南

昌宁苔草 **Carex melinacra** var. **changningensis** S. Yun Liang
分布：云南

锈果苔草 **Carex metallica** H. Lév.
分布：福建、台湾；日本、朝鲜

乌拉草 **Carex meyeriana** Kunth
分布：黑龙江、吉林、辽宁、内蒙古、四川；日本、俄罗斯、蒙古国、朝鲜

滑茎苔草 **Carex micrantha** Kük.
分布：黑龙江；朝鲜

尖苞苔草 **Carex microglochin** Wahlenb.
分布：青海、新疆、四川、西藏；不丹、印度、克什米尔地区、蒙古国、尼泊尔、俄罗斯；欧洲(北部)、北美洲

高鞘苔草 **Carex middendorffii** F. Schmidt
分布：黑龙江；俄罗斯、日本

闽清苔草 **Carex minquinensis** Z. P. Wang
分布：福建

矮秆苔草 **Carex minuticulmis** S. W. Su et S. M. Xu
分布：安徽

陇南苔草 **Carex minxianensis** S. Yun Liang
分布：甘肃

岷县苔草 **Carex minxianica** Y. C. Yang
分布：甘肃

灰帽苔草 **Carex mitrata** Franch.
分布：安徽、江苏、浙江、湖北、四川、台湾；日本、韩国

具芒灰帽苔草 **Carex mitrata** var. **aristata** Ohwi
分布：安徽、江苏、浙江、湖北、四川、台湾；日本

灰帽苔草(原变种) **Carex mitrata** var. **mitrata**
分布：安徽、江苏、浙江；日本、韩国

毛果苔草 **Carex miyabei** var. **maopengensis** S. W. Su
分布：安徽

柔果苔草 **Carex mollicula** Boott
分布：浙江、台湾；日本、朝鲜

柄苔草 **Carex mollissima** Christ et Scheutz.
分布：黑龙江、内蒙古；俄罗斯、朝鲜

窄叶苔草 **Carex montis-everestii** Kük.
分布：西藏；印度、尼泊尔

五台山苔草 **Carex montis-wutaii** T. Koyama
分布：山西

青藏苔草 **Carex moorcroftii** Falc. ex Boott
分布：青海、四川、西藏；印度

森氏苔草 **Carex morii** Hayata
分布：台湾

滇西苔草 **Carex mosoynensis** Franch.
分布：四川、云南

墨脱苔草 **Carex motuoensis** Y. C. Yang
分布：西藏

宝兴苔草 **Carex moupinensis** Franch.
分布：湖北、四川、贵州、云南

类短尖苔草 **Carex mucronatiformis** F. T. Wang et T. Tang ex S. Yun Liang
分布：甘肃、青海

木里苔草 **Carex muliensis** Hand.-Mazz.
分布：四川

秀丽苔草 **Carex munda** Boott
分布：西藏；不丹、印度、尼泊尔

鼠尾苔草 **Carex myosurus** Nees
分布：云南、西藏；印度、越南、缅甸、尼泊尔

日南苔草 **Carex nachiana** Ohwi
分布：江苏、浙江、台湾；日本

钝鳞苔草 **Carex nakaoana** T. Koyama
分布：西藏；尼泊尔、印度

南川苔草 **Carex nanchuanensis** Chü ex S. Y. Liang
分布：重庆

条穗苔草 **Carex nemostachys** Steud.
分布：安徽、江苏、浙江、江西、湖南、湖北、贵州、云南、福建、广东；孟加拉国、柬埔寨、印度、日本、缅甸、泰国、越南

双柱苔草 **Carex neodigyna** P. C. Li
分布：四川

新多穗苔草 **Carex neopolycephala** T. Tang et F. T. Wang ex L. K. Dai
分布：云南

新多穗苔草(原变种) **Carex neopolycephala** var. **neopolycephala**
分布：云南

简序苔草 **Carex neopolycephala** var. **simplex** T. Tang et F. T. Wang ex L. K. Dai
分布：云南

截嘴苔草 **Carex nervata** Franch. et Sav.
分布：黑龙江、吉林、内蒙古；俄罗斯、朝鲜、日本

翼果苔草 **Carex neurocarpa** Maxim.
分布：黑龙江、吉林、辽宁、内蒙古、河北、山西、山东、河南、陕西、甘肃、安徽、江苏；俄罗斯、朝鲜、日本

亮果苔草 **Carex nitidiutriculata** L. K. Dai
分布：云南

喜马拉雅苔草 **Carex nivalis** Boott
分布：四川、云南、西藏；印度、尼泊尔、克什米尔地区，中亚、阿富汗、乌兹别克斯坦、吉尔吉斯斯坦

云雾苔草 **Carex nubigena** D. Don ex Tilloch et Taylor
分布：重庆、甘肃、贵州、湖北、宁夏、陕西、四川、台湾、西藏、云南；?阿富汗、不丹、印度、印度尼西亚、日本、马来西亚、尼泊尔、巴基斯坦、菲律宾、俄罗斯、斯里兰卡、越南

云雾苔草(原亚种) **Carex nubigena** subsp. **nubigena**
分布：陕西、宁夏、甘肃、贵州、云南、西藏；阿富汗、印度、印度尼西亚、尼泊尔、巴基斯坦、斯里兰卡、越南

褐红脉苔草 **Carex nubigena** subsp. **albata** (Boott ex Franch.) T. Koyama
分布：湖北、重庆；日本、俄罗斯

聚生穗序苔 **Carex nubigena** subsp. **pseudoarenicola** (Hayata) T. Koyama
分布：台湾；马来西亚、菲律宾

矩圆苔草 **Carex oblanceolata** T. Koyama
分布：广东

斜果苔草 **Carex obliquicarpa** X. F. Jin, C. Z. Zheng et B. Y. Ding
分布：广西

斜口苔草 **Carex obliquitruncata** Y. C. Tang et S. Yun Liang
分布：云南

倒卵鳞苔草 **Carex obovatosquamata** F. T. Wang et T. Tang ex P. C. Li
分布：云南、西藏

刺囊苔草 **Carex obscura** var. **brachycarpa** C. B. Clarke

分布：四川、云南、西藏；不丹、印度、克什米尔地区、尼泊尔

褐紫鳞苔草 **Carex obscuriceps** Kük.

分布：四川、云南；印度、不丹

北苔草 **Carex obtusata** Lilj.

分布：黑龙江、吉林、新疆；哈萨克斯坦、蒙古国、俄罗斯；西南亚、欧洲(中部及北部)、北美洲

肿喙苔草 **Carex oedorrhampha** Nelmes

分布：云南、广东；不丹、印度、印度尼西亚、泰国、越南

少穗苔草 **Carex oligostachya** Nees et Hook.

分布：贵州、广西；印度、印度尼西亚、马来西亚、缅甸、巴布亚新几内亚、菲律宾、越南

榄绿果苔草 **Carex olivacea** Boott

分布：四川、云南；不丹、印度

峨眉苔草 **Carex omeiensis**

分布：陕西、湖南、湖北、四川

星穗苔草 **Carex omiana** Franch. et Sav.

分布：辽宁；日本

针叶苔草 **Carex onoei** Franch. ex Sav.

分布：黑龙江、吉林、辽宁、河北、陕西、甘肃、浙江；俄罗斯、朝鲜、日本

圆坚果苔草 **Carex orbicularinucis** L. K. Dai

分布：四川、云南

圆囊苔草 **Carex orbicularis** Boott

分布：甘肃、青海、新疆、西藏；俄罗斯、阿富汗、印度、克什米尔地区、尼泊尔、巴基斯坦

直穗苔草 **Carex orthostachys** C. A. Mey.

分布：黑龙江、吉林、辽宁、内蒙古、河北、新疆；俄罗斯、蒙古国

直蕊苔草 **Carex orthostemon** Hayata

分布：台湾

鸥落苔草 **Carex otaruensis** Franch.

分布：安徽；日本

捷克苔草 **Carex otrubae** Podpera

分布：黑龙江、辽宁；日本、韩国；欧洲

卵穗苔草 **Carex ovatispiculata** Y. L. Chang ex S. Yun Liang

分布：陕西、湖南、四川、云南、西藏

尖叶苔草 **Carex oxyphylla** Franch.

分布：四川、云南

肋脉苔草 **Carex pachyneura** Kitag.

分布：吉林、内蒙古

疣囊苔草 **Carex pallida** C. A. Mey.

分布：黑龙江、吉林、辽宁、内蒙古；俄罗斯(远东地区)、日本、朝鲜

疣囊苔草(原变种) **Carex pallida** var. **pallida**

分布：黑龙江、吉林、辽宁、内蒙古；日本、俄罗斯

狭叶疣囊苔草 **Carex pallida** var. **angustifolia** Y. L. Chang

分布：内蒙古

帕米尔苔草 **Carex pamirensis** C. B. Clarke ex B. Fedtsch.

分布：甘肃、新疆、四川；俄罗斯、哈萨克斯坦、阿富汗、印度

帕米尔苔草(原亚种) **Carex pamirensis** subsp. **pamirensis**

分布：甘肃、新疆、四川；阿富汗、印度、哈萨克斯坦、俄罗斯

狭穗帕米尔苔草 **Carex pamirensis** subsp. **angustispicata** (Y. C. Yang) G. C. Tucker

分布：甘肃

近陈氏苔草 **Carex paracheniana** X. F. Jin, D. A. Simpson et C. Z. Zheng

分布：广西

陇县苔草 **Carex paracuraica** F. T. Wang et Y. C. Chang

分布：陕西

小苔草 **Carex parva** Nees

分布：陕西、甘肃、青海、云南、西藏；不丹、印度、尼泊尔；中亚

紫疣苔草 **Carex paxii** Kük.

分布：江苏、江西；韩国、日本

柄状苔草 **Carex pediformis** C. A. Mey.

分布：黑龙江、吉林、内蒙古、河北、山西、陕西、甘肃、新疆；蒙古国、俄罗斯、朝鲜

柄状苔草(原变种) **Carex pediformis** var. **pediformis**

分布：黑龙江、吉林、内蒙古、河北、山西、陕西、甘肃、新疆；蒙古国、俄罗斯

柞苔草 Carex pediformis var. **pedunculata** Maxim.
分布：黑龙江、吉林、内蒙古；俄罗斯、朝鲜

白头山苔草 Carex peiktusani Kom.
分布：黑龙江、辽宁、河北、山西、山东；俄罗斯、朝鲜

扇叶苔草 Carex peliosanthifolia F. T. Wang et T. Tang ex P. C. Li
分布：广西

彭氏苔草 Carex pengii X. F. Jin et C. Z. Zheng
分布：广西

霹雳苔草 Carex perakensis C. B. Clarke
分布：四川、贵州、云南、福建、台湾、广东、广西、海南；印度尼西亚、马来西亚、泰国、越南

纤细苔草 Carex pergracilis Nelmes
分布：四川、云南

镜子苔草 Carex phacota Spreng.
分布：山东、安徽、江苏、江西、湖南、四川、贵州、福建、台湾、广东、广西、海南；印度、印度尼西亚、日本、马来西亚、缅甸、尼泊尔、斯里兰卡、泰国、越南

硕果苔草 Carex phaenocarpa Franch.
分布：云南

密苞叶苔草 Carex phyllocephala T. Koyama
分布：福建；日本

囊果苔草 Carex physodes M. Bieb.
分布：新疆；阿富汗、俄罗斯；欧洲

毛缘苔草 Carex pilosa Scop.
分布：黑龙江、辽宁；朝鲜、日本；欧洲

毛缘苔草(原变种) Carex pilosa var. **pilosa**
分布：辽宁；黑龙江；日本、韩国、欧洲

刺毛缘苔草 Carex pilosa var. **auriculata** (Franch.) Kük.
分布：黑龙江、辽宁；朝鲜、日本、俄罗斯

豌豆形苔草 Carex pisiformis Boott
分布：辽宁、河北、山东、安徽；日本

扁秆苔草 Carex planiculmis Kom.
分布：黑龙江、吉林、辽宁、河北、陕西；日本、朝鲜、俄罗斯

扁茎苔草 Carex planiscapa Chun et F. C. How
分布：海南

双辽苔草 Carex platysperma Y. L. Chang et Y. L. Yang
分布：黑龙江、吉林

双辽苔草(原变种) Carex platysperma var. **platysperma**
分布：吉林

松花江苔草 Carex platysperma var. **sungareensis** Y. L. Chang et Y. L. Yang
分布：黑龙江

硬毛苔草 Carex plectobasis Krecz.
分布：四川、云南、西藏；阿富汗、克什米尔地区、尼泊尔

杯鳞苔草 Carex poculisquama Kük.
分布：安徽、江苏、浙江

简单多头苔草 Carex polycephala var. **simplex** Kük.
分布：云南

多雄苔草 Carex polymascula P. C. Li
分布：四川

类白穗苔草 Carex polyschoenoides K. T. Fu
分布：陕西、甘肃、安徽

波密苔草 Carex pomiensis Y. C. Yang
分布：西藏

沙生苔草 Carex praeclara Nelmes
分布：云南、西藏；印度

帚状苔草 Carex praelonga C. B. Clarke
分布：云南；印度

延长苔草 Carex prolongata Kük.
分布：云南

粉被苔草 Carex pruinosa Boott
分布：山东、河南、安徽、江苏、浙江、江西、湖南、四川、贵州、云南、福建、广东、广西；不丹、印度、印度尼西亚、泰国

红棕苔草 Carex przewalskii T. V. Egorova
分布：甘肃、青海、四川

漂筏苔草 Carex pseudocuraica F. Schmidt
分布：黑龙江、吉林、内蒙古；日本、韩国、俄罗斯

似莎苔草 Carex pseudocyperus L.
分布：甘肃；日本、俄罗斯；欧洲、北美洲

似皱果苔草 Carex pseudodispalata K. T. Fu
分布：陕西

无味苔草 Carex pseudofoetida Kük.
分布：青海、西藏；阿富汗、不丹、印度、克什米尔地区、蒙古国、尼泊尔、俄罗斯；中亚、亚洲(西南部)

似矮苔草 **Carex pseudohumilis** F. T. Wang et Hung T. Chang ex P. C. Li
分布：云南

弥勒山苔草 **Carex pseudolaticeps** Tang et F. T. Wang ex S. Yun Liang
分布：香港

似舌叶苔草 **Carex pseudoligulata** L. K. Dai
分布：湖南

假长嘴苔草 **Carex pseudolongerostrata** Y. L. Chang et Y. L. Yang
分布：吉林、甘肃；韩国

假头序苔草 **Carex pseudophyllocephala** L. K. Dai
分布：湖南

高山苔草 **Carex pseudosupina** Y. C. Tang ex L. K. Dai
分布：四川

拟三穗苔草 **Carex pseudotristachya** X. F. Jin et C. Z. Zheng
分布：浙江

黄绿苔草 **Carex psychrophila** Nees
分布：四川；印度、克什米尔地区、尼泊尔、巴基斯坦

翅茎苔草 **Carex pterocaulos** Nelmes
分布：云南；缅甸

矮生苔草 **Carex pumila** Thunb.
分布：辽宁、河北、山东、江苏、浙江、台湾；俄罗斯、朝鲜、日本

紫鳞苔草 **Carex purpureosquamata** L. K. Dai
分布：云南

太鲁阁苔草 **Carex purpureotincta** Ohwi
分布：台湾；日本

紫红鞘苔草 **Carex purpureovagina** F. T. Wang et Y. C. Chang
分布：广西

普陀苔草 **Carex putuoensis** S. Yun Liang
分布：浙江

密穗苔草 **Carex pycnostachya** Kar. et Kir.
分布：新疆；俄罗斯、蒙古国；中亚

青岛苔草 **Carex qingdaoensis** F. Z. Li et S. J. Fan
分布：山东

青海苔草 **Carex qinghaiensis** Y. C. Yang
分布：青海

清凉峰苔草 **Carex qingliangensis** D. M. Weng, H. W. Zhang et S. F. Xu
分布：浙江

青阳苔草 **Carex qingyangensis** S. W. Su et S. M. Xu
分布：安徽

齐云苔草 **Carex qiyunensis** S. W. Su et S. M. Xu
分布：安徽

四花苔草 **Carex quadriflora** (Kükenth.) Ohwi
分布：黑龙江、辽宁、河北；俄罗斯、朝鲜

锥囊苔草 **Carex raddei** Kük.
分布：黑龙江、吉林、辽宁、内蒙古、河北、江苏；韩国、俄罗斯

根花苔草 **Carex radiciflora** Dunn
分布：湖南、云南、福建、广东、广西

细根茎苔草 **Carex radicina** C. P. Wang
分布：江苏

红头苔草 **Carex rafflesiana** Boott
分布：台湾；泰国、马来西亚、印度尼西亚、菲律宾、澳大利亚

松叶苔草 **Carex rara** Boott
分布：黑龙江、吉林、辽宁、安徽、江苏、浙江、江西、湖南、四川、云南、西藏、广东；不丹、印度、尼泊尔、日本、朝鲜

垂果苔草 **Carex recurvisaccus** T. Koyama
分布：云南、广东

瘦果苔草 **Carex regeliana** Kük. ex Litv.
分布：新疆

丝引苔草 **Carex remotiuscula** Wahlenb.
分布：黑龙江、吉林、辽宁、河北、山西、河南、陕西、甘肃、安徽、四川、云南；俄罗斯、朝鲜、日本

走茎苔草 **Carex reptabunda** (Trautv.) V. I. Krecz.
分布：黑龙江、吉林、辽宁、内蒙古、陕西；俄罗斯、蒙古国

反折果苔草 **Carex retrofracta** Kük.
分布：浙江

根足苔草 **Carex rhizopoda** Maxim.
分布：安徽；日本

喙果苔草 **Carex rhynchachaenium** C. B. Clarke ex Merr.
分布：台湾；菲律宾、越南

长颈苔草 Carex rhynchophora Franch.

分布：江苏、浙江、重庆、贵州

大穗苔草 Carex rhynchophysa C. A. Mey.

分布：黑龙江、吉林、新疆；俄罗斯、朝鲜、蒙古国、日本；欧洲

日东苔草 Carex ridongensis P. C. Li

分布：西藏

泽生苔草 Carex riparia Curtis

分布：新疆；俄罗斯；西南亚

书带苔草 Carex rochebrunii Franch. et Savatier

分布：山西、河南、陕西、甘肃、安徽、江苏、浙江、湖南、湖北、四川、贵州、云南、台湾、广西；不丹、印度、印度尼西亚、日本、尼泊尔、斯里兰卡

书带苔草(原亚种) Carex rochebrunii subsp. **rochebrunii**

分布：河南、安徽、江苏、浙江；不丹、印度、印度尼西亚、日本、尼泊尔、斯里兰卡

高山穗序苔草 Carex rochebrunii subsp. **remotispicula** (Hayata) T. Koyama

分布：山西、陕西、甘肃、湖南、湖北、四川、贵州、台湾、广西

匍匐苔草 Carex rochebrunii subsp. **reptans** (Franch.) S. Yun Liang et Y. C. Tang

分布：陕西、甘肃、湖北、四川、云南

灰株苔草 Carex rostrata Stokes

分布：黑龙江、吉林、内蒙古；俄罗斯、蒙古国、韩国；欧洲、北美洲

点囊苔草 Carex rubrobrunnea C. B. Clarke

分布：陕西、甘肃、安徽、浙江、江西、湖北、四川、云南、西藏、广东、广西；不丹、印度、缅甸、越南

点囊苔草(原变种) Carex rubrobrunnea var. **rubrobrunnea**

分布：云南、西藏、广东；印度

短苞苔草 Carex rubrobrunnea var. **brevibracteata** T. Koyama

分布：江西、四川

大理苔草 Carex rubrobrunnea var. **taliensis** (Franch.) Kükenthal

分布：陕西、甘肃、安徽、江西、湖北、四川、云南、西藏、广东、广西

横纹苔草 Carex rugata Ohwi

分布：安徽、福建；日本

粗脉苔草 Carex rugulosa Kük.

分布：黑龙江、吉林、内蒙古、河北；俄罗斯、日本

沙地苔草 Carex sabulosa Turcz. ex Kunth

分布：新疆；蒙古国、俄罗斯；亚洲(中部)

美丽苔草 Carex sadoensis Franch.

分布：安徽；日本、俄罗斯

萨嘎苔草 Carex sagaensis Y. C. Yang

分布：西藏

桑加巴苔草 Carex sanjappae M. Bhaumik et M. K. Pathak

分布：西藏；印度

藏北苔草 Carex satakeana T. Koyama

分布：西藏

砂地苔草 Carex satsumensis Franch. et Sav.

分布：台湾；日本、越南、菲律宾

岩生苔草 Carex saxicola

分布：湖南、广西、海南

糙叶苔草 Carex scabrifolia Steud.

分布：辽宁、河北、山东、江苏、浙江、福建、台湾；俄罗斯、日本、朝鲜

糙喙苔草 Carex scabrirostris Kük.

分布：陕西、甘肃、青海、四川、西藏

糙囊苔草 Carex scabrisacca Ohwi et T. S. Liu

分布：江西

花葶苔草 Carex scaposa C. B. Clarke

分布：浙江、江西、湖南、四川、贵州、云南、福建、广东、广西；越南

花葶苔草(原变种) Carex scaposa var. **scaposa**

分布：浙江、江西、湖南、四川、贵州、云南、福建、广东、广西；越南

长雄苔草 Carex scaposa var. **dolicostachya** F. T. Wang et T. Tang

分布：广东、广西

糙叶花葶苔草 Carex scaposa var. **hirsuta** P. C. Li

分布：湖南、四川、广东

瘤囊苔草 Carex schmidtii Meinsh.

分布：黑龙江、吉林、内蒙古；俄罗斯、日本、朝鲜、蒙古国

川滇苔草 Carex schneideri Nelmes

分布：四川、云南、西藏

硬果苔草 Carex sclerocarpa Franch.
分布：安徽、湖南、四川

蜈蚣苔草 Carex scolopendriformis F. T. Wang et T. Tang ex P. C. Li
分布：湖南、四川、云南、西藏

沟叶苔草 Carex sedakowii C. A. Mey. ex Meinsh.
分布：黑龙江、吉林、辽宁、内蒙古；日本、韩国、蒙古国、俄罗斯

仙台苔草 Carex sendaica Franch.
分布：河南、陕西、江苏、浙江、江西、湖南、湖北、四川、贵州；日本

仙台苔草(原变种) Carex sendaica var. **sendaica**
分布：陕西、江苏、浙江、江西、湖北、四川、贵州；日本

多穗仙台苔草 Carex sendaica var. **pseudosendaica** T. Koyama
分布：河南、江苏、湖南、四川、贵州；日本

紫喙苔草 Carex serreana Hand.-Mazz.
分布：河北、山西、甘肃、青海

长茎苔草 Carex setigera D. Don
分布：云南、西藏；不丹、印度、克什米尔地区、尼泊尔、巴基斯坦

长茎苔草(原变种) Carex setigera var. **setigera**
分布：云南、西藏；不丹、印度、尼泊尔

小长茎苔草 Carex setigera var. **schlagintweitiana** (Boeck.) Kükenth.
分布：云南、西藏；印度、克什米尔地区、巴基斯坦

刺毛苔草 Carex setosa Boott
分布：陕西、甘肃、青海、湖南、四川、贵州、云南、西藏、广西；不丹、印度、尼泊尔、克什米尔地区

刺毛苔草(原变种) Carex setosa var. **setosa**
分布：甘肃、青海、湖南、四川、贵州、云南、西藏；克什米尔地区、尼泊尔

沔县刺毛苔草 Carex setosa var. **mianxianica** S. Yun Liang
分布：陕西

锈点刺毛苔草 Carex setosa var. **punctata** S. Yun Liang
分布：四川、广西

陕西苔草 Carex shaanxiensis F. T. Wang et T. Tang ex P. C. Li
分布：陕西、甘肃

山丹苔草 Carex shandanica Y. C. Yang
分布：甘肃

商城苔草 Carex shangchengensis S. Yun Liang
分布：河南

上杭苔草 Carex shanghangensis S. Yun Liang
分布：福建

双柏苔草 Carex shuangbaiensis L. K. Dai
分布：云南

舒城苔草 Carex shuchengensis S. W. Su et Q. Zhang
分布：安徽

西畴苔草 Carex sichouensis P. C. Li
分布：云南

宽叶苔草 Carex siderosticta Hance
分布：黑龙江、吉林、辽宁、河北、山西、山东、陕西、安徽、江苏、浙江、江西；日本、韩国、俄罗斯

宽叶苔草(原变种) Carex siderosticta var. **siderosticta**
分布：黑龙江、吉林、辽宁、河北、山西、山东、陕西、安徽、浙江、江西；日本、朝鲜、俄罗斯

毛缘宽叶苔草 Carex siderosticta var. **pilosa** H. Lév. ex T. Koyama
分布：辽宁、安徽、江苏、浙江；日本、韩国

相仿苔草 Carex simulans C. B. Clarke
分布：浙江、湖北、四川

相仿苔草(原变种) Carex simulans var. **simulans**
分布：浙江、湖北、四川

密花相仿苔草 Carex simulans var. **densiflora** T. Tang et F. T. Wang ex S. Yun Liang
分布：四川

华芒鳞苔草 Carex sinoaristata Tang et F. T. Wang ex L. K. Dai
分布：重庆

华疏花苔草 Carex sinodissitiflora Tang et F. T. Wang ex L. K. Dai
分布：云南

冻原苔草 Carex siroumensis Koidz.
分布：吉林；日本、朝鲜

伴生苔草 Carex sociata Boott
分布：台湾；日本

准噶尔苔草 Carex songorica Kar. et Kir.
分布：新疆；阿富汗、印度、蒙古国、俄罗斯；亚洲(西南部)

澳门苔草 Carex spachiana Boott
分布：广东

翠丽苔草 Carex speciosa Kunth
分布：四川、云南；不丹、印度、尼泊尔、泰国、越南、老挝、柬埔寨、印度尼西亚

翠丽苔草(原亚种) Carex speciosa subsp. **speciosa**
分布：四川、云南；柬埔寨、印度、印度尼西亚、老挝、尼泊尔、泰国、越南

翅茎翠丽苔草 Carex speciosa subsp. **dilatata** Noltie
分布：云南；不丹、印度、尼泊尔

长囊翠丽苔草 Carex speciosa subsp. **varmae** M. Bhaumik et M. K. Pathak
分布：西藏；印度

细果苔草 Carex stenocarpa Turcz. et V. Krecz.
分布：甘肃、新疆；俄罗斯

海绵基苔草 Carex stipata Muhl. ex Willd.
分布：吉林、湖北；俄罗斯、朝鲜、日本；北美洲

柄果苔草 Carex stipitinux C. B. Clarke
分布：陕西、甘肃、安徽、浙江、江西、湖南、湖北、四川、贵州、广西

柄囊苔草 Carex stipitiutriculata P. C. Li
分布：云南

草黄苔草 Carex stramentitia Boott ex Boeck.
分布：贵州、云南、广西；不丹、印度、印度尼西亚、缅甸、尼泊尔、泰国、越南

近头状苔草 Carex subcapitata X. F. Jin, C. Z. Zheng et B. Y. Ding
分布：浙江

武义苔草 Carex subcernua Ohwi
分布：浙江；日本

小苞叶苔草 Carex subebracteata (Kükenth.) Ohwi
分布：黑龙江、内蒙古；俄罗斯、朝鲜、日本

近蕨苔草 Carex subfilicinoides Kük.
分布：湖北、四川、云南

似柔果苔草 Carex submollicula T. Tang et F. T. Wang ex L. K. Dai
分布：浙江、江西、福建、广东

类霹雳苔草 Carex subperakensis L. K. Ling et Y. Z. Huang
分布：福建

似矮生苔草 Carex subpumila T. Tang et F. T. Wang ex L. K. Dai
分布：河北、福建

似横果苔草 Carex subtransversa C. B. Clarke
分布：浙江、台湾；菲律宾、日本

肿胀果苔草 Carex subtumida (Kükenth.) Ohwi
分布：安徽、江苏、江西

四川苔草 Carex sutchuensis Franch.
分布：四川

太湖苔草 Carex taihuensis S. W. Su et S. M. Xu
分布：安徽

太白山苔草 Carex taipaishanica K. T. Fu
分布：陕西、甘肃、四川

南疆苔草 Carex taldycola Meinsh.
分布：新疆

唐进苔草 Carex tangiana Ohwi
分布：黑龙江、吉林、辽宁、河北、山西、河南、陕西、甘肃

河北苔草 Carex tangii Kük.
分布：河北

唐古拉苔草 Carex tangulashanensis Y. C. Yang
分布：青海、西藏

大坪子苔草 Carex tapinzensis Franch.
分布：四川

长鳞苔草 Carex tarunensis Franch.
分布：吉林；日本

打箭苔草 Carex tatsiensis (Franch.) Kükenth.
分布：甘肃、青海、四川

锐果苔草 Carex tatsutakensis Hayata
分布：台湾

长柱头苔草 Carex teinogyna Boott
分布：安徽、浙江、江西、湖南、云南、广东、广西；印度、日本、韩国、缅甸、越南

芒尖鳞苔草 Carex tenebrosa Boott
分布：香港

细花苔草 Carex tenuiflora Wahlenb.

分布：吉林、内蒙古；俄罗斯、蒙古国、朝鲜、日本；欧洲、北美洲

细形苔草 Carex tenuiformis H. Lév. et Vaniot

分布：黑龙江、内蒙古；日本、俄罗斯、朝鲜

细序苔草 Carex tenuipaniculata P. C. Li

分布：云南

细喙苔草(新拟) Carex tenuirostrata X. F. Jin, S. H. Jin et D. F. Wu

分布：浙江

纤细苔草 Carex tenuispicula T. Tang ex S. Yun Liang

分布：福建、广东

糙芒苔草 Carex teres Boott

分布：西藏；不丹、印度、尼泊尔

藏苔草 Carex thibetica Franch.

分布：河南、陕西、浙江、湖南、湖北、四川、重庆、贵州、云南、广西

藏苔草(原变种) Carex thibetica var. **thibetica**

分布：河南、陕西、浙江、湖南、湖北、四川、重庆、贵州、云南、广西

小藏苔草 Carex thibetica var. **minor** Kük.

分布：陕西

少花藏苔草 Carex thibetica var. **pauciflora** T. Tang et F. T. Wang ex S. Y. Liang

分布：云南

高节苔草 Carex thomsonii Boott

分布：四川、贵州、云南、广西；越南、缅甸、印度、尼泊尔、不丹、泰国

陌上菅 Carex thunbergii Steud.

分布：黑龙江、辽宁；日本

天目山苔草 Carex tianmushanica C. Z. Zheng et X. F. Jin

分布：浙江

横果苔草 Carex transversa Boott

分布：安徽、江苏、浙江、江西、湖南、福建、广东；日本、朝鲜

三头苔草 Carex tricephala Boeck.

分布：云南；泰国、越南、老挝、柬埔寨、缅甸、印度尼西亚

三穗苔草 Carex tristachya Thunb.

分布：安徽、江苏、浙江、江西、湖南、四川、福建、台湾、广东、广西、海南；朝鲜、日本

三穗苔草(原变种) Carex tristachya var. **tristachya**

分布：安徽、江苏、浙江、湖南、海南；朝鲜、日本

合鳞苔草 Carex tristachya var. **pocilliformis** (Boott) Kükenth.

分布：安徽、江苏、浙江、江西、湖南、四川、福建、台湾、广东、广西；朝鲜、日本

菊芳苔草 Carex trongii K. K. Nguyen

分布：广西；越南

截鳞苔草 Carex truncatigluma C. B. Clarke

分布：安徽、浙江、江西、湖南、四川、贵州、云南、福建、台湾、广东、广西、海南；越南、马来西亚、菲律宾

希陶苔草 Carex tsaiana F. T. Wang et Tang ex P. C. Li

分布：云南

三念苔草 Carex tsiangii F. T. Wang et T. Tang

分布：广东

线茎苔草 Carex tsoi Merr. et Chun

分布：海南

图们苔草 Carex tuminensis Kom.

分布：黑龙江、吉林；俄罗斯、朝鲜

东方苔草 Carex tungfangensis L. K. Dai et S. M. Huang

分布：海南

新疆苔草 Carex turkestanica Regel

分布：甘肃、新疆；阿富汗、俄罗斯、哈萨克斯坦、吉尔吉斯斯坦、巴基斯坦、塔吉克斯坦、乌兹别克斯坦

大针苔草 Carex uda Maxim.

分布：黑龙江、吉林；俄罗斯、韩国、日本

卷叶苔草 Carex ulobasis V. Krecz.

分布：黑龙江、内蒙古；俄罗斯、朝鲜

单性苔草 Carex unisexualis C. B. Clarke

分布：安徽、江苏、浙江、江西、湖南、湖北、云南；日本

扁果苔草 Carex urelytra Ohwi

分布：台湾

乌苏里苔草 Carex ussuriensis Kom.

分布：黑龙江、吉林、内蒙古、陕西；日本、朝鲜、俄罗斯

少花苔草 Carex vaginata Tansch.

分布：黑龙江、吉林、辽宁、内蒙古；日本、朝鲜、蒙古国、俄罗斯；欧洲

少花苔草(原变种) Carex vaginata var. **vaginata**
分布：黑龙江、辽宁；日本、朝鲜、俄罗斯；欧洲

大少花苔草 Carex vaginata var. **petersii** (C. A. Mey. ex F. Schmidt) Akiyama
分布：黑龙江、吉林、辽宁、内蒙古；蒙古国、俄罗斯

鳞苞苔草 Carex vanheurckii Müll. Arg.
分布：黑龙江、吉林、辽宁、内蒙古；日本、俄罗斯、朝鲜、蒙古国

胀囊苔草 Carex vesicaria L.
分布：黑龙江、吉林、辽宁、内蒙古；俄罗斯、朝鲜、蒙古国、日本；欧洲、北美洲

褐黄鳞苔草 Carex vesicata Meinsh.
分布：黑龙江、吉林、辽宁、内蒙古；俄罗斯、蒙古国、日本

绿边苔草 Carex viridimarginata Kük.
分布：山西

狐狸苔草 Carex vulpina L.
分布：新疆；俄罗斯；中亚、亚洲(西南部)、欧洲

健壮苔草 Carex wahuensis subsp. **robusta** (Franch. et Sav.) T. Koyama
分布：台湾、香港；日本、朝鲜

瓦屋苔草 Carex wawuensis Chu ex S. Y. Liang
分布：四川

文山苔草 Carex wenshanensis L. K. Dai
分布：云南

沙坪苔草 Carex wui Chii ex L. K. Dai
分布：四川、贵州

武山苔草 Carex wushanensis S. Yun Liang
分布：甘肃

武都苔草 Carex wutuensis K. T. Fu
分布：甘肃

武夷山苔草 Carex wuyishanensis S. Yun Liang
分布：福建

湘西苔草 Carex xiangxiensis Z. P. Wang
分布：湖南

稗苔草 Carex xiphium Kom.
分布：吉林；俄罗斯、朝鲜

雅江苔草 Carex yajiangensis
分布：四川

山林苔草 Carex yamatsutana Ohwi
分布：黑龙江、吉林、辽宁、内蒙古；俄罗斯

雁荡山苔草(新拟) Carex yandangshanica C. Z. Zheng et X. F. Jin
分布：浙江

阳朔苔草 Carex yangshuoensis T. Tang et F. T. Wang ex S. Yun Liang
分布：广西

丫蕊苔草 Carex ypsilandraefolia F. T. Wang et T. Tang
分布：江西、湖南、福建、广东

岳西苔草 Carex yuexiensis S. W. Su et S. M. Xu
分布：安徽

玉龙苔草 Carex yulungshanensis P. C. Li
分布：云南

云岭苔草 Carex yunlingensis P. C. Li
分布：云南

云南苔草 Carex yunnanensis Franch.
分布：四川、云南

云亿苔草 Carex yunyiana X. F. Jin et C. Z. Zheng
分布：浙江

泽库苔草 Carex zekogensis Y. C. Yang
分布：青海

浙江苔草(新拟) Carex zhejiangensis X. F. Jin, Y. J. Zhao, C. Z. Zheng et H. W. Zhang
分布：浙江

镇康苔草 Carex zhenkangensis F. T. Wang et T. Tang
分布：云南、广西

中海苔草 Carex zhonghaiensis S. Yun Liang
分布：新疆

菰叶苔草 Carex zizaniifolia Raymond
分布：云南

遵义苔草 Carex zunyiensis
分布：安徽、四川、贵州、广东、广西

克拉莎属 Cladium P. Browne

克拉莎 Cladium jamaicence subsp. **chinense** (Nees) T. Koyama Stearn et L. H. J. Williams
分布：广东、广西、海南、台湾、西藏、云南；印度、日

本、韩国、尼泊尔、越南、太平洋群岛

翅鳞莎属 **Courtoisina** Soják

翅鳞莎 **Courtoisina cyperoides** (Roxb.) Soják

分布：云南、西藏；不丹、印度、老挝、缅甸、尼泊尔、泰国、越南、印度洋群岛、马达加斯加；非洲

莎草属 **Cyperus** L.

野生风车草 **Cyperus alternifolius** L.

分布：台湾有逸生；原产于马达加斯加

阿穆尔莎草 **Cyperus amuricus** Maxim.

分布：吉林、辽宁、河北、山西、山东、河南、陕西、安徽、江苏、江西、湖南、湖北、重庆、贵州、福建、台湾、广西；韩国、日本、俄罗斯

刺鳞莎草 **Cyperus babakan** Steudel

分布：西藏、海南；印度、印度尼西亚、老挝、马来西亚、巴布亚新几内亚、菲律宾、泰国、越南

长板栗莎草 **Cyperus castaneus** Willd.

分布：湖南、贵州、广东、广西；不丹、印度、印度尼西亚、马来西亚、缅甸、尼泊尔、斯里兰卡、泰国、越南、南非、澳大利亚

少花穗莎草 **Cyperus cephalotes** Vahl

分布：福建；印度、印度尼西亚、缅甸、巴布亚新几内亚、斯里兰卡、泰国、越南、澳大利亚(东北部)、印度洋群岛

密穗砖子苗 **Cyperus compactus** Retz.

分布：贵州、云南、西藏、福建、台湾、广东、广西、海南；柬埔寨、印度、印度尼西亚、老挝、马来西亚、缅甸、巴基斯坦、巴布亚新几内亚、菲律宾、斯里兰卡、泰国、越南、澳大利亚、印度洋群岛、马达加斯加

扁穗莎草 **Cyperus compressus** L.

分布：辽宁、河北、山西、山东、河南、甘肃、安徽、江苏、浙江、江西、湖南、湖北、四川、重庆、贵州、云南、西藏、福建、台湾、广东、广西、海南和西沙群岛；阿富汗、孟加拉国、不丹、印度、印度尼西亚、日本、克什米尔地区、老挝、缅甸、尼泊尔、巴基斯坦、巴布亚新几内亚、菲律宾、斯里兰卡、泰国、越南、印度洋岛屿、马达加斯加、太平洋岛屿；非洲、大洋洲、美洲

长尖莎草 **Cyperus cuspidatus** Kunth

分布：山东、安徽、江苏、浙江、江西、四川、云南、西藏、福建、台湾、广东、广西、海南；孟加拉国、不丹、印度、印度尼西亚、克什米尔地区、老挝、马来西亚、尼泊尔、巴基斯坦、菲律宾、斯里兰卡、泰国、越南、印度洋群岛、马达加斯加；非洲、大洋洲、美洲

莎状砖子苗 **Cyperus cyperinus** (Retz.) J. V. Suringar

分布：浙江、江西、湖南、四川、云南、西藏、福建、台湾、广东、广西、海南；孟加拉国、不丹、印度、印度尼西亚、日本、马来西亚、缅甸、尼泊尔、巴布亚新几内亚、菲律宾、斯里兰卡、泰国、越南、印度洋岛屿、太平洋岛屿；亚洲(西南部)、大洋洲

砖子苗 **Cyperus cyperoides** (L.) Kuntze

分布：河南、陕西、甘肃、安徽、江苏、浙江、江西、湖南、湖北、四川、重庆、贵州、云南、西藏、福建、台湾、广东、广西、海南、西沙群岛；不丹、印度、印度尼西亚、日本、克什米尔地区、韩国、老挝、马来西亚、缅甸、尼泊尔、巴基斯坦、巴布亚新几内亚、菲律宾、斯里兰卡、泰国、越南、大西洋岛屿、印度洋群岛、马达加斯加、太平洋岛屿；热带非洲、大洋洲

异型莎草 **Cyperus difformis** L.

分布：黑龙江、吉林、辽宁、内蒙古、河北、山西、山东、河南、陕西、宁夏、甘肃、新疆、安徽、江苏、浙江、江西、湖南、湖北、四川、重庆、贵州、云南、福建、台湾、广东、广西、海南；阿富汗、孟加拉国、不丹、尼泊尔、印度、克什米尔地区、巴基斯坦、缅甸、斯里兰卡、巴布亚新几内亚、菲律宾、泰国、越南、马来西亚、印度尼西亚、太平洋岛屿、中亚五国、日本、韩国、俄罗斯、印度洋群岛、马达加斯加、澳大利亚；欧洲、非洲

多脉莎草 **Cyperus diffusus** Vahl

分布：云南、西藏、台湾、广东、广西、海南；不丹、柬埔寨、印度、印度尼西亚、老挝、马来西亚、缅甸、尼泊尔、菲律宾、斯里兰卡、泰国、越南、澳大利亚、印度洋岛屿、太平洋岛屿

多脉莎草(原变种) **Cyperus diffusus** var. **diffusus**

分布：广东、广西、海南、台湾、西藏、云南；不丹、柬埔寨、印度、印度尼西亚、老挝、马来西亚、缅甸、尼泊尔、菲律宾、斯里兰卡、泰国、越南、澳大利亚(东北部)、印度洋群岛、太平洋群岛

宽叶多脉莎草 **Cyperus diffusus** var. **latifolius** L. K. Dai

分布：广东

长小穗莎草 **Cyperus digitatus** Roxburgh

分布：云南、西藏、台湾、广西、海南、香港；孟加拉国、印度、印度尼西亚、老挝、马来西亚、缅甸、尼泊尔、巴基斯坦、巴布亚新几内亚、菲律宾、斯里兰卡、泰国、越南、太平洋岛屿；非洲、大洋洲、北美洲和热带美洲

疏穗莎草 **Cyperus distans** L. f.

分布：云南、台湾、广东、广西、海南和西沙群岛；不丹、

柬埔寨、印度、印度尼西亚、日本、克什米尔地区、老挝、缅甸、尼泊尔、巴布亚新几内亚、菲律宾、斯里兰卡、泰国、越南、印度洋群岛、马达加斯加；热带非洲、大洋洲、美洲

鳞茎砖子苗 Cyperus dubius Descr.

分布：海南；印度、印度尼西亚、老挝、马来西亚、缅甸、菲律宾、斯里兰卡、泰国、越南、印度洋群岛、马达加斯加、太平洋岛屿；亚洲(西南部)、热带非洲

云南莎草 Cyperus duclouxii E. G. Camus

分布：四川、贵州、云南

黄翅莎草 Cyperus elatus L.

分布：云南、海南；孟加拉国、柬埔寨、印度、印度尼西亚、老挝、马来西亚、巴布亚新几内亚、菲律宾、泰国、越南

穇穗莎草 Cyperus eleusinoides Kunth

分布：福建、广东、广西、台湾、云南；柬埔寨、印度、印度尼西亚、日本、克什米尔地区、老挝、缅甸、尼泊尔、巴基斯坦、巴布亚新几内亚、菲律宾、斯里兰卡、泰国、越南、澳大利亚热带地区；亚洲(西南部)、非洲热带地区

密穗莎草 Cyperus eragrostis Lam.

分布：台湾有归化；原产于美洲和太平洋岛屿

油莎草 Cyperus esculentus var. **sativus** Boeckeler

分布：黑龙江、辽宁、新疆、云南、台湾；原产于地中海区域

高秆莎草 Cyperus exaltatus Retz.

分布：吉林、山东、安徽、江苏、浙江、湖北、贵州、福建、台湾、广东、海南；孟加拉国、印度、印度尼西亚、日本、克什米尔地区、韩国、马来西亚、缅甸、尼泊尔、巴基斯坦、巴布亚新几内亚、斯里兰卡、泰国、越南、印度洋岛屿；热带非洲、大洋洲

高秆莎草(原变种) Cyperus exaltatus var. **exaltatus**

分布：安徽、福建、广东、贵州、海南、湖北、江苏、吉林、山东、台湾、浙江；孟加拉国、印度、印度尼西亚、日本、克什米尔地区、韩国、马来西亚、缅甸、巴基斯坦、巴布亚新几内亚、斯里兰卡、泰国、越南、印度洋群岛、澳大利亚；非洲热带地区

海南高秆莎草 Cyperus exaltatus var. **hainanensis** L. K. Dai

分布：海南

长穗高秆莎草 Cyperus exaltatus var. **megalanthus** Kük.

分布：安徽、江苏、浙江、福建

广东高秆莎草 Cyperus exaltatus var. **tenuispicatus** L. K. Dai

分布：广东

褐穗莎草 Cyperus fuscus L.

分布：黑龙江、辽宁、内蒙古、河北、山西、山东、河南、陕西、宁夏、甘肃、新疆、安徽、江苏、四川、云南；阿富汗、印度、克什米尔地区、哈萨克斯坦、吉尔吉斯斯坦、老挝、蒙古国、巴基斯坦、俄罗斯、塔吉克斯坦、泰国、土库曼斯坦、乌兹别克斯坦、越南、大西洋岛屿；亚洲(西南部)、非洲

头状穗莎草 Cyperus glomeratus L.

分布：黑龙江、吉林、辽宁、内蒙古、河北、山西、山东、河南、陕西、宁夏、甘肃、安徽、江苏、浙江、湖北；日本、克什米尔地区、哈萨克斯坦、韩国、俄罗斯、塔吉克斯坦、乌兹别克斯坦；亚洲(西南部)、欧洲

海南砖子苗 Cyperus hainanensis (Chun et F. C. How) G. C. Tucker

分布：海南

畦畔莎草 Cyperus haspan L.

分布：安徽、福建、广东、广西、海南、河南、湖北、湖南、江苏、江西、台湾、西藏、云南、浙江；不丹、柬埔寨、印度、印度尼西亚、日本、克什米尔地区、韩国、老挝、马来西亚、缅甸、尼泊尔、巴基斯坦、巴布亚新几内亚、菲律宾、斯里兰卡、泰国、越南、太平洋群岛、马达加斯加、澳大利亚；非洲、美洲

山东白鳞莎草 Cyperus hilgendorfianus Boeckeler

分布：黑龙江、山东；日本

迭穗莎草 Cyperus imbricatus Retz.

分布：台湾、广东、广西、海南；阿富汗、孟加拉国、印度、日本、老挝、马来西亚、缅甸、尼泊尔、巴布亚新几内亚、菲律宾、泰国、越南、印度洋群岛、马达加斯加；亚洲(西南部)、热带非洲和美洲

风车草 Cyperus involucratus Rott.

分布：湖南、台湾、广东；原产于非洲和亚洲(西南部)

碎米莎草 Cyperus iria L.

分布：黑龙江、吉林、辽宁、河北、山西、山东、河南、陕西、甘肃、新疆、安徽、江苏、浙江、江西、湖南、湖北、四川、重庆、贵州、云南、西藏、福建、台湾、广东、广西、海南；阿富汗、孟加拉国、不丹、印度、印度尼西亚、日本、克什米尔地区、韩国、老挝、马来西亚、缅甸、尼泊尔、巴基斯坦、菲律宾、斯里兰卡、泰国、土库曼斯坦、乌兹别克斯坦、越南、澳大利亚；热带非洲

羽状穗砖子苗 Cyperus javanicus Houtt.

分布：台湾、广东、海南、西沙群岛；柬埔寨、印度、印度尼西亚、日本、马来西亚、缅甸、巴布亚新几内亚、菲律宾、斯里兰卡、泰国、越南、澳大利亚、印度洋群岛、马达加斯加、太平洋岛屿

沼生水莎草 Cyperus limosus Maxim.

分布：黑龙江；俄罗斯、越南

线状穗莎草 Cyperus linearispiculatus L. K. Dai

分布：云南

茳芏 Cyperus malaccensis Lam.

分布：江苏、福建、广东、广西、海南；印度、印度尼西亚、日本、马来西亚、缅甸、巴布亚新几内亚、菲律宾、斯里兰卡、泰国、越南、澳大利亚(北部)；亚洲(西南部)

茳芏(原亚种) Cyperus malaccensis subsp. **malaccensis**

分布：海南、台湾；印度、印度尼西亚、日本、马来西亚、缅甸、尼泊尔、巴基斯坦、巴布亚新几内亚、菲律宾、斯里兰卡、泰国、越南、澳大利亚(北部)；亚洲(西南部)

短叶茳芏 Cyperus malaccensis subsp. **monophyllus** (Vahl) T. Koyama

分布：江苏、浙江、江西、四川、福建、台湾、广东、广西、海南；印度尼西亚、日本、越南

旋鳞莎草 Cyperus michelianus (L.) Link

分布：黑龙江、吉林、辽宁、河北、山东、河南、新疆、安徽、江苏、浙江、湖南、湖北、云南、西藏、福建、广东、广西；印度、日本、克什米尔地区、哈萨克斯坦、韩国、老挝、缅甸、尼泊尔、巴基斯坦、巴布亚新几内亚、菲律宾、俄罗斯、泰国、越南、澳大利亚；亚洲(西南部)、欧洲、非洲

具芒碎米莎草 Cyperus microiria Steud.

分布：吉林、辽宁、内蒙古、河北、山西、山东、河南、陕西、甘肃、安徽、江苏、浙江、江西、湖南、湖北、四川、重庆、贵州、云南、福建、广东、广西；印度、日本、韩国、泰国、越南

疏鳞莎草 Cyperus mitis Steudel

分布：云南；印度、缅甸、斯里兰卡、泰国、印度洋群岛、马达加斯加

单子砖子苗 Cyperus monospermus (S. M. Huang) G. C. Tucker

分布：海南

汾河莎草 Cyperus nanellus Tang et Wang

分布：山西

黑穗莎草 Cyperus nigrofuscus L. K. Dai

分布：四川、云南

白鳞莎草 Cyperus nipponicus Franch. et Sav.

分布：辽宁、河北、山西、山东、河南、安徽、江苏、浙江、江西、湖南、湖北；日本、韩国、俄罗斯

南莎草 Cyperus niveus Retz.

分布：四川、云南、西藏；阿富汗、不丹、印度、克什米尔地区、缅甸、尼泊尔、巴基斯坦、泰国、越南；亚洲(西南部)、热带非洲

垂穗莎草 Cyperus nutans Vahl

分布：湖南、四川、贵州、台湾、广东、广西、海南；不丹、印度、印度尼西亚、老挝、马来西亚、尼泊尔、巴布亚新几内亚、斯里兰卡、泰国、越南、澳大利亚；非洲

断节莎 Cyperus odoratus L.

分布：山东、浙江、台湾；日本、韩国、马来西亚、缅甸、巴布亚新几内亚、菲律宾、泰国、越南、澳大利亚、马达加斯加、太平洋群岛；热带非洲、美洲

三轮草 Cyperus orthostachyus Franch. et Sav.

分布：黑龙江、吉林、辽宁、内蒙古、河北、河南、陕西、安徽、江苏、江西、湖南、湖北、重庆、贵州、福建；日本、朝鲜、俄罗斯、越南

三轮草(原变种) Cyperus orthostachyus var. **orthostachyus**

分布：黑龙江、吉林、辽宁、河北、山东、河南、陕西、安徽、江苏、浙江、江西、湖南、湖北、重庆、贵州、福建；日本、朝鲜、俄罗斯、越南

长苞三轮草 Cyperus orthostachyus var. **longibracteatus** L. K. Dai

分布：黑龙江、辽宁

红翅莎草 Cyperus pangorei Rottb.

分布：湖南、四川、海南；印度、缅甸、尼泊尔、巴基斯坦、斯里兰卡

花穗水莎草 Cyperus pannonicus Jacquem.

分布：黑龙江、吉林、内蒙古、河北、山西、河南、陕西、宁夏、甘肃；哈萨克斯坦、吉尔吉斯斯坦、蒙古国、俄罗斯、土库曼斯坦、乌兹别克斯坦；亚洲(西南部)、中欧

毛轴莎草 Cyperus pilosus Vahl

分布：山西、安徽、江苏、浙江、江西、湖南、湖北、四川、重庆、贵州、云南、西藏、福建、台湾、广东、广西、海南；孟加拉国、不丹、印度、印度尼西亚、日本、马来西亚、缅甸、尼泊尔、巴布亚新几内亚、菲律宾、斯里兰卡、泰国、越南、澳大利亚、太平洋岛屿

宽柱莎草 Cyperus platystylis R. Brown

分布：西藏、台湾；孟加拉国、印度、印度尼西亚、马来西亚、缅甸、尼泊尔、巴布亚新几内亚、斯里兰卡、泰国、越南、澳大利亚

拟毛轴莎草 Cyperus procerus Rottbøll

分布：台湾、广东、海南；孟加拉国、柬埔寨、印度、印度尼西亚、老挝、马来西亚、尼泊尔、菲律宾、斯里兰卡、泰国、越南、澳大利亚(北部)、马达加斯加；非洲

矮莎草 Cyperus pygmaeus Rottb.

分布：河南、安徽、浙江、湖北、台湾、广东、广西、海南；阿富汗、印度、印度尼西亚、日本、克什米尔地区、韩国、老挝、缅甸、巴基斯坦、巴布亚新几内亚、菲律宾、斯里兰卡、泰国、越南、印度洋群岛、马达加斯加；亚洲(西南部)、欧洲、非洲、大洋洲

辐射穗砖子苗 Cyperus radians Nees et Mey. ex Kunth

分布：山东、浙江、福建、台湾、广东、海南；印度尼西亚、越南、马来西亚、缅甸、斯里兰卡、泰国

香附子 Cyperus rotundus L.

分布：辽宁、河北、山西、山东、河南、陕西、甘肃、安徽、江苏、浙江、江西、湖南、湖北、四川、重庆、贵州、云南、西藏、福建、台湾、广东、广西、海南；阿富汗、不丹、印度、印度尼西亚、日本、哈萨克斯坦、韩国、吉尔吉斯斯坦、马来西亚、缅甸、尼泊尔、巴基斯坦、巴布亚新几内亚、菲律宾、斯里兰卡、塔吉克斯坦、泰国、乌兹别克斯坦、越南、澳大利亚；欧洲、非洲、美洲

水莎草 Cyperus serotinus Rottb.

分布：黑龙江、吉林、辽宁、内蒙古、河北、山西、山东、河南、陕西、宁夏、甘肃、新疆、安徽、江苏、浙江、江西、湖南、湖北、重庆、贵州、云南、福建、台湾、广东、广西；阿富汗、印度、日本、克什米尔地区、哈萨克斯坦、韩国、吉尔吉斯斯坦、巴基斯坦、俄罗斯、土库曼斯坦、乌兹别克斯坦、越南；亚洲(西南部)、欧洲

水莎草(原变种) Cyperus serotinus var. **serotinus**

分布：安徽、重庆、福建、甘肃、广东、广西、贵州、河北、黑龙江、河南、湖北、湖南、江苏、江西、吉林、辽宁、内蒙古、宁夏、陕西、山东、山西、台湾、新疆、云南、浙江；阿富汗、印度、巴基斯坦、克什米尔地区、俄罗斯、越南、韩国、日本；亚洲(西南部)、中亚、欧洲

广东水莎草 Cyperus serotinus var. **inundatus** (Roxb.) Kük.

分布：福建、广东；印度

思茅莎草 Cyperus simaoensis Y. Y. Qian

分布：云南

具芒鳞砖子苗 Cyperus squarrosus L.

分布：四川、云南、西藏；阿富汗、孟加拉国、不丹、印度、印度尼西亚、克什米尔地区、缅甸、巴基斯坦、斯里兰卡、泰国、越南、澳大利亚、马达加斯加；亚洲(西南部)、欧洲、非洲、美洲

粗根茎莎草 Cyperus stoloniferus Retz.

分布：福建、台湾、广东、海南、西沙群岛；柬埔寨、印度、印度尼西亚、日本、老挝、马来西亚、缅甸、巴基斯坦、巴布亚新几内亚、菲律宾、斯里兰卡、泰国、越南、澳大利亚、印度洋群岛、马达加斯加、太平洋岛屿

苏里南莎草 Cyperus surinamensis Rottbøll

分布：归化于台湾(北部)；原产于加勒比和美洲(中部、北部和南部)

四川莎草 Cyperus szechuanensis T. Koyama

分布：四川

四棱穗莎草 Cyperus tenuiculmis Boeck.

分布：浙江、四川、云南、福建、台湾、广东、广西、海南；不丹、柬埔寨、印度、印度尼西亚、日本、老挝、马来西亚、缅甸、尼泊尔、巴布亚新几内亚、菲律宾、斯里兰卡、泰国、越南、澳大利亚、太平洋岛屿；热带非洲

窄穗莎草 Cyperus tenuispica Steud.

分布：安徽、江苏、浙江、江西、湖南、四川、贵州、西藏、台湾、广东、广西、海南；不丹、印度、印度尼西亚、日本、克什米尔地区、韩国、老挝、马来西亚、缅甸、尼泊尔、巴基斯坦、菲律宾、斯里兰卡、塔吉克斯坦、泰国、乌兹别克斯坦、越南、印度洋岛屿；热带非洲、大洋洲

三翅秆砖子苗 Cyperus trialatus (Boeckeler) J. Kern

分布：广东、海南；越南、泰国、马来西亚、印度尼西亚

假香附子 Cyperus tuberosus Rottb.

分布：四川、云南、台湾；印度、日本、马来西亚、斯里兰卡、印度洋岛屿；亚洲(西南部)、非洲

裂颖茅属 Diplacrum R. Br.

裂颖茅 Diplacrum caricinum R. Br.

分布：江苏、浙江、福建、台湾、广东、广西、海南；孟加拉国、柬埔寨、印度、印度尼西亚、日本、老挝、马来西亚、缅甸、菲律宾、斯里兰卡、泰国、越南、澳大利亚(北部)、印度洋岛屿、太平洋岛屿

网果裂颖茅 Diplacrum reticulatum Holtt.

分布：海南；孟加拉国、马来西亚、缅甸、泰国

荸荠属 Eleocharis R. Br.

短刚毛荸荠 Eleocharis abnorma Y. D. Chen

分布：青海

锐棱荸荠 Eleocharis acutangula (Roxb.) Schult.
分布：福建、台湾、广西、海南、香港；柬埔寨、印度、印度尼西亚、日本、老挝、马来西亚、缅甸、尼泊尔、巴布亚新几内亚、菲律宾、斯里兰卡、泰国、越南、澳大利亚、马达加斯加；热带非洲、美洲

银鳞荸荠 Eleocharis argyrolepis Kjerulff. ex Bunge
分布：新疆；俄罗斯、吉尔吉斯斯坦、巴基斯坦、俄罗斯、塔吉克斯坦、土库曼斯坦、乌兹别克斯坦；亚洲(西南部)

紫果蔺 Eleocharis atropurpurea (Retz.) J. Presl et C. Presl
分布：山东、安徽、江苏、湖南、四川、贵州、云南、台湾、广东、广西、海南；不丹、印度、印度尼西亚、日本、尼泊尔、巴基斯坦、巴布亚新几内亚、菲律宾、越南、印度洋群岛、马达加斯加；欧洲、非洲、大洋洲、美洲

渐尖穗荸荠 Eleocharis attenuata (Franch. et Sav.) Palla
分布：河南、陕西、安徽、江苏、浙江、湖南、湖北、四川、福建、广西；日本、韩国、巴布亚新几内亚、俄罗斯、越南

渐尖穗荸荠(原变种) Eleocharis attenuata var. **attenuata**
分布：河南、陕西、安徽、江苏、湖北、四川、福建、广西；日本、韩国、巴布亚新几内亚、俄罗斯、越南

无根状茎荸荠 Eleocharis attenuata var. **erhizomatosa** T. Tang et F. T. Wang
分布：浙江、湖南、福建、广西

密花荸荠 Eleocharis congesta D. Don
分布：云南；不丹、印度、印度尼西亚、日本、克什米尔地区、马来西亚、缅甸、尼泊尔、巴基斯坦、菲律宾、斯里兰卡、泰国、越南、太平洋岛屿

荸荠 Eleocharis dulcis (Burm. f.) Trin. ex Hensch.
分布：江苏、湖南、湖北、福建、台湾、广东、广西、海南；印度、印度尼西亚、日本、韩国、马来西亚、缅甸、尼泊尔、巴基斯坦、巴布亚新几内亚、菲律宾、斯里兰卡、泰国、越南、澳大利亚、印度洋群岛、马达加斯加、太平洋岛屿；热带非洲

耳海荸荠 Eleocharis erhaiensis Y. D. Chen
分布：青海

扁基荸荠 Eleocharis fennica Palla ex Kneuck. et G. Zinserl.
分布：黑龙江、内蒙古、青海、新疆；哈萨克斯坦、蒙古国、俄罗斯；欧洲

扁基荸荠(原变种) Eleocharis fennica var. **fennica**
分布：黑龙江；哈萨克斯坦、蒙古国、俄罗斯

具刚毛扁基荸荠 Eleocharis fennica var. **sareptana** Zinserl.
分布：青海、新疆；蒙古国、俄罗斯、哈萨克斯坦；欧洲

黑籽荸荠 Eleocharis geniculata (L.) Roem. et Schult.
分布：福建、台湾、广东、海南；阿富汗、孟加拉国、印度、印度尼西亚、日本、马来西亚、缅甸、巴基斯坦、菲律宾、斯里兰卡、泰国、马达加斯加、太平洋岛屿；亚洲(西南部)、欧洲、非洲、大洋洲、美洲

大基荸荠 Eleocharis kamtschatica (C. A. Mey.) Kom.
分布：辽宁、河北、四川；日本、朝鲜、俄罗斯

刘氏荸荠 Eleocharis liouana
分布：云南

细秆荸荠 Eleocharis maximowiczii G. Zinserl.
分布：黑龙江；俄罗斯

江南荸荠 Eleocharis migoana Ohwi et T. Koyama
分布：安徽、江苏、浙江、江西

槽秆荸荠 Eleocharis mitracarpa Steudel
分布：内蒙古、河北、山西、山东、贵州、云南；阿富汗、克什米尔地区、哈萨克斯坦、吉尔吉斯斯坦、巴基斯坦、塔吉克斯坦、乌兹别克斯坦；东欧

假马蹄 Eleocharis ochrostachys Steud.
分布：台湾、广东、海南；柬埔寨、印度、印度尼西亚、日本、老挝、马来西亚、缅甸、菲律宾、斯里兰卡、泰国、越南、太平洋岛屿

卵穗荸荠 Eleocharis ovata (Roth) Roemer et Schultes
分布：黑龙江、吉林、辽宁、内蒙古、宁夏、青海、云南；日本、哈萨克斯坦、俄罗斯；欧洲、北美洲

沼泽荸荠 Eleocharis palustris (L.) Roem. et Schult.
分布：甘肃、河北、黑龙江、吉林、内蒙古、宁夏、青海、陕西、新疆；阿富汗、日本、哈萨克斯坦、蒙古国、尼泊尔、俄罗斯、大西洋群岛；亚洲(西南部)、欧洲、非洲(北部)、北美洲

矮秆荸荠 Eleocharis parvula (Roemer et Schultes) Link ex Bluff, Nees et Schauer
分布：海南；印度尼西亚、日本、哈萨克斯坦、马来西亚、俄罗斯、乌兹别克斯坦、越南；欧洲、北非、美洲

透明鳞荸荠 Eleocharis pellucida J. Presl et C. Presl
分布：辽宁、山西、河南、陕西、安徽、江苏、浙江、江西、湖南、湖北、四川、贵州、云南、福建、广东、广西、海南；印度、印度尼西亚、日本、韩国、马来西亚、缅甸、菲律宾、俄罗斯、斯里兰卡、泰国

透明鳞荸荠(原变种) Eleocharis pellucida var. **pellucida**

分布：辽宁、山西、河南、陕西、安徽、江苏、浙江、江西、湖南、湖北、四川、贵州、云南、福建、广东、广西、海南；印度、印度尼西亚、日本、韩国、马来西亚、缅甸、菲律宾、俄罗斯、斯里兰卡

稻田荸荠 Eleocharis pellucida var. **japonica** (Miq.) T. Tang et F. T. Wang

分布：河南、安徽、江苏、浙江、江西、湖南、湖北、四川、贵州、云南、福建；日本、朝鲜、泰国

血红穗荸荠 Eleocharis pellucida var. **sanguinolenta** T. Tang et F. T. Wang

分布：贵州

海绵基荸荠 Eleocharis pellucida var. **spongiosa** T. Tang et F. T. Wang

分布：江西

本兆荸荠 Eleocharis penchaoi Y. D. Chen

分布：青海

菲律宾荸荠 Eleocharis philippinensis Svenson

分布：广东、海南；印度、印度尼西亚、马来西亚、巴布亚新几内亚、菲律宾、泰国、越南、澳大利亚(北部)、太平洋岛屿

青海荸荠 Eleocharis qinghaiensis Y. D. Chen

分布：青海

少花荸荠 Eleocharis quinqueflora (Hartm.) O. Schwarz

分布：内蒙古、山西、甘肃、新疆、西藏；阿富汗、印度、哈萨克斯坦、吉尔吉斯斯坦、蒙古国、尼泊尔、巴基斯坦、俄罗斯、塔吉克斯坦、乌兹别克斯坦；亚洲(西南部)、欧洲、北非、北美洲、南美洲

贝壳叶荸荠 Eleocharis retroflexa (Poir.) Urban

分布：云南、福建、广东、海南；柬埔寨、印度、印度尼西亚、日本、马来西亚、缅甸、尼泊尔、巴布亚新几内亚、菲律宾、斯里兰卡、泰国、越南、澳大利亚、太平洋岛屿；非洲、热带美洲

短刚毛针蔺 Eleocharis setulosa P. C. Li

分布：云南

螺旋鳞荸荠 Eleocharis spiralis (Rottb.) Roem. et Schult.

分布：广东、海南；孟加拉国、柬埔寨、印度、印度尼西亚、马来西亚、缅甸、巴布亚新几内亚、菲律宾、斯里兰卡、泰国、越南、澳大利亚、马达加斯加、太平洋岛屿；热带非洲

龙师草 Eleocharis tetraquetra Nees

分布：黑龙江、辽宁、河南、安徽、江苏、浙江、江西、湖南、四川、贵州、云南、福建、台湾、广东、广西、海南；阿富汗、不丹、印度、印度尼西亚、日本、尼泊尔、巴基斯坦、巴布亚新几内亚、菲律宾、俄罗斯、斯里兰卡、泰国、越南、澳大利亚

三面秆荸荠 Eleocharis trilateralis

分布：云南

单鳞苞荸荠 Eleocharis uniglumis (Link) Schultes

分布：内蒙古、河北、陕西、甘肃、青海；阿富汗、印度、哈萨克斯坦、吉尔吉斯斯坦、蒙古国、巴基斯坦、俄罗斯、乌兹别克斯坦；亚洲(西南部)、欧洲、北非、北美洲

乌苏里荸荠 Eleocharis ussuriensis G. Zinserling

分布：黑龙江、吉林、辽宁、内蒙古、河北、山西；日本、朝鲜、俄罗斯

具刚毛荸荠 Eleocharis valleculosa var. **setosa** Ohwi

分布：黑龙江、吉林、辽宁、内蒙古、河北、山西、山东、河南、陕西、宁夏、甘肃、青海、新疆、安徽、湖南、湖北、四川、贵州、云南、西藏；日本、朝鲜

羽毛荸荠 Eleocharis wichurae Boeckeler

分布：黑龙江、吉林、辽宁、内蒙古、河北、山东、河南、陕西、甘肃、安徽、江苏、浙江、湖北；日本、韩国、俄罗斯

牛毛毡 Eleocharis yokoscensis (Franch. et Sav.) Ts. Tang et F. T. Wang

分布：黑龙江、吉林、辽宁、河北、山西、山东、河南、陕西、新疆、安徽、江苏、浙江、江西、湖南、湖北、四川、贵州、云南、福建、台湾、广东、广西；印度、印度尼西亚、日本、韩国、蒙古国、缅甸、菲律宾、俄罗斯、越南

云南荸荠 Eleocharis yunnanensis Svenson

分布：云南

羊胡子草属 Eriophorum L.

东方羊胡子草 Eriophorum angustifolium Honckeny

分布：黑龙江、吉林、辽宁、内蒙古、四川；日本、哈萨克斯坦、韩国、蒙古国、俄罗斯；欧洲、北美洲

丛毛羊胡子草 Eriophorum comosum Nees

分布：甘肃、湖南、湖北、四川、重庆、贵州、云南、西藏、广西；阿富汗、孟加拉国、不丹、印度、印度尼西亚、克什米尔地区、缅甸、尼泊尔、巴基斯坦、越南；亚洲(西南部)

细秆羊胡子草 **Eriophorum gracile** Koch

分布：黑龙江、吉林、辽宁、内蒙古、新疆、四川、云南；日本、哈萨克斯坦、朝鲜、俄罗斯；欧洲、北美洲

红毛羊胡子草 **Eriophorum russeolum** Fries

分布：黑龙江、吉林、内蒙古；日本、朝鲜、蒙古国、俄罗斯；北欧、北美洲

羊胡子草 **Eriophorum scheuchzeri** Hoppe

分布：新疆；克什米尔地区、哈萨克斯坦、吉尔吉斯斯坦、蒙古国、巴基斯坦、俄罗斯；欧洲、北美洲

中间羊胡子草 **Eriophorum transiens** Raymond

分布：贵州

白毛羊胡子草 **Eriophorum vaginatum** L.

分布：黑龙江、吉林、辽宁、内蒙古；哈萨克斯坦、蒙古国、俄罗斯、日本、朝鲜；亚洲(西南部)、欧洲、北美洲

飘拂草属 **Fimbristylis** Vahl

披针穗飘拂草 **Fimbristylis acuminata** Vahl

分布：福建、广东、海南；印度、印度尼西亚、日本、老挝、马来西亚、巴布亚新几内亚、菲律宾、斯里兰卡、泰国、越南、澳大利亚

夏飘拂草 **Fimbristylis aestivalis** (Retz.) Vahl

分布：黑龙江、陕西、安徽、浙江、江西、湖南、湖北、四川、重庆、贵州、云南、福建、台湾、广东、广西、海南；不丹、印度、印度尼西亚、日本、老挝、尼泊尔、巴布亚新几内亚、几内亚、菲律宾、俄罗斯、斯里兰卡、泰国、越南、澳大利亚、太平洋岛屿

无叶飘拂草 **Fimbristylis aphylla** Steud.

分布：云南；印度、印度尼西亚、菲律宾、斯里兰卡、泰国、越南；热带非洲

秋飘拂草 **Fimbristylis autumnalis** (L.) Roemer et Schultes

分布：辽宁、江西、台湾；日本；美洲(中部、北部和南部)

复序飘拂草 **Fimbristylis bisumbellata** (Forssk.) Bubani

分布：河北、山西、山东、河南、陕西、新疆、安徽、江苏、浙江、湖南、湖北、四川、贵州、云南、台湾、广东、广西；阿富汗、印度、印度尼西亚、日本、老挝、缅甸、尼泊尔、巴基斯坦、菲律宾、斯里兰卡、泰国、土库曼斯坦、越南、印度洋群岛；亚洲(西南部)、欧洲、非洲、大洋洲

澄迈飘拂草 **Fimbristylis chingmaiensis** S. M. Huang

分布：福建、海南

腺鳞飘拂草 **Fimbristylis cinnamometorum** (Vahl) Kunth

分布：海南；印度、印度尼西亚、缅甸、巴布亚新几内亚、菲律宾、斯里兰卡、泰国、越南、澳大利亚

扁鞘飘拂草 **Fimbristylis complanata** (Retz.) Link

分布：山东、河南、安徽、江苏、浙江、江西、湖南、湖北、四川、贵州、云南、西藏、福建、台湾、广东、广西、海南；不丹、印度、印度尼西亚、日本、韩国、马来西亚、尼泊尔、巴基斯坦、巴布亚新几内亚、菲律宾、斯里兰卡、泰国、越南、澳大利亚、印度洋岛屿、太平洋岛屿；亚洲(西南部)、热带非洲、中美洲和南美洲

扁鞘飘拂草(原变种) **Fimbristylis complanata** var. **complanata**

分布：山东、河南、安徽、江苏、浙江、江西、湖南、湖北、四川、贵州、云南、西藏、福建、台湾、广东、广西、海南；不丹、印度、印度尼西亚、日本、韩国、马来西亚、尼泊尔、巴基斯坦、巴布亚新几内亚、菲律宾、斯里兰卡、泰国、越南、澳大利亚、印度洋群岛、太平洋岛屿；中美洲和南美洲

矮扁鞘飘拂草 **Fimbristylis complanata** var. **exaltata** (T. Koyama) Y. C. Tang ex S. R. Zhang et T. Koyama

分布：山东、安徽、江苏、浙江、江西、湖南、湖北、贵州、福建、台湾、广东、广西；日本、韩国

黑果飘拂草 **Fimbristylis cymosa** R. Br.

分布：浙江、福建、台湾、广东、广西、海南、南沙群岛；印度、印度尼西亚、日本、老挝、马来西亚、斯里兰卡、泰国、越南；非洲、大洋洲

黑果飘拂草(原变种) **Fimbristylis cymosa** var. **cymosa**

分布：台湾；印度尼西亚、日本、澳大利亚

佛焰苞飘拂草 **Fimbristylis cymosa** var. **spathacea** (Roth) T. Koyama

分布：浙江、福建、台湾、广东、广西、海南、南沙群岛；印度、日本、老挝、马来西亚、斯里兰卡、泰国、越南；非洲

两歧飘拂草 **Fimbristylis dichotoma** (L.) Vahl

分布：辽宁、内蒙古、河北、山西、山东、河南、陕西、甘肃、新疆、安徽、江苏、浙江、江西、湖南、湖北、四川、重庆、贵州、云南、西藏、福建、台湾、广东、广西、海南；阿富汗、不丹、印度、尼泊尔、巴基斯坦、斯里兰卡、巴布亚新几内亚、菲律宾、马来西亚、泰国、越南、印度尼西亚、日本、韩国、马达加斯加、太平洋岛屿、澳大利亚；中亚、亚洲(西南部)、非洲、美洲

两歧飘拂草(原亚种) **Fimbristylis dichotoma** subsp. **dichotoma**

分布：辽宁、内蒙古、河北、山西、山东、河南、陕西、甘肃、新疆、安徽、江苏、浙江、江西、湖南、湖北、四川、重庆、贵州、云南、西藏、福建、台湾、广东、广西、海南；阿富汗、印度、日本、韩国、尼泊尔、巴基斯坦、斯里兰卡、

巴布亚新几内亚、泰国、越南、太平洋岛屿、马达加斯加、印度洋群岛、澳大利亚；中亚、北美洲和南美洲

绒毛飘拂草 Fimbristylis dichotoma subsp. **podocarpa** (Nees et C. A. Mey.) T. Koyama

分布：江西、云南、台湾、广东、广西、海南；不丹、印度、印度尼西亚、尼泊尔、巴布亚新几内亚、菲律宾、斯里兰卡、泰国、越南、澳大利亚、太平洋岛屿；热带非洲

拟二叶飘拂草 Fimbristylis diphylloides Makino ex Makino et Nemoto

分布：山东、河南、安徽、江苏、浙江、江西、湖南、湖北、四川、重庆、贵州、福建、广东、广西；日本、朝鲜

拟二叶飘拂草(原变种) Fimbristylis diphylloides var. **diphylloides**

分布：河南、安徽、江苏、浙江、江西、湖南、湖北、四川、重庆、贵州、福建、广东、广西；日本、韩国

黄鳞二叶飘拂草 Fimbristylis diphylloides var. **straminea** T. Tang et F. T. Wang

分布：江西

起绒飘拂草 Fimbristylis dipsacea (Rottb.) Benth.

分布：黑龙江、安徽、浙江、湖南、云南、广东、广西、海南；印度、印度尼西亚、日本、韩国、老挝、缅甸、巴布亚新几内亚、菲律宾、俄罗斯、斯里兰卡、泰国、越南；非洲、大洋洲、南美洲

起绒飘拂草(原变种) Fimbristylis dipsacea var. **dipsacea**

分布：广东、广西、海南、云南；印度、印度尼西亚、老挝、缅甸、巴布亚新几内亚、菲律宾、斯里兰卡、泰国、越南、澳大利亚(北部)；非洲、南美洲

疣果飘拂草 Fimbristylis dipsacea var. **verrucifera** (Maxim.) T. Koyama

分布：黑龙江、安徽、浙江、湖南；俄罗斯、日本、朝鲜

红鳞飘拂草 Fimbristylis disticha Boeck.

分布：福建、广东、广西；柬埔寨、印度尼西亚、老挝、缅甸、泰国、越南、印度洋群岛

类扁鞘飘拂草 Fimbristylis dura (Zoll. et Merr.) Merr.

分布：海南；印度、泰国、越南、马来西亚、印度尼西亚

知风飘拂草 Fimbristylis eragrostis (Nees) Hance

分布：江西、福建、台湾、广东、广西、海南、南沙群岛；印度、印度尼西亚、老挝、马来西亚、巴布亚新几内亚、斯里兰卡、泰国、越南、澳大利亚

矮飘拂草 Fimbristylis fimbristyloides (F. Muell.) Druce

分布：浙江、云南、广东、广西；不丹、印度、印度尼西亚、日本、韩国、马来西亚、缅甸、尼泊尔、巴布亚新几内亚、泰国、越南、澳大利亚(北部)

暗褐飘拂草 Fimbristylis fusca (Nees) C. B. Clarke

分布：安徽、浙江、湖南、贵州、云南、福建、台湾、广东、广西、海南；印度、日本、马来西亚、缅甸、尼泊尔、巴布亚新几内亚、菲律宾、泰国、越南、澳大利亚

纤细飘拂草 Fimbristylis gracilenta Hance

分布：广东；印度、越南、泰国

宜昌飘拂草 Fimbristylis henryi C. B. Clarke

分布：河南、陕西、安徽、江苏、浙江、江西、湖南、湖北、四川、贵州、云南、广东、广西

金色飘拂草 Fimbristylis hookeriana Boeck.

分布：江苏、浙江、江西、湖南、福建、广东；印度、老挝、菲律宾、泰国、越南

硬穗飘拂草 Fimbristylis insignis Thwaites

分布：广东、海南；印度尼西亚、老挝、马来西亚、巴布亚新几内亚、菲律宾、斯里兰卡、泰国、越南、澳大利亚

广东飘拂草 Fimbristylis kwantungensis C. B. Clarke

分布：广东

细茎飘拂草 Fimbristylis leptoclada Benth.

分布：福建、广东；印度尼西亚、日本、马来西亚、巴布亚新几内亚、菲律宾、斯里兰卡、泰国、越南

水虱草 Fimbristylis littoralis Gaudich.

分布：河北、山东、河南、陕西、甘肃、青海、安徽、江苏、浙江、江西、湖南、湖北、四川、重庆、贵州、云南、福建、台湾、广东、广西、海南；阿富汗、不丹、印度、印度尼西亚、日本、韩国、马来西亚、尼泊尔、巴基斯坦、巴布亚新几内亚、菲律宾、斯里兰卡、越南、印度洋群岛、马达加斯加、太平洋岛屿；亚洲(西南部)、非洲、大洋洲、美洲

水虱草(原变种) Fimbristylis littoralis var. **littoralis**

分布：安徽、福建、甘肃、广东、广西、贵州、海南、河北、河南、湖北、湖南、江苏、江西、青海、陕西、四川、台湾、云南、浙江；阿富汗、不丹、印度、印度尼西亚、日本、韩国、马来西亚、尼泊尔、巴基斯坦、巴布亚新几内亚、菲律宾、斯里兰卡、越南、澳大利亚、印度洋群岛、马达加斯加、太平洋群岛；亚洲(西南部)、非洲、北美洲、中美洲、南美洲

小泉氏飘拂草 Fimbristylis littoralis var. **koidzumiana** (Ohwi) T. Koyama

分布：台湾；日本、越南、太平洋岛屿

长穗飘拂草 Fimbristylis longispica Steud.

分布：辽宁、山东、陕西、江苏、浙江、云南、福建、广

东、广西；日本、朝鲜、缅甸

长柄果飘拂草 Fimbristylis longistipitata

分布：广东、海南

台北飘拂草 Fimbristylis microcarya F. Muell.

分布：台湾；印度、印度尼西亚、克什米尔地区、巴布亚新几内亚、菲律宾、越南、澳大利亚；非洲

南宁飘拂草 Fimbristylis nanningensis

分布：广西

褐鳞飘拂草 Fimbristylis nigrobrunnea Thwaites

分布：云南、广东、广西、海南；柬埔寨、印度、斯里兰卡

垂穗飘拂草 Fimbristylis nutans (Retz.) Vahl

分布：湖南、福建、台湾、广东、广西、海南；印度、印度尼西亚、日本、马来西亚、缅甸、巴布亚新几内亚、斯里兰卡、泰国、越南、澳大利亚

独穗飘拂草 Fimbristylis ovata (Burm. f.) Kern

分布：浙江、湖南、四川、贵州、云南、福建、台湾、广东、广西、海南；不丹、印度、印度尼西亚、日本、韩国、老挝、马来西亚、巴基斯坦、巴布亚新几内亚、菲律宾、斯里兰卡、泰国、越南、太平洋岛屿；亚洲(西南部)、热带非洲、美洲

海南飘拂草 Fimbristylis pauciflora R. Br.

分布：海南；印度、印度尼西亚、日本、马来西亚、缅甸、巴布亚新几内亚、泰国、越南、澳大利亚、太平洋岛屿

东南飘拂草 Fimbristylis pierotii Miq.

分布：山东、河南、安徽、江苏、浙江、云南、福建；日本、克什米尔地区、韩国、尼泊尔、菲律宾

细叶飘拂草 Fimbristylis polytrichoides (Retz.) R. Br.

分布：福建、台湾、广东、海南；孟加拉国、印度、印度尼西亚、马来西亚、缅甸、巴布亚新几内亚、菲律宾、斯里兰卡、泰国、越南、澳大利亚、马达加斯加；热带非洲

砂生飘拂草 Fimbristylis psammocola

分布：云南

五棱秆飘拂草 Fimbristylis quinquangularis (Vahl) Kunth

分布：安徽、浙江、江西、湖南、四川、贵州、云南、西藏、福建、台湾、广东、广西、海南；阿富汗、印度、印度尼西亚、哈萨克斯坦、尼泊尔、巴基斯坦、巴布亚新几内亚、菲律宾、斯里兰卡、泰国、乌兹别克斯坦、越南、印度洋群岛、马达加斯加；亚洲(西南部)、非洲、大洋洲

结壮飘拂草 Fimbristylis rigidula Nees

分布：河南、安徽、江苏、浙江、江西、湖南、湖北、四川、贵州、云南、广东、广西；孟加拉国、印度、克什米尔地区、缅甸、尼泊尔、巴基斯坦、菲律宾、泰国、越南

芒苞飘拂草 Fimbristylis salbundia (Nees) Kunth

分布：云南；印度、印度尼西亚、马来西亚、缅甸、巴布亚新几内亚、菲律宾、斯里兰卡、泰国、越南

少穗飘拂草 Fimbristylis schoenoides (Retz.) Vahl

分布：浙江、江西、云南、福建、台湾、广东、广西、海南；孟加拉国、不丹、印度、印度尼西亚、老挝、马来西亚、尼泊尔、巴基斯坦、菲律宾、斯里兰卡、泰国、越南、澳大利亚；热带非洲

绢毛飘拂草 Fimbristylis sericea R. Br.

分布：江苏、浙江、福建、台湾、广东、广西、海南；印度、印度尼西亚、日本、韩国、马来西亚、泰国、越南、澳大利亚；非洲

白穗飘拂草 Fimbristylis shimadana Ohwi

分布：台湾

锈鳞飘拂草 Fimbristylis sieboldii Miq. ex Franch. et Savatier

分布：山东、安徽、江苏、浙江、福建、台湾、广东、海南、西沙群岛；日本、韩国

锈鳞飘拂草(原变种) Fimbristylis sieboldii var. **sieboldii**

分布：山东、安徽、江苏、浙江、福建、台湾、广东、海南；日本、韩国

安平飘拂草 Fimbristylis sieboldii var. **anpinensis** (Hayata) T. Koyama

分布：台湾；日本

思茅飘拂草 Fimbristylis simaoensis Y. Y. Qian

分布：云南

畦畔飘拂草 Fimbristylis squarrosa Vahl

分布：安徽、福建、广东；印度、印度尼西亚、日本、韩国、老挝、缅甸、尼泊尔、菲律宾、泰国、越南、太平洋群岛；亚洲(西南部)、欧洲(南部)、非洲、大洋洲

畦畔飘拂草(原变种) Fimbristylis squarrosa var. **squarrosa**

分布：黑龙江、河北、山东、河南、安徽、江苏、浙江、贵州、云南、西藏、福建、台湾、广东、广西；印度、印度尼西亚、日本、韩国、缅甸、尼泊尔、菲律宾、澳大利亚、太平洋岛屿

短尖飘拂草 Fimbristylis squarrosa var. **esquarrosa** Makino

分布：黑龙江、河北、山东、江苏、云南、福建、台湾、海南；印度尼西亚、日本、韩国、老挝、菲律宾、泰国、越南、澳大利亚、太平洋岛屿

烟台飘拂草 Fimbristylis stauntonii Debeaux et Franch.

分布：辽宁、河北、山东、河南、陕西、甘肃、安徽、江苏、浙江、湖南、湖北、四川；日本、韩国

匍匐茎飘拂草 Fimbristylis stolonifera C. B. Clarke

分布：河北、浙江、重庆、贵州、云南、广东、广西；不丹、印度、尼泊尔

双穗飘拂草 Fimbristylis subbispicata Nees et C. A. Mey.

分布：辽宁、河北、山西、山东、河南、陕西、安徽、江苏、浙江、贵州、福建、台湾、广东、广西、海南、西沙群岛；日本、韩国、越南

知本飘拂草 Fimbristylis subinclinata T. Koyama

分布：台湾

台南飘拂草 Fimbristylis tainanensis Ohwi

分布：台湾

四棱飘拂草 Fimbristylis tetragona R. Br.

分布：福建、台湾、广东、广西、海南；印度、印度尼西亚、马来西亚、缅甸、尼泊尔、巴布亚新几内亚、菲律宾、斯里兰卡、泰国、越南、澳大利亚

西南飘拂草 Fimbristylis thomsonii Boeck.

分布：云南、台湾、广东、广西、海南；印度、印度尼西亚、日本、老挝、马来西亚、缅甸、菲律宾、泰国、越南

三穗飘拂草 Fimbristylis tristachya R. Br.

分布：广东、海南；孟加拉国、印度、印度尼西亚、马来西亚、巴布亚新几内亚、菲律宾、泰国、越南、澳大利亚(东北部)、太平洋岛屿

伞形飘拂草 Fimbristylis umbellaris (Lam.) Vahl

分布：广东、广西、海南；印度、印度尼西亚、日本、老挝、马来西亚、缅甸、尼泊尔、巴布亚新几内亚、菲律宾、斯里兰卡、泰国、越南、太平洋岛屿

芙兰草属 Fuirena Rottb.

毛芙兰草 Fuirena ciliaris (L.) Roxb.

分布：河北、山东、江苏、云南、福建、台湾、广东、广西、海南；孟加拉国、柬埔寨、印度、印度尼西亚、日本、韩国、老挝、马来西亚、缅甸、尼泊尔、巴布亚新几内亚、菲律宾、斯里兰卡、泰国、越南、澳大利亚；非洲

黔芙兰草 Fuirena rhizomatifera Tang et F. T. Wang

分布：贵州、广西

芙兰草 Fuirena umbellata Rottb.

分布：云南、西藏、福建、台湾、广东、广西、海南；孟加拉国、柬埔寨、印度、印度尼西亚、日本、老挝、巴布亚新几内亚、菲律宾、斯里兰卡、泰国、越南、太平洋群岛；热带非洲、大洋洲、美洲

黑莎草属 Gahnia J. R. Forst. et G. Forst.

散穗黑莎草 Gahnia baniensis Benl

分布：福建、广东、广西、海南；印度尼西亚、日本、马来西亚、越南、澳大利亚

爪哇黑莎草 Gahnia javanica Zoll. et Moritzi

分布：云南；印度尼西亚、巴布亚新几内亚、菲律宾、越南、马来西亚、太平洋岛屿

黑莎草 Gahnia tristis Nees, Hook. et Arn.

分布：浙江、江西、湖南、贵州、福建、台湾、广东、广西、海南；印度、印度尼西亚、马来西亚、泰国、日本、越南

割鸡芒属 Hypolytrum Pers.

海南割鸡芒 Hypolytrum hainanense (Merr.) Tang et F. T. Wang

分布：海南、香港；越南

割鸡芒 Hypolytrum nemorum (Vahl) Spreng.

分布：云南、福建、台湾、广东、广西、海南；不丹、柬埔寨、印度、印度尼西亚、老挝、马来西亚、缅甸、巴布亚新几内亚、菲律宾、斯里兰卡、泰国、越南、澳大利亚(东北部)、印度洋岛屿、太平洋岛屿；热带非洲、美洲

少穗割鸡芒 Hypolytrum paucistrobiliferum Tang et Wang

分布：海南

树仁割鸡芒 Hypolytrum shurenii D. A. Simpson et G. C. Tucker

分布：海南

细莞属 Isolepis R. Br.

细莞 Isolepis setacea (L.) R. Br.

分布：陕西、宁夏、甘肃、青海、新疆、江西、四川、云南、西藏；阿富汗、不丹、印度、克什米尔地区、哈萨克斯坦、吉尔吉斯斯坦、缅甸、尼泊尔、巴基斯坦、俄罗斯、塔吉克斯坦、泰国、乌兹别克斯坦、大西洋岛屿、澳大利亚；亚洲(西南部)、欧洲、非洲、北美洲

嵩草属 Kobresia Willd.

普兰嵩草 Kobresia burangensis Y. C. Yang

分布：西藏

线叶嵩草 Kobresia capillifolia C. B. Clarke

分布：甘肃、青海、新疆、四川、西藏；阿富汗、不丹、印度、克什米尔地区、哈萨克斯坦、吉尔吉斯斯坦、蒙古国、尼泊尔、巴基斯坦、塔吉克斯坦

尾穗嵩草 Kobresia cercostachys (Franch.) C. B. Clarke
分布：四川、云南、西藏；不丹、尼泊尔、印度

密穗嵩草 Kobresia condensata (Kükenthal) S. R. Zhang et Noltie
分布：四川、云南

截形嵩草 Kobresia cuneata Kük.
分布：甘肃、?青海、四川、云南、西藏

短梗嵩草 Kobresia curticeps (C. B. Clarke) Kukenth.
分布：西藏；不丹、印度、尼泊尔

线形嵩草 Kobresia duthiei C. B. Clarke
分布：四川、云南、西藏；尼泊尔、印度、不丹

三脉嵩草 Kobresia esenbeckii (Kunth) Noltie
分布：四川、云南、西藏；不丹、印度、缅甸、尼泊尔

镰叶嵩草 Kobresia falcata F. T. Wang et T. Tang ex P. C. Li
分布：甘肃、四川

蕨状嵩草 Kobresia filicina (C. B. Clarke) C. B. Clarke
分布：四川、云南、西藏；不丹、印度、尼泊尔

丝叶嵩草 Kobresia filifolia C. B. Clarke
分布：内蒙古、河北、山西、甘肃、青海；蒙古国、俄罗斯

柄果嵩草 Kobresia fissiglumis C. B. Clarke
分布：云南、西藏；不丹、印度、尼泊尔

囊状嵩草 Kobresia fragilis C. B. Clarke
分布：青海、四川、云南、西藏；不丹、印度、尼泊尔

根茎嵩草 Kobresia gammiei C. B. Clarke
分布：西藏；不丹、尼泊尔、印度

禾叶嵩草 Kobresia graminifolia C. B. Clarke
分布：陕西、甘肃、青海、四川、云南、西藏；尼泊尔

匍茎嵩草 Kobresia hohxilensis R. F. Huang, Biol. et Human
分布：甘肃、青海、西藏

矮生嵩草 Kobresia humilis (C. A. Mey. et Trautv.) Sergiev.
分布：?宁夏、?青海、新疆、西藏；阿富汗、印度、哈萨克斯坦、吉尔吉斯斯坦、蒙古国、尼泊尔、巴基斯坦、塔吉克斯坦、乌兹别克斯坦；亚洲(西南部)

膨囊嵩草 Kobresia inflata P. C. Li
分布：云南、西藏；不丹

甘肃嵩草 Kobresia kansuensis Kük.
分布：陕西、甘肃、青海、四川、云南、西藏；不丹、尼泊尔

喀拉昆仑嵩草 Kobresia karakorumensis Dickoré
分布：新疆、西藏；阿富汗、印度、克什米尔地区、?尼泊尔、巴基斯坦、塔吉克斯坦

宁远嵩草 Kobresia kuekenthaliana Hand.-Mazz.
分布：四川

疏穗嵩草 Kobresia laxa Nees
分布：西藏；阿富汗、印度、克什米尔地区、尼泊尔、巴基斯坦、塔吉克斯坦

藏康嵩草 Kobresia littledalei C. B. Clarke
分布：?青海、四川、西藏

黑麦嵩草 Kobresia loliacea F. T. Wang et T. Tang ex P. C. Li
分布：四川、云南、西藏

大花嵩草 Kobresia macrantha Boeck.
分布：甘肃、青海、新疆、四川、西藏；尼泊尔

嵩草 Kobresia myosuroides (Vill.) Fiori
分布：吉林、内蒙古、河北、山西、宁夏、甘肃、青海、新疆、四川、西藏；日本、哈萨克斯坦、韩国、蒙古国、俄罗斯；欧洲、北美洲

嵩草(原亚种) Kobresia myosuroides subsp. **myosuroides**
分布：吉林、内蒙古、河北、山西、甘肃、新疆；日本、哈萨克斯坦、韩国、蒙古国、俄罗斯

二蕊嵩草 Kobresia myosuroides subsp. **bistaminata** (W. Z. Di et M. J. Zhong) S. R. Zhang
分布：内蒙古、宁夏、甘肃、青海、新疆、四川、西藏

尼泊尔嵩草 Kobresia nepalensis (Nees) Kük.
分布：四川、云南、西藏；不丹、印度、克什米尔地区、尼泊尔、巴基斯坦

不丹嵩草 Kobresia prainii Kük.
分布：西藏；不丹、印度、尼泊尔

高原嵩草 Kobresia pusilla Ivanova
分布：内蒙古、河北、甘肃、青海、四川、西藏

高山嵩草 Kobresia pygmaea (C. B. Clarke) C. B. Clarke
分布：甘肃、河北、内蒙古、青海、山西、四川、?新疆、西藏、云南；不丹、印度、克什米尔地区、缅甸、尼泊尔、巴基斯坦

粗壮嵩草 Kobresia robusta Maxim.
分布：甘肃、青海、新疆、西藏；?蒙古国

喜马拉雅嵩草 Kobresia royleana (Nees) Boeck.
分布：甘肃、青海、新疆、四川、云南、西藏；阿富汗、印度、克什米尔地区、吉尔吉斯斯坦、尼泊尔、巴基斯坦、塔吉克斯坦

喜马拉雅嵩草(原亚种) Kobresia royleana subsp. **royleana**
分布：甘肃、青海、新疆、四川、云南、西藏；阿富汗、印度、克什米尔地区、吉尔吉斯斯坦、尼泊尔、巴基斯坦、塔吉克斯坦

岷山嵩草 Kobresia royleana subsp. **minshanica** (F. T. Wang et Tang ex Y. C. Yang) S. R. Zhang
分布：甘肃、青海、四川、云南

赤箭嵩草 Kobresia schoenoides (C. A. Mey.) Steud.
分布：甘肃、青海、新疆、四川、云南、西藏；阿富汗、不丹、印度、克什米尔地区、哈萨克斯坦、吉尔吉斯斯坦、蒙古国、尼泊尔、巴基斯坦、俄罗斯、塔吉克斯坦、乌兹别克斯坦；亚洲(西南部)

四川嵩草 Kobresia setschwanensis Hand.-Mazz.
分布：甘肃、青海、四川、云南、西藏

锡金嵩草 Kobresia sikkimensis Kükenthal
分布：?西藏；不丹、印度、尼泊尔

夏河嵩草 Kobresia squamiformis Y. C. Yang
分布：甘肃、青海

西藏嵩草 Kobresia tibetica Maxim.
分布：甘肃、青海、新疆、四川、西藏

玉龙嵩草 Kobresia tunicata Hand.-Mazz.
分布：四川、云南

钩状嵩草 Kobresia uncinoides (Boott) C. B. Clarke
分布：四川、云南、西藏；不丹、印度、缅甸、尼泊尔

发秆嵩草 Kobresia vaginosa C. B. Clarke
分布：西藏、云南；印度、?尼泊尔

短轴嵩草 Kobresia vidua (Boott ex C. B. Clarke) Kukenth.
分布：甘肃、青海、?陕西、四川、云南、西藏；尼泊尔、不丹、印度

阔鳞嵩草 Kobresia woodii Noltie
分布：西藏；不丹

亚东嵩草 Kobresia yadongensis Y. C. Yang
分布：西藏

纤细嵩草 Kobresia yangii S. R. Zhang
分布：四川

水蜈蚣属 Kyllinga Rottb.

短叶水蜈蚣 Kyllinga brevifolia Rottb.
分布：黑龙江、吉林、辽宁、河北、山西、山东、河南、陕西、甘肃、安徽、江苏、浙江、江西、湖南、湖北、四川、重庆、贵州、云南、西藏、福建、台湾、广东、广西、海南、西沙群岛；阿富汗、孟加拉国、不丹、印度、印度尼西亚、日本、韩国、老挝、马来西亚、缅甸、尼泊尔、巴基斯坦、巴布亚新几内亚、菲律宾、俄罗斯、斯里兰卡、泰国、越南、大西洋岛屿、澳大利亚、印度洋群岛、马达加斯加、太平洋岛屿；热带非洲、美洲

短叶水蜈蚣(原变种) Kyllinga brevifolia var. **brevifolia**
分布：安徽、重庆、福建、甘肃、广东、广西、贵州、海南、黑龙江、河南、湖北、湖南、江苏、江西、吉林、辽宁、陕西、山东、四川、台湾、西沙群岛、西藏、云南、浙江；阿富汗、孟加拉国、不丹、印度、印度尼西亚、日本、韩国、老挝、马来西亚、缅甸、尼泊尔、巴基斯坦、巴布亚新几内亚、菲律宾、斯里兰卡、泰国、越南、太平洋群岛、印度洋群岛、马达加斯加、大西洋群岛、澳大利亚；热带非洲、美洲

无刺鳞水蜈蚣 Kyllinga brevifolia var. **leiolepis** (Franch. et Sav.) Hara
分布：吉林、辽宁、河北、山西、山东、河南、陕西、甘肃、安徽、江苏、浙江、湖北、云南、福建；朝鲜、日本、尼泊尔、俄罗斯

小星穗水蜈蚣 Kyllinga brevifolia var. **stellulata** (Suringar) T. Tang et F. T. Wang
分布：云南；印度、印度尼西亚、巴布亚新几内亚、菲律宾

三头水蜈蚣 Kyllinga bulbosa P. Beauvois
分布：广东、海南；孟加拉国、印度、马来西亚、缅甸、巴基斯坦、斯里兰卡、泰国、越南；热带非洲

圆筒穗水蜈蚣 Kyllinga cylindrica Nees
分布：江西、贵州、云南、福建、台湾、广东；不丹、印度、印度尼西亚、日本、尼泊尔、巴布亚新几内亚、菲律宾、斯里兰卡、泰国、越南、马达加斯加；热带非洲

黑籽水蜈蚣 Kyllinga melanosperma Nees
分布：云南、广东、广西、海南；印度、印度尼西亚、马来西亚、巴布亚新几内亚、菲律宾、斯里兰卡、泰国、越南、澳大利亚(东北部)、马达加斯加；非洲

单穗水蜈蚣 Kyllinga nemoralis (J. R. Forst. et G. Forst.) Dandy ex Hutch. et Dalziel
分布：湖南、云南、台湾、广东、广西、海南；不丹、柬

埔寨、印度、印度尼西亚、日本、克什米尔地区、老挝、马来西亚、缅甸、尼泊尔、巴基斯坦、巴布亚新几内亚、澳大利亚、印度洋群岛、马达加斯加、太平洋岛屿、菲律宾、斯里兰卡、泰国、越南；热带非洲

水蜈蚣 **Kyllinga polyphylla** Kunth

分布：台湾、香港、印度洋群岛、马达加斯加；原产于热带非洲

冠鳞水蜈蚣 **Kyllinga squamulata** Vahl

分布：四川、云南；不丹、尼泊尔、印度、巴基斯坦、越南、澳大利亚(东北部)、马达加斯加；热带非洲

鳞籽莎属 **Lepidosperma** Labill.

鳞籽莎 **Lepidosperma chinense** Nees et C. A. Mey.

分布：浙江、湖南、福建、广东、广西、海南；印度尼西亚、马来西亚、巴布亚新几内亚、越南

石龙刍属 **Lepironia** Rich.

石龙刍 **Lepironia articulata** (Retzius) Domin

分布：台湾、广东、海南；柬埔寨、印度、印度尼西亚、日本、老挝、马来西亚、巴布亚新几内亚、斯里兰卡、泰国、越南、澳大利亚、马达加斯加、太平洋岛屿

湖瓜草属 **Lipocarpha** R. Br.

华湖瓜草 **Lipocarpha chinensis** (Osbeck) Kern

分布：山东、浙江、江西、湖南、贵州、云南、西藏、福建、台湾、广东、广西、海南；不丹、柬埔寨、印度、印度尼西亚、日本、克什米尔地区、韩国、老挝、马来西亚、缅甸、尼泊尔、巴布亚新几内亚、菲律宾、斯里兰卡、泰国、越南、澳大利亚、印度洋群岛、马达加斯加；非洲

湖瓜草 **Lipocarpha microcephala** (R. Br.) Kunth

分布：辽宁、河北、山东、河南、安徽、江苏、浙江、江西、湖南、湖北、四川、贵州、云南、福建、台湾、广东、广西、海南；柬埔寨、印度、印度尼西亚、日本、韩国、老挝、马来西亚、缅甸、巴布亚新几内亚、菲律宾、泰国、越南、澳大利亚、太平洋岛屿

毛毯细莞 **Lipocarpha squarrosa** (L.) Goetghebeur

分布：浙江、广东、海南；柬埔寨、印度、印度尼西亚、克什米尔地区、马来西亚、缅甸、尼泊尔、巴基斯坦、斯里兰卡、泰国、越南

细秆湖瓜草 **Lipocarpha tenera** Boeck.

分布：云南、广西、海南；越南；非洲

剑叶莎属 **Machaerina** Vahl

剑叶莎 **Machaerina ensigera** (Hance) T. Koyama

分布：香港

多花剑叶莎 **Machaerina myriantha** (Chun et F. C. How) Y. C. Tang

分布：海南

圆叶剑叶莎 **Machaerina rubiginosa** (Soland. ex G. Forst.) T. Koyama

分布：云南、香港；孟加拉国、印度、印度尼西亚、日本、马来西亚、巴布亚新几内亚、菲律宾、斯里兰卡、越南、澳大利亚、太平洋岛屿

擂鼓艻属 **Mapania** Aubl.

华擂鼓艻 **Mapania silhetensis** C. B. Clarke

分布：广东、广西；孟加拉国、印度、越南

露兜树叶野长蒲 **Mapania sumatrana** subsp. **pandanophylla** (F. Mueller) D. A. Simpson

分布：湖南、云南；印度尼西亚、马来西亚、巴布亚新几内亚、太平洋群岛、澳大利亚(东北部)

单穗擂鼓荔 **Mapania wallichii** C. B. Clarke

分布：福建、广东、广西、海南；印度尼西亚、马来西亚

扁莎草属 **Pycreus** P. Beauv.

黑鳞扁莎 **Pycreus delavayi** C. B. Clarke

分布：云南

宽穗扁莎 **Pycreus diaphanus** (Schrad. ex Schult.) S. S. Hooper et T. Koyama

分布：江西、贵州、云南、西藏、海南；孟加拉国、不丹、柬埔寨、印度、印度尼西亚、日本、克什米尔地区、韩国、尼泊尔、菲律宾、俄罗斯、泰国、越南

球穗扁莎 **Pycreus flavidus** (Retz.) T. Koyama

分布：中国各省(自治区、直辖市)均有分布；阿富汗、孟加拉国、不丹、柬埔寨、印度、印度尼西亚、日本、克什米尔地区、韩国、老挝、马来西亚、缅甸、尼泊尔、巴基斯坦、巴布亚新几内亚、菲律宾、中亚各国、俄罗斯、斯里兰卡、泰国、越南、印度洋群岛、马达加斯加、澳大利亚；亚洲(西南部)、欧洲(南部)、非洲

球穗扁莎(原变种) **Pycreus flavidus** var. **flavidus**

分布：中国各省(自治区、直辖市)均有分布；孟加拉国、不丹、柬埔寨、印度、印度尼西亚、日本、克什米尔地区、韩国、老挝、马来西亚、尼泊尔、巴基斯坦、巴布亚新几内亚、菲律宾、中亚各国、俄罗斯、斯里兰卡、泰国、越南、印度洋群岛、马达加斯加、澳大利亚；亚洲(西南部)、欧洲(南部)、非洲(西南部)

矮球穗扁莎 **Pycreus flavidus** var. **minimus** (Kükenth.) L. K. Dai

分布：山西

小球穗扁莎 Pycreus flavidus var. **nilagiricus** (Hoschst. ex Steud.) C. Y. Wu ex Karthik.

分布：黑龙江、吉林、辽宁、河北、山西、山东、河南、陕西、甘肃、青海、新疆、江苏、浙江、湖北、四川、贵州、云南、福建、广东；印度、日本、哈萨克斯坦、韩国、马来西亚、缅甸、菲律宾、俄罗斯、斯里兰卡、乌兹别克斯坦、越南、马达加斯加；东非

直球穗扁莎 Pycreus flavidus var. **strictus** Karthik.

分布：辽宁、河北、山西、山东、河南、陕西、甘肃、安徽、江苏、浙江、江西、湖北、四川、贵州、云南、福建、台湾、广东、广西；阿富汗、不丹、印度、日本、克什米尔地区、尼泊尔、澳大利亚、印度洋群岛、马达加斯加；亚洲(西南部)

丽江扁莎 Pycreus lijiangensis L. K. Dai

分布：云南

多枝扁莎 Pycreus polystachyos (Rottb.) P. Beauv.

分布：辽宁、江苏、浙江、台湾、广东、广西、海南、西沙群岛；柬埔寨、印度、印度尼西亚、日本、韩国、老挝、马来西亚、缅甸、巴基斯坦、菲律宾、俄罗斯、斯里兰卡、泰国、越南

似宽穗扁莎 Pycreus pseudolatespicatus L. K. Dai

分布：四川、贵州

矮扁莎 Pycreus pumilus (L.) Domin

分布：江西、湖南、福建、台湾、广东、广西、海南；孟加拉国、不丹、印度、印度尼西亚、克什米尔地区、马来西亚、缅甸、尼泊尔、巴基斯坦、巴布亚新几内亚、菲律宾、斯里兰卡、泰国、越南、澳大利亚、印度洋群岛、马达加斯加；非洲

红鳞扁莎 Pycreus sanguinolentus (Vahl) Nees ex C. B. Clarke

分布：中国各省(自治区)有分布；不丹、印度、印度尼西亚、日本、克什米尔地区、中亚各国、韩国、马来西亚、缅甸、尼泊尔、巴基斯坦、巴布亚新几内亚、菲律宾、俄罗斯、斯里兰卡、泰国、越南、澳大利亚、太平洋岛屿；亚洲(西南部)、非洲

东北扁莎 Pycreus setiformis (Korsh.) Nakai

分布：黑龙江、吉林、辽宁、内蒙古；日本、朝鲜、俄罗斯

槽果扁莎 Pycreus sulcinux (C. B. Clarke) C. B. Clarke

分布：云南、西藏、台湾、广东、广西、海南；孟加拉国、不丹、柬埔寨、印度、印度尼西亚、马来西亚、缅甸、巴布亚新几内亚、菲律宾、泰国、越南、澳大利亚、太平洋岛屿

禾状扁莎 Pycreus unioloides (R. Br.) Urb.

分布：浙江、云南、台湾、广东；不丹、柬埔寨、印度、印度尼西亚、日本、缅甸、尼泊尔、巴布亚新几内亚、菲律宾、泰国、越南、澳大利亚(东北部)、马达加斯加；非洲、美洲(中部、北部和南部)

海滨莎属 Remirea Aubl.

海滨莎 Remirea maritima Aubl.

分布：台湾、广东、海南；印度、印度尼西亚、日本、马来西亚、缅甸、巴布亚新几内亚、菲律宾、斯里兰卡、泰国、越南、澳大利亚(北部)、印度洋群岛、马达加斯加、太平洋岛屿；热带非洲、美洲

刺子莞属 Rhynchospora Vahl

白鳞刺子莞 Rhynchospora alba (L.) Vahl

分布：吉林、台湾；日本、哈萨克斯坦、韩国、俄罗斯、加勒比地区；亚洲(西南部)、欧洲、北美洲

华刺子莞 Rhynchospora chinensis Nees et Mey.

分布：山东、安徽、江苏、江西、福建、台湾、广东、广西；缅甸、印度、越南、印度尼西亚、日本、斯里兰卡

伞房刺子莞 Rhynchospora corymbosa (L.) Britton

分布：湖南、云南、台湾、广东、广西、海南；孟加拉国、印度、印度尼西亚、马来西亚、缅甸、巴布亚新几内亚、菲律宾、斯里兰卡、泰国、越南、印度洋岛屿、马达加斯加、太平洋岛屿；非洲、大洋洲、美洲(中部及南部)

细叶刺子莞 Rhynchospora faberi C. B. Clarke

分布：山东、江苏、浙江、江西、湖南、福建、广东、广西；日本、朝鲜、俄罗斯

柔弱刺子莞 Rhynchospora gracillima Thw.

分布：福建、香港；印度、印度尼西亚、巴布亚新几内亚、斯里兰卡、泰国、澳大利亚(东北部)、印度洋群岛、马达加斯加；热带非洲

日本刺子莞 Rhynchospora malasica C. B. Clarke

分布：台湾、广东；印度尼西亚、日本、朝鲜、马来西亚

刺子莞 Rhynchospora rubra (Lour.) Makino

分布：安徽、江苏、浙江、江西、湖南、湖北、贵州、云南、福建、台湾、广东、广西、海南；印度、印度尼西亚、日本、韩国、老挝、马来西亚、尼泊尔、巴布亚新几内亚、菲律宾、斯里兰卡、泰国、越南、印度洋群岛、马达加斯加、太平洋岛屿；非洲、大洋洲

白喙刺子莞 Rhynchospora rugosa subsp. **brownii** (Roem. et Schult.) T. Koyama

分布：浙江、江西、湖南、四川、贵州、云南、福建、台

湾、广东、广西；印度、印度尼西亚、日本、马来西亚、尼泊尔、巴布亚新几内亚、菲律宾、斯里兰卡、泰国、越南、印度海洋岛屿、马达加斯加、太平洋岛屿；欧洲、大洋洲、非洲

类缘刺子莞 Rhynchospora submarginata Kük.

分布：海南；印度、印度尼西亚、马来西亚、巴布亚新几内亚、泰国、越南、澳大利亚

水葱属 Schoenoplectus (Reich.) Palla

节苞水葱 Schoenoplectus articulatus (L.) Palla

分布：海南；印度、印度尼西亚、尼泊尔、巴布亚新几内亚、菲律宾、斯里兰卡、泰国、越南、澳大利亚(北部)、印度洋群岛、马达加斯加；非洲

陈谋水葱 Schoenoplectus chen-moui (Tang et F. T. Wang) Hayasaka

分布：云南

曲氏水葱 Schoenoplectus chuanus (T. Tang et F. T. Wang) S. Yun Liang

分布：江苏

佛海水葱 Schoenoplectus clemensii (Kükenthal) G. C. Tucker

分布：云南；巴布亚新几内亚、越南

剑苞水葱 Schoenoplectus ehrenbergii (Boeck.) Soják

分布：河北、山东、宁夏、甘肃、新疆；哈萨克斯坦、俄罗斯

褐红鳞水葱 Schoenoplectus fuscorubens (T. Koyama) T. Koyama

分布：贵州、西藏；不丹、尼泊尔

细秆萤蔺 Schoenoplectus hotarui (Ohwi) T. Koyama

分布：吉林、辽宁；日本、朝鲜、缅甸、俄罗斯

荆门水葱 Schoenoplectus jingmenensis (T. Tang et F. T. Wang) S. Yun Liang et S. R. Zhang

分布：湖北

萤蔺 Schoenoplectus juncoides (Roxb.) Palla

分布：河北、山西、山东、河南、陕西、甘肃、新疆、安徽、江苏、浙江、江西、湖南、湖北、四川、重庆、贵州、云南、西藏、福建、台湾、广东、广西、海南；不丹、印度、印度尼西亚、日本、克什米尔地区、韩国、马来西亚、尼泊尔、巴基斯坦、巴布亚新几内亚、菲律宾、斯里兰卡、塔吉克斯坦、泰国、乌兹别克斯坦、印度洋群岛、马达加斯加、太平洋岛屿；西南亚、大洋洲

吉林水葱 Schoenoplectus komarovii (Roshev.) Soják

分布：黑龙江、吉林、辽宁、内蒙古；日本、朝鲜、俄罗斯

沼生水葱 Schoenoplectus lacustris (L.) Palla

分布：新疆；阿富汗、印度、克什米尔地区、哈萨克斯坦、吉尔吉斯斯坦、蒙古国、巴基斯坦、俄罗斯、塔吉克斯坦、土库曼斯坦、乌兹别克斯坦；亚洲(西南部)、欧洲、北非、南非

细匍匐茎水葱 Schoenoplectus lineolatus (Franch. et Sav.) T. Koyama

分布：浙江、台湾、广东；日本、俄罗斯

羽状刚毛水葱 Schoenoplectus litoralis (Schrader) Palla

分布：山西、宁夏、甘肃、青海、新疆、四川；阿富汗、印度、印度尼西亚、哈萨克斯坦、吉尔吉斯斯坦、蒙古国(西部)、巴基斯坦、巴布亚新几内亚、菲律宾、塔吉克斯坦、泰国、土库曼斯坦、乌兹别克斯坦、越南、澳大利亚、印度洋群岛、马达加斯加、太平洋岛屿；亚洲(西南部)、欧洲、非洲

单穗水葱 Schoenoplectus monocephalus (J. Q. He) S. Y. Liang et S. R. Zhang

分布：安徽

水毛花 Schoenoplectus mucronatus subsp. **robustus** (Miq.) T. Koyama

分布：黑龙江、山西、山东、河南、陕西、安徽、江苏、浙江、江西、湖南、湖北、四川、贵州、云南、西藏、福建、台湾、广东、广西、海南；印度、印度尼西亚、日本、韩国、马来西亚、斯里兰卡、马达加斯加；欧洲、非洲

滇水葱 Schoenoplectus schoofii (Beetle) Soják

分布：江苏、云南

钻苞水葱 Schoenoplectus subulatus (Vahl) Lye

分布：海南；印度、印度尼西亚、日本、马来西亚、斯里兰卡、泰国、太平洋岛屿

仰卧秆水葱 Schoenoplectus supinus (L.) Palla

分布：新疆、安徽、江苏、云南、台湾、广东、广西、海南；阿富汗、印度、印度尼西亚、哈萨克斯坦、马来西亚、缅甸、尼泊尔、巴基斯坦、菲律宾、俄罗斯、斯里兰卡、泰国、乌兹别克斯坦、越南、马达加斯加；亚洲(西南部)、欧洲、非洲、大洋洲、南美洲

仰卧秆水葱(原亚种) Schoenoplectus supinus subsp. **supinus**

分布：新疆、安徽、江苏、云南、台湾、广东、广西、海南；阿富汗、印度、印度尼西亚、哈萨克斯坦、马来西亚、缅甸、尼泊尔、巴基斯坦、菲律宾、俄罗斯、斯里兰卡、泰国、乌兹别克斯坦、越南、马达加斯加；亚洲(西南部)、欧洲、非洲、大洋洲、南美洲

多皱纹果仰卧秆水葱 Schoenoplectus supinus subsp. **densicorrugatus** (Tang et F. T. Wang) S. Yun Liang et S. R. Zhang
分布：新疆

稻田仰卧秆水葱 Schoenoplectus supinus subsp. **lateriflorus** (J. F. Gmelin) Soják
分布：安徽、江苏、云南、台湾、广东、广西；阿富汗、印度、印度尼西亚、马来西亚、缅甸、尼泊尔、巴基斯坦、菲律宾、斯里兰卡、泰国、越南、澳大利亚、马达加斯加；非洲

水葱 Schoenoplectus tabernaemontani (Gmel.) Palla
分布：黑龙江、吉林、辽宁、内蒙古、河北、山西、山东、陕西、宁夏、甘肃、青海、新疆、江苏、浙江、湖南、湖北、四川、贵州、云南、西藏、台湾、广东；阿富汗、印度、日本、克什米尔地区、韩国、缅甸、尼泊尔、巴基斯坦、巴布亚新几内亚、菲律宾、中亚各国、俄罗斯、越南、澳大利亚、太平洋岛屿；亚洲(西南部)、欧洲、非洲、美洲

五棱水葱 Schoenoplectus trapezoideus (Koidz.) Hayus. et H. Ohashi
分布：吉林、河北、山东、福建、广西；日本

三棱水葱 Schoenoplectus triqueter (L.) Palla
分布：黑龙江、吉林、辽宁、内蒙古、河北、山西、山东、河南、陕西、宁夏、甘肃、青海、新疆、安徽、江苏、浙江、湖南、湖北、四川、重庆、云南、西藏、福建、台湾、广东、广西；阿富汗、印度、日本、哈萨克斯坦、韩国、吉尔吉斯斯坦、巴基斯坦、俄罗斯、塔吉克斯坦、乌兹别克斯坦、大西洋岛屿；亚洲(西南部)、欧洲、北非

猪毛草 Schoenoplectus wallichii (Nees) T. Koyama
分布：安徽、江苏、浙江、江西、湖南、湖北、贵州、云南、福建、台湾、广东、广西；印度、日本、韩国、马来西亚、缅甸、菲律宾、越南

赤箭莎属 Schoenus L.

矮赤箭莎 Schoenus apogon Roem. et Schult.
分布：台湾；日本、越南、澳大利亚

长穗赤箭莎 Schoenus calostachyus (R. Br.) Poir.
分布：广东、广西、海南；印度尼西亚、日本、马来西亚、巴布亚新几内亚、泰国、越南、澳大利亚、太平洋岛屿

赤箭莎 Schoenus falcatus R. Br.
分布：贵州、台湾、广东、广西；印度尼西亚、日本、马来西亚、巴布亚新几内亚、泰国、越南、澳大利亚、太平洋岛屿

无刚毛赤箭莎 Schoenus nudifructus C. Chen
分布：云南

藨草属 Scirpus L.

陈氏藨草 Scirpus chunianus Tang et F. T. Wang
分布：湖南、广东、广西、海南

细枝藨草 Scirpus filipes C. B. Clarke
分布：福建、广东、广西

细枝藨草(原变种) Scirpus filipes var. **filipes**
分布：福建、广东、广西

少花细枝藨草 Scirpus filipes var. **paucispiculatus** T. Tang et F. T. Wang
分布：福建

海南藨草 Scirpus hainanensis S. M. Huang
分布：江苏、福建、海南、香港

华东藨草 Scirpus karuizawensis Makino
分布：黑龙江、吉林、辽宁、山东、河南、陕西、安徽、江苏、浙江、湖南、湖北、贵州、云南；日本、韩国

庐山藨草 Scirpus lushanensis Ohwi
分布：吉林、辽宁、山东、河南、陕西、安徽、江苏、浙江、江西、湖南、湖北、四川、重庆、贵州、云南、西藏、福建、广东、广西；印度、印度尼西亚、日本、韩国、俄罗斯、泰国、越南

佛焰苞藨草 Scirpus maximowiczii C. B. Clarke
分布：吉林；日本、朝鲜、俄罗斯

东方藨草 Scirpus orientalis Ohwi
分布：黑龙江、吉林、辽宁、内蒙古、河北、山西、山东、陕西、甘肃、新疆；日本、朝鲜、蒙古国、俄罗斯

高山藨草 Scirpus paniculatocorymbosus Kük.
分布：四川

单穗藨草 Scirpus radicans Schkuhr
分布：黑龙江、吉林、辽宁、内蒙古；日本、哈萨克斯坦、韩国、蒙古国、俄罗斯；欧洲

百球藨草 Scirpus rosthornii Diels
分布：山东、河南、陕西、甘肃、安徽、浙江、江西、湖南、湖北、四川、重庆、贵州、云南、西藏、福建、广东、广西；日本、尼泊尔

百穗藨草 Scirpus ternatanus Reinw. ex Miq.
分布：山东、安徽、江西、湖南、湖北、四川、云南、西藏、福建、台湾、广东、广西、海南；不丹、印度、印度

尼西亚、日本、缅甸、巴布亚新几内亚、菲律宾、泰国、越南、太平洋岛屿

球穗藨草 Scirpus wichurae Boeckeler

分布：辽宁、山东、青海、贵州、云南；孟加拉国、不丹、印度、印度尼西亚、日本、韩国、泰国

珍珠茅属 Scleria P. J. Bergius

二花珍珠茅 Scleria biflora Roxb.

分布：江苏、云南、福建、台湾、广东、广西、海南；印度、印度尼西亚、日本、克什米尔地区、马来西亚、缅甸、尼泊尔、菲律宾、斯里兰卡、泰国、越南

华珍珠茅 Scleria ciliaris Nees

分布：广东、海南；柬埔寨、印度尼西亚、老挝、马来西亚、缅甸、巴布亚新几内亚、菲律宾、泰国、越南、热带澳大利亚、太平洋岛屿

伞房珍珠茅 Scleria corymbosa Roxb.

分布：广东、海南；柬埔寨、印度、印度尼西亚、老挝、马来西亚、缅甸、巴布亚新几内亚、菲律宾、斯里兰卡、泰国

独龙珍珠茅 Scleria dulungensis P. C. Li

分布：云南

圆秆珍珠茅 Scleria harlandii Hance

分布：云南、福建、广东、广西、海南；越南

黑鳞珍珠茅 Scleria hookeriana Boeck.

分布：浙江、江西、湖南、湖北、四川、重庆、贵州、云南、福建、广东、广西；印度、越南

江城珍珠茅 Scleria jiangchengensis Y. Y. Qian

分布：云南

疏松珍珠茅 Scleria laxa R. Br.

分布：福建、广东、海南；菲律宾、巴布亚新几内亚、澳大利亚

毛果珍珠茅 Scleria levis Retz

分布：安徽、福建、广东、广西、贵州、海南、湖北、湖南、江苏、江西、四川、台湾、西藏、云南、浙江；孟加拉国、柬埔寨、印度、印度尼西亚、日本、老挝、马来西亚、缅甸、尼泊尔、巴布亚新几内亚、菲律宾、斯里兰卡、泰国、越南、澳大利亚(东北部)、太平洋群岛

石果珍珠茅 Scleria lithosperma (L.) Sw.

分布：广东、海南、台湾、云南；印度、印度尼西亚、马来西亚、缅甸、巴布亚新几内亚、菲律宾、斯里兰卡、泰国、越南、澳大利亚、印度洋群岛、太平洋群岛；非洲热带地区、美洲

石果珍珠茅(原亚种) Scleria lithosperma subsp. **lithosperma**

分布：云南、台湾、海南、广东；印度、印度尼西亚、马来西亚、缅甸、巴布亚新几内亚、菲律宾、斯里兰卡、泰国、越南

线叶珍珠茅 Scleria lithosperma subsp. **linearis** (Benth.) T. Koyama

分布：海南；印度、印度尼西亚、马来西亚、巴布亚新几内亚、菲律宾、斯里兰卡、泰国、越南、澳大利亚(北部)、太平洋岛屿

柄果珍珠茅 Scleria neesii Kunth

分布：海南；印度、斯里兰卡、越南、泰国、老挝、马来西亚、印度洋群岛

角架珍珠茅 Scleria novae-hollandiae Boeckeler

分布：福建、广东、江苏；印度尼西亚、巴布亚新几内亚、菲律宾、越南、澳大利亚、太平洋群岛

扁果珍珠茅 Scleria oblata S. T. Blake

分布：广东；孟加拉国、印度、印度尼西亚、马来西亚、缅甸、菲律宾、斯里兰卡、泰国、越南、印度洋群岛

小型珍珠茅 Scleria parvula Steud.

分布：山东、江苏、浙江、江西、湖南、四川、贵州、云南、西藏、福建、广东；不丹、柬埔寨、印度、日本、韩国、老挝、尼泊尔、巴布亚新几内亚、菲律宾、斯里兰卡、泰国、越南；热带非洲

纤秆珍珠茅 Scleria pergracilis (Nees) Kunth

分布：江苏、西藏、广东、广西；孟加拉国、柬埔寨、印度、印度尼西亚、克什米尔地区、韩国、老挝、缅甸、尼泊尔、巴布亚新几内亚、菲律宾、斯里兰卡、泰国、越南；热带非洲、大洋洲(东北部)

稻形珍珠茅 Scleria poiformis Retzius

分布：海南；柬埔寨、印度、印度尼西亚、老挝、马来西亚、巴布亚新几内亚、菲律宾、斯里兰卡、泰国、越南、澳大利亚、马达加斯加；热带非洲

细根茎珍珠茅 Scleria psilorrhiza C. B. Clarke

分布：云南；柬埔寨、印度、印度尼西亚、巴布亚新几内亚、菲律宾、泰国、澳大利亚(北部)

紫花珍珠茅 Scleria purpurascens Steud.

分布：广东、海南；印度、印度尼西亚、马来西亚、缅甸、菲律宾、泰国、越南、印度洋岛屿

光果珍珠茅 Scleria radula Hance

分布：云南、台湾、广东、广西、海南

垂序珍珠茅 Scleria rugosa R. Br.

分布：江苏、云南、福建、台湾、广东、海南；印度、印度尼西亚、日本、韩国、马来西亚、缅甸、巴布亚新几内

亚、菲律宾、斯里兰卡、泰国、越南、澳大利亚、印度洋岛屿、太平洋岛屿

轮叶珍珠茅 **Scleria scrobiculata** Nees et Mey.

分布：台湾、广东；印度尼西亚、马来西亚、巴布亚新几内亚、菲律宾、泰国、越南、澳大利亚(北部)、印度洋群岛、太平洋岛屿

印尼珍珠茅 **Scleria sumatrensis** Retz.

分布：台湾、海南；柬埔寨、印度、马来西亚、印度尼西亚、缅甸、菲律宾、泰国、越南、老挝、斯里兰卡、澳大利亚(北部)、印度洋群岛、太平洋群岛

高秆珍珠茅 **Scleria terrestris** (L.) Fass

分布：江苏、浙江、江西、湖南、四川、重庆、贵州、云南、西藏、福建、台湾、广东、广西、海南；不丹、柬埔寨、印度、印度尼西亚、日本、克什米尔地区、老挝、马来西亚、缅甸、尼泊尔、巴布亚新几内亚、菲律宾、斯里兰卡、泰国、越南、澳大利亚

越南珍珠茅 **Scleria tonkinensis** C. B. Clarke

分布：广东、广西、海南；越南、柬埔寨、泰国

三槽珍珠茅 **Scleria trisulcata** G. P. Li

分布：福建

针蔺属 **Trichophorum** Pers.

鳞苞针蔺 **Trichophorum alpinum** (L.) Pers.

分布：吉林；日本、朝鲜、俄罗斯；欧洲、北美洲

双柱头针蔺 **Trichophorum distigmaticum** (Kükenth.) Egorova

分布：陕西、宁夏、甘肃、青海、四川、云南、西藏；澳大利亚；欧洲、非洲

三棱针蔺 **Trichophorum mattfeldianum** (Kükenth.) S. Y. Liang

分布：山西、河南、安徽、浙江、湖北、贵州、福建、广东、广西；越南

矮针蔺 **Trichophorum pumilum** (Vahl) Schinz et Thell.

分布：内蒙古、河北、宁夏、甘肃、新疆、西藏、四川；阿富汗、克什米尔地区、哈萨克斯坦、吉尔吉斯斯坦、蒙古国、尼泊尔、巴基斯坦、俄罗斯、塔吉克斯坦、乌兹别克斯坦；西南亚、欧洲、北美洲

太行山针蔺 **Trichophorum schansiense** Hand.-Mazz.

分布：北京、山西

玉山针蔺 **Trichophorum subcapitatum** (Thwaites et Hook.) D. A. Simpson

分布：安徽、浙江、江西、湖南、湖北、重庆、贵州、福建、台湾、广东、广西；印度、印度尼西亚、日本、马来西亚、巴布亚新几内亚、菲律宾、斯里兰卡、泰国、越南

三肋果莎属 **Tricostularia** Nees ex Lehm.

三肋果莎 **Tricostularia undulata** (Thwaites) Kern

分布：海南；印度、印度尼西亚、马来西亚、巴布亚新几内亚、斯里兰卡、泰国、越南、澳大利亚(北部)

281. 交让木科 Daphniphyllaceae Müll. Arg.

虎皮楠属 **Daphniphyllum** Blume

狭叶虎皮楠 **Daphniphyllum angustifolium** Hutch.

分布：湖北、四川

牛耳枫 **Daphniphyllum calycinum** Benth.

分布：江西、湖南、福建、广东、广西；越南、日本

纸叶虎皮楠 **Daphniphyllum chartaceum** Rosenth.

分布：云南、西藏；不丹、印度、缅甸、尼泊尔、巴基斯坦、越南

西藏虎皮楠 **Daphniphyllum himalense** (Benth.) Müll. Arg.

分布：云南、西藏；不丹、缅甸、印度

长序虎皮楠 **Daphniphyllum longeracemosum** K. Rosenthal

分布：云南、广西；越南

交让木 **Daphniphyllum macropodum** Miq.

分布：安徽、浙江、江西、湖南、湖北、四川、贵州、云南、福建、台湾、广东、广西；日本、朝鲜

大叶虎皮楠 **Daphniphyllum majus** Müll. Arg.

分布：云南；印度、缅甸、泰国、越南

虎皮楠 **Daphniphyllum oldhami** (Hemsl.) Rosenthal

分布：浙江、江西、湖南、湖北、四川、福建、台湾、广东；朝鲜、日本

显脉虎皮楠 **Daphniphyllum paxianum** K. Rosenthal

分布：四川、贵州、云南、广西、海南

假轮叶虎皮楠 **Daphniphyllum subverticillatum** Merr.

分布：广东

282. 岩梅科 Diapensiaceae Lindl.

岩匙属 **Berneuxia** Decne.

岩匙 **Berneuxia thibetica** Decne.

分布：四川、贵州、云南、西藏

岩梅属 **Diapensia** L.

喜马拉雅岩梅 **Diapensia himalaica** Hook. f. et Thomson
分布：云南、西藏；印度、缅甸、不丹

红花岩梅 **Diapensia purpurea** Diels
分布：四川、云南、西藏；缅甸

西藏岩梅 **Diapensia wardii** W. E. Evans
分布：西藏

岩扇属 **Shortia** Torr. et A. Gray

台湾岩扇 **Shortia rotundifolia** (Maxim.) Makino
分布：台湾；日本

华岩扇 **Shortia sinensis** Hemsl.
分布：云南

283. 毒鼠子科 Dichapetalaceae Baill.

毒鼠子属 **Dichapetalum** Du Petit-Thouars

毒鼠子 **Dichapetalum gelonioides** (Roxb.) Engl.
分布：云南、广东、海南；缅甸、泰国、越南、印度、斯里兰卡、菲律宾、马来西亚、印度尼西亚

海南毒鼠子 **Dichapetalum longipetalum** (Turcz.) Engl.
分布：广东、广西、海南；缅甸、泰国、柬埔寨、越南、马来西亚

284. 五桠果科 Dilleniaceae Salisb.

五桠果属 **Dillenia** L.

五桠果 **Dillenia indica** L.
分布：云南、广西；不丹、印度、马来西亚、斯里兰卡、印度尼西亚、老挝、缅甸、尼泊尔、菲律宾、泰国、越南

小花五桠果 **Dillenia pentagyna** Roxb.
分布：云南、海南；印度、马来西亚、缅甸、泰国、不丹、印度尼西亚、尼泊尔、越南

大花五桠果 **Dillenia turbinata** Finet et Gagnep.
分布：云南、广西、海南；越南

锡叶藤属 **Tetracera** L.

锡叶藤 **Tetracera sarmentosa** (L.) Vahl.
分布：云南、广东、广西、海南；印度、印度尼西亚、马来西亚、缅甸、斯里兰卡、泰国

毛果锡叶藤 **Tetracera scandens** (L.) Merr.
分布：云南；印度、印度尼西亚、马来西亚、缅甸、菲律宾、泰国、越南

勐腊锡叶藤 **Tetracera xui** H. Zhu et H. Wang
分布：云南

285. 薯蓣科 Dioscoreaceae R. Br.

薯蓣属 **Dioscorea** L.

参薯 **Dioscorea alata** L.
分布：浙江、江西、湖南、湖北、四川、贵州、云南、西藏、福建、台湾、广东、广西栽培；可能原产于东南亚，现在泛热带广泛栽培

蜀葵叶薯蓣 **Dioscorea althaeoides** R. Knuth
分布：四川、贵州、云南、西藏；泰国

丽叶薯蓣 **Dioscorea aspersa** Prain et Burkill
分布：贵州、云南

板砖薯蓣 **Dioscorea banzhuana** C. P'ei et C. T. Ting
分布：云南

大青薯 **Dioscorea benthamii** Prain et Burkill
分布：福建、台湾、广东、广西、香港

尖头果薯蓣 **Dioscorea bicolor** Prain et Burkill
分布：四川、云南

异叶薯蓣 **Dioscorea biformifolia** C. P'ei et C. T. Ting
分布：云南

独龙薯蓣 **Dioscorea birmanica** Prain et Burkill
分布：云南；缅甸、泰国

黄独 **Dioscorea bulbifera** L.
分布：河南、陕西、甘肃、安徽、江苏、浙江、江西、湖南、湖北、四川、贵州、云南、西藏、福建、台湾、广东、广西、海南；不丹、柬埔寨、印度、日本、韩国、缅甸、泰国；非洲、大洋洲

黄独(原变种) **Dioscorea bulbifera** var. **bulbifera**
分布：河南、陕西、甘肃、安徽、江苏、浙江、江西、湖南、湖北、四川、贵州、云南、西藏、福建、台湾、广东、广西、海南；不丹、柬埔寨、印度、日本、韩国、缅甸、泰国；非洲、大洋洲

念珠黄独(新拟) **Dioscorea bulbifera** var. **albotuberosa** Y. F. Zhou, Z. L. Xu et Y. Y. Hang
分布：云南

山葛薯 **Dioscorea chingii** Prain et Burkill
分布：云南、广西；越南

薯莨 Dioscorea cirrhosa Lour.
分布：浙江、江西、湖南、四川、贵州、云南、西藏、福建、台湾、广东、广西、海南；泰国、越南

薯莨(原变种) Dioscorea cirrhosa var. **cirrhosa**
分布：浙江、江西、湖南、四川、贵州、云南、西藏、福建、台湾、广东、广西、海南；泰国、越南

异块茎薯莨 Dioscorea cirrhosa var. **cylindrica** C. T. Ting et M. C. Chang
分布：海南

叉蕊薯蓣 Dioscorea collettii Hook. f.
分布：安徽、浙江、江西、湖南、湖北、四川、贵州、云南、福建、台湾、广东、广西；印度、老挝、缅甸、泰国、越南

叉蕊薯蓣(原变种) Dioscorea collettii var. **collettii**
分布：河南、安徽、浙江、江西、湖南、湖北、四川、贵州、福建、台湾、广东、广西；印度、缅甸

粉背薯蓣 Dioscorea collettii var. **hypoglauca** (Palib.) C. T. Ting et al.
分布：河南、安徽、浙江、江西、湖南、湖北、福建、台湾、广东、广西

吕宋薯蓣 Dioscorea cumingii Prain et Burkill
分布：台湾；印度尼西亚、菲律宾

多毛叶薯蓣 Dioscorea decipiens Hook. f.
分布：云南；老挝、缅甸、泰国

多毛叶薯蓣(原变种) Dioscorea decipiens var. **decipiens**
分布：云南；老挝、缅甸、泰国

滇薯 Dioscorea decipiens var. **glabrescens** C. T. Ting et M. C. Chang
分布：云南

高山薯蓣 Dioscorea delavayi Franch.
分布：四川、贵州、云南

三角叶薯蓣 Dioscorea deltoidea Wall. ex Griseb.
分布：四川、云南、西藏；不丹、印度、缅甸、尼泊尔、泰国、越南

甘薯 Dioscorea esculenta (Lour.) Burkill
分布：台湾、广西、海南；印度、马来西亚、巴布亚新几内亚、泰国；亚洲(西南部)

甘薯(原变种) Dioscorea esculenta var. **esculenta**
分布：广西、海南

有刺甘薯 Dioscorea esculenta var. **spinosa** (Roxb. ex Prain et Burkill) R. Knuth
分布：台湾、海南；印度、马来西亚、巴布亚新几内亚、泰国

七叶薯蓣 Dioscorea esquirolii Prain et Burkill
分布：贵州、云南、广西

无翅参薯 Dioscorea exalata C. T. Ting et M. C. Chang
分布：四川、贵州、云南、广东、广西；泰国、越南

山薯 Dioscorea fordii Prain et Burkill
分布：浙江、湖南、福建、广东、广西、香港

福州薯蓣 Dioscorea futschauensis Uline ex R. Knuth
分布：浙江、湖南、福建、广东、广西

宽果薯蓣 Dioscorea garrettii Prain et Burkill
分布：云南；泰国

光叶薯蓣 Dioscorea glabra Roxb.
分布：云南、广西；不丹、柬埔寨、印度、印度尼西亚、老挝、马来西亚、缅甸、泰国、越南

纤细薯蓣 Dioscorea gracillima Miq.
分布：安徽、浙江、江西、湖南、湖北、福建；日本

粘山药 Dioscorea hemsleyi Prain et Burkill
分布：四川、贵州、云南、广西；柬埔寨、老挝、缅甸、越南

白薯莨 Dioscorea hispida Dennst.
分布：云南、西藏、福建、广东、广西；不丹、印度、印度尼西亚、泰国

日本薯蓣 Dioscorea japonica Thunb.
分布：安徽、江苏、浙江、江西、湖南、湖北、四川、贵州、福建、台湾、广东、广西；日本、朝鲜

日本薯蓣(原变种) Dioscorea japonica var. **japonica**
分布：安徽、江苏、浙江、江西、湖南、湖北、四川、贵州、福建、台湾、广东、广西；日本、朝鲜

细叶日本薯蓣 Dioscorea japonica var. **oldhamii** Uline ex R. Knuth
分布：台湾、广东、广西

毛藤日本薯蓣 Dioscorea japonica var. **pilifera** C. T. Ting et M. C. Chang
分布：安徽、江苏、浙江、江西、湖南、湖北、贵州、福建、广西

毛芋头薯蓣 Dioscorea kamoonensis Kunth
分布：浙江、江西、湖南、湖北、四川、贵州、云南、西藏、福建、广东、广西；不丹、印度、越南

柳叶薯蓣 Dioscorea linearicordata Prain et Burkill
分布：湖南、广东、广西

柔毛薯蓣 Dioscorea martini Prain et Burkill
分布：四川、贵州、云南

黑珠芽薯蓣 Dioscorea melanophyma Prain et Burkill
分布：四川、贵州、云南、西藏；尼泊尔

石山薯蓣 Dioscorea menglaensis H. Li
分布：云南

穿龙薯蓣 Dioscorea nipponica Makino
分布：黑龙江、吉林、辽宁、内蒙古、河北、山西、山东、河南、陕西、宁夏、甘肃、青海、安徽、浙江、江西、湖北、四川、贵州；日本、朝鲜、俄罗斯

穿龙薯蓣(原亚种) Dioscorea nipponica subsp. **nipponica**
分布：黑龙江、吉林、辽宁、内蒙古、河北、山西、山东、河南、陕西、宁夏、甘肃、青海、安徽、浙江、江西、四川；日本、韩国、俄罗斯

紫黄姜 Dioscorea nipponica subsp. **rosthornii** (Prain et Burkill) C. T. Ting
分布：陕西、甘肃、湖北、贵州

光亮薯蓣 Dioscorea nitens Prain et Burkill
分布：云南

黄山药 Dioscorea panthaica Prain et Burkill
分布：湖南、湖北、四川、贵州、云南；泰国

五叶薯蓣 Dioscorea pentaphylla L.
分布：江西、湖南、西藏、福建、台湾、广东、广西；印度、印度尼西亚、日本、老挝、马来西亚、缅甸、尼泊尔、巴布亚新几内亚、菲律宾、澳大利亚、太平洋岛屿；非洲

褐苞薯蓣 Dioscorea persimilis Prain et Burkill
分布：湖南、贵州、云南、福建、广东、广西；越南

褐苞薯蓣(原变种) Dioscorea persimilis var. **persimilis**
分布：湖南、贵州、云南、福建、广东、广西；越南

毛褐苞薯蓣 Dioscorea persimilis var. **pubescens** C. T. Ting et M. C. Chang
分布：云南、广西

吊罗薯蓣 Dioscorea poilanei Prain et Burkill
分布：海南；柬埔寨、老挝、马来西亚、泰国、越南

薯蓣 Dioscorea polystachya Turcz.
分布：吉林、辽宁、河北、山东、河南、陕西、甘肃、江苏、浙江、江西、湖南、湖北、四川、贵州、云南、福建、台湾、广东、广西；日本、朝鲜

小花刺薯蓣 Dioscorea scortechinii var. **parviflora** Prain et Burkill
分布：海南；越南

马肠薯蓣 Dioscorea simulans Prain et Burkill
分布：湖南、广东、广西

小花盾叶薯蓣 Dioscorea sinoparviflora C. T. Ting, M. G. Gilbert et Turland
分布：云南

绵萆薢 Dioscorea spongiosa J. Q. Xi, M. Mizuno et W. L. Zhao
分布：浙江、江西、湖南、湖北、福建、广东、广西

毛胶薯蓣 Dioscorea subcalva Prain et Burkill
分布：湖南、四川、贵州、云南、广西

毛胶薯蓣(原变种) Dioscorea subcalva var. **subcalva**
分布：湖南、四川、贵州、云南、广西

略毛薯蓣 Dioscorea subcalva var. **submollis** (R. Knuth) C. T. Ting et P. P. Ling
分布：贵州、云南

卷须状薯蓣 Dioscorea tentaculigera Prain et Burkill
分布：云南；缅甸、泰国

细柄薯蓣 Dioscorea tenuipes Franch. et Sav.
分布：安徽、浙江、江西、湖南、福建、广东；日本

山萆薢 Dioscorea tokoro Makino
分布：河南、安徽、江苏、浙江、江西、湖南、湖北、四川、贵州、福建；日本

毡毛薯蓣 Dioscorea velutipes Prain et Burkill
分布：贵州、云南；缅甸、泰国

盈江薯蓣 Dioscorea wallichii Hook. f.
分布：云南；孟加拉国、印度、马来西亚、缅甸、泰国

藏刺薯蓣 Dioscorea xizangensis C. T. Ting
分布：西藏

云南薯蓣 Dioscorea yunnanensis Prain et Burkill
分布：贵州、云南

盾叶薯蓣 Dioscorea zingiberensis C. H. Wright
分布：河南、陕西、甘肃、湖南、湖北、四川

裂果薯属 Schizocapsa Hance

广西裂果薯 Schizocapsa guangxiensis P. P. Ling et C. T. Ting
分布：广西

裂果薯 Schizocapsa plantaginea Hance
分布：江西、湖南、贵州、云南、广东、广西；老挝、泰国、越南

蒟蒻薯属 **Tacca** J. R. Forst. et G. Forst.

胀果蒟蒻薯(新拟) **Tacca ampliplacenta** L. Zhang et Q.-J. Li
分布：云南

箭根薯 **Tacca chantrieri** André
分布：湖南、贵州、云南、西藏、广东、广西、海南；孟加拉国、柬埔寨、印度、老挝、马来西亚、缅甸、斯里兰卡、泰国、越南

丝须蒟蒻薯 **Tacca integrifolia** Ker Gawl.
分布：西藏；孟加拉国、不丹、柬埔寨、印度、印度尼西亚、老挝、马来西亚、缅甸、巴基斯坦、斯里兰卡、泰国、越南

蒟蒻薯 **Tacca leontopetaloides** (L.) Kuntze
分布：台湾；原产于非洲、亚洲(西南部)、澳大利亚和太平洋岛屿

扇苞蒟蒻薯 **Tacca subflabellata** P. P. Ling et C. T. Ting
分布：云南

286. 十齿花科 Dipentodontaceae Merr.

十齿花属 **Dipentodon** Dunn

十齿花 **Dipentodon sinicus** Dunn
分布：贵州、云南、西藏、广西；缅甸、印度

核子木属 **Perrottetia** Kunth

台湾核子木 **Perrottetia arisanensis** Hayata
分布：云南、台湾

核子木 **Perrottetia racemosa** (Oliv.) Loes.
分布：湖南、湖北、四川、重庆、贵州、云南、广西

287. 龙脑香科 Dipterocarpaceae Blume

龙脑香属 **Dipterocarpus** C. F. Gaertn.

东京龙脑香 **Dipterocarpus retusus** Blume
分布：云南、西藏；印度、缅甸、泰国、老挝、越南、马来西亚、印度尼西亚

东京龙脑香(原变种) **Dipterocarpus retusus** var. **retusus**
分布：云南、西藏；印度、印度尼西亚、老挝、马来西亚、缅甸、泰国、越南

多毛东京龙脑香 **Dipterocarpus retusus** var. **macrocarpus** (Vesque) P. S. Ashton
分布：云南、西藏；印度、缅甸、马来西亚、泰国、老挝、越南、印度尼西亚

羯布罗香 **Dipterocarpus turbinatus** C. F. Gaertn.
分布：云南；印度、孟加拉国、缅甸、泰国、柬埔寨

坡垒属 **Hopea** Roxb.

狭叶坡垒 **Hopea chinensis** Hand.-Mazz.
分布：云南、广西；越南

坡垒 **Hopea hainanensis** Merr. et Chun
分布：海南；越南

铁凌 **Hopea reticulata** Tardieu
分布：海南；越南

西藏坡垒 **Hopea shingkeng** (Dunn) Bor
分布：西藏

柳安属 **Parashorea** Kurz.

望天树 **Parashorea chinensis** H. Wang
分布：云南、广西；越南

婆罗双属 **Shorea** Roxb. ex C. F. Gaertn.

云南娑罗双 **Shorea assamica** Dyer
分布：云南、西藏；印度、泰国、马来西亚、印度尼西亚、菲律宾

婆罗双 **Shorea robusta** C. F. Gaertn.
分布：西藏；印度、不丹、尼泊尔

青梅属 **Vatica** L.

广西青梅 **Vatica guangxiensis** S. L. Mo
分布：广西；越南

西藏青梅 **Vatica lanceifolia** (Roxb.) Blume
分布：西藏；印度、不丹、缅甸

青梅 **Vatica mangachapoi** Blanco
分布：海南；越南、泰国、菲律宾、印度尼西亚

青梅(原变种) **Vatica mangachapoi** var. **mangachapoi**
分布：海南；越南、泰国、菲律宾、印度尼西亚

万宁青皮 **Vatica mangachapoi** var. **wanningensis** G. A. Fu et Y. K. Yang
分布：海南

288. 茅膏菜科 Droseraceae Salisb.

貉藻属 **Aldrovanda** L.

貉藻 **Aldrovanda vesiculosa** L.
分布：黑龙江、内蒙古；日本、朝鲜、马来西亚、太平洋

岛屿；欧洲、非洲

茅膏菜属 **Drosera** L.

锦地罗 **Drosera burmanni** Vahl

分布：云南、福建、台湾、广东、广西、海南；东亚和东南亚、大洋洲

长叶茅膏菜 **Drosera indica** L.

分布：福建、台湾、广东、广西、海南；亚洲、非洲、热带亚热带大洋洲

长柱茅膏菜 **Drosera oblanceolata** Y. Z. Ruan

分布：广东、广西

茅膏菜 **Drosera peltata** Sm. ex Willd.

分布：甘肃、安徽、浙江、江西、湖南、湖北、四川、贵州、云南、西藏、台湾、广东、广西；印度、日本、菲律宾、泰国、澳大利亚

圆叶茅膏菜 **Drosera rotundifolia** L.

分布：黑龙江、吉林、浙江、江西、湖南、福建、广东；亚洲、欧洲、北美洲

匙叶茅膏菜 **Drosera spathulata** Labill.

分布：福建、台湾、广东、广西；澳大利亚、印度尼西亚、日本、马来西亚、菲律宾、太平洋岛屿；欧洲

289. 柿树科 Ebenaceae Gürke

柿树属 **Diospyros** L.

异萼柿 **Diospyros anisocalyx** C. Y. Wu

分布：云南

瓶兰花 **Diospyros armata** Hemsl.

分布：上海、浙江、湖北、四川

大理柿 **Diospyros balfouriana** Diels

分布：云南

美脉柿 **Diospyros caloneura** C. Y. Wu

分布：云南

乌柿 **Diospyros cathayensis** Steward

分布：安徽、湖南、湖北、四川、贵州、云南、福建、广西

崖柿 **Diospyros chunii** F. P. Metcalf et L. Chen

分布：海南

五蒂柿 **Diospyros corallina** Chun et L. Chen

分布：海南

光叶柿 **Diospyros diversilimba** Merr. et Chun

分布：广东、海南

岩柿 **Diospyros dumetorum** W. W. Sm.

分布：四川、贵州、云南；泰国

红枝柿 **Diospyros ehretioides** Wall. ex A. DC.

分布：海南；柬埔寨、印度、缅甸、泰国

乌材 **Diospyros eriantha** Champ. ex Benth.

分布：台湾、广东、广西、海南；印度尼西亚、日本、老挝、马来西亚、越南

贵阳柿 **Diospyros esquirolii** H. Lév.

分布：贵州

梵净山柿 **Diospyros fanjingshanica** S. Lee

分布：贵州

老君柿 **Diospyros fengii** C. Y. Wu

分布：云南

象牙树 **Diospyros ferrea** (Willd.) Bakh.

分布：台湾；柬埔寨、印度、日本、老挝、马来西亚、泰国、澳大利亚

腾冲柿 **Diospyros forrestii** J. Anthony

分布：云南

海南柿 **Diospyros hainanensis** Merr.

分布：海南

黑毛柿 **Diospyros hasseltii** Zoll.

分布：云南；柬埔寨、印度尼西亚、老挝、马来西亚、泰国、越南

六花柿 **Diospyros hexamera** C. Y. Wu

分布：云南

琼南柿 **Diospyros howii** Merr. et Chun

分布：海南

囊萼柿 **Diospyros inflata** Merr. et Chun

分布：海南

山柿 **Diospyros japonica** Sieb. et Zucc.

分布：安徽、浙江、江西、湖南、四川、贵州、云南、福建、广东、广西；日本

柿 **Diospyros kaki** Thunb.

分布：山西、山东、河南、甘肃、安徽、江苏、浙江、江西、湖南、湖北、四川、贵州、云南、福建、台湾、广东、广西、海南；日本

柿(原变种) **Diospyros kaki** var. **kaki**

分布：山西、山东、河南、甘肃、安徽、江苏、浙江、江西、湖北、四川、贵州、云南、福建、台湾、广东、广西、海南；日本

大花柿 Diospyros kaki var. **macrantha** Hand.-Mazz.
分布：湖南

野柿 Diospyros kaki var. **silvestris** Makino
分布：江苏、江西、湖北、四川、云南、福建、广西

傣柿 Diospyros kerrii Craib
分布：云南；泰国

景东君迁子 Diospyros kintungensis C. Y. Wu
分布：云南

兰屿柿 Diospyros kotoensis T. Yamaz.
分布：台湾

长苞柿 Diospyros longibracteata Lecomte
分布：海南；老挝、越南

龙胜柿 Diospyros longshengensis S. Lee
分布：广西

君迁子 Diospyros lotus L.
分布：辽宁、河北、山西、山东、河南、陕西、甘肃、安徽、江苏、浙江、江西、湖南、湖北、四川、贵州、云南、西藏；亚洲(西南部)、欧洲

君迁子(原变种) Diospyros lotus var. **lotus**
分布：辽宁、河北、山西、山东、河南、陕西、甘肃、安徽、江苏、浙江、江西、湖南、湖北、四川、贵州、云南、西藏；亚洲、欧洲

多毛君迁子 Diospyros lotus var. **mollissima** C. Y. Wu
分布：甘肃、四川

琼岛柿 Diospyros maclurei Merr.
分布：海南

海边柿 Diospyros maritima Blume
分布：云南、台湾；柬埔寨、印度尼西亚、日本、老挝、菲律宾、越南、巴布亚新几内亚、太平洋岛屿

圆萼柿 Diospyros metcalfii Chun et L. Chen
分布：广西、海南

苗山柿 Diospyros miaoshanica S. Lee
分布：湖南、广西

罗浮柿 Diospyros morrisiana Hance
分布：浙江、四川、贵州、云南、福建、台湾、广东、广西；日本、越南

黑皮柿 Diospyros nigricortex C. Y. Wu
分布：云南

黑柿 Diospyros nitida Merr.
分布：海南；菲律宾、越南

红柿 Diospyros oldhamii Maxim.
分布：台湾；日本

油柿 Diospyros oleifera Cheng
分布：安徽、浙江、江西、湖南、福建、广东、广西

榄果柿 Diospyros oliviformis Miau
分布：海南

异色柿 Diospyros philippensis (Desr.) Gürke
分布：台湾；印度尼西亚、菲律宾

保亭柿 Diospyros potingensis Merr. et Chun
分布：广西、海南；越南

点叶柿 Diospyros punctilimba C. Y. Wu
分布：云南

网脉柿 Diospyros reticulinervis C. Y. Wu
分布：云南

网脉柿(原变种) Diospyros reticulinervis var. **reticulinervis**
分布：云南

无毛网脉柿 Diospyros reticulinervis var. **glabrescens** C. Y. Wu
分布：云南

老鸦柿 Diospyros rhombifolia Hemsl.
分布：安徽、江苏、浙江、江西、福建

青茶柿 Diospyros rubra Lecomte
分布：海南；柬埔寨、泰国、越南

石山柿 Diospyros saxatilis S. K. Lee
分布：贵州、广西；越南

石生柿 Diospyros saxicola Chang ex Miau
分布：广东

西畴君迁子 Diospyros sichourensis C. Y. Wu
分布：云南

山榄叶柿 Diospyros siderophylla H. L. Li
分布：广西

毛柿 Diospyros strigosa Hemsl.
分布：广东、海南

信宜柿 Diospyros sunyiensis Chun et L. Chen
分布：广东、广西

过布柿 Diospyros susarticulata Lecomte
分布：海南；老挝、越南

川柿 Diospyros sutchuensis Yang
分布：四川

延平柿 Diospyros tsangii Merr.

分布：江西、福建、广东

岭南柿 Diospyros tutcheri Dunn

分布：湖南、广东、广西

单子柿 Diospyros unisemina C. Y. Wu

分布：云南、广西

小果柿 Diospyros vaccinioides Lindl.

分布：广东、广西、海南

湘桂柿 Diospyros xiangguiensis S. Lee

分布：湖南、广西

版纳柿 Diospyros xishuangbannaensis C. Y. Wu et H. Chu

分布：云南

云南柿 Diospyros yunnanensis Rehder et E. H. Wilson

分布：云南

浙江光叶柿 Diospyros zhejiangensis Z. H. Chen et P. L. Chiu

分布：浙江

贞丰柿 Diospyros zhenfengensis S. Lee

分布：贵州

290. 胡颓子科 Elaeagnaceae Juss.

胡颓子属 Elaeagnus L.

狭叶木半夏 Elaeagnus angustata (Rehder) C. Y. Chang

分布：四川、云南

狭叶木半夏(原变种) Elaeagnus angustata var. **angustata**

分布：四川

嵩明木半夏 Elaeagnus angustata var. **songmingensis** W. K. Hu et H. F. Chow ex C. Y. Chang

分布：云南

沙枣 Elaeagnus angustifolia L.

分布：辽宁、内蒙古、河北、山西、河南、陕西、宁夏、甘肃、青海、新疆；阿富汗、印度、哈萨克斯坦、蒙古国、巴基斯坦、塔吉克斯坦、土库曼斯坦、乌兹别克斯坦、俄罗斯；亚洲(西南部)、欧洲

沙枣(原变种) Elaeagnus angustifolia var. **angustifolia**

分布：甘肃、河北、河南、辽宁、内蒙古、宁夏、青海、陕西、山西、新疆；阿富汗、印度(西北部)、哈萨克斯坦、蒙古国、巴基斯坦(东北部)、俄罗斯、塔吉克斯坦、土库曼斯坦、乌兹别克斯坦；亚洲(西南部)、欧洲(东部)；归化于北美洲

东方沙枣 Elaeagnus angustifolia var. **orientalis** (L.) Kuntze

分布：宁夏、甘肃、新疆；阿富汗、巴基斯坦、俄罗斯、土库曼斯坦；亚洲(西南部)

佘山羊奶子 Elaeagnus argyi H. Lév.

分布：安徽、江苏、浙江、江西、湖南、湖北

竹生羊奶子 Elaeagnus bambusetorum Hand.-Mazz.

分布：云南

长叶胡颓子 Elaeagnus bockii Diels

分布：陕西、甘肃、湖北、四川、贵州

长叶胡颓子(原变种) Elaeagnus bockii var. **bockii**

分布：陕西、甘肃、湖北、四川、贵州

木里胡颓子 Elaeagnus bockii var. **muliensis** C. Y. Chang

分布：四川

石山胡颓子 Elaeagnus calcarea Z. R. Xu

分布：贵州

樟叶胡颓子 Elaeagnus cinnamomifolia W. K. Hu et H. F. Chow ex C. Y. Chang

分布：广西

密花胡颓子 Elaeagnus conferta Roxb.

分布：云南、广西；不丹、孟加拉国、老挝、马来西亚、缅甸、越南、印度尼西亚、印度、尼泊尔

密花胡颓子(原变种) Elaeagnus conferta var. **conferta**

分布：云南、广西；孟加拉国、不丹、印度、印度尼西亚、老挝、马来西亚、缅甸、尼泊尔、越南

勐海胡颓子 Elaeagnus conferta var. **menghaiensis** W. K. Hu et H. F. Chow ex C. Y. Chang

分布：云南

毛木半夏 Elaeagnus courtoisii Belval

分布：安徽、浙江、江西、湖北

四川胡颓子 Elaeagnus davidii Franch.

分布：四川

长柄胡颓子 Elaeagnus delavayi Lecomte

分布：云南

巴东胡颓子 Elaeagnus difficilis Servettaz

分布：江西、湖南、湖北、四川、贵州、广东、广西

巴东胡颓子(原变种) Elaeagnus difficilis var. **difficilis**

分布：江西、湖南、湖北、四川、贵州、广东、广西

短柱胡颓子 **Elaeagnus difficilis** var. **brevistyla** W. K. Hu et H. F. Chow
分布：重庆

台湾胡颓子 **Elaeagnus formosana** Nakai
分布：台湾

蓬莱胡颓子 **Elaeagnus formosensis** Hatusima
分布：台湾

膝柱胡颓子 **Elaeagnus geniculata** D. Fang
分布：广西

蔓胡颓子 **Elaeagnus glabra** Thunb.
分布：安徽、江苏、浙江、江西、湖南、湖北、四川、贵州、福建、台湾、广东、广西；朝鲜、日本

角花胡颓子 **Elaeagnus gonyanthes** Benth.
分布：湖南、云南、广东、广西

慈恩胡颓子 **Elaeagnus gradifolia** Hayata
分布：台湾

钟花胡颓子 **Elaeagnus griffithii** Servettaz
分布：云南；孟加拉国

钟花胡颓子(原变种) **Elaeagnus griffithii** var. **griffithii**
分布：云南；孟加拉国

那坡胡颓子 **Elaeagnus griffithii** var. **multiflora** C. Y. Chang
分布：广西

少花胡颓子 **Elaeagnus griffithii** var. **pauciflora** C. Y. Chang
分布：云南、广西

多毛羊奶子 **Elaeagnus grijsii** Hance
分布：福建

贵州羊奶子 **Elaeagnus guizhouensis** C. Y. Chang
分布：贵州

宜昌胡颓子 **Elaeagnus henryi** Warb. ex Diels
分布：湖南、湖北、贵州、云南、广东

异叶胡颓子 **Elaeagnus heterophylla** D. Fang et D. R. Liang
分布：广西

江西羊奶子 **Elaeagnus jiangxiensis** C. Y. Chang
分布：江西

景东羊奶子 **Elaeagnus jingdongensis** C. Y. Chang
分布：云南

披针叶胡颓子 **Elaeagnus lanceolata** Warb.
分布：陕西、甘肃、湖北、四川、贵州、云南、广西

兰坪胡颓子 **Elaeagnus lanpingensis** C. Y. Chang
分布：云南

柳州胡颓子 **Elaeagnus liuzhouensis** C. Y. Chang
分布：广西

长裂胡颓子 **Elaeagnus longiloba** C. Y. Chang
分布：贵州

鸡柏紫藤 **Elaeagnus loureiroi** Champ. ex Benth.
分布：江西、云南、广东、广西

罗香胡颓子 **Elaeagnus luoxiangensis** C. Y. Chang
分布：广西

潞西胡颓子 **Elaeagnus luxiensis** C. Y. Chang
分布：云南

大花胡颓子 **Elaeagnus macrantha** Rehder
分布：云南

大叶胡颓子 **Elaeagnus macrophylla** Thunb.
分布：山东、江苏、浙江、台湾；日本、朝鲜

银果牛奶子 **Elaeagnus magna** (Servett.) Rehder
分布：江西、湖南、湖北、四川、贵州、广东、广西

小花羊奶子 **Elaeagnus micrantha** C. Y. Chang
分布：云南

翅果油树 **Elaeagnus mollis** Diels
分布：山西、陕西

木半夏 **Elaeagnus multiflora** Thunb.
分布：河北、山西、山东、河南、安徽、江苏、浙江、江西、湖北、四川、贵州、福建、广东；日本、韩国

木半夏(原变种) **Elaeagnus multiflora** var. **multiflora**
分布：河北、山西、山东、安徽、浙江、江西、四川、贵州、福建；日本

倒果木半夏 **Elaeagnus multiflora** var. **obovoidea** C. Y. Chang
分布：河南、安徽、江苏、浙江、江西、湖北

长萼木半夏 **Elaeagnus multiflora** var. **siphonantha** (Nakai) C. Y. Chang
分布：广东；日本、朝鲜

细枝木半夏 **Elaeagnus multiflora** var. **tenuipes** C. Y. Chang
分布：四川

南川牛奶子 **Elaeagnus nanchuanensis** C. Y. Chang
分布：四川、重庆、贵州

弄化胡颓子 **Elaeagnus obovatifolia** D. Fang
分布：广西

钝叶胡颓子 **Elaeagnus obtusa** C. Y. Chang
分布：湖南

福建胡颓子 **Elaeagnus oldhamii** Maxim.
分布：福建、台湾、广东

卵叶胡颓子 **Elaeagnus ovata** Servettaz
分布：上海

尖果沙枣 **Elaeagnus oxycarpa** Schltdl.
分布：甘肃、新疆；俄罗斯

白花胡颓子 **Elaeagnus pallidiflora** C. Y. Chang
分布：云南

毛柱胡颓子 **Elaeagnus pilostyla** C. Y. Chang
分布：重庆、云南

平南胡颓子 **Elaeagnus pingnanensis** C. Y. Chang
分布：广西

胡颓子 **Elaeagnus pungens** Thunb.
分布：安徽、江苏、浙江、江西、湖南、湖北、贵州、福建、广东、广西；日本

卷柱胡颓子 **Elaeagnus retrostyla** C. Y. Chang
分布：贵州

攀援胡颓子 **Elaeagnus sarmentosa** Rehder
分布：云南、广西

小胡颓子 **Elaeagnus schlechtendalii** Servettaz
分布：广西；印度

星毛羊奶子 **Elaeagnus stellipila** Rehder
分布：江西、湖南、湖北、四川、贵州、云南

大理胡颓子 **Elaeagnus taliensis** C. Y. Chang
分布：云南

太鲁阁胡颓子 **Elaeagnus tarokoensis** S. Y. Lu et Yuen P. Yang
分布：台湾

阿里胡颓子 **Elaeagnus thunbergii** Servettaz
分布：台湾

越南胡颓子 **Elaeagnus tonkinensis** Servettaz
分布：云南；越南

菲律宾胡颓子 **Elaeagnus triflora** Roxb.
分布：台湾；印度尼西亚、马来西亚、巴布亚新几内亚、菲律宾、澳大利亚

管花胡颓子 **Elaeagnus tubiflora** C. Y. Chang
分布：云南

香港胡颓子 **Elaeagnus tutcheri** Dunn
分布：香港

牛奶子 **Elaeagnus umbellata** Thunb.
分布：辽宁、山西、山东、陕西、甘肃、江苏、浙江、湖北、四川、云南、西藏；阿富汗、不丹、印度、日本、韩国、尼泊尔

绿叶胡颓子 **Elaeagnus viridis** Servettaz
分布：山西、湖北

文山胡颓子 **Elaeagnus wenshanensis** C. Y. Chang
分布：四川、重庆、云南

巫山牛奶子 **Elaeagnus wushanensis** C. Y. Chang
分布：陕西、湖北、四川、重庆

西畴胡颓子 **Elaeagnus xichouensis** C. Y. Chang
分布：云南

兴文胡颓子 **Elaeagnus xingwenensis** C. Y. Chang
分布：四川

西藏胡颓子 **Elaeagnus xizangensis** C. Y. Chang
分布：西藏

云南胡颓子 **Elaeagnus yunnanensis** Servettaz
分布：云南

沙棘属 **Hippophae** L.

棱果沙棘 **Hippophae goniocarpa** Y. S. Lian, X. L. Chen et K. Sun ex Swenson et Bartish
分布：青海、四川

江孜沙棘 **Hippophae gyantsensis** (Rousi) Y. S. Lian
分布：西藏

理塘沙棘 **Hippophae litangensis** Y. S. Lian et X. L. Chen ex Swenson et Bartish
分布：四川

肋果沙棘 **Hippophae neurocarpa** S. W. Liu et T. N. He
分布：四川、西藏

肋果沙棘(原亚种) **Hippophae neurocarpa** subsp. **neurocarpa**
分布：四川、西藏

密毛肋果沙棘 **Hippophae neurocarpa** subsp. **stellatopilosa** Y. S. Lian et al. ex Swenson et Bartish
分布：四川、西藏

沙棘 Hippophae rhamnoides L.
分布：内蒙古、河北、山西、陕西、甘肃、青海、新疆、四川、云南、西藏；阿富汗、印度、克什米尔地区、哈萨克斯坦、吉尔吉斯斯坦、蒙古国、巴基斯坦、俄罗斯、塔吉克斯坦、土库曼斯坦、乌兹别克斯坦；亚洲(西南部)、欧洲

沙棘(原亚种) Hippophae rhamnoides subsp. **rhamnoides**
分布：内蒙古、河北、山西、陕西、甘肃、青海、新疆、四川、云南、西藏；阿富汗、印度、克什米尔地区、哈萨克斯坦、吉尔吉斯斯坦、蒙古国、巴基斯坦、俄罗斯、塔吉克斯坦、土库曼斯坦、乌兹别克斯坦；亚洲(西南部)、欧洲

蒙古沙棘 Hippophae rhamnoides subsp. **mongolica** Rousi
分布：新疆；蒙古国、俄罗斯

中国沙棘 Hippophae rhamnoides subsp. **sinensis** Rousi
分布：内蒙古、河北、山西、陕西、甘肃、青海、四川

中亚沙棘 Hippophae rhamnoides subsp. **turkestanica** Rousi
分布：新疆、西藏；阿富汗、印度、克什米尔地区、哈萨克斯坦、吉尔吉斯斯斯坦、蒙古国、巴基斯坦、塔吉克斯坦、土库曼斯坦、乌兹别克斯坦、俄罗斯；中亚

卧龙沙棘 Hippophae rhamnoides subsp. **wolongensis** Y. S. Lian, K. Sun et X. L. Chen
分布：四川

云南沙棘 Hippophae rhamnoides subsp. **yunnanensis** Rousi
分布：四川、云南、西藏

柳叶沙棘 Hippophae salicifolia D. Don
分布：西藏；不丹、印度、尼泊尔

西藏沙棘 Hippophae tibetana Schltdl.
分布：甘肃、青海、西藏；不丹、印度、尼泊尔

291. 杜英科 Elaeocarpaceae Juss.

杜英属 Elaeocarpus L.

圆果杜英 Elaeocarpus angustifolius Blume
分布：云南、广西、海南；柬埔寨、印度、印度尼西亚、马来西亚、缅甸、尼泊尔、泰国、澳大利亚、太平洋岛屿

腺叶杜英 Elaeocarpus argenteus Merriu
分布：台湾；菲律宾

黑腺杜英 Elaeocarpus atropunctatus H. T. Chang
分布：广东

金毛杜英 Elaeocarpus auricomus C. Y. Wu ex H. T. Chang
分布：云南、海南；越南

滇南杜英 Elaeocarpus austroyunnanensis Hu
分布：云南

少花杜英 Elaeocarpus bachmaensis Gagnep.
分布：云南、广西；越南

大叶杜英 Elaeocarpus balansae DC.
分布：云南；印度、越南、柬埔寨、马来西亚、缅甸

滇藏杜英 Elaeocarpus braceanus Watt ex C. B. Clarke
分布：云南、西藏；印度、泰国、缅甸

短穗杜英 Elaeocarpus brachystachyus Hung T. Chang
分布：云南

短穗杜英(原变种) Elaeocarpus brachystachyus var. **brachystachyus**
分布：云南

贡山杜英 Elaeocarpus brachystachyus var. **fengii** C. Chen et Y. Tang
分布：云南

华杜英 Elaeocarpus chinensis (Gard. et Champ.) Hook. f. ex Benth.
分布：浙江、江西、贵州、福建、广东、广西；越南

缘瓣杜英 Elaeocarpus decandrus Merr.
分布：云南；老挝

杜英 Elaeocarpus decipiens Hemsl.
分布：浙江、江西、湖南、贵州、云南、福建、台湾、广东、广西；日本、越南

杜英(原变种) Elaeocarpus decipiens var. **decipiens**
分布：福建、广东、广西、贵州、湖南、江西、台湾、云南、浙江；日本、越南

兰屿杜英 Elaeocarpus decipiens var. **changii** Y. Tang
分布：台湾

滇西杜英(新拟) Elaeocarpus dianxiensis Y. Tang et H. Li
分布：云南

显脉杜英 Elaeocarpus dubius A. DC.
分布：贵州、云南、广东、广西、海南；越南

冬桃 Elaeocarpus duclouxii Gagnep.
分布：江西、湖南、湖北、四川、贵州、云南、广东、

广西

褐毛杜英 **Elaeocarpus duclouxii** var. **duclouxii** Gagnep.

分布：江西、湖南、湖北、四川、贵州、云南、广东、广西

富宁杜英 **Elaeocarpus duclouxii** var. **funingensis** Y. C. Hsu et Y. Tang

分布：云南

贡山杜英(新拟) **Elaeocarpus gaoligongshanensis** Y. Tang et Z. L. Dao

分布：云南

秃瓣杜英 **Elaeocarpus glabripetalus** Merr.

分布：安徽、浙江、江西、湖南、湖北、贵州、云南、福建、广东、广西

秃瓣杜英(原变种) **Elaeocarpus glabripetalus** var. **glabripetalus**

分布：安徽、浙江、江西、湖南、贵州、云南、福建、广东、广西

棱枝杜英 **Elaeocarpus glabripetalus** var. **alatus** (Kunth) H. T. Chang

分布：湖北、贵州、云南、广西

大果秃瓣杜英 **Elaeocarpus glabripetalus** var. **grandifructus** Y. Tang

分布：广西

秃蕊杜英 **Elaeocarpus gymnogynus** H. T. Chang

分布：广东、广西

水石榕 **Elaeocarpus hainanensis** Oliv.

分布：云南、广东、广西、海南；泰国、越南、缅甸

水石榕(原变种) **Elaeocarpus hainanensis** var. **hainanensis**

分布：云南、广东、广西、海南；泰国、越南、缅甸

短叶水石榕 **Elaeocarpus hainanensis** var. **brachyphyllus** Merr.

分布：海南

肿柄杜英 **Elaeocarpus harmandii** Pierre

分布：云南；越南

球果杜英 **Elaeocarpus hayatae** Kaneh. et Sasaki

分布：台湾

锈毛杜英 **Elaeocarpus howii** Merr. et Chun

分布：云南、广东、海南

日本杜英 **Elaeocarpus japonicus** Sieb. et Zucc.

分布：安徽、江苏、浙江、江西、湖南、湖北、四川、贵州、云南、福建、台湾、广东、广西、海南；日本、越南

日本杜英(原变种) **Elaeocarpus japonicus** var. **japonicus**

分布：安徽、江苏、浙江、江西、湖南、湖北、四川、贵州、云南、福建、台湾、广东、广西；日本、越南

澜沧杜英 **Elaeocarpus japonicus** var. **lantsangensis** (Hu) H. T. Chang

分布：湖南、贵州、云南、福建

云南杜英 **Elaeocarpus japonicus** var. **yunnanensis** C. Chen et Y. Tang

分布：云南

多沟杜英 **Elaeocarpus lacunosus** Wall. ex Kurz.

分布：云南；柬埔寨、老挝、泰国、越南、印度、印度尼西亚、马来西亚、缅甸

披针叶杜英 **Elaeocarpus lanceifolius** Roxb.

分布：云南；不丹、柬埔寨、印度、老挝、马来西亚、缅甸、尼泊尔、泰国、越南

老挝杜英 **Elaeocarpus laoticus** Gagnep.

分布：云南；老挝

小花杜英 **Elaeocarpus limitaneoides** Y. Tang

分布：广东

灰毛杜英 **Elaeocarpus limitaneus** Hand.-Mazz.

分布：云南、福建、广东、广西、海南；越南

龙陵杜英 **Elaeocarpus longlingensis** Y. C. Hsu et Y. Tang

分布：云南

繁花杜英 **Elaeocarpus multiflorus** (Turcz.) Fern.-Vill.

分布：台湾；印度尼西亚、日本、菲律宾

绢毛杜英 **Elaeocarpus nitentifolius** Merr. et Chun

分布：云南、福建、广东、广西、海南；越南

长圆叶杜英 **Elaeocarpus oblongilimbus** H. T. Chang

分布：云南

长柄杜英 **Elaeocarpus petiolatus** (Jack) Wall.

分布：云南、广东、广西、海南；马来西亚、柬埔寨、印度、印度尼西亚、老挝、缅甸、泰国、越南

滇越杜英 **Elaeocarpus poilanei** Gagnep.

分布：云南、广东、广西、海南；越南

假樱叶杜英 **Elaeocarpus prunifolioides** Hu

分布：云南

毛果杜英 **Elaeocarpus rugosus** Roxb.

分布：云南、海南；印度、马来西亚、缅甸、泰国

锡兰榄 **Elaeocarpus serratus** Benth.

分布：云南、广东、海南、台湾等地

大果杜英 **Elaeocarpus sikkimensis** Masters

分布：云南；不丹、印度

阔叶圆果杜英 **Elaeocarpus sphaerocarpus** H. T. Chang

分布：云南

屏边杜英 **Elaeocarpus subpetiolatus** H. T. Chang

分布：云南

山杜英 **Elaeocarpus sylvestris** (Lour.) Poir.

分布：浙江、江西、湖南、四川、贵州、云南、福建、广东、广西、海南；越南

滇印杜英 **Elaeocarpus varunua** Buch.-Ham. ex Mast.

分布：云南、西藏、广东、广西；马来西亚、印度、尼泊尔、越南

猴欢喜属 **Sloanea** L.

樟叶猴欢喜 **Sloanea changii** Coode

分布：云南、广西

白色猴欢喜 **Sloanea chingiana** Hu

分布：广西

心叶猴欢喜 **Sloanea cordifolia** K. M. Feng ex Hung T. Chang

分布：云南

毛果猴欢喜 **Sloanea dasycarpa** (Benth.) Hemsl.

分布：云南、西藏、福建、台湾、海南；不丹、印度、缅甸、越南

海南猴欢喜 **Sloanea hainanensis** Merr. et Chun

分布：海南

仿栗 **Sloanea hemsleyana** (Ito) Rehder et E. H. Wilson

分布：湖南、湖北、四川、贵州、云南、广西

全叶猴欢喜 **Sloanea integrifolia** Chun et F. C. How

分布：广东、广西、海南；越南

薄果猴欢喜 **Sloanea leptocarpa** Diels

分布：湖南、四川、贵州、云南、福建、广东、广西

滇越猴欢喜 **Sloanea mollis** Gagnep.

分布：云南、广西；越南

斜脉猴欢喜 **Sloanea sigun** (Blume) K. Schumann

分布：云南；柬埔寨、印度、印度尼西亚、马来西亚、缅甸、泰国

猴欢喜 **Sloanea sinensis** (Hance) Hemsl.

分布：浙江、江西、湖南、贵州、福建、广东、广西、海南；越南、柬埔寨、老挝、缅甸、泰国

贡山猴欢喜 **Sloanea sterculiacea** (Benth.) Rehder et E. H. Wilson

分布：云南、西藏；不丹、印度、缅甸、尼泊尔

贡山猴欢喜(原变种) **Sloanea sterculiacea** var. **sterculiacea**

分布：云南、西藏；不丹、印度、缅甸、尼泊尔

长叶猴欢喜 **Sloanea sterculiacea** var. **assamica** (Benth.) Coode

分布：云南、西藏；不丹、印度

绒毛猴欢喜 **Sloanea tomentosa** (Benth.) Rehder et E. H. Wilson

分布：云南；不丹、印度、泰国、缅甸、尼泊尔

西畴猴欢喜 **Sloanea xichouensis** K. M. Feng ex Y. Tang et Y. C. Hsu

分布：云南

292. 沟繁缕科 Elatinaceae Dumort.

田繁缕属 **Bergia** L.

大叶田繁缕 **Bergia capensis** L.

分布：广东；印度、马来西亚、斯里兰卡、泰国；亚洲(西南部)、欧洲、非洲

倍蕊田繁缕 **Bergia serrata** Blanco

分布：台湾、广东、广西、海南；菲律宾

沟繁缕属 **Elatine** L.

长梗沟繁缕 **Elatine ambigua** Wight

分布：云南；印度尼西亚、越南、印度、马来西亚，归化在澳大利亚、不丹；欧洲、北美洲

马蹄沟繁缕 **Elatine hydropiper** L.

分布：黑龙江、吉林、辽宁；俄罗斯；欧洲

三蕊沟繁缕 **Elatine triandra** Schkuhr

分布：黑龙江、吉林、内蒙古、台湾、广东；印度尼西亚、日本、尼泊尔、菲律宾、新西兰、马来西亚、印度、澳大利亚、太平洋岛屿；欧洲、北美洲

293. 杜鹃花科 Ericaceae Juss.

树萝卜属 **Agapetes** G. Don

阿波树萝卜 **Agapetes aborensis** Airy Shaw

分布：西藏

棱枝树萝卜 **Agapetes angulata** (Griff.) Hook. f.

分布：云南、西藏；印度、缅甸

锈毛树萝卜 **Agapetes anonyma** Airy Shaw
分布：西藏

纤细短柄树萝卜 **Agapetes brachypoda** var. **gracilis** Airy Shaw
分布：云南

环萼树萝卜 **Agapetes brandisiana** W. E. Evans
分布：云南；缅甸

缅甸树萝卜 **Agapetes burmanica** W. E. Evans
分布：云南、西藏；缅甸

黄杨叶树萝卜 **Agapetes buxifolia** Nutt. ex Hook. f.
分布：西藏；不丹、印度

茶叶树萝卜 **Agapetes camelliifolia** S. H. Huang
分布：西藏

纤毛叶树萝卜 **Agapetes ciliata** S. H. Huang
分布：西藏

异色树萝卜 **Agapetes discolor** C. B. Clarke
分布：西藏；印度

尖叶树萝卜 **Agapetes epacridea** Airy Shaw
分布：西藏；缅甸

黄花树萝卜 **Agapetes flava** (Hook. f.) Sleum.
分布：西藏；印度

伞花树萝卜 **Agapetes forrestii** W. E. Evans
分布：云南、西藏；缅甸

细花树萝卜 **Agapetes graciliflora** R. C. Fang
分布：西藏；缅甸

尾叶树萝卜 **Agapetes griffithii** C. B. Clarke
分布：西藏；印度

广西树萝卜 **Agapetes guangxiensis** D. Fang
分布：广西

透明边树萝卜 **Agapetes hyalocheilos** Airy Shaw
分布：西藏；缅甸

皱叶树萝卜 **Agapetes incurvata** (Griff.) Sleum.
分布：西藏；孟加拉国、不丹、印度、尼泊尔

沧源树萝卜 **Agapetes inopinata** Airy Shaw
分布：云南；缅甸

中型树萝卜 **Agapetes interdicta** (Hand.-Mazz.) Sleum.
分布：云南、西藏；缅甸

灯笼花 **Agapetes lacei** Craib
分布：云南、西藏；缅甸

灯笼花(原变种) **Agapetes lacei** var. **lacei**
分布：云南、西藏；缅甸

无毛灯笼花 **Agapetes lacei** var. **glaberrima** Airy Shaw
分布：云南、西藏

绒毛灯笼花 **Agapetes lacei** var. **tomentella** Airy Shaw
分布：云南、西藏

光果树萝卜 **Agapetes leiocarpa** S. H. Huang
分布：西藏

白果树萝卜 **Agapetes leucocarpa** S. H. Huang
分布：西藏

线叶树萝卜 **Agapetes linearifolia** C. B. Clarke
分布：西藏

短锥花树萝卜 **Agapetes listeri** (King ex C. B. Clarke) Sleum.
分布：西藏；不丹、印度

深裂树萝卜 **Agapetes lobbii** C. B. Clarke
分布：云南；印度、缅甸、泰国

大叶树萝卜 **Agapetes macrophylla** C. B. Clarke
分布：西藏；印度

麻栗坡树萝卜 **Agapetes malipoensis** S. H. Huang
分布：云南；越南

白花树萝卜 **Agapetes mannii** Hemsl.
分布：云南；印度、缅甸、泰国

边脉树萝卜 **Agapetes marginata** Dunn
分布：西藏

墨脱树萝卜 **Agapetes medogensis** S. H. Huang
分布：西藏

大果树萝卜 **Agapetes megacarpa** W. W. Sm.
分布：云南；泰国

朱红树萝卜 **Agapetes miniata** (Griff.) Hook. f.
分布：西藏；印度

坛花树萝卜 **Agapetes miranda** Airy Shaw
分布：西藏；印度

亮红树萝卜 **Agapetes mitrarioides** Hook. f. ex C. B. Clarke
分布：西藏；印度

夹竹桃叶树萝卜 **Agapetes neriifolia** (King et Pantl.) Airy Shaw
分布：云南；缅甸

垂花树萝卜 **Agapetes nutans** Dunn
分布：西藏；印度

长圆叶树萝卜 Agapetes oblonga Craib
分布：云南、西藏；缅甸

倒卵叶树萝卜 Agapetes obovata (Wight) Hook. f.
分布：云南；印度

倒挂树萝卜 Agapetes pensilis Airy Shaw
分布：云南；缅甸

钟花树萝卜 Agapetes pilifera Hook. f. ex C. B. Clarke
分布：西藏；印度、缅甸

藏布江树萝卜 Agapetes praeclara C. Marquand
分布：西藏

听邦树萝卜 Agapetes praestigiosa Airy Shaw
分布：西藏；印度

杯梗树萝卜 Agapetes pseudogriffithii Airy Shaw
分布：云南；缅甸

毛花树萝卜 Agapetes pubiflora Airy Shaw
分布：云南；缅甸

鹿蹄草叶树萝卜 Agapetes pyrolifolia Airy Shaw
分布：云南、西藏；缅甸

折瓣树萝卜 Agapetes refracta Airy Shaw
分布：西藏

红苞树萝卜 Agapetes rubrobracteata R. C. Fang et S. H. Huang
分布：贵州、云南、广西；越南

柳叶树萝卜 Agapetes salicifolia C. B. Clarke
分布：西藏

五翅莓 Agapetes serpens (Wight) Sleum.
分布：西藏；不丹、印度、尼泊尔

丛生树萝卜 Agapetes spissa Airy Shaw
分布：西藏

近无柄树萝卜 Agapetes subsessilifolia S. H. Huang, H. Sun et Z. K. Zhou
分布：西藏

西藏树萝卜 Agapetes xizangensis S. H. Huang
分布：西藏

仙女越橘属 Andromeda L.

仙女越橘 Andromeda polifolia L.
分布：吉林；亚洲(北部)、欧洲(北部)、北美洲

北极果属 Arctous (A. Gray) Nied.

北极果 Arctous alpinus (L.) Nied.
分布：黑龙江、内蒙古、陕西、甘肃、青海、新疆、四川；日本、蒙古国、俄罗斯；亚洲(西南部)、欧洲、北美洲

小叶当年枯 Arctous microphyllus C. Y. Wu
分布：云南

红北极果 Arctous ruber (Rehder et E. H. Wilson) Nakai
分布：吉林、内蒙古、宁夏、甘肃、四川；日本、韩国；北美洲

锦绦花属 Cassiope D. Don

短梗锦绦花 Cassiope abbreviata Hand.-Mazz.
分布：四川

银毛锦绦花 Cassiope argyrotricha T. Z. Hsu
分布：云南

扫帚锦绦花 Cassiope fastigiata (Wall.) D. Don
分布：西藏；尼泊尔、巴基斯坦、不丹、印度

福建锦绦花 Cassiope fujianensis L. K. Ling et G. S. Hoo
分布：福建

膜叶锦绦花 Cassiope membranifolia R. C. Fang
分布：云南

鼠尾锦绦花 Cassiope myosuroides W. W. Sm.
分布：云南；缅甸

矮小锦绦花 Cassiope nana T. Z. Hsu
分布：云南

朝天锦绦花 Cassiope palpebrata W. W. Sm.
分布：云南；缅甸

篦叶锦绦花 Cassiope pectinata Stapf
分布：四川、云南、西藏；缅甸

锦绦花 Cassiope selaginoides Hook. f. et Thomson
分布：四川、云南、西藏；不丹、印度、缅甸、尼泊尔

长毛锦绦花 Cassiope wardii C. Marquand et Airy Shaw
分布：西藏

地桂属 Chamaedaphne Moench

地桂 Chamaedaphne calyculata (L.) Moench
分布：黑龙江、吉林、辽宁、内蒙古；日本、蒙古国、俄罗斯；欧洲、北美洲

喜冬草属 **Chimaphila** Pursh

喜冬草 **Chimaphila japonica** Miq.
分布：吉林、辽宁、山西、陕西、安徽、湖北、四川、贵州、云南、西藏、台湾；不丹、日本、朝鲜、俄罗斯

川西喜冬草 **Chimaphila monticola** Andres
分布：四川、台湾

川西喜冬草(原亚种) **Chimaphila monticola** subsp. **monticola**
分布：四川

台湾喜冬草 **Chimaphila monticola** subsp. **taiwaniana** (Masam.) H. Takahashi
分布：台湾

伞形喜冬草 **Chimaphila umbellata** (L.) W. Barton
分布：吉林、辽宁、内蒙古；日本、俄罗斯；广布于北半球温带

假木荷属 **Craibiodendron** W. W. Sm.

柳叶假木荷 **Craibiodendron henryi** W. W. Sm.
分布：云南、西藏；印度、缅甸、泰国

广东假木荷 **Craibiodendron scleranthum** var. **kwangtungense** (S. Y. Hu) Judd
分布：广东、广西

假木荷 **Craibiodendron stellatum** (Pierre) W. W. Sm.
分布：贵州、云南、广东、广西；柬埔寨、老挝、缅甸、泰国、越南

云南假木荷 **Craibiodendron yunnanense** W. W. Sm.
分布：云南、西藏、广西；缅甸

杉叶杜鹃属 **Diplarche** Hook. et Thomson

多花杉叶杜鹃 **Diplarche multiflora** Hook. f. et Thomson
分布：云南、西藏；缅甸、印度

少花杉叶杜鹃 **Diplarche pauciflora** Hook. f. et Thomson
分布：四川、云南；印度

岩高兰属 **Empetrum** L.

东北岩高兰 **Empetrum nigrum** var. **japonicum** K. Koch
分布：黑龙江、内蒙古；蒙古国、俄罗斯、韩国、日本

吊钟花属 **Enkianthus** Lour.

灯笼吊钟花 **Enkianthus chinensis** Franch.
分布：安徽、浙江、江西、湖南、湖北、四川、贵州、云南、福建、广西

毛叶吊钟花 **Enkianthus deflexus** (Griff.) C. K. Schneid.
分布：湖北、四川、贵州、云南、西藏、广东；不丹、印度、缅甸、尼泊尔

毛叶吊钟花(原变种) **Enkianthus deflexus** var. **deflexus**
分布：湖北、四川、贵州、云南、西藏、广东；不丹、印度、缅甸、尼泊尔

腺梗吊钟花 **Enkianthus deflexus** var. **glabrescens** R. C. Fang
分布：甘肃

少花吊钟花 **Enkianthus pauciflorus** E. H. Wilson
分布：四川、云南

台湾吊钟花 **Enkianthus perulatus** C. K. Schneid.
分布：台湾；日本

吊钟花 **Enkianthus quinqueflorus** Lour.
分布：江西、湖南、湖北、四川、贵州、云南、福建、广东、广西、海南；越南

晚花吊钟花 **Enkianthus serotinus** Chun et W. P. Fang
分布：四川、贵州、云南、广东、广西

齿缘吊钟花 **Enkianthus serrulatus** (E. H. Wilson) C. K. Schneid.
分布：浙江、江西、湖南、湖北、四川、贵州、云南、福建、广东、广西、海南

白珠树属 **Gaultheria** Kalm ex L.

高山白珠 **Gaultheria borneensis** Stapf
分布：台湾；菲律宾、印度尼西亚

短柄白珠 **Gaultheria brevistipes** (C. Y. Wu) T. Z. Xu et R. C. Fang
分布：西藏

苍山白珠 **Gaultheria cardiosepala** Hand.-Mazz.
分布：云南；缅甸

钟花白珠 **Gaultheria codonantha** Airy Shaw
分布：西藏；印度

四川白珠 **Gaultheria cuneata** (Rehder et E. H. Wilson) Bean
分布：四川、贵州、云南、西藏

长梗白珠 **Gaultheria dolichopoda** Airy Shaw
分布：云南、西藏；缅甸

丛林白珠 **Gaultheria dumicola** W. W. Sm.
分布：云南、西藏；缅甸

丛林白珠(原变种) **Gaultheria dumicola** var. **dumicola**
分布：云南

粗糙丛林白珠 **Gaultheria dumicola** var. **aspera** Airy Shaw
分布：云南、西藏；缅甸

糙茎丛林白珠 **Gaultheria dumicola** var. **hirticaulis** R. C. Fang
分布：云南

高山丛林白珠 **Gaultheria dumicola** var. **petanoneuron** Airy Shaw
分布：云南、西藏

微毛丛林白珠 **Gaultheria dumicola** var. **pubipes** Airy Shaw
分布：云南

芳香白珠 **Gaultheria fragrantissima** Wall.
分布：云南、西藏；不丹、印度、马来西亚、斯里兰卡、越南

尾叶白珠 **Gaultheria griffithiana** Wight
分布：四川、云南、西藏；不丹、缅甸、印度、尼泊尔

尾叶白珠(原变种) **Gaultheria griffithiana** var. **griffithiana**
分布：四川、云南、西藏；不丹、印度、缅甸、尼泊尔、越南

多毛尾叶白珠 **Gaultheria griffithiana** var. **insignis** R. C. Fang
分布：西藏

异数白珠 **Gaultheria heteromera** R. C. Fang
分布：西藏

红粉白珠 **Gaultheria hookeri** C. B. Clarke
分布：四川、云南、西藏；印度、缅甸

红粉白珠(原变种) **Gaultheria hookeri** var. **hookeri**
分布：四川、贵州、云南、西藏；不丹、印度、缅甸

狭叶红粉白珠 **Gaultheria hookeri** var. **angustifolia** C. B. Clarke
分布：云南；印度

绿背白珠 **Gaultheria hypochlora** Airy Shaw
分布：四川、云南；缅甸、印度、不丹

景东白珠 **Gaultheria jingdongensis** R. C. Fang
分布：云南

白果白珠 **Gaultheria leucocarpa** Blume
分布：江西、湖南、湖北、四川、贵州、云南、福建、台湾、广东、广西；柬埔寨、印度尼西亚、老挝、马来西亚、菲律宾、泰国、越南

白果白珠(原变种) **Gaultheria leucocarpa** var. **leucocarpa**
分布：江西、湖南、湖北、四川、贵州、云南、福建、台湾、广东、广西；柬埔寨、印度尼西亚、老挝、马来西亚、菲律宾、泰国、越南

毛滇白珠 **Gaultheria leucocarpa** var. **crenulata** (Kurz.) T. Z. Hsu
分布：云南、广西

秃果白珠 **Gaultheria leucocarpa** var. **psilocarpa** (Copel.) R. C. Fang
分布：台湾；菲律宾

滇白珠 **Gaultheria leucocarpa** var. **yunnanensis** (Franch.) T. Z. Hsu et R. C. Fang
分布：江西、湖南、湖北、四川、贵州、云南、福建、台湾、广东、广西；柬埔寨、老挝、越南

长苞白珠 **Gaultheria longibracteolata** R. C. Fang
分布：云南；泰国

长序白珠 **Gaultheria longiracemosa** Y. C. Yang
分布：四川

大花白珠 **Gaultheria miyiensis** var. **macrantha** J. L. Liu et Q. Luo
分布：四川

短穗白珠 **Gaultheria notabilis** J. Anthony
分布：云南

铜钱叶白珠 **Gaultheria nummularioides** D. Don
分布：四川、云南、西藏；孟加拉国、不丹、印度、印度尼西亚、缅甸、尼泊尔

草地白珠 **Gaultheria praticola** C. Y. Wu et T. A. Hsu
分布：云南、西藏

平卧白珠 **Gaultheria prostrata** W. W. Sm.
分布：云南

假短穗白珠 **Gaultheria pseudonotabilis** H. Li ex R. C. Fang
分布：云南

紫背白珠 **Gaultheria purpurea** R. C. Fang
分布：西藏

鹿蹄草叶白珠 **Gaultheria pyrolifolia** Hook. f. ex C. B. Clarke
分布：云南、西藏；不丹、印度、缅甸、尼泊尔

五雄白珠 **Gaultheria semi-infera** (C. B. Clarke) Airy Shaw
分布：四川、云南、西藏；不丹、缅甸、印度

华白珠 **Gaultheria sinensis** J. Anthony
分布：四川、云南、西藏；不丹、印度、缅甸

华白珠(原变种) **Gaultheria sinensis** var. **sinensis**
分布：四川、云南、西藏；不丹、印度、缅甸

白果华白珠 **Gaultheria sinensis** var. **nivea** J. Anthony
分布：云南、西藏

草黄白珠 **Gaultheria straminea** R. C. Fang
分布：西藏

伏地白珠 **Gaultheria suborbicularis** W. W. Sm.
分布：云南

台湾白珠 **Gaultheria taiwaniana** S. S. Ying
分布：台湾

四裂白珠 **Gaultheria tetramera** W. W. Sm.
分布：贵州、云南、西藏

刺毛白珠 **Gaultheria trichophylla** Royle
分布：四川、云南、西藏；不丹、印度、克什米尔地区、缅甸、尼泊尔

刺毛白珠(原变种) **Gaultheria trichophylla** var. **trichophylla**
分布：四川、云南、西藏；不丹、印度、克什米尔地区、尼泊尔

无刺毛白珠 **Gaultheria trichophylla** var. **eciliata** S. J. Rae et D. G. Long
分布：云南；不丹

四芒刺毛白珠 **Gaultheria trichophylla** var. **tetracme** Airy Shaw
分布：四川、西藏

三棱枝白珠 **Gaultheria trigonoclada** R. C. Fang
分布：西藏

西藏白珠 **Gaultheria wardii** C. Marquand et Airy Shaw
分布：云南、西藏；印度、缅甸

西藏白珠(原变种) **Gaultheria wardii** var. **wardii**
分布：云南、西藏；印度、缅甸

延序白珠 **Gaultheria wardii** var. **elongata** R. C. Fang
分布：云南

杜香属 Ledum L.

杜香 **Ledum palustre** L.
分布：黑龙江、吉林、内蒙古；朝鲜、蒙古国、俄罗斯；亚洲(东北部)、欧洲、北美洲

杜香(原变种) **Ledum palustre** var. **palustre**
分布：黑龙江、内蒙古；蒙古国；亚洲(东北部)、欧洲、北美洲

小叶杜香 **Ledum palustre** var. **decumbens** Aiton
分布：黑龙江、内蒙古；蒙古国；亚洲(东北部)、欧洲、北美洲

宽叶杜香 **Ledum palustre** var. **dilatatum** Wahlenb.
分布：黑龙江、吉林；朝鲜、俄罗斯；亚洲(东北部)、欧洲

木藜芦属 Leucothoe D. Don

尖基木藜芦 **Leucothoe griffithiana** C. B. Clarke
分布：云南；不丹、缅甸

圆基木藜芦 **Leucothoe tonkinensis** Dop
分布：云南；越南

珍珠花属 Lyonia Nutt.

秀丽珍珠花 **Lyonia compta** (W. W. Sm. et Jeffrey) Hand.-Mazz.
分布：贵州、云南

圆叶珍珠花 **Lyonia doyonensis** (Hand.-Mazz.) Hand.-Mazz.
分布：云南

大萼珍珠花 **Lyonia macrocalyx** (J. Anthony) Airy Shaw
分布：云南、西藏；缅甸

珍珠花 **Lyonia ovalifolia** (Wall.) Drude
分布：陕西、甘肃、安徽、江苏、浙江、江西、湖南、湖北、四川、贵州、云南、西藏、福建、台湾、广东、广西、海南；孟加拉国、不丹、柬埔寨、印度、日本、老挝、马来西亚、缅甸、尼泊尔、巴基斯坦、泰国、越南

珍珠花(原变种) **Lyonia ovalifolia** var. **ovalifolia**
分布：陕西、甘肃、湖南、湖北、四川、贵州、云南、西藏、福建、广东、广西；孟加拉国、不丹、柬埔寨、印度、老挝、马来西亚、缅甸、尼泊尔、巴基斯坦、泰国、越南

小果珍珠花 **Lyonia ovalifolia** var. **elliptica** (Siebold et Zucc.) Hand.-Mazz.
分布：台湾；日本

毛果珍珠花 ***Lyonia ovalifolia* var. *hebecarpa*** (Franch. ex F. B. Forbes et Hemsl.) Chun
分布：陕西、安徽、江苏、浙江、江西、湖北、四川、贵州、云南、福建、广东、广西

狭叶珍珠花 ***Lyonia ovalifolia* var. *lanceolata*** (Wall.) Hand.-Mazz.
分布：湖北、四川、贵州、云南、西藏、福建、广东、广西；印度、缅甸

红脉珍珠花 ***Lyonia ovalifolia* var. *rubrovenia*** (Merr.) Judd
分布：广东、广西、海南；越南

绒毛珍珠花 ***Lyonia ovalifolia* var. *tomentosa*** (W. P. Fang) C. Y. Wu
分布：云南

毛叶珍珠花 ***Lyonia villosa*** (Wall. ex C. B. Clarke) Hand.-Mazz.
分布：四川、贵州、云南、西藏；不丹、印度、缅甸、尼泊尔

毛叶珍珠花(原变种) ***Lyonia villosa* var. *villosa***
分布：四川、贵州、云南、西藏东南部；不丹、印度、缅甸、尼泊尔

光叶珍珠花 ***Lyonia villosa* var. *sphaerantha*** (Hand.-Mazz.) Hand.-Mazz.
分布：四川、云南、西藏；缅甸

独丽花属 **Moneses** Salisb. ex S. F. Gray

独丽花 ***Moneses uniflora*** (L.) A. Gray
分布：黑龙江、吉林、内蒙古、山西、甘肃、新疆、四川、云南、台湾；日本、朝鲜、蒙古国、俄罗斯

水晶兰属 **Monotropa** L.

松下兰 ***Monotropa hypopitys*** L.
分布：安徽、福建、甘肃、湖北、湖南、吉林、江西、辽宁、青海、陕西、山西、四川、台湾、新疆、西藏、云南；阿富汗、不丹、印度、日本、克什米尔地区、韩国、蒙古国、缅甸、尼泊尔、巴基斯坦、俄罗斯、泰国；亚洲(西南部)、欧洲、北美洲、中美洲

水晶兰 ***Monotropa uniflora*** L.
分布：内蒙古、山西、陕西、甘肃、青海、安徽、浙江、江西、湖北、四川、贵州、云南、西藏；孟加拉国、不丹、缅甸、尼泊尔、朝鲜、日本、印度；北美洲

沙晶兰属 **Monotropastrum** Andres

球果假沙晶兰 ***Monotropastrum humile*** (D. Don) H. Hara
分布：黑龙江、吉林、辽宁、浙江、湖北、云南、西藏、台湾；不丹、印度、印度尼西亚、日本、朝鲜、老挝、缅甸、尼泊尔、俄罗斯、泰国、越南

荫生沙晶兰 ***Monotropastrum sciaphilum*** (Andres) G. D. Wallace
分布：云南

单侧花属 **Orthilia** Raf.

钝叶单侧花 ***Orthilia obtusata*** (Turcz.) H. Hara
分布：黑龙江、内蒙古、山西、甘肃、青海、新疆、四川、西藏；蒙古国、俄罗斯

单侧花 ***Orthilia secunda*** (L.) House
分布：黑龙江、吉林、辽宁、内蒙古、新疆；日本、朝鲜、蒙古国、俄罗斯，广布于北半球温带和亚北极地区

松毛翠属 **Phyllodoce** Salisb.

松毛翠 ***Phyllodoce caerulea*** (L.) Bab.
分布：吉林、内蒙古、新疆；日本、朝鲜、俄罗斯；欧洲、北美洲

反折松毛翠 ***Phyllodoce deflexa*** Ching ex H. P. Yang
分布：吉林

马醉木属 **Pieris** D. Don

美丽马醉木 ***Pieris formosa*** (Wall.) D. Don
分布：陕西、甘肃、浙江、江西、湖南、湖北、四川、贵州、云南、福建、广东、广西；不丹、印度、缅甸、尼泊尔、越南

马醉木 ***Pieris japonica*** (Thunb.) D. Don ex G. Don
分布：安徽、浙江、江西、湖北、福建、台湾；日本

长萼马醉木 ***Pieris swinhoei*** Hemsl.
分布：福建、广东、香港

鹿蹄草属 **Pyrola** L.

花叶鹿蹄草 ***Pyrola alboreticulata*** Hayata
分布：台湾

红花鹿蹄草 ***Pyrola asarifolia* subsp. *incarnata*** (DC.) E. Haber et H. Takahashi
分布：河北、黑龙江、?河南、吉林、辽宁、内蒙古、?宁夏、山西、?四川、新疆；日本、朝鲜、蒙古国、俄罗斯

紫背鹿蹄草 ***Pyrola atropurpurea*** Franch.
分布：山西、河南、陕西、甘肃、青海、四川、云南、西藏

鹿蹄草 ***Pyrola calliantha*** Andres
分布：河北、山西、山东、河南、陕西、甘肃、青海、安

徽、江苏、浙江、江西、湖南、湖北、四川、贵州、云南、西藏、福建

绿花鹿蹄草 **Pyrola chlorantha** Sw.

分布：内蒙古；蒙古国

阿尔泰鹿蹄草 **Pyrola chouana** C. Y. Yang

分布：新疆

贵阳鹿蹄草 **Pyrola corbieri** H. Lév.

分布：四川、贵州、广西；不丹

兴安鹿蹄草 **Pyrola dahurica** (Andres) Kom.

分布：黑龙江、吉林、辽宁、内蒙古；蒙古国

普通鹿蹄草 **Pyrola decorata** Andres

分布：河南、陕西、甘肃、安徽、浙江、江西、湖南、湖北、四川、贵州、云南、西藏、福建、广东、广西；不丹

长叶鹿蹄草 **Pyrola elegantula** Andres

分布：福建、广东

大理鹿蹄草 **Pyrola forrestiana** Andres

分布：湖南、湖北、四川、云南、西藏

日本鹿蹄草 **Pyrola japonica** Klenze ex Alef.

分布：黑龙江、吉林、辽宁、内蒙古、河北、河南、台湾；日本、韩国

长萼鹿蹄草 **Pyrola macrocalyx** Ohwi

分布：吉林；朝鲜

马尔康鹿蹄草 **Pyrola markonica** Y. L. Chou et R. C. Zhou

分布：四川

贵州鹿蹄草 **Pyrola mattfeldiana** Andres

分布：四川、贵州

小叶鹿蹄草 **Pyrola media** Sw.

分布：吉林、新疆；蒙古国、俄罗斯；中亚、欧洲

短柱鹿蹄草 **Pyrola minor** L.

分布：黑龙江、吉林、新疆、云南、西藏；日本、朝鲜、俄罗斯，广布于北温带和亚北极地区

单叶鹿蹄草 **Pyrola monophylla** Y. L. Chou et R. C. Zhou

分布：云南

台湾鹿蹄草 **Pyrola morrisonensis** (Hayata) Hayata

分布：台湾

肾叶鹿蹄草 **Pyrola renifolia** Maxim.

分布：黑龙江、吉林、辽宁、内蒙古、河北；日本、朝鲜、俄罗斯

圆叶鹿蹄草 **Pyrola rotundifolia** L.

分布：甘肃、新疆、四川、云南、西藏；日本、蒙古国、缅甸、俄罗斯；欧洲

皱叶鹿蹄草 **Pyrola rugosa** Andres

分布：陕西、甘肃、四川、云南

山西鹿蹄草 **Pyrola shanxiensis** Y. L. Chou et R. C. Zhou

分布：山西

珍珠鹿蹄草 **Pyrola sororia** Andres

分布：云南、西藏

四川鹿蹄草 **Pyrola szechuanica** Andres

分布：四川

长白鹿蹄草 **Pyrola tschanbaischanica** Y. L. Chou et Y. L. Chang

分布：吉林

新疆鹿蹄草 **Pyrola xinjiangensis** Y. L. Chou et R. C. Zhou

分布：新疆

杜鹃花属 **Rhododendron** L.

碟花杜鹃 **Rhododendron aberconwayi** Cowan

分布：云南

腺花杜鹃 **Rhododendron adenanthum** M. Y. He

分布：广西

腺苞杜鹃 **Rhododendron adenobracteum** X. F. Gao et Y. L. Peng

分布：四川

腺房杜鹃 **Rhododendron adenogynum** Diels

分布：四川、云南、西藏

弯尖杜鹃 **Rhododendron adenopodum** Franch.

分布：湖北、重庆

枯鲁杜鹃 **Rhododendron adenosum** (Cowan et Davidian) Davidian

分布：四川

雪山杜鹃 **Rhododendron aganniphum** Balf. f. et Kingdon Ward

分布：青海、四川、云南、西藏

雪山杜鹃(原变种) **Rhododendron aganniphum** var. **aganniphum**

分布：青海、四川、云南、西藏

黄毛雪山杜鹃 **Rhododendron aganniphum** var. **flavorufum** (Balf. f. et Forrest) D. F. Chamb.

分布：四川、云南、西藏

裂毛雪山杜鹃 **Rhododendron aganniphum** var. **schizopeplum** (Balf. f. et Forrest) T. L. Ming
分布：云南、西藏

迷人杜鹃 **Rhododendron agastum** Balf. f. et W. W. Sm.
分布：云南；缅甸

迷人杜鹃(原变种) **Rhododendron agastum** var. **agastum**
分布：贵州、云南

光柱迷人杜鹃 **Rhododendron agastum** var. **pennivenium** (Balf. f. et Forrest) T. L. Ming
分布：云南；缅甸

亮红杜鹃 **Rhododendron albertsenianum** Forrest ex Balf. f.
分布：云南

棕背杜鹃 **Rhododendron alutaceum** Balf. f. et W. W. Sm.
分布：四川、云南、西藏

棕背杜鹃(原变种) **Rhododendron alutaceum** var. **alutaceum**
分布：四川、云南

毛枝棕背杜鹃 **Rhododendron alutaceum** var. **iodes** (Balf. f. et Forrest) D. F. Chamb.
分布：四川、云南、西藏

腺房棕背杜鹃 **Rhododendron alutaceum** var. **russotinctum** (Balf. f. et Forrest) D. F. Chamb.
分布：云南、西藏

细枝杜鹃 **Rhododendron amandum** Cowan
分布：西藏

问客杜鹃 **Rhododendron ambiguum** Hemsl.
分布：四川

紫花杜鹃 **Rhododendron amesiae** Rehder et E. H. Wilson
分布：四川

暗叶杜鹃 **Rhododendron amundsenianum** Hand.-Mazz.
分布：四川

桃叶杜鹃 **Rhododendron annae** Franch.
分布：贵州、云南

桃叶杜鹃(原亚种) **Rhododendron annae** subsp. **annae**
分布：贵州

滇西桃叶杜鹃 **Rhododendron annae** subsp. **laxiflorum** (Balf. f. et Forrest) T. L. Ming
分布：云南

髯花杜鹃 **Rhododendron anthopogon** D. Don
分布：西藏；不丹、印度、巴基斯坦、尼泊尔

烈香杜鹃 **Rhododendron anthopogonoides** Maxim.
分布：甘肃、青海、四川

团花杜鹃 **Rhododendron anthosphaerum** Diels
分布：四川、云南、西藏；缅甸

宿鳞杜鹃 **Rhododendron aperantum** Balf. f. et Kingdon Ward
分布：云南；缅甸

茶绒杜鹃 **Rhododendron apricum** P. C. Tam
分布：福建

窄叶杜鹃 **Rhododendron araiophyllum** Balf. f. et W. W. Sm.
分布：云南；缅甸

窄叶杜鹃(原亚种) **Rhododendron araiophyllum** subsp. **araiophyllum**
分布：云南；缅甸

石生杜鹃 **Rhododendron araiophyllum** subsp. **lapidosum** (T. L. Ming) M. Y. Fang
分布：云南

树形杜鹃 **Rhododendron arboreum** Sm.
分布：西藏；不丹、印度、克什米尔地区、泰国、尼泊尔、斯里兰卡、越南

树形杜鹃(原变种) **Rhododendron arboreum** var. **arboreum**
分布：贵州、西藏；不丹、印度、尼泊尔

棕色树形杜鹃 **Rhododendron arboreum** var. **cinnamomeum** (Wall. ex G. Don) Lindl.
分布：西藏；尼泊尔

粉红树形杜鹃 **Rhododendron arboreum** var. **roseum** Lindl.
分布：西藏；不丹、印度

毛枝杜鹃 **Rhododendron argipeplum** Balf. f. et R. E. Cooper
分布：西藏；不丹、印度

银叶杜鹃 **Rhododendron argyrophyllum** Franch.
分布：四川、贵州、云南

银叶杜鹃(原亚种) **Rhododendron argyrophyllum** subsp. **argyrophyllum**
分布：四川、贵州、云南

黔东银叶杜鹃 **Rhododendron argyrophyllum** subsp. **nankingense** (Cowan) D. F. Chamb.
分布：四川、贵州

峨眉银叶杜鹃 **Rhododendron argyrophyllum** subsp. **omeiense** (Rehder et E. H. Wilson) D. F. Chamb.
分布：四川

夺目杜鹃 **Rhododendron arizelum** Balf. f. et Forrest
分布：云南、西藏；缅甸

瘤枝杜鹃 **Rhododendron asperulum** Hutch. et Kingdon Ward
分布：云南、西藏；缅甸

汶川星毛杜鹃 **Rhododendron asterochnoum** Diels
分布：四川

汶川星毛杜鹃(原变种) **Rhododendron asterochnoum** var. **asterochnoum**
分布：四川

短梗星毛杜鹃 **Rhododendron asterochnoum** var. **brevipedicellatum** W. K. Hu
分布：四川

暗紫杜鹃 **Rhododendron atropunicum** H. P. Yang
分布：四川

大关杜鹃 **Rhododendron atrovirens** Franch.
分布：四川、云南

毛肋杜鹃 **Rhododendron augustinii** Hemsl.
分布：甘肃、陕西、湖北、四川、云南

毛肋杜鹃(原亚种) **Rhododendron augustinii** subsp. **augustinii**
分布：陕西、湖北、四川

张口杜鹃 **Rhododendron augustinii** subsp. **chasmanthum** (Diels) Cullen
分布：甘肃、四川、云南

金背杜鹃 **Rhododendron aureodorsale** W. P. Fang ex J. Q. Fu in K. T. Fu et J. Q. Fu
分布：陕西

牛皮杜鹃 **Rhododendron aureum** Georgi
分布：吉林、辽宁；日本、朝鲜、蒙古国、俄罗斯

耳叶杜鹃 **Rhododendron auriculatum** Hemsl.
分布：陕西、湖北、重庆、贵州、广西

折萼杜鹃 **Rhododendron auritum** Tagg
分布：西藏

腺萼马银花 **Rhododendron bachii** H. Lév.
分布：安徽、浙江、江西、湖南、湖北、四川、贵州、广东、广西

百花岭杜鹃(新拟) **Rhododendron baihuaense** Y. P. Ma
分布：云南

辐花杜鹃 **Rhododendron baileyi** Balf. f.
分布：西藏；不丹、印度

百纳杜鹃 **Rhododendron bainaense** Xiang Chen et Cheng H. Yang
分布：贵州

毛萼杜鹃 **Rhododendron bainbridgeanum** Tagg et Forrest
分布：云南、西藏；缅甸

巴朗杜鹃 **Rhododendron balangense** W. P. Fang
分布：四川

粉钟杜鹃 **Rhododendron balfourianum** Diels
分布：四川、云南

粉钟杜鹃(原变种) **Rhododendron balfourianum** var. **balfourianum**
分布：四川、云南

白毛粉钟杜鹃 **Rhododendron balfourianum** var. **aganniphoides** Tagg et Forrest
分布：四川、云南

斑玛杜鹃 **Rhododendron bamaense** Z. J. Zhao
分布：青海

硬刺杜鹃 **Rhododendron barbatum** Wall. ex G. Don
分布：西藏；不丹、印度、尼泊尔

马尔康杜鹃 **Rhododendron barkamense** D. F. Chamb.
分布：四川

粗枝杜鹃 **Rhododendron basilicum** Balf. f. et W. W. Sm.
分布：云南；缅甸

多叶杜鹃 **Rhododendron bathyphyllm** Balf. f. et Forrest
分布：云南、西藏

刺枝杜鹃 **Rhododendron beanianum** Cowan
分布：西藏；印度、缅甸

宽钟杜鹃 **Rhododendron beesianum** Diels
分布：四川、云南、西藏；缅甸

美鳞杜鹃 **Rhododendron bellissimum** D. F. Chamb.
分布：四川

碧江杜鹃 **Rhododendron bijiangense** T. L. Ming
分布：云南

双被杜鹃 **Rhododendron bivelatum** Balf. f.
分布：云南

折多杜鹃 **Rhododendron bonvalotii** Franch.
分布：四川

柠檬杜鹃 **Rhododendron boothii** Nutt.
分布：西藏；不丹、印度

短花杜鹃 **Rhododendron brachyanthum** Franch.
分布：云南、西藏；缅甸

短花杜鹃(原亚种) **Rhododendron brachyanthum** subsp. **brachyanthum**
分布：云南

绿柱短花杜鹃 **Rhododendron brachyanthum** subsp. **hypolepidotum** (Franch.) Cullen
分布：云南、西藏；缅甸

短梗杜鹃 **Rhododendron brachypodum** W. P. Fang et P. S. Liu
分布：四川

苞叶杜鹃 **Rhododendron bracteatum** Rehder et E. H. Wilson
分布：四川

短尾杜鹃 **Rhododendron brevicaudatum** R. C. Fang et S. S. Chang
分布：贵州

短脉杜鹃 **Rhododendron brevinerve** Chun et W. P. Fang
分布：湖南、贵州、广东、广西

短鳞芽杜鹃 **Rhododendron breviperulatum** Hayata
分布：台湾

短柄杜鹃 **Rhododendron brevipetiolatum** M. Y. Fang
分布：四川

蜿蜒杜鹃 **Rhododendron bulu** Hutch.
分布：西藏

锈红杜鹃 **Rhododendron bureavii** Franch.
分布：四川、云南

蓝灰糙毛杜鹃 **Rhododendron caesium** Hutch.
分布：云南

卵叶杜鹃 **Rhododendron callimorphum** Balf. f. et W. W. Sm.
分布：云南；缅甸

卵叶杜鹃(原变种) **Rhododendron callimorphum** var. **callimorphum**
分布：云南

白花卵叶杜鹃 **Rhododendron callimorphum** var. **myiagrum** (Balf. f. et Forrest) D. F. Chamb.
分布：云南；缅甸

美容杜鹃 **Rhododendron calophytum** Franch.
分布：陕西、甘肃、湖北、四川、重庆、贵州、云南

美容杜鹃(原变种) **Rhododendron calophytum** var. **calophytum**
分布：陕西、甘肃、湖北、四川、贵州、云南

金佛山美容杜鹃 **Rhododendron calophytum** var. **jinfuense** Fang et W. K. Hu
分布：重庆

尖叶美容杜鹃 **Rhododendron calophytum** var. **openshawianum** (Rehder et E. H. Wilson) D. F. Chamb.
分布：四川、云南

疏花美容杜鹃 **Rhododendron calophytum** var. **pauciflorum** W. K. Hu
分布：四川、重庆

美被杜鹃 **Rhododendron calostrotum** Balf. f. et Kingdon Ward
分布：云南、西藏；印度、缅甸

美被杜鹃(原变种) **Rhododendron calostrotum** var. **calostrotum**
分布：云南、西藏；印度、缅甸

小叶美被杜鹃 **Rhododendron calostrotum** var. **calciphilum** (Hutch. et Kingdon Ward) Davidian
分布：云南、西藏；缅甸

变光杜鹃 **Rhododendron calvescens** Balf. f. et Forrest
分布：云南、西藏

变光杜鹃(原变种) **Rhododendron calvescens** var. **calvescens**
分布：云南、西藏

长梗变光杜鹃 **Rhododendron calvescens** var. **duseimatum** (Balf. f. et Forrest) D. F. Chamb.
分布：西藏

茶花杜鹃 **Rhododendron camelliiflorum** Hook. f.
分布：西藏；不丹、印度、尼泊尔

钟花杜鹃 **Rhododendron campanulatum** D. Don
分布：西藏；不丹、克什米尔地区、尼泊尔、印度

钟花杜鹃(原亚种) **Rhododendron campanulatum** subsp. **campanulatum**
分布：西藏；不丹、印度、克什米尔地区、尼泊尔

铜叶钟花杜鹃 **Rhododendron campanulatum** subsp. **aeruginosum** (Hook. f.) D. F. Chamb.
分布：西藏；尼泊尔、印度

弯果杜鹃 **Rhododendron campylocarpum** Hook. f.
分布：云南、西藏；不丹、印度、缅甸、尼泊尔

弯果杜鹃(原亚种) **Rhododendron campylocarpum** subsp. **campylocarpum**
分布：西藏；不丹、印度、尼泊尔

美丽弯果杜鹃 **Rhododendron campylocarpum** subsp. **caloxanthum** (I. B. Balfour et Farrer) D. F. Chamb.
分布：云南、西藏；缅甸

弯柱杜鹃 **Rhododendron campylogynum** Franch.
分布：云南、西藏；缅甸、印度

头花杜鹃 **Rhododendron capitatum** Maxim.
分布：陕西、甘肃、青海、四川

瓣萼杜鹃 **Rhododendron catacosmum** Balf. f. ex Tagg
分布：西藏

多花杜鹃 **Rhododendron cavaleriei** H. Lév.
分布：江西、湖南、贵州、广东、广西

毛喉杜鹃 **Rhododendron cephalanthum** Franch.
分布：青海、四川、云南、西藏；缅甸

樱花杜鹃 **Rhododendron cerasinum** Tagg
分布：西藏；缅甸

云雾杜鹃 **Rhododendron chamaethomsonii** (Tagg et Forrest) Cowan et Davidian
分布：云南、西藏

云雾杜鹃(原变种) **Rhododendron chamaethomsonii** var. **chamaethomsonii**
分布：云南、西藏

毛背云雾杜鹃 **Rhododendron chamaethomsonii** var. **chamaedoron** (Tagg et Forrest) D. F. Chamb.
分布：云南、西藏

短萼云雾杜鹃 **Rhododendron chamaethomsonii** var. **chamaethauma** (Tagg) Cowan et Davidian
分布：云南、西藏

刺毛杜鹃 **Rhododendron championiae** Hook.
分布：浙江、江西、湖南、福建、广东、广西

树枫杜鹃 **Rhododendron changii** (W. P. Fang) W. P. Fang
分布：重庆

雅容杜鹃 **Rhododendron charitopes** Balf. f. et Farrer
分布：云南、西藏；缅甸

雅容杜鹃(原亚种) **Rhododendron charitopes** subsp. **charitopes**
分布：云南；缅甸

藏布雅容杜鹃 **Rhododendron charitopes** subsp. **tsangpoense** (Kingdon Ward) Cullen
分布：西藏

红滩杜鹃 **Rhododendron chihsinianum** Chun et W. P. Fang
分布：广西

栖兰山杜鹃 **Rhododendron chilanshanense** Kurashige
分布：台湾

高山白花杜鹃 **Rhododendron chionanthum** Tagg et Forrest
分布：云南；缅甸

金萼杜鹃 **Rhododendron chrysocalyx** H. Lév. et Vaniot
分布：湖北、贵州、广西

金萼杜鹃(原变种) **Rhododendron chrysocalyx** var. **chrysocalyx**
分布：湖北、贵州、广西

秀山金萼杜鹃 **Rhododendron chrysocalyx** var. **xiushanense** (Fang) M. Y. He
分布：重庆

纯黄杜鹃 **Rhododendron chrysodoron** Tagg ex Hutcher
分布：云南、西藏；缅甸

椿年杜鹃 **Rhododendron chunienii** Chun et W. P. Fang
分布：广西

龙山杜鹃 **Rhododendron chunii** W. P. Fang
分布：广东

睫毛杜鹃 **Rhododendron ciliatum** Hook. f.
分布：西藏；不丹、尼泊尔、印度

睫毛萼杜鹃 **Rhododendron ciliicalyx** Franch.
分布：云南；越南

睫毛萼杜鹃(原亚种) **Rhododendron ciliicalyx** subsp. **ciliicalyx**
分布：云南；越南

长柱睫毛萼杜鹃 **Rhododendron ciliicalyx** subsp. **lyi** (H. Lév.) R. C. Fang
分布：贵州、云南；印度、老挝、缅甸、泰国、越南

香花白杜鹃 **Rhododendron ciliipes** Hutch.
分布：云南

朱砂杜鹃 **Rhododendron cinnabarinum** Hook. f.
分布：西藏；不丹、印度、尼泊尔

朱砂杜鹃(原亚种) **Rhododendron cinnabarinum** subsp. **cinnabarinum**
分布：西藏；不丹、印度、尼泊尔

龙江朱砂杜鹃 **Rhododendron cinnabarinum** subsp. **tamaense** (Davidian) Cullen
分布：云南；缅甸

卷毛杜鹃 **Rhododendron circinnatum** Cowan et Kingdon Ward
分布：西藏

橙黄杜鹃 **Rhododendron citriniflorum** Balf. f. et Forrest
分布：云南、西藏

美艳橙黄杜鹃 **Rhododendron citriniflorum** var. **horaeum** (Balf. f. et Forrest) D. F. Chamb.
分布：云南、西藏

麻点杜鹃 **Rhododendron clementinae** Forrest ex W. W. Sm.
分布：四川、云南

麻点杜鹃(原亚种) **Rhododendron clementinae** subsp. **clementinae**
分布：四川、云南

腺蕊杜鹃 **Rhododendron codonanthum** Balf. f. et Forrest
分布：云南

滇缅杜鹃 **Rhododendron coelicum** Balf. f. et Farrer
分布：云南；缅甸

粗脉杜鹃 **Rhododendron coeloneurum** Diels
分布：四川、重庆、贵州、云南

砾石杜鹃 **Rhododendron comisteum** Balf. f. et Forrest
分布：云南、西藏

环绕杜鹃 **Rhododendron complexum** Balf. f. et W. W. Sm.
分布：四川、云南

秀雅杜鹃 **Rhododendron concinnum** Hemsl.
分布：河南、陕西、湖北、四川、贵州、云南

革叶杜鹃 **Rhododendron coriaceum** Franch.
分布：云南、西藏

光蕊杜鹃 **Rhododendron coryanum** Tagg et Forrest
分布：云南、西藏

棒柱杜鹃 **Rhododendron crassimedium** P. C. Tam
分布：江西

粗柱杜鹃 **Rhododendron crassistylum** M. Y. He
分布：江西

白枝杜鹃 **Rhododendron cretaceum** P. C. Tam
分布：广东

长粗毛杜鹃 **Rhododendron crinigerum** Franch.
分布：四川、云南、西藏

长粗毛杜鹃(原变种) **Rhododendron crinigerum** var. **crinigerum**
分布：四川、云南、西藏

腺背长粗毛杜鹃 **Rhododendron crinigerum** var. **euadenium** Tagg et Forrest
分布：云南

楔叶杜鹃 **Rhododendron cuneatum** W. W. Sm.
分布：四川、云南

蓝果杜鹃 **Rhododendron cyanocarpum** (Franch.) W. W. Sm.
分布：云南

大橙杜鹃 **Rhododendron dachengense** G. Z. Li
分布：广西

大橙杜鹃(原变种) **Rhododendron dachengense** var. **dachengense**
分布：广西

圣堂杜鹃 **Rhododendron dachengense** var. **scopulum** G. Z. Li
分布：广西

长药杜鹃 **Rhododendron dalhousieae** Hook. f.
分布：西藏；孟加拉国、不丹、印度、尼泊尔

长药杜鹃(原变种) **Rhododendron dalhousieae** var. **dalhousieae**
分布：西藏；孟加拉国、不丹、印度、尼泊尔

红线长药杜鹃 **Rhododendron dalhousieae** var. **rhabdotum** (I. B. Balfour et R. E. Cooper) Cullen
分布：西藏；不丹、印度

丹巴杜鹃 **Rhododendron danbaense** L. C. Hu
分布：四川

漏斗杜鹃 **Rhododendron dasycladoides** Hand.-Mazz.
分布：四川、云南

毛瓣杜鹃 **Rhododendron dasypetalum** Balf. f. et Forrest
分布：云南

大田顶杜鹃 **Rhododendron datiandingense** Z. J. Feng
分布：广东

兴安杜鹃 **Rhododendron dauricum** L.
分布：黑龙江、吉林、内蒙古；日本、朝鲜、蒙古国、俄罗斯

腺果杜鹃 **Rhododendron davidii** Franch.
分布：四川、云南

凹叶杜鹃 **Rhododendron davidsonianum** Rehder et E. H. Wilson
分布：四川

道孚杜鹃 **Rhododendron dawuense** H. P. Yang
分布：四川

大瑶山杜鹃 **Rhododendron dayaoshanense** L. M. Gao et D. Z. Li
分布：广西

陡生杜鹃 **Rhododendron declivatum** Ching et H. P. Yang
分布：陕西

大白杜鹃 **Rhododendron decorum** Franch.
分布：四川、贵州、云南、西藏；缅甸

大白杜鹃(原亚种) **Rhododendron decorum** subsp. **decorum**
分布：四川、贵州、云南、西藏；缅甸

心叶大白杜鹃 **Rhododendron decorum** subsp. **cordatum** W. K. Hu
分布：云南

高尚大白杜鹃 **Rhododendron decorum** subsp. **diaprepes** (Balf. f. et W. W. Sm.) T. L. Ming
分布：四川、云南；缅甸

小柱大白杜鹃 **Rhododendron decorum** subsp. **parvistigmatis** W. K. Hu
分布：四川

隆子杜鹃 **Rhododendron dekatanum** Cowan
分布：西藏

马缨杜鹃 **Rhododendron delavayi** Franch.
分布：四川、贵州、云南、西藏、广西；印度、缅甸、泰国、越南

马缨杜鹃(原变种) **Rhododendron delavayi** var. **delavayi**
分布：四川、贵州、云南、广西；不丹、印度、缅甸、泰国、越南

腺柱马缨杜鹃(新拟) **Rhododendron delavayi** var. **adenostylum** Xiang Chen et X. Chen
分布：贵州

狭叶马缨杜鹃 **Rhododendron delavayi** var. **peramoenum** (Balf. f. et Forrest) T. L. Ming
分布：贵州、云南、西藏；印度、缅甸

毛柱马缨杜鹃 **Rhododendron delavayi** var. **pilostylum** K. M. Feng
分布：云南

微毛马缨杜鹃 **Rhododendron delavayi** var. **puberulum** Xiang Chen et X. Chen
分布：贵州

附生杜鹃 **Rhododendron dendricola** Hutch.
分布：云南；缅甸

树生杜鹃 **Rhododendron dendrocharis** Franch.
分布：四川

密叶杜鹃 **Rhododendron densifolium** K. M. Feng
分布：云南

皱叶杜鹃 **Rhododendron denudatum** H. Lév.
分布：四川、贵州、云南

皱叶杜鹃(原变种) **Rhododendron denudatum** var. **denudatum**
分布：四川、贵州、云南

光滑皱叶杜鹃(新拟) **Rhododendron denudatum** var. **glabriovarium** Xiang Chen et Xun Chen
分布：贵州

干净杜鹃 **Rhododendron detersile** Franch.
分布：陕西、四川

两色杜鹃 **Rhododendron dichroanthum** Diels
分布：云南；缅甸

两色杜鹃(原亚种) **Rhododendron dichroanthum** subsp. **dichroanthum**
分布：云南；缅甸

可喜杜鹃 **Rhododendron dichroanthum** subsp. **apodectum** (Balf. f. et W. W. Sm.) Cowan
分布：云南；缅甸

杯萼两色杜鹃 **Rhododendron dichroanthum** subsp. **scyphocalyx** (Balf. f. et Forrest) Cowan
分布：云南；缅甸

腺梗两色杜鹃 **Rhododendron dichroanthum** subsp. **septentrionale** Cowan
分布：云南；缅甸

疏毛杜鹃 **Rhododendron dignabile** Cowan
分布：西藏

苍山杜鹃 **Rhododendron dimitrum** Balf. f. et Forrest
分布：云南

腾冲杜鹃 **Rhododendron diphrocalyx** Balf. f.
分布：云南

喇叭杜鹃 **Rhododendron discolor** Franch.
分布：陕西、安徽、浙江、江西、湖南、湖北、四川、贵州、云南、广西

粉红爆杖花 **Rhododendron duclouxii** H. Lév.
分布：云南

灌丛杜鹃 **Rhododendron dumicola** Tagg et Forrest
分布：云南

峨边杜鹃 **Rhododendron ebianense** M. Y. Fang
分布：四川

杂色杜鹃 **Rhododendron eclecteum** Balf. f. et Forrest
分布：四川、云南、西藏；缅甸

杂色杜鹃(原变种) **Rhododendron eclecteum** var. **eclecteum**
分布：四川、云南、西藏；缅甸

长柄杂色杜鹃 **Rhododendron eclecteum** var. **bellatulum** Tagg
分布：云南、西藏

泡泡叶杜鹃 **Rhododendron edgeworthii** Hook. f.
分布：四川、云南、西藏；不丹、印度、缅甸

金江杜鹃 **Rhododendron elegantulum** Tagg et Forrest
分布：四川、云南

缺顶杜鹃 **Rhododendron emarginatum** Hemsl. et E. H. Wilson
分布：甘肃、贵州、云南

匍匐杜鹃 **Rhododendron erastum** Balf. f. et Forrest
分布：云南、西藏

枇杷叶杜鹃 **Rhododendron eriobotryoides** Xiang Chen et Jia Y. Huang
分布：贵州

啮蚀杜鹃 **Rhododendron erosum** Cowan
分布：西藏

显萼杜鹃 **Rhododendron erythrocalyx** Balf. f. et Forrest
分布：云南、西藏

喙尖杜鹃 **Rhododendron esetulosum** Balf. f. et Forrest
分布：云南、西藏

滇西杜鹃 **Rhododendron euchroum** Balf. f. et Kingdon Ward
分布：云南；缅甸

华丽杜鹃 **Rhododendron eudoxum** Balf. f. et Forrest
分布：云南、西藏

华丽杜鹃(原变种) **Rhododendron eudoxum** var. **eudoxum**
分布：云南、西藏

褐叶华丽杜鹃 **Rhododendron eudoxum** var. **brunneifolium** (Balf. f. et Forrest) D. F. Chamb.
分布：西藏

白毛华丽杜鹃 **Rhododendron eudoxum** var. **mesopolium** (Balf. f. et Forrest) D. F. Chamb.
分布：云南、西藏

宽筒杜鹃 **Rhododendron eurysiphon** Tagg et Forrest
分布：西藏

粗糙叶杜鹃花 **Rhododendron exasperatum** Tagg
分布：西藏；印度、缅甸

大喇叭杜鹃 **Rhododendron excellens** Hemsl. et E. H. Wilson
分布：贵州、云南；越南

金顶杜鹃 **Rhododendron faberi** Hemsl.
分布：四川

金顶杜鹃(原亚种) **Rhododendron faberi** subsp. **faberi**
分布：四川

大叶金顶杜鹃 **Rhododendron faberi** subsp. **prattii** (Franch.) D. F. Chamb.
分布：四川

绵毛房杜鹃 **Rhododendron facetum** Balf. f. et Kingdon Ward
分布：云南；缅甸、越南

大云锦杜鹃 **Rhododendron faithiae** Chun
分布：广东

防城杜鹃 **Rhododendron fangchengense** P. C. Tam
分布：广西

钝头杜鹃 **Rhododendron farinosum** H. Lév.
分布：云南

丁香杜鹃 **Rhododendron farrerae** Sweet
分布：江西、湖南、福建、广东、广西

密枝杜鹃 **Rhododendron fastigiatum** Franch.
分布：青海、四川、云南

猴斑杜鹃 **Rhododendron faucium** D. F. Chamb.
分布：西藏；尼泊尔、印度

黔中杜鹃 **Rhododendron feddei** H. Lév.
分布：贵州

黄药杜鹃 **Rhododendron flavantherum** Hutch. et Kingdon Ward
分布：西藏

淡黄杜鹃 **Rhododendron flavidum** Franch.
分布：四川

淡黄杜鹃(原变种) **Rhododendron flavidum** var. **flavidum**
分布：四川

光柱淡黄杜鹃 **Rhododendron flavidum** var. **psilostylum** Rehder et E. H. Wilson
分布：四川

泸水杜鹃 **Rhododendron flavoflorum** T. L. Ming
分布：云南

翅柄杜鹃 **Rhododendron fletcherianum** Davidian
分布：云南、西藏

绵毛杜鹃 **Rhododendron floccigerum** Franch.
分布：云南、西藏

繁花杜鹃 **Rhododendron floribundum** Franch.
分布：四川、贵州、云南

龙岩杜鹃 **Rhododendron florulentum** P. C. Tam
分布：福建、广东

子花杜鹃 **Rhododendron flosculum** W. P. Fang et G. Z. Li
分布：广西

河边杜鹃 **Rhododendron flumineum** W. P. Fang et M. Y. He
分布：云南

台湾杜鹃 **Rhododendron formosanum** Hemsl.
分布：台湾

紫背杜鹃 **Rhododendron forrestii** Balf. f. ex Diels
分布：云南、西藏；缅甸

紫背杜鹃(原亚种) **Rhododendron forrestii** subsp. **forrestii**
分布：云南、西藏；缅甸

乳突紫背杜鹃 **Rhododendron forrestii** subsp. **papillatum** D. F. Chamb.
分布：西藏

云锦杜鹃 **Rhododendron fortunei** Lindl.
分布：河南、陕西、安徽、浙江、江西、湖南、湖北、重庆、贵州、云南、福建、广东、广西

草莓花杜鹃 **Rhododendron fragariiflorum** Kingdon Ward
分布：西藏；不丹

贵定杜鹃 **Rhododendron fuchsiifolium** H. Lév.
分布：贵州、广东、广西

猩红杜鹃 **Rhododendron fulgens** Hook. f.
分布：西藏；不丹、尼泊尔、印度

镰果杜鹃 **Rhododendron fulvum** I. B. Balfour et W. W. Sm.
分布：云南、西藏；缅甸

镰果杜鹃(原亚种) **Rhododendron fulvum** subsp. **fulvum**
分布：云南；缅甸

棕叶镰果杜鹃 **Rhododendron fulvum** subsp. **fulvoides** (Balf. f.) D. F. Chamb.
分布：四川、云南、西藏

棕毛杜鹃 **Rhododendron fuscipilum** M. Y. He
分布：广西

富源杜鹃 **Rhododendron fuyuanense** Zeng H. Yang
分布：云南

乳黄叶杜鹃 **Rhododendron galactinum** Balf. f. ex Tagg
分布：四川

甘南杜鹃 **Rhododendron gannanense** Z. C. Feng et X. G. Sun
分布：甘肃

大芽杜鹃 **Rhododendron gemmiferum** M. N. Philipson et Philipson
分布：云南

灰白杜鹃 **Rhododendron genestierianum** Forrest
分布：云南、西藏；缅甸

大果杜鹃 **Rhododendron glanduliferum** Franch.
分布：云南

粘毛杜鹃 **Rhododendron glischrum** Balf. f. et W. W. Sm.
分布：云南、西藏；缅甸

粘毛杜鹃(原亚种) **Rhododendron glischrum** subsp. **glischrum**
分布：云南；缅甸

红粘毛杜鹃 **Rhododendron glischrum** subsp. **rude** (Tagg et Forrest) D. F. Chamb.
分布：云南；尼泊尔、印度

果洛杜鹃 **Rhododendron gologense** C. J. Xu et Z. J. Zhao
分布：青海

贡嘎山杜鹃 **Rhododendron gonggashanense** W. K. Hu
分布：四川

贡山杜鹃 **Rhododendron gongshanense** T. L. Ming
分布：云南

大叶杜鹃 **Rhododendron grande** Wight
分布：西藏；不丹、印度、尼泊尔

朱红大杜鹃 **Rhododendron griersonianum** Balf. f. et Forrest
分布：云南；缅甸

不丹杜鹃 **Rhododendron griffithianum** Wight
分布：西藏；不丹、印度、尼泊尔

广南杜鹃 **Rhododendron guangnanense** R. C. Fang
分布：云南

桂海杜鹃 **Rhododendron guihainianum** G. Z. Li
分布：广西

腺柱杜鹃 **Rhododendron guizhongense** G. Z. Li
分布：广西

贵州杜鹃 **Rhododendron guizhouense** M. Y. Fang
分布：湖南、贵州、广西

粗毛杜鹃 **Rhododendron habrotrichum** Balf. f. et W. W. Sm.
分布：云南；缅甸

似血杜鹃 **Rhododendron haematodes** Franch.
分布：云南、西藏；尼泊尔、缅甸

似血杜鹃(原亚种) **Rhododendron haematodes** subsp. **haematodes**
分布：云南

绢毛杜鹃 **Rhododendron haematodes** subsp. **chaetomallum** (Balf. f. et Forrest) D. F. Chamb.
分布：云南、西藏；尼泊尔、缅甸

海南杜鹃 **Rhododendron hainanense** Merr.
分布：广西、海南

疏叶杜鹃 **Rhododendron hanceanum** Hemsl.
分布：四川

滇南杜鹃 **Rhododendron hancockii** Hemsl.
分布：云南、广西

滇南杜鹃(原变种) **Rhododendron hancockii** var. **hancockii**
分布：云南、广西

长萼滇南杜鹃 **Rhododendron hancockii** var. **longisepalum** R. C. Fang et C. H. Yang
分布：云南

光枝杜鹃 **Rhododendron haofui** Chun et W. P. Fang
分布：江西、湖南、贵州、云南、广西

黑竹沟杜鹃 **Rhododendron heizhugouense** M. Y. He et L. C. Hu
分布：四川

合江杜鹃 **Rhododendron hejiangense** M. Y. He
分布：四川

亮鳞杜鹃 **Rhododendron heliolepis** Franch.
分布：四川、云南、西藏；缅甸

亮鳞杜鹃(原变种) **Rhododendron heliolepis** var. **heliolepis**
分布：四川、云南、西藏；缅甸

灰褐亮鳞杜鹃 **Rhododendron heliolepis** var. **fumidum** (Balf. f. et W. W. Sm.) R. C. Fang
分布：云南

毛冠亮鳞杜鹃 **Rhododendron heliolepis** var. **oporinum** (Balf. f. et Kingdon Ward) A. L. Chang
分布：云南；缅甸

粉背碎米花 **Rhododendron hemitrichotum** Balf. f. et Forrest
分布：四川、云南

波叶杜鹃 **Rhododendron hemsleyanum** E. H. Wilson
分布：四川

波叶杜鹃(原变种) **Rhododendron hemsleyanum** var. **hemsleyanum**
分布：四川

无腺杜鹃 **Rhododendron hemsleyanum** var. **chengianum** (W. P. Fang) W. P. Fang ex W. K. Hu
分布：四川

河南杜鹃 **Rhododendron henanense** W. P. Fang
分布：河南

河南杜鹃(原亚种) **Rhododendron henanense** subsp. **henanense**
分布：河南

灵宝杜鹃 **Rhododendron henanense** subsp. **lingbaoense** W. P. Fang
分布：河南

弯蒴杜鹃 **Rhododendron henryi** Hance
分布：浙江、江西、福建、台湾、广东、广西

弯蒴杜鹃(原变种) **Rhododendron henryi** var. **henryi**
分布：浙江、江西、福建、台湾、广东、广西

秃房弯蒴杜鹃 **Rhododendron henryi** var. **dunnii** (E. H. Wilson) M. Y. He
分布：浙江、江西、福建、广东、广西

异常杜鹃 **Rhododendron heteroclitum** H. P. Yang
分布：四川

灰背杜鹃 **Rhododendron hippophaeoides** I. B. Balfour et W. W. Sm.
分布：四川、云南

灰背杜鹃(原变种) **Rhododendron hippophaeoides** var. **hippophaeoides**
分布：四川、云南

长柱灰背杜鹃 **Rhododendron hippophaeoides** var. **occidentale** M. N. Philipson et Philipson
分布：云南

凸脉杜鹃 **Rhododendron hirsutipetiolatum** A. L. Chang et R. C. Fang
分布：云南

硬毛杜鹃 **Rhododendron hirtipes** Tagg
分布：西藏

多裂杜鹃 **Rhododendron hodgsonii** Hook. f.
分布：西藏；不丹、印度、尼泊尔

川北杜鹃 **Rhododendron hoi** W. P. Fang
分布：四川

白马银花 **Rhododendron hongkongense** Hutch.
分布：江西、广东、香港

串珠杜鹃 **Rhododendron hookeri** Nutt.
分布：西藏；印度

华顶杜鹃 **Rhododendron huadingense** B. Y. Ding et Y. Y. Fang
分布：浙江

黄坪杜鹃 **Rhododendron huangpingense** Xiang Chen et Jia Y. Huang
分布：贵州

凉山杜鹃 **Rhododendron huanum** W. P. Fang
分布：四川、重庆、贵州、云南

大鳞杜鹃 **Rhododendron huguangense** P. C. Tam
分布：湖南、广东、广西

会东杜鹃 **Rhododendron huidongense** T. L. Ming
分布：四川

湖南杜鹃 **Rhododendron hunanense** Chun ex P. C. Tam
分布：江西、湖南

岷江杜鹃 **Rhododendron hunnewellianum** Rehder et E. H. Wilson
分布：甘肃、四川

岷江杜鹃(原亚种) **Rhododendron hunnewellianum** subsp. **hunnewellianum**
分布：四川

黄毛岷江杜鹃 **Rhododendron hunnewellianum** subsp. **rockii** (E. H. Wilson) D. F. Chamb.
分布：甘肃、四川

粉果杜鹃 **Rhododendron hylaeum** Balf. f. et Farrer
分布：云南、西藏；缅甸

毛花杜鹃 **Rhododendron hypenanthum** Balf. f.
分布：西藏；不丹、印度、尼泊尔

微笑杜鹃 **Rhododendron hyperythrum** Hayata
分布：台湾

背绒杜鹃 **Rhododendron hypoblematosum** Tam
分布：江西

粉白杜鹃 **Rhododendron hypoglaucum** Hemsl.
分布：陕西、湖北、重庆

肉红杜鹃 **Rhododendron igneum** Cowan
分布：西藏

粉紫杜鹃 **Rhododendron impeditum** Balf. f. et W. W. Sm.
分布：四川、云南

皋月杜鹃 **Rhododendron indicum** (L.) Sweet
分布：上海、广东；日本

短尖杜鹃 **Rhododendron inopinum** Balf. f.
分布：四川

不凡杜鹃 **Rhododendron insigne** Hemsl. et E. H. Wilson
分布：四川

不凡杜鹃(原变种) **Rhododendron insigne** var. **insigne**
分布：四川

合江银叶杜鹃 **Rhododendron insigne** var. **hejiangense** (W. P. Fang) M. Y. Fang
分布：四川

隐蕊杜鹃 **Rhododendron intricatum** Franch.
分布：四川、云南

绝伦杜鹃 **Rhododendron invictum** Balf. f. et Farrer
分布：甘肃

露珠杜鹃 **Rhododendron irroratum** Franch.
分布：四川、贵州、云南

露珠杜鹃(原亚种) **Rhododendron irroratum** subsp. **irroratum**
分布：四川、贵州、云南

红花露珠杜鹃 **Rhododendron irroratum** subsp. **pogonostylum** (Balf. f. et W. W. Sm.) D. F. Chamb.
分布：贵州、云南；越南

彝良露珠杜鹃 **Rhododendron irroratum** subsp. **yiliangense** M. Rob. et McQuire ex N. Lancaster
分布：云南

素馨杜鹃 **Rhododendron jasminoides** M. Y. He
分布：广西

金波杜鹃 **Rhododendron jinboense** Xiang Chen et X. Chen
分布：贵州

金厂杜鹃 **Rhododendron jinchangense** Zeng H. Yang
分布：云南

井冈山杜鹃 **Rhododendron jingangshanicum** P. C. Tam
分布：江西

金平杜鹃 **Rhododendron jinpingense** W. P. Fang et M. Y. He
分布：云南

金秀杜鹃 **Rhododendron jinxiuense** W. P. Fang et M. Y. He
分布：广西

九龙山杜鹃(新拟) **Rhododendron jiulongshanense** X. Chen et J. Y. Huang
分布：贵州

卓尼杜鹃 **Rhododendron joniense** Ching et H. P. Yang
分布：甘肃

台北杜鹃 **Rhododendron kanehirae** E. H. Wilson
分布：台湾

黄管杜鹃 **Rhododendron kasoense** Hutch. et Kingdon Ward
分布：西藏；印度

着生杜鹃 **Rhododendron kawakamii** Hayata
分布：台湾

着生杜鹃(原变种) **Rhododendron kawakamii** var. **kawakamii**
分布：台湾

黄色着生杜鹃 **Rhododendron kawakamii** var. **flaviflorum** Liu et Chuang
分布：台湾

独龙杜鹃 **Rhododendron keleticum** Balf. f. et Forrest
分布：云南、西藏；缅甸

多斑杜鹃 **Rhododendron kendrickii** Nutt.
分布：西藏；不丹、印度

管花杜鹃 **Rhododendron keysii** Nutt.
分布：西藏；不丹、印度

江西杜鹃 **Rhododendron kiangsiense** W. P. Fang
分布：江西

工布杜鹃 **Rhododendron kongboense** Hutch.
分布：西藏；不丹

广西杜鹃 **Rhododendron kwangsiense** Hu ex P. C. Tam
分布：湖南、贵州、广东、广西

广西杜鹃(原变种) **Rhododendron kwangsiense** var. **kwangsiense**
分布：湖南、贵州、广东、广西

钝圆杜鹃 **Rhododendron kwangsiense** var. **obovatifolium** P. C. Tam
分布：广东

广东杜鹃 **Rhododendron kwangtungense** Merr. et Chun
分布：湖南、广东、广西

星毛杜鹃 **Rhododendron kyawii** Lace et W. W. Sm.
分布：云南；缅甸

拉卜楞杜鹃 **Rhododendron labolengense** Ching et H. P. Yang
分布：甘肃

乳黄杜鹃 **Rhododendron lacteum** Franch.
分布：云南

淡种杜鹃 **Rhododendron lanatoides** D. F. Chamb.
分布：西藏

黄钟杜鹃 **Rhododendron lanatum** Hook. f.
分布：西藏；不丹、印度

林生杜鹃 **Rhododendron lanigerum** Tagg
分布：西藏；印度

老君山杜鹃 **Rhododendron laojunshanense** M. Y. Fang
分布：云南

高山杜鹃 **Rhododendron lapponicum** (L.) Wahlenb.
分布：黑龙江、吉林、辽宁、内蒙古；朝鲜、俄罗斯；欧洲、北美洲

毛花杜鹃 **Rhododendron lasiostylum** Hayata
分布：台湾

侧花杜鹃 **Rhododendron lateriflorum** R. C. Fang et A. L. Chang
分布：云南

西施花 **Rhododendron latoucheae** Franch.
分布：安徽、浙江、江西、湖南、湖北、四川、贵州、福建、台湾、广东、广西；日本

毛冠杜鹃 **Rhododendron laudandum** Cowan
分布：西藏；不丹

毛冠杜鹃(原变种) **Rhododendron laudandum** var. **laudandum**
分布：西藏；不丹

疏毛冠杜鹃 **Rhododendron laudandum** var. **temoense** Kingdon Ward ex Cowan et Davidian
分布：西藏

雷波杜鹃 **Rhododendron leiboense** Z. J. Zhao
分布：四川

雷山杜鹃 **Rhododendron leishanicum** W. P. Fang et X. S. Zhang
分布：贵州

常绿糙毛杜鹃 **Rhododendron lepidostylum** Balf. f. et Forrest
分布：云南

鳞腺杜鹃 **Rhododendron lepidotum** Wall. ex G. Don
分布：四川、云南、西藏；不丹、印度、缅甸、尼泊尔

异鳞杜鹃 **Rhododendron leptocarpum** Nutt.
分布：云南、西藏；不丹、印度、缅甸

金平林生杜鹃 **Rhododendron leptocladon** Dop
分布：云南；越南

腺绒杜鹃 **Rhododendron leptopeplum** Balf. f. et Forrest
分布：云南

薄叶马银花 **Rhododendron leptothrium** Balf. f. et Forrest
分布：云南；缅甸

白背杜鹃 **Rhododendron leucaspis** Tagg
分布：西藏

南岭杜鹃 **Rhododendron levinei** Merr.
分布：湖南、贵州、福建、广东、广西

辽西杜鹃 **Rhododendron liaoxigense** S. L. Tung et Z. Lu
分布：辽宁

荔波杜鹃 **Rhododendron liboense** Zheng R. C. et K. M. Lan
分布：贵州

紫花杜鹃(新拟) **Rhododendron lilacinum** X. Chen ex X. Chen
分布：贵州

百合花杜鹃 **Rhododendron liliiflorum** H. Lév.
分布：湖南、贵州、云南、广西

大花杜鹃 **Rhododendron lindleyi** T. Moore
分布：西藏；不丹、印度、孟加拉国、缅甸、尼泊尔

线萼杜鹃 **Rhododendron linearilobum** R. C. Fang et A. L. Chang
分布：云南、西藏

临桂杜鹃 **Rhododendron linguiense** G. Z. Li
分布：广西

荔叶杜鹃 **Rhododendron litchiifolium** T. C. Wu et P. C. Tam
分布：广东

长鳞杜鹃 **Rhododendron longesquamatum** C. K. Schneid.
分布：四川

长萼杜鹃 **Rhododendron longicalyx** M. Y. Fang
分布：四川

长尖杜鹃 **Rhododendron longifalcatum** P. C. Tam
分布：广西

凸纹杜鹃 **Rhododendron longilobum** L. M. Gao et D. Z. Li
分布：云南

长鳞芽杜鹃 **Rhododendron longiperulatum** Hayata
分布：台湾

长柄杜鹃 **Rhododendron longipes** Rehder et E. H. Wilson
分布：四川、云南

长柄杜鹃(原变种) **Rhododendron longipes** var. **longipes**
分布：四川、贵州、云南

金山杜鹃 **Rhododendron longipes** var. **chienianum** (W. P. Fang) D. F. Chamb.
分布：重庆、云南

长柱杜鹃 **Rhododendron longistylum** Rehder et E. H. Wilson
分布：四川、云南

长柱杜鹃(原亚种) **Rhododendron longistylum** subsp. **longistylum**
分布：四川

平卧长轴杜鹃 **Rhododendron longistylum** subsp. **decumbens** R. C. Fang
分布：云南

忍冬杜鹃 **Rhododendron loniceriflorum** Tam
分布：福建

广口杜鹃 **Rhododendron ludlowii** Cowan
分布：西藏；印度

炉霍杜鹃 **Rhododendron luhuoense** H. P. Yang
分布：四川

蜡叶杜鹃 **Rhododendron lukiangense** Franch.
分布：四川、云南、西藏

鲁浪杜鹃 **Rhododendron lulangense** L. C. Hu et Tateishi
分布：西藏

龙溪杜鹃 **Rhododendron lungchiense** W. P. Fang
分布：四川

黄花杜鹃 **Rhododendron lutescens** Franch.
分布：四川、贵州、云南

长蒴杜鹃 **Rhododendron mackenzianum** Forrest
分布：云南、西藏；尼泊尔、缅甸

麻花杜鹃 **Rhododendron maculiferum** Franch.
分布：陕西、甘肃、湖南、湖北、四川、重庆、贵州

麻花杜鹃(原亚种) **Rhododendron maculiferum** subsp. **maculiferum**
分布：陕西、甘肃、湖北、四川、重庆、贵州

黄山杜鹃 **Rhododendron maculiferum** subsp. **anwheiense** (E. H. Wilson) D. F. Chamb.
分布：安徽、浙江、江西、湖南、广西

隐脉杜鹃 **Rhododendron maddenii** Hook. f.
分布：西藏；不丹、印度、缅甸

隐脉杜鹃(原亚种) **Rhododendron maddenii** subsp. **maddenii**
分布：西藏；不丹、印度

滇隐脉杜鹃 **Rhododendron maddenii** subsp. **crassum** (Franch.) Cullen
分布：云南、西藏；印度、缅甸、越南

强壮杜鹃 **Rhododendron magnificum** Kingdon Ward
分布：西藏；缅甸

贵州大花杜鹃 **Rhododendron magniflorum** W. K. Hu
分布：贵州

马关杜鹃 **Rhododendron maguanense** K. M. Feng
分布：云南

米林杜鹃 **Rhododendron mainlingense** S. H. Huang et R. C. Fang
分布：西藏

麻栗坡杜鹃 **Rhododendron malipoense** M. Y. He
分布：云南

羊毛杜鹃 **Rhododendron mallotum** Balf. f. et Kingdon Ward
分布：云南；缅甸

猫儿山杜鹃 **Rhododendron maoerense** W. P. Fang et Q. Z. Lin
分布：广西

茂汶杜鹃 **Rhododendron maowenense** Ching et H. P. Yang
分布：四川

岭南杜鹃 **Rhododendron mariae** Hance
分布：安徽、江西、湖南、贵州、福建、广东、广西

岭南杜鹃(原亚种) **Rhododendron mariae** subsp. **mariae**
分布：安徽、江西、湖南、贵州、福建、广东、广西

岭南河边杜鹃(新拟) **Rhododendron mariae** subsp. **flumineum** (Fang et M. Y. He) X. F. Jin et B. Y. Ding
分布：云南

岭南亮毛杜鹃(新拟) **Rhododendron mariae** subsp. **microphyton** (Franch.) X. F. Jin et B. Y. Ding
分布：四川、云南

满山红 **Rhododendron mariesii** Hemsl. et E. H. Wilson
分布：河北、河南、陕西、安徽、江苏、浙江、江西、湖南、湖北、四川、重庆、贵州、福建、台湾、广东、广西

少花杜鹃 **Rhododendron martinianum** Balf. f. et Forrest
分布：云南、西藏；缅甸

红萼杜鹃 **Rhododendron meddianum** Forrest
分布：云南；缅甸

红萼杜鹃(原变种) **Rhododendron meddianum** var. **meddianum**
分布：云南；缅甸

腺房红萼杜鹃 **Rhododendron meddianum** var. **atrokermesinum** Tagg
分布：云南；缅甸

墨脱马银花 **Rhododendron medoense** W. P. Fang et M. Y. He
分布：西藏

大萼杜鹃 **Rhododendron megacalyx** Balf. f. et Kingdon Ward
分布：云南、西藏；印度、缅甸

西藏杜鹃 **Rhododendron megalanthum** M. Y. Fang
分布：西藏

招展杜鹃 **Rhododendron megeratum** Balf. f. et Forrest
分布：云南、西藏；印度、缅甸

弯月杜鹃 **Rhododendron mekongense** Franch.
分布：云南、西藏；缅甸、尼泊尔

弯月杜鹃(原变种) **Rhododendron mekongense** var. **mekongense**
分布：云南、西藏；缅甸、尼泊尔

长毛弯月杜鹃 **Rhododendron mekongense** var. **longipilosum** (Cowan) Cullen
分布：云南、西藏；缅甸

密花弯月杜鹃 **Rhododendron mekongense** var. **melinanthum** (Balf. f. et Kingdon Ward) Cullen
分布：云南、西藏；缅甸

红线弯月杜鹃 **Rhododendron mekongense** var. **rubrolineatum** (Balf. f. et Forrest) Cullen
分布：云南、西藏；印度

蒙自杜鹃 **Rhododendron mengtszense** Balf. f. et W. W. Sm.
分布：云南

南边杜鹃 **Rhododendron meridionale** P. C. Tam
分布：广西

南边杜鹃(原变种) **Rhododendron meridionale** var. **meridionale**
分布：广西

狭叶南边杜鹃 **Rhododendron meridionale** var. **minus** P. C. Tam
分布：广西

糙柱杜鹃 **Rhododendron meridionale** var. **setistylum** P. C. Tam
分布：广西

冕宁杜鹃 **Rhododendron mianningense** Z. J. Zhao
分布：四川

照山白 **Rhododendron micranthum** Turcz.
分布：黑龙江、吉林、辽宁、内蒙古、河北、北京、山西、山东、河南、陕西、甘肃、青海、湖南、湖北、四川；朝鲜

短蕊杜鹃 **Rhododendron microgynum** Balf. f. et Forrest
分布：云南、西藏

亮毛杜鹃 **Rhododendron microphyton** Franch.
分布：四川、贵州、云南、广西；缅甸

亮毛杜鹃(原变种) **Rhododendron microphyton** var. **microphyton**
分布：四川、贵州、云南、广西；缅甸

碧江亮毛杜鹃 **Rhododendron microphyton** var. **trichanthum** A. L. Chang ex R. C. Fang
分布：云南

优异杜鹃 **Rhododendron mimetes** Tagg et Forrest
分布：四川

焰红杜鹃 **Rhododendron miniatum** Cowan
分布：西藏

小花杜鹃 **Rhododendron minutiflorum** Hu
分布：广东、广西

黄褐杜鹃 **Rhododendron minyaense** M. N. Philipson et Philipson
分布：四川

头巾马银花 **Rhododendron mitriforme** P. C. Tam
分布：湖南、广西

头巾马银花(原变种) **Rhododendron mitriforme** var. **mitriforme**
分布：湖南、广东、广西

腺刺马银花 **Rhododendron mitriforme** var. **setaceum** P. C. Tam
分布：广西

米易杜鹃 **Rhododendron miyiense** W. K. Hu
分布：四川

羊踯躅 **Rhododendron molle** (Blume) G. Don
分布：河南、安徽、江苏、浙江、江西、湖南、湖北、四川、贵州、云南、福建、广东、广西

柔毛碎米花 **Rhododendron mollicomum** Balf. f. et W. W. Sm.
分布：四川、云南

一朵花杜鹃 **Rhododendron monanthum** Balf. f. et W. W. Sm.
分布：云南、西藏；缅甸

山地杜鹃 **Rhododendron montiganum** T. L. Ming
分布：云南

墨脱杜鹃 **Rhododendron montroseanum** Davidian
分布：西藏

玉山杜鹃 **Rhododendron morii** Hayata
分布：台湾

毛棉杜鹃 **Rhododendron moulmainense** Hook.
分布：江西、湖南、四川、贵州、云南、福建、广东、广西；柬埔寨、印度尼西亚、老挝、马来西亚、缅甸、泰国、越南

宝兴杜鹃 **Rhododendron moupinense** Franch.
分布：四川、贵州、云南

白花杜鹃 **Rhododendron mucronatum** (Blume) G. Don
分布：江苏、浙江、江西、四川、云南、福建、广东、广西；印度尼西亚、日本、越南；欧洲、北美洲

迎红杜鹃 **Rhododendron mucronulatum** Turcz.
分布：辽宁、内蒙古、河北、北京、山东、江苏；日本、朝鲜、蒙古国、俄罗斯

铁仔叶杜鹃 **Rhododendron myrsinifolium** Ching ex Fang et M. Y. He
分布：广西

南昆杜鹃 **Rhododendron naamkwanense** Merr.
分布：江西、广东

南昆杜鹃(原变种) **Rhododendron naamkwanense** var. **naamkwanense**
分布：江西、广东

紫薇春 **Rhododendron naamkwanense** var. **cryptonerve** P. C. Tam
分布：江西、广东

那克哈杜鹃 **Rhododendron nakaharae** Hayata
分布：台湾

德钦杜鹃 **Rhododendron nakotiltum** Balf. f. et Forrest
分布：云南

南涧杜鹃 **Rhododendron nanjianense** K. M. Feng et Z. H. Yang
分布：云南

南平杜鹃 **Rhododendron nanpingense** P. C. Tam
分布：福建

火红杜鹃 **Rhododendron neriiflorum** Franch.
分布：云南、西藏

火红杜鹃(原变种) **Rhododendron neriiflorum** var. **neriiflorum**
分布：云南、西藏

网眼火红杜鹃 **Rhododendron neriiflorum** var. **agetum** (Balf. f. et Forrest) T. L. Ming
分布：云南

腺房火红杜鹃 **Rhododendron neriiflorum** var. **appropinquans** (Tagg et Forrest) W. K. Hu
分布：云南、西藏；印度、缅甸

大炮山杜鹃 **Rhododendron nigroglandulosum** Nitz.
分布：四川

光亮杜鹃 **Rhododendron nitidulum** Rehder et E. H. Wilson
分布：四川

光亮杜鹃(原变种) **Rhododendron nitidulum** var. **nitidulum**
分布：四川

峨眉光亮杜鹃 **Rhododendron nitidulum** var. **omeiense** M. N. Philipson et Philipson
分布：四川

雪层杜鹃 **Rhododendron nivale** Hook. f.
分布：青海、西藏；不丹、尼泊尔、印度

雪层杜鹃(原亚种) **Rhododendron nivale** subsp. **nivale**
分布：青海、西藏；不丹、尼泊尔、印度

南方雪层杜鹃 **Rhododendron nivale** subsp. **australe** M. N. Philipson et Philipson
分布：四川、云南

北方雪层杜鹃 **Rhododendron nivale** subsp. **boreale** M. N. Philipson et Philipson
分布：青海、四川、云南、西藏

西藏毛脉杜鹃 **Rhododendron niveum** Hook. f.
分布：西藏；不丹、印度

细叶杜鹃 **Rhododendron noriakianum** Suzuki
分布：台湾

木兰杜鹃 **Rhododendron nuttallii** Booth
分布：西藏；不丹、印度

林芝杜鹃 **Rhododendron nyingchiense** R. C. Fang et S. H. Huang
分布：西藏

睡莲叶杜鹃 **Rhododendron nymphaeoides** W. K. Hu
分布：四川

倒矛杜鹃 **Rhododendron oblancifolium** M. Y. Fang
分布：贵州

钝叶杜鹃 **Rhododendron obtusum** (Lindl.) Planch.
分布：广东；日本

峨马杜鹃 **Rhododendron ochraceum** Rehder et E. H. Wilson
分布：四川、云南

峨马杜鹃(原变种) **Rhododendron ochraceum** var. **ochraceum**
分布：四川、云南

短果峨马杜鹃 **Rhododendron ochraceum** var. **brevicarpum** W. K. Hu
分布：重庆

八蕊杜鹃 **Rhododendron octandrum** M. Y. He
分布：贵州

砖红杜鹃 **Rhododendron oldhamii** Maxim.
分布：台湾

稀果杜鹃 **Rhododendron oligocarpum** W. P. Fang et X. S. Zhang
分布：贵州、广西

团叶杜鹃 **Rhododendron orbiculare** Decne.
分布：四川

团叶杜鹃(原亚种) **Rhododendron orbiculare** subsp. **orbiculare**
分布：四川

心基杜鹃 **Rhododendron orbiculare** subsp. **cardiobasis** (Sleumer) D. F. Chamb.
分布：广西

长圆团叶杜鹃 **Rhododendron orbiculare** subsp. **oblongum** W. K. Hu
分布：广西

山光杜鹃 **Rhododendron oreodoxa** Franch.
分布：甘肃、湖北、四川

山光杜鹃(原变种) **Rhododendron oreodoxa** var. **oreodoxa**
分布：甘肃、湖北、四川

腺柱山光杜鹃 **Rhododendron oreodoxa** var. **adenostylosum** W. P. Fang et W. K. Hu
分布：四川、西藏

粉红杜鹃 **Rhododendron oreodoxa** var. **fargesii** (Franch.) D. F. Chamb.
分布：陕西、甘肃、湖北、四川、重庆

陕西山光杜鹃 **Rhododendron oreodoxa** var. **shensiense** D. F. Chamb.
分布：陕西

藏东杜鹃 **Rhododendron oreogenum** L. C. Hu
分布：西藏

山育杜鹃 **Rhododendron oreotrephes** W. W. Sm.
分布：四川、云南、西藏；缅甸

直枝杜鹃 **Rhododendron orthocladum** Balf. f. et Forrest
分布：四川、云南

直枝杜鹃(原变种) **Rhododendron orthocladum** var. **orthocladum**
分布：四川、云南

长柱直枝杜鹃 **Rhododendron orthocladum** var. **longistylum** M. N. Philipson et Philipson
分布：云南

马银花 **Rhododendron ovatum** (Lindl.) Planch. ex Maxim.
分布：安徽、江苏、浙江、江西、湖南、湖北、四川、重庆、福建、台湾、广东、广西

厚叶杜鹃 **Rhododendron pachyphyllum** W. P. Fang
分布：湖南、广西

云上杜鹃 **Rhododendron pachypodum** Balf. f. et W. W. Sm.
分布：云南；缅甸

台湾山地杜鹃 **Rhododendron pachysanthum** Hayata
分布：台湾

绒毛杜鹃 **Rhododendron pachytrichum** Franch.
分布：陕西、四川、重庆、云南

绒毛杜鹃(原变种) **Rhododendron pachytrichum** var. **pachytrichum**
分布：陕西、四川、重庆、云南

瘦柱绒毛杜鹃 **Rhododendron pachytrichum** var. **tenuistylosum** W. K. Hu
分布：重庆

乳突杜鹃 **Rhododendron papillatum** Balf. f. et E. Cooper
分布：西藏；不丹、印度

奇异杜鹃 **Rhododendron paradoxum** Balf. f.
分布：四川

盘萼杜鹃 **Rhododendron parmulatum** Cowan
分布：西藏

假单花杜鹃 **Rhododendron pemakoense** Kingdon Ward
分布：西藏；印度

凸叶杜鹃 **Rhododendron pendulum** Hook. f.
分布：西藏；不丹、印度、尼泊尔

饰石杜鹃 **Rhododendron petrocharis** Diels
分布：四川

栎叶杜鹃 **Rhododendron phaeochrysum** Balf. f. et W. W. Sm.
分布：四川、云南、西藏

栎叶杜鹃(原变种) **Rhododendron phaeochrysum** var. **phaeochrysum**
分布：四川、云南、西藏

凝毛杜鹃 **Rhododendron phaeochrysum** var. **agglutinatum** (Balf. f. et Forrest) D. F. Chamb.
分布：四川、云南、西藏

毡毛栎叶杜鹃 **Rhododendron phaeochrysum** var. **levistratum** (Balf. f. et Forrest) D. F. Chamb.
分布：四川、云南

察隅杜鹃 **Rhododendron piercei** Davidian
分布：西藏

金平毛柱杜鹃 **Rhododendron pilostylum** W. K. Hu
分布：云南

松林杜鹃 **Rhododendron pinetorum** P. C. Tam
分布：湖南

屏边杜鹃 **Rhododendron pingbianense** M. Y. Fang
分布：云南

海绵杜鹃 **Rhododendron pingianum** W. P. Fang
分布：四川、云南

阔口杜鹃 **Rhododendron planetum** Balf. f.
分布：四川

阔叶杜鹃 **Rhododendron platyphyllum** (Franch. ex Diels) Balf. f. et W. W. Sm.
分布：云南

阔柄杜鹃 **Rhododendron platypodum** Diels
分布：重庆

极多花杜鹃 **Rhododendron pleistanthum** E. H. wilding
分布：四川、云南

杯萼杜鹃 **Rhododendron pocophorum** Balf. f. ex Tagg
分布：云南、西藏；印度

杯萼杜鹃(原变种) **Rhododendron pocophorum** var. **pocophorum**
分布：西藏、云南

腺柄杯萼杜鹃 **Rhododendron pocophorum** var. **hemidartum** (Balf. f. ex Tagg) D. F. Chamb.
分布：云南、西藏

毛果缺顶杜鹃 **Rhododendron poilanei** Dop
分布：贵州、云南、广西；越南

多枝杜鹃 **Rhododendron polycladum** Franch.
分布：云南

多鳞杜鹃 **Rhododendron polylepis** Franch.
分布：陕西、甘肃、四川

千针叶杜鹃 **Rhododendron polyraphidoideum** P. C. Tam
分布：湖南、福建、广东、广西

千针叶杜鹃(原变种) **Rhododendron polyraphidoideum** var. **polyraphidoideum**
分布：湖南、福建

岭上杜鹃 **Rhododendron polyraphidoideum** var. **montanum** P. C. Tam
分布：湖南、广东、广西

多毛杜鹃 **Rhododendron polytrichum** W. P. Fang
分布：湖南、广西

波密杜鹃 **Rhododendron pomense** Cowan et Davidian
分布：西藏

密腺杜鹃 **Rhododendron populare** Cowan
分布：西藏

甘肃杜鹃 **Rhododendron potaninii** Batalin
分布：甘肃

优秀杜鹃 **Rhododendron praestans** Balf. f. et W. W. Sm.
分布：云南、西藏

鄂西杜鹃 **Rhododendron praeteritum** Hutch.
分布：河南、甘肃、青海、湖北

鄂西杜鹃(原变种) **Rhododendron praeteritum** var. **praeteritum**
分布：甘肃、青海、湖北

毛房杜鹃 **Rhododendron praeteritum** var. **hirsutum** W. K. Hu
分布：河南、湖北

早春杜鹃 **Rhododendron praevernum** Hutch.
分布：陕西、湖北、重庆、贵州、云南、广西

复毛杜鹃 **Rhododendron preptum** Balf. f. et Forrest
分布：云南；缅甸

樱草杜鹃 **Rhododendron primuliflorum** Bureau et Franch.
分布：甘肃、四川、云南、西藏

樱草杜鹃(原变种) **Rhododendron primuliflorum** var. **primuliflorum**
分布：甘肃、四川、云南、西藏

微毛樱草杜鹃 **Rhododendron primuliflorum** var. **cephalanthoides** (Balf. f. et W. W. Sm.) Cowan et Davidian
分布：四川、云南、西藏

鳞花樱草杜鹃 **Rhododendron primuliflorum** var. **lepidanthum** (Balf. f. et W. W. Sm.) Cowan et Davidian
分布：四川、云南

藏南杜鹃 **Rhododendron principis** Bureau et Franch.
分布：西藏

平卧杜鹃 **Rhododendron pronum** Tagg et Forrest
分布：云南

矮生杜鹃 **Rhododendron proteoides** Balf. f. et W. W. Sm.
分布：四川、云南、西藏

翘首杜鹃 **Rhododendron protistum** Balf. f. et Forrest
分布：云南；缅甸

翘首杜鹃(原变种) **Rhododendron protistum** var. **protistum**
分布：云南、西藏；缅甸

大树杜鹃 **Rhododendron protistum** var. **giganteum** (Forrest) D. F. Chamb.
分布：云南；缅甸

桃花杜鹃 **Rhododendron pruniflorum** Hutch. et Kingdon Ward
分布：西藏；印度、缅甸

陇蜀杜鹃 **Rhododendron przewalskii** Maxim.
分布：陕西、甘肃、青海、四川

陇蜀杜鹃(原亚种) **Rhododendron przewalskii** subsp. **przewalskii**
分布：陕西、甘肃、青海、四川

金背陇蜀杜鹃 **Rhododendron przewalskii** subsp. **chrysophyllum** W. P. Fang et S. X. Wang
分布：青海

互助陇蜀杜鹃 **Rhododendron przewalskii** subsp. **huzhuense** W. P. Fang et S. X. Wang
分布：青海

玉树陇蜀杜鹃 **Rhododendron przewalskii** subsp. **yushuense** W. P. Fang et S. X. Wang
分布：青海

阿里山杜鹃 **Rhododendron pseudochrysanthum** Hayata
分布：台湾

褐叶杜鹃 **Rhododendron pseudociliipes** Cullen
分布：云南；缅甸

柔毛杜鹃 **Rhododendron pubescens** Balf. f. et Forrest
分布：四川、云南

毛脉杜鹃 **Rhododendron pubicostatum** T. L. Ming
分布：云南

普底杜鹃(新拟) **Rhododendron pudiense** X. Chen et J. Y. Huang
分布：贵州

羞怯杜鹃 **Rhododendron pudorosum** Cowan
分布：西藏

普格杜鹃 **Rhododendron pugeense** L. C. Hu
分布：四川

美艳杜鹃 **Rhododendron pulchroides** Chun et W. P. Fang
分布：广西

锦绣杜鹃 **Rhododendron pulchrum** Sweet
分布：河南、江苏、浙江、江西、湖北、福建、广东、广西

矮小杜鹃 **Rhododendron pumilum** Hook. f.
分布：云南、西藏；不丹、印度、缅甸、尼泊尔

斑叶杜鹃 **Rhododendron punctifolium** L. C. Hu
分布：云南

太白杜鹃 **Rhododendron purdomii** Rehder et E. H. Wilson
分布：河南、陕西、甘肃

黔阳杜鹃 **Rhododendron qianyangense** M. Y. He
分布：湖南

巧家杜鹃 **Rhododendron qiaojiaense** L. M. Gao et D. Z. Li
分布：云南

青海杜鹃 **Rhododendron qinghaiense** Ching ex W. Y. Wang
分布：青海

腋花杜鹃 **Rhododendron racemosum** Franch.
分布：四川、贵州、云南

毛叶杜鹃 **Rhododendron radendum** W. P. Fang
分布：四川

线裂杜鹃 **Rhododendron ramipilosum** T. L. Ming
分布：西藏

长轴杜鹃 **Rhododendron ramsdenianum** Cowan
分布：西藏

叶状苞杜鹃 **Rhododendron redowskianum** Maxim.
分布：吉林、辽宁；俄罗斯

大王杜鹃 **Rhododendron rex** H. Lév.
分布：四川、云南

大王杜鹃(原亚种) **Rhododendron rex** subsp. **rex**
分布：四川、云南

假乳黄叶杜鹃 **Rhododendron rex** subsp. **fictolacteum** (Balf. f.) D. F. Chamb.
分布：四川、云南、西藏；缅甸

可爱杜鹃 **Rhododendron rex** subsp. **gratum** (T. L. Ming) M. Y. Fang
分布：云南

淡红杜鹃 **Rhododendron rhodanthum** M. Y. He
分布：湖南

菱形叶杜鹃 **Rhododendron rhombifolium** R. C. Fang
分布：云南

乳源杜鹃 **Rhododendron rhuyuenense** Chun ex P. C. Tam
分布：江西、湖南、广东

基毛杜鹃 **Rhododendron rigidum** Franch.
分布：四川、云南

雪龙美被杜鹃 **Rhododendron riparioides** (Cullen) Cub.
分布：云南

大钟杜鹃 **Rhododendron ririei** Hemsl. et E. H. Wilson
分布：四川

溪畔杜鹃 **Rhododendron rivulare** Hand.-Mazz.
分布：湖南、湖北、四川、贵州、广东、广西

红晕杜鹃 **Rhododendron roseatum** Hutch.
分布：云南；缅甸

宽柄杜鹃 **Rhododendron rothschildii** Davidian
分布：云南；缅甸

卷叶杜鹃 **Rhododendron roxieanum** Forrest ex W. W. Sm.
分布：陕西、甘肃、四川、云南、西藏

卷叶杜鹃(原变种) **Rhododendron roxieanum** var. **roxieanum**
分布：陕西、甘肃、四川、云南、西藏

兜尖卷叶杜鹃 **Rhododendron roxieanum** var. **cucullatum** (Hand.-Mazz.) D. F. Chamb. ex L. C. Hu
分布：四川、云南、西藏

线形卷叶杜鹃 **Rhododendron roxieanum** var. **oreonastes** (Balf. f. et Forrest) T. L. Ming
分布：云南

巫山杜鹃 **Rhododendron roxieoides** D. F. Chamb.
分布：四川

红棕杜鹃 **Rhododendron rubiginosum** Franch.
分布：四川、云南、西藏；缅甸

红棕杜鹃(原变种) **Rhododendron rubiginosum** var. **rubiginosum**
分布：四川、云南、西藏；缅甸

洁净红棕杜鹃 **Rhododendron rubiginosum** var. **leclerei** (H. Lév.) R. C. Fang
分布：云南

毛柱红棕杜鹃 **Rhododendron rubiginosum** var. **ptilostylum** R. C. Fang
分布：云南

台红毛杜鹃 **Rhododendron rubropilosum** Hayata
分布：台湾

红背杜鹃 **Rhododendron rufescens** P. C. Tam
分布：青海、四川

滇红毛杜鹃 **Rhododendron rufohirtum** Hand.-Mazz.
分布：四川、贵州、云南

黄毛杜鹃 **Rhododendron rufum** Batalin
分布：陕西、甘肃、青海、四川

多色杜鹃 **Rhododendron rupicola** W. W. Sm.
分布：四川、云南、西藏；缅甸

多色杜鹃(原变种) **Rhododendron rupicola** var. **rupicola**
分布：四川、云南、西藏；缅甸

金黄多色杜鹃 **Rhododendron rupicola** var. **chryseum** (Balf. f. et Kingdon Ward) M. N. Philipson et Philipson
分布：四川、云南、西藏；缅甸

木里多色杜鹃 **Rhododendron rupicola** var. **muliense** (Balf. f. et Forrest) M. N. Philipson et Philipson
分布：四川、云南

岩谷杜鹃 **Rhododendron rupivalleculatum** P. C. Tam
分布：广东、广西

滇越杜鹃 **Rhododendron rushforthii** Argent et D. F. Chamb.
分布：云南；越南

紫蓝杜鹃 **Rhododendron russatum** Balf. f. et Forrest
分布：四川、云南

怒江杜鹃 **Rhododendron saluenense** Franch.
分布：四川、云南、西藏；缅甸

怒江杜鹃(原变种) **Rhododendron saluenense** var. **saluenense**
分布：四川、云南、西藏；缅甸

平卧怒江杜鹃 **Rhododendron saluenense** var. **prostratum** (W. W. Sm.) R. C. Fang
分布：云南

血红杜鹃 **Rhododendron sanguineum** Franch.
分布：云南、西藏；尼泊尔、缅甸

血红杜鹃(原变种) **Rhododendron sanguineum** var. **sanguineum**
分布：云南、西藏；缅甸

退色血红杜鹃 **Rhododendron sanguineum** var. **cloiophorum** (Balf. f. et Forrest) D. F. Chamb.
分布：云南、西藏

变色血红杜鹃 **Rhododendron sanguineum** var. **didymoides** Tagg et Forrest
分布：云南、西藏；尼泊尔、缅甸

黑红血红杜鹃 **Rhododendron sanguineum** var. **didymum** (Balf. f. et Forrest) T. L. Ming
分布：云南、西藏

紫血杜鹃 **Rhododendron sanguineum** var. **haemaleum** (Balf. f. et Forrest) D. F. Chamb.
分布：云南、西藏

密黄血红杜鹃 **Rhododendron sanguineum** var. **himertum** (Balf. f. et Forrest) D. F. Chamb.
分布：云南、西藏

水仙杜鹃 **Rhododendron sargentianum** Rehder et E. H. Wilson
分布：四川

崖壁杜鹃 **Rhododendron saxatile** B. Y. Ding et Y. Y. Fang
分布：浙江

糙叶杜鹃 **Rhododendron scabrifolium** Franch.
分布：四川、云南

糙叶杜鹃 (原变种) **Rhododendron scabrifolium** var. **scabrifolium**
分布：四川、云南

疏花糙叶杜鹃 **Rhododendron scabrifolium** var. **pauciflorum** Franch.
分布：云南

裂萼杜鹃 **Rhododendron schistocalyx** Balf. f. et Forrest
分布：云南

大字杜鹃 **Rhododendron schlippenbachii** Maxim.
分布：辽宁、内蒙古；日本、朝鲜、俄罗斯

石峰杜鹃 **Rhododendron scopulorum** Hutch.
分布：西藏

岩生杜鹃 **Rhododendron scopulum** (G. Z. Li) G. Z. Li
分布：广西

绿点杜鹃 **Rhododendron searsiae** Rehder et E. H. Wilson
分布：四川

黄花泡泡叶杜鹃 **Rhododendron seinghkuense** Kingdon Ward ex Hutch.
分布：云南、西藏；缅甸

多变杜鹃 **Rhododendron selense** Franch.
分布：四川、云南、西藏

多变杜鹃(原亚种) **Rhododendron selense** subsp. **selense**
分布：四川、云南、西藏

毛枝多变杜鹃 **Rhododendron selense** subsp. **dasycladum** (Balf. f. et W. W. Sm.) D. F. Chamb.
分布：四川、云南、西藏

粉背多变杜鹃 **Rhododendron selense** subsp. **jucundum** (Balf. f. et W. W. Sm.) D. F. Chamb.
分布：云南

圆头杜鹃 **Rhododendron semnoides** Tagg et Forrest
分布：云南、西藏

毛果杜鹃 **Rhododendron seniavinii** Maxim.
分布：江西、湖南、贵州、云南、福建

毛果杜鹃(原变种) **Rhododendron seniavinii** var. **seniavinii**
分布：江西、湖南、贵州、云南、福建

上犹杜鹃 **Rhododendron seniavinii** var. **shangyounieum** R. L. Liu et L. M. Cao
分布：江西

晚波杜鹃 **Rhododendron serotinum** Hucthinson
分布：云南；越南

刚刺杜鹃 **Rhododendron setiferum** Balf. f. et Forrest
分布：云南、西藏

刚毛杜鹃 **Rhododendron setosum** D. Don
分布：西藏；不丹、印度、尼泊尔

都支杜鹃 **Rhododendron shanii** W. P. Fang
分布：安徽

红钟杜鹃 **Rhododendron sherriffii** Cowan
分布：西藏

石门杜鹃 **Rhododendron shimenense** Q. X. Liu et C. M. Zhang
分布：湖南

石棉杜鹃 **Rhododendron shimianense** W. P. Fang et P. S. Liu
分布：四川

瑞丽杜鹃 **Rhododendron shweliense** Balf. f. et Forrest
分布：云南

银灰杜鹃 **Rhododendron sidereum** Balf. f.
分布：云南；缅甸

锈叶杜鹃 **Rhododendron siderophyllum** Franch.
分布：四川、贵州、云南

川西杜鹃 **Rhododendron sikangense** W. P. Fang
分布：四川、云南

川西杜鹃（原变种）**Rhododendron sikangense** var. **sikangense**
分布：四川

优美杜鹃 **Rhododendron sikangense** var. **exquisitum** T. L. Ming
分布：云南

志佳阴杜鹃 **Rhododendron sikayotaizanense** Masam.
分布：台湾

猴头杜鹃 **Rhododendron simiarum** Hance
分布：安徽、浙江、江西、湖南、贵州、福建、广东、广西、海南

猴头杜鹃(原变种) **Rhododendron simiarum** var. **simiarum**
分布：安徽、浙江、江西、湖南、贵州、福建、广东、广西、海南

变色杜鹃 **Rhododendron simiarum** var. **versicolor** (Chun et W. P. Fang) M. Y. Fang
分布：广西

杜鹃 **Rhododendron simsii** Planch.
分布：安徽、江苏、浙江、江西、湖南、湖北、四川、重庆、贵州、云南、福建、台湾、广东、广西；日本、老挝、缅甸、泰国

杜鹃(原变种) **Rhododendron simsii** var. **simsii**
分布：安徽、江苏、浙江、江西、湖南、湖北、四川、贵州、云南、福建、台湾、广东、广西；日本、老挝、缅甸、泰国

滇北杜鹃 **Rhododendron simsii** var. **mesembrinum** Rehder
分布：云南；缅甸

普陀杜鹃 **Rhododendron simsii** var. **putoense** G. Y. Li et Z. H. Chen
分布：浙江

宽杯杜鹃 **Rhododendron sinofalconeri** Balf. f.
分布：云南；越南

凸尖杜鹃 **Rhododendron sinogrande** Balf. f. et W. W. Sm.
分布：云南、西藏；缅甸

华木兰杜鹃 **Rhododendron sinonuttallii** Balf. f. et Forrest
分布：云南、西藏

裂毛杜鹃 **Rhododendron sinosimulans** D. F. Chamb.
分布：四川

白碗杜鹃 **Rhododendron souliei** Franch.
分布：四川、西藏

蔗黄杜鹃 **Rhododendron spadiceum** P. C. Tam
分布：福建

红花杜鹃 **Rhododendron spanotrichum** Balf. f. et W. W. Sm.
分布：云南

川南杜鹃 **Rhododendron sparsifolium** W. P. Fang
分布：四川

纯红杜鹃 **Rhododendron sperabile** Balf. f. et Farrer
分布：云南；缅甸

纯红杜鹃(原变种) **Rhododendron sperabile** var. **sperabile**
分布：云南；缅甸

维西纯红杜鹃 **Rhododendron sperabile** var. **weihsiense** Tagg et Forrest
分布：云南

糠秕杜鹃 **Rhododendron sperabiloides** Tagg et Forrest
分布：云南、西藏

宽叶杜鹃 **Rhododendron sphaeroblastum** Balf. f. et Forrest
分布：四川、云南

宽叶杜鹃(原变种) **Rhododendron sphaeroblastum** var. **sphaeroblastum**
分布：四川、云南

乌蒙宽叶杜鹃 **Rhododendron sphaeroblastum** var. **wumengense** K. M. Feng
分布：云南

碎米花 **Rhododendron spiciferum** Franch.
分布：贵州、云南

碎米花(原变种) Rhododendron spiciferum var. **spiciferum**
分布：贵州、云南

白碎米花 Rhododendron spiciferum var. **album** K. M. Feng ex R. C. Fang
分布：云南

爆杖花 Rhododendron spinuliferum Franch.
分布：四川、云南

爆杖花(原变种) Rhododendron spinuliferum var. **spinuliferum**
分布：四川、云南

少毛爆杖花 Rhododendron spinuliferum var. **glabrescens** K. M. Feng
分布：云南

长蕊杜鹃 Rhododendron stamineum Franch.
分布：陕西、安徽、浙江、江西、湖南、湖北、四川、贵州、云南、广东、广西

长蕊杜鹃(原变种) Rhododendron stamineum var. **stamineum**
分布：山西、安徽、浙江、江西、湖南、湖北、四川、贵州、云南、广东、广西

高寨长蕊杜鹃 Rhododendron stamineum var. **gaozhaiense** L. M. Gao
分布：广西

毛果长蕊杜鹃 Rhododendron stamineum var. **lasiocarpum** R. C. Fang et C. H. Yang
分布：四川、云南

多趣杜鹃 Rhododendron stewartianum Diels
分布：云南、西藏；缅甸

芒刺杜鹃 Rhododendron strigillosum Franch.
分布：四川、云南

芒刺杜鹃(原变种) Rhododendron strigillosum var. **strigillosum**
分布：四川、云南

紫斑杜鹃 Rhododendron strigillosum var. **monosematum** (Hutch.) T. L. Ming
分布：四川、云南

伏毛杜鹃 Rhododendron strigosum R. L. Liu
分布：江西

蜡黄杜鹃 Rhododendron subcerinum P. C. Tam
分布：广东

灌阳杜鹃 Rhododendron subenerve P. C. Tam
分布：广西

单花无柄杜鹃 Rhododendron subestipitatum Chun ex Tam
分布：广东、广西

涧上杜鹃 Rhododendron subflumineum P. C. Tam
分布：湖南、广东

淡粉杜鹃 Rhododendron subroseum X. Chen et J. Y. Huang
分布：贵州

硫磺杜鹃 Rhododendron sulfureum Franch.
分布：云南、西藏；缅甸

四川杜鹃 Rhododendron sutchuenense Franch.
分布：陕西、甘肃、湖南、湖北、重庆、贵州

白喇叭杜鹃 Rhododendron taggianum Hutch.
分布：云南；缅甸

陕西杜鹃 Rhododendron taibaiense Ching et H. P. Yang
分布：陕西

大埔杜鹃 Rhododendron taipaoense T. C. Wu et P. C. Tam
分布：广东

泰顺杜鹃 Rhododendron taishunense B. Y. Ding et Y. Y. Fang
分布：浙江

台湾高山杜鹃 Rhododendron taiwanalpinum Ohwi
分布：台湾

大理杜鹃 Rhododendron taliense Franch.
分布：四川、云南

光柱杜鹃 Rhododendron tanastylum Balf. f. et Kingdon Ward
分布：云南、西藏；印度、缅甸

光柱杜鹃(原变种) Rhododendron tanastylum var. **tanastylum**
分布：云南；印度、缅甸

林芝光柱杜鹃 Rhododendron tanastylum var. **lingzhiense** M. Y. Fang
分布：西藏

狭萼杜鹃 Rhododendron tapetiforme Balf. f. et Kingdon Ward
分布：云南、西藏；缅甸

薄皮杜鹃 **Rhododendron taronense** Hutch.
分布：云南

大武杜鹃 **Rhododendron tashiroi** Maxim.
分布：台湾；日本

硬叶杜鹃 **Rhododendron tatsienense** Franch.
分布：四川、云南

硬叶杜鹃(原变种) **Rhododendron tatsienense** var. **tatsienense**
分布：四川、云南

丽江硬叶杜鹃 **Rhododendron tatsienense** var. **nudatum** R. C. Fang
分布：云南

草原杜鹃 **Rhododendron telmateium** Balf. f. et W. W. Sm.
分布：四川、云南

滇藏杜鹃 **Rhododendron temenium** Balf. f. et Forrest
分布：云南、西藏

滇藏杜鹃(原变种) **Rhododendron temenium** var. **temenium**
分布：云南、西藏

粉红滇藏杜鹃 **Rhododendron temenium** var. **dealbatum** (Cowan) D. F. Chamb.
分布：云南、西藏

黄花滇藏杜鹃 **Rhododendron temenium** var. **gilvum** (Cowan) D. F. Chamb.
分布：云南、西藏

细瘦杜鹃 **Rhododendron tenue** Ching ex W. P. Fang et M. Y. He
分布：广西

薄叶管花杜鹃 **Rhododendron tenuifolium** R. C. Fang et S. H. Huang
分布：西藏

薄片杜鹃 **Rhododendron tenuilaminare** P. C. Tam
分布：广东

灰被杜鹃 **Rhododendron tephropeplum** Balf. f. et Farrer
分布：云南、西藏；印度、缅甸

反边杜鹃 **Rhododendron thayerianum** Rehder et E. H. Wilson
分布：四川

半圆叶杜鹃 **Rhododendron thomsonii** Hook. f.
分布：西藏；不丹、印度、尼泊尔

半圆叶杜鹃(原亚种) **Rhododendron thomsonii** subsp. **thomsonii**
分布：西藏；不丹、印度、尼泊尔

小半圆叶杜鹃 **Rhododendron thomsonii** subsp. **lopsangianum** (Cowan) D. F. Chamb.
分布：西藏

千里香杜鹃 **Rhododendron thymifolium** Maxim.
分布：甘肃、青海、四川

田林马银花 **Rhododendron tianlinense** P. C. Tam
分布：贵州、广西

天门山杜鹃 **Rhododendron tianmenshanense** C. L. Peng et L. H. Yan
分布：湖南

鼎湖杜鹃 **Rhododendron tingwuense** P. C. Tam
分布：广东

曲枝杜鹃 **Rhododendron torquescens** D. F. Chamb.
分布：甘肃

川滇杜鹃 **Rhododendron traillianum** Forrest et W. W. Sm.
分布：四川、云南、西藏

川滇杜鹃(原变种) **Rhododendron traillianum** var. **traillianum**
分布：四川、云南

棕背川滇杜鹃 **Rhododendron traillianum** var. **dictyotum** (Balf. f. ex Tagg) D. F. Chamb.
分布：云南、西藏

长毛杜鹃 **Rhododendron trichanthum** Rehder
分布：四川

糙毛杜鹃 **Rhododendron trichocladum** Franch.
分布：云南；缅甸

理县杜鹃 **Rhododendron trichogynum** L. C. Hu
分布：四川

毛嘴杜鹃 **Rhododendron trichostomum** Franch.
分布：青海、四川、云南、西藏

毛嘴杜鹃(原变种) **Rhododendron trichostomum** var. **trichostomum**
分布：青海、四川、云南、西藏

筒花毛嘴杜鹃 **Rhododendron trichostomum** var. **ledoides** (Balf. f. et W. W. Sm.) Cowan et Davidian
分布：四川、云南

鳞斑毛嘴杜鹃 **Rhododendron trichostomum** var. **radinum** (Balf. f. et W. W. Sm.) Cowan et Davidian
分布：四川、云南

三花杜鹃 **Rhododendron triflorum** Hook. f.
分布：云南、西藏；不丹、印度、缅甸、尼泊尔

三花杜鹃(原亚种) **Rhododendron triflorum** subsp. **triflorum**
分布：西藏；不丹、印度、缅甸、尼泊尔

云南三花杜鹃 **Rhododendron triflorum** subsp. **multiflorum** R. C. Fang
分布：云南

朗贡杜鹃 **Rhododendron trilectorum** Cowan
分布：西藏；印度、尼泊尔

平房杜鹃 **Rhododendron truncatovarium** L. M. Gao et D. Z. Li
分布：贵州、云南；越南

昭通杜鹃 **Rhododendron tsaii** W. P. Fang
分布：云南

白钟杜鹃 **Rhododendron tsariense** Cowan
分布：西藏；不丹、印度

白钟杜鹃(原变种) **Rhododendron tsariense** var. **tsariense**
分布：西藏；不丹、印度

仿钟杜鹃 **Rhododendron tsariense** var. **trimoense** Davidian
分布：西藏

秦岭杜鹃 **Rhododendron tsinlingense** W. P. Fang ex J. Q. Fu
分布：陕西

两广杜鹃 **Rhododendron tsoi** Merr.
分布：广东、广西

苍白杜鹃 **Rhododendron tubiforme** (Cowan et Davidian) Davidian
分布：西藏；不丹、印度

长管杜鹃 **Rhododendron tubulosum** Ching ex W. Y. Wang
分布：青海

香缅树杜鹃 **Rhododendron tutcherae** Hemsl. et E. H. Wilson
分布：云南；越南

香缅树杜鹃(原变种) **Rhododendron tutcherae** var. **tutcherae**
分布：云南

光叶香缅树杜鹃 **Rhododendron tutcherae** var. **glabrifolium** L. M. Gao et D. Z. Li
分布：云南；越南

光果香缅树杜鹃 **Rhododendron tutcherae** var. **gymnocarpum** A. L. Chang ex R. C. Fang
分布：云南

垂钩杜鹃 **Rhododendron unciferum** P. C. Tam
分布：广西

单花杜鹃 **Rhododendron uniflorum** Hutch. et Kingdon Ward
分布：西藏

单花杜鹃(原变种) **Rhododendron uniflorum** var. **uniflorum**
分布：西藏

尖叶单花杜鹃 **Rhododendron uniflorum** var. **imperator** (Kingdon Ward) Cullen
分布：西藏；缅甸

尾叶杜鹃 **Rhododendron urophyllum** W. P. Fang
分布：四川

紫玉盘杜鹃 **Rhododendron uvariifolium** Diels
分布：四川、云南、西藏

越桔杜鹃 **Rhododendron vaccinioides** Hook. f.
分布：云南、西藏；不丹、印度、缅甸、尼泊尔

毛柄杜鹃 **Rhododendron valentinianum** Forrest ex Hutch.
分布：贵州、云南；缅甸、越南

毛柄杜鹃(原变种) **Rhododendron valentinianum** var. **valentinianum**
分布：贵州、云南；缅甸、越南

滇南毛柄杜鹃 **Rhododendron valentinianum** var. **oblongilobatum** R. C. Fang
分布：云南；越南

玫色杜鹃 **Rhododendron vaniotii** H. Lév.
分布：贵州

白毛杜鹃 **Rhododendron vellereum** Hutch. ex Tagg
分布：青海、西藏

毛柱杜鹃 **Rhododendron venator** Tagg ex L. Rothschild
分布：西藏

亮叶杜鹃 **Rhododendron vernicosum** Franch.
分布：四川、云南、西藏

疣梗杜鹃 **Rhododendron verruciferum** W. K. Hu
分布：四川

泡毛杜鹃 **Rhododendron vesiculiferum** Tagg
分布：云南、西藏；缅甸

红马银花 **Rhododendron vialii** Delavay et Franch.
分布：云南；老挝、越南

柳条杜鹃 **Rhododendron virgatum** Hook. f.
分布：云南、西藏；不丹、印度

显绿杜鹃 **Rhododendron viridescens** Hutch.
分布：西藏

铜色杜鹃 **Rhododendron viscidifolium** Davidian
分布：西藏

粘质杜鹃 **Rhododendron viscidum** C. Z. Guo et Z. H. Liu
分布：湖南

粘芽杜鹃 **Rhododendron viscigemmatum** P. C. Tam
分布：广西

簇毛杜鹃 **Rhododendron wallichii** Hook. f.
分布：西藏；不丹、印度、尼泊尔

瓦弄杜鹃 **Rhododendron walongense** Kingdon Ward
分布：西藏；印度

黄怀杜鹃 **Rhododendron wardii** W. W. Sm.
分布：四川、云南、西藏

黄杯杜鹃(原变种) **Rhododendron wardii** var. **wardii**
分布：四川、云南、西藏

纯白杜鹃 **Rhododendron wardii** var. **puralbum** (Balf. f. et W. W. Sm.) D. F. Chamb.
分布：四川、云南

褐毛杜鹃 **Rhododendron wasonii** Hemsl. et E. H. Wilson
分布：四川

褐毛杜鹃(原变种) **Rhododendron wasonii** var. **wasonii**
分布：四川

汶川褐毛杜鹃 **Rhododendron wasonii** var. **wenchuanense** L. C. Hu
分布：四川

无柄杜鹃 **Rhododendron watsonii** Hemsl. et E. H. Wilson
分布：甘肃、四川

毛蕊杜鹃 **Rhododendron websterianum** Rehder et E. H. Wilson
分布：四川

毛蕊杜鹃(原变种) **Rhododendron websterianum** var. **websterianum**
分布：四川

黄花毛蕊杜鹃 **Rhododendron websterianum** var. **yulongense** M. N. Philipson et Philipson
分布：四川

凯里杜鹃 **Rhododendron westlandii** Hemsl.
分布：安徽、浙江、江西、湖南、湖北、四川、贵州、福建、台湾、广东、广西；日本、越南

宏钟杜鹃 **Rhododendron wightii** Hook. f.
分布：西藏；不丹、尼泊尔、印度

圆叶杜鹃 **Rhododendron williamsianum** Rehder et E. H. Wilson
分布：四川、贵州、云南、西藏

皱皮杜鹃 **Rhododendron wiltonii** Hemsl. et E. H. Wilson
分布：四川

卧龙杜鹃 **Rhododendron wolongense** W. K. Hu
分布：四川

康南杜鹃 **Rhododendron wongii** Hemsl. et E. H. Wilson
分布：四川

武鸣杜鹃 **Rhododendron wumingense** W. P. Fang
分布：广西

黄岭杜鹃 **Rhododendron xanthocodon** Hutch.
分布：西藏；不丹、印度

鲜黄杜鹃 **Rhododendron xanthostephanum** Merr.
分布：云南、西藏；印度、缅甸

小溪洞杜鹃 **Rhododendron xiaoxidongense** W. K. Hu
分布：江西

西昌杜鹃 **Rhododendron xichangense** Z. J. Zhao
分布：四川

西固杜鹃 **Rhododendron xiguense** Ching et H. P. Yang
分布：甘肃

阳明山杜鹃 **Rhododendron yangmingshanense** P. C. Tam
分布：湖南

瑶岗仙杜鹃 **Rhododendron yaogangxianense** Q. X. Liu
分布：湖南

药山杜鹃 **Rhododendron yaoshanense** L. M. Gao et S. D. Zhang
分布：云南

瑶山杜鹃 **Rhododendron yaoshanicum** W. P. Fang et M. Y. He
分布：广西

宜章杜鹃 **Rhododendron yizhangense** Q. X. Liu
分布：湖南

少鳞杜鹃 **Rhododendron yungchangense** Cullen
分布：云南

永宁杜鹃 **Rhododendron yungningense** Balf. f. ex Hutch.
分布：四川、云南

云南杜鹃 **Rhododendron yunnanense** Franch.
分布：陕西、四川、贵州、云南、西藏；缅甸

云亿杜鹃(新拟) **Rhododendron yunyianum** X. F. Jin et B. Y. Ding
分布：福建

玉树杜鹃 **Rhododendron yushuense** Z. J. Zhao
分布：青海

白面杜鹃 **Rhododendron zaleucum** Balf. f. et W. W. Sm.
分布：云南；缅甸

白面杜鹃(原变种) **Rhododendron zaleucum** var. **zaleucum**
分布：云南；缅甸

毛叶白面杜鹃 **Rhododendron zaleucum** var. **pubifolium** R. C. Fang
分布：云南；缅甸

泽库杜鹃 **Rhododendron zekoense** Y. D. Sun et Z. J. Zhao
分布：青海

张家界杜鹃 **Rhododendron zhangjiajieense** C. L. Peng et L. H. Yan
分布：湖南

鹧鸪杜鹃 **Rhododendron zheguense** Ching et H. P. Yang
分布：四川

中甸杜鹃 **Rhododendron zhongdianense** L. C. Hu
分布：云南

资源杜鹃 **Rhododendron ziyuanense** P. C. Tam
分布：广西

越桔属 Vaccinium L.

白花越桔 **Vaccinium albidens** H. Lév. et Vaniot
分布：贵州、云南

草莓树状越桔 **Vaccinium arbutoides** C. B. Clarke
分布：云南、西藏；印度、缅甸

紫梗越桔 **Vaccinium ardisioides** Hook. f. ex C. B. Clarke
分布：云南；缅甸

短蕊越桔 **Vaccinium brachyandrum** C. Y. Wu et R. C. Fang
分布：云南

短序越桔 **Vaccinium brachybotrys** (Franch.) Hand.-Mazz.
分布：四川、云南

南烛 **Vaccinium bracteatum** Thunb.
分布：安徽、江苏、浙江、江西、湖南、四川、贵州、云南、福建、台湾、广东、广西、海南；柬埔寨、印度尼西亚、日本、韩国、老挝、马来西亚、泰国、越南

南烛(原变种) **Vaccinium bracteatum** var. **bracteatum**
分布：安徽、江苏、浙江、江西、湖南、四川、贵州、云南、福建、台湾、广东、广西、海南；柬埔寨、印度尼西亚、日本、韩国、老挝、马来西亚、泰国、越南

小叶南烛 **Vaccinium bracteatum** var. **chinense** (Lodd.) Chun ex Sleumer
分布：广东、广西、香港

倒卵叶南烛 **Vaccinium bracteatum** var. **obovatum** C. Y. Wu et R. C. Fang
分布：广东

淡红南烛 **Vaccinium bracteatum** var. **rubellum** Hsu, J. X. Qiu, S. F. Huang et Zhang
分布：浙江、江西

短梗乌饭 **Vaccinium brevipedicellatum** C. Y. Wu ex Fang et Z. H. Pan
分布：云南

泡泡叶越桔 **Vaccinium bullatum** (Dop) Sleum.
分布：广西；越南

灯台越桔 **Vaccinium bulleyanum** (Diels) Sleum.
分布：云南

短尾越桔 **Vaccinium carlesii** Dunn
分布：安徽、浙江、江西、湖南、贵州、福建、广东、广西

圆顶越桔 **Vaccinium cavinerve** C. Y. Wu
分布：云南；越南

团叶越桔 **Vaccinium chaetothrix** Sleum.
分布：云南、西藏；印度、缅甸

矮越桔 **Vaccinium chamaebuxus** C. Y. Wu
分布：云南

四川越桔 **Vaccinium chengiae** W. P. Fang
分布：四川

四川越桔(原变种) **Vaccinium chengiae** var. **chengiae**
分布：四川

毛萼四川越桔 **Vaccinium chengiae** var. **pilosum** C. Y. Wu
分布：四川

蓝果越桔 **Vaccinium chunii** Merr. ex Sleum.
分布：海南；越南

贝叶越桔 **Vaccinium conchophyllum** Rehder
分布：四川、重庆

长萼越桔 **Vaccinium craspedotum** Sleum.
分布：云南

网脉越桔 **Vaccinium crassivenium** Sleum.
分布：广西

凸尖越桔 **Vaccinium cuspidifolium** C. Y. Wu et R. C. Fang
分布：广西

苍山越桔 **Vaccinium delavayi** Franch.
分布：四川、云南、西藏；缅甸

苍山越桔(原亚种) **Vaccinium delavayi** subsp. **delavayi**
分布：四川、西藏、云南

台湾越桔 **Vaccinium delavayi** subsp. **merrillianum** (Hayata) R. C. Fang
分布：台湾

树生越桔 **Vaccinium dendrocharis** Hand.-Mazz.
分布：云南、西藏；缅甸

云南越桔 **Vaccinium duclouxii** (H. Lév.) Hand.-Mazz.
分布：四川、云南

云南越桔(原变种) **Vaccinium duclouxii** var. **duclouxii**
分布：四川、云南

毛果云南越桔 **Vaccinium duclouxii** var. **hirtellum** C. Y. Wu et R. C. Fang
分布：云南

刚毛云南越桔 **Vaccinium duclouxii** var. **hirticaule** C. Y. Wu
分布：云南

柔毛云南越桔 **Vaccinium duclouxii** var. **pubipes** C. Y. Wu
分布：云南、西藏

樟叶越桔 **Vaccinium dunalianum** Wight
分布：四川、贵州、云南、西藏、台湾；不丹、印度、缅甸、越南

樟叶越桔(原变种) **Vaccinium dunalianum** var. **dunalianum**
分布：四川、贵州、云南、西藏、广西；不丹、印度、缅甸、尼泊尔、越南

长尾叶越桔 **Vaccinium dunalianum** var. **caudatifolium** (Hayata) H. L. Li
分布：台湾

大樟叶越桔 **Vaccinium dunalianum** var. **megaphyllum** Sleum.
分布：贵州、云南

尾叶越桔 **Vaccinium dunalianum** var. **urophyllum** Rehder et E. H. Wilson
分布：贵州、云南、西藏；缅甸、越南

长穗越桔 **Vaccinium dunnianum** Sleum.
分布：云南

凹顶越桔 **Vaccinium emarginatum** Hayata
分布：台湾

隐距越桔 **Vaccinium exaristatum** Kurz.
分布：贵州、云南、广西；老挝、缅甸、泰国、越南

齿苞越桔 **Vaccinium fimbribracteatum** C. Y. Wu
分布：四川、贵州

流苏萼越桔 **Vaccinium fimbricalyx** Chun et W. P. Fang
分布：广东、广西

臭越桔 **Vaccinium foetidissimum** H. Lév. et Vaniot
分布：贵州

乌鸦果 **Vaccinium fragile** Franch.
分布：四川、贵州、云南、西藏

乌鸦果(原变种) **Vaccinium fragile** var. **fragile**
分布：四川、贵州、云南、西藏

大叶乌鸦果 **Vaccinium fragile** var. **mekongense** (W. W. Sm.) Sleumer
分布：四川、云南

软骨边越桔 **Vaccinium gaultheriifolium** (Griff.) Hook. f. ex C. B. Clarke
分布：云南、西藏；不丹、印度、缅甸、尼泊尔

软骨边越桔(原变种) **Vaccinium gaultheriifolium** var. **gaultheriifolium**
分布：云南、西藏；不丹、印度、缅甸、尼泊尔

粉花软骨边越桔 **Vaccinium gaultheriifolium** var. **glaucorubrum** C. Y. Wu
分布：云南

粉白越桔 **Vaccinium glaucoalbum** Hook. f. ex C. B. Clarke
分布：云南、西藏；不丹、印度、缅甸、尼泊尔

灰叶乌饭 **Vaccinium glaucophyllum** C. Y. Wu et R. C. Fang
分布：贵州

广东乌饭 **Vaccinium guangdongense** W. P. Fang et Z. H. Pan
分布：广东

海南越桔 **Vaccinium hainanense** Sleum.
分布：海南

海棠越桔 **Vaccinium haitangense** Sleum.
分布：四川

长冠越桔 **Vaccinium harmandianum** Dop
分布：云南；柬埔寨、老挝

无梗越桔 **Vaccinium henryi** Hemsl.
分布：陕西、甘肃、安徽、浙江、江西、湖南、湖北、四川、重庆、贵州、福建

无梗越桔(原变种) **Vaccinium henryi** var. **henryi**
分布：陕西、甘肃、安徽、浙江、江西、湖南、湖北、四川、贵州、福建

有梗越桔 **Vaccinium henryi** var. **chingii** (Sleumer) C. Y. Wu et R. C. Fang
分布：安徽、浙江、江西、福建

凹脉越桔 **Vaccinium impressinerve** C. Y. Wu
分布：云南

黄背越桔 **Vaccinium iteophyllum** Hance
分布：安徽、江苏、浙江、江西、湖南、湖北、四川、重庆、贵州、云南、西藏、福建、广东、广西

黄背越桔(原变种) **Vaccinium iteophyllum** var. **iteophyllum**
分布：安徽、江苏、浙江、江西、湖南、湖北、四川、贵州、云南、西藏、福建、广东、广西

腺毛米饭树 **Vaccinium iteophyllum** var. **glandulosum** C. Y. Wu et R. C. Fang
分布：西藏

日本扁枝越桔 **Vaccinium japonicum** Miq.
分布：甘肃、安徽、浙江、江西、湖南、湖北、四川、贵州、云南、福建、台湾、广东、广西；日本

日本扁枝越桔(原变种) **Vaccinium japonicum** var. **japonicum**
分布：日本

台湾扁枝越桔 **Vaccinium japonicum** var. **lasiostemon** Hayata
分布：台湾

扁枝越桔 **Vaccinium japonicum** var. **sinicum** (Nakai) Rehder
分布：甘肃、安徽、浙江、江西、湖南、湖北、四川、重庆、贵州、云南、福建、广东、广西

卡钦越桔 **Vaccinium kachinense** Brandis
分布：云南；缅甸

鞍马山越桔 **Vaccinium kengii** C. E. Chang
分布：台湾

纸叶越桔 **Vaccinium kingdon-wardii** Sleum.
分布：西藏

红果越桔 **Vaccinium koreanum** Nakai
分布：辽宁；朝鲜

亮叶越桔 **Vaccinium lamprophyllum** C. Y. Wu et R. C. Fang
分布：广东

羽毛越桔 **Vaccinium lanigerum** Sleum.
分布：云南、西藏；缅甸

白果越桔 **Vaccinium leucobotrys** (Nutt.) Nicholson
分布：云南、西藏；印度、缅甸

长尾乌饭 **Vaccinium longicaudatum** Chun ex W. P. Fang et Z. H. Pan
分布：湖南、广东、广西

江南越桔 Vaccinium mandarinorum Diels
分布：安徽、江苏、浙江、江西、湖南、湖北、四川、贵州、云南、福建、广东、广西

小果红莓苔子 Vaccinium microcarpum (Turcz. ex Rupr.) Schmalh.
分布：黑龙江、吉林、内蒙古；日本、韩国、俄罗斯；欧洲、北美洲

大苞越桔 Vaccinium modestum W. W. Sm.
分布：云南、西藏；印度、缅甸

宝兴越桔 Vaccinium moupinense Franch.
分布：四川、云南

黑果越桔 Vaccinium myrtillus L.
分布：新疆；蒙古国、俄罗斯；欧洲

抱石越桔 Vaccinium nummularia Hook. f. et Thomson ex C. B. Clarke
分布：西藏；不丹、印度

腺齿越桔 Vaccinium oldhamii Miq.
分布：山东、江苏；日本、朝鲜

峨眉越桔 Vaccinium omeiense W. P. Fang
分布：四川、贵州、云南、广西

红莓苔子 Vaccinium oxycoccus L.
分布：黑龙江、吉林；日本、俄罗斯；欧洲、北美洲

粉果越桔 Vaccinium papillatum P. F. Stevens
分布：云南；越南

瘤果越桔 Vaccinium papulosum C. Y. Wu et R. C. Fang
分布：西藏

大叶越桔 Vaccinium petelotii Merr.
分布：云南；越南

罗汉松叶乌饭 Vaccinium podocarpoideum Fang et Z. H. Pan
分布：湖南、广西

草地越桔 Vaccinium pratense P. C. Tam ex C. Y. Wu et R. C. Fang
分布：广东

拟泡叶乌饭 Vaccinium pseudobullatum W. P. Fang et Z. H. Pan
分布：云南

椭圆叶越桔 Vaccinium pseudorobustum Sleum.
分布：广东、广西

耳叶越桔 Vaccinium pseudospadiceum Dop
分布：云南；越南

腺萼越桔 Vaccinium pseudotonkinense Sleum.
分布：云南；越南

毛萼越桔 Vaccinium pubicalyx Franch.
分布：四川、贵州、云南；缅甸

毛萼越桔(原变种) Vaccinium pubicalyx var. **pubicalyx**
分布：四川、贵州、云南；缅甸

少毛毛萼越桔 Vaccinium pubicalyx var. **anomalum** J. Anthony
分布：云南

多毛毛萼越桔 Vaccinium pubicalyx var. **leucocalyx** (H. Lév.) Rehder
分布：贵州

峦大越桔 Vaccinium randaiense Hayata
分布：湖南、贵州、台湾、广东、广西；日本

西藏越桔 Vaccinium retusum (Griff.) Hook. f. ex C. B. Clarke
分布：云南、西藏；不丹、印度、尼泊尔、缅甸

红梗越桔 Vaccinium rubescens R. C. Fang
分布：云南

石生越桔 Vaccinium saxicola Chun ex Sleum.
分布：广东

林生越桔 Vaccinium sciaphilum C. Y. Wu
分布：云南

岩生越桔 Vaccinium scopulorum W. W. Sm.
分布：云南；不丹、缅甸

细齿乌饭 Vaccinium serrulatum W. P. Fang et Z. H. Pan
分布：四川、云南

荚蒾叶越桔 Vaccinium sikkimense C. B. Clarke
分布：四川、云南、西藏

广西越桔 Vaccinium sinicum Sleum.
分布：湖南、广东、广西

小尖叶越桔 Vaccinium spiculatum C. Y. Wu et R. C. Fang
分布：西藏

梯脉越桔 Vaccinium subdissitifolium P. F. Stevens
分布：西藏；不丹、印度

镰叶越桔 **Vaccinium subfalcatum** Merr. ex Sleum.
分布：广东、广西；越南

凸脉越桔 **Vaccinium supracostatum** Hand.-Mazz.
分布：贵州、广西

狭花越桔 **Vaccinium tenuiflorum** R. C. Fang
分布：西藏

刺毛越桔 **Vaccinium trichocladum** Merr. et F. P. Metcalf
分布：安徽、浙江、江西、贵州、福建、广东、广西

刺毛越桔(原变种) **Vaccinium trichocladum** var. **trichocladum**
分布：安徽、浙江、江西、贵州、福建、广东、广西

光序刺毛越桔 **Vaccinium trichocladum** var. **glabriracemosum** C. Y. Wu
分布：浙江、江西、福建

三花越桔 **Vaccinium triflorum** Rehder
分布：贵州、云南；越南

平萼乌饭 **Vaccinium truncatocalyx** Chun ex W. P. Fang et Z. H. Pan
分布：广东

笃斯越桔 **Vaccinium uliginosum** L.
分布：黑龙江、吉林、内蒙古；日本、朝鲜、蒙古国、俄罗斯；欧洲、北美洲

红花越桔 **Vaccinium urceolatum** Hemsl.
分布：四川、云南

红花越桔(原变种) **Vaccinium urceolatum** var. **urceolatum**
分布：四川、云南

毛序红花越桔 **Vaccinium urceolatum** var. **pubescens** C. Y. Wu et R. C. Fang
分布：云南

小轮叶越桔 **Vaccinium vacciniaceum** (Roxb.) Sleum.
分布：西藏；不丹、印度、缅甸、尼泊尔

小轮叶越桔(原亚种) **Vaccinium vacciniaceum** subsp. **vacciniaceum**
分布：西藏；印度、缅甸、尼泊尔

秃冠小轮叶越桔 **Vaccinium vacciniaceum** subsp. **glabritubum** P. F. Stevens
分布：西藏；不丹、印度、尼泊尔

轮生叶越桔 **Vaccinium venosum** Wight
分布：西藏；不丹、印度

越桔 **Vaccinium vitis-idaea** L.
分布：黑龙江、吉林、内蒙古、陕西、新疆；日本、韩国、蒙古国、俄罗斯；欧洲、北美洲

海岛越桔 **Vaccinium wrightii** A. Gray
分布：台湾；日本

海岛越桔(原变种) **Vaccinium wrightii** var. **wrightii**
分布：台湾；日本

长柄海岛越桔 **Vaccinium wrightii** var. **formosanum** (Hayata) H. L. Li
分布：台湾

瑶山越桔 **Vaccinium yaoshanicum** Sleum.
分布：广东、广西

294. 谷精草科 Eriocaulaceae Martinov

谷精草属 **Eriocaulon** L.

双江谷精草 **Eriocaulon acutibracteatum** W. L. Ma
分布：云南

高山谷精草 **Eriocaulon alpestre** Hook. f. et Thomson ex Korn.
分布：黑龙江、辽宁、安徽、江西、湖北、四川、贵州、云南、西藏；不丹、印度、日本、韩国、尼泊尔、菲律宾、泰国

高山谷精草(原变种) **Eriocaulon alpestre** var. **alpestre**
分布：黑龙江、辽宁、安徽、江西、湖北、贵州、云南、西藏；不丹、印度、日本、韩国、尼泊尔、菲律宾、泰国

四川谷精草 **Eriocaulon alpestre** var. **sichuanense** W. L. Ma
分布：四川

狭叶谷精草 **Eriocaulon angustulum** W. L. Ma
分布：浙江、福建、台湾、广东、广西、海南

毛谷精草 **Eriocaulon australe** R. Br.
分布：江西、云南、福建、广东；柬埔寨、马来西亚、印度尼西亚、泰国、越南、澳大利亚、太平洋岛屿

云南谷精草 **Eriocaulon brownianum** Mart.
分布：湖南、云南、广东；印度、印度尼西亚、斯里兰卡、泰国、缅甸、越南

云南谷精草(原变种) **Eriocaulon brownianum** var. **brownianum**
分布：湖南、云南、广东；印度、印度尼西亚、斯里兰卡、泰国、越南

印度谷精草 Eriocaulon brownianum var. **nilagirense** (Steud.) Fyson
分布：云南；印度、斯里兰卡、泰国

谷精草 Eriocaulon buergerianum Koern.
分布：安徽、江苏、浙江、江西、湖南、湖北、四川、贵州、云南、福建、台湾、广东、广西；日本、朝鲜

中俄谷精草 Eriocaulon chinorossicum Kom.
分布：黑龙江；俄罗斯

白药谷精草 Eriocaulon cinereum R. Br.
分布：河南、陕西、甘肃、安徽、江苏、浙江、江西、湖南、湖北、四川、贵州、云南、福建、台湾、广东、广西；阿富汗、不丹、柬埔寨、印度、印度尼西亚、日本、韩国、老挝、缅甸、尼泊尔、巴基斯坦、菲律宾、马来西亚、斯里兰卡、泰国、越南、澳大利亚；非洲

长苞谷精草 Eriocaulon decemflorum Maxim.
分布：黑龙江、辽宁、山东、江苏、浙江、江西、湖南、四川、福建、广东；日本、韩国、俄罗斯

尖苞谷精草 Eriocaulon echinulatum Mart.
分布：江西、广东、广西；柬埔寨、印度、日本、马来西亚、缅甸、菲律宾、泰国、越南

峨眉谷精草 Eriocaulon ermeiense W. L. Ma ex Z. X. Zhang
分布：四川

江南谷精草 Eriocaulon faberi Ruhland
分布：江苏、浙江、江西、湖南、湖北、福建

光瓣谷精草 Eriocaulon glabripetalum W. L. Ma
分布：广东

蒙自谷精草 Eriocaulon henryanum Ruhland
分布：湖南、云南、广东；泰国、越南

昆明谷精草 Eriocaulon kunmingense Z. X. Zhang
分布：四川、贵州、云南；印度、越南

光萼谷精草 Eriocaulon leianthum W. L. Ma
分布：云南

小谷精草 Eriocaulon luzulifolium Mart.
分布：贵州、广东、广西；印度、泰国

莽山谷精草 Eriocaulon mangshanense W. L. Ma
分布：湖南

极小谷精草 Eriocaulon minusculum Moldenke
分布：四川

四国谷精草 Eriocaulon miquelianum Korn.
分布：浙江、湖南；日本、朝鲜

南投谷精草 Eriocaulon nantoense Hayata
分布：浙江、贵州、云南、福建、台湾、广东、广西、海南

南投谷精草(原变种) Eriocaulon nantoense var. **nantoense**
分布：浙江、贵州、云南、福建、台湾、广东、广西

小瓣谷精草 Eriocaulon nantoense var. **micropetalum** W. L. Ma
分布：云南

尼泊尔谷精草 Eriocaulon nepalense Prescott ex Bong.
分布：浙江、江西、湖南、四川、贵州、云南、福建、台湾、广东、广西；日本、尼泊尔

南亚谷精草 Eriocaulon oryzetorum Mart.
分布：云南；印度、尼泊尔、泰国

朝日谷精草 Eriocaulon parvum Korn.
分布：广西；日本、朝鲜

宽叶谷精草 Eriocaulon robustius (Maxim.) Makino
分布：黑龙江、内蒙古；日本、朝鲜、俄罗斯

玉龙山谷精草 Eriocaulon rockianum Hand.-Mazz.
分布：云南

玉龙山谷精草(原变种) Eriocaulon rockianum var. **rockianum**
分布：云南

宽玉谷精草 Eriocaulon rockianum var. **latifolium** W. L. Ma
分布：云南

云贵谷精草 Eriocaulon schochianum Hand.-Mazz.
分布：四川、贵州、云南、广西；缅甸

硬叶谷精草 Eriocaulon sclerophyllum W. L. Ma
分布：海南

丝叶谷精草 Eriocaulon setaceum L.
分布：四川、云南、广东、广西、香港；孟加拉国、柬埔寨、印度、印度尼西亚、日本、老挝、缅甸、斯里兰卡、泰国、越南、澳大利亚；非洲

华南谷精草 Eriocaulon sexangulare L.
分布：福建、台湾、广东、广西、海南；柬埔寨、印度、印度尼西亚、日本、老挝、马来西亚、缅甸、菲律宾、斯里兰卡、泰国、越南、澳大利亚、马达加斯加；非洲

大药谷精草 Eriocaulon sollyanum Royle
分布：四川、贵州、云南、西藏；孟加拉国、印度、印度尼西亚、尼泊尔、斯里兰卡、泰国

泰山谷精草 Eriocaulon taishanense F. Z. Li
分布：山东

越南谷精草 **Eriocaulon tonkinense** Ruhland
分布：广东、广西、香港；印度、越南

菲律宾谷精草 **Eriocaulon truncatum** Buch.-Ham. ex Mart.
分布：台湾、广东、海南；印度尼西亚、日本、菲律宾、泰国

翅谷精草 **Eriocaulon zollingerianum** Korn.
分布：海南；印度、印度尼西亚、老挝、马来西亚、巴布亚新几内亚、菲律宾、泰国、越南

295. 古柯科 Erythroxylaceae Kunth

古柯属 **Erythroxylum** P. Browne

古柯 **Erythroxylum novogranatense** (D. Morris) Hier.
分布：云南、广东、海南、台湾栽培；原产于南美洲

东方古柯 **Erythroxylum sinense** C. Y. Wu
分布：浙江、江西、湖南、贵州、云南、福建、广东、广西、海南；印度、缅甸、越南

296. 南鼠刺科 Escalloniaceae R. Brown. ex Dumort.

多香木属 **Polyosma** Blume

多香木 **Polyosma cambodiana** Gagnep.
分布：云南、广东、广西、海南；柬埔寨、泰国、越南

297. 杜仲科 Eucommiaceae Engl.

杜仲属 **Eucommia** Oliv.

杜仲 **Eucommia ulmoides** Oliv.
分布：河南、陕西、甘肃、浙江、湖南、湖北、四川、贵州、云南

298. 大戟科 Euphorbiaceae Juss.

铁苋菜属 **Acalypha** L.

尾叶铁苋菜 **Acalypha acmophylla** Hemsl.
分布：山西、甘肃、湖北、四川、贵州、云南、广西

屏东铁苋菜 **Acalypha akoensis** Hayata
分布：台湾

台湾铁苋菜 **Acalypha angatensis** Blanco
分布：台湾；菲律宾

南美铁苋 **Acalypha aristata** Kunth
分布：台湾；墨西哥，西印度到巴拿马、委内瑞拉、秘鲁、巴西

铁苋菜 **Acalypha australis** L.
分布：中国广布；日本、韩国、老挝、菲律宾、俄罗斯、越南

尖尾铁苋菜 **Acalypha caturus** Blume
分布：台湾；菲律宾、印度尼西亚

海南铁苋菜 **Acalypha hainanensis** Merr. et Chun
分布：海南

红穗铁苋菜 **Acalypha hispida** Burm. f.
分布：云南、福建、台湾、广东、广西、海南；可能起源于俾斯麦群岛，广泛栽培

热带铁苋菜 **Acalypha indica** L.
分布：海南、台湾；柬埔寨、印度、印度尼西亚、日本、马来西亚、菲律宾、斯里兰卡、泰国、越南；非洲热带地区；归化于美洲热带地区

卵叶铁苋菜 **Acalypha kerrii** Craib
分布：云南、广西；缅甸、泰国、越南

麻叶铁苋菜 **Acalypha lanceolata** Willd.
分布：广东；印度、印度尼西亚、马来西亚、缅甸、菲律宾、斯里兰卡、泰国、澳大利亚、太平洋岛屿

毛叶铁苋菜 **Acalypha mairei** (H. Lév.) C. K. Schneid.
分布：四川、云南、广西；泰国

恒春铁苋菜 **Acalypha matsudae** Hayata
分布：台湾

丽江铁苋菜 **Acalypha schneideriana** Pax et Hoffm.
分布：四川、云南

菱叶铁苋菜 **Acalypha siamensis** Oliv. ex Gage
分布：海南；泰国、马来西亚、缅甸、老挝、越南

花莲铁苋菜 **Acalypha suirenbiensis** Yamam.
分布：台湾

裂苞铁苋菜 **Acalypha supera** Forssk.
分布：河北、河南、陕西、甘肃、安徽、江苏、江西、湖南、湖北、四川、贵州、云南、台湾、广东、广西；不丹、印度、印度尼西亚、马来西亚、尼泊尔、斯里兰卡、越南；热带非洲

红桑 **Acalypha wilkesiana** Müll. Arg.
分布：中国南部各省；广泛栽培，原产于美拉尼西亚

印禅铁苋菜 **Acalypha wui** H. S. Kiu
分布：广东、广西

山麻杆属 **Alchornea** Sw.

同序山麻杆 **Alchornea androgyna** Croizat

分布：海南；越南

山麻杆 **Alchornea davidii** Franch.

分布：山西、河南、江苏、浙江、江西、湖南、湖北、四川、贵州、云南、福建、广东、广西

湖南山麻杆 **Alchornea hunanensis** H. S. Kiu

分布：湖南、广西

厚柱山麻杆 **Alchornea kelungensis** Hayata

分布：台湾

毛果山麻杆 **Alchornea mollis** Benth. ex Müll. Arg.

分布：四川、云南；不丹、印度、尼泊尔

羽脉山麻杆 **Alchornea rugosa** (Lour.) Müll. Arg.

分布：云南、广东、广西、海南；印度、印度尼西亚、马来西亚、缅甸、巴布亚新几内亚、菲律宾、泰国、澳大利亚(北部)

羽脉山麻杆(原变种) **Alchornea rugosa** var. **rugosa**

分布：云南、广东、广西、海南；印度、印度尼西亚、马来西亚、缅甸、巴布亚新几内亚、菲律宾、泰国、澳大利亚

海南山麻杆 **Alchornea rugosa** var. **pubescens** (Pax et K. Hoffm.) H. S. Kiu

分布：广西、海南

椴叶山麻杆 **Alchornea tiliifolia** (Benth.) Müll. Arg.

分布：贵州、云南、广西；孟加拉国、不丹、印度、马来西亚、缅甸、泰国、越南

红背山麻杆 **Alchornea trewioides** (Benth.) Müll. Arg.

分布：江西、湖南、四川、云南、福建、广东、广西、海南；柬埔寨、日本、老挝、泰国、越南

红背山麻杆(原变种) **Alchornea trewioides** var. **trewioides**

分布：江西、湖南、福建、广东、广西、海南；柬埔寨、日本、老挝、泰国、越南

绿背山麻杆 **Alchornea trewioides** var. **sinica** H. S. Kiu

分布：四川、云南、广西

石栗属 **Aleurites** J. R. Forst. et G. Forst.

石栗 **Aleurites moluccana** (L.) Willd.

分布：福建、广东、广西、海南、台湾、云南；柬埔寨、印度、印度尼西亚、菲律宾、斯里兰卡、泰国、越南、太平洋群岛，栽培于热带地区

浆果乌桕属 **Balakata** Esser

浆果乌桕 **Balakata baccata** (Roxb.) Esser

分布：云南；孟加拉国、柬埔寨、印度、印度尼西亚、老挝、马来西亚、缅甸、泰国、越南

斑籽木属 **Baliospermum** Blume

狭叶斑籽木 **Baliospermum angustifolium** Y. T. Chang

分布：西藏

西藏斑籽木 **Baliospermum bilobatum** T. L. Chin

分布：西藏

云南斑籽木 **Baliospermum calycinum** Müll. Arg.

分布：云南；孟加拉国、不丹、印度、缅甸、尼泊尔、泰国

斑籽木 **Baliospermum solanifolium** (Burman) Suresh

分布：云南；孟加拉国、不丹、柬埔寨、印度、印度尼西亚、老挝、马来西亚、缅甸、尼泊尔、斯里兰卡、泰国、越南

心叶斑籽木 **Baliospermum yui** Y. T. Chang

分布：云南；缅甸

留萼木属 **Blachia** Baill.

大果留萼木 **Blachia andamanica** (Kurz.) Hook. f.

分布：广东、广西、海南；孟加拉国、印度、印度尼西亚、马来西亚、缅甸、菲律宾

崖州留萼木 **Blachia jatrophifolia** Pax et Hoffm.

分布：海南；老挝、越南

留萼木 **Blachia pentzii** (Müll. Arg.) Benth.

分布：广东、海南；越南

海南留萼木 **Blachia siamensis** Gagnep.

分布：广东、海南；泰国

肥牛木属 **Cephalomappa** Baill.

肥牛树 **Cephalomappa sinensis** (Chun et F. C. How) Kosterm.

分布：云南、广西；越南

刺果树属 **Chaetocarpus** Thwait.

刺果树 **Chaetocarpus castanocarpus** (Roxb.) Thwaites

分布：云南；斯里兰卡、印度、缅甸、泰国、柬埔寨、老挝、越南、马来西亚、印度尼西亚

沙戟属 **Chrozophora** Neck. ex A. Juss.

沙戟 **Chrozophora sabulosa** Kar. et Kir.

分布：新疆；哈萨克斯坦

白大凤属 **Cladogynos** Zipp. ex Span.

白大凤 **Cladogynos orientalis** Zipp. ex Span.
分布：广西；柬埔寨、印度尼西亚、老挝、马来西亚、菲律宾、泰国、越南

白桐树属 **Claoxylon** A. Juss.

台湾白桐树 **Claoxylon brachyandrum** Pax et Hoffm.
分布：台湾；菲律宾、马来西亚

海南白桐树 **Claoxylon hainanense** Pax et K. Hoffm.
分布：广东、广西、海南；越南

白桐树 **Claoxylon indicum** (Reinw. ex Blume) Hassk.
分布：云南、广东、广西、海南；印度、印度尼西亚、马来西亚、巴布亚新几内亚、泰国、越南

膜叶白桐树 **Claoxylon khasianum** Hook. f.
分布：云南、广西；印度、缅甸、越南

长叶白桐树 **Claoxylon longifolium** (Blume) Endl. et Hassk.
分布：云南；柬埔寨、印度、印度尼西亚、老挝、马来西亚、巴布亚新几内亚、泰国、越南

短序白桐树 **Claoxylon subsessiliflorum** Croizat
分布：云南；越南

蝴蝶果属 **Cleidiocarpon** Airy Shaw

蝴蝶果 **Cleidiocarpon cavaleriei** (H. Lév.) Airy Shaw
分布：贵州、云南、广西；越南

棒柄花属 **Cleidion** Blume

灰岩棒柄花 **Cleidion bracteosum** Gagnep.
分布：贵州、云南、广西；越南

棒柄花 **Cleidion brevipetiolatum** Pax et K. Hoffm.
分布：贵州、云南、广东、广西、海南；老挝、泰国、越南

长棒柄花 **Cleidion spiciflorum** (Burm. f.) Merr.
分布：云南、西藏；不丹、印度、马来西亚、缅甸、尼泊尔、澳大利亚(北部)、太平洋岛屿

粗毛藤属 **Cnesmone** Blume

海南粗毛藤 **Cnesmone hainanensis** (Merr. et Chun) Croizat
分布：广东、广西、海南

粗毛藤 **Cnesmone mairei** (H. Lév.) Croizat
分布：云南

灰岩粗毛藤 **Cnesmone tonkinensis** (Gagnep.) Croizat
分布：广西、海南；越南、泰国

巴豆属 **Croton** L.

银叶巴豆 **Croton cascarilloides** Raeusch.
分布：云南、福建、台湾、广东、广西、海南；印度尼西亚、马来西亚、老挝、缅甸、泰国、日本、菲律宾、越南

卵叶巴豆 **Croton caudatus** Geiseler
分布：云南；孟加拉国、不丹、文莱、柬埔寨、印度、印度尼西亚、老挝、马来西亚、缅甸、尼泊尔、巴基斯坦、菲律宾、泰国、新加坡、斯里兰卡、越南、澳大利亚

光果巴豆 **Croton chunianus** Croizat
分布：海南

荨麻叶巴豆 **Croton cnidophyllus** Radcl.-Sm. et Govaerts
分布：贵州、云南、广西

鸡骨香 **Croton crassifolius** Geiseler
分布：福建、广东、广西、海南；越南、老挝、泰国、缅甸

大麻叶巴豆 **Croton damayeshu** Y. T. Chang
分布：云南

鼎湖巴豆 **Croton dinghuensis** H. S. Kiu
分布：广东

石山巴豆 **Croton euryphyllus** W. W. Sm.
分布：四川、贵州、云南、广西

香港巴豆 **Croton hancei** Benth.
分布：广东、广西

香港巴豆(原变种) **Croton hancei** var. **hancei**
分布：广东、广西

防城巴豆 **Croton hancei** var. **tsoi** H. S. Kiu
分布：广西

硬毛巴豆 **Croton hirtus** L'Her.
分布：海南；南美洲

宽昭巴豆 **Croton howii** Merr. et Chun ex Y. T. Chang
分布：海南

长果巴豆 **Croton joufra** Roxburgh
分布：云南；孟加拉国、不丹、印度、缅甸、越南

越南巴豆 **Croton kongensis** Gagnep.
分布：云南、海南；越南、老挝、泰国、缅甸

毛果巴豆 **Croton lachnocarpus** Benth.
分布：江西、湖南、贵州、广东、广西；老挝、缅甸、泰国、越南

光叶巴豆 **Croton laevigatus** Vahl
分布：海南

疏齿巴豆 **Croton laniflorus** Geiseler
分布：海南；越南

海南巴豆 **Croton laui** Merr. et F. P. Metcalf
分布：海南

榄绿巴豆 **Croton lauioides** Radcl.-Sm. et Govaerts
分布：广东、海南

曼哥龙巴豆 **Croton mangelong** Y. T. Chang
分布：云南

厚叶巴豆 **Croton merrillianus** Croizat
分布：广西、海南

淡紫毛巴豆 **Croton purpurascens** Y. T. Chang
分布：广东

巴豆 **Croton tiglium** L.
分布：江苏、江西、贵州、福建、广东、广西、海南；孟加拉国、不丹、柬埔寨、印度、印度尼西亚、日本、马来西亚、缅甸、尼泊尔、菲律宾、泰国、斯里兰卡、越南

延辉巴豆 **Croton yanhuii** Y. T. Chang
分布：云南

云南巴豆 **Croton yunnanensis** W. W. Sm.
分布：四川、云南

黄蓉花属 **Dalechampia** L.

黄蓉花 **Dalechampia bidentata** Blume
分布：云南；缅甸、泰国、印度尼西亚、老挝

东京桐属 **Deutzianthus** Gagnep.

东京桐 **Deutzianthus tonkinensis** Gagnep.
分布：云南、广西；越南

异萼木属 **Dimorphocalyx** Thwaites

异萼木 **Dimorphocalyx poilanei** Gagnep.
分布：海南；越南

丹麻杆属 **Discocleidion** (Müll. Arg.) Pax et K. Hoffm.

毛丹麻杆 **Discocleidion rufescens** (Franch.) Pax et K. Hoffm.
分布：山西、陕西、甘肃、安徽、湖南、湖北、四川、贵州、广东、广西

丹麻杆 **Discocleidion ulmifolium** (Müll. Arg.) Pax et K. Hoffm.
分布：浙江、江西、福建、广东；日本

黄桐属 **Endospermum** Benth.

黄桐 **Endospermum chinense** Benth.
分布：云南、福建、广东、广西、海南；印度、缅甸、泰国、越南

风轮桐属 **Epiprinus** Griff.

风轮桐 **Epiprinus siletianus** (Baill.) Croizat
分布：云南、海南；印度、老挝、缅甸、泰国、越南

轴花木属 **Erismanthus** Wall. ex Müll. Arg.

轴花木 **Erismanthus sinensis** Oliv.
分布：海南；越南、柬埔寨、泰国、老挝

大戟属 **Euphorbia** L.

阿拉套大戟 **Euphorbia alatavica** Boiss.
分布：新疆；哈萨克斯坦、吉尔吉斯斯坦、塔吉克斯坦

北高山大戟 **Euphorbia alpina** C. A. Mey. ex Ledeb.
分布：新疆；俄罗斯、哈萨克斯坦、蒙古国

阿尔泰大戟 **Euphorbia altaica** C. A. Mey. ex Ledeb.
分布：新疆；哈萨克斯坦、蒙古国、俄罗斯

青藏大戟 **Euphorbia altotibetica** Paulsen
分布：宁夏、甘肃、青海、西藏

火殃勒 **Euphorbia antiquorum** L.
分布：安徽、江苏、浙江、江西、湖南、湖北、四川、贵州、云南、福建、广东、广西、海南；孟加拉国、印度、印度尼西亚、马来西亚、缅甸、巴基斯坦、斯里兰卡、泰国、越南

海滨大戟 **Euphorbia atoto** Forst. f.
分布：台湾、广东、海南；柬埔寨、印度、印度尼西亚、日本、老挝、马来西亚、缅甸、菲律宾、斯里兰卡、泰国、越南、澳大利亚、太平洋岛屿

细齿大戟 **Euphorbia bifida** Hook. et Arn.
分布：江苏、浙江、江西、贵州、云南、福建、台湾、广东、广西、海南；印度、印度尼西亚、日本、马来西亚、缅甸、菲律宾、斯里兰卡、泰国、越南、澳大利亚、太平洋岛屿

睫毛大戟 **Euphorbia blepharophylla** C. A. Mey.
分布：新疆；俄罗斯、哈萨克斯坦

布赫塔尔大戟 **Euphorbia buchtormensis** C. A. Mey.
分布：新疆；哈萨克斯坦、吉尔吉斯斯坦、俄罗斯、塔吉

克斯坦

紫锦木 Euphorbia cotinifolia subsp. **cotinoides** (Miq.) Christenson

分布：福建、台湾、海南，也广泛栽培于中国中部及北部；中南美洲

猩猩草 Euphorbia cyathophora Murray

分布：北京、河南、江苏、湖北、贵州、云南、福建、广东、海南、台湾逸生；原产于中南美洲，归化于旧大陆

齿裂大戟 Euphorbia dentata Michx.

分布：河北、北京、湖南；原产于北美洲

长叶大戟 Euphorbia donii Oudejans

分布：西藏；尼泊尔、印度、不丹

蒿状大戟 Euphorbia dracunculoides Lam.

分布：云南；尼泊尔、印度、巴基斯坦；亚洲(中部和西南部)、南欧、非洲(北部)

乳浆大戟 Euphorbia esula L.

分布：西藏、海南，中国广布；阿富汗、日本、哈萨克斯坦、韩国、吉尔吉斯斯坦、蒙古国、塔吉克斯坦、土库曼斯坦、乌兹别克斯坦；亚洲(西南部)、欧洲；归化于北美洲

狼毒大戟 Euphorbia fischeriana Steud.

分布：黑龙江、吉林、辽宁、内蒙古、山东；日本、韩国、蒙古国、俄罗斯

北疆大戟 Euphorbia franchetii B. Fedtsch.

分布：新疆；阿富汗、哈萨克斯坦、吉尔吉斯斯坦、俄罗斯、塔吉克斯坦、土库曼斯坦、乌兹别克斯坦

鹅銮鼻大戟 Euphorbia garanbiensis Hayata

分布：台湾

土库曼大戟 Euphorbia granulata Forssk.

分布：新疆；阿富汗、印度、哈萨克斯坦、吉尔吉斯斯坦、巴基斯坦、塔吉克斯坦、土库曼斯坦、乌兹别克斯坦；亚洲(西南和西部)、非洲

圆苞大戟 Euphorbia griffithii Hook. f.

分布：四川、云南、西藏；缅甸、印度、不丹、尼泊尔、克什米尔地区

海南大戟 Euphorbia hainanensis Croizat

分布：海南

黑水大戟 Euphorbia heishuiensis W. T. Wang

分布：甘肃、四川

泽漆 Euphorbia helioscopia L.

分布：辽宁、河北、山西、山东、河南、陕西、宁夏、甘肃、青海、新疆、安徽、江苏、浙江、江西、湖南、湖北、四川、贵州、云南、福建、广东、广西、海南；广泛蔓延到北非、亚洲、欧洲

白苞猩猩草 Euphorbia heterophylla L.

分布：河北、山东、河南、安徽、江苏、浙江、江西、湖南、湖北、四川、贵州、云南、福建、台湾、广东、广西、海南；原产于北美洲，现旧大陆地区广泛栽培或归化

闽南地锦 Euphorbia heyneana Spreng.

分布：福建；孟加拉国、印度、马来西亚、缅甸、巴基斯坦、泰国、越南、印度洋群岛

飞杨草 Euphorbia hirta L.

分布：浙江、江西、湖南、湖北、四川、重庆、贵州、云南、福建、台湾、广东、广西、海南、香港；原产于热带美洲，现广布于热带和亚热带地区

硬毛地锦 Euphorbia hispida Boiss.

分布：云南；阿富汗、孟加拉国、印度、巴基斯坦

新竹地锦 Euphorbia hsinchuensis (S. C. Lin et S. M. Chaw) C. Y. Wu et J. S. Ma

分布：台湾

地锦草 Euphorbia humifusa Willd.

分布：中国广布；广布于非洲、亚洲、欧洲温带地区

矮大戟 Euphorbia humilis C. A. Mey.

分布：新疆；哈萨克斯坦、吉尔吉斯斯坦、俄罗斯、塔吉克斯坦、土库曼斯坦、乌兹别克斯坦；亚洲(西南部)

湖北大戟 Euphorbia hylonoma Hand.-Mazz.

分布：黑龙江、吉林、辽宁、河北、山西、山东、河南、陕西、甘肃、安徽、江苏、浙江、江西、湖南、湖北、四川、贵州、云南、广东、广西；蒙古国、俄罗斯

通奶草 Euphorbia hypericifolia L.

分布：北京、江西、湖南、四川、贵州、云南、台湾、广东、广西、海南；新大陆，归化于旧大陆

紫斑大戟 Euphorbia hyssopifolia L.

分布：台湾、海南；新大陆，归化于旧大陆

英德尔大戟 Euphorbia inderiensis Less. ex Kar. et Kir.

分布：新疆；阿富汗、哈萨克斯坦、吉尔吉斯斯坦、塔吉克斯坦、土库曼斯坦、乌兹别克斯坦

南亚大戟 Euphorbia indica Lam.

分布：贵州、广东；热带亚洲、热带非洲

大狼毒 Euphorbia jolkinii Boiss.

分布：四川、云南、台湾；日本、朝鲜

甘肃大戟 Euphorbia kansuensis Proch.

分布：内蒙古、河北、山西、河南、陕西、宁夏、甘肃、

青海、江苏、湖北、四川

甘遂 **Euphorbia kansui** Liou ex S. B. Ho

分布：辽宁、山西、河南、陕西、甘肃

沙生大戟 **Euphorbia kozlovii** Prokh.

分布：内蒙古、山西、陕西、宁夏、甘肃、青海；蒙古国

续随子 **Euphorbia lathyris** L.

分布：吉林、辽宁、内蒙古、河北、山西、山东、河南、陕西、甘肃、青海、新疆、安徽、江苏、浙江、江西、湖南、湖北、四川、贵州、云南、西藏、福建、广东、广西、海南；亚洲、欧洲、非洲(北部)、美洲

宽叶大戟 **Euphorbia latifolia** C. A. Mey.

分布：新疆；哈萨克斯坦、吉尔吉斯斯坦、蒙古国、塔吉克斯坦、俄罗斯

刘氏大戟 **Euphorbia lioui** C. Y. Wu et J. S. Ma

分布：内蒙古

林大戟 **Euphorbia lucorum** Rupr.

分布：黑龙江、吉林、辽宁、内蒙古；俄罗斯、朝鲜

粗根大戟 **Euphorbia macrorrhiza** C. A. Mey.

分布：新疆；哈萨克斯坦、俄罗斯

斑地锦 **Euphorbia maculata** L.

分布：河北、北京、山东、河南、陕西、江苏、上海、浙江、江西、湖南、湖北、台湾、广东；原产于北美洲，现广布于欧亚大陆

小叶大戟 **Euphorbia makinoi** Hayata

分布：江苏、浙江、福建、台湾、广东、香港；日本、菲律宾

猫儿山大戟(新拟) **Euphorbia maoershanensis** F. N. Wei et J. S. Ma

分布：广西

银边翠 **Euphorbia marginata** Pursh

分布：山东、宁夏、安徽、江苏、浙江、江西、湖南、湖北、四川、贵州、云南、福建、台湾、广东、广西、海南栽培和归化；原产于北美洲，在旧世界归化

甘青大戟 **Euphorbia micractina** Boiss.

分布：山西、河南、陕西、宁夏、甘肃、青海、新疆、四川、西藏；朝鲜、俄罗斯、克什米尔地区、巴基斯坦

铁海棠 **Euphorbia milii** Des Moul.

分布：山西、山东、河南、陕西、安徽、江苏、浙江、江西、湖南、湖北、四川、贵州、云南、福建、台湾、广东、广西、海南，其他地方广泛种植；原产于马达加斯加

单伞大戟 **Euphorbia monocyathium** Prokh.

分布：新疆；哈萨克斯坦、吉尔吉斯斯坦、塔吉克斯坦

金刚纂 **Euphorbia neriifolia** L.

分布：云南、广东、广西、海南；原产于印度，栽培于热带亚洲

大地锦 **Euphorbia nutans** Lagasca

分布：辽宁、北京、安徽、江苏；原产于北美洲、南美洲，俄罗斯、日本有分布

长根大戟 **Euphorbia pachyrrhiza** Kar. et Kir.

分布：新疆；哈萨克斯坦、吉尔吉斯斯坦、塔吉克斯坦

大戟 **Euphorbia pekinensis** Rupr.

分布：新疆、云南、西藏之外遍布中国；日本、韩国

南欧大戟 **Euphorbia peplus** L.

分布：云南、福建、台湾、广东、广西、香港；太平洋岛屿；东欧、非洲(北部)、美洲

毛大戟 **Euphorbia pilosa** L.

分布：新疆；哈萨克斯坦、吉尔吉斯斯坦、蒙古国、俄罗斯、塔吉克斯坦

土瓜狼毒 **Euphorbia prolifera** Buch.-Ham. ex D. Don

分布：四川、贵州、云南；印度、缅甸、尼泊尔、巴基斯坦、泰国

匍匐大戟 **Euphorbia prostrata** Aiton

分布：江苏、湖北、云南、福建、台湾、广东、海南；热带、亚热带美洲；归化于旧世界

一品红 **Euphorbia pulcherrima** Willd. ex Klotzsch

分布：山东、安徽、江苏、江西、湖南、湖北、四川、贵州、云南、福建、台湾、广东、广西、海南、浙江各地栽培；原产于中美洲

小萝卜大戟 **Euphorbia rapulum** Kar. et Kir.

分布：新疆；哈萨克斯坦、吉尔吉斯斯坦、塔吉克斯坦、土库曼斯坦、乌兹别克斯坦

霸王鞭 **Euphorbia royleana** Boiss.

分布：四川、云南、台湾、广西；不丹、缅甸、尼泊尔、印度、巴基斯坦

西格尔大戟 **Euphorbia seguieriana** Neck.

分布：新疆；中亚地区

匍根大戟 **Euphorbia serpens** Kunth

分布：台湾；泛热带杂草，原产于新大陆

钩腺大戟 **Euphorbia sieboldiana** C. Morren et Decne.

分布：内蒙古、青海、新疆、台湾、海南；日本、韩国、俄罗斯

黄苞大戟 Euphorbia sikkimensis Boiss.

分布：湖北、四川、贵州、云南、西藏、广西；不丹、印度、缅甸、尼泊尔

准噶尔大戟 Euphorbia soongarica Boiss.

分布：甘肃、新疆；哈萨克斯坦、吉尔吉斯斯坦、蒙古国、俄罗斯、塔吉克斯坦、土库曼斯坦、乌兹别克斯坦；欧洲(东部)

对叶大戟 Euphorbia sororia Schrenk

分布：新疆；哈萨克斯坦、吉尔吉斯斯坦、塔吉克斯坦；亚洲(西南部)

心叶大戟 Euphorbia sparrmannii Boiss.

分布：台湾；日本、印度尼西亚、马来西亚、菲律宾、太平洋群岛

高山大戟 Euphorbia stracheyi Boiss.

分布：甘肃、青海、四川、云南、西藏；不丹、印度、尼泊尔

台西地锦 Euphorbia taihsiensis (Chaw et Koutnik) Oudejans

分布：台湾

天山大戟 Euphorbia thomsoniana Boiss.

分布：新疆；阿富汗、印度、克什米尔地区、哈萨克斯坦、吉尔吉斯斯坦、巴基斯坦、塔吉克斯坦、土库曼斯坦

千根草 Euphorbia thymifolia L.

分布：江苏、浙江、江西、湖南、云南、福建、台湾、广东、广西、海南；广布于世界温暖国家

西藏大戟 Euphorbia tibetica Boiss.

分布：新疆、西藏；印度、哈萨克斯坦、吉尔吉斯斯坦、巴基斯坦、塔吉克斯坦

绿玉树 Euphorbia tirucalli L.

分布：安徽、江苏、浙江、江西、湖南、湖北、四川、贵州、云南、福建、台湾、广东、广西、海南栽培和逃逸；原产于非洲，热带亚洲广泛栽培

铜川大戟 Euphorbia tongchuanensis C. Y. Wu et J. S. Ma

分布：陕西

土大戟 Euphorbia turczaninowii Kar. et Kir.

分布：新疆；阿富汗、哈萨克斯坦、吉尔吉斯斯坦、蒙古国、塔吉克斯坦、土库曼斯坦、乌兹别克斯坦；亚洲(西南部)

中亚大戟 Euphorbia turkestanica Regel

分布：新疆；哈萨克斯坦、吉尔吉斯斯坦、塔吉克斯坦、土库曼斯坦、乌兹别克斯坦

大果大戟 Euphorbia wallichii Hook. f.

分布：青海、四川、云南、西藏；阿富汗、不丹、尼泊尔、印度、克什米尔地区

盐津大戟 Euphorbia yanjinensis W. T. Wang

分布：云南

海漆属 Excoecaria L.

云南土沉香 Excoecaria acerifolia Didr.

分布：甘肃、湖南、湖北、四川、贵州、云南；印度、尼泊尔

云南土沉香(原变种) Excoecaria acerifolia var. **acerifolia**

分布：湖南、湖北、四川、云南；印度、尼泊尔

狭叶海漆 Excoecaria acerifolia var. **cuspidata** (Müll. Arg.) Müll. Arg.

分布：甘肃、四川、云南；印度

海漆 Excoecaria agallocha L.

分布：台湾、广东、广西、海南；印度尼西亚、日本、马来西亚、巴布亚新几内亚、澳大利亚、印度、斯里兰卡、泰国、柬埔寨、越南、菲律宾、太平洋岛屿

红背桂 Excoecaria cochinchinensis Lour.

分布：云南、福建、台湾、广东、广西、海南；老挝、马来西亚、缅甸、泰国、越南，原产于越南，广泛栽培

绿背桂花 Excoecaria cochinchinensis var. **viridis** (Pax et Hoffm.) Merr.

分布：台湾、广东、广西、海南；老挝、马来西亚、缅甸、泰国、越南

兰屿土沉香 Excoecaria kawakamii Hayata

分布：台湾

鸡尾木 Excoecaria venenata S. K. Lee et F. N. Wei

分布：广西

异序乌桕属 Falconeria Royle

异序乌桕 Falconeria insignis Royle

分布：四川、云南、海南；孟加拉国、不丹、柬埔寨、印度、老挝、马来西亚、缅甸、尼泊尔、斯里兰卡、泰国、越南

裸花树属 Gymnanthes Swartz

裸花树 Gymnanthes remota (Steenis) Esser

分布：云南；印度尼西亚

粗毛野桐属 Hancea Seemann

粗毛野桐 Hancea hookeriana Seem.

分布：广东、广西、海南；越南

橡胶树属 **Hevea** Aubl.

橡胶树 **Hevea brasiliensis** (Willd. ex A. Jussieu) Müll. Arg.

分布：云南、福建、台湾、广东、广西、海南；原产于巴西，广泛栽培于热带地区

澳杨属 **Homalanthus** A. Juss.

圆叶澳杨 **Homalanthus fastuosus** (Lind) Fern.-Vill.

分布：台湾；菲律宾

水柳属 **Homonoia** Lour.

水柳 **Homonoia riparia** Lour.

分布：四川、贵州、云南、台湾、广西、海南；柬埔寨、印度、印度尼西亚、老挝、马来西亚、缅甸、菲律宾、泰国、越南

响盒子属 **Hura** L.

响盒子 **Hura crepitans** L.

分布：海南、香港栽培；原产于热带美洲，广泛栽培于其他地方

麻疯树属 **Jatropha** L.

麻疯树 **Jatropha curcas** L.

分布：四川、贵州、云南、福建、台湾、广东、广西、海南栽培；原产于热带美洲，广泛引种

珊瑚花 **Jatropha multifida** L.

分布：云南、广东、广西、海南栽培；原产于热带和亚热带美洲

佛肚树 **Jatropha podagrica** Hook.

分布：云南、福建、广东、广西、海南栽培；原产于中美洲和南美洲，广泛引种

白茶树属 **Koilodepas** Hassk.

白茶树 **Koilodepas hainanense** (Merr.) Airy Shaw

分布：海南；越南

轮叶戟属 **Lasiococca** Hook. f.

轮叶戟 **Lasiococca comberi** var. **pseudoverticillata** (Merr.) H. S. Kiu

分布：云南、海南；越南

血桐属 **Macaranga** Du Petit Thouars

轮苞血桐 **Macaranga andamanica** Kurz.

分布：贵州、云南、广东、广西、海南；印度、缅甸、马来西亚、泰国、越南

中平树 **Macaranga denticulata** (Blume) Müll. Arg.

分布：贵州、云南、西藏、广西、海南；不丹、印度、印度尼西亚、老挝、马来西亚、缅甸、尼泊尔、泰国、越南

草鞋木 **Macaranga henryi** (Pax et K. Hoffm.) Rehder

分布：贵州、云南、广西；越南

印度血桐 **Macaranga indica** Wight

分布：贵州、云南、西藏、广东、广西；不丹、印度、印度尼西亚、老挝、马来西亚、缅甸、尼泊尔、斯里兰卡、泰国、越南

尾叶血桐 **Macaranga kurzii** (Kuntze) Pax et Hoffm.

分布：云南、广西；缅甸、泰国、老挝、越南

刺果血桐 **Macaranga lowii** King ex Hook. f.

分布：福建、广东、广西、海南；菲律宾、泰国、马来西亚、印度尼西亚、越南

泡腺血桐 **Macaranga pustulata** King ex Hook. f.

分布：云南、西藏；印度、尼泊尔、不丹

鼎湖血桐 **Macaranga sampsonii** Hance

分布：云南、福建、广东、广西、海南；越南

台湾血桐 **Macaranga sinensis** (Baill.) Müll. Arg.

分布：台湾；菲律宾、印度尼西亚

血桐 **Macaranga tanarius** var. **tomentosa** (Blume) Müll. Arg.

分布：台湾、广东；印度、印度尼西亚、日本、马来西亚、缅甸、菲律宾、泰国、越南、澳大利亚(北部)

野桐属 **Mallotus** Lour.

锈毛野桐 **Mallotus anomalus** Merr. et Chun

分布：海南

白背叶 **Mallotus apelta** (Lour.) Müll. Arg.

分布：江西、湖南、云南、福建、广东、广西、海南；越南

白背叶(原变种) **Mallotus apelta** var. **apelta**

分布：江西、湖南、云南、福建、广东、广西、海南；越南

广西白背叶 **Mallotus apelta** var. **kwangsiensis** F. P. Metcalf

分布：云南、广东、广西

毛桐 **Mallotus barbatus** (Wall.) Müll. Arg.

分布：湖南、湖北、四川、贵州、云南、广东、广西；印度、马亚西亚、缅甸、泰国、越南

毛桐(原变种) **Mallotus barbatus** var. **barbatus**

分布：贵州、云南、广东、广西；印度、马来西亚、缅甸、

泰国、越南

石山毛桐 **Mallotus barbatus** var. **croizatianus** (F. P. Metcalf) S. M. Hwang
分布：贵州、广西

长梗毛桐 **Mallotus barbatus** var. **pedicellaris** Croizat
分布：湖南、湖北、四川、贵州、云南、广东、广西；泰国

七星毛桐 **Mallotus barbatus** var. **wui** H. S. Kiu
分布：广东、广西

桂野桐 **Mallotus conspurcatus** Croizat
分布：广西

短柄野桐 **Mallotus decipiens** Müll. Arg.
分布：云南；泰国、缅甸

南平野桐 **Mallotus dunnii** F. P. Metcalf
分布：湖南、福建、广东、广西

长叶野桐 **Mallotus esquirolii** H. Lév.
分布：贵州、云南、广西、海南；越南

粉叶野桐 **Mallotus garrettii** Airy Shaw
分布：云南；老挝、泰国

野梧桐 **Mallotus japonicus** (L. f.) Müll. Arg.
分布：浙江、台湾；日本、韩国

东南野桐 **Mallotus lianus** Croizat
分布：浙江、江西、湖南、福建、广东、广西

罗定野桐 **Mallotus lotingensis** F. P. Metcalf
分布：广东、广西

罗城野桐 **Mallotus luchenensis** F. P. Metcalf
分布：贵州、广西；越南

褐毛野桐 **Mallotus metcalfianus** Croizat
分布：云南、广西；越南

小果野桐 **Mallotus microcarpus** Pax et Hoffm.
分布：江西、湖南、贵州、广东、广西；越南

贵州野桐 **Mallotus millietii** H. Lév.
分布：湖南、湖北、贵州、云南、广西

光叶贵州野桐 **Mallotus millietii** var. **atrichus** Croizat
分布：湖南、湖北、贵州、云南、广西

贵州野桐(原变种) **Mallotus millietii** var. **millietii**
分布：贵州、云南、广西

尼泊尔野桐 **Mallotus nepalensis** Müll. Arg.
分布：云南、西藏；尼泊尔、印度、缅甸、不丹

山地野桐 **Mallotus oreophilus** Müll. Arg.
分布：四川、云南、西藏；不丹、印度

山地野桐(原变种) **Mallotus oreophilus** var. **oreophilus**
分布：四川、云南、西藏；不丹、印度、孟加拉国

肾叶野桐 **Mallotus oreophilus** var. **latifolius** (Boufford et T. S. Ying) H. S. Kiu
分布：四川、云南

樟叶野桐 **Mallotus pallidus** (Airy Shaw) Airy Shaw
分布：云南、海南；泰国

白楸 **Mallotus paniculatus** (Lam.) Müll. Arg.
分布：贵州、云南、福建、台湾、广东、广西、海南；孟加拉国、柬埔寨、印度、印度尼西亚、老挝、马来西亚、缅甸、巴布亚新几内亚、菲律宾、泰国、越南、澳大利亚

山苦茶 **Mallotus peltatus** (Geiseler) Müll. Arg.
分布：广东、海南；印度、马来西亚、缅甸、巴布亚新几内亚、菲律宾、泰国、越南、印度尼西亚

粗糠柴 **Mallotus philippensis** Pax et Hoffm.
分布：安徽、江苏、浙江、江西、湖南、湖北、四川、贵州、云南、西藏、福建、台湾、广东、广西、海南；孟加拉国、不丹、印度、老挝、马来西亚、缅甸、尼泊尔、巴布亚新几内亚、巴基斯坦、菲律宾、斯里兰卡、泰国、越南、澳大利亚(北部)

粗糠柴(原变种) **Mallotus philippensis** var. **philippensis**
分布：安徽、福建、广东、广西、贵州、海南、湖北、湖南、江苏、江西、四川、台湾、西藏、云南、浙江；孟加拉国、不丹、印度、老挝、马来西亚、缅甸、尼泊尔、巴布亚新几内亚、巴基斯坦、菲律宾、斯里兰卡、泰国、越南、澳大利亚(北部)

网脉粗糠柴 **Mallotus philippensis** var. **reticulatus** (Dunn) F. P. Metcalf
分布：江西、福建、广东、广西

石岩枫 **Mallotus repandus** (Willd.) Müll. Arg.
分布：山西、河南、甘肃、安徽、浙江、江西、湖南、湖北、四川、贵州、云南、福建、台湾、广东、广西、海南；孟加拉国、不丹、柬埔寨、印度、印度尼西亚、老挝、马来西亚、缅甸、尼泊尔、巴布亚新几内亚、菲律宾、斯里兰卡、泰国、越南、澳大利亚(北部)、太平洋岛屿

石岩枫(原变种) **Mallotus repandus** var. **repandus**
分布：福建、广东、广西、海南、台湾、云南；孟加拉国、

不丹、柬埔寨、印度、印度尼西亚、老挝、马来西亚、缅甸、尼泊尔、巴布亚新几内亚、菲律宾、斯里兰卡、泰国、越南、太平洋群岛、澳大利亚(北部)

杠香藤 **Mallotus repandus** var. **chrysocarpus** (Pamp.) S. M. Hwang

分布：山西、河南、甘肃、安徽、湖南、湖北、四川、贵州

卵叶石岩枫 **Mallotus repandus** var. **scabrifolius** (A. Juss.) Müll. Arg.

分布：浙江、湖南、云南、福建、广东、广西、江西(南部)

圆叶野桐 **Mallotus roxburghianus** Müll. Arg.

分布：云南；印度

野桐 **Mallotus tenuifolius** Pax

分布：河南、陕西、甘肃、安徽、江苏、浙江、江西、湖南、湖北、四川、贵州、福建、广东、广西

野桐(原变种) **Mallotus tenuifolius** var. **tenuifolius**

分布：河南、甘肃、安徽、江西、湖南、湖北、四川、贵州、福建

乐昌野桐 **Mallotus tenuifolius** var. **castanopsis** (F. P. Metcalf) H. S. Kiu

分布：江西、湖南、广东、广西

红叶野桐 **Mallotus tenuifolius** var. **paxii** (Pamp.) H. S. Kiu

分布：河南、安徽、江苏、浙江、江西、湖南、湖北、四川、贵州、福建、广东、广西

黄背野桐 **Mallotus tenuifolius** var. **subjaponicus** Croizat

分布：安徽、江苏、浙江、江西、湖南、湖北、贵州、福建、广东、广西

四果野桐 **Mallotus tetracoccus** (Roxb.) Kurz.

分布：云南、西藏；不丹、缅甸、尼泊尔、斯里兰卡、印度

灰叶野桐 **Mallotus thorelii** Gagnep.

分布：云南；柬埔寨、老挝、泰国、越南

椴叶野桐 **Mallotus tiliifolius** (Blume) Müll. Arg.

分布：台湾、海南；泰国、马来西亚、印度尼西亚、菲律宾、澳大利亚(北部)、太平洋岛屿

云南野桐 **Mallotus yunnanensis** Pax et K. Hoffm.

分布：广西、贵州、海南、云南；越南(北部)

木薯属 **Manihot** Mill.

木薯 **Manihot esculenta** Crantz

分布：贵州、云南、福建、台湾、广东、广西、海南；原产于巴西，栽培于全热带地区

木薯胶 **Manihot glaziovii** Müll. Arg.

分布：广东、广西、海南栽培；原产于巴西，广泛种植于热带非洲、亚洲

大柱藤属 **Megistostigma** Hook. f.

缅甸大柱藤 **Megistostigma burmanicum** (Kurz.) Airy Shaw

分布：云南；马来西亚、缅甸、泰国

云南大柱藤 **Megistostigma yunnanense** Croizat

分布：云南

墨鳞属 **Melanolepis** Rchb. ex Zoll.

墨鳞 **Melanolepis multiglandulosa** (Reinw. ex Blume) Rchb. f. et Zoll.

分布：台湾；印度尼西亚、日本、巴布亚新几内亚、菲律宾、泰国、太平洋岛屿

山靛属 **Mercurialis** L.

山靛 **Mercurialis leiocarpa** Sieb. et Zucc.

分布：安徽、浙江、江西、湖南、湖北、四川、贵州、云南、台湾、广东、广西；不丹、印度、日本、朝鲜、尼泊尔、泰国

白木乌桕属 **Neoshirakia** Esser nom. nov.

斑子乌桕 **Neoshirakia atrobadiomaculata** (F. P. Metcalf) Esser et P. T. Li

分布：江西、湖南、福建、广东

白木乌桕 **Neoshirakia japonica** (Sieb. et Zucc.) Esser

分布：山东、安徽、江苏、浙江、江西、湖南、湖北、四川、贵州、福建、广东、广西；日本、朝鲜

叶轮木属 **Ostodes** Blume

云南叶轮木 **Ostodes katharinae** Pax

分布：云南、西藏；泰国

叶轮木 **Ostodes paniculata** Blume

分布：云南、海南；不丹、柬埔寨、印度、越南、老挝、马来西亚、缅甸、尼泊尔、印度尼西亚

粗柱藤属 **Pachystylidium** Pax et K. Hoffm.

粗柱藤 **Pachystylidium hirsutum** (Blume) Pax et K. Hoffm.

分布：云南；柬埔寨、印度、印度尼西亚、老挝、菲律宾、泰国、越南

红雀珊瑚属 **Pedilanthus** Neck. ex Poit.

红雀珊瑚 **Pedilanthus tithymaloides** (L.) Poit.

分布：云南、广东、广西、海南；原产于中美洲，栽培于全热带地区

三籽桐属 **Reutealis** Airy Shaw

三籽桐 **Reutealis trisperma** (Blanco) Airy Shaw

分布：广东、广西栽培；原产于菲律宾，印度尼西亚也有栽培

蓖麻属 **Ricinus** L.

蓖麻 **Ricinus communis** L.

分布：中国各地栽培并逸生；原产于非洲，现世界热带至暖温带地区广泛栽培和归化

齿叶乌桕属 **Shirakiopsis** Esser

齿叶乌桕 **Shirakiopsis indica** (Willd.) Esser

分布：广东；原产于孟加拉国、文莱、印度、印度尼西亚、马来西亚、缅甸、巴布亚新几内亚、新加坡、斯里兰卡、泰国、越南、太平洋群岛

地构叶属 **Speranskia** Baill.

广东地构叶 **Speranskia cantonensis** (Hance) Pax ex K. Hoffm.

分布：河北、山西、陕西、江西、湖南、湖北、四川、贵州、云南、广东、广西

地构叶 **Speranskia tuberculata** (Bunge) Baill.

分布：吉林、辽宁、内蒙古、河北、山西、山东、河南、陕西、宁夏、甘肃、安徽、四川

宿萼木属 **Strophioblachia** Boerl.

宿萼木 **Strophioblachia fimbricalyx** Boerl.

分布：云南、广西、海南；越南、菲律宾、印度尼西亚

宿萼木(原变种) **Strophioblachia fimbricalyx** var. **fimbricalyx**

分布：云南、广西、海南；越南、菲律宾、印度尼西亚、

广西宿萼木 **Strophioblachia fimbricalyx** var. **efimbriata** Airy Shaw

分布：广西

心叶宿萼木 **Strophioblachia glandulosa** var. **cordifolia** Airy Shaw

分布：云南；泰国

白叶桐属 **Sumbaviopsis** J. J. Sm.

白叶桐 **Sumbaviopsis albicans** (Blume) J. J. Sm.

分布：云南；印度、缅甸、马来西亚、印度尼西亚、老挝、泰国、越南

白树属 **Suregada** Roxb. ex Rottler

台湾白树 **Suregada aequorea** (Hance) Seem.

分布：台湾；菲律宾

白树 **Suregada multiflora** (A. Juss.) Baill.

分布：云南、广东、广西、海南；孟加拉国、柬埔寨、老挝、马来西亚、缅甸、泰国、越南

滑桃树属 **Trevia** L.

滑桃树 **Trevia nudiflora** L.

分布：云南、广西、海南；不丹、柬埔寨、印度、印度尼西亚、老挝、马来西亚、缅甸、尼泊尔、菲律宾、斯里兰卡、泰国、越南

乌桕属 **Triadica** Loureiro

山乌桕 **Triadica cochinchinensis** Lour.

分布：安徽、浙江、江西、湖南、湖北、四川、贵州、云南、福建、台湾、广东、广西、海南；柬埔寨、印度、印度尼西亚、老挝、马来西亚、缅甸、菲律宾、泰国、越南

圆叶乌桕 **Triadica rotundifolia** (Hemsl.) Esser

分布：湖南、贵州、云南、广东、广西；越南

乌桕 **Triadica sebifera** (L.) Small

分布：山东、陕西、甘肃、安徽、江苏、浙江、江西、湖北、四川、贵州、云南、福建、台湾、广东、广西、海南；日本、越南、印度；栽培于欧洲、非洲、美洲

三宝木属 **Trigonostemon** Blume

白花三宝木 **Trigonostemon albiflorus** Airy Shaw

分布：广西；泰国

勐仑三宝木 **Trigonostemon bonianus** Gagnep.

分布：云南；越南

三宝木 **Trigonostemon chinensis** Merr.

分布：广东、广西、海南；越南

异叶三宝木 **Trigonostemon flavidus** Gagnep.

分布：海南；老挝、缅甸、泰国

黄花三宝木 **Trigonostemon fragilis** (Gagnep.) Airy Shaw

分布：广西、海南；越南

长序三宝木 **Trigonostemon howii** Merr. et Chun

分布：海南；越南

长梗三宝木 **Trigonostemon thyrsoideus** Stapf

分布：贵州、云南、广西；老挝、缅甸、泰国、越南

云南三宝木(新拟) **Trigonostemon tuberculatus** F. Du et Ju He
分布：云南

剑叶三宝木 **Trigonostemon xyphophylloides** (Croizat) L. K. Dai et T. L. Wu
分布：海南

油桐属 **Vernicia** Lour.

油桐 **Vernicia fordii** (Hemsl.) Airy Shaw
分布：河南、陕西、安徽、江苏、浙江、江西、湖南、湖北、四川、贵州、云南、福建、广东、广西、海南；越南，许多国家栽培

木油桐 **Vernicia montana** Lour.
分布：安徽、浙江、江西、湖南、湖北、贵州、云南、福建、台湾、广东、广西、海南；越南、泰国、缅甸、日本有栽培

299. 领春木科 Eupteleaceae K. Wilh.

领春木属 **Euptelea** Sieb. et Zucc.

领春木 **Euptelea pleiosperma** Hook. f. et Thomson
分布：河北、山西、河南、陕西、甘肃、安徽、浙江、江西、湖南、湖北、四川、贵州、云南、西藏；不丹、印度

300. 豆科 Fabaceae Lindl.

围涎树属 **Abarema** Pittier

围涎树 **Abarema clypearia** (Jack) Kosterm.
分布：浙江、湖南、贵州、云南、西藏、福建、台湾、广东、广西、海南、香港、澳门；热带亚洲

心叶大合欢 **Abarema cordifolia** (T. L. Wu) C. Chen et H. Sun
分布：云南；越南

滇西围涎树 **Abarema elliptica** (Blume) Kosterm.
分布：云南；印度尼西亚、马来西亚、缅甸、泰国

亮叶猴耳环 **Abarema lucida** (Benth.) Kosterm.
分布：浙江、湖南、四川、重庆、云南、福建、台湾、广东、广西、海南、香港、澳门；柬埔寨、印度、日本、老挝、泰国、越南

多叶猴耳环 **Abarema multifoliolata** (H. Q. Wen) X. Y. Zhu
分布：广西

薄叶围涎树 **Abarema utilis** (Chun et F. C. How) Kosterm.
分布：云南、福建、广东、广西、海南、香港；越南

相思子属 **Abrus** Adans.

广东相思子 **Abrus cantoniensis** Hance
分布：湖南、广东、广西、香港；泰国

毛相思子 **Abrus mollis** Hance
分布：福建、广东、广西、香港；缅甸、越南、泰国、老挝、柬埔寨、马来西亚

相思子 **Abrus precatorius** L.
分布：云南、台湾、广东、广西；热带地区

美丽相思子 **Abrus pulchellus** Wall. ex Thwaites
分布：湖南、云南、福建、广东、广西、海南；孟加拉国、不丹、柬埔寨、印度、印度尼西亚、老挝、马来西亚、缅甸、尼泊尔、巴布亚新几内亚、菲律宾、斯里兰卡、泰国、越南

金合欢属 **Acacia** Mill.

昆士兰金合欢 **Acacia arundelliana** Bailey
分布：四川、云南；原产于澳大利亚

大叶相思 **Acacia auriculiformis** A. Cunn. ex Benth.
分布：浙江、福建、广东、广西；澳大利亚(北部)、巴布亚新几内亚

台湾相思 **Acacia confusa** Merr.
分布：浙江、江西、四川、云南、福建、台湾、广东、广西、海南；原产于菲律宾

银荆 **Acacia dealbata** Link
分布：浙江、四川、贵州、云南、福建、台湾、广西；原产于澳大利亚

线叶金合欢 **Acacia decurrens** Willd.
分布：广东、广西、云南和浙江栽培；原产于澳大利亚

金合欢 **Acacia farnesiana** (L.) Willd.
分布：河南、浙江、四川、重庆、贵州、云南、福建、台湾、广东、广西、海南；原产于热带美洲，现世界热带地区广泛栽培

灰合欢 **Acacia glauca** (L.) Moench
分布：福建、广东；原产于西印度群岛

马占相思 **Acacia mangium** Willd.
分布：广东、香港；澳大利亚

黑荆 **Acacia mearnsii** De Wild.
分布：浙江、四川、云南、福建、台湾、广东、广西；澳大利亚

阿拉伯金合欢 Acacia nilotica (L.) Willd. ex Delile
分布：云南、台湾、海南；阿富汗、阿拉伯半岛、印度；非洲

海南羽叶金合欢 Acacia pennata subsp. **hainanensis** (Hayata) I. C. Nielsen
分布：云南、福建、广东、广西、海南；印度、缅甸、越南

柯氏羽叶金合欢 Acacia pennata subsp. **kerrii** I. C. Nielsen
分布：云南；不丹、柬埔寨、印度、老挝、缅甸、尼泊尔、斯里兰卡、泰国、越南

阿拉伯胶树 Acacia senegal (L.) Willd.
分布：台湾；印度、巴基斯坦；热带非洲

顶果树属 Acrocarpus Wight ex Arn.

顶果树 Acrocarpus fraxinifolius Wight ex Arn.
分布：云南、广西；孟加拉国、不丹、印度、印度尼西亚、老挝、马来西亚、缅甸、尼泊尔、斯里兰卡、泰国

海红豆属 Adenanthera L.

海红豆 Adenanthera microsperma Teijsm. et Binn.
分布：贵州、云南、福建、台湾、广东、广西、海南；柬埔寨、印度尼西亚、老挝、马来西亚、缅甸、泰国、越南

合萌属 Aeschynomene L.

敏感合萌 Aeschynomene americana L.
分布：香港、台湾、海南；原产于热带美洲

合萌 Aeschynomene indica L.
分布：安徽、福建、广东、广西、贵州、海南、河北、河南、湖北、湖南、江苏、江西、吉林、辽宁、陕西、山东、山西、四川、台湾、云南、浙江；不丹、印度、日本、克什米尔地区、韩国、老挝、马来西亚、缅甸、尼泊尔、巴基斯坦、斯里兰卡、泰国、越南、太平洋群岛、澳大利亚；亚洲(西南部)、非洲(热带地区)、南美洲

猪腰豆属 Afgekia Craib

猪腰豆 Afgekia filipes (Dunn) R. Geesink
分布：云南、广西；老挝、缅甸、泰国、越南

猪腰豆(原变种) Afgekia filipes var. **filipes**
分布：云南、广西；老挝、缅甸、泰国、越南

毛叶猪腰豆 Afgekia filipes var. **tomentosa** (Z. Wei) Y. F. Deng et H. N. Qin
分布：云南、广西

缅茄属 Afzelia Sm.

缅茄 Afzelia xylocarpa (Kurz.) Craib
分布：云南、广东、广西、海南；原产于柬埔寨、老挝、缅甸、泰国、越南

双束鱼藤属 Aganope Miq.

鼎湖鱼藤 Aganope dinghuensis (P. Y. Chen) T. C. Chen et Pedley
分布：广东

大叶鱼藤 Aganope latifolia (Prain) T. C. Chen et Pedley
分布：云南、广西；缅甸

密锥花鱼藤 Aganope thyrsiflora (Benth.) Polhill
分布：云南、广东、广西、海南；印度、印度尼西亚、老挝、马来西亚、缅甸、巴布亚新几内亚、菲律宾、泰国、越南、太平洋岛国

合欢属 Albizia Durazz.

海南合欢 Albizia attopeuensis var. **laui** (Merr.) I. C. Nielsen
分布：海南

光腺合欢 Albizia calcarea Y. H. Huang
分布：广西

楹树 Albizia chinensis (Osbeck) Merr.
分布：浙江、湖南、贵州、云南、西藏、福建、广东、广西、海南；亚洲(南部和东南部)季风带

天香藤 Albizia corniculata (Lour.) Druce
分布：福建、广东、广西、海南；柬埔寨、印度尼西亚、老挝、马来西亚、菲律宾、泰国、越南

白花合欢 Albizia crassiramea Lace
分布：云南、广西；缅甸、泰国、越南、老挝

巧家合欢 Albizia duclouxii Gagnep.
分布：四川、贵州、云南

黄毛合欢 Albizia garrettii I. C. Nielsen
分布：云南；缅甸、泰国、印度

合欢 Albizia julibrissin Durazz.
分布：安徽、福建、甘肃、贵州、河南、湖北、湖南、江

苏、江西、?辽宁、?陕西、山西、台湾、云南、浙江；亚洲(中部、东部和西南部)

山槐 **Albizia kalkora** (Roxb.) Prain

分布：山西、山东、河南、陕西、甘肃、安徽、江苏、浙江、江西、湖南、湖北、四川、贵州、福建、台湾、广东、广西、海南；印度、日本、缅甸、越南

阔荚合欢 **Albizia lebbeck** (L.) Benth.

分布：云南、福建、台湾、广东、广西、香港；热带、亚热带地区

光叶合欢 **Albizia lucidior** (Steud.) I. C. Nielsen

分布：贵州、云南、台湾、广西；亚洲(东部至东南部)

毛叶合欢 **Albizia mollis** (Wall.) Boivin

分布：四川、贵州、云南；印度、尼泊尔

香合欢 **Albizia odoratissima** (L. f.) Benth.

分布：贵州、福建、广东、广西、海南；孟加拉国、不丹、印度、老挝、缅甸、尼泊尔、巴基斯坦、斯里兰卡、泰国、越南

黄豆树 **Albizia procera** (Roxb.) Benth.

分布：云南、台湾、广东、广西、海南；亚洲(南部和东南部)

兰屿合欢 **Albizia retusa** Benth.

分布：台湾；日本、印度尼西亚、马来西亚、菲律宾、泰国、澳大利亚、太平洋岛屿

藏合欢 **Albizia sherriffii** Baker

分布：云南、西藏；不丹、缅甸、印度

骆驼刺属 **Alhagi** Gagneb.

骆驼刺 **Alhagi camelorum** Fisch.

分布：内蒙古、甘肃、新疆；哈萨克斯坦、吉尔吉斯斯坦、塔吉克斯坦、土库曼斯坦、乌兹别克斯坦

链荚豆属 **Alysicarpus** Neck. ex Desv.

柴胡链荚豆 **Alysicarpus bupleurifolius** (L.) DC.

分布：广东、广西、台湾、云南；印度、马来西亚、缅甸、菲律宾、斯里兰卡、泰国、越南、澳大利亚、印度洋群岛、太平洋群岛；南美洲

卵叶链荚豆 **Alysicarpus ovalifolius** (Schumach. et Thonn.) J. Léonard

分布：台湾；阿富汗、印度、日本、马达加斯加；亚洲(西南部)、热带非洲

皱缩链荚豆 **Alysicarpus rugosus** (Willd.) DC.

分布：?台湾、云南；印度、老挝、马来西亚、缅甸、尼泊尔、泰国、越南，遍布旧世界热带

链荚豆 **Alysicarpus vaginalis** (L.) DC.

分布：福建、广东、广西、海南、台湾、云南；柬埔寨、印度、印度尼西亚、日本、老挝、马来西亚、尼泊尔、菲律宾、斯里兰卡、泰国、越南；非洲(东部-西部)、旧世界热带地区；引种于新世界热带地区

链荚豆(原变种) **Alysicarpus vaginalis** var. **vaginalis**

分布：福建、广东、广西、海南、台湾、云南；柬埔寨、印度、印度尼西亚、日本、老挝、马来西亚、尼泊尔、菲律宾、斯里兰卡、泰国、越南；非洲(东部-西部)，旧世界热带地区；引种于南美洲

台湾链荚豆 **Alysicarpus vaginalis** var. **taiwanianus** S. S. Ying

分布：台湾

云南链荚豆 **Alysicarpus yunnanensis** Yen C. Yang et P. H. Huang

分布：云南

银砂槐属 **Ammodendron** Fisch. ex DC.

银砂槐 **Ammodendron argenteum** (Pall.) Kuntze

分布：新疆；俄罗斯

沙冬青属 **Ammopiptanthus** S. H. Cheng

沙冬青 **Ammopiptanthus mongolicus** (Maxim. ex Kom.) S. H. Cheng

分布：内蒙古、宁夏、甘肃、新疆；哈萨克斯坦、吉尔吉斯斯坦、蒙古国

矮沙冬青 **Ammopiptanthus nanus** (Popov) S. H. Cheng

分布：新疆；哈萨克斯坦、吉尔吉斯斯坦

紫穗槐属 **Amorpha** L.

紫穗槐 **Amorpha fruticosa** L.

分布：黑龙江、吉林、辽宁、内蒙古、河北、山西、山东、河南、陕西、甘肃、新疆、安徽、江苏、江西、湖北、四川、福建、广西；原产于北美洲，引种于亚洲(北部)和欧洲

两型豆属 **Amphicarpaea** Elliott

三籽两型豆 **Amphicarpaea bracteata** (L.) Fernald

分布：黑龙江、吉林、辽宁、陕西、甘肃、重庆、云南、台湾、海南；日本、朝鲜、越南、印度(东北部)、尼泊尔、俄罗斯

两型豆 **Amphicarpaea edgeworthii** Benth.

分布：黑龙江、吉林、辽宁、内蒙古、河北、山西、山东、河南、陕西、甘肃、安徽、江苏、浙江、江西、湖南、湖北、四川、贵州、云南、西藏、福建、台湾、海南；印度、

日本、韩国、俄罗斯、越南

锈毛两型豆 **Amphicarpaea ferruginea** Benth.
分布：四川、云南

腺毛两型豆 **Amphicarpaea linearis** Chun et T. C. Chen
分布：云南、海南

肿荚豆属 **Antheroporum** Gagnep.

粉叶肿荚豆 **Antheroporum glaucum** Z. Wei
分布：云南；泰国

肿荚豆 **Antheroporum harmandii** Gagnep.
分布：贵州、云南、广西；越南

两节豆属 **Aphyllodium** (DC.) Gagnep.

两节豆 **Aphyllodium biarticulatum** (L.) Gagnep.
分布：海南；柬埔寨、印度、印度尼西亚、老挝、马来西亚、缅甸、斯里兰卡、泰国、越南、澳大利亚(北部)

土圞儿属 **Apios** Fabr.

美国土圞儿 **Apios americana** Medik.
分布：上海；北美洲

肉色土圞儿 **Apios carnea** (Wall.) Benth. ex Baker
分布：陕西、四川、贵州、云南、西藏、福建、广西；不丹、印度、尼泊尔、泰国、越南

云南土圞儿 **Apios delavayi** Franch.
分布：四川、云南、西藏

土圞儿 **Apios fortunei** Maxim.
分布：河南、陕西、甘肃、浙江、江西、湖南、湖北、四川、贵州、福建、广东、广西；日本

纤细土圞儿 **Apios gracillima** Dunn
分布：云南

大花土圞儿 **Apios macrantha** Oliv.
分布：四川、贵州、云南、西藏

台湾土圞儿 **Apios taiwaniana** Hosok.
分布：台湾

落花生属 **Arachis** L.

落花生 **Arachis hypogaea** L.
分布：黑龙江、吉林、辽宁、内蒙古、河北、北京、河南、宁夏、甘肃、安徽、江苏、江西、湖南、湖北、重庆、贵州、福建、广东、广西、海南、香港、澳门；热带南美洲

猴耳环属 **Archidendron** F. Muell.

长叶棋子豆 **Archidendron alternifoliolatum** (T. L. Wu) I. C. Nielsen
分布：云南、广西

啊伦纳卡牛蹄豆 **Archidendron arunachalense** S. S. Dash et Sanjappa
分布：西藏

锈毛棋子豆 **Archidendron balansae** (Oliv.) I. C. Nielsen
分布：云南；越南

亮叶围涎树 **Archidendron bigeminum** (L.) I. C. Nielsen
分布：浙江、四川、云南、福建、台湾、广东、广西；印度、越南

坛腺棋子豆 **Archidendron chevalieri** (Kosterm.) I. C. Nielsen
分布：广西；越南

大棋子豆 **Archidendron eberhardtii** I. C. Nielsen
分布：广西；越南

碟腺棋子豆 **Archidendron kerrii** (Gagnep.) I. C. Nielsen
分布：云南、广西；老挝、越南

老挝棋子豆 **Archidendron laoticum** (Gagnep.) I. C. Nielsen
分布：云南；老挝、越南

尼尔塞牛蹄豆 **Archidendron nielsenianum** S. S. Dash et Sanjappa
分布：西藏

棋子豆 **Archidendron robinsonii** (Gagnep.) I. C. Nielsen
分布：云南、广西；越南

绢毛棋子豆 **Archidendron tonkinense** I. C. Nielsen
分布：广西；越南

大叶合欢 **Archidendron turgidum** (Merr.) I. C. Nielsen
分布：广东、广西；越南

巨腺棋子豆 **Archidendron xichouense** (C. Chen et H. Sun) X. Y. Zhu
分布：云南、广西

黄耆属 Astragalus L.

无茎黄耆 **Astragalus acaulis** Baker
分布：四川、云南、西藏；不丹、印度

德令哈黄耆 **Astragalus acceptus** Podlech et L. R. Xu
分布：青海

毛喉黄耆 **Astragalus agrestis** Douglas ex G. Don
分布：新疆；哈萨克斯坦、俄罗斯；北美洲

阿克苏黄耆 **Astragalus aksuensis** Bunge
分布：新疆、四川；哈萨克斯坦、吉尔吉斯斯坦、巴基斯坦、塔吉克斯坦、乌兹别克斯坦

阿拉善黄耆 **Astragalus alaschanus** Bunge
分布：内蒙古、宁夏、甘肃、新疆；蒙古国

阿拉套黄耆 **Astragalus alatavicus** Kar. et Kir.
分布：新疆；哈萨克斯坦、吉尔吉斯斯坦、乌兹别克斯坦

革果黄耆 **Astragalus albicans** Bongard
分布：新疆；哈萨克斯坦、蒙古国

长尾黄耆 **Astragalus alopecias** Pall.
分布：新疆；阿富汗、哈萨克斯坦、吉尔吉斯斯坦、塔吉克斯坦、土库曼斯坦、乌兹别克斯坦；亚洲(西南部)

狐尾黄耆 **Astragalus alopecurus** Pall.
分布：新疆；哈萨克斯坦、俄罗斯；亚洲(西南部)、欧洲

高山黄耆 **Astragalus alpinus** L.
分布：新疆；俄罗斯；亚洲(中部和西南部)、欧洲、北美洲

阿尔泰黄耆 **Astragalus altaicola** Podlech
分布：新疆；哈萨克斯坦、蒙古国、俄罗斯

喜黄耆 **Astragalus amabilis** Popov
分布：新疆；哈萨克斯坦

喜沙黄耆 **Astragalus ammodytes** Pall.
分布：甘肃、新疆；哈萨克斯坦、蒙古国、俄罗斯、乌兹别克斯坦

曲之黄耆 **Astragalus anfractuosus** Bunge
分布：新疆、西藏；克什米尔地区

狭叶黄耆 **Astragalus angustissimus** Bunge
分布：新疆；哈萨克斯坦、吉尔吉斯斯坦

木黄耆 **Astragalus arbuscula** Pall.
分布：新疆；哈萨克斯坦、俄罗斯

弯弓黄耆 **Astragalus arcuatus** Kar. et Kir.
分布：新疆；哈萨克斯坦、俄罗斯

旱谷黄耆 **Astragalus aridovallicola** P. C. Li
分布：四川

边塞黄耆 **Astragalus arkalycensis** Bunge
分布：内蒙古、宁夏、甘肃、新疆；俄罗斯、蒙古国、哈萨克斯坦

灌县黄耆 **Astragalus arnoldianus** N. D. Simpson
分布：四川

团垫黄耆 **Astragalus arnoldii** Hemsl. et H. Pearson
分布：青海、新疆、西藏；印度、克什米尔地区、尼泊尔

廉荚黄耆 **Astragalus arpilobus** Kar. et Kir.
分布：新疆；阿富汗、哈萨克斯坦、巴基斯坦、俄罗斯、塔吉克斯坦、土库曼斯坦、乌兹别克斯坦；亚洲(西南部)

黑药黄耆 **Astragalus athranthus** Podlech et L. R. Xu
分布：青海

橙黄花黄耆 **Astragalus aurantiacus** Hand.-Mazz.
分布：内蒙古、甘肃、青海、新疆、四川

南准噶尔黄耆 **Astragalus austrodshungaricus** Goloskokov
分布：新疆；哈萨克斯坦

藏南黄耆 **Astragalus austrotibetanus** Podlech et L. R. Xu
分布：青海、西藏

巴尔鲁克黄耆(新拟) **Astragalus baerlukensis** L. R. Xu, Zhao Y. Chang et Xiao L. Liu
分布：新疆

巴拉克黄耆 **Astragalus bahrakianus** Grey-Wilson
分布：新疆；阿富汗

包头黄耆 **Astragalus baotouensis** H. C. Fu
分布：内蒙古

地花黄耆 **Astragalus basiflorus** E. Peter
分布：甘肃、青海

巴塘黄耆 **Astragalus batangensis** E. Peter
分布：四川、云南、西藏

八宿黄耆 **Astragalus baxoiensis** Podlech et L. R. Xu
分布：四川、西藏

北塔黄耆(新拟) **Astragalus beitashanensis** W. Chai et P. Yan
分布：新疆

斑果黄耆 **Astragalus beketowii** (Krasn.) B. Fedtsch.
分布：新疆；吉尔吉斯斯坦、蒙古国、塔吉克斯坦

地八角 **Astragalus bhotanensis** Baker
分布：陕西、甘肃、四川、贵州、云南、西藏；不丹、

韩国

温和黄耆 **Astragalus blandulus** Podlech et L. R. Xu
分布：陕西、甘肃

北蒙古黄耆 **Astragalus borealimongolicus** Y. Z. Zhao
分布：内蒙古

东天山黄耆 **Astragalus borodinii** Krasn.
分布：新疆；哈萨克斯坦、吉尔吉斯斯坦

鲍氏黄耆 **Astragalus bouffordii** Podlech
分布：西藏

盐木黄耆 **Astragalus brachypus** Schrenk
分布：新疆；哈萨克斯坦

短柄黄耆 **Astragalus brachysemia** Podlech et L. R. Xu
分布：四川

短毛黄耆 **Astragalus brachytrichus** Podlech et L. R. Xu
分布：西藏

短翼黄耆 **Astragalus brevialatus** H. T. Tsai et T. T. Yü
分布：四川

短叶黄耆 **Astragalus brevifolius** Ledeb.
分布：内蒙古、新疆；蒙古国、俄罗斯

短梗黄耆 **Astragalus breviscapus** B. Fedtschenko
分布：新疆；克什米尔地区、吉尔吉斯斯坦、塔吉克斯坦

短旗瓣黄耆 **Astragalus brevivexillatus** Podlech et L. R. Xu
分布：新疆

布河黄耆 **Astragalus buchtormensis** Pall.
分布：新疆；哈萨克斯坦、俄罗斯；亚洲(西南部)、欧洲

布尔卡黄耆 **Astragalus burchan-buddaicus** N. Ulziykhutag
分布：青海

布尔津黄耆 **Astragalus burqinensis** Podlech et L. R. Xu
分布：新疆

布尔楚黄耆 **Astragalus burtschumensis** Sumnevicz
分布：新疆

蓝花黄耆 **Astragalus caeruleopetalinus** Y. C. Ho
分布：四川、云南、西藏

蓝花黄耆(原变种) **Astragalus caeruleopetalinus** var. **caeruleopetalinus**
分布：四川、云南、西藏

光果蓝花黄耆 **Astragalus caeruleopetalinus** var. **glabricarpus** Y. C. Ho
分布：四川、西藏

弯喙黄耆 **Astragalus campylorhynchus** Fisch. et C. A. Mey.
分布：新疆；阿富汗、哈萨克斯坦、吉尔吉斯斯坦、巴基斯坦、塔吉克斯坦、土库曼斯坦、乌兹别克斯坦；亚洲(西南部)

亮白黄耆 **Astragalus candidissimus** Ledeb.
分布：新疆；哈萨克斯坦、蒙古国

草珠黄耆 **Astragalus capillipes** Bunge
分布：内蒙古、河北、山西、陕西、宁夏

角黄耆 **Astragalus ceratoides** M. Bieb.
分布：新疆；哈萨克斯坦、俄罗斯

察雅黄耆 **Astragalus chagyabensis** P. C. Li et C. C. Ni
分布：西藏

柴达木黄耆 **Astragalus chaidamuensis** (S. B. Ho) Podlech et L. R. Xu
分布：甘肃、青海、新疆

低矮黄耆 **Astragalus chamaephyton** Podlech et L. R. Xu
分布：新疆

昌都黄耆 **Astragalus changduensis** Y. C. Ho
分布：西藏

樟木黄耆 **Astragalus changmuicus** C. C. Ni et P. C. Li
分布：西藏

卡尔古斯黄耆 **Astragalus charguschanus** Freyn
分布：新疆；阿富汗、巴基斯坦、塔吉克斯坦

镇康黄耆 **Astragalus chengkangensis** Podlech et L. R. Xu
分布：云南

祁连山黄耆 **Astragalus chilienshanensis** Y. C. Ho
分布：青海、西藏

中国黄耆 **Astragalus chinensis** L. f.
分布：黑龙江、吉林、辽宁、内蒙古、河北、山西、青海；蒙古国、俄罗斯

俅江黄耆 **Astragalus chiukiangensis** H. T. Tsai et T. T. Yü
分布：云南

绿穗黄耆 **Astragalus chlorostachys** Lindl.
分布：西藏；阿富汗、不丹、印度、克什米尔地区、尼泊尔、巴基斯坦

中天山黄耆 **Astragalus chomutowii** B. Fedtsch.
分布：青海、新疆；吉尔吉斯斯坦、塔吉克斯坦

霍尔果斯黄耆 Astragalus chorgosicus Lipsky
分布：新疆；哈萨克斯坦

金翼黄耆 Astragalus chrysopterus Bunge
分布：河北、山西、陕西、宁夏、甘肃、青海、四川

克拉克黄耆 Astragalus clarkeanus Ali
分布：新疆；巴基斯坦

雅鲁黄耆 Astragalus cobresiiphilus Podlech et L. R. Xu
分布：青海、新疆、西藏

沙丘黄耆 Astragalus cognatus C. A. Mey.
分布：新疆；哈萨克斯坦

混合黄耆 Astragalus commixtus Bunge
分布：新疆；阿富汗、哈萨克斯坦、吉尔吉斯斯坦、巴基斯坦、俄罗斯、塔吉克斯坦、土库曼斯坦、乌兹别克斯坦；亚洲(西南部)

扁序黄耆 Astragalus compressus Ledeb.
分布：甘肃、新疆；哈萨克斯坦、俄罗斯

错那黄耆 Astragalus conaensis Podlech et L. R. Xu
分布：西藏

合生黄耆 Astragalus concretus Benth.
分布：新疆；不丹、印度、尼泊尔

丛生黄耆 Astragalus confertus Bunge
分布：青海、西藏；印度、克什米尔地区、尼泊尔

亚黄耆 Astragalus consanguineus Bongard
分布：新疆；哈萨克斯坦、俄罗斯

环荚黄耆 Astragalus contortuplicatus L.
分布：内蒙古、新疆；哈萨克斯坦、蒙古国、巴基斯坦、俄罗斯、塔吉克斯坦、土库曼斯坦、乌兹别克斯坦；亚洲(西南部)、欧洲

川西黄耆 Astragalus craibianus N. D. Simpson
分布：四川、云南

厚叶黄耆 Astragalus crassifolius Ulbr.
分布：四川、云南、西藏

十字形黄耆 Astragalus cruciatus Link
分布：西藏；伊朗、阿富汗、俄罗斯、地中海区域；亚洲(西南部)

杯萼黄耆 Astragalus cupulicaycinus S. B. Ho et Y. C. Ho
分布：新疆

囊萼黄耆 Astragalus cysticalyx Ledeb.
分布：新疆；哈萨克斯坦

大板山黄耆 Astragalus dabanshanicus Y. H. Wu
分布：青海

达乌里黄耆 Astragalus dahuricus (Pall.) DC.
分布：黑龙江、吉林、内蒙古、河北、山西、山东、甘肃、湖南、四川；韩国、蒙古国、俄罗斯

草原黄耆 Astragalus dalaiensis Kitag.
分布：内蒙古

当雄黄耆 Astragalus damxungensis Podlech et L. R. Xu
分布：西藏

丹麦黄耆 Astragalus danicus Retz.
分布：黑龙江、吉林、内蒙古；哈萨克斯坦、俄罗斯；欧洲

大青山黄耆 Astragalus daqingshanicus Z. G. Jiang et Z. T. Yin
分布：内蒙古

大通黄耆 Astragalus datunensis Y. C. Ho
分布：青海

宝兴黄耆 Astragalus davidii Franch.
分布：四川

窄翼黄耆 Astragalus degensis Ulbr.
分布：四川、云南、西藏

树黄耆 Astragalus dendroides Kar. et Kir.
分布：新疆；哈萨克斯坦、吉尔吉斯斯坦、塔吉克斯坦

密花黄耆 Astragalus densiflorus Kar. et Kir.
分布：甘肃、青海、新疆、四川、西藏；哈萨克斯坦、吉尔吉斯斯坦

疆北黄耆 Astragalus depauperatus Ledeb.
分布：新疆；哈萨克斯坦、蒙古国、俄罗斯

悬垂黄耆 Astragalus dependens Bunge
分布：甘肃、青海

合托叶黄耆 Astragalus despectus Podlech et L. R. Xu
分布：西藏

地科黄耆 Astragalus dickorei Podlech et L. R. Xu
分布：四川

敌克踏木黄耆 Astragalus dictamnoides Gontsch.
分布：新疆

浅黄耆 Astragalus dilutus Bunge
分布：新疆；蒙古国、俄罗斯

定结黄耆 Astragalus dingjiensis C. C. Ni et P. C. Li
分布：青海、西藏

灰叶黄耆 Astragalus discolor Bunge
分布：内蒙古、河北、山西、陕西、宁夏

疆西黄耆 Astragalus divnogorskajae N. Ulziykhutag
分布：新疆

边陲黄耆 Astragalus dschimensis Gontsch.
分布：新疆；哈萨克斯坦、蒙古国

詹加尔特黄耆 Astragalus dshangartensis Sumnevicz
分布：新疆；吉尔吉斯斯坦

托木尔黄耆 Astragalus dsharkenticus Popov
分布：新疆；哈萨克斯坦、吉尔吉斯斯坦

独龙江黄耆 Astragalus dulungkiangensis P. C. Li
分布：云南

灌丛黄耆 Astragalus dumetorum Hand.-Mazz.
分布：四川、云南、西藏

中昆仑黄耆 Astragalus dutreuilii (Franch.) Grubov et N. Ulziykhutag
分布：新疆

额尔齐斯黄耆 Astragalus eerqisiensis Z. Y. Chang, L. R. Xu et D. Podlech
分布：新疆

单叶黄耆 Astragalus efoliolatus Hand.-Mazz.
分布：内蒙古、陕西、宁夏、甘肃

胀萼黄耆 Astragalus ellipsoideus Ledeb.
分布：内蒙古、宁夏、甘肃、青海、新疆；哈萨克斯坦、蒙古国

梭果黄耆 Astragalus ernestii H. F. Comber
分布：甘肃、青海、四川、云南、西藏

深绿黄耆 Astragalus euchlorus K. T. Fu
分布：四川

侧扁黄耆 Astragalus falconeri Bunge
分布：西藏；阿富汗、克什米尔地区、尼泊尔、巴基斯坦

房县黄耆 Astragalus fangensis N. D. Simpson
分布：湖北

烦提扫夫黄耆 Astragalus fetissowii B. Fedtsch.
分布：新疆

丝茎黄耆 Astragalus filicaulis Kar. et Kir.
分布：新疆；阿富汗、哈萨克斯坦、吉尔吉斯斯坦、巴基斯坦、俄罗斯、塔吉克斯坦、土库曼斯坦、乌兹别克斯坦；亚洲(西南部)

丝齿黄耆 Astragalus filidens Podlech et L. R. Xu
分布：新疆

弯花黄耆 Astragalus flexus Fisch.
分布：新疆；哈萨克斯坦、土库曼斯坦、乌兹别克斯坦；亚洲(西南部)、欧洲

丛毛叶黄耆 Astragalus floccosifolius Sumnevicz
分布：新疆；阿富汗、哈萨克斯坦、吉尔吉斯斯坦、塔吉克斯坦、乌兹别克斯坦

多花黄耆 Astragalus floridulus Podlech
分布：甘肃、青海、四川、西藏；不丹、印度

多花黄耆(原变种) Astragalus floridulus var. **floridulus**
分布：甘肃、青海、四川、云南、西藏；不丹、印度

多毛多花黄耆 Astragalus floridulus var. **multipilus** Y. H. Wu
分布：青海

中甸黄耆 Astragalus forrestii N. D. Simpson
分布：四川、云南

广布黄耆 Astragalus frigidus (L.) A. Gray
分布：新疆、四川、云南；日本、哈萨克斯坦、蒙古国、俄罗斯；欧洲

阜康黄耆 Astragalus fukangensis Podlech et L. R. Xu
分布：新疆

乳白花黄耆 Astragalus galactites Pall.
分布：内蒙古、陕西、甘肃；蒙古国、俄罗斯

准噶尔黄耆 Astragalus gebleri Bong.
分布：新疆；哈萨克斯坦

格尔乌苏黄耆 Astragalus geerwusuensis H. C. Fu
分布：内蒙古

秃萼筒黄耆 Astragalus glabritubus Podlech et L. R. Xu
分布：新疆

格尔木黄耆 Astragalus golmunensis Y. C. Ho
分布：青海

巩留黄耆 Astragalus gongliuensis Podlech et L. R. Xu
分布：新疆

贡山黄耆 Astragalus gongshanensis Podlech et L. R. Xu
分布：云南

半灌黄耆 Astragalus gontscharovii Vassilczenko
分布：新疆；哈萨克斯坦、吉尔吉斯斯坦、乌兹别克斯坦

线齿黄耆 **Astragalus gracilidentatus** S. B. Ho
分布：新疆

细柄黄耆 **Astragalus gracilipes** Benth. ex Bunge
分布：西藏；阿富汗、印度、巴基斯坦、塔吉克斯坦

烈香黄耆 **Astragalus graveolens** Buch.-Ham. ex Benth.
分布：云南；阿富汗(东部)、印度、尼泊尔、巴基斯坦

格热高尔黄耆 **Astragalus gregorii** B. Fedtschenko et Basilevskaja
分布：新疆；蒙古国

荒漠黄耆 **Astragalus grubovii** Sanchir
分布：内蒙古、宁夏、甘肃；蒙古国

胶黄耆 **Astragalus grum-grshimailoi** Palibin
分布：新疆

贵南黄耆 **Astragalus guinanicus** Y. H. Wu
分布：青海

哈巴河黄耆 **Astragalus habaheensis** Y. X. Liou
分布：新疆

哈巴山黄耆 **Astragalus habamontis** K. T. Fu
分布：青海、云南

海原黄耆 **Astragalus haiyuanensis** Podlech
分布：宁夏

哈拉乌黄耆 **Astragalus halawuensis** Y. Z. Zhao
分布：内蒙古

哈密黄耆 **Astragalus hamiensis** S. B. Ho
分布：内蒙古、甘肃、新疆；蒙古国

汉考黄耆 **Astragalus hancockii** Bunge
分布：河北

头序黄耆 **Astragalus handelii** H. T. Tsai et T. T. Yü
分布：甘肃、青海、四川

华山黄耆 **Astragalus havianus** E. Peter
分布：陕西、甘肃、青海、四川

茸毛果黄耆 **Astragalus hebecarpus** S. H. Cheng ex S. B. Ho
分布：新疆

秦岭黄耆 **Astragalus henryi** Oliv.
分布：河北、山西、陕西、四川

七溪黄耆 **Astragalus heptapotamicus** Sumnev
分布：新疆；哈萨克斯坦

河西黄耆 **Astragalus hesiensis** N. Ulziykhutag
分布：甘肃

异齿黄耆 **Astragalus heterodontus** Boriss.
分布：青海、新疆、西藏；塔吉克斯坦

乌拉特黄耆 **Astragalus hoantchy** Franch.
分布：内蒙古、宁夏、甘肃、青海

疏花黄耆 **Astragalus hoffmeisteri** (Klotzsch) Ali
分布：西藏；阿富汗、克什米尔地区

善宝黄耆 **Astragalus hoshanbaoensis** Podlech et L. R. Xu
分布：新疆

和田黄耆 **Astragalus hotanensis** S. B. Ho
分布：新疆

新巴黄耆 **Astragalus hsinbaticus** P. Y. Fu et Y. A. Chen
分布：黑龙江、内蒙古；蒙古国

会宁黄耆 **Astragalus huiningensis** Y. C. Ho
分布：陕西、宁夏、甘肃、青海、四川

金沟河黄耆 **Astragalus huochengensis** Podlech et L. R. Xu
分布：新疆

留土黄耆 **Astragalus hypogaeus** Ledeb.
分布：新疆；哈萨克斯坦、吉尔吉斯斯坦、俄罗斯

高地黄耆 **Astragalus hysophilus** Podlech et L. R. Xu
分布：西藏

伊犁黄耆 **Astragalus iliensis** Bunge
分布：新疆；哈萨克斯坦

加查黄耆 **Astragalus jiazaensis** Podlech et L. R. Xu
分布：西藏

酒泉黄耆 **Astragalus jiuquanensis** S. B. Ho
分布：甘肃

沙基黄耆 **Astragalus josephi** E. Peter
分布：四川

尤那托夫黄耆 **Astragalus junatovii** Sanchir
分布：内蒙古、宁夏、甘肃；蒙古国

直荚黄耆 **Astragalus karkarensis** Popov
分布：新疆；哈萨克斯坦、吉尔吉斯斯坦

哈萨克黄耆 **Astragalus kasachstanicus** Goloskokov
分布：新疆；哈萨克斯坦、蒙古国

凯斯列黄耆 **Astragalus kessleri** Trautvetter
分布：新疆；哈萨克斯坦

长果颈黄耆 Astragalus khasianus Bunge
分布：四川、云南、西藏；不丹、印度、缅甸

苦黄耆 Astragalus kialensis N. D. Simpson
分布：四川、云南、西藏

鸡峰山黄耆 Astragalus kifonsanicus Ulbr.
分布：山西、河南、陕西、甘肃

深紫萼黄耆 Astragalus kongrensis Baker
分布：四川、云南、西藏；印度

青海黄耆 Astragalus kukunoricus N. Ulziykhutag
分布：甘肃、青海、新疆

伊宁黄耆 Astragalus kuldshensis Bunge
分布：新疆

昆仑黄耆 Astragalus kunlunensis H. Ohba, S. Akiyama et S. K. Wu
分布：新疆

库尔楚黄耆 Astragalus kurtschumensis Bunge
分布：内蒙古、宁夏、新疆；哈萨克斯坦、蒙古国

库萨克黄耆 Astragalus kuschakewiczii B. Fedtsch. ex O. Fedtsch.
分布：甘肃、青海、新疆、西藏；阿富汗、哈萨克斯坦、塔吉克斯坦

裂翼黄耆 Astragalus laceratus Lipsky
分布：新疆；吉尔吉斯斯坦

丝叶黄耆 Astragalus laetabilis Podlech et L. R. Xu
分布：西藏

兔尾黄耆 Astragalus laguroides Pall.
分布：新疆；蒙古国、俄罗斯

拉马拉黄耆 Astragalus lamalaensis C. C. Ni
分布：西藏

盐生黄耆 Astragalus lang-ranii Podlech
分布：宁夏

棉毛黄耆 Astragalus lanuginosus Kar. et Kir.
分布：新疆；哈萨克斯坦、吉尔吉斯斯坦、乌兹别克斯坦

兰州黄耆 Astragalus lanzhouensis Podlech et L. R. Xu
分布：甘肃

毛瓣黄耆 Astragalus lasiopetalus Bunge
分布：新疆；哈萨克斯坦、吉尔吉斯斯坦、蒙古国、乌兹别克斯坦

毛果黄耆 Astragalus lasiosemius Boiss.
分布：新疆、西藏；阿富汗、哈萨克斯坦、吉尔吉斯斯坦、巴基斯坦、塔吉克斯坦、乌兹别克斯坦

西巴黄耆 Astragalus laspurensis Ali
分布：新疆；巴基斯坦

宽爪黄耆 Astragalus latiunguiculatus Y. C. Ho
分布：四川

斜茎黄耆 Astragalus laxmannii Jacquin
分布：黑龙江、吉林、辽宁、内蒙古、河北、山西、河南、陕西、宁夏、甘肃、青海、新疆、四川、云南、西藏；日本、哈萨克斯坦、蒙古国、俄罗斯

莲山黄耆 Astragalus leansanicus Ulbr.
分布：山西、陕西、甘肃

茧荚黄耆 Astragalus lehmannianus Bunge
分布：新疆；哈萨克斯坦、土库曼斯坦、乌兹别克斯坦；亚洲(西南部)、欧洲

天山黄耆 Astragalus lepsensis Bunge
分布：新疆；哈萨克斯坦、吉尔吉斯斯坦、蒙古国

细枝黄耆 Astragalus leptocladus Podlech et L. R. Xu
分布：新疆

喜马拉雅黄耆 Astragalus lessertioides Bunge
分布：青海、新疆、四川、云南、西藏；不丹、印度、尼泊尔

白枝黄耆 Astragalus leucocladus Bunge
分布：新疆；哈萨克斯坦

光萼齿黄耆 Astragalus levidensis Podlech et L. R. Xu
分布：青海

洛隆黄耆 Astragalus lhorongensis P. C. Li et C. C. Ni
分布：西藏

甘肃黄耆 Astragalus licentianus Hand.-Mazz.
分布：甘肃、青海、西藏

长管萼黄耆 Astragalus limprichtii Ulbr.
分布：山西、河南、陕西、新疆

岩生黄耆 Astragalus lithophilus Kar. et Kir.
分布：新疆；哈萨克斯坦、吉尔吉斯斯坦、塔吉克斯坦

长萼裂黄耆 Astragalus longilobus E. Peter
分布：甘肃、青海、四川

长序黄耆 Astragalus longiracemosus N. Ulziykhutag
分布：青海

长梗黄耆 Astragalus longiscapus C. C. Ni et P. C. Li
分布：西藏；尼泊尔

光亮黄耆 **Astragalus lucidus** H. T. Tsai et T. T. Yü
分布：四川、云南、西藏

光滑黄耆 **Astragalus luculentus** Podlech et L. R. Xu
分布：新疆

荒野黄耆 **Astragalus lustricola** Podlech et L. R. Xu
分布：新疆

黄花黄耆 **Astragalus luteiflorus** N. Ulziykhutag
分布：青海

淡黄花黄耆 **Astragalus luteolus** H. T. Tsai et T. T. Yü
分布：青海、四川

喜光黄耆 **Astragalus lychnobius** Podlech et L. R. Xu
分布：新疆

裕民黄耆 **Astragalus macriculus** Podlech et L. R. Xu
分布：新疆

长荚黄耆 **Astragalus macrolobus** M. Bieb.
分布：新疆；蒙古国、俄罗斯

大翼黄耆 **Astragalus macropterus** DC.
分布：甘肃、新疆；阿富汗、克什米尔地区、哈萨克斯坦、吉尔吉斯斯坦、蒙古国、巴基斯坦、俄罗斯、塔吉克斯坦

霍城黄耆 **Astragalus macrostephanus** (S. B. Ho) Podlech et L. R. Xu
分布：新疆

长龙骨黄耆 **Astragalus macrotropis** Bunge
分布：新疆；哈萨克斯坦、吉尔吉斯斯坦、塔吉克斯坦、乌兹别克斯坦

马衔山黄耆 **Astragalus mahoschanicus** Hand.-Mazz.
分布：内蒙古、宁夏、甘肃、青海、新疆、四川

买依尔黄耆 **Astragalus maiusculus** Podlech et L. R. Xu
分布：新疆

富蕴黄耆 **Astragalus majevskianus** Krylov
分布：新疆；哈萨克斯坦、蒙古国

短茎黄耆 **Astragalus malcolmii** Hemsl. et H. Pearson
分布：青海、云南、西藏

茂文黄耆 **Astragalus maowensis** Podlech et L. R. Xu
分布：四川

乌恰黄耆 **Astragalus masanderanus** Bunge
分布：新疆；哈萨克斯坦、吉尔吉斯斯坦、塔吉克斯坦、土库曼斯坦、乌兹别克斯坦

马蹄黄耆 **Astragalus matiensis** P. C. Li
分布：四川

茵垫黄耆 **Astragalus mattam** H. T. Tsai et T. T. Yü
分布：青海

茵垫黄耆(原变种) **Astragalus mattam** var. **mattam**
分布：青海

大花茵垫黄耆 **Astragalus mattam** var. **macroflorus** Y. H. Wu
分布：青海

大花黄耆 **Astragalus megalanthus** DC.
分布：新疆；哈萨克斯坦、蒙古国、俄罗斯

湄公黄耆 **Astragalus mekongensis** Podlech
分布：西藏

黑穗黄耆 **Astragalus melanostachys** Benth. ex Bunge
分布：新疆；阿富汗、印度、克什米尔地区、巴基斯坦、塔吉克斯坦、乌兹别克斯坦

草木樨状黄耆 **Astragalus melilotoides** Pall.
分布：黑龙江、吉林、辽宁、内蒙古、河北、山西、山东、陕西、宁夏、甘肃、青海、湖南、四川；日本、蒙古国、俄罗斯

青东黄耆 **Astragalus mieheorum** Podlech et L. R. Xu
分布：青海、新疆

民和黄耆 **Astragalus minhensis** X. Y. Zhu et C. J. Chen
分布：青海

细弱黄耆 **Astragalus miniatus** Bunge
分布：黑龙江、内蒙古、新疆；蒙古国、俄罗斯

岷山黄耆 **Astragalus minshanensis** K. T. Fu
分布：甘肃、青海

小齿黄耆 **Astragalus minutidentatus** Y. C. Ho
分布：西藏；不丹、印度、尼泊尔

米亚罗黄耆 **Astragalus miyalomontis** P. C. Li
分布：四川

边向花黄耆 **Astragalus moellendorffii** Bunge
分布：河北、山西、宁夏、甘肃

单蕊黄耆 **Astragalus monadelphus** Bunge
分布：陕西、甘肃、青海、四川、云南

异长齿黄耆 **Astragalus monbeigii** N. D. Simpson
分布：青海、四川、云南、西藏

蒙古黄耆 **Astragalus mongholicus** Bunge
分布：黑龙江、吉林、内蒙古、河北、山西、山东、陕西、甘肃、新疆、四川、西藏；哈萨克斯坦、蒙古国、俄罗斯

长毛荚黄耆 **Astragalus monophyllus** Maxim.
分布：内蒙古、山西、甘肃、青海、新疆；蒙古国、俄罗斯

如多黄耆 **Astragalus montivagus** Podlech et L. R. Xu
分布：西藏

天全黄耆 **Astragalus moupinensis** Franch.
分布：四川、云南

木里黄耆 **Astragalus muliensis** Hand.-Mazz.
分布：四川、云南、西藏

二尖齿黄耆 **Astragalus multiceps** Wallich ex Benth.
分布：西藏；印度、克什米尔地区

细梗黄耆 **Astragalus munroi** Bunge
分布：新疆、西藏；印度

木斯克黄耆 **Astragalus muschketowi** B. Fedtsch.
分布：新疆；塔吉克斯坦

极矮黄耆 **Astragalus nanellus** H. T. Tsai et T. T. Yü
分布：四川

南峰黄耆 **Astragalus nanfengensis** C. C. Ni
分布：西藏

朗县黄耆 **Astragalus nangxianensis** P. C. Li et C. C. Ni
分布：西藏

南疆黄耆 **Astragalus nanjiangianus** K. T. Fu
分布：新疆

南口台黄耆 **Astragalus nankotaizanensis** Sasaki
分布：台湾

南山黄耆 **Astragalus nanshanicus** Podlech et L. R. Xu
分布：青海

类线叶黄耆 **Astragalus nematodioides** H. Ohba, S. Akiyama et S. K. Wu
分布：新疆

新霍尔果斯黄耆 **Astragalus neochorgosicus** Podlech
分布：新疆；吉尔吉斯斯坦

新单蕊黄耆 **Astragalus neomonodelphus** H. T. Tsai et T. T. Yu
分布：云南

木垒黄耆 **Astragalus nicolai** Boriss.
分布：新疆；亚洲(中部)

黑齿黄耆 **Astragalus nigrodentatus** U. Ulziykh. ex Podlech et L. R. Xu
分布：西藏

宁夏黄耆 **Astragalus ningxiaensis** Podlech et L. R. Xu
分布：宁夏

雪地黄耆 **Astragalus nivalis** Kar. et Kir.
分布：甘肃、青海、新疆、西藏；阿富汗、克什米尔地区、哈萨克斯坦、吉尔吉斯斯坦、塔吉克斯坦

台湾黄耆 **Astragalus nokoensis** Sasaki
分布：台湾

小花兔尾黄耆 **Astragalus novissimus** Podlech et L. R. Xu
分布：内蒙古

钝叶黄耆 **Astragalus obtusifoliolus** (S. B. Ho) Podlech et L. R. Xu
分布：新疆

克郎河黄耆 **Astragalus occultus** Podlech et L. R. Xu
分布：甘肃、新疆

中宁黄耆 **Astragalus ochrias** Bunge
分布：内蒙古、宁夏、青海；蒙古国

奥巴黄耆 **Astragalus ohbanus** Podlech
分布：新疆

奥尔格黄耆 **Astragalus olgae** Bunge
分布：新疆；哈萨克斯坦、吉尔吉斯斯坦、塔吉克斯坦、乌兹别克斯坦

蛇荚黄耆 **Astragalus ophiocarpus** Bunge
分布：西藏；阿富汗、印度、巴基斯坦、塔吉克斯坦、土库曼斯坦；亚洲(西南部)

刺叶柄黄耆 **Astragalus oplites** Benth. ex R. Parker
分布：新疆、西藏；印度、克什米尔地区

圆叶黄耆 **Astragalus orbicularifolius** P. C. Li et C. C. Ni
分布：西藏

圆形黄耆 **Astragalus orbiculatus** Ledeb.
分布：新疆；阿富汗、哈萨克斯坦、吉尔吉斯斯坦、巴基斯坦、塔吉克斯坦、土库曼斯坦、乌兹别克斯坦

鄂尔多斯黄耆 **Astragalus ordosicus** H. C. Fu
分布：内蒙古

山黄耆 **Astragalus oreocharis** Podlech et L. R. Xu
分布：西藏

雀喙黄耆 **Astragalus ornithorrhynchus** Popov
分布：青海、新疆；哈萨克斯坦

尖舌黄耆 **Astragalus oxyglottis** Stev. ex M. Bieb.
分布：新疆；阿富汗、哈萨克斯坦、吉尔吉斯斯坦、巴基斯坦、俄罗斯、塔吉克斯坦、土库曼斯坦、乌兹别克斯坦；

亚洲(西南部)、欧洲

尖齿黄耆 **Astragalus oxyodon** Baker
分布：新疆；印度、尼泊尔、巴基斯坦

毛叶黄耆 **Astragalus pallasii** Spreng.
分布：新疆；哈萨克斯坦、乌兹别克斯坦

帕米尔黄耆 **Astragalus pamirensis** Franch.
分布：新疆；吉尔吉斯斯坦、塔吉克斯坦

短龙骨黄耆 **Astragalus parvicarinatus** S. B. Ho
分布：内蒙古、宁夏

了墩黄耆 **Astragalus pavlovii** B. Fedtschenko et Basilevskaja
分布：内蒙古、宁夏、甘肃、青海、新疆；蒙古国

青藏黄耆 **Astragalus peduncularis** Royle ex Benth.
分布：青海、西藏；阿富汗、哈萨克斯坦、吉尔吉斯斯坦、印度、克什米尔地区、巴基斯坦、塔吉克斯坦、乌兹别克斯坦

琴瓣黄耆 **Astragalus pendulatopetalus** S. B. Ho et Z. H. Wu
分布：新疆

紫色黄耆 **Astragalus perbrevis** Podlech et L. R. Xu
分布：新疆

沙生黄耆 **Astragalus persepolitanus** Boiss.
分布：新疆；阿富汗、哈萨克斯坦、吉尔吉斯斯坦、巴基斯坦、俄罗斯、塔吉克斯坦、土库曼斯坦、乌兹别克斯坦；亚洲(西南部)

类中天山黄耆 **Astragalus persimilis** Podlech et L. R. Xu
分布：新疆

川青黄耆 **Astragalus peterae** H. T. Tsai et T. T. Yü
分布：宁夏、甘肃、青海、新疆、四川、西藏；吉尔吉斯斯坦、蒙古国、塔吉克斯坦

喜石黄耆 **Astragalus petraeus** Kar. et Kir.
分布：新疆；哈萨克斯坦、吉尔吉斯斯坦

肃南黄耆 **Astragalus petrovii** N. Ulziykhutag
分布：甘肃

皮鲁斯黄耆 **Astragalus pilutschensis** N. Ulziykhutag
分布：新疆

明铁盖黄耆 **Astragalus pindreensis** (Benth. ex Baker) Ali
分布：新疆、西藏；阿富汗、印度、克什米尔地区、巴基斯坦

皮山黄耆 **Astragalus pishanxianensis** Podlech
分布：新疆

宽叶黄耆 **Astragalus platyphyllus** Kar. et Kir.
分布：新疆；哈萨克斯坦、吉尔吉斯斯坦、塔吉克斯坦、乌兹别克斯坦

多角黄耆 **Astragalus polyceras** Kar. et Kir.
分布：新疆；哈萨克斯坦

多枝黄耆 **Astragalus polycladus** Bureau et Franch.
分布：甘肃、青海、新疆、四川、云南、西藏

博乐黄耆 **Astragalus porphyreus** Podlech et L. R. Xu
分布：新疆

紫萼黄耆 **Astragalus porphyrocalyx** Y. C. Ho
分布：四川、西藏

贡觉黄耆 **Astragalus praeteritus** Podlech et L. R. Xu
分布：西藏

黑紫花黄耆 **Astragalus przewalskii** Bunge
分布：甘肃、青海、新疆、四川

波氏黄耆 **Astragalus przhevalskianus** Podlech et N. Ulziykhutag
分布：新疆；哈萨克斯坦

类喜黄耆 **Astragalus pseudoamabilis** Podlech et L. R. Xu
分布：新疆

西域黄耆 **Astragalus pseudoborodinii** S. B. Ho
分布：内蒙古、新疆

类留土黄耆 **Astragalus pseudohypogaeus** S. B. Ho
分布：新疆

喀什黄耆 **Astragalus pseudojagnobicus** Podlech et L. R. Xu
分布：新疆

类马衔山黄耆 **Astragalus pseudomahoschanicus** Podlech
分布：新疆、四川

类毛冠黄耆 **Astragalus pseudoroseus** N. Ulziykhutag
分布：新疆

拟糙叶黄耆 **Astragalus pseudoscaberrimus** F. T. Wang et T. Tang ex S. B. Ho
分布：内蒙古、甘肃、新疆

类变色黄耆 **Astragalus pseudoversicolor** Y. C. Ho
分布：四川、西藏

光萼黄耆 Astragalus psilosepalus Podlech et L. R. Xu
分布：新疆

茸毛黄耆 Astragalus puberulus Ledeb.
分布：新疆；哈萨克斯坦、蒙古国、俄罗斯

黑毛黄耆 Astragalus pullus N. D. Simpson
分布：四川、云南、西藏

淡紫花黄耆 Astragalus purpurinus (Y. C. Ho) Podlech et L. R. Xu
分布：甘肃

清河黄耆 Astragalus qingheensis Y. X. Liou
分布：新疆

奇台黄耆 Astragalus qitaiensis Podlech et L. R. Xu
分布：新疆

凹叶黄耆 Astragalus retusifoliatus Y. C. Ho
分布：云南、西藏

畸形黄耆 Astragalus rhizanthus Royle ex Benth.
分布：新疆、西藏；阿富汗、印度、克什米尔地区、尼泊尔、巴基斯坦

畸形黄耆(原亚种) Astragalus rhizanthus subsp. **rhizanthus**
分布：新疆；阿富汗、印度、克什米尔地区、巴基斯坦

短梗畸形黄耆 Astragalus rhizanthus subsp. **candolleanus** (Royle ex Benth.) Podlech
分布：西藏；印度、克什米尔地区、尼泊尔、巴基斯坦

杜鹃黄耆 Astragalus rhododendrophilus Podlech et L. R. Xu
分布：西藏

坚硬黄耆 Astragalus rigidulus Bunge
分布：西藏；不丹、印度

毛冠黄耆 Astragalus roseus Ledeb.
分布：新疆；哈萨克斯坦、俄罗斯

橙果黄耆 Astragalus rytidocarpus Ledeb.
分布：甘肃；蒙古国、俄罗斯

粗沙黄耆 Astragalus sabuletorum Ledeb.
分布：新疆；哈萨克斯坦

袋萼黄耆 Astragalus saccocalyx Schrenk
分布：新疆；哈萨克斯坦

萨格斯台黄耆 Astragalus sagastaigolensis N. Ulziykh. ex Podlech et L. R. Xu
分布：新疆

内新黄耆 Astragalus salsugineus Kar. et Kir.
分布：内蒙古、新疆

阿赖山黄耆 Astragalus saratagius Bunge
分布：新疆；吉尔吉斯斯坦、塔吉克斯坦、乌兹别克斯坦

小米黄耆 Astragalus satoi Kitag.
分布：内蒙古、陕西、甘肃

石生黄耆 Astragalus saxorum N. D. Simpson
分布：青海、四川、云南、西藏

糙叶黄耆 Astragalus scaberrimus Bunge
分布：黑龙江、吉林、辽宁、内蒙古、河北、山西、山东、河南、陕西、宁夏、甘肃、青海、四川；蒙古国、俄罗斯

粗毛黄耆 Astragalus scabrisetus Bong.
分布：新疆；哈萨克斯坦、蒙古国、乌兹别克斯坦

卡通黄耆 Astragalus schanginianus Pall.
分布：新疆；哈萨克斯坦、吉尔吉斯斯坦、蒙古国、俄罗斯

辽西黄耆 Astragalus sciadophorus Franch.
分布：河北

硬柄黄耆 Astragalus scleropodius Ledeb.
分布：新疆；哈萨克斯坦

帚黄耆 Astragalus scoparius Schrenk
分布：新疆；哈萨克斯坦

粘线黄耆 Astragalus secretus Podlech et L. R. Xu
分布：新疆

色达黄耆 Astragalus sedaensis Y. C. Ho
分布：四川

半圆黄耆 Astragalus semicircularis P. C. Li
分布：西藏

胡麻黄耆 Astragalus sesamoides Boiss.
分布：新疆；阿富汗、哈萨克斯坦、吉尔吉斯斯坦、塔吉克斯坦、土库曼斯坦、乌兹别克斯坦；亚洲(西南部)

沙地黄耆 Astragalus shadiensis L. R. Xu, Z. Y. Chang et D. Podlech
分布：新疆

蜀黄耆 Astragalus sichuanensis L. Meng, X. Y. Zhu et P. K. Hsiao
分布：四川

绵果黄耆 Astragalus sieversianus Pall.
分布：新疆；阿富汗、哈萨克斯坦、吉尔吉斯斯坦、塔吉克斯坦、土库曼斯坦、乌兹别克斯坦；亚洲(西南部)

锡金黄耆 Astragalus sikkimensis Bunge
分布：西藏；不丹、印度、尼泊尔

紫云英 Astragalus sinicus L.
分布：河北、陕西、甘肃、江苏、浙江、江西、湖南、四川、贵州、云南、福建、台湾、广东、广西；日本

赛里木黄耆 Astragalus sinkiangensis Podlech et L. R. Xu
分布：新疆

肾形子黄耆 Astragalus skythropos Bunge
分布：甘肃、青海、新疆、四川、云南

无毛叶黄耆 Astragalus smithianus E. Peter
分布：青海、四川

索戈塔黄耆 Astragalus sogotensis Lipsky
分布：新疆；哈萨克斯坦

蜀西黄耆 Astragalus souliei N. D. Simpson
分布：四川

球囊黄耆 Astragalus sphaerocystis Bunge
分布：新疆；哈萨克斯坦、吉尔吉斯斯坦、蒙古国

球孚黄耆 Astragalus sphaerophysa Kar. et Kir.
分布：新疆；哈萨克斯坦

矮型黄耆 Astragalus stalinskyi Sirjaev
分布：新疆、西藏；阿富汗、哈萨克斯坦、吉尔吉斯斯坦、塔吉克斯坦、乌兹别克斯坦；亚洲(西南部)

蒙西黄耆 Astragalus steinbergianus Sumnev.
分布：新疆；哈萨克斯坦

狭荚黄耆 Astragalus stenoceras C. A. Mey.
分布：新疆；哈萨克斯坦、蒙古国、塔吉克斯坦、俄罗斯

大托叶黄耆 Astragalus stipulatus D. Don
分布：云南、西藏；不丹、印度、尼泊尔

笔直黄耆 Astragalus strictus Graham ex Benth.
分布：青海、新疆、四川、云南、西藏；不丹、印度、克什米尔地区、尼泊尔

灌木黄耆 Astragalus suffruticosus DC.
分布：新疆；蒙古国、哈萨克斯坦、俄罗斯

纹茎黄耆 Astragalus sulcatus L.
分布：内蒙古、甘肃、新疆；哈萨克斯坦、蒙古国、俄罗斯；欧洲

松潘黄耆 Astragalus sungpanensis E. Peter
分布：甘肃、青海、四川

光叶黄耆 Astragalus supralaevis Podlech et L. R. Xu
分布：云南

四川黄耆 Astragalus sutchuenensis Franch.
分布：甘肃、四川

太白山黄耆 Astragalus taipaishanensis Y. C. Ho et S. B. Ho
分布：甘肃、陕西

太原黄耆 Astragalus taiyuanensis S. B. Ho
分布：山西、陕西

假黄耆 Astragalus taldicensis Franch.
分布：新疆；吉尔吉斯斯坦、塔吉克斯坦

屋脊黄耆 Astragalus tecti-mundi Freyn
分布：新疆、西藏；阿富汗、印度、克什米尔地区、巴基斯坦、塔吉克斯坦

屋脊黄耆(原亚种) Astragalus tecti-mundi subsp. **tecti-mundi**
分布：新疆；阿富汗、印度、巴基斯坦、塔吉克斯坦

东方屋脊黄耆 Astragalus tecti-mundi subsp. **orientalis** Podlech
分布：新疆、西藏；印度、克什米尔地区、巴基斯坦

德钦黄耆 Astragalus tehchingensis S. S. Cheng ex K. T. Fu
分布：云南

特克斯黄耆 Astragalus tekesensis S. B. Ho
分布：新疆

细叶黄耆 Astragalus tenuis Turcz.
分布：内蒙古、河北；蒙古国、俄罗斯

干草原黄耆 Astragalus tesquorum Podlech et L. R. Xu
分布：新疆

卵果黄耆 Astragalus testiculatus Pallas
分布：新疆；哈萨克斯坦、俄罗斯、塔吉克斯坦、土库曼斯坦；欧洲

汤母森黄耆 Astragalus thomsonii Podlech
分布：西藏；印度、克什米尔地区、尼泊尔

藏新黄耆 Astragalus tibetanus Bunge
分布：新疆；阿富汗、印度、哈萨克斯坦、吉尔吉斯斯坦、蒙古国、巴基斯坦、俄罗斯

藏黄耆 Astragalus tibeticola Podlech
分布：西藏

托克逊黄耆 Astragalus toksunensis S. B. Ho
分布：新疆

东俄洛黄耆 Astragalus tongolensis Ulbr.
分布：甘肃、青海、四川、云南、西藏

路边黄耆 Astragalus transecticola Podlech et L. R. Xu
分布：新疆

蒺藜黄耆 Astragalus tribuloides Delile
分布：新疆、?西藏；阿富汗、印度、哈萨克斯坦、吉尔吉斯斯坦、巴基斯坦、塔吉克斯坦、土库曼斯坦、乌兹别克斯坦；亚洲(西南部)、北非

三棱黄耆 Astragalus trijugus Podlech et L. R. Xu
分布：河北

藏布黄耆 Astragalus tsangpoensis Podlech et L. R. Xu
分布：西藏

土力黄耆 Astragalus tulinovii O. Fedtschenko
分布：新疆；克什米尔地区、巴基斯坦、塔吉克斯坦

东坝子黄耆 Astragalus tumbatsica C. Marquand et Airy Shaw
分布：云南、西藏

洞川黄耆 Astragalus tungensis N. D. Simpson
分布：四川

细果黄耆 Astragalus tyttocarpus Gontsch.
分布：新疆；哈萨克斯坦、吉尔吉斯斯坦

湿地黄耆 Astragalus uliginosus L.
分布：黑龙江、吉林、辽宁、内蒙古；哈萨克斯坦、韩国、蒙古国、俄罗斯

对叶黄耆 Astragalus unijugus Bunge
分布：新疆；哈萨克斯坦

乌伦古黄耆 Astragalus urunguensis N. Ulziykhutag
分布：新疆

鞘叶黄耆 Astragalus vaginatus Pall.
分布：新疆；哈萨克斯坦、俄罗斯

瓦来黄耆 Astragalus valerii N. Ulziykhutag
分布：青海、新疆

线沟黄耆 Astragalus vallestris Kamelin
分布：新疆；蒙古国

变异黄耆 Astragalus variabilis Bunge
分布：内蒙古、宁夏、甘肃、青海；蒙古国

辛辣黄耆 Astragalus vescus Podlech et L. R. Xu
分布：新疆

替代黄耆 Astragalus vicarius Lipsky
分布：新疆；阿富汗、哈萨克斯坦、吉尔吉斯斯坦、塔吉克斯坦、土库曼斯坦、乌兹别克斯坦；亚洲(西南部)

明媚黄耆 Astragalus visibilis Podlech et L. R. Xu
分布：新疆

卡乌洛夫黄耆 Astragalus vladimiri-komarovi B. Fedtsch.
分布：新疆

序尾黄耆 Astragalus vulpinus Willd.
分布：新疆；哈萨克斯坦、俄罗斯；欧洲

藏西黄耆 Astragalus webbianus Graham ex Benth.
分布：西藏；阿富汗、印度、克什米尔地区、巴基斯坦

维西黄耆 Astragalus weixinensis Y. C. Ho
分布：云南

温泉黄耆 Astragalus wenquanensis S. B. Ho
分布：新疆

黑枝黄耆 Astragalus woldmari Juz.
分布：新疆

卧龙黄耆 Astragalus wolungensis P. C. Li
分布：四川

乌鲁木齐黄耆 Astragalus wulumuquianus K. T. Fu
分布：新疆

巫山黄耆 Astragalus wushanicus N. D. Simpson
分布：四川

黄毛黄耆 Astragalus xanthotrichos Ledeb.
分布：新疆；哈萨克斯坦

西太白黄耆 Astragalus xitaibaicus (K. T. Fu) Podlech et L. R. Xu
分布：陕西

长喙黄耆 Astragalus yanerwoensis Podlech et L. R. Xu
分布：新疆

托里黄耆 Astragalus yangchangii Podlech et L. R. Xu
分布：新疆

竟生黄耆 Astragalus yangii C. Chen et Zi G. Qian
分布：云南

扬子黄耆 Astragalus yangtzeanus N. D. Simpson
分布：四川

叶城黄耆 **Astragalus yechengensis** Podlech et L. R. Xu
分布：新疆

玉门黄耆 **Astragalus yumenensis** S. B. Ho
分布：甘肃

云南黄耆 **Astragalus yunnanensis** Franch.
分布：山东、河南、甘肃、青海、四川、云南、西藏；印度、尼泊尔

云南黄耆(原亚种) **Astragalus yunnanensis** subsp. **yunnanensis**
分布：山东、河南、甘肃、青海、四川、云南、西藏；印度、尼泊尔

灰毛云南黄耆 **Astragalus yunnanensis** subsp. **incanus** (E. Peter) Podlech et L. R. Xu
分布：四川、云南

永宁黄耆 **Astragalus yunningensis** H. T. Tsai et T. T. Yü
分布：新疆、四川、云南、西藏

于田黄耆 **Astragalus yutianensis** Podlech et L. R. Xu
分布：新疆

小果黄耆 **Astragalus zacharensis** Bunge
分布：辽宁、内蒙古、河北、山西、陕西、宁夏、甘肃、青海、新疆、四川；蒙古国

札达黄耆 **Astragalus zadaensis** Podlech et L. R. Xu
分布：西藏

斋桑黄耆 **Astragalus zaissanensis** Sumnev.
分布：新疆；哈萨克斯坦、蒙古国、俄罗斯

察隅黄耆 **Astragalus zayuensis** C. C. Ni et P. C. Li
分布：西藏

舟曲黄耆 **Astragalus zhouquinus** K. T. Fu
分布：甘肃

羊蹄甲属 **Bauhinia** L.

白花羊蹄甲 **Bauhinia acuminata** L.
分布：云南、广东、广西；印度尼西亚、柬埔寨、老挝、缅甸、印度、马来西亚、泰国、菲律宾、斯里兰卡、越南

阔裂叶羊蹄甲 **Bauhinia apertilobata** Merr. et F. P. Metcalf
分布：江西、贵州、福建、广东、广西

火索藤 **Bauhinia aurea** H. Lév.
分布：四川、贵州、云南、广西

红花羊蹄甲 **Bauhinia blakeana** Dunn
分布：云南、福建、广东、广西、海南；广泛栽培

丽江羊蹄甲 **Bauhinia bohniana** L. Chen
分布：云南

鞍叶羊蹄甲 **Bauhinia brachycarpa** Wall. ex Benth.
分布：陕西、甘肃、湖北、四川、重庆、贵州、云南、西藏、广西；老挝、缅甸、泰国

石山羊蹄甲 **Bauhinia calciphila** D. X. Zhang et T. C. Chen
分布：广西

蟹钳羊蹄甲 **Bauhinia carcinophylla** Merr.
分布：云南、广西；越南

紫荆叶羊蹄甲 **Bauhinia cercidifolia** D. X. Zhang
分布：广西

多花羊蹄甲 **Bauhinia chalcophylla** L. Chen
分布：云南

龙须藤 **Bauhinia championii** (Benth.) Benth.
分布：浙江、江西、湖南、湖北、贵州、云南、福建、台湾、广东、广西、海南；越南

绯红羊蹄甲 **Bauhinia coccinea** subsp. **tonkinensis** (Gagnep.) K. Larsen et S. S. Larsen
分布：云南；越南

川滇羊蹄甲 **Bauhinia comosa** Craib
分布：四川、云南

首冠藤 **Bauhinia corymbosa** Roxb. ex DC.
分布：海南、广东、广西、?福建；越南

首冠藤(原变种) **Bauhinia corymbosa** var. **corymbosa**
分布：广东、广西、海南；越南

长序首冠藤 **Bauhinia corymbosa** var. **longipes** Hosok.
分布：海南

大苗山羊蹄甲 **Bauhinia damiaoshanensis** T. C. Chen
分布：广西

薄荚羊蹄甲 **Bauhinia delavayi** Franch.
分布：云南

孪叶羊蹄甲 **Bauhinia didyma** L. Chen
分布：广东、广西

锈荚藤 **Bauhinia erythropoda** Hayata
分布：云南、广西、海南

锈荚藤(原变种) **Bauhinia erythropoda** var. **erythropoda**
分布：云南、广西、海南

广西锈荚藤 **Bauhinia erythropoda** var. **guangxiensis** D. X. Zhang et T. C. Chen
分布：广西

元江羊蹄甲 **Bauhinia esquirolii** Gagnep.
分布：贵州、云南

嘉氏羊蹄甲 **Bauhinia galpinii** N. E. Br.
分布：香港；非洲

粉叶羊蹄甲 **Bauhinia glauca** (Wall. ex Benth.) Benth.
分布：香港；印度、印度尼西亚、马来西亚、缅甸、泰国

粉叶羊蹄甲(原亚种) **Bauhinia glauca** subsp. **glauca**
分布：香港；印度、印度尼西亚、马来西亚、缅甸、泰国

薄叶羊蹄甲 **Bauhinia glauca** subsp. **tenuiflora** (Watt ex C. B. Clarke) K. Larsen et S. S. Larsen
分布：陕西、湖南、湖北、贵州、云南、广东、广西；柬埔寨、老挝、缅甸、泰国

海南羊蹄甲 **Bauhinia hainanensis** Merr. et Chun ex L. Chen
分布：云南、海南

河口羊蹄甲(新拟) **Bauhinia hekouensis** T. Y. Tu et D. X. Zhang
分布：云南

粗毛羊蹄甲 **Bauhinia hirsuta** Weinm.
分布：云南；东南亚、马来半岛至印度尼西亚

绸缎藤 **Bauhinia hypochrysa** T. C. Chen
分布：广西

滇南羊蹄甲 **Bauhinia hypoglauca** T. Tang et F. T. Wang ex T. C. Chen
分布：云南

日本羊蹄甲 **Bauhinia japonica** Maxim.
分布：广东、海南；日本

牛蹄麻 **Bauhinia khasiana** Baker
分布：海南；印度、越南、泰国、老挝

牛蹄麻(原变种) **Bauhinia khasiana** var. **khasiana**
分布：海南；印度、老挝、泰国、越南

巨荚牛蹄麻 **Bauhinia khasiana** var. **gigalobia** D. X. Zhang
分布：云南

毛叶牛蹄麻 **Bauhinia khasiana** var. **tomentella** T. C. Chen
分布：云南

凌云羊蹄甲 **Bauhinia lingyuenensis** T. C. Chen
分布：广西

长柄羊蹄甲 **Bauhinia longistipes** T. C. Chen
分布：云南

棒花羊蹄甲 **Bauhinia nervosa** (Wall. ex Benth.) Baker
分布：云南；印度、缅甸、泰国

缅甸羊蹄甲 **Bauhinia ornata** Kurz.
分布：云南、广东、广西、海南；印度、老挝、泰国、越南、缅甸

缅甸羊蹄甲(原变种) **Bauhinia ornata** var. **ornata**
分布：缅甸

光叶羊蹄甲 **Bauhinia ornata** var. **balansae** (Gagnep.) K. Larsen et S. S. Larsen
分布：云南；越南

褐毛羊蹄甲 **Bauhinia ornata** var. **kerrii** (Gagnep.) K. Larsen et S. S. Larsen
分布：云南、广东、广西；印度、缅甸、老挝、越南、泰国

卵叶羊蹄甲 **Bauhinia ovatifolia** T. C. Chen
分布：云南、广西

少脉羊蹄甲 **Bauhinia paucinervata** T. C. Chen
分布：广西

羊蹄甲 **Bauhinia purpurea** L.
分布：云南、福建、台湾、广东、广西、海南栽培；可能原产于尼泊尔、柬埔寨、老挝、缅甸、泰国、越南

红毛羊蹄甲 **Bauhinia pyrrhoclada** Drake
分布：云南、海南；越南

黔南羊蹄甲 **Bauhinia quinanensis** T. C. Chen
分布：贵州

总状花羊蹄甲 **Bauhinia racemosa** Lam.
分布：云南；柬埔寨、泰国、越南、印度、缅甸

红背叶羊蹄甲 **Bauhinia rubrovillosa** K. Larsen et S. S. Larsen
分布：广西；老挝、越南

攀援羊蹄甲 **Bauhinia scandens** L.
分布：海南；柬埔寨、印度、印度尼西亚、老挝、马来西亚、缅甸、尼泊尔、泰国、越南

田林羊蹄甲 **Bauhinia tianlinensis** T. C. Chen et D. X. Zhang
分布：广西

黄花羊蹄甲 **Bauhinia tomentosa** L.
分布：云南、福建、台湾、广东、广西、海南；原产于热带亚洲，可能源自印度，其余地方栽培

囊托羊蹄甲 **Bauhinia touranensis** Gagnep.
分布：贵州、云南、广西；老挝、缅甸、越南

洋紫荆 Bauhinia variegata L.

分布：原产于云南，中国南部广泛栽培；孟加拉国、老挝、缅甸、泰国、越南，热带和亚热带广泛栽培

洋紫荆(原变种) Bauhinia variegata var. **variegata**

分布：云南；柬埔寨、老挝、缅甸、泰国、越南

白花洋紫荆 Bauhinia variegata var. **candida** (Aiton) Buch.-Ham.

分布：云南，中国南部广泛栽培

小巧羊蹄甲 Bauhinia venustula T. C. Chen

分布：广西

绿花羊蹄甲 Bauhinia viridescens Desv.

分布：云南、海南；柬埔寨、老挝、马来西亚、泰国、越南

圆叶羊蹄甲 Bauhinia wallichii J. F. Macbr.

分布：云南；印度、缅甸、越南、泰国

征镒羊蹄甲 Bauhinia wuzhengyii S. S. Larsen

分布：云南

云南羊蹄甲 Bauhinia yunnanensis Franch.

分布：四川、贵州、云南；缅甸、泰国

藤槐属 Bowringia Champ. ex Benth.

藤槐 Bowringia callicarpa Champ. ex Benth.

分布：福建、广东、广西、海南；越南

紫矿属 Butea Roxb. ex Willd.

绒毛紫矿 Butea braamiana DC.

分布：云南

西藏紫矿 Butea buteiformis (Voigt) Grierson et D. G. Long

分布：西藏；孟加拉国、不丹、印度、缅甸、尼泊尔

紫矿 Butea monosperma (Lam.) Taub.

分布：云南、广西；不丹、柬埔寨、印度、印度尼西亚、老挝、缅甸、尼泊尔、斯里兰卡、泰国、越南

云实属 Caesalpinia L.

刺果苏木 Caesalpinia bonduc (L.) Roxb.

分布：台湾、广东、广西、海南；泛热带分布

粉叶苏木 Caesalpinia caesia Hand.-Mazz.

分布：广西、海南

狄薇豆 Caesalpinia coriaria (Jacq.) Willd.

分布：云南、台湾；原产于热带美洲

华南云实 Caesalpinia crista L.

分布：湖南、湖北、四川、贵州、云南、福建、台湾、广东、广西、海南；柬埔寨、印度、日本、马来西亚、缅甸、巴布亚新几内亚、菲律宾、斯里兰卡、泰国、越南、澳大利亚、波利尼西亚

见血飞 Caesalpinia cucullata Roxb.

分布：云南；不丹、印度、中南半岛、老挝、马来西亚、缅甸、尼泊尔、泰国、越南

云实 Caesalpinia decapetala (Roth) Alston

分布：河北、河南、陕西、甘肃、安徽、江苏、浙江、江西、湖南、湖北、四川、贵州、云南、福建、台湾、广东、广西、海南；孟加拉国、不丹、印度、日本、老挝、马来西亚、缅甸、尼泊尔、巴基斯坦、斯里兰卡、泰国、越南

肉荚云实 Caesalpinia digyna Rottler

分布：云南、海南；孟加拉国、不丹、柬埔寨、老挝、缅甸、泰国、印度尼西亚、尼泊尔、斯里兰卡、印度、马来西亚、越南

椭圆叶云实 Caesalpinia elliptifolia S. J. Li, D. X. Zhang et Z. Y. Chen

分布：广东

九羽见血飞 Caesalpinia enneaphylla Roxb.

分布：云南、广西；孟加拉国、印度、印度尼西亚、马来西亚、缅甸、巴基斯坦、斯里兰卡、泰国、越南

膜荚见血飞 Caesalpinia hymenocarpa (Prain) Hattink

分布：云南、广西；孟加拉国、柬埔寨、印度、印度尼西亚、老挝、马来西亚、缅甸、菲律宾、斯里兰卡、泰国、越南

大叶云实 Caesalpinia magnifoliolata F. P. Metcalf

分布：贵州、云南、广东、广西

小叶云实 Caesalpinia millettii Hook. et Arn.

分布：江西、湖南、广东、广西

含羞云实 Caesalpinia mimosoides Lam.

分布：云南；孟加拉国、印度、老挝、缅甸、泰国、越南

喙荚云实 Caesalpinia minax Hance

分布：四川、贵州、云南、福建、台湾、广东、广西；老挝、印度、缅甸、泰国、越南

洋金凤 Caesalpinia pulcherrima (L.) Sw.

分布：云南、福建、台湾、广西、海南；原产于南美洲，广泛栽培于热带

菱叶云实 Caesalpinia rhombifolia J. E. Vidal

分布：广西；越南

苏木 **Caesalpinia sappan** L.
分布：四川、贵州、云南、福建、台湾、广东、广西、海南；原产于柬埔寨、印度、老挝、马来西亚、缅甸、斯里兰卡、越南；非洲、美洲

鸡嘴簕 **Caesalpinia sinensis** (Hemsl.) J. E. Vidal
分布：湖北、贵州、云南、广东、广西；老挝、缅甸、越南

扭果苏木 **Caesalpinia tortuosa** Roxb.
分布：云南、广东；印度、印度尼西亚、马来西亚、缅甸

春云实 **Caesalpinia vernalis** Champ. ex Benth.
分布：浙江、福建、广东

云南云实 **Caesalpinia yunnanensis** S. J. Li, D. X. Zhang et Z. Y. Chen
分布：云南

木豆属 Cajanus DC.

木豆 **Cajanus cajan** (L.) Huth
分布：浙江、江西、湖南、四川、贵州、云南、福建、台湾、广东、广西、海南；可能源自热带亚洲，现世界广泛栽培

长梗虫豆 **Cajanus elongatus** (Benth.) Maesen
分布：西藏；不丹、印度、缅甸、尼泊尔

硬毛虫豆 **Cajanus goensis** Dalzell
分布：云南；孟加拉国、印度、印度尼西亚、老挝、马来西亚、缅甸、泰国、越南

大花虫豆 **Cajanus grandiflorus** (Benth. ex Baker) Maesen
分布：浙江、云南；缅甸、不丹、印度

长叶虫豆 **Cajanus mollis** (Benth.) Maesen
分布：云南；印度、尼泊尔、巴基斯坦、不丹

白虫豆 **Cajanus niveus** (Wallich ex Benth.) Maesen
分布：云南；缅甸

蔓草虫豆 **Cajanus scarabaeoides** (L.) Thouars
分布：福建、广东、广西；孟加拉国、不丹、柬埔寨、印度、印度尼西亚、日本、老挝、马来西亚、缅甸、尼泊尔、巴基斯坦、斯里兰卡、泰国、越南、太平洋岛屿；非洲

虫豆 **Cajanus volubilis** (Blanco) Blanco
分布：云南、广西、海南；印度、印度尼西亚、老挝、缅甸、尼泊尔、巴布亚新几内亚、菲律宾、泰国、越南

鸡血藤属 Callerya Endl.

滇桂鸡血藤 **Callerya bonatiana** (Pamp.) P. K. Loc
分布：云南、广西；老挝

绿花鸡血藤 **Callerya championii** (Benth.) X. Y. Zhu
分布：江西、云南、福建、广东、广西、香港

灰毛鸡血藤 **Callerya cinerea** (Benth.) Schot
分布：四川、西藏；孟加拉国、不丹、印度、缅甸、尼泊尔、泰国

喙果鸡血藤 **Callerya cochinchinensis** (Gagnep.) Schot
分布：湖南、贵州、云南、广东、广西、海南；越南

密花鸡血藤 **Callerya congestiflora** (T. C. Chen) Z. Wei et Pedley
分布：安徽、江西、湖南、湖北、四川、贵州、福建、广东

香花鸡血藤 **Callerya dielsiana** (Harms) P. K. Lôc ex Z. Wei et Pedley
分布：陕西、甘肃、安徽、浙江、江西、湖南、湖北、四川、贵州、云南、福建、广东、广西、海南

香花鸡血藤(原变种) **Callerya dielsiana** var. **dielsiana**
分布：陕西、甘肃、安徽、浙江、江西、湖南、湖北、四川、贵州、云南、福建、广东、广西、海南

异果鸡血藤 **Callerya dielsiana** var. **heterocarpa** (Chun ex T. C. Chen) X. Y. Zhu ex Z. Wei et Pedley
分布：贵州、福建、广东、广西

雪峰山鸡血藤 **Callerya dielsiana** var. **solida** (T. C. Chen ex Z. Wei) X. Y. Zhu ex Z. Wei et Pedley
分布：湖南、广西

滇缅鸡血藤 **Callerya dorwardii** (Collett et Hemsl.) Z. Wei et Pedley
分布：贵州、云南；缅甸、泰国

宽序鸡血藤 **Callerya eurybotrya** (Drake) Schot
分布：湖南、贵州、云南、广东、广西；老挝、泰国、越南

广东鸡血藤 **Callerya fordii** (Dunn) Schott
分布：广东、广西；越南

黔滇鸡血藤 **Callerya gentiliana** (H. Lév.) Z. Wei et Pedley
分布：四川、贵州、云南

江西鸡血藤 **Callerya kiangsiensis** (Z. Wei) Z. Wei et Pedley
分布：安徽、浙江、江西、湖南、湖北、福建

长梗鸡血藤 **Callerya longipedunculata** (Z. Wei) X. Y. Zhu
分布：江西、贵州、福建、台湾、广东、广西、海南

亮叶鸡血藤 **Callerya nitida** (Benth.) R. Geesink
分布：浙江、江西、四川、贵州、云南、福建、台湾、广东、广西、海南、香港

亮叶鸡血藤(原变种) **Callerya nitida** var. **nitida**
分布：江西、福建、台湾、广东、广西、海南

丰城鸡血藤 **Callerya nitida** var. **hirsutissima** (Z. Wei) X. Y. Zhu
分布：江西、湖南、福建、广东、广西

峨眉鸡血藤 **Callerya nitida** var. **minor** (Z. Wei) X. Y. Zhu
分布：浙江、江西、四川、贵州、云南、福建、广东、广西

皱果鸡血藤 **Callerya oosperma** (Dunn) Z. Wei et Pedley
分布：湖南、贵州、云南、广东、广西、海南；越南

网脉鸡血藤 **Callerya reticulata** (Benth.) Schot
分布：陕西、安徽、江苏、浙江、江西、湖南、湖北、四川、贵州、云南、福建、台湾、广东、广西、海南；越南

网脉鸡血藤(原变种) **Callerya reticulata** var. **reticulata**
分布：陕西、安徽、江苏、浙江、江西、湖南、湖北、四川、贵州、云南、福建、台湾、广东、广西、海南；越南

线叶鸡血藤 **Callerya reticulata** var. **stenophylla** (Merr. et Chun) X. Y. Zhu
分布：海南

锈毛鸡血藤 **Callerya sericosema** (Hance) Z. Wei et Pedley
分布：湖南、湖北、四川、贵州、云南、广西

美丽鸡血藤 **Callerya speciosa** (Champ. ex Benth.) Schot
分布：湖南、贵州、云南、福建、广东、广西、海南；越南

球子鸡血藤 **Callerya sphaerosperma** (Z. Wei) Z. Wei et Pedley
分布：贵州、广西

朱缨花属 **Calliandra** Benth.

朱缨花 **Calliandra haematocephala** Hassk.
分布：福建、台湾、广东；南美洲

小朱缨花 **Calliandra riparia** Pittier
分布：广东、香港；南美洲

云南朱缨花 **Calliandra umbrosa** (Wall.) Benth.
分布：云南；印度

丽豆属 **Calophaca** Fisch. ex DC.

华丽豆 **Calophaca chinensis** Boriss.
分布：新疆

丽豆 **Calophaca sinica** Rehder
分布：内蒙古、河北、山西

新疆丽豆 **Calophaca soongorica** Kar. et Kir.
分布：新疆；哈萨克斯坦

毛蔓豆属 **Calopogonium** Desv.

毛蔓豆 **Calopogonium mucunoides** Desv.
分布：云南、台湾、广东、广西、海南；原产于热带美洲

杭子梢属 **Campylotropis** Bunge

白花杭子梢 **Campylotropis alba** Iokawa et H. Ohashi
分布：云南

西藏杭子梢 **Campylotropis alopochroa** H. Ohashi
分布：西藏

银叶杭子梢 **Campylotropis argentea** Schindl.
分布：云南

密脉杭子梢 **Campylotropis bonii** Schindl.
分布：广西；泰国、越南

小托叶密脉杭子梢 **Campylotropis bonii** var. **stipellata** Iokawa et H. Ohashi
分布：广西

短序杭子梢 **Campylotropis brevifolia** Ricker
分布：四川、西藏

细花梗杭子梢 **Campylotropis capillipes** (Franch.) Schindl.
分布：四川、云南

细花梗杭子梢(原亚种) **Campylotropis capillipes** subsp. **capillipes**
分布：四川、云南

草山杭子梢 **Campylotropis capillipes** subsp. **prainii** (Collett et Hemsl.) Iokawa et H. Ohashi
分布：云南、广西；缅甸、泰国

小花杭子梢 **Campylotropis cytisoides** Miq.
分布：云南；老挝、缅甸、泰国、越南

华美杭子梢 **Campylotropis decora** (Kurz.) Schindl.
分布：云南；老挝、缅甸、泰国

西南杭子梢 **Campylotropis delavayi** (Franch.) Schindl.
分布：四川、云南

异叶杭子梢 **Campylotropis diversifolia** (Hemsl.) Schindl.
分布：云南

暗黄杭子梢 **Campylotropis fulva** Schindl.
分布：云南

弥勒杭子梢 **Campylotropis grandifolia** Schindl.
分布：云南

思茅杭子梢 **Campylotropis harmsii** Schindl.
分布：云南；泰国

元江杭子梢 **Campylotropis henryi** (Schindl.) Schindl.
分布：贵州、云南

毛杭子梢 **Campylotropis hirtella** (Franch.) Schindl.
分布：四川、贵州、云南、西藏；印度

腾冲杭子梢 **Campylotropis howellii** Schindl.
分布：云南

滇缅杭子梢 **Campylotropis kingdonii** H. Ohashi
分布：云南；缅甸

阔叶杭子梢 **Campylotropis latifolia** (Dunn) Schindl.
分布：云南

藏东杭子梢 **Campylotropis luhitensis** H. Ohashi
分布：西藏；缅甸

杭子梢 **Campylotropis macrocarpa** (Bunge) Rehder
分布：辽宁、河北、山西、山东、河南、陕西、甘肃、安徽、江苏、浙江、湖南、湖北、四川、贵州、西藏、福建、广东、广西；朝鲜

杭子梢(原变种) **Campylotropis macrocarpa** var. **macrocarpa**
分布：辽宁、河北、山西、山东、河南、陕西、甘肃、安徽、江苏、浙江、湖南、湖北、四川、贵州、云南、福建、广西；韩国

太白山杭子梢 **Campylotropis macrocarpa** var. **hupehensis** (Pamp.) Iokawa et H. Ohashi
分布：河北、北京、山西、河南、陕西、甘肃、湖北、四川、贵州、台湾、广东

少花杭子梢 **Campylotropis pauciflora** C. J. Chen
分布：云南

松林杭子梢 **Campylotropis pinetorum** (Kurz.) Schindl.
分布：贵州、云南、广西；老挝、缅甸、越南、泰国

松林杭子梢(原亚种) **Campylotropis pinetorum** subsp. **pinetorum**
分布：泰国、越南

白柔毛杭子梢 **Campylotropis pinetorum** subsp. **albopubescens** (Iokawa et H. Ohashi) Iokawa et H. Ohashi
分布：云南

绒毛叶杭子梢 **Campylotropis pinetorum** subsp. **velutina** (Dunn) H. Ohashi
分布：贵州、云南、广西

小雀花 **Campylotropis polyantha** (Franch.) Schindl.
分布：四川、贵州、云南、西藏

小雀花(原变种) **Campylotropis polyantha** var. **polyantha**
分布：四川、贵州、云南、西藏

蒙自杭子梢 **Campylotropis polyantha** var. **neglecta** (Schindl.) Iokawa et H. Ohashi
分布：云南

四川杭子梢 **Campylotropis sargentiana** Schindl.
分布：四川

美丽杭子梢 **Campylotropis speciosa** (Royle ex Schindl.) Schindl.
分布：西藏；不丹、印度、尼泊尔

美丽杭子梢(原变种) **Campylotropis speciosa** subsp. **speciosa**
分布：西藏；不丹、印度、尼泊尔

绵毛果杭子梢 **Campylotropis speciosa** subsp. **eriocarpa** (Schindl.) Iokawa et H. Ohashi
分布：西藏；不丹、印度、尼泊尔

槽茎杭子梢 **Campylotropis sulcata** Schindl.
分布：云南；泰国

细枝杭子梢 **Campylotropis tenuiramea** P. Y. Fu
分布：云南

柱序杭子梢 **Campylotropis teretiracemosa** P. C. Li et C. J. Chen
分布：四川

汤姆逊杭子梢 **Campylotropis thomsonii** (Benth. ex Baker) Schindler
分布：云南；印度、缅甸、越南

三棱枝杭子梢 **Campylotropis trigonoclada** (Franch.) Schindl.
分布：四川、贵州、云南、广西

三棱枝杭子梢(原变种) **Campylotropis trigonoclada** var. **trigonoclada**
分布：四川、贵州、云南、广西

马尿藤 **Campylotropis trigonoclada** var. **bonatiana** (Pamp.) Iokawa et H. Ohashi
分布：云南

秋杭子梢 **Campylotropis wenshanica** P. Y. Fu
分布：云南

小叶杭子梢 **Campylotropis wilsonii** Schindl.
分布：四川

滇杭子梢 **Campylotropis yunnanensis** (Franch.) Schindl.
分布：云南、四川

滇杭子梢(原亚种) **Campylotropis yunnanensis** subsp. **yunnanensis**
分布：云南

丝梗杭子梢 **Campylotropis yunnanensis** subsp. **filipes** (Ricker) Iokawa et H. Ohashi
分布：四川

刀豆属 **Canavalia** Adans.

小刀豆 **Canavalia cathartica** Thouars
分布：台湾、广东、海南；澳大利亚；广布于热带亚洲、非洲

直生刀豆 **Canavalia ensiformis** (L.) DC.
分布：台湾、广东、海南；原产于中美洲和西印度群岛，广泛栽培于热带和亚热带地区

刀豆 **Canavalia gladiata** (Jacq.) DC.
分布：长江以南；被驯化于亚洲，热带广泛栽培

狭刀豆 **Canavalia lineata** (Thunb. ex Murr.) DC.
分布：浙江、福建、台湾、广东、广西；柬埔寨、印度尼西亚、日本、朝鲜、菲律宾、越南

海刀豆 **Canavalia rosea** (Sw.) DC.
分布：浙江、福建、台湾、广东、广西、海南；热带海岸

锦鸡儿属 **Caragana** Fabr.

刺叶锦鸡儿 **Caragana acanthophylla** Kom.
分布：新疆；哈萨克斯坦、吉尔吉斯斯坦、塔吉克斯坦、乌兹别克斯坦

萨迦锦鸡儿 **Caragana aegacanthoides** (R. Parker) L. B. Chaudhary et S. K. Srivastava
分布：西藏；印度

阿里锦鸡儿 **Caragana aliensis** Y. Z. Zhao
分布：西藏

阿尔泰锦鸡儿 **Caragana altaica** (Kom.) Pojark.
分布：新疆；蒙古国

树锦鸡儿 **Caragana arborescens** Lam.
分布：黑龙江、新疆；哈萨克斯坦、蒙古国、俄罗斯

镰叶锦鸡儿 **Caragana aurantiaca** Koehne
分布：新疆；阿富汗、哈萨克斯坦、巴基斯坦、乌兹别克斯坦；亚洲(西南部)

二色锦鸡儿 **Caragana bicolor** Kom.
分布：四川、云南、西藏

扁刺锦鸡儿 **Caragana boisii** C. K. Schneid.
分布：陕西、甘肃、四川

边塞锦鸡儿 **Caragana bongardiana** (Fisch. et C. A. Mey.) Pojark.
分布：新疆；亚洲(中部)

矮脚锦鸡儿 **Caragana brachypoda** Pojark.
分布：内蒙古、陕西、宁夏、甘肃；蒙古国

短叶锦鸡儿 **Caragana brevifolia** Kom.
分布：宁夏、甘肃、青海、四川、西藏；印度、克什米尔地区、巴基斯坦

北疆锦鸡儿 **Caragana camillischneideri** Kom.
分布：新疆；哈萨克斯坦

昌都锦鸡儿 **Caragana changduensis** Y. X. Liou
分布：四川、西藏

青海锦鸡儿 **Caragana chinghaiensis** Y. X. Liou
分布：甘肃、青海、四川

青海锦鸡儿(原变种) **Caragana chinghaiensis** var. **chinghaiensis**
分布：甘肃、青海

小青海锦鸡儿 **Caragana chinghaiensis** var. **minima** Y. X. Liou
分布：青海、四川

高山锦鸡儿 **Caragana chumbica** Prain
分布：西藏；印度、尼泊尔

粗刺锦鸡儿 **Caragana crassispina** C. Marquand
分布：西藏；尼泊尔

楔翼锦鸡儿 **Caragana cuneatoalata** Y. X. Liou
分布：西藏

粗毛锦鸡儿 **Caragana dasyphylla** Pojark.
分布：新疆

沙地锦鸡儿 **Caragana davazamcii** Sanchir
分布：内蒙古、陕西、宁夏、甘肃；蒙古国

密叶锦鸡儿 **Caragana densa** Kom.
分布：甘肃、青海、新疆、四川、云南

川西锦鸡儿 **Caragana erinacea** Kom.
分布：宁夏、甘肃、青海、四川、云南、西藏

云南锦鸡儿 **Caragana franchetiana** Kom.
分布：四川、云南、西藏

云南锦鸡儿(原变种) **Caragana franchetiana** var. **franchetiana**
分布：四川、云南、西藏

吉隆锦鸡儿 **Caragana franchetiana** var. **gyirongensis** (C. C. Ni) Y. X. Liou
分布：西藏

黄刺条锦鸡儿 **Caragana frutex** (L.) K. Koch
分布：新疆；哈萨克斯坦、蒙古国、俄罗斯；欧洲(东部)

极东锦鸡儿 **Caragana fruticosa** (Pall.) Bess.
分布：黑龙江；韩国、俄罗斯

印度锦鸡儿 **Caragana gerardiana** Royle ex Benth.
分布：青海、西藏；阿富汗、印度、克什米尔地区、尼泊尔、巴基斯坦；亚洲(西南部)

鬼箭锦鸡儿 **Caragana jubata** (Pall.) Poir.
分布：内蒙古、河北、山西、陕西、宁夏、甘肃、青海、新疆、四川、云南、西藏；不丹、印度、蒙古国、尼泊尔、俄罗斯

鬼箭锦鸡儿(原变种) **Caragana jubata** var. **jubata**
分布：内蒙古、河北、山西、陕西、宁夏、甘肃、青海、新疆、四川、云南、西藏；不丹、印度、蒙古国、尼泊尔、俄罗斯

两耳鬼箭 **Caragana jubata** var. **biaurita** Y. X. Liou
分布：内蒙古、河北、宁夏、青海、新疆

浪麻鬼箭 **Caragana jubata** var. **czetyrkininii** (Sanchir) Y. X. Liou
分布：青海、云南、西藏

弯耳鬼箭 **Caragana jubata** var. **recurva** Y. X. Liou
分布：宁夏、甘肃、青海、四川、西藏

通天河锦鸡儿 **Caragana junatovii** Gorbunova
分布：青海

甘肃锦鸡儿 **Caragana kansuensis** Pojark.
分布：内蒙古、山西、陕西、宁夏、甘肃

囊萼锦鸡儿 **Caragana kirghisorum** Pojark.
分布：新疆；哈萨克斯坦、吉尔吉斯斯坦

柠条锦鸡儿 **Caragana korshinskii** Kom.
分布：内蒙古、山西、宁夏、甘肃、青海、新疆；蒙古国

沧江锦鸡儿 **Caragana kozlowii** Kom.
分布：青海、西藏

阿拉套锦鸡儿 **Caragana laeta** Kom.
分布：新疆；哈萨克斯坦、吉尔吉斯斯坦

白皮锦鸡儿 **Caragana leucophloea** Pojark.
分布：内蒙古、甘肃、新疆；蒙古国、哈萨克斯坦

白刺锦鸡儿 **Caragana leucospina** Kom.
分布：新疆；吉尔吉斯斯坦

毛掌叶锦鸡儿 **Caragana leveillei** Kom.
分布：河北、山西、山东、河南、陕西

白毛锦鸡儿 **Caragana licentiana** Hand.-Mazz.
分布：宁夏、甘肃、青海

中间锦鸡儿 **Caragana liouana** Zhao Y. Chang et Yakovlev
分布：内蒙古、河北、山西、陕西、宁夏、甘肃

金州锦鸡儿 **Caragana litwinowii** Kom.
分布：辽宁

龙首锦鸡儿 **Caragana longshoushanensis** H. C. Fu
分布：内蒙古

东北锦鸡儿 **Caragana manshurica** Kom.
分布：黑龙江、吉林、辽宁、内蒙古、河北、山西；朝鲜、俄罗斯

小叶锦鸡儿 **Caragana microphylla** Lam.
分布：吉林、辽宁、内蒙古；蒙古国、俄罗斯

甘蒙锦鸡儿 **Caragana opulens** Kom.
分布：内蒙古、山西、陕西、宁夏、甘肃、青海、四川、西藏

北京锦鸡儿 **Caragana pekinensis** Kom.
分布：河北、山西

多叶锦鸡儿 **Caragana pleiophylla** (Regel) Pojark.
分布：新疆；哈萨克斯坦、吉尔吉斯斯坦、乌兹别克斯坦

昆仑锦鸡儿 **Caragana polourensis** Franch.
分布：甘肃、新疆

五台锦鸡儿 Caragana potaninii Kom.

分布：山西

粉刺锦鸡儿 Caragana pruinosa Kom.

分布：内蒙古、新疆；哈萨克斯坦、吉尔吉斯斯坦

草原锦鸡儿 Caragana pumila Pojark.

分布：新疆；哈萨克斯坦

秦晋锦鸡儿 Caragana purdomii Rehder

分布：内蒙古、山西、陕西

矮锦鸡儿 Caragana pygmaea (L.) DC.

分布：内蒙古、河北、新疆；蒙古国、俄罗斯

矮锦鸡儿(原变种) Caragana pygmaea var. **pygmaea**

分布：内蒙古、新疆；蒙古国、俄罗斯

窄叶锦鸡儿 Caragana pygmaea var. **angustissima** C. K. Schneid.

分布：内蒙古

小花矮锦鸡儿 Caragana pygmaea var. **parviflora** H. C. Fu

分布：内蒙古

青河锦鸡儿 Caragana qingheensis Z. Y. Chang，L. R. Xu et F. C. Shi

分布：新疆

荒漠锦鸡儿 Caragana roborovskyi Kom.

分布：内蒙古、宁夏、甘肃、青海、新疆

红花锦鸡儿 Caragana rosea Turcz. ex Maxim.

分布：黑龙江、吉林、辽宁、内蒙古、河北、山西、山东、河南、陕西、甘肃、四川

秦岭锦鸡儿 Caragana shensiensis C. W. Chang

分布：陕西、甘肃

锦鸡儿 Caragana sinica (Buc'hoz) Rehder

分布：辽宁、河北、山东、河南、陕西、甘肃、安徽、江苏、浙江、江西、湖南、湖北、四川、贵州、云南、福建、广西；韩国，栽培和归化至日本

准噶尔锦鸡儿 Caragana soongorica Grubov

分布：新疆

多刺锦鸡儿 Caragana spinosa (L.) Hornem.

分布：新疆；哈萨克斯坦、蒙古国、俄罗斯

狭叶锦鸡儿 Caragana stenophylla Pojark.

分布：黑龙江、吉林、辽宁、内蒙古、河北、山西、陕西、宁夏、甘肃、青海；蒙古国、俄罗斯

柄荚锦鸡儿 Caragana stipitata Kom.

分布：河北、山西、河南、陕西、甘肃

尼泊尔锦鸡儿 Caragana sukiensis C. K. Schneid.

分布：西藏；不丹、尼泊尔、巴基斯坦

青甘锦鸡儿 Caragana tangutica Maxim.

分布：宁夏、甘肃、青海、四川

特克斯锦鸡儿 Caragana tekesiensis Y. Z. Zhao et D. W. Zhou

分布：新疆

毛刺锦鸡儿 Caragana tibetica Kom.

分布：内蒙古、陕西、宁夏、甘肃、青海、四川、西藏；蒙古国

中亚锦鸡儿 Caragana tragacanthoides (Pall.) Poir.

分布：新疆；哈萨克斯坦、蒙古国、俄罗斯

吐鲁番锦鸡儿 Caragana turfanensis Kom.

分布：新疆

新疆锦鸡儿 Caragana turkestanica Kom.

分布：新疆；吉尔吉斯斯坦

乌苏里锦鸡儿 Caragana ussuriensis (Regel) Pojark.

分布：黑龙江；俄罗斯

变色锦鸡儿 Caragana versicolor Benth.

分布：青海、四川、西藏；阿富汗、印度、克什米尔地区、尼泊尔、巴基斯坦；亚洲(西南部)

南口锦鸡儿 Caragana zahlbruckneri C. K. Schneid.

分布：黑龙江、河北、山西

决明属 Cassia L.

尖叶番泻 Cassia acutifolia Delile

分布：云南、广东、海南；原产于热带非洲

神黄豆 Cassia agnes (de Wit) Brenan

分布：云南、广西；柬埔寨、印度、老挝、越南，原产于热带非洲、热带亚洲

耳叶决明 Cassia auriculata L.

分布：台湾；原产地不详，印度、新加坡

双荚决明 Cassia bicapsularis L.

分布：重庆、广东、广西、香港、澳门；原产于热带美洲

长穗决明 Cassia didymobotrya Fresen.

分布：云南、海南；原产于热带亚洲和非洲

腊肠树 Cassia fistula L.

分布：栽培于中国南部和西南部；原产于印度，热带广

泛栽培

多花决明 Cassia floribunda Cav.

分布：重庆、云南、台湾、广东、广西、香港；原产于热带美洲和尼泊尔、印度，热带地区

大叶决明 Cassia fruticosa Mill.

分布：广东；原产于热带美洲

爪哇决明 Cassia javanica L.

分布：广西、云南，栽培于中国南部；印度尼西亚、马来西亚、泰国，栽培于新热带地区

澜沧决明 Cassia lancangensis Y. Y. Qian

分布：云南

密叶决明 Cassia multijuga Rich.

分布：广东、香港；原产于热带美洲，热带地区广泛栽培

茳芒决明 Cassia planitiicola Domin

分布：北京、山东、陕西、浙江、湖北、四川、贵州、云南、福建、广东、广西；原产于热带亚洲

多叶决明 Cassia polyphylla Jacquem.

分布：香港；?原产于印度

美丽决明 Cassia spectabilis DC.

分布：广东、香港、云南、澳门；?原产于南美洲

距瓣豆属 Centrosema (DC.) Benth.

距瓣豆 Centrosema pubescens Benth.

分布：江苏、台湾、广东、海南、云南逸生；原产于热带美洲

长角豆属 Ceratonia L.

长角豆 Ceratonia siliqua L.

分布：广东；原产于地中海东部，现世界各地广泛栽培和引种

紫荆属 Cercis L.

紫荆 Cercis chinensis Bunge

分布：河北、北京、山东、陕西、江苏、浙江、四川、云南、广东、广西；欧洲

黄山紫荆 Cercis chingii Chun

分布：安徽、浙江、广东

广西紫荆 Cercis chuniana F. P. Metcalf

分布：广东、广西、贵州、湖南、江西、?浙江

湖北紫荆 Cercis glabra Pamp.

分布：河南、陕西、安徽、浙江、湖南、湖北、四川、贵州、云南、广东、广西

垂丝紫荆 Cercis racemosa Oliv.

分布：陕西、湖南、湖北、四川、贵州、云南

矮含羞草属 Chamaecrista Moench

鹅銮鼻决明 Chamaecrista garambiensis (Hosok.) H. Ohashi et al.

分布：台湾

大叶山扁豆 Chamaecrista leschenaultiana (DC.) O. Degener

分布：安徽、四川、贵州、云南、福建、台湾、广东、广西；柬埔寨、印度、印度尼西亚、老挝、马来西亚、缅甸、巴布亚新几内亚、泰国、越南

山扁豆 Chamaecrista mimosoides (L.) Greene

分布：江西、贵州、云南、福建、台湾、广东、广西、海南；原产于热带美洲，现广布于世界热带和亚热带地区

短决明 Chamaecrista nictitans (L.) Moench

分布：安徽、浙江、江西、四川、重庆、贵州、云南、福建、台湾、广东、广西、香港；柬埔寨、印度尼西亚、老挝、马来西亚、缅甸、越南、孟加拉国、不丹、印度、尼泊尔；北美洲、南美洲

豆茶决明 Chamaecrista nomame (Sieb.) H. Ohashi

分布：河北、山东、安徽、江苏、浙江、江西、湖南、四川、重庆、云南、台湾；原产于东亚、日本、朝鲜半岛

柄腺山扁豆 Chamaecrista pumila (Lam.) V. Singh

分布：云南、广东、海南；印度、老挝、马来西亚、缅甸、越南、澳大利亚

圆叶决明 Chamaecrista rotundifolia (Pers.) Greene

分布：福建；原产于南美洲，热带地区广泛栽培

雀儿豆属 Chesneya Lindl. ex Endl.

无茎雀儿豆 Chesneya acaulis (Baker) Popov

分布：西藏；阿富汗、巴基斯坦

长梗雀儿豆 Chesneya crassipes Boriss.

分布：西藏；巴基斯坦、塔吉克斯坦

截叶雀儿豆 Chesneya cuneata (Benth.) Ali

分布：新疆、西藏；印度、克什米尔地区、巴基斯坦

大花雀儿豆 Chesneya macrantha S. H. Cheng ex H. C. Fu

分布：内蒙古、新疆；蒙古国

云雾雀儿豆 Chesneya nubigena (D. Don) Ali

分布：云南、西藏；不丹、印度、尼泊尔

云雾雀儿豆(原亚种) Chesneya nubigena subsp. **nubigena**

分布：云南、西藏；印度、尼泊尔

紫花雀儿豆 Chesneya nubigena subsp. **purpurea** (P. C. Li) X. Y. Zhu

分布：西藏；不丹

川滇雀儿豆 Chesneya polystichoides (Hand.-Mazz.) Ali

分布：四川、云南、西藏

刺柄雀儿豆 Chesneya spinosa P. C. Li

分布：西藏

旱雀豆属 Chesniella Boriss

甘肃旱雀豆 Chesniella ferganensis (Korsh.) Boriss.

分布：内蒙古、甘肃；蒙古国

蒙古旱雀豆 Chesniella mongolica (Maxim.) Boriss.

分布：内蒙古

蝙蝠草属 Christia Moench

台湾蝙蝠草 Christia campanulata (Wall.) Thoth.

分布：福建、?广东、广西、贵州、台湾、云南；印度、泰国、缅甸、越南

长管蝙蝠草 Christia constricta (Schindl.) T. C. Chen

分布：广东、海南；越南

海南蝙蝠草 Christia hainanensis Yen C. Yang et P. H. Huang

分布：海南

铺地蝙蝠草 Christia obcordata (Poir.) Bakh. f. ex Meeuwen

分布：福建、台湾、广东、广西、海南；柬埔寨、日本、老挝、马来西亚、巴布亚新几内亚、印度、缅甸、菲律宾、印度尼西亚、澳大利亚(北部)

蝙蝠草 Christia vespertilionis (L. f.) Bakh. f. ex Meeuwen

分布：广东、广西、海南；热带地区广布

鹰嘴豆属 Cicer L.

鹰嘴豆 Cicer arietinum L.

分布：内蒙古、河北、山西、山东、陕西、甘肃、青海、新疆、台湾；原产于印度、地中海地区；亚洲、非洲、美洲

小叶鹰嘴豆 Cicer microphyllum Royle ex Benth.

分布：新疆、西藏；阿富汗、印度、克什米尔地区、尼泊尔、巴基斯坦

香槐属 Cladrastis Raf.

秦氏香槐 Cladrastis chingii Duley et Vincent

分布：浙江、湖南、云南、广西

小花香槐 Cladrastis delavayi (Franch.) Prain

分布：陕西、甘肃、湖南、湖北、四川、贵州、云南、福建、广西

小叶香槐 Cladrastis parvifolia C. Y. Ma

分布：广西

翅荚香槐 Cladrastis platycarpa (Maxim.) Makino

分布：江苏、浙江、湖南、贵州、云南、广东、广西；日本

藤香槐 Cladrastis scandens C. Y. Ma

分布：贵州

香槐 Cladrastis wilsonii Takeda

分布：山西、河南、陕西、安徽、浙江、江西、湖南、湖北、四川、贵州、云南、福建、广西

耀花豆属 Clianthus Sol. ex Lindl.

耀花豆 Clianthus scandens (Lour.) Merr.

分布：海南；印度尼西亚、中南半岛、马来西亚、菲律宾

蝶豆属 Clitoria L.

镰刀荚蝶豆 Clitoria falcata Lam.

分布：台湾逸生；原产于中美洲和南美洲、西印度群岛，其他地方引种

广东蝶豆 Clitoria hanceana Hemsl.

分布：广东、广西；柬埔寨、泰国、老挝、越南

棱荚蝶豆 Clitoria laurifolia Poir.

分布：广东；印度、马来西亚、新加坡、斯里兰卡、缅甸、泰国、越南、印度尼西亚；非洲、美洲

三叶蝶豆 Clitoria mariana L.

分布：云南、广西；不丹、印度、缅甸、老挝、越南；北美洲

三叶蝶豆(原变种) Clitoria mariana var. **mariana**

分布：云南、广西；不丹、印度、缅甸、老挝、越南；北美洲

东方三叶蝶豆 Clitoria mariana var. **orientalis** Fantz

分布：云南

蝶豆 Clitoria ternatea L.

分布：浙江、重庆、云南、福建、台湾、广东、广西、海南、香港、澳门；原产于印度，热带地区有分布

旋花豆属 Cochlianthus Benth.

细茎旋花豆 Cochlianthus gracilis Benth.

分布：四川、云南、西藏；尼泊尔、不丹

高山旋花豆 Cochlianthus montanus (Diels) Harms

分布：云南

舞草属 Codoriocalyx Hassk.

圆叶舞草 Codoriocalyx gyroides (Roxb. ex Link) Z. Y. Zhu

分布：贵州、云南、广东、广西、海南；柬埔寨、老挝、马来西亚、缅甸、泰国、越南、印度、尼泊尔、斯里兰卡、巴布亚新几内亚

舞草 Codoriocalyx motorius (Houtt.) H. Ohashi

分布：江西、四川、贵州、云南、福建、台湾、广东、广西；澳大利亚、柬埔寨、菲律宾、印度、尼泊尔、不丹、斯里兰卡、泰国、缅甸、老挝、印度尼西亚、马来西亚

舞草(原变种) Codoriocalyx motorius var. **motorius**

分布：江西、四川、贵州、云南、福建、台湾、广东、广西；印度尼西亚、老挝、马来西亚、缅甸、泰国、不丹、印度、尼泊尔、斯里兰卡、澳大利亚

光果舞草 Codoriocalyx motorius var. **glaber** X. Y. Zhu et Y. F. Du

分布：四川、贵州、云南、西藏

鱼鳔槐属 Colutea L.

鱼鳔槐 Colutea arborescens L.

分布：辽宁、北京、山东、陕西、江苏；原产于欧洲(中部及南部)

膀胱豆 Colutea delavayi Franch.

分布：四川、云南

尼泊尔鱼鳔槐 Colutea nepalensis Sims

分布：青海、西藏；阿富汗、印度、巴基斯坦

杂种鱼鳔槐 Colutea × media Willd.

分布：山东；杂交种在亚洲西南部广泛栽培

扫帚木属 Corethrodendron Fisch. et Basiner

山竹子 Corethrodendron fruticosum (Pall.) B. H. Choi et H. Ohashi

分布：黑龙江、吉林、辽宁、内蒙古；蒙古国、俄罗斯

山竹子(原变种) Corethrodendron fruticosum var. **fruticosum**

分布：黑龙江、吉林、辽宁、内蒙古；蒙古国、俄罗斯

蒙古山竹子 Corethrodendron fruticosum var. **mongolicum** (Turcz.) Turcz. ex Kitag.

分布：辽宁、内蒙古

帕米尔山竹子 Corethrodendron krassnowii (B. Fedtschenko) B. H. Choi et H. Ohashi

分布：新疆；?吉尔吉斯斯坦、塔吉克斯坦

木山竹子 Corethrodendron lignosum (Trautvetter) L. R. Xu et B. H. Choi

分布：辽宁、内蒙古、山西、陕西、宁夏；蒙古国

木山竹子(原变种) Corethrodendron lignosum var. **lignosum**

分布：辽宁、内蒙古；蒙古国

塔落山竹子 Corethrodendron lignosum var. **laeve** (Maxim.) L. R. Xu et B. H. Choi

分布：内蒙古、山西、陕西、宁夏

红花山竹子 Corethrodendron multijugum (Maxim.) B. H. Choi et H. Ohashi

分布：内蒙古、河北、山西、河南、陕西、宁夏、甘肃、青海、湖北、四川、西藏

细枝山竹子 Corethrodendron scoparium (Fisch. et C. A. Mey.) Fisch. et Basiner

分布：内蒙古、陕西、宁夏、甘肃、青海、新疆；哈萨克斯坦、蒙古国

小冠花属 Coronilla L.

蝎子旃那 Coronilla emerus L.

分布：陕西；欧洲

绣球小冠花 Coronilla varia L.

分布：北京，中国东南部地区；欧洲

巴豆藤属 Craspedolobium Harms

巴豆藤 Craspedolobium unijugum (Gagnep.) Z. Wei et Pedley

分布：四川、贵州、云南、广西；老挝、缅甸、泰国

猪屎豆属 Crotalaria L.

针状猪屎豆 Crotalaria acicularis Buch.-Ham. ex Benth.

分布：云南、台湾、海南；孟加拉国、柬埔寨、印度、印

度尼西亚、老挝、缅甸、尼泊尔、菲律宾、泰国、越南、澳大利亚

翅托叶猪屎豆 Crotalaria alata Buch.-Ham. ex D. Don

分布：湖南、四川、云南、福建、台湾、广东、广西、海南；孟加拉国、不丹、柬埔寨、印度、印度尼西亚、老挝、马来西亚、缅甸、尼泊尔、斯里兰卡、泰国、越南，栽培和归化于非洲(包括马达加斯加)

响铃豆 Crotalaria albida B. Heyne ex Roth

分布：安徽、江西、湖南、湖北、四川、贵州、云南、西藏、福建、台湾、广东、广西、海南；孟加拉国、印度、印度尼西亚、老挝、马来西亚、缅甸、尼泊尔、巴布亚新几内亚、巴基斯坦、菲律宾、斯里兰卡、泰国、越南、太平洋岛屿

响铃豆(原变种) Crotalaria albida var. **albida**

分布：安徽、福建、广东、广西、贵州、海南、湖北、湖南、江西、四川、台湾、西藏、云南；孟加拉国、不丹、柬埔寨、印度、印度尼西亚、老挝、马来西亚、缅甸、尼泊尔、巴基斯坦、巴布亚新几内亚、菲律宾、斯里兰卡、泰国、越南、太平洋群岛

耿马猪屎豆 Crotalaria albida var. **gengmaensis** (Z. Wei et C. Y. Yang) C. Chen et J. Q. Li

分布：云南

安宁猪屎豆 Crotalaria anningensis X. Y. Zhu et Y. F. Du

分布：云南

大猪屎豆 Crotalaria assamica Benth.

分布：贵州、云南、台湾、广东、广西、海南；印度、老挝、缅甸、菲律宾、泰国、越南

毛果猪屎豆 Crotalaria bracteata Roxb. ex DC.

分布：云南；孟加拉国、不丹、柬埔寨、印度、老挝、缅甸、菲律宾、泰国、越南

长萼猪屎豆 Crotalaria calycina Schrank

分布：四川、云南、西藏、福建、台湾、广东、广西、海南；孟加拉国、不丹、柬埔寨、印度、印度尼西亚、老挝、澳大利亚、尼泊尔、马来西亚、斯里兰卡、巴基斯坦、菲律宾、泰国、越南、澳大利亚、太平洋岛屿；非洲

红花假地蓝 Crotalaria chiayiana Y. C. Liu et F. Y. Lu

分布：台湾

中国猪屎豆 Crotalaria chinensis L.

分布：江西、湖南、贵州、云南、福建、台湾、广东、广西、海南；柬埔寨、印度、印度尼西亚、老挝、菲律宾、马来西亚、缅甸、尼泊尔、巴布亚新几内亚、泰国、越南

卵苞猪屎豆 Crotalaria dubia Graham ex Benth.

分布：云南；孟加拉国、印度、缅甸、泰国

假地蓝 Crotalaria ferruginea Graham ex Benth.

分布：安徽、江苏、浙江、江西、湖南、湖北、四川、贵州、云南、西藏、福建、台湾、广东、广西、海南；孟加拉国、不丹、印度、印度尼西亚、老挝、马来西亚、缅甸、尼泊尔、菲律宾、斯里兰卡、泰国、越南、巴布亚新几内亚

海南猪屎豆 Crotalaria hainanensis C. C. Huang

分布：海南

匍地猪屎豆 Crotalaria humifusa Graham ex Benth.

分布：云南；澳大利亚

圆叶猪屎豆 Crotalaria incana L.

分布：安徽、江苏、浙江、云南、台湾、广东、广西；泛热带

尖峰猪屎豆 Crotalaria jianfengensis C. Y. Yang

分布：海南

菽麻 Crotalaria juncea L.

分布：山东、陕西、江苏、浙江、四川、重庆、云南、福建、台湾、广东、广西、香港；原产于印度、印度尼西亚、中南半岛、马来西亚、缅甸、孟加拉国、印度、巴基斯坦、斯里兰卡、澳大利亚；非洲有栽培

薄叶猪屎豆 Crotalaria kurzii Baker ex Kurz.

分布：云南、广西；孟加拉国、印度、老挝、缅甸、泰国、越南

长果猪屎豆 Crotalaria lanceolata E. Mey.

分布：云南、福建、台湾；原产于非洲

线叶猪屎豆 Crotalaria linifolia L. f.

分布：四川、贵州、云南、西藏、台湾、广东、广西、海南；印度、日本、缅甸、斯里兰卡

头花猪屎豆 Crotalaria mairei H. Lév.

分布：四川、贵州、云南、广西；斯里兰卡、不丹、印度、尼泊尔

头花猪屎豆(原变种) Crotalaria mairei var. **mairei**

分布：四川、贵州、云南、广西；印度、缅甸、尼泊尔、斯里兰卡

短毛头花猪屎豆 Crotalaria mairei var. **pubescens** C. Chen et J. Q. Li
分布：云南

假苜蓿 Crotalaria medicaginea Lam.
分布：四川、云南、台湾、广东、广西；孟加拉国、印度、老挝、缅甸、尼泊尔、菲律宾、斯里兰卡、泰国、尼泊尔、越南、巴基斯坦

假苜蓿（原变种） Crotalaria medicaginea var. **medicaginea**
分布：四川、云南、台湾、广东、广西；孟加拉国、印度、老挝、缅甸、尼泊尔、巴基斯坦、菲律宾、斯里兰卡、泰国、越南

大叶假苜蓿 Crotalaria medicaginea var. **luxurians** (Benth.) Baker
分布：浙江、福建、台湾、广东、海南；印度，热带广泛栽培

三尖叶猪屎豆 Crotalaria micans Link
分布：甘肃、云南、福建、广东、广西、海南；原产于南美洲

褐毛猪屎豆 Crotalaria mysorensis Roth
分布：广东；孟加拉国、印度、印度尼西亚、马来西亚、尼泊尔、巴基斯坦、?菲律宾、斯里兰卡

座地猪屎豆 Crotalaria nana var. **patula** Baker
分布：海南；印度、缅甸、尼泊尔

紫花猪屎豆 Crotalaria occulta Graham ex Benth.
分布：云南；孟加拉国、不丹、老挝、印度

狭叶猪屎豆 Crotalaria ochroleuca G. Don
分布：广东、广西、海南；原产于非洲，引种于澳大利亚、巴布亚新几内亚、北美洲、南美洲

猪屎豆 Crotalaria pallida Aiton
分布：山东、浙江、湖南、四川、云南、福建、台湾、广东、广西、海南；孟加拉国、不丹、柬埔寨、印度、印度尼西亚、老挝、马来西亚、缅甸、尼泊尔、巴基斯坦、菲律宾、斯里兰卡、泰国、越南；非洲、热带美洲

俯伏猪屎豆 Crotalaria prostrata Rott. ex Willd.
分布：云南；孟加拉国、柬埔寨、印度、印度尼西亚、缅甸、尼泊尔、巴基斯坦、菲律宾、斯里兰卡、泰国、越南

黄雀儿 Crotalaria psoralioides D. Don
分布：云南、西藏；印度、尼泊尔

吊裙草 Crotalaria retusa L.
分布：广东、海南；孟加拉国、不丹、柬埔寨、印度、老挝、马来西亚、缅甸、尼泊尔、巴基斯坦、菲律宾、斯里兰卡、泰国、越南、太平洋岛屿；亚洲(西南部)、非洲、热带美洲

无柄猪屎豆 Crotalaria sessiliflora L.
分布：辽宁、河北、山东、安徽、江苏、浙江、江西、湖南、湖北、四川、贵州、云南、西藏、福建、台湾、广东、广西、海南；孟加拉国、不丹、柬埔寨、印度、印度尼西亚、老挝、马来西亚、缅甸、尼泊尔、巴基斯坦、菲律宾、泰国、朝鲜、日本、越南、太平洋岛屿

屏东猪屎豆 Crotalaria similis Hemsl.
分布：台湾

大托叶猪屎豆 Crotalaria spectabilis Roth
分布：安徽、江苏、浙江、江西、湖南、云南、福建、台湾、广东、广西；孟加拉国、印度、马来西亚、缅甸、尼泊尔、菲律宾、泰国；引种和归化于非洲

四棱猪屎豆 Crotalaria tetragona Roxb. ex Andrews
分布：广东、广西、四川、云南；孟拉加国、老挝、印度、尼泊尔、不丹、缅甸、越南、印度尼西亚、泰国、?菲律宾

天台猪屎豆 Crotalaria tiantaiensis Yan C. Jiang, X. Y. Zhu, Y. F. Du et H. Ohashi
分布：浙江

光萼猪屎豆 Crotalaria trichotoma Bojer
分布：湖南、四川、云南、福建、台湾、广东、广西、海南；原产于印度尼西亚、马来西亚、菲律宾、越南、斯里兰卡、澳大利亚

砂地野百合 Crotalaria triquetra Dalzell
分布：台湾；印度、印度尼西亚、斯里兰卡

湿生猪屎豆 Crotalaria uliginosa C. C. Huang
分布：云南

球果猪屎豆 Crotalaria uncinella Lam.
分布：台湾、广东、广西、海南、香港、澳门；热带、亚热带亚洲和非洲

多疣猪屎豆 Crotalaria verrucosa L.
分布：广东、海南、台湾；孟加拉国、柬埔寨、印度尼西亚、老挝、马来西亚、缅甸、尼泊尔、菲律宾、斯里兰卡、泰国、越南、澳大利亚；引种于非洲、美洲

崖洲猪屎豆 Crotalaria yaihsienensis T. C. Chen
分布：海南

云南猪屎豆 Crotalaria yunnanensis Franch.
分布：四川、云南

云南猪屎(原变种) Crotalaria yunnanensis var. **yunnanensis**
分布：四川、云南

鹤庆猪屎豆 Crotalaria yunnanensis var. **heqingensis** (C. Y. Yang) C. Chen et J. Q. Li
分布：云南

补骨脂属 Cullen Medik.

补骨脂 Cullen corylifolium (L.) Medikus
分布：四川、云南、贵州栽培；孟加拉国、印度、印度尼西亚、马来西亚、缅甸、巴基斯坦、斯里兰卡；东非

瓜儿豆属 Cyamopsis DC.

瓜儿豆 Cyamopsis tetragonoloba (L.) Taub.
分布：云南；原产于热带非洲，中南半岛、孟加拉国、印度、斯里兰卡、巴基斯坦有栽培

金雀儿属 Cytisus L.

变黑金雀儿 Cytisus nigricans L.
分布：遍布中国；欧洲

金雀儿 Cytisus scoparius (L.) Link
分布：遍布中国；欧洲

黄檀属 Dalbergia L. f.

秧青 Dalbergia assamica Benth.
分布：浙江、四川、贵州、云南、福建、广东、广西、海南；印度、老挝、缅甸、泰国、越南

两粤黄檀 Dalbergia benthamii Prain
分布：台湾、广东、广西、海南；越南

缅甸黄檀 Dalbergia burmanica Prain
分布：贵州、云南；缅甸

弯枝黄檀 Dalbergia candenatensis (Dennst.) Prain
分布：广东、广西；孟加拉国、柬埔寨、印度尼西亚、菲律宾、马来西亚、越南、印度、斯里兰卡

昌化黄檀 Dalbergia changhuagensis G. A. Fu, Y. K. Yang et Wen Q. Wang
分布：海南

黑黄檀 Dalbergia cultrata Graham ex Benth.
分布：云南；老挝、缅甸、越南

大金刚藤 Dalbergia dyeriana Prain
分布：陕西、甘肃、浙江、湖南、湖北、四川、贵州、云南

海南黄檀 Dalbergia hainanensis Merr. et Chun
分布：海南

藤黄檀 Dalbergia hancei Benth.
分布：安徽、浙江、江西、四川、贵州、福建、广东、广西、海南

蒙自黄檀 Dalbergia henryana Prain
分布：贵州、云南

黄檀 Dalbergia hupeana Hance
分布：山西、山东、河南、安徽、江苏、浙江、江西、湖南、湖北、四川、云南、福建、广东、广西

靖西黄檀 Dalbergia jingxiensis S. Y. Liu
分布：广西

滇南黄檀 Dalbergia kingiana Prain
分布：云南

香港黄檀 Dalbergia millettii Benth.
分布：浙江、江西、湖南、四川、贵州、广东、广西、香港

象鼻藤 Dalbergia mimosoides Franch.
分布：陕西、浙江、湖北、四川、贵州、云南、西藏

钝叶黄檀 Dalbergia obtusifolia (Baker) Prain
分布：贵州、云南

降香黄檀 Dalbergia odorifera T. C. Chen
分布：浙江、福建、海南

白沙黄檀 Dalbergia peishaensis Chun et T. C. Chen
分布：海南

斜叶黄檀 Dalbergia pinnata (Lour.) Prain
分布：云南、西藏、广西、海南；印度尼西亚、缅甸、菲律宾、马来西亚、印度、老挝、泰国、越南

多体蕊黄檀 Dalbergia polyadelpha Prain
分布：贵州、云南、广西；越南

多裂黄檀 Dalbergia rimosa Roxb.
分布：云南；印度、印度尼西亚、老挝、马来西亚、缅甸、泰国、越南

毛叶黄檀 Dalbergia sericea G. Don
分布：西藏

印度黄檀 Dalbergia sissoo Roxb. ex DC.
分布：福建、广东、海南、香港；原产于印度、伊朗，热带地区有栽培

狭叶黄檀 Dalbergia stenophylla Prain
分布：湖北、四川、贵州、广西；越南

托叶黄檀 Dalbergia stipulacea Roxb.
分布：云南；柬埔寨、印度、老挝、马来西亚、缅甸、泰国、越南

越南黄檀 Dalbergia tonkinensis Prain

分布：广东、广西、海南；越南

红果黄檀 Dalbergia tsoi Merr. et Chun

分布：海南

南亚黄檀 Dalbergia volubilis Roxb.

分布：云南；孟加拉国、印度、缅甸、斯里兰卡

西盟黄檀 Dalbergia ximengensis Y. Y. Qian

分布：云南

滇黔黄檀 Dalbergia yunnanensis Franch.

分布：四川、贵州、云南、广西；缅甸

凤凰木属 Delonix Raf.

凤凰木 Delonix regia (Bojer ex Hook.) Raf.

分布：云南、福建、台湾、广东、广西；原产于马达加斯加，热带地区广泛栽培

假木豆属 Dendrolobium (Wight et Arnott) Benth.

两节假木豆 Dendrolobium dispermum (Hayata) Schindl.

分布：台湾

单节假木豆 Dendrolobium lanceolatum (Dunn) Schindl.

分布：海南；柬埔寨、老挝、泰国、越南

单节假木豆(原变种) Dendrolobium lanceolatum var. **lanceolatum**

分布：海南；柬埔寨、老挝、泰国、越南

小果单节假木豆 Dendrolobium lanceolatum var. **microcarpum** H. Ohashi

分布：福建；泰国

多皱假木豆 Dendrolobium rugosum (Prain) Schindl.

分布：云南；柬埔寨、老挝、缅甸、泰国

假木豆 Dendrolobium triangulare (Retz.) Schindl.

分布：贵州、云南、台湾、广东、广西、海南；柬埔寨、印度、老挝、马来西亚、缅甸、尼泊尔、斯里兰卡、泰国、越南；非洲

伞花假木豆 Dendrolobium umbellatum (L.) Benth.

分布：台湾；柬埔寨、印度、印度尼西亚、日本、马来西亚、缅甸、斯里兰卡、泰国、越南、澳大利亚、太平洋岛屿；非洲

鱼藤属 Derris Lour.

白花鱼藤 Derris alborubra Hemsl.

分布：广东、广西、海南；柬埔寨、老挝、越南

短枝鱼藤 Derris breviramosa F. C. How

分布：海南

尾叶鱼藤 Derris caudatilimba F. C. How

分布：云南、广东

黔桂鱼藤 Derris cavaleriei Gagnep.

分布：贵州、云南、广东、广西

毛果鱼藤 Derris eriocarpa F. C. How

分布：贵州、云南、广西；泰国

锈毛鱼藤 Derris ferruginea Benth.

分布：贵州、云南、广东、广西、海南；孟加拉国、印度、缅甸、越南、老挝、泰国、柬埔寨

中南鱼藤 Derris fordii Oliv.

分布：浙江、江西、湖南、四川、重庆、贵州、云南、福建、广东、广西

中南鱼藤(原变种) Derris fordii var. **fordii**

分布：浙江、江西、湖南、重庆、贵州、云南、福建、广东、广西

亮叶中南鱼藤 Derris fordii var. **lucida** F. C. How

分布：贵州、云南、广东、广西

大理鱼藤 Derris harrowiana (Diels) Z. Wei

分布：云南

疏花鱼藤 Derris laxiflora Benth.

分布：台湾

边荚鱼藤 Derris marginata (Roxb.) Benth.

分布：贵州、云南、广东、广西；孟加拉国、印度、老挝、越南、泰国、尼泊尔、缅甸

小翅鱼藤 Derris microptera Benth.

分布：西藏

掌叶鱼藤 Derris palmifolia Chun et F. C. How

分布：云南

大鱼藤树 Derris robusta (Roxb. ex DC.) Benth.

分布：云南；印度、缅甸、泰国、柬埔寨、老挝

粗茎鱼藤 Derris scabricaulis (Franch.) Gagnep.

分布：云南、西藏

东京鱼藤 Derris tonkinensis Gagnep.

分布：贵州、广西；越南

东京鱼藤(原变种) Derris tonkinensis var. **tonkinensis**

分布：贵州、广西；越南

大叶东京鱼藤 Derris tonkinensis var. **compacta** Gagnep.

分布：广东、广西

鱼藤 Derris trifoliata Lour.

分布：福建、台湾、广东、广西、海南；柬埔寨、印度、印度尼西亚、日本、马来西亚、巴布亚新几内亚、斯里兰卡、泰国、越南、澳大利亚、太平洋岛屿；非洲(东部)

云南鱼藤 Derris yunnanensis Chun et F. C. How

分布：贵州、云南、广西

合欢草属 Desmanthus Willd.

合欢草 Desmanthus pernambucanus (L.) Thell.

分布：台湾、广东、云南逸生；原产于热带美洲，热带广泛栽培

山蚂蝗属 Desmodium Desv.

凹叶山蚂蝗 Desmodium concinnum DC.

分布：云南、广西；印度、巴基斯坦、越南、印度、尼泊尔、不丹、缅甸

二岐山蚂蝗 Desmodium dichotomum (Willd.) DC.

分布：云南；印度、印度尼西亚、缅甸、马来西亚

单序山蚂蝗 Desmodium diffusum DC.

分布：云南、台湾、广东、广西；印度、印度尼西亚、老挝、缅甸、尼泊尔、菲律宾、泰国、越南

大叶山蚂蝗 Desmodium gangeticum (L.) DC.

分布：福建、广东、广西；不丹、柬埔寨、印度、克什米尔地区、老挝、马来西亚、缅甸、尼泊尔、斯里兰卡、泰国、越南、澳大利亚、太平洋岛屿、西印度群岛；热带非洲

细叶山蚂蝗 Desmodium gracillimum Hemsl.

分布：台湾

疏果山蚂蝗 Desmodium griffithianum Benth.

分布：四川、贵州、云南；印度、缅甸、泰国、老挝、越南

假地豆 Desmodium heterocarpon (L.) DC.

分布：贵州、福建、广东、广西；不丹、柬埔寨、印度、越南、印度尼西亚、老挝、尼泊尔、日本、马来西亚、缅甸、澳大利亚、太平洋岛屿、菲律宾、斯里兰卡、泰国

假地豆(原变种) Desmodium heterocarpon var. **heterocarpon**

分布：福建、广东、广西、贵州、海南、湖北、湖南、江苏、江西、四川、台湾、云南、浙江；不丹、柬埔寨、印度、印度尼西亚、日本、老挝、马来西亚、缅甸、尼泊尔、菲律宾、斯里兰卡、泰国、越南、澳大利亚、太平洋群岛；非洲

糙毛假地豆 Desmodium heterocarpon var. **strigosum** Meeuwen

分布：云南、台湾、广东、广西、海南；柬埔寨、印度尼西亚、老挝、尼泊尔、菲律宾、印度、缅甸、泰国、越南、马来西亚、太平洋岛屿、澳大利亚；非洲

异叶山蚂蝗 Desmodium heterophyllum (Willd.) DC.

分布：安徽、江西、云南、福建、台湾、广东、广西、海南；柬埔寨、印度、印度尼西亚、老挝、马来西亚、菲律宾、缅甸、尼泊尔、斯里兰卡、泰国、越南、澳大利亚、太平洋岛屿

粗硬毛山蚂蝗 Desmodium hispidum Franch.

分布：四川、贵州、云南；印度、缅甸

扭曲山蚂蝗 Desmodium intortum (Mill.) Urb.

分布：台湾；原产于热带美洲

大叶拿身草 Desmodium laxiflorum DC.

分布：湖南、湖北、四川、贵州、云南、福建、台湾、广东、广西；印度、印度尼西亚、老挝、马来西亚、尼泊尔、缅甸、泰国、越南、菲律宾

小叶三点金 Desmodium microphyllum (Thunb.) DC.

分布：陕西、安徽、江苏、浙江、江西、湖南、湖北、四川、贵州、云南、西藏、福建、台湾、广东、广西、海南；柬埔寨、印度、日本、老挝、马来西亚、缅甸、尼泊尔、斯里兰卡、泰国、越南、澳大利亚

长圆叶山蚂蝗 Desmodium oblongum Wall. ex Benth.

分布：云南、广西；中南半岛、印度、不丹、泰国、老挝、柬埔寨、越南

肾叶山蚂蝗 Desmodium renifolium (L.) Schindl.

分布：云南、台湾、海南；柬埔寨、印度尼西亚、印度、老挝、马来西亚、缅甸、泰国、越南、澳大利亚

显脉山绿豆 Desmodium reticulatum Champ. ex Benth.

分布：云南；缅甸、泰国、越南

赤山蚂蝗 **Desmodium rubrum** (Lour.) DC.

分布：广东、广西、海南；柬埔寨、越南

蝎尾山蚂蝗 **Desmodium scorpiurus** (Sw.) Desv.

分布：台湾；原产于热带美洲，引种到澳大利亚、巴布亚新几内亚、太平洋岛屿、菲律宾

垂果山蚂蝗 **Desmodium strigillosum** var. **pendenticarpum** (C. Z. Gao et Q. R. Lai) P. H. Huang

分布：广西

广东金钱草 **Desmodium styracifolium** (Osbeck) Merr.

分布：湖北、云南、福建、广东、广西、海南；柬埔寨、老挝、印度、马来西亚、缅甸、斯里兰卡、泰国、越南

圆柱拿身草 **Desmodium teres** Wall. ex Benth.

分布：云南；老挝、缅甸、泰国、越南

南美山蚂蝗 **Desmodium tortuosum** (Sw.) DC.

分布：广东有逸生；原产于美国南部至亚热带南美洲，归化于旧世界热带

三点金 **Desmodium triflorum** (L.) DC.

分布：浙江、江西、云南、福建、台湾、广东、广西、海南；柬埔寨、印度、老挝、斯里兰卡、马来西亚、缅甸、尼泊尔、泰国、越南、马来西亚、太平洋岛屿；热带美洲、大洋洲

绒毛山蚂蝗 **Desmodium velutinum** (Willd.) DC.

分布：贵州、云南、台湾、广东、广西、海南；柬埔寨、印度、斯里兰卡、缅甸、泰国、越南、马来西亚、老挝、巴布亚新几内亚、菲律宾、印度尼西亚；热带非洲

绒毛山蚂蝗(原亚种) **Desmodium velutinum** subsp. **velutinum**

分布：广东、广西、贵州、海南、台湾、云南；柬埔寨、印度、印度尼西亚、老挝、马来西亚、缅甸、巴布亚新几内亚、菲律宾、斯里兰卡、泰国、越南；非洲热带地区；引种于美洲热带地区和澳大利亚

长苞绒毛山蚂蝗 **Desmodium velutinum** subsp. **longibracteatum** (Schindl.) H. Ohashi

分布：贵州、云南；印度、印度尼西亚、老挝、缅甸、泰国、越南

单叶拿身草 **Desmodium zonatum** Miq.

分布：贵州、云南、台湾、广西、海南；印度、印度尼西亚、老挝、马来西亚、缅甸、菲律宾、斯里兰卡、泰国、越南、太平洋岛屿

代儿茶属 **Dichrostachys** (DC.) Wight et Arn.

代儿茶 **Dichrostachys cinerea** (L.) Wight et Arn.

分布：广东；原产于非洲，印度也有栽培

镰扁豆属 **Dolichos** L.

滇南镰扁豆 **Dolichos junghuhnianus** Benth.

分布：云南；印度尼西亚、泰国

丽江镰扁豆 **Dolichos tenuicaulis** Craib

分布：云南；不丹、印度、老挝、缅甸、尼泊尔、泰国

海南镰扁豆 **Dolichos thorelii** Gagnep.

分布：海南；越南、老挝

镰扁豆 **Dolichos trilobus** L.

分布：台湾、海南；热带非洲、亚洲

山黑豆属 **Dumasia** DC.

心叶山黑豆 **Dumasia cordifolia** Benth. ex Baker

分布：四川、云南、西藏；印度

小鸡藤 **Dumasia forrestii** Diels

分布：四川、云南、西藏

长圆叶山黑豆 **Dumasia henryi** (Hemsl.) R. Sa et M. G. Gilbert

分布：湖北、四川

硬毛山黑豆 **Dumasia hirsuta** Craib

分布：江西、湖南、湖北、四川、贵州、广东、广西

苗栗野豌豆 **Dumasia miaoliensis** Y. C. Liu et F. Y. Lu

分布：台湾

瑶山山黑豆 **Dumasia nitida** Chun ex Y. T. Wei et S. K. Lee

分布：广西

山黑豆 **Dumasia truncata** Sieb. et Zucc.

分布：河南、陕西、安徽、浙江、江西、湖北、福建、广东；日本

柔毛山黑豆 **Dumasia villosa** DC.

分布：陕西、四川、贵州、云南、西藏、广西；不丹、印度、印度尼西亚、老挝、马来西亚、缅甸、尼泊尔、巴基斯坦、菲律宾、斯里兰卡、泰国、越南、澳大利亚、马达加斯加；非洲

云南山黑豆 **Dumasia yunnanensis** Y. T. Wei et S. K. Lee

分布：四川、云南

野扁豆属 **Dunbaria** Wight et Arn.

卷圈野扁豆 **Dunbaria circinalis** (Benth.) Baker
分布：云南；印度、印度尼西亚、老挝、缅甸、泰国、越南

小叶野扁豆 **Dunbaria debilis** Baker
分布：广西；印度、澳大利亚

黄毛野扁豆 **Dunbaria fusca** (Wall.) Kurz.
分布：云南、广东、广西、海南；马来西亚、印度、缅甸、泰国、老挝、越南

白背野扁豆 **Dunbaria incana** (Zoll. et Moritzi) Maesen
分布：海南；印度尼西亚、老挝、马来西亚、泰国、越南

麦氏野扁豆 **Dunbaria merrillii** Elmer
分布：台湾；菲律宾

长柄野扁豆 **Dunbaria podocarpa** Kurz.
分布：云南、福建、广东、广西、海南；印度、缅甸、老挝、越南、柬埔寨、印度尼西亚、马来西亚、泰国

圆叶野扁豆 **Dunbaria rotundifolia** (Lour.) Merr.
分布：江苏、江西、四川、贵州、福建、台湾、广东、广西、海南；孟加拉国、柬埔寨、印度、印度尼西亚、老挝、缅甸、尼泊尔、菲律宾、泰国、越南、澳大利亚

鸽仔豆 **Dunbaria truncata** (Miq.) Maesen
分布：广西、海南；印度尼西亚、缅甸、澳大利亚、越南

野扁豆 **Dunbaria villosa** (Thunb.) Makino
分布：安徽、江苏、浙江、江西、湖南、湖北、贵州、台湾、广西；柬埔寨、印度、印度尼西亚、日本、韩国、老挝、菲律宾、泰国、越南

镰瓣豆属 **Dysolobium** (Benth.) Prain

镰瓣豆 **Dysolobium grande** (Wall. ex Benth.) Prain
分布：贵州、云南；印度、尼泊尔、缅甸、泰国

毛镰瓣豆 **Dysolobium pilosum** (Klein ex Willd.) Maréchal
分布：台湾；不丹、柬埔寨、印度、老挝、菲律宾、泰国、越南

榼藤属 **Entada** Adans.

小叶榼藤 **Entada parvifolia** Merr.
分布：台湾；日本、菲律宾

榼藤 **Entada phaseoloides** (L.) Merr.
分布：云南、西藏、福建、台湾、广东、广西、海南；澳大利亚热带地区；热带和亚热带亚洲

榼藤(原亚种) **Entada phaseoloides** subsp. **phaseoloides**
分布：云南、西藏、福建、台湾、广东、广西、海南；热带和亚热带亚洲，澳大利亚热带地区

琉球榼藤(新拟) **Entada phaseoloides** subsp. **tonkinensis** (Gagnep.) H. Ohashi
分布：台湾，中国大陆南部；日本、越南

眼镜豆 **Entada rheedii** Spreng.
分布：云南、西藏、福建、台湾、广东、海南；印度洋岛屿；亚洲热带地区、非洲、大洋洲

象耳豆属 **Enterolobium** Mart.

象耳豆 **Enterolobium cyclocarpum** (Jacq.) Griseb.
分布：浙江、江西、福建、广东、广西；中美洲和南美洲，热带地区

无叶豆属 **Eremosparton** Fisch. et C. A. Mey.

准噶尔无叶豆 **Eremosparton songoricum** (Litv.) Vassilcz.
分布：新疆；哈萨克斯坦

鸡头薯属 **Eriosema** (DC.) Desv.

鸡头薯 **Eriosema chinense** Vogel
分布：江西、湖南、贵州、云南、西藏、台湾、广东、广西、海南；柬埔寨、印度、印度尼西亚、老挝、马来西亚、缅甸、菲律宾、斯里兰卡、泰国、越南、澳大利亚

刺桐属 **Erythrina** L.

鹦哥花 **Erythrina arborescens** Roxb.
分布：四川、贵州、云南、西藏、海南；孟加拉国、不丹、印度、缅甸、尼泊尔、泰国

南非刺桐 **Erythrina caffra** Thunb.
分布：香港；非洲

龙牙花 **Erythrina corallodendron** L.
分布：北京、浙江、贵州、云南、台湾、广东、广西、香港；印度；南美洲

鸡冠刺桐 **Erythrina crista-galli** L.
分布：云南、台湾、香港；巴西

纳塔尔刺桐 **Erythrina humeana** Spreng.
分布：香港；非洲

黑刺桐 **Erythrina lysistemon** Hutch.
分布：香港；非洲

象牙花 Erythrina speciosa Andrews

分布：香港；巴西

劲直刺桐 Erythrina stricta Roxb.

分布：云南、西藏、广西；柬埔寨、印度、越南、泰国、老挝、缅甸、尼泊尔

劲直刺桐(原变种) Erythrina stricta var. **stricta**

分布：云南、西藏、广西；柬埔寨、印度、老挝、缅甸、尼泊尔、泰国、越南

云南刺桐 Erythrina stricta var. **yunnanensis** (H. T. Tsai et T. T. Yü ex S. K. Lee) R. Sa

分布：云南

翅果刺桐 Erythrina subumbrans (Hassk.) Merr.

分布：云南；东帝汶、印度、印度尼西亚、老挝、马来西亚、缅甸、菲律宾、新加坡、斯里兰卡、泰国、越南、印度洋群岛

刺桐 Erythrina variegata L.

分布：重庆、贵州、云南、福建、台湾、广东、广西、香港、澳门；原产于印度、柬埔寨、印度尼西亚、老挝、马来西亚、越南、印度

格木属 Erythrophleum Afzel. ex Brown

格木 Erythrophleum fordii Oliv.

分布：浙江、福建、台湾、广东、广西；越南

山豆根属 Euchresta Benn.

台湾山豆根 Euchresta formosana (Hayata) Ohwi

分布：台湾；菲律宾

伏毛山豆根 Euchresta horsfieldii (Lesch.) Benn.

分布：云南、西藏；印度尼西亚、泰国、越南、不丹、尼泊尔、印度、老挝、菲律宾

山豆根 Euchresta japonica Hook. f. ex Regel

分布：浙江、江西、湖南、四川、贵州、广东、广西；日本、韩国

管萼山豆根 Euchresta tubulosa Dunn

分布：湖南、湖北、四川

管萼山豆根(原变种) Euchresta tubulosa var. **tubulosa**

分布：湖南、湖北、四川

短萼山豆根 Euchresta tubulosa var. **brevituba** C. Chen

分布：云南

长序山豆根 Euchresta tubulosa var. **longiracemosa** (S. K. Lee et H. Q. Wen) C. Chen

分布：广西

刺枝豆属 Eversmannia Bunge

刺枝豆 Eversmannia subspinosa (Fischer ex DC.) B. Fedtsch.

分布：新疆；阿富汗、哈萨克斯坦、俄罗斯(东南部)；亚洲(西南部)

南洋楹属 Falcataria (I. C. Nielsen) Barneby et J. W. Grimes

南洋楹 Falcataria moluccana (Miq.) Barneby et Grimes

分布：云南、福建、广东、广西、海南；印度尼西亚、巴布亚新几内亚、太平洋岛屿

千斤拔属 Flemingia Roxb. ex W. T. Aiton

卡氏千斤拔 Flemingia cavaleriei (H. Lév.) Lauener

分布：贵州

墨江千斤拔 Flemingia chappar Buch.-Ham. ex Benth.

分布：云南；柬埔寨、印度、老挝、缅甸、尼泊尔、泰国

锈毛千斤拔 Flemingia ferruginea Buch.-Ham. ex Wall.

分布：云南

河边千斤拔 Flemingia fluminalis C. B. Clarke ex Prain

分布：四川、云南、广西；孟加拉国、印度、缅甸、老挝、越南

绒毛千斤拔 Flemingia grahamiana Wight et Arn.

分布：云南；印度、缅甸、老挝、越南；亚洲(西南部)、非洲

总苞千斤拔 Flemingia involucrata Benth.

分布：云南；孟加拉国、柬埔寨、马来西亚、印度、缅甸、泰国、老挝、越南、印度尼西亚、菲律宾、澳大利亚

贵州千斤拔 Flemingia kweichowensis T. Tang et F. T. Wang ex Y. T. Wei et S. K. Lee

分布：贵州、云南

宽叶千斤拔 Flemingia latifolia Benth.

分布：广西、?四川、云南；老挝、印度、缅甸

宽叶千斤拔(原变种) Flemingia latifolia var. **latifolia**

分布：四川、云南、广西；印度、老挝、缅甸

海南千斤拔 Flemingia latifolia var. **hainanensis** Y. T. Wei et S. K. Lee

分布：?广西、海南、云南；印度、缅甸、越南

细叶千斤拔 **Flemingia lineata** (L.) Roxb. ex W. T. Aiton

分布：云南、台湾、广西；柬埔寨、老挝、越南、斯里兰卡、缅甸、泰国、印度尼西亚、马来西亚、澳大利亚

大叶千斤拔 **Flemingia macrophylla** (Willd.) Prain

分布：江西、四川、贵州、云南、福建、台湾、广东、广西、海南、香港；孟加拉国、不丹、柬埔寨、印度、印度尼西亚、老挝、马来西亚、缅甸、尼泊尔、泰国、越南

勐板千斤拔 **Flemingia mengpengensis** Y. T. Wei et S. K. Lee

分布：云南

锥序千斤拔 **Flemingia paniculata** Wall. ex Benth.

分布：云南；孟加拉国、柬埔寨、印度、老挝、尼泊尔、缅甸、泰国

矮千斤拔 **Flemingia procumbens** Roxb.

分布：四川、云南；印度、老挝、越南、菲律宾、尼泊尔

千斤拔 **Flemingia prostrata** Roxb.

分布：江西、湖南、湖北、四川、贵州、云南、福建、台湾、广东、广西、海南；孟加拉国、印度、日本、缅甸

长叶千斤拔 **Flemingia stricta** Roxb. ex W. T. Aiton

分布：云南；柬埔寨、印度、泰国、老挝、越南、印度尼西亚、菲律宾

球穗千斤拔 **Flemingia strobilifera** (L.) R. Br.

分布：贵州、云南、福建、台湾、广东、广西、海南；柬埔寨、老挝、尼泊尔、泰国、越南、印度、缅甸、斯里兰卡、印度尼西亚、菲律宾、马来西亚

云南千斤拔 **Flemingia wallichii** Wight et Arn.

分布：云南；印度、缅甸、老挝、越南

干花豆属 **Fordia** Hemsl.

干花豆 **Fordia cauliflora** Hemsl.

分布：贵州、广东、广西

小叶干花豆 **Fordia microphylla** Dunn ex Z. Wei

分布：贵州、云南、广西

乳豆属 **Galactia** P. Browne

琉球乳豆 **Galactia tashiroi** Maxim.

分布：台湾；日本

乳豆 **Galactia tenuiflora** (Klein ex Willd.) Wight et Arn.

分布：江西、湖南、云南、台湾、广东、广西、海南；印度、马来西亚、菲律宾、斯里兰卡、泰国、越南；非洲

山羊豆属 **Galega** L.

山羊豆 **Galega officinalis** L.

分布：陕西、甘肃；亚洲(西南部)、南欧

睫苞豆属 **Geissaspis** Wight et Arn.

睫苞豆 **Geissaspis cristata** Wight et Arn.

分布：广东；柬埔寨、尼泊尔、印度、斯里兰卡、缅甸、泰国、越南

染料木属 **Genista** L.

染料木 **Genista tinctoria** L.

分布：中国广泛栽培；原产于欧洲

皂荚属 **Gleditsia** L.

小果皂荚 **Gleditsia australis** Hemsl.

分布：广东、广西；越南

华南皂荚 **Gleditsia fera** (Lour.) Merr.

分布：江西、湖南、福建、台湾、广东、广西

山皂荚 **Gleditsia japonica** Miq.

分布：辽宁、河北、山东、河南、安徽、江苏、浙江、江西、湖南；日本、韩国

山皂荚(原变种) **Gleditsia japonica** var. **japonica**

分布：辽宁、河北、山东、河南、安徽、江苏、浙江、江西、湖南；日本、韩国

滇皂荚 **Gleditsia japonica** var. **delavayi** (Franch.) L. Chu Li

分布：贵州、云南

绒毛皂荚 **Gleditsia japonica** var. **velutina** L. C. Li

分布：湖南

墨脱皂荚 **Gleditsia medogensis** C. C. Ni

分布：西藏

野皂荚 **Gleditsia microphylla** D. A. Gordon ex Y. T. Lee

分布：河北、山西、山东、河南、陕西、安徽、江苏

恒春皂荚 **Gleditsia rolfei** Vidal

分布：江西、湖南、福建、台湾、广东、广西、海南；印度、印度尼西亚、老挝、菲律宾、泰国、越南

皂荚 **Gleditsia sinensis** Lam.

分布：安徽、福建、甘肃、广东、广西、贵州、河北、黑龙江、河南、湖北、湖南、江苏、江西、?青海、陕西、山西、四川、云南、浙江

美国皂荚 **Gleditsia triacanthos** L.

分布：上海，栽培于香港；原产于美洲

格力豆属 **Gliricidia** Kunth

格力豆 **Gliricidia sepium** (Jacq.) Kunth ex Walp.

分布：香港；热带、中南美洲

大豆属 **Glycine** Willd.

扁豆荚大豆 **Glycine dolichocarpa** Tateishi et H. Ohashi

分布：台湾

宽叶蔓豆 **Glycine gracilis** Skvortsov

分布：黑龙江、吉林、辽宁

大豆 **Glycine max** (L.) Merr.

分布：遍布中国；热带和温带地区广泛栽培

野大豆 **Glycine soja** Sieb. et Zucc.

分布：黑龙江、吉林、辽宁、内蒙古、河北、山西、山东、陕西、宁夏、甘肃、安徽、江苏、浙江、江西、湖南、湖北、四川、贵州、云南、西藏、福建、广东、广西；阿富汗、日本、韩国、俄罗斯

烟豆 **Glycine tabacina** (Labill.) Benth.

分布：福建、台湾、广东；日本、澳大利亚；大洋洲

短绒野大豆 **Glycine tomentella** Hayata

分布：福建、台湾、广东；菲律宾、巴布亚新几内亚、澳大利亚；大洋洲

甘草属 **Glycyrrhiza** L.

粗毛甘草 **Glycyrrhiza aspera** Pall.

分布：内蒙古、陕西、甘肃、青海、新疆；阿富汗、哈萨克斯坦、吉尔吉斯斯坦、蒙古国、俄罗斯、塔吉克斯坦、土库曼斯坦、乌兹别克斯坦；亚洲(中部和西南部)、欧洲

无腺毛甘草 **Glycyrrhiza eglandulosa** X. Y. Li

分布：新疆

洋甘草 **Glycyrrhiza glabra** L.

分布：新疆；阿富汗、印度、哈萨克斯坦、吉尔吉斯斯坦、蒙古国、巴基斯坦、俄罗斯、塔吉克斯坦、土库曼斯坦、乌兹别克斯坦、印度洋岛屿；亚洲(西南部)、欧洲、北非

胀果甘草 **Glycyrrhiza inflata** Batalin

分布：内蒙古、甘肃、新疆；哈萨克斯坦、乌兹别克斯坦、土库曼斯坦、吉尔吉斯斯坦、塔吉克斯坦、蒙古国

刺果甘草 **Glycyrrhiza pallidiflora** Maxim.

分布：黑龙江、辽宁、内蒙古、河北、山东、河南、陕西、江苏、云南；蒙古国、俄罗斯

圆果甘草 **Glycyrrhiza squamulosa** Franch.

分布：内蒙古、河北、山西、河南、陕西、宁夏、新疆；蒙古国

甘草 **Glycyrrhiza uralensis** Fisch. ex DC.

分布：黑龙江、辽宁、内蒙古、河北、山西、山东、陕西、宁夏、甘肃、青海、新疆；阿富汗、哈萨克斯坦、吉尔吉斯斯坦、蒙古国、巴基斯坦、塔吉克斯坦

云南甘草 **Glycyrrhiza yunnanensis** S. H. Cheng et L. K. Dai ex P. C. Li

分布：云南

米口袋属 **Gueldenstaedtia** Fisch.

川鄂米口袋 **Gueldenstaedtia henryi** Ulbr.

分布：湖北、四川

太行米口袋 **Gueldenstaedtia taihangensis** H. P. Tsui

分布：河北、山西、广西

少花米口袋 **Gueldenstaedtia verna** (Georgi) Boriss.

分布：黑龙江、吉林、辽宁、内蒙古、河北、天津、山西、山东、河南、陕西、宁夏、甘肃、青海、江苏、浙江、江西、湖北、四川、云南；印度、老挝、蒙古国、缅甸、巴基斯坦、俄罗斯

肥皂荚属 **Gymnocladus** Lam.

肥皂荚 **Gymnocladus chinensis** Baill.

分布：安徽、江苏、浙江、江西、湖南、湖北、四川、福建、广东、广西

北美肥皂荚 **Gymnocladus dioica** (L.) K. Koch

分布：山东；北美洲

采木属 **Haematoxylum** L.

采木 **Haematoxylum campechianum** L.

分布：云南、台湾、广东；原产于中美洲，广泛引种

盐豆木属 **Halimodendron** Fisch. ex DC.

铃铛刺 **Halimodendron halodendron** (Pall.) Druce

分布：内蒙古、甘肃、新疆；蒙古国、俄罗斯

岩黄耆属 **Hedysarum** L.

块茎岩黄耆 **Hedysarum algidum** L. Z. Shue

分布：甘肃、青海、四川、西藏

块茎岩黄耆(原变种) **Hedysarum algidum** var. **algidum**

分布：甘肃、青海、四川

美丽岩黄耆 **Hedysarum algidum** var. **speciosum** (Hand.-Mazz.) Y. H. Wu

分布：甘肃、青海、四川、云南、西藏

山岩黄耆 **Hedysarum alpinum** L.

分布：黑龙江、吉林、内蒙古、河北、山西、河南、陕西、

甘肃；克什米尔地区、朝鲜、蒙古国、巴基斯坦、俄罗斯；欧洲(东部及北部)、北美洲

西伯利亚岩黄耆 **Hedysarum austrosibiricum** B. Fedtsch.
分布：新疆；西伯利亚、蒙古国；中亚

短翼岩黄耆 **Hedysarum brachypterum** Bunge
分布：内蒙古、河北、宁夏

曲果岩黄耆 **Hedysarum campylocarpon** H. Ohashi
分布：西藏；尼泊尔

黄花岩黄耆 **Hedysarum citrinum** Baker f.
分布：四川、西藏

地中海岩黄耆 **Hedysarum coronarium** L.
分布：陕西；地中海地区

刺岩黄耆 **Hedysarum davuricum** Fisch.
分布：内蒙古；蒙古国、俄罗斯

齿翅岩黄耆 **Hedysarum dentatoalatum** K. T. Fu
分布：陕西

藏西岩黄耆 **Hedysarum falconeri** Benth.
分布：?西藏；阿富汗、巴基斯坦、克什米尔地区

费尔干岩黄耆 **Hedysarum ferganense** Korsh.
分布：新疆；阿富汗、克什米尔地区、哈萨克斯坦、吉尔吉斯斯坦、巴基斯坦(北部)、塔吉克斯坦、土库曼斯坦、乌兹别克斯坦

费尔干岩黄耆(原变种) **Hedysarum ferganense** var. **ferganense**
分布：新疆；哈萨克斯坦、吉尔吉斯斯坦、塔吉克斯坦、土库曼斯坦、乌兹别克斯坦

敏姜岩黄耆 **Hedysarum ferganense** var. **minjanense** (Rech. f.) L. Z. Shue
分布：新疆；阿富汗、克什米尔地区、巴基斯坦(北部)、塔吉克斯坦

河滩岩黄耆 **Hedysarum ferganense** var. **poncinsii** (Franch.) L. Z. Shue
分布：新疆；塔吉克斯坦

空茎岩黄耆 **Hedysarum fistulosum** Hand.-Mazz.
分布：云南

乌恰岩黄耆 **Hedysarum flavescens** Regel et Schmalh.
分布：新疆(西南部)；哈萨克斯坦、吉尔吉斯斯坦、塔吉克斯坦、乌兹别克斯坦

华北岩黄耆 **Hedysarum gmelinii** Ledeb.
分布：内蒙古、河北、山西、河南、宁夏、甘肃、新疆；俄罗斯、哈萨克斯坦、蒙古国

华北岩黄耆(原变种) **Hedysarum gmelinii** var. **gmelinii**
分布：内蒙古、宁夏、新疆；蒙古国、俄罗斯、哈萨克斯坦、吉尔吉斯斯坦、塔吉克斯坦、土库曼斯坦、乌兹别克斯坦

通天河岩黄耆 **Hedysarum gmelinii** var. **tongtianhense** Y. H. Wu
分布：青海

毛叶岩黄耆(新拟) **Hedysarum hirtifoliolum** B. H. Choi
分布：西藏

伊犁岩黄耆 **Hedysarum iliense** B. Fedtsch.
分布：新疆；哈萨克斯坦

湿地岩黄耆 **Hedysarum inundatum** Turcz.
分布：河北、山西；俄罗斯

清河岩黄耆 **Hedysarum jaxartucirdes** Y. Liu ex R. Sa
分布：新疆

金川岩黄耆 **Hedysarum jinchuanense** L. Z. Shue
分布：四川

吉尔吉斯岩黄耆 **Hedysarum kirghisorum** B. Fedtsch.
分布：新疆；哈萨克斯坦、吉尔吉斯斯坦

克氏岩黄耆 **Hedysarum krylovii** Sumnev.
分布：新疆；哈萨克斯坦

库茂恩岩黄耆 **Hedysarum kumaonense** Benth. ex Baker
分布：西藏；印度、尼泊尔

疏花岩黄耆 **Hedysarum laxiflorum** Benth. ex Baker
分布：?西藏；克什米尔地区、巴基斯坦

滇岩黄耆 **Hedysarum limitaneum** Hand.-Mazz.
分布：青海、四川、云南、西藏

长柄岩黄耆 **Hedysarum longigynophorum** C. C. Ni
分布：西藏

浪卡子岩黄耆 **Hedysarum nagarzense** C. C. Ni
分布：西藏

疏忽岩黄耆 **Hedysarum neglectum** Ledeb.
分布：新疆；俄罗斯、蒙古国、哈萨克斯坦

贺兰山岩黄耆 **Hedysarum petrovii** Yakovlev
分布：内蒙古、陕西、宁夏、甘肃

多序岩黄耆 **Hedysarum polybotrys** Hand.-Mazz.
分布：内蒙古、河北、山西、宁夏、甘肃、四川

多序岩黄耆(原变种) **Hedysarum polybotrys** var. **polybotrys**
分布：甘肃、四川

宽叶岩黄耆 **Hedysarum polybotrys** var. **alaschanicum** (B. Fedtsch.) H. C. Fu et Z. Y. Chu
分布：内蒙古、河北、山西、宁夏、甘肃

紫云英岩黄耆 **Hedysarum pseudastragalus** Ulbr.
分布：四川、云南、西藏

天山岩黄耆 **Hedysarum semenovii** Regel et Herd.
分布：新疆；哈萨克斯坦、吉尔吉斯斯坦

短茎岩黄耆 **Hedysarum setigerum** Turcz. ex Fisch. et C. A. Mey.
分布：内蒙古；蒙古国、俄罗斯

刚毛岩黄耆 **Hedysarum setosum** Vved.
分布：新疆；吉尔吉斯斯坦

山地岩黄耆 **Hedysarum shanense** L. R. Xu et B. H. Choi
分布：新疆；哈萨克斯坦、吉尔吉斯斯坦、塔吉克斯坦

锡金岩黄耆 **Hedysarum sikkimense** Benth. ex Baker
分布：甘肃、青海、四川、云南、西藏；不丹、印度、尼泊尔

准噶尔岩黄耆 **Hedysarum songaricum** Bong.
分布：新疆；哈萨克斯坦、吉尔吉斯斯坦、塔吉克斯坦

准噶尔岩黄耆(原变种) **Hedysarum songaricum** var. **songaricum**
分布：新疆；哈萨克斯坦、吉尔吉斯斯坦、塔吉克斯坦

乌鲁木齐岩黄耆 **Hedysarum songaricum** var. **urumchiense** L. Z. Shue
分布：新疆

光滑岩黄耆 **Hedysarum splendens** Fisch. ex DC.
分布：新疆；哈萨克斯坦

太白岩黄耆 **Hedysarum taipeicum** (Hand.-Mazz.) K. T. Fu
分布：陕西、湖北

唐古特岩黄耆 **Hedysarum tanguticum** B. Fedtsch.
分布：甘肃、青海、四川、云南、西藏；尼泊尔

洮河岩黄耆 **Hedysarum taoriparium** B. H. Choi et H. Ohashi
分布：甘肃

中甸岩黄耆 **Hedysarum thiochroum** Hand.-Mazz.
分布：四川、云南

藏豆 **Hedysarum tibeticum** (Benth.) B. H. Choi et H. Ohashi
分布：青海、西藏；印度、克什米尔地区、尼泊尔、巴基斯坦

三角荚岩黄耆 **Hedysarum trigonomerum** Hand.-Mazz.
分布：甘肃

拟蚕豆岩黄耆 **Hedysarum ussuriense** Schischk. et Kom.
分布：吉林、辽宁、河北、四川；韩国、俄罗斯

西藏岩黄耆 **Hedysarum xizangensis** C. C. Ni
分布：西藏

阴山岩黄耆 **Hedysarum yinshanicum** Y. Z. Zhao
分布：内蒙古

长柄山蚂蝗属 **Hylodesmum** H. Ohashi et R. R. Mill

密毛长柄山蚂蝗 **Hylodesmum densum** (C. Chen et X. J. Cui) H. Ohashi et R. R. Mill
分布：云南、广西

侧序长柄山蚂蝗 **Hylodesmum laterale** (Schindl.) H. Ohashi et R. R. Mill.
分布：福建、广东、广西、海南、?江西、台湾；日本

疏花长柄山蚂蝗 **Hylodesmum laxum** (DC.) H. Ohashi et R. R. Mill
分布：湖南、湖北、四川、贵州、云南、西藏、福建、广东、广西、海南；不丹、印度尼西亚、老挝、菲律宾、日本、泰国、马来西亚、印度、尼泊尔、斯里兰卡、越南

疏花长柄山蚂蝗(原亚种) **Hylodesmum laxum** subsp. **laxum**
分布：江西、湖南、湖北、贵州、云南、西藏、福建、广东、海南；不丹、印度、印度尼西亚、日本、老挝、尼泊尔、菲律宾、斯里兰卡、泰国、越南

湘西长柄山蚂蝗 **Hylodesmum laxum** subsp. **falfolium** (H. Ohashi) H. Ohashi et R. R. Mill
分布：湖南

黔长柄山蚂蝗 **Hylodesmum laxum** subsp. **lateraxum** (H. Ohashi) H. Ohashi et R. R. Mill
分布：贵州

细长柄山蚂蝗 **Hylodesmum leptopus** (A. Gray ex Benth.) H. Ohashi et R. R. Mill

分布：江西、湖南、四川、云南、福建、台湾、广东、广西、海南；印度尼西亚、日本、老挝、马来西亚、菲律宾、巴布亚新几内亚、泰国、越南、斯里兰卡

云南长柄山蚂蝗 **Hylodesmum longipes** (Franch.) H. Ohashi et R. R. Mill

分布：云南

羽叶长柄山蚂蝗 **Hylodesmum oldhamii** (Oliv.) H. Ohashi et R. R. Mill

分布：安徽、福建、?广东、贵州、黑龙江、河南、湖北、湖南、江苏、江西、吉林、辽宁、陕西、四川、浙江；日本、朝鲜、俄罗斯(远东)

长柄山蚂蝗 **Hylodesmum podocarpum** (DC.) H. Ohashi et R. R. Mill

分布：河北、北京、山东、河南、陕西、甘肃、安徽、江苏、江西、湖南、湖北、四川、贵州、广东、广西；印度、尼泊尔、日本、韩国、巴基斯坦、菲律宾、越南

长柄山蚂蝗(原亚种) **Hylodesmum podocarpum** subsp. **podocarpum**

分布：河北、山东、河南、陕西、甘肃、安徽、江苏、浙江、江西、湖南、湖北、四川、贵州、云南、西藏、台湾、广东、广西；印度、日本、韩国、尼泊尔、巴基斯坦、菲律宾、越南

宽卵叶长柄山蚂蝗 **Hylodesmum podocarpum** subsp. **fallax** (Schindl.) H. Ohashi et R. R. Mill

分布：安徽、福建、甘肃、广东、贵州、?海南、湖北、湖南、江苏、江西、陕西、山西、四川、云南、浙江；日本、韩国

尖叶长柄山蚂蝗 **Hylodesmum podocarpum** subsp. **oxyphyllum** (DC.) H. Ohashi et R. R. Mill

分布：黑龙江、吉林、辽宁、河北、陕西、安徽、江苏、浙江、江西、四川、贵州、云南、福建、广东、广西；不丹、印度、日本、印度尼西亚、韩国、老挝、缅甸、尼泊尔、俄罗斯、越南

四川长柄山蚂蝗 **Hylodesmum podocarpum** subsp. **szechuenense** (Craib) H. Ohashi et R. R. Mill

分布：陕西、甘肃、湖南、湖北、四川、贵州、云南、广东

浅波叶长柄山蚂蝗 **Hylodesmum repandum** (Vahl) H. Ohashi et R. R. Mill

分布：云南；不丹、印度、印度尼西亚、老挝、马来西亚、缅甸、巴布亚新几内亚、菲律宾、斯里兰卡、泰国、越南；非洲

大苞长柄山蚂蝗 **Hylodesmum williamsii** (H. Ohashi) H. Ohashi et R. R. Mill

分布：四川、云南、西藏；不丹、尼泊尔、印度

孪叶豆属 **Hymenaea** L.

孪叶豆 **Hymenaea courbaril** L.

分布：台湾、广东；原产于热带非洲和美洲、印度尼西亚、马来西亚、菲律宾、新加坡、斯里兰卡，非洲、南美洲有分布

疣果孪叶豆 **Hymenaea verrucosa** Gaertn.

分布：台湾；原产于马达加斯加，栽培于印度尼西亚，太平洋岛屿、新加坡、斯里兰卡有分布

木蓝属 **Indigofera** L.

尖瓣木蓝 **Indigofera acutipetala** Y. Y. Fang et C. Z. Zheng

分布：四川

多花木蓝 **Indigofera amblyantha** Craib

分布：河北、山西、河南、陕西、甘肃、安徽、江苏、浙江、江西、湖南、湖北、四川、重庆、贵州

尖齿木蓝 **Indigofera argutidens** Craib

分布：云南

深紫木蓝 **Indigofera atropurpurea** Buch.-Ham. ex Hornem.

分布：江西、湖南、四川、贵州、云南、西藏、福建、广东、广西、海南；不丹、印度、克什米尔地区、缅甸、尼泊尔、越南

丽江木蓝 **Indigofera balfouriana** Craib

分布：四川、云南、西藏

苞叶木蓝 **Indigofera bracteata** Graham ex Baker

分布：西藏；?不丹、印度、克什米尔地区、尼泊尔

河北木蓝 **Indigofera bungeana** Walp.

分布：辽宁、内蒙古、河北、山西、山东、河南、陕西、宁夏、甘肃、青海、安徽、江苏、浙江、江西、湖南、湖北、四川、重庆、贵州、云南、西藏、福建、广西；日本、韩国

屏东木蓝 **Indigofera byobiensis** Hosok.

分布：台湾

灰岩木蓝 **Indigofera calcicola** Craib

分布：云南

美脉木蓝 **Indigofera caloneura** Kurz.

分布：云南；印度、老挝、缅甸、泰国、越南

苏木蓝 **Indigofera carlesii** Craib
分布：山西、河南、陕西、安徽、江苏、浙江、江西、湖北，栽培于福建、广东、广西和云南

椭圆叶木蓝 **Indigofera cassoides** Rottler ex DC.
分布：云南、广西；缅甸、巴基斯坦、印度、越南、泰国

尾叶木蓝 **Indigofera caudata** Dunn
分布：贵州、云南、广西；老挝

刺齿木蓝 **Indigofera chaetodonta** Franch.
分布：云南

南京木蓝 **Indigofera chenii** S. S. Chien
分布：江苏

疏花木蓝 **Indigofera colutea** (Burm. f.) Merr.
分布：广东、海南；印度、印度尼西亚、缅甸、巴基斯坦、巴布亚新几内亚、斯里兰卡、泰国、越南、澳大利亚、太平洋岛屿；亚洲(西南部)、非洲

心叶木蓝 **Indigofera cordifolia** B. Heyne ex Roth
分布：广东；阿富汗、澳大利亚、印度、印度尼西亚、巴基斯坦；亚洲(西南部)、非洲(东北部)

简果木蓝 **Indigofera cylindracea** Graham ex Baker
分布：西藏；不丹、印度、缅甸、尼泊尔

庭藤 **Indigofera decora** Lindl.
分布：安徽、江苏、浙江、福建、广东；日本

庭藤(原变种) **Indigofera decora** var. **decora**
分布：安徽、福建、广东、江苏、浙江

兴山木蓝 **Indigofera decora** var. **chalara** (Craib) Y. Y. Fang et C. Z. Zheng
分布：湖北

宁波木蓝 **Indigofera decora** var. **cooperi** (Craib) Y. Y. Fang et C. Z. Zheng
分布：河南、安徽、浙江、江西、湖南、湖北、贵州、福建、广东、广西

宜昌木蓝 **Indigofera decora** var. **ichangensis** (Craib) Y. Y. Fang et C. Z. Zheng
分布：河南、浙江、江西、湖南、湖北、贵州、福建、广东、广西

滇木蓝 **Indigofera delavayi** Franch.
分布：四川、云南

密果木蓝 **Indigofera densifructa** Y. Y. Fang et C. Z. Zheng
分布：湖南、贵州、广东、广西

川西木蓝 **Indigofera dichroa** Craib
分布：四川、云南

长齿木蓝 **Indigofera dolichochaeta** Craib
分布：四川、云南

滇西木蓝 **Indigofera dosua** Buchanan-Hamilton ex D. Don
分布：云南；不丹、印度、印度尼西亚、老挝、缅甸、尼泊尔、泰国、越南

黄花木蓝 **Indigofera dumetorum** Craib
分布：四川、云南

黔南木蓝 **Indigofera esquirolii** H. Lév.
分布：贵州、云南、广西

华东木蓝 **Indigofera fortunei** Craib
分布：河南、陕西、安徽、江苏、浙江、江西、湖北

灰色木蓝 **Indigofera franchetii** X. F. Gao et Schrire
分布：四川、云南

假大青蓝 **Indigofera galegoides** DC.
分布：贵州、云南、台湾、广东、广西、海南；孟加拉国、柬埔寨、老挝、马来西亚、缅甸、菲律宾、斯里兰卡、泰国、越南、印度、印度尼西亚

腾冲木蓝 **Indigofera hamiltonii** Graham ex Duthie et Prain
分布：云南；印度

苍山木蓝 **Indigofera hancockii** Craib
分布：四川、云南

毛瓣木蓝 **Indigofera hebepetala** Benth. ex Baker
分布：西藏；不丹、印度、尼泊尔、巴基斯坦、喜马拉雅、克什米尔地区

光叶毛瓣木蓝 **Indigofera hebepetala** var. **glabra** Ali
分布：西藏；不丹、尼泊尔、印度、巴基斯坦

穗序木蓝 **Indigofera hendecaphylla** Jacquem.
分布：云南、台湾、广东、广西；柬埔寨、印度、印度尼西亚

亨利木蓝 **Indigofera henryi** Craib
分布：四川、贵州、云南

异花木蓝 **Indigofera heterantha** Wall. ex Brand.
分布：西藏；阿富汗、不丹、印度、尼泊尔、巴基斯坦、斯里兰卡

硬毛木蓝 **Indigofera hirsuta** L.
分布：浙江、云南、福建、台湾、广东、广西、海南；孟

加拉国、柬埔寨、印度、印度尼西亚、老挝、马来西亚、缅甸、菲律宾、斯里兰卡、泰国、越南、澳大利亚(北部)、太平洋岛屿；非洲

长序木蓝 **Indigofera howellii** Craib et W. W. Sm.

分布：云南

鸡公木蓝 **Indigofera jikongensis** Y. Y. Fang et C. Z. Zheng

分布：河南、湖北

景东木蓝 **Indigofera jindongensis** Y. Y. Fang et C. Z. Zheng

分布：云南

花木蓝 **Indigofera kirilowii** Maxim. ex Palibin

分布：吉林、辽宁、河北、山西、山东、河南、陕西、江苏；朝鲜、日本

思茅木蓝 **Indigofera lacei** Craib

分布：云南；印度、缅甸、泰国

岷谷木蓝 **Indigofera lenticellata** Craib

分布：四川、云南、西藏

单叶木蓝 **Indigofera linifolia** (L. f.) Retz.

分布：四川、云南、台湾；阿富汗、不丹、柬埔寨、印度、印度尼西亚、克什米尔地区、老挝、缅甸、巴基斯坦、巴布亚新几内亚、斯里兰卡、泰国、越南、澳大利亚；非洲

九叶木蓝 **Indigofera linnaei** Ali

分布：四川、云南、海南；印度、印度尼西亚、老挝、缅甸、尼泊尔、巴基斯坦、巴布亚新几内亚、斯里兰卡、泰国、越南、澳大利亚

滨海木蓝 **Indigofera litoralis** Chun et T. C. Chen

分布：海南

西南木蓝 **Indigofera mairei** Pamp.

分布：甘肃、四川、贵州、云南、西藏

大叶木蓝 **Indigofera megaphylla** X. F. Gao

分布：云南

蒙自木蓝 **Indigofera mengtzeana** Craib

分布：四川、云南

木里木蓝 **Indigofera muliensis** Y. Y. Fang et C. Z. Zheng

分布：四川、云南

华西木蓝 **Indigofera myosurus** Craib

分布：四川、云南

绢毛木蓝 **Indigofera neosericopetala** P. C. Li

分布：云南

黑叶木蓝 **Indigofera nigrescens** Kurz. ex King et Prain

分布：陕西、浙江、江西、湖南、湖北、四川、贵州、云南、西藏、福建、台湾、广东、广西；印度、缅甸、泰国、老挝、越南、菲律宾、印度尼西亚

刺荚木蓝 **Indigofera nummulariifolia** (L.) Livera ex Alston

分布：台湾、海南；柬埔寨、印度、印度尼西亚、缅甸、巴基斯坦、巴布亚新几内亚、菲律宾、斯里兰卡、泰国、越南、澳大利亚(北部)、马达加斯加；非洲

昆明木蓝 **Indigofera pampaniniana** Craib

分布：云南

浙江木蓝 **Indigofera parkesii** Craib

分布：安徽、浙江、江西、福建

浙江木蓝(原变种) **Indigofera parkesii** var. **parkesii**

分布：安徽、浙江、江西、福建

长总梗木蓝 **Indigofera parkesii** var. **longipedunculata** (Y. Y. Fang et C. Z. Zheng) X. F. Gao et Schrire

分布：浙江、江西

多叶浙江木蓝 **Indigofera parkesii** var. **polyphylla** Y. Y. Fang et C. Z. Zheng

分布：安徽、江西

长梗木蓝 **Indigofera pedicellata** Wight et Arn.

分布：台湾；印度

垂序木蓝 **Indigofera pendula** Franch.

分布：四川、云南

拟垂序木蓝 **Indigofera penduloides** Y. Y. Fang et C. Z. Zheng

分布：云南

拟多花木蓝 **Indigofera pseudoheterantha** X. F. Gao et Schrire

分布：四川、云南

多枝木蓝 **Indigofera ramulosissima** Hosok.

分布：台湾

网叶木蓝 **Indigofera reticulata** Franch.

分布：四川、贵州、云南、西藏；泰国

硬叶木蓝 **Indigofera rigioclada** Craib

分布：四川、云南、西藏

腺毛木蓝 **Indigofera scabrida** Dunn

分布：四川、云南；老挝

敏感木蓝 **Indigofera sensitiva** Franch.

分布：云南

丝毛木蓝 Indigofera sericophylla Franch.
分布：云南

石屏木蓝 Indigofera shipingensis X. F. Gao
分布：云南

刺序木蓝 Indigofera silvestrii Pamp.
分布：陕西、甘肃、湖北、四川、重庆、贵州、云南、西藏

福建木蓝 Indigofera sootepensis Craib
分布：福建；柬埔寨、老挝、泰国、越南

远志木蓝 Indigofera squalida Prain
分布：贵州、云南、广东、广西；柬埔寨、老挝、缅甸、泰国、越南

茸毛木蓝 Indigofera stachyodes Lindl.
分布：贵州、云南、广西；不丹、柬埔寨、印度、印度尼西亚、老挝、缅甸、尼泊尔、泰国、越南

矮木蓝 Indigofera sticta Craib
分布：云南

野青树 Indigofera suffruticosa Mill.
分布：江苏、浙江、云南、福建、台湾、广东、广西栽培和归化；原产于热带美洲，热带和亚热带广泛栽培

四川木蓝 Indigofera szechuensis Craib
分布：四川、云南、西藏

台湾木蓝 Indigofera taiwaniana T. C. Huang et M. J. Wu
分布：台湾

木蓝 Indigofera tinctoria L.
分布：贵州、云南、台湾、广东、广西、海南、安徽栽培；广布于亚洲、热带非洲

三叶木蓝 Indigofera trifoliata L.
分布：江西、湖南、湖北、四川、贵州、云南、福建、台湾、广东、广西、海南；不丹、印度、印度尼西亚、日本(南部)、老挝、缅甸、尼泊尔、巴基斯坦、巴布亚新几内亚、菲律宾、斯里兰卡、泰国、越南、澳大利亚(北部)

三叶木蓝(原变种) Indigofera trifoliata var. **trifoliata**
分布：福建、广东、广西、贵州、海南、湖北、湖南、江西、四川、台湾、云南；不丹、印度、印度尼西亚、日本(南部)、老挝、缅甸、尼泊尔、巴基斯坦、巴布亚新几内亚、菲律宾、斯里兰卡、泰国、越南、澳大利亚(北部)

镇康三叶木蓝 Indigofera trifoliata var. **zhengkangensis** H. Sun
分布：云南

脉叶木蓝 Indigofera venulosa Champ. ex Benth.
分布：浙江、台湾、广东

海南木蓝 Indigofera wightii Graham ex Wight et Arn.
分布：海南；柬埔寨、印度、老挝、缅甸、斯里兰卡、泰国、越南

大花木蓝 Indigofera wilsonii Craib
分布：四川

尖叶木蓝 Indigofera zollingeriana Miq.
分布：云南、台湾、广东、广西、海南；越南、老挝、日本、泰国、菲律宾、印度尼西亚、马来西亚

鸡眼草属 Kummerowia Schindl.

长萼鸡眼草 Kummerowia stipulacea (Maxim.) Makino
分布：黑龙江、吉林、辽宁、内蒙古、河北、山西、山东、河南、陕西、宁夏、青海、安徽、江苏、浙江、江西、湖南、湖北、福建、台湾、广东、广西；日本、韩国、俄罗斯；归化于美国(东南部)

鸡眼草 Kummerowia striata (Thunb.) Schindl.
分布：黑龙江、吉林、辽宁、内蒙古、河北、山西、山东、河南、安徽、江苏、浙江、江西、湖南、湖北、四川、贵州、云南、福建、台湾、广东、广西；印度、日本、韩国、俄罗斯、越南和美国(东南部)归化

扁豆属 Lablab Adans.

扁豆 Lablab purpureus (L.) Sweet
分布：遍布中国；原产于非洲，热带广泛栽培

毒豆属 Laburnum Fabr.

毒豆 Laburnum anagyroides Medik.
分布：中国东北部和西北部；欧洲

山黧豆属 Lathyrus L.

安徽山黧豆 Lathyrus anhuiensis Y. J. Zhu et R. X. Meng
分布：安徽

叶轴香豌豆 Lathyrus aphaca L.
分布：广东

尾叶山黧豆 Lathyrus caudatus Z. Wei et H. P. Tsui
分布：浙江

大山黧豆 Lathyrus davidii Hance
分布：黑龙江、吉林、内蒙古、河北、山西、山东、河南、陕西、甘肃、安徽、湖北；日本、朝鲜、俄罗斯

中华山黧豆 Lathyrus dielsianus Harms
分布：山西、陕西、湖北、四川、重庆

新疆山黧豆 Lathyrus gmelinii (Fisch. ex DC.) Fritsch
分布：新疆；俄罗斯

矮山黧豆 Lathyrus humilis (Ser.) Spreng.
分布：黑龙江、吉林、内蒙古、河北、山西、甘肃、新疆；朝鲜、蒙古国、俄罗斯

海滨山黧豆 Lathyrus japonicus Willd.
分布：辽宁、河北、山东、浙江；亚洲、欧洲、北美洲

三脉山黧豆 Lathyrus komarovii Ohwi
分布：黑龙江、吉林、内蒙古；朝鲜、俄罗斯

狭叶山黧豆 Lathyrus krylovii Serg.
分布：新疆；俄罗斯

宽叶山黧豆 Lathyrus latifolius L.
分布：栽培于陕西；原产于欧洲(中部和南部)，温带地区栽培，世界各地作为观赏和饲料作物

香豌豆 Lathyrus odoratus L.
分布：栽培遍布中国；原产于意大利

欧山黧豆 Lathyrus palustris L.
分布：黑龙江、吉林、辽宁、内蒙古、河北、山西、甘肃、青海、新疆、江苏、浙江、湖北、四川、云南、西藏；日本、韩国、蒙古国、俄罗斯；欧洲、北美洲

欧山黧豆(原变种) Lathyrus palustris var. **palustris**
分布：黑龙江、吉林、辽宁、内蒙古、河北、山西、甘肃、青海、新疆、江苏、浙江、湖北、四川、云南、西藏；日本、韩国、蒙古国、俄罗斯；欧洲、北美洲

无翅山黧豆 Lathyrus palustris var. **exalatus** (H. P. Tsui) X. Y. Zhu
分布：山西、新疆、四川、云南、西藏

线叶山黧豆 Lathyrus palustris var. **linearifolius** Ser.
分布：四川、云南

大托叶山黧豆 Lathyrus pisiformis L.
分布：新疆；俄罗斯；欧洲(中部和东部)

牧地山黧豆 Lathyrus pratensis L.
分布：黑龙江、陕西、甘肃、青海、新疆、湖北、四川、云南；亚洲、欧洲

山黧豆 Lathyrus quinquenervius (Miq.) Litv.
分布：黑龙江、吉林、内蒙古、河北、山西、山东、河南、甘肃、青海、江苏、湖北、四川；日本、朝鲜、俄罗斯

家山黧豆 Lathyrus sativus L.
分布：中国北部；广泛栽培归化，起源地不明

玫红山黧豆 Lathyrus tuberosus L.
分布：新疆；俄罗斯、哈萨克斯坦；欧洲

东北山黧豆 Lathyrus vaniotii H. Lév.
分布：黑龙江、吉林；朝鲜

兵豆属 Lens Mill.

兵豆 Lens culinaris Medik.
分布：内蒙古、河北、山西、河南、陕西、甘肃、新疆、江苏、湖北、四川、云南、西藏；其他地方广泛栽培

胡枝子属 Lespedeza Michx.

胡枝子 Lespedeza bicolor Turcz.
分布：黑龙江、吉林、辽宁、内蒙古、河北、山西、山东、河南、陕西、甘肃、安徽、江苏、浙江、湖南、福建、广东、广西；日本、韩国、俄罗斯

绿叶胡枝子 Lespedeza buergeri Miq.
分布：山西、河南、陕西、甘肃、安徽、江苏、浙江、江西、湖南、湖北、四川；日本

长叶胡枝子 Lespedeza caraganae Bunge
分布：甘肃、河北、河南、辽宁、?内蒙古、陕西、山东

中华胡枝子 Lespedeza chinensis G. Don
分布：安徽、江苏、浙江、江西、湖南、湖北、四川、福建、台湾、广东

截叶铁扫帚 Lespedeza cuneata (Dum. Cours.) G. Don
分布：山东、河南、陕西、甘肃、湖南、湖北、四川、云南、西藏、台湾、广东；阿富汗、不丹、印度、印度尼西亚、日本、韩国、老挝、马来西亚、尼泊尔、巴基斯坦、菲律宾、泰国、越南；归化于澳大利亚和北美洲

短梗胡枝子 Lespedeza cyrtobotrya Miq.
分布：黑龙江、吉林、辽宁、河北、山西、河南、陕西、甘肃、浙江、江西、广东；日本、朝鲜、俄罗斯

大叶胡枝子 Lespedeza davidii Franch.
分布：安徽、福建、广东、广西、贵州、河南、?湖北、湖南、江苏、江西、四川、浙江；归化于日本

兴安胡枝子 Lespedeza davurica (Laxm.) Schindl.
分布：黑龙江、吉林、辽宁、内蒙古、河北、山西、山东、

河南、陕西、宁夏、甘肃、安徽、四川、贵州、云南、台湾；韩国、蒙古国、俄罗斯

兴安胡枝子(原变种) **Lespedeza davurica** var. **davurica**

分布：黑龙江、吉林、辽宁、内蒙古、河北、山西、山东、河南、陕西、宁夏、甘肃、安徽、四川、贵州、云南、台湾；韩国、蒙古国、俄罗斯

北票胡枝子 **Lespedeza davurica** var. **beipiaoensis** P. H. Huang et J. S. Ma

分布：辽宁

春花胡枝子 **Lespedeza dunnii** Schindl.

分布：安徽、福建、?浙江

束花铁马鞭 **Lespedeza fasciculiflora** Franch.

分布：?贵州、四川、云南、西藏

束花铁马鞭(原变种) **Lespedeza fasciculiflora** var. **fasciculiflora**

分布：四川、云南、西藏

横断山铁马鞭 **Lespedeza fasciculiflora** var. **hengduanshanensis** C. J. Chen

分布：四川、西藏

多花胡枝子 **Lespedeza floribunda** Bunge

分布：安徽、福建、甘肃、广东、河北、河南、湖北、江苏、辽宁、?内蒙古、宁夏、青海、陕西、山东、山西、四川、?浙江；印度、巴基斯坦；归化于日本

广东胡枝子 **Lespedeza fordii** Schindl.

分布：安徽、江苏、浙江、江西、湖南、福建、广东、广西

矮生胡枝子 **Lespedeza forrestii** Schindl.

分布：四川、云南

西藏胡枝子 **Lespedeza gerardiana** Wall. ex Maxim.

分布：西藏；不丹、印度、尼泊尔、巴基斯坦

粗硬毛胡枝子 **Lespedeza hispida** (Franch.) T. Nemoto et H. Ohashi

分布：云南、西藏；印度、尼泊尔、巴基斯坦

阴山胡枝子 **Lespedeza inschanica** (Maxim.) Schindl.

分布：辽宁、内蒙古、河北、山西、山东、陕西、甘肃、安徽、江苏、湖南、湖北、四川、云南；日本、朝鲜

江西胡枝子 **Lespedeza jiangxiensis** Bo Xu, X. F. Gao et Li Bing Zhang

分布：江西

尖叶铁扫帚 **Lespedeza juncea** (L. f.) Pers.

分布：黑龙江、吉林、辽宁、内蒙古、河北、山西、山东、甘肃；日本、韩国、蒙古国、俄罗斯

红花截叶铁扫帚 **Lespedeza lichiyuniae** T. Nemoto, H. Ohashi et T. Ito

分布：河南、陕西、甘肃、安徽、江苏、湖南、湖北、四川、重庆、贵州、云南；归化于日本

宽叶胡枝子 **Lespedeza maximowiczii** C. K. Schneid.

分布：河南、安徽、浙江；日本、朝鲜

短叶胡枝子 **Lespedeza mucronata** Ricker

分布：浙江、江西、福建、广东

铁马鞭 **Lespedeza pilosa** (Thunb.) Sieb. et Zucc.

分布：陕西、甘肃、安徽、江苏、浙江、江西、湖南、湖北、四川、贵州、西藏、福建、广东；日本、朝鲜

牛枝子 **Lespedeza potaninii** V. N. Vassil.

分布：辽宁、内蒙古、河北、山西、山东、河南、陕西、宁夏、甘肃、青海、江苏、四川、云南、西藏

日本胡枝子 **Lespedeza thunbergii** (DC.) Nakai

分布：河北、山东、河南、陕西、甘肃、安徽、江苏、浙江、江西、湖南、湖北、四川、贵州、云南、福建、台湾、广东、广西；印度、日本、韩国

日本胡枝子(原亚种) **Lespedeza thunbergii** subsp. **thunbergii**

分布：河北、山东、河南、陕西、甘肃、安徽、江苏、浙江、江西、湖南、湖北、福建、广东；印度、日本、韩国

椭圆叶胡枝子 **Lespedeza thunbergii** subsp. **elliptica** (Benth. ex Maxim.) H. Ohashi

分布：陕西、湖北、四川、贵州、云南；印度

美丽胡枝子 **Lespedeza thunbergii** subsp. **formosa** (Vogel) H. Ohashi

分布：江苏、浙江、江西、福建、台湾、广东、广西

绒毛胡枝子 **Lespedeza tomentosa** (Thunb.) Sieb. ex Maxim.

分布：广布于中国；印度、日本、克什米尔地区、朝鲜、蒙古国、尼泊尔、巴基斯坦、俄罗斯

细梗胡枝子 **Lespedeza virgata** (Thunb.) DC.

分布：辽宁、河北、山西、山东、河南、陕西、安徽、江苏、浙江、江西、湖南、湖北、贵州、福建、台湾；日本、韩国

细梗胡枝子(原变种) **Lespedeza virgata** var. **virgata**

分布：辽宁、河北、山西、山东、河南、陕西、安徽、江苏、浙江、江西、湖南、湖北、贵州、福建、台湾；日本、韩国

大细梗胡枝子 **Lespedeza virgata** var. **macrovirgata** (Kitag.) Kitag.
分布：辽宁

银合欢属 **Leucaena** Benth.

银合欢 **Leucaena leucocephala** (Lam.) de Wit
分布：浙江、湖南、四川、贵州、云南、福建、台湾、广东、广西、海南、香港、澳门；原产于热带美洲，现热带地区广布

罗顿豆属 **Lotononis** (DC.) Eckl. et Zeyher

罗顿豆 **Lotononis bainesii** Baker
分布：台湾；非洲(南部)

百脉根属 **Lotus** L.

高原百脉根 **Lotus alpinus** (Ser.) Schleicher ex Ramond
分布：青海、西藏；欧洲

尖齿百脉根 **Lotus angustissimus** L.
分布：新疆；哈萨克斯坦、俄罗斯、大西洋岛屿(北部)；亚洲(西南部)、欧洲、北非

百脉根 **Lotus corniculatus** L.
分布：贵州、湖北、湖南、四川、台湾、天津、西藏、云南；阿富汗、不丹、印度、日本、克什米尔地区、哈萨克斯坦、韩国、蒙古国、缅甸、尼泊尔、巴基斯坦、俄罗斯、塔吉克斯坦、土库曼斯坦；亚洲(西南部)、欧洲、非洲(东部-北部)；引种澳大利亚、北美洲；中美洲、南美洲、太平洋群岛等

百脉根(原变种) **Lotus corniculatus** var. **corniculatus**
分布：长江中上游，中国西北部至西南部；澳大利亚；亚洲、欧洲、非洲、北美洲

光叶百脉根 **Lotus corniculatus** var. **japonicus** Regel
分布：台湾，中国西北部及西南部；日本、克什米尔地区、韩国、尼泊尔

新疆百脉根 **Lotus frondosus** (Freyn) Kupr.
分布：新疆；伊朗、印度、蒙古国、巴基斯坦；亚洲、欧洲

中亚百脉根 **Lotus krylovii** Schisch. et Serg.
分布：新疆、西藏；阿富汗、印度、哈萨克斯坦、吉尔吉斯斯坦、蒙古国(西部)、巴基斯坦、俄罗斯、塔吉克斯坦、土库曼斯坦、乌兹别克斯坦；亚洲(西南部)、欧洲

直根百脉根 **Lotus schoelleri** Schweinfurth
分布：辽宁、内蒙古、甘肃、新疆；阿富汗、蒙古国、俄罗斯、土库曼斯坦；欧洲、非洲

直立百脉根 **Lotus strictus** Fischer et C. A. Meyer
分布：新疆；哈萨克斯坦、俄罗斯；欧洲

兰屿百脉根 **Lotus taitungensis** S. S. Ying
分布：台湾；日本

细叶百脉根 **Lotus tenuis** Waldst. et Kir. ex Willd.
分布：天津，中国西北部；阿富汗、哈萨克斯坦、吉尔吉斯斯坦、蒙古国、巴基斯坦、俄罗斯、塔吉克斯坦、土库曼斯坦、乌兹别克斯坦；亚洲(西南部)、欧洲、北非

齿荚百脉根 **Lotus tetragonolobus** L.
分布：栽培于全国；原产地中海地区，扩展到乌克兰南部和高加索地区，引种在澳大利亚和太平洋群岛

羽扇豆属 **Lupinus** L.

白羽扇豆 **Lupinus albus** L.
分布：遍布中国；地中海地区

狭叶羽扇豆 **Lupinus angustifolius** L.
分布：遍布中国；欧洲

黄羽扇豆 **Lupinus luteus** L.
分布：遍布中国；欧洲

羽扇豆 **Lupinus micranthus** Guss.
分布：遍布中国；欧洲

宿根羽扇豆 **Lupinus perennis** L.
分布：遍布中国；北美洲

多叶羽扇豆 **Lupinus polyphyllus** Lindl.
分布：遍布中国

毛羽扇豆 **Lupinus pubescens** Benth.
分布：遍布中国；南美洲

仪花属 **Lysidice** Hance

短萼仪花 **Lysidice brevicalyx** C. F. Wei
分布：贵州、云南、广东、广西

仪花 **Lysidice rhodostegia** Hance
分布：广东、广西、贵州、云南；越南、美国、加勒比海；中美洲，引种非洲热带地区

马鞍树属 **Maackia** Rupr.

朝鲜槐 **Maackia amurensis** Rupr. et Maxim.
分布：黑龙江、吉林、辽宁、内蒙古、河北、山东；俄罗斯、朝鲜

华南马鞍树 **Maackia australis** (Dunn) Takeda
分布：广东

浙江马鞍树 **Maackia chekiangensis** S. S. Chien

分布：安徽、浙江、江西、广东

多花马鞍树 **Maackia floribunda** (Miq.) Takeda

分布：台湾；日本、韩国

马鞍树 **Maackia hupehensis** Takeda

分布：河南、陕西、安徽、江苏、浙江、江西、湖南、湖北、四川

华山马鞍树 **Maackia hwashanensis** W. T. Wang ex C. W. Wang

分布：河南、陕西

台湾马鞍树 **Maackia taiwanensis** H. Hoshi et H. Ohashi

分布：台湾

光叶马鞍树 **Maackia tenuifolia** (Hemsl.) Hand.-Mazz.

分布：河南、陕西、江苏、浙江、江西、湖北

大翼豆属 **Macroptilium** (Benth.) Urban

紫花大翼豆 **Macroptilium atropurpureum** (Moc. et Sessé ex DC.) Urban

分布：台湾、广东；原产于热带美洲，热带广泛栽培

大翼豆 **Macroptilium lathyroides** (L.) Urb.

分布：福建、台湾、广东；热带、亚热带地区，热带美洲

硬皮豆属 **Macrotyloma** (Wight et Arnott) Verdc.

硬皮豆 **Macrotyloma uniflorum** (Lam.) Verdc.

分布：台湾、海南；原产于印度

闭荚藤属 **Mastersia** Benth.

闭荚藤 **Mastersia assamica** Benth.

分布：西藏；不丹、印度

长柄荚属 **Mecopus** Benn.

长柄荚 **Mecopus nidulans** Benn.

分布：海南；柬埔寨、印度、印度尼西亚、老挝、马来西亚、泰国、越南

苜蓿属 **Medicago** L.

褐斑苜蓿 **Medicago arabica** (L.) Huds.

分布：江苏、湖南、福建、广东、广西、海南；原产于地中海地区

木本苜蓿 **Medicago arborea** L.

分布：河北、江苏；原产于地中海地区

青海苜蓿 **Medicago archiducis-nicolai** Širj.

分布：陕西、宁夏、甘肃、青海、四川、西藏

毛荚苜蓿 **Medicago edgeworthii** Sirjaev

分布：青海、四川、云南、西藏；阿富汗、印度、巴基斯坦

野苜蓿 **Medicago falcata** L.

分布：吉林、内蒙古、河北、山西、陕西、宁夏、甘肃、青海、新疆、西藏；亚洲、欧洲

野苜蓿(原亚种) **Medicago falcata** subsp. **falcata**

分布：甘肃、河北、吉林、内蒙古、宁夏、青海、陕西、山西、新疆、西藏

草原苜蓿 **Medicago falcata** subsp. **romanica** (Prodan) O. Schwarz et Klinkowski

分布：新疆；俄罗斯；亚洲(中部)、欧洲(东部)

天蓝苜蓿 **Medicago lupulina** L.

分布：遍布中国；亚洲、欧洲

小苜蓿 **Medicago minima** (L.) Bartal.

分布：辽宁、河北、山西、山东、河南、陕西、甘肃、安徽、江苏、浙江、湖北、四川；亚洲、欧洲、非洲

单花胡卢巴 **Medicago monantha** (C. A. Mey.) Trautv.

分布：新疆；蒙古国、阿富汗、巴基斯坦；亚洲(中部和西南部)

直果胡卢巴 **Medicago orthoceras** (Kar. et Kir.) Trautv.

分布：新疆；巴基斯坦、俄罗斯；亚洲(中部和西南部)

阔荚苜蓿 **Medicago platycarpos** (L.) Trautv.

分布：新疆；哈萨克斯坦、吉尔吉斯斯坦、俄罗斯、蒙古国

南苜蓿 **Medicago polymorpha** L.

分布：陕西、甘肃、安徽、江苏、浙江、江西、湖南、湖北、四川、贵州、云南、福建、台湾、广东、广西、海南；原产于亚洲(西南部)、欧洲(南部)、非洲(北部)

早花苜蓿 **Medicago praecox** DC.

分布：安徽、江苏、湖南、湖北、四川、贵州、福建、广西、海南；原产于地中海地区

杂花苜蓿 **Medicago rivularis** Vassilcz.

分布：新疆；地中海东部地区及东欧

花苜蓿 **Medicago ruthenica** (L.) Trautv.

分布：黑龙江、内蒙古、山东、陕西、甘肃、四川；蒙古国、俄罗斯

紫苜蓿 **Medicago sativa** L.

分布：中国广泛栽培；原产于亚洲西部，现世界广布

杂交苜蓿 **Medicago varia** Martyn

分布：中国广泛栽培；广泛栽培，田边路旁逸生

草木樨属 **Melilotus** (L.) Mill.

白花草木樨 **Melilotus albus** Medik.

分布：黑龙江、吉林、辽宁、内蒙古、河北、山西、山东、河南、陕西、宁夏、甘肃、青海、新疆、安徽、江苏、湖北、四川、贵州、云南、西藏、福建；原产于欧洲和西亚，现世界各地广泛栽培

细齿草木樨 **Melilotus dentatus** (Waldst. et Kitaibel) Pers.

分布：黑龙江、辽宁、内蒙古、河北、山西、山东、陕西、甘肃、新疆；中亚、欧洲

印度草木樨 **Melilotus indicus** (L.) All.

分布：安徽、江苏、浙江、四川、贵州、云南、福建、台湾、广东、广西、海南；亚洲(南部和中部)、欧洲

草木樨 **Melilotus officinalis** (L.) Lam.

分布：中国各省普遍分布；亚洲、欧洲

崖豆藤属 **Millettia** Wight et Arn.

滇南崖豆 **Millettia austroyunnanensis** Y. Y. Qian

分布：云南

红河鸡血藤 **Millettia cubitti** Dunn

分布：云南；缅甸(北部)

榼藤子崖豆藤 **Millettia entadoides** Z. Wei

分布：云南

红萼崖豆 **Millettia erythrocalyx** Gagnep.

分布：云南；泰国、越南、老挝、柬埔寨

鸡血藤 **Millettia extensa** Benth. ex Baker

分布：西藏；不丹、印度、克什米尔地区、越南

孟连崖豆 **Millettia griffithii** Dunn

分布：云南；缅甸

闹鱼崖豆 **Millettia ichthyochtona** Drake

分布：云南；越南

澜沧崖豆藤 **Millettia lantsangensis** Z. Wei

分布：云南

思茅崖豆 **Millettia leptobotrya** Dunn

分布：云南；老挝、越南

垂序崖豆 **Millettia leucantha** Kurz.

分布：云南；老挝、缅甸、泰国

大穗崖豆 **Millettia macrostachya** Collett et Hemsl.

分布：云南；缅甸

香港崖豆 **Millettia oraria** (Hance) Dunn

分布：广东、广西

厚果崖豆藤 **Millettia pachycarpa** Benth.

分布：湖南、四川、贵州、云南、福建、台湾、广东、广西、浙江；孟加拉国、不丹、印度、老挝、缅甸、尼泊尔、泰国、越南

海南崖豆藤 **Millettia pachyloba** Drake

分布：湖南、贵州、云南、广东、广西、海南；越南

薄叶崖豆 **Millettia pubinervis** Kurz.

分布：云南；泰国、缅甸、老挝、越南

印度崖豆 **Millettia pulchra** (Benth.) Kurz.

分布：贵州、云南、广西、海南；印度、缅甸、老挝

印度崖豆(原变种) **Millettia pulchra** var. **pulchra**

分布：贵州、云南、广西、海南；印度、老挝、缅甸

华南小叶崖豆 **Millettia pulchra** var. **chinensis** Dunn

分布：云南、广西

疏叶崖豆 **Millettia pulchra** var. **laxior** (Dunn) Z. Wei

分布：江西、湖南、贵州、云南、福建、广东、广西、海南；印度

台湾小叶崖豆 **Millettia pulchra** var. **microphylla** Dunn

分布：台湾

景东小叶崖豆 **Millettia pulchra** var. **parvifolia** Z. Wei

分布：云南

绒叶印度崖豆 **Millettia pulchra** var. **tomentosa** Prain

分布：云南、广西；印度、缅甸

云南崖豆 **Millettia pulchra** var. **yunnanensis** (Pamp.) Dunn

分布：云南；缅甸

无患子叶崖豆藤 **Millettia sapindifolia** T. C. Chen

分布：贵州、广西

四翅崖豆 **Millettia tetraptera** Kurz.

分布：云南；缅甸

绒毛崖豆 **Millettia velutina** Dunn

分布：湖南、四川、贵州、云南、广东、广西

含羞草属 **Mimosa** L.

光荚含羞草 **Mimosa bimucronata** (DC.) Kuntze

分布：云南、广东、广西、海南、香港；原产于热带美洲

巴西含羞草 Mimosa diplotricha C. Wright ex Sauvalle
分布：云南、福建、台湾、广东、广西、海南、香港；原产于南美洲及墨西哥，现非洲、亚洲、澳大利亚、加勒比海地区、印度洋地区、太平洋地区及中南美洲有分布

巴西含羞草(原变种) Mimosa diplotricha var. **diplotricha**
分布：广东、香港；亚洲、热带美洲

含羞草 Mimosa pudica L.
分布：江苏、浙江、云南、福建、台湾、广东、广西、海南、香港；原产于热带美洲，现泛热带地区广布

油麻藤属 Mucuna Adans.

白花油麻藤 Mucuna birdwoodiana Tutcher
分布：江西、四川、贵州、福建、广东、广西

贵州黧豆 Mucuna bodinieri H. Lév.
分布：贵州

黄毛黧豆 Mucuna bracteata DC.
分布：云南、广东、海南；老挝、缅甸、泰国、越南

美叶油麻藤 Mucuna calophylla W. W. Sm.
分布：云南

港油麻藤 Mucuna championii Benth.
分布：香港

闽油麻藤 Mucuna cyclocarpa F. P. Metcalf
分布：江西

巨黧豆 Mucuna gigantea (Willd.) DC.
分布：台湾、海南；印度、日本、马来西亚、澳大利亚、越南

海南黧豆 Mucuna hainanensis Hayata
分布：?广东、?广西、海南、云南；越南

毛瓣黧豆 Mucuna hirtipetala Wilmot-Dear et R. Sa
分布：云南

喙瓣黧豆 Mucuna incurvata Wilmot-Dear et R. Sa
分布：云南

间序油麻藤 Mucuna interrupta Gagnep.
分布：云南；柬埔寨、老挝、缅甸、泰国、越南

褶皮黧豆 Mucuna lamellata Wilmot-Dear
分布：江苏、浙江、江西、湖北、福建、广东、广西

大球油麻藤 Mucuna macrobotrys Hance
分布：云南、广东、广西

大果油麻藤 Mucuna macrocarpa Wall.
分布：贵州、云南、台湾、广东、广西、海南；不丹、印度、日本、缅甸、尼泊尔、泰国、越南、老挝

兰屿血藤 Mucuna membranacea Hayata
分布：台湾；日本

刺毛黧豆 Mucuna pruriens (L.) DC.
分布：贵州、云南、海南；热带广布

刺毛黧豆(原变种) Mucuna pruriens var. **pruriens**
分布：贵州、云南、海南

黧豆 Mucuna pruriens var. **utilis** (Wall. ex Wight) Baker ex Burck
分布：湖南、四川、贵州、云南、福建、台湾、广东、广西；越南、菲律宾；热带亚洲

卷翅荚油麻藤 Mucuna revoluta Wilmot-Dear
分布：云南；柬埔寨、老挝、泰国、越南

常春油麻藤 Mucuna sempervirens Hemsl.
分布：陕西、浙江、江西、湖南、湖北、四川、贵州、云南、福建、广东、广西；不丹、印度、缅甸、日本

爪哇大豆属 Neonotonia J. A. Lackey

爪哇大豆 Neonotonia wightii (Graham ex Wight et Arn.) J. A. Lackey
分布：台湾；原产于玻利维亚

假含羞草属 Neptunia Lour.

假含羞草 Neptunia plena (L.) Benth.
分布：福建、台湾、广东；原产于热带美洲

土黄耆属 Nogra Merr.

广西土黄耆 Nogra guangxiensis C. F. Wei
分布：云南、广西

小槐花属 Ohwia H. Ohashi

小槐花 Ohwia caudata (Thunb.) Ohashi
分布：安徽、江西、湖南、湖北、四川、贵州、云南、西藏、福建、台湾、广东、广西；不丹、印度、印度尼西亚、日本、朝鲜、老挝、马来西亚、缅甸、斯里兰卡、越南

淡黄小槐花 Ohwia luteola H. Ohashi
分布：云南

驴食豆属 Onobrychis Mill.

小花红豆草 Onobrychis micrantha Schrenk
分布：新疆；阿富汗、伊朗、哈萨克斯坦、巴基斯坦

美丽红豆草 Onobrychis pulchella Schrenk
分布：新疆；哈萨克斯坦、吉尔吉斯斯坦、塔吉克斯坦、土库曼斯坦、乌兹别克斯坦；非洲(北部)

顿河红豆草 **Onobrychis tanaitica** Spreng.

分布：新疆；哈萨克斯坦、吉尔吉斯斯坦、俄罗斯、土库曼斯坦、乌兹别克斯坦；亚洲(西南部)、欧洲

驴食草 **Onobrychis viciifolia** Scop.

分布：内蒙古、河北、山西、陕西、甘肃、青海；原产于欧洲中部

芒柄花属 **Ononis** L.

伊犁芒柄花 **Ononis antiquorum** L.

分布：新疆；亚洲(中部和西南部)、欧洲(南部)、非洲(北部)

芒柄花 **Ononis arvensis** L.

分布：新疆、西藏；阿富汗、克什米尔地区；亚洲(中部和西南部)、欧洲(中部和北部)

黄芒柄花 **Ononis natrix** L.

分布：遍布中国；欧洲(南部和西部)

红芒柄花 **Ononis spinosa** L.

分布：遍布中国；欧洲

拟大豆属 **Ophrestia** H. M. L. Forbes

羽叶拟大豆 **Ophrestia pinnata** (Merr.) Verdc.

分布：海南；越南

链荚木属 **Ormocarpum** P. Beauv.

链夹木 **Ormocarpum cochinchinense** (Lour.) Merr.

分布：台湾、广东、海南；原产于印度、日本、马来西亚，太平洋岛屿、菲律宾、斯里兰卡、泰国、越南，热带许多地区

红豆属 **Ormosia** Jacks.

喙顶红豆 **Ormosia apiculata** L. Chen

分布：广西

长脐红豆 **Ormosia balansae** Drake

分布：江西、云南、广西、海南；越南

博罗红豆 **Ormosia boluoensis** Y. Q. Wang et P. Y. Chen

分布：广东

厚荚红豆 **Ormosia elliptica** Q. W. Yao et R. H. Chang

分布：福建、广东、广西

凹叶红豆 **Ormosia emarginata** (Hook. et Arn.) Benth.

分布：广东、广西、海南；越南

蒲桃叶红豆 **Ormosia eugeniifolia** Tsiang ex R. H. Chang

分布：广西

锈枝红豆 **Ormosia ferruginea** R. H. Chang

分布：广东

肥荚红豆 **Ormosia fordiana** Oliv.

分布：云南、广东、广西、海南；孟加拉国、越南、缅甸、泰国

台湾红豆 **Ormosia formosana** Kaneh.

分布：台湾

光叶红豆 **Ormosia glaberrima** Y. C. Wu

分布：江西、湖南、广东、广西、海南

河口红豆 **Ormosia hekouensis** R. H. Chang

分布：云南

恒春红豆树 **Ormosia hengchuniana** T. C. Huang, S. F. Huang et K. C. Yang

分布：台湾

花榈木 **Ormosia henryi** Prain

分布：安徽、浙江、江西、湖南、湖北、四川、贵州、云南、福建、广东；越南、泰国

红豆树 **Ormosia hosiei** Hemsl. et E. H. Wilson

分布：陕西、甘肃、安徽、江苏、浙江、江西、湖北、四川、贵州、福建

缘毛红豆 **Ormosia howii** Merr. et Chun

分布：海南

韧荚红豆 **Ormosia indurata** L. Chen

分布：福建、广东

胀荚红豆 **Ormosia inflata** Merr. et Chun

分布：海南

纤柄红豆 **Ormosia longipes** L. Chen

分布：云南

云开红豆 **Ormosia merrilliana** L. Chen

分布：云南、广东、广西

小叶红豆 **Ormosia microphylla** Merr.

分布：贵州、福建、广东、广西

南宁红豆 **Ormosia nanningensis** L. Chen

分布：广西

那坡红豆 **Ormosia napoensis** Z. Wei et R. H. Chang

分布：广西

秃叶红豆 **Ormosia nuda** (K. C. How) R. H. Chang et Q. W. Yao

分布：湖北、贵州、云南、广东

榄绿红豆 **Ormosia olivacea** L. Chen
分布：云南、广西

茸荚红豆 **Ormosia pachycarpa** Champ. ex Benth.
分布：广东

茸荚红豆（原变种） **Ormosia pachycarpa** var. **pachycarpa**
分布：广东

薄毛茸荚红豆 **Ormosia pachycarpa** var. **tenuis** Chun ex R. H. Chang
分布：广东

菱荚红豆 **Ormosia pachyptera** L. Chen
分布：广西

屏边红豆 **Ormosia pingbianensis** W. C. Cheng et R. H. Chang
分布：云南、广西

海南红豆 **Ormosia pinnata** (Lour.) Merr.
分布：广东、广西、海南

柔毛红豆 **Ormosia pubescens** R. H. Chang
分布：广西

紫花红豆 **Ormosia purpureiflora** L. Chen
分布：广东

岩生红豆 **Ormosia saxatilis** K. M. Lan
分布：贵州

软荚红豆 **Ormosia semicastrata** Hance
分布：江西、湖南、贵州、福建、广东、广西、海南

亮毛红豆 **Ormosia sericeolucida** L. Chen
分布：广东、广西

单叶红豆 **Ormosia simplicifolia** Merr. et Chun
分布：广西、海南

槽纹红豆 **Ormosia striata** Dunn
分布：云南

木荚红豆 **Ormosia xylocarpa** Chun ex Merr. et L. Chen
分布：江西、湖南、贵州、福建、广东、广西、海南

云南红豆 **Ormosia yunnanensis** Prain
分布：云南

耳豆属(新拟) **Ototropis** Nees

紫晶山蚂蝗 **Ototropis amethystina** (Dunn) H. Ohashi et K. Ohashi
分布：云南；泰国

美花山蚂蝗 **Ototropis callintha** (Franch.) H. Ohashi et K. Ohashi
分布：四川、云南、西藏

圆锥山蚂蝗 **Ototropis elegans** (DC.) H. Ohashi et K. Ohashi
分布：陕西、甘肃、四川、重庆、贵州、云南、西藏；不丹、尼泊尔、印度、阿富汗

滇南山蚂蝗 **Ototropis megaphylla** (Zoll. et Moritzi) H. Ohashi et K. Ohashi
分布：云南；马来西亚、缅甸、泰国、印度

滇南山蚂蝗（原变种） **Ototropis megaphylla** var. **megaphylla**
分布：云南；马来西亚、缅甸、泰国、印度

无毛滇南山蚂蝗 **Ototropis megaphylla** var. **glabrescens** (Prain) H. Ohashi et K. Ohashi
分布：云南；缅甸

饿蚂蝗 **Ototropis multiflora** (DC.) H. Ohashi et K. Ohashi
分布：浙江、江西、湖南、湖北、四川、重庆、贵州、云南、西藏、福建、台湾、广东、广西；中南半岛、缅甸、不丹、印度、尼泊尔

长波叶山蚂蝗 **Ototropis sequax** (Wall.) H. Ohashi et K. Ohashi
分布：河南、湖南、湖北、四川、重庆、贵州、云南、西藏、台湾、广东、广西、香港；印度尼西亚、缅甸、印度、尼泊尔、巴布亚新几内亚

狭叶山蚂蝗 **Ototropis stenophylla** (Pamp.) H. Ohashi et K. Ohashi
分布：四川、云南

云南山蚂蝗 **Ototropis yunnanensis** (Franch.) H. Ohashi et K. Ohashi
分布：四川、云南

棘豆属 **Oxytropis** DC.

猫头刺 **Oxytropis aciphylla** Ledeb.
分布：内蒙古、宁夏、甘肃、青海、新疆；蒙古国、俄罗斯

高山棘豆 **Oxytropis alpina** Bunge
分布：新疆；哈萨克斯坦、乌兹别克斯坦、土库曼斯坦、吉尔吉斯斯坦、塔吉克斯坦、俄罗斯

似棘豆 **Oxytropis ambigua** (Pall.) DC.
分布：新疆；俄罗斯、蒙古国、哈萨克斯坦

瓶状棘豆 **Oxytropis ampullata** (Pall.) Pers.
分布：新疆；哈萨克斯坦、乌兹别克斯坦、土库曼斯坦、

吉尔吉斯斯坦、塔吉克斯坦、俄罗斯

长白棘豆 **Oxytropis anertii** Nakai

分布：吉林；韩国

斋桑棘豆 **Oxytropis argentata** (Pall.) Pers.

分布：新疆；俄罗斯

阿西棘豆 **Oxytropis assiensis** Vassilcz.

分布：新疆、西藏；哈萨克斯坦、乌兹别克斯坦、土库曼斯坦、吉尔吉斯斯坦、塔吉克斯坦

耳瓣棘豆 **Oxytropis auriculata** C. W. Chang

分布：四川

鸟状棘豆 **Oxytropis avisoides** P. C. Li

分布：西藏

八里坤棘豆 **Oxytropis barkolensis** X. Y. Zhu, H. Ohashi et Y. B. Deng

分布：新疆

八宿棘豆 **Oxytropis baxoiensis** P. C. Li

分布：西藏

美丽棘豆 **Oxytropis bella** B. Fedtsch.

分布：新疆、西藏；哈萨克斯坦、吉尔吉斯斯坦、塔吉克斯坦、土库曼斯坦、乌兹别克斯坦

地角儿苗 **Oxytropis bicolor** Bunge

分布：内蒙古、河北、山西、山东、河南、陕西、宁夏、甘肃；蒙古国

二花棘豆 **Oxytropis biflora** P. C. Li

分布：西藏

二裂棘豆 **Oxytropis biloba** Saposhn.

分布：新疆；哈萨克斯坦、乌兹别克斯坦、土库曼斯坦、吉尔吉斯斯坦、塔吉克斯坦

博格多棘豆 **Oxytropis bogdoschanica** Jurtzev

分布：新疆

短梗棘豆 **Oxytropis brevipedunculata** P. C. Li

分布：西藏

蓝花棘豆 **Oxytropis caerulea** (Pall.) DC.

分布：内蒙古、河北、北京、山西、河南、甘肃；蒙古国、俄罗斯

小丛生棘豆 **Oxytropis caespitosula** Gontsch. ex Vass. et B. Fedtsch.

分布：新疆；吉尔吉斯斯坦、塔吉克斯坦

托木尔峰棘豆 **Oxytropis chantengriensis** Vassilcz.

分布：新疆；哈萨克斯坦、乌兹别克斯坦、土库曼斯坦、吉尔吉斯斯坦、塔吉克斯坦

秦岭棘豆 **Oxytropis chinglingensis** C. W. Chang

分布：陕西、西藏

雪地棘豆 **Oxytropis chionobia** Bunge

分布：新疆；哈萨克斯坦、乌兹别克斯坦、土库曼斯坦、吉尔吉斯斯坦、塔吉克斯坦

雪叶棘豆 **Oxytropis chionophylla** Schrenk

分布：新疆；哈萨克斯坦、乌兹别克斯坦、土库曼斯坦、吉尔吉斯斯坦、塔吉克斯坦

霍城棘豆 **Oxytropis chorgossica** Vassilcz.

分布：新疆；哈萨克斯坦、乌兹别克斯坦、土库曼斯坦、吉尔吉斯斯坦、塔吉克斯坦

缘毛棘豆 **Oxytropis ciliata** Turcz.

分布：内蒙古、河北、宁夏；蒙古国

灰叶棘豆 **Oxytropis cinerascens** Bunge

分布：西藏；印度

混合棘豆 **Oxytropis confusa** Bunge

分布：新疆；哈萨克斯坦、俄罗斯

尖喙棘豆 **Oxytropis cuspidata** Bunge

分布：新疆；哈萨克斯坦、乌兹别克斯坦、土库曼斯坦、吉尔吉斯斯坦、塔吉克斯坦

急弯棘豆 **Oxytropis deflexa** (Pall.) DC.

分布：内蒙古、宁夏、青海、新疆、西藏；蒙古国、俄罗斯；北美洲

密丛棘豆 **Oxytropis densa** Benth. ex Bunge

分布：甘肃、青海、新疆、西藏；克什米尔地区、巴基斯坦

密叶棘豆 **Oxytropis densiflora** P. C. Li

分布：甘肃、西藏

密叶棘豆(原变种) **Oxytropis densiflora** var. **densiflora**

分布：甘肃、西藏

多枝密叶棘豆 **Oxytropis densiflora** var. **multiramosa** (P. C. Li) X. Y. Zhu et H. Ohashi

分布：西藏

色花棘豆 **Oxytropis dichroantha** Schrenk

分布：新疆；哈萨克斯坦、乌兹别克斯坦、土库曼斯坦、吉尔吉斯斯坦、塔吉克斯坦

二型叶棘豆 **Oxytropis diversifolia** E. Peter

分布：内蒙古；蒙古国

绵果棘豆 Oxytropis eriocarpa Bunge
分布：新疆；蒙古国、俄罗斯

镰荚棘豆 Oxytropis falcata Bunge
分布：宁夏、甘肃、青海、新疆、四川、西藏

硬毛棘豆 Oxytropis fetisowi Bunge
分布：新疆；哈萨克斯坦、乌兹别克斯坦、土库曼斯坦、吉尔吉斯斯坦、塔吉克斯坦

线棘豆 Oxytropis filiformis DC.
分布：内蒙古；蒙古国、俄罗斯

多花棘豆 Oxytropis floribunda (Pall.) DC.
分布：新疆；俄罗斯、哈萨克斯坦、乌兹别克斯坦、土库曼斯坦、吉尔吉斯斯坦、塔吉克斯坦

脱叶棘豆 Oxytropis fragiliphylla Q. Wang, C. Y. Yang, X. Y. Zhu et H. Ohashi
分布：新疆

陇东棘豆 Oxytropis ganningensis C. W. Chang
分布：宁夏、甘肃

改则棘豆 Oxytropis gerzeensis P. C. Li
分布：青海、新疆、西藏

华西棘豆 Oxytropis giraldii Ulbr.
分布：陕西、宁夏、甘肃、青海、四川

小花棘豆 Oxytropis glabra DC.
分布：吉林、内蒙古、河北、山西、河南、陕西、宁夏、甘肃、青海、新疆、西藏；哈萨克斯坦、蒙古国、俄罗斯

球花棘豆 Oxytropis globiflora Bunge
分布：新疆、西藏；哈萨克斯坦、乌兹别克斯坦、土库曼斯坦、吉尔吉斯斯坦、塔吉克斯坦

大花棘豆 Oxytropis grandiflora (Pall.) DC.
分布：吉林、内蒙古、河北、宁夏；蒙古国、俄罗斯

米口袋状棘豆 Oxytropis gueldenstaedtioides Ulbr.
分布：陕西、甘肃

贵南棘豆 Oxytropis guinanensis Y. H. Wu
分布：青海

长硬毛棘豆 Oxytropis hirsuta Bunge
分布：新疆；哈萨克斯坦、乌兹别克斯坦、土库曼斯坦、吉尔吉斯斯坦、塔吉克斯坦、蒙古国、俄罗斯

短硬毛棘豆 Oxytropis hirsutiuscula Freyn
分布：青海、新疆；哈萨克斯坦、乌兹别克斯坦、土库曼斯坦、吉尔吉斯斯坦、塔吉克斯坦、俄罗斯

毛硬毛棘豆 Oxytropis hirta Bunge
分布：黑龙江、吉林、辽宁、内蒙古、河北、山西、山东、河南、陕西、甘肃；俄罗斯、蒙古国

贺兰山棘豆 Oxytropis holanshanensis H. C. Fu
分布：内蒙古、宁夏

铺地棘豆 Oxytropis humifusa Kar. et Kir.
分布：新疆、西藏；哈萨克斯坦、乌兹别克斯坦、土库曼斯坦、吉尔吉斯斯坦、塔吉克斯坦、尼泊尔、印度、阿富汗、克什米尔地区、巴基斯坦

猬刺棘豆 Oxytropis hystrix Schrenk
分布：新疆；哈萨克斯坦

密花棘豆 Oxytropis imbricata Kom.
分布：甘肃、新疆、西藏

和硕棘豆 Oxytropis immersa (Baker ex Aitch.) Bunge ex B. Fedtsch.
分布：新疆、西藏；阿富汗、巴基斯坦、哈萨克斯坦、乌兹别克斯坦、土库曼斯坦、吉尔吉斯斯坦、塔吉克斯坦；亚洲(西南部)

阴山棘豆 Oxytropis inschanica H. C. Fu et S. H. Cheng
分布：内蒙古

甘肃棘豆 Oxytropis kansuensis Bunge
分布：甘肃、青海、四川、西藏；尼泊尔

克氏棘豆 Oxytropis krylovi Schipcz.
分布：新疆；哈萨克斯坦、俄罗斯

拉德京棘豆 Oxytropis ladygini Krylov
分布：新疆；蒙古国、俄罗斯

绵毛棘豆 Oxytropis lanata (Pall.) DC.
分布：内蒙古；俄罗斯

披针叶棘豆 Oxytropis lanceatifoliola H. Ohba, S. Akiyama et S. K. Wu
分布：新疆

狼山棘豆 Oxytropis langshanica H. C. Fu
分布：内蒙古

多伦棘豆 Oxytropis lanuginosa Kom.
分布：内蒙古；蒙古国

拉普兰棘豆 Oxytropis lapponica (Wahlenb.) Gay
分布：陕西、新疆、西藏；印度、尼泊尔、巴基斯坦、哈萨克斯坦、乌兹别克斯坦、土库曼斯坦、吉尔吉斯斯坦、塔吉克斯坦、俄罗斯；欧洲

宽翼棘豆 Oxytropis latialata P. C. Li
分布：西藏

宽苞棘豆 Oxytropis latibracteata Jurtzev
分布：内蒙古、河北、陕西、甘肃、青海、新疆、四川、西藏

宽苞棘豆(原变种) Oxytropis latibracteata var. **latibracteata**
分布：内蒙古、河北、陕西、宁夏、甘肃、青海、新疆、四川、西藏

长宽苞棘豆 Oxytropis latibracteata var. **longibracteata** Y. H. Wu
分布：青海

等瓣棘豆 Oxytropis lehmannii Bunge
分布：新疆；塔吉克斯坦、乌兹别克斯坦

山泡泡 Oxytropis leptophylla (Pall.) DC.
分布：吉林、内蒙古、河北、山西；蒙古国、俄罗斯

拉萨棘豆 Oxytropis lhasaensis X. Y. Zhu
分布：西藏

线苞棘豆 Oxytropis linearibracteata P. C. Li
分布：西藏

长翼棘豆 Oxytropis longialata P. C. Li
分布：西藏

长穗棘豆 Oxytropis macrobotrys Bunge
分布：新疆；亚洲(西南部)

玛多棘豆 Oxytropis maduoensis Y. H. Wu
分布：青海

马老亚纳棘豆 Oxytropis malloryana Dunn
分布：西藏

玛沁棘豆 Oxytropis maqinensis Y. H. Wu
分布：青海

马氏棘豆(新拟) Oxytropis martjanovi Krylov
分布：新疆；蒙古国、俄罗斯

萨拉套棘豆 Oxytropis meinshausenii Schrenk
分布：甘肃、新疆、四川；哈萨克斯坦、吉尔吉斯斯坦、塔吉克斯坦、土库曼斯坦、乌兹别克斯坦

黑萼棘豆 Oxytropis melanocalyx Bunge
分布：内蒙古、陕西、甘肃、青海、新疆、四川、云南、西藏

米尔克棘豆 Oxytropis merkensis Bunge
分布：内蒙古、宁夏、甘肃、青海、新疆、西藏；哈萨克斯坦、乌兹别克斯坦、土库曼斯坦、吉尔吉斯斯坦、塔吉克斯坦

小叶棘豆 Oxytropis microphylla (Pall.) DC.
分布：内蒙古、甘肃、青海、新疆、西藏；阿富汗、印度、克什米尔地区、吉尔吉斯斯坦、尼泊尔、巴基斯坦、塔吉克斯坦

小球棘豆 Oxytropis microsphaera Bunge
分布：新疆；吉尔吉斯斯坦、塔吉克斯坦

窄膜棘豆 Oxytropis moellendorffii Bunge ex Maxim.
分布：河北、山西

软毛棘豆 Oxytropis mollis Royle ex Benth.
分布：西藏；印度、克什米尔地区、尼泊尔、巴基斯坦

单叶棘豆 Oxytropis monophylla Grubov.
分布：内蒙古、宁夏；蒙古国

糙荚棘豆 Oxytropis muricata (Pall.) DC.
分布：宁夏；蒙古国、俄罗斯

多叶棘豆 Oxytropis myriophylla (Pall.) DC.
分布：黑龙江、吉林、辽宁、内蒙古、河北、山西、宁夏、甘肃；蒙古国、俄罗斯

内蒙古棘豆 Oxytropis neimonggolica C. W. Chang et Y. Z. Zhao
分布：内蒙古；蒙古国

垂花棘豆 Oxytropis nutans Bunge
分布：新疆；哈萨克斯坦、乌兹别克斯坦、土库曼斯坦、吉尔吉斯斯坦、塔吉克斯坦

黄毛棘豆 Oxytropis ochrantha Turcz.
分布：内蒙古、河北、山西、宁夏、甘肃、青海、新疆、四川、西藏；蒙古国

黄花棘豆 Oxytropis ochrocephala Bunge
分布：内蒙古、河北、宁夏、甘肃、青海、新疆、四川、西藏

淡黄棘豆 Oxytropis ochroleuca Bunge
分布：新疆；土库曼斯坦、哈萨克斯坦、乌兹别克斯坦、吉尔吉斯斯坦、塔吉克斯坦

长苞黄花棘豆 Oxytropis ochrolongibracteata X. Y. Zhu et H. Ohashi
分布：甘肃、西藏

尖叶棘豆 Oxytropis oxyphylla (Pall.) DC.
分布：黑龙江、吉林、辽宁、内蒙古、陕西、甘肃、青海；朝鲜

冰河棘豆 **Oxytropis pagobia** Bunge
分布：新疆

长萼棘豆 **Oxytropis parasericeopetala** P. C. Li
分布：西藏

少花棘豆 **Oxytropis pauciflora** Bunge
分布：甘肃、新疆、西藏；哈萨克斯坦、俄罗斯

蓝垂花棘豆 **Oxytropis penduliflora** Gontsch.
分布：青海、新疆

疏毛棘豆 **Oxytropis pilosa** (L.) DC.
分布：新疆；蒙古国、俄罗斯、哈萨克斯坦；欧洲

宽柄棘豆 **Oxytropis platonychia** Bunge
分布：新疆；巴基斯坦、哈萨克斯坦、乌兹别克斯坦、土库曼斯坦、吉尔吉斯斯坦、塔吉克斯坦

宽瓣棘豆 **Oxytropis platysema** Schrenk
分布：新疆、西藏；哈萨克斯坦、乌兹别克斯坦、土库曼斯坦、吉尔吉斯斯坦、塔吉克斯坦

长柄棘豆 **Oxytropis podoloba** Kar. et Kir.
分布：西藏；哈萨克斯坦、乌兹别克斯坦、土库曼斯坦、吉尔吉斯斯坦、塔吉克斯坦

帕米尔棘豆 **Oxytropis poncinsii** Franch.
分布：甘肃、新疆、西藏；哈萨克斯坦、乌兹别克斯坦、土库曼斯坦、吉尔吉斯斯坦、塔吉克斯坦

冰川棘豆 **Oxytropis proboscidea** Bunge
分布：甘肃、新疆、云南、西藏

哈密棘豆 **Oxytropis przewalskii** Kom.
分布：新疆

假蓝花棘豆 **Oxytropis pseudocoerulea** P. C. Li
分布：新疆、四川、西藏

阿拉套棘豆 **Oxytropis pseudofrigida** Saposhn.
分布：新疆

拟腺棘豆 **Oxytropis pseudoglandulosa** Gontsch. ex Grubov
分布：青海

假长毛棘豆 **Oxytropis pseudohirsuta** Q. Wang et C. Y. Yang
分布：新疆

拟多叶棘豆 **Oxytropis pseudomyriophylla** S. H. Cheng ex X. Y. Zhu, H. Ohashi et Y. B. Deng
分布：山西、宁夏、甘肃

普米腊棘豆 **Oxytropis pumila** Fisch. ex DC.
分布：新疆

细小棘豆 **Oxytropis pusilla** Bunge
分布：西藏

昌都棘豆 **Oxytropis qamdoensis** X. Y. Zhu, H. Ohashi et Y. B. Deng
分布：西藏

祁连山棘豆 **Oxytropis qilianshanica** C. W. Chang et C. L. Zhang ex X. Y. Zhu et Ohashi
分布：甘肃、青海、西藏

青海棘豆 **Oxytropis qinghaiensis** Y. H. Wu
分布：青海

囊谦棘豆 **Oxytropis qingnanensis** Y. H. Wu
分布：青海

奇台棘豆 **Oxytropis qitaiensis** X. Y. Zhu, H. Ohashi et Y. B. Deng
分布：新疆

砂珍棘豆 **Oxytropis racemosa** Turcz.
分布：辽宁、内蒙古、河北、山西、河南、陕西、宁夏、甘肃；韩国、蒙古国

多枝棘豆 **Oxytropis ramosissima** Kom.
分布：内蒙古、陕西、甘肃

肾瓣棘豆 **Oxytropis reniformis** P. C. Li
分布：西藏

乌卢套棘豆 **Oxytropis rhynchophysa** Schrenk
分布：新疆；俄罗斯、哈萨克斯坦、乌兹别克斯坦、土库曼斯坦、吉尔吉斯斯坦、塔吉克斯坦

悬岩棘豆 **Oxytropis rupifraga** Bunge
分布：新疆；吉尔吉斯斯坦

囊萼棘豆 **Oxytropis sacciformis** H. C. Fu
分布：内蒙古

萨氏棘豆 **Oxytropis saposhnikovii** Krylov
分布：新疆

萨坎德棘豆 **Oxytropis sarkandensis** Vassilcz.
分布：新疆；哈萨克斯坦、乌兹别克斯坦、土库曼斯坦、吉尔吉斯斯坦、塔吉克斯坦

萨乌尔棘豆 **Oxytropis saurica** Saposhn.
分布：新疆；哈萨克斯坦、乌兹别克斯坦、土库曼斯坦、吉尔吉斯斯坦、塔吉克斯坦

伊朗棘豆 **Oxytropis savellanica** Bunge ex Boiss.
分布：青海、西藏；克什米尔地区、巴基斯坦、哈萨克斯坦、乌兹别克斯坦、土库曼斯坦、吉尔吉斯斯坦、塔吉克斯坦；亚洲(西南部)

塔城棘豆 **Oxytropis schrenkii** Trautv.

分布：新疆；哈萨克斯坦

谢米诺夫棘豆 **Oxytropis semenowii** Bunge

分布：新疆；哈萨克斯坦、乌兹别克斯坦、土库曼斯坦、吉尔吉斯斯坦、塔吉克斯坦

毛瓣棘豆 **Oxytropis sericopetala** Prain ex C. E. C. Fisch.

分布：西藏

山西棘豆 **Oxytropis shanxiensis** X. Y. Zhu

分布：山西、山东

四川棘豆 **Oxytropis sichuanica** C. W. Chang

分布：四川

新疆棘豆 **Oxytropis sinkiangensis** S. H. Cheng ex C. W. Chang

分布：甘肃、新疆

西太白棘豆 **Oxytropis sitaipaiensis** T. P. Wang ex C. W. Chang

分布：陕西

西太白棘豆(原变种) **Oxytropis sitaipaiensis** var. **sitaipaiensis**

分布：陕西

短萼齿棘豆 **Oxytropis sitaipaiensis** var. **brevidentata** (C. W. Chang) X. Y. Zhu et H. Ohashi

分布：陕西

四子王棘豆 **Oxytropis siziwangensis** Y. Z. Zhao et Z. Y. Chu

分布：内蒙古

准噶尔棘豆 **Oxytropis songarica** (Pall.) DC.

分布：新疆

鳞萼棘豆 **Oxytropis squammulosa** DC.

分布：内蒙古、陕西、宁夏、甘肃、青海、新疆；蒙古国、俄罗斯

胀果棘豆 **Oxytropis stracheyana** Bunge

分布：甘肃、青海、新疆、西藏；印度、哈萨克斯坦、吉尔吉斯斯坦、巴基斯坦、塔吉克斯坦、土库曼斯坦、乌兹别克斯坦

短序棘豆 **Oxytropis subpodoloba** P. C. Li

分布：西藏

洮河棘豆 **Oxytropis taochensis** Kom.

分布：陕西、宁夏、甘肃、青海、四川

塔什库尔干棘豆 **Oxytropis tashkurensis** S. H. Cheng ex X. Y. Zhu, H. Ohashi et Y. B. Deng

分布：新疆

天山棘豆 **Oxytropis tianschanica** Bunge

分布：新疆、西藏；吉尔吉斯斯坦、塔吉克斯坦

胶黄耆状棘豆 **Oxytropis tragacanthoides** Fisch. ex DC.

分布：内蒙古、宁夏、甘肃、青海、新疆；哈萨克斯坦、蒙古国

毛齿棘豆 **Oxytropis trichocalycina** Bunge ex Boiss.

分布：新疆；吉尔吉斯斯坦、土库曼斯坦、哈萨克斯坦、乌兹别克斯坦、塔吉克斯坦

毛序棘豆 **Oxytropis trichophora** Franch.

分布：河北、山西、河南、陕西、甘肃

毛泡棘豆 **Oxytropis trichophysa** Bunge

分布：甘肃、新疆；蒙古国、俄罗斯

土丹棘豆 **Oxytropis tudanensis** X. Y. Zhu, H. Ohashi et Y. B. Deng

分布：甘肃、西藏

土克曼棘豆 **Oxytropis tukemansuensis** X. Y. Zhu, H. Ohashi et Y. B. Deng

分布：新疆

维力棘豆 **Oxytropis valerii** Vassilcz.

分布：西藏

维米苦拉棘豆 **Oxytropis vermicularis** Freyn

分布：新疆

浅淡黄棘豆 **Oxytropis viridiflava** Kom.

分布：山西；蒙古国

五台山棘豆 **Oxytropis wutaiensis** Tatew. et Hurus.

分布：山西

兴隆山棘豆 **Oxytropis xinglongshanica** C. W. Chang

分布：甘肃

兴隆山棘豆(原变种) **Oxytropis xinglongshanica** var. **xinglongshanica**

分布：甘肃

肥冠棘豆 **Oxytropis xinglongshanica** var. **obesusicorollata** Y. H. Wu

分布：甘肃

盐池棘豆 **Oxytropis yanchiensis** X. Y. Zhu, H. Ohashi et Y. B. Deng

分布：新疆

野克棘豆 **Oxytropis yekenensis** X. Y. Zhu, H. Ohashi et Y. B. Deng
分布：新疆

云南棘豆 **Oxytropis yunnanensis** Franch.
分布：甘肃、青海、四川、云南、西藏

泽库棘豆 **Oxytropis zekogensis** Y. H. Wu
分布：青海

豆薯属 Pachyrhizus Rich. ex DC.

豆薯 **Pachyrhizus erosus** (L.) Urb.
分布：湖南、湖北、四川、贵州、云南、福建、台湾、广东、广西、海南；热带地区

拟鱼藤属 Paraderris (Miq.) R. Geesink

兰屿鱼藤 **Paraderris canarensis** (Dalzell) Adema
分布：台湾；菲律宾

毛鱼藤 **Paraderris elliptica** (Wall.) Adema
分布：云南、台湾、广东、广西、海南；柬埔寨、印度、印度尼西亚、老挝、马来西亚、菲律宾、泰国、越南

粉叶鱼藤 **Paraderris glauca** (Merr. et Chun) T. C. Chen et Pedley
分布：广西、海南

海南鱼藤 **Paraderris hainanensis** (Hayata) Adema
分布：海南

粤东鱼藤 **Paraderris hancei** (Hemsl.) T. C. Chen et Pedley
分布：广东、广西

异翅鱼藤 **Paraderris malaccensis** (Benth.) Adema
分布：广东、海南；柬埔寨、印度尼西亚、老挝、马来西亚、缅甸、泰国、越南

球花豆属 Parkia R. Br.

大叶球花豆 **Parkia leiophylla** Kurz.
分布：云南栽培；原产于缅甸、泰国

球花豆 **Parkia timoriana** (DC.) Merr.
分布：台湾栽培；原产于热带亚洲

扁轴木属 Parkinsonia L.

扁轴木 **Parkinsonia aculeata** L.
分布：栽培于海南；原产于热带美洲，热带地区广泛栽培

紫雀花属 Parochetus Buch.-Ham. ex D. Don

紫雀花 **Parochetus communis** Buch.-Ham. ex D. Don
分布：四川、云南、西藏；不丹、印度、尼泊尔、斯里兰卡、缅甸、泰国、马来西亚、越南

盾柱木属 Peltophorum (Vogel) Benth.

翼豆 **Peltophorum dasyrrhachis** (Miq.) Kurz
分布：海南；越南，东南亚

盾柱木 **Peltophorum pterocarpum** (DC.) Baker ex K. Heyne
分布：栽培于云南、广西、广东；原产于不丹、印度、印度尼西亚、马来西亚、斯里兰卡、泰国、越南、澳大利亚，引种于非洲东部和其他热带国家

银珠 **Peltophorum tonkinense** (Pierre) Gagnep.
分布：福建、海南；柬埔寨、老挝、越南

菜豆属 Phaseolus L.

荷包豆 **Phaseolus coccineus** L.
分布：黑龙江、吉林、辽宁、内蒙古、河北、山西、河南、陕西、四川、贵州、云南；原产于热带美洲，其他地区广泛栽培

棉豆 **Phaseolus lunatus** L.
分布：河北、山东、江西、湖南、云南、福建、广东、广西、海南；原产于热带美洲，其他地区广泛栽培

菜豆 **Phaseolus vulgaris** L.
分布：黑龙江、吉林、辽宁、河北、北京、河南、甘肃、安徽、江苏、江西、湖南、湖北、重庆、贵州、福建、广东、广西、海南、香港；热带美洲，其他地区广泛栽培

苞护豆属 Phylacium Benn.

苞护豆 **Phylacium majus** Collett et Hemsl.
分布：云南、广西；缅甸、泰国、老挝

排钱树属 Phyllodium Desv.

毛排钱树 **Phyllodium elegans** (Lour.) Desv.
分布：贵州、云南、福建、广东、广西、海南；柬埔寨、老挝、越南、泰国、印度尼西亚

长柱排钱树 **Phyllodium kurzianum** (Kuntze) H. Ohashi
分布：云南、广东、广西；老挝、越南、缅甸、泰国

长叶排钱树 **Phyllodium longipes** (Craib) Schindl.
分布：云南、广东、广西；缅甸、泰国、老挝、柬埔寨、越南

排钱树 **Phyllodium pulchellum** (L.) Desv.
分布：江西、贵州、云南、福建、台湾、广东、广西、海南；热带亚洲至澳大利亚和巴布亚新几内亚

膨果豆属 Phyllolobium Fisch.

长小苞膨果豆 **Phyllolobium balfourianum** (N. D. Simpson) M. L. Zhang et Podlech
分布：甘肃、青海、四川、云南、西藏

弯齿膨果豆 **Phyllolobium camptodontum** (Franch.) M. L. Zhang et Podlech
分布：四川、云南、西藏

蔓生膨果豆 **Phyllolobium chapmanianum** (Wenn.) M. L. Zhang et Podlech
分布：西藏

背扁膨果豆 **Phyllolobium chinense** Fisch.
分布：吉林、河北、山西、河南、陕西、宁夏、甘肃、青海、江苏、四川

芒齿膨果豆 **Phyllolobium dolichochaete** (Diels) M. L. Zhang et Podlech
分布：四川、云南、西藏

亚东膨果豆 **Phyllolobium donianum** (DC.) M. L. Zhang et Podlech
分布：西藏、云南

九叶膨果豆 **Phyllolobium enneaphyllum** (P. C. Li) M. L. Zhang et Podlech
分布：云南

真毛膨果豆 **Phyllolobium eutrichum** (Hand.-Mazz.) M. L. Zhang et Podlech
分布：云南

黄绿膨果豆 **Phyllolobium flavovirens** (K. T. Fu) M. L. Zhang et Podlech
分布：云南

毛柱膨果豆 **Phyllolobium heydei** (Baker) M. L. Zhang et Podlech
分布：青海、新疆、四川、西藏；印度、尼泊尔

拉萨膨果豆 **Phyllolobium lasaense** (C. C. Ni et P. C. Li) M. L. Zhang et Podlech
分布：西藏

线耳膨果豆 **Phyllolobiumileariauriferum** (P. C. Li) M. L. Zhang et Podlech
分布：四川

米林膨果豆 **Phyllolobium milingense** (C. C. NiP. C. Li) M. L. Zhang et Podlech
分布：甘肃、四川、西藏

牧场膨果豆 **Phyllolobium pastorium** (H. T. Tsai et T. T. Yü) et M. L. Zhang et Podlech
分布：四川、云南、西藏

奇异膨果豆 **Phyllolobium prodigiosum** (K. T. Fu) M. L. Zhang et Podlech
分布：四川、西藏

乡城膨果豆 **Phyllolobium sanbilingense** (H. T. Tsai et T. T. Yü) et M. L. Zhang et Podlech
分布：四川、云南

耐旱膨果豆 **Phyllolobium siccaneum** (P. C. Li) M. L. Zhang et Podlech
分布：四川

四川膨果豆 **Phyllolobium sichuanense** Podlech
分布：四川

定日膨果豆 **Phyllolobium tingriense** (C. C. Ni et P. C. Li) M. L. Zhang et Podlech
分布：西藏；尼泊尔

蒺藜叶膨果豆 **Phyllolobium tribulifolium** (Benth. ex Bunge) M. L. Zhang et Podlech
分布：甘肃、青海、四川、云南、西藏；印度、尼泊尔、巴基斯坦

膨果豆 **Phyllolobium turgidocarpum** (K. T. Fu) M. L. Zhang et Podlech
分布：甘肃、四川

加刺拔儿豆属 **Physostigma** Balf.

毒扁豆 **Physostigma venenosum** Balf.
分布：国内有栽培；原产于西非

黄花木属 **Piptanthus** Sweet

黄花木 **Piptanthus nepalensis** (Hook.) Sweet
分布：陕西、甘肃、四川、云南、西藏；不丹、印度、克什米尔地区、尼泊尔

绒叶黄花木 **Piptanthus tomentosus** Franch.
分布：四川、云南

豌豆属 **Pisum** L.

豌豆 **Pisum sativum** L.
分布：遍布中国；广泛栽培于温带地区，栽培起源

牛蹄豆属 **Pithecellobium** Mart.

牛蹄豆 **Pithecellobium dulce** (Roxb.) Benth.
分布：浙江、江西、云南、福建、台湾、广东、广西、海南；原产于南美洲中部和北部的热带地区，热带广泛栽培

水黄皮属 **Pongamia** Vent.

水黄皮 **Pongamia pinnata** (L.) Merr.
分布：福建、台湾、广东、海南；孟加拉国、印度、印度尼西亚、日本、马来西亚、缅甸、巴布亚新几内亚、菲律宾、斯里兰卡、泰国、越南、澳大利亚、太平洋岛屿；非

洲(中部)、美洲(中部)

牧豆树属 **Prosopis** L.

牧豆树 **Prosopis juliflora** (Sw.) DC.
分布：台湾、广东、海南；南美洲

四棱豆属 **Psophocarpus** Neck. ex DC.

四棱豆 **Psophocarpus tetragonolobus** (L.) DC.
分布：云南、台湾、广东、广西、海南；可能原产于热带亚洲，热带广泛栽培

紫檀属 **Pterocarpus** Jacq.

菲律宾紫檀 **Pterocarpus echinatus** Pers.
分布：云南；菲律宾

紫檀 **Pterocarpus indicus** Willd.
分布：云南、台湾、广东；印度、菲律宾、印度尼西亚、缅甸、老挝

马拉巴紫檀 **Pterocarpus marsupium** Roxb.
分布：台湾、广东、海南；原产于印度、斯里兰卡

檀香紫檀 **Pterocarpus santalinus** L. f.
分布：台湾、广东；印度、马来西亚、泰国、越南

老虎刺属 **Pterolobium** R. Br. ex Wight et Arn.

大翅老虎刺 **Pterolobium macropterum** Kurz.
分布：云南、广西、海南；不丹、印度、印度尼西亚、老挝、马来西亚、缅甸、泰国、越南

老虎刺 **Pterolobium punctatum** Hemsl.
分布：江苏、浙江、江西、湖南、湖北、四川、贵州、云南、福建、广东、广西、海南；老挝

葛属 **Pueraria** DC.

密花葛 **Pueraria alopecuroides** Craib
分布：云南；泰国、缅甸

贵州葛 **Pueraria bouffordii** H. Ohashi
分布：贵州

黄毛萼葛 **Pueraria calycina** Franch.
分布：云南

食用葛 **Pueraria edulis** Pamp.
分布：四川、云南；不丹、印度

葛 **Pueraria montana** (Lour.) Merr.
分布：除新疆、西藏和青海外各省(市、自治区)有分布；亚洲(东南部)至大洋洲

葛(原变种) **Pueraria montana** var. **montana**
分布：浙江、江西、湖南、湖北、四川、贵州、云南、福建、台湾、广东、广西、海南；日本、老挝、缅甸、菲律宾、泰国、越南

葛麻姆 **Pueraria montana** var. **lobata** (Willd.) Maesen et S. M. Almeida ex Sanjappa et Predeep
分布：新疆，遍布中国；亚洲(东南部)至澳大利亚；引种于非洲、美洲、欧洲

粉葛 **Pueraria montana** var. **thomsonii** (Benth.) Wiersema ex D. B. Ward
分布：江西、四川、云南、西藏、台湾、广东、广西、海南；不丹、印度、老挝、缅甸、菲律宾、泰国、越南

苦葛 **Pueraria peduncularis** (Graham ex Benth.) Benth.
分布：四川、贵州、云南、西藏、广西；孟加拉国、不丹、印度、缅甸、尼泊尔、巴基斯坦

三裂叶野葛 **Pueraria phaseoloides** (Roxb.) Benth.
分布：浙江、云南、台湾、广东、广西；不丹、尼泊尔、印度尼西亚、缅甸、泰国、柬埔寨、印度、老挝、马来西亚、越南，其他热带地区广泛栽培

小花野葛 **Pueraria stricta** Kurz.
分布：云南；缅甸、泰国

须弥葛 **Pueraria wallichii** DC.
分布：云南、西藏；不丹、印度、缅甸、尼泊尔、泰国

云南葛 **Pueraria xyzhui** H. Ohashi et Iokawa
分布：云南

密子豆属 **Pycnospora** R. Br. ex Wight et Arn.

密子豆 **Pycnospora lutescens** (Poir.) Schindl.
分布：福建?、广东、广西、贵州、海南、江西、台湾、云南；柬埔寨、印度、老挝、缅甸、越南、泰国、菲律宾、印度尼西亚、巴布亚新几内亚、澳大利亚(东部)

鹿藿属 **Rhynchosia** Lour.

渐尖叶鹿藿 **Rhynchosia acuminatifolia** Makino
分布：安徽、江苏、贵州；日本

密果鹿藿 **Rhynchosia acuminatissima** Miq.
分布：云南、海南；印度尼西亚、马来西亚、巴布亚新几内亚、菲律宾、越南、澳大利亚、太平洋岛屿

中华鹿藿 **Rhynchosia chinensis** H. T. Chang ex Y. T. Wei et S. K. Lee
分布：江西、贵州、广东、广西

菱叶鹿藿 **Rhynchosia dielsii** Harms
分布：河南、陕西、湖南、湖北、四川、贵州、广东、

广西

喜马拉雅鹿藿 **Rhynchosia himalensis** Benth. ex Baker

分布：四川、西藏；印度、缅甸、巴基斯坦、尼泊尔

喜马拉雅鹿藿(原变种) **Rhynchosia himalensis** var. **himalensis**

分布：四川、西藏；印度、缅甸、尼泊尔、巴基斯坦

紫脉花鹿藿 **Rhynchosia himalensis** var. **craibiana** (Rehder) E. Peter

分布：四川、云南、西藏

昆明鹿藿 **Rhynchosia kunmingensis** Y. T. Wei et S. K. Lee

分布：云南

黄花鹿藿 **Rhynchosia lutea** Dunn

分布：云南

小鹿藿 **Rhynchosia minima** (L.) DC.

分布：四川、云南、台湾；阿富汗、不丹、印度、印度尼西亚、日本、马来西亚、缅甸、尼泊尔、巴基斯坦、菲律宾、斯里兰卡、泰国、越南

淡红鹿藿 **Rhynchosia rufescens** (Willd.) DC.

分布：云南、广西；印度、斯里兰卡、柬埔寨、马来西亚、印度尼西亚

绒叶鹿藿 **Rhynchosia sericea** Spanoghe

分布：福建、台湾；印度尼西亚、日本、马来西亚、缅甸、尼泊尔、巴基斯坦、泰国

粘鹿藿 **Rhynchosia viscosa** (Roth) DC.

分布：云南；印度、印度尼西亚、马达加斯加、斯里兰卡、尼泊尔、泰国、马来西亚；非洲

鹿藿 **Rhynchosia volubilis** Lour.

分布：台湾、广东、海南；朝鲜、日本、越南

云南鹿藿 **Rhynchosia yunnanensis** Franch.

分布：云南

刺槐属 **Robinia** L.

毛洋槐 **Robinia hispida** L.

分布：河北、山西、山东、河南、陕西、安徽、浙江；原产于北美洲(中部及东部)

洋槐 **Robinia pseudoacacia** L.

分布：辽宁、北京、山东；原产于欧洲、非洲、美洲

落地豆属 **Rothia** Persoon

落地豆 **Rothia indica** (L.) Thuan

分布：广东、海南；印度、印度尼西亚、老挝、马来西亚、斯里兰卡、泰国、越南、澳大利亚(北部)

冬麻豆属 **Salweenia** Baker f.

四川冬麻豆(新拟) **Salweenia bouffordiana** H. Sun

分布：四川

冬麻豆 **Salweenia wardii** Baker f.

分布：四川、西藏

雨树属 **Samanea** (Benth.) Merr.

雨树 **Samanea saman** (Jacq.) Merr.

分布：栽培于云南、台湾、海南；原产于热带南美洲(北部)，热带广泛栽培

无忧花属 **Saraca** L.

四方木 **Saraca asoca** (Roxb.) W. J. de Wilde

分布：云南、台湾、广西；孟加拉国、印度、马来西亚、缅甸、斯里兰卡、越南

无忧花 **Saraca declinata** (Jack) Miq.

分布：福建；原产于中南半岛

中国无忧花 **Saraca dives** Pierre

分布：云南、广东、广西；老挝、越南

云南无忧花 **Saraca griffithiana** Prain

分布：云南；缅甸

印度无忧花 **Saraca indica** L.

分布：云南；泰国、缅甸、老挝、越南、印度、马来西亚、印度尼西亚、斯里兰卡

耳茶豆属 **Senegalia** Raf.

藤相思树 **Senegalia caesia** (L.) Maslin et al.

分布：四川、云南、台湾、广东、海南；中南半岛、缅甸、斯里兰卡、印度(北部)；东南亚、南亚

儿茶 **Senegalia catechu** (L. f.) P. J. H. Hurter et Mabb.

分布：浙江、重庆、云南、台湾、广东、广西、海南；可能原产于缅甸、泰国、印度；东非

丽江金合欢 **Senegalia delavayi** (Franch.) Maslin et al.

分布：四川、贵州、云南

丽江金合欢(原变种) **Senegalia delavayi** var. **delavayi**

分布：四川、云南

昆明金合欢 Senegalia delavayi var. **kunmingensis** (C. Chen et H. Sun) Maslin et al.

分布：贵州、云南

钝叶金合欢 Senegalia megaladena (Desv.) Maslin et al.

分布：云南、西藏、广西；老挝、缅甸、越南、泰国、印度、尼泊尔

钝叶金合欢(原变种) Senegalia megaladena var. **megaladena**

分布：云南、西藏、广西；老挝、缅甸、尼泊尔、越南、印度

盘腺金合欢 Senegalia megaladena var. **garrettii** (I. C. Nielsen) Maslin et al.

分布：云南、广西；泰国

羽叶金合欢 Senegalia pennata (L.) Maslin

分布：浙江、湖南、重庆、云南、福建、广东、广西、海南、香港；中南半岛、缅甸、斯里兰卡、印度、尼泊尔；热带亚洲、非洲

粉被金合欢 Senegalia pruinescens (Kurz) Maslin et al.

分布：云南；马来西亚、缅甸、越南

藤金合欢 Senegalia rugata (Lam.) Britton et Rose

分布：江西、湖南、重庆、贵州、云南、广东、广西、海南、香港、澳门；印度尼西亚、印度、尼泊尔；东南亚

盐丰金合欢 Senegalia teniana (Harms) Maslin et al.

分布：四川、云南

滇南金合欢 Senegalia tonkinensis (I. C. Nielsen) Maslin et al.

分布：云南；老挝、越南

越南金合欢 Senegalia vietnamensis (I. C. Nielsen) Maslin et al.

分布：江西、湖南、贵州、福建、台湾、广东、广西、海南；老挝、越南

云南相思树 Senegalia yunnanensis (Franch.) Maslin et al.

分布：四川、云南

番泻决明属 Senna Mill.

翅荚决明 Senna alata (L.) Roxb.

分布：云南、台湾、广东、海南、香港、澳门；原产于热带美洲，热带广泛引种

毛荚决明 Senna hirsuta (L.) H. S. Irwin et Barneby

分布：云南，栽培于广东；原产于热带美洲，引种于热带地区

望江南 Senna occidentalis (L.) Link

分布：河北、山东、安徽、江苏、重庆、云南、福建、台湾、广东、广西、香港、澳门；原产于热带美洲，热带和亚热带地区也有分布

望江南(原变种) Senna occidentalis var. **occidentalis**

分布：河北、山东、安徽、江苏、重庆、云南、福建、台湾、广东、广西、香港、澳门；原产于热带美洲，热带和亚热带地区也有分布

槐叶决明 Senna occidentalis var. **sophera** (L.) X. Y. Zhu

分布：重庆、云南、香港；热带、亚热带地区，热带美洲

光叶决明 Senna septemtrionalis (Viviani) H. S. Irwin et Barneby

分布：广东、广西有栽培；原产于热带美洲，广泛栽培于热带

铁刀木 Senna siamea (Lam.) H. S. Irwin et Barneby

分布：栽培于中国南部；原产于缅甸和泰国，可能包括柬埔寨、老挝、越南，广泛栽培于热带

粉叶决明 Senna sulfurea (Colladon) H. S. Irwin et Barneby

分布：福建、广东、贵州、?云南；原产于印度、老挝、马来西亚、斯里兰卡、泰国、越南、澳大利亚、太平洋岛屿，新世界热带地区

黄槐决明 Senna surattensis (Burm. f.) H. S. Irwin et Barneby

分布：云南、福建、台湾、广东、广西、海南、香港、澳门；原产于印度尼西亚、菲律宾、斯里兰卡、印度、波利尼西亚、澳大利亚

黄槐决明(原亚种) Senna surattensis subsp. **surattensis**

分布：云南、福建、台湾、广东、广西、海南、香港、澳门；原产于印度尼西亚、菲律宾、斯里兰卡、印度、波利尼西亚、澳大利亚

光粉叶决明 Senna surattensis subsp. **glauca** (Lam.) X. Y. Zhu

分布：云南、福建、广东；原产于澳大利亚、印度、中南半岛、波利尼西亚、斯里兰卡

决明 Senna tora (L.) Roxb.

分布：北京、安徽、浙江、江西、贵州、云南、福建、台湾、广东、广西、海南；原产于热带美洲，现广布于世界热带及温带地区

决明(原变种) Senna tora var. **tora**

分布：北京、安徽、浙江、江西、贵州、云南、福建、台湾、广东、广西、海南；原产于热带美洲，现广布于世界热带及温带地区

钝叶决明 Senna tora var. **obtusifolia** (L.) X. Y. Zhu

分布：遍布中国

田菁属 Sesbania Scop.

刺田菁 Sesbania bispinosa Spreng. ex Stend.

分布：四川、云南、广东、广西、海南、香港、西沙群岛；巴基斯坦、印度、斯里兰卡、马来西亚、伊朗、中南半岛

田菁 Sesbania cannabina (Retz.) Poir.

分布：内蒙古、河北、山西、山东、河南、安徽、江苏、江西、湖南、湖北、重庆、贵州、福建、台湾、广东、广西、海南；可能原产于澳大利亚和西南太平洋岛屿

大花田菁 Sesbania grandiflora (L.) Pers.

分布：云南、台湾、广东、广西、海南；可能原产于印度尼西亚和马来西亚

沼生田菁 Sesbania javanica Miq.

分布：台湾、香港；孟加拉国、印度、澳大利亚、印度尼西亚、马来西亚、缅甸、泰国、柬埔寨、老挝、越南

印度田菁 Sesbania sesban (L.) Merr.

分布：云南、台湾、广东、海南；原产地不确定，栽培于热带

印度田菁(原变种) Sesbania sesban var. **sesban**

分布：广东、海南、台湾；孟加拉国、柬埔寨、印度、印度尼西亚、老挝、马来西亚、巴基斯坦、泰国、越南、澳大利亚(北部)；亚洲(西南部)

元江田菁 Sesbania sesban var. **bicolor** (Wight et Arn.) F. W. Andews

分布：归化于云南；可能原产于印度

宿苞豆属 Shuteria Wight et Arn.

硬毛宿苞豆 Shuteria ferruginea (Kurz.) Baker

分布：云南；不丹、印度、老挝、缅甸、尼泊尔、泰国、越南

宿苞豆 Shuteria involucrata (Wall.) Wight et Arn.

分布：云南、广西；不丹、柬埔寨、印度、印度尼西亚、马来西亚、缅甸、尼泊尔、菲律宾、斯里兰卡、泰国、越南

澜沧宿苞豆 Shuteria lancangensis Y. Y. Qian

分布：云南

西南宿苞豆 Shuteria vestita Wight et Arn.

分布：云南、广西、海南；不丹、印度、印度尼西亚、缅甸、尼泊尔、菲律宾、斯里兰卡、泰国、越南

油楠属 Sindora Miq.

油楠 Sindora glabra Merr. ex de Wit.

分布：云南、福建、广东、海南

东京油楠 Sindora tonkinensis A. Chev.

分布：广东；中南半岛

华扁豆属 Sinodolichos Verdc.

华扁豆 Sinodolichos lagopus (Dunn) Verdc.

分布：云南、广西、海南；马来西亚、泰国

坡油甘属 Smithia Aiton

黄花合叶豆 Smithia blanda Wall. ex Wight et Arn.

分布：四川、贵州、云南；印度、老挝、斯里兰卡、泰国

缘毛合叶豆 Smithia ciliata Royle

分布：浙江、湖南、贵州、云南、台湾、广东、广西、江西(南部)；不丹、印度、尼泊尔、日本、马来西亚、菲律宾、泰国、越南

密节坡油甘 Smithia conferta Sm.

分布：福建、广东、广西；印度、老挝、尼泊尔、斯里兰卡、马来西亚、印度尼西亚、澳大利亚(北部)、越南

盐碱土坡油甘 Smithia salsuginea Hance

分布：广东；印度

坡油甘 Smithia sensitiva Aiton

分布：江西、湖南、四川、贵州、云南、福建、台湾、广东、广西、海南；不丹、印度、印度尼西亚、克什米尔地区、老挝、马来西亚、尼泊尔、菲律宾、斯里兰卡、泰国、越南、澳大利亚(北部)；非洲

槐属 Sophora L.

白花槐 Sophora albescens (Rehder) C. Y. Ma

分布：四川、云南

苦豆子 Sophora alopecuroides L.

分布：内蒙古、山西、河南、陕西、宁夏、甘肃、青海、新疆、西藏；印度；亚洲(中部和西南部)

苦豆子(原变种) Sophora alopecuroides var. **alopecuroides**

分布：甘肃、河南、内蒙古、宁夏、青海、陕西、山西、新疆、西藏；印度；亚洲(中部至西南部)

毛苦豆子 Sophora alopecuroides var. **tomentosa** (Boiss.) Bornm.

分布：新疆；阿富汗、巴基斯坦；亚洲(西南部)

尾叶槐 Sophora benthamii Steenis
分布：云南、西藏；印度、尼泊尔、不丹

短蕊槐 Sophora brachygyna C. Y. Ma
分布：浙江、江西、湖南、广西

白刺花 Sophora davidii (Franch.) Skeels
分布：河北、山西、河南、陕西、甘肃、江苏、浙江、湖南、湖北、四川、贵州、云南、西藏、广西

白刺花(原变种) Sophora davidii var. **davidii**
分布：河北、河南、陕西、甘肃、江苏、浙江、湖南、湖北、四川、贵州、云南、广西

川西白刺花 Sophora davidii var. **chuansiensis** (C. Y. Ma) C. Y. Ma ex B. J. Bao et Vincent
分布：四川、云南、西藏

凉山白刺花 Sophora davidii var. **liangshanensis** (C. Y. Ma) C. Y. Ma ex B. J. Bao et Vincent
分布：四川

柳叶槐 Sophora dunnii Prain
分布：四川、贵州、云南；泰国、缅甸

苦参 Sophora flavescens Ait.
分布：中国各省（市、自治区）均有分布；印度、日本、韩国、俄罗斯

苦参(原变种) Sophora flavescens var. **flavescens**
分布：遍布中国；印度、日本、韩国、俄罗斯

红花苦参 Sophora flavescens var. **galegoides** (Pall.) DC.
分布：安徽、浙江、贵州

毛苦参 Sophora flavescens var. **kronei** (Hance) C. Y. Ma
分布：河北、山西、山东、河南、陕西、甘肃、江苏、湖北

闽槐 Sophora franchetiana Dunn
分布：浙江、湖南、福建、广东；日本

槐 Sophora japonica L.
分布：遍布中国；原产于日本和朝鲜，其他地方广泛栽培

细果槐 Sophora microcarpa C. Y. Ma
分布：贵州、云南

翅果槐 Sophora mollis (Royle) Baker
分布：云南；阿富汗、印度、伊朗、克什米尔地区、尼泊尔、巴基斯坦

砂生槐 Sophora moorcroftiana (Benth.) Benth. ex Baker
分布：西藏；不丹、印度、缅甸

厚果槐 Sophora pachycarpa Schrenk ex C. A. Mey.
分布：甘肃

疏节槐 Sophora praetorulosa Chun et T. C. Chen
分布：海南

锈毛槐 Sophora prazeri Prain
分布：贵州、云南、广西；缅甸

绒毛槐 Sophora tomentosa L.
分布：台湾、广东、海南、香港；热带地区

越南槐 Sophora tonkinensis Gagnep.
分布：贵州、云南、广西；越南

越南槐(原变种) Sophora tonkinensis var. **tonkinensis**
分布：贵州、云南、广西；越南

多叶越南槐 Sophora tonkinensis var. **polyphylla** S. Z. Huang et Z. C. Zhou
分布：广西

紫花越南槐 Sophora tonkinensis var. **purpurascens** C. Y. Ma
分布：贵州

短绒槐 Sophora velutina Lindl.
分布：四川、贵州、云南；孟加拉国、缅甸、印度

短绒槐(原变种) Sophora velutina var. **velutina**
分布：四川、贵州、云南；孟加拉国、印度、缅甸

光叶短绒槐 Sophora velutina var. **cavaleriei** (H. Lév.) Brummitt et Gillett
分布：贵州、云南、广西

长颈槐 Sophora velutina var. **dolichopoda** C. Y. Ma
分布：贵州、云南

多叶槐 Sophora velutina var. **multifoliolata** C. Y. Ma
分布：云南

攀援槐 Sophora velutina var. **scandens** C. Y. Ma
分布：四川、云南

盖槐 Sophora vestita Nakai
分布：山东

瓦山槐 Sophora wilsonii Craib
分布：甘肃、四川、贵州、云南

黄花槐 Sophora xanthoantha C. Y. Ma
分布：云南

云南槐 Sophora yunnanensis C. Y. Ma
分布：云南

鹰爪豆属 **Spartium** L.

鹰爪豆 **Spartium junceum** L.

分布：遍布中国；欧洲

密花豆属 **Spatholobus** Hassk.

双耳密花豆 **Spatholobus biauritus** C. F. Wei

分布：云南

变色密花豆 **Spatholobus discolor** C. F. Wei

分布：云南

耿马密花豆 **Spatholobus gengmaensis** C. F. Wei

分布：云南

光叶密花豆 **Spatholobus harmandii** Gagnep.

分布：海南；老挝、越南

美丽密花豆 **Spatholobus pulcher** Dunn

分布：云南

洛克斯波哥密花豆 **Spatholobus roxburghii** Benth.

分布：云南；印度、缅甸

红血藤 **Spatholobus sinensis** Chun et T. C. Chen

分布：广西、海南、广东(南部)

密花豆 **Spatholobus suberectus** Dunn

分布：云南、福建、广东、广西

单耳密花豆 **Spatholobus uniauritus** C. F. Wei

分布：云南

云南密花豆 **Spatholobus varians** Dunn

分布：云南；缅甸、泰国

苦马豆属 **Sphaerophysa** DC.

苦马豆 **Sphaerophysa salsula** (Pall.) DC.

分布：吉林、辽宁、内蒙古、山西、陕西、宁夏、甘肃、青海、新疆、湖北；蒙古国、俄罗斯

绿玉藤属 **Strongylodon** Vogel

绿玉藤 **Strongylodon macrobotrys** A. Gray

分布：香港；菲律宾

笔花豆属 **Stylosanthes** Swartz

圭亚那笔花豆 **Stylosanthes guianensis** (AuBlume) Sw.

分布：台湾、广东；原产于墨西哥至阿根廷(北部)

有钩柱花草 **Stylosanthes hamata** (L.) Taubert

分布：海南；加勒比地区；北美洲(东南部)、中美洲、南美洲

葫芦茶属 **Tadehagi** H. Ohashi

蔓茎葫芦茶 **Tadehagi pseudotriquetrum** (DC.) H. Ohashi

分布：?福建、广东、广西、贵州、湖南、江西、四川、台湾、云南、?浙江；?不丹、印度、尼泊尔、菲律宾

葫芦茶 **Tadehagi triquetrum** (L.) H. Ohashi

分布：江西、贵州、云南、福建、台湾、广东、广西、海南；孟加拉国、不丹、印度、印度尼西亚、日本、尼泊尔、斯里兰卡、缅甸、泰国、越南、老挝、柬埔寨、马来西亚、太平洋岛屿

酸豆属 **Tamarindus** L.

酸豆 **Tamarindus indica** L.

分布：福建、广东、广西、?海南、云南；原产于非洲，热带广泛栽培

灰毛豆属 **Tephrosia** Pers.

白灰毛豆 **Tephrosia candida** DC.

分布：云南、福建、台湾、广东、广西；印度，其他地方广泛栽培

红灰毛豆 **Tephrosia coccinea** Wall.

分布：海南；缅甸

狭叶红灰毛豆 **Tephrosia coccinea** var. **stenophylla** Hosok.

分布：海南

细梗灰毛豆 **Tephrosia filipes** Benth.

分布：台湾；巴布亚新几内亚、澳大利亚

台湾灰毛豆 **Tephrosia ionophlebia** Hayata

分布：台湾

银灰毛豆 **Tephrosia kerrii** J. R. Drumm. et Craib

分布：云南；泰国、老挝、越南

西沙灰毛豆 **Tephrosia luzonensis** Vogel

分布：广东；菲律宾、印度尼西亚、泰国

长序灰毛豆 **Tephrosia noctiflora** Bojer ex Baker

分布：云南、台湾、广东；原产于热带非洲

卵叶灰毛豆 **Tephrosia obovata** Merr.

分布：台湾；菲律宾

矮灰毛豆 **Tephrosia pumila** (Lam.) Pers.

分布：广东；澳大利亚(北部)；亚洲、热带非洲

灰毛豆 **Tephrosia purpurea** (L.) Pers.

分布：四川、云南、福建、台湾、广东、广西、海南；柬

埔寨、印度、印度尼西亚、老挝、马来西亚、尼泊尔、斯里兰卡、泰国、越南

灰毛豆(原变种) Tephrosia purpurea var. **purpurea**

分布：云南、福建、台湾、广东、广西、海南；柬埔寨、印度、老挝、马来西亚、尼泊尔、斯里兰卡、越南

秃净灰毛豆 Tephrosia purpurea var. **glabra** Hosok.

分布：台湾

云南灰毛豆 Tephrosia purpurea var. **yunnanensis** Z. Wei

分布：四川、云南

黄灰毛豆 Tephrosia vestita Vogel

分布：江西、广东、广西、海南；越南、缅甸、越南、泰国、老挝、柬埔寨、马来西亚、菲律宾、巴布亚新几内亚、印度尼西亚

西非灰毛豆 Tephrosia vogelii Hook. f.

分布：台湾、广东、海南；热带非洲

软荚豆属 Teramnus P. Browne

软荚豆 Teramnus labialis (L. f.) Spreng.

分布：台湾、海南；柬埔寨、印度、斯里兰卡、泰国、柬埔寨、老挝、越南、印度尼西亚、菲律宾、西印度群岛；非洲、热带美洲

琼豆属 Teyleria Backer

琼豆 Teyleria koordersii (Backer ex Koord.-Schum.) Backer

分布：海南；印度尼西亚

野决明属 Thermopsis R. Br.

高山野决明 Thermopsis alpina (Pall.) Ledeb.

分布：内蒙古、河北、甘肃、青海、新疆、四川、云南、西藏；哈萨克斯坦、蒙古国、俄罗斯

紫花野决明 Thermopsis barbata Benth.

分布：青海、新疆、四川、云南、西藏；印度、巴基斯坦、尼泊尔、克什米尔地区

霍州油菜 Thermopsis chinensis Benth. ex S. Moore

分布：河北、陕西、安徽、江苏、浙江、湖北、福建；日本

吉隆野决明 Thermopsis gyirongensis S. Q. Wei

分布：西藏

轮生叶野决明 Thermopsis inflata Cambess.

分布：新疆、西藏；不丹、印度、克什米尔地区、尼泊尔、巴基斯坦

披针叶野决明 Thermopsis lanceolata R. Br.

分布：甘肃、?河北、内蒙古、陕西、山西、新疆、西藏；蒙古国、吉尔吉斯斯坦、俄罗斯

野决明 Thermopsis lupinoides (L.) Link

分布：黑龙江、吉林；日本、韩国、俄罗斯

蒙古野决明 Thermopsis mongolica Czefr.

分布：内蒙古、甘肃、新疆；蒙古国、俄罗斯、哈萨克斯坦

青海野决明 Thermopsis przewalskii Czefr.

分布：内蒙古、陕西、甘肃、青海、西藏

矮生野决明 Thermopsis smithiana E. Peter

分布：四川、云南、西藏

新疆野决明 Thermopsis turkestanica Gand.

分布：新疆；哈萨克斯坦、吉尔吉斯斯坦、蒙古国、俄罗斯、塔吉克斯坦、土库曼斯坦、乌兹别克斯坦

玉树野决明 Thermopsis yushuensis S. Q. Wei

分布：青海

高山豆属 Tibetia (Ali) H. P. Tsui

中甸高山豆 Tibetia forrestii (Ali) P. C. Li

分布：四川、云南

高山豆 Tibetia himalaica (Baker) H. P. Tsui

分布：甘肃、青海、四川、云南、西藏；不丹、印度、尼泊尔、巴基斯坦

黄花高山豆 Tibetia tongolensis (Ulbr.) H. P. Tsui

分布：四川、云南

亚东高山豆 Tibetia yadongensis H. P. Tsui

分布：西藏

云南高山豆 Tibetia yunnanensis (Franch.) H. P. Tsui

分布：四川、云南、西藏

云南高山豆(原变种) Tibetia yunnanensis var. **yunnanensis**

分布：四川、云南

蓝花高山豆 Tibetia yunnanensis var. **coelestis** (Diels) X. Y. Zhu

分布：四川、云南、西藏

三叉刺属 Trifidacanthus Merr.

三叉刺 Trifidacanthus unifoliolatus Merr.

分布：海南；印度尼西亚、菲律宾、越南

车轴草属 Trifolium L.

埃及车轴草 Trifolium alexandrinum L.

分布：江苏、台湾、广东；原产地不明，栽培于北非和亚

洲(西南部)

黄车轴草 Trifolium aureum Pollich

分布：河北、陕西、江苏；原产于亚洲、欧洲(中部和北部)

草原车轴草 Trifolium campestre Schreb.

分布：河北、陕西、江苏；原产于西南亚、欧洲、北非

钝叶车轴草 Trifolium dubium Sibth.

分布：陕西、江苏、台湾；原产于亚洲(西南部)和欧洲

大花车轴草 Trifolium eximium Stephan ex Seringe

分布：新疆；蒙古国、俄罗斯

草莓车轴草 Trifolium fragiferum L.

分布：新疆；亚洲(中部和西南部)、欧洲、北非

延边车轴草 Trifolium gordeievii (Kom.) Z. Wei

分布：黑龙江、吉林；俄罗斯(远东)

杂种车轴草 Trifolium hybridum L.

分布：黑龙江、内蒙古、河北、山西、河南、陕西、宁夏、甘肃、新疆、湖北；原产于西南亚和欧洲，世界广泛栽培

绛车轴草 Trifolium incarnatum L.

分布：河北、山东、陕西、江苏；原产于地中海地区

野火球 Trifolium lupinaster L.

分布：黑龙江、吉林、辽宁、内蒙古、河北、山西、新疆；日本、朝鲜、蒙古国、俄罗斯；欧洲

中间车轴草 Trifolium medium L.

分布：河北、陕西；原产于亚洲(西南部)、欧洲

红车轴草 Trifolium pratense L.

分布：黑龙江、吉林、辽宁、内蒙古、河北、山西、山东、河南、新疆、安徽、江苏、江西、湖北、四川、云南、福建、台湾、广东；原产于亚洲(西南部)、欧洲、北非

白车轴草 Trifolium repens L.

分布：宁夏、西藏、广东、海南、广西和福建外各省份有分布；原产于欧洲

胡卢巴属 Trigonella L.

弯果胡卢巴 Trigonella arcuata C. A. Mey.

分布：新疆；亚洲(中部和西南部)

克什米尔胡卢巴 Trigonella cachemiriana Cambess.

分布：新疆、西藏；阿富汗、印度、克什米尔地区、巴基斯坦；亚洲(西南部)

蓝胡卢巴 Trigonella caerulea (L.) Ser. ex DC.

分布：黑龙江、辽宁、内蒙古、河北、陕西、甘肃；广泛种植在亚洲和欧洲

网脉胡卢巴 Trigonella cancellata Desf.

分布：新疆；俄罗斯；亚洲(中部和西南部)

喜马拉雅胡卢巴 Trigonella emodi Benth.

分布：西藏；印度、克什米尔地区、巴基斯坦、尼泊尔

重齿胡卢巴 Trigonella fimbriata Royle ex Benth.

分布：西藏；印度、克什米尔地区、尼泊尔

胡卢巴 Trigonella foenum-graecum L.

分布：黑龙江、辽宁、内蒙古、河北、山西、陕西、宁夏、甘肃、青海、新疆、四川、西藏；喜马拉雅地区；亚洲(西南部)

帕米尔胡卢巴 Trigonella pamirica Boriss.

分布：新疆；亚洲(中部、西南部)

荆豆属 Ulex L.

荆豆 Ulex europaeus L.

分布：重庆；原产于欧洲，现世界各地广泛引种和归化

狸尾豆属 Uraria Desv.

猫尾草 Uraria crinita (L.) Desv. ex DC.

分布：江西、云南、福建、台湾、广东、广西、海南、香港

滇南狸尾豆 Uraria lacei Craib

分布：云南、广东、广西；印度、老挝、泰国、越南、缅甸

狸尾豆 Uraria lagopodioides (L.) DC.

分布：江西、湖南、贵州、云南、福建、台湾、广东、广西、海南；不丹、柬埔寨、印度、印度尼西亚、日本、老挝、马来西亚、缅甸、越南、尼泊尔、菲律宾、澳大利亚、泰国、太平洋岛屿

福建狸尾豆 Uraria neglecta Prain

分布：浙江、江西、福建、台湾、广东、广西、海南；孟加拉国、印度、尼泊尔

美花狸尾豆 Uraria picta (Jacq.) Desv. ex DC.

分布：四川、贵州、云南、台湾、广西；孟加拉国、不丹、柬埔寨、印度、日本、马来西亚、缅甸、尼泊尔、巴基斯坦、菲律宾、斯里兰卡、泰国、越南、澳大利亚；热带非洲

钩柄狸尾豆 Uraria rufescens (DC.) Schindl.

分布：云南、西藏、广东、广西、海南；孟加拉国、柬埔寨、印度尼西亚、老挝、缅甸、泰国、越南、印度、斯里兰卡、马来西亚

中华狸尾豆 Uraria sinensis (Hemsl.) Franch.

分布：陕西、甘肃、湖北、四川、贵州、云南、西藏、广

东、广西、海南；不丹、印度

算珠豆属 **Urariopsis** Schindl.

短序算珠豆 **Urariopsis brevissima** Yen C. Yang et P. H. Huang
分布：云南、广东、广西

算珠豆 **Urariopsis cordifolia** (Wall.) Schindl.
分布：贵州、云南、广西；柬埔寨、印度、印度尼西亚、老挝、缅甸、泰国、越南

春带豆属(新拟) **Verdesmum** H. Ohashi et K. Ohashi

勐腊长柄山蚂蝗 **Verdesmum menglaense** (C. Chen et X. J. Cui) H. Ohashi et K. Ohashi
分布：云南

野豌豆属 **Vicia** L.

山野豌豆 **Vicia amoena** Fisch. ex Ser.
分布：遍布中国；日本、朝鲜、蒙古国、俄罗斯

黑龙江野豌豆 **Vicia amurensis** Oett.
分布：黑龙江、吉林、辽宁、内蒙古、北京、山西；日本、韩国、蒙古国、俄罗斯

察隅野豌豆 **Vicia bakeri** Ali
分布：四川、云南、西藏；印度、克什米尔地区、尼泊尔、巴基斯坦

大花野豌豆 **Vicia bungei** Ohwi
分布：辽宁、内蒙古、河北、山西、山东、河南、陕西、甘肃、青海、安徽、江苏、四川、云南、西藏；朝鲜

千山野豌豆 **Vicia chianschanensis** (P. Y. Fu et Y. A. Chen) Z. D. Xia
分布：辽宁、山东

华野豌豆 **Vicia chinensis** Franch.
分布：陕西、湖南、湖北、四川、云南、西藏

新疆野豌豆 **Vicia costata** Ledeb.
分布：新疆、西藏；哈萨克斯坦、蒙古国、俄罗斯

广布野豌豆 **Vicia cracca** L.
分布：黑龙江、吉林、辽宁、内蒙古、河北、山西、河南、陕西、甘肃、新疆、安徽、上海、浙江、江西、湖北、四川、重庆、贵州、云南、西藏、福建、广东、广西；日本、哈萨克斯坦、韩国、吉尔吉斯斯坦、蒙古国、俄罗斯、越南；亚洲(西南部)、欧洲

弯折巢菜 **Vicia deflexa** Nakai
分布：安徽、江苏、浙江、湖南、湖北；日本

二色野豌豆 **Vicia dichroantha** Diels
分布：四川、云南

蚕豆 **Vicia faba** L.
分布：遍布中国；广泛栽培

索伦野豌豆 **Vicia geminiflora** Trautv.
分布：黑龙江、吉林、辽宁、内蒙古；蒙古国、俄罗斯

小巢菜 **Vicia hirsuta** (L.) Gray
分布：陕西、甘肃、青海、新疆、安徽、江苏、浙江、四川、贵州、云南、福建、台湾、广东、广西；阿富汗、不丹、印度、日本、韩国、尼泊尔、巴基斯坦(北部)、俄罗斯、土库曼斯坦、大西洋岛屿(北部)；亚洲(中部和西南部)、欧洲、非洲

东方野豌豆 **Vicia japonica** A. Gray
分布：黑龙江、吉林、辽宁、内蒙古、陕西；日本、朝鲜、俄罗斯、蒙古国

确山野豌豆 **Vicia kioshanica** L. H. Bailey
分布：河北、山西、山东、河南、陕西、甘肃、安徽、江苏、浙江、湖北

牯岭野豌豆 **Vicia kulingiana** L. H. Bailey
分布：河南、湖南

宽苞野豌豆 **Vicia latibracteolata** K. T. Fu
分布：河南、陕西、宁夏、甘肃

阿尔泰野豌豆 **Vicia lilacina** Ledeb.
分布：新疆；俄罗斯

大龙骨野豌豆 **Vicia megalotropis** Ledeb.
分布：河北、陕西、甘肃、新疆、四川；哈萨克斯坦、蒙古国、俄罗斯

多茎野豌豆 **Vicia multicaulis** Ledeb.
分布：黑龙江、吉林、内蒙古、北京、天津、陕西、甘肃、青海、新疆、西藏；日本、哈萨克斯坦、蒙古国、俄罗斯

西南野豌豆 **Vicia nummularia** Hand.-Mazz.
分布：甘肃、四川、云南、西藏

头序歪头菜 **Vicia ohwiana** Hosok.
分布：黑龙江、吉林、辽宁、河北、山西、山东、河南、陕西；日本、朝鲜、俄罗斯

褐毛野豌豆 **Vicia pannonica** Crantz
分布：遍布中国；原产于亚洲(西南部)和欧洲，引种归化到其他地方

精致野豌豆 **Vicia perelegans** K. T. Fu
分布：甘肃、四川

大叶野豌豆 Vicia pseudorobus Fisch. et C. A. Mey.

分布：黑龙江、吉林、辽宁、内蒙古、河北、山西、河南、陕西、甘肃、安徽、江苏、湖南、湖北、四川、重庆、云南；蒙古国、日本、朝鲜、俄罗斯

北野豌豆 Vicia ramuliflora (Maxim.) Ohwi

分布：黑龙江、吉林、辽宁、内蒙古、北京、山东、安徽；日本、韩国、蒙古国、俄罗斯

救荒野豌豆 Vicia sativa L.

分布：黑龙江、内蒙古、河北、甘肃、新疆、安徽、江苏、浙江、湖南、湖北、四川、重庆、贵州、云南、西藏、福建、台湾、广东；阿富汗、不丹、印度、日本、哈萨克斯坦、韩国、吉尔吉斯斯坦、蒙古国、尼泊尔、巴基斯坦、俄罗斯、塔吉克斯坦、土库曼斯坦、乌兹别克斯坦、北大西洋岛屿；亚洲(西南部)、欧洲、非洲

救荒野豌豆(原亚种) Vicia sativa subsp. **sativa**

分布：黑龙江、内蒙古、河北、甘肃、新疆、安徽、江苏、浙江、湖北、四川、重庆、贵州、云南、福建、台湾、广东

窄叶野豌豆 Vicia sativa subsp. **nigra** (L.) Ehrh.

分布：新疆、湖南、四川、贵州、西藏、福建、台湾；阿富汗、不丹、哈萨克斯坦、吉尔吉斯斯坦、蒙古国、尼泊尔、巴基斯坦、俄罗斯、塔吉克斯坦、土库曼斯坦、乌兹别克斯坦；亚洲(西南部)、欧洲、非洲

野豌豆 Vicia sepium L.

分布：陕西、甘肃、新疆、四川、贵州、云南；日本、克什米尔地区、哈萨克斯坦、韩国、吉尔吉斯斯坦、蒙古国、俄罗斯、塔吉克斯坦；亚洲(西南部)、欧洲，引种和归化到温带地区其他地方

大野豌豆 Vicia sinogigantea B. J. Bao et Turland

分布：内蒙古、河北、山西、河南、陕西、甘肃、湖北、四川、贵州、云南

疏毛野豌豆 Vicia subvillosa (Ledeb.) Boissier

分布：新疆；阿富汗、哈萨克斯坦、吉尔吉斯斯坦、蒙古国、俄罗斯、塔吉克斯坦、土库曼斯坦、乌兹别克斯坦；亚洲(西南部)

太白野豌豆 Vicia taipaica K. T. Fu

分布：陕西

细叶野豌豆 Vicia tenuifolia Roth

分布：新疆；阿富汗、印度(北部)、日本、克什米尔地区、哈萨克斯坦、韩国、吉尔吉斯斯坦、蒙古国(北部)、尼泊尔、巴基斯坦(北部)、俄罗斯、塔吉克斯坦、乌兹别克斯坦、越南；亚洲(西南部)、欧洲、非洲(西北部)

三尖野豌豆 Vicia ternata Z. D. Xia

分布：四川、云南

四花野豌豆 Vicia tetrantha H. W. Kung

分布：陕西、甘肃、湖北

四籽野豌豆 Vicia tetrasperma (L.) Schreb.

分布：河北、河南、陕西、甘肃、新疆、安徽、江苏、浙江、江西、湖南、湖北、四川、贵州、云南、福建、台湾；阿富汗、不丹、印度、日本、哈萨克斯坦、韩国、吉尔吉斯斯坦、巴基斯坦(北部)、俄罗斯、塔吉克斯坦、乌兹别克斯坦、北大西洋岛屿；亚洲(中部和西南部)、欧洲、北非

西藏野豌豆 Vicia tibetica Prain ex C. E. C. Fisch.

分布：青海、四川、云南、西藏；不丹、印度

歪头菜 Vicia unijuga A. Br.

分布：黑龙江、吉林、辽宁、内蒙古、河北、山西、山东、河南、陕西、甘肃、青海、安徽、江苏、浙江、江西、湖北、四川、贵州、云南、西藏；日本、韩国、蒙古国、俄罗斯

柳叶野豌豆 Vicia venosa (Willd. ex Link) Maxim.

分布：黑龙江、吉林、内蒙古、河北；日本、朝鲜、蒙古国、俄罗斯

长柔毛野豌豆 Vicia villosa Roth

分布：内蒙古、河北、山东、甘肃、江苏、湖南、贵州、广东；大西洋岛(北部)；原产于亚洲(中部和西南部)、北非、欧洲，广泛引进和归化到其他地方

长柔毛野豌豆(原亚种) Vicia villosa subsp. **villosa**

分布：内蒙古、河北、山东、甘肃、新疆、江苏、浙江、湖南、贵州、广东；亚洲、欧洲

欧洲苕子 Vicia villosa subsp. **varia** (Host) Corb.

分布：山东、台湾、广东；大西洋岛(北部)；原产于亚洲(西南部)、北非、欧洲，广泛引进和归化到别处

五山野豌豆 Vicia wushanica Z. D. Xia

分布：甘肃

豇豆属 Vigna Savi

乌头叶豇豆 Vigna aconitifolia (Jacq.) Maréchal

分布：云南；印度、缅甸、巴基斯坦、斯里兰卡，其他地区栽培

腺药豇豆 Vigna adenantha (G. Mey.) Maréchal, Mascherpa et Stainier

分布：台湾；泛热带地区

赤豆 Vigna angularis (Willd.) Ohwi et H. Ohashi

分布：黑龙江、河北、北京、河南、甘肃、安徽、江苏、江西、湖南、湖北、重庆、贵州、福建、广东、广西、海南、香港；原产于亚洲，引种于非洲、美洲和其他地区

和氏豇豆 Vigna hosei (Craib.) Backer

分布：台湾；印度尼西亚、日本、马来西亚、巴布亚新几内亚、斯里兰卡、澳大利亚；非洲(东部)、北美洲、南美洲

长叶豇豆 Vigna luteola (Jacq.) Benth.

分布：台湾；热带地区

滨豇豆 Vigna marina (Burm.) Merr.

分布：台湾、海南；热带地区

贼小豆 Vigna minima (Roxb.) Ohwi et H. Ohashi

分布：辽宁、河北、山西、山东、江苏、浙江、江西、湖南、贵州、云南、福建、台湾、广东、广西、海南；印度、日本、菲律宾

绿豆 Vigna radiata (L.) R. Wilczek

分布：中国普遍栽培；柬埔寨、印度、印度尼西亚、老挝、斯里兰卡、泰国、越南；非洲

绿豆(原变种) Vigna radiata var. **radiata**

分布：中国栽培

三裂叶绿豆 Vigna radiata var. **sublobata** (Roxb.) Verdc.

分布：台湾；柬埔寨、印度、印度尼西亚、老挝、斯里兰卡、泰国、越南；非洲

卷毛豇豆 Vigna reflexopilosa Hayata

分布：台湾、海南；日本、澳大利亚；亚洲(东南部)

琉球豇豆 Vigna riukiuensis (Ohwi) Ohwi et H. Ohashi

分布：台湾；日本

三裂叶豇豆 Vigna trilobata (L.) Verdc.

分布：云南、台湾；阿富汗、孟加拉国、不丹、印度、印度尼西亚、克什米尔地区、缅甸、尼泊尔、巴基斯坦、斯里兰卡、越南

赤小豆 Vigna umbellata (Thunb.) Ohwi et H. Ohashi

分布：云南、台湾、广东、广西、海南；日本、朝鲜、菲律宾；亚洲(东南部)，热带地区广泛栽培

豇豆 Vigna unguiculata (L.) Walp.

分布：黑龙江、吉林、辽宁、河北、北京、河南、甘肃、安徽、江苏、江西、湖南、湖北、重庆、贵州、福建、广东、广西、海南、香港、澳门；热带、亚热带地区，非洲

豇豆(原亚种) Vigna unguiculata subsp. **unguiculata**

分布：广泛种植于中国；非洲

眉豆 Vigna unguiculata subsp. **cylindrica** (L.) Verdc.

分布：黑龙江、河北、北京、河南、甘肃、安徽、江苏、江西、湖南、湖北、重庆、贵州、福建、广东、广西、海南、香港；柬埔寨、日本、朝鲜、老挝、越南；非洲、美洲

长豇豆 Vigna unguiculata subsp. **sesquipedalis** (L.) Verdc.

分布：黑龙江、河北、北京、河南、甘肃、安徽、江苏、湖南、湖北、重庆、贵州、福建、广东、广西、海南、香港；原产于热带亚洲、非洲，美洲热带地区广泛栽培

野豇豆 Vigna vexillata (L.) A. Rich.

分布：河南、陕西、甘肃、安徽、江苏、浙江、江西、湖南、湖北、四川、贵州、云南、福建、广东、广西；热带及亚热带地区

紫藤属 Wisteria Nutt.

短梗紫藤 Wisteria brevidentata Rehder

分布：云南、福建

多花紫藤 Wisteria floribunda (Willd.) DC.

分布：遍布中国；日本

紫藤 Wisteria sinensis (Sims) Sweet

分布：河北、山西、山东、河南、陕西、安徽、江苏、浙江、江西、湖南、云南、福建、广西；日本

白花藤萝 Wisteria venusta Rehder et E. H. Wilson

分布：河北、山西、山东、河南

藤萝 Wisteria villosa Rehder

分布：山东、安徽、江苏

木荚豆属 Xylia Benth.

木荚豆 Xylia xylocarpa Taub.

分布：广东、海南；原产于印度、缅甸、泰国

翅荚木属 Zenia Chun

任豆 Zenia insignis Chun

分布：广东、广西；越南

丁癸草属 Zornia J. F. Gmel.

丁癸草 Zornia gibbosa Span.

分布：江苏、浙江、江西、四川、云南、福建、台湾、广东、广西、海南；不丹、印度、日本、马来西亚、缅甸、尼泊尔、巴基斯坦、斯里兰卡、泰国、澳大利亚

台东癸草 Zornia intecta Mohlenbr.

分布：台湾；印度、斯里兰卡、越南

301. 壳斗科 Fagaceae Dumort.

栗属 Castanea Mill.

日本栗 Castanea crenata Sieb. et Zucc.

分布：辽宁、山东、江西、台湾；日本、朝鲜

锥栗 Castanea henryi (Skan) Rehder et E. H. Wilson
分布：河南、陕西、安徽、江苏、浙江、江西、湖南、湖北、四川、贵州、云南、福建、广东、广西

板栗 Castanea mollissima Blume
分布：辽宁、内蒙古、河北、山西、山东、河南、陕西、甘肃、青海、安徽、江苏、浙江、江西、湖南、湖北、四川、贵州、云南、西藏、福建、台湾、广东、广西栽培或野生；朝鲜

欧洲板栗 Castanea sativa Mill.
分布：海南；原产于欧洲

茅栗 Castanea seguinii Dode
分布：山西、河南、陕西、安徽、江苏、浙江、江西、湖南、湖北、四川、贵州、云南、福建、广东、广西

锥栗属 Castanopsis (D. Don) Spach

南宁锥 Castanopsis amabilis W. C. Cheng et C. S. Chao
分布：广西

银叶锥 Castanopsis argyrophylla King ex Hook. f.
分布：云南；印度、老挝、缅甸、泰国、越南

榄壳锥 Castanopsis boisii Hickel et A. Camus
分布：云南、海南；越南

枹丝锥 Castanopsis calathiformis (Skan) Rehder et E. H. Wilson
分布：云南、西藏；老挝、缅甸、泰国、越南

米槠 Castanopsis carlesii (Hemsl.) Hayata
分布：安徽、江苏、浙江、江西、湖南、湖北、四川、贵州、云南、福建、台湾、广东、广西、海南

米槠(原变种) Castanopsis carlesii var. **carlesii**
分布：安徽、江苏、浙江、江西、湖南、湖北、四川、贵州、云南、福建、台湾、广东、广西、海南

短刺米槠 Castanopsis carlesii var. **spinulosa** W. C. Cheng et C. S. Chao
分布：湖南、四川、贵州、云南、广西

瓦山锥 Castanopsis ceratacantha Rehder et E. H. Wilson
分布：湖北、四川、贵州、云南；老挝、泰国、越南

毛叶杯锥 Castanopsis cerebrina (Hickel et A. Camus) Barnett
分布：云南；泰国、越南

锥 Castanopsis chinensis (Spreng.) Hance
分布：湖南、贵州、云南、广东、广西；越南

锥(原变种) Castanopsis chinensis var. **chinensis**
分布：湖南、贵州、云南、广东、广西；越南

窄叶锥 Castanopsis choboensis Hickel et A. Camus
分布：贵州、云南、广西；越南

厚皮锥 Castanopsis chunii W. C. Cheng
分布：江西、湖南、贵州、广东、广西

棱刺锥 Castanopsis clarkei King ex Hook. f.
分布：云南、西藏；印度、缅甸

华南锥 Castanopsis concinna (Champ. ex Benth.) A. DC.
分布：广东、广西、香港

厚叶锥 Castanopsis crassifolia Hickel et A. Camus
分布：广西；泰国、越南

大明山锥 Castanopsis damingshanensis S. L. Mo ex C. C. Huang et Y. T. Chang
分布：广西

高山锥 Castanopsis delavayi Franch.
分布：四川、贵州、云南、广东

密刺锥 Castanopsis densispinosa Y. C. Hsu et H. Wei Jen
分布：云南

短刺锥 Castanopsis echinocarpa Hook. f. et Thomson ex Miq.
分布：云南、西藏；孟加拉国、不丹、印度、缅甸、尼泊尔、泰国、越南

甜槠 Castanopsis eyrei (Champ. ex Benth.) Tutcher
分布：青海、安徽、江苏、浙江、江西、湖南、湖北、四川、贵州、西藏、福建、台湾、广东、广西

罗浮锥 Castanopsis fabri Hance
分布：安徽、浙江、江西、湖南、贵州、云南、福建、台湾、广东、广西；老挝、越南

栲 Castanopsis fargesii Franch.
分布：安徽、江苏、浙江、江西、湖南、湖北、四川、贵州、云南、福建、台湾、广东、广西

思茅锥 Castanopsis ferox (Roxb.) Spach
分布：云南、西藏；孟加拉国、印度、老挝、缅甸、泰国、越南

黧蒴锥 **Castanopsis fissa** (Champ. ex Benth.) Rehder et E. H. Wilson
分布：江西、湖南、贵州、云南、福建、广东、广西、海南；泰国、越南

小果锥 **Castanopsis fleuryi** Hickel et A. Camus
分布：云南；老挝、越南

毛锥 **Castanopsis fordii** Hance
分布：浙江、江西、湖南、福建、广东、广西

光叶锥(新拟) **Castanopsis glabrifolia** J. Q. Li et Li Chen
分布：海南

圆芽锥 **Castanopsis globigemmata** Chun et C. C. Huang
分布：云南

海南锥 **Castanopsis hainanensis** Merr.
分布：海南

毛果海南栲(新拟) **Castanopsis hairocarpa** G. A. Fu
分布：海南

先骕栲(新拟) **Castanopsis hsiensiui** (X. M. Chen et B. P. Yu) J. Q. Li et Li Chen
分布：海南

湖北锥 **Castanopsis hupehensis** C. S. Chao
分布：湖南、湖北、四川、贵州

红锥 **Castanopsis hystrix** Hook. f. et Thomson ex A. DC.
分布：湖南、贵州、云南、西藏、福建、广东、广西、海南；不丹、柬埔寨、印度、老挝、缅甸、尼泊尔、越南

印度锥 **Castanopsis indica** (Roxb. ex Lindl.) A. DC.
分布：云南、西藏、台湾、广东、广西、海南；孟加拉国、不丹、印度、老挝、缅甸、尼泊尔、泰国、越南

尖峰岭锥 **Castanopsis jianfenglingensis** Duanmu
分布：海南

金平锥 **Castanopsis jinpingensis** J. Q. Li et L. Chen
分布：云南

秀丽锥 **Castanopsis jucunda** Hance
分布：安徽、江苏、浙江、江西、湖南、湖北、贵州、云南、福建、台湾、广东、广西、海南；越南

吊皮锥 **Castanopsis kawakamii** Hayata
分布：江西、福建、台湾、广东、广西；越南

贵州锥 **Castanopsis kweichowensis** Hu
分布：贵州、广西

鹿角锥 **Castanopsis lamontii** Hance
分布：江西、湖南、贵州、云南、福建、广东、广西；越南

乐东锥 **Castanopsis ledongensis** C. C. Huang et Y. T. Chang
分布：海南

长刺锥 **Castanopsis longispina** (King ex Hook. f.) C. C. Huang et Y. T. Chang
分布：西藏；孟加拉国、印度、缅甸

龙州锥 **Castanopsis longzhouica** C. C. Huang et Y. T. Chang
分布：广西

麻栗坡锥 **Castanopsis malipoensis** C. C. Huang ex J. Q. Li et L. Chen
分布：云南；越南

大叶锥 **Castanopsis megaphylla** Hu
分布：云南

湄公锥 **Castanopsis mekongensis** A. Camus
分布：云南；老挝

黑叶锥 **Castanopsis nigrescens** Chun et C. C. Huang
分布：江西、湖南、福建、广东、广西

矩叶锥 **Castanopsis oblonga** Y. C. Hsu et H. Wei Jen
分布：云南

疣锥(?假瘤锥) **Castanopsis oleifera** G. A. Fu
分布：海南

元江锥 **Castanopsis orthacantha** Franch.
分布：四川、贵州、云南

屏边锥 **Castanopsis ouonbiensis** Hickel et A. Camus
分布：云南；越南

扁刺锥 **Castanopsis platyacantha** Rehder et E. H. Wilson
分布：四川、贵州、云南

琼北锥(?大叶柯锥) **Castanopsis qiongbeiensis** G. A. Fu
分布：海南

疏齿锥 **Castanopsis remotidenticulata** Hu
分布：云南

龙陵锥 **Castanopsis rockii** A. Camus
分布：云南；泰国、越南

变色锥 **Castanopsis rufescens** (Hook. f. et Thomson ex Hook. f.) C. C. Huang et Y. T. Chang
分布：云南、西藏；不丹、印度

红壳锥 Castanopsis rufotomentosa Hu
分布：云南

苦槠 Castanopsis sclerophylla (Lindl.) Paxton et Schottky
分布：安徽、江苏、浙江、江西、湖南、湖北、四川、贵州、福建、广西

钻刺锥 Castanopsis subuliformis Chun et C. C. Huang
分布：广东、广西

薄叶锥 Castanopsis tcheponensis Hickel et A. Camus
分布：云南；老挝、缅甸、越南

棕毛锥 Castanopsis tessellata Hickel et A. Camus
分布：云南；越南

钩锥 Castanopsis tibetana Hance
分布：安徽、浙江、江西、湖南、湖北、贵州、云南、福建、广东、广西

公孙锥 Castanopsis tonkinensis Seemen
分布：云南、广东、广西、海南；越南

蒺藜锥 Castanopsis tribuloides (Sm.) A. DC.
分布：云南、西藏；印度、缅甸、尼泊尔、不丹

波叶锥 Castanopsis undulatifolia G. A. Fu
分布：海南

淋漓锥 Castanopsis uraiana (Hayata) Kaneh. et Hatusima
分布：江西、湖南、福建、台湾、广东、广西

腾冲栲 Castanopsis wattii (King ex Hook. f.) A. Camus
分布：云南、西藏；印度

文昌锥 Castanopsis wenchangensis G. A. Fu et C. C. Huang
分布：海南

五指山锥 Castanopsis wuzhishangensis G. A. Fu
分布：海南

西畴锥 Castanopsis xichouensis C. C. Huang et Y. T. Chang
分布：云南

青冈属 Cyclobalanopsis Oerst.

白枝青冈 Cyclobalanopsis albicaulis (Chun et W. C. Ko) Y. C. Hsu et H. W. Jen
分布：海南

环青冈 Cyclobalanopsis annulata (Sm.) Oerst.
分布：四川、云南、西藏；尼泊尔、印度、越南

贵州青冈 Cyclobalanopsis argyrotricha (A. Camus) Chun et Y. T. Chang ex Y. C. Hsu et H. W. Jen
分布：贵州

窄叶青冈 Cyclobalanopsis augustinii (Skan) Schottky
分布：贵州、云南、广西；越南

越南青冈 Cyclobalanopsis austrocochinchinensis (Hickel et A. Camus) Hjelmq.
分布：云南；泰国、越南

滇南青冈 Cyclobalanopsis austroglauca Y. T. Chang ex Y. C. Hsu et H. W. Jen
分布：云南

槟榔青冈 Cyclobalanopsis bella (Chun et Tsiang) Chun ex Y. C. Hsu et H. W. Jen
分布：广东、广西、海南

栎子青冈 Cyclobalanopsis blakei (Skan) Schottky
分布：贵州、广东、广西、海南、香港；老挝、越南

法斗青冈 Cyclobalanopsis camusiae (Trelease ex Hickel et A. Camus) Y. C. Hsu et H. W. Jen
分布：云南；越南

岭南青冈 Cyclobalanopsis championii (Benth.) Oerst.
分布：云南、福建、台湾、广东、广西、海南

昌化岭青冈 Cyclobalanopsis changhuaglingensis G. A. Fu et X. J. Hong
分布：海南

场花瓶青冈(新拟) Cyclobalanopsis changhualingensis G. A. Fu et X. J. Hong
分布：海南

扁果青冈 Cyclobalanopsis chapensis (Hickel et A. Camus) Y. C. Hsu et H. W. Jen
分布：云南；越南

黑果青冈 Cyclobalanopsis chevalieri (Hickel et A. Camus) Y. C. Hsu et H. W. Jen
分布：云南、广东、广西；越南

靖西青冈 Cyclobalanopsis chingsiensis (Y. T. Chang) Y. T. Chang
分布：贵州、广西

福建青冈 Cyclobalanopsis chungii (F. P. Metcalf) Y. C. Hsu et H. W. Jen ex Q. F. Zheng
分布：江西、湖南、福建、广东、广西

大明山青冈 **Cyclobalanopsis daimingshanensis** S. Lee
分布：广西

黄毛青冈 **Cyclobalanopsis delavayi** (Franch.) Schottky
分布：湖北、四川、贵州、云南、广西

上思青冈 **Cyclobalanopsis delicatula** (Chun et Tsiang) Y. C. Hsu et H. W. Jen
分布：湖南、广东、广西

鼎湖青冈 **Cyclobalanopsis dinghuensis** (C. C. Huang) Y. C. Hsu et H. W. Jen
分布：广东

碟斗青冈 **Cyclobalanopsis disciformis** (Chun et Tsiang) Y. C. Hsu et H. W. Jen
分布：湖南、贵州、广东、广西、海南

东方青冈 **Cyclobalanopsis dongfangensis** (C. C. Huang, F. W. Xing et Z. X. Li) Y. T. Chang
分布：海南

华南青冈 **Cyclobalanopsis edithiae** (Skan) Schottky
分布：广东、广西、海南、香港；越南

突脉青冈 **Cyclobalanopsis elevaticostata** Q. F. Zheng
分布：福建

饭甑青冈 **Cyclobalanopsis fleuryi** (Hickel et A. Camus) Chun ex Q. F. Zheng
分布：江西、湖南、贵州、云南、福建、广东、广西、海南；老挝、越南

海南青冈 **Cyclobalanopsis fuliginosa** (Chun et Ku) Y. Y. Luo et R. J. Wang
分布：海南

毛曼青冈 **Cyclobalanopsis gambleana** (A. Camus) Y. C. Hsu et H. W. Jen
分布：湖北、四川、贵州、云南、西藏；印度

赤皮青冈 **Cyclobalanopsis gilva** (Blume) Oerst.
分布：浙江、湖南、贵州、福建、台湾、广东；日本

青冈 **Cyclobalanopsis glauca** (Thunb.) Oerst.
分布：河南、陕西、甘肃、安徽、江苏、浙江、江西、湖南、湖北、四川、贵州、云南、西藏、福建、台湾、广东、广西；阿富汗、不丹、印度、日本、克什米尔地区、朝鲜、尼泊尔、越南

滇青冈 **Cyclobalanopsis glaucoides** Schottky
分布：四川、贵州、云南

细叶青冈 **Cyclobalanopsis gracilis** (Rehder et E. H. Wilson) W. C. Cheng et T. Hong
分布：河南、陕西、甘肃、安徽、江苏、浙江、江西、湖南、湖北、四川、贵州、福建、广东、广西

毛枝青冈 **Cyclobalanopsis helferiana** (A. DC.) Oerst.
分布：贵州、云南、广东、广西；印度、老挝、缅甸、泰国、越南

雷公青冈 **Cyclobalanopsis hui** (Chun) Y. C. Hsu et H. W. Jen
分布：湖南、广东、广西

绒毛青冈 **Cyclobalanopsis hypophaea** (Hayata) Kudo
分布：台湾

大叶青冈 **Cyclobalanopsis jenseniana** (Hand.-Mazz.) ex Q. F. ZhengW. C. Cheng et T. Hong ex Q. F. Zheng
分布：浙江、江西、湖南、湖北、贵州、云南、福建、广东、广西

金平青冈 **Cyclobalanopsis jinpinensis** Y. C. Hsu et H. Wei Jen
分布：云南

毛叶青冈 **Cyclobalanopsis kerrii** (Craib) Hu
分布：贵州、云南、广西、海南；泰国、越南

俅江青冈 **Cyclobalanopsis kiukiangensis** Y. T. Chang ex Y. C. Hsu et H. W. Jen
分布：云南、西藏

俅江青冈(原变种) **Cyclobalanopsis kiukiangensis** var. **kiukiangensis**
分布：云南、西藏

西藏青冈 **Cyclobalanopsis kiukiangensis** var. **xizangensis** (Hsueh) Z. K. Zhou et H. Sun.
分布：西藏

广西青冈 **Cyclobalanopsis kouangsiensis** (A. Camus) Y. C. Hsu et H. W. Jen
分布：湖南、云南、广东、广西

薄片青冈 **Cyclobalanopsis lamellosa** (Sm.) Oerst.
分布：云南、西藏、广西；不丹、印度、缅甸、尼泊尔、泰国

薄片青冈(原变种) **Cyclobalanopsis lamellosa** var. **lamellosa**
分布：云南、西藏、广西；不丹、印度、缅甸、尼泊尔、泰国

拟薄片青冈 Cyclobalanopsis lamellosa var. **nigrinervis** (Hu) Z. K. Zhou et H. Sun
分布：云南、西藏

尖峰青冈 Cyclobalanopsis litoralis Chun et P. C. Tam ex Y. C. Hsu et H. W. Jen
分布：海南

木姜叶青冈 Cyclobalanopsis litseoides (Dunn) Schottky
分布：广东、广西、香港

滇西青冈 Cyclobalanopsis lobbii (Hook. f. et Thomson ex Wenz.) Y. C. Hsu et H. W. Jen
分布：云南；印度、缅甸

长果青冈 Cyclobalanopsis longinux (Hayata) Schottky
分布：台湾

龙迈青冈 Cyclobalanopsis lungmaiensis Hu
分布：云南

大萼青冈 Cyclobalanopsis macrocalyx (Hickel et A. Camus) M. Deng et Z. K. Zhou
分布：江西、贵州、云南、西藏、福建、广东、广西、海南；老挝、越南

台湾青冈 Cyclobalanopsis morii (Hayata) Schottky
分布：台湾

墨脱青冈 Cyclobalanopsis motuoensis (C. C. Huang) Y. C. Hsu et H. W. Jen
分布：西藏

多脉青冈 Cyclobalanopsis multinervis W. C. Cheng et T. Hong
分布：陕西、安徽、江西、湖南、湖北、四川、福建、广西

小叶青冈 Cyclobalanopsis myrsinifolia (Blume) Oerst.
分布：河南、陕西、安徽、江苏、浙江、江西、湖南、四川、贵州、云南、福建、台湾、广东、广西；日本、朝鲜、老挝、泰国、越南

竹叶青冈 Cyclobalanopsis neglecta Schottky
分布：广东、广西、海南；越南

宁冈青冈 Cyclobalanopsis ningangensis W. C. Cheng et Y. C. Hsu
分布：江西、湖南、广西

倒卵叶青冈 Cyclobalanopsis obovatifolia (C. C. Huang) Q. F. Zheng
分布：湖南、福建、广东

曼青冈 Cyclobalanopsis oxyodon (Miq.) Oerst.
分布：陕西、浙江、江西、湖南、湖北、四川、贵州、云南、西藏、广东、广西；不丹、印度、缅甸、尼泊尔

毛果青冈 Cyclobalanopsis pachyloma (Seemen) Schottky
分布：江西、湖南、贵州、云南、福建、台湾、广东、广西

托盘青冈 Cyclobalanopsis patelliformis (Chun) Y. C. Hsu et H. W. Jen
分布：江西、广东、广西、海南

五环青冈 Cyclobalanopsis pentacycla (Y. T. Chang) Y. T. Chang ex Y. C. Hsu et H. W. Jen
分布：云南

亮叶青冈 Cyclobalanopsis phanera (Chun) Y. C. Hsu et H. W. Jen
分布：广西、海南

黄背青冈 Cyclobalanopsis poilanei (Hickel et A. Camus) Hjelmq.
分布：广西；泰国、越南

大果青冈 Cyclobalanopsis rex (Hemsl.) Schottky
分布：云南；印度、老挝、缅甸、越南

薄叶青冈 Cyclobalanopsis saravanensis (A. Camus) Hjelmq.
分布：云南；老挝、越南

无齿青冈 Cyclobalanopsis semiserrata (Roxb.) Oerst.
分布：云南、西藏；印度、缅甸、泰国、孟加拉国

云山青冈 Cyclobalanopsis sessilifolia (Blume) Schottky
分布：安徽、江苏、浙江、江西、湖南、湖北、四川、贵州、福建、台湾、广东、广西；日本

西畴青冈 Cyclobalanopsis sichourensis Hu
分布：贵州、云南

台湾窄叶青冈 Cyclobalanopsis stenophylloides (Hayata) Kudo et Masam.
分布：台湾

褐叶青冈 Cyclobalanopsis stewardiana (A. Camus) Y. C. Hsu et H. W. Jen
分布：安徽、浙江、江西、湖南、湖北、四川、贵州、云南、广东、广西

鹿茸青冈 Cyclobalanopsis subhinoidea (Chun et W. C. Ko) Y. C. Hsu et H. W. Jen ex Y. T. Chang
分布：海南

薄斗青冈 Cyclobalanopsis tenuicupula Y. C. Hsu et H. W. Jen
分布：云南

厚缘青冈 Cyclobalanopsis thorelii (Hickel et A. Camus) Hu
分布：云南、广西；老挝、越南

吊罗山青冈 Cyclobalanopsis tiaoloshanica (Chun et W. C. Ko) Y. C. Hsu et H. W. Jen
分布：海南

毛脉青冈 Cyclobalanopsis tomentosinervis Y. C. Hsu et H. W. Jen
分布：贵州、云南

思茅青冈 Cyclobalanopsis xanthotricha (A. Camus) Y. C. Hsu et H. W. Jen
分布：云南；老挝、越南

燕千青冈 Cyclobalanopsis yin-qianii G. A. Fu
分布：海南

盈江青冈 Cyclobalanopsis yingjiangensis Y. C. Hsu et Q. Z. Dong
分布：云南

永安青冈 Cyclobalanopsis yonganensis (L. Lin et C. C. Huang) Y. C. Hsu et H. Wei Jen
分布：福建

水青冈属 Fagus L.

米心水青冈 Fagus engleriana Seemen
分布：河南、陕西、甘肃、安徽、浙江、湖南、湖北、四川、贵州、云南、广西

台湾水青冈 Fagus hayatae Palib. ex Hayata
分布：陕西、浙江、湖南、湖北、四川、台湾

台湾水青冈(原亚种) Fagus hayatae subsp. **hayatae**
分布：陕西、浙江、湖南、台湾

巴山水青冈 Fagus hayatae subsp. **pashanica** (C. C. Yang) R. Peter ex J. Q. Li
分布：浙江、湖北、四川

水青冈 Fagus longipetiolata Seem.
分布：陕西、安徽、浙江、江西、湖南、湖北、四川、贵州、云南、福建、广东、广西；越南

光叶水青冈 Fagus lucida Rehder et E. H. Wilson
分布：安徽、浙江、江西、湖南、湖北、四川、贵州、福建、广东、广西

三棱栎属 Formanodendron Nixon et Crepet

三棱栎 Formanodendron doichangensis (A. Camus) Nixon et Crepet
分布：云南；泰国

柯属 Lithocarpus Blume

愉柯 Lithocarpus amoenus Chun et C. C. Huang
分布：湖南、贵州、福建、广东

杏叶柯 Lithocarpus amygdalifolius (Skan) Hayata
分布：福建、台湾、广东、广西、海南；越南

向阳柯 Lithocarpus apricus C. C. Huang et Y. T. Chang
分布：云南

小箱柯 Lithocarpus arcaula (Buch.-Ham. et Spreng.) C. C. Huang et Y. T. Chang
分布：西藏、云南；尼泊尔

槟榔柯 Lithocarpus areca (Hickel et A. Camus) A. Camus
分布：云南、广西；越南

尖叶柯 Lithocarpus attenuatus (Skan) Rehder
分布：广东、广西、香港

茸果柯 Lithocarpus bacgiangensis (Hickel et A. Camus) A. Camus
分布：云南、广西、海南；越南

猴面柯 Lithocarpus balansae (Drake) A. Camus
分布：云南；老挝、越南

帽柯 Lithocarpus bonnetii (Hickel et A. Camus) A. Camus
分布：云南、海南；越南

短穗柯 Lithocarpus brachystachyus Chun
分布：广东、海南

短尾柯 Lithocarpus brevicaudatus (Skan) Hayata
分布：安徽、浙江、江西、湖南、湖北、四川、贵州、福建、台湾、广东、广西、海南

美苞柯 Lithocarpus calolepis Y. C. Hsu et H. Wei Jen
分布：云南

美叶柯 Lithocarpus calophyllus Chun ex C. C. Huang et Y. T. Chang
分布：江西、湖南、福建、广东、广西

红心柯 Lithocarpus carolineae (Skan) Rehder
分布：云南

尾叶柯 Lithocarpus caudatilimbus (Merr.) A. Camus
分布：广东、海南

粤北柯 Lithocarpus chifui Chun et Tsiang
分布：贵州、广东

琼中柯 Lithocarpus chiungchungensis Chun et P. C. Tam
分布：海南

金毛柯 Lithocarpus chrysocomus Chun et Tsiang
分布：湖南、广东、广西

炉灰柯 Lithocarpus cinereus Chun et C. C. Huang
分布：云南、广西

包槲柯 Lithocarpus cleistocarpus (Seemen) Rehder et E. H. Wilson
分布：陕西、安徽、浙江、江西、湖南、湖北、四川、贵州、福建

包槲柯(原变种) Lithocarpus cleistocarpus var. **cleistocarpus**
分布：陕西、安徽、浙江、江西、湖南、湖北、四川、贵州、福建

峨眉包槲柯 Lithocarpus cleistocarpus var. **omeiensis** W. P. Fang
分布：四川、贵州、云南

格林柯 Lithocarpus collettii (King ex Hook. f.) A. Camus
分布：西藏；印度、缅甸、泰国

窄叶柯 Lithocarpus confinis C. C. Huang ex Y. C. Hsu et H. W. Jen
分布：贵州、云南

烟斗柯 Lithocarpus corneus (Lour.) Rehder
分布：湖南、贵州、云南、福建、台湾、广东、广西；越南

烟斗柯(原变种) Lithocarpus corneus var. **corneus**
分布：湖南、贵州、云南、福建、台湾、广东、广西；越南

窄叶烟斗柯 Lithocarpus corneus var. **angustifolius** C. C. Huang et Y. T. Chang
分布：云南、广西

多果烟斗柯 Lithocarpus corneus var. **fructuosus** C. C. Huang et Y. T. Chang
分布：广西

海南烟斗柯 Lithocarpus corneus var. **hainanensis** (Merr.) C. C. Huang et Y. T. Chang
分布：广东、海南

皱叶烟斗柯 Lithocarpus corneus var. **rhytidophyllus** C. C. Huang et Y. T. Chang
分布：云南

环鳞烟斗柯 Lithocarpus corneus var. **zonatus** C. C. Huang et Y. T. Chang
分布：广东、广西；越南

白穗柯 Lithocarpus craibianus Barnett
分布：四川、云南；老挝、泰国

硬叶柯 Lithocarpus crassifolius A. Camus
分布：云南；老挝、越南

闭壳柯 Lithocarpus cryptocarpus A. Camus
分布：云南；越南

风兜柯 Lithocarpus cucullatus C. C. Huang et Y. T. Chang
分布：湖南、广东

鱼篮柯 Lithocarpus cyrtocarpus (Drake) A. Camus
分布：广东、广西；越南

大苗山柯 Lithocarpus damiaoshanicus C. C. Huang et Y. T. Chang
分布：广西

白皮柯 Lithocarpus dealbatus (Hook. f. et Thomson ex Miq.) Rehder
分布：四川、贵州、云南、西藏；不丹、印度、老挝、缅甸、泰国、越南

柳叶柯 Lithocarpus dodonaeifolius (Hayata) Hayata
分布：台湾

防城柯 Lithocarpus ducampii (Hickel et A. Camus) A. Camus
分布：广西；越南

壶壳柯 Lithocarpus echinophorus (Hickel ex A. Camus) A. Camus
分布：云南；老挝、缅甸、越南

壶壳柯(原变种) Lithocarpus echinophorus var. **echinophorus**
分布：云南；老挝、缅甸、越南

金平柯 Lithocarpus echinophorus var. **bidoupensis** A. Camus
分布：云南；越南

沙坝柯 Lithocarpus echinophorus var. **chapensis** A. Camus
分布：云南；越南

刺壳柯 Lithocarpus echinotholus (Hu) Chun et C. C. Huang ex Y. C. Hsu et H. Wei Jen
分布：云南；越南

胡颓子叶柯 Lithocarpus elaeagnifolius (Seemen) Chun
分布：海南；越南

厚斗柯 Lithocarpus elizabethiae (Tutcher) Rehder
分布：贵州、云南、福建、广东、广西

万宁柯 Lithocarpus elmerrillii Chun
分布：海南

枇杷叶柯 Lithocarpus eriobotryoides C. C. Huang et Y. T. Chang
分布：湖南、湖北、四川、贵州

川柯 Lithocarpus fangii (Hu et W. C. Cheng) C. C. Huang et Y. T. Chang
分布：四川、贵州

易武柯 Lithocarpus farinulentus (Hance) A. Camus
分布：云南；柬埔寨、泰国、越南

泥柯 Lithocarpus fenestratus (Roxb.) Rehder
分布：云南、西藏、广东、广西、海南；不丹、印度、老挝、缅甸、泰国、越南

红柯 Lithocarpus fenzelianus A. Camus
分布：海南

卷毛柯 Lithocarpus floccosus C. C. Huang et Y. T. Chang
分布：江西、福建、广东

勐海柯 Lithocarpus fohaiensis (Hu) A. Camus
分布：云南

密脉柯 Lithocarpus fordianus (Hemsl.) Chun
分布：贵州、云南；越南

宝鸡柯 Lithocarpus formosanus (Skan) Hayata
分布：台湾

高黎贡柯 Lithocarpus gaoligongensis C. C. Huang et Y. T. Chang
分布：云南

望楼柯 Lithocarpus garrettianus (Craib) A. Camus
分布：云南；老挝、缅甸、泰国、越南

柯 Lithocarpus glaber (Thunb.) Nakai
分布：河南、安徽、江苏、浙江、江西、湖南、湖北、贵州、福建、台湾、广东、广西；日本

灰缘柯(新拟) Lithocarpus glaucus Chun et C. C. Huang ex H. G. Ye
分布：广东、广西

耳叶柯 Lithocarpus grandifolius (D. Don) S. N. Biswas
分布：云南；不丹、印度、老挝、尼泊尔、缅甸、泰国

假鱼篮柯 Lithocarpus gymnocarpus A. Camus
分布：云南、广东、广西；越南

菴耳柯 Lithocarpus haipinii Chun
分布：湖南、贵州、广东、广西

硬壳柯 Lithocarpus hancei (Benth.) Rehder
分布：浙江、江西、湖南、湖北、四川、贵州、云南、福建、台湾、广东、广西、海南

瘤果柯 Lithocarpus handelianus A. Camus
分布：海南

港柯 Lithocarpus harlandii (Hance ex Walp.) Rehder
分布：浙江、江西、湖南、福建、台湾、广东、广西、海南

绵柯 Lithocarpus henryi (Seemen) Rehder et E. H. Wilson
分布：陕西、安徽、江苏、江西、湖南、湖北、四川、贵州

梨果柯 Lithocarpus howii Chun
分布：广东、海南

灰背叶柯 Lithocarpus hypoglaucus (Hu) C. C. Huang ex Y. C. Hsu et H. Wei Jen
分布：四川、云南

广南柯 Lithocarpus irwinii (Hance) Rehder
分布：福建、广东、广西

鼠刺叶柯 Lithocarpus iteaphyllus (Hance) Rehder
分布：浙江、江西、湖南、广东、广西

挺叶柯 Lithocarpus ithyphyllus Chun ex H. T. Chang
分布：广东

盈江柯 Lithocarpus jenkinsii (Benth.) C. C. Huang et Y. T. Chang
分布：云南；印度、缅甸

台湾柯 Lithocarpus kawakamii (Hayata) Hayata
分布：台湾

油叶柯 Lithocarpus konishii (Hayata) Hayata
分布：台湾、海南

屏边柯 **Lithocarpus laetus** Chun et C. C. Huang ex Y. C. Hsu et H. W. Jen
分布：云南

老挝柯 **Lithocarpus laoticus** (Hickel et A. Camus) A. Camus
分布：云南；老挝、越南

鬼石柯 **Lithocarpus lepidocarpus** (Hayata) Hayata
分布：台湾

白枝柯 **Lithocarpus leucodermis** Chun et C. C. Huang
分布：云南

滑壳柯 **Lithocarpus levis** Chun et C. C. Huang
分布：贵州

谊柯 **Lithocarpus listeri** (King) Grierson et D. G. Long
分布：西藏；不丹、印度、缅甸、尼泊尔

木姜叶柯 **Lithocarpus litseifolius** (Hance) Chun
分布：浙江、江西、湖南、湖北、四川、贵州、云南、福建、广东、广西、海南；老挝、缅甸、越南

木姜叶柯(原变种) **Lithocarpus litseifolius** var. **litseifolius**
分布：浙江、江西、湖南、湖北、四川、贵州、云南、福建、广东、广西、海南；老挝、缅甸、越南

毛枝木姜柯 **Lithocarpus litseifolius** var. **pubescens** C. C. Huang et Y. T. Chang
分布：广西

龙眼柯 **Lithocarpus longanoides** C. C. Huang et Y. T. Chang
分布：云南、广东、广西

柄果柯 **Lithocarpus longipedicellatus** (Hickel et A. Camus) A. Camus
分布：云南、广西、海南；越南

龙州柯(新拟) **Lithocarpus longzhouicus** (C. C. Huang et Y. T. Chang) J. Q. Li et L. Chen
分布：广西

香菌柯 **Lithocarpus lycoperdon** (Skan) A. Camus
分布：云南、广西；老挝、越南

粉叶柯 **Lithocarpus macilentus** Chun et C. C. Huang
分布：广东、广西、香港

黑家柯 **Lithocarpus magneinii** (Hickel et A. Camus) A. Camus
分布：云南；老挝、越南

光叶柯 **Lithocarpus mairei** (Schottky) Rehder
分布：云南

大叶柯 **Lithocarpus megalophyllus** Rehder et E. H. Wilson
分布：湖北、四川、贵州、云南、广西；越南

澜沧柯 **Lithocarpus mekongensis** (A. Camus) C. C. Huang et Y. T. Chang
分布：云南；老挝、越南

黑柯 **Lithocarpus melanochromus** Chun et Tsiang ex C. C. Huang et Y. T. Chang
分布：广东、广西

缅宁柯 **Lithocarpus mianningensis** Hu
分布：云南

小果柯 **Lithocarpus microspermus** A. Camus
分布：云南；老挝、越南

水仙柯 **Lithocarpus naiadarum** (Hance) Chun
分布：海南

南投柯 **Lithocarpus nantoensis** (Hayata) Hayata
分布：台湾

光果柯 **Lithocarpus nitidinux** (Hu) Chun ex C. C. Huang et Y. T. Chang
分布：贵州、云南

峨眉柯 **Lithocarpus oblanceolatus** C. C. Huang et Y. T. Chang
分布：四川

卵叶柯 **Lithocarpus obovatilimbus** Chun
分布：海南

墨脱柯 **Lithocarpus obscurus** C. C. Huang et Y. T. Chang
分布：云南、西藏

榄叶柯 **Lithocarpus oleifolius** A. Camus
分布：江西、湖南、贵州、福建、广东、广西；越南

厚鳞柯 **Lithocarpus pachylepis** A. Camus
分布：云南、广西；越南

厚叶柯 **Lithocarpus pachyphyllus** (Kurz.) Rehder
分布：云南、西藏；不丹、印度、缅甸、尼泊尔

厚叶柯(原变种) **Lithocarpus pachyphyllus** var. **pachyphyllus**
分布：云南、西藏；不丹、印度、缅甸、尼泊尔

顺宁厚叶柯 **Lithocarpus pachyphyllus** var. **fruticosus** (Wall. ex King) A. Camus
分布：云南；缅甸

大叶苦柯 Lithocarpus paihengii Chun et Tsiang
分布：江西、湖南、福建、广东、广西

滇南柯 Lithocarpus pakhaensis A. Camus
分布：云南；越南

圆锥柯 Lithocarpus paniculatus Hand.-Mazz.
分布：江西、湖南、广东、广西

石柯 Lithocarpus pasania C. C. Huang et Y. T. Chang
分布：西藏；印度

星毛柯 Lithocarpus petelotii A. Camus
分布：湖南、贵州、云南、广西；越南

桂南柯 Lithocarpus phansipanensis A. Camus
分布：广西；越南

三柄果柯 Lithocarpus propinquus C. C. Huang et Y. T. Chang
分布：云南

单果柯 Lithocarpus pseudoreinwardtii A. Camus
分布：云南；老挝、越南

毛果柯 Lithocarpus pseudovestitus A. Camus
分布：云南、广东、广西、海南；越南

假西藏石柯 Lithocarpus pseudoxizangensis Z. K. Zhou et H. Sun
分布：西藏

钦州柯 Lithocarpus qinzhouicus C. C. Huang et Y. T. Chang
分布：贵州、广西

栎叶柯 Lithocarpus quercifolius C. C. Huang et Y. T. Chang
分布：江西、广东

毛枝柯 Lithocarpus rhabdostachyus subsp. **dakhaensis** A. Camus
分布：云南、广西；越南

南川柯 Lithocarpus rosthornii (Schottky) Barnett
分布：湖南、四川、贵州、广东、广西

浸水营柯 Lithocarpus shinsuiensis Hayata et Kaneh.
分布：台湾

犁耙柯 Lithocarpus silvicolarum (Hance) Chun
分布：云南、海南；越南

滑皮柯 Lithocarpus skanianus (Dunn) Rehder
分布：江西、湖南、云南、福建、广东、广西、海南

球壳柯 Lithocarpus sphaerocarpus (Hickel et A. Camus) A. Camus
分布：云南、广西；越南

平头柯 Lithocarpus tabularis Y. C. Hsu et H. Wei Jen
分布：云南

菱果柯 Lithocarpus taitoensis (Hayata) Hayata
分布：安徽、江苏、浙江、江西、湖南、湖北、四川、贵州、云南、福建、台湾、广东、广西

石屏柯 Lithocarpus talangensis C. C. Huang et Y. T. Chang
分布：云南

薄叶柯 Lithocarpus tenuilimbus H. T. Chang
分布：云南、广东、广西；越南

灰壳柯 Lithocarpus tephrocarpus (Drake) A. Camus
分布：云南；越南

潞西柯 Lithocarpus thomsonii (Miq.) Rehder
分布：云南、西藏；印度、缅甸、泰国、越南

糙果柯 Lithocarpus trachycarpus (Hickel et A. Camus) A. Camus
分布：云南；老挝、泰国、越南

棱果柯 Lithocarpus triqueter (Hickel et A. Camus) A. Camus
分布：云南；越南

截果柯 Lithocarpus truncatus (King ex Hook. f.) Rehder et E. H. Wilson
分布：云南、西藏；印度、缅甸、泰国、越南

截果柯(原变种) Lithocarpus truncatus var. **truncatus**
分布：云南、西藏；印度、缅甸、泰国、越南

小截果柯 Lithocarpus truncatus var. **baviensis** (Drake) A. Camus
分布：云南；越南

壶嘴柯 Lithocarpus tubulosus (Hickel et A. Camus) A. Camus
分布：云南；老挝、泰国、越南

紫玉盘柯 Lithocarpus uvariifolius (Hance) Rehder
分布：福建、广东、广西

紫玉盘柯(原变种) Lithocarpus uvariifolius var. **uvariifolius**
分布：福建、广东、广西

卵叶玉盘柯 Lithocarpus uvariifolius var. **ellipticus** (F. P. Metcalf) C. C. Huang et Y. T. Chang
分布：福建、广东

多变柯 **Lithocarpus variolosus** (Franch.) Chun
分布：四川、云南；越南

西藏柯 **Lithocarpus xizangensis** C. C. Huang et Y. T. Chang
分布：西藏

木果柯 **Lithocarpus xylocarpus** (Kurz.) Markgr.
分布：云南、西藏；印度、老挝、缅甸、越南

阳春柯(新拟) **Lithocarpus yangchunensis** H. G. Ye et F. G. Wang
分布：广东

永福柯 **Lithocarpus yongfuensis** Q. F. Zheng
分布：福建

栎属 **Quercus** L.

岩栎 **Quercus acrodonta** Seemen
分布：河南、陕西、甘肃、湖南、湖北、四川、贵州、云南

麻栎 **Quercus acutissima** Carruth.
分布：辽宁、河北、山西、山东、河南、陕西、安徽、江苏、浙江、江西、湖南、湖北、四川、贵州、云南、西藏、福建、广东、广西、海南；不丹、柬埔寨、印度、日本、韩国、缅甸、尼泊尔、泰国、越南

槲栎 **Quercus aliena** Blume
分布：辽宁、河北、山东、河南、陕西、安徽、江苏、浙江、江西、湖南、湖北、四川、贵州、云南、广东、广西；日本、朝鲜

槲栎(原变种) **Quercus aliena** var. **aliena**
分布：辽宁、河北、山东、河南、陕西、安徽、江苏、浙江、江西、湖南、湖北、四川、贵州、云南、广东、广西；日本、韩国

锐齿槲栎 **Quercus aliena** var. **acutiserrata** Maxim. ex Wenz.
分布：辽宁、河北、山西、山东、河南、陕西、甘肃、安徽、江苏、浙江、江西、湖南、湖北、四川、贵州、云南、广东、广西；日本、朝鲜

北京槲栎 **Quercus aliena** var. **pekingensis** Schottky
分布：辽宁、河北、山西、山东、河南、陕西

川滇高山栎 **Quercus aquifolioides** Rehder et E. H. Wilson
分布：四川、贵州、云南、西藏；不丹

橿子栎 **Quercus baronii** Skan
分布：山西、河南、陕西、甘肃、湖南、湖北、四川

坝王栎 **Quercus bawanglingensis** C. C. Huang, Li et Xing
分布：海南

小叶栎 **Quercus chenii** Nakai
分布：山东、河南、安徽、江苏、浙江、江西、湖南、湖北、四川、福建

铁橡栎 **Quercus cocciferoides** Hand.-Mazz.
分布：陕西、四川、云南

槲树 **Quercus dentata** Thunb.
分布：黑龙江、吉林、辽宁、河北、山西、山东、河南、陕西、甘肃、安徽、江苏、浙江、江西、湖南、湖北、四川、贵州、云南、台湾；日本、朝鲜

匙叶栎 **Quercus dolicholepis** A. Camus
分布：山西、河南、陕西、甘肃、湖南、湖北、四川、贵州、云南

东方柯 **Quercus dongfangensis** C. C. Huang et F. W. Xing et Ze X. Li
分布：海南

巴东栎 **Quercus engleriana** Seemen
分布：河南、陕西、浙江、江西、湖南、湖北、四川、贵州、云南、西藏、福建、广东、广西

白栎 **Quercus fabri** Hance
分布：河南、陕西、安徽、江苏、浙江、江西、湖南、湖北、四川、贵州、云南、福建、广东、广西

房山栎 **Quercus fangshanensis** Liou
分布：河北、山西、河南

凤城栎 **Quercus fenchengensis** H. W. Jen et L. M. Wang
分布：辽宁、陕西

长苞高山栎 **Quercus fimbriata** Chun et C. C. Huang ex Y. C. Hsu et H. W. Jen
分布：四川、云南

锥连栎 **Quercus franchetii** Skan
分布：四川、云南；泰国

烟包栎 **Quercus fuliginosa** Chun et W. C. Ko
分布：河南

黄枝柯(新拟) **Quercus fulvisericeus** (Y. C. Hsu et D. M. Wang) Z. K. Zhou
分布：云南

大叶栎 **Quercus griffithii** Hook. f. et Thomson ex Miq.
分布：四川、贵州、云南、西藏；不丹、印度、缅甸、斯里兰卡、泰国

帽斗栎 Quercus guyavifolia H. Lév.
分布：四川、云南、西藏

河北栎 Quercus hopeiensis Liou
分布：河北、山东、河南、陕西、甘肃

澜沧栎 Quercus kingiana Craib
分布：云南；缅甸、泰国

通麦栎 Quercus lanata Sm.
分布：云南、西藏、广西；不丹、印度、缅甸、尼泊尔、泰国、越南

西藏栎 Quercus lodicosa O. E. Warb. et E. F. Warb.
分布：西藏；缅甸

乐乐栎 Quercus lotungensis Chun et W. C. Ko
分布：海南

麻栗坡栎 Quercus marlipoensis Hu et W. C. Cheng
分布：云南

蒙古栎 Quercus mongolica Fisch. ex Ledeb.
分布：黑龙江、吉林、辽宁、内蒙古、河北、山西、山东、河南、陕西、宁夏、甘肃、青海、四川；日本、朝鲜、俄罗斯

矮高山栎 Quercus monimotricha Hand.-Mazz.
分布：四川、云南

长叶枹栎 Quercus monnula Y. C. Hsu et H. Wei Jen
分布：四川

尖叶栎 Quercus oxyphylla (E. H. Wilson) Hand.-Mazz.
分布：陕西、甘肃、安徽、浙江、湖南、湖北、四川、贵州、福建、广西

沼生栎 Quercus palustris Münchh.
分布：辽宁、北京、山东栽培；原产于北美洲

乌冈栎 Quercus phillyreoides A. Gray
分布：河南、陕西、安徽、浙江、江西、湖南、湖北、四川、贵州、云南、福建、广东、广西；日本、朝鲜

毛脉高山栎 Quercus rehderiana Hand.-Mazz.
分布：四川、贵州、云南、西藏；泰国

夏栎 Quercus robur L.
分布：北京、山东、新疆栽培；原产于欧洲

高山栎 Quercus semecarpifolia Sm.
分布：西藏；阿富汗、印度、尼泊尔、巴基斯坦

灰背栎 Quercus senescens Hand.-Mazz.
分布：四川、贵州、云南、西藏

灰背栎(原变种) Quercus senescens var. **senescens**
分布：四川、贵州、云南、西藏

木里栎 Quercus senescens var. **muliensis** (Hu) Y. C. Hsu et H. Wei Jen
分布：四川、云南

枹栎 Quercus serrata Thunb.
分布：辽宁、山西、山东、河南、陕西、甘肃、安徽、江苏、浙江、江西、湖南、湖北、四川、贵州、云南、福建、台湾、广东、广西；日本、朝鲜

富宁栎 Quercus setulosa Hickel et A. Camus
分布：贵州、云南、广东、广西；老挝、泰国、越南

刺叶高山栎 Quercus spinosa David ex Franch.
分布：陕西、甘肃、江西、湖南、湖北、四川、贵州、云南、西藏、福建、台湾；缅甸

黄山栎 Quercus stewardii Rehder
分布：安徽、浙江、江西、湖北

太鲁阁栎 Quercus tarokoensis Hayata
分布：台湾

炭栎 Quercus utilis Hu et W. C. Cheng
分布：贵州、云南、广西

栓皮栎 Quercus variabilis Blume
分布：辽宁、河北、山西、山东、河南、陕西、甘肃、安徽、江苏、浙江、江西、湖南、湖北、四川、贵州、云南、福建、台湾、广东、广西；日本、朝鲜

易武栎 Quercus yiwuensis C. C. Huang ex Y. C. Huang et H. W. Jen
分布：云南

云南波罗栎 Quercus yunnanensis Franch.
分布：湖北、四川、贵州、云南、广东、广西

302. 须叶藤科 Flagellariaceae Dum.

须叶藤属 **Flagellaria** L.

须叶藤 Flagellaria indica L.
分布：台湾、广东、广西、海南；柬埔寨、印度、印度尼西亚、日本、马来西亚、缅甸、巴布亚新几内亚、菲律宾、斯里兰卡、泰国、越南、澳大利亚、太平洋岛屿；非洲

303. 瓣鳞花科 Frankeniaceae Desv.

瓣鳞花属 **Frankenia** L.

瓣鳞花 Frankenia pulverulenta L.
分布：内蒙古、甘肃、新疆；俄罗斯、蒙古国、阿富汗、巴基斯坦、印度；中亚地区、欧洲、非洲

304. 丝缨花科 Garryaceae Lindl.

桃叶珊瑚属 **Aucuba** Thunb.

斑叶珊瑚 **Aucuba albopunctifolia** F. T. Wang

分布：浙江、湖南、湖北、四川、贵州、广西

斑叶珊瑚(原变种) **Aucuba albopunctifolia** var. **albopunctifolia**

分布：湖北、四川、贵州、广西

窄斑叶珊瑚 **Aucuba albopunctifolia** var. **angustula** W. P. Fang et Z. P. Song

分布：浙江、湖南、四川

桃叶珊瑚 **Aucuba chinensis** Benth.

分布：四川、贵州、云南、福建、台湾、广东、广西、海南；缅甸、越南

桃叶珊瑚(原变种) **Aucuba chinensis** var. **chinensis**

分布：四川、贵州、云南、福建、台湾、广东、广西、海南；缅甸、越南

狭叶桃叶珊瑚 **Aucuba chinensis** var. **angusta** F. T. Wang

分布：贵州、云南

细齿桃叶珊瑚 **Aucuba chlorascens** F. T. Wang

分布：云南

密花桃叶珊瑚 **Aucuba confertiflora** W. P. Fang et Z. P. Song

分布：云南

琵琶叶珊瑚 **Aucuba eriobotryifolia** F. T. Wang

分布：云南

纤尾桃叶珊瑚 **Aucuba filicauda** Chun et F. C. How

分布：江西、贵州、云南、广西

纤尾桃叶珊瑚(原变种) **Aucuba filicauda** var. **filicauda**

分布：贵州、云南、广西

少花桃叶珊瑚 **Aucuba filicauda** var. **pauciflora** W. P. Fang et Z. P. Song

分布：江西、贵州

喜马拉雅珊瑚 **Aucuba himalaica** Hook. f. et Thomson

分布：陕西、浙江、湖南、湖北、四川、贵州、云南、西藏、广东、广西；不丹、印度、缅甸

喜马拉雅珊瑚(原变种) **Aucuba himalaica** var. **himalaica**

分布：陕西、浙江、湖南、湖北、四川、云南、西藏、广西；不丹、印度、缅甸

长叶珊瑚 **Aucuba himalaica** var. **dolichophylla** W. P. Fang et Z. P. Song

分布：浙江、湖南、湖北、四川、贵州、广东、广西

倒披针叶珊瑚 **Aucuba himalaica** var. **oblanceolata** W. P. Fang et Z. P. Song

分布：湖南、四川

密毛桃叶珊瑚 **Aucuba himalaica** var. **pilossima** W. P. Fang et T. P. Soong

分布：陕西、湖南、湖北、四川

青木 **Aucuba japonica** Thunb.

分布：浙江、台湾；日本、朝鲜

青木(原变种) **Aucuba japonica** var. **japonica**

分布：浙江、台湾；日本、朝鲜

花叶青木 **Aucuba japonica** var. **variegata** Dombrain

分布：栽培于全国；原产于日本、朝鲜

倒心叶珊瑚 **Aucuba obcordata** (Rehder) Fu ex W. K. Hu et Soong

分布：陕西、湖南、湖北、四川、贵州、云南、广东、广西

粗梗桃叶珊瑚 **Aucuba robusta** W. P. Fang et T. P. Song

分布：广西

305. 钩吻科 Gelsemiaceae Struwe et V. A. Albert

断肠草属 **Gelsemium** Juss.

钩吻 **Gelsemium elegans** (Gardner et Champ.) Benth.

分布：浙江、江西、湖南、贵州、云南、福建、台湾、广东、广西、海南、香港；印度、印度尼西亚、老挝、马来西亚、缅甸、泰国、越南

306. 龙胆科 Gentianaceae Juss.

腺鳞草属 **Anagallidium** Griseb.

红纹腺鳞草 **Anagallidium rubrostriatum** Y. Z. Zhao, Zong Y. Zhu et L. Q. Zhao

分布：内蒙古

穿心草属 **Canscora** Lam.

罗星草 **Canscora andrographioides** Griff. ex C. B. Clarke

分布：云南、广东、广西；柬埔寨、印度、老挝、马来西亚、泰国、越南

铺地穿心草 Canscora diffusa (Vahl) R. Br. et Roem. et Schult.

分布：贵州、云南、广西；孟加拉国、不丹、印度、印度尼西亚、老挝、马来西亚、尼泊尔、菲律宾、斯里兰卡、泰国、越南、澳大利亚；非洲

穿心草 Canscora lucidissima (H. Lév. et Vaniot) Hand.-Mazz.

分布：贵州、广西

白金花属 Centaurium Hill

日本白金花 Centaurium japonicum (Maxim.) Druce

分布：浙江、台湾；日本

美丽白金花 Centaurium pulchellum (Sw.) Druce

分布：黑龙江、吉林、辽宁、内蒙古、河北、山西、山东、陕西、宁夏、甘肃、青海、新疆、江苏、浙江、江西、湖南、福建、台湾、广东、广西、海南；印度、俄罗斯；亚洲(中西部)、欧洲、非洲

美丽白金花(原变种) Centaurium pulchellum var. **pulchellum**

分布：新疆；印度；亚洲(中西部)、欧洲、非洲(北部)

白金花 Centaurium pulchellum var. **altaicum** (Griseb.) Kitag. et H. Hara

分布：黑龙江、吉林、辽宁、内蒙古、河北、山西、山东、陕西、宁夏、甘肃、青海、新疆、江苏、浙江、江西、湖南、福建、台湾、广东、广西、海南；印度、俄罗斯；亚洲(中部)

喉毛花属 Comastoma (Wettst.) Toyokuni

尖叶蓝钟喉毛花 Comastoma acutum (Michx.) Y. Z. Zhao et X. Zhang

分布：黑龙江、吉林、辽宁、内蒙古、河北、山西、山东、陕西、宁夏；蒙古国、俄罗斯；北美洲

蓝钟喉毛花 Comastoma cyananthiflorum (Franch.) Holub.

分布：青海、四川、云南、西藏

蓝钟喉毛花(原变种) Comastoma cyananthiflorum var. **cyananthiflorum**

分布：青海、四川、云南、西藏

尖叶喉毛花 Comastoma cyananthiflorum var. **acutifolium** Ma et H. W. Li

分布：内蒙古、云南

二萼喉毛花 Comastoma disepalum H. W. Li

分布：云南

镰萼喉毛花 Comastoma falcatum (Turcz. Kar. et Kir.) Toyok.

分布：内蒙古、河北、山西、甘肃、青海、新疆、四川、西藏；印度、克什米尔地区、蒙古国、吉尔吉斯斯坦、尼泊尔、俄罗斯、塔吉克斯坦

鄂西喉毛花 Comastoma henryi (Hemsl.) Holub.

分布：湖北、四川

久治喉毛花 Comastoma jigzhiense T. N. Ho et J. Q. Liu

分布：青海

木里喉毛花 Comastoma muliense (C. Marquand) T. N. Ho

分布：四川

长梗喉毛花 Comastoma pedunculatum (Royle ex D. Don) Holub.

分布：甘肃、青海、四川、云南、西藏；不丹、印度、克什米尔地区、尼泊尔

皱边喉毛花 Comastoma polycladum (Diels et Gilg) T. N. Ho

分布：内蒙古、山西、甘肃、青海

喉毛花 Comastoma pulmonarium (Turcz.) Toyok.

分布：山西、陕西、甘肃、青海、四川、云南、西藏；日本、俄罗斯

纤细喉毛花 Comastoma stellariifolium (Franch.) Holub.

分布：云南；不丹、缅甸、尼泊尔、印度

柔弱喉毛花 Comastoma tenellum (Rottb.) Toyok.

分布：内蒙古、新疆；蒙古国；亚洲、欧洲、北美洲

高杯喉毛花 Comastoma traillianum (Forrest) Holub.

分布：四川、云南

杯药草属 Cotylanthera Blume

杯药草 Cotylanthera paucisquama C. B. Clarke

分布：四川、云南、西藏；印度

蔓龙胆属 Crawfurdia Wall.

大花蔓龙胆 Crawfurdia angustata C. B. Clarke

分布：云南、西藏；印度、缅甸

藏蔓龙胆(新拟) Crawfurdia arunachalensis S. S. Dash, R. Gogoi et A. A. Mao

分布：西藏；印度

云南蔓龙胆 Crawfurdia campanulacea Wall. et Griff. ex C. B. Clarke

分布：云南

裂萼蔓龙胆 **Crawfurdia crawfurdioides** (C. Marquand) Harry Sm.
分布：云南、西藏

裂萼蔓龙胆(原变种) **Crawfurdia crawfurdioides** var. **crawfurdioides**
分布：云南、西藏

根茎蔓龙胆 **Crawfurdia crawfurdioides** var. **iochroa** (C. Marquand) C. J. Wu
分布：云南、西藏

披针叶蔓龙胆 **Crawfurdia delavayi** Franch.
分布：云南

半侧蔓龙胆 **Crawfurdia dimidiata** (C. Marquand) Harry Sm.
分布：云南、西藏；缅甸

细柄蔓龙胆 **Crawfurdia gracilipes** Harry Smith
分布：云南、西藏

裂膜蔓龙胆 **Crawfurdia lobatilimba** W. L. Cheng
分布：西藏

斑茎蔓龙胆 **Crawfurdia maculaticaulis** C. J. Wu
分布：云南、广西

林芝蔓龙胆 **Crawfurdia nyingchiensis** K. Yao et W. L. Cheng
分布：西藏

福建蔓龙胆 **Crawfurdia pricei** (C. Marquand) Harry Sm.
分布：湖南、福建、广东、广西

毛叶蔓龙胆 **Crawfurdia puberula** C. B. Clarke
分布：西藏；不丹、印度

直立蔓龙胆 **Crawfurdia semialata** (C. Marquand) Harry Sm.
分布：四川

无柄蔓龙胆 **Crawfurdia sessiliflora** (C. Marquand) Harry Sm.
分布：四川

新固蔓龙胆 **Crawfurdia sinkuensis** (C. Marquand) Harry Sm.
分布：云南

穗序蔓龙胆 **Crawfurdia speciosa** Wall.
分布：西藏；尼泊尔、印度、不丹、缅甸

四川蔓龙胆 **Crawfurdia thibetica** Franch.
分布：四川

仓山蔓龙胆 **Crawfurdia tsangshanensis** C. J. Wu
分布：云南

藻百年属 **Exacum** L.

云南藻百年 **Exacum teres** Wall.
分布：云南；孟加拉国、不丹、印度、缅甸、尼泊尔

藻百年 **Exacum tetragonum** Roxb.
分布：江西、贵州、云南、广东、广西；柬埔寨、印度、老挝、马来西亚、缅甸、尼泊尔、巴布亚新几内亚、菲律宾、越南、澳大利亚

灰莉属 **Fagraea** Thunb.

灰莉 **Fagraea ceilanica** Thunb.
分布：云南、台湾、广东、广西、海南、香港；柬埔寨、印度、印度尼西亚、老挝、马来西亚、缅甸、菲律宾、斯里兰卡、泰国、越南

龙胆属 **Gentiana** L.

阿坝龙胆 **Gentiana abaensis** T. N. Ho
分布：甘肃、四川

翅萼龙胆 **Gentiana alata** T. N. Ho
分布：云南

银萼龙胆 **Gentiana albicalyx** Burkill
分布：西藏；不丹、印度、尼泊尔

膜边龙胆 **Gentiana albomarginata** C. Marquand
分布：云南

高山龙胆 **Gentiana algida** Pall.
分布：新疆、西藏；不丹、日本、哈萨克斯坦、吉尔吉斯斯坦、韩国、蒙古国、俄罗斯；北美洲

繁缕状龙胆 **Gentiana alsinoides** Franch.
分布：四川、云南

椭叶龙胆 **Gentiana altigena** Harry Sm.
分布：云南

道孚龙胆 **Gentiana altorum** Harry Sm.
分布：四川、西藏

硕花龙胆 **Gentiana amplicrater** Burkill
分布：西藏；印度、尼泊尔

异药龙胆 **Gentiana anisostemon** C. Marquand
分布：云南

开张龙胆 **Gentiana aperta** Maxim.
分布：青海

开张龙胆(原变种) Gentiana aperta var. **aperta**
分布：青海

黄斑龙胆 Gentiana aperta var. **aureopunctata** T. N. Ho et J. H. Li
分布：青海

太白龙胆 Gentiana apiata N. E. Br.
分布：陕西

水生龙胆 Gentiana aquatica L.
分布：西藏；哈萨克斯坦、蒙古国、俄罗斯、塔吉克斯坦

川东龙胆 Gentiana arethusae Burkill
分布：四川

川东龙胆(原变种) Gentiana arethusae var. **arethusae**
分布：四川

七叶龙胆 Gentiana arethusae var. **delicatula** C. Marquand
分布：陕西、四川、云南、西藏

阿里山龙胆 Gentiana arisanensis Hayata
分布：台湾

刺芒龙胆 Gentiana aristata Maxim.
分布：甘肃、青海、四川、云南、西藏

天冬叶龙胆 Gentiana asparagoides T. N. Ho
分布：云南

星萼龙胆 Gentiana asterocalyx Diels
分布：云南

黑紫龙胆 Gentiana atropurpurea T. N. Ho
分布：四川、云南

阿墩子龙胆 Gentiana atuntsiensis W. W. Sm.
分布：四川、云南、西藏

竹林龙胆 Gentiana bambuseti T. Y. Hsieh, T. C Hsu, S. M. Ku et C.-I Peng
分布：台湾

宝兴龙胆 Gentiana baoxingensis T. N. Ho
分布：四川

秀丽龙胆 Gentiana bella Franch.
分布：云南

波密龙胆 Gentiana bomiensis T. N. Ho
分布：西藏

卵萼龙胆 Gentiana bryoides Burkill
分布：西藏；不丹、尼泊尔、印度

白条纹龙胆 Gentiana burkillii Harry Sm.
分布：内蒙古、河北、山西、山东、陕西、宁夏、青海；阿富汗、印度、克什米尔地区、尼泊尔、俄罗斯

缅甸龙胆 Gentiana burmensis C. Marquand
分布：云南、西藏；缅甸

天蓝龙胆 Gentiana caelestis (C. Marquand) Harry Sm.
分布：四川、云南、西藏

蓝灰龙胆 Gentiana caeruleogrisea T. N. Ho
分布：甘肃、青海、西藏

头状龙胆 Gentiana capitata Buch.-Ham. ex D. Don
分布：西藏；不丹、印度、克什米尔地区、缅甸、尼泊尔

石竹叶龙胆 Gentiana caryophyllea Harry Smith
分布：云南；缅甸

头花龙胆 Gentiana cephalantha Franch.
分布：四川、贵州、云南、广西

头花龙胆(原变种) Gentiana cephalantha var. **cephalantha**
分布：四川、贵州、云南、广西；缅甸、泰国、越南

腺龙胆 Gentiana cephalantha var. **vaniotii** (H. Lév.) T. N. Ho
分布：云南

中国龙胆 Gentiana chinensis Kusnez.
分布：湖北、四川、云南

反折花龙胆 Gentiana choanantha C. Marquand
分布：四川

中甸龙胆 Gentiana chungtienensis C. Marquand
分布：云南

西域龙胆 Gentiana clarkei Kusn.
分布：青海、西藏

西域龙胆(原变种) Gentiana clarkei var. **clarkei**
分布：青海、西藏

川西域龙胆(新拟) Gentiana clarkei var. **lutescens** T. N. Ho et J. Q. Liu
分布：青海、西藏

莲座叶龙胆 Gentiana complexa T. N. Ho
分布：四川

对折龙胆 Gentiana conduplicata T. N. Ho
分布：四川

密叶龙胆 **Gentiana confertifolia** C. Marquand
分布：云南

粗茎秦艽 **Gentiana crassicaulis** Duthie ex Burkill
分布：甘肃、青海、四川、贵州、云南、西藏

景天叶龙胆 **Gentiana crassula** Harry Smith
分布：四川、云南、西藏

肾叶龙胆 **Gentiana crassuloides** Bureau et Franch.
分布：甘肃、青海、湖北、四川、云南、西藏；不丹、印度、尼泊尔

圆齿褶龙胆 **Gentiana crenulatotruncata** (C. Marquand) T. N. Ho
分布：青海、四川、西藏

脊突龙胆 **Gentiana cristata** Harry Sm.
分布：云南、西藏

髯毛龙胆 **Gentiana cuneibarba** Harry Sm.
分布：云南、西藏

弯药龙胆 **Gentiana curvianthera** T. N. Ho
分布：四川

弯叶龙胆 **Gentiana curviphylla** T. N. Ho
分布：四川

达乌里秦艽 **Gentiana dahurica** Fisch.
分布：黑龙江、吉林、辽宁、内蒙古、山西、山东、陕西、宁夏、青海、湖北、四川；蒙古国、俄罗斯

达乌里秦艽(原变种) **Gentiana dahurica** var. **dahurica**
分布：内蒙古、河北、山西、山东、陕西、宁夏、青海、四川；蒙古国、俄罗斯

钟花达乌里秦艽 **Gentiana dahurica** var. **campanulata** T. N. Ho
分布：四川

深裂龙胆 **Gentiana damyonensis** C. Marquand
分布：四川、云南、西藏；缅甸

稻城龙胆 **Gentiana daochengensis** T. N. Ho
分布：四川

五岭龙胆 **Gentiana davidii** Franch.
分布：河南、安徽、江苏、浙江、江西、湖南、湖北、福建、台湾、广东、广西、海南

五岭龙胆(原变种) **Gentiana davidii** var. **davidii**
分布：河南、安徽、江苏、浙江、江西、湖南、湖北、福建、台湾、广东、广西、海南

宝鸡龙胆 **Gentiana davidii** var. **formosana** (Hayata) T. N. Ho
分布：福建、台湾、广东

福建龙胆 **Gentiana davidii** var. **fukienensis** (Y. Ling) T. N. Ho
分布：福建、台湾

美龙胆 **Gentiana decorata** Diels
分布：云南、西藏；缅甸

斜升秦艽 **Gentiana decumbens** L. f.
分布：内蒙古、新疆；哈萨克斯坦、蒙古国、俄罗斯；欧洲

微籽龙胆 **Gentiana delavayi** Franch.
分布：四川、云南

黄山龙胆 **Gentiana delicata** Hance
分布：安徽

三角叶龙胆 **Gentiana deltoidea** Harry Sm.
分布：四川

川西秦艽 **Gentiana dendrologi** C. Marquand
分布：四川

密花龙胆 **Gentiana densiflora** T. N. Ho
分布：四川、贵州

平龙胆 **Gentiana depressa** D. Don
分布：西藏；不丹、印度、尼泊尔

叉枝龙胆 **Gentiana divaricata** T. N. Ho
分布：四川

长萼龙胆 **Gentiana dolichocalyx** T. N. Ho
分布：青海、四川

多雄山龙胆 **Gentiana doxiongshangensis** T. N. Ho
分布：西藏；不丹、印度

昆明龙胆 **Gentiana duclouxii** Franch.
分布：云南

无尾尖龙胆 **Gentiana ecaudata** C. Marquand
分布：云南、西藏

壶冠龙胆 **Gentiana elwesii** C. B. Clarke
分布：西藏；不丹、印度、尼泊尔

扇叶龙胆 **Gentiana emodii** C. Marquand ex Sealy
分布：西藏；不丹、印度

齿褶龙胆 **Gentiana epichysantha** Hand.-Mazz.
分布：云南

直萼龙胆 Gentiana erectosepala T. N. Ho
分布：西藏

滇东龙胆 Gentiana eurycolpa C. Marquand
分布：贵州、云南

弱小龙胆 Gentiana exigua Harry Sm.
分布：四川、云南

盐丰龙胆 Gentiana expansa Harry Sm.
分布：云南

丝瓣龙胆 Gentiana exquisita Harry Sm.
分布：云南、西藏；缅甸

毛喉龙胆 Gentiana faucipilosa Harry Sm.
分布：云南、西藏

丝萼龙胆 Gentiana filisepala T. N. Ho
分布：四川

丝柱龙胆 Gentiana filistyla Balf. f. et Forrest
分布：云南、西藏

黄花龙胆 Gentiana flavomaculata Hayata
分布：台湾

弯茎龙胆 Gentiana flexicaulis Harry Sm.
分布：陕西、四川

美丽龙胆 Gentiana formosa Harry Sm.
分布：云南、西藏

苍白龙胆 Gentiana forrestii C. Marquand
分布：云南

密枝龙胆 Gentiana franchetiana Kusn.
分布：四川、云南

青藏龙胆 Gentiana futtereri Diels et Gilg
分布：青海、四川、云南、西藏

高贵龙胆 Gentiana gentilis Franch.
分布：云南

滇西龙胆 Gentiana georgei Diels
分布：甘肃、青海、四川、云南

黄条纹龙胆 Gentiana gilvostriata C. Marquand
分布：云南、西藏；不丹、印度、缅甸

圆球龙胆 Gentiana globosa T. N. Ho
分布：四川、西藏；尼泊尔

纤茎龙胆 Gentiana gracilis S. S. Yang, F. Du et J. Wang
分布：云南

长流苏龙胆 Gentiana grata Harry Sm.
分布：云南、西藏；缅甸

南山龙胆 Gentiana grumii Kusn.
分布：青海

吉隆龙胆 Gentiana gyirongensis T. N. Ho
分布：西藏；尼泊尔

斑点龙胆 Gentiana handeliana Harry Sm.
分布：云南、西藏；缅甸

扭果柄龙胆 Gentiana harrowiana Diels
分布：云南；缅甸

钻叶龙胆 Gentiana haynaldii Kanitz
分布：青海、四川、云南、西藏

针叶龙胆 Gentiana heleonastes Harry Sm.
分布：青海、四川

喜湿龙胆 Gentiana helophila Balf. f. et Forrest
分布：云南

六叶龙胆 Gentiana hexaphylla Maxim. ex Kusnez
分布：陕西、甘肃、青海、四川

喜马拉雅龙胆 Gentiana himalayaensis T. N. Ho
分布：西藏；不丹、尼泊尔、印度

硬毛龙胆 Gentiana hirsuta Ma et E. W. Ma ex T. N. Ho
分布：四川

兴安龙胆 Gentiana hsinganica J. H. Yu
分布：内蒙古

藏南龙胆 Gentiana huxleyi Kusn.
分布：西藏；不丹、印度、尼泊尔、巴基斯坦

糙龙胆 Gentiana inconspicua Harry Sm.
分布：四川

小耳褶龙胆 Gentiana infelix C. B. Clarke
分布：云南、西藏；不丹、缅甸、尼泊尔、印度

帚枝龙胆 Gentiana intricata C. Marquand
分布：云南、西藏

伊泽山龙胆 Gentiana itzershanensis Liu et Kuo
分布：台湾

长白山龙胆 Gentiana jamesii Hemsl.
分布：黑龙江、吉林、辽宁；日本、朝鲜、俄罗斯

景东龙胆 Gentiana jingdongensis T. N. Ho
分布：云南

中亚秦艽 Gentiana kaufmanniana Regel et Schmalh.
分布：新疆；阿富汗、哈萨克斯坦、吉尔吉斯斯坦、巴基斯坦、塔吉克斯坦

昆明小龙胆 Gentiana kunmingensis S. W. Liu
分布：云南

广西龙胆 Gentiana kwangsiensis T. N. Ho
分布：福建、广东、广西

撕裂边龙胆 Gentiana lacerulata Harry Sm.
分布：西藏；不丹、印度、尼泊尔

条裂龙胆 Gentiana lacinulata T. N. Ho
分布：西藏

湖边龙胆 Gentiana lawrencei Burkill
分布：甘肃、青海、四川

湖边龙胆(原变种) Gentiana lawrencei var. **lawrencei**
分布：甘肃、四川

线叶龙胆 Gentiana lawrencei var. **farreri** (Balf. f.) T. N. Ho
分布：甘肃、青海、四川

疏花龙胆 Gentiana laxiflora T. N. Ho
分布：西藏

蔓枝龙胆 Gentiana leptoclada Balf. f. et Forrest
分布：云南

黄耳褶龙胆 Gentiana leucantha Harry Sm. ex T. N. Ho et S. W. Liu
分布：西藏；不丹

蓝白龙胆 Gentiana leucomelaena Maxim. ex Kusn.
分布：甘肃、青海、新疆、四川、西藏；克什米尔地区、哈萨克斯坦、吉尔吉斯斯坦、蒙古国、尼泊尔、巴基斯坦、俄罗斯、印度、塔吉克斯坦

全萼秦艽 Gentiana lhassica Burkill
分布：青海、西藏

苞叶龙胆 Gentiana licentii Harry Sm. ex C. Marquand
分布：甘肃

四数龙胆 Gentiana lineolata Franch.
分布：四川、云南

亚麻状龙胆 Gentiana linoides Franch.
分布：云南

华南龙胆 Gentiana loureiroi (G. Don) Griseb.
分布：江苏、浙江、江西、湖南、福建、台湾、广东、广西、海南；不丹、印度、缅甸、泰国、越南

泸定龙胆 Gentiana ludingensis T. N. Ho
分布：四川

大颈龙胆 Gentiana macrauchena C. Marquand
分布：陕西、湖北、四川、西藏

秦艽 Gentiana macrophylla Pall.
分布：内蒙古、河北、山西、山东、陕西、宁夏；哈萨克斯坦、蒙古国、俄罗斯

秦艽(原变种) Gentiana macrophylla var. **macrophylla**
分布：内蒙古、河北、山西、山东、陕西、宁夏；蒙古国、俄罗斯

大花秦艽 Gentiana macrophylla var. **fetissowii** (Regel et Winkler.) Ma et K. C. Hsia
分布：内蒙古、河北、山西、山东、陕西、宁夏；哈萨克斯坦

马耳山龙胆 Gentiana maeulchanensis Franch.
分布：云南、西藏；不丹、缅甸、印度

米林龙胆 Gentiana mailingensis T. N. Ho
分布：西藏

寡流苏龙胆 Gentiana mairei H. Lév.
分布：四川、云南

条叶龙胆 Gentiana manshurica Kitag.
分布：黑龙江、吉林、辽宁、内蒙古、河北、山西、山东、陕西、宁夏、安徽、江苏、浙江、江西、湖南、湖北、福建、广东、广西、海南；朝鲜

女娄菜叶龙胆 Gentiana melandriifolia Franch.
分布：云南

亮叶龙胆 Gentiana micans C. B. Clarke
分布：西藏；不丹、尼泊尔、印度

类亮叶龙胆 Gentiana micantiformis Burkill
分布：青海、西藏；不丹、印度

小齿龙胆 Gentiana microdonta Franch.
分布：云南

小叶龙胆 Gentiana microphyta Franch.
分布：云南；缅甸

念珠脊龙胆 Gentiana moniliformis C. Marquand
分布：云南

藓生龙胆 Gentiana muscicola C. Marquand
分布：云南、西藏；缅甸

多枝龙胆 Gentiana myrioclada Franch.
分布：四川

多枝龙胆(原变种) **Gentiana myrioclada** var. **myrioclada**
分布：四川

巫溪龙胆 **Gentiana myrioclada** var. **wuxiensis** T. N. Ho et S. W. Liu
分布：四川

墨脱龙胆 **Gentiana namlaensis** C. Marquand
分布：西藏

钟花龙胆 **Gentiana nanobella** C. Marquand
分布：四川、云南、西藏

菔根龙胆 **Gentiana napulifera** Franch.
分布：四川、云南

宁蒗龙胆 **Gentiana ninglangensis** T. N. Ho
分布：四川、云南

宁蒗龙胆(原变种) **Gentiana ninglangensis** var. **ninglangensis**
分布：云南

脱毛龙胆 **Gentiana ninglangensis** var. **glabrescens** (Harry Sm.) T. N. Ho
分布：四川

云雾龙胆 **Gentiana nubigena** Edgew.
分布：甘肃、青海、西藏；不丹、印度、克什米尔地区、尼泊尔

聂拉木龙胆 **Gentiana nyalamensis** T. N. Ho
分布：西藏；不丹

聂拉木龙胆(原变种) **Gentiana nyalamensis** var. **nyalamensis**
分布：西藏；不丹

小花聂拉木龙胆 **Gentiana nyalamensis** var. **parviflora** T. N. Ho
分布：西藏

林芝龙胆 **Gentiana nyingchiensis** T. N. Ho
分布：西藏

倒锥花龙胆 **Gentiana obconica** T. N. Ho
分布：西藏；不丹、尼泊尔、印度

黄管秦艽 **Gentiana officinalis** Harry Sm.
分布：陕西、甘肃、青海、四川

北疆秦艽 **Gentiana olgae** Regel et Schmalh.
分布：新疆；哈萨克斯坦、吉尔吉斯斯坦、塔吉克斯坦

少叶龙胆 **Gentiana oligophylla** Harry Sm.
分布：湖南、湖北、四川、贵州

楔湾缺秦艽 **Gentiana olivieri** Griseb.
分布：新疆；哈萨克斯坦、吉尔吉斯斯坦、塔吉克斯坦、土库曼斯坦；亚洲(西南部)

峨眉龙胆 **Gentiana omeiensis** T. N. Ho
分布：四川

山地龙胆 **Gentiana oreocharis** Halda et Jurášek
分布：四川

山景龙胆 **Gentiana oreodoxa** Harry Sm.
分布：云南、西藏；不丹、缅甸

华丽龙胆 **Gentiana ornata** (Wall. ex G. Don) Griseb.
分布：西藏；不丹、尼泊尔、印度

耳褶龙胆 **Gentiana otophora** Franch.
分布：云南、西藏；缅甸

类耳褶龙胆 **Gentiana otophoroides** Harry Sm.
分布：云南、西藏

流苏龙胆 **Gentiana panthaica** Prain et Burkill
分布：江西、湖南、四川、贵州、云南、广西

乳突龙胆 **Gentiana papillosa** Franch.
分布：四川、云南

小龙胆 **Gentiana parvula** Harry Sm.
分布：四川、贵州

鸟足龙胆 **Gentiana pedata** Harry Sm.
分布：四川、贵州、云南

糙毛龙胆 **Gentiana pedicellata** (Wall. ex D. Don) Griseb.
分布：云南、西藏；不丹、印度、缅甸、尼泊尔、巴基斯坦

叶萼龙胆 **Gentiana phyllocalyx** C. B. Clarke
分布：云南、西藏；不丹、印度、缅甸、尼泊尔

叶柄龙胆 **Gentiana phyllopoda** H. Lév.
分布：四川、云南

陕南龙胆 **Gentiana piasezkii** Maxim.
分布：陕西、甘肃、四川

着色龙胆 **Gentiana picta** Franch.
分布：四川、云南

纤细龙胆 **Gentiana pluviarum** subsp. **subtilis** (Harry Sm.) T. N. Ho
分布：云南

脊萼龙胆 **Gentiana praeclara** C. Marquand
分布：四川、云南

柔软龙胆 Gentiana prainii Burkill
分布：西藏；不丹、印度

草甸龙胆 Gentiana praticola Franch.
分布：四川、贵州、云南

黄白龙胆 Gentiana prattii Kusnez.
分布：青海、四川、云南

报春花龙胆 Gentiana primuliflora Franch.
分布：四川、云南

伸梗龙胆 Gentiana producta T. N. Ho
分布：四川

观赏龙胆 Gentiana prolata Balf. f.
分布：西藏；不丹、印度、尼泊尔

匍地龙胆 Gentiana prostrata Haenke
分布：青海、新疆、西藏；哈萨克斯坦、吉尔吉斯斯坦、蒙古国、尼泊尔、俄罗斯、塔吉克斯坦；欧洲(中部)、北美洲

匍地龙胆(原变种) Gentiana prostrata var. **prostrata**
分布：青海、新疆、西藏；哈萨克斯坦、吉尔吉斯斯坦、蒙古国、尼泊尔、俄罗斯、塔吉克斯坦；北美洲

新疆龙胆 Gentiana prostrata var. **karelinii** (Griseb.) Kusn.
分布：新疆；哈萨克斯坦、吉尔吉斯斯坦、蒙古国、俄罗斯、塔吉克斯坦

短蕊龙胆 Gentiana prostrata var. **ludlowii** (C. Marquand) T. N. Ho
分布：青海、西藏；尼泊尔

假水生龙胆 Gentiana pseudoaquatica Kusn.
分布：内蒙古、河北、山西、山东、陕西、宁夏、青海、西藏；克什米尔地区、朝鲜、蒙古国、俄罗斯

假水生龙胆(原变种) Gentiana pseudoaquatica var. **pseudoaquatica**
分布：内蒙古、河北、山西、山东、陕西、宁夏、青海、西藏；克什米尔地区、朝鲜、蒙古国、俄罗斯

白花假水生龙胆 Gentiana pseudoaquatica var. **albiflora** Q. Zhu
分布：宁夏

假鳞叶龙胆 Gentiana pseudosquarrosa Harry Sm.
分布：青海、四川、云南、西藏

翼萼龙胆 Gentiana pterocalyx Franch.
分布：四川、贵州、云南

毛花龙胆 Gentiana pubiflora T. N. Ho
分布：云南

柔毛龙胆 Gentiana pubigera C. Marquand
分布：四川、云南

偏翅龙胆 Gentiana pudica Maxim.
分布：陕西、甘肃、青海、四川

岷县龙胆 Gentiana purdomii C. Marquand
分布：甘肃、青海、四川、西藏

俅江龙胆 Gentiana qiujiangensis T. N. Ho
分布：云南

栎叶龙胆 Gentiana querceticola Halda et Jurášek
分布：四川

辐射龙胆 Gentiana radiata C. Marquand
分布：四川

外弯龙胆 Gentiana recurvata C. B. Clarke
分布：云南、西藏；缅甸、尼泊尔、印度

红花龙胆 Gentiana rhodantha Franch.
分布：河南、陕西、甘肃、湖北、四川、云南、广西

滇龙胆 Gentiana rigescens Franch.
分布：湖南、四川、贵州、云南、广西；缅甸

河边龙胆 Gentiana riparia Kar. et Kir.
分布：山西、甘肃、新疆；克什米尔地区、哈萨克斯坦、蒙古国、俄罗斯；亚洲(西南部)

粗壮秦艽 Gentiana robusta King ex Hook. f.
分布：西藏；尼泊尔、印度

深红龙胆 Gentiana rubicunda Franch.
分布：甘肃、湖南、湖北、四川、贵州、云南

深红龙胆(原变种) Gentiana rubicunda var. **rubicunda**
分布：甘肃、湖南、湖北、四川、贵州、云南

二裂深红龙胆 Gentiana rubicunda var. **biloba** T. N. Ho
分布：四川

大花深红龙胆 Gentiana rubicunda var. **purpurata** (Maxim. ex Kusn.) T. N. Ho
分布：四川

小繁缕叶龙胆 Gentiana rubicunda var. **samolifolia** (Franch.) C. Marquand
分布：湖北、四川

龙胆 Gentiana scabra Bunge
分布：黑龙江、吉林、辽宁、陕西、安徽、江苏、浙江、湖南、湖北、贵州、福建、广东、广西；日本、朝鲜、俄罗斯

玉山龙胆 **Gentiana scabrida** Hayata
分布：台湾

玉山龙胆(原变种) **Gentiana scabrida** var. **scabrida**
分布：台湾

矮玉山龙胆 **Gentiana scabrida** var. **horaimontana** (Masam.) T. S. Liu et Chiu C. Kuo
分布：台湾

毛蕊龙胆 **Gentiana scabrifilamenta** T. N. Ho
分布：西藏

革叶龙胆 **Gentiana scytophylla** T. N. Ho
分布：云南

七裂龙胆(新拟) **Gentiana septemfida** Pall.
分布：新疆

锯齿龙胆 **Gentiana serra** Franch.
分布：云南

陕西龙胆 **Gentiana shaanxiensis** T. N. Ho
分布：陕西

短管龙胆 **Gentiana sichitoensis** C. Marquand
分布：云南、西藏；缅甸

锡金龙胆 **Gentiana sikkimensis** C. B. Clarke
分布：云南、西藏；不丹、印度、缅甸、尼泊尔

厚边龙胆 **Gentiana simulatrix** C. Marquand
分布：四川、西藏

类华丽龙胆 **Gentiana sinoornata** Balf. f.
分布：四川、云南、西藏

类华丽龙胆(原变种) **Gentiana sinoornata** var. **sinoornata**
分布：四川、云南、西藏

瘦华丽龙胆 **Gentiana sinoornata** var. **gloriosa** C. Marquand
分布：四川、云南

管花秦艽 **Gentiana siphonantha** Maxim. ex Kusn.
分布：宁夏、甘肃、青海、四川

毛脉龙胆 **Gentiana souliei** Franch.
分布：四川、云南

匙叶龙胆 **Gentiana spathulifolia** Maxim. ex Kusn.
分布：陕西、甘肃、青海、四川

匙叶龙胆(原变种) **Gentiana spathulifolia** var. **spathulifolia**
分布：陕西、甘肃、青海、四川

紫红花龙胆 **Gentiana spathulifolia** var. **ciliata** Kusn.
分布：甘肃、四川

钻萼龙胆(新拟) **Gentiana spathulisepala** T. N. Ho et S. W. Liu
分布：云南

鳞叶龙胆 **Gentiana squarrosa** Ledeb.
分布：内蒙古、山西、山东、陕西、宁夏、青海、湖北；印度、哈萨克斯坦、朝鲜、吉尔吉斯斯坦、蒙古国、尼泊尔、巴基斯坦、俄罗斯

珠峰龙胆 **Gentiana stellata** Turrill
分布：西藏；不丹、印度、尼泊尔

星状龙胆 **Gentiana stellulata** Harry Smith
分布：云南

星状龙胆(原变种) **Gentiana stellulata** var. **stellulata**
分布：云南

歧伞星状龙胆 **Gentiana stellulata** var. **dichotoma** Harry Sm.
分布：云南

短柄龙胆 **Gentiana stipitata** Edgew.
分布：甘肃、青海、四川、西藏；印度、尼泊尔

短柄龙胆(原变种) **Gentiana stipitata** subsp. **stipitata**
分布：西藏；印度、尼泊尔

美丽短柄龙胆 **Gentiana stipitata** subsp. **elegantissima** Halda et Jurášek
分布：四川

提宗龙胆 **Gentiana stipitata** subsp. **tizuensis** (Franch.) T. N. Ho
分布：甘肃、青海、四川、西藏

匙萼龙胆 **Gentiana stragulata** Balf. f. et Forrest
分布：云南、西藏

麻花艽 **Gentiana straminea** Maxim.
分布：宁夏、甘肃、青海、湖北、西藏；尼泊尔

条纹龙胆 **Gentiana striata** Maxim.
分布：宁夏、甘肃、青海、四川

多花龙胆 **Gentiana striolata** T. N. Ho
分布：四川

假帚枝龙胆 **Gentiana subintricata** T. N. Ho
分布：云南

圆萼龙胆 **Gentiana suborbisepala** C. Marquand
分布：四川、贵州、云南

圆萼龙胆(原变种) **Gentiana suborbisepala** var. **suborbisepala**
分布：四川、贵州、云南

卡拉龙胆 **Gentiana suborbisepala** var. **kialensis** (C. Marquand) T. N. Ho
分布：四川、贵州、云南

钻萼龙胆 **Gentiana subuliformis** S. W. Liu
分布：西藏

单花龙胆 **Gentiana subuniflora** C. Marquand
分布：四川

四川龙胆 **Gentiana sutchuenensis** Franch.
分布：陕西、甘肃、四川、贵州、云南

紫花龙胆 **Gentiana syringea** T. N. Ho
分布：甘肃、青海、四川

大花龙胆 **Gentiana szechenyii** Kanitz
分布：甘肃、青海、四川、云南、西藏

大花龙胆(原亚种) **Gentiana szechenyii** subsp. **szechenyii**
分布：甘肃、青海、四川、云南、西藏

匍匐大花龙胆 **Gentiana szechenyii** subsp. **stolonifera** Halda et Jurášek
分布：四川

台湾龙胆 **Gentiana taiwanica** T. N. Ho
分布：台湾

大理龙胆 **Gentiana taliensis** Balf. f. et Forrest
分布：四川、贵州、云南；缅甸

塔塔卡龙胆 **Gentiana tatakensis** Masam.
分布：台湾

打箭炉龙胆 **Gentiana tatsienensis** Franch.
分布：四川、西藏

厚叶龙胆 **Gentiana tentyoensis** Masam.
分布：台湾

纤茎秦艽 **Gentiana tenuicaulis** Y. Ling
分布：河北

三叶龙胆 **Gentiana ternifolia** Franch.
分布：云南

四叶龙胆 **Gentiana tetraphylla** Maxim. ex Kusn.
分布：四川

四列龙胆 **Gentiana tetrasticha** C. Marquand
分布：西藏；印度

丛生龙胆 **Gentiana thunbergii** (G. Don) Griseb.
分布：黑龙江、吉林、辽宁、山西、江西、湖南、广东、广西；日本、朝鲜

丛生龙胆(原变种) **Gentiana thunbergii** var. **thunbergii**
分布：吉林、山西、江西、湖南、广东、广西；日本、朝鲜

小丛生龙胆 **Gentiana thunbergii** var. **minor** Maxim.
分布：黑龙江、吉林、辽宁；日本

天山秦艽 **Gentiana tianschanica** Rupr.
分布：新疆、西藏；印度、哈萨克斯坦、吉尔吉斯斯坦、尼泊尔、巴基斯坦

西藏秦艽 **Gentiana tibetica** King ex Hook. f.
分布：西藏；不丹、尼泊尔、印度

东俄洛龙胆 **Gentiana tongolensis** Franch.
分布：四川、西藏

三歧龙胆 **Gentiana trichotoma** Kusn.
分布：四川、西藏

三歧龙胆(原变种) **Gentiana trichotoma** var. **trichotoma**
分布：青海、四川

短茎三歧龙胆 **Gentiana trichotoma** var. **chingii** (C. Marquand) T. N. Ho
分布：青海、西藏

三色龙胆 **Gentiana tricolor** Diels et Gilg
分布：青海

三花龙胆 **Gentiana triflora** Pall.
分布：黑龙江、吉林、辽宁、内蒙古、河北；日本、朝鲜、蒙古国、俄罗斯

筒花龙胆 **Gentiana tubiflora** (Wall. ex G. Don) Griseb.
分布：西藏；不丹、印度、尼泊尔

朝鲜龙胆 **Gentiana uchiyamae** Nakai
分布：吉林；朝鲜

乌奴龙胆 **Gentiana urnula** Harry Smith
分布：青海、西藏；不丹、尼泊尔、印度

母草叶龙胆 **Gentiana vandellioides** Hemsl.
分布：陕西、湖北、四川

母草叶龙胆(原变种) **Gentiana vandellioides** var. **vandellioides**
分布：陕西、湖北、四川

二裂母草叶龙胆 Gentiana vandellioides var. **biloba** Franch.
分布：四川

蓝玉簪龙胆 Gentiana veitchiorum Hemsl.
分布：甘肃、青海、四川、云南、西藏；不丹、缅甸、印度

露蕊龙胆 Gentiana vernayi C. Marquand
分布：西藏；不丹、尼泊尔

五叶龙胆 Gentiana viatrix Harry Sm.
分布：四川

紫毛龙胆 Gentiana villifera H. W. Li
分布：四川

长梗秦艽 Gentiana waltonii Burkill
分布：西藏

新疆秦艽 Gentiana walujewii Regel et Schmalh.
分布：新疆；哈萨克斯坦

矮龙胆 Gentiana wardii W. W. Sm.
分布：四川、云南、西藏；缅甸

矮龙胆(原变种) Gentiana wardii var. **wardii**
分布：云南、西藏

露萼龙胆 Gentiana wardii var. **emergens** (C. Marquand) T. N. Ho
分布：四川

小花矮龙胆 Gentiana wardii var. **micrantha** C. Marquand
分布：西藏；缅甸

瓦山龙胆 Gentiana wasenensis C. Marquand
分布：四川

川西龙胆 Gentiana wilsonii C. Marquand
分布：四川、云南、西藏

汶川龙胆 Gentiana winchuanensis T. N. Ho
分布：四川

小黄花龙胆 Gentiana xanthonannos Harry Sm.
分布：云南

兴仁龙胆 Gentiana xingrenensis T. N. Ho
分布：贵州

台湾轮叶龙胆 Gentiana yakushimensis Makino
分布：台湾；日本

弈良龙胆 Gentiana yiliangensis T. N. Ho
分布：云南

灰绿龙胆 Gentiana yokusai Burkill
分布：内蒙古、河北、山西、陕西、安徽、江苏、浙江、江西、湖南、湖北、四川、贵州、福建、台湾；日本、朝鲜

灰绿龙胆(原变种) Gentiana yokusai var. **yokusai**
分布：河北、山西、陕西、安徽、江苏、浙江、江西、湖南、湖北、四川、贵州、福建、台湾；日本、朝鲜

心叶灰绿龙胆 Gentiana yokusai var. **cordifolia** T. N. Ho
分布：内蒙古、河北、山西、陕西

云南龙胆 Gentiana yunnanensis Franch.
分布：四川、贵州、云南、西藏

泽库秦艽 Gentiana zekuensis T. N. Ho et S. W. Liu
分布：青海

镇雄龙胆(新拟) Gentiana zhenxiongensis L. H. Wu et Z. T. Wang
分布：云南

笔龙胆 Gentiana zollingeri Fawc.
分布：黑龙江、吉林、辽宁、河南、甘肃、青海、新疆、安徽、江苏、浙江、江西、湖南、湖北、福建；日本、朝鲜、俄罗斯

假龙胆属 Gentianella Moench

窄花假龙胆 Gentianella angustiflora Harry Sm.
分布：西藏；克什米尔地区、尼泊尔

异萼假龙胆 Gentianella anomala (C. Marquand) T. N. Ho
分布：四川、云南

紫红假龙胆 Gentianella arenaria (Maxim.) T. N. Ho
分布：甘肃、青海、西藏

黑边假龙胆 Gentianella azurea (Bunge) Holub.
分布：内蒙古、甘肃、青海、新疆、四川、云南、西藏；不丹、哈萨克斯坦、吉尔吉斯斯坦、蒙古国、俄罗斯

密花假龙胆 Gentianella gentianoides (Franch.) Harry Sm.
分布：四川、云南

普兰假龙胆 Gentianella moorcroftiana (Wall. ex G. Don) Airy Shaw
分布：西藏；印度、克什米尔地区、尼泊尔

矮假龙胆 Gentianella pygmaea (Regel et Schmalh.) Harry Sm.
分布：青海、新疆、四川、西藏；印度、吉尔吉斯斯坦、塔吉克斯坦

新疆假龙胆 Gentianella turkestanorum (Gand.) Holub.

分布：新疆；哈萨克斯坦、蒙古国、俄罗斯、塔吉克斯坦

扁蕾属 Gentianopsis Ma

扁蕾 Gentianopsis barbata (Froel.) Ma

分布：黑龙江、吉林、辽宁、内蒙古、河北、山西、山东、陕西、宁夏、甘肃、青海、新疆、四川、贵州、云南、西藏；日本、哈萨克斯坦、吉尔吉斯斯坦、蒙古国、俄罗斯

扁蕾(原变种) Gentianopsis barbata var. **barbata**

分布：黑龙江、吉林、辽宁、内蒙古、河北、山西、山东、陕西、宁夏、甘肃、青海、新疆、四川、贵州、云南；日本、哈萨克斯坦、吉尔吉斯斯坦、蒙古国、俄罗斯

黄白扁蕾 Gentianopsis barbata var. **albiflavida** T. N. Ho

分布：青海

细萼扁蕾 Gentianopsis barbata var. **stenocalyx** H. W. Li

分布：四川、西藏

回旋扁蕾 Gentianopsis contorta (Royle) Ma

分布：辽宁、青海、四川、贵州、云南、西藏；日本、尼泊尔

大花扁蕾 Gentianopsis grandis (Harry Sm.) Ma

分布：四川、云南

黄花扁蕾 Gentianopsis lutea Ma

分布：云南

湿生扁蕾 Gentianopsis paludosa (Munro ex Hook. f.) Ma

分布：内蒙古、河北、山西、陕西、宁夏、甘肃、青海、湖北、四川、云南、西藏；不丹、印度、尼泊尔

湿生扁蕾(原变种) Gentianopsis paludosa var. **paludosa**

分布：内蒙古、河北、山西、陕西、宁夏、甘肃、青海、四川、云南、西藏；不丹、印度、尼泊尔

高原扁蕾 Gentianopsis paludosa var. **alpina** T. N. Ho

分布：青海、西藏

卵叶扁蕾 Gentianopsis paludosa var. **ovatodeltoidea** (Burkill) Ma

分布：内蒙古、河北、山西、陕西、甘肃、青海、湖北、四川、云南

花锚属 Halenia Borkh.

花锚 Halenia corniculata (L.) Cornaz

分布：黑龙江、吉林、辽宁、内蒙古、河北、山西、陕西；日本、朝鲜、蒙古国、俄罗斯

椭圆叶花锚 Halenia elliptica D. Don

分布：辽宁、内蒙古、山西、陕西、甘肃、青海、新疆、湖南、湖北、四川、贵州、云南、西藏；不丹、印度、吉尔吉斯斯坦、缅甸、尼泊尔

椭圆叶花锚(原变种) Halenia elliptica var. **elliptica**

分布：辽宁、内蒙古、山西、甘肃、青海、新疆、湖南、湖北、贵州、云南、西藏；不丹、印度、吉尔吉斯斯坦、缅甸、尼泊尔

大花花锚 Halenia elliptica var. **grandiflora** Hemsl.

分布：陕西、甘肃、青海、湖北、四川、贵州、云南

口药花属 Jaeschkea Kurz.

宽萼口药花 Jaeschkea canaliculata (Royle ex G. Don) Knoblauch

分布：西藏；克什米尔地区、巴基斯坦

小籽口药花 Jaeschkea microsperma C. B. Clarke

分布：西藏；印度

匙叶草属 Latouchea Franch.

匙叶草 Latouchea fokienensis Franch.

分布：湖南、四川、贵州、云南、福建、广东、广西

辐花属 Lomatogoniopsis T. N. Ho et S. W. Liu

辐花 Lomatogoniopsis alpina T. N. Ho et S. W. Liu

分布：青海、西藏

盔形辐花 Lomatogoniopsis galeiformis T. N. Ho et S. W. Liu

分布：西藏

卵叶辐花 Lomatogoniopsis ovatifolia T. N. Ho et S. W. Liu

分布：西藏

肋柱花属 Lomatogonium A. Braun

美丽肋柱花 Lomatogonium bellum (Hemsl.) Harry Sm.

分布：河南、陕西、湖北、四川

短药肋柱花 Lomatogonium brachyantherum (C. B. Clarke) Fernald

分布：青海、西藏；阿富汗、不丹、印度、克什米尔地区、尼泊尔、巴基斯坦

肋柱花 Lomatogonium carinthiacum (Wulfen) Rchb.

分布：内蒙古、河北、山西、甘肃、青海、四川、云南、

西藏；不丹、尼泊尔、印度、巴基斯坦、克什米尔地区、阿富汗、俄罗斯、蒙古国、日本；欧洲

奇莱肋柱花 **Lomatogonium chilaiensis** C. H. Chen et J. C. Wang
分布：台湾

亚东肋柱花 **Lomatogonium chumbicum** (Burkill) Harry Sm.
分布：西藏；不丹、尼泊尔、印度

云南肋柱花 **Lomatogonium forrestii** (Balf. f.) Fernald
分布：四川、贵州、云南

云南肋柱花(原变种) **Lomatogonium forrestii** var. **forrestii**
分布：四川、云南

云贵肋柱花 **Lomatogonium forrestii** var. **bonatianum** (Burkill) T. N. Ho
分布：四川、贵州、云南

密花肋柱花 **Lomatogonium forrestii** var. **densiflorum** S. W. Liu et T. N. Ho
分布：云南

合萼肋柱花 **Lomatogonium gamosepalum** (Burkill) Harry Sm.
分布：甘肃、青海、四川、西藏；尼泊尔

丽江肋柱花 **Lomatogonium lijiangense** T. N. Ho
分布：云南

长叶肋柱花 **Lomatogonium longifolium** Harry Sm.
分布：四川、云南、西藏

大花肋柱花 **Lomatogonium macranthum** (Diels et Gilg) Fernald
分布：甘肃、青海、四川、西藏；不丹、尼泊尔

小花肋柱花 **Lomatogonium micranthum** Harry Sm.
分布：西藏；尼泊尔

圆叶肋柱花 **Lomatogonium oreocharis** (Diels) C. Marquand
分布：云南、西藏

宿根肋柱花 **Lomatogonium perenne** T. N. Ho et S. W. Liu
分布：陕西、青海、四川、云南、西藏

辐状肋柱花 **Lomatogonium rotatum** (L.) Fries ex Nyman
分布：黑龙江、吉林、辽宁、内蒙古、河北、山西、山东、陕西、宁夏、甘肃、青海、新疆、四川、贵州、云南；日本、哈萨克斯坦、蒙古国、俄罗斯；欧洲、北美洲

辐状肋柱花(原变种) **Lomatogonium rotatum** var. **rotatum**
分布：黑龙江、吉林、辽宁、内蒙古、河北、山西、山东、陕西、宁夏、甘肃、青海、新疆、四川、贵州、云南；日本、哈萨克斯坦、蒙古国、俄罗斯；欧洲、北美洲

密序肋柱花 **Lomatogonium rotatum** var. **floribundum** (Franch.) T. N. Ho
分布：内蒙古、山西、青海

四川肋柱花 **Lomatogonium sichuanense** Z. Y. Zhu
分布：四川

锡金肋柱花 **Lomatogonium sikkimense** (Burkill) Harry Sm.
分布：西藏；不丹、尼泊尔、印度

垂花肋柱花 **Lomatogonium stapfii** (Burkill) Harry Sm.
分布：西藏；不丹、印度

中甸肋柱花 **Lomatogonium zhongdianense** S. W. Liu et T. N. Ho
分布：云南

大钟花属 **Megacodon** (Hemsl.) Harry Sm.

大钟花 **Megacodon stylophorus** (C. B. Clarke) Harry Sm.
分布：四川、云南、西藏；不丹、印度、尼泊尔

川东大钟花 **Megacodon venosus** (Hemsl.) Harry Sm.
分布：湖北、四川

翼萼蔓属 **Pterygocalyx** Maxim.

翼萼蔓 **Pterygocalyx volubilis** Maxim.
分布：黑龙江、吉林、内蒙古、河北、山西、河南、陕西、青海、湖南、四川、云南、西藏；日本、朝鲜、俄罗斯

小黄管属 **Sebaea** Sol. ex R. Br.

小黄管 **Sebaea microphylla** (Edgew.) Knoblauch
分布：云南；不丹、印度、尼泊尔

獐牙菜属 **Swertia** L.

白花獐牙菜 **Swertia alba** T. N. Ho et S. W. Liu
分布：四川、云南

狭叶獐牙菜 **Swertia angustifolia** Buch.-Ham. ex D. Don
分布：江西、湖南、湖北、贵州、云南、福建、广东、广

西；不丹、印度、克什米尔地区、缅甸、尼泊尔、越南

狭叶獐牙菜(原变种) **Swertia angustifolia** var. **angustifolia**

分布：江西、湖南、湖北、贵州、云南、福建、广东、广西；不丹、克什米尔地区、缅甸、尼泊尔、印度(锡金)、越南

美丽獐牙菜 **Swertia angustifolia** var. **pulchella** (D. Don) Burkill

分布：江西、湖南、湖北、贵州、云南、福建、广东、广西；不丹、印度、克什米尔地区、尼泊尔

阿里山獐牙菜 **Swertia arisanensis** Hayata

分布：台湾

细辛叶獐牙菜 **Swertia asarifolia** Franch.

分布：云南

二叶獐牙菜 **Swertia bifolia** Batalin

分布：陕西、甘肃、青海、四川、西藏

獐牙菜 **Swertia bimaculata** (Sieb. et Zucc.) Hook. f. et Thomson ex C. B. Clarke

分布：河北、山西、河南、陕西、甘肃、安徽、江苏、浙江、江西、湖南、湖北、四川、贵州、云南、西藏、福建、广东、广西、海南；不丹、印度、日本、马来西亚、缅甸、尼泊尔、越南

宾川獐牙菜 **Swertia binchuanensis** T. N. Ho et S. W. Liu

分布：云南

叶萼獐牙菜 **Swertia calycina** Franch.

分布：四川、云南

大汉山当药 **Swertia changii** S. Z. Yang, C. F. Chen et C. H. Chen

分布：台湾

普兰獐牙菜 **Swertia ciliata** (D. Don ex G. Don) B. L. Burtt

分布：西藏；阿富汗、印度、克什米尔地区、尼泊尔

西南獐牙菜 **Swertia cincta** Burkill

分布：四川、贵州、云南

错那獐牙菜 **Swertia conaensis** T. N. Ho et S. W. Liu

分布：西藏

短筒獐牙菜 **Swertia connata** Schrenk

分布：新疆；哈萨克斯坦、蒙古国、俄罗斯

心叶獐牙菜 **Swertia cordata** (Wall. ex G. Don) C. B. Clarke

分布：云南、西藏；不丹、印度、克什米尔地区、缅甸、尼泊尔

楔叶獐牙菜 **Swertia cuneata** Wall. ex D. Don

分布：西藏；印度、尼泊尔

川东獐牙菜 **Swertia davidii** Franch.

分布：湖南、湖北、四川、云南

观赏獐牙菜 **Swertia decora** Franch.

分布：四川、云南

丽江獐牙菜 **Swertia delavayi** Franch.

分布：四川、云南

歧伞獐牙菜 **Swertia dichotoma** L.

分布：黑龙江、吉林、辽宁、内蒙古、河北、山西、山东、陕西、宁夏、甘肃、青海、新疆、湖北、四川；日本、哈萨克斯坦、蒙古国、俄罗斯

歧伞獐牙菜(原变种) **Swertia dichotoma** var. **dichotoma**

分布：黑龙江、吉林、辽宁、内蒙古、河北、山西、山东、陕西、宁夏、甘肃、青海、新疆、湖北、四川；日本、哈萨克斯坦、蒙古国、俄罗斯

紫斑歧伞獐牙菜 **Swertia dichotoma** var. **punctata** T. N. Ho et S. W. Liu

分布：陕西

北方獐牙菜 **Swertia diluta** (Turcz.) Benth. et Hook. f.

分布：黑龙江、吉林、辽宁、内蒙古、河北、山西、山东、陕西、宁夏、甘肃、青海、新疆、四川；日本、朝鲜、蒙古国、俄罗斯

北方獐牙菜(原变种) **Swertia diluta** var. **diluta**

分布：黑龙江、吉林、辽宁、内蒙古、河北、山西、山东、陕西、宁夏、甘肃、青海、新疆、四川；日本、韩国、蒙古国、俄罗斯

日本獐牙菜 **Swertia diluta** var. **tosaensis** (Makino) H. Hara

分布：内蒙古、河北、山西、山东、陕西、宁夏、青海；日本、朝鲜

叉序獐牙菜 **Swertia divaricata** Harry Sm.

分布：云南

高獐牙菜 **Swertia elata** Harry Sm.

分布：四川、云南

峨眉獐牙菜 **Swertia emeiensis** Ma ex T. N. Ho et S. W. Liu

分布：四川

直毛獐牙菜 **Swertia endotricha** Harry Sm.

分布：云南

红直獐牙菜 **Swertia erythrosticta** Maxim.
分布：内蒙古、河北、山西、甘肃、青海、湖南、四川；朝鲜

素色獐牙菜 **Swertia erythrosticta** var. **epunctata** T. N. Ho et S. W. Liu
分布：青海

红直獐牙菜(原变种) **Swertia erythrosticta** var. **erythrosticta**
分布：内蒙古、河北、山西、甘肃、青海、湖北、四川；韩国

簇花獐牙菜 **Swertia fasciculata** T. N. Ho et S. W. Liu
分布：云南

紫萼獐牙菜 **Swertia forrestii** Harry Smith
分布：云南

抱茎獐牙菜 **Swertia franchetiana** Harry Sm.
分布：甘肃、青海、四川、西藏

细花獐牙菜 **Swertia graciliflora** Gontsch.
分布：新疆；塔吉克斯坦

桂北獐牙菜 **Swertia guibeiensis** C. Z. Gao
分布：广西

加查獐牙菜 **Swertia gyacaensis** T. N. Ho et S. W. Liu
分布：西藏

矮獐牙菜 **Swertia handeliana** Harry Sm.
分布：云南、西藏

浙江獐牙菜 **Swertia hickinii** Burkill
分布：安徽、江苏、浙江、江西、湖南、福建、广西

毛萼獐牙菜 **Swertia hispidicalyx** Burkill
分布：西藏；尼泊尔

毛萼獐牙菜(原变种) **Swertia hispidicalyx** var. **hispidicalyx**
分布：西藏；尼泊尔

小毛萼獐牙菜 **Swertia hispidicalyx** var. **minima** Burkill
分布：西藏

粗壮獐牙菜 **Swertia hookeri** C. B. Clarke
分布：西藏；不丹、尼泊尔、印度

黄花獐牙菜 **Swertia kingii** Hook. f.
分布：西藏；尼泊尔

贵州獐牙菜 **Swertia kouitchensis** Franch.
分布：陕西、甘肃、湖北、四川、贵州、云南

蒙自獐牙菜 **Swertia leducii** Franch.
分布：云南

李氏假龙胆(新拟) **Swertia lihengiana** T. N. Ho et S. W. Liu
分布：云南

禄劝獐牙菜 **Swertia luquanensis** S. W. Liu
分布：云南

大籽獐牙菜 **Swertia macrosperma** (C. B. Clarke) C. B. Clarke
分布：湖北、四川、贵州、云南、台湾、广西；不丹、印度、缅甸、尼泊尔

膜边獐牙菜 **Swertia marginata** Schrenk
分布：甘肃、新疆；克什米尔地区、哈萨克斯坦、吉尔吉斯斯坦、蒙古国、俄罗斯、塔吉克斯坦

细叶獐牙菜 **Swertia matsudae** Hayata ex Satake
分布：台湾

膜叶獐牙菜 **Swertia membranifolia** Franch.
分布：云南

多茎獐牙菜 **Swertia multicaulis** D. Don
分布：西藏；不丹、尼泊尔、印度

多茎獐牙菜(原变种) **Swertia multicaulis** var. **multicaulis**
分布：西藏；不丹、尼泊尔、印度

伞花獐牙菜 **Swertia multicaulis** var. **umbellifera** T. N. Ho et S. W. Liu
分布：西藏

川西獐牙菜 **Swertia mussotii** Franch.
分布：青海、四川、云南、西藏

川西獐牙菜(原变种) **Swertia mussotii** var. **mussotii**
分布：青海、四川、云南、西藏

黄花川西獐牙菜 **Swertia mussotii** var. **flavescens** T. N. Ho et S. W. Liu
分布：青海、四川

叶脉獐牙菜 **Swertia nervosa** (Wall. ex G. Don) C. B. Clarke
分布：陕西、甘肃、四川、贵州、云南、西藏、广西；不丹、印度、尼泊尔

互叶獐牙菜 **Swertia obtusa** Ledeb.
分布：新疆；哈萨克斯坦、蒙古国、俄罗斯

鄂西獐牙菜 **Swertia oculata** Hemsl.
分布：湖北、四川、贵州

宽丝獐牙菜 **Swertia paniculata** Wall.
分布：云南、西藏；不丹、印度、克什米尔地区、缅甸、尼泊尔

斜茎獐牙菜 **Swertia patens** Burkill
分布：四川、云南

开展獐牙菜 **Swertia patula** Harry Sm.
分布：四川、云南

北温带獐牙菜 **Swertia perennis** L.
分布：吉林；亚洲(西南部)、欧洲、北美洲

片马獐牙菜 **Swertia pianmaensis** T. N. Ho et S. W. Liu
分布：云南

祁连獐牙菜 **Swertia przewalskii** Pissjauk.
分布：青海

瘤毛獐牙菜 **Swertia pseudochinensis** H. Hara
分布：内蒙古、河北、山西、山东、陕西、宁夏；日本、朝鲜

毛獐牙菜 **Swertia pubescens** Franch.
分布：云南

紫红獐牙菜 **Swertia punicea** Hemsl.
分布：湖南、湖北、四川、贵州、云南

紫红獐牙菜(原变种) **Swertia punicea** var. **punicea**
分布：湖南、湖北、四川、贵州、云南

淡黄獐牙菜 **Swertia punicea** var. **lutescens** Franch. ex T. N. Ho
分布：云南

藏獐牙菜 **Swertia racemosa** (Wall. ex Griseb.) C. B. Clarke
分布：西藏；不丹、印度、尼泊尔

莲座獐牙菜 **Swertia rosularis** T. N. Ho et S. W. Liu
分布：四川

圆腺獐牙菜 **Swertia rotundiglandula** T. N. Ho et S. W. Liu
分布：云南、西藏

花亭獐牙菜 **Swertia scapiformis** T. N. Ho et S. W. Liu
分布：西藏

新店獐牙菜 **Swertia shintenensis** Hayata
分布：台湾；日本

康定獐牙菜 **Swertia souliei** Burkill
分布：四川

光亮獐牙菜 **Swertia splendens** Harry Sm.
分布：西藏

细瘦獐牙菜 **Swertia tenuis** T. N. Ho et S. W. Liu
分布：四川、云南

卵叶獐牙菜 **Swertia tetrapetala** Pall.
分布：吉林、内蒙古；日本、朝鲜、俄罗斯

四数獐牙菜 **Swertia tetraptera** Maxim.
分布：甘肃、青海、四川、西藏

大药獐牙菜 **Swertia tibetica** Batalin
分布：四川、云南

塔山獐牙菜 **Swertia tozanensis** Hayata
分布：台湾

藜芦獐牙菜 **Swertia veratroides** Maxim. ex Kom.
分布：黑龙江、吉林、辽宁、内蒙古；朝鲜、俄罗斯

轮叶獐牙菜 **Swertia verticillifolia** T. N. Ho et S. W. Liu
分布：西藏

绿花獐牙菜 **Swertia virescens** Harry Sm.
分布：西藏；不丹

苇叶獐牙菜 **Swertia wardii** C. Marquand
分布：西藏；不丹、印度

苇叶獐牙菜(原变种) **Swertia wardii** var. **wardii**
分布：西藏；不丹、印度

硬杆獐牙菜 **Swertia wardii** var. **rigida** (T. N. Ho et S. W. Liu) T. N. Ho
分布：西藏

华北獐牙菜 **Swertia wolfgangiana** Grüning
分布：山西、甘肃、青海、湖北、四川、西藏

少花獐牙菜 **Swertia younghusbandii** Burkill
分布：西藏；印度

云南獐牙菜 **Swertia yunnanensis** Burkill
分布：四川、贵州、云南

察隅獐牙菜 **Swertia zayueensis** T. N. Ho et S. W. Liu
分布：西藏

双蝴蝶属 **Tripterospermum** Blume

台北双蝴蝶 **Tripterospermum alutaceifolium** (Liu et Kuo) J. Murata
分布：台湾

南方双蝴蝶 **Tripterospermum australe** J. Murata
分布：贵州、福建、广东、广西；越南

短裂双蝴蝶 Tripterospermum brevilobum D. Fang
分布：广西

双蝴蝶 Tripterospermum chinense (Migo) Harry Sm.
分布：广西、浙江

双蝴蝶(原变种) Tripterospermum chinense var. **chinense**
分布：广西

条叶双蝴蝶(新拟) Tripterospermum chinense var. **linearifolium** X. F. Jin
分布：浙江

盐源双蝴蝶 Tripterospermum coeruleum (C. Marquand) Harry Sm.
分布：四川

峨眉双蝴蝶 Tripterospermum cordatum (C. Marquand) Harry Sm.
分布：陕西、湖南、湖北、四川、贵州、云南

心叶双蝴蝶 Tripterospermum cordifolioides J. Murata
分布：湖北、四川、贵州、云南

高山肺形草 Tripterospermum cordifolium (Yamam.) Satake
分布：台湾

湖北双蝴蝶 Tripterospermum discoideum (C. Marquand) Harry Sm.
分布：陕西、湖北、四川

细茎双蝴蝶 Tripterospermum filicaule (Hemsl.) Harry Sm.
分布：湖北

毛萼双蝴蝶 Tripterospermum hirticalyx C. Y. Wu et C. J. Wu
分布：湖北、四川、贵州、云南；越南

台东双蝴蝶(新拟) Tripterospermum hualienense T. C. Hsu et S. W. Chung
分布：台湾

玉山双蝴蝶 Tripterospermum lanceolatum (Hayata) H. Hara ex Satake
分布：台湾

高山双蝴蝶 Tripterospermum luzonense (Vidal) J. Murata
分布：台湾；印度尼西亚、菲律宾

斑萼双蝴蝶 Tripterospermum maculatum Adr. Favre, Matuszak et Muellner
分布：四川

膜叶双蝴蝶 Tripterospermum membranaceum (C. Marquand) Harry Sm.
分布：云南、西藏；印度、缅甸

小叶双蝴蝶 Tripterospermum microphyllum Harry Sm.
分布：台湾

香港双蝴蝶 Tripterospermum nienkui (C. Marquand) C. J. Wu
分布：浙江、湖南、福建、广东、广西、香港；越南

白花双蝴蝶 Tripterospermum pallidum Harry Sm.
分布：四川、云南

屏边双蝴蝶 Tripterospermum pingbianense C. Y. Wu et C. J. Wu
分布：云南

台湾肺形草 Tripterospermum taiwanense (Masam.) Satake
分布：台湾

尼泊尔双蝴蝶 Tripterospermum volubile (D. Don) H. Hara
分布：西藏；不丹、印度、尼泊尔

黄秦艽属 **Veratrilla** Baill. ex Franch.

黄秦艽 Veratrilla baillonii Franch.
分布：四川、云南、西藏；印度

短叶黄秦艽 Veratrilla burkilliana (W. W. Sm.) Harry Sm.
分布：西藏；不丹、印度

307. 牻牛儿苗科 Geraniaceae Juss.

牻儿苗属 **Erodium** L'Hér.

芹叶牻牛儿苗 Erodium cicutarium (L.) L'Hér. ex Aiton
分布：黑龙江、吉林、辽宁、内蒙古、河北、山西、山东、河南、陕西、甘肃、新疆、安徽、江苏、西藏、福建、台湾；阿富汗、印度、哈萨克斯坦、吉尔吉斯斯坦、巴基斯坦、土库曼斯坦、塔吉克斯坦、乌兹别克斯坦、俄罗斯；西南亚、欧洲、北非

尖喙牻牛儿苗 Erodium oxyrhinchum M. Bieb.
分布：新疆；阿富汗、哈萨克斯坦、吉尔吉斯斯坦、巴基斯坦、塔吉克斯坦、土库曼斯坦、乌兹别克斯坦；亚洲(西部)

牻牛儿苗 Erodium stephanianum Willd.
分布：黑龙江、吉林、辽宁、内蒙古、河北、山西、山东、

河南、陕西、宁夏、甘肃、青海、新疆、安徽、江苏、江西、湖南、湖北、四川、贵州、西藏；阿富汗、克什米尔地区、韩国、吉尔吉斯斯坦、蒙古国、尼泊尔、巴基斯坦、俄罗斯

藏牻牛儿苗 **Erodium tibetanum** Edgew.

分布：内蒙古、甘肃、新疆、西藏；克什米尔地区、蒙古国、塔吉克斯坦

老鹳草属 **Geranium** L.

白花老鹳草 **Geranium albiflorum** Ledeb.

分布：新疆；哈萨克斯坦、吉尔吉斯斯坦、蒙古国、俄罗斯；东欧

灰紫老鹳草 **Geranium canopurpureum** Yeo

分布：云南

野老鹳草 **Geranium carolinianum** L.

分布：山西、山东、河南、安徽、江苏、浙江、江西、湖南、湖北、四川、重庆、云南、福建、台湾、广东、广西；原产于美洲

大姚老鹳草 **Geranium christensenianum** Hand.- Mazz.

分布：四川、云南

丘陵老鹳草 **Geranium collinum** Stephan ex Willd.

分布：新疆；阿富汗、哈萨克斯坦、吉尔吉斯斯坦、蒙古国、尼泊尔、巴基斯坦、俄罗斯、塔吉克斯坦、土库曼斯坦、乌兹别克斯坦；西亚、欧洲

粗根老鹳草 **Geranium dahuricum** DC.

分布：黑龙江、吉林、辽宁、内蒙古、河北、山西、河南、陕西、宁夏、甘肃、青海、新疆、四川；韩国、蒙古国、俄罗斯

五叶老鹳草 **Geranium delavayi** Franch.

分布：四川、云南

叉枝老鹳草 **Geranium divaricatum** Ehrh.

分布：新疆；哈萨克斯坦、吉尔吉斯斯坦、塔吉克斯坦、土库曼斯坦、乌兹别克斯坦；西亚、欧洲

长根老鹳草 **Geranium donianum** Sweet

分布：甘肃、青海、四川、云南、西藏；不丹、尼泊尔、印度

东北老鹳草 **Geranium erianthum** DC.

分布：黑龙江、吉林；日本、俄罗斯；北美洲

圆柱根老鹳草 **Geranium farreri** Stapf

分布：甘肃、四川

灰岩紫地榆 **Geranium franchetii** R. Knuth

分布：湖北、重庆、贵州、云南

台湾老鹳草 **Geranium hayatanum** Ohwi

分布：台湾

大花老鹳草 **Geranium himalayense** Klotzsch

分布：西藏；阿富汗、印度、克什米尔地区、尼泊尔、巴基斯坦

刚毛紫地榆 **Geranium hispidissimum** (Franch.) R. Knuth

分布：云南

朝鲜老鹳草 **Geranium koreanum** Kom.

分布：辽宁、山东；朝鲜

突节老鹳草 **Geranium krameri** Franch. et Sav.

分布：黑龙江、吉林、辽宁；日本、朝鲜、俄罗斯

吉隆老鹳草 **Geranium lambertii** Sweet

分布：西藏；不丹、印度、克什米尔地区、尼泊尔、巴基斯坦

球根老鹳草 **Geranium linearilobum** DC.

分布：新疆；哈萨克斯坦、吉尔吉斯斯坦、俄罗斯、塔吉克斯坦、土库曼斯坦、乌兹别克斯坦；西亚

兴安老鹳草 **Geranium maximowiczii** Regel et Maack

分布：黑龙江、吉林、内蒙古；朝鲜、俄罗斯

软毛老鹳草 **Geranium molle** L.

分布：台湾；阿富汗、克什米尔地区、俄罗斯；西亚、欧洲、北非

宝兴老鹳草 **Geranium moupinense** Franch.

分布：四川

萝卜根老鹳草 **Geranium napuligerum** Franch.

分布：甘肃、青海、四川、云南

尼泊尔老鹳草 **Geranium nepalense** Sweet

分布：山西、陕西、甘肃、青海、江西、湖南、湖北、四川、贵州、云南、西藏、广西；阿富汗、不丹、印度、印度尼西亚、克什米尔地区、老挝、缅甸、尼泊尔、巴基斯坦、斯里兰卡、泰国、越南

二色老鹳草 **Geranium ocellatum** Cambess.

分布：四川、贵州、云南、广西；阿富汗、印度、克什米尔地区、巴基斯坦、尼泊尔；亚洲(西部)、非洲

毛蕊老鹳草 **Geranium platyanthum** Duthie

分布：黑龙江、吉林、辽宁、内蒙古、河北、山西、宁夏、甘肃、青海、湖北、四川；韩国、蒙古国、俄罗斯

宽肾叶老鹳草 **Geranium platyrenifolium** Z. M. Tan

分布：四川

髯毛老鹳草 **Geranium pogonanthum** Franch.
分布：四川、云南

多花老鹳草 **Geranium polyanthes** Edgew. et Hook. f.
分布：四川、云南、西藏；印度、不丹、尼泊尔

草地老鹳草 **Geranium pratense** L.
分布：内蒙古、山西、甘肃、青海、新疆、四川、西藏；阿富汗、克什米尔地区、哈萨克斯坦、吉尔吉斯斯坦、蒙古国、尼泊尔、巴基斯坦、俄罗斯、塔吉克斯坦、土库曼斯坦、乌兹别克斯坦；欧洲

蓝花老鹳草 **Geranium pseudosibiricum** J. Mayer
分布：新疆；哈萨克斯坦、蒙古国；欧洲(东北部)

矮老鹳草 **Geranium pusillum** L.
分布：台湾逸生；阿富汗、克什米尔地区、哈萨克斯坦、吉尔吉斯斯坦、俄罗斯、塔吉克斯坦、土库曼斯坦、乌兹别克斯坦；西亚、欧洲

甘青老鹳草 **Geranium pylzowianum** Maxim.
分布：陕西、宁夏、甘肃、青海、四川、云南、西藏

直立老鹳草 **Geranium rectum** Trautv.
分布：新疆；克什米尔地区、哈萨克斯坦、吉尔吉斯斯坦、巴基斯坦

反瓣老鹳草 **Geranium refractum** Edgew. et Hook. f.
分布：四川、云南、西藏；印度、不丹、缅甸、尼泊尔

汉荭鱼腥草 **Geranium robertianum** L.
分布：浙江、湖南、湖北、四川、贵州、云南、西藏、台湾；日本、朝鲜、哈萨克斯坦、吉尔吉斯斯坦、尼泊尔、巴基斯坦、塔吉克斯坦、土库曼斯坦、乌兹别克斯坦、俄罗斯；西亚地区、欧洲、非洲

湖北老鹳草 **Geranium rosthornii** R. Knuth
分布：山东、河南、陕西、甘肃、安徽、湖北、四川、贵州、云南

圆叶老鹳草 **Geranium rotundifolium** L.
分布：新疆；阿富汗、克什米尔地区、哈萨克斯坦、吉尔吉斯斯坦、巴基斯坦、塔吉克斯坦、土库曼斯坦、乌兹别克斯坦；西亚、欧洲、北非

红叶老鹳草 **Geranium rubifolium** Lindl.
分布：西藏

岩生老鹳草 **Geranium saxatile** Kar. et Kir.
分布：新疆；哈萨克斯坦、吉尔吉斯斯坦、塔吉克斯坦、土库曼斯坦、乌兹别克斯坦

陕西老鹳草 **Geranium shensianum** R. Knuth
分布：陕西、四川

鼠掌老鹳草 **Geranium sibiricum** L.
分布：黑龙江、吉林、辽宁、内蒙古、河北、山西、山东、河南、陕西、宁夏、甘肃、青海、新疆、江西、湖南、湖北、四川、贵州、云南、西藏、广西；阿富汗、日本、朝鲜、蒙古国、俄罗斯、吉尔吉斯斯坦、哈萨克斯坦、塔吉克斯坦、巴基斯坦、土库曼斯坦、乌兹别克斯坦；西亚、欧洲

中华老鹳草 **Geranium sinense** R. Knuth
分布：四川、云南

线裂老鹳草 **Geranium soboliferum** Kom.
分布：黑龙江、吉林；日本、朝鲜、俄罗斯

单花老鹳草 **Geranium solitarium** Z. M. Tan
分布：四川

紫地榆 **Geranium strictipes** R. Knuth
分布：四川、云南

黄花老鹳草 **Geranium suzukii** Masam.
分布：台湾

中日老鹳草 **Geranium thunbergii** Sieb. et Zucc.
分布：河北、陕西、安徽、浙江、江西、湖南、湖北、福建、台湾、广东；日本、朝鲜、俄罗斯

伞花老鹳草 **Geranium umbelliforme** Franch.
分布：四川、云南

宽托叶老鹳草 **Geranium wallichianum** D. Don ex Sweet
分布：西藏；阿富汗、印度、克什米尔地区、尼泊尔、巴基斯坦

老鹳草 **Geranium wilfordii** Maxim.
分布：黑龙江、吉林、辽宁、内蒙古、河北、山西、山东、河南、陕西、甘肃、安徽、江苏、浙江、江西、湖南、湖北、四川、贵州、云南、福建、台湾；日本、朝鲜、俄罗斯

灰背老鹳草 **Geranium wlassovianum** Fisch. ex Link
分布：黑龙江、吉林、辽宁、内蒙古、河北、山西、山东、河南；韩国、蒙古国、俄罗斯

雅安老鹳草 **Geranium yaanense** Z. M. Tan
分布：四川

云南老鹳草 **Geranium yunnanense** Franch.
分布：四川、云南

天竺葵属 **Pelargonium** L'Hér. ex Aiton

家天竺葵 **Pelargonium domesticum** L. H. Bailey
分布：中国北方常见栽培；非洲

香叶天竺葵 **Pelargonium graveolens** L'Hér.
分布：中国各地广泛栽培；非洲

天竺葵 **Pelargonium hortorum** L. H. Bailey
分布：中国各地广泛栽培；非洲

盾叶天竺葵 **Pelargonium peltatum** (L.) Aitch.
分布：中国各地已引进栽培；原产于非洲(南部)

菊叶天竺葵 **Pelargonium radula** (Cav.) L'Hér.
分布：中国各地广泛栽培；非洲

308. 苦苣苔科 Gesneriaceae Rich. et Juss.

芒毛苣苔属 **Aeschynanthus** Jack

长尖芒毛苣苔 **Aeschynanthus acuminatissimus** W. T. Wang
分布：云南

芒毛苣苔 **Aeschynanthus acuminatus** Wall. ex A. DC.
分布：四川、云南、西藏、福建、台湾、广东、广西；不丹、老挝、马来西亚、缅甸、尼泊尔、泰国、越南

轮叶芒毛苣苔 **Aeschynanthus andersonii** C. B. Clarke
分布：云南；缅甸

狭矩芒毛苣苔 **Aeschynanthus angustioblongus** W. T. Wang
分布：云南

狭叶芒毛苣苔 **Aeschynanthus angustissimus** (W. T. Wang) W. T. Wang
分布：西藏

滇南芒毛苣苔 **Aeschynanthus austroyunnanensis** W. T. Wang
分布：贵州、云南、广西

滇南芒毛苣苔(原变种) **Aeschynanthus austroyunnanensis** var. **austroyunnanensis**
分布：云南

广西芒毛苣苔 **Aeschynanthus austroyunnanensis** var. **guangxiensis** (W. Y. Chun ex W. T. Wang et K. Y. Pan) W. T. Wang
分布：贵州、广西

显苞芒毛苣苔 **Aeschynanthus bracteatus** Wall. ex A. DC.
分布：云南、西藏、广西；不丹、印度、缅甸

黄杨叶芒毛苣苔 **Aeschynanthus buxifolius** Hemsl.
分布：贵州、云南、广西；越南

小齿芒毛苣苔 **Aeschynanthus denticuliger** W. T. Wang
分布：云南；老挝、越南

长花芒毛苣苔 **Aeschynanthus dolichanthus** W. T. Wang
分布：西藏

细芒毛苣苔 **Aeschynanthus gracilis** Parish ex C. B. Clarke
分布：云南；不丹、缅甸、泰国、越南、印度

束花芒毛苣苔 **Aeschynanthus hookeri** C. B. Clarke
分布：云南；不丹、印度、缅甸、尼泊尔

矮芒毛苣苔 **Aeschynanthus humilis** Hemsl.
分布：云南

披针芒毛苣苔 **Aeschynanthus lancilimbus** W. T. Wang
分布：云南

毛花芒毛苣苔 **Aeschynanthus lasianthus** W. T. Wang
分布：云南

毛萼芒毛苣苔 **Aeschynanthus lasiocalyx** W. T. Wang
分布：西藏

条叶芒毛苣苔 **Aeschynanthus linearifolius** C. E. C. Fisch.
分布：云南、西藏；印度、缅甸

线条芒毛苣苔 **Aeschynanthus lineatus** Craib
分布：云南；泰国

长茎芒毛苣苔 **Aeschynanthus longicaulis** Wall. ex R. Br.
分布：云南；马来西亚、缅甸、泰国、越南

伞花芒毛苣苔 **Aeschynanthus macranthus** (Merr.) Pellegr.
分布：云南；老挝、泰国、越南

具斑芒毛苣苔 **Aeschynanthus maculatus** Lindl.
分布：西藏；不丹、尼泊尔

墨脱芒毛苣苔 **Aeschynanthus medogensis** W. T. Wang
分布：西藏

勐醒芒毛苣苔 **Aeschynanthus mengxingensis** W. T. Wang
分布：云南

大花芒毛苣苔 **Aeschynanthus mimetes** B. L. Burtt
分布：云南、西藏；印度

红花芒毛苣苔 **Aeschynanthus moningeriae** (Merr.) W. Y. Chun
分布：广东、海南

粗毛芒毛苣苔 **Aeschynanthus pachytrichus** W. T. Wang
分布：云南

扁柄芒毛苣苔 **Aeschynanthus planipetiolatus** H. W. Li
分布：云南

药用芒毛苣苔 **Aeschynanthus poilanei** Pellegr.
分布：云南；越南

长萼芒毛苣苔 **Aeschynanthus sinolongicalyx** W. T. Wang
分布：云南

尾叶芒毛苣苔 **Aeschynanthus stenosepalus** Anthony
分布：云南、西藏；缅甸

华丽芒毛苣苔 **Aeschynanthus superbus** C. B. Clarke
分布：云南、西藏；不丹、印度、缅甸

腾冲芒毛苣苔 **Aeschynanthus tengchungensis** W. T. Wang
分布：云南

筒花芒毛苣苔 **Aeschynanthus tubulosus** J. Anthony
分布：云南；缅甸

筒花芒毛苣苔(原变种) **Aeschynanthus tubulosus** var. **tubulosus**
分布：云南；缅甸

狭萼片芒毛苣苔 **Aeschynanthus tubulosus** var. **angustilobus** J. Anthony
分布：云南

狭花芒毛苣苔 **Aeschynanthus wardii** Merr.
分布：云南；缅甸

异唇苣苔属 **Allocheilos** W. T. Wang

异唇苣苔 **Allocheilos cortusiflorus** W. T. Wang
分布：贵州

广西异唇苣苔 **Allocheilos guangxiensis** H. Q. Wen, Y. G. Wei et S. H. Zhong
分布：广西

异片苣苔属 **Allostigma** W. T. Wang

异片苣苔 **Allostigma guangxiense** W. T. Wang
分布：广西

直瓣苣苔属 **Ancylostemon** Craib

凹瓣苣苔 **Ancylostemon aureus** (Franch.) B. L. Burtt
分布：四川、云南

凹瓣苣苔(原变种) **Ancylostemon aureus** var. **aureus**
分布：云南

窄叶凹瓣苣苔 **Ancylostemon aureus** var. **angustifolius** K. Y. Pan
分布：云南

泡叶直瓣苣苔 **Ancylostemon bullatus** W. T. Wang et K. Y. Pan
分布：云南

凸瓣苣苔 **Ancylostemon convexus** Craib
分布：云南

变萼直瓣苣苔(新拟) **Ancylostemon dimorphosepalus** W. H. Chen et Y. M. Shui
分布：云南

扇叶直瓣苣苔 **Ancylostemon flabellatus** C. Y. Wu ex H. W. Li
分布：云南

黄花直瓣苣苔 **Ancylostemon gamosepalus** K. Y. Pan
分布：四川

河口直瓣苣苔 **Ancylostemon hekouensis** Y. M. Shui et W. H. Chen
分布：云南

矮直瓣苣苔 **Ancylostemon humilis** W. T. Wang
分布：湖北、四川

滇北直瓣苣苔 **Ancylostemon mairei** (H. Lév.) Craib
分布：云南

峨眉直瓣苣苔 **Ancylostemon mairei** var. **emeiensis** K. Y. Pan
分布：四川

贵州直瓣苣苔 **Ancylostemon notochlaenus** (H. Lév. et Vaniot) Craib
分布：贵州

菱叶直瓣苣苔 **Ancylostemon rhombifolius** K. Y. Pan
分布：四川

融安直瓣苣苔 **Ancylostemon ronganensis** K. Y. Pan
分布：广西

直瓣苣苔 **Ancylostemon saxatilis** (Hemsl.) Craib
分布：甘肃、湖南、湖北、四川、重庆

毛花直瓣苣苔 **Ancylostemon trichanthus** B. L. Burtt et R. Davidson
分布：云南

狐毛直瓣苣苔 **Ancylostemon vulpinus** B. L. Burtt et R. Davidson
分布：云南

大苞苣苔属 **Anna** Pellegr.

软叶大苞苣苔 **Anna mollifolia** (W. T. Wang) W. T. Wang et K. Y. Pan
分布：云南、广西

白花大苞苣苔 **Anna ophiorrhizoides** (Hemsl.) B. L. Burtt et R. Davidson
分布：四川、贵州

红花大苞苣苔 **Anna rubidiflora** S. Z. He, F. Wen et Y. G. Wei
分布：贵州

大苞苣苔 **Anna submontana** Pellegr.
分布：云南、广西；越南

横蒴苣苔属 **Beccarinda** Kuntze

饰岩横蒴苣苔 **Beccarinda argentea** (J. Anthony) B. L. Burtt
分布：云南

红毛横蒴苣苔 **Beccarinda erythrotricha** W. T. Wang
分布：云南

小横蒴苣苔 **Beccarinda minima** K. Y. Pan
分布：广西

少毛横蒴苣苔 **Beccarinda paucisetulosa** C. Y. Wu ex H. W. Li
分布：云南

横蒴苣苔 **Beccarinda tonkinensis** (Pellegr.) B. L. Burtt
分布：四川、贵州、云南、广东、广西；越南

旋蒴苣苔属 **Boea** Comm. ex Lam.

大花旋蒴苣苔 **Boea clarkeana** Hemsl.
分布：陕西、安徽、浙江、江西、湖南、湖北、四川、云南

旋蒴苣苔 **Boea hygrometrica** (Bunge) R. Br.
分布：辽宁、河北、北京、天津、山西、山东、河南、陕西、安徽、浙江、江西、湖南、湖北、四川、重庆、云南、福建、广东、广西

地胆旋蒴苣苔 **Boea philippensis** C. B. Clarke
分布：湖南、贵州、广东、广西、海南；菲律宾、越南

短筒苣苔属 **Boeica** C. B. Clarke

锈毛短筒苣苔 **Boeica ferruginea** Drake
分布：云南；越南

短筒苣苔 **Boeica fulva** C. B. Clarke
分布：西藏；不丹、印度

紫花短筒苣苔 **Boeica guileana** B. L. Burtt
分布：广东、香港

多脉短筒苣苔 **Boeica multinervia** K. Y. Pan
分布：云南

孔药短筒苣苔 **Boeica porosa** C. B. Clarke
分布：云南；缅甸、越南

匍茎短筒苣苔 **Boeica stolonifera** K. Y. Pan
分布：广东、广西

翼柱短筒苣苔 **Boeica yunnanensis** (H. W. Li) K. Y. Pan
分布：云南

四数苣苔属 **Bournea** Oliv.

五数苣苔 **Bournea leiophylla** (W. T. Wang) W. T. Wang et K. Y. Pan
分布：福建

四数苣苔 **Bournea sinensis** Oliv.
分布：广东

粗筒苣苔属 **Briggsia** Craib

尖瓣粗筒苣苔 **Briggsia acutiloba** K. Y. Pan
分布：云南

灰毛粗筒苣苔 **Briggsia agnesiae** (Forrest) Craib
分布：四川、云南

黄花粗筒苣苔 **Briggsia aurantiaca** B. L. Burtt
分布：西藏

浙皖粗筒苣苔 **Briggsia chienii** Chun
分布：安徽、浙江、江西

大明山粗筒苣苔 **Briggsia damingshanensis** L. Wu et B. Pan
分布：广西

东兴粗筒苣苔 **Briggsia dongxingensis** W. Y. Chun ex K. Y. Pan
分布：广西；越南

紫花粗筒苣苔 **Briggsia elegantissima** (H. Lév. et Vaniot) Craib
分布：贵州

云南粗筒苣苔 **Briggsia forrestii** Craib
分布：云南

小粗筒苣苔 **Briggsia humilis** K. Y. Pan
分布：湖北

粗筒苣苔 **Briggsia kurzii** (C. B. Clarke) W. E. Evans
分布：四川、云南；不丹、缅甸、印度

宽萼粗筒苣苔 **Briggsia latisepala** W. Y. Chun ex K. Y. Pan
分布：浙江

长茎粗筒苣苔 **Briggsia longicaulis** W. T. Wang et K. Y. Pan
分布：四川

长叶粗筒苣苔 **Briggsia longifolia** Craib
分布：云南；缅甸

长叶粗筒苣苔(原变种) **Briggsia longifolia** var. **longifolia**
分布：云南；缅甸

多花粗筒苣苔 **Briggsia longifolia** var. **multiflora** S. Y. Chen ex K. Y. Pan
分布：甘肃、四川

盾叶粗筒苣苔 **Briggsia longipes** (Hemsl. ex Oliv.) Craib
分布：贵州、云南、广西

东川粗筒苣苔 **Briggsia mairei** Craib
分布：云南

革叶粗筒苣苔 **Briggsia mihieri** (Franch.) Craib
分布：四川、贵州、广西

藓丛粗筒苣苔 **Briggsia muscicola** (Diels) Craib
分布：云南、西藏；不丹、印度、缅甸

小叶粗筒苣苔 **Briggsia parvifolia** K. Y. Pan
分布：贵州

平伐粗筒苣苔 **Briggsia pinfaensis** (H. Lév.) Craib
分布：贵州

川鄂粗筒苣苔 **Briggsia rosthornii** (Diels) B. L. Burtt
分布：湖北、四川、贵州、云南

川鄂粗筒苣苔(原变种) **Briggsia rosthornii** var. **rosthornii**
分布：湖北、四川、贵州

贞丰粗筒苣苔 **Briggsia rosthornii** var. **crenulata** (Hand.-Mazz.) K. Y. Pan
分布：贵州

文山粗筒苣苔 **Briggsia rosthornii** var. **wenshanensis** K. Y. Pan
分布：云南

锈毛粗筒苣苔 **Briggsia rosthornii** var. **xingrenensis** K. Y. Pan
分布：贵州

鄂西粗筒苣苔 **Briggsia speciosa** (Hemsl.) Craib
分布：湖南、湖北、四川

广西粗筒苣苔 **Briggsia stewardii** W. Y. Chun
分布：广西

筒花苣苔属 **Briggsiopsis** K. Y. Pan

筒花苣苔 **Briggsiopsis delavayi** (Franch.) K. Y. Pan
分布：四川、贵州、云南

朱红苣苔属 **Calcareoboea** C. Y. Wu ex H. W. Li

朱红苣苔 **Calcareoboea coccinea** C. Y. Wu ex H. W. Li
分布：云南、广西；越南

扁蒴苣苔属 **Cathayanthe** Chun

扁蒴苣苔 **Cathayanthe biflora** Chun
分布：海南

唇柱苣苔属 **Chirita** Buch.-Ham. ex D. Don

光萼唇柱苣苔 **Chirita anachoreta** Hance
分布：湖南、云南、台湾、广东、广西；老挝、缅甸、泰国、越南

黑脉唇柱苣苔 **Chirita atroglandulosa** W. T. Wang
分布：广西

紫萼唇柱苣苔 **Chirita atropurpurea** W. T. Wang
分布：广西

耳叶唇柱苣苔(新拟) **Chirita auriculata** J. M. Li et S. X. Zhu
分布：云南

百寿唇柱苣苔 **Chirita baishouensis** Y. G. Wei, H. Q. Wen et S. H. Zhong
分布：广西

二色唇柱苣苔 **Chirita bicolor** W. T. Wang
分布：广东

短头唇柱苣苔 **Chirita brachystigma** W. T. Wang
分布：广西

短毛唇柱苣苔 **Chirita brachytricha** W. T. Wang
分布：贵州、广西

短毛唇柱苣苔(原变种) **Chirita brachytricha** var. **brachytricha**
分布：贵州

大苞短毛唇柱苣苔 **Chirita brachytricha** var. **magnibracteata** W. T. Wang et D. Y. Chen
分布：贵州

芥状唇柱苣苔 **Chirita brassicoides** W. T. Wang
分布：广西

鹤峰唇柱苣苔 **Chirita briggsioides** W. T. Wang
分布：湖北

肉叶唇柱苣苔 **Chirita carnosifolia** C. Y. Wu ex H. W. Li
分布：云南

心叶唇柱苣苔 **Chirita cordifolia** W. T. Wang
分布：广西

角萼唇柱苣苔 **Chirita corniculata** Pellegr.
分布：广西；越南

粗筒唇柱苣苔 **Chirita crassituba** W. T. Wang
分布：湖南

十字唇柱苣苔 **Chirita cruciformis** (W. Y. Chun) W. T. Wang
分布：湖南

弯果唇柱苣苔 **Chirita cyrtocarpa** D. Fang et L. Zeng
分布：广西

巨柱唇柱苣苔 **Chirita demissa** (Hance) W. T. Wang
分布：广东

短序唇柱苣苔 **Chirita depressa** Hook. f.
分布：广东

圆叶唇柱苣苔 **Chirita dielsii** (Borza) B. L. Burtt
分布：云南

牛耳朵 **Chirita eburnea** Hance
分布：浙江、湖南、湖北、四川、重庆、贵州、广东、广西

方氏唇柱苣苔 **Chirita fangii** W. T. Wang
分布：重庆

簇花唇柱苣苔 **Chirita fasciculiflora** W. T. Wang
分布：云南

蚂蝗七 **Chirita fimbrisepala** Hand.-Mazz.
分布：江西、湖南、福建、广东、广西

蚂蝗七(原变种) **Chirita fimbrisepala** var. **fimbrisepala**
分布：江西、湖南、贵州、广东

密毛蚂蝗七 **Chirita fimbrisepala** var. **mollis** W. T. Wang
分布：广西

黄斑唇柱苣苔 **Chirita flavimaculata** W. T. Wang
分布：广东、广西

多花唇柱苣苔 **Chirita floribunda** W. T. Wang
分布：广西

桂粤唇柱苣苔 **Chirita fordii** (Hemsl.) D. Wood
分布：广东、广西

桂粤唇柱苣苔(原变种) **Chirita fordii** var. **fordii**
分布：湖南、四川、贵州、广东、广西

鼎湖唇柱苣苔 **Chirita fordii** var. **dolichotricha** (W. T. Wang) W. T. Wang
分布：广东

滇川唇柱苣苔 **Chirita forrestii** J. Anthony
分布：四川、云南

灌丛唇柱苣苔 **Chirita fruticola** H. W. Li
分布：云南

少毛唇柱苣苔 **Chirita glabrescens** W. T. Wang et D. Y. Chen
分布：贵州

大苞唇柱苣苔(新拟) **Chirita grandibracteata** J. M. Li et M. Moller
分布：云南

桂林唇柱苣苔 **Chirita gueilinensis** W. T. Wang
分布：广东、广西

桂海唇柱苣苔 **Chirita guihaiensis** Y. G. Wei, B. Pan et W. X. Tang
分布：广西

钩序唇柱苣苔 **Chirita hamosa** R. Br.
分布：云南、广西；印度、老挝、马来西亚、缅甸、泰国、越南

肥牛草 **Chirita hedyotidea** (Chun) W. T. Wang
分布：广西

烟叶唇柱苣苔 **Chirita heterotricha** Merr.
分布：海南

河池唇柱苣苔 **Chirita hochiensis** C. C. Huang et X. X. Chen
分布：广西

合苞唇柱苣苔 **Chirita infundibuliformis** W. T. Wang
分布：西藏

九万山唇柱苣苔 **Chirita jiuwanshanica** W. T. Wang
分布：广西

大齿唇柱苣苔 **Chirita juliae** Hance
分布：江西、湖南、福建、广东

卧茎唇柱苣苔 **Chirita lachenensis** C. B. Clarke
分布：云南、西藏；不丹、印度、缅甸

莨山唇柱苣苔 **Chirita langshanica** W. T. Wang
分布：湖南、广西

宽脉唇柱苣苔 **Chirita latinervis** W. T. Wang
分布：湖南

疏花唇柱苣苔 **Chirita laxiflora** W. T. Wang
分布：广西

李氏唇柱苣苔 **Chirita leeii** Fang Wen, Yue Wang et Q. X. Zhang
分布：广西

光叶唇柱苣苔 **Chirita leiophylla** W. T. Wang
分布：广西

泡泡叶唇柱苣苔(新拟) **Chirita leprosa** Yan Liu et W. B. Xu
分布：广西

荔波唇柱苣苔 **Chirita liboensis** W. T. Wang et D. Y. Chen
分布：贵州、广西

连县唇柱苣苔 **Chirita lienxienensis** W. T. Wang
分布：广东

舌柱唇柱苣苔 **Chirita liguliformis** W. T. Wang
分布：贵州

漓江唇柱苣苔(新拟) **Chirita lijiangensis** B. Pan et W. B. Xu
分布：广西

线叶唇柱苣苔 **Chirita linearifolia** W. T. Wang
分布：广西

零陵唇柱苣苔 **Chirita linglingensis** W. T. Wang
分布：湖南

柳江唇柱苣苔 **Chirita liujiangensis** D. Fang et D. H. Qin
分布：广西

弄岗唇柱苣苔 **Chirita longgangensis** W. T. Wang
分布：广西

弄岗唇柱苣苔(原变种) **Chirita longgangensis** var. **longgangensis**
分布：广西

红药唇柱苣苔 **Chirita longgangensis** var. **hongyao** S. Z. Huang
分布：广西

长萼唇柱苣苔(新拟) **Chirita longicalyx** J. M. Li et Y. Z. Wang
分布：广西

龙氏唇柱苣苔 **Chirita longii** Z. Y. Li
分布：广西

隆林唇柱苣苔 **Chirita lunglinensis** W. T. Wang
分布：贵州、广西

隆林唇柱苣苔(原变种) **Chirita lunglinensis** var. **lunglinensis**
分布：贵州、广西

钝萼唇柱苣苔 **Chirita lunglinensis** var. **amblyosepala** W. T. Wang
分布：广西

龙州唇柱苣苔 **Chirita lungzhouensis** W. T. Wang
分布：广西

罗城唇柱苣苔(新拟) **Chirita luochengensis** Yan Liu et W. B. Xu
分布：广西

黄花牛耳朵 **Chirita lutea** Yan Liu et Y. G. Wei
分布：广西

鹿寨唇柱苣苔 **Chirita luzhaiensis** Yan Liu, Y. S. Huang et W. B. Xu
分布：广西

粗齿唇柱苣苔 **Chirita macrodonta** D. Fang et D. H. Qin
分布：广西

大叶唇柱苣苔 **Chirita macrophylla** Wall.
分布：贵州、云南；不丹、印度、缅甸、尼泊尔、泰国

大根唇柱苣苔 **Chirita macrorhiza** D. Fang et D. H. Qin
分布：广西

马关唇柱苣苔(新拟) **Chirita maguanensis** Z. Y. Li, H. Jiang et H. Xu
分布：云南

药用唇柱苣苔 **Chirita medica** D. Fang ex W. T. Wang
分布：广西

多痕唇柱苣苔 **Chirita minutihamata** D. Wood
分布：广西；越南

微斑唇柱苣苔 **Chirita minutimaculata** D. Fang et W. T. Wang
分布：广西

软叶唇柱苣苔 **Chirita mollifolia** D. Fang, Y. G. Wei et J. Murata
分布：广西

单花唇柱苣苔 **Chirita monantha** W. T. Wang
分布：湖南

南丹唇柱苣苔 **Chirita nandanensis** S. X. Huang, Y. G. Wei et W. H. Luo
分布：广西

那坡唇柱苣苔 **Chirita napoensis** Z. Y. Li
分布：广西

宁明唇柱苣苔(新拟) **Chirita ningmingensis** Yan Liu et W. H. Wu
分布：广西

长圆叶唇柱苣苔 **Chirita oblongifolia** (Roxb.) J. Sinclair
分布：云南、西藏；印度、缅甸、孟加拉国

钝齿唇柱苣苔 **Chirita obtusidentata** W. T. Wang
分布：湖南、湖北、贵州

钝齿唇柱苣苔(原变种) **Chirita obtusidentata** var. **obtusidentata**
分布：湖南、湖北、贵州

毛序唇柱苣苔 **Chirita obtusidentata** var. **mollipes** W. T. Wang
分布：湖南

条叶唇柱苣苔 **Chirita ophiopogoides** D. Fang et W. T. Wang
分布：广西

直蕊唇柱苣苔 **Chirita orthandra** W. T. Wang
分布：广东

小叶唇柱苣苔 **Chirita parvifolia** W. T. Wang
分布：广西

复叶唇柱苣苔 **Chirita pinnata** W. T. Wang
分布：广西

羽叶唇柱苣苔 **Chirita pinnatifida** (Hand.-Mazz.) B. L. Burtt
分布：浙江、江西、湖南、福建、广东、广西

多葶唇柱苣苔 **Chirita polycephala** (W. Y. Chun) W. T. Wang
分布：广东

紫纹唇柱苣苔 **Chirita pseudoeburnea** D. Fang et W. T. Wang
分布：广西

假烟叶唇柱苣苔 **Chirita pseudoheterotricha** T. J. Zhou, B. Pan et W. B. Xu
分布：广西

翅柄唇柱苣苔 **Chirita pteropoda** W. T. Wang
分布：广东、广西

普洱唇柱苣苔 **Chirita puerensis** Y. Y. Qian
分布：云南

斑叶唇柱苣苔 **Chirita pumila** D. Don
分布：贵州、云南、西藏、广西；不丹、印度、缅甸、尼泊尔、越南

尖萼唇柱苣苔 **Chirita pungentisepala** W. T. Wang
分布：广西

密花唇柱苣苔 **Chirita pycnantha** W. T. Wang
分布：云南

融安唇柱苣苔 **Chirita ronganensis** D. Fang et Y. G. Wei
分布：广西

融水唇柱苣苔 **Chirita rongshuiensis** Yan Liu et Y. S. Huang
分布：广西

粉花唇柱苣苔 **Chirita roseoalba** W. T. Wang
分布：湖南

卵圆唇柱苣苔 **Chirita rotundifolia** (Hemsl.) D. Wood
分布：广东

硬叶唇柱苣苔 **Chirita sclerophylla** W. T. Wang
分布：广西

清镇唇柱苣苔 Chirita secundiflora (W. Y. Chun) W. T. Wang
分布：贵州

寿城唇柱苣苔 Chirita shouchengensis Z. Y. Li
分布：广西

税氏唇柱苣苔 Chirita shuii Z. Y. Li
分布：云南

四川唇柱苣苔 Chirita sichuanensis W. T. Wang
分布：重庆

唇柱苣苔 Chirita sinensis Lindl.
分布：广东、海南、香港

斯氏唇柱苣苔 Chirita skogiana Z. Y. Li
分布：甘肃

焰苞唇柱苣苔 Chirita spadiciformis W. T. Wang
分布：广西

美丽唇柱苣苔 Chirita speciosa Kurz.
分布：云南；印度、缅甸、泰国、越南

小唇柱苣苔 Chirita speluncae (Hand.-Mazz.) D. Wood
分布：云南

刺齿唇柱苣苔 Chirita spinulosa D. Fang et W. T. Wang
分布：广西

菱叶唇柱苣苔 Chirita subrhomboidea W. T. Wang
分布：广西

钻萼唇柱苣苔 Chirita subulatisepala W. T. Wang
分布：湖北、重庆

钟冠唇柱苣苔 Chirita swinglei (Merr.) W. T. Wang
分布：广东、广西；越南

薄叶唇柱苣苔 Chirita tenuifolia W. T. Wang
分布：广西

神农架唇柱苣苔 Chirita tenuituba (W. T. Wang) W. T. Wang
分布：湖南、湖北、重庆、贵州

天等唇柱苣苔 Chirita tiandengensis Fang wen et Hui Tang
分布：广西

康定唇柱苣苔 Chirita tibetica (Franch.) B. L. Burtt
分布：四川、云南

三苞唇柱苣苔 Chirita tribracteata W. T. Wang
分布：广西

三苞唇柱苣苔(原变种) Chirita tribracteata var. **tribracteata**
分布：广西

光华唇柱苣苔 Chirita tribracteata var. **zhuana** Z. Y. Li, Q. Xing et Y. B. Li
分布：广西

麻叶唇柱苣苔 Chirita urticifolia Buch.-Ham. ex D. Don
分布：云南；不丹、印度、缅甸、尼泊尔

变色唇柱苣苔 Chirita varicolor D. Fang et D. H. Qin
分布：广西

齿萼唇柱苣苔 Chirita verecunda (W. Y. Chun) W. T. Wang
分布：广西

细筒唇柱苣苔 Chirita vestita D. Wood
分布：贵州

长毛唇柱苣苔 Chirita villosissima W. T. Wang
分布：广东

王氏唇柱苣苔 Chirita wangiana Z. Y. Li
分布：广西

文采唇柱苣苔 Chirita wentsaii D. Fang et L. Zeng
分布：广西

新宁唇柱苣苔 Chirita xinningensis W. T. Wang
分布：湖南

永福唇柱苣苔 Chirita yungfuensis W. T. Wang
分布：广西

小花苣苔属 Chiritopsis W. T. Wang

羽裂小花苣苔 Chiritopsis bipinnatifida W. T. Wang
分布：广西

密小花苣苔 Chiritopsis confertiflora W. T. Wang
分布：广东

心叶小花苣苔 Chiritopsis cordifolia D. Fang et W. T. Wang
分布：广西

丹霞小花苣苔 Chiritopsis danxiaensis W. B. Liao, S. S. Lin et R. J. Shen
分布：广东

紫腺小花苣苔 Chiritopsis glandulosa D. Fang, L. Zeng et D. H. Qin
分布：广西

紫腺小花苣苔(原变种) **Chiritopsis glandulosa** var. **glandulosa**
分布：广西

阳朔小花苣苔 **Chiritopsis glandulosa** var. **yangshuoensis** F. Wen, Y. Wang et Q. X. Zhang
分布：广西

贺州小花苣苔 **Chiritopsis hezhouensis** W. H. Wu et W. B. Xu
分布：广西

靖西小花苣苔(新拟) **Chiritopsis jingxiensis** Yan Liu, W. B. Xu et H. S. Gao
分布：广西

灵川小花苣苔 **Chiritopsis lingchuanensis** Yan Liu et Y. G. Wei
分布：广西

浅裂小花苣苔 **Chiritopsis lobulata** W. T. Wang
分布：广东

龙州小花苣苔 **Chiritopsis longzhouensis** B. Pan et W. H. Wu
分布：广西

密毛小花苣苔 **Chiritopsis mollifolia** D. Fang et W. T. Wang
分布：广西

小花苣苔 **Chiritopsis repanda** W. T. Wang
分布：广西

小花苣苔(原变种) **Chiritopsis repanda** var. **repanda**
分布：广西

桂林小花苣苔 **Chiritopsis repanda** var. **guilinensis** W. T. Wang
分布：广西

钻丝小花苣苔 **Chiritopsis subulata** W. T. Wang
分布：广东

钻丝小花苣苔(原变种) **Chiritopsis subulata** var. **subulata**
分布：广东

阳春小花苣苔 **Chiritopsis subulata** var. **yangchunensis** W. T. Wang
分布：广东

休宁小花苣苔 **Chiritopsis xiuningensis** X. L. Liu et X. H. Guo
分布：安徽

苦苣苔属 **Conandron** Sieb. et Zucc.

苦苣苔 **Conandron ramondioides** Sieb. et Zucc.
分布：安徽、浙江、江西、福建、台湾；日本

珊瑚苣苔属 **Corallodiscus** Batalin

小石花 **Corallodiscus conchifolius** Batalin
分布：甘肃、四川、云南、西藏

卷丝苣苔 **Corallodiscus kingianus** (Craib) B. L. Burtt
分布：青海、四川、云南、西藏；不丹、印度

西藏珊瑚苣苔 **Corallodiscus lanuginosus** (Wall. ex A. DC.) B. L. Burtt
分布：河北、山西、河南、陕西、湖南、湖北、四川、重庆、贵州、云南、西藏、广东、广西；不丹、印度、尼泊尔

浆果苣苔属 **Cyrtandra** J. R. Forst. et G. Forst.

浆果苣苔 **Cyrtandra umbellifera** Merr.
分布：台湾；菲律宾

囊萼花属 **Cyrtandromoea** Zoll.

囊萼花 **Cyrtandromoea grandiflora** C. B. Clarke
分布：云南；印度尼西亚、缅甸、泰国

瑶山苣苔属 **Dayaoshania** W. T. Wang

瑶山苣苔 **Dayaoshania cotinifolia** W. T. Wang
分布：广西

全唇苣苔属 **Deinocheilos** W. T. Wang

江西全唇苣苔 **Deinocheilos jiangxiense** W. T. Wang
分布：江西、福建

全唇苣苔 **Deinocheilos sichuanense** W. T. Wang
分布：重庆

漏斗苣苔属 **Didissandra** C. B. Clarke

大苞漏斗苣苔 **Didissandra begoniifolia** H. Lév.
分布：湖北、贵州、云南、广西

长梗漏斗苣苔 **Didissandra longipedunculata** C. Y. Wu ex H. W. Li
分布：云南

长筒漏斗苣苔 **Didissandra macrosiphon** (Hance) W. T. Wang
分布：广东、广西

大叶锣 **Didissandra sesquifolia** C. B. Clarke
分布：四川

无毛漏斗苣苔 **Didissandra sinica** (W. Y. Chun) W. T. Wang
分布：广西

长蒴苣苔属 **Didymocarpus** Wall.

腺萼长蒴苣苔 **Didymocarpus adenocalyx** W. T. Wang
分布：云南

互叶长蒴苣苔 **Didymocarpus aromaticus** Wall. ex D. Don
分布：西藏；印度、尼泊尔

温州长蒴苣苔 **Didymocarpus cortusifolius** (Hance) H. Lév.
分布：浙江

深裂长蒴苣苔 **Didymocarpus dissectus** F. Wen, Y. L. Qiu, Jie Huang et Y. G. Wei
分布：福建

腺毛长蒴苣苔 **Didymocarpus glandulosus** (W. W. Sm.) W. T. Wang
分布：四川、云南

腺毛长蒴苣苔(原变种) **Didymocarpus glandulosus** var. **glandulosus**
分布：四川、云南

毛药长蒴苣苔 **Didymocarpus glandulosus** var. **lasiantherus** (W. T. Wang) W. T. Wang
分布：四川、重庆

短萼长蒴苣苔 **Didymocarpus glandulosus** var. **minor** (W. T. Wang) W. T. Wang
分布：贵州、广西

大齿长蒴苣苔 **Didymocarpus grandidentatus** (W. T. Wang) W. T. Wang
分布：云南

东南长蒴苣苔 **Didymocarpus hancei** Hemsl.
分布：江西、湖南、福建、广东、广西

闽赣长蒴苣苔 **Didymocarpus heucherifolius** Hand.-Mazz.
分布：安徽、浙江、江西、福建、广东

雷波长蒴苣苔 **Didymocarpus leiboensis** Soong et W. T. Wang
分布：四川

短茎长蒴苣苔 **Didymocarpus margaritae** W. W. Sm.
分布：云南

墨脱长蒴苣苔 **Didymocarpus medogensis** W. T. Wang
分布：西藏

蒙自长蒴苣苔 **Didymocarpus mengtze** W. W. Sm.
分布：云南

柔毛长蒴苣苔 **Didymocarpus mollifolius** W. T. Wang
分布：云南

矮生长蒴苣苔 **Didymocarpus nanophyton** C. Y. Wu ex H. W. Li
分布：云南

绵毛长蒴苣苔 **Didymocarpus niveolanosus** D. Fang et W. T. Wang
分布：贵州、广西

片马长蒴苣苔 **Didymocarpus praeteritus** B. L. Burtt et R. Davidson
分布：云南；缅甸

藏南长蒴苣苔 **Didymocarpus primulifolius** D. Don
分布：西藏；尼泊尔

凤庆长蒴苣苔 **Didymocarpus pseudomengtze** W. T. Wang
分布：云南

美丽长蒴苣苔 **Didymocarpus pulcher** C. B. Clarke
分布：西藏；不丹、尼泊尔、印度

紫苞长蒴苣苔 **Didymocarpus purpureobracteatus** W. W. Sm.
分布：云南

肾叶长蒴苣苔 **Didymocarpus reniformis** W. T. Wang
分布：湖南

迭裂长蒴苣苔 **Didymocarpus salviiflorus** Chun
分布：浙江

林生长蒴苣苔 **Didymocarpus silvarum** W. W. Sm.
分布：云南

报春长蒴苣苔 **Didymocarpus sinoprimulinus** W. T. Wang
分布：湖南

狭冠长蒴苣苔 **Didymocarpus stenanthos** C. B. Clarke
分布：四川、云南

狭冠长蒴苣苔(原变种) **Didymocarpus stenanthos** var. **stenanthos**
分布：四川、云南

疏毛长蒴苣苔 **Didymocarpus stenanthos** var. **pilosellus** W. T. Wang
分布：贵州

细果长蒴苣苔 **Didymocarpus stenocarpus** W. T. Wang
分布：云南

掌脉长蒴苣苔 **Didymocarpus subpalmatinervis** W. T. Wang
分布：云南

长毛长蒴苣苔 **Didymocarpus villosus** D. Don
分布：西藏；尼泊尔

沅陵长蒴苣苔 **Didymocarpus yuenlingensis** W. T. Wang
分布：湖南

云南长蒴苣苔 **Didymocarpus yunnanensis** (Franch.) W. W. Sm.
分布：四川、云南、西藏；印度

镇康长蒴苣苔 **Didymocarpus zhenkangensis** W. T. Wang
分布：云南

珠峰长蒴苣苔 **Didymocarpus zhufengensis** W. T. Wang
分布：西藏

双片苣苔属 **Didymostigma** W. T. Wang

光叶双片苣苔 **Didymostigma leiophyllum** D. Fang et X. H. Lu
分布：广西

双片苣苔 **Didymostigma obtusum** (C. B. Clarke) W. T. Wang
分布：福建、广东、广西、海南

毛药双片苣苔 **Didymostigma trichanthera** C. X. Ye et X. G. Shi
分布：广东

长檐苣苔属 **Dolicholoma** D. Fang et W. T. Wang

长檐苣苔 **Dolicholoma jasminiflorum** D. Fang et W. T. Wang
分布：广西

盾座苣苔属 **Epithema** Blume

盾座苣苔 **Epithema carnosum** Benth.
分布：贵州、云南、台湾、广东、广西；不丹、印度、尼泊尔、缅甸、泰国

台湾盾座苣苔 **Epithema taiwanensis** S. S. Ying
分布：台湾

圆唇苣苔属 **Gyrocheilos** W. T. Wang

圆唇苣苔 **Gyrocheilos chorisepalus** W. T. Wang
分布：广东、广西

圆唇苣苔(原变种) **Gyrocheilos chorisepalus** var. **chorisepalus**
分布：广西

北流圆唇苣苔 **Gyrocheilos chorisepalus** var. **synsepalus** W. T. Wang
分布：广东、广西

毛萼圆唇苣苔 **Gyrocheilos lasiocalyx** W. T. Wang
分布：广西

微毛圆唇苣苔 **Gyrocheilos microtrichus** W. T. Wang
分布：广东

折毛圆唇苣苔 **Gyrocheilos retrotrichus** W. T. Wang
分布：贵州、广东、广西

折毛圆唇苣苔(原变种) **Gyrocheilos retrotrichus** var. **retrotrichus**
分布：广东

稀裂圆唇苣苔 **Gyrocheilos retrotrichus** var. **oligolobus** W. T. Wang
分布：贵州、广东、广西

圆果苣苔属 **Gyrogyne** W. T. Wang

圆果苣苔 **Gyrogyne subaequifolia** W. T. Wang
分布：广西

半蒴苣苔属 **Hemiboea** C. B. Clarke

披针叶半蒴苣苔 **Hemiboea angustifolia** F. Wen et Y. G. Wei
分布：广西

台湾半蒴苣苔 **Hemiboea bicornuta** (Hayata) Ohwi
分布：台湾；日本

贵州半蒴苣苔 **Hemiboea cavaleriei** H. Lév.
分布：江西、湖南、四川、贵州、云南、福建、广东、广西

贵州半蒴苣苔(原变种) **Hemiboea cavaleriei** var. **cavaleriei**
分布：江西、湖南、四川、贵州、福建、广东、广西

疏脉半蒴苣苔 **Hemiboea cavaleriei** var. **paucinervis** W. T. Wang et Z. Y. Li
分布：贵州、云南、广西；越南

齿叶半蒴苣苔 **Hemiboea fangii** W. Y. Chun ex Z. Y. Li
分布：四川

毛果半蒴苣苔 **Hemiboea flaccida** Chun
分布：贵州、广西

华南半蒴苣苔 **Hemiboea follicularis** C. B. Clarke
分布：贵州、广东、广西

华南半蒴苣苔(原变种) **Hemiboea follicularis** var. **follicularis**
分布：贵州、广东、广西

卷瓣半蒴苣苔 **Hemiboea follicularis** var. **retroflexa** Yan Liu et Y. S. Huang
分布：广西

合萼半蒴苣苔 **Hemiboea gamosepala** Z. Y. Li
分布：贵州

腺萼半蒴苣苔 **Hemiboea glandulosa** Z. Y. Li
分布：云南

纤细半蒴苣苔 **Hemiboea gracilis** Franch.
分布：江西、湖南、湖北、四川、贵州、广西

纤细半蒴苣苔(原变种) **Hemiboea gracilis** var. **gracilis**
分布：江西、湖南、湖北、四川、贵州

毛苞半蒴苣苔 **Hemiboea gracilis** var. **pilobracteata** Z. Y. Li
分布：湖南、湖北、重庆、贵州

全叶半蒴苣苔 **Hemiboea integra** C. Y. Wu ex H. W. Li
分布：云南

宽萼半蒴苣苔 **Hemiboea latisepala** H. W. Li
分布：云南

弄岗半蒴苣苔 **Hemiboea longgangensis** Z. Y. Li
分布：广西

长萼半蒴苣苔 **Hemiboea longisepala** Z. Y. Li
分布：广西

龙州半蒴苣苔 **Hemiboea longzhouensis** W. T. Wang ex Z. Y. Li
分布：广西

黄花半蒴苣苔 **Hemiboea lutea** F. Wen, G. Y. Liang et Y. G. Wei
分布：广西

大苞半蒴苣苔 **Hemiboea magnibracteata** Y. G. Wei et H. Q. Wen
分布：贵州、广西

柔毛半蒴苣苔 **Hemiboea mollifolia** W. T. Wang
分布：湖南、湖北、贵州

峨眉半蒴苣苔 **Hemiboea omeiensis** W. T. Wang
分布：四川

小苞半蒴苣苔 **Hemiboea parvibracteata** W. T. Wang et Z. Y. Li
分布：贵州

小花半蒴苣苔 **Hemiboea parviflora** Z. Y. Li
分布：广西

屏边半蒴苣苔 **Hemiboea pingbianensis** Z. Y. Li
分布：云南

假大苞半蒴苣苔 **Hemiboea pseudomagnibracteata** B. Pan et W. H. Wu
分布：广西

紫花半蒴苣苔 **Hemiboea purpurea** Yan Liu et W. B. Xu
分布：广西

红苞半蒴苣苔 **Hemiboea rubribracteata** Z. Y. Li et Yan Liu
分布：广西

中越半蒴苣苔 **Hemiboea sinovietnamica** W. B. Xu et X. Y. Zhuang
分布：广西

腺毛半蒴苣苔 **Hemiboea strigosa** Chun ex W. T. Wang
分布：江西、湖南、广东

短茎半蒴苣苔 **Hemiboea subacaulis** Hand.-Mazz.
分布：湖南、贵州、广东、广西

短茎半蒴苣苔(原变种) **Hemiboea subacaulis** var. **subacaulis**
分布：湖南、贵州、广西

江西半蒴苣苔 **Hemiboea subacaulis** var. **jiangxiensis** Z. Y. Li
分布：江西

半蒴苣苔 **Hemiboea subcapitata** C. B. Clarke
分布：河南、陕西、甘肃、安徽、江苏、浙江、江西、湖

南、湖北、四川、贵州、云南、福建、广东、广西；越南

半蒴苣苔(原变种) **Hemiboea subcapitata** var. **subcapitata**

分布：河南、陕西、甘肃、江苏、浙江、江西、湖南、湖北、四川、贵州、云南、福建、广东、广西

广东半蒴苣苔 **Hemiboea subcapitata** var. **guangdongensis** (Z. Y. Li) Z. Y. Li

分布：广东

翅茎半蒴苣苔 **Hemiboea subcapitata** var. **pterocaulis** Z. Y. Li

分布：广西

王氏半蒴苣苔 **Hemiboea wangiana** Z. Y. Li

分布：云南

密序苣苔属 **Hemiboeopsis** W. T. Wang

密序苣苔 **Hemiboeopsis longisepala** (H. W. Li) W. T. Wang

分布：云南；老挝

金盏苣苔属 **Isometrum** Craib

圆齿金盏苣苔 **Isometrum crenatum** K. Y. Pan

分布：湖北

多裂金盏苣苔 **Isometrum eximium** Chun ex W. T. Wang et K. Y. Pan

分布：四川

城口金盏苣苔 **Isometrum fargesii** (Franch.) B. L. Burtt

分布：重庆

金盏苣苔 **Isometrum farreri** Craib

分布：陕西、甘肃、四川

毛蕊金盏苣苔 **Isometrum giraldii** (Diels) B. L. Burtt

分布：陕西

短檐金盏苣苔 **Isometrum glandulosum** (Batalin) Craib

分布：甘肃、四川

紫花金盏苣苔 **Isometrum lancifolium** (Franch.) K. Y. Pan

分布：四川

紫花金盏苣苔(原变种) **Isometrum lancifolium** var. **lancifolium**

分布：四川

汶川金盏苣苔 **Isometrum lancifolium** var. **mucronatum** K. Y. Pan

分布：四川

狭叶金盏苣苔 **Isometrum lancifolium** var. **tsingchengshanicum** W. T. Wang et K. Y. Pan

分布：四川

白花金盏苣苔 **Isometrum leucanthum** (Diels) B. L. Burtt

分布：四川

龙胜金盏苣苔 **Isometrum lungshengense** (W. T. Wang) W. T. Wang et K. Y. Pan

分布：广西

南川金盏苣苔 **Isometrum nanchuanicum** K. Y. Pan et Z. Y. Liu

分布：重庆

裂叶金盏苣苔 **Isometrum pinnatilobatum** K. Y. Pan

分布：湖北、四川

羽裂金盏苣苔 **Isometrum primuliflorum** (Batalin) B. L. Burtt

分布：四川

四川金盏苣苔 **Isometrum sichuanicum** K. Y. Pan

分布：四川

柔毛金盏苣苔 **Isometrum villosum** K. Y. Pan

分布：重庆

万山金盏苣苔 **Isometrum wanshanense** S. Z. He

分布：贵州

细筒苣苔属 **Lagarosolen** W. T. Wang

革叶细筒苣苔 **Lagarosolen coriaceifolium** Y. G. Wei

分布：广西

河池细筒苣苔 **Lagarosolen hechiensis** Y. G. Wei, Yan Liu et F. Wen

分布：广西

细筒苣苔 **Lagarosolen hispidus** W. T. Wang

分布：云南

全缘叶细筒苣苔 **Lagarosolen integrifolius** D. Fang et L. Zeng

分布：广西

靖西细筒苣苔 **Lagarosolen jingxiensis** Yan Liu, H. S. Gao et W. B. Xu

分布：广西

陆氏细筒苣苔 **Lagarosolen lui** Yan Liu et W. B. Xu

分布：广西

细蒴苣苔属 **Leptobaea** Benth.

细蒴苣苔 **Leptobaea multiflora** (C. B. Clarke) Benth. ex Gamble
分布：云南；不丹、印度、缅甸

凹柱苣苔属 **Litostigma** Y. G. Wei F. Wen et M. Moller

凹柱苣苔 **Litostigma coriaceifolium** Y. G. Wei, F. Wen et M. Moller
分布：贵州

水晶凹柱苣苔 **Litostigma crystallinum** Y. M. Shui et W. H. Chen
分布：云南

紫花苣苔属 **Loxostigma** C. B. Clarke

短柄紫花苣苔 **Loxostigma brevipetiolatum** W. T. Wang et K. Y. Pan
分布：云南、广西

滇黔紫花苣苔 **Loxostigma cavaleriei** (H. Lév. et Vaniot) B. L. Burtt
分布：贵州、云南、广西

齿萼紫花苣苔 **Loxostigma fimbrisepalum** K. Y. Pan
分布：云南、广西

光叶紫花苣苔 **Loxostigma glabrifolium** D. Fang et W. T. Wang ex K. Y. Pan
分布：贵州、云南、广西

紫花苣苔 **Loxostigma griffithii** (Wight) C. B. Clarke
分布：四川、贵州、云南、西藏、广西；不丹、印度、缅甸、尼泊尔、越南

澜沧紫花苣苔 **Loxostigma mekongense** (Franch.) B. L. Burtt
分布：云南

蕉林紫花苣苔 **Loxostigma musetorum** H. W. Li
分布：云南

吊石苣苔属 **Lysionotus** D. Don

桂黔吊石苣苔 **Lysionotus aeschynanthoides** W. T. Wang
分布：贵州、云南、广西

深紫吊石苣苔 **Lysionotus atropurpureus** Hara
分布：西藏；不丹、印度、尼泊尔

攀援吊石苣苔 **Lysionotus chingii** W. Y. Chun ex W. T. Wang
分布：云南、广西；越南

多齿吊石苣苔 **Lysionotus denticulosus** W. T. Wang
分布：贵州、云南、广西

凤山唇柱苣苔 **Lysionotus fengshanensis** Yan Liu et D. X. Nong
分布：广西

滇西吊石苣苔 **Lysionotus forrestii** W. W. Sm.
分布：云南、西藏

合萼吊石苣苔 **Lysionotus gamosepalus** W. T. Wang
分布：西藏

纤细吊石苣苔 **Lysionotus gracilis** W. W. Sm.
分布：云南；缅甸

异叶吊石苣苔 **Lysionotus heterophyllus** Franch.
分布：四川、重庆、云南、广西

异叶吊石苣苔(原变种) **Lysionotus heterophyllus** var. **heterophyllus**
分布：四川、云南

龙胜吊石苣苔 **Lysionotus heterophyllus** var. **lasianthus** W. T. Wang
分布：广西

毛叶吊石苣苔 **Lysionotus heterophyllus** var. **mollis** W. T. Wang
分布：四川

圆苞吊石苣苔 **Lysionotus involucratus** Franch.
分布：湖南、重庆

广西吊石苣苔 **Lysionotus kwangsiensis** W. T. Wang
分布：广西

狭萼吊石苣苔 **Lysionotus levipes** (C. B. Clarke) B. L. Burtt
分布：云南、西藏；印度、老挝、缅甸

长梗吊石苣苔 **Lysionotus longipedunculatus** (W. T. Wang) W. T. Wang
分布：云南

墨脱吊石苣苔 **Lysionotus metuoensis** W. T. Wang
分布：西藏

小叶吊石苣苔 **Lysionotus microphyllus** W. T. Wang
分布：湖南、湖北

小叶吊石苣苔(原变种) **Lysionotus microphyllus** var. **microphyllus**
分布：湖南、湖北

峨眉吊石苣苔 **Lysionotus microphyllus** var. **omeiensis** (W. T. Wang) W. T. Wang
分布：四川

长圆吊石苣苔 **Lysionotus oblongifolius** W. T. Wang
分布：广西

吊石苣苔 **Lysionotus pauciflorus** Maxim.
分布：河南、陕西、安徽、江苏、浙江、江西、湖南、湖北、四川、贵州、云南、福建、台湾、广东、广西、海南；日本、越南

吊石苣苔(原变种) **Lysionotus pauciflorus** var. **pauciflorus**
分布：河南、陕西、安徽、江苏、浙江、江西、湖南、湖北、四川、贵州、福建、台湾、广东、广西、海南；越南、日本

兰屿吊石苣苔 **Lysionotus pauciflorus** var. **ikedae** (Hatus.) W. T. Wang
分布：台湾

灰叶吊石苣苔 **Lysionotus pauciflorus** var. **indutus** Chun ex W. T. Wang
分布：贵州

细萼吊石苣苔 **Lysionotus petelotii** Pellegr.
分布：云南；越南

毛枝吊石苣苔 **Lysionotus pubescens** C. B. Clarke
分布：云南、西藏；不丹、印度、缅甸

桑植吊石苣苔 **Lysionotus sangzhiensis** W. T. Wang
分布：湖南、重庆

齿叶吊石苣苔 **Lysionotus serratus** D. Don
分布：贵州、云南、西藏、广西；不丹、印度、缅甸、尼泊尔、泰国、越南

齿叶吊石苣苔(原变种) **Lysionotus serratus** var. **serratus**
分布：贵州、云南、西藏、广西；不丹、印度、缅甸、尼泊尔、泰国、越南

翅茎吊石苣苔 **Lysionotus serratus** var. **pterocaulis** C. Y. Wu ex W. T. Wang
分布：云南

短柄吊石苣苔 **Lysionotus sessilifolius** Hand.-Mazz.
分布：云南

保山吊石苣苔 **Lysionotus sulphureoides** H. W. Li et Y. X. Lu
分布：云南

黄花吊石苣苔 **Lysionotus sulphureus** Hand.-Mazz.
分布：云南

川西吊石苣苔 **Lysionotus wilsonii** Rehder
分布：四川、云南

单座苣苔属 **Metabriggsia** W. T. Wang

单座苣苔 **Metabriggsia ovalifolia** W. T. Wang
分布：贵州、广西

紫叶单座苣苔 **Metabriggsia purpureotincta** W. T. Wang
分布：广西

盾叶苣苔属 **Metapetrocosmea** W. T. Wang

盾叶苣苔 **Metapetrocosmea peltata** (Merr. et W. Y. Chun) W. T. Wang
分布：海南

钩序苣苔属 **Microchirita** C. B. Clarke

匍匐钩序苣苔 **Microchirita prostrata** J. M. Li et Z. Xia
分布：云南

后蕊苣苔属 **Opithandra** B. L. Burtt

小花后蕊苣苔 **Opithandra acaulis** (Merr.) B. L. Burtt
分布：广东

龙南后蕊苣苔 **Opithandra burttii** W. T. Wang
分布：江西

灰叶后蕊苣苔 **Opithandra cinerea** W. T. Wang
分布：贵州

汕头后蕊苣苔 **Opithandra dalzielii** (W. W. Sm.) B. L. Burtt
分布：福建、广东

鼎湖后蕊苣苔 **Opithandra dinghushanensis** W. T. Wang
分布：广东

皱叶后蕊苣苔 **Opithandra fargesii** (Franch.) B. L. Burtt
分布：四川

钝齿后蕊苣苔 **Opithandra obtusidentata** W. T. Wang
分布：湖南

裂檐苣苔 **Opithandra pumila** (W. T. Wang) W. T. Wang
分布：广西

毡毛后蕊苣苔 **Opithandra sinohenryi** (W. Y. Chun) B. L. Burtt
分布：广西

文采后蕊苣苔 **Opithandra wentsaii** Zhen Y. Li
分布：贵州

马铃苣苔属 **Oreocharis** Benth.

马铃苣苔 **Oreocharis amabilis** Dunn
分布：云南

紫花马铃苣苔 **Oreocharis argyreia** W. Y. Chun ex K. Y. Pan
分布：广东、广西

紫花马铃苣苔(原变种) **Oreocharis argyreia** var. **argyreia**
分布：广东、广西

窄叶马铃苣苔 **Oreocharis argyreia** var. **angustifolia** K. Y. Pan
分布：广西

橙黄马铃苣苔 **Oreocharis aurantiaca** Franch.
分布：云南

黄马铃苣苔 **Oreocharis aurea** Dunn
分布：云南；越南

黄马铃苣苔(原变种) **Oreocharis aurea** var. **aurea**
分布：云南；越南

卵心叶马铃苣苔 **Oreocharis aurea** var. **cordato-ovata** (C. Y. Wu ex H. W. Li) K. Y. Pan
分布：云南

长瓣马铃苣苔 **Oreocharis auricula** (S. Moore) C. B. Clarke
分布：安徽、江西、湖南、湖北、四川、贵州、福建、广东、广西

长瓣马铃苣苔(原变种) **Oreocharis auricula** var. **auricula**
分布：安徽、江西、湖南、湖北、四川、贵州、福建、广东、广西

细齿马铃苣苔 **Oreocharis auricula** var. **denticulata** K. Y. Pan
分布：福建

大叶石上莲 **Oreocharis benthamii** C. B. Clarke
分布：江西、湖南、福建、广东、广西、香港

大叶石上莲(原变种) **Oreocharis benthamii** var. **benthamii**
分布：江西、湖南、广东、广西

石上莲 **Oreocharis benthamii** var. **reticulata** Dunn
分布：广东、广西

毛药马铃苣苔 **Oreocharis bodinieri** H. Lév.
分布：四川、云南

贵州马铃苣苔 **Oreocharis cavaleriei** H. Lév.
分布：贵州

肉色马铃苣苔 **Oreocharis cinnamomea** J. Anthony
分布：四川、云南

心叶马铃苣苔 **Oreocharis cordatula** (Craib) Pellegr.
分布：四川、云南

毛花马铃苣苔 **Oreocharis dasyantha** W. Y. Chun
分布：海南

毛花马铃苣苔(原变种) **Oreocharis dasyantha** var. **dasyantha**
分布：海南

锈毛马铃苣苔 **Oreocharis dasyantha** var. **ferruginosa** K. Y. Pan
分布：海南

齿叶瑶山苣苔 **Oreocharis dayaoshanioides** Yan Liu et W. B. Xu
分布：广西

椭圆马铃苣苔 **Oreocharis delavayi** Franch.
分布：四川、云南、西藏

川西马铃苣苔 **Oreocharis dentata** A. L. Weitzman et L. E. Skog
分布：四川

黄花马铃苣苔 **Oreocharis flavida** Merr.
分布：海南

丽江马铃苣苔 **Oreocharis forrestii** (Diels) Skan
分布：四川、云南

剑川马铃苣苔 **Oreocharis georgei** J. Anthony
分布：四川、云南

腺叶马铃苣苔 **Oreocharis glandulosa** Y. H. Tan et J. W. Li
分布：云南

川滇马铃苣苔 **Oreocharis henryana** Oliv.
分布：甘肃、四川、重庆、云南

异蕊马铃苣苔 **Oreocharis heterandra** D. Fang et D. H. Qin
分布：广西

金平马铃苣苔(新拟) **Oreocharis jinpingensis** W. H. Chen et Y. M. Shui
分布：云南

大齿马铃苣苔 **Oreocharis magnidens** W. Y. Chun ex K. Y. Pan
分布：广西

大花石上莲 Oreocharis maximowiczii C. B. Clarke
分布：浙江、江西、湖南、福建、广东

小马铃苣苔 Oreocharis minor (Craib) Pellegr.
分布：四川、云南

湖南马铃苣苔 Oreocharis nemoralis W. Y. Chun
分布：湖南

湖南马铃苣苔(原变种) Oreocharis nemoralis var. **nemoralis**
分布：湖南

绵毛马铃苣苔 Oreocharis nemoralis var. **lanata** Y. L. Zheng et N. H. Xia
分布：广东

斜叶马铃苣苔 Oreocharis obliqua C. Y. Wu ex H. W. Li
分布：云南

圆叶马铃苣苔 Oreocharis rotundifolia K. Y. Pan
分布：云南

管花马铃苣苔 Oreocharis tubicella Franch.
分布：四川、云南

筒花马铃苣苔 Oreocharis tubiflora K. Y. Pan
分布：福建

湘桂马铃苣苔 Oreocharis xiangguiensis W. T. Wang et K. Y. Pan
分布：湖南、广西

喜雀苣苔属 Ornithoboea Parish ex C. B. Clarke

蛛毛喜鹊苣苔 Ornithoboea arachnoidea (Diels) Craib
分布：云南；泰国

灰岩喜鹊苣苔 Ornithoboea calcicola C. Y. Wu ex H. W. Li
分布：云南

贵州喜鹊苣苔 Ornithoboea feddei (H. Lév.) B. L. Burtt
分布：贵州

喜鹊苣苔 Ornithoboea henryi Craib
分布：云南

滇桂喜鹊苣苔 Ornithoboea wildeana Craib
分布：云南、广西；泰国

蛛毛苣苔属 Paraboea (C. B. Clarke) Ridl.

狭叶蛛毛苣苔(新拟) Paraboea angustifolia Yan Liu et W. B. Xu
分布：广西

昌江蛛毛苣苔 Paraboea changjiangensis F. W. Xing et Z. X. Li
分布：海南

棒萼蛛毛苣苔 Paraboea clavisepala D. Fang et D. H. Qin
分布：广西

厚叶蛛毛苣苔 Paraboea crassifolia (Hemsl.) B. L. Burtt
分布：湖南、湖北、四川、重庆、贵州、云南

网脉蛛毛苣苔 Paraboea dictyoneura (Hance) B. L. Burtt
分布：广东、广西；泰国、越南

丝梗蛛毛苣苔 Paraboea filipes (Hance) B. L. Burtt
分布：广东

腺花蛛毛苣苔 Paraboea glanduliflora Barnett
分布：云南；泰国

白花蛛毛苣苔 Paraboea glutinosa (Hand.-Mazz.) K. Y. Pan
分布：贵州、广西

桂林蛛毛苣苔 Paraboea guilinensis L. Xu et Y. G. Wei
分布：广西

海南蛛毛苣苔 Paraboea hainanensis (Chun) B. L. Burtt
分布：海南

河口蛛毛苣苔(新拟) Paraboea hekouensis Y. M. Shui et W. H. Chen
分布：云南

蛮耗蛛毛苣苔(新拟) Paraboea manhaoensis Y. M. Shui et W. H. Chen
分布：云南

髯丝蛛毛苣苔 Paraboea martinii (H. Lév. et Vaniot) B. L. Burtt
分布：贵州、云南、广西

云南蛛毛苣苔 Paraboea neurophylla (Collett et Hemsl.) B. L. Burtt
分布：云南；缅甸

垂花蛛毛苣苔 Paraboea nutans D. Fang et D. H. Qin
分布：广西

思茅蛛毛苣苔 Paraboea paramartinii X. R. Xu et B. L. Burtt
分布：云南；泰国

钝叶蛛毛苣苔 **Paraboea peltifolia** D. Fang et L. Zeng
分布：广西

锈色蛛毛苣苔 **Paraboea rufescens** (Franch.) B. L. Burtt
分布：贵州、云南、广东、广西、海南；泰国、越南

锈色蛛毛苣苔(原变种) **Paraboea rufescens** var. **rufescens**
分布：贵州、广东、广西；泰国、越南

伞花蛛毛苣苔 **Paraboea rufescens** var. **umbellata** (Drake) K. Y. Pan
分布：广西；越南

蛛毛苣苔 **Paraboea sinensis** (Oliver) B. L. Burtt
分布：湖北、四川、贵州、云南、广西；缅甸、泰国、越南

锥序蛛毛苣苔 **Paraboea swinhoei** (Hance) B. L. Burtt
分布：贵州、台湾、广西；菲律宾、泰国、越南

四苞蛛毛苣苔 **Paraboea tetrabracteata** F. Wen, Xin Hong et Y. G. Wei
分布：广东

小花蛛毛苣苔 **Paraboea thirionii** (H. Lév.) B. L. Burtt
分布：贵州、广西

三苞蛛毛苣苔 **Paraboea tribracteata** D. Fang et W. Y. Rao
分布：贵州

三萼蛛毛苣苔 **Paraboea trisepala** W. H. Chen et Y. M. Shui
分布：广西

密叶蛛毛苣苔 **Paraboea velutina** (W. T. Wang et C. Z. Gao) B. L. Burtt
分布：广西

弥勒苣苔属 **Paraisometrum** W. T. Wang

弥勒苣苔 **Paraisometrum mileense** W. T. Wang
分布：云南

方鼎苣苔属 **Paralagarosolen** Y. G. Wei

方鼎苣苔 **Paralagarosolen fangianum** Y. G. Wei
分布：广西

石山苣苔属 **Petrocodon** Hance

石山苣苔 **Petrocodon dealbatus** Hance
分布：湖南、湖北、贵州、广东、广西

石山苣苔(原变种) **Petrocodon dealbatus** var. **dealbatus**
分布：湖南、湖北、贵州、广东、广西

齿缘石山苣苔 **Petrocodon dealbatus** var. **denticulatus** (W. T. Wang) W. T. Wang
分布：湖南、贵州

锈色石山苣苔 **Petrocodon ferrugineus** Y. G. Wei
分布：广西

披针叶石山苣苔 **Petrocodon lancifolius** F. Wen et Y. G. Wei
分布：贵州

多花石山苣苔(新拟) **Petrocodon multiflorus** Fang Wen et Y. S. Jiang
分布：广西

石蝴蝶属 **Petrocosmea** Oliv.

髯毛石蝴蝶 **Petrocosmea barbata** Craib
分布：云南

秋海棠叶石蝴蝶 **Petrocosmea begoniifolia** C. Y. Wu ex H. W. Li
分布：云南

贵州石蝴蝶 **Petrocosmea cavaleriei** H. Lév.
分布：贵州

蓝石蝴蝶 **Petrocosmea coerulea** C. Y. Wu ex W. T. Wang
分布：云南

汇药石蝴蝶 **Petrocosmea confluens** W. T. Wang
分布：贵州

石蝴蝶 **Petrocosmea duclouxii** Craib
分布：云南

萎软石蝴蝶 **Petrocosmea flaccida** Craib
分布：四川、云南

大理石蝴蝶 **Petrocosmea forrestii** Craib
分布：四川、云南

富宁石蝴蝶(新拟) **Petrocosmea funingensis** Qiang Zhang et B. Pan
分布：云南

大花石蝴蝶 **Petrocosmea grandiflora** Hemsl.
分布：云南

大叶石蝴蝶 **Petrocosmea grandifolia** W. T. Wang
分布：云南

河西石蝴蝶 **Petrocosmea hexiensis** S. Z. Zhang et Z. Y. Liu
分布：重庆

环江石蝴蝶(新拟) **Petrocosmea huanjiangensis** Yan Liu et W. B. Xu
分布：广西

蒙自石蝴蝶 **Petrocosmea iodioides** Hemsl.
分布：云南、广西

滇泰石蝴蝶 **Petrocosmea kerrii** Craib
分布：云南；缅甸、泰国

滇泰石蝴蝶(原变种) **Petrocosmea kerrii** var. **kerrii**
分布：云南；缅甸、泰国

绵毛石蝴蝶 **Petrocosmea kerrii** var. **crinita** W. T. Wang
分布：云南

长梗石蝴蝶 **Petrocosmea longipedicellata** W. T. Wang
分布：云南

东川石蝴蝶 **Petrocosmea mairei** H. Lév.
分布：四川、云南

东川石蝴蝶(原变种) **Petrocosmea mairei** var. **mairei**
分布：四川、云南

会东石蝴蝶 **Petrocosmea mairei** var. **intraglabra** W. T. Wang
分布：四川

滇黔石蝴蝶 **Petrocosmea martinii** (H. Lév.) H. Lév.
分布：贵州、云南

滇黔石蝴蝶(原变种) **Petrocosmea martinii** var. **martinii**
分布：贵州、云南

光蕊滇黔石蝴蝶 **Petrocosmea martinii** var. **leiandra** W. T. Wang
分布：贵州

黑眼石蝴蝶 **Petrocosmea melanophthalma** Huan C. Wang, Z. R. He et Li Bing Zhang
分布：云南

孟连石蝴蝶 **Petrocosmea menglianensis** H. W. Li
分布：云南

小石蝴蝶 **Petrocosmea minor** Hemsl.
分布：云南

显脉石蝴蝶 **Petrocosmea nervosa** Craib
分布：四川、云南

扁圆石蝴蝶 **Petrocosmea oblata** Craib
分布：四川

扁圆石蝴蝶(原变种) **Petrocosmea oblata** var. **oblata**
分布：四川

宽萼石蝴蝶 **Petrocosmea oblata** var. **latisepala** (W. T. Wang) W. T. Wang
分布：云南

秦岭石蝴蝶 **Petrocosmea qinlingensis** W. T. Wang
分布：陕西

莲座石蝴蝶 **Petrocosmea rosettifolia** C. Y. Wu ex H. W. Li
分布：云南

丝毛石蝴蝶 **Petrocosmea sericea** C. Y. Wu ex H. W. Li
分布：云南

石林石蝴蝶 **Petrocosmea shilinensis** Y. M. Shui et H. T. Zhao
分布：云南

四川石蝴蝶 **Petrocosmea sichuanensis** Chun ex W. T. Wang
分布：四川

中华石蝴蝶 **Petrocosmea sinensis** Oliv.
分布：湖北、四川、云南

黄斑石蝴蝶 **Petrocosmea xanthomaculata** G. Q. Gou et X. Y. Wang
分布：贵州

兴义石蝴蝶(新拟) **Petrocosmea xingyiensis** Y. G. Wei et F. Wen
分布：贵州

堇叶苣苔属 **Platystemma** Wall.

堇叶苣苔 **Platystemma violoides** Wall.
分布：西藏；不丹、印度、尼泊尔

报春苣苔属 **Primulina** Hance

北流报春苣苔 **Primulina beiliuensis** B. Pan et S. X. Huang
分布：广西

泡叶报春苣苔 **Primulina bullata** S. N. Lu et Fang Wen
分布：广西

池州报春苣苔(新拟) **Primulina chizhouensis** Xin Hong, S. B. Zhou et F. Wen
分布：安徽

丹霞报春苣苔 **Primulina danxiaensis** (W. B. Liao, S. S. Lin et R. J. Shen) W. B. Liao et K. F. Chung
分布：广西

德保报春苣苔(新拟) **Primulina debaoensis** N. Jiang et Hong Li
分布：广西

凤山报春苣苔 **Primulina fengshanensis** Fang Wen et Yue Wang
分布：广西

恭城报春苣苔(新拟) **Primulina gongchengensis** Y. S. Huang et Yan Liu
分布：广西

广西报春苣苔(新拟) **Primulina guangxiensis** Yan Liu et W. B. Xu
分布：广西

贵港报春苣苔(新拟) **Primulina guigangensis** L. Wu et Q. Zhang
分布：广西

桂中报春苣苔 **Primulina guizhongensis** Bo Zhao, B. Pan et F. Wen
分布：广西

贺州报春苣苔(新拟) **Primulina hezhouensis** (W. H. Wu et W. B. Xu) W. B. Xu et K. F. Chung
分布：广西

莲座报春苣苔 **Primulina hochiensis** var. **rosulata** F. Wen et Y. G. Wei
分布：广西

怀集报春苣苔(新拟) **Primulina huaijiensis** Z. L. Ning et J. Wang
分布：广东

江华报春苣苔(新拟) **Primulina jianghuaensis** K. M. Liu et X. Z. Cai
分布：湖南

靖西报春苣苔(新拟) **Primulina jingxiensis** (Yan Liu, W. B. Xu et H. S. Gao) W. B. Xu et K. F. Chung
分布：广西

泡泡叶报春苣苔(新拟) **Primulina leprosa** (Yan Liu et W. B. Xu) W. B. Xu et K. F. Chung
分布：广西

漓江报春苣苔(新拟) **Primulina lijiangensis** (B. Pan et W. B. Xu) W. B. Xu et K. F. Chung
分布：广西

龙州报春苣苔(新拟) **Primulina longzhouensis** (B. Pan et W. H. Wu) W. B. Xu et K. F. Chung
分布：广西

黄绿报春苣苔(新拟) **Primulina lutvittata** Fang Wen et Y. G. Wei
分布：广东

马坝报春苣苔 **Primulina mabaensis** K. F. Chung et W. B. Xu
分布：广东

多裂小花苣苔 **Primulina multifida** B. Pan et K. F. Chung
分布：广西

宁明报春苣苔(新拟) **Primulina ningmingensis** (Yan Liu et W. H. Wu) W. B. Xu et K. F. Chung
分布：广西

鼎湖报春苣苔 **Primulina pseudolinearifolia** W. B. Xu et K. F. Chung
分布：广东、广西

假密毛小花苣苔 **Primulina pseudomollifolia** W. B. Xu et Yan Liu
分布：广西

紫色报春苣苔 **Primulina purpurea** F. Wen, Bo Zhao et Y. G. Wei
分布：广西

清远报春苣苔(新拟) **Primulina qingyuanensis** Z. L. Ning et Ming Kang
分布：广东

融水报春苣苔(新拟) **Primulina rongshuiensis** (Yan Liu et Y. S. Huang) W. B. Xu et K. F. Chung
分布：广西

中越报春苣苔(新拟) **Primulina sinovietnamica** W. H. Wu et Q. Zhang
分布：广西

报春苣苔 **Primulina tabacum** Hance
分布：广东

天等报春苣苔(新拟) **Primulina tiandengensis** (F. Wen et H. Tang) F. Wen et K. F. Chung
分布：广西

钟氏报春苣苔 Primulina tsoongii H. L. Liang, Bo Zhao et F. Wen
分布：广西

西子报春苣苔 Primulina xiziae Fang Wen, Yue Wang et G. J. Hua
分布：浙江

阳朔报春苣苔(新拟) Primulina yangshuoensis Y. G. Wei et Fang wen
分布：广西

异裂苣苔属 Pseudochirita W. T. Wang

异裂苣苔 Pseudochirita guangxiensis (S. Z. Huang) W. T. Wang
分布：广西；越南

异裂苣苔(原变种) Pseudochirita guangxiensis var. **guangxiensis**
分布：广西；越南

粉绿异裂苣苔 Pseudochirita guangxiensis var. **glauca** Y. G. Wei et Yan Liu
分布：广西

尖舌苣苔属 Rhynchoglossum Blume

尖舌苣苔 Rhynchoglossum obliquum Bl.
分布：四川、贵州、云南、西藏、台湾、广西；柬埔寨、印度、印度尼西亚、马来西亚、缅甸、尼泊尔、菲律宾、斯里兰卡、泰国、越南

峨眉尖舌苣苔 Rhynchoglossum omeiense W. T. Wang
分布：四川

线柱苣苔属 Rhynchotechum Blume

短梗线柱苣苔 Rhynchotechum brevipedunculatum J. C. Wang
分布：台湾

异色线柱苣苔 Rhynchotechum discolor (Maxim.) B. L. Burtt
分布：福建、台湾、广东、海南；日本、菲律宾

异色线柱苣苔(原变种) Rhynchotechum discolor var. **discolor**
分布：福建、台湾、广东、海南；日本、菲律宾

羽裂异色线柱苣苔 Rhynchotechum discolor var. **incisum** (Ohwi) Walker
分布：台湾

线柱苣苔 Rhynchotechum ellipticum (Wall. ex D. Dietr.) A. DC.
分布：四川、贵州、云南、西藏、福建、广东、广西、海南；不丹、柬埔寨、印度、老挝、缅甸、尼泊尔、泰国、越南

冠萼线柱苣苔 Rhynchotechum formosanum Hatus.
分布：云南、台湾、广东、广西、海南；泰国

长梗线柱苣苔 Rhynchotechum longipes W. T. Wang
分布：广西

毛线柱苣苔 Rhynchotechum vestitum Wall. ex C. B. Clarke
分布：云南、西藏、广西；不丹、印度

十字苣苔属 Stauranthera Benth.

十字苣苔 Stauranthera umbrosa (Griff.) C. B. Clarke
分布：云南、广西、海南；印度、马来西亚、缅甸、越南

世纬苣苔属 Tengia W. Y. Chun

世纬苣苔 Tengia scopulorum W. Y. Chun
分布：贵州、云南

世纬苣苔(原变种) Tengia scopulorum var. **scopulorum**
分布：贵州、云南

壶花世纬苣苔 Tengia scopulorum var. **potiflora** (S. Z. He) W. T. Wang, A. L. Weitzman et L. E. Skog
分布：贵州

辐花苣苔属 Thamnocharis W. T. Wang

辐花苣苔 Thamnocharis esquirolii (H. Lév.) W. T. Wang
分布：贵州

台闽苣苔属 Titanotrichum Soler.

台闽苣苔 Titanotrichum oldhamii (Hemsl.) Soler.
分布：福建、台湾；日本

短檐苣苔属 Tremacron Craib

橙黄短檐苣苔 Tremacron aurantiacum K. Y. Pan
分布：四川

橙黄短檐苣苔(原变种) Tremacron aurantiacum var. **aurantiacum**
分布：四川

威宁橙黄短檐苣苔 Tremacron aurantiacum var. **weiningense** S. Z. He et Q. W. Sun
分布：贵州

景东短檐苣苔 **Tremacron begoniifolium** H. W. Li
分布：云南

短檐苣苔 **Tremacron forrestii** Craib
分布：四川、云南

东川短檐苣苔 **Tremacron mairei** (H. Lév.) Craib
分布：云南

狭叶短檐苣苔 **Tremacron obliquifolium** K. Y. Pan
分布：四川

红短檐苣苔 **Tremacron rubrum** Hand.-Mazz.
分布：云南

木里短檐苣苔 **Tremacron urceolatum** K. Y. Pan
分布：四川

唇萼苣苔属 **Trisepalum** C. B. Clarke

唇萼苣苔 **Trisepalum birmanicum** (Craib) B. L. Burtt
分布：四川、云南；缅甸、泰国

文采苣苔属 **Wentsaiboea** D. Fang et D. H. Qin

罗城文采苣苔(新拟) **Wentsaiboea luochengensis** Yan Liu et W. B. Xu
分布：广西

文采苣苔 **Wentsaiboea renifolia** D. Fang et D. H. Qin
分布：广西

天等文采苣苔(新拟) **Wentsaiboea tiandengensis** Yan Liu et B. Pan
分布：广西

异叶苣苔属 **Whytockia** W. W. Sm.

毕节异叶苣苔 **Whytockia bijieensis** Y. Z. Wang et Zhen Y. Li
分布：贵州

异叶苣苔 **Whytockia chiritiflora** (Oliv.) W. W. Sm.
分布：云南

贡山异叶苣苔 **Whytockia gongshanensis** Y. Z. Wang et H. Li
分布：云南

河口异叶苣苔 **Whytockia hekouensis** Y. Z. Wang
分布：云南

河口异叶苣苔(原变种) **Whytockia hekouensis** var. **hekouensis**
分布：云南

小河口异叶苣苔 **Whytockia hekouensis** var. **minor** (W. W. Sm.) Y. Z. Wang
分布：云南

紫红异叶苣苔 **Whytockia purpurascens** Y. Z. Wang
分布：云南

台湾异叶苣苔 **Whytockia sasakii** (Hayata) B. L. Burtt
分布：台湾

白花异叶苣苔 **Whytockia tsiangiana** (Hand.-Mazz.) A. Weber
分布：湖南、湖北、四川、贵州、云南、广西

白花异叶苣苔(原变种) **Whytockia tsiangiana** var. **tsiangiana**
分布：湖南、湖北、四川、贵州、云南、广西

屏边异叶苣苔 **Whytockia tsiangiana** var. **minor** (W. W. Sm.) A. Weber
分布：云南

峨眉异叶苣苔 **Whytockia tsiangiana** var. **wilsonii** A. Weber
分布：四川、贵州

309. 晶粟草科 Gisekiaceae Nakai

吉粟草属 **Gisekia** L.

吉粟草 **Gisekia pharnaceoides** L.
分布：海南；阿富汗、泰国、越南、印度、巴基斯坦；热带和亚热带非洲，引种至北美洲

多雄蕊吉粟草 **Gisekia pierrei** Gagnep.
分布：海南；柬埔寨、越南

310. 草海桐科 Goodeniaceae R. Br.

离根香属 **Goodenia** Sm.

离根香 **Goodenia pilosa** subsp. **chinensis** (Bentham) D. G. Howarth et D. Y. Hong
分布：福建、广东、广西、海南；越南

草海桐属 **Scaevola** L.

小草海桐 **Scaevola hainanensis** Hance
分布：福建、台湾、广东、海南；越南

草海桐 **Scaevola taccada** (Gaertn.) Roxb.
分布：福建、台湾、广东、广西、海南、西沙群岛；印度、印度尼西亚、日本、马来西亚、缅甸、巴布亚新几内亚、巴基斯坦、菲律宾、斯里兰卡、泰国、越南

311. 茶藨子科 Grossulariaceae DC.

茶藨子属 **Ribes** L.

阿尔泰醋栗 **Ribes aciculare** Sm.

分布：新疆；蒙古国、俄罗斯

长刺茶藨子 **Ribes alpestre** Wall. ex Decne.

分布：山西、陕西、宁夏、甘肃、青海、四川、云南、西藏；阿富汗、不丹、克什米尔地区

长刺茶藨子(原变种) **Ribes alpestre** var. **alpestre**

分布：山西、陕西、甘肃、青海、四川、云南、西藏；阿富汗、不丹、克什米尔地区

无腺茶藨子 **Ribes alpestre** var. **eglandulosum** L. T. Lu

分布：四川、西藏

大刺茶藨子 **Ribes alpestre** var. **giganteum** Jancz.

分布：山西、宁夏、甘肃、青海、四川

高茶藨子 **Ribes altissimum** Turcz. ex Pojark.

分布：新疆；蒙古国、俄罗斯

四川蔓茶藨子 **Ribes ambiguum** Maxim.

分布：四川；日本

美洲茶藨子 **Ribes americanum** Mill.

分布：中国北部；原产于北美洲

刺果茶藨子 **Ribes burejense** F. Schmidt

分布：黑龙江、吉林、辽宁、内蒙古、河北、山西、河南、陕西、甘肃；朝鲜、蒙古国、俄罗斯

刺果茶藨子(原变种) **Ribes burejense** var. **burejense**

分布：黑龙江、吉林、辽宁、内蒙古、河北、山西、河南、陕西、甘肃；韩国、蒙古国、俄罗斯

长毛茶藨子 **Ribes burejense** var. **villosum** L. T. Lu

分布：吉林

革叶茶藨子 **Ribes davidii** Franch.

分布：湖南、湖北、四川、贵州、云南

革叶茶藨子(原变种) **Ribes davidii** var. **davidii**

分布：湖南、湖北、四川、贵州、云南

睫毛茶藨子 **Ribes davidii** var. **ciliatum** L. T. Lu

分布：四川

浅裂茶藨子 **Ribes davidii** var. **lobatum** L. T. Lu

分布：四川

双刺茶藨子 **Ribes diacanthum** Pall.

分布：黑龙江、吉林、内蒙古；朝鲜、蒙古国、俄罗斯

花茶藨子 **Ribes fargesii** Franch.

分布：四川

簇花茶藨子 **Ribes fasciculatum** Sieb. et Zucc.

分布：山东、河南、陕西、甘肃、安徽、江苏、浙江、江西、湖北、贵州；日本、朝鲜

簇花茶藨子(原变种) **Ribes fasciculatum** var. **fasciculatum**

分布：安徽、江苏、浙江；日本、韩国

华蔓茶藨子 **Ribes fasciculatum** var. **chinense** Maxim.

分布：山东、河南、陕西、甘肃、安徽、江苏、浙江、江西、湖北；日本、朝鲜

贵州茶藨子 **Ribes fasciculatum** var. **guizhouense** L. T. Lu

分布：贵州

台湾茶藨子 **Ribes formosanum** Hayata

分布：台湾

鄂西茶藨子 **Ribes franchetii** Jancz.

分布：陕西、湖北、四川

富蕴茶藨子 **Ribes fuyunense** T. C. Ku et F. Konta

分布：新疆

陕西茶藨子 **Ribes giraldii** Jancz.

分布：辽宁、山西、陕西、甘肃

陕西茶藨子(原变种) **Ribes giraldii** var. **giraldii**

分布：山西、陕西、甘肃

滨海茶藨子 **Ribes giraldii** var. **cuneatum** F. T. Wang et Li

分布：辽宁

旅顺茶藨子 **Ribes giraldii** var. **polyanthum** Kitag.

分布：辽宁

光萼茶藨子 **Ribes glabricalycinum** L. T. Lu

分布：四川

光叶茶藨子 **Ribes glabrifolium** L. T. Lu

分布：陕西、湖北

冰川茶藨子 **Ribes glaciale** Wall.

分布：河南、陕西、甘肃、湖北、四川、云南、西藏；不丹、印度、克什米尔地区、缅甸、尼泊尔

曲萼茶藨子 **Ribes griffithii** Hook. f. et Thomson

分布：四川、云南、西藏；不丹、印度、尼泊尔

曲萼茶藨子(原变种) **Ribes griffithii** var. **griffithii**

分布：四川、云南、西藏；不丹、印度、尼泊尔

贡山茶藨子 **Ribes griffithii** var. **gongshanense** (T. C. Ku) L. T. Lu
分布：云南

华中茶藨子 **Ribes henryi** Franch.
分布：湖北、四川

圆叶茶藨子 **Ribes heterotrichum** C. A. Mey.
分布：新疆；蒙古国、俄罗斯

糖茶藨子 **Ribes himalense** Royle ex Decne.
分布：内蒙古、河北、山西、河南、陕西、宁夏、甘肃、青海、湖北、四川、云南、西藏；不丹、克什米尔地区、尼泊尔、印度

糖茶藨子(原变种) **Ribes himalense** var. **himalense**
分布：湖北、四川、云南、西藏；不丹、克什米尔地区、尼泊尔、印度

疏腺茶藨子 **Ribes himalense** var. **glandulosum** Jancz.
分布：陕西、四川

毛萼茶藨子 **Ribes himalense** var. **pubicalycinum** L. T. Lu et J. T. Pan
分布：四川、西藏

异毛茶藨子 **Ribes himalense** var. **trichophyllum** T. C. Ku
分布：河北、山西、陕西、甘肃、青海、四川

瘤糖茶藨子 **Ribes himalense** var. **verruculosum** (Rehder) L. T. Lu
分布：内蒙古、河北、山西、河南、陕西、宁夏、甘肃、青海、四川、云南、西藏

密刺茶藨子 **Ribes horridum** Rupr. ex Maxim.
分布：吉林；日本、朝鲜、俄罗斯

矮醋栗 **Ribes humile** Jancz.
分布：四川

湖南茶藨子 **Ribes hunanense** C. Y. Yang et C. J. Qi
分布：湖南、广西

康边茶藨子 **Ribes kialanum** Jancz.
分布：四川、云南

长白茶藨子 **Ribes komarovii** Pojark.
分布：黑龙江、吉林、辽宁、河北、山西、河南、陕西、甘肃；朝鲜、俄罗斯

长白茶藨子(原变种) **Ribes komarovii** var. **komarovii**
分布：黑龙江、吉林、辽宁、河北、山西、河南、陕西、甘肃；韩国、俄罗斯

楔叶长白茶藨子 **Ribes komarovii** var. **cuneifolium** Liou
分布：吉林、辽宁

裂叶茶藨子 **Ribes laciniatum** Hook. f. et Thomson
分布：云南、西藏；不丹、印度、缅甸、尼泊尔

阔叶茶藨子 **Ribes latifolium** Jancz.
分布：吉林；日本、俄罗斯

桂叶茶藨子 **Ribes laurifolium** Jancz.
分布：四川、贵州、云南

桂叶茶藨子(原变种) **Ribes laurifolium** var. **laurifolium**
分布：四川、贵州、云南

光果茶藨子 **Ribes laurifolium** var. **yunnanense** L. T. Lu
分布：云南

长序茶藨子 **Ribes longeracemosum** Franch.
分布：陕西、甘肃、湖北、四川、云南

长序茶藨子(原变种) **Ribes longeracemosum** var. **longeracemosum**
分布：湖北、四川、云南

腺毛茶藨子 **Ribes longeracemosum** var. **davidii** Janczewski
分布：四川、云南

纤细茶藨子 **Ribes longeracemosum** var. **gracillimum** L. T. Lu
分布：陕西、甘肃

毛长串茶藨子 **Ribes longeracemosum** var. **pilosum** T. C. Ku
分布：云南

紫花茶藨子 **Ribes luridum** Hook. f. et Thomson
分布：四川、云南；喜马拉雅山区(东部)

东北茶藨子 **Ribes mandshuricum** (Maxim.) Kom.
分布：黑龙江、吉林、辽宁、内蒙古、河北、山西、山东、河南、陕西、甘肃；朝鲜、俄罗斯

东北茶藨子(原变种) **Ribes mandshuricum** var. **mandshuricum**
分布：黑龙江、吉林、辽宁、内蒙古、河北、山西、河南、陕西、甘肃；韩国、俄罗斯

光叶东北茶藨子 **Ribes mandshuricum** var. **subglabrum** Kom.
分布：黑龙江、吉林、辽宁、河北、山西、山东、河南；朝鲜

内蒙茶藨子 **Ribes mandshuricum** var. **villosum** Kom.
分布：内蒙古

尖叶茶藨子 **Ribes maximowiczianum** Kom.
分布：黑龙江、吉林、辽宁；日本、朝鲜、俄罗斯

华西茶藨子 **Ribes maximowiczii** Batalin
分布：陕西、甘肃

天山茶藨子 **Ribes meyeri** Maxim.
分布：新疆；蒙古国、俄罗斯

天山茶藨子(原变种) **Ribes meyeri** var. **meyeri**
分布：新疆；蒙古国、俄罗斯

北疆茶藨子 **Ribes meyeri** var. **pubescens** L. T. Lu
分布：新疆

宝兴茶藨子 **Ribes moupinense** Franch.
分布：陕西、甘肃、安徽、湖北、四川、贵州、云南

宝兴茶藨子(原变种) **Ribes moupinense** var. **moupinense**
分布：陕西、甘肃、安徽、湖北、四川、贵州、云南

木里茶藨子 **Ribes moupinense** var. **muliense** S. H. Yu et J. M. Xu
分布：四川

毛果茶藨子 **Ribes moupinense** var. **pubicarpum** L. T. Lu
分布：云南

三裂茶藨子 **Ribes moupinense** var. **tripartitum** (Batalin) Jancz.
分布：甘肃、湖北、四川、云南

多花茶藨子 **Ribes multiflorum** Kit. ex Roem. et Schult.
分布：中国北部；原产于欧洲

黑茶藨子 **Ribes nigrum** L.
分布：黑龙江、内蒙古、新疆；原产于欧洲

香茶藨子 **Ribes odoratum** H. L. Wendl.
分布：黑龙江、辽宁；原产于北美洲

东方茶藨子 **Ribes orientale** Desf.
分布：四川、云南、西藏；不丹、印度、克什米尔地区、尼泊尔、俄罗斯；亚洲(西南部)、欧洲

英吉利茶藨子 **Ribes palczewskii** (Jancz.) Pojark.
分布：黑龙江、内蒙古；俄罗斯

水葡萄茶藨子 **Ribes procumbens** Pall.
分布：黑龙江、内蒙古；日本、朝鲜、蒙古国、俄罗斯

青海茶藨子 **Ribes pseudofasciculatum** K. S. Hao
分布：四川、西藏

毛茶藨子 **Ribes pubescens** (Swartz ex Hartm.) Hedl.
分布：黑龙江、内蒙古；蒙古国、俄罗斯；欧洲

美丽茶藨子 **Ribes pulchellum** Turcz.
分布：内蒙古、河北、山西、陕西、宁夏、甘肃、青海；蒙古国、俄罗斯

美丽茶藨子(原变种) **Ribes pulchellum** var. **pulchellum**
分布：甘肃、河北、内蒙古、宁夏、青海、陕西、山西

东北小叶茶藨子 **Ribes pulchellum** var. **manshuriense** Wang et Li in Liou
分布：内蒙古

欧洲醋栗 **Ribes reclinatum** L.
分布：黑龙江、吉林、辽宁、内蒙古、河北、山东、新疆；原产于欧洲

红萼茶藨子 **Ribes rubrisepalum** L. T. Lu
分布：陕西、甘肃、四川、云南

红茶藨子 **Ribes rubrum** L.
分布：黑龙江；亚洲(北部)、欧洲

石生茶藨子 **Ribes saxatile** Pall.
分布：新疆；俄罗斯

四川茶藨子 **Ribes setchuense** Jancz.
分布：甘肃、四川

滇中茶藨子 **Ribes soulieanum** Jancz.
分布：云南、西藏

长果茶藨子 **Ribes stenocarpum** Maxim.
分布：陕西、甘肃、青海、四川

渐尖茶藨子 **Ribes takare** D. Don
分布：陕西、甘肃、四川、贵州、云南、西藏；不丹、印度、克什米尔地区、缅甸、尼泊尔

渐尖茶藨子(原变种) **Ribes takare** var. **takare**
分布：陕西、甘肃、四川、贵州、云南、西藏；不丹、印度、克什米尔地区、缅甸、尼泊尔

束果茶藨子 **Ribes takare** var. **desmocarpum** (Hook. f. et Thomson) L. T. Lu
分布：四川、云南、西藏；不丹、印度、缅甸、尼泊尔

细枝茶藨子 **Ribes tenue** Jancz.
分布：河南、陕西、甘肃、湖南、湖北、四川、云南；喜马拉雅山区

细枝茶藨子(原变种) Ribes tenue var. **tenue**

分布：河南、陕西、甘肃、湖南、湖北、四川、云南

深裂茶藨子 Ribes tenue var. **incisum** L. T. Lu

分布：四川、云南

毛枝茶藨子 Ribes tenue var. **puberulum** H. Chuang

分布：云南

天全茶藨子 Ribes tianquanense S. H. Yu et J. M. Xu

分布：四川

矮茶藨子 Ribes triste Pall.

分布：黑龙江、吉林、辽宁、内蒙古；日本、韩国、俄罗斯；北美洲

矮茶藨子(原变种) Ribes triste var. **triste**

分布：黑龙江、吉林、辽宁、内蒙古；日本、韩国、俄罗斯；北美洲

伏生茶藨子 Ribes triste var. **repens** (A. I. Baranov) L. T. Lu

分布：黑龙江、吉林、内蒙古

小果茶藨子 Ribes vilmorinii Jancz.

分布：河北、四川、云南

小果茶藨子(原变种) Ribes vilmorinii var. **vilmorinii**

分布：湖北、四川、云南

康定茶藨子 Ribes vilmorinii var. **pubicarpum** L. T. Lu

分布：四川

绿花茶藨子 Ribes viridiflorum (Cheng) L. T. Lu et G. Yao

分布：浙江

西藏茶藨子 Ribes xizangense L. T. Lu

分布：西藏

312. 小二仙草科 Haloragaceae R. Br.

小二仙草属 **Gonocarpus** Thunb.

黄花小二仙草 Gonocarpus chinensis (Lour.) Orchard

分布：浙江、江西、湖南、湖北、四川、贵州、云南、福建、广东、广西；印度尼西亚、马来西亚、巴布亚新几内亚、菲律宾、新加坡、越南、澳大利亚、太平洋岛屿；亚洲(西南部)

小二仙草 Gonocarpus micranthus Thunb.

分布：安徽、福建、广东、广西、贵州、河北、河南、湖北、湖南、江苏、江西、山东、四川、台湾、云南、浙江；不丹、印度(东北部)、印度尼西亚、日本、韩国、马来西亚、巴布亚新几内亚、菲律宾、新加坡、泰国、越南、澳大利亚(南部-东部)、太平洋群岛

狐尾藻属 **Myriophyllum** L.

互花狐尾藻 Myriophyllum alterniflorum DC.

分布：甘肃、安徽、江苏、湖北；俄罗斯；中亚、欧洲、北美洲

二分果狐尾藻 Myriophyllum dicoccum F. Muell.

分布：福建、台湾、广东；印度、澳大利亚、印度尼西亚、巴布亚新几内亚、越南；北美洲

短喙狐尾藻 Myriophyllum exasperatum D. Wang, Dan Yu et Z. Y. Li

分布：广西

异叶狐尾藻 Myriophyllum heterophyllum Michx.

分布：广东逸生；原产于北美洲

东方狐尾藻 Myriophyllum oguraense Miki

分布：黑龙江、安徽、江苏、浙江、江西、湖北；日本

东方狐尾藻(原亚种) Myriophyllum oguraense subsp. **oguraense**

分布：黑龙江、安徽、江苏、浙江、江西、湖北；日本

长江狐尾藻(新拟) Myriophyllum oguraense subsp. **yangtzense** D. Wang

分布：安徽、江苏、浙江、江西、湖北

西伯利亚狐尾藻 Myriophyllum sibiricum Kom.

分布：黑龙江、江苏、吉林、内蒙古、青海、四川、新疆、西藏、云南；俄罗斯；北美洲

穗状狐尾藻 Myriophyllum spicatum L.

分布：中国广布；亚洲、欧洲

四蕊狐尾藻 Myriophyllum tetrandrum Roxb.

分布：海南；马来西亚、泰国、越南、印度

刺果狐尾藻 Myriophyllum tuberculatum Roxb.

分布：广东；印度、马亚西亚、澳大利亚

乌苏里狐尾藻 Myriophyllum ussuriense (Regel) Maxim.

分布：黑龙江、吉林、河北、安徽、江苏、浙江、湖北、云南、台湾、广东、广西；日本、俄罗斯、朝鲜

狐尾藻 Myriophyllum verticillatum L.

分布：中国广布；世界广布

313. 金缕梅科 Hamamelidaceae R. Br.

山铜材属 **Chunia** H. T. Chang

山铜材 Chunia bucklandioides H. T. Chang

分布：海南

蜡瓣花属 **Corylopsis** Sieb. et Zucc.

桤叶蜡瓣花 **Corylopsis alnifolia** (H. Lév.) C. K. Schneid.
分布：贵州

短柱蜡瓣花 **Corylopsis brevistyla** H. T. Chang
分布：云南

腺蜡瓣花 **Corylopsis glandulifera** Hemsl.
分布：安徽、浙江、江西

怒江蜡瓣花 **Corylopsis glaucescens** Hand.-Mazz.
分布：云南

鄂西蜡瓣花 **Corylopsis henryi** Hemsl.
分布：湖北、四川

小果蜡瓣花 **Corylopsis microcarpa** H. T. Chang
分布：甘肃、四川

瑞木 **Corylopsis multiflora** Hance
分布：湖南、湖北、贵州、云南、福建、台湾、广东、广西

瑞木(原变种) **Corylopsis multiflora** var. **multiflora**
分布：湖南、湖北、贵州、云南、福建、台湾、广东、广西

白背瑞木 **Corylopsis multiflora** var. **nivea** H. T. Chang
分布：福建

黔蜡瓣花 **Corylopsis obovata** H. T. Chang
分布：四川、贵州

峨眉蜡瓣花 **Corylopsis omeiensis** X. J. Yang
分布：四川、贵州

少花瑞木 **Corylopsis pauciflora** Sieb. et Zucc.
分布：台湾；日本

阔蜡瓣花 **Corylopsis platypetala** Rehder et E. H. Wilson
分布：安徽、湖北、四川

圆叶蜡瓣花 **Corylopsis rotundifolia** H. T. Chang
分布：四川、贵州

蜡瓣花 **Corylopsis sinensis** Hemsl.
分布：安徽、浙江、江西、湖南、湖北、四川、贵州、福建、广东、广西

蜡瓣花(原变种) **Corylopsis sinensis** var. **sinensis**
分布：安徽、浙江、江西、湖南、湖北、四川、贵州、福建、广东、广西

秃蜡瓣花 **Corylopsis sinensis** var. **calvescens** Rehder et E. H. Wilson
分布：江西、湖南、四川、贵州、广东、广西

星毛蜡瓣花 **Corylopsis stelligera** Guillaumin
分布：四川、贵州、云南、西藏、广西、海南

俅江蜡瓣花 **Corylopsis trabeculosa** He et W. C. Cheng
分布：云南

红药蜡瓣花 **Corylopsis veitchiana** Bean
分布：安徽、湖北、四川

绒毛蜡瓣花 **Corylopsis velutina** Hand.-Mazz.
分布：四川

四川蜡瓣花 **Corylopsis willmottiae** Rehder et E. H. Wilson
分布：四川

长穗蜡瓣花 **Corylopsis yui** Hu et W. C. Cheng
分布：云南

滇蜡瓣花 **Corylopsis yunnanensis** Diels
分布：云南

双花木属 **Disanthus** Maxim.

长柄双花木 **Disanthus cercidifolius** subsp. **longipes** (H. T. Chang) K. Y. Pan
分布：浙江、江西、湖南

假蚊母树属 **Distyliopsis** P. K. Endress

尖叶假蚊母树 **Distyliopsis dunnii** (Hemsl.) P. K. Endress
分布：江西、湖南、贵州、云南、福建、广东、广西；老挝

樟叶假蚊母树 **Distyliopsis laurifolia** (Hemsl.) P. K. Endress
分布：贵州、云南

柳叶假蚊母树 **Distyliopsis salicifolia** (H. L. Li ex E. Walker) P. K. Endress
分布：海南

钝叶假蚊母树 **Distyliopsis tutcheri** (Hemsl.) P. K. Endress
分布：福建、广东、海南

滇假蚊母树 **Distyliopsis yunnanensis** (H. T. Chang) C. Y. Wu
分布：云南

蚊母树属 **Distylium** Sieb. et Zucc.

小叶蚊母树 **Distylium buxifolium** (Hance) Merr.
分布：浙江、湖南、湖北、四川、贵州、福建、广东、广西

中华蚊母树 **Distylium chinense** (Franch. ex Hemsl.) Diels
分布：湖北、四川

闽粤蚊母树 **Distylium chungii** (F. P. Metcalf) W. C. Cheng
分布：福建、广东

尖尾蚊母树 **Distylium cuspidatum** H. T. Chang
分布：贵州、云南

窄叶蚊母树 **Distylium dunnianum** H. Lév.
分布：贵州、云南、广东、广西

鳞毛蚊母树 **Distylium elaeagnoides** H. T. Chang
分布：湖南、广东、广西

台湾蚊母树 **Distylium gracile** Nakai
分布：浙江、台湾

大叶蚊母树 **Distylium macrophyllum** H. T. Chang
分布：广东、广西

杨梅蚊母树 **Distylium myricoides** Hemsl.
分布：安徽、浙江、江西、湖南、四川、贵州、云南、福建、广东、广西

屏边蚊母树 **Distylium pingpienense** (Hu) E. Walker
分布：湖南、贵州、云南

蚊母树 **Distylium racemosum** Sieb. et Zucc.
分布：浙江、福建、台湾、海南；日本、朝鲜

黔蚊母树 **Distylium tsiangii** Chun ex E. Walker
分布：贵州

秀柱花属 **Eustigma** Gardner et Champ.

褐毛秀柱花 **Eustigma balansae** Oliv.
分布：云南、广东、广西；越南

云南秀柱花 **Eustigma lenticellatum** C. Y. Wu
分布：云南

秀柱花 **Eustigma oblongifolium** Gardner et Champ.
分布：江西、贵州、福建、台湾、广东、广西、海南

马蹄荷属 **Exbucklandia** R. W. Br.

长瓣马蹄荷 **Exbucklandia longipetala** H. T. Chang
分布：贵州、广西

马蹄荷 **Exbucklandia populnea** (R. Br. ex Griff.) R. W. Br.
分布：贵州、云南、西藏、广西；不丹、印度、印度尼西亚、马来西亚、缅甸、尼泊尔、泰国、越南

大果马蹄荷 **Exbucklandia tonkinensis** (Lecomte) H. T. Chang
分布：江西、湖南、云南、福建、广西、海南；越南

牛鼻栓属 **Fortunearia** Rehder et E. H. Wilson

牛鼻栓 **Fortunearia sinensis** Rehder et E. H. Wilson
分布：河南、陕西、安徽、浙江、江西、湖北、四川

金缕梅属 **Hamamelis** L.

金缕梅 **Hamamelis mollis** Oliv.
分布：安徽、浙江、江西、湖南、湖北、四川、广西

檵木属 **Loropetalum** R. Br.

檵木 **Loropetalum chinense** (R. Br.) Oliv.
分布：安徽、江苏、浙江、江西、湖南、湖北、四川、贵州、云南、福建、广东、广西；印度、日本

檵木(原变种) **Loropetalum chinense** var. **chinense**
分布：安徽、江苏、浙江、江西、湖南、湖北、四川、贵州、云南、福建、广东、广西；印度、日本

红花檵木 **Loropetalum chinense** var. **rubrum** Yieh
分布：湖南、广西

大果檵木 **Loropetalum lanceum** Hand.-Mazz.
分布：贵州、广西

四药门花 **Loropetalum subcordatum** (Benth.) Oliv.
分布：贵州、广东、广西

壳菜果属 **Mytilaria** Lecomte

壳菜果 **Mytilaria laosensis** Lecomte
分布：云南、广东、广西；老挝、越南

银缕梅属 **Parrotia** C. A. Mey.

银缕梅 **Parrotia subaequalis** (H. T. Chang) R. M. Hao et H. T. Wei
分布：安徽、江苏、浙江

红花荷属 **Rhodoleia** Champ. ex Hook.

红花荷 **Rhodoleia championii** Hook. f.
分布：贵州、广东、海南；印度尼西亚、马来西亚、缅甸、越南

绒毛红花荷 **Rhodoleia forrestii** Chun ex Exell
分布：云南；缅甸

小脉红花荷 **Rhodoleia henryi** Tong
分布：云南

大果红花荷 **Rhodoleia macrocarpa** H. T. Chang
分布：云南

小花红花荷 **Rhodoleia parvipetala** Tong
分布：贵州、云南、广西；越南

窄瓣红花荷 **Rhodoleia stenopetala** H. T. Chang
分布：广东、海南

山白树属 **Sinowilsonia** Hemsl.

山白树 **Sinowilsonia henryi** Hemsl.
分布：山西、河南、陕西、甘肃、湖北、四川

山白树(原变种) **Sinowilsonia henryi** var. **henryi**
分布：山西、河南、陕西、甘肃、湖北、四川

秃山白树 **Sinowilsonia henryi** var. **glabrescens** H. T. Chang
分布：山西

水丝梨属 **Sycopsis** Oliv.

水丝梨 **Sycopsis sinensis** Oliv.
分布：陕西、安徽、浙江、江西、湖南、湖北、四川、贵州、云南、福建、台湾、广东、广西

三脉水丝梨 **Sycopsis triplinervia** H. T. Chang
分布：四川、云南

314. 青荚叶科 Helwingiaceae Decne.

青荚叶属 **Helwingia** Willd.

中华青荚叶 **Helwingia chinensis** Batalin
分布：陕西、甘肃、湖南、湖北、四川、贵州、云南、西藏；缅甸、泰国

中华青荚叶(原变种) **Helwingia chinensis** var. **chinensis**
分布：陕西、甘肃、湖南、湖北、四川、贵州、云南；缅甸、泰国

钝齿青荚叶 **Helwingia chinensis** var. **crenata** (Lingelsh. ex Limpr.) W. P. Fang
分布：陕西、甘肃、四川、贵州、云南

西域青荚叶 **Helwingia himalaica** Hook. f. et Thomson ex C. B. Clarke
分布：湖南、湖北、四川、重庆、贵州、云南、西藏、广东、广西；不丹、印度、缅甸、尼泊尔、越南

青荚叶 **Helwingia japonica** (Thunb. ex Murray) F. Dietr.
分布：山西、山东、河南、陕西、甘肃、安徽、江苏、浙江、江西、湖南、湖北、四川、贵州、云南、福建、台湾、广西；不丹、朝鲜、缅甸

青荚叶(原变种) **Helwingia japonica** var. **japonica**
分布：山西、山东、河南、安徽、江苏、浙江、江西、湖南、湖北、四川、贵州、云南、福建、台湾、广东、广西；不丹、日本、韩国、缅甸

白粉青荚叶 **Helwingia japonica** var. **hypoleuca** Hemsl. ex Rehder
分布：陕西、湖北、四川、贵州、云南

乳突青荚叶 **Helwingia japonica** var. **papillosa** W. P. Fang et Z. P. Song
分布：甘肃、四川

台湾青荚叶 **Helwingia japonica** var. **zhejiangensis** (W. P. Fang et T. P. Soong) M. B. Deng et Yo. Zhang
分布：浙江、台湾

峨眉青荚叶 **Helwingia omeiensis** (W. P. Fang) H. Hara et S. Kuros.
分布：陕西、甘肃、湖南、湖北、四川、贵州、云南、广西

315. 莲叶桐科 Hernandiaceae Blume

莲叶桐属 **Hernandia** L.

莲叶桐 **Hernandia nymphaeifolia** (C. Presl) Kubitzki
分布：台湾、海南；柬埔寨、印度尼西亚、日本、马来西亚、菲律宾、斯里兰卡、泰国、越南、太平洋岛屿(东部)；东非

青藤属 **Illigera** Blume

香青藤 **Illigera aromatica** S. Z. Huang et S. L. Mo
分布：广西

短蕊青藤 **Illigera brevistaminata** Y. R. Li
分布：湖南、贵州

宽药青藤 **Illigera celebica** Miq.
分布：云南、广东、广西、海南；柬埔寨、印度尼西亚、马来西亚、巴布亚新几内亚、菲律宾、泰国、越南

心叶青藤 **Illigera cordata** Dunn
分布：四川、贵州、云南、广西

心叶青藤(原变种) **Illigera cordata** var. **cordata**
分布：四川、贵州、云南、广西

多毛青藤 Illigera cordata var. **mollissima** (W. W. Sm.) Kubitzki
分布：云南

无毛青藤 Illigera glabra Y. R. Li
分布：云南

大花青藤 Illigera grandiflora W. W. Sm. et Jeffrey
分布：贵州、云南；印度、缅甸

蒙自青藤 Illigera henryi W. W. Sm.
分布：云南、广西

披针叶青藤 Illigera khasiana C. B. Clarke
分布：云南；印度、马来西亚、缅甸

台湾青藤 Illigera luzonensis (C. Presl) Merr.
分布：台湾；日本、菲律宾

显脉青藤 Illigera nervosa Merr.
分布：云南；缅甸

圆叶青藤 Illigera orbiculata C. Y. Wu
分布：云南

小花青藤 Illigera parviflora Dunn
分布：贵州、云南、福建、广东、广西、海南；马来西亚、越南

尾叶青藤 Illigera pseudoparviflora Y. R. Li
分布：贵州

红花青藤 Illigera rhodantha Hance
分布：贵州、云南、广东、广西、海南；柬埔寨、老挝、泰国、越南

红花青藤(原变种) Illigera rhodantha var. **rhodantha**
分布：云南、广东、广西、海南；柬埔寨、老挝、泰国、越南

锈毛青藤 Illigera rhodantha var. **dunniana** (H. Lév.) Kubitzki
分布：贵州、云南、广东、广西；柬埔寨、老挝、泰国、越南

兜状青藤 Illigera trifoliata subsp. **cucullata** (Merr.) Kubitzki
分布：云南；老挝、泰国、越南

316. 绣球花科 Hydrangeaceae Dumort.

草绣球属 **Cardiandra** Sieb. et Zucc.

台湾草绣球 Cardiandra formosana Hayata
分布：浙江、台湾

草绣球 Cardiandra moellendorffii (Hance) Migo
分布：安徽、浙江、江西、湖南、湖北、贵州、福建、广东、广西；日本

草绣球(原变种) Cardiandra moellendorffii var. **moellendorffii**
分布：安徽、浙江、江西、福建；日本

疏花草绣球 Cardiandra moellendorffii var. **laxiflora** (H. L. Li) C. F. Wei
分布：湖南、湖北、贵州、广东、广西

赤壁草属 **Decumaria** L.

赤壁木 Decumaria sinensis Oliv.
分布：陕西、甘肃、湖北、四川、贵州

银梅草属 **Deinanthe** Maxim.

叉叶蓝 Deinanthe caerulea Stapf
分布：湖北

溲疏属 **Deutzia** Thunb.

白溲疏 Deutzia albida Batalin
分布：陕西、甘肃

马桑溲疏 Deutzia aspera Rehder
分布：云南、西藏

钩齿溲疏 Deutzia baroniana Diels
分布：辽宁、河北、山西、山东、河南、陕西、江苏

波密溲疏 Deutzia bomiensis S. M. Hwang
分布：西藏

短裂溲疏 Deutzia breviloba S. M. Hwang
分布：四川

大萼溲疏 Deutzia calycosa Rehder
分布：四川、云南

大萼溲疏(原变种) Deutzia calycosa var. **calycosa**
分布：四川、云南

大瓣溲疏 Deutzia calycosa var. **macropetala** Rehder
分布：云南

旱生溲疏 Deutzia calycosa var. **xerophyta** (Hand.-Mazz.) S. M. Hwang
分布：四川

灰叶溲疏 Deutzia cinerascens Rehder
分布：贵州

密序溲疏 Deutzia compacta Craib
分布：云南、西藏；不丹、尼泊尔、印度、缅甸

革叶溲疏 **Deutzia coriacea** Rehder
分布：四川

粗齿溲疏 **Deutzia crassidentata** S. M. Hwang
分布：四川

厚叶溲疏 **Deutzia crassifolia** Rehder
分布：云南、西藏

齿叶溲疏 **Deutzia crenata** Sieb. et Zucc.
分布：山东、安徽、江苏、浙江、湖北、云南、福建；日本

小聚花溲疏 **Deutzia cymuligera** S. M. Hwang
分布：四川

异色溲疏 **Deutzia discolor** Hemsl.
分布：河南、陕西、甘肃、湖北、四川

狭叶溲疏 **Deutzia esquirolii** (H. Lév.) Rehder
分布：贵州

浙江溲疏 **Deutzia faberi** Rehder
分布：浙江

光萼溲疏 **Deutzia glabrata** Kom.
分布：黑龙江、吉林、辽宁、山东、河南、陕西、湖南、湖北；朝鲜、俄罗斯

光萼溲疏(原变种) **Deutzia glabrata** var. **glabrata**
分布：黑龙江、吉林、山东、河南；朝鲜、俄罗斯

无柄溲疏 **Deutzia glabrata** var. **sessilifolia** (Pamp.) Zaik.
分布：山东、河南、陕西、湖南、湖北

黄山溲疏 **Deutzia glauca** Kom.
分布：河南、安徽、浙江、江西、湖北

黄山溲疏(原变种) **Deutzia glauca** var. **glauca**
分布：河南、安徽、浙江、江西、湖北

斑萼溲疏 **Deutzia glauca** var. **decalvata** S. M. Hwang
分布：浙江

灰绿溲疏 **Deutzia glaucophylla** S. M. Hwang
分布：四川、西藏

球花溲疏 **Deutzia glomeruliflora** Franch.
分布：四川、云南

细梗溲疏 **Deutzia gracilis** Sieb. et Zucc.
分布：陕西、浙江；日本

大花溲疏 **Deutzia grandiflora** Bunge
分布：辽宁、内蒙古、河北、山西、山东、河南、陕西、甘肃、湖南

异叶溲疏 **Deutzia heterophylla** S. M. Hwang
分布：四川

西藏溲疏 **Deutzia hookeriana** (C. K. Schneid.) Airy Shaw
分布：云南、西藏；不丹、缅甸、印度

粉被溲疏 **Deutzia hypoglauca** Rehder
分布：陕西、甘肃、湖北、四川

粉被溲疏(原变种) **Deutzia hypoglauca** var. **hypoglauca**
分布：陕西、甘肃、湖北、四川

青城溲疏 **Deutzia hypoglauca** var. **shawiana** (Zaik.) Zaik.
分布：四川

长叶溲疏 **Deutzia longifolia** Franch.
分布：甘肃、四川、贵州、云南

长叶溲疏(原变种) **Deutzia longifolia** var. **longifolia**
分布：甘肃、四川、贵州、云南

平武溲疏 **Deutzia longifolia** var. **pingwuensis** S. M. Hwang
分布：四川、云南

钻丝溲疏 **Deutzia mollis** Duthie
分布：湖北

维西溲疏 **Deutzia monbeigii** W. W. Sm.
分布：四川、云南、西藏

木里溲疏 **Deutzia muliensis** S. M. Hwang
分布：四川

多辐线溲疏 **Deutzia multiradiata** W. T. Wang
分布：四川

南川溲疏 **Deutzia nanchuanensis** W. T. Wang
分布：四川、云南

宁波溲疏 **Deutzia ningpoensis** Rehder
分布：陕西、安徽、浙江、江西、湖北、福建

钝裂溲疏 **Deutzia obtusilobata** S. M. Hwang
分布：四川

小花溲疏 **Deutzia parviflora** Bunge
分布：黑龙江、吉林、辽宁、内蒙古、河北、山西、河南、陕西、甘肃、湖北；朝鲜、俄罗斯

小花溲疏(原变种) **Deutzia parviflora** var. **parviflora**
分布：吉林、辽宁、内蒙古、河北、山西、河南、陕西、

甘肃、湖北；朝鲜、俄罗斯

东北溲疏 **Deutzia parviflora** var. **amurensis** Regel
分布：吉林、辽宁

碎花溲疏 **Deutzia parviflora** var. **micrantha** (Engl.) Rehder
分布：河北、山西、河南、陕西

褐毛溲疏 **Deutzia pilosa** Rehder
分布：陕西、甘肃、四川、贵州、云南

美丽溲疏 **Deutzia pulchra** S. Vidal
分布：台湾；菲律宾

紫花溲疏 **Deutzia purpurascens** (Franch. ex L. Henry) Rehder
分布：四川、云南、西藏；印度、缅甸

灌丛溲疏 **Deutzia rehderiana** C. K. Schneid.
分布：四川、贵州、云南

粉红溲疏 **Deutzia rubens** Rehder
分布：陕西、甘肃、湖北、四川

长江溲疏 **Deutzia schneideriana** Rehder
分布：甘肃、安徽、浙江、江西、湖南、湖北

四川溲疏 **Deutzia setchuenensis** Franch.
分布：江西、湖南、湖北、四川、贵州、云南、福建、广东、广西

四川溲疏（原变种） **Deutzia setchuenensis** var. **setchuenensis**
分布：江西、湖南、湖北、贵州、云南、福建、广东、广西

多花溲疏 **Deutzia setchuenensis** var. **corymbiflora** (Lemoine ex André) Rehder
分布：湖北、四川

长齿溲疏 **Deutzia setchuenensis** var. **longidentata** Rehder
分布：四川

红花溲疏 **Deutzia silvestrii** Pamp.
分布：湖北

鳞毛溲疏 **Deutzia squamosa** S. M. Hwang
分布：四川

长柱溲疏 **Deutzia staminea** R. Br. ex Wall.
分布：四川、云南、西藏；不丹、克什米尔地区、尼泊尔、印度

钻齿溲疏 **Deutzia subulata** Hand.-Mazz.
分布：四川、云南

太白溲疏 **Deutzia taibaiensis** W. T. Wang ex S. M. Hwang
分布：陕西、甘肃

台湾溲疏 **Deutzia taiwanensis** (Maxim.) C. K. Schneid.
分布：台湾

宽萼溲疏 **Deutzia wardiana** Zaik.
分布：西藏；印度

云南溲疏 **Deutzia yunnanensis** S. M. Hwang
分布：云南

中甸溲疏 **Deutzia zhongdianensis** S. M. Hwang
分布：云南

常山属 **Dichroa** Lour.

大明常山 **Dichroa daimingshanensis** Y. C. Wu
分布：贵州、广西

常山 **Dichroa febrifuga** Lour.
分布：陕西、甘肃、安徽、江西、湖南、湖北、四川、贵州、西藏、福建、台湾、广东、广西；不丹、柬埔寨、印度、印度尼西亚、老挝、缅甸、尼泊尔、泰国、越南

硬毛常山 **Dichroa hirsuta** Gagnep.
分布：云南、广西；越南

海南常山 **Dichroa mollissima** Merr.
分布：海南

罗蒙常山 **Dichroa yaoshanensis** Y. C. Wu
分布：湖南、云南、广东、广西

云南常山 **Dichroa yunnanensis** S. M. Hwang
分布：云南

绣球属 **Hydrangea** L.

冠盖绣球 **Hydrangea anomala** D. Don
分布：河南、陕西、甘肃、安徽、浙江、江西、湖南、湖北、四川、贵州、云南、西藏、福建、台湾、广东、广西；不丹、印度、缅甸、尼泊尔

马桑绣球 **Hydrangea aspera** D. Don
分布：陕西、甘肃、江苏、湖南、湖北、四川、贵州、云南、广西；印度、尼泊尔、越南

东陵绣球 **Hydrangea bretschneideri** Dippel
分布：内蒙古、河北、山西、河南、陕西、宁夏、甘肃、青海

珠光绣球 **Hydrangea candida** Chun

分布：广西

尾叶绣球 **Hydrangea caudatifolia** W. T. Wang et M. X. Nie

分布：江西

中国绣球 **Hydrangea chinensis** Maxim.

分布：安徽、浙江、江西、湖南、福建、台湾、广西；日本

福建绣球 **Hydrangea chungii** Rehder

分布：福建

毡毛绣球 **Hydrangea coacta** C. F. Wei

分布：陕西

酥醪绣球 **Hydrangea coenobialis** Chun

分布：广东、广西

西南绣球 **Hydrangea davidii** Franch.

分布：四川、贵州、云南

银针绣球 **Hydrangea dumicola** W. W. Sm.

分布：云南

细枝绣球 **Hydrangea gracilis** W. T. Wang et M. X. Nie

分布：江西、湖南

微绒绣球 **Hydrangea heteromalla** D. Don

分布：四川、云南、西藏；不丹、印度、尼泊尔

白被绣球 **Hydrangea hypoglauca** Rehder

分布：陕西、湖南、湖北、四川、贵州、云南

全缘绣球 **Hydrangea integrifolia** Hayata

分布：台湾；菲律宾

蝶萼绣球 **Hydrangea kawakamii** Hayata

分布：台湾

粤西绣球 **Hydrangea kwangsiensis** Hu

分布：湖南、贵州、广东、广西

广东绣球 **Hydrangea kwangtungensis** Merr.

分布：江西、广东、广西

狭叶绣球 **Hydrangea lingii** G. Hoo

分布：江西、湖南、贵州、福建、广东、广西

临桂绣球 **Hydrangea linkweiensis** Chun

分布：湖北、广西

长叶绣球 **Hydrangea longifolia** Hayata

分布：台湾

莼兰绣球 **Hydrangea longipes** Franch.

分布：河北、河南、陕西、甘肃、湖南、湖北、四川、贵州、云南

莼兰绣球(原变种) **Hydrangea longipes** var. **longipes**

分布：河北、河南、陕西、甘肃、湖南、湖北、四川、贵州、云南

绣毛绣球 **Hydrangea longipes** var. **fulvescens** (Rehder) W. T. Wang ex C. F. Wei

分布：河南、陕西、甘肃、湖北、四川

披针绣球 **Hydrangea longipes** var. **lanceolata** Hemsl.

分布：陕西、湖北

大果绣球 **Hydrangea macrocarpa** Hand.-Mazz.

分布：四川、云南

莽山绣球 **Hydrangea mangshanensis** C. F. Wei

分布：湖南、广东

圆锥绣球 **Hydrangea paniculata** Sieb.

分布：甘肃、安徽、浙江、江西、湖南、湖北、四川、贵州、云南、福建、广东、广西；日本、俄罗斯

藤绣球 **Hydrangea petiolaris** Sieb. et Zucc.

分布：东北各省；日本

粗枝绣球 **Hydrangea robusta** Hook. f. et Thomson

分布：安徽、浙江、江西、湖南、湖北、四川、贵州、云南、西藏、福建、广东、广西；孟加拉国、不丹、印度、缅甸

紫彩绣球 **Hydrangea sargentiana** Rehder

分布：湖北

柳叶绣球 **Hydrangea stenophylla** Merr. et Chun

分布：江西、广东

蜡莲绣球 **Hydrangea strigosa** Rehder

分布：陕西、湖南、湖北、四川、贵州

长柱绣球 **Hydrangea stylosa** Hook. f. et Thomson

分布：云南；不丹、缅甸、印度

松潘绣球 **Hydrangea sungpanensis** Hand.-Mazz.

分布：四川、云南

挂苦绣球 **Hydrangea xanthoneura** Diels

分布：湖北、四川、贵州、云南

浙皖绣球 **Hydrangea zhewanensis** P. S. Hsu et X. P. Zhang

分布：安徽、浙江

黄山梅属 **Kirengeshoma** Yatabe

黄山梅 **Kirengeshoma palmata** Yatabe
分布：安徽、浙江；日本

山梅花属 **Philadelphus** L.

短序山梅花 **Philadelphus brachybotrys** (Koehne) Koehne
分布：江苏、浙江、江西、福建

丽江山梅花 **Philadelphus calvescens** (Rehder) S. M. Hwang
分布：四川、云南

尾萼山梅花 **Philadelphus caudatus** S. M. Hwang
分布：云南

毛萼山梅花 **Philadelphus dasycalyx** (Rehder) S. Y. Hu
分布：山西、河南、陕西、甘肃

云南山梅花 **Philadelphus delavayi** L. Henry
分布：四川、云南、西藏；缅甸

云南山梅花(原变种) **Philadelphus delavayi** var. **delavayi**
分布：四川、云南、西藏；缅甸

黑萼山梅花 **Philadelphus delavayi** var. **melanocalyx** Lemoine ex L. Henry
分布：四川、云南

毛枝山梅花 **Philadelphus delavayi** var. **trichocladus** Hand.-Mazz.
分布：四川、云南

滇南山梅花 **Philadelphus henryi** Koehne
分布：贵州、云南

滇南山梅花(原变种) **Philadelphus henryi** var. **henryi**
分布：贵州、云南

灰毛山梅花 **Philadelphus henryi** var. **cinereus** Hand.-Mazz.
分布：云南

山梅花 **Philadelphus incanus** Koehne
分布：河北、山西、河南、陕西、湖南、湖北、四川、福建

山梅花(原变种) **Philadelphus incanus** var. **incanus**
分布：山西、河南、陕西、湖北、四川

短轴山梅花 **Philadelphus incanus** var. **baileyi** Rehder
分布：河南、陕西

米柴山梅花 **Philadelphus incanus** var. **mitsai** (S. Y. Hu) S. M. Hwang
分布：河南、湖南

甘肃山梅花 **Philadelphus kansuensis** (Rehder) S. Y. Hu
分布：陕西、甘肃、青海

昆明山梅花 **Philadelphus kunmingensis** S. M. Hwang
分布：云南

昆明山梅花(原变种) **Philadelphus kunmingensis** var. **kunmingensis**
分布：云南

小叶山梅花 **Philadelphus kunmingensis** var. **parvifolius** S. M. Hwang
分布：云南

疏花山梅花 **Philadelphus laxiflorus** Rehder
分布：河南、陕西、甘肃、青海

泸水山梅花 **Philadelphus lushuiensis** T. C. Ku et S. M. Hwang
分布：云南

太平花 **Philadelphus pekinensis** Rupr.
分布：辽宁、河北、山西、陕西；韩国

紫萼山梅花 **Philadelphus purpurascens** (Koehne) Rehder
分布：四川、云南

紫萼山梅花(原变种) **Philadelphus purpurascens** var. **purpurascens**
分布：四川

四川山梅花 **Philadelphus purpurascens** var. **szechuanensis** (W. P. Fang) S. M. Hwang
分布：四川、云南

美丽山梅花 **Philadelphus purpurascens** var. **venustus** (Koehne) S. Y. Hu
分布：四川、云南

毛药山梅花 **Philadelphus reevesianus** S. Y. Hu
分布：湖北

东北山梅花 **Philadelphus schrenkii** Rupr.
分布：黑龙江、吉林、辽宁、河北、陕西；朝鲜、俄罗斯

东北山梅花(原变种) **Philadelphus schrenkii** var. **schrenkii**
分布：黑龙江、吉林、辽宁；朝鲜、俄罗斯

河北山梅花 **Philadelphus schrenkii** var. **jackii** Koehne
分布：吉林、河北、陕西；朝鲜

毛盘山梅花 **Philadelphus schrenkii** var. **mandshuricus** (Maxim.) Kitag.
分布：吉林、辽宁；朝鲜、俄罗斯

绢毛山梅花 **Philadelphus sericanthus** Koehne
分布：安徽、福建、甘肃、广西、贵州、河北、河南、湖北、湖南、江苏、江西、陕西、四川、云南、?浙江

绢毛山梅花(原变种) **Philadelphus sericanthus** var. **sericanthus**
分布：河北、河南、陕西、甘肃、安徽、江苏、江西、湖南、湖北、四川、贵州、云南、福建、广西

牯岭山梅花 **Philadelphus sericanthus** var. **kulingensis** (Koehne) Hand.-Mazz.
分布：江西、?浙江

毛柱山梅花 **Philadelphus subcanus** Koehne
分布：湖北、四川、云南

毛柱山梅花(原变种) **Philadelphus subcanus** var. **subcanus**
分布：湖北、四川、云南

密毛山梅花 **Philadelphus subcanus** var. **dubius** Koehne
分布：四川

城口山梅花 **Philadelphus subcanus** var. **magdalenae** (Koehne) S. Y. Hu
分布：湖北、四川

薄叶山梅花 **Philadelphus tenuifolius** Rupr. ex Maxim.
分布：黑龙江、吉林、辽宁、内蒙古；朝鲜、俄罗斯

薄叶山梅花(原变种) **Philadelphus tenuifolius** var. **tenuifolius**
分布：黑龙江、吉林、辽宁、内蒙古；朝鲜、俄罗斯

四棱山梅花 **Philadelphus tetragonus** S. M. Hwang
分布：四川

绒毛山梅花 **Philadelphus tomentosus** Wall. ex G. Don
分布：云南、西藏；不丹、印度、克什米尔地区、尼泊尔

千山山梅花 **Philadelphus tsianschanensis** F. T. Wang et Li
分布：辽宁

浙江山梅花 **Philadelphus zhejiangensis** S. M. Hwang
分布：安徽、江苏、浙江、福建

冠盖藤属 **Pileostegia** Hook. et Thomson

星毛冠盖藤 **Pileostegia tomentella** Hand.-Mazz.
分布：江西、湖南、福建、广东、广西

冠盖藤 **Pileostegia viburnoides** Hook. f. et Thomson
分布：安徽、浙江、江西、湖南、湖北、四川、贵州、云南、福建、台湾、广东、广西、海南；日本

冠盖藤(原变种) **Pileostegia viburnoides** var. **viburnoides**
分布：安徽、浙江、江西、湖南、湖北、四川、贵州、云南、福建、台湾、广西、海南；日本

柔毛冠盖藤 **Pileostegia viburnoides** var. **glabrescens** (C. C. Yang) S. M. Hwang
分布：海南

蛛网萼属 **Platycrater** Sieb. et Zucc.

蛛网萼 **Platycrater arguta** Sieb. et Zucc.
分布：安徽、浙江、江西、福建；日本

钻地风属 **Schizophragma** Sieb. et Zucc.

临桂钻地风 **Schizophragma choufenianum** Chun
分布：广西

秦榛钻地风 **Schizophragma corylifolium** Chun
分布：安徽、浙江

厚叶钻地风 **Schizophragma crassum** Hand.-Mazz.
分布：云南

厚叶钻地风(原变种) **Schizophragma crassum** var. **crassum**
分布：云南

维西钻地风 **Schizophragma crassum** var. **hsitaoanum** (Chun) C. F. Wei
分布：云南

椭圆钻地风 **Schizophragma elliptifolium** C. F. Wei
分布：四川、贵州、云南

圆叶钻地风 **Schizophragma fauriei** Hayata
分布：福建、台湾

白背钻地风 **Schizophragma hypoglaucum** Rehder
分布：湖南、四川、广东

钻地风 **Schizophragma integrifolium** Oliv.
分布：安徽、江苏、浙江、江西、湖南、湖北、四川、贵州、云南、福建、广东、广西、海南

钻地风(原变种) Schizophragma integrifolium var. **integrifolium**
分布：安徽、江苏、浙江、江西、湖南、湖北、四川、贵州、云南、福建、广东、广西、海南

粉绿钻地风 Schizophragma integrifolium var. **glaucescens** Rehder
分布：浙江、湖北、四川、贵州、广东、广西

大果钻地风 Schizophragma megalocarpum Chun
分布：四川

柔毛钻地风 Schizophragma molle (Rehder) Chun
分布：江苏、江西、湖南、贵州、云南、福建、广东、广西

317. 水鳖科 Hydrocharitaceae Juss.

水筛属 **Blyxa** Noronha et Thouars

无尾水筛 Blyxa aubertii Rich.
分布：浙江、江西、湖南、四川、云南、福建、台湾、广东、广西、海南；孟加拉国、不丹、印度、印度尼西亚、日本、韩国、马来西亚、缅甸、尼泊尔、巴布亚新几内亚、菲律宾、斯里兰卡、泰国、越南；非洲、大洋洲

有尾水筛 Blyxa echinosperma (C. B. Clarke) Hook. f.
分布：河北、陕西、安徽、江苏、浙江、江西、湖南、四川、贵州、福建、台湾、广东、广西；孟加拉国、印度、印度尼西亚、日本、韩国、马来西亚、缅甸、尼泊尔、巴布亚新几内亚、菲律宾、斯里兰卡、泰国、越南、澳大利亚

水筛 Blyxa japonica (Miq.) Maxim. ex Asch. et Gürke
分布：辽宁、安徽、江苏、浙江、江西、湖南、湖北、四川、贵州、福建、台湾、广东、广西、海南；孟加拉国、印度、日本、韩国、马来西亚、缅甸、尼泊尔、巴布亚新几内亚、泰国、越南；欧洲

光滑水筛 Blyxa leiosperma Koidz.
分布：安徽、浙江、江西、福建、广东、海南；日本

八药水筛 Blyxa octandra (Roxb.) Planch. ex Thwaites
分布：四川、云南、广东、广西；孟加拉国、印度、缅甸、巴布亚新几内亚、斯里兰卡、越南、澳大利亚

水蕴草属 **Egeria** Planch.

水蕴草 Egeria densa Planchon
分布：广东；原产于南美洲

海菖蒲属 **Enhalus** Rich.

海菖蒲 Enhalus acoroides (L. f.) Royle
分布：海南；柬埔寨、印度、印度尼西亚、马来西亚、缅甸、菲律宾、斯里兰卡、泰国、越南；非洲、大洋洲

喜盐草属 **Halophila** Thouars

贝克喜盐草 Halophila beccarii Asch.
分布：台湾、广东、海南；婆罗洲、印度、马来西亚、缅甸、菲律宾、斯里兰卡、越南

毛叶喜盐草 Halophila decipiens Ostenfeld
分布：台湾；孟加拉国、印度、印度尼西亚、缅甸、斯里兰卡、泰国、越南、澳大利亚、加勒比海、印度洋的热带和亚热带海域；非洲、中美洲和南美洲

小喜盐草 Halophila minor (Zoll.) Hartog
分布：台湾、广东、海南；印度、印度尼西亚、日本、马来西亚、巴布亚新几内亚、菲律宾、泰国、越南；非洲

喜盐草 Halophila ovalis (R. Br.) Hook. f.
分布：台湾、广东、海南；印度、印度尼西亚、日本、马来西亚、缅甸、巴布亚新几内亚、巴基斯坦、菲律宾、斯里兰卡、泰国、越南、澳大利亚、红海到西太平洋；西南亚洲、非洲

黑藻属 **Hydrilla** Rich.

黑藻 Hydrilla verticillata (L. f.) Royle
分布：黑龙江、辽宁、河北、山东、河南、陕西、安徽、江苏、浙江、江西、湖南、湖北、四川、贵州、云南、西藏、福建、台湾、广东、广西、海南；阿富汗、孟加拉国、不丹、印度、印度尼西亚、日本、哈萨克斯坦、韩国、马来西亚、缅甸、尼泊尔、巴布亚新几内亚、巴基斯坦、菲律宾、俄罗斯、斯里兰卡、泰国、越南、澳大利亚；亚洲(西南部)、欧洲、非洲

黑藻(原变种) Hydrilla verticillata var. **verticillata**
分布：黑龙江、辽宁、河北、山东、河南、陕西、安徽、江苏、浙江、江西、湖南、湖北、四川、贵州、云南、西藏、福建、台湾、广东、广西、海南；印度尼西亚、日本、马来西亚、菲律宾

罗氏轮叶黑藻 Hydrilla verticillata var. **roxburghii** Casp.
分布：黑龙江、河北、山东、河南、陕西、安徽、江苏、浙江、江西、湖南、湖北、四川、贵州、云南、福建、台湾、广东、广西、海南；日本、马来西亚、菲律宾、澳大利亚；欧洲

水鳖属 **Hydrocharis** L.

水鳖 Hydrocharis dubia (Bl.) Backer
分布：黑龙江、吉林、辽宁、河北、山东、河南、陕西、安徽、江苏、浙江、江西、湖南、湖北、四川、云南、福建、台湾、广东、广西、海南；孟加拉国、印度、印度尼西亚、日本、韩国、缅甸、巴布亚新几内亚、菲律宾、泰

国、越南、澳大利亚

茨藻属 **Najas** L.

弯果茨藻 Najas ancistrocarpa A. Braun ex Magnus
分布：浙江、江西、湖北、福建、台湾；日本

高雄茨藻 Najas browniana Rendle
分布：台湾、广东、广西；印度、印度尼西亚、巴布亚新几内亚、澳大利亚

东方茨藻 Najas chinensis N. Z. Wang
分布：吉林、辽宁、浙江、江西、湖北、云南、福建、台湾、广东、广西、海南；日本；欧洲

多孔茨藻 Najas foveolata A. Braun et Magnus
分布：安徽、浙江、湖北、台湾、广西；印度、马来西亚

纤细茨藻 Najas gracillima (A. Braun ex Engelm.) Magnus
分布：吉林、辽宁、内蒙古、河北、浙江、江西、湖北、贵州、云南、福建、台湾、广西、海南；日本；北美洲

草茨藻 Najas graminea Del.
分布：辽宁、河北、河南、安徽、江苏、浙江、湖北、四川、云南、福建、台湾、广东、广西、海南；阿富汗、孟加拉国、印度、印度尼西亚、日本、哈萨克斯坦、韩国、马来西亚、缅甸、尼泊尔、巴布亚新几内亚、巴基斯坦、菲律宾、斯里兰卡、塔吉克斯坦、泰国、乌兹别克斯坦、越南、澳大利亚；亚洲(西南部)、欧洲、非洲

草茨藻(原变种) Najas graminea var. **graminea**
分布：辽宁、河北、河南、安徽、江苏、湖北、云南、福建、台湾、广东、广西、海南；印度、印度尼西亚、日本、韩国、马来西亚、缅甸、菲律宾

弯果草茨藻 Najas graminea var. **recurvata** J. B. He
分布：浙江、湖北

大茨藻 Najas marina L.
分布：黑龙江、吉林、辽宁、内蒙古、河北、山西、山东、河南、新疆、安徽、江苏、浙江、江西、湖南、湖北、云南、台湾、广东、广西；印度、日本、哈萨克斯坦、韩国、吉尔吉斯斯坦、马来西亚、蒙古国、缅甸、巴基斯坦、俄罗斯、斯里兰卡、塔吉克斯坦、土库曼斯坦、乌兹别克斯坦、越南、澳大利亚；亚洲(西南部)、欧洲、非洲、美洲

大茨藻(原变种) Najas marina var. **marina**
分布：黑龙江、吉林、辽宁、内蒙古、河北、山西、山东、河南、新疆、安徽、江苏、浙江、江西、湖南、湖北、云南、台湾、广东、广西；印度、日本、韩国、马来西亚、俄罗斯、塔吉克斯坦

短果茨藻 Najas marina var. **brachycarpa** Trautv.
分布：内蒙古、新疆；亚洲(中部)

粗齿大茨藻 Najas marina var. **grossidentata** Rendle
分布：黑龙江、吉林、辽宁；韩国

小茨藻 Najas minor All.
分布：黑龙江、吉林、辽宁、内蒙古、河北、山东、河南、新疆、安徽、江苏、浙江、江西、湖南、湖北、云南、福建、台湾、广东、广西、海南；阿富汗、印度、印度尼西亚、日本、哈萨克斯坦、韩国、尼泊尔、巴基斯坦、菲律宾、斯里兰卡、塔吉克斯坦、泰国、乌兹别克斯坦、越南；亚洲(西南部)、欧洲、非洲

澳古茨藻 Najas oguraensis Miki
分布：江西、湖北、台湾；印度、日本、朝鲜、尼泊尔、巴基斯坦

拟纤细茨藻 Najas pseudogracillima Triest
分布：香港

拟草茨藻 Najas pseudograminea W. Koch
分布：香港；东帝汶、印度尼西亚、菲律宾、泰国、澳大利亚

虾子菜属 **Nechamandra** Planch.

虾子菜 Nechamandra alternifolia (Roxb. ex Wight) Thwaites
分布：广东、广西；孟加拉国、印度、缅甸、尼泊尔、斯里兰卡、越南

海菜花属 **Ottelia** Pers.

海菜花 Ottelia acuminata (Gagnep.) Dandy
分布：四川、贵州、云南、广东、广西、海南

海菜花(原变种) Ottelia acuminata var. **acuminata**
分布：四川、贵州、云南、广东、广西、海南

波叶海菜花 Ottelia acuminata var. **crispa** (Hand.-Mazz.) H. Li
分布：云南

靖西海菜花 Ottelia acuminata var. **jingxiensis** H. Q. Wang et X. Z. Sun
分布：广西

路南海菜花 Ottelia acuminata var. **lunanensis** H. Li
分布：云南

龙舌草 Ottelia alismoides (L.) Pers.
分布：黑龙江、河北、河南、安徽、江苏、浙江、江西、湖南、湖北、四川、贵州、云南、福建、台湾、广东、广西、海南；柬埔寨、印度、印度尼西亚、日本、韩国、老

挝、马来西亚、缅甸、尼泊尔、巴布亚新几内亚、菲律宾、泰国、斯里兰卡、越南、澳大利亚；非洲

贵州水车前 **Ottelia balansae** (Gagnep.) Dandy
分布：贵州、云南、广西；越南

水菜花 **Ottelia cordata** (Wall.) Dandy
分布：海南；柬埔寨、缅甸、泰国

出水水菜花 **Ottelia emersa** Z. C. Zhao et R. L. Luo
分布：广西

泰来藻属 Thalassia Banks ex K. D. Koenig

泰来藻 **Thalassia hemprichii** (Ehreub.) Asch.
分布：台湾、海南；印度、印度尼西亚、日本、马来西亚、缅甸、巴布亚新几内亚、菲律宾、斯里兰卡、泰国、越南、印度、红海和西太平洋

苦草属 Vallisneria L.

密刺苦草 **Vallisneria denseserrulata** (Makino) Makino
分布：辽宁、安徽、浙江、湖北、广东、广西；日本

苦草 **Vallisneria natans** (Lour.) H. Hara
分布：吉林、辽宁、河北、山东、河南、陕西、安徽、江苏、浙江、江西、湖南、湖北、四川、贵州、云南、福建、台湾、广东、广西；印度、日本、韩国、马来西亚、尼泊尔、俄罗斯、越南、澳大利亚；亚洲(西南部)

刺苦草 **Vallisneria spinulosa** S. Z. Yan
分布：江苏、湖南、湖北、广西

318. 田基麻科 Hydroleaceae R. Br.

田基麻属 Hydrolea L.

田基麻 **Hydrolea zeylanica** (L.) Vahl
分布：云南、福建、台湾、广东、广西、海南；印度、印度尼西亚、马来西亚、尼泊尔、菲律宾、斯里兰卡、澳大利亚；西南亚、非洲

319. 金丝桃科 Hypericaceae Juss.

黄牛木属 Cratoxylum Blume

黄牛木 **Cratoxylum cochinchinense** (Lour.) Blume
分布：云南、广东、广西；印度尼西亚、马来西亚、缅甸、菲律宾、泰国、越南

越南黄牛木 **Cratoxylum formosum** (Jack) Dyer
分布：云南、广西、海南；柬埔寨、印度尼西亚、老挝、马来西亚、缅甸、菲律宾、泰国、越南

越南黄牛木(原亚种) **Cratoxylum formosum** subsp. **formosum**
分布：海南；柬埔寨、印度尼西亚、老挝、马来西亚、菲律宾、泰国、越南

红芽木 **Cratoxylum formosum** subsp. **pruniflorum** (Kurz.) Gogelin
分布：云南、广西；柬埔寨、缅甸、泰国、越南

金丝桃属 Hypericum L.

尖萼金丝桃 **Hypericum acmosepalum** N. Robson
分布：四川、贵州、云南、广西

蝶花金丝桃 **Hypericum addingtonii** N. Robson
分布：云南

黄海棠 **Hypericum ascyron** L.
分布：除西藏外遍布中国；日本、韩国、蒙古国、俄罗斯、越南；北美洲

黄海棠(原亚种) **Hypericum ascyron** subsp. **ascyron**
分布：新疆、西藏；日本、韩国、蒙古国、俄罗斯、越南

短柱黄海棠 **Hypericum ascyron** subsp. **gebleri** (Ledeb.) N. Robson
分布：黑龙江、新疆；朝鲜、蒙古国、俄罗斯

赶山鞭 **Hypericum attenuatum** Fisch. ex Choisy
分布：黑龙江、吉林、辽宁、内蒙古、河北、山西、河南、陕西、甘肃、安徽、江苏、浙江、江西、湖南、湖北、四川、贵州、福建、广东、广西；朝鲜、蒙古国、俄罗斯

无柄金丝桃 **Hypericum augustinii** N. Robson
分布：贵州、云南

滇南金丝桃 **Hypericum austroyunnanicum** L. H. Wu et D. P. Yang
分布：云南

栽秧花 **Hypericum beanii** N. Robson
分布：四川、贵州、云南

美丽金丝桃 **Hypericum bellum** H. L. Li
分布：四川、云南、西藏；印度

多蕊金丝桃 **Hypericum choisyanum** Wall. ex N. Robson
分布：云南、西藏；不丹、印度、缅甸、尼泊尔、巴基斯坦

连柱金丝桃 **Hypericum cohaerens** N. Robson
分布：贵州、云南

弯萼金丝桃 **Hypericum curvisepalum** N. Robson
分布：四川、贵州、云南

大理金丝桃 Hypericum daliense N. Robson
分布：云南

岐山金丝桃 Hypericum elatoides R. Keller
分布：山西、河南、陕西、甘肃

挺茎遍地金 Hypericum elodeoides Choisy
分布：江西、湖南、湖北、四川、贵州、云南、西藏、福建、广东、广西；不丹、印度、缅甸、尼泊尔

延伸金丝桃 Hypericum elongatum Ledeb. ex Rchb.
分布：新疆；哈萨克斯坦、吉尔吉斯斯坦、土库曼斯坦、乌兹别克斯坦；亚洲(西南部)、欧洲

恩施金丝桃 Hypericum enshiense L. H. Wu et F. S. Wang
分布：湖北

小连翘 Hypericum erectum Thunb.
分布：安徽、江苏、浙江、湖南、湖北、四川、贵州、福建、台湾、广东、广西；日本、韩国、俄罗斯

扬子小连翘 Hypericum faberi R. Keller
分布：山西、陕西、甘肃、安徽、江苏、浙江、江西、湖南、湖北、四川、贵州、云南、福建、广东、广西

台湾金丝桃 Hypericum formosanum Maxim.
分布：台湾

川滇金丝桃 Hypericum forrestii (Chitt.) N. Robson
分布：四川、云南；缅甸

楚雄金丝桃 Hypericum fosteri N. Robson
分布：云南

双花金丝桃 Hypericum geminiflorum Hemsl.
分布：台湾；菲律宾

双花金丝桃(原亚种) Hypericum geminiflorum subsp. **geminiflorum**
分布：台湾；菲律宾

小双花金丝桃 Hypericum geminiflorum subsp. **simplicistylum** (Hayata) N. Robson
分布：台湾

细叶金丝桃 Hypericum gramineum G. Forst.
分布：云南、台湾、海南；不丹、印度、巴布亚新几内亚、越南、澳大利亚、太平洋岛屿

藏东南金丝桃 Hypericum griffithii Hook. f. et Thomson ex Dyer
分布：西藏

衡山遍地金 Hypericum hengshanense W. T. Wang
分布：江西、湖南、广东、广西

西南金丝梅 Hypericum henryi H. Lév. et Vaniot
分布：四川、贵州、云南

西南金丝梅(原亚种) Hypericum henryi subsp. **henryi**
分布：四川、贵州、云南

蒙自金丝梅 Hypericum henryi subsp. **hancockii** N. Robson
分布：云南；印度尼西亚、缅甸、泰国、越南

岷江金丝梅 Hypericum henryi subsp. **uraloides** (Rehder) N. Robson
分布：四川、贵州、云南；缅甸

西藏金丝桃 Hypericum himalaicum N. Robson
分布：四川、云南、西藏；不丹、印度、尼泊尔、巴基斯坦

毛金丝桃 Hypericum hirsutum L.
分布：新疆；哈萨克斯坦、吉尔吉斯斯坦、俄罗斯；亚洲(西南部)、欧洲、非洲

短柱金丝桃 Hypericum hookerianum Wight et Arn.
分布：西藏；孟加拉国、不丹、印度、缅甸、尼泊尔、泰国、越南

湖北金丝桃 Hypericum hubeiense L. H. Wu et D. P. Yang
分布：湖北

地耳草 Hypericum japonicum Thunb.
分布：辽宁、山东、安徽、江苏、浙江、江西、湖南、湖北、四川、贵州、云南、福建、台湾、广东、广西、海南；不丹、柬埔寨、印度、印度尼西亚、日本、朝鲜、老挝、马来西亚、缅甸、尼泊尔、菲律宾、斯里兰卡、泰国、越南、澳大利亚、太平洋岛屿

察隅通地金 Hypericum kingdonii N. Robson
分布：云南、西藏；印度、缅甸

贵州金丝桃 Hypericum kouytchense H. Lév.
分布：贵州、广西

细茎金丝桃 Hypericum lagarocaule N. Robson
分布：四川

纤枝金丝桃 Hypericum lagarocladum N. Robson
分布：湖南、四川、贵州、云南

纤枝金丝桃(原亚种) Hypericum lagarocladum subsp. **lagarocladum**
分布：四川、云南

狭叶金丝桃 Hypericum lagarocladum subsp. **angustifolium** N. Robson
分布：湖南、贵州、云南

展萼金丝桃 **Hypericum lancasteri** N. Robson
分布：四川、贵州、云南

宽萼金丝桃 **Hypericum latisepalum** (N. Robson) N. Robson
分布：云南、西藏；印度、缅甸

长柱金丝桃 **Hypericum longistylum** Oliv.
分布：河南、陕西、甘肃、安徽、湖南、湖北

长柱金丝桃(原亚种) **Hypericum longistylum** subsp. **longistylum**
分布：河南、安徽、湖南、湖北

圆果金丝桃 **Hypericum longistylum** subsp. **giraldii** (R. Keller) N. Robson
分布：陕西、甘肃、湖北

滇藏遍地金 **Hypericum ludlowii** N. Robson
分布：云南、西藏；不丹

康定金丝桃 **Hypericum maclarenii** N. Robson
分布：四川

单花遍地金 **Hypericum monanthemum** Hook. f. et Thomson ex Dyer
分布：四川、云南、西藏；不丹、印度、缅甸、尼泊尔

单花遍地金(原亚种) **Hypericum monanthemum** subsp. **monanthemum**
分布：四川、云南、西藏；不丹、印度、缅甸、尼泊尔

纤茎遍地金 **Hypericum monanthemum** subsp. **filicaule** (Dyer) N. Robson
分布：云南、西藏；印度、缅甸、尼泊尔

金丝桃 **Hypericum monogynum** L.
分布：山东、河南、陕西、安徽、江苏、浙江、江西、湖南、湖北、四川、贵州、福建、台湾、广东、广西；日本

玉山金丝桃 **Hypericum nagasawae** Hayata
分布：台湾

清水金丝桃 **Hypericum nakamurae** (Masam.) N. Robson
分布：台湾

能高金丝桃 **Hypericum nokoense** Ohwi
分布：台湾

尖叶金丝桃 **Hypericum oxyphyllum** N. Robson
分布：四川

金丝梅 **Hypericum patulum** Thunb.
分布：四川、贵州

贯叶连翘 **Hypericum perforatum** L.
分布：河北、山东、河南、陕西、甘肃、新疆、江苏、江西、湖南、湖北、四川、贵州、云南；印度、蒙古国、俄罗斯；亚洲(西南部至中部)、欧洲、非洲

中国金丝桃 **Hypericum perforatum** subsp. **chinense** N. Robson
分布：河北、山西、山东、河南、甘肃、江苏、江西、湖南、湖北、四川、贵州、云南；日本引种

准噶尔金丝桃 **Hypericum perforatum** subsp. **songaricum** (Ledeb. ex Reichenbach) N. Robson
分布：新疆；俄罗斯、哈萨克斯坦、吉尔吉斯斯坦、乌克兰

短柄小连翘 **Hypericum petiolulatum** Hook. f. et Thomson ex Dyer
分布：四川、云南、西藏；不丹、印度、缅甸、尼泊尔

短柄小连翘(原亚种) **Hypericum petiolulatum** subsp. **petiolulatum**
分布：四川、云南、西藏；不丹、印度、缅甸、尼泊尔

云南小连翘 **Hypericum petiolulatum** subsp. **yunnanense** (Franch.) N. Robson
分布：河南、陕西、江西、湖南、湖北、四川、贵州、云南、福建、广西；越南

大叶金丝桃 **Hypericum prattii** Hemsl.
分布：湖北、四川

突脉金丝桃 **Hypericum przewalskii** Maxim.
分布：河南、陕西、甘肃、青海、湖北、四川、云南

北栽秧花 **Hypericum pseudohenryi** N. Robson
分布：四川、云南

秦岭金丝桃(新拟) **Hypericum qinlingense** X. C. Du et Y. Ren
分布：陕西

匍枝金丝桃(原亚种) **Hypericum reptans** subsp. **reptans**
分布：云南、西藏；印度、缅甸、尼泊尔

匍枝金丝桃 **Hypericum reptans** subsp. **ogisui** N. Robson
分布：云南、西藏；缅甸

圆叶金丝桃 **Hypericum rotundifolium** N. Robson
分布：贵州

元宝草 **Hypericum sampsonii** Hance

分布：河南、陕西、安徽、江苏、浙江、江西、湖南、湖北、四川、贵州、云南、福建、台湾、广东、广西；日本、缅甸、越南

糙枝金丝桃 **Hypericum scabrum** L.

分布：新疆；阿富汗、哈萨克斯坦、吉尔吉斯斯坦、巴基斯坦、塔吉克斯坦、土库曼斯坦；亚洲(西南部)、欧洲

密腺小连翘 **Hypericum seniawinii** Maxim.

分布：河南、安徽、浙江、江西、湖南、湖北、四川、贵州、福建、广东、广西；越南

星萼金丝桃 **Hypericum stellatum** N. Robson

分布：四川

方茎金丝桃 **Hypericum subalatum** Hayata

分布：台湾

川陕遍地金 **Hypericum subcordatum** (R. Keller) N. Robson

分布：陕西、四川

近无柄金丝桃 **Hypericum subsessile** N. Robson

分布：四川、云南

台粤小连翘 **Hypericum taihezanense** Sasaki ex S. Suzuki

分布：台湾、广东；菲律宾、印度尼西亚、马来西亚

三核遍地金 **Hypericum trigonum** Hand.-Mazz.

分布：云南；印度、缅甸

匙萼金丝桃 **Hypericum uralum** Buch.-Ham. ex D. Don

分布：云南、西藏；印度、缅甸、尼泊尔、巴基斯坦

漾濞金丝桃 **Hypericum wardianum** N. Robson

分布：云南；缅甸

遍地金 **Hypericum wightianum** Wall. ex Wight et Arn.

分布：四川、贵州、云南、西藏、广西；不丹、印度、老挝、缅甸、泰国、斯里兰卡

川鄂金丝桃 **Hypericum wilsonii** N. Robson

分布：湖南、湖北

惠林花属 **Lianthus** N. Robson

惠林花 **Lianthus ellipticifolius** (H. L. Li) N. Robson

分布：云南

三腺金丝桃属 **Triadenum** Raf.

三腺金丝桃 **Triadenum breviflorum** (Wall. ex Dyer) Y. Kimura

分布：安徽、江苏、浙江、江西、湖南、湖北、云南、台湾；印度

红花金丝桃 **Triadenum japonicum** (Blume) Makino

分布：黑龙江、吉林；日本、朝鲜、俄罗斯

320. 仙茅科 Hypoxidaceae R. Br.

仙茅属 **Curculigo** Gaertn.

短葶仙茅 **Curculigo breviscapa** S. C. Chen

分布：广东、广西

大叶仙茅 **Curculigo capitulata** (Lour.) Kuntze

分布：四川、贵州、云南、西藏、福建、台湾、广东、广西、海南；孟加拉国、不丹、印度、印度尼西亚、日本、老挝、马来西亚、缅甸、尼泊尔、巴布亚新几内亚、菲律宾、斯里兰卡、泰国、越南

绒叶仙茅 **Curculigo crassifolia** (Baker) Hook. f.

分布：云南；不丹、印度、尼泊尔

光叶仙茅 **Curculigo glabrescens** (Ridl.) Merr.

分布：广东、海南；印度尼西亚、马来西亚

疏花仙茅 **Curculigo gracilis** (Kurz.) Hook. f.

分布：四川、贵州、广西；柬埔寨、尼泊尔、泰国、越南

仙茅 **Curculigo orchioides** Gaertn.

分布：浙江、江西、湖南、四川、贵州、福建、台湾、广东、广西；柬埔寨、印度、印度尼西亚、日本、老挝、缅甸、巴基斯坦、巴布亚新几内亚、菲律宾、泰国、越南

中华仙茅 **Curculigo sinensis** S. C. Chen

分布：云南

小金梅草属 **Hypoxis** L.

小金梅草 **Hypoxis aurea** Lour.

分布：安徽、江苏、浙江、江西、湖南、湖北、四川、贵州、云南、福建、台湾、广东、广西；不丹、柬埔寨、印度、印度尼西亚、日本、朝鲜、老挝、缅甸、尼泊尔、巴基斯坦、巴布亚新几内亚、菲律宾、泰国、越南

台山仙茅属 **Sinocurculigo** Z. J. Liu, L. J. Chen et K. Wei Liu

台山仙茅 **Sinocurculigo taishanica** Z. J. Liu, L. J. Chen et K. Wei Liu

分布：广东

321. 茶茱萸科 Icacinaceae Miers

柴龙树属 **Apodytes** E. Mey. ex Arn.

柴龙树 **Apodytes dimidiata** E. Mey. ex Arn.

分布：云南、广西、海南；缅甸、泰国、斯里兰卡、印度、

印度尼西亚、菲律宾；热带及亚热带非洲

无须藤属 **Hosiea** Hemsl. et E. H. Wilson

无须藤 **Hosiea sinensis** (Oliv.) Hemsl. et E. H. Wilson
分布：浙江、湖南、湖北、四川

微花藤属 **Iodes** Blume

大果微花藤 **Iodes balansae** Gagnep.
分布：云南、广西；越南

微花藤 **Iodes cirrhosa** Turcz.
分布：云南、广西；印度尼西亚、印度、缅甸、泰国、老挝、越南、马来西亚、菲律宾

瘤枝微花藤 **Iodes seguini** (Lévl.) Rehder
分布：贵州、云南、广西

小果微花藤 **Iodes vitiginea** (Hance) Hemsl.
分布：贵州、云南、广西、海南；越南、泰国、老挝

定心藤属 **Mappianthus** Hand.-Mazz.

定心藤 **Mappianthus iodoides** Hand.-Mazz.
分布：浙江、湖南、贵州、云南、福建、广东、广西、海南；越南

麻核藤属 **Natsiatopsis** Kurz.

麻核藤 **Natsiatopsis thunbergiifolia** Kurz.
分布：云南；缅甸

薄核藤属 **Natsiatum** Buch.-Ham. ex Arn.

薄核藤 **Natsiatum herpeticum** Buch.-Ham. ex Arn.
分布：云南；孟加拉国、不丹、印度、老挝、缅甸、尼泊尔、斯里兰卡、泰国、越南

假柴龙树属 **Nothapodytes** Blume

厚叶假柴龙树 **Nothapodytes collina** C. Y. Wu
分布：云南

臭味假柴龙树 **Nothapodytes nimmoniana** (J. Graham) Mabb.
分布：台湾；印度、斯里兰卡、缅甸、泰国、柬埔寨、印度尼西亚、菲律宾、日本

薄叶假柴龙树 **Nothapodytes obscura** C. Y. Wu
分布：云南

假柴龙树 **Nothapodytes obtusifolia** (Merr.) R. A. Howard
分布：海南

马比木 **Nothapodytes pittosporoides** (Oliv.) Sleum.
分布：甘肃、湖南、湖北、四川、贵州、广东、广西

毛假柴龙树 **Nothapodytes tomentosa** C. Y. Wu
分布：云南

假海桐属 **Pittosporopsis** Craib

假海桐 **Pittosporopsis kerrii** Craib
分布：云南；老挝、越南、泰国、缅甸

肖榄属 **Platea** Blume

阔叶肖榄 **Platea latifolia** Blume
分布：云南、广东、广西、海南；孟加拉国、印度、印度尼西亚、老挝、马来西亚、菲律宾、新加坡、泰国、越南

东方肖榄 **Platea parvifolia** Merr. et Chun
分布：海南

刺核藤属 **Pyrenacantha** Hook. ex Wight

刺核藤 **Pyrenacantha volubilis** Wight
分布：海南；印度、斯里兰卡、柬埔寨、越南

322. 鸢尾科 Iridaceae Juss.

射干属 **Belamcanda** Adans.

射干 **Belamcanda chinensis** (L.) DC.
分布：黑龙江、吉林、辽宁、河北、山西、山东、河南、陕西、宁夏、甘肃、安徽、江苏、浙江、江西、湖南、湖北、四川、贵州、云南、西藏、福建、台湾、广东、广西、海南；不丹、印度、日本、朝鲜、缅甸、尼泊尔、菲律宾、俄罗斯、东南亚各国

番红花属 **Crocus** L.

白番红花 **Crocus alatavicus** Semen. et Regel
分布：新疆；哈萨克斯坦、吉尔吉斯斯坦、乌兹别克斯坦

番红花 **Crocus sativus** L.
分布：中国植物园中常见栽培；可能是杂种起源于地中海地区，广泛栽培

鸢尾属 **Iris** L.

单苞鸢尾 **Iris anguifuga** Y. T. Zhao et X. J. Xue
分布：安徽、江西、湖南、湖北、贵州、广西

小髯鸢尾 **Iris barbatula** Noltie et K. Y. Guan
分布：云南

中亚鸢尾 **Iris bloudowii** Ledeb.
分布：新疆；哈萨克斯坦、蒙古国、俄罗斯

西南鸢尾 Iris bulleyana Dykes
分布：四川、云南、西藏；缅甸

大苞鸢尾 Iris bungei Maxim.
分布：内蒙古、山西、宁夏、甘肃；蒙古国

华夏鸢尾 Iris cathayensis Migo
分布：山西、陕西、甘肃、安徽、江苏、浙江、湖北

金脉鸢尾 Iris chrysographes Dykes
分布：四川、贵州、云南、西藏；缅甸

西藏鸢尾 Iris clarkei Baker
分布：云南、西藏；不丹、印度、缅甸、尼泊尔

高原鸢尾 Iris collettii Hook. f.
分布：四川、云南、西藏；印度、缅甸、尼泊尔、泰国、越南

高原鸢尾(原变种) Iris collettii var. **collettii**
分布：四川、云南、西藏；印度、缅甸、尼泊尔、泰国、越南

大理鸢尾 Iris collettii var. **acaulis** Noltie
分布：四川、云南

扁竹兰 Iris confusa Sealy
分布：四川、贵州、云南、广西

大锐果鸢尾 Iris cuniculiformis Noltie et K. Y. Guan
分布：四川、云南、西藏

弯叶鸢尾 Iris curvifolia Y. T. Zhao
分布：新疆

尼泊尔鸢尾 Iris decora Wall.
分布：四川、云南、西藏；不丹、印度、尼泊尔

长葶鸢尾 Iris delavayi Micheli
分布：四川、贵州、云南、西藏

野鸢尾 Iris dichotoma Pall.
分布：黑龙江、吉林、辽宁、内蒙古、河北、山西、山东、河南、陕西、宁夏、甘肃、安徽、江西、湖南、湖北、云南；朝鲜、蒙古国、俄罗斯

长管鸢尾 Iris dolichosiphon Noltie
分布：四川、云南、西藏；不丹、印度、缅甸

长管鸢尾(原亚种) Iris dolichosiphon subsp. **dolichosiphon**
分布：西藏

东方鸢尾 Iris dolichosiphon subsp. **orientalis** Noltie
分布：四川、云南；印度、缅甸

玉蝉花 Iris ensata Thunb.
分布：黑龙江、吉林、辽宁、山东、浙江；日本、朝鲜、俄罗斯

多斑鸢尾 Iris farreri Dykes
分布：甘肃、青海、四川、云南、西藏

黄金鸢尾 Iris flavissima Pall.
分布：黑龙江、吉林、内蒙古、宁夏、新疆；哈萨克斯坦、蒙古国、俄罗斯

台湾鸢尾 Iris formosana Ohwi
分布：台湾

云南鸢尾 Iris forrestii Dykes
分布：四川、云南、西藏；缅甸

锐果鸢尾 Iris goniocarpa Baker
分布：陕西、甘肃、青海、湖北、四川、云南、西藏；不丹、缅甸、尼泊尔

哈巴鸢尾 Iris habaensis X. D. Dong
分布：云南

喜盐鸢尾 Iris halophila Pall.
分布：甘肃、新疆；阿富汗、吉尔吉斯斯坦、蒙古国、巴基斯坦、俄罗斯、乌兹别克斯坦；亚洲(西南部)、欧洲

喜盐鸢尾(原变种) Iris halophila var. **halophila**
分布：甘肃、新疆；阿富汗、蒙古国、俄罗斯

蓝花喜盐鸢尾 Iris halophila var. **sogdiana** (Bunge) Grubov
分布：甘肃、新疆；阿富汗、吉尔吉斯斯坦、巴基斯坦、俄罗斯、乌兹别克斯坦；亚洲(西南部)

长柄鸢尾 Iris henryi Baker
分布：甘肃、安徽、湖南、湖北、四川

蝴蝶花 Iris japonica Thunb.
分布：山西、陕西、甘肃、青海、安徽、江苏、浙江、江西、湖南、湖北、四川、贵州、云南、西藏、福建、广东、广西、海南；日本、缅甸

库门鸢尾 Iris kemaonensis Wall. ex Royle
分布：西藏；不丹、印度、尼泊尔

矮鸢尾 Iris kobayashii Kitag.
分布：辽宁

白花马蔺 Iris lactea Pall.
分布：黑龙江、吉林、辽宁、内蒙古、河北、山西、山东、河南、陕西、宁夏、甘肃、青海、新疆、安徽、江苏、湖北、四川、西藏；阿富汗、印度、哈萨克斯坦、韩国、蒙古国、巴基斯坦、俄罗斯

白花马蔺(原变种) Iris lactea var. **lactea**
分布：黑龙江、吉林、辽宁、内蒙古、河北、山西、山东、河南、陕西、宁夏、甘肃、青海、新疆、安徽、江苏、湖北、四川、西藏；阿富汗、印度、哈萨克斯坦、韩国、蒙古国、巴基斯坦、俄罗斯

黄花马蔺 Iris lactea var. **chrysantha** Y. T. Zhao
分布：西藏

燕子花 Iris laevigata Fisch.
分布：黑龙江、吉林、辽宁、内蒙古、云南；日本、朝鲜、俄罗斯

宽柱鸢尾 Iris latistyla Y. T. Zhao
分布：西藏

薄叶鸢尾 Iris leptophylla Lingelsh. ex H. Limpr.
分布：甘肃、四川

天山鸢尾 Iris loczyi Kanitz
分布：内蒙古、宁夏、甘肃、青海、新疆、四川、西藏；阿富汗、蒙古国、俄罗斯、塔吉克斯坦、伊朗

乌苏里鸢尾 Iris maackii Maxim.
分布：黑龙江、辽宁；俄罗斯

长白鸢尾 Iris mandshurica Maxim.
分布：黑龙江、吉林、辽宁、内蒙古；韩国、俄罗斯

红花鸢尾 Iris milesii Foster
分布：四川、云南、西藏；印度

小黄花鸢尾 Iris minutoaurea Makino
分布：辽宁；日本、朝鲜

水仙花鸢尾 Iris narcissiflora Diels
分布：四川

朝鲜鸢尾 Iris odaesanensis Y. N. Lee
分布：吉林；朝鲜

卷鞘鸢尾 Iris potaninii Maxim.
分布：甘肃、青海、四川、西藏；蒙古国、俄罗斯

卷鞘鸢尾(原变种) Iris potaninii var. **potaninii**
分布：甘肃、青海、四川、西藏；蒙古国、俄罗斯

蓝花卷鞘鸢尾 Iris potaninii var. **ionantha** Y. T. Zhao
分布：甘肃、青海、四川、西藏；蒙古国、俄罗斯

小鸢尾 Iris proantha Diels
分布：安徽、江苏、浙江、湖南、湖北

小鸢尾(原变种) Iris proantha var. **proantha**
分布：河南、安徽、江苏、浙江、湖南、湖北

粗壮小鸢尾 Iris proantha var. **valida** (S. S. Chien) Y. T. Zhao
分布：浙江

沙生鸢尾 Iris psammocola Y. T. Zhao
分布：宁夏

青海鸢尾 Iris qinghainica Y. T. Zhao
分布：甘肃、青海

长尾鸢尾 Iris rossii Baker
分布：辽宁；日本、朝鲜

紫苞鸢尾 Iris ruthenica Ker Gawl.
分布：黑龙江、吉林、辽宁、内蒙古、河北、山西、山东、河南、陕西、宁夏、甘肃、青海、新疆、安徽、江西、湖南、湖北、四川、贵州、云南；哈萨克斯坦、韩国、蒙古国、俄罗斯；欧洲

溪荪 Iris sanguinea Donn ex Hornem.
分布：黑龙江、吉林、辽宁、内蒙古、江苏；日本、韩国、蒙古国、俄罗斯

溪荪(原变种) Iris sanguinea var. **sanguinea**
分布：黑龙江、吉林、辽宁、内蒙古；日本、韩国、蒙古国、俄罗斯

宜兴溪荪 Iris sanguinea var. **yixingensis** Y. T. Zhao
分布：江苏

膜苞鸢尾 Iris scariosa Willd. ex Link
分布：新疆；哈萨克斯坦、俄罗斯

山鸢尾 Iris setosa Pall. ex Link
分布：吉林；日本、朝鲜、俄罗斯；北美洲

准噶尔鸢尾 Iris songarica Schrenk ex Fisch. et C. A. Mey.
分布：陕西、宁夏、甘肃、青海、新疆、四川；阿富汗、哈萨克斯坦、巴基斯坦、俄罗斯、塔吉克斯坦、土库曼斯坦、乌兹别克斯坦；亚洲(西南部)

小花鸢尾 Iris speculatrix Hance
分布：山西、陕西、青海、安徽、江苏、浙江、江西、湖南、湖北、四川、贵州、云南、西藏、福建、广东、广西、海南

中甸鸢尾 Iris subdichotoma Y. T. Zhao
分布：云南

鸢尾 Iris tectorum Maxim.
分布：山西、陕西、甘肃、青海、安徽、江苏、浙江、江西、湖南、湖北、四川、贵州、云南、西藏、福建、广东、广西、海南；日本、韩国

细叶鸢尾 Iris tenuifolia Pall.

分布：黑龙江、吉林、辽宁、内蒙古、河北、山西、山东、陕西、宁夏、甘肃、青海、新疆、西藏；阿富汗、哈萨克斯坦、蒙古国、巴基斯坦、俄罗斯

粗根鸢尾 Iris tigridia Bunge ex Ledeb.

分布：黑龙江、吉林、辽宁、内蒙古、山西、甘肃、青海、四川；哈萨克斯坦、蒙古国、俄罗斯

粗根鸢尾(原变种) Iris tigridia var. **tigridia**

分布：黑龙江、吉林、辽宁、内蒙古、山西、甘肃、青海、四川；哈萨克斯坦、蒙古国、俄罗斯

大粗根鸢尾 Iris tigridia var. **fortis** Y. T. Zhao

分布：吉林、内蒙古、山西

北陵鸢尾 Iris typhifolia Kitag.

分布：吉林、辽宁、内蒙古

单花鸢尾 Iris uniflora Pall. ex Link

分布：黑龙江、吉林、辽宁、内蒙古；朝鲜、蒙古国、俄罗斯

囊花鸢尾 Iris ventricosa Pall.

分布：黑龙江、吉林、辽宁、内蒙古、河北、青海、新疆；蒙古国、俄罗斯

扇形鸢尾 Iris wattii Baker

分布：云南、西藏；印度、缅甸

黄花鸢尾 Iris wilsonii C. H. Wright

分布：陕西、甘肃、湖北、四川、云南

323. 鼠刺科 Iteaceae J. Agardh

鼠刺属 **Itea** L.

秀丽鼠刺 Itea amoena Chun

分布：广东、广西

鼠刺 Itea chinensis Hook. et Arn.

分布：湖南、云南、西藏、福建、广东、广西；不丹、印度、老挝、缅甸、泰国、越南

厚叶鼠刺 Itea coriacea Y. C. Wu

分布：江西、贵州、广东、广西、海南

腺鼠刺 Itea glutinosa Hand.-Mazz.

分布：湖南、贵州、福建、广西

冬青叶鼠刺 Itea ilicifolia Oliv.

分布：陕西、湖北、四川、贵州

毛鼠刺 Itea indochinensis Merr.

分布：贵州、云南、广东、广西；越南

毛鼠刺(原变种) Itea indochinensis var. **indochinensis**

分布：贵州、云南、广西；越南

毛脉鼠刺 Itea indochinensis var. **pubinervia** (H. T. Chang) C. Y. Wu

分布：贵州、云南、广东、广西

俅江鼠刺 Itea kiukiangensis C. C. Huang et S. C. Huang

分布：云南、西藏

子农鼠刺 Itea kwangsiensis H. T. Chang

分布：广西

大叶鼠刺 Itea macrophylla Wall.

分布：云南、广西、海南；不丹、印度、印度尼西亚、缅甸、菲律宾、泰国、越南

台湾鼠刺 Itea oldhamii C. K. Schneid.

分布：台湾；日本

峨眉鼠刺 Itea omeiensis C. K. Schneid.

分布：安徽、浙江、江西、湖南、四川、贵州、云南、福建、广西

小花鼠刺 Itea parviflora Hemsl.

分布：台湾

河岸鼠刺 Itea riparia Collett et Hemsl.

分布：云南；老挝、缅甸、泰国

细脉鼠刺 Itea tenuinervia S. Y. Liu

分布：广西

阳春鼠刺 Itea yangchunensis S. Y. Jin

分布：广东

滇鼠刺 Itea yunnanensis Franch.

分布：四川、贵州、云南、西藏、广西

324. 鸢尾蒜科 Ixioliriaceae Nakai

鸢尾蒜属 **Ixiolirion** Fisch. ex Herb.

准噶尔鸢尾蒜 Ixiolirion songaricum P. Yan

分布：新疆

鸢尾蒜 Ixiolirion tataricum (Pall.) Herb.

分布：新疆；阿富汗、哈萨克斯坦、巴基斯坦、俄罗斯、土库曼斯坦

鸢尾蒜(原变种) Ixiolirion tataricum var. **tataricum**

分布：新疆；阿富汗、哈萨克斯坦、巴基斯坦、俄罗斯、土库曼斯坦

假管鸢尾蒜 **Ixiolirion tataricum** var. **ixiolirioides** (Regel) X. H. Qian
分布：新疆；哈萨克斯坦、吉尔吉斯斯坦

325. 粘木科 Ixonanthaceae Planch. ex Miq.

粘木属 **Ixonanthes** Jack

粘木 **Ixonanthes reticulata** Jack
分布：湖南、贵州、云南、福建、广东、广西、海南；印度、印度尼西亚、马来西亚、缅甸、巴布亚新几内亚、菲律宾、泰国、越南

326. 胡桃科 Juglandaceae DC. ex Perleb

喙核桃属 **Annamocarya** A. Chev.

喙核桃 **Annamocarya sinensis** (Dode) Leroy
分布：贵州、云南、广西；越南

山核桃属 **Carya** Nutt.

山核桃 **Carya cathayensis** Sarg.
分布：安徽、浙江、江西、贵州

山核桃(原变种) **Carya cathayensis** var. **cathayensis**
分布：安徽、浙江、江西、贵州

大别山山核桃 **Carya cathayensis** var. **dabeishansis** Y. Z. Hsu et N. C. Tao
分布：安徽

湖南山核桃 **Carya hunanensis** W. C. Cheng et R. H. Chang ex Chang et Lu
分布：湖南、贵州、广西

美国山核桃 **Carya illinoinensis** (Wangenh.) K. Koch
分布：河北、河南、江苏、江西、湖南、福建；北美洲

贵州山核桃 **Carya kweichowensis** Kuang et A. M. Lu ex Chang et Lu
分布：贵州

越南山核桃 **Carya tonkinensis** Lecomte
分布：云南、广西；印度、越南

青钱柳属 **Cyclocarya** Iljinsk.

青钱柳 **Cyclocarya paliurus** (Batalin) Iljinsk.
分布：安徽、江苏、浙江、江西、湖南、湖北、四川、贵州、云南、福建、台湾、广东、广西、海南

黄杞属 **Engelhardia** Lesch. ex Bl.

海南黄杞 **Engelhardia hainanensis** Chen
分布：海南

黄杞 **Engelhardia roxburghiana** Wall.
分布：浙江、江西、湖南、湖北、四川、贵州、云南、福建、台湾、广东、广西、海南；柬埔寨、印度尼西亚、老挝、缅甸、巴基斯坦、泰国、越南

齿叶黄杞 **Engelhardia serrata** var. **cambodica** W. E. Manning
分布：云南；柬埔寨、印度、老挝、缅甸、泰国、越南

云南黄杞 **Engelhardia spicata** Leschenault ex Blume
分布：贵州、云南、西藏、广东、广西、海南；不丹、印度、印度尼西亚、老挝、马来西亚、缅甸、尼泊尔、巴基斯坦、菲律宾、泰国、越南

云南黄杞(原变种) **Engelhardia spicata** var. **spicata**
分布：云南、西藏、广西；不丹、印度、印度尼西亚、老挝、马来西亚、尼泊尔、巴基斯坦、菲律宾、泰国、越南

爪哇黄杞 **Engelhardia spicata** var. **aceriflora** (Reinwardt) Koorders et Valeton
分布：云南；印度、印度尼西亚、缅甸、尼泊尔、菲律宾、泰国、越南

毛叶黄杞 **Engelhardia spicata** var. **colebrookeana** (Lindl.) Koorders et Valeton
分布：贵州、云南、西藏、广东、广西、海南；印度、缅甸、尼泊尔、菲律宾、泰国、越南

胡桃属 **Juglans** L.

胡桃楸 **Juglans mandshurica** Maxim.
分布：黑龙江、吉林、辽宁、山西、河南、陕西、甘肃、安徽、江苏、浙江、江西、湖南、湖北、四川、贵州、云南、福建、台湾、广西；朝鲜

胡桃 **Juglans regia** L.
分布：中国西北部和西南部普遍分布；亚洲西南部至喜马拉雅地区、欧洲

泡核桃 **Juglans sigillata** Dode
分布：四川、贵州、云南、西藏；不丹、印度

化香树属 **Platycarya** Sieb. et Zucc.

龙州化香 **Platycarya longzhouensis** S. Ye Liang et G. J. Liang
分布：广西

化香树 Platycarya strobilacea Sieb. et Zucc.

分布：山东、河南、陕西、甘肃、安徽、江苏、浙江、江西、湖南、湖北、四川、贵州、云南、福建、广东、广西；日本、朝鲜、越南

枫杨属 Pterocarya Kunth

湖北枫杨 Pterocarya hupehensis Skan

分布：陕西、湖北、四川、贵州

甘肃枫杨 Pterocarya macroptera Batalin

分布：陕西、甘肃、浙江、湖北、四川、云南、西藏

甘肃枫杨(原变种) Pterocarya macroptera var. **macroptera**

分布：甘肃、四川

云南枫杨 Pterocarya macroptera var. **delavayi** (Franch.) W. E. Manning

分布：湖北、四川、云南、西藏

华西枫杨 Pterocarya macroptera var. **insignis** (Rehder et E. H. Wilson) W. E. Manning

分布：陕西、浙江、湖北、四川、云南

水胡桃 Pterocarya rhoifolia Sieb. et Zucc.

分布：山东；日本

枫杨 Pterocarya stenoptera C. DC.

分布：辽宁、河北、山西、山东、河南、陕西、甘肃、安徽、江苏、浙江、江西、湖南、湖北、四川、贵州、云南、福建、台湾、广东、广西、海南；日本、朝鲜

越南枫杨 Pterocarya tonkinensis (Franch.) Dode

分布：云南；老挝、越南

马尾树属 Rhoiptelea Diels. et Hand.-Mazz.

马尾树 Rhoiptelea chiliantha Diels et Hand.-Mazz.

分布：贵州、云南、广西；越南

327. 灯心草科 Juncaceae Juss.

灯心草属 Juncus L.

翅茎灯心草 Juncus alatus Franch. et Sav.

分布：河北、山西、山东、河南、甘肃、安徽、江苏、浙江、江西、湖南、湖北、四川、贵州、云南、福建、广东、广西；日本、朝鲜

阿勒泰灯心草 Juncus aletaiensis K. F. Wu

分布：新疆

葱状灯心草 Juncus allioides Franch.

分布：河南、陕西、宁夏、甘肃、青海、湖北、四川、贵州、云南、西藏；不丹、印度

走茎灯心草 Juncus amplifolius A. Camus

分布：山西、甘肃、青海、四川、云南、西藏；不丹、缅甸、尼泊尔、印度

圆果灯心草 Juncus amuricus subsp. **wui** Novikov

分布：新疆

小花灯心草 Juncus articulatus L.

分布：河北、山西、山东、河南、陕西、宁夏、甘肃、青海、新疆、湖北、四川、云南、西藏；阿富汗、不丹、印度、克什米尔地区、蒙古国、尼泊尔、巴基斯坦、俄罗斯、越南；欧洲、非洲、北美洲

黑头灯心草 Juncus atratus Krocker

分布：新疆；俄罗斯；欧洲

长耳灯心草 Juncus auritus K. F. Wu

分布：云南

孟加拉灯心草 Juncus benghalensis Kunth

分布：云南、西藏；不丹、克什米尔地区、尼泊尔

短柱灯心草 Juncus brachystigma Sam.

分布：云南、西藏；不丹、尼泊尔、印度

显苞灯心草 Juncus bracteatus Buchenau

分布：甘肃、云南、西藏；印度

小灯心草 Juncus bufonius L.

分布：黑龙江、吉林、辽宁、内蒙古、河北、山西、山东、河南、陕西、宁夏、甘肃、青海、新疆、安徽、江苏、浙江、江西、四川、贵州、云南、西藏、福建、台湾；阿富汗、不丹、印度、日本、哈萨克斯坦、韩国、蒙古国、尼泊尔、巴基斯坦、菲律宾、俄罗斯、斯里兰卡、泰国、越南；亚洲(西南部)、欧洲、北美洲、南美洲

栗花灯心草 Juncus castaneus Sm.

分布：吉林、内蒙古、河北、山西、陕西、宁夏、甘肃、青海、四川、云南；俄罗斯；欧洲、北美洲

头柱灯心草 Juncus cephalostigma Sam.

分布：四川、云南、西藏；不丹、印度、缅甸、尼泊尔

头柱灯心草(原变种) Juncus cephalostigma var. **cephalostigma**

分布：四川、云南、西藏；不丹、印度、缅甸、尼泊尔

定结灯心草 Juncus cephalostigma var. **dingjieensis** K. F. Wu

分布：西藏

丝节灯心草 Juncus chrysocarpus Buchenau

分布：西藏；不丹、尼泊尔

印度灯心草 **Juncus clarkei** Buchenau
分布：四川、云南、西藏；不丹、印度

印度灯心草(原变种) **Juncus clarkei** var. **clarkei**
分布：云南、西藏；不丹、印度

膜边灯心草 **Juncus clarkei** var. **marginatus** A. Camus
分布：四川、云南

雅灯心草 **Juncus concinnus** D. Don
分布：四川、云南、西藏；不丹、印度、克什米尔地区、尼泊尔

同色灯心草 **Juncus concolor** Sam.
分布：云南

粗壮灯心草 **Juncus crassistylus** A. Camus
分布：云南

星花灯心草 **Juncus diastrophanthus** Buchenau
分布：山西、山东、河南、甘肃、安徽、江苏、浙江、江西、湖南、湖北、四川、贵州、广东；印度、日本、朝鲜

东川灯心草 **Juncus dongchuanensis** K. F. Wu
分布：云南

灯心草 **Juncus effusus** L.
分布：黑龙江、吉林、辽宁、河北、山东、河南、甘肃、安徽、江苏、浙江、江西、湖南、湖北、四川、贵州、云南、西藏、福建、台湾、广东、广西；不丹、印度、印度尼西亚、日本、韩国、老挝、马来西亚、尼泊尔、斯里兰卡、泰国、越南，广布于温带和热带山地

丝状灯心草 **Juncus filiformis** L.
分布：黑龙江、吉林、辽宁、新疆；日本；欧洲、北美洲

福贡灯心草 **Juncus fugongensis** S. Y. Bao
分布：云南

巨灯心草 **Juncus giganteus** Sam.
分布：四川

贡嘎灯心草 **Juncus gonggae** Miyam. et H. Ohba
分布：四川

细茎灯心草 **Juncus gracilicaulis** A. Camus
分布：四川、云南；不丹、印度

扁茎灯心草 **Juncus gracillimus** (Buchenau) V. I. Krecz. et Gontsch.
分布：黑龙江、吉林、辽宁、内蒙古、河北、山西、山东、河南、甘肃、青海、江苏、江西；日本、朝鲜、蒙古国、巴基斯坦、俄罗斯；欧洲

节叶灯心草 **Juncus grisebachii** Buchenau
分布：西藏；不丹、印度、尼泊尔

七河灯心草 **Juncus heptopotamicus** V. I. Krecz. et Gontsch.
分布：新疆；蒙古国、俄罗斯

七河灯心草(原变种) **Juncus heptopotamicus** var. **heptopotamicus**
分布：新疆；蒙古国、俄罗斯

伊宁灯心草 **Juncus heptopotamicus** var. **yiningensis** K. F. Wu
分布：青海、新疆

喜马灯心草 **Juncus himalensis** Klotzsch
分布：甘肃、青海、四川、云南、西藏；不丹、印度、克什米尔地区、尼泊尔、巴基斯坦、塔吉克斯坦

片髓灯心草 **Juncus inflexus** L.
分布：山西、河南、甘肃、青海、新疆、江苏、四川、贵州、云南、西藏、广西；不丹、印度、印度尼西亚、克什米尔地区、马来西亚、尼泊尔、巴基斯坦、俄罗斯、斯里兰卡；欧洲、非洲、北美洲

金平灯心草 **Juncus jinpingensis** S. Y. Bao
分布：云南

康定灯心草 **Juncus kangdingensis** K. F. Wu
分布：四川

康普灯心草 **Juncus kangpuensis** K. F. Wu
分布：云南

金灯心草 **Juncus kingii** Rendle
分布：青海、四川、云南、西藏；不丹、尼泊尔、印度

短喙灯心草 **Juncus krameri** Franch. et Sav.
分布：吉林、辽宁、山东；日本、朝鲜

长生灯心草 **Juncus kuohii** M. J. Jung
分布：台湾

澜沧灯心草(新拟) **Juncus lancangensis** Y. Y. Qian
分布：云南

密花灯心草 **Juncus lanpinguensis** Novikov
分布：云南

细子灯心草 **Juncus leptospermus** Buchenau
分布：黑龙江、陕西、贵州、云南、广东、广西；不丹、印度

甘川灯心草 **Juncus leucanthus** Royle ex D. Don
分布：陕西、甘肃、青海、四川、云南、西藏；不丹、印度、尼泊尔

长苞灯心草 Juncus leucomelas Royle ex D. Don
分布：甘肃、四川、云南、西藏；不丹、印度、克什米尔地区、尼泊尔、巴基斯坦

玛纳斯灯心草 Juncus libanoticus Thiébaut
分布：新疆；阿富汗、蒙古国、俄罗斯；亚洲(西南部)

德钦灯心草 Juncus longiflorus (A. Camus) Noltie
分布：云南、西藏；不丹

长蕊灯心草 Juncus longistamineus A. Camus
分布：云南

分枝灯心草 Juncus luzuliformis Franch.
分布：山西、甘肃、湖北、四川、贵州；日本、朝鲜

长白灯心草 Juncus maximowiczii Buchenau
分布：吉林；日本、朝鲜

大叶灯心草 Juncus megalophyllus S. Y. Bao
分布：云南

美姑灯心草 Juncus meiguensis K. F. Wu
分布：四川

膜耳灯心草 Juncus membranaceus Royle ex D. Don
分布：云南、西藏；阿富汗、克什米尔地区、尼泊尔、巴基斯坦

米拉山灯心草 Juncus milashanensis A. M. Lu et Z. Y. Zhang
分布：四川、西藏

矮灯心草 Juncus minimus Buchenau
分布：四川、云南、西藏；不丹、尼泊尔

米易灯心草 Juncus miyiensis K. F. Wu
分布：四川

多花灯心草 Juncus modicus N. E. Br.
分布：河南、陕西、甘肃、湖北、四川、贵州、西藏

矮茎灯心草 Juncus nepalicus Miyam. et H. Ohba
分布：云南、西藏；不丹、尼泊尔、印度

黑紫灯心草 Juncus nigroviolaceus K. F. Wu
分布：西藏

羽序灯心草 Juncus ochraceus Buchenau
分布：四川、云南、西藏；不丹、印度、尼泊尔

台湾灯心草 Juncus ohwianus M. T. Kao
分布：台湾

乳头灯心草 Juncus papillosus Franch. et Sav.
分布：黑龙江、吉林、辽宁、内蒙古、河北、山东、河南、江苏；日本、朝鲜

单花灯心草 Juncus perparvus K. F. Wu
分布：吉林、青海、云南

短茎灯心草 Juncus perpusillus Sam.
分布：四川、西藏；印度

单枝灯心草 Juncus potaninii Buchenau
分布：河南、陕西、宁夏、甘肃、青海、湖北、四川、贵州、云南、西藏

笄石菖 Juncus prismatocarpus R. Br.
分布：山东、河南、安徽、江苏、浙江、江西、湖南、湖北、四川、贵州、云南、西藏、福建、台湾、广东、广西、海南；不丹、柬埔寨、印度、印度尼西亚、日本、朝鲜、老挝、马来西亚、尼泊尔、巴基斯坦、巴布亚新几内亚、斯里兰卡、泰国、越南、澳大利亚、太平洋岛屿

笄石菖(原亚种) Juncus prismatocarpus subsp. **prismatocarpus**
分布：安徽、福建、广东、广西、贵州、海南、河南、湖北、湖南、江苏、江西、山东、四川、台湾、西藏、云南、浙江；不丹、柬埔寨、印度、印度尼西亚、日本、韩国、老挝、马来西亚、尼泊尔、巴基斯坦、巴布亚新几内亚、斯里兰卡、泰国、越南、澳大利亚、太平洋群岛

圆柱叶灯心草 Juncus prismatocarpus subsp. **teretifolius** K. F. Wu
分布：江苏、浙江、云南、西藏、广东

长柱灯心草 Juncus przewalskii Buchenau
分布：陕西、甘肃、青海、四川、云南

长柱灯心草(原变种) Juncus przewalskii var. **przewalskii**
分布：陕西、甘肃、青海、四川、云南

苍白灯心草 Juncus przewalskii var. **discolor** Sam.
分布：云南、西藏

中甸长柱灯心草 Juncus przewalskii var. **multiflorus** S. Y. Bao
分布：云南

簇花灯心草 Juncus ranarius Songeon et E. Perrier
分布：内蒙古、甘肃、青海、新疆、江苏、云南；蒙古国；欧洲

野灯心草 Juncus setchuensis Buchenau ex Diels
分布：山东、河南、甘肃、安徽、江苏、浙江、江西、湖南、湖北、四川、贵州、云南、西藏、福建、广东、广西；日本、朝鲜

野灯心草(原变种) **Juncus setchuensis** var. **setchuensis**
分布：山东、安徽、江苏、浙江、江西、湖南、湖北、四川、贵州、云南、西藏、福建、广东、广西；日本、朝鲜

假灯心草 **Juncus setchuensis** var. **effusoides** Buchenau
分布：山西、河南、甘肃、江苏、浙江、湖南、湖北、四川、贵州、云南、广西；日本、朝鲜

锡金灯心草 **Juncus sikkimensis** Hook. f.
分布：甘肃、青海、四川、云南、西藏；不丹、印度、尼泊尔

枯灯心草 **Juncus sphacelatus** Decne.
分布：青海、四川、云南、西藏；阿富汗、不丹、印度、克什米尔地区、尼泊尔

碧罗灯心草 **Juncus spumosus** Noltie
分布：云南

陕甘灯心草 **Juncus tanguticus** Sam.
分布：陕西、甘肃、四川

洮南灯心草 **Juncus taonanensis** Satake et Kitag.
分布：黑龙江、吉林、辽宁、内蒙古、河北、山东、江苏

坚被灯心草 **Juncus tenuis** Willd.
分布：黑龙江、山东、河南、浙江、江西、台湾；印度、日本、朝鲜；欧洲、北美洲

展苞灯心草 **Juncus thomsonii** Buchenau
分布：陕西、甘肃、青海、四川、云南、西藏；不丹、尼泊尔、巴基斯坦、印度；中亚

西藏灯心草 **Juncus tibeticus** T. V. Egorova
分布：甘肃、西藏

三花灯心草 **Juncus triflorus** Ohwi
分布：台湾

贴苞灯心草 **Juncus triglumis** L.
分布：河北、山西、青海、新疆、四川、云南、西藏；不丹、印度、日本、克什米尔地区、朝鲜、蒙古国、俄罗斯；欧洲

尖被灯心草 **Juncus turczaninowii** (Buchenau) V. I. Krecz.
分布：黑龙江、吉林、辽宁、内蒙古、河北；蒙古国、俄罗斯

尖被灯心草(原变种) **Juncus turczaninowii** var. **turczaninowii**
分布：黑龙江、吉林、辽宁、内蒙古、河北；蒙古国、俄罗斯

热河灯心草 **Juncus turczaninowii** var. **jeholensis** K. F. Wu et Ma
分布：内蒙古

单叶灯心草 **Juncus unifolius** A. M. Lu et Z. Y. Zhang
分布：云南、西藏

针灯心草 **Juncus wallichianus** J. Gay ex Laharpe
分布：黑龙江、吉林、辽宁、内蒙古、山东、甘肃、浙江、云南、福建、台湾、广东、海南；不丹、印度、日本、朝鲜、尼泊尔、俄罗斯、斯里兰卡

球头灯心草 **Juncus yanshanuensis** Novikov
分布：云南

云南灯心草 **Juncus yunnanensis** A. Camus
分布：云南

俞氏灯心草 **Juncus yüi** S. Y. Bao
分布：云南

地杨梅属 Luzula DC.

栗花地杨梅 **Luzula badia** K. F. Wu
分布：新疆

波密地杨梅 **Luzula bomiensis** K. F. Wu
分布：西藏

地杨梅 **Luzula campestris** (L.) DC.
分布：云南；印度、克什米尔地区；亚洲(西南部)、欧洲、北美洲

散序地杨梅 **Luzula effusa** Buchenau
分布：河南、陕西、甘肃、湖北、四川、贵州、云南、西藏、台湾；不丹、马来西亚、缅甸、尼泊尔、印度

散序地杨梅(原变种) **Luzula effusa** var. **effusa**
分布：河南、陕西、甘肃、湖北、四川、贵州、云南、西藏、台湾；不丹、马来西亚、缅甸、尼泊尔、印度

中国地杨梅 **Luzula effusa** var. **chinensis** (N. E. Br.) K. F. Wu
分布：四川、贵州、云南

异被地杨梅 **Luzula inaequalis** K. F. Wu
分布：江西

西藏地杨梅 **Luzula jilongensis** K. F. Wu
分布：云南、西藏

多花地杨梅 **Luzula multiflora** (Ehrh.) Lej.
分布：黑龙江、吉林、辽宁、河南、陕西、甘肃、青海、新疆、安徽、江苏、浙江、江西、湖南、湖北、四川、贵州、云南、西藏、福建、台湾；不丹、印度、日本、蒙古

国、尼泊尔、俄罗斯、太平洋岛屿；欧洲、北美洲

多花地杨梅(原亚种) Luzula multiflora subsp. **multiflora**

分布：安徽、福建、甘肃、贵州、黑龙江、河南、湖北、湖南、江苏、江西、吉林、辽宁、青海、陕西、四川、台湾、新疆、西藏、云南、浙江；不丹、印度、日本、蒙古国、尼泊尔、俄罗斯；欧洲、大洋洲、北美洲

硬杆地杨梅 Luzula multiflora subsp. **frigida** (Buchenau) V. I. Krecz.

分布：陕西、甘肃、新疆；蒙古国；欧洲

华北地杨梅 Luzula oligantha Sam.

分布：黑龙江、河北、山西、河南、陕西、西藏；日本、韩国、尼泊尔、俄罗斯

淡花地杨梅 Luzula pallescens Sw.

分布：黑龙江、吉林、辽宁、内蒙古、山西、新疆、四川、台湾；日本、韩国、俄罗斯；欧洲、北美洲

淡花地杨梅(原变种) Luzula pallescens var. **pallescens**

分布：黑龙江、吉林、辽宁、山西、新疆、四川、台湾；日本、韩国、俄罗斯；欧洲、北美洲

安图地杨梅 Luzula pallescens var. **castanescens** K. F. Wu

分布：吉林

小花地杨梅 Luzula parviflora (Ehrh.) Desv.

分布：新疆；蒙古国；欧洲、北美洲

羽毛地杨梅 Luzula plumosa E. Mey.

分布：山西、河南、甘肃、安徽、江苏、浙江、江西、湖南、湖北、四川、贵州、云南、西藏、台湾；不丹、印度、日本、朝鲜、尼泊尔

火红地杨梅 Luzula rufescens Fisch. ex E. Mey.

分布：黑龙江、吉林、辽宁、内蒙古；日本、朝鲜、蒙古国、俄罗斯；北美洲

火红地杨梅(原变种) Luzula rufescens var. **rufescens**

分布：黑龙江、吉林、辽宁、内蒙古；日本、韩国、蒙古国、俄罗斯；北美洲

大果地杨梅 Luzula rufescens var. **macrocarpa** Buchenau

分布：吉林；日本、朝鲜

四川地杨梅 Luzula sichuanensis K. F. Wu

分布：四川

穗花地杨梅 Luzula spicata (L.) DC.

分布：新疆、四川、云南；印度、克什米尔地区、巴基斯坦、俄罗斯；欧洲、北美洲

台湾地杨梅 Luzula taiwaniana Satake

分布：台湾

云间地杨梅 Luzula wahlenbergii Rupr.

分布：吉林；日本、朝鲜；欧洲、北美洲

328. 水麦冬科 Juncaginaceae Rich.

水麦冬属 **Triglochin** L.

油韭菜 Triglochin maritima L.

分布：内蒙古、河北、山西、山东、陕西、宁夏、甘肃、青海、新疆、四川、云南、西藏；阿富汗、不丹、印度、日本、哈萨克斯坦、韩国、吉尔吉斯斯坦、蒙古国、尼泊尔、巴基斯坦、俄罗斯、塔吉克斯坦，广布于北半球温带和寒带地区

水麦冬 Triglochin palustris L.

分布：重庆、甘肃、河北、黑龙江、内蒙古、宁夏、青海、山东、新疆、西藏；阿富汗、不丹、印度、日本、哈萨克斯坦、韩国、吉尔吉斯斯坦、蒙古国、尼泊尔、巴基斯坦、俄罗斯、塔吉克斯坦、土库曼斯坦、乌兹别克斯坦；世界各地温带地区

329. 唇形科 Lamiaceae Martinov

鳞果草属 **Achyrospermum** Blume

鳞果草 Achyrospermum densiflorum Blume

分布：海南；印度尼西亚、菲律宾

西藏鳞果草 Achyrospermum wallichianum (Benth.) Benth. ex Hook. f.

分布：西藏；印度、缅甸

尖头花属 **Acrocephalus** Benth.

尖头花 Acrocephalus indicus (Burm. f.) Kuntze

分布：贵州、云南；印度、印度尼西亚、老挝、马来西亚、缅甸、菲律宾、泰国、越南

藿香属 **Agastache** Clayton ex Gronov.

藿香 Agastache rugosa (Fisch. et C. A. Mey.) Kuntze

分布：国内普遍栽培；日本、韩国、俄罗斯；北美洲

筋骨草属 **Ajuga** L.

九味一枝蒿 Ajuga bracteosa Wall. ex Benth.

分布：四川、云南；阿富汗、印度、缅甸、尼泊尔

弯花筋骨草 Ajuga campylantha Diels

分布：云南

康定筋骨草 Ajuga campylanthoides C. Y. Wu et C. Chen

分布：甘肃、四川、云南、西藏

康定筋骨草(原变种) **Ajuga campylanthoides** var. **campylanthoides**

分布：四川、云南、西藏

短茎康定筋骨草 **Ajuga campylanthoides** var. **subacaulis** C. Y. Wu et C. Chen

分布：甘肃

筋骨草 **Ajuga ciliata** Bunge

分布：河北、山西、山东、河南、陕西、甘肃、浙江、湖北、四川

筋骨草(原变种) **Ajuga ciliata** var. **ciliata**

分布：山西、山东、陕西、甘肃、浙江、湖北、四川

陕甘筋骨草 **Ajuga ciliata** var. **chanetii** (H. Lév. et Vaniot) C. Y. Wu et C. Chen

分布：河北、陕西、甘肃

微毛筋骨草 **Ajuga ciliata** var. **glabrescens** Hemsl.

分布：陕西、甘肃、湖北、四川

长毛筋骨草 **Ajuga ciliata** var. **hirta** C. Y. Wu et C. Chen

分布：四川

卵齿筋骨草 **Ajuga ciliata** var. **ovatisepala** C. Y. Wu et C. Chen

分布：四川

金疮小草 **Ajuga decumbens** Thunb.

分布：青海、安徽、江苏、浙江、江西、湖南、湖北、四川、贵州、云南、福建、台湾、广东、广西、海南；日本、朝鲜

金疮小草(原变种) **Ajuga decumbens** var. **decumbens**

分布：青海、安徽、江苏、浙江、江西、湖南、湖北、四川、贵州、云南、福建、台湾、广东、广西、海南；日本、韩国

狭叶金疮小草 **Ajuga decumbens** var. **oblancifolia** Sun ex C. H. Hu

分布：四川、贵州

网果筋骨草 **Ajuga dictyocarpa** Hayata

分布：江西、福建、台湾、广东、香港、澳门；日本、越南

痢止蒿 **Ajuga forrestii** Diels

分布：四川、云南、西藏

线叶筋骨草 **Ajuga linearifolia** Pamp.

分布：辽宁、河北、山西、陕西、湖北

匍枝筋骨草 **Ajuga lobata** D. Don

分布：云南、西藏；不丹、印度、缅甸、尼泊尔

白苞筋骨草 **Ajuga lupulina** Maxim.

分布：河北、山西、甘肃、青海、四川、云南、西藏

白苞筋骨草(原变种) **Ajuga lupulina** var. **lupulina**

分布：河北、山西、甘肃、青海、四川、西藏

齿苞白苞筋骨草 **Ajuga lupulina** var. **major** Diels

分布：四川、云南

大籽筋骨草 **Ajuga macrosperma** Wall. ex Benth.

分布：贵州、云南、台湾、广东、广西；不丹、印度、老挝、缅甸、尼泊尔、泰国、越南

大籽筋骨草(原变种) **Ajuga macrosperma** var. **macrosperma**

分布：贵州、云南、台湾、广东、广西；不丹、老挝、缅甸、尼泊尔、泰国、越南

无毛大籽筋骨草 **Ajuga macrosperma** var. **thomsonii** (Maxim.) Hook. f.

分布：云南；印度

多花筋骨草 **Ajuga multiflora** Bunge

分布：黑龙江、辽宁、内蒙古、河北、安徽、江苏；朝鲜、俄罗斯

多花筋骨草(原变种) **Ajuga multiflora** var. **multiflora**

分布：黑龙江、辽宁、内蒙古、河北、安徽、江苏；朝鲜、俄罗斯

短穗多花筋骨草 **Ajuga multiflora** var. **brevispicata** C. Y. Wu et C. Chen

分布：辽宁

莲座多花筋骨草 **Ajuga multiflora** var. **serotina** Kitag.

分布：黑龙江、辽宁

紫背金盘 **Ajuga nipponensis** Makino

分布：河北、浙江、江西、湖南、四川、贵州、云南、福建、台湾、广东、广西、海南；日本、朝鲜

高山筋骨草 **Ajuga nubigena** Diels

分布：四川、云南、西藏

圆叶筋骨草 **Ajuga ovalifolia** Bureau et Franch.

分布：甘肃、四川

圆叶筋骨草(原变种) **Ajuga ovalifolia** var. **ovalifolia**

分布：甘肃、四川

美花圆叶筋骨草 Ajuga ovalifolia var. **calantha** (Diels ex H. Limpr.) C. Y. Wu et C. Chen
分布：甘肃、四川

散瘀草 Ajuga pantantha Hand.-Mazz.
分布：云南

台湾筋骨草 Ajuga pygmaea A. Gray
分布：江苏、台湾；日本

喜荫筋骨草 Ajuga sciaphila W. W. Sm.
分布：四川、云南

台广筋骨草 Ajuga taiwanensis Nakai ex Murata
分布：台湾、广东；日本、菲律宾

菱叶元宝草属 Alajja Ikonn.

异叶元宝草 Alajja anomala (Juz.) Ikonn.
分布：新疆；吉尔吉斯斯坦、塔吉克斯坦

菱叶元宝草 Alajja rhomboidea (Benth.) Ikonn.
分布：西藏；阿富汗、印度、巴基斯坦

水棘针属 Amethystea L.

水棘针 Amethystea caerulea L.
分布：吉林、内蒙古、河北、山西、山东、河南、陕西、甘肃、新疆、安徽、湖北、四川、云南、西藏；日本、哈萨克斯坦、朝鲜、吉尔吉斯斯坦、蒙古国、俄罗斯；亚洲(西南部)

排香草属 Anisochilus Wall. ex Benth.

排草香 Anisochilus carnosus (L. f.) Benth.
分布：广东、广西；印度、缅甸、斯里兰卡

异唇花 Anisochilus pallidus Wall. ex Benth.
分布：云南；印度、老挝、缅甸、越南

广防风属 Anisomeles R. Br.

广防风 Anisomeles indica (L.) Kuntze
分布：浙江、江西、湖南、四川、贵州、云南、西藏、福建、台湾、广东、广西；柬埔寨、印度、老挝、马来西亚、缅甸、菲律宾、泰国、越南

小冠熏属 Basilicum Moench

小冠薰 Basilicum polystachyon (L.) Moench
分布：台湾、海南；印度、日本、澳大利亚；非洲

药水苏属 Betonica L.

药水苏 Betonica officinalis L.
分布：中国各地广泛栽培；亚洲(西南部)、欧洲

毛药花属 Bostrychanthera Benth.

毛药花 Bostrychanthera deflexa Benth.
分布：江西、湖北、四川、贵州、福建、台湾、广东、广西

瑶山毛药花 Bostrychanthera yaoshanensis S. L. Mo et F. N. Wei
分布：广西

新风轮菜属 Calamintha Mill.

新风轮 Calamintha debilis (Bunge) Benth.
分布：新疆；哈萨克斯坦、吉尔吉斯斯坦、俄罗斯、塔吉克斯坦

紫珠属 Callicarpa L.

尖叶紫珠 Callicarpa acutifolia H. T. Chang
分布：广东、广西

异叶紫珠 Callicarpa anisophylla C. Y. Wu ex W. Z. Fang
分布：贵州、广西

木紫珠 Callicarpa arborea Roxb.
分布：云南、西藏、广西；孟加拉国、不丹、柬埔寨、印度、印度尼西亚、老挝、马来西亚、缅甸、尼泊尔、泰国、越南

平基紫珠 Callicarpa basitruncata Merr. et Moldenke
分布：海南

紫珠 Callicarpa bodinieri H. Lév.
分布：河南、安徽、江苏、浙江、江西、湖南、湖北、四川、贵州、云南、广东、广西；越南

紫珠(原变种) Callicarpa bodinieri var. **bodinieri**
分布：河南、安徽、江苏、浙江、江西、湖南、湖北、四川、贵州、云南、广东、广西；越南

柳叶紫珠 Callicarpa bodinieri var. **iteophylla** C. Y. Wu
分布：云南

南川紫珠 Callicarpa bodinieri var. **rosthornii** (Diels) Rehder
分布：四川

拟紫珠 Callicarpa bodinieroides R. H. Miao
分布：贵州

短柄紫珠 Callicarpa brevipes (Benth.) Hance
分布：浙江、广东、广西、海南；越南

短柄紫珠(原变种) Callicarpa brevipes var. **brevipes**
分布：浙江、广东、广西；越南

倒卵叶短柄紫珠 **Callicarpa brevipes** var. **obovata** H. T. Chang
分布：广东、海南

白毛紫珠 **Callicarpa candicans** (Burm. f.) Hochr.
分布：广东、海南；柬埔寨、印度、印度尼西亚、老挝、马来西亚、缅甸、菲律宾、泰国、越南、澳大利亚

华紫珠 **Callicarpa cathayana** H. T. Chang
分布：河南、安徽、江苏、浙江、江西、湖北、云南、福建、广东、广西

丘陵紫珠 **Callicarpa collina** Diels
分布：江西、广东

多齿紫珠 **Callicarpa dentosa** (H. T. Chang) W. Z. Fang
分布：广东

白棠子树 **Callicarpa dichotoma** (Lour.) K. Koch
分布：河北、山东、河南、安徽、江苏、浙江、江西、湖南、湖北、贵州、福建、台湾、广东、广西；日本、朝鲜、越南

红腺紫珠 **Callicarpa erythrosticta** Merr. et Chun
分布：海南

杜虹花 **Callicarpa formosana** Rolfe
分布：浙江、江西、云南、福建、台湾、广东、广西、海南；日本、菲律宾

杜虹花 (原变种) **Callicarpa formosana** var. **formosana**
分布：浙江、江西、云南、福建、台湾、广东、广西、海南；日本、菲律宾

长叶杜虹花 **Callicarpa formosana** var. **longifolia** Suzuki
分布：台湾

老鸦糊 **Callicarpa giraldii** Hesse ex Rehder
分布：河南、陕西、甘肃、安徽、江苏、浙江、江西、湖南、湖北、四川、贵州、云南、福建、广东、广西

老鸦糊(原变种) **Callicarpa giraldii** var. **giraldii**
分布：河南、陕西、甘肃、安徽、江苏、浙江、江西、湖南、湖北、四川、贵州、云南、福建、广西

缙云紫珠 **Callicarpa giraldii** var. **chinyunensis** (C. P'ei et W. Z. Fang) S. L. Chen
分布：四川、重庆

毛叶老鸦糊 **Callicarpa giraldii** var. **subcanescens** Rehder
分布：河南、安徽、江苏、浙江、江西、湖南、四川、贵州、云南、广东、广西

湖北紫珠 **Callicarpa gracilipes** Rehder
分布：湖北、四川

海南紫珠 **Callicarpa hainanensis** Z. H. Ma et D. X. Zhang
分布：海南

厚萼紫珠 **Callicarpa hungtaii** C. P'ei et S. L. Chen
分布：广东

里白杜虹花 **Callicarpa hypoleucophylla** W. F. Lin et J. L. Wang
分布：台湾

全缘叶紫珠 **Callicarpa integerrima** Champ.
分布：浙江、江西、湖北、四川、福建、广东、广西、香港

全缘叶紫珠(原变种) **Callicarpa integerrima** var. **integerrima**
分布：浙江、江西、福建、广东、广西

藤紫珠 **Callicarpa integerrima** var. **chinensis** (C. P'ei) S. L. Chen
分布：江西、湖北、四川、广东、广西

日本紫珠 **Callicarpa japonica** Thunb.
分布：辽宁、河北、山东、安徽、江苏、浙江、江西、湖南、湖北、四川、贵州、台湾；日本、韩国

日本紫珠(原变种) **Callicarpa japonica** var. **japonica**
分布：辽宁、河北、山东、安徽、江苏、浙江、江西、湖南、湖北、四川、贵州、台湾；日本、韩国

朝鲜紫珠 **Callicarpa japonica** var. **luxurians** Rehder
分布：台湾；日本、朝鲜

枇杷叶紫珠 **Callicarpa kochiana** Makino
分布：河南、浙江、江西、湖南、福建、台湾、广东；日本、越南

枇杷叶紫珠(原变种) **Callicarpa kochiana** var. **kochiana**
分布：河南、浙江、江西、湖南、福建、台湾、广东；日本、越南

散花紫珠 **Callicarpa kochiana** var. **laxiflora** (H. T. Chang) W. Z. Fang
分布：海南

红头紫珠 **Callicarpa kotoensis** Hayata
分布：台湾

广东紫珠 Callicarpa kwangtungensis Chun
分布：浙江、江西、湖南、湖北、贵州、云南、福建、广东、广西

光叶紫珠 Callicarpa lingii Merr.
分布：安徽、浙江、江西

尖萼紫珠 Callicarpa loboapiculata F. P. Metcalf
分布：湖南、贵州、广东、广西、海南

长苞紫珠 Callicarpa longibracteata H. T. Chang
分布：香港

长叶紫珠 Callicarpa longifolia Lam.
分布：台湾、广东、海南；印度、印度尼西亚、缅甸、菲律宾、越南

长叶紫珠(原变种) Callicarpa longifolia var. **longifolia**
分布：云南、台湾、广东；印度、印度尼西亚、缅甸、菲律宾、越南

白毛长叶紫珠 Callicarpa longifolia var. **floccosa** Schauer
分布：四川、贵州、广西；印度、印度尼西亚、菲律宾、新加坡

披针叶紫珠 Callicarpa longifolia var. **lanceolaria** (Roxb.) C. B. Clarke
分布：云南、海南；孟加拉国、印度、马来西亚、越南

长柄紫珠 Callicarpa longipes Dunn
分布：安徽、江西、福建、广东

长柄紫珠(原变种) Callicarpa longipes var. **longipes**
分布：安徽、江西、福建、广东

密溪紫珠 Callicarpa longipes var. **mixiensis** (Z. X. Yu) S. L. Chen
分布：江西

长紫珠 Callicarpa longissima (Hemsl.) Merr.
分布：江西、四川、福建、台湾、广东、广西、海南；日本、越南

黄腺紫珠 Callicarpa luteopunctata H. T. Chang
分布：四川、云南

大叶紫珠 Callicarpa macrophylla Vahl
分布：贵州、云南、广东、广西；不丹、印度、缅甸、尼泊尔、斯里兰卡、泰国、越南

窄叶紫珠 Callicarpa membranacea H. T. Chang
分布：河南、陕西、安徽、江苏、浙江、江西、湖南、湖北、四川、贵州、广东、广西

细花紫珠 Callicarpa minutiflora Y. Y. Qian
分布：云南

裸花紫珠 Callicarpa nudiflora Hook. et Arn.
分布：广东、广西、海南；孟加拉国、印度、马来西亚、缅甸、新加坡、斯里兰卡、越南

罗浮紫珠 Callicarpa oligantha Merr.
分布：广东

少花紫珠 Callicarpa pauciflora Chun ex H. T. Chang
分布：江西、广东

钩毛紫珠 Callicarpa peichieniana Chun et S. L. Chen
分布：湖南、广东、广西

长毛紫珠 Callicarpa pilosissima Maxim.
分布：台湾

屏山紫珠 Callicarpa pingshanensis C. Y. Wu ex W. Z. Fang
分布：四川

白背紫珠 Callicarpa poilanei Dop
分布：云南；柬埔寨、泰国、越南

抽芽紫珠 Callicarpa prolifera C. Y. Wu
分布：云南、广西

抽芽紫珠(原变种) Callicarpa prolifera var. **prolifera**
分布：云南、广西

红腺抽芽紫珠 Callicarpa prolifera var. **rubroglandulosa** S. L. Chen
分布：广西

拟红紫珠 Callicarpa pseudorubella H. T. Chang
分布：广东

峦大紫珠 Callicarpa randaiensis Hayata
分布：台湾

疏齿紫珠 Callicarpa remotiserrulata Hayata
分布：台湾

红紫珠 Callicarpa rubella Lindl.
分布：安徽、浙江、江西、湖南、四川、贵州、云南、福建、广东、广西、海南；印度尼西亚、老挝、马来西亚、缅甸、泰国、越南

红紫珠(原变种) Callicarpa rubella var. **rubella**
分布：安徽、浙江、江西、湖南、四川、贵州、云南、广东、广西、海南；印度尼西亚、马来西亚、缅甸、泰国、越南

秃红紫珠 **Callicarpa rubella** var. **subglabra** (C. P'ei) H. T. Chang
分布：江西、湖南、贵州、广东、广西

水金花 **Callicarpa salicifolia** C. P'ei et W. Z. Fang
分布：四川、云南

上狮紫珠 **Callicarpa siongsaiensis** F. P. Metcalf
分布：福建

锐叶紫珠 **Callicarpa tikusikensis** Masam.
分布：台湾

鼎湖紫珠 **Callicarpa tingwuensis** H. T. Chang
分布：广东

云南紫珠 **Callicarpa yunnanensis** W. Z. Fang
分布：云南；越南

莸属 **Caryopteris** Bunge

金腺莸 **Caryopteris aureoglandulosa** (Vaniot) C. Y. Wu
分布：湖北、四川、贵州、云南

香莸 **Caryopteris bicolor** (Roxb. ex Hardw.) Mabb.
分布：云南；不丹、印度、尼泊尔、泰国

莸 **Caryopteris divaricata** Maxim.
分布：山西、河南、陕西、甘肃、江西、湖北、四川、云南；日本、朝鲜

灰毛莸 **Caryopteris forrestii** Diels
分布：四川、贵州、云南、西藏

灰毛莸(原变种) **Caryopteris forrestii** var. **forrestii**
分布：四川、贵州、云南、西藏

小叶灰毛莸 **Caryopteris forrestii** var. **minor** C. P'ei et S. L. Chen ex C. Y. Wu
分布：四川、云南、西藏

粘叶莸 **Caryopteris glutinosa** Rehder
分布：四川

兰香草 **Caryopteris incana** (Thunb. ex Houtt.) Miq.
分布：安徽、江苏、浙江、江西、湖南、湖北、福建、广东、广西；日本、朝鲜

兰香草(原变种) **Caryopteris incana** var. **incana**
分布：安徽、江苏、浙江、江西、湖南、湖北、福建、广东、广西；日本、韩国

狭叶兰香草 **Caryopteris incana** var. **angustifolia** S. L. Chen et R. L. Guo
分布：江西

金沙江莸 **Caryopteris jinshajiangensis** Y. K. Yang et X. D. Cong
分布：云南

蒙古莸 **Caryopteris mongholica** Bunge
分布：内蒙古、河北、山西、陕西、甘肃；蒙古国

单花莸 **Caryopteris nepetifolia** (Benth.) Maxim.
分布：安徽、江苏、浙江、福建

锥花莸 **Caryopteris paniculata** C. B. Clarke
分布：四川、贵州、云南、广西；不丹、印度、缅甸、尼泊尔、泰国

腺毛莸 **Caryopteris siccanea** W. W. Sm.
分布：四川、云南；缅甸

光果莸 **Caryopteris tangutica** Maxim.
分布：河北、河南、陕西、甘肃、湖北、四川

三花莸 **Caryopteris terniflora** Maxim.
分布：河北、山西、河南、陕西、甘肃、江西、湖北、四川、贵州、云南

毛球莸 **Caryopteris trichosphaera** W. W. Sm.
分布：四川、云南、西藏

角花属 **Ceratanthus** F. Muell.

角花 **Ceratanthus calcaratus** (Hemsl.) G. Taylor
分布：云南、广西；缅甸

鬃尾草属 **Chaiturus** Willd.

鬃尾草 **Chaiturus marrubiastrum** (L.) Spenn.
分布：新疆；哈萨克斯坦、俄罗斯；欧洲

矮刺苏属 **Chamaesphacos** Schrenk ex Fisch. et C. A. Mey.

矮刺苏 **Chamaesphacos ilicifolius** Schrenk ex Fisch. et C. A. Mey.
分布：新疆；阿富汗、哈萨克斯坦、俄罗斯、塔吉克斯坦、土库曼斯坦、乌兹别克斯坦；亚洲(西南部)

铃子香属 **Chelonopsis** Miq.

缩序铃子香 **Chelonopsis abbreviata** C. Y. Wu et H. W. Li
分布：云南

白花铃子香 **Chelonopsis albiflora** Pax et Hoffm. ex Limpr.
分布：四川、西藏

具苞铃子香 Chelonopsis bracteata W. W. Sm.
分布：四川、云南

浙江铃子香 Chelonopsis chekiangensis C. Y. Wu
分布：安徽、浙江、江西、广东

浙江铃子香(原变种) Chelonopsis chekiangensis var. **chekiangensis**
分布：安徽、浙江、江西

短梗浙江铃子香 Chelonopsis chekiangensis var. **brevipes** C. Y. Wu et H. W. Li
分布：广东

大萼铃子香 Chelonopsis forrestii J. Anthony
分布：四川

小叶铃子香 Chelonopsis giraldii Diels
分布：陕西、甘肃

丽江铃子香 Chelonopsis lichiangensis W. W. Sm.
分布：云南

多毛铃子香 Chelonopsis mollissima C. Y. Wu
分布：云南

齿唇铃子香 Chelonopsis odontochila Diels
分布：四川、云南

齿唇铃子香(原变种) Chelonopsis odontochila var. **odontochila**
分布：四川、云南

钝齿铃子香 Chelonopsis odontochila var. **smithii** (Kudo) C. Y. Wu
分布：四川、云南

早花铃子香(新拟) Chelonopsis praecox Weckerle et F. Huber
分布：四川

假具苞铃子香 Chelonopsis pseudobracteata C. Y. Wu et H. W. Li
分布：四川、云南

玫红铃子香 Chelonopsis rosea W. W. Sm.
分布：云南

干生铃子香 Chelonopsis siccanea W. W. Sm.
分布：云南

轮叶铃子香 Chelonopsis souliei (Bonati) Merr.
分布：四川、西藏

肾茶属 Clerodendranthus Kudo

肾茶 Clerodendranthus spicatus (Thunb.) C. Y. Wu ex H. W. Li
分布：云南、福建、台湾、广西、海南；印度、印度尼西亚、马来西亚、缅甸、菲律宾、澳大利亚

大青属 Clerodendrum L.

短蕊大青 Clerodendrum brachystemon C. Y. Wu et R. C. Fang
分布：云南、西藏

苞花大青 Clerodendrum bracteatum Wall. ex Walp.
分布：云南、西藏；孟加拉国、不丹、印度

臭牡丹 Clerodendrum bungei Steud.
分布：河北、山西、山东、河南、陕西、宁夏、甘肃、青海、安徽、江苏、浙江、江西、湖南、湖北、四川、贵州、云南、福建、台湾、广东、广西、海南；越南

臭牡丹(原变种) Clerodendrum bungei var. **bungei**
分布：河北、山西、山东、河南、陕西、宁夏、甘肃、青海、安徽、江苏、浙江、江西、湖南、湖北、四川、贵州、云南、福建、台湾、广东、广西、海南；越南

大萼臭牡丹 Clerodendrum bungei var. **megacalyx** C. Y. Wu ex S. L. Chen
分布：四川

灰毛大青 Clerodendrum canescens Wall. ex Walp.
分布：浙江、江西、湖南、四川、贵州、云南、福建、台湾、广东、广西；印度、越南

重瓣臭茉莉 Clerodendrum chinense (Osbeck) Mabb.
分布：贵州、云南、广西；热带和亚热带亚洲有栽培

重瓣臭茉莉(原变种) Clerodendrum chinense var. **chinense**
分布：云南、福建、台湾、广东、广西

臭茉莉 Clerodendrum chinense var. **simplex** (Moldenke) S. L. Chen
分布：贵州、云南、广西

腺茉莉 Clerodendrum colebrookianum Walp.
分布：云南、西藏、广东、广西；孟加拉国、不丹、印度、印度尼西亚、老挝、马来西亚、缅甸、尼泊尔、泰国、越南

川黔大青 Clerodendrum confine S. L. Chen et T. D. Zhuang
分布：四川、重庆、贵州

大青 **Clerodendrum cyrtophyllum** Turcz.
分布：河南、安徽、浙江、江西、湖南、湖北、四川、贵州、云南、福建、台湾、广东、广西、海南；朝鲜、马来西亚、越南

大青(原变种) **Clerodendrum cyrtophyllum** var. **cyrtophyllum**
分布：河南、安徽、浙江、江西、湖南、湖北、四川、贵州、云南、福建、台湾、广东、广西、海南；韩国、马来西亚、越南

广西大青 **Clerodendrum cyrtophyllum** var. **kwangsiense** S. L. Chen et T. D. Zhuang
分布：广西

狗牙大青 **Clerodendrum ervatamioides** C. Y. Wu
分布：云南

白花灯笼 **Clerodendrum fortunatum** L.
分布：江西、福建、广东、广西、海南；菲律宾、越南

泰国垂茉莉 **Clerodendrum garrettianum** Craib
分布：云南；老挝、泰国

西垂茉莉 **Clerodendrum griffithianum** C. B. Clarke
分布：云南；印度、缅甸

海南赪桐 **Clerodendrum hainanense** Hand.-Mazz.
分布：广西、海南

南垂茉莉 **Clerodendrum henryi** C. P'ei
分布：云南

长管大青 **Clerodendrum indicum** (L.) Kuntze
分布：云南、广东；不丹、柬埔寨、印度、老挝、马来西亚、缅甸、尼泊尔、泰国

苦郎树 **Clerodendrum inerme** (L.) Gaertn.
分布：福建、台湾、广东、广西；东南亚、澳大利亚、印度、太平洋岛屿

垦丁苦林盘 **Clerodendrum intermedium** Cham.
分布：台湾；印度尼西亚、菲律宾

赪桐 **Clerodendrum japonicum** (Thunb.) Sweet
分布：江苏、浙江、江西、湖南、四川、贵州、云南、西藏、福建、台湾、广东、广西；孟加拉国、不丹、印度、印度尼西亚、老挝、马来西亚、越南

浙江大青 **Clerodendrum kaichianum** Hsu
分布：安徽、浙江、江西、福建

江西大青 **Clerodendrum kiangsiense** Merr. ex H. L. Li
分布：浙江、江西

广东大青 **Clerodendrum kwangtungense** Hand.-Mazz.
分布：湖南、贵州、云南、广东、广西

尖齿臭茉莉 **Clerodendrum lindleyi** Decne. ex Planch.
分布：安徽、江苏、浙江、江西、湖南、四川、贵州、云南、福建、广东、广西、海南

长叶大青 **Clerodendrum longilimbum** C. P'ei
分布：云南、广西；越南

黄腺大青 **Clerodendrum luteopunctatum** C. P'ei et S. L. Chen
分布：湖北、四川、贵州

海通 **Clerodendrum mandarinorum** Diels
分布：江西、湖南、湖北、四川、贵州、云南、广东、广西；越南

圆锥大青 **Clerodendrum paniculatum** L.
分布：福建、台湾、广东；孟加拉国、柬埔寨、印度尼西亚、老挝、马来西亚、缅甸、泰国、越南

长梗大青 **Clerodendrum peii** Moldenke
分布：云南

三对节 **Clerodendrum serratum** (L.) Moon
分布：贵州、云南、西藏、广西；亚洲(东南部)、非洲

三对节(原变种) **Clerodendrum serratum** var. **serratum**
分布：贵州、云南、西藏、广西；亚洲、非洲

三台花 **Clerodendrum serratum** var. **amplexifolium** Moldenke
分布：贵州、云南、广西

草本三对节 **Clerodendrum serratum** var. **herbaceum** (Roxb. ex Schauer) C. Y. Wu
分布：贵州、云南、广西；亚洲(东南部)、非洲

大序三对节 **Clerodendrum serratum** var. **wallichii** C. B. Clarke
分布：云南、西藏；柬埔寨、印度、印度尼西亚、马来西亚、越南

抽葶大青 **Clerodendrum subscaposum** Hemsl.
分布：云南；印度、越南

西藏大青 **Clerodendrum tibetanum** C. Y. Wu et S. K. Wu
分布：西藏

海州常山 **Clerodendrum trichotomum** Thunb.
分布：黑龙江、吉林、辽宁、河北、河南、陕西、宁夏、甘肃、青海、安徽、江苏、江西、湖南、湖北、四川、贵州、福建、广东、广西、海南；印度、日本、朝鲜；

东南亚

海州常山(原变种) Clerodendrum trichotomum var. **trichotomum**

分布：全国除内蒙古、新疆和西藏外都有分布；印度、日本、朝鲜；亚洲(东南部)

锈毛海州常山 Clerodendrum trichotomum var. **ferrugineum** Nakai

分布：台湾

绢毛大青 Clerodendrum villosum Blume

分布：云南；印度尼西亚、老挝、马来西亚、缅甸、泰国、越南

垂茉莉 Clerodendrum wallichii Merr.

分布：云南、西藏、广西；孟加拉国、印度、缅甸、越南

滇常山 Clerodendrum yunnanense Hu ex Hand.- Mazz.

分布：四川、云南

滇常山(原变种) Clerodendrum yunnanense var. **yunnanense**

分布：四川、云南

线齿滇常山 Clerodendrum yunnanense var. **lineari-lobum** S. L. Chen et G. Y. Sheng

分布：云南

风轮菜属 Clinopodium L.

风轮菜 Clinopodium chinense (Benth.) Kuntze

分布：山东、安徽、江苏、浙江、江西、湖南、湖北、云南、福建、台湾、广东、广西；日本

邻近风轮菜 Clinopodium confine (Hance) Kuntze

分布：河北、安徽、江苏、浙江、江西、湖南、四川、贵州、福建、广东、广西；日本

异色风轮菜 Clinopodium discolor (Diels) C. Y. Wu et Hsuan ex H. W. Li

分布：云南、西藏

细风轮菜 Clinopodium gracile (Benth.) Matsum.

分布：陕西、安徽、江苏、浙江、江西、湖南、湖北、四川、贵州、云南、福建、台湾、广东、广西；印度、印度尼西亚、老挝、马来西亚、缅甸、泰国、越南

疏花风轮菜 Clinopodium laxiflorum (Hayata) C. Y. Wu et Hsuan ex H. W. Li

分布：台湾

长梗风轮菜 Clinopodium longipes C. Y. Wu et Hsuan ex H. W. Li

分布：四川

寸金草 Clinopodium megalanthum (Diels) C. Y. Wu

分布：湖北、四川、贵州、云南

峨眉风轮菜 Clinopodium omeiense C. Y. Wu et Hsuan ex H. W. Li

分布：四川

灯笼草 Clinopodium polycephalum (Vaniot) C. Y. Wu et Hsuan ex P. S. Hsu

分布：河北、山西、山东、河南、陕西、甘肃、安徽、江苏、浙江、江西、湖南、湖北、四川、贵州、云南、福建、广西

匍匐风轮菜 Clinopodium repens (D. Don) Benth.

分布：陕西、甘肃、江苏、浙江、江西、湖南、湖北、四川、贵州、云南、福建、台湾；不丹、印度、印度尼西亚、日本、缅甸、尼泊尔、菲律宾、斯里兰卡

麻叶风轮菜 Clinopodium urticifolium (Hance) C. Y. Wu et Hsuan ex H. W. Li

分布：黑龙江、吉林、辽宁、内蒙古、河北、山西、山东、河南、陕西、江苏、四川；日本、朝鲜、俄罗斯

羽萼木属 Colebrookea Sm.

羽萼木 Colebrookea oppositifolia Sm.

分布：云南；印度、缅甸、尼泊尔、泰国

鞘蕊花属 Coleus Lour.

光萼鞘蕊花 Coleus bracteatus Dunn

分布：云南

肉叶鞘蕊花 Coleus carnosifolius (Hemsl.) Dunn

分布：湖南、广东、广西

毛萼鞘蕊花 Coleus esquirolii (H. Lév.) Dunn

分布：贵州、云南、台湾、广西

毛喉鞘蕊花 Coleus forskohlii (Willd.) Briq.

分布：云南；不丹、印度、尼泊尔、斯里兰卡；非洲

五彩苏 Coleus scutellarioides (L.) Benth.

分布：福建、台湾、广东、广西；印度、印度尼西亚、马来西亚、菲律宾、太平洋岛屿

五彩苏(原变种) Coleus scutellarioides var. **scutellarioides**

分布：福建、台湾、广东、广西；印度、印度尼西亚、马来西亚、菲律宾、太平洋岛屿

小五彩苏 Coleus scutellarioides var. **crispipilus** (Merr.) H. Keng

分布：福建、台湾、广东、广西；菲律宾

黄鞘蕊花 **Coleus xanthanthus** C. Y. Wu et W. T. Wang
分布：云南

火把花属 **Colquhounia** Wall.

深红火把花 **Colquhounia coccinea** Wall.
分布：云南、西藏；不丹、印度、缅甸、尼泊尔、泰国

深红火把花(原变种) **Colquhounia coccinea** var. **coccinea**
分布：西藏；不丹、印度、尼泊尔

火把花 **Colquhounia coccinea** var. **mollis** (Schltdl.) Prain
分布：云南、西藏；不丹、印度、缅甸、尼泊尔、泰国

金江火把花 **Colquhounia compta** W. W. Sm.
分布：云南

金江火把花(原变种) **Colquhounia compta** var. **compta**
分布：云南

沧江火把花 **Colquhounia compta** var. **mekongensis** (W. W. Sm.) Kudo
分布：四川、云南

秀丽火把花 **Colquhounia elegans** Wall. ex Benth.
分布：云南；柬埔寨、老挝、缅甸、泰国、越南

秀丽火把花(原变种) **Colquhounia elegans** var. **elegans**
分布：云南；缅甸、泰国

细花秀丽火把花 **Colquhounia elegans** var. **tenuiflora** (Hook. f.) Prain
分布：云南；柬埔寨、老挝、缅甸、泰国、越南

藤状火把花 **Colquhounia seguinii** Vaniot
分布：湖北、四川、贵州、云南、广西；缅甸

藤状火把花(原变种) **Colquhounia seguinii** var. **seguinii**
分布：湖北、四川、贵州、云南、广西；缅甸

长毛藤状火把花 **Colquhounia seguinii** var. **pilosa** Rehder
分布：四川、云南

白毛火把花 **Colquhounia vestita** Wall.
分布：云南

绵穗苏属 **Comanthosphace** S. Moore

天人草 **Comanthosphace japonica** (Miq.) S. Moore
分布：安徽、江苏、江西、广东；日本

南川绵穗苏 **Comanthosphace nanchuanensis** C. Y. Wu et H. W. Li
分布：四川

绵穗苏 **Comanthosphace ningpoensis** (Hemsl.) Hand.-Mazz.
分布：安徽、浙江、江西、湖北、贵州

绵穗苏(原变种) **Comanthosphace ningpoensis** var. **ningpoensis**
分布：浙江、江西、湖南、湖北、贵州

绒毛绵穗苏 **Comanthosphace ningpoensis** var. **stellipiloides** C. Y. Wu
分布：浙江、江西

绒苞藤属 **Congea** Roxb.

华绒苞藤 **Congea chinensis** Moldenke
分布：云南；缅甸

绒苞藤 **Congea tomentosa** Roxb.
分布：云南；孟加拉国、印度、老挝、缅甸、泰国、越南

簇序草属 **Craniotome** Rchb.

簇序草 **Craniotome furcata** (Link) Kuntze
分布：四川、云南、西藏；不丹、印度、老挝、缅甸、尼泊尔、越南

歧伞花属 **Cymaria** Benth.

长柄歧伞花 **Cymaria acuminata** Decne.
分布：海南；印度尼西亚、菲律宾

歧伞花 **Cymaria dichotoma** Benth.
分布：海南；马来西亚、缅甸

青兰属 **Dracocephalum** L.

光萼青兰 **Dracocephalum argunense** Fisch. ex Link
分布：黑龙江、吉林、辽宁、内蒙古、河北；朝鲜、俄罗斯

羽叶枝子花 **Dracocephalum bipinnatum** Rupr.
分布：新疆、西藏；印度、克什米尔地区、哈萨克斯坦、吉尔吉斯斯坦、塔吉克斯坦

短花枝子花 **Dracocephalum breviflorum** Turrill
分布：西藏

皱叶毛建草 **Dracocephalum bullatum** Forrest ex Diels
分布：云南

美叶青兰 **Dracocephalum calophyllum** Hand.-Mazz.
分布：四川、云南

松叶青兰 **Dracocephalum forrestii** W. W. Sm.
分布：云南

线叶青兰 Dracocephalum fruticulosum Stephan ex Willd.
分布：内蒙古、宁夏；蒙古国、俄罗斯

大花毛建草 Dracocephalum grandiflorum L.
分布：内蒙古、新疆；哈萨克斯坦、吉尔吉斯斯坦、蒙古国、俄罗斯、塔吉克斯坦

白花枝子花 Dracocephalum heterophyllum Benth.
分布：内蒙古、山西、宁夏、甘肃、青海、新疆、四川、西藏；俄罗斯

和布克塞尔青兰 Dracocephalum hoboksarensis G. J. Liu
分布：新疆

长齿青兰 Dracocephalum hookeri C. B. Clarke ex Hook. f.
分布：西藏

无髭毛建草 Dracocephalum imberbe Bunge
分布：新疆；哈萨克斯坦、吉尔吉斯斯坦、俄罗斯、塔吉克斯坦、土库曼斯坦

覆苞毛建草 Dracocephalum imbricatum C. Y. Wu et W. T. Wang
分布：云南

全缘叶青兰 Dracocephalum integrifolium Bunge
分布：新疆；哈萨克斯坦、吉尔吉斯斯坦、俄罗斯

白萼青兰 Dracocephalum isabellae Forrest
分布：云南

小花毛建草 Dracocephalum microflorum C. Y. Wu et W. T. Wang
分布：四川

香青兰 Dracocephalum moldavica L.
分布：黑龙江、吉林、辽宁、内蒙古、河北、山西、河南、陕西、甘肃、青海；印度、克什米尔地区、俄罗斯、塔吉克斯坦、土库曼斯坦；欧洲

多节青兰 Dracocephalum nodulosum Rupr.
分布：新疆

垂花青兰 Dracocephalum nutans L.
分布：黑龙江、内蒙古、新疆；阿富汗、印度、哈萨克斯坦、吉尔吉斯斯坦、巴基斯坦、俄罗斯、塔吉克斯坦；欧洲

铺地青兰 Dracocephalum origanoides Stephan ex Willd.
分布：新疆；哈萨克斯坦、吉尔吉斯斯坦、蒙古国、俄罗斯

掌叶青兰 Dracocephalum palmatoides C. Y. Wu et W. T. Wang
分布：新疆

宽齿青兰 Dracocephalum paulsenii Briq.
分布：新疆；阿富汗、吉尔吉斯斯坦、巴基斯坦、塔吉克斯坦

刺齿枝子花 Dracocephalum peregrinum L.
分布：甘肃、新疆；哈萨克斯坦、蒙古国、俄罗斯

多枝青兰 Dracocephalum propinquum W. W. Sm.
分布：四川、云南

沙地青兰 Dracocephalum psammophilum C. Y. Wu et W. T. Wang
分布：内蒙古、宁夏

岷山毛建草 Dracocephalum purdomii W. W. Sm.
分布：甘肃、四川

微硬毛建草 Dracocephalum rigidulum Hand.-Mazz.
分布：内蒙古

毛建草 Dracocephalum rupestre Hance
分布：辽宁、内蒙古、河北、山西、青海

青兰 Dracocephalum ruyschiana L.
分布：黑龙江、内蒙古、新疆；哈萨克斯坦、吉尔吉斯斯坦、蒙古国、俄罗斯、土库曼斯坦；欧洲

长蕊青兰 Dracocephalum stamineum Kar. et Kir.
分布：新疆、西藏；阿富汗、印度、哈萨克斯坦、吉尔吉斯斯坦、巴基斯坦、塔吉克斯坦

大理青兰 Dracocephalum taliense Forrest
分布：云南

甘青青兰 Dracocephalum tanguticum Maxim.
分布：甘肃、青海、四川、西藏

甘青青兰(原变种) Dracocephalum tanguticum var. **tanguticum**
分布：甘肃、青海、四川、西藏

灰毛甘青青兰 Dracocephalum tanguticum var. **cinereum** Hand.-Mazz.
分布：四川

矮生甘青青兰 Dracocephalum tanguticum var. **nanum** C. Y. Wu et W. T. Wang
分布：西藏

截萼毛建草 Dracocephalum truncatum Sun ex C. Y. Wu
分布：甘肃

绒叶毛建草 Dracocephalum velutinum C. Y. Wu et W. T. Wang
分布：云南

绒叶毛建草(原变种) Dracocephalum velutinum var. **velutinum**
分布：云南

圆齿绒叶毛建草 Dracocephalum velutinum var. **intermedium** C. Y. Wu et W. T. Wang
分布：云南

美花毛建草 Dracocephalum wallichii Sealy
分布：西藏

美花毛建草(原变种) Dracocephalum wallichii var. **wallichii**
分布：西藏、四川

宽花美花毛建草 Dracocephalum wallichii var. **platyanthum** C. Y. Wu et W. T. Wang
分布：西藏

复序美花毛建草 Dracocephalum wallichii var. **proliferum** C. Y. Wu et W. T. Wang
分布：四川

水蜡烛属 Dysophylla Blume

毛茎水蜡烛 Dysophylla cruciata Benth.
分布：云南；柬埔寨、印度、老挝、尼泊尔、越南

线叶水蜡烛 Dysophylla linearis Benth.
分布：云南；印度

五棱水蜡烛 Dysophylla pentagona C. B. Clarke ex Hook. f.
分布：云南；印度

齿叶水蜡烛 Dysophylla sampsonii Hance
分布：江西、湖南、贵州、广东、广西

水虎尾 Dysophylla stellata (Lour.) Benth.
分布：河南、安徽、浙江、江西、云南、福建、广东、广西、海南；孟加拉国、不丹、柬埔寨、印度、印度尼西亚、日本、老挝、马来西亚、泰国、越南、澳大利亚

思茅水蜡烛 Dysophylla szemaoensis C. Y. Wu et S. H. Huang
分布：云南

水蜡烛 Dysophylla yatabeana Makino
分布：安徽、浙江、湖南、贵州；日本、朝鲜

香薷属 Elsholtzia Willd.

紫花香薷 Elsholtzia argyi H. Lév.
分布：安徽、江苏、浙江、江西、湖南、湖北、四川、贵州、福建、广东、广西；日本、越南

四方蒿 Elsholtzia blanda (Benth.) Benth.
分布：贵州、云南、广西；不丹、印度、印度尼西亚、老挝、缅甸、尼泊尔、泰国、越南

东紫苏 Elsholtzia bodinieri Vaniot
分布：贵州、云南

头花香薷 Elsholtzia capituligera C. Y. Wu
分布：四川、云南、西藏

小头花香薷 Elsholtzia cephalantha Hand.-Mazz.
分布：四川

香薷 Elsholtzia ciliata (Thunb.) Hyland.
分布：除新疆外各地有分布；柬埔寨、印度、日本、老挝、马来西亚、蒙古国、缅甸、俄罗斯、泰国、越南

吉龙草 Elsholtzia communis (Collett et Hemsl.) Diels
分布：云南；缅甸、泰国

野香草 Elsholtzia cyprianii (Pavol.) S. Chow ex P. S. Hsu
分布：河南、陕西、安徽、湖南、湖北、四川、贵州、云南、广西

野香草(原变种) Elsholtzia cyprianii var. **cyprianii**
分布：河南、陕西、安徽、湖南、湖北、四川、贵州、云南、广西

长毛野香草 Elsholtzia cyprianii var. **longipilosa** (Hand.-Mazz.) C. Y. Wu et S. C. Huang
分布：四川、云南

密花香薷 Elsholtzia densa Benth.
分布：辽宁、内蒙古、河北、山西、陕西、甘肃、青海、新疆、四川、云南、西藏；阿富汗、印度、尼泊尔、巴基斯坦、塔吉克斯坦

毛萼香薷 Elsholtzia eriocalyx C. Y. Wu et S. C. Huang
分布：云南

毛萼香薷(原变种) Elsholtzia eriocalyx var. **eriocalyx**
分布：云南

绒毛毛萼香薷 Elsholtzia eriocalyx var. **tomentosa** C. Y. Wu et S. C. Huang
分布：四川

毛穗香薷 Elsholtzia eriostachya (Benth.) Benth.

分布：甘肃、四川、云南、西藏

高原香薷 Elsholtzia feddei H. Lév.

分布：河北、山西、陕西、甘肃、青海、四川、云南、西藏

黄花香薷 Elsholtzia flava (Benth.) Benth.

分布：浙江、湖北、四川、贵州、云南；印度、尼泊尔

鸡骨柴 Elsholtzia fruticosa (D. Don) Rehder

分布：甘肃、湖北、四川、贵州、云南、西藏、广西；不丹、印度、尼泊尔

鸡骨柴(原变种) Elsholtzia fruticosa var. **fruticosa**

分布：甘肃、湖北、四川、贵州、云南、西藏、广西；不丹、印度、尼泊尔

光叶鸡骨柴 Elsholtzia fruticosa var. **glabrifolia** C. Y. Wu et S. C. Huang

分布：四川、云南

光香薷 Elsholtzia glabra C. Y. Wu et S. C. Huang

分布：四川、云南

异叶香薷 Elsholtzia heterophylla Diels

分布：云南；缅甸

湖南香薷 Elsholtzia hunanensis Hand.-Mazz.

分布：安徽、江西、湖南、湖北、贵州

水香薷 Elsholtzia kachinensis Prain

分布：江西、湖南、湖北、四川、贵州、云南、广东、广西；缅甸

亮叶香薷 Elsholtzia lamprophylla C. L. Xiang et E. D. Liu

分布：四川

理塘香薷(新拟) Elsholtzia litangensis C. X. Pu et W. Y. Chen

分布：四川

淡黄香薷 Elsholtzia luteola Diels

分布：四川、云南

淡黄香薷(原变种) Elsholtzia luteola var. **luteola**

分布：四川、云南

全苞淡黄香薷 Elsholtzia luteola var. **holostegia** Hand.-Mazz.

分布：云南

鼠尾香薷 Elsholtzia myosurus Dunn

分布：四川、云南

黄白香薷 Elsholtzia ochroleuca Dunn

分布：四川、云南

台湾香薷 Elsholtzia oldhamii Hemsl.

分布：台湾

大黄药 Elsholtzia penduliflora W. W. Sm.

分布：云南

长毛香薷 Elsholtzia pilosa (Benth.) Benth.

分布：四川、贵州、云南；印度、缅甸、尼泊尔、越南

矮香薷 Elsholtzia pygmaea W. W. Sm.

分布：云南

野拔子 Elsholtzia rugulosa Hemsl.

分布：四川、贵州、云南、广西

岩生香薷 Elsholtzia saxatilis (Kom.) Nakai ex Kitag.

分布：黑龙江、吉林、辽宁、山东；日本、朝鲜、俄罗斯

川滇香薷 Elsholtzia souliei H. Lév.

分布：四川、云南

海洲香薷 Elsholtzia splendens Nakai ex F. Maek.

分布：辽宁、内蒙古、河北、山东、河南、江苏、浙江、江西、湖北、广东；朝鲜

穗状香薷 Elsholtzia stachyodes (Link) C. Y. Wu

分布：陕西、安徽、浙江、湖北、四川、贵州、云南、广东、广西；印度、缅甸、尼泊尔

木香薷 Elsholtzia stauntonii Benth.

分布：河北、山西、河南、陕西、甘肃

球穗香薷 Elsholtzia strobilifera (Benth.) Benth.

分布：四川、云南、西藏、台湾；印度、尼泊尔

白香薷 Elsholtzia winitiana Craib

分布：云南、广西；泰国、越南

沙穗属 Eremostachys Bunge

沙生沙穗 Eremostachys desertorum Regel

分布：新疆

光沙穗 Eremostachys fulgens Bunge

分布：新疆；吉尔吉斯斯坦；亚洲(西南部)

沙穗 Eremostachys moluccelloides Bunge

分布：新疆；哈萨克斯坦、吉尔吉斯斯坦、蒙古国、俄罗斯、塔吉克斯坦；亚洲(西南部)、欧洲

糙苏沙穗 Eremostachys phlomoides Bunge

分布：新疆

绿叶美丽沙穗 **Eremostachys speciosa** var. **viridifolia** Popov
分布：新疆

绵参属 **Eriophyton** Benth.

孙氏绵参(新拟) **Eriophyton sunhangii** Bo Xu, Z. M. Li et Boufford
分布：西藏

绵参 **Eriophyton wallichii** Benth.
分布：青海、四川、云南、西藏；印度、尼泊尔

宽管花属 **Eurysolen** Prain

宽管花 **Eurysolen gracilis** Prain
分布：云南；印度、马来西亚、缅甸

小野芝麻属 **Galeobdolon** Adans.

小野芝麻 **Galeobdolon chinense** (Benth.) C. Y. Wu
分布：安徽、江苏、浙江、江西、湖南、福建、台湾、广东、广西

小野芝麻(原变种) **Galeobdolon chinensis** var. **chinensis**
分布：安徽、江苏、浙江、江西、湖南、福建、台湾、广东、广西

粗壮小野芝麻 **Galeobdolon chinensis** var. **robustum** C. Y. Wu
分布：福建

近无毛小野芝麻 **Galeobdolon chinensis** var. **subglabrum** C. Y. Wu
分布：江西

广东小野芝麻 **Galeobdolon kwangtungense** C. Y. Wu
分布：广东

四川小野芝麻 **Galeobdolon szechuanense** C. Y. Wu
分布：四川

块根小野芝麻 **Galeobdolon tuberiferum** (Makino) C. Y. Wu
分布：江西、湖南、台湾、广西；日本

阳朔小野芝麻 **Galeobdolon yangsoense** Sun
分布：广西

鼬瓣花属 **Galeopsis** L.

鼬瓣花 **Galeopsis bifida** Boenn.
分布：黑龙江、吉林、内蒙古、山西、陕西、甘肃、青海、湖北、四川、贵州、云南、西藏；日本、吉尔吉斯斯坦、朝鲜、蒙古国、俄罗斯；欧洲、北美洲

辣莸属 **Garrettia** H. R. Fletcher

辣莸 **Garrettia siamensis** H. R. Fletcher
分布：云南；印度尼西亚、泰国

网萼木属 **Geniosporum** Wall. ex Benth.

网萼木 **Geniosporum coloratum** (D. Don) Kuntze
分布：云南；不丹、印度、老挝、缅甸、尼泊尔

活血丹属 **Glechoma** L.

白透骨消 **Glechoma biondiana** (Diels) C. Y. Wu et C. Chen
分布：河北、河南、陕西、甘肃、湖北、四川

白透骨消(原变种) **Glechoma biondiana** var. **biondiana**
分布：陕西

狭萼白透骨消 **Glechoma biondiana** var. **angustituba** C. Y. Wu et C. Chen
分布：湖北、四川

无毛白透骨消 **Glechoma biondiana** var. **glabrescens** C. Y. Wu et C. Chen
分布：河北、河南、陕西、甘肃、湖北

日本活血丹 **Glechoma grandis** (A. Gray) Kuprian.
分布：江苏、台湾；日本

欧活血丹 **Glechoma hederacea** L.
分布：新疆；俄罗斯；欧洲

活血丹 **Glechoma longituba** (Nakai) Kuprian.
分布：除新疆和西藏外，各省(自治区、直辖市)有分布；韩国、俄罗斯

大花活血丹 **Glechoma sinograndis** C. Y. Wu
分布：云南

石梓属 **Gmelina** L.

云南石梓 **Gmelina arborea** Roxb.
分布：云南；孟加拉国、不丹、印度、印度尼西亚、老挝、马来西亚、缅甸、尼泊尔、菲律宾、斯里兰卡、泰国、越南

亚洲石梓 **Gmelina asiatica** L.
分布：广东、广西；孟加拉国、柬埔寨、印度、印度尼西亚、马来西亚、缅甸、斯里兰卡、泰国、越南

石梓 **Gmelina chinensis** Benth.
分布：贵州、福建、广东、广西、香港

小叶石梓 **Gmelina delavayana** Dop
分布：四川、云南

苦梓 **Gmelina hainanensis** Oliv.
分布：江西、广东、广西、海南；越南

越南石梓 **Gmelina lecomtei** Dop
分布：云南；老挝、越南

四川石梓 **Gmelina szechwanensis** K. Yao
分布：四川

锥花属 **Gomphostemma** Wall.

木锥花 **Gomphostemma arbusculum** C. Y. Wu
分布：云南

紫珠状锥花 **Gomphostemma callicarpoides** (Yamam.) Masam.
分布：台湾

中华锥花 **Gomphostemma chinense** Oliv.
分布：江西、福建、广东、广西、海南；越南

中华锥花(原变种) **Gomphostemma chinense** var. **chinense**
分布：江西、福建、广东、广西；越南

茎花中华锥花 **Gomphostemma chinense** var. **cauliflorum** C. Y. Wu
分布：海南

长毛锥花 **Gomphostemma crinitum** Wall. ex Benth.
分布：云南；马来西亚、缅甸、印度

三角齿锥花 **Gomphostemma deltodon** C. Y. Wu
分布：云南

海南锥花 **Gomphostemma hainanense** C. Y. Wu
分布：海南

宽叶锥花 **Gomphostemma latifolium** C. Y. Wu
分布：云南、广东

细齿锥花 **Gomphostemma leptodon** Dunn
分布：广西；越南

光泽锥花 **Gomphostemma lucidum** Wall. ex Benth.
分布：云南、广东、广西；印度、老挝、缅甸、泰国、越南

光泽锥花(原变种) **Gomphostemma lucidum** var. **lucidum**
分布：云南、广东、广西；印度、老挝、缅甸、泰国、越南

中间光泽锥花 **Gomphostemma lucidum** var. **intermedium** (Craib) C. Y. Wu
分布：云南；老挝、越南

小齿锥花 **Gomphostemma microdon** Dunn
分布：云南；老挝

小花锥花 **Gomphostemma parviflorum** Wall. ex Benth.
分布：云南；印度、马来西亚、缅甸、泰国

小花锥花(原变种) **Gomphostemma parviflorum** var. **parviflorum**
分布：云南；印度、马来西亚

被粉小花锥花 **Gomphostemma parviflorum** var. **farinosum Prain**
分布：云南；印度、缅甸、泰国

抽葶锥花 **Gomphostemma pedunculatum** Benth. ex Hook. f.
分布：云南；印度

拟长毛锥花 **Gomphostemma pseudocrinitum** C. Y. Wu
分布：广西

硬毛锥花 **Gomphostemma stellatohirsutum** C. Y. Wu
分布：云南

槽茎锥花 **Gomphostemma sulcatum** C. Y. Wu
分布：云南

四轮香属 **Hanceola** Kudo

贵州四轮香 **Hanceola cavaleriei** (H. Lév.) Kudo
分布：贵州

心卵叶四轮香 **Hanceola cordiovata** Y. Z. Sun
分布：四川、贵州

出蕊四轮香 **Hanceola exserta** Sun
分布：浙江、江西、湖南、福建、广东

曲折四轮香 **Hanceola flexuosa** C. Y. Wu et H. W. Li
分布：广西

高坡四轮香 **Hanceola labordei** (H. Lév.) H. Sun
分布：贵州

龙溪四轮香 **Hanceola mairei** (H. Lév.) H. Sun
分布：云南

四轮香 **Hanceola sinensis** (Hemsl.) Kudo
分布：湖南、四川、贵州、云南、广西

块茎四轮香 **Hanceola tuberifera** Sun
分布：四川

异野芝麻属 **Heterolamium** C. Y. Wu

异野芝麻 **Heterolamium debile** (Hemsl.) C. Y. Wu
分布：陕西、湖南、湖北、四川、云南

异野芝麻(原变种) Heterolamium debile var. **debile**

分布：陕西、湖北、四川

细齿异野芝麻 Heterolamium debile var. **cardiophyllum** (Hemsl.) C. Y. Wu

分布：湖南、湖北、四川、云南

尖齿异野芝麻 Heterolamium debile var. **tochauense** (Kudo) C. Y. Wu

分布：四川

全唇花属 Holocheila (Kudo) S. Chow

全唇花 Holocheila longipedunculata S. Chow

分布：云南

膜藻藤属 Hymenopyramis Wall. ex Griff.

膜藻藤 Hymenopyramis cana Craib

分布：海南；泰国

山香属 Hyptis Jacq.

短柄吊球草 Hyptis brevipes Poit.

分布：台湾、广东、广西、海南、香港、澳门；原产于美洲热带，现已成为泛热带地区常见杂草

吊球草 Hyptis rhomboidea Mart. et Galeotti

分布：台湾、广东、广西；全球热带

穗序山香 Hyptis spicigera Lam.

分布：台湾；印度尼西亚、菲律宾；南美洲

山香 Hyptis suaveolens (L.) Poit.

分布：福建、台湾、广东、广西、香港；原产于热带美洲，现已成为泛热带地区常见杂草

神香草属 Hyssopus L.

硬尖神香草 Hyssopus cuspidatus Boriss.

分布：新疆；哈萨克斯坦、蒙古国、俄罗斯

宽唇神香草 Hyssopus latilabiatus C. Y. Wu et H. W. Li

分布：新疆

神香草 Hyssopus officinalis L.

分布：各省(自治区、直辖市）广为栽培；欧洲

香茶菜属 Isodon (Schrad. ex Benth.) Spach

腺花香茶菜 Isodon adenanthus (Diels) Kudo

分布：四川、贵州、云南

腺叶香茶菜 Isodon adenolomus (Hand.-Mazz.) H. Hara

分布：四川、云南

白柔毛香茶菜 Isodon albopilosus (C. Y. Wu et H. W. Li) H. Hara

分布：四川

香茶菜 Isodon amethystoides (Benth.) H. Hara

分布：安徽、浙江、江西、湖北、贵州、福建、台湾、广东、广西

狭叶香茶菜 Isodon angustifolius (Dunn) Kudo

分布：云南

狭叶香茶菜(原变种) Isodon angustifolius var. **angustifolius**

分布：云南

无毛狭叶香茶菜 Isodon angustifolius var. **glabrescens** (C. Y. Wu et H. W. Li) H. W. Li

分布：云南

线齿香茶菜 Isodon barbeyanus (H. Lév.) H. W. Li

分布：四川

短距香茶菜 Isodon brevicalcaratus (C. Y. Wu et H. W. Li) H. Hara

分布：广东

短叶香茶菜 Isodon brevifolius (Hand.-Mazz.) H. W. Li

分布：云南

苍山香茶菜 Isodon bulleyanus (Diels) Kudo

分布：云南

灰岩香茶菜 Isodon calcicolus (Hand.-Mazz.) H. Hara

分布：云南

灰岩香茶菜(原变种) Isodon calcicolus var. **calcicolus**

分布：云南

近无毛灰岩香茶菜 Isodon calcicolus var. **subcalvus** (Hand.-Mazz.) H. W. Li

分布：云南

细锥香茶菜 Isodon coetsa (Buch.-Ham. ex D. Don) Kudo

分布：湖南、四川、贵州、云南、西藏、广东、广西；孟加拉国、印度、老挝、缅甸、尼泊尔、斯里兰卡、泰国、越南

细锥香茶菜(原变种) Isodon coetsa var. **coetsa**

分布：湖南、四川、贵州、云南、西藏、广东、广西；孟加拉国、印度、老挝、缅甸、尼泊尔、斯里兰卡、泰国、越南

多毛细锥香茶菜 Isodon coetsa var. **cavaleriei** (H. Lév.) H. W. Li

分布：云南；印度、斯里兰卡

道孚香茶菜 Isodon dawoensis (Hand.-Mazz.) H. Hara
分布：四川

紫毛香茶菜 Isodon enanderianus (Hand.-Mazz.) H. W. Li
分布：四川、云南

毛萼香茶菜 Isodon eriocalyx (Dunn) Kudo
分布：四川、贵州、云南、广西

拟缺香茶菜 Isodon excisoides (Y. Z. Sun ex C. H. Hu) H. Hara
分布：湖北、四川、云南

尾叶香茶菜 Isodon excisus (Maxim.) Kudo
分布：黑龙江、吉林、辽宁、河北、山西；日本、朝鲜、俄罗斯

扇脉香茶菜 Isodon flabelliformis (C. Y. Wu) H. Hara
分布：四川、云南

淡黄香茶菜 Isodon flavidus (Hand.-Mazz.) H. Hara
分布：贵州、云南

柔茎香茶菜 Isodon flexicaulis (C. Y. Wu et H. W. Li) H. Hara
分布：四川、云南

紫萼香茶菜 Isodon forrestii (Diels) Kudo
分布：四川、云南

苣苔香茶菜 Isodon gesneroides (J. Sinclair) H. Hara
分布：四川

囊花香茶菜 Isodon gibbosus (C. Y. Wu et H. W. Li) H. Hara
分布：四川、贵州

胶粘香茶菜 Isodon glutinosus (C. Y. Wu et H. W. Li) H. Hara
分布：四川、云南

大叶香茶菜 Isodon grandifolius (Hand.-Mazz.) H. Hara
分布：四川、云南

大叶香茶菜(原变种) Isodon grandifolius var. **grandifolius**
分布：云南

德钦大叶香茶菜 Isodon grandifolius var. **atuntzeensis** (C. Y. Wu) H. W. Li
分布：四川、云南

粗齿香茶菜 Isodon grosseserratus (Dunn) Kudo
分布：四川

鄂西香茶菜 Isodon henryi (Hemsl.) Kudo
分布：河北、山西、河南、陕西、甘肃、湖北、四川

细毛香茶菜 Isodon hirtellus (Hand.-Mazz.) H. Hara
分布：四川、云南

刚毛香茶菜 Isodon hispidus (Benth.) Murata
分布：云南；印度、老挝、缅甸、泰国

内折香茶菜 Isodon inflexus (Thunb.) Kudo
分布：吉林、辽宁、河北、山东、江苏、浙江、江西、湖南、湖北；日本、朝鲜

间断香茶菜 Isodon interruptus (C. Y. Wu et H. W. Li) H. Hara
分布：云南

露珠香茶菜 Isodon irroratus (Forrest ex Diels) Kudo
分布：云南、西藏

毛叶香茶菜 Isodon japonicus (Burm. f.) H. Hara
分布：黑龙江、吉林、辽宁、河北、山东、河南、陕西、甘肃、江苏、四川；日本、朝鲜、俄罗斯

毛叶香茶菜(原变种) Isodon japonicus var. **japonicus**
分布：河南、陕西、甘肃、江苏、四川；日本、韩国

蓝萼毛叶香茶菜 Isodon japonicus var. **glaucocalyx** (Maxim.) H. W. Li
分布：吉林、辽宁、河北、山西、山东；日本、朝鲜、俄罗斯

宽叶香茶菜 Isodon latifolius (C. Y. Wu et H. W. Li) H. Hara
分布：四川

白叶香茶菜 Isodon leucophyllus (Dunn) Kudo
分布：四川、云南

凉山香茶菜 Isodon liangshanicus (C. Y. Wu et H. W. Li) H. Hara
分布：四川

理县香茶菜 Isodon lihsienensis (C. Y. Wu et H. W. Li) H. Hara
分布：四川

长管香茶菜 Isodon longitubus (Miq.) Kudo
分布：安徽、浙江；日本

线纹香茶菜 Isodon lophanthoides (Buch.-Ham. ex D. Don) H. Hara
分布：甘肃、浙江、江西、湖南、湖北、四川、贵州、云南、西藏、福建、广东、广西；印度、老挝、缅甸、尼泊尔、泰国、越南

线纹香茶菜(原变种) Isodon lophanthoides var. **lophanthoides**
分布：浙江、江西、湖南、湖北、四川、贵州、云南、西

藏、福建、广东、广西；印度、缅甸、尼泊尔、泰国、越南

狭基线纹香茶菜 **Isodon lophanthoides** var. **gerardianus** (Benth.) H. Hara
分布：甘肃、湖南、四川、贵州、云南、西藏、广东、广西；印度、老挝、缅甸、尼泊尔、泰国、越南

细花线纹香茶菜 **Isodon lophanthoides** var. **graciliflorus** (Benth.) H. Hara
分布：江西、福建、广东；印度、缅甸、尼泊尔、越南

小花线纹香茶菜 **Isodon lophanthoides** var. **micranthus** (C. Y. Wu) H. W. Li
分布：贵州、云南

弯锥香茶菜 **Isodon loxothyrsus** (Hand.-Mazz.) H. Hara
分布：四川、云南、西藏

龙胜香茶菜 **Isodon lungshengensis** (C. Y. Wu et H. W. Li) H. Hara
分布：广西

大萼香茶菜 **Isodon macrocalyx** (Dunn) Kudo
分布：安徽、江苏、浙江、江西、湖南、福建、台湾、广东、广西

岐伞香茶菜 **Isodon macrophyllus** (Migo) H. Hara
分布：安徽、江苏

麦地龙香茶菜 **Isodon medilungensis** (C. Y. Wu et H. W. Li) H. Hara
分布：四川

大锥香茶菜 **Isodon megathyrsus** (Diels) H. W. Li
分布：四川、云南

大锥香茶菜(原变种) **Isodon megathyrsus** var. **megathyrsus**
分布：四川、云南

多毛大锥香茶菜 **Isodon megathyrsus** var. **strigosissimus** (C. Y. Wu et H. W. Li) H. W. Li
分布：云南

苞叶香茶菜 **Isodon melissoides** (Benth.) H. Hara
分布：云南；孟加拉国、印度

突尖香茶菜 **Isodon mucronatus** (C. Y. Wu et H. W. Li) H. Hara
分布：四川

木里香茶菜 **Isodon muliensis** (W. W. Sm.) Kudo
分布：四川

多枝香茶菜 **Isodon myriocladus** C. Chen
分布：四川、广东、广西

显脉香茶菜 **Isodon nervosus** (Hemsl.) Kudo
分布：河南、陕西、安徽、江苏、浙江、江西、湖北、四川、贵州、广东、广西

山地香茶菜 **Isodon oresbius** (W. W. Sm.) Kudo
分布：四川、云南

全腺香茶菜 **Isodon pantadenius** (Hand.-Mazz.) H. W. Li
分布：云南

小叶香茶菜 **Isodon parvifolius** (Batalin) H. Hara
分布：陕西、甘肃、四川、西藏

川藏香茶菜 **Isodon pharicus** (Prain) Murata
分布：四川、西藏

叶柄香茶菜 **Isodon phyllopodus** (Diels) Kudo
分布：四川、贵州、云南、西藏

叶穗香茶菜 **Isodon phyllostachys** (Diels) Kudo
分布：四川、云南

多叶香茶菜 **Isodon pleiophyllus** (Diels) Kudo
分布：云南

多叶香茶菜(原变种) **Isodon pleiophyllus** var. **pleiophyllus**
分布：云南

长齿多叶香茶菜 **Isodon pleiophyllus** var. **dolichodens** (C. Y. Wu et H. W. Li) H. W. Li
分布：云南

总序香茶菜 **Isodon racemosus** (Hemsl.) H. W. Li
分布：湖北、四川

瘿花香茶菜 **Isodon rosthornii** (Diels) Kudo
分布：四川、贵州、云南

碎米桠 **Isodon rubescens** (Hemsl.) H. Hara
分布：河北、山西、河南、陕西、甘肃、安徽、浙江、江西、湖南、湖北、四川、贵州、广西

类皱叶香茶菜 **Isodon rugosiformis** (Hand.-Mazz.) H. Hara
分布：云南

皱叶香茶菜 **Isodon rugosus** (Wall. ex Benth.) Codd
分布：西藏；阿富汗、孟加拉国、不丹、印度、尼泊尔、巴基斯坦

帚状香茶菜 **Isodon scoparius** (C. Y. Wu et H. W. Li) H. Hara
分布：云南

宽花香茶菜 **Isodon scrophularioides** (Wall. ex Benth.) Murata
分布：云南；孟加拉国、不丹、印度、尼泊尔

黄花香茶菜 **Isodon sculponeatus** (Vaniot) Kudo
分布：陕西、四川、贵州、云南、西藏、广西；印度、尼泊尔

侧花香茶菜 **Isodon secundiflorus** (C. Y. Wu) H. Hara
分布：四川

淡黄草 **Isodon serra** (Maxim.) Kudo
分布：黑龙江、吉林、辽宁、河北、山西、陕西、甘肃、安徽、江苏、浙江、江西、湖南、四川、贵州、台湾、广东、广西；朝鲜、俄罗斯

四川香茶菜 **Isodon setschwanensis** (Hand.-Mazz.) H. Hara
分布：四川、云南

林生香茶菜 **Isodon silvaticus** (C. Y. Wu et H. W. Li) H. W. Li
分布：西藏

马尔康香茶菜 **Isodon smithianus** (Hand.-Mazz.) H. Hara
分布：四川、西藏

细叶香茶菜 **Isodon tenuifolius** (W. W. Sm.) Kudo
分布：四川、云南

牛尾草 **Isodon ternifolius** (D. Don) Kudo
分布：贵州、云南、广东、广西；孟加拉国、印度、缅甸、尼泊尔、越南

长叶香茶菜 **Isodon walkeri** (Arn.) H. Hara
分布：贵州、云南、广东、广西；印度、老挝、缅甸、斯里兰卡

西藏香茶菜 **Isodon wardii** (C. Marquand et Airy Shaw) H. Hara
分布：西藏

辽宁香茶菜 **Isodon websteri** (Hemsl.) Kudo
分布：辽宁

维西香茶菜 **Isodon weisiensis** (C. Y. Wu) H. Hara
分布：云南

荛花香茶菜 **Isodon wikstroemioides** (Hand.-Mazz.) H. Hara
分布：四川、云南、西藏

吴氏香茶菜 **Isodon wui** C. L. Xiang et E. D. Liu
分布：云南

旱生香茶菜 **Isodon xerophilus** (C. Y. Wu et H. W. Li) H. Hara
分布：云南

不育红 **Isodon yuennanensis** (Hand.-Mazz.) H. Hara
分布：四川、云南

香简草属 **Keiskea** Miq.

南方香简草 **Keiskea australis** C. Y. Wu et H. W. Li
分布：福建、广东

香薷状香简草 **Keiskea elsholtzioides** Merr.
分布：安徽、浙江、江西、湖南、湖北、广东

腺毛香简草 **Keiskea glandulosa** C. Y. Wu
分布：福建

中华香简草 **Keiskea sinensis** Diels
分布：安徽、江苏、浙江

香简草 **Keiskea szechuanensis** C. Y. Wu
分布：四川、云南

动蕊花属 **Kinostemon** Kudo

粉红动蕊花 **Kinostemon alborubrum** (Hemsl.) C. Y. Wu et S. Chow
分布：湖南、湖北、四川

动蕊花 **Kinostemon ornatum** (Hemsl.) Kudo
分布：陕西、安徽、湖北、四川、贵州、云南

保康动蕊花 **Kinostemon veronicifolia** H. W. Li
分布：湖北

兔唇花属 **Lagochilus** Bunge ex Benth.

阿尔泰兔唇花 **Lagochilus bungei** Benth.
分布：新疆；哈萨克斯坦

二刺叶兔唇花 **Lagochilus diacanthophyllus** (Pall.) Benth.
分布：新疆；哈萨克斯坦、吉尔吉斯斯坦

大花兔唇花 **Lagochilus grandiflorus** C. Y. Wu et Hsuan
分布：新疆

硬毛兔唇花 **Lagochilus hirtus** Fisch. et C. A. Mey.
分布：新疆；哈萨克斯坦

冬青叶兔唇花 **Lagochilus ilicifolius** Bunge ex Benth.
分布：内蒙古、陕西、宁夏、甘肃；蒙古国、俄罗斯

喀什兔唇花 **Lagochilus kaschgaricus** Rupr.
分布：新疆；吉尔吉斯斯坦

毛节兔唇花 Lagochilus lanatonodus C. Y. Wu et Hsuan
分布：新疆

大齿兔唇花 Lagochilus macrodontus Knorring
分布：新疆；吉尔吉斯斯坦、塔吉克斯坦

阔刺兔唇花 Lagochilus platyacanthus Rupr.
分布：新疆；吉尔吉斯斯坦、塔吉克斯坦

锐刺兔唇花 Lagochilus pungens Schrenk
分布：新疆；哈萨克斯坦、蒙古国

新疆兔唇花 Lagochilus xinjiangensis G. J. Liu
分布：新疆

夏至草属 Lagopsis (Bunge ex Benth.) Bunge

毛穗夏至草 Lagopsis eriostachys (Benth.) Ikonn.-Gal. ex Knorring
分布：青海、新疆；蒙古国、俄罗斯

黄花夏至草 Lagopsis flava Kar. et Kir.
分布：新疆；哈萨克斯坦、吉尔吉斯斯坦

夏至草 Lagopsis supina (Stephan ex Willd.) Ikonn.-Gal. ex Knorring
分布：黑龙江、吉林、辽宁、内蒙古、河北、山西、山东、河南、陕西、甘肃、青海、新疆、安徽、江苏、浙江、湖北、四川、贵州、云南；日本、蒙古国、俄罗斯

扁柄草属 Lallemantia Fisch. et C. A. Mey.

扁柄草 Lallemantia royleana (Wall. ex Benth.) Benth.
分布：新疆；印度、哈萨克斯坦、吉尔吉斯斯坦、俄罗斯、塔吉克斯坦、土库曼斯坦、乌兹别克斯坦；亚洲(西南部)、欧洲

独一味属 Lamiophlomis Kudo

独一味 Lamiophlomis rotata (Benth. ex Hook. f.) Kudo
分布：甘肃、青海、四川、云南、西藏；不丹、印度、尼泊尔

野芝麻属 Lamium L.

短柄野芝麻 Lamium album L.
分布：内蒙古、山西、甘肃、新疆；印度、日本、哈萨克斯坦、吉尔吉斯斯坦、蒙古国、俄罗斯、塔吉克斯坦、土库曼斯坦、乌兹别克斯坦；亚洲(西南部)、欧洲、北美洲

宝盖草 Lamium amplexicaule L.
分布：河北、陕西、甘肃、青海、新疆、安徽、江苏、浙江、湖南、湖北、四川、贵州、云南、西藏、福建；日本、哈萨克斯坦、吉尔吉斯斯坦、俄罗斯、塔吉克斯坦、土库曼斯坦、乌兹别克斯坦；亚洲(西南部)、欧洲

野芝麻 Lamium barbatum Sieb. et Zucc.
分布：黑龙江、吉林、辽宁、内蒙古、河北、山西、山东、河南、陕西、甘肃、安徽、江苏、浙江、湖南、湖北、四川、贵州；日本、朝鲜、俄罗斯

紫花野芝麻 Lamium maculatum L.
分布：甘肃、新疆；俄罗斯；亚洲(西南部)、欧洲、北美洲

薰衣草属 Lavandula L.

薰衣草 Lavandula angustifolia Mill.
分布：各省(自治区、直辖市)广泛栽培；欧洲、非洲

宽叶薰衣草 Lavandula latifolia Vill.
分布：各省(自治区、直辖市)广泛栽培；欧洲、非洲

益母草属 Leonurus L.

假鬃尾草 Leonurus chaituroides C. Y. Wu et H. W. Li
分布：安徽、湖南、湖北

兴安益母草 Leonurus deminutus V. Krecz. ex Kuprian.
分布：内蒙古；蒙古国、俄罗斯

灰白益母草 Leonurus glaucescens Bunge
分布：内蒙古；哈萨克斯坦、蒙古国、俄罗斯

益母草 Leonurus japonicus Houtt.
分布：中国广布；柬埔寨、日本、韩国、老挝、马来西亚、缅甸、泰国、越南；非洲、北美洲、南美洲

大花益母草 Leonurus macranthus Maxim.
分布：吉林、辽宁、内蒙古、河北、山东、江苏、湖北；日本、朝鲜、俄罗斯

錾菜 Leonurus pseudomacranthus Kitag.
分布：辽宁、内蒙古、河北、山西、山东、河南、陕西、甘肃、安徽、江苏

绵毛益母草 Leonurus pseudopanzerioides Krestovsk.
分布：新疆；蒙古国

细叶益母草 Leonurus sibiricus L.
分布：内蒙古、河北、山西、陕西；蒙古国、俄罗斯

突厥益母草 Leonurus turkestanicus V. Krecz. et Kuprian.
分布：新疆；哈萨克斯坦、吉尔吉斯斯坦、塔吉克斯坦、土库曼斯坦

荨麻叶益母草 **Leonurus urticifolius** C. Y. Wu et H. W. Li
分布：西藏

柔毛益母草 **Leonurus villosissimus** C. Y. Wu et H. W. Li
分布：河北

五台山益母草 **Leonurus wutaishanicus** C. Y. Wu et H. W. Li
分布：山西

绣球防风属 Leucas R. Br.

蜂巢草 **Leucas aspera** (Willd.) Link
分布：广东、广西、海南；印度、印度尼西亚、马来西亚、菲律宾、泰国

头序白绒草 **Leucas cephalotes** (Roth) Spreng.
分布：西藏；阿富汗、不丹、印度、尼泊尔

滨海白绒草 **Leucas chinensis** (Retz.) R. Br.
分布：台湾、海南

绣球防风 **Leucas ciliata** Benth.
分布：四川、贵州、云南、广西；不丹、印度、老挝、缅甸、尼泊尔、越南

线叶白绒草 **Leucas lavandulifolia** Sm.
分布：云南、广东；印度、印度尼西亚、马来西亚、菲律宾、泰国；非洲

卵叶白绒草 **Leucas martinicensis** (Jacq.) R. Br.
分布：云南；印度、缅甸；非洲、北美洲、南美洲

白绒草 **Leucas mollissima** Wall. ex Benth.
分布：湖南、湖北、四川、贵州、云南、福建、台湾、广东、广西；印度、印度尼西亚、日本、马来西亚、缅甸、尼泊尔、斯里兰卡、泰国、越南

白绒草(原变种) **Leucas mollissima** var. **mollissima**
分布：贵州、云南、广西；印度、印度尼西亚、马来西亚、缅甸、尼泊尔、斯里兰卡、泰国、越南

疏毛白绒草 **Leucas mollissima** var. **chinensis** Benth.
分布：湖南、湖北、四川、贵州、云南、福建、台湾、广东；日本

糙叶白绒草 **Leucas mollissima** var. **scaberula** Hook. f.
分布：云南；印度、缅甸、尼泊尔、泰国

绉面草 **Leucas zeylanica** (L.) R. Br.
分布：广东、广西、海南；印度、印度尼西亚、马来西亚、缅甸、菲律宾、斯里兰卡

米团花属 Leucosceptrum Sm.

米团花 **Leucosceptrum canum** Sm.
分布：四川、云南、西藏；不丹、印度、老挝、缅甸、尼泊尔、越南

扭藿香属 Lophanthus Adans.

扭藿香 **Lophanthus chinensis** Benth.
分布：新疆；蒙古国、俄罗斯

阿尔泰扭藿香 **Lophanthus krylovii** Lipsky
分布：新疆；哈萨克斯坦、蒙古国、俄罗斯

天山扭藿香 **Lophanthus schrenkii** Levin
分布：新疆；哈萨克斯坦、吉尔吉斯斯坦

西藏扭藿香 **Lophanthus tibeticus** C. Y. Wu et Y. C. Huang
分布：西藏

斜萼草属 Loxocalyx Hemsl.

五脉斜萼草 **Loxocalyx quinquenervius** Hand.-Mazz.
分布：湖南

斜萼草 **Loxocalyx urticifolius** Hemsl.
分布：河北、河南、陕西、甘肃、湖北、四川、贵州、云南

斜萼草(原变种) **Loxocalyx urticifolius** var. **urticifolius**
分布：河北、河南、陕西、甘肃、湖北、四川、贵州、云南

十脉斜萼草 **Loxocalyx urticifolius var. decemnervius** C. Y. Wu et H. W. Li
分布：陕西

地笋属 Lycopus L.

小叶地笋 **Lycopus cavaleriei** H. Lév.
分布：吉林、安徽、浙江、江西、四川、贵州、云南；日本、朝鲜

欧地笋 **Lycopus europaeus** L.
分布：河北、陕西、新疆；日本、哈萨克斯坦、吉尔吉斯斯坦、俄罗斯、塔吉克斯坦、土库曼斯坦、乌兹别克斯坦；亚洲(西南部)、欧洲、北美洲

欧地笋(原变种) **Lycopus europaeus** var. **europaeus**
分布：河北、陕西、新疆；日本、哈萨克斯坦、吉尔吉斯斯坦、俄罗斯、塔吉克斯坦、土库曼斯坦、乌兹别克斯坦

深裂欧地笋 **Lycopus europaeus** var. **exaltatus** (L. f.) Hook. f.
分布：新疆；哈萨克斯坦、吉尔吉斯斯坦、俄罗斯；欧洲

地笋 Lycopus lucidus Turcz. ex Benth.
分布：黑龙江、吉林、辽宁、河北、山西、山东、陕西、甘肃、安徽、江苏、浙江、江西、湖南、湖北、四川、贵州、云南、福建、台湾、广东、广西；日本、俄罗斯

地笋(原变种) Lycopus lucidus var. **lucidus**
分布：黑龙江、吉林、辽宁、河北、山西、四川、贵州、云南；日本、俄罗斯

硬毛地笋 Lycopus lucidus var. **hirtus** Regel
分布：黑龙江、吉林、辽宁、河北、山西、甘肃、安徽、江苏、浙江、江西、湖南、湖北、四川、贵州、云南、福建、台湾、广东、广西；日本、俄罗斯

异叶地笋 Lycopus lucidus var. **maackianus** Maxim. ex Herder
分布：黑龙江

小花地笋 Lycopus parviflorus Maxim.
分布：黑龙江、吉林

扭连钱属 Marmoritis Benth.

扭连钱 Marmoritis complanatum (Dunn) A. L. Budantzev
分布：青海、四川、云南、西藏

褪色扭连钱 Marmoritis decolorans (Hemsl.) H. W. Li
分布：西藏

雪地扭连钱 Marmoritis nivalis (Jacquem. ex Benth.) Hedge
分布：西藏

帕里扭连钱 Marmoritis pharicus (Prain) A. L. Budantzev
分布：西藏

圆叶扭连钱 Marmoritis rotundifolia Benth.
分布：西藏；印度

欧夏至草属 Marrubium L.

欧夏至草 Marrubium vulgare L.
分布：新疆；阿富汗、印度、哈萨克斯坦、吉尔吉斯斯坦、巴基斯坦、俄罗斯、塔吉克斯坦、土库曼斯坦、乌兹别克斯坦；亚洲(西南部)、欧洲

龙头草属 Meehania Britton ex Small et Vail

肉叶龙头草 Meehania faberi (Hemsl.) C. Y. Wu
分布：甘肃、四川

华西龙头草 Meehania fargesii (H. Lév.) C. Y. Wu
分布：浙江、江西、湖南、湖北、四川、贵州、云南、广东、广西

华西龙头草(原变种) Meehania fargesii var. **fargesii**
分布：四川、云南

梗花华西龙头草 Meehania fargesii var. **pedunculata** (Hemsl.) C. Y. Wu
分布：河南、湖北、四川、云南、广西

松林华西龙头草 Meehania fargesii var. **pinetorum** (Hand.-Mazz.) C. Y. Wu
分布：四川、贵州、云南

走茎华西龙头草 Meehania fargesii var. **radicans** (Vaniot) C. Y. Wu
分布：浙江、江西、湖北、四川、云南、广东

龙头草 Meehania henryi (Hemsl.) Sun ex C. Y. Wu
分布：湖南、湖北、四川、贵州

龙头草(原变种) Meehania henryi var. **henryi**
分布：湖南、湖北、四川、贵州

长叶龙头草 Meehania henryi var. **kaitcheensis** (H. Lév.) C. Y. Wu
分布：贵州

圆基叶龙头草 Meehania henryi var. **stachydifolia** (H. Lév.) C. Y. Wu
分布：贵州

高野山龙头草 Meehania montis-koyae Ohwi
分布：浙江、福建；日本

狭叶龙头草 Meehania pinfaensis (H. Lév.) Sun ex C. Y. Wu
分布：贵州

荨麻叶龙头草 Meehania urticifolia (Miq.) Makino
分布：吉林、辽宁；日本、朝鲜、俄罗斯

蜜蜂花属 Melissa L.

蜜蜂花 Melissa axillaris (Benth.) Bakh. f.
分布：陕西、江西、湖南、湖北、四川、贵州、云南、西藏、台湾、广东、广西；不丹、柬埔寨、印度、印度尼西亚、老挝、马来西亚、缅甸、尼泊尔、泰国、越南

黄蜜蜂花 Melissa flava Benth. ex Wall.
分布：西藏；不丹、印度、尼泊尔

香蜂花 Melissa officinalis L.
分布：栽培于全国；吉尔吉斯斯坦、俄罗斯、塔吉克斯坦、土库曼斯坦；欧洲、非洲

云南蜜蜂花 **Melissa yunnanensis** C. Y. Wu et Y. C. Huang
分布：云南、西藏

薄荷属 **Mentha** L.

假薄荷 **Mentha asiatica** Boriss.
分布：新疆、四川、西藏；哈萨克斯坦、吉尔吉斯斯坦、俄罗斯、塔吉克斯坦、土库曼斯坦、乌兹别克斯坦；亚洲(西南部)

薄荷 **Mentha canadensis** L.
分布：全国；柬埔寨、朝鲜、日本、老挝、马来西亚、缅甸、俄罗斯、泰国、越南；北美洲

柠檬薄荷 **Mentha citrata** Ehrh.
分布：北京、江苏和浙江栽培；欧洲

皱叶留兰香 **Mentha crispata** Schrad. ex Willd.
分布：北京、江苏、上海；俄罗斯；欧洲

兴安薄荷 **Mentha dahurica** Fisch. ex Benth.
分布：黑龙江、吉林、内蒙古；日本、俄罗斯

欧薄荷 **Mentha longifolia** (L.) Huds.
分布：北京、上海；俄罗斯；亚洲(西南部)、欧洲

辣薄荷 **Mentha piperita** L.
分布：北京、江苏；印度、日本、吉尔吉斯斯坦、俄罗斯、土库曼斯坦；亚洲(西南部)、欧洲、北美洲

唇萼薄荷 **Mentha pulegium** L.
分布：北京、江苏；俄罗斯、塔吉克斯坦、土库曼斯坦；亚洲(西南部)、欧洲

东北薄荷 **Mentha sachalinensis** (Briq. ex Miyabe et Miyake) Kudo
分布：黑龙江、吉林、辽宁、内蒙古；日本、俄罗斯

留兰香 **Mentha spicata** L.
分布：河北、江苏、浙江、湖北、四川、云南、西藏、广东、广西；俄罗斯、土库曼斯坦；亚洲(西南部)、欧洲、非洲

圆叶薄荷 **Mentha suaveolens** Ehrh.
分布：北京、江苏、上海、云南；欧洲

灰薄荷 **Mentha vagans** Boriss.
分布：新疆；塔吉克斯坦、土库曼斯坦；亚洲(西南部)

凉粉草属 **Mesona** Blume

凉粉草 **Mesona chinensis** Benth.
分布：浙江、江西、台湾、广东、广西

小花凉粉草 **Mesona parviflora** (Benth.) Briquet
分布：云南；印度

箭叶水苏属 **Metastachydium** Airy Shaw ex C. Y. Wu et H. W. Li

箭叶水苏 **Metastachydium sagittatum** (Regel) C. Y. Wu et H. W. Li
分布：新疆；吉尔吉斯斯坦

姜味草属 **Micromeria** Benth.

小香薷 **Micromeria barosma** (W. W. Sm.) Hand.-Mazz.
分布：云南

姜味草 **Micromeria biflora** (Buch.-Ham. ex D. Don) Benth.
分布：贵州、云南；阿富汗、不丹、印度、尼泊尔

清香姜味草 **Micromeria euosma** (W. W. Sm.) C. Y. Wu
分布：云南

台湾姜叶草 **Micromeria formosana** C. Marquand
分布：台湾

西藏姜味草 **Micromeria wardii** C. Marquand et Airy Shaw
分布：西藏

冠唇花属 **Microtoena** Prain

相近冠唇花 **Microtoena affinis** C. Y. Wu et Hsuan
分布：云南

白花冠唇花 **Microtoena albescens** C. Y. Wu et Hsuan
分布：贵州

云南冠唇花 **Microtoena delavayi** Prain
分布：云南

云南冠唇花(原变种) **Microtoena delavayi** var. **delavayi**
分布：云南

钝齿云南冠唇花 **Microtoena delavayi** var. **amblyodon** C. Y. Wu et Hsuan
分布：云南

大花云南冠唇花 **Microtoena delavayi** var. **grandiflora** Prain
分布：四川、云南

黄花云南冠唇花 **Microtoena delavayi** var. **lutea** C. Y. Wu et Hsuan
分布：云南

冠唇花 **Microtoena insuavis** (Hance) Prain ex Briq.
分布：贵州、云南、广东；印度、越南

长萼冠唇花 **Microtoena longisepala** C. Y. Wu ex Hsuan
分布：四川

石山冠唇花 **Microtoena maireana** Hand.-Mazz.
分布：云南

大萼冠唇花 **Microtoena megacalyx** C. Y. Wu
分布：贵州、云南

米易冠唇花 **Microtoena miyiensis** C. Y. Wu et H. W. Li
分布：四川

毛冠唇花 **Microtoena mollis** H. Lév.
分布：贵州、云南、广西

宝兴冠唇花 **Microtoena moupinensis** (Franch.) Prain
分布：四川

木里冠唇花 **Microtoena muliensis** C. Y. Wu et Hsuan
分布：四川

峨眉冠唇花 **Microtoena omeiensis** C. Y. Wu et Hsuan
分布：四川

滇南冠唇花 **Microtoena patchoulii** (C. B. Clarke ex Hook. f.) C. Y. Wu et Hsuan
分布：云南；印度、缅甸

少花冠唇花 **Microtoena pauciflora** C. Y. Wu ex Hsuan
分布：云南

南川冠唇花 **Microtoena prainiana** Diels
分布：四川、贵州、云南

粗壮冠唇花 **Microtoena robusta** Hemsl.
分布：湖北、四川

狭萼冠唇花 **Microtoena stenocalyx** C. Y. Wu et Hsuan
分布：云南

近穗状冠唇花 **Microtoena subspicata** C. Y. Wu ex Hsuan
分布：贵州、广西

近穗状冠唇花(原变种) **Microtoena subspicata** var. **subspicata**
分布：贵州、广西

中间近穗状冠唇花 **Microtoena subspicata** var. **intermedia** C. Y. Wu et Hsuan
分布：云南

麻叶冠唇花 **Microtoena urticifolia** Hemsl.
分布：湖南、湖北、四川、云南

麻叶冠唇花(原变种) **Microtoena urticifolia** var. **urticifolia**
分布：湖北

短梗麻叶冠唇花 **Microtoena urticifolia** var. **brevipedunculata** C. Y. Wu et Hsuan
分布：湖南

梵净山冠唇花 **Microtoena vanchingshanensis** C. Y. Wu et Hsuan
分布：贵州

美国薄荷属 **Monarda** L.

美国薄荷 **Monarda didyma** L.
分布：黑龙江、吉林、辽宁、内蒙古、河北、北京、河南、陕西、宁夏、甘肃、青海、安徽、江苏、江西、湖南、湖北、贵州、福建、广东、广西、海南、香港、澳门；北美洲

拟美国薄荷 **Monarda fistulosa** L.
分布：黑龙江、吉林、辽宁、内蒙古、河北、北京、山东、河南、陕西、宁夏、甘肃、青海、安徽、江苏、江西、湖南、贵州、福建、广东、广西、海南、香港、澳门；北美洲

石荠苎属 **Mosla** (Benth.) Buch.-Ham. et Maxim.

小花荠苎 **Mosla cavaleriei** H. Lév.
分布：甘肃、浙江、江西、湖北、四川、贵州、云南、广西；越南

石香薷 **Mosla chinensis** Maxim.
分布：山东、安徽、江苏、浙江、江西、湖南、湖北、四川、贵州、福建、台湾、广东、广西；越南

石香薷(原变种) **Mosla chinensis** var. **chinensis**
分布：山东、安徽、江苏、浙江、江西、湖南、湖北、四川、贵州、福建、台湾、广东、广西；越南

江西香薷 **Mosla chinensis** var. **kiangsiensis** G. P. Zhu et J. L. Shi
分布：江西

小鱼仙草 **Mosla dianthera** (Buch.-Ham. ex Roxb.) Maxim.

分布：陕西、江苏、浙江、江西、湖南、湖北、四川、贵州、云南、福建、台湾、广东、广西；不丹、印度、日本、马来西亚、缅甸、尼泊尔、巴基斯坦、越南

无叶荠苎 **Mosla exfoliata** (C. Y. Wu) C. Y. Wu et H. W. Li

分布：四川

台湾荠苎 **Mosla formosana** Maxim.

分布：台湾；菲律宾

荠苎 **Mosla grosseserrata** Maxim.

分布：吉林、辽宁、安徽、江苏；日本

杭州石荠苎 **Mosla hangchowensis** Matsuda

分布：浙江

杭州石荠苎(原变种) **Mosla hangchowensis** var. **hangchowensis**

分布：浙江

建德杭州石荠苎 **Mosla hangchowensis** var. **cheteana** (C. Y. Wu) C. Y. Wu et H. W. Li

分布：浙江

长苞荠苎 **Mosla longibracteata** (C. Y. Wu et Hsuan) C. Y. Wu et H. W. Li

分布：浙江、广西

长穗荠苎 **Mosla longispica** (C. Y. Wu) C. Y. Wu et H. W. Li

分布：江西

少花荠苎 **Mosla pauciflora** (C. Y. Wu) C. Y. Wu ex H. W. Li

分布：湖北、四川、贵州

石荠苎 **Mosla scabra** (Thunb.) C. Y. Wu et H. W. Li

分布：辽宁、内蒙古、河北、陕西、甘肃、安徽、江苏、浙江、江西、湖南、湖北、四川、福建、台湾、广东、广西；日本、越南

苏州荠苎 **Mosla soochowensis** Matsuda

分布：安徽、江苏、浙江、江西

荆芥属 **Nepeta** L.

小裂叶荆芥 **Nepeta annua** Pall.

分布：内蒙古、新疆；蒙古国、俄罗斯

荆芥 **Nepeta cataria** L.

分布：山西、山东、河南、陕西、甘肃、新疆、湖北、四川、贵州、云南；阿富汗、日本；欧洲、非洲、北美洲

蓝花荆芥 **Nepeta coerulescens** Maxim.

分布：甘肃、青海、四川、西藏

密花荆芥 **Nepeta densiflora** Kar. et Kir.

分布：新疆；蒙古国、俄罗斯

齿叶荆芥 **Nepeta dentata** C. Y. Wu et Hsuan

分布：西藏

异色荆芥 **Nepeta discolor** Royle ex Benth.

分布：西藏；阿富汗、印度、尼泊尔、巴基斯坦

浙荆芥 **Nepeta everardi** S. Moore

分布：安徽、浙江、湖北

丛卷毛荆芥 **Nepeta floccosa** Benth.

分布：新疆、西藏；阿富汗、印度

心叶荆芥 **Nepeta fordii** Hemsl.

分布：河南、陕西、湖南、湖北、四川、广东

腺荆芥 **Nepeta glutinosa** Benth.

分布：新疆；阿富汗、印度、塔吉克斯坦

藏荆芥 **Nepeta hemsleyana** Oliv. ex Prain

分布：西藏

河南荆芥(新拟) **Nepeta henanensis** C. S. Zhu

分布：河南

江达荆芥 **Nepeta jomdaensis** H. W. Li

分布：西藏

绢毛荆芥 **Nepeta kokamirica** Regel

分布：新疆；哈萨克斯坦

绒毛荆芥 **Nepeta kokanica** Regel

分布：新疆；阿富汗、巴基斯坦、塔吉克斯坦

穗花荆芥 **Nepeta laevigata** (D. Don) Hand.-Mazz.

分布：四川、云南、西藏；阿富汗、印度、尼泊尔

假宝盖草 **Nepeta lamiopsis** Benth. ex Hook. f.

分布：西藏；不丹、印度、尼泊尔

白绵毛荆芥 **Nepeta leucolaena** Benth. ex Hook. f.

分布：西藏；印度

长苞荆芥 **Nepeta longibracteata** Benth.

分布：新疆、西藏；印度、塔吉克斯坦

黑龙江荆芥 **Nepeta manchuriensis** S. Moore

分布：黑龙江；日本、俄罗斯

膜叶荆芥 **Nepeta membranifolia** C. Y. Wu

分布：云南

小花荆芥 Nepeta micrantha Bunge

分布：新疆；哈萨克斯坦、吉尔吉斯斯坦、蒙古国、俄罗斯、塔吉克斯坦

多裂叶荆芥 Nepeta multifida L.

分布：内蒙古、河北、山西、陕西、甘肃；蒙古国、俄罗斯

黄花具脉荆芥 Nepeta nervosa var. **lutea** Hook. f.

分布：西藏；印度、巴基斯坦

直齿荆芥 Nepeta nuda L.

分布：新疆；哈萨克斯坦、吉尔吉斯斯坦、蒙古国、俄罗斯、塔吉克斯坦；欧洲

康藏荆芥 Nepeta prattii H. Lév.

分布：内蒙古、河北、山西、陕西、甘肃、青海、四川、西藏

刺尖荆芥 Nepeta pungens (Bunge) Benth.

分布：新疆；阿富汗、哈萨克斯坦、蒙古国、俄罗斯；亚洲(西南部)

块根荆芥 Nepeta raphanorhiza Benth.

分布：西藏；阿富汗、印度、克什米尔地区

无柄荆芥 Nepeta sessilis C. Y. Wu et Hsuan

分布：四川、云南

大花荆芥 Nepeta sibirica L.

分布：内蒙古、宁夏、甘肃、青海；蒙古国、俄罗斯

狭叶荆芥 Nepeta souliei H. Lév.

分布：四川、西藏

多花荆芥 Nepeta stewartiana Diels

分布：四川、云南、西藏

松潘荆芥 Nepeta sungpanensis C. Y. Wu

分布：四川

平卧荆芥 Nepeta supina Stev.

分布：西藏；巴基斯坦、俄罗斯

喀什荆芥 Nepeta taxkorganica Y. F. Chang

分布：新疆

细花荆芥 Nepeta tenuiflora Diels

分布：四川、云南

裂叶荆芥 Nepeta tenuifolia Benth.

分布：甘肃、贵州、河北、黑龙江、河南、辽宁、青海、陕西、山西、四川，栽培于福建、江苏、云南、浙江；韩国

尖齿荆芥 Nepeta ucranica L.

分布：新疆；哈萨克斯坦、吉尔吉斯斯坦、俄罗斯、塔吉克斯坦；欧洲

川西荆芥 Nepeta veitchii Duthie

分布：四川、云南

帚枝荆芥 Nepeta virgata C. Y. Wu et Hsuan

分布：新疆

圆齿荆芥 Nepeta wilsonii Duthie

分布：四川、云南

淡紫荆芥 Nepeta yanthina Franch.

分布：西藏

扎达荆芥 Nepeta zandaensis H. W. Li

分布：西藏

龙船草属 Nosema Prain

龙船草 Nosema cochinchinensis (Lour.) Merr.

分布：广东、广西、海南；印度尼西亚、泰国、越南

钩萼属 Notochaete Benth.

钩萼草 Notochaete hamosa Benth.

分布：云南；不丹、印度、缅甸、尼泊尔

长刺钩萼草 Notochaete longiaristata C. Y. Wu et H. W. Li

分布：云南、西藏

罗勒属 Ocimum L.

灰罗勒 Ocimum americanum L.

分布：云南；印度、印度尼西亚、马来西亚、缅甸、菲律宾、斯里兰卡；亚洲(西南部)、非洲

罗勒 Ocimum basilicum L.

分布：吉林、河北、河南、新疆、安徽、江苏、浙江、江西、湖南、湖北、四川、贵州、云南、福建、台湾、广东、广西；亚洲、非洲

罗勒(原变种) Ocimum basilicum var. **basilicum**

分布：吉林、河北、新疆、安徽、江苏、浙江、江西、湖南、湖北、四川、贵州、云南、福建、台湾、广东、广西；亚洲、非洲

疏柔毛罗勒 Ocimum basilicum var. **pilosum** (Willd.) Benth.

分布：河北、河南、安徽、江苏、浙江、江西、四川、贵州、云南、福建、台湾、广东、广西；亚洲、非洲

无毛丁香罗勒 Ocimum gratissimum var. **suave** (Willd.) Hook. f.

分布：江苏、浙江、云南、福建、台湾、广东、广西；斯

里兰卡；非洲

圣罗勒 Ocimum sanctum L.

分布：四川、台湾、海南；柬埔寨、印度、印度尼西亚、老挝、马来西亚、缅甸、菲律宾、泰国、越南、澳大利亚；亚洲(西南部)、非洲

台湾罗勒 Ocimum tashiroi Hayata

分布：台湾

喜雨草属 Ombrocharis Hand.-Mazz.

喜雨草 Ombrocharis dulcis Hand.-Mazz.

分布：湖南

牛至属 Origanum L.

牛至 Origanum vulgare L.

分布：安徽、福建、甘肃、广东、贵州、河南、湖北、湖南、江苏、江西、陕西、四川、台湾、新疆、西藏、云南、浙江；哈萨克斯坦、吉尔吉斯斯坦、俄罗斯；非洲、欧洲，引种于北美洲

鸡脚参属 Orthosiphon Benth.

石生鸡脚参 Orthosiphon marmoritis (Hance) Dunn

分布：广东、广西；老挝、越南

海南深红鸡脚参 Orthosiphon rubicundus var. **hainanensis** Sun

分布：海南

鸡脚参 Orthosiphon wulfenioides (Diels) Hand.-Mazz.

分布：四川、贵州、云南、广西

鸡脚参(原变种) Orthosiphon wulfenioides var. **wulfenioides**

分布：四川、贵州、云南

茎叶鸡脚参 Orthosiphon wulfenioides var. **foliosus** E. Peter

分布：四川、贵州、云南、广西

胀疮草属 Panzerina Soják

灰白胀疮草 Panzerina canescens (Bunge) Soja

分布：新疆；蒙古国、俄罗斯

胀疮草 Panzerina lanata (L.) Sojá

分布：内蒙古、陕西、宁夏、甘肃；蒙古国、俄罗斯

小花胀疮草 Panzerina parviflora (C. Y. Wu et H. W. Li) Y. Z. Zhao

分布：新疆

假野芝麻属 Paralamium Dunn

假野芝麻 Paralamium gracile Dunn

分布：云南；缅甸、越南

假糙苏属 Paraphlomis (Prain) Prain

白毛假糙苏 Paraphlomis albida Hand.-Mazz.

分布：江西、湖南、湖北、福建、台湾、广东、广西

白毛假糙苏(原变种) Paraphlomis albida var. **albida**

分布：湖南、广东

短齿白毛假糙苏 Paraphlomis albida var. **brevidens** Hand.-Mazz.

分布：安徽、江西、湖南、贵州、福建、台湾、广东、广西

白花假糙苏 Paraphlomis albiflora (Hemsl.) Hand.-Mazz.

分布：湖北、四川

白花假糙苏(原变种) Paraphlomis albiflora var. **albiflora**

分布：湖北、四川

二花白花假糙苏 Paraphlomis albiflora var. **biflora** (Y. Z. Sun) C. Y. Wu

分布：四川

绒毛假糙苏 Paraphlomis albotomentosa C. Y. Wu

分布：湖南

短叶假糙苏 Paraphlomis brevifolia C. Y. Wu et H. W. Li

分布：广西

曲茎假糙苏 Paraphlomis foliata (Dunn) C. Y. Wu et H. W. Li

分布：浙江、江西、福建、广东

纤细假糙苏 Paraphlomis gracilis (Hemsl.) Kudo

分布：湖南、湖北、四川、贵州、广东、广西

纤细假糙苏(原变种) Paraphlomis gracilis var. **gracilis**

分布：湖南、湖北、贵州、台湾

罗甸纤细假糙苏 Paraphlomis gracilis var. **lutienensis** (Y. Z. Sun) C. Y. Wu

分布：四川、贵州、广东、广西

多硬毛假糙苏 Paraphlomis hirsutissima C. Y. Wu et H. W. Li

分布：云南

刚毛假糙苏 Paraphlomis hispida C. Y. Wu

分布：云南；越南

中间假糙苏 Paraphlomis intermedia C. Y. Wu et H. W. Li

分布：浙江

假糙苏 Paraphlomis javanica (Blume) Prain

分布：江西、湖南、四川、贵州、云南、福建、台湾、广东、广西、海南；印度、印度尼西亚、老挝、马来西亚、缅甸、巴基斯坦、菲律宾、泰国、越南

假糙苏(原变种) Paraphlomis javanica var. **javanica**

分布：云南、台湾、广西、海南；印度、印度尼西亚、老挝、马来西亚、缅甸、巴基斯坦、菲律宾、泰国、越南

狭叶假糙苏 Paraphlomis javanica var. **angustifolia** (C. Y. Wu) C. Y. Wu et H. W. Li

分布：湖南、四川、贵州、云南、福建、广东、广西；越南

小叶假糙苏 Paraphlomis javanica var. **coronata** (Vaniot) C. Y. Wu et H. W. Li

分布：江西、湖南、四川、贵州、云南、台湾、广东、广西

短齿假糙苏 Paraphlomis javanica var. **henryi** (Yamam.) C. Y. Wu et H. W. Li

分布：云南、台湾

八角花 Paraphlomis kwangtungensis C. Y. Wu et H. W. Li

分布：广东

长叶假糙苏 Paraphlomis lanceolata Hand.-Mazz.

分布：江西、湖南、广东、广西

长叶假糙苏(原变种) Paraphlomis lanceolata var. **lanceolata**

分布：江西、湖南、广东

无柄长叶假糙苏 Paraphlomis lanceolata var. **sessilifolia** Hand.-Mazz.

分布：广西

红花长叶假糙苏 Paraphlomis lanceolata var. **subrosea** Hand.-Mazz.

分布：湖南

云和假糙苏 Paraphlomis lancidentata Sun

分布：浙江

薄萼假糙苏 Paraphlomis membranacea C. Y. Wu et H. W. Li

分布：云南；越南

奇异假糙苏 Paraphlomis pagantha Dunn

分布：海南；越南

小花假糙苏 Paraphlomis parviflora C. Y. Wu et H. W. Li

分布：台湾

展毛假糙苏 Paraphlomis patentisetulosa C. Y. Wu et H. W. Li

分布：广东

少刺毛假糙苏 Paraphlomis paucisetosa C. Y. Wu ex H. W. Li

分布：广西

折齿假糙苏 Paraphlomis reflexa C. Y. Wu et H. W. Li

分布：江西

刺萼假糙苏 Paraphlomis seticalyx C. Y. Wu et H. W. Li

分布：广西

小刺毛假糙苏 Paraphlomis setulosa C. Y. Wu et H. W. Li

分布：安徽、江西

近革叶假糙苏 Paraphlomis subcoriacea C. Y. Wu et H. W. Li

分布：广东

绒头假糙苏 Paraphlomis tomentosocapitata Yamam.

分布：台湾

紫苏属 Perilla L.

紫苏 Perilla frutescens (L.) Britton

分布：河北、山西、江苏、浙江、江西、湖北、四川、贵州、云南、西藏、福建、台湾、广东、广西；不丹、柬埔寨、印度、印度尼西亚、日本、朝鲜、老挝、越南

紫苏(原变种) Perilla frutescens var. **frutescens**

分布：栽培于中国；不丹、柬埔寨、印度、印度尼西亚、日本、韩国、老挝、越南

回回苏 Perilla frutescens var. **crispa** (Benth.) Deane ex Bailey

分布：各地栽培；日本

野生紫苏 Perilla frutescens var. **purpurascens** (Hayata) H. W. Li

分布：河北、山西、江苏、浙江、江西、湖北、四川、贵州、云南、西藏、福建、台湾、广东、广西；日本

分药花属 Perovskia Kar.

分药花 Perovskia abrotanoides Kar.

分布：西藏；阿富汗、塔吉克斯坦、土库曼斯坦；亚洲(西南部)

滨藜叶分药花 Perovskia atriplicifolia Benth.

分布：西藏

糙苏属 **Phlomis** L.

耕地糙苏 **Phlomis agraria** Bunge
分布：新疆；哈萨克斯坦、蒙古国、俄罗斯

高山糙苏 **Phlomis alpina** Pall.
分布：新疆；哈萨克斯坦、俄罗斯

沧江糙苏 **Phlomis ambigua** Hand.-Mazz.
分布：云南

深紫糙苏 **Phlomis atropurpurea** Dunn
分布：云南

假秦艽 **Phlomis betonicoides** Diels
分布：四川、云南、西藏

清河糙苏 **Phlomis chinghoensis** C. Y. Wu
分布：新疆

乾精菜 **Phlomis congesta** C. Y. Wu
分布：四川、云南

楔叶糙苏 **Phlomis cuneata** C. Y. Wu
分布：西藏

尖齿糙苏 **Phlomis dentosa** Franch.
分布：内蒙古、河北、甘肃、青海

尖齿糙苏(原变种) **Phlomis dentosa** var. **dentosa**
分布：内蒙古、河北、甘肃、青海

渐光尖齿糙苏 **Phlomis dentosa** var. **glabrescens** Danguy
分布：内蒙古、河北、甘肃、青海

裂唇糙苏 **Phlomis fimbriata** C. Y. Wu
分布：云南

苍山糙苏 **Phlomis forrestii** Diels
分布：云南

大理糙苏 **Phlomis franchetiana** Diels
分布：云南

橙花糙苏 **Phlomis fruticosa** L.
分布：陕西；俄罗斯；亚洲(西南部)、欧洲、非洲

斜萼糙苏 **Phlomis inaequalisepala** C. Y. Wu
分布：四川

口外糙苏 **Phlomis jeholensis** Nakai et Kitag.
分布：内蒙古、河北

甘肃糙苏 **Phlomis kansuensis** C. Y. Wu
分布：甘肃

长白糙苏 **Phlomis koraiensis** Nakai
分布：吉林；朝鲜

丽江糙苏 **Phlomis likiangensis** C. Y. Wu
分布：云南

长萼糙苏 **Phlomis longicalyx** C. Y. Wu
分布：云南

大叶糙苏 **Phlomis maximowiczii** Regel
分布：吉林、辽宁、内蒙古、河北

萝卜秦艽 **Phlomis medicinalis** Diels
分布：四川、西藏

大花糙苏 **Phlomis megalantha** Diels
分布：山西、陕西、湖北、四川

黑毛糙苏 **Phlomis melanantha** Diels
分布：四川、云南

米林糙苏 **Phlomis milingensis** C. Y. Wu et H. W. Li
分布：西藏

串铃草 **Phlomis mongolica** Turcz.
分布：内蒙古、河北、山西、陕西、甘肃

串铃草(原变种) **Phlomis mongolica** var. **mongolica**
分布：内蒙古、河北、山西、陕西、甘肃

大头串铃草 **Phlomis mongolica** var. **macrocephala** C. Y. Wu
分布：内蒙古

木里糙苏 **Phlomis muliensis** C. Y. Wu
分布：四川

山地糙苏 **Phlomis oreophila** Kar. et Kir.
分布：新疆；哈萨克斯坦、吉尔吉斯斯坦、蒙古国、俄罗斯、塔吉克斯坦

山地糙苏(原变种) **Phlomis oreophila** var. **oreophila**
分布：新疆；哈萨克斯坦、吉尔吉斯斯坦、蒙古国、俄罗斯、塔吉克斯坦

无长毛山地糙苏 **Phlomis oreophila** var. **evillosa** C. Y. Wu
分布：新疆

美观糙苏 **Phlomis ornata** C. Y. Wu
分布：四川、云南

宝兴糙苏 **Phlomis paohsingensis** C. Y. Wu
分布：四川

假轮状糙苏 **Phlomis pararotata** Sun ex C. H. Hu
分布：云南

具梗糙苏 **Phlomis pedunculata** Sun ex C. H. Hu
分布：四川

草原糙苏 **Phlomis pratensis** Kar. et Kir.
分布：新疆；哈萨克斯坦、吉尔吉斯斯坦

矮糙苏 **Phlomis pygmaea** C. Y. Wu
分布：西藏

裂萼糙苏 **Phlomis ruptilis** C. Y. Wu
分布：云南

刺毛糙苏 **Phlomis setifera** Bureau et Franch.
分布：四川、云南、西藏

糙毛糙苏 **Phlomis strigosa** C. Y. Wu
分布：云南

柴续断 **Phlomis szechuanensis** C. Y. Wu
分布：四川

康定糙苏 **Phlomis tatsienensis** Bureau et Franch.
分布：四川、云南

康定糙苏(原变种) **Phlomis tatsienensis** var. **tatsienensis**
分布：四川

毛萼康定糙苏 **Phlomis tatsienensis** var. **hirticalyx** (Hand.-Mazz.) C. Y. Wu
分布：云南

西藏糙苏 **Phlomis tibetica** C. Marquand et Airy Shaw
分布：西藏

西藏糙苏(原变种) **Phlomis tibetica** var. **tibetica**
分布：西藏

毛盔西藏糙苏 **Phlomis tibetica** var. **wardii** C. Marquand et Airy Shaw
分布：西藏

块根糙苏 **Phlomis tuberosa** L.
分布：黑龙江、内蒙古、新疆；哈萨克斯坦、吉尔吉斯斯坦、蒙古国、俄罗斯；亚洲(西南部)、欧洲

糙苏 **Phlomis umbrosa** Turcz.
分布：辽宁、内蒙古、河北、山西、山东、河南、陕西、甘肃、安徽、江苏、湖南、湖北、四川、贵州、云南、广东

糙苏(原变种) **Phlomis umbrosa** var. **umbrosa**
分布：辽宁、内蒙古、河北、山西、山东、陕西、甘肃、湖北、四川、贵州、广东

南方糙苏 **Phlomis umbrosa** var. **australis** Hemsl.
分布：陕西、甘肃、安徽、湖南、湖北、四川、贵州、云南

宽苞糙苏 **Phlomis umbrosa** var. **latibracteata** Sun ex C. H. Hu
分布：河南

卵齿糙苏 **Phlomis umbrosa** var. **ovalifolia** C. Y. Wu
分布：安徽、江苏

狭萼糙苏 **Phlomis umbrosa** var. **stenocalyx** (Diels) C. Y. Wu
分布：陕西、甘肃

单头糙苏 **Phlomis uniceps** C. Y. Wu
分布：甘肃

螃蟹甲 **Phlomis younghusbandii** Mukh.
分布：西藏

刺蕊草属 **Pogostemon** Desf.

水珍珠菜 **Pogostemon auricularius** (L.) Hassk.
分布：江西、云南、福建、台湾、广东、广西；柬埔寨、印度、印度尼西亚、老挝、马来西亚、缅甸、菲律宾、斯里兰卡、泰国、越南

髯毛刺蕊草 **Pogostemon barbatus** Bhatti et Ingr.
分布：香港

短冠刺蕊草 **Pogostemon brevicorollus** Sun ex C. H. Hu
分布：四川、云南

广藿香 **Pogostemon cablin** (Blanco) Benth.
分布：福建、台湾、广东、广西、海南；印度、印度尼西亚、马来西亚、菲律宾、斯里兰卡

短穗刺蕊草 **Pogostemon championii** Prain
分布：广东、香港

长苞刺蕊草 **Pogostemon chinensis** C. Y. Wu et Y. C. Huang
分布：云南、广东、广西

狭叶刺蕊草 **Pogostemon dielsianus** Dunn
分布：云南

膜叶刺蕊草 **Pogostemon esquirolii** (H. Lév.) C. Y. Wu et Y. C. Huang
分布：贵州、云南、广西、海南

膜叶刺蕊草(原变种) **Pogostemon esquirolii** var. **esquirolii**
分布：贵州、云南、广西、海南

金平膜叶刺蕊草 **Pogostemon esquirolii** var. **tsingpingensis** C. Y. Wu et Y. C. Huang
分布：云南

镰叶水珍珠菜 **Pogostemon falcatus** (C. Y. Wu) C. Y. Wu et H. W. Li
分布：云南

台湾刺蕊草 **Pogostemon formosanus** Oliv.
分布：台湾

刺蕊草 **Pogostemon glaber** Benth.
分布：云南；孟加拉国、不丹、柬埔寨、印度、老挝、缅甸、尼泊尔、泰国

宽叶长柱刺蕊草 **Pogostemon griffithii** var. **latifolius** C. Y. Wu et Y. C. Huang
分布：云南

刚毛萼刺蕊草 **Pogostemon hispidocalyx** C. Y. Wu et Y. C. Huang
分布：云南

小刺蕊草 **Pogostemon menthoides** Blume
分布：云南；印度、印度尼西亚、缅甸、菲律宾、泰国、越南

黑刺蕊草 **Pogostemon nigrescens** Dunn
分布：云南

北刺蕊草 **Pogostemon septentrionalis** C. Y. Wu et Y. C. Huang
分布：江西、广东

苍耳叶刺蕊草 **Pogostemon xanthiifolius** G. Y. Wu et Y. C. Huang
分布：云南

豆腐柴属 **Premna** L.

尖齿豆腐柴 **Premna acutata** W. W. Sm.
分布：四川、云南

苞序豆腐柴 **Premna bracteata** Wall. ex C. B. Clarke
分布：云南、西藏；孟加拉国、不丹、印度

大叶豆腐柴 **Premna cavaleriei** H. Lév.
分布：江西、湖南、贵州、广东、广西

尖叶豆腐柴 **Premna chevalieri** Dop
分布：云南、海南；老挝、越南

滇桂豆腐柴 **Premna confinis** C. P'ei et S. L. Chen ex C. Y. Wu
分布：云南、广西

石山豆腐柴 **Premna crassa** Hand.-Mazz.
分布：贵州、云南、广西；越南

石山豆腐柴(原变种) **Premna crassa** var. **crassa**
分布：贵州、云南、广西；越南

凤庆豆腐柴 **Premna crassa** var. **yui** Moldenke
分布：云南

淡黄豆腐柴 **Premna flavescens** Buch.-Ham. ex C. B. Clarke
分布：云南、广东、广西；印度、印度尼西亚、马来西亚、越南

勐海豆腐柴 **Premna fohaiensis** C. P'ei et S. L. Chen ex C. Y. Wu
分布：云南

长序臭黄荆 **Premna fordii** Dunn
分布：广东、广西、海南

长序臭黄荆(原变种) **Premna fordii** var. **fordii**
分布：广东、广西、海南

无毛臭黄荆 **Premna fordii** var. **glabra** S. L. Chen
分布：广西

黄毛豆腐柴 **Premna fulva** Craib
分布：贵州、云南、广西；老挝、泰国、越南

腺叶豆腐柴 **Premna glandulosa** Hand.-Mazz.
分布：云南

海南臭黄荆 **Premna hainanensis** Chun et F. C. How
分布：海南

蒙自豆腐柴 **Premna henryana** (Hand.-Mazz.) C. Y. Wu
分布：四川、云南

千解草 **Premna herbacea** Roxb.
分布：云南、海南；不丹、柬埔寨、印度、老挝、缅甸、尼泊尔、巴布亚新几内亚、菲律宾、泰国、越南、澳大利亚

间序豆腐柴 **Premna interrupta** Wall. ex Schauer
分布：四川、云南、西藏、广西；不丹、印度、缅甸、尼泊尔

平滑豆腐柴 **Premna laevigata** C. Y. Wu
分布：云南

大叶豆腐柴 **Premna latifolia** Roxb.
分布：云南；印度、印度尼西亚、老挝、缅甸、菲律宾

大叶豆腐柴(原变种) **Premna latifolia** var. **latifolia**
分布：云南；印度、印度尼西亚、老挝、缅甸、菲律宾

楔叶豆腐柴 **Premna latifolia** var. **cuneata** C. B. Clarke
分布：云南；柬埔寨、印度、印度尼西亚、缅甸、菲律宾、越南

臭黄荆 **Premna ligustroides** Hemsl.
分布：江西、湖北、四川、贵州

弯毛臭黄荆 Premna maclurei Merr.
分布：海南

澜沧豆腐柴 Premna mekongensis W. W. Sm.
分布：云南

澜沧豆腐柴(原变种) Premna mekongensis var. **mekongensis**
分布：云南

小叶澜沧豆腐柴 Premna mekongensis var. **meiophylla** W. W. Sm.
分布：云南

豆腐柴 Premna microphylla Turcz.
分布：河南、安徽、浙江、江西、湖南、湖北、四川、贵州、云南、福建、台湾、广东、广西、海南；日本

八脉臭黄荆 Premna octonervia Merr. et F. P. Metcalf
分布：海南

毛鱼臭木 Premna odorata Blanco
分布：台湾；菲律宾

少花豆腐柴 Premna oligantha C. Y. Wu
分布：四川、云南、西藏

百色豆腐柴 Premna paisehensis C. P'ei et S. L. Chen
分布：广西

小叶豆腐柴 Premna parvilimba C. P'ei
分布：云南

狐臭柴 Premna puberula Pamp.
分布：山西、甘肃、湖南、湖北、四川、贵州、云南、福建、广东、广西

狐臭柴(原变种) Premna puberula var. **puberula**
分布：山西、甘肃、湖南、湖北、四川、贵州、云南、福建、广东、广西

毛狐臭柴 Premna puberula var. **bodinieri** (H. Lév.) C. Y. Wu et S. Y. Pao
分布：贵州、云南、广西

普洱豆腐柴 Premna puerensis Y. Y. Qian
分布：云南

玫花豆腐柴 Premna punicea C. Y. Wu
分布：云南

塔序豆腐柴 Premna pyramidata Wall. ex Schauer
分布：广东；印度、缅甸

总序豆腐柴 Premna racemosa Wall. ex Schauer
分布：云南、西藏；孟加拉国、印度、缅甸、尼泊尔

红腺豆腐柴 Premna rubroglandulosa C. Y. Wu
分布：云南

藤豆腐柴 Premna scandens Roxb.
分布：云南；孟加拉国、不丹、印度、缅甸、越南

腾冲豆腐柴 Premna scoriarum W. W. Sm.
分布：云南；缅甸

伞序臭黄荆 Premna serratifolia L.
分布：台湾、广东、广西、海南；印度、马来西亚、斯里兰卡、菲律宾、澳大利亚、南太平洋岛屿

草坡豆腐柴 Premna steppicola Hand.-Mazz.
分布：四川、云南

草黄枝豆腐柴 Premna straminicaulis C. Y. Wu
分布：云南

近头状豆腐柴 Premna subcapitata Rehder
分布：四川、云南

攀援臭黄荆 Premna subscandens Merr.
分布：海南；菲律宾

塘虱角 Premna sunyiensis C. P'ei
分布：广东

思茅豆腐柴 Premna szemaoensis C. P'ei
分布：云南

大坪子豆腐柴 Premna tapintzeana Dop
分布：云南

圆叶豆腐柴 Premna tenii C. P'ei
分布：云南

麻叶豆腐柴 Premna urticifolia Rehder
分布：云南

黄绒豆腐柴 Premna velutina C. Y. Wu
分布：云南

云南豆腐柴 Premna yunnanensis W. W. Sm.
分布：四川、云南

夏枯草属 Prunella L.

山菠菜 Prunella asiatica Nakai
分布：黑龙江、吉林、辽宁、山西、山东、安徽、江苏、浙江、江西；日本、朝鲜

大花夏枯草 Prunella grandiflora (L.) Jacq.
分布：江苏；亚洲(西南部)、欧洲

硬毛夏枯草 Prunella hispida Benth.
分布：四川、云南、西藏；印度

夏枯草 **Prunella vulgaris** L.
分布：河南、陕西、甘肃、新疆、浙江、江西、湖南、湖北、四川、贵州、云南、西藏、福建、台湾、广东、广西；不丹、印度、日本、哈萨克斯坦、朝鲜、吉尔吉斯斯坦、尼泊尔、巴基斯坦、俄罗斯、塔吉克斯坦、土库曼斯坦、乌兹别克斯坦；亚洲(西南部)、欧洲、非洲、北美洲

夏枯草(原变种) **Prunella vulgaris** var. **vulgaris**
分布：福建、甘肃、广东、广西、贵州、河南、湖北、湖南、江西、陕西、四川、台湾、新疆、西藏、云南、浙江；不丹、印度、日本、哈萨克斯坦、韩国、吉尔吉斯斯坦、尼泊尔、巴基斯坦、俄罗斯、塔吉克斯坦、土库曼斯坦、乌兹别克斯坦；亚洲(西南部)、欧洲、非洲、北美洲

狭叶夏枯草 **Prunella vulgaris** var. **lanceolata** (W. P. C. Barton) Fernald
分布：四川、云南

迷迭香属 **Rosmarinus** L.

迷迭香 **Rosmarinus officinalis** L.
分布：黑龙江、吉林、辽宁、内蒙古、河北、北京、河南、甘肃、安徽、江苏、江西、湖南、湖北、贵州、福建、广东、广西、海南、香港、澳门；亚洲(西南部)、欧洲、非洲

钩子木属 **Rostrinucula** Kudo

钩子木 **Rostrinucula dependens** (Rehder) Kudo
分布：陕西、四川、贵州、云南

长叶钩子木 **Rostrinucula sinensis** (Hemsl.) C. Y. Wu
分布：湖南、湖北、贵州、广西

掌叶石蚕属 **Rubiteucris** Kudo

掌叶石蚕 **Rubiteucris palmata** (Benth. ex Hook. f.) Kudo
分布：陕西、甘肃、湖北、四川、贵州、云南、西藏、台湾；印度

鼠尾草属 **Salvia** L.

铁线鼠尾草 **Salvia adiantifolia** E. Peter
分布：江西、湖南、福建、广东、广西

五福花鼠尾草 **Salvia adoxoides** C. Y. Wu
分布：广西

橙色鼠尾草 **Salvia aerea** H. Lév.
分布：四川、贵州、云南

翅柄鼠尾草 **Salvia alatipetiolata** Sun
分布：四川

附片鼠尾草 **Salvia appendiculata** E. Peter
分布：广东

暗紫鼠尾草 **Salvia atropurpurea** C. Y. Wu
分布：云南

暗红鼠尾草 **Salvia atrorubra** C. Y. Wu
分布：云南

白马鼠尾草 **Salvia baimaensis** S. W. Su et Z. A. Shen
分布：安徽

开萼鼠尾草 **Salvia bifidocalyx** C. Y. Wu et Y. C. Huang
分布：云南

南丹参 **Salvia bowleyana** Dunn
分布：浙江、江西、湖南、福建、广东、广西

南丹参(原变种) **Salvia bowleyana** var. **bowleyana**
分布：浙江、江西、湖南、福建、广东、广西

近二回羽裂南丹参 **Salvia bowleyana** var. **subbipinnata** C. Y. Wu
分布：浙江

短冠鼠尾草 **Salvia brachyloma** E. Peter
分布：四川、云南

短隔鼠尾草 **Salvia breviconnectivata** Sun
分布：云南

短唇鼠尾草 **Salvia brevilabra** Franch.
分布：四川

戟叶鼠尾草 **Salvia bulleyana** Diels
分布：云南

钟萼鼠尾草 **Salvia campanulata** Wall. ex Benth.
分布：云南、西藏；不丹、印度、缅甸、尼泊尔

钟萼鼠尾草(原变种) **Salvia campanulata** var. **campanulata**
分布：云南；印度、尼泊尔

截萼钟萼鼠尾草 **Salvia campanulata** var. **codonantha** (E. Peter) E. Peter
分布：云南；缅甸

裂萼钟萼鼠尾草 **Salvia campanulata** var. **fissa** E. Peter
分布：云南；印度

微硬毛钟萼鼠尾草 **Salvia campanulata** var. **hirtella** E. Peter
分布：云南、西藏；不丹、印度、尼泊尔

栗色鼠尾草 **Salvia castanea** Diels
分布：四川、云南、西藏；尼泊尔

贵州鼠尾草 **Salvia cavaleriei** H. Lév.
分布：陕西、江西、湖南、湖北、四川、贵州、云南、广东、广西

贵州鼠尾草(原变种) **Salvia cavaleriei** var. **cavaleriei**
分布：四川、贵州、广东、广西

紫背贵州鼠尾草 **Salvia cavaleriei** var. **erythrophylla** (Hemsl.) E. Peter
分布：陕西、湖南、湖北、云南、广西

血盆草 **Salvia cavaleriei** var. **simplicifolia** E. Peter
分布：江西、湖南、湖北、四川、贵州、云南、广东、广西

黄山鼠尾草 **Salvia chienii** E. Peter
分布：安徽

黄山鼠尾草(原变种) **Salvia chienii** var. **chienii**
分布：安徽

婺源黄山鼠尾草 **Salvia chienii** var. **wuyuania** Sun
分布：江西

华鼠尾草 **Salvia chinensis** Benth.
分布：山东、安徽、江苏、浙江、江西、湖南、湖北、四川、福建、台湾、广东、广西

川西鼠尾草 **Salvia chuanxiensis** Z. Y. Zhu, B. Q. Min et Qiu L. Wang
分布：四川

崇安鼠尾草 **Salvia chunganensis** C. Y. Wu et Y. C. Huang
分布：福建

朱唇 **Salvia coccinea** Buc'hoz ex Etl.
分布：云南；原产于南美洲

圆苞鼠尾草 **Salvia cyclostegia** E. Peter
分布：四川、云南

圆苞鼠尾草(原变种) **Salvia cyclostegia** var. **cyclostegia**
分布：四川、云南

紫花圆苞鼠尾草 **Salvia cyclostegia** var. **purpurascens** C. Y. Wu
分布：四川、云南

犬形鼠尾草 **Salvia cynica** Dunn
分布：四川

大别山丹参 **Salvia dabieshanensis** J. Q. He
分布：安徽

新疆鼠尾草 **Salvia deserta** Schangin
分布：新疆；哈萨克斯坦、吉尔吉斯斯坦、俄罗斯

毛地黄鼠尾草 **Salvia digitaloides** Diels
分布：云南

毛地黄鼠尾草(原变种) **Salvia digitaloides** var. **digitaloides**
分布：云南

无毛毛地黄鼠尾草 **Salvia digitaloides** var. **glabrescens** E. Peter
分布：四川、贵州、云南

长花鼠地草 **Salvia dolichantha** E. Peter
分布：四川

雪山鼠尾草 **Salvia evansiana** Hand.-Mazz.
分布：四川、云南

雪山鼠尾草(原变种) **Salvia evansiana** var. **evansiana**
分布：四川、云南

葶花雪山鼠尾草 **Salvia evansiana** var. **scaposa** E. Peter
分布：云南

蕨叶鼠尾草 **Salvia filicifolia** Merr.
分布：湖南、广东

黄花鼠尾草 **Salvia flava** Forrest ex Diels
分布：四川、云南

黄花鼠尾草(原变种) **Salvia flava** var. **flava**
分布：四川、云南

大花黄花鼠尾草 **Salvia flava** var. **megalantha** Diels
分布：云南

草莓状鼠尾草 **Salvia fragarioides** C. Y. Wu
分布：云南

大叶鼠尾草 **Salvia grandifolia** W. W. Sm.
分布：四川、云南

木里鼠尾草 **Salvia handelii** E. Peter
分布：四川

阿里山鼠尾草 **Salvia hayatae** Makino ex Hayata
分布：台湾

阿里山鼠尾草(原变种) **Salvia hayatae** var. **hayatae**
分布：台湾

羽叶阿里山鼠尾草 **Salvia hayatae** var. **pinnata** (Hayata) C. Y. Wu
分布：台湾

异色鼠尾草 **Salvia heterochroa** E. Peter
分布：云南

瓦山鼠尾草 Salvia himmelbaurii E. Peter
分布：四川

河南鼠尾草 Salvia honania L. H. Bailey
分布：河北、湖北

湖北鼠尾草 Salvia hupehensis E. Peter
分布：湖北

林华鼠尾草 Salvia hylocharis Diels
分布：云南、西藏

鼠尾草 Salvia japonica Thunb.
分布：安徽、江苏、浙江、江西、湖北、四川、福建、台湾、广东、广西

鼠尾草(原变种) Salvia japonica var. **japonica**
分布：安徽、江苏、浙江、江西、湖北、四川、福建、台湾、广东、广西

多小叶鼠尾草 Salvia japonica var. **multifoliolata** E. Peter
分布：四川、广东

关公须 Salvia kiangsiensis C. Y. Wu
分布：江西、湖南、福建

荞麦地鼠尾草 Salvia kiaometiensis H. Lév.
分布：四川、云南

洱源鼠尾草 Salvia lankongensis C. Y. Wu
分布：云南

舌瓣鼠尾草 Salvia liguliloba Sun
分布：安徽、浙江

东川鼠尾草 Salvia mairei H. Lév.
分布：云南

鄂西鼠尾草 Salvia maximowicziana Hemsl.
分布：陕西、甘肃、湖北、四川、云南、西藏

鄂西鼠尾草(原变种) Salvia maximowicziana var. **maximowicziana**
分布：陕西、甘肃、湖北、四川、云南、西藏

多花鄂西鼠尾草 Salvia maximowicziana var. **floribunda** E. Peter
分布：四川

美丽鼠尾草 Salvia meiliensis S. W. Su
分布：安徽

湄公鼠尾草 Salvia mekongensis E. Peter
分布：云南

丹参 Salvia miltiorrhiza Bunge
分布：河北、山西、山东、河南、陕西、安徽、江苏、浙江、湖南、湖北；日本

丹参(原变种) Salvia miltiorrhiza var. **miltiorrhiza**
分布：河北、山西、山东、河南、陕西、安徽、江苏、浙江、湖南；日本

单叶丹参 Salvia miltiorrhiza var. **charbonnelii** (H. Lév.) C. Y. Wu
分布：河北、山西、河南、湖北

南川鼠尾草 Salvia nanchuanensis Sun
分布：湖北、四川

南川鼠尾草(原变种) Salvia nanchuanensis var. **nanchuanensis**
分布：湖北、四川

蕨叶南川鼠尾草 Salvia nanchuanensis var. **pteridifolia** Sun
分布：四川

台湾琴柱草 Salvia nipponica var. **formosana** (Hayata) Kudo
分布：台湾

云生丹参 Salvia nubicola Wall. ex Sweet
分布：西藏；阿富汗、不丹、印度、巴基斯坦；亚洲(西南部)、欧洲

撒尔维亚 Salvia officinalis L.
分布：黑龙江、吉林、辽宁、内蒙古、河北、北京、河南、陕西、宁夏、甘肃、青海、安徽、江苏、江西、湖南、湖北、贵州、福建、广东、广西、海南、香港、澳门；欧洲

峨眉鼠尾草 Salvia omeiana E. Peter
分布：四川

峨眉鼠尾草(原变种) Salvia omeiana var. **omeiana**
分布：四川

宽苞峨眉鼠尾草 Salvia omeiana var. **grandibracteata** E. Peter
分布：四川

宝兴鼠尾草 Salvia paohsingensis C. Y. Wu
分布：四川

拟丹参 Salvia paramiltiorrhiza H. W. Li et X. L. Huang
分布：安徽、湖北

少花鼠尾草 Salvia pauciflora E. Peter
分布：云南

秦岭鼠尾草 Salvia piasezkii Maxim.
分布：陕西、甘肃

荔枝草 **Salvia plebeia** R. Br.
分布：甘肃、青海、新疆；阿富汗、印度、印度尼西亚、日本、朝鲜、马来西亚、缅甸、俄罗斯、泰国、越南、澳大利亚

长冠鼠尾草 **Salvia plectranthoides** Griff.
分布：陕西、湖北、四川、贵州、云南、广西；不丹、印度

毛唇鼠尾草 **Salvia pogonochila** Diels ex Limpr.
分布：四川

洪桥鼠尾草 **Salvia potaninii** Krylov
分布：四川

康定鼠尾草 **Salvia prattii** Hemsl.
分布：青海、四川

红根草 **Salvia prionitis** Hance
分布：安徽、浙江、江西、湖南、广东、广西

甘西鼠尾草 **Salvia przewalskii** Maxim.
分布：甘肃、湖北、四川、云南、西藏

甘西鼠尾草(原变种) **Salvia przewalskii** var. **przewalskii**
分布：甘肃、四川、云南、西藏

白花甘西鼠尾草 **Salvia przewalskii** var. **alba** X. L. Huang et H. W. Li
分布：云南

少毛甘西鼠尾草 **Salvia przewalskii** var. **glabrescens** E. Peter
分布：四川、云南、西藏

褐毛甘西鼠尾草 **Salvia przewalskii** var. **mandarinorum** (Diels) E. Peter
分布：甘肃、湖北、四川、云南

祁门鼠尾草 **Salvia qimenensis** S. W. Su et J. Q. He
分布：安徽

粘毛鼠尾草 **Salvia roborowskii** Maxim.
分布：甘肃、青海、四川、云南、西藏；尼泊尔、不丹

地埂鼠尾草 **Salvia scapiformis** Hance
分布：浙江、江西、湖南、贵州、福建、台湾、广东、广西；菲律宾

地埂鼠尾草(原变种) **Salvia scapiformis** var. **scapiformis**
分布：福建、台湾、广东；菲律宾

钟萼地埂鼠尾草 **Salvia scapiformis** var. **carphocalyx** E. Peter
分布：江西、湖南、广东

硬毛地埂鼠尾草 **Salvia scapiformis** var. **hirsuta** E. Peter
分布：浙江、贵州、福建、广东、广西

裂萼鼠尾草 **Salvia schizocalyx** E. Peter
分布：云南；缅甸

裂瓣鼠尾草 **Salvia schizochila** E. Peter
分布：云南

锡金鼠尾草 **Salvia sikkimensis** E. Peter
分布：西藏；不丹、印度

锡金鼠尾草(原变种) **Salvia sikkimensis** var. **sikkimensis**
分布：西藏；不丹、印度

张萼锡金鼠尾草 **Salvia sikkimensis** var. **chaenocalyx** E. Peter
分布：西藏；不丹、印度

浙皖丹参 **Salvia sinica** Migo
分布：安徽、浙江

橙香鼠尾草 **Salvia smithii** E. Peter
分布：四川

苣叶鼠尾草 **Salvia sonchifolia** C. Y. Wu
分布：云南

一串红 **Salvia splendens** Ker Gawl.
分布：栽培于全国；南美洲

近掌脉鼠尾草 **Salvia subpalmatinervis** E. Peter
分布：云南

佛光草 **Salvia substolonifera** E. Peter
分布：浙江、湖南、四川、贵州、福建

黄鼠狼花 **Salvia tricuspis** Franch.
分布：山西、陕西、甘肃、四川

三叶鼠尾草 **Salvia trijuga** Diels
分布：四川、云南、西藏

荫生鼠尾草 **Salvia umbratica** Hance
分布：内蒙古、河北、山西、陕西、甘肃、安徽、湖北

野丹参 **Salvia vasta** H. W. Li
分布：湖北

野丹参(原变种) **Salvia vasta** var. **vasta**
分布：湖北

齿唇丹参 **Salvia vasta** var. **fimbriata** H. W. Li
分布：湖北

西藏鼠尾草 **Salvia wardii** E. Peter

分布：西藏

威海鼠尾草 **Salvia weihaiensis** C. Y. Wu et H. W. Li

分布：山东

云南鼠尾草 **Salvia yunnanensis** C. H. Wright

分布：甘肃、四川、云南

四棱草属 Schnabelia Hand.-Mazz.

四棱草 **Schnabelia oligophylla** Hand.-Mazz.

分布：江西、湖南、四川、云南、福建、广东、广西、海南

四棱草(原变种) **Schnabelia oligophylla** var. **oligophylla**

分布：江西、湖南、四川、福建、广东、广西、海南

长叶四棱草 **Schnabelia oligophylla** var. **oblongifolia** C. Y. Wu et C. Chen

分布：四川、云南

四齿四棱草 **Schnabelia tetrodonta** (Y. Z. Sun) C. Y. Wu et C. Chen

分布：四川、贵州

黄芩属 Scutellaria L.

腺毛黄芩 **Scutellaria adenotricha** X. H. Fuo et S. B. Zhou

分布：福建

阿尔泰黄芩 **Scutellaria altaica** Fisch. ex Sweet

分布：新疆

滇黄芩 **Scutellaria amoena** C. H. Wright

分布：四川、贵州、云南

滇黄芩(原变种) **Scutellaria amoena** var. **amoena**

分布：四川、贵州、云南

灰毛滇黄芩 **Scutellaria amoena** var. **cinerea** Hand.-Mazz.

分布：四川、云南

安徽黄芩 **Scutellaria anhweiensis** C. Y. Wu

分布：安徽

南台湾黄芩 **Scutellaria austrotaiwanensis** T. H. Hsieh et T. C. Huang

分布：台湾

腋花黄芩 **Scutellaria axilliflora** Hand.-Mazz.

分布：福建

腋花黄芩(原变种) **Scutellaria axilliflora** var. **axilliflora**

分布：福建

大花腋花黄芩 **Scutellaria axilliflora** var. **medullifera** (Y. Z. Sun ex C. H. Hu) C. Y. Wu et H. W. Li

分布：浙江

黄芩 **Scutellaria baicalensis** Georgi

分布：黑龙江、辽宁、内蒙古、河北、山西、山东、河南、陕西、甘肃、江苏、湖北；日本、朝鲜、蒙古国、俄罗斯

竹林黄芩 **Scutellaria bambusetorum** C. Y. Wu

分布：云南

半枝莲 **Scutellaria barbata** D. Don

分布：河北、山东、河南、陕西、江苏、浙江、江西、湖南、湖北、四川、贵州、云南、福建、台湾、广东、广西；印度、日本、朝鲜、老挝、缅甸、尼泊尔、泰国、越南

囊距黄芩 **Scutellaria calcarata** C. Y. Wu et H. W. Li

分布：云南

莸状黄芩 **Scutellaria caryopteroides** Hand.-Mazz.

分布：河南、陕西、湖北

尾叶黄芩 **Scutellaria caudifolia** Sun ex C. H. Hu

分布：四川、贵州

尾叶黄芩(原变种) **Scutellaria caudifolia** var. **caudifolia**

分布：四川、贵州

斜叶尾叶黄芩 **Scutellaria caudifolia** var. **obliquifolia** C. Y. Wu et S. Chow

分布：四川

浙江黄芩 **Scutellaria chekiangensis** C. Y. Wu

分布：浙江、四川

赤水黄芩 **Scutellaria chihshuiensis** C. Y. Wu et H. W. Li

分布：贵州

祁门黄芩 **Scutellaria chimenensis** C. Y. Wu

分布：安徽

中甸黄芩 **Scutellaria chungtienensis** C. Y. Wu

分布：云南

方枝黄芩 **Scutellaria delavayi** H. Lév.

分布：湖南、四川、云南

纤弱黄芩 **Scutellaria dependens** Maxim.

分布：黑龙江、吉林、内蒙古、山东；不丹、日本、朝鲜、俄罗斯

异色黄芩 **Scutellaria discolor** Wall. ex Benth.

分布：四川、贵州、云南、广西；柬埔寨、印度、印度尼西亚、老挝、马来西亚、缅甸、尼泊尔、泰国、越南

异色黄芩(原变种) Scutellaria discolor var. **discolor**
分布：贵州、云南、广西；柬埔寨、印度、印度尼西亚、老挝、马来西亚、缅甸、尼泊尔、泰国、越南

地盆草 Scutellaria discolor var. **hirta** Hand.-Mazz.
分布：四川、云南

蓝花黄芩 Scutellaria formosana N. E. Br.
分布：江西、云南、福建、广东、广西、海南

蓝花黄芩(原变种) Scutellaria formosana var. **formosana**
分布：江西、云南、福建、广东、海南

多毛蓝花黄芩 Scutellaria formosana var. **pubescens** C. Y. Wu et H. W. Li
分布：广西、海南

灰岩黄芩 Scutellaria forrestii Diels
分布：四川、云南

岩霍香芩 Scutellaria franchetiana H. Lév.
分布：陕西、湖北、四川、贵州

盔状黄芩 Scutellaria galericulata L.
分布：内蒙古、陕西、新疆；日本、哈萨克斯坦、吉尔吉斯斯坦、蒙古国、俄罗斯、塔吉克斯坦、土库曼斯坦、乌兹别克斯坦；亚洲(西南部)、欧洲、北美洲

粗齿黄芩 Scutellaria grossecrenata Merr. et Chun ex H. W. Li
分布：广东

连钱黄芩 Scutellaria guilielmii A. Gray
分布：陕西、浙江、湖南；日本

海南黄芩 Scutellaria hainanensis C. Y. Wu
分布：海南

河南黄芩 Scutellaria honanensis C. Y. Wu et H. W. Li
分布：河南、湖北

长叶黄芩 Scutellaria hsiehii T. H. Hsieh
分布：台湾

湖南黄芩 Scutellaria hunanensis C. Y. Wu
分布：湖南

连翘叶黄芩 Scutellaria hypericifolia H. Lév.
分布：四川、西藏

连翘叶黄芩(原变种) Scutellaria hypericifolia var. **hypericifolia**
分布：四川

多毛连翘叶黄芩 Scutellaria hypericifolia var. **pilosa** C. Y. Wu
分布：四川

裂叶黄芩 Scutellaria incisa Sun ex C. H. Hu
分布：浙江、江西

韩信草 Scutellaria indica L.
分布：河南、陕西、安徽、江苏、浙江、江西、湖南、湖北、四川、贵州、云南、福建、台湾、广东、广西；柬埔寨、印度、印度尼西亚、日本、老挝、马来西亚、缅甸、泰国、越南

韩信草(原变种) Scutellaria indica var. **indica**
分布：河南、陕西、安徽、江苏、浙江、江西、湖南、湖北、四川、贵州、云南、福建、台湾、广东、广西；柬埔寨、印度、印度尼西亚、日本、老挝、马来西亚、缅甸、泰国、越南

长毛韩信草 Scutellaria indica var. **elliptica** Sun ex C. H. Hu
分布：安徽、浙江、江西、湖南、湖北、四川、贵州、福建、广东、广西

小叶韩信草 Scutellaria indica var. **parvifolia** Makino
分布：安徽、湖南、云南、台湾、广东、广西；日本

缩茎韩信草 Scutellaria indica var. **subacaulis** (Y. Z. Sun ex C. H. Hu) C. Y. Wu et C. Chen
分布：河南、江苏、浙江、江西、湖南、云南、福建、广东；日本

永泰黄芩 Scutellaria inghokensis F. P. Metcalf
分布：福建

爪哇黄芩 Scutellaria javanica Jungh.
分布：海南；印度尼西亚、菲律宾

藏黄芩 Scutellaria kingiana Prain
分布：西藏

光紫黄芩 Scutellaria laeteviolacea Koidz.
分布：安徽、江苏；日本

散黄芩 Scutellaria laxa Dunn
分布：云南

丽江黄芩 Scutellaria likiangensis Diels
分布：云南

长叶并头草 Scutellaria linarioides C. Y. Wu
分布：四川、云南

罗甸黄芩 Scutellaria lotienensis C. Y. Wu et S. Chow
分布：贵州

淡黄黄芩 Scutellaria lutescens C. Y. Wu
分布：云南

乐东黄芩 **Scutellaria luzonica** var. **lotungensis** C. Y. Wu et C. Chen
分布：海南

大齿黄芩 **Scutellaria macrodonta** Hand.-Mazz.
分布：河北、河南

长管黄芩 **Scutellaria macrosiphon** C. Y. Wu
分布：云南

毛茎黄芩 **Scutellaria mairei** H. Lév.
分布：云南

龙头黄芩 **Scutellaria meehanioides** C. Y. Wu
分布：山西、甘肃、湖北

龙头黄芩(原变种) **Scutellaria meehanioides** var. **meehanioides**
分布：山西、湖北

少齿龙头黄芩 **Scutellaria meehanioides** var. **paucidentata** C. Y. Wu et H. W. Li
分布：甘肃

大叶黄芩 **Scutellaria megaphylla** C. Y. Wu et H. W. Li
分布：山东

小紫黄芩 **Scutellaria microviolacea** C. Y. Wu
分布：云南

毛叶黄芩 **Scutellaria mollifolia** C. Y. Wu et H. W. Li
分布：四川

念珠根茎黄芩 **Scutellaria moniliorrhiza** Kom.
分布：吉林；朝鲜、俄罗斯

变黑黄芩 **Scutellaria nigricans** C. Y. Wu
分布：四川

黑心黄芩 **Scutellaria nigrocardia** C. Y. Wu et H. W. Li
分布：广东

钝叶黄芩 **Scutellaria obtusifolia** Hemsl.
分布：湖北、四川、贵州、广西

钝叶黄芩(原变种) **Scutellaria obtusifolia** var. **obtusifolia**
分布：湖北、四川、贵州

三脉钝叶黄芩 **Scutellaria obtusifolia** var. **trinervata** (Vaniot) C. Y. Wu et H. W. Li
分布：贵州、广西

少齿黄芩 **Scutellaria oligodonta** Juz.
分布：新疆；吉尔吉斯斯坦

少脉黄芩 **Scutellaria oligophlebia** Merr. et Chun ex H. W. Li
分布：广东

峨眉黄芩 **Scutellaria omeiensis** C. Y. Wu
分布：湖北、四川、贵州

峨眉黄芩(原变种) **Scutellaria omeiensis** var. **omeiensis**
分布：四川

锯叶峨眉黄芩 **Scutellaria omeiensis** var. **serratifolia** C. Y. Wu et S. Chow
分布：湖北、四川、贵州

直萼黄芩 **Scutellaria orthocalyx** Hand.-Mazz.
分布：四川、云南

展毛黄芩 **Scutellaria orthotricha** C. Y. Wu et H. W. Li
分布：新疆

京黄芩 **Scutellaria pekinensis** Maxim.
分布：黑龙江、吉林、内蒙古、河北、山东、河南、陕西、安徽、江苏、浙江、江西、湖北、四川、福建；日本、朝鲜、俄罗斯

京黄芩(原变种) **Scutellaria pekinensis** var. **pekinensis**
分布：吉林、河北、山东、河南、陕西、浙江

大花京黄芩 **Scutellaria pekinensis** var. **grandiflora** C. Y. Wu et H. W. Li
分布：四川

紫茎京黄芩 **Scutellaria pekinensis** var. **purpureicaulis** (Migo) C. Y. Wu et H. W. Li
分布：山东、安徽、江苏、浙江、湖北、福建

短促京黄芩 **Scutellaria pekinensis** var. **transitra** (Makino) H. Hara ex H. W. Li
分布：安徽、江苏、浙江、江西、湖南、福建；日本、朝鲜

黑龙江京黄芩 **Scutellaria pekinensis** var. **ussuriensis** (Regel) Hand.-Mazz.
分布：黑龙江、吉林、内蒙古；日本、朝鲜、俄罗斯

屏边黄芩 **Scutellaria pingbienensis** C. Y. Wu et H. W. Li
分布：云南

伏黄芩 **Scutellaria playfairii** Kudo
分布：台湾

伏黄芩(原变种) **Scutellaria playfairii** var. **playfairii**
分布：台湾

少毛伏黄芩 **Scutellaria playfairii** var. **procumbens** (Ohwi) C. Y. Wu et H. W. Li
分布：台湾

平卧黄芩 **Scutellaria prostrata** Jacquem. ex Benth.
分布：新疆；印度

深裂叶黄芩 **Scutellaria przewalskii** Juz.
分布：甘肃、新疆；吉尔吉斯斯坦

假韧黄芩 **Scutellaria pseudotenax** C. Y. Wu
分布：云南

紫心黄芩 **Scutellaria purpureocardia** C. Y. Wu
分布：云南

四裂花黄芩 **Scutellaria quadrilobulata** Sun ex C. H. Hu
分布：湖北、四川

四裂花黄芩(原变种) **Scutellaria quadrilobulata** var. **quadrilobulata**
分布：湖北、四川、云南

硬毛四裂花黄芩 **Scutellaria quadrilobulata** var. **pilosa** C. Y. Wu et S. Chow
分布：贵州、云南

狭叶黄芩 **Scutellaria regeliana** Nakai
分布：黑龙江、吉林、内蒙古、河北；朝鲜、蒙古国、俄罗斯

狭叶黄芩(原变种) **Scutellaria regeliana** var. **regeliana**
分布：黑龙江、吉林、内蒙古、河北；朝鲜、俄罗斯

塔头狭叶黄芩 **Scutellaria regeliana** var. **ikonnikovii** (Juz.) C. Y. Wu et H. W. Li
分布：黑龙江、吉林、内蒙古；蒙古国、俄罗斯

甘肃黄芩 **Scutellaria rehderiana** Diels
分布：内蒙古、山西、陕西、甘肃

显脉黄芩 **Scutellaria reticulata** C. Y. Wu et W. T. Wang
分布：广西

棱茎黄芩 **Scutellaria scandens** Buch.-Ham. ex D. Don
分布：西藏；尼泊尔

喜荫黄芩 **Scutellaria sciaphila** S. Moore
分布：山东、江苏、江西

并头黄芩 **Scutellaria scordifolia** Fisch. ex Schrank
分布：黑龙江、辽宁、内蒙古、河北、山西、河南、陕西、甘肃、青海；日本、蒙古国、俄罗斯、塔吉克斯坦、土库曼斯坦、乌兹别克斯坦

并头黄芩(原变种) **Scutellaria scordifolia** var. **scordifolia**
分布：黑龙江、吉林、内蒙古、河北；朝鲜、俄罗斯

喜沙并头黄芩 **Scutellaria scordifolia** var. **ammophila** (Kitag.) C. Y. Wu et W. T. Wang
分布：黑龙江、辽宁、内蒙古、河北、陕西

微柔毛并头黄芩 **Scutellaria scordifolia** var. **puberula** Regel ex Kom.
分布：黑龙江、内蒙古、河北、山西

多毛并头黄芩 **Scutellaria scordifolia** var. **villosissima** C. Y. Wu et W. T. Wang
分布：山西、河南、陕西、甘肃、青海

雾灵山并头黄芩 **Scutellaria scordifolia** var. **wulingshanensis** (Nakai et Kitag.) C. Y. Wu et W. T. Wang
分布：河北、山西

石蜈蚣草 **Scutellaria sessilifolia** Hemsl.
分布：四川

山西黄芩 **Scutellaria shansiensis** C. Y. Wu et H. W. Li
分布：山西

瑞丽黄芩 **Scutellaria shweliensis** W. W. Sm.
分布：云南

西畴黄芩 **Scutellaria sichourensis** C. Y. Wu et H. W. Li
分布：云南

宽苞黄芩 **Scutellaria sieversii** Bunge
分布：新疆；哈萨克斯坦、俄罗斯

白花黄芩 **Scutellaria spectabilis** Pax et Hoffm. ex Limpr.
分布：四川

狭管黄芩 **Scutellaria stenosiphon** Hemsl.
分布：广东

沙滩黄芩 **Scutellaria strigillosa** Hemsl.
分布：辽宁、河北、山东、江苏、浙江；日本、朝鲜、俄罗斯

两广黄芩 **Scutellaria subintegra** C. Y. Wu et H. W. Li
分布：广东、广西

仰卧黄芩 **Scutellaria supina** L.
分布：新疆；哈萨克斯坦、蒙古国、俄罗斯

台北黄芩 **Scutellaria taipeiensis** T. C. Huang
分布：台湾

台湾黄芩 **Scutellaria taiwanensis** C. Y. Wu
分布：台湾

大坪子黄芩 **Scutellaria tapintzeensis** C. Y. Wu et H. W. Li
分布：云南

太鲁阁黄芩 **Scutellaria tarokoensis** T. Yamaz.
分布：台湾

偏花黄芩 **Scutellaria tayloriana** Dunn
分布：湖南、贵州、广东、广西

韧黄芩 **Scutellaria tenax** W. W. Sm.
分布：四川、云南

韧黄芩(原变种) **Scutellaria tenax** var. **tenax**
分布：四川、云南

展毛韧黄芩 **Scutellaria tenax** var. **patentipilosa** (Hand.-Mazz.) C. Y. Wu
分布：四川、云南

柔弱黄芩 **Scutellaria tenera** C. Y. Wu et H. W. Li
分布：浙江、江西、湖南

大姚黄芩 **Scutellaria teniana** Hand.-Mazz.
分布：云南

细花黄芩 **Scutellaria tenuiflora** C. Y. Wu
分布：陕西

天全黄芩 **Scutellaria tienchueanensis** C. Y. Wu et C. Chen
分布：四川

缙云黄芩 **Scutellaria tsinyunensis** C. Y. Wu et S. Chow
分布：四川

假活血草 **Scutellaria tuberifera** C. Y. Wu et C. Chen
分布：安徽、江苏、浙江、云南

图们黄芩 **Scutellaria tuminensis** Nakai
分布：吉林；俄罗斯

紫苏叶黄芩 **Scutellaria violacea** var. **sikkimensis** Hook. f.
分布：四川、云南；印度

粘毛黄芩 **Scutellaria viscidula** Bunge
分布：内蒙古、山西、陕西、甘肃

巍山黄芩 **Scutellaria weishanensis** C. Y. Wu et H. W. Li
分布：云南

文山黄芩 **Scutellaria wenshanensis** C. Y. Wu et H. W. Li
分布：云南

南粤黄芩 **Scutellaria wongkei** Dunn
分布：广东

荨麻叶黄芩 **Scutellaria yangbiense** H. W. Li
分布：云南

英德黄芩 **Scutellaria yingtakensis** Sun ex C. H. Hu
分布：江西、湖南、四川、贵州、福建、广东、广西

红茎黄芩 **Scutellaria yunnanensis** H. Lév.
分布：四川、贵州、云南

红茎黄芩(原变种) **Scutellaria yunnanensis** var. **yunnanensis**
分布：四川、云南

楔叶红茎黄芩 **Scutellaria yunnanensis** var. **cuneata** C. Y. Wu et W. T. Wang
分布：云南

柳叶红茎黄芩 **Scutellaria yunnanensis** var. **salicifolia** Sun ex C. H. Hu
分布：四川、贵州

毒马草属 **Sideritis** L.

紫花毒马草 **Sideritis balansae** Boiss.
分布：新疆；俄罗斯；亚洲(西南部)

毒马草 **Sideritis montana** L.
分布：新疆；俄罗斯、土库曼斯坦；亚洲(西南部)、欧洲

筒冠花属 **Siphocranion** Kudo

筒冠花 **Siphocranion macranthum** (Hook. f.) C. Y. Wu
分布：四川、贵州、云南、西藏、广西；印度、缅甸、越南

光柄筒冠花 **Siphocranion nudipes** (Hemsl.) Kudo
分布：江西、湖北、四川、贵州、云南、福建、广东

葶花属 **Skapanthus** C. Y. Wu et H. W. Li

葶花 **Skapanthus oreophilus** (Diels) C. Y. Wu et H. W. Li
分布：云南

葶花(原变种) **Skapanthus oreophilus** var. **oreophilus**
分布：云南

茎叶葶花 **Skapanthus oreophilus** var. **elongatus** (Hand.-Mazz.) C. Y. Wu et H. W. Li
分布：云南

楔翅藤属 **Sphenodesme** Jack

多花楔翅藤 **Sphenodesme floribunda** Chun et F. C. How
分布：广东、海南

爪楔翅藤 **Sphenodesme involucrata** (Presley) B. L. Rob.
分布：台湾、海南；印度、马来西亚

毛楔翅藤 **Sphenodesme mollis** Craib
分布：云南；泰国、越南

山白藤 **Sphenodesme pentandra** var. **wallichiana** (Schauer) Munir
分布：云南、广东、海南；孟加拉国、柬埔寨、印度、老挝、马来西亚、缅甸、泰国、越南

假水苏属 **Stachyopsis** Popov et Vved.

心叶假水苏 **Stachyopsis lamiiflora** (Rupr.) Popov et Vved.
分布：新疆；哈萨克斯坦、吉尔吉斯斯坦

多毛假水苏 **Stachyopsis marrubioides** (Regel) Ikonn.-Gal.
分布：新疆；哈萨克斯坦

假水苏 **Stachyopsis oblongata** (Schrenk ex Fisch. et C. A. Mey.) Popov et Vved.
分布：新疆；哈萨克斯坦、吉尔吉斯斯坦、塔吉克斯坦

水苏属 **Stachys** L.

少毛甘露子 **Stachys adulterina** Hemsl.
分布：湖北、四川

蜗儿菜 **Stachys arrecta** L. H. Bailey
分布：河北、山西、陕西、安徽、江苏、浙江、湖南、湖北

田野水苏 **Stachys arvensis** L.
分布：福建、台湾、广东、广西；俄罗斯；欧洲、北美洲、南美洲

毛水苏 **Stachys baicalensis** Fisch. ex Benth.
分布：吉林、辽宁、内蒙古、河北、山西、山东、陕西、黑龙江；日本、韩国、俄罗斯

毛水苏(原变种) **Stachys baicalensis** var. **baicalensis**
分布：黑龙江、吉林、辽宁、内蒙古、山西、山东、陕西；俄罗斯

狭叶毛水苏 **Stachys baicalensis** var. **angustifolia** Honda
分布：吉林；日本、朝鲜、俄罗斯

小刚毛毛水苏 **Stachys baicalensis** var. **hispidula** (Regel) Nakai
分布：吉林、辽宁、内蒙古、河北；日本、朝鲜、俄罗斯

华水苏 **Stachys chinensis** Bunge ex Benth.
分布：黑龙江、吉林、辽宁、内蒙古、河北、山西、陕西、甘肃；俄罗斯

地蚕 **Stachys geobombycis** C. Y. Wu
分布：浙江、江西、湖南、湖北、福建、广东、广西

白花地蚕 **Stachys geobombycis** var. **alba** C. Y. Wu et H. W. Li
分布：湖南、广东、广西

地蚕(原变种) **Stachys geobombycis** var. **geobombycis**
分布：浙江、江西、湖南、湖北、福建、广东、广西

水苏 **Stachys japonica** Miq.
分布：辽宁、内蒙古、河北、山东、河南、安徽、江苏、浙江、江西、福建；日本、俄罗斯

水苏(原变种) **Stachys japonica** var. **japonica**
分布：辽宁、内蒙古、河北、山东、河南、安徽、江苏、浙江、江西、福建；日本、俄罗斯

毛叶水苏 **Stachys japonica** var. **tomentosa** F. Z. Li et Z. Y. Sun
分布：山东

西南水苏 **Stachys kouyangensis** (Vaniot) Dunn
分布：湖南、四川、贵州、云南、西藏

西南水苏(原变种) **Stachys kouyangensis** var. **kouyangensis**
分布：湖北、四川、贵州、云南

粗齿西南水苏 **Stachys kouyangensis** var. **franchetiana** (H. Lév.) C. Y. Wu
分布：四川、云南、西藏

细齿西南水苏 **Stachys kouyangensis** var. **leptodon** (Dunn) C. Y. Wu
分布：贵州、云南

具瘤西南水苏 **Stachys kouyangensis** var. **tuberculata** (Hand.-Mazz.) C. Y. Wu
分布：云南

柔毛西南水苏 **Stachys kouyangensis** var. **villosissima** C. Y. Wu
分布：云南

绵毛水苏 **Stachys lanata** Jacquem.
分布：各省(自治区、直辖市)广为栽培；亚洲(西南部)、欧洲

多枝水苏 Stachys melissifolia Benth.
分布：西藏；印度、尼泊尔

针筒菜 Stachys oblongifolia Wall. ex Benth.
分布：河北、安徽、江苏、江西、湖南、湖北、四川、贵州、云南、福建、台湾、广东、广西；印度

针筒菜(原变种) Stachys oblongifolia var. **oblongifolia**
分布：河南、安徽、江苏、江西、湖南、湖北、四川、贵州、云南、台湾、广东、广西；印度

细柄针筒菜 Stachys oblongifolia var. **leptopoda** (Hayata) C. Y. Wu
分布：四川、云南、福建、台湾、广东、广西；越南

沼生水苏 Stachys palustris L.
分布：新疆；印度、哈萨克斯坦、吉尔吉斯斯坦、蒙古国、俄罗斯、塔吉克斯坦；欧洲、非洲(南部)、北美洲

狭齿水苏 Stachys pseudophlomis C. Y. Wu
分布：湖北、四川

甘露子 Stachys sieboldii Miq.
分布：内蒙古、山西、陕西、新疆；日本；欧洲、北美洲

甘露子(原变种) Stachys sieboldii var. **sieboldii**
分布：甘肃、河北、内蒙古、宁夏、青海、陕西、山东、山西、新疆；日本；欧洲、北美洲

近无毛甘露子 Stachys sieboldii var. **glabrescens** C. Y. Wu
分布：湖北、四川

软毛甘露子 Stachys sieboldii var. **malacotricha** Hand.-Mazz.
分布：山西、陕西

直花水苏 Stachys strictiflora C. Y. Wu
分布：云南

直花水苏(原变种) Stachys strictiflora var. **strictiflora**
分布：云南

宽齿直花水苏 Stachys strictiflora var. **latidens** C. Y. Wu et H. W. Li
分布：云南

林地水苏 Stachys sylvatica L.
分布：新疆；哈萨克斯坦、吉尔吉斯斯坦、俄罗斯；亚洲(西南部)、欧洲

大理水苏 Stachys taliensis C. Y. Wu
分布：云南

黄花地钮菜 Stachys xanthantha C. Y. Wu
分布：四川

台钱草属 Suzukia Kudo

齿唇台钱草 Suzukia luchuensis Kudo
分布：台湾；日本

台钱草 Suzukia shikikunensis Kudo
分布：台湾

六苞藤属 Symphorema Roxb.

六苞藤 Symphorema involucratum Roxb.
分布：云南；印度、缅甸、斯里兰卡、泰国

柚木属 Tectona L. f.

柚木 Tectona grandis Linnaeus f.
分布：云南、福建、广东、广西、台湾等地普遍引种；原产于印度、缅甸、马来西亚、印度尼西亚

香科科属 Teucrium L.

安龙香科科 Teucrium anlungense C. Y. Wu et S. Chow
分布：贵州、云南

二齿香科科 Teucrium bidentatum Hemsl.
分布：湖北、四川、贵州、云南、台湾、广西

大花香科科 Teucrium grandifolium R. A. Clement
分布：西藏；不丹

全叶香科科 Teucrium integrifolium C. Y. Wu et S. Chow
分布：贵州

穗花香科科 Teucrium japonicum Willd.
分布：河北、河南、甘肃、江苏、浙江、江西、湖南、四川、贵州、广东；日本、朝鲜

穗花香科科(原变种) Teucrium japonicum var. **japonicum**
分布：江苏、浙江、江西、湖南、四川、贵州、广东；日本、韩国

小叶穗花香科科 Teucrium japonicum var. **microphyllum** C. Y. Wu et S. Chow
分布：河北、河南、甘肃

崇明穗花香科科 Teucrium japonicum var. **tsungmingense** C. Y. Wu et S. Chow
分布：江苏、浙江

大唇香科科 Teucrium labiosum C. Y. Wu et S. Chow
分布：四川、贵州、云南

巍山香科科 **Teucrium manghuaense** Y. Z. Sun ex S. Chow
分布：云南

巍山香科科(原变种) **Teucrium manghuaense** var. **manghuaense**
分布：云南

狭苞巍山香科科 **Teucrium manghuaense** var. **angustum** C. Y. Wu et S. Chow
分布：云南

矮生香科科 **Teucrium nanum** C. Y. Wu et S. Chow
分布：四川、云南

峨眉香科科 **Teucrium omeiense** Y. Z. Sun ex S. Chow
分布：四川、云南

峨眉香科科(原变种) **Teucrium omeiense** var. **omeiense**
分布：四川

蓝叶峨眉香科科 **Teucrium omeiense** var. **cyanophyllum** C. Y. Wu et S. Chow
分布：云南

庐山香科科 **Teucrium pernyi** Franch.
分布：河南、安徽、江苏、浙江、江西、湖南、湖北、福建、广东、广西

长毛香科科 **Teucrium pilosum** (Pamp.) C. Y. Wu et S. Chow
分布：浙江、江西、湖南、湖北、四川、贵州、广西

铁轴草 **Teucrium quadrifarium** Buch.-Ham. ex D. Don
分布：江西、湖南、贵州、云南、福建、广东；印度、印度尼西亚、缅甸、尼泊尔

沼泽香科科 **Teucrium scordioides** Schreb.
分布：新疆；哈萨克斯坦、克什米尔地区、塔吉克斯坦、土库曼斯坦、俄罗斯；亚洲(西南部)、欧洲

蒜味香科科 **Teucrium scordium** L.
分布：甘肃、西藏；俄罗斯；欧洲

香科科 **Teucrium simplex** Vaniot
分布：贵州、云南

台湾香科科 **Teucrium taiwanianum** C. X. Xie et T. C. Huang
分布：台湾

秦岭香科科 **Teucrium tsinlingense** C. Y. Wu et S. Chow
分布：陕西

秦岭香科科(原变种) **Teucrium tsinlingense** var. **tsinlingense**
分布：陕西

紫萼秦岭香科科 **Teucrium tsinlingense** var. **porphyreum** C. Y. Wu et S. Chow
分布：甘肃

黑龙江香科科 **Teucrium ussuriense** Kom.
分布：辽宁、内蒙古、河北、山西；俄罗斯

裂苞香科科 **Teucrium veronicoides** Maxim.
分布：辽宁、安徽、湖南、四川、云南；日本、朝鲜

血见愁 **Teucrium viscidum** Blume
分布：陕西、甘肃、安徽、江苏、浙江、江西、湖南、湖北、四川、贵州、云南、西藏、福建、台湾、广东、广西；印度、印度尼西亚、日本、朝鲜、马来西亚、缅甸、菲律宾

血见愁(原变种) **Teucrium viscidum** var. **viscidum**
分布：江苏、浙江、江西、湖南、四川、云南、西藏、福建、台湾、广东、广西；印度、印度尼西亚、日本、韩国、缅甸、菲律宾

光萼血见愁 **Teucrium viscidum** var. **leiocalyx** C. Y. Wu et S. Chow
分布：陕西、甘肃、湖北、四川

长苞血见愁 **Teucrium viscidum** var. **longibracteatum** C. Y. Wu et S. Chow
分布：湖南

大唇血见愁 **Teucrium viscidum** var. **macrostephanum** C. Y. Wu et S. Chow
分布：贵州、云南、广西

微毛血见愁 **Teucrium viscidum** var. **nepetoides** (H. Lév.) C. Y. Wu et S. Chow
分布：陕西、安徽、浙江、江西、湖北、四川、贵州

百里香属 **Thymus** L.

阿尔泰百里香 **Thymus altaicus** Klokov et Desj.-Shost.
分布：新疆；俄罗斯

黑龙江百里香 **Thymus amurensis** Klokov
分布：黑龙江；俄罗斯

短毛百里香 **Thymus curtus** Klokov
分布：黑龙江；俄罗斯

长齿百里香 **Thymus disjunctus** Klokov
分布：黑龙江、吉林、辽宁；俄罗斯

斜叶百里香 Thymus inaequalis Klokov
分布：黑龙江、内蒙古；俄罗斯

短节百里苏 Thymus mandschuricus Ronn.
分布：黑龙江

异株百里香 Thymus marschallianus Willd.
分布：新疆；哈萨克斯坦、吉尔吉斯斯坦、俄罗斯

百里香 Thymus mongolicus (Ronniger) Ronniger
分布：内蒙古、河北、山西、陕西、甘肃、青海

显脉百里香 Thymus nervulosus Klokov
分布：黑龙江；俄罗斯

拟百里香 Thymus proximus Serg.
分布：新疆；哈萨克斯坦、俄罗斯

地椒 Thymus quinquecostatus Celak.
分布：黑龙江、吉林、辽宁、内蒙古、河北、山西、山东、河南、陕西、甘肃；日本、朝鲜、俄罗斯

地椒(原变种) Thymus quinquecostatus var. **quinquecostatus**
分布：辽宁、河北、山西、山东、河南；日本、朝鲜

亚洲地椒 Thymus quinquecostatus var. **asiaticus** (Kitag.) C. Y. Wu et Y. C. Huang
分布：内蒙古

展毛地椒 Thymus quinquecostatus var. **przewalskii** (Kom.) Ronn.
分布：黑龙江、吉林、辽宁、内蒙古、河北、山西、河南、陕西、甘肃；朝鲜、俄罗斯

牡荆属 Vitex L.

穗花牡荆 Vitex agnus-castus L.
分布：江苏、上海

长叶荆 Vitex burmensis Moldenke
分布：贵州、云南、西藏、广西；缅甸

灰毛牡荆 Vitex canescens Kurz.
分布：江西、湖南、湖北、四川、贵州、云南、西藏、广东、广西、海南；柬埔寨、印度、老挝、马来西亚、缅甸、泰国、越南

金沙荆 Vitex duclouxii P. Dop
分布：四川、云南、西藏

广西牡荆 Vitex kwangsiensis C. P'ei
分布：广西

黄荆 Vitex negundo L.
分布：内蒙古、河北、山西、山东、河南、陕西、宁夏、甘肃、安徽、江苏、浙江、江西、湖南、湖北、四川、贵州、云南、西藏、福建、台湾、广东、广西、海南；日本、南非、太平洋岛屿；南亚和东南亚

黄荆(原变种) Vitex negundo var. **negundo**
分布：安徽、福建、广东、广西、贵州、海南、河南、湖北、湖南、江苏、江西、青海、陕西、四川、台湾、西藏、云南、浙江；日本、太平洋群岛；亚洲(南部-东南部)、非洲(东部)

牡荆 Vitex negundo var. **cannabifolia** (Siebold et Zucc.) Hand.-Mazz.
分布：河北、河南、湖南、四川、贵州、广东、广西；东南亚、印度、尼泊尔

荆条 Vitex negundo var. **heterophylla** (Franch.) Rehder
分布：内蒙古、河北、山西、山东、河南、陕西、宁夏、甘肃、安徽、江苏、江西、湖南、四川、贵州；印度；东南亚

小叶荆 Vitex negundo var. **microphylla** Hand.-Mazz.
分布：四川、云南、西藏

四川黄荆 Vitex negundo var. **sichuanensis** J. L. Liu
分布：四川

拟黄荆 Vitex negundo var. **thyrsoides** C. P'ei et S. L. Liou
分布：四川、广东

长序荆 Vitex peduncularis Wall. ex Schauer
分布：云南；孟加拉国、柬埔寨、印度、老挝、缅甸、尼泊尔、泰国、越南

莺哥木 Vitex pierreana P. Dop
分布：海南；老挝、越南

山牡荆 Vitex quinata (Lour.) Williams
分布：浙江、江西、湖南、贵州、云南、西藏、福建、台湾、广东、广西、海南；印度、印度尼西亚、日本、马来西亚、菲律宾、泰国

山牡荆(原变种) Vitex quinata var. **quinata**
分布：浙江、江西、湖南、福建、台湾、广东、广西；印度、日本、马来西亚、菲律宾

微毛布荆 Vitex quinata var. **puberula** (H. J. Lam) Moldenke
分布：贵州、云南、西藏、台湾、广西、海南；菲律宾、泰国

单叶蔓荆 Vitex rotundifolia L. f.
分布：辽宁、河北、山东、安徽、江苏、浙江、江西、福建、台湾、广东；印度、缅甸、泰国、越南、马来西亚、

日本、太平洋岛屿

广东牡荆 Vitex sampsonii Hance

分布：江西、湖南、广东、广西

蔓荆 Vitex trifolia L.

分布：辽宁、河北、山东、安徽、江苏、浙江、江西、云南、福建、台湾、广东、广西、太平洋岛屿；东南亚和南亚、大洋洲

蔓荆(原变种) Vitex trifolia var. **trifolia**

分布：云南、福建、台湾、广东、广西；澳大利亚、太平洋群岛；东南亚

异叶蔓荆 Vitex trifolia var. **subtrisecta** (Kuntze) Moldenke

分布：云南、广东；缅甸、泰国、印度尼西亚、菲律宾、日本、澳大利亚、太平洋岛屿

太行荆 Vitex trifolia var. **taihangensis** (L. B. Guo et S. Q. Zhou) S. L. Chen

分布：山西

越南牡荆 Vitex tripinnata (Lour.) Merr.

分布：海南；柬埔寨、越南

黄毛牡荆 Vitex vestita Wall. ex Schauer

分布：云南；东南亚

黄毛牡荆(原变种) Vitex vestita var. **vestita**

分布：云南；东南亚

短管黄毛牡荆 Vitex vestita var. **brevituba** Z. Y. Huang et S. Y. Liu

分布：广西

滇牡荆 Vitex yunnanensis W. W. Sm.

分布：四川、云南

保亭花属 Wenchengia C. Y. Wu et S. Chow

保亭花 Wenchengia alternifolia C. Y. Wu et S. Chow

分布：海南

新塔花属 Ziziphora L.

新塔花 Ziziphora bungeana Juz.

分布：新疆；哈萨克斯坦、吉尔吉斯斯坦、蒙古国、俄罗斯、塔吉克斯坦、土库曼斯坦、乌兹别克斯坦

南疆新塔花 Ziziphora pamiroalaica Juz. ex Nevski

分布：新疆；塔吉克斯坦

小新塔花 Ziziphora tenuior L.

分布：新疆；哈萨克斯坦、吉尔吉斯斯坦、俄罗斯、塔吉克斯坦、土库曼斯坦、乌兹别克斯坦；亚洲(西南部)、欧洲

天山新塔花 Ziziphora tomentosa Juz.

分布：新疆；吉尔吉斯斯坦

330. 木通科 Lardizabalaceae R. Br.

木通属 Akebia Decne.

清水山木通 Akebia chingshuiensis T. Shimizu

分布：台湾

长序木通 Akebia longeracemosa Matsum.

分布：湖南、福建、台湾、广东

木通 Akebia quinata (Houtt.) Decne.

分布：山东、河南、安徽、江苏、浙江、江西、湖南、湖北、四川、福建；日本、朝鲜

三叶木通 Akebia trifoliata (Thunb.) Koidz.

分布：山西、山东、河南、陕西、甘肃、湖北、四川；日本

三叶木通(原亚种) Akebia trifoliata subsp. **trifoliata**

分布：山西、山东、河南、陕西、甘肃、湖北、四川；日本

白木通 Akebia trifoliata subsp. **australis** (Diels) T. Shimizu

分布：河南、陕西、安徽、江苏、浙江、江西、湖南、湖北、四川、贵州、云南、福建、台湾、广东、广西

长萼三叶木通 Akebia trifoliata subsp. **longisepala** H. N. Qin

分布：甘肃

长萼木通属 Archakebia C. Y. Wu et T. C. Chen et H. N. Qin

长萼木通 Archakebia apetala (Q. Xia et J. Z. Suen) Z. X. Peng et C. Y. Wu

分布：甘肃、四川

猫儿屎属 Decaisnea Hook. f. et Thomson

猫儿屎 Decaisnea insignis (Griff.) Hook. f. et Thomson

分布：陕西、甘肃、安徽、浙江、江西、湖南、湖北、四川、贵州、云南、西藏、广西；不丹、印度、缅甸、尼泊尔

牛姆瓜属 Holboellia Wall.

五月瓜藤 Holboellia angustifolia Wall.

分布：陕西、甘肃、安徽、江西、湖南、湖北、四川、贵州、云南、西藏、福建、广东、广西；不丹、印度、缅甸、尼泊尔

五月瓜藤(原亚种) Holboellia angustifolia subsp. **angustifolia**
分布：陕西、安徽、湖北、四川、贵州、云南、广东、广西；不丹、印度、缅甸、尼泊尔

线叶五风藤 Holboellia angustifolia subsp. **linearifolia** T. Chen et H. N. Qin
分布：湖北、四川、贵州、云南

钝叶五风藤 Holboellia angustifolia subsp. **obtusa** (Gagnep.) H. N. Qin
分布：四川、云南、西藏

三叶五风藤 Holboellia angustifolia subsp. **trifoliata** H. N. Qin
分布：湖北、四川

短蕊八月瓜 Holboellia brachyandra H. N. Qin
分布：云南

沙坝八月瓜 Holboellia chapaensis Gagnep.
分布：云南、广西；越南

鹰爪枫 Holboellia coriacea Diels
分布：陕西、安徽、江苏、浙江、江西、湖南、湖北、四川、贵州

牛姆瓜 Holboellia grandiflora Réaub.
分布：陕西、四川、云南

八月瓜 Holboellia latifolia Wall.
分布：四川、贵州、云南、西藏；不丹、印度、尼泊尔

八月瓜(原亚种) Holboellia latifolia subsp. **latifolia**
分布：四川、贵州、云南、西藏；不丹、印度、尼泊尔

纸叶八月瓜 Holboellia latifolia subsp. **chartacea** C. Y. Wu et S. H. Huang ex H. N. Qin
分布：云南、西藏；印度、不丹

墨脱八月瓜 Holboellia medogensis H. N. Qin
分布：西藏

小花鹰爪枫 Holboellia parviflora (Hemsl.) Gagnep.
分布：湖南、贵州、云南、广西

棱茎八月瓜 Holboellia pterocaulis T. Chen et Q. H. Chen
分布：四川、贵州

大血藤属 Sargentodoxa Rehder et E. H. Wilson

大血藤 Sargentodoxa cuneata (Oliv.) Rehd. et E. H. Wilson
分布：河南、陕西、安徽、江苏、浙江、江西、湖南、湖北、四川、贵州、云南、福建、广东、广西、海南；老挝、越南

串果藤属 Sinofranchetia Hemsl.

串果藤 Sinofranchetia chinensis (Franch.) Hemsl.
分布：陕西、甘肃、湖南、湖北、四川、云南、广东

野木瓜属 Stauntonia DC.

黄蜡果 Stauntonia brachyanthera Hand.-Mazz.
分布：湖南、贵州、广西

三叶野木瓜 Stauntonia brunoniana Wall. ex Hemsl.
分布：云南；印度、缅甸、泰国、越南

西南野木瓜 Stauntonia cavalerieana Gagnep.
分布：湖北、四川、贵州、广西

野木瓜 Stauntonia chinensis DC.
分布：云南、福建、广东、广西、海南、香港；老挝、越南

显脉野木瓜 Stauntonia conspicua R. H. Chang
分布：浙江、江西、湖南、福建、广东

翅野木瓜 Stauntonia decora (Dunn) C. Y. Wu
分布：云南、广东、广西

羊瓜藤 Stauntonia duclouxii Gagnep.
分布：陕西、甘肃、湖南、湖北、四川、贵州

牛藤果 Stauntonia elliptica Hemsl.
分布：江西、湖南、湖北、四川、贵州、云南、广东、广西；印度

粉叶野木瓜 Stauntonia glauca Merr. et Metcalf
分布：广东

离丝野木瓜 Stauntonia libera H. N. Qin
分布：云南、西藏；缅甸

斑叶野木瓜 Stauntonia maculata Merr.
分布：福建、广东

倒心叶野木瓜 Stauntonia obcordatilimba C. Y. Wu et S. H. Huang
分布：云南

倒卵叶野木瓜 Stauntonia obovata Hemsl.
分布：安徽、江苏、浙江、江西、湖南、四川、重庆、贵州、云南、福建、台湾、广东、广西、海南、香港；越南

石月 Stauntonia obovatifoliola Hayata
分布：台湾

石月（原亚种） **Stauntonia obovatifoliola** subsp. **obovatifoliola**
分布：台湾

尾叶那藤 **Stauntonia obovatifoliola** subsp. **urophylla** (Hand.-Mazz.) H. N. Qin
分布：安徽、浙江、江西、湖南、湖北、贵州、福建、广东、广西

少叶野木瓜 **Stauntonia oligophylla** Merr. et Chun
分布：海南

假斑叶野木瓜 **Stauntonia pseudomaculata** C. Y. Wu et S. H. Huang
分布：云南

紫花野木瓜 **Stauntonia purpurea** Y. C. Liu et F. Y. Lu
分布：台湾

三脉野木瓜 **Stauntonia trinervia** Merr.
分布：贵州、福建、广东、广西

瑶山野木瓜 **Stauntonia yaoshanensis** F. N. Wei et S. L. Mo
分布：广西

331. 樟科 Lauraceae Juss.

黄肉楠属 **Actinodaphne** Nees

南投黄肉楠 **Actinodaphne acuminata** (Blume) Meisn.
分布：台湾；日本

红果黄肉楠 **Actinodaphne cupularis** (Hemsl.) Gamble
分布：湖南、湖北、四川、贵州、云南、广西

毛尖树 **Actinodaphne forrestii** (C. K. Allen) Kosterm.
分布：贵州、云南、广西

白背黄肉楠 **Actinodaphne glaucina** C. K. Allen
分布：海南

思茅黄肉楠 **Actinodaphne henryi** Gamble
分布：云南；泰国

广东黄肉楠 **Actinodaphne koshepangii** Chun ex H. T. Chang
分布：湖南、广东

黔桂黄肉楠 **Actinodaphne kweichowensis** Yen C. Yang et P. H. Huang
分布：贵州、广西

柳叶黄肉楠 **Actinodaphne lecomtei** C. K. Allen
分布：四川、贵州、广东

勐海黄肉楠 **Actinodaphne menghaiensis** J. Li
分布：云南

雾社黄肉楠 **Actinodaphne mushaensis** (Hayata) Hayata
分布：台湾

倒卵叶黄肉楠 **Actinodaphne obovata** (Nees) Blume
分布：云南、西藏；不丹、印度、尼泊尔

隐脉黄肉楠 **Actinodaphne obscurinervia** Yen C. Yang et P. H. Huang
分布：四川

峨眉黄肉楠 **Actinodaphne omeiensis** (H. Liou) C. K. Allen
分布：四川、贵州

保亭黄肉楠 **Actinodaphne paotingensis** Yen C. Yang et P. H. Huang
分布：海南

毛黄肉楠 **Actinodaphne pilosa** (Lour.) Merr.
分布：广东、广西、海南；老挝、越南

毛果黄肉楠 **Actinodaphne trichocarpa** C. K. Allen
分布：四川、贵州、云南

马关黄肉楠 **Actinodaphne tsaii** Hu
分布：云南

油丹属 **Alseodaphne** Nees

毛叶油丹 **Alseodaphne andersonii** (King ex Hook. f.) Kosterm.
分布：云南、西藏；印度、老挝、缅甸、泰国、越南

细梗油丹 **Alseodaphne gracilis** Kosterm.
分布：云南

油丹 **Alseodaphne hainanensis** Merr.
分布：海南；越南

河口油丹 **Alseodaphne hokouensis** H. W. Li
分布：云南

黄莲山油丹 **Alseodaphne huanglianshanensis** H. W. Li et Y. M. Shui
分布：云南

麻栗坡油丹 **Alseodaphne marlipoensis** (H. W. Li) H. W. Li
分布：云南

长柄油丹 **Alseodaphne petiolaris** (Meissn.) Hook. f.
分布：云南；印度、缅甸

皱皮油丹 **Alseodaphne rugosa** Merr. et Chun
分布：海南

西畴油丹 **Alseodaphne sichourensis** H. W. Li
分布：云南

云南油丹 **Alseodaphne yunnanensis** Kosterm.
分布：云南

琼楠属 **Beilschmiedia** Nees

山潺 **Beilschmiedia appendiculata** (C. K. Allen) S. K. Lee et Y. T. Wei
分布：海南

保亭琼楠 **Beilschmiedia baotingensis** S. K. Lee et Y. T. Wei
分布：海南

勐仑琼楠 **Beilschmiedia brachythyrsa** H. W. Li
分布：云南

短叶琼楠 **Beilschmiedia brevifolia** Y. T. Wei
分布：海南

短序琼楠 **Beilschmiedia brevipaniculata** C. K. Allen
分布：广东、广西、海南

柱果琼楠 **Beilschmiedia cylindrica** S. K. Lee et Y. T. Wei
分布：云南

台琼楠 **Beilschmiedia erythrophloia** Hayata
分布：台湾；日本

白柴果 **Beilschmiedia fasciata** H. W. Li
分布：云南

广东琼楠 **Beilschmiedia fordii** Dunn
分布：江西、湖南、四川、广东、广西；越南

糠秕琼楠 **Beilschmiedia furfuracea** Chun ex H. T. Chang
分布：广东、广西

香港琼楠 **Beilschmiedia glandulosa** N. H. Xia, F. N. Wei et Y. F. Deng
分布：香港

粉背琼楠 **Beilschmiedia glauca** S. K. Lee et F. N. Wei
分布：云南、海南

粉背琼楠(原变种) **Beilschmiedia glauca** var. **glauca**
分布：海南

顶序琼楠 **Beilschmiedia glauca** var. **glaucoides** H. W. Li
分布：云南

横县琼楠 **Beilschmiedia henghsienensis** S. K. Lee et Y. T. Wei
分布：广西

琼楠 **Beilschmiedia intermedia** C. K. Allen
分布：广西、海南

贵州琼楠 **Beilschmiedia kweichowensis** Cheng
分布：四川、贵州、广西

红枝琼楠 **Beilschmiedia laevis** C. K. Allen
分布：广西、海南；越南

李榄琼楠 **Beilschmiedia linocieroides** H. W. Li
分布：云南

长柄琼楠 **Beilschmiedia longepetiolata** C. K. Allen
分布：海南

肉柄琼楠 **Beilschmiedia macropoda** C. K. Allen
分布：海南

瘤果琼楠 **Beilschmiedia muricata** H. T. Chang
分布：广西

宁明琼楠 **Beilschmiedia ningmingensis** S. K. Lee et Y. T. Wei
分布：广西

锈叶琼楠 **Beilschmiedia obconica** C. K. Allen
分布：海南

隐脉琼楠 **Beilschmiedia obscurinervia** H. T. Chang
分布：广西

卵果琼楠 **Beilschmiedia ovoidea** F. N. Wei
分布：广西

少花琼楠 **Beilschmiedia pauciflora** H. W. Li
分布：云南

厚叶琼楠 **Beilschmiedia percoriacea** C. K. Allen
分布：云南、广西、海南

厚叶琼楠(原变种) **Beilschmiedia percoriacea** var. **percoriacea**
分布：云南、广西、海南

缘毛琼楠 **Beilschmiedia percoriacea** var. **ciliata** H. W. Li
分布：云南

纸叶琼楠 Beilschmiedia pergamentacea C. K. Allen
分布：云南、广西、海南

点叶琼楠 Beilschmiedia punctilimba H. W. Li
分布：云南

紫叶琼楠 Beilschmiedia purpurascens H. W. Li
分布：云南

粗壮琼楠 Beilschmiedia robusta C. K. Allen
分布：贵州、云南、西藏、广西

稠琼楠 Beilschmiedia roxburghiana Nees
分布：西藏；不丹、印度、缅甸、尼泊尔、泰国

红毛琼楠 Beilschmiedia rufohirtella H. W. Li
分布：云南

上思琼楠 Beilschmiedia shangsiensis Y. T. Wei
分布：广西

西畴琼楠 Beilschmiedia sichourensis H. W. Li
分布：云南

网脉琼楠 Beilschmiedia tsangii Merr.
分布：云南、台湾、广东、广西、海南；越南

东方琼楠 Beilschmiedia tungfangensis S. K. Lee et F. N. Wei
分布：海南

陀螺果琼楠 Beilschmiedia turbinata B. Liu et Y. Yang
分布：云南；越南

海南琼楠 Beilschmiedia wangii C. K. Allen
分布：云南、广西、海南；越南

美脉琼楠 Beilschmiedia yaanica N. Chao
分布：湖南、湖北、四川、重庆、贵州、云南、广东、广西

滇琼楠 Beilschmiedia yunnanensis Hu
分布：广东、广西、?海南、云南

檬果樟属 Caryodaphnopsis Airy Shaw

小花檬果樟 Caryodaphnopsis henryi Airy Shaw
分布：云南

老挝檬果樟 Caryodaphnopsis laotica Airy Shaw
分布：云南；老挝、越南

宽叶檬果樟 Caryodaphnopsis latifolia W. T. Wang
分布：云南

麻栗坡檬果樟 Caryodaphnopsis malipoensis Bing Liu et Y. Yang
分布：云南；越南

檬果樟 Caryodaphnopsis tonkinensis (Lecomte) Airy Shaw
分布：云南；马来西亚、菲律宾、越南

无根藤属 Cassytha L.

无根藤 Cassytha filiformis L.
分布：浙江、江西、湖南、贵州、云南、福建、台湾、广东、广西、海南；澳大利亚的热带地区；亚洲、非洲

樟属 Cinnamomum Schaeff.

毛桂 Cinnamomum appelianum Schewe
分布：江西、湖南、四川、贵州、云南、广东、广西

华南桂 Cinnamomum austrosinense H. T. Chang
分布：浙江、江西、贵州、福建、广东、广西

滇南桂 Cinnamomum austroyunnanense H. W. Li
分布：云南

钝叶桂 Cinnamomum bejolghota (Buch.-Ham.) Sweet
分布：云南、广东、海南；孟加拉国、不丹、印度、老挝、缅甸、尼泊尔、泰国、越南

猴樟 Cinnamomum bodinieri H. Lév.
分布：湖南、湖北、四川、贵州、云南

猴樟(原变种) Cinnamomum bodinieri var. **bodinieri**
分布：湖南、湖北、四川、贵州、云南

光叶猴樟 Cinnamomum bodinieri var. **glabrum** C. F. Ji
分布：陕西

短序樟 Cinnamomum brachythyrsum J. Li
分布：云南

樟 Cinnamomum camphora (L.) Presl
分布：台湾和其他长江以南各省(自治区、直辖市)；日本、朝鲜、越南，引种栽培在世界许多城市

肉桂 Cinnamomum cassia (L.) D. Don
分布：原产于中国南部，现广泛栽培于贵州、福建、台湾、广东、广西、海南和云南；印度、印度尼西亚、老挝、马来西亚、泰国、越南等国也有栽培

坚叶樟 Cinnamomum chartophyllum H. W. Li
分布：云南

聚花桂 Cinnamomum contractum H. W. Li
分布：云南、西藏

圆头叶桂 **Cinnamomum daphnoides** Siebold et Zucc.
分布：浙江；日本

尾叶樟 **Cinnamomum foveolatum** (Merr.) H. W. Li et J. Li
分布：贵州、云南；越南

云南樟 **Cinnamomum glanduliferum** (Wall.) Meisn.
分布：四川、贵州、云南、西藏；不丹、印度、尼泊尔、缅甸、马来西亚

狭叶桂 **Cinnamomum heyneanum** Nees
分布：湖北、四川、贵州、云南、广西；印度

八角樟 **Cinnamomum illicioides** A. Chevalier
分布：广西、海南；泰国、越南

大叶桂 **Cinnamomum iners** Reinw. ex Blume
分布：云南、西藏、广西；柬埔寨、印度、印度尼西亚、老挝、马来西亚、缅甸、斯里兰卡、泰国、越南

天竺桂 **Cinnamomum japonicum** Sieb.
分布：安徽、江苏、浙江、江西、福建、台湾；日本、朝鲜

爪哇肉桂 **Cinnamomum javanicum** Blume
分布：云南；印度尼西亚、马来西亚、越南

野黄桂 **Cinnamomum jensenianum** Hand.-Mazz.
分布：江西、湖南、湖北、四川、福建、广东

兰屿肉桂 **Cinnamomum kotoense** Kaneh. et Sasaki
分布：台湾

红辣槁树 **Cinnamomum kwangtungense** Merr.
分布：广东

软皮桂 **Cinnamomum liangii** C. K. Allen
分布：广东、广西、海南；越南

油樟 **Cinnamomum longepaniculatum** (Gamble) N. Chao ex H. W. Li
分布：四川

长柄樟 **Cinnamomum longipetiolatum** H. W. Li
分布：云南

银叶桂 **Cinnamomum mairei** H. Lév.
分布：四川、云南

沉水樟 **Cinnamomum micranthum** (Hayata) Hayata
分布：江西、贵州、福建、台湾、广东、广西、海南；越南

米槁 **Cinnamomum migao** H. W. Li
分布：云南、广西

毛叶樟 **Cinnamomum mollifolium** H. W. Li
分布：云南

土肉桂 **Cinnamomum osmophloeum** Kaneh.
分布：台湾

黄樟 **Cinnamomum parthenoxylon** (Jack) Meisn.
分布：江西、湖南、四川、贵州、云南、福建、广东、广西、海南；不丹、柬埔寨、印度、印度尼西亚、老挝、马来西亚、缅甸、尼泊尔、巴基斯坦、泰国、越南

少花桂 **Cinnamomum pauciflorum** Nees
分布：江西、湖南、湖北、四川、贵州、云南、广东、广西；印度、尼泊尔

菲律宾樟树 **Cinnamomum philippinense** (Merr.) C. E. Chang
分布：台湾；菲律宾

屏边桂 **Cinnamomum pingbienense** H. W. Li
分布：贵州、云南、广西

刀把木 **Cinnamomum pittosporoides** Hand.-Mazz.
分布：四川、云南

阔叶樟 **Cinnamomum platyphyllum** (Diels) C. K. Allen
分布：四川、重庆

紫樟 **Cinnamomum purpureum** H. G. Ye et F. G. Wang
分布：广东

网脉桂 **Cinnamomum reticulatum** Hayata
分布：台湾

卵叶桂 **Cinnamomum rigidissimum** H. T. Chang
分布：云南、台湾、广东、广西、海南

绒毛樟 **Cinnamomum rufotomentosum** K. M. Lan
分布：贵州

岩樟 **Cinnamomum saxatile** H. W. Li
分布：贵州、云南、广西

银木 **Cinnamomum septentrionale** Hand.-Mazz.
分布：甘肃、四川

香桂 **Cinnamomum subavenium** Miq.
分布：安徽、浙江、江西、湖北、四川、贵州、云南、福建、台湾、广东、广西；柬埔寨、印度、印度尼西亚、老挝、马来西亚、缅甸、泰国、越南

柴桂 **Cinnamomum tamala** (Buch.-Ham.) T. Nees et Nees
分布：云南；不丹、印度、尼泊尔

细毛樟 **Cinnamomum tenuipile** Kosterm.
分布：云南

假桂皮树 **Cinnamomum tonkinense** (Lecomte) A. Chev.
分布：云南；越南

辣汁树 **Cinnamomum tsangii** Merr.
分布：江西、福建、广东、海南

平托桂 **Cinnamomum tsoi** C. K. Allen
分布：广西、海南

粗脉桂 **Cinnamomum validinerve** Hance
分布：广东、广西

锡兰肉桂 **Cinnamomum verum** Presl
分布：台湾、广东；原产于斯里兰卡，栽培于亚洲许多国家

川桂 **Cinnamomum wilsonii** Gamble
分布：陕西、江西、湖南、湖北、四川、广东、广西

厚壳桂属 **Cryptocarya** R. Br.

尖叶厚壳桂 **Cryptocarya acutifolia** H. W. Li
分布：云南

杏仁厚壳桂 **Cryptocarya amygdalina** Nees
分布：西藏；不丹、印度、尼泊尔

短序厚壳桂 **Cryptocarya brachythyrsa** H. W. Li
分布：云南

岩生厚壳桂 **Cryptocarya calcicola** H. W. Li
分布：贵州、云南、广西

厚壳桂 **Cryptocarya chinensis** (Hance) Hemsl.
分布：四川、福建、台湾、广东、广西、海南

硬壳桂 **Cryptocarya chingii** W. C. Cheng
分布：浙江、江西、福建、广东、广西、海南；越南

黄果厚壳桂 **Cryptocarya concinna** Hance
分布：江西、贵州、台湾、广东、广西、海南；越南

丛花厚壳桂 **Cryptocarya densiflora** Blume
分布：云南、福建、广东、广西、海南；印度尼西亚、老挝、马来西亚、菲律宾、越南

贫花厚壳桂 **Cryptocarya depauperata** H. W. Li
分布：云南

菲岛厚壳桂 **Cryptocarya elliptifolia** Merr.
分布：台湾；菲律宾

海南厚壳桂 **Cryptocarya hainanensis** Merr.
分布：云南、广西、海南；越南

钝叶厚壳桂 **Cryptocarya impressinervia** H. W. Li
分布：海南

广东厚壳桂 **Cryptocarya kwangtungensis** H. T. Chang
分布：广东

鸡卵槁 **Cryptocarya leiana** C. K. Allen
分布：海南

南烛厚壳桂 **Cryptocarya lyoniifolia** S. Lee et F. N. Wei
分布：广西

白背厚壳桂 **Cryptocarya maclurei** Merr.
分布：广东、广西、海南

斑果厚壳桂 **Cryptocarya maculata** H. W. Li
分布：云南、广西

长序厚壳桂 **Cryptocarya metcalfiana** C. K. Allen
分布：海南

红柄厚壳桂 **Cryptocarya tsangii** Nakai
分布：海南

云南厚壳桂 **Cryptocarya yunnanensis** H. W. Li
分布：云南

莲桂属 **Dehaasia** Blume

莲桂 **Dehaasia hainanensis** Kosterm.
分布：海南

腰果楠 **Dehaasia incrassata** (Jack) Kosterm.
分布：台湾；印度尼西亚、马来西亚、菲律宾、泰国

广东莲桂 **Dehaasia kwangtungensis** Kosterm.
分布：广东

单花木姜子属 **Dodecadenia** Nees

单花木姜子 **Dodecadenia grandiflora** Nees
分布：四川、云南、西藏；印度、不丹、缅甸、尼泊尔

单花木姜子(原变种) **Dodecadenia grandiflora** var. **grandiflora**
分布：四川、云南、西藏；不丹、印度、缅甸、尼泊尔

无毛单花木姜子 **Dodecadenia grandiflora** var. **griffithii** (Hook. f.) D. G. Long
分布：云南；印度、不丹

土楠属 **Endiandra** R. Br.

革叶土楠 **Endiandra coriacea** Merr.
分布：台湾；菲律宾

长果土楠 Endiandra dolichocarpa S. K. Lee et Y. T. Wei

分布：云南、广西

土楠 Endiandra hainanensis Merr. et Metcalf ex Allen

分布：海南

单花山胡椒属 Iteadaphne Blume

香面叶 Iteadaphne caudata (Nees) H. W. Li

分布：云南、广西；印度、缅甸、泰国、老挝、越南

月桂属 Laurus L.

月桂 Laurus nobilis L.

分布：江苏、浙江、四川、云南、福建、台湾；原产于地中海地区

山胡椒属 Lindera Thunb.

乌药 Lindera aggregata (Sims) Kosterm.

分布：安徽、浙江、江西、湖南、贵州、福建、台湾、广东、广西、海南；菲律宾、越南

乌药(原变种) Lindera aggregata var. **aggregata**

分布：安徽、浙江、江西、湖南、贵州、福建、台湾、广东、广西、海南；菲律宾、越南

小叶乌药 Lindera aggregata var. **playfairii** (Hemsl.) H. P. Tsui

分布：广东、广西、海南

台湾香叶树 Lindera akoensis Hayata

分布：台湾

台湾香叶树(原变种) Lindera akoensis var. **akoensis**

分布：台湾

竹头角木姜子 Lindera akoensis var. **chitouchiaoensis** Liao

分布：台湾

狭叶山胡椒 Lindera angustifolia W. C. Cheng

分布：山东、河南、陕西、安徽、江苏、浙江、江西、湖北、福建、广东、广西；朝鲜

江浙山胡椒 Lindera chienii W. C. Cheng

分布：河南、安徽、江苏、浙江

鼎湖钓樟 Lindera chunii Merr.

分布：广东、广西、海南

香叶树 Lindera communis Hemsl.

分布：陕西、甘肃、浙江、江西、湖南、湖北、四川、贵州、云南、福建、台湾、广东、广西；印度、老挝、缅甸、泰国、越南

贡山山胡椒 Lindera doniana C. K. Allen

分布：云南；印度

红果山胡椒 Lindera erythrocarpa Makino

分布：山东、河南、陕西、安徽、江苏、江西、湖南、湖北、四川、台湾、广东、广西；日本、朝鲜

绒毛钓樟 Lindera floribunda (C. K. Allen) H. P. Tsui

分布：陕西、甘肃、湖南、湖北、四川、贵州、广东

蜂房叶山胡椒 Lindera foveolata H. W. Li

分布：云南

香叶子 Lindera fragrans Oliv.

分布：陕西、湖北、四川、贵州、广西

山胡椒 Lindera glauca (Sieb. et Zucc.) Bl.

分布：山西、山东、河南、陕西、甘肃、安徽、浙江、江西、湖南、湖北、四川、贵州、福建、台湾、广东、广西；日本、韩国、缅甸、越南

纤梗山胡椒 Lindera gracilipes H. W. Li

分布：云南、西藏；越南

广西钓樟 Lindera guangxiensis H. P. Tsui

分布：广西

更里山胡椒 Lindera kariensis W. W. Sm.

分布：云南

广东山胡椒 Lindera kwangtungensis (H. Liou) C. K. Allen

分布：江西、四川、贵州、福建、广东、广西、海南

团香果 Lindera latifolia Hook. f.

分布：云南、西藏；孟加拉国、印度、越南

卵叶钓樟 Lindera limprichtii H. Winkl.

分布：陕西、甘肃、四川

山柿子果 Lindera longipedunculata C. K. Allen

分布：云南、西藏

龙胜钓樟 Lindera lungshengensis S. K. Lee ex Y. C. Yang

分布：广西

黑壳楠 Lindera megaphylla Hemsl.

分布：陕西、甘肃、安徽、江西、湖南、湖北、四川、贵州、云南、福建、广东、广西

勐海山胡椒 Lindera menghaiensis H. W. Li

分布：云南

滇粤山胡椒 **Lindera metcalfiana** C. K. Allen
分布：云南、福建、广东、广西、海南；越南

滇粤山胡椒(原变种) **Lindera metcalfiana** var. **metcalfiana**
分布：云南、福建、广东、广西、海南

网叶山胡椒 **Lindera metcalfiana** var. **dictyophylla** (C. K. Allen) H. P. Tsui
分布：云南、福建、广西；越南

西藏山胡椒 **Lindera motuoensis** H. P. Tsui
分布：西藏

绒毛山胡椒 **Lindera nacusua** (D. Don) Merr.
分布：江西、四川、云南、西藏、福建、广东、广西、海南；不丹、印度、缅甸、尼泊尔、越南

绒毛山胡椒(原变种) **Lindera nacusua** var. **nacusua**
分布：江西、四川、云南、福建、广东、广西、海南、西藏东南部；不丹、印度、缅甸、尼泊尔、越南

勐仑山胡椒 **Lindera nacusua** var. **menglungensis** H. P. Tsui
分布：云南

绿叶甘橿 **Lindera neesiana** (Wall. ex Nees) Kurz.
分布：河南、陕西、安徽、浙江、江西、湖南、湖北、四川、贵州、云南、西藏；不丹、印度、缅甸、尼泊尔

三桠乌药 **Lindera obtusiloba** Blume
分布：辽宁、山东、河南、陕西、甘肃、安徽、江苏、浙江、江西、湖南、湖北、四川、云南、西藏、福建；不丹、印度、日本、朝鲜、尼泊尔

三桠乌药(原变种) **Lindera obtusiloba** var. **obtusiloba**
分布：辽宁、山东、河南、陕西、甘肃、安徽、江苏、浙江、江西、湖南、湖北、四川、西藏、福建；日本、朝鲜

滇藏钓樟 **Lindera obtusiloba** var. **heterophylla** (Meisn.) H. P. Tsui
分布：云南、西藏

大果山胡椒 **Lindera praecox** (Sieb. et Zucc.) Blume
分布：安徽、浙江、湖北；日本

峨眉钓樟 **Lindera prattii** Gamble
分布：四川、贵州

西藏钓樟 **Lindera pulcherrima** (Nees) Hook. f.
分布：陕西、湖南、湖北、四川、贵州、云南、西藏、广东、广西；不丹、印度、尼泊尔

西藏钓樟(原变种) **Lindera pulcherrima** var. **pulcherrima**
分布：西藏；不丹、印度、尼泊尔

香粉叶 **Lindera pulcherrima** var. **attenuata** C. K. Allen
分布：湖南、湖北、四川、贵州、云南、广东、广西

川钓樟 **Lindera pulcherrima** var. **hemsleyana** (Diels) H. P. Tsui
分布：陕西、湖南、湖北、四川、贵州、云南、广西

山橿 **Lindera reflexa** Hemsl.
分布：河南、安徽、江苏、浙江、江西、湖南、湖北、贵州、云南、福建、广东、广西

海南山胡椒 **Lindera robusta** (C. K. Allen) H. P. Tsui
分布：海南

红脉钓樟 **Lindera rubronervia** Gamble
分布：河南、安徽、江苏、浙江、江西

四川山胡椒 **Lindera setchuenensis** Gamble
分布：四川、贵州

菱叶钓樟 **Lindera supracostata** Lecomte
分布：四川、贵州、云南

三股筋香 **Lindera thomsonii** C. K. Allen
分布：贵州、云南、广西；印度、缅甸、越南

三股筋香(原变种) **Lindera thomsonii** var. **thomsonii**
分布：贵州、云南、广西；印度、缅甸、越南

长尾钓樟 **Lindera thomsonii** var. **velutina** (Forrest) L. C. Wang
分布：云南；缅甸

天全钓樟 **Lindera tienchuanensis** W. P. Fang et H. S. Kung ex Y. C. Yang
分布：四川、西藏

假桂钓樟 **Lindera tonkinensis** Lec.
分布：云南、广东、广西、海南；老挝、越南

假桂钓樟(原变种) **Lindera tonkinensis** var. **tonkinensis**
分布：云南、广东、广西、海南；老挝、越南

无梗钓樟 **Lindera tonkinensis** var. **subsessilis** H. W. Li
分布：云南、广西

毛柄钓樟 **Lindera villipes** H. P. Tsui
分布：云南、西藏

木姜子属 **Litsea** Lam.

尖叶木姜子 **Litsea acutivena** Hayata
分布：江西、贵州、福建、台湾、广东、广西、海南；柬埔寨、老挝、越南

屏东木姜子 Litsea akoensis Hayata
分布：台湾

屏东木姜子(原变种) Litsea akoensis var. **akoensis**
分布：台湾

浸水营木姜子 Litsea akoensis var. **sasakii** (Kamik.) J. C. Liao
分布：台湾

白叶木姜子 Litsea albescens (Hook. f.) D. G. Long
分布：西藏；印度、不丹

天目木姜子 Litsea auriculata S. S. Chien et W. C. Cheng
分布：安徽、浙江

假辣子 Litsea balansae Lecomte
分布：云南；越南

大萼木姜子 Litsea baviensis Lecomte
分布：云南、广西、海南；泰国、越南

琼南叶木姜子 Litsea beilschmiediifolia H. W. Li
分布：云南

少花木姜子 Litsea biflora H. P. Tsui
分布：西藏

沧源木姜子 Litsea cangyuanensis J. Li et H. W. Li
分布：云南

树志木姜子 Litsea chengshuzhii H. P. Tsui
分布：西藏

金平木姜子 Litsea chinpingensis Yen C. Yang et P. H. Huang
分布：云南

高山木姜子 Litsea chunii W. C. Cheng
分布：甘肃、四川、云南

高山木姜子(原变种) Litsea chunii var. **chunii**
分布：甘肃、四川、云南

丽江木姜子 Litsea chunii var. **likiangensis** Yen C. Yang et P. H. Huang
分布：云南

蓝叶木姜子 Litsea coelestis H. P. Tsui
分布：西藏

朝鲜木姜子 Litsea coreana H. Lév.
分布：河南、安徽、江苏、浙江、江西、湖南、湖北、四川、贵州、云南、福建、台湾、广东、广西；日本、朝鲜

朝鲜木姜子(原变种) Litsea coreana var. **coreana**
分布：台湾；韩国、日本

毛豹皮樟 Litsea coreana var. **lanuginosa** (Migo) Yang et P. H. Huang
分布：河南、安徽、江苏、浙江、江西、湖南、湖北、四川、贵州、云南、福建、广东、广西

豹皮樟 Litsea coreana var. **sinensis** (C. K. Allen) Yen C. Yang et P. H. Huang
分布：河南、安徽、江苏、浙江、江西、湖北、福建

山鸡椒 Litsea cubeba (Lour.) Persoon
分布：安徽、江苏、浙江、江西、湖南、湖北、四川、贵州、云南、西藏、福建、台湾、广东、广西、海南；南亚和东南亚

山鸡椒(原变种) Litsea cubeba var. **cubeba**
分布：安徽、江苏、浙江、江西、湖南、湖北、四川、贵州、云南、西藏、福建、台湾、广东、广西、海南；亚洲

毛山鸡椒 Litsea cubeba var. **formosana** (Nakai) Yen C. Yang et P. H. Huang
分布：浙江、江西、福建、台湾、广东

扁果木姜子 Litsea depressa H. P. Tsui
分布：西藏

五桠果叶木姜子 Litsea dilleniifolia P. Y. Pai et P. H. Huang
分布：云南

灰背木姜子(新拟) Litsea dorsalicana M. Q. Han et Y. S. Huang
分布：广西

出蕊木姜子 Litsea dunniana H. Lév.
分布：贵州

黄丹木姜子 Litsea elongata (Nees) Hook. f.
分布：安徽、江苏、浙江、江西、湖南、湖北、四川、贵州、云南、西藏、福建、广东、广西、海南；印度、尼泊尔

黄丹木姜子(原变种) Litsea elongata var. **elongata**
分布：安徽、江苏、浙江、江西、湖南、湖北、四川、贵州、云南、西藏、福建、广东、广西、海南；印度、尼泊尔

石木姜子 Litsea elongata var. **faberi** (Hemsl.) Yen C. Yang et P. H. Huang
分布：四川、贵州、云南

近轮叶木姜子 Litsea elongata var. **subverticillata** (Y. C. Yang) Yen C. Yang et P. H. Huang
分布：湖南、湖北、四川、贵州、云南、广西

蜂窝木姜子 Litsea foveola Kosterm.
分布：广西

兰屿木姜子 Litsea garciae Vidal
分布：台湾；菲律宾

潺槁木姜子 Litsea glutinosa (Lour.) C. B. Rob.
分布：云南、福建、广东、广西、海南；不丹、印度、缅甸、尼泊尔、菲律宾、泰国、越南

潺槁木姜子(原变种) Litsea glutinosa var. **glutinosa**
分布：云南、福建、广东、广西；不丹、印度、尼泊尔、菲律宾、越南

白野槁树 Litsea glutinosa var. **brideliifolia** (Hayata) Merr.
分布：广东、广西、海南；缅甸、泰国

贡山木姜子 Litsea gongshanensis H. W. Li
分布：云南、西藏

华南木姜子 Litsea greenmaniana C. K. Allen
分布：江西、福建、广东、广西

台湾木姜子 Litsea hayatae Kaneh.
分布：台湾

红河木姜子 Litsea honghoensis H. Liou
分布：云南

湖南木姜子 Litsea hunanensis Yen C. Yang et P. H. Huang
分布：湖南

湖北木姜子 Litsea hupehana Hemsl.
分布：湖北、四川

黄肉树 Litsea hypophaea Hayata
分布：台湾

宜昌木姜子 Litsea ichangensis Gamble
分布：湖南、湖北、四川

秃净木姜子 Litsea kingii Hook. f.
分布：江西、湖南、四川、贵州、云南、西藏、福建、广西；尼泊尔、不丹、印度、缅甸

安顺木姜子 Litsea kobuskiana C. K. Allen
分布：贵州、广西

红楠刨 Litsea kwangsiensis Yen C. Yang et P. H. Huang
分布：广西

广东木姜子 Litsea kwangtungensis H. T. Chang
分布：广东

剑叶木姜子 Litsea lancifolia (Roxb. ex Nees) Benth. et Hook. f. ex Fern.-Vill.
分布：云南、广西、海南；不丹、印度、菲律宾、泰国、越南

剑叶木姜子(原变种) Litsea lancifolia var. **lancifolia**
分布：云南、广西、海南；不丹、印度、菲律宾、越南

椭圆果木姜子 Litsea lancifolia var. **ellipsoidea** Yen C. Yang et P. H. Huang
分布：云南

有梗木姜子 Litsea lancifolia var. **pedicellata** Hook. f.
分布：云南；印度

大果木姜子 Litsea lancilimba Merr.
分布：湖南、云南、福建、广东、广西、海南；老挝、越南

勃生木姜子 Litsea liboshengii H. P. Tsui
分布：西藏

海南木姜子 Litsea litseifolia (C. K. Allen) Yen C. Yang et P. H. Huang
分布：海南

圆锥木姜子 Litsea liyuyingii H. Liu
分布：云南

长蕊木姜子 Litsea longistaminata (H. Liou) Kosterm.
分布：云南、西藏；越南

润楠叶木姜子 Litsea machiloides Yen C. Yang et P. H. Huang
分布：广东

滇南木姜子 Litsea martabanica (Kurz.) Hook. f.
分布：云南；缅甸、泰国

毛叶木姜子 Litsea mollis Hemsl.
分布：湖南、湖北、四川、贵州、云南、西藏、广东、广西；泰国

假柿木姜子 Litsea monopetala (Roxb.) Pers.
分布：贵州、云南、广东、广西、海南；不丹、柬埔寨、印度、老挝、马来西亚、缅甸、尼泊尔、巴基斯坦、泰国、越南

玉山木姜子 Litsea morrisonensis Hayata
分布：台湾

宝兴木姜子 Litsea moupinensis Lecomte
分布：四川

宝兴木姜子(原变种) Litsea moupinensis var. **moupinensis**
分布：四川

四川木姜子 **Litsea moupinensis** var. **szechuanica** (C. K. Allen) Yen C. Yang et P. H. Huang
分布：四川

沐川木姜子 **Litsea muchuanensis** Z. Y. Zhu
分布：四川

少脉木姜子 **Litsea oligophlebia** H. T. Chang
分布：广西

香花木姜子 **Litsea panamanja** (Buch.-Ham. ex Nees) Hook. f.
分布：云南、广西；不丹、印度、尼泊尔、越南

红皮木姜子 **Litsea pedunculata** (Diels) Yen C. Yang et P. H. Huang
分布：江西、湖南、湖北、四川、贵州、云南、广西

红皮木姜子(原变种) **Litsea pedunculata** var. **pedunculata**
分布：江西、湖南、湖北、四川、贵州、云南、广西

毛红皮木姜子 **Litsea pedunculata** var. **pubescens** Yen C. Yang et P. H. Huang
分布：云南

海桐叶木姜子 **Litsea pittosporifolia** Yen C. Yang et P. H. Huang
分布：广东

杨叶木姜子 **Litsea populifolia** (Hemsl.) Gamble
分布：四川、云南、西藏

竹叶木姜子 **Litsea pseudoelongata** H. Liou
分布：台湾、广东、广西、海南

木姜子 **Litsea pungens** Hemsl.
分布：山西、河南、陕西、甘肃、浙江、湖南、湖北、四川、贵州、云南、西藏、广东、广西

圆叶豹皮樟 **Litsea rotundifolia** Nees
分布：浙江、江西、湖南、福建、台湾、广东、广西、海南；越南

圆叶豹皮樟(原变种) **Litsea rotundifolia** var. **rotundifolia**
分布：广东、广西

豺皮樟 **Litsea rotundifolia** var. **oblongifolia** (Nees) C. K. Allen
分布：浙江、江西、湖南、福建、台湾、广东、广西、海南；越南

卵叶豹皮樟 **Litsea rotundifolia** var. **ovatifolia** Yen C. Yang et P. H. Huang
分布：广东

红叶木姜子 **Litsea rubescens** Lec.
分布：陕西、湖南、湖北、四川、重庆、贵州、云南、西藏

红叶木姜子(原变种) **Litsea rubescens** var. **rubescens**
分布：陕西、湖南、湖北、四川、重庆、贵州、云南、西藏

滇木姜子 **Litsea rubescens** var. **yunnanensis** Lecomte
分布：贵州、云南

黑木姜子 **Litsea salicifolia** (Roxb. ex Nees) Hook. f.
分布：贵州、云南、广东、广西、海南；孟加拉国、不丹、印度、缅甸、尼泊尔、越南

玉兰叶木姜子 **Litsea semecarpifolia** (Wallich ex Nees) Hook. f.
分布：云南；孟加拉国、缅甸、泰国

绢毛木姜子 **Litsea sericea** (Wall. ex Nees) Hook. f.
分布：四川、贵州、云南、西藏；印度、尼泊尔

圆果木姜子 **Litsea sinoglobosa** J. Li et H. W. Li
分布：湖南、广东

桂北木姜子 **Litsea subcoriacea** Yen C. Yang et P. H. Huang
分布：浙江、湖南、贵州、广东、广西

栓皮木姜子 **Litsea suberosa** Yen C. Yang et P. H. Huang
分布：湖南、湖北、四川、广东

思茅木姜子 **Litsea szemaois** (H. Liu) J. Li et H. W. Li
分布：云南

独龙木姜子 **Litsea taronensis** H. W. Li
分布：云南

西藏木姜子 **Litsea tibetana** Yen C. Yang et P. H. Huang
分布：西藏

秦岭木姜子 **Litsea tsinlingensis** Yen C. Yang et P. H. Huang
分布：山西、河南、陕西、甘肃

伞花木姜子 **Litsea umbellata** (Lour.) Merr.
分布：云南、广西；柬埔寨、印度尼西亚、老挝、马来西亚、越南

沧源薄托木姜子 **Litsea vang** var. **lobata** Lecomte
分布：云南；柬埔寨

黄椿木姜子 **Litsea variabilis** Hemsl.
分布：云南、广东、广西、海南；老挝、泰国、越南

黄椿木姜子(原变种) Litsea variabilis var. **variabilis**
分布：云南、广东、广西、海南；老挝、越南

毛黄椿木姜子 Litsea variabilis var. **oblonga** Lecomte
分布：云南、广西；越南

钝叶木姜子 Litsea veitchiana Gamble
分布：湖北、四川、贵州、云南

钝叶木姜子(原变种) Litsea veitchiana var. **veitchiana**
分布：湖北、四川、贵州、云南

毛果木姜子 Litsea veitchiana var. **trichocarpa** (Y. C. Yang) H. S. Kung ex Y. C. Yang
分布：四川

轮叶木姜子 Litsea verticillata Hance
分布：云南、广东、广西、海南；柬埔寨、泰国、越南

琼南木姜子 Litsea verticillifolia Yen C. Yang et P. H. Huang
分布：海南

千香柴 Litsea viridis H. Liou
分布：云南；越南

绒叶木姜子 Litsea wilsonii Gamble
分布：四川、贵州

香料树 Litsea xiangliaoshu Z. Y. Zhu
分布：四川

瑶山木姜子 Litsea yaoshanensis Yen C. Yang et P. H. Huang
分布：广西

云南木姜子 Litsea yunnanensis Yen C. Yang et P. H. Huang
分布：云南、广西；越南

润楠属 Machilus Rumphius ex Nees

狭基润楠 Machilus attenuata F. N. Wei et S. C. Tang
分布：广西

黔南润楠 Machilus austroguizhouensis S. K. Lee et F. N. Wei
分布：贵州、广西

枇杷叶润楠 Machilus bonii Lecomte
分布：贵州、云南、广西；越南

短序润楠 Machilus breviflora (Benth.) Hemsl.
分布：广东、广西、海南

灰岩润楠 Machilus calcicola C. J. Qi
分布：湖南、广东、广西

安顺润楠 Machilus cavaleriei H. Lév.
分布：贵州、广西

察隅润楠 Machilus chayuensis S. K. Lee
分布：西藏

浙江润楠 Machilus chekiangensis S. K. Lee
分布：浙江、福建、香港

黔桂润楠 Machilus chienkweiensis S. K. Lee
分布：贵州、广西

华润楠 Machilus chinensis (Champ. ex Benth.) Hemsl.
分布：广东、广西、海南；越南

黄毛润楠 Machilus chrysotricha H. W. Li
分布：云南

川黔润楠 Machilus chuanchienensis S. K. Lee
分布：四川、贵州

刻节润楠 Machilus cicatricosa S. K. Lee
分布：海南；越南

道真润楠 Machilus daozhenensis Y. K. Li
分布：贵州

基脉润楠 Machilus decursinervis Chun
分布：湖南、贵州、云南、广西；越南

定安润楠 Machilus dinganensis S. K. Lee et F. N. Wei
分布：广东、海南

灌丛润楠 Machilus dumicola (W. W. Sm.) H. W. Li
分布：云南

长梗润楠 Machilus duthiei King ex Hook. f.
分布：四川、云南、西藏；克什米尔地区、印度、尼泊尔、不丹

簇序润楠 Machilus fasciculata H. W. Li
分布：云南、广西

琼桂润楠 Machilus foonchewii S. K. Lee
分布：广西、海南

长毛润楠 Machilus forrestii (W. W. Smith) L. Li, J. Li et H. W. Li
分布：云南、西藏

闽润楠 Machilus fukienensis H. T. Chang et S. K. Lee
分布：福建

黄心树 Machilus gamblei King ex Hook. f.
分布：贵州、云南、西藏、广东、广西、海南；不丹、柬埔寨、印度、老挝、缅甸、尼泊尔、泰国、越南

光叶润楠 Machilus glabrophylla J. F. Zuo
分布：广东、广西

柔毛润楠 Machilus glaucescens (Nees) Wight
分布：云南；孟加拉国、不丹、印度、缅甸、尼泊尔

粉叶润楠 Machilus glaucifolia S. K. Lee et F. N. Wei
分布：贵州、广西

贡山润楠 Machilus gongshanensis H. W. Li
分布：云南

柔弱润楠 Machilus gracillima Chun
分布：广西

大苞润楠 Machilus grandibracteata S. K. Lee et F. N. Wei
分布：广西；越南

黄绒润楠 Machilus grijsii Hance
分布：浙江、江西、福建、广东、海南

宜昌润楠 Machilus ichangensis Rehder et Wilson
分布：陕西、甘肃、湖南、湖北、四川、贵州、广西

宜昌润楠(原变种) Machilus ichangensis var. **ichangensis**
分布：陕西、甘肃、湖北、四川

滑叶润楠 Machilus ichangensis var. **leiophylla** Hand.-Mazz.
分布：湖南、贵州、广西

长叶润楠 Machilus japonica Sieb. et Zucc.
分布：台湾；日本、韩国

长叶润楠(原变种) Machilus japonica var. **japonica**
分布：台湾；日本、韩国

大叶润楠 Machilus japonica var. **kusanoi** (Hayata) J. C. Liao
分布：台湾

秃枝润楠 Machilus kurzii King ex Hook. f.
分布：云南；缅甸

广东润楠 Machilus kwangtungensis Yen C. Yang
分布：湖南、贵州、广东、广西

疣序润楠 Machilus lenticellata S. K. Lee et F. N. Wei
分布：广西

薄叶润楠 Machilus leptophylla Hand.-Mazz.
分布：江苏、浙江、湖南、贵州、福建、广东、广西

利川润楠 Machilus lichuanensis W. C. Cheng ex S. K. Lee
分布：湖南、湖北、四川、贵州、广东

木姜润楠 Machilus litseifolia S. K. Lee
分布：浙江、贵州、广东、广西

乐会润楠 Machilus lohuiensis S. K. Lee
分布：海南；越南

东莞润楠 Machilus longipes H. T. Chang
分布：广东

茫荡山润楠 Machilus mangdangshanensis Q. F. Zheng
分布：福建

暗叶润楠 Machilus melanophylla H. W. Li
分布：云南

苗山润楠 Machilus miaoshanensis F. N. Wei et C. Q. Lin
分布：广西

小果润楠 Machilus microcarpa Hemsl.
分布：湖北、四川、贵州

小果润楠(原变种) Machilus microcarpa var. **microcarpa**
分布：湖北、四川、贵州

峨眉润楠 Machilus microcarpa var. **omeiensis** S. Lee
分布：四川

小叶润楠 Machilus microphylla (H. W. Li) L. Li et J. Li et H. W. Li
分布：云南

闽桂润楠 Machilus minkweiensis S. K. Lee
分布：福建、广东、广西；越南

小花润楠 Machilus minutiflora (H. W. Li) L. Li et J. Li et H. W. Li
分布：云南

雁荡润楠 Machilus minutiloba S. K. Lee
分布：浙江

山润楠 Machilus montana L. Li, J. Li et H. W. Li
分布：陕西、湖北、四川、贵州、西藏、云南

尖峰润楠 Machilus monticola S. K. Lee
分布：海南

多脉润楠 Machilus multinervia H. Liou
分布：贵州、广西

纳槁润楠 **Machilus nakao** S. K. Lee
分布：广西、海南；越南

南川润楠 **Machilus nanchuanensis** N. Chao ex S. K. Lee
分布：重庆

润楠 **Machilus nanmu** (Oliv.) Hemsl.
分布：四川、云南

倒卵叶润楠 **Machilus obovatifolia** (Hayata) Kaneh. et Sasaki
分布：台湾

隐脉润楠 **Machilus obscurinervis** S. K. Lee
分布：西藏

龙眼润楠 **Machilus oculodracontis** Chun
分布：江西、广东

建润楠 **Machilus oreophila** Hance
分布：湖南、贵州、福建、广东、广西

糙枝润楠 **Machilus ovatiloba** S. K. Lee
分布：西藏

赛短花润楠 **Machilus parabreviflora** H. T. Chang
分布：广西

近刨花润楠(新拟) **Machilus parapauhoi** F. N. Wei, S. C. Tang et W. B. Xu
分布：广西

刨花润楠 **Machilus pauhoi** Kaneh.
分布：浙江、江西、湖南、福建、广东、广西

凤凰润楠 **Machilus phoenicis** Dunn
分布：浙江、江西、湖南、福建、广东

扁果润楠 **Machilus platycarpa** Chun
分布：广东、广西；越南

梨润楠 **Machilus pomifera** (Kosterm.) S. K. Lee
分布：海南

塔序润楠 **Machilus pyramidalis** H. W. Li
分布：云南

狭叶润楠 **Machilus rehderi** C. K. Allen
分布：湖南、贵州、广西

网脉润楠 **Machilus reticulata** K. M. Lan
分布：贵州

粗壮润楠 **Machilus robusta** W. W. Sm.
分布：贵州、云南、西藏、广东、广西、海南；缅甸

红梗润楠 **Machilus rufipes** H. W. Li
分布：云南、西藏

柳叶润楠 **Machilus salicina** Hance
分布：贵州、云南、广东、广西、海南；柬埔寨、老挝、越南

华蓥润楠 **Machilus salicoides** S. K. Lee
分布：四川、重庆

十万大山润楠 **Machilus shiwandashanica** H. T. Chang
分布：广西

瑞丽润楠 **Machilus shweliensis** W. W. Sm.
分布：云南

西畴润楠 **Machilus sichourensis** H. W. Li
分布：云南

四川润楠 **Machilus sichuanensis** N. Chao et S. K. Lee
分布：四川

册亨润楠 **Machilus submultinervia** Y. K. Li
分布：贵州、广西

细毛润楠 **Machilus tenuipilis** H. W. Li
分布：云南

红楠 **Machilus thunbergii** Sieb. et Zucc.
分布：山东、安徽、江苏、浙江、江西、湖南、福建、台湾、广东、广西；日本、朝鲜

汀州润楠 **Machilus tingzhourensis** M. M. Lin, T. F. Que et Sh. Q. Zheng
分布：福建

绒毛润楠 **Machilus velutina** Champ. ex Benth.
分布：浙江、江西、贵州、福建、广东、广西、海南；柬埔寨、老挝、越南

东兴润楠 **Machilus velutinoides** S. K. Lee et F. N. Wei
分布：广西

疣枝润楠 **Machilus verruculosa** H. W. Li
分布：云南；越南

黄枝润楠 **Machilus versicolora** S. K. Lee et F. N. Wei
分布：江西、湖南、福建、广东、广西

绿叶润楠 **Machilus viridis** Hand.-Mazz.
分布：四川、云南

信宜润楠 **Machilus wangchiana** Chun
分布：贵州、广东、广西

文山润楠 **Machilus wenshanensis** H. W. Li
分布：贵州、云南、广西

滇润楠 **Machilus yunnanensis** Lecomte
分布：四川、云南、西藏、广西

滇润楠(原变种) **Machilus yunnanensis** var. **yunnanensis**
分布：四川、云南、广西

西藏润楠 **Machilus yunnanensis** var. **tibetana** S. K. Lee
分布：西藏

香润楠 **Machilus zuihoensis** Hayata
分布：台湾

香润楠(原变种) **Machilus zuihoensis** var. **zuihoensis**
分布：台湾

青叶润楠 **Machilus zuihoensis** var. **mushaensis** (F. Y. Lu) Y. C. Liu
分布：台湾

新樟属 **Neocinnamomum** H. Liou

滇新樟 **Neocinnamomum caudatum** (Nees) Merr.
分布：贵州、云南、广西；不丹、印度、缅甸、尼泊尔、泰国、越南

新樟 **Neocinnamomum delavayi** (Lecomte) H. Liou
分布：四川、云南、西藏

川鄂新樟 **Neocinnamomum fargesii** (Lecomte) Kosterm.
分布：湖北、四川

海南新樟 **Neocinnamomum lecomtei** H. Liou
分布：贵州、云南、广西、海南；越南

沧江新樟 **Neocinnamomum mekongense** (Hand.-Mazz.) Kosterm.
分布：云南、西藏

新木姜子属 **Neolitsea** (Benth. et Hook.) Merr.

台湾新木姜子 **Neolitsea aciculata** (Blume) Koidz.
分布：台湾；日本

尖叶新木姜子 **Neolitsea acuminatissima** (Hayata) Kaneh. et Sasaki
分布：台湾

下龙新木姜子 **Neolitsea alongensis** Lecomte
分布：云南、广西；越南

新木姜子 **Neolitsea aurata** (Hayata) Koid.
分布：安徽、江苏、浙江、江西、湖南、湖北、四川、贵州、云南、福建、台湾、广东、广西；日本

新木姜子(原变种) **Neolitsea aurata** var. **aurata**
分布：江苏、江西、湖南、湖北、四川、贵州、云南、福建、台湾、广东、广西；日本

浙江新木姜子 **Neolitsea aurata** var. **chekiangensis** (Nakai) Yen C. Yang et P. H. Huang
分布：安徽、江苏、浙江、江西、福建

粉叶新木姜子 **Neolitsea aurata** var. **glauca** Y. C. Yang
分布：四川

云和新木姜子 **Neolitsea aurata** var. **paraciculata** (Nakai) Yen C. Yang et P. H. Huang
分布：浙江、江西、湖南、广东、广西

浙闽新木姜子 **Neolitsea aurata** var. **undulatula** Yen C. Yang et P. H. Huang
分布：浙江、福建

坝王新木姜子 **Neolitsea bawangensis** R. H. Miao
分布：海南

短梗新木姜子 **Neolitsea brevipes** H. W. Li
分布：湖南、贵州、云南、福建、广东、广西；印度、尼泊尔

武威山新木姜子 **Neolitsea buisanensis** Yamam. et S. Kamikoti
分布：台湾、广西、海南

锈叶新木姜子 **Neolitsea cambodiana** Lecomte
分布：江西、湖南、福建、广东、广西、海南；柬埔寨、老挝

锈叶新木姜子(原变种) **Neolitsea cambodiana** var. **cambodiana**
分布：江西、湖南、广东、广西、海南；柬埔寨、老挝

香港新木姜子 **Neolitsea cambodiana** var. **glabra** C. K. Allen
分布：福建、广东、广西

金毛新木姜子 **Neolitsea chrysotricha** H. W. Li
分布：云南

鸭公树 **Neolitsea chui** Merr.
分布：江西、湖南、福建、广东、广西

簇叶新木姜子 **Neolitsea confertifolia** (Hemsl.) Merr.
分布：河南、陕西、江西、湖南、湖北、四川、贵州、广

东、广西

大武山新木姜子 **Neolitsea daibuensis** Kamik.
分布：台湾

香果新木姜子 **Neolitsea ellipsoidea** C. K. Allen
分布：广东

海南新木姜子 **Neolitsea hainanensis** Yen C. Yang et P. H. Huang
分布：海南

南仁山新木姜子 **Neolitsea hiiranensis** Tang S. Liu et J. C. Liao
分布：台湾

团花新木姜子 **Neolitsea homilantha** C. K. Allen
分布：云南、西藏

保亭新木姜子 **Neolitsea howii** C. K. Allen
分布：海南

湘桂新木姜子 **Neolitsea hsiangkweiensis** Yen C. Yang et P. H. Huang
分布：湖南、广西

凹脉新木姜子 **Neolitsea impressa** Y. C. Yang
分布：四川

五掌楠 **Neolitsea konishii** (Hayata) Kaneh. et Sasaki
分布：台湾；日本

广西木姜子 **Neolitsea kwangsiensis** H. Liou
分布：福建、广东、广西

大叶新木姜子 **Neolitsea levinei** Merr.
分布：江西、湖南、湖北、四川、贵州、云南、福建、广东、广西

大叶新木姜子(原变种) **Neolitsea levinei** var. **levinei**
分布：江西、湖南、湖北、四川、贵州、云南、福建、广东、广西

西藏新木姜子 **Neolitsea levinei** var. **tibetica** H. P. Tsui
分布：西藏

长梗新木姜子 **Neolitsea longipedicellata** Yen C. Yang et P. H. Huang
分布：广西

龙陵新木姜子 **Neolitsea lunglingensis** H. W. Li
分布：云南

勐腊新木姜子 **Neolitsea menglaensis** Yen C. Yang et P. H. Huang
分布：云南

长圆叶新木姜子 **Neolitsea oblongifolia** Merr. et Chun
分布：广西、海南

钝叶新木姜子 **Neolitsea obtusifolia** Merr.
分布：海南

卵叶新木姜子 **Neolitsea ovatifolia** Yen C. Yang et P. H. Huang
分布：云南、广东、广西、海南

灰白新木姜子 **Neolitsea pallens** (D. Don) Momiy. et H. Hara
分布：西藏；印度、尼泊尔、巴基斯坦

小芽新木姜子 **Neolitsea parvigemma** (Hayata) Kaneh. et Sasaki
分布：台湾

显脉新木姜子 **Neolitsea phanerophlebia** Merr.
分布：江西、湖南、广东、广西、海南

屏边新木姜子 **Neolitsea pingbienensis** Yen C. Yang et P. H. Huang
分布：云南

羽脉新木姜子 **Neolitsea pinninervis** Yen C. Yang et P. H. Huang
分布：湖南、贵州、广东、广西

多果新木姜子 **Neolitsea polycarpa** H. Liou
分布：云南；越南

美丽新木姜子 **Neolitsea pulchella** (Meisn.) Merr.
分布：福建、广东、广西、海南

紫新木姜子 **Neolitsea purpurascens** Y. C. Yang
分布：四川

舟山新木姜子 **Neolitsea sericea** (Blume) Tokyo
分布：浙江、台湾；日本、朝鲜

新宁新木姜子 **Neolitsea shingningensis** Yen C. Yang et P. H. Huang
分布：湖南、贵州

四川新木姜子 **Neolitsea sutchuanensis** Yen C. Yang
分布：湖南、四川、贵州、云南

绒毛新木姜子 **Neolitsea tomentosa** H. W. Li
分布：云南

波叶新木姜子 **Neolitsea undulatifolia** (H. Lév.) C. K. Allen
分布：贵州、云南、广西

变叶新木姜子 **Neolitsea variabillima** (Hayata) Kaneh. et Sasaki
分布：台湾

毛叶新木姜子 **Neolitsea velutina** W. T. Wang
分布：云南、广东、广西

兰屿新木姜子 **Neolitsea villosa** (Blume) Merr.
分布：台湾

巫山新木姜子 **Neolitsea wushanica** (Chun) Merr.
分布：陕西、湖南、湖北、四川、贵州、云南、福建、广东

巫山新木姜子(原变种) **Neolitsea wushanica** var. **wushanica**
分布：陕西、湖北、四川、贵州、云南、福建、广东

紫云山新木姜子 **Neolitsea wushanica** var. **pubens** Yen C. Yang et P. H. Huang
分布：湖南

南亚新木姜子 **Neolitsea zeylanica** (Merr.) Nees et T. Nees
分布：广西；印度、马来西亚、斯里兰卡、泰国、越南、澳大利亚

赛楠属 **Nothaphoebe** Blume

赛楠 **Nothaphoebe cavaleriei** (H. Lév.) Yen C. Yang
分布：四川、贵州、云南

台湾赛楠 **Nothaphoebe konishii** (Hayata) Hayata
分布：台湾

拟檫木属 **Parasassafras** D. G. Long

拟檫木 **Parasassafras confertiflorum** (Meisn.) D. G. Long
分布：云南；不丹、印度、缅甸

鳄梨属 **Persea** Mill.

鳄梨 **Persea americana** Mill.
分布：四川、云南、福建、台湾、广东、海南；原产于热带美洲，广泛栽培于热带到暖温带地区

楠属 **Phoebe** Nees

沼楠 **Phoebe angustifolia** Meissn.
分布：云南；印度、缅甸、越南

闽楠 **Phoebe bournei** (Hemsl.) Yang
分布：江西、湖北、贵州、福建、广东、广西、海南

短序楠 **Phoebe brachythyrsa** H. W. Li
分布：云南

石山楠 **Phoebe calcarea** S. K. Lee et F. N. Wei
分布：贵州、广西

浙江楠 **Phoebe chekiangensis** P. T. Li
分布：浙江、江西、福建

山楠 **Phoebe chinensis** Chun
分布：陕西、甘肃、湖北、四川、贵州、云南、西藏

粗柄楠 **Phoebe crassipedicella** S. K. Lee et F. N. Wei
分布：贵州、广西

竹叶楠 **Phoebe faberi** (Hemsl.) Chun
分布：陕西、湖北、四川、贵州、云南

台楠 **Phoebe formosana** (Matsum. et Hay.) Hay.
分布：安徽、台湾

长毛楠 **Phoebe forrestii** W. W. Sm.
分布：云南、西藏

白背楠 **Phoebe glaucifolia** S. K. Lee et F. N. Wei
分布：云南、西藏

粉叶楠 **Phoebe glaucophylla** H. W. Li
分布：云南

茶槁楠 **Phoebe hainanensis** Merr.
分布：海南

细叶楠 **Phoebe hui** Cheng ex Yang
分布：陕西、四川、云南

湘楠 **Phoebe hunanensis** Hand.-Mazz.
分布：陕西、甘肃、安徽、江苏、江西、湖南、湖北、贵州

红毛山楠 **Phoebe hungmoensis** S. K. Lee
分布：广西、海南；越南

桂楠 **Phoebe kwangsiensis** H. Liou
分布：贵州、广西

披针叶楠 **Phoebe lanceolata** (Nees) Nees
分布：云南；不丹、印度、印度尼西亚、马来西亚、尼泊尔、泰国

雅砻江楠 **Phoebe legendrei** Lecomte
分布：四川、云南

利川楠 **Phoebe lichuanensis** S. K. Lee
分布：湖北

大果楠 **Phoebe macrocarpa** C. Y. Wu
分布：云南；越南

大萼楠 **Phoebe megacalyx** H. W. Li
分布：云南；越南

墨脱楠 Phoebe motuonan S. K. Lee et F. N. Wei
分布：西藏

白楠 Phoebe neurantha (Hemsl.) Gamble
分布：甘肃、江西、湖南、湖北、四川、贵州、云南、广西

白楠(原变种) Phoebe neurantha var. **neurantha**
分布：甘肃、江西、湖南、湖北、四川、贵州、云南、广西

短叶白楠 Phoebe neurantha var. **brevifolia** H. W. Li
分布：云南

兴义白楠 Phoebe neurantha var. **cavaleriei** H. Liou
分布：贵州

光枝楠 Phoebe neuranthoides S. K. Lee et F. N. Wei
分布：陕西、湖南、湖北、四川、贵州、广西

黑叶楠 Phoebe nigrifolia S. K. Lee et F. N. Wei
分布：广西

普文楠 Phoebe puwenensis Cheng
分布：云南

红梗楠 Phoebe rufescens H. W. Li
分布：云南

紫楠 Phoebe sheareri (Hemsl.) Gamble
分布：安徽、江苏、浙江、江西、湖南、湖北、四川、贵州、云南、福建、广东、广西；越南

紫楠(原变种) Phoebe sheareri var. **sheareri**
分布：安徽、江苏、浙江、江西、湖南、湖北、贵州、云南、福建、广东、广西；越南

峨眉楠 Phoebe sheareri var. **omeiensis** (Yang) N. Chao
分布：四川、贵州

乌心楠 Phoebe tavoyana (Meissn.) Hook. f.
分布：云南、广东、广西、海南；柬埔寨、印度尼西亚、老挝、马来西亚、缅甸、泰国、越南

崖楠 Phoebe yaiensis S. K. Lee
分布：广西、海南；越南

景东楠 Phoebe yunnanensis H. W. Li
分布：云南

楠木 Phoebe zhennan S. K. Lee et F. N. Wei
分布：湖北、四川、贵州

檫木属 **Sassafras** J. Presl

台湾檫木 Sassafras randaiense (Hayata) Rehder
分布：台湾

檫木 Sassafras tzumu (Hemsl.) Hemsl.
分布：安徽、江苏、浙江、湖南、湖北、四川、贵州、云南、福建、广东、广西

孔药楠属 **Sinopora** J. Li N. H. Xia et H. W. Li

孔药楠 Sinopora hongkongensis (N. H. Xia, Y. F. Deng et K. L. Yip) J. Li, N. H. Xia et H. W. Li
分布：香港

华檫木属 **Sinosassafras** H. W. Li

华檫木 Sinosassafras flavinervium (C. K. Allen) H. W. Li
分布：云南、西藏

油果樟属 **Syndiclis** Hook. f.

安龙油果樟 Syndiclis anlungensis H. W. Li
分布：贵州

油果樟 Syndiclis chinensis C. K. Allen
分布：海南

富宁油果樟 Syndiclis fooningensis H. W. Li
分布：云南

鳞秕油果樟 Syndiclis furfuracea H. W. Li
分布：云南

广西油果樟 Syndiclis kwangsiensis (Kosterm.) H. W. Li
分布：广西

乐东油果樟 Syndiclis lotungensis S. K. Lee
分布：海南

麻栗坡油果樟 Syndiclis marlipoensis H. W. Li
分布：云南

屏边油果樟 Syndiclis pingbienensis H. W. Li
分布：云南

西畴油果樟 Syndiclis sichourensis H. W. Li
分布：云南

332. 玉蕊科 Lecythidaceae A. Rich.

玉蕊属 **Barringtonia** J. R. Forst. et G. Forst.

滨玉蕊 Barringtonia asiatica (L.) Kurz.
分布：台湾；日本、菲律宾；旧世界热带

梭果玉蕊 Barringtonia fusicarpa H. H. Hu
分布：云南

玉蕊 **Barringtonia racemosa** (L.) Spreng.

分布：台湾、海南；日本、澳大利亚；旧世界热带

333. 狸藻科 Lentibulariaceae Rich.

捕虫堇属 **Pinguicula** L.

高山捕虫堇 **Pinguicula alpina** L.

分布：陕西、甘肃、青海、湖北、四川、重庆、贵州、云南、西藏；不丹、印度、克什米尔地区、蒙古国、缅甸、尼泊尔、俄罗斯；欧洲

北捕虫堇 **Pinguicula villosa** L.

分布：内蒙古；日本、朝鲜；欧洲、北美洲

狸藻属 **Utricularia** L.

黄花狸藻 **Utricularia aurea** Lour.

分布：山东、安徽、江苏、浙江、江西、湖南、湖北、贵州、云南、福建、台湾、广东、广西、海南；柬埔寨、印度、印度尼西亚、日本、克什米尔地区、韩国、老挝、尼泊尔、巴基斯坦、巴布亚新几内亚、菲律宾、斯里兰卡、泰国、越南、澳大利亚

南方狸藻 **Utricularia australis** R. Br.

分布：陕西、安徽、江苏、浙江、江西、湖南、湖北、四川、重庆、贵州、云南、西藏、福建、台湾、广东、广西、海南；阿富汗、不丹、印度、印度尼西亚、日本、克什米尔地区、韩国、蒙古国、缅甸、尼泊尔、巴基斯坦、巴布亚新几内亚、菲律宾、俄罗斯、斯里兰卡、澳大利亚、太平洋岛屿；亚洲(西南部)、欧洲、非洲

挖耳草 **Utricularia bifida** L.

分布：山东、河南、安徽、江苏、浙江、江西、湖南、湖北、重庆、贵州、云南、福建、台湾、广东、广西、海南；孟加拉国、柬埔寨、印度、印度尼西亚、日本、韩国、老挝、马来西亚、缅甸、尼泊尔、巴布亚新几内亚、菲律宾、斯里兰卡、泰国、越南、澳大利亚、太平洋岛屿

肾叶挖耳草 **Utricularia brachiata** Oliv.

分布：四川、云南、西藏；不丹、尼泊尔、印度、缅甸

短梗挖耳草 **Utricularia caerulea** L.

分布：山东、湖南、贵州、云南、福建、台湾、广东、广西、海南；孟加拉国、柬埔寨、印度、印度尼西亚、日本、韩国、老挝、马来西亚、缅甸、尼泊尔、巴布亚新几内亚、菲律宾、斯里兰卡、泰国、越南、澳大利亚、马达加斯加、太平洋群岛

长距挖耳草 **Utricularia forrestii** P. Taylor

分布：云南；缅甸

海南挖耳草 **Utricularia foveolata** Edgew.

分布：海南；孟加拉国、印度、印度尼西亚、菲律宾、泰国、澳大利亚、马达加斯加；热带非洲

少花狸藻 **Utricularia gibba** L.

分布：河南、安徽、江苏、浙江、湖南、湖北、重庆、云南、福建、台湾、广东、广西、海南；印度、印度尼西亚、日本、马来西亚、缅甸、尼泊尔、巴布亚新几内亚、菲律宾、斯里兰卡、泰国、越南、印度洋岛屿、马达加斯加、太平洋岛屿；亚洲(西南部)、欧洲、非洲、美洲热带地区

禾叶挖耳草 **Utricularia graminifolia** Vahl

分布：湖北、云南、福建、广东、广西、海南；缅甸、泰国、印度、斯里兰卡

毛挖耳草 **Utricularia hirta** Klein ex Link

分布：广西；孟加拉国、柬埔寨、印度、老挝、马来西亚、斯里兰卡、泰国、越南

异枝狸藻 **Utricularia intermedia** Hayne

分布：黑龙江、吉林、内蒙古、四川、西藏；日本、韩国、吉尔吉斯斯坦、蒙古国、俄罗斯；欧洲、北美洲

毛籽挖耳草 **Utricularia kumaonensis** Oliv.

分布：云南；不丹、印度、缅甸、尼泊尔

长梗狸藻 **Utricularia limosa** R. Br.

分布：广东、广西、海南；印度尼西亚、马来西亚、澳大利亚、老挝、巴布亚新几内亚、泰国、越南

莽山挖耳草 **Utricularia mangshanensis** G. W. Hu

分布：湖南

细叶狸藻 **Utricularia minor** L.

分布：黑龙江、吉林、内蒙古、山西、新疆、四川、云南、西藏；阿富汗、不丹、印度、日本、克什米尔地区、吉尔吉斯斯坦、蒙古国、缅甸、尼泊尔、巴基斯坦、巴布亚新几内亚、俄罗斯、乌兹别克斯坦；亚洲(西南部)、欧洲、北美洲

斜果挖耳草 **Utricularia minutissima** Vahl

分布：江苏、江西、福建、广东、广西；柬埔寨、印度、印度尼西亚、日本、老挝、马来西亚、缅甸、巴布亚新几内亚、菲律宾、斯里兰卡、泰国、越南、澳大利亚

多序挖耳草 **Utricularia multicaulis** Oliv.

分布：云南、西藏；不丹、印度、缅甸、尼泊尔

合苞挖耳草 **Utricularia peranomala** P. Taylor

分布：广西

盾鳞狸藻 **Utricularia punctata** Wall. ex A. DC.

分布：福建；泰国、越南、印度尼西亚、马来西亚、缅甸

怒江挖耳草 **Utricularia salwinensis** Hand.-Mazz.
分布：云南、西藏

缠绕挖耳草 **Utricularia scandens** Benj.
分布：贵州、云南；孟加拉国、不丹、印度、印度尼西亚、老挝、马来西亚、缅甸、尼泊尔、巴布亚新几内亚、斯里兰卡、泰国、越南、马达加斯加；非洲、大洋洲

缠绕挖耳草(原亚种) **Utricularia scandens** subsp. **scandens**
分布：贵州、云南；孟加拉国、印度、印度尼西亚、老挝、马来西亚、缅甸、尼泊尔、巴布亚新几内亚、斯里兰卡、泰国、越南、澳大利亚；非洲

尖萼挖耳草 **Utricularia scandens** subsp. **firmula** (Oliv.) Z. Y. Li
分布：云南；不丹、缅甸、印度、尼泊尔

圆叶挖耳草 **Utricularia striatula** Sm.
分布：安徽、浙江、江西、湖南、湖北、四川、重庆、贵州、云南、西藏、福建、台湾、广东、广西、海南；不丹、印度、印度尼西亚、马来西亚、缅甸、尼泊尔、巴布亚新几内亚、菲律宾、斯里兰卡、泰国、越南、印度洋岛屿；热带非洲

齿萼挖耳草 **Utricularia uliginosa** Vahl.
分布：台湾、广东、海南；印度、印度尼西亚、日本、韩国、马来西亚、缅甸、巴布亚新几内亚、斯里兰卡、泰国、越南、澳大利亚、太平洋岛屿

狸藻 **Utricularia vulgaris** L.
分布：黑龙江、吉林、辽宁、内蒙古、河北、山西、山东、河南、陕西、宁夏、甘肃、青海、新疆、四川、西藏；阿富汗、哈萨克斯坦、蒙古国、巴基斯坦、俄罗斯、乌兹别克斯坦；亚洲(西南部)、欧洲、非洲、北美洲

狸藻(原亚种) **Utricularia vulgaris** subsp. **vulgaris**
分布：西藏；阿富汗、哈萨克斯坦、巴基斯坦、俄罗斯、乌兹别克斯坦

弯距狸藻 **Utricularia vulgaris** subsp. **macrorhiza** (Leconte) R. T. Clausen
分布：黑龙江、吉林、辽宁、内蒙古、河北、山西、山东、河南、陕西、宁夏、甘肃、青海、新疆、四川；蒙古国、俄罗斯；北美洲

钩突挖耳草 **Utricularia warburgii** K. I. Goebel
分布：安徽、江苏、浙江、江西、四川、福建

334. 百合科 Liliaceae Juss.

老鸦瓣属 **Amana** Honda

括苍山老鸦瓣 **Amana kuocangshanica** D. Y. Tan et D. Y. Hong
分布：浙江

大百合属 **Cardiocrinum** (Endl.) Lindl.

荞麦叶大百合 **Cardiocrinum cathayanum** (E. H. Wilson) Stearn
分布：河南、安徽、江苏、浙江、江西、湖南、湖北、福建

大百合 **Cardiocrinum giganteum** (Wall.) Makino
分布：西藏；不丹、印度、缅甸、尼泊尔

大百合(原变种) **Cardiocrinum giganteum** var. **giganteum**
分布：西藏；不丹、印度、缅甸、尼泊尔

云南大耳合 **Cardiocrinum giganteum** var. **yunnanense** (Leichtlin ex Elwes) Stearn
分布：河南、陕西、甘肃、湖南、湖北、四川、贵州、云南、广东、广西；缅甸

七筋姑属 **Clintonia** Raf.

七筋菇 **Clintonia udensis** Trautv. et C. A. Mey.
分布：黑龙江、吉林、辽宁、河北、山西、河南、陕西、甘肃、湖北、四川、云南、西藏；不丹、印度、日本、朝鲜、缅甸、俄罗斯

猪牙花属 **Erythronium** L.

猪牙花 **Erythronium japonicum** Decne.
分布：吉林、辽宁；日本、朝鲜

新疆猪牙花 **Erythronium sibiricum** (Fisch. et C. A. Mey.) Krylov
分布：新疆；哈萨克斯坦、俄罗斯

贝母属 **Fritillaria** L.

安徽贝母 **Fritillaria anhuiensis** S. C. Chen et S. F. Yin
分布：安徽

川贝母 **Fritillaria cirrhosa** D. Don
分布：甘肃、青海、四川、云南、西藏；不丹、印度、尼泊尔

粗茎贝母 **Fritillaria crassicaulis** S. C. Chen
分布：四川、云南

大金贝母 **Fritillaria dajinensis** S. C. Chen
分布：四川

米贝母 **Fritillaria davidii** Franch.
分布：四川

梭砂贝母 **Fritillaria delavayi** Franch.
分布：青海、四川、云南、西藏；不丹、印度

高山贝母 **Fritillaria fusca** Turrill
分布：西藏

砂贝母 Fritillaria karelinii (Fisch. ex D. Don) Baker
分布：新疆；阿富汗、哈萨克斯坦、巴基斯坦、塔吉克斯坦、土库曼斯坦、乌兹别克斯坦；亚洲(西南部)

轮叶贝母 Fritillaria maximowiczii Freyn
分布：黑龙江、吉林、辽宁、河北；俄罗斯

阿尔泰贝母 Fritillaria meleagris L.
分布：新疆；亚洲(西南部)、欧洲

额敏贝母 Fritillaria meleagroides Patrin ex Schult. et Schult. f.
分布：新疆；哈萨克斯坦、俄罗斯；欧洲

天目贝母 Fritillaria monantha Migo
分布：河南、安徽、浙江、江西、湖北、四川

伊贝母 Fritillaria pallidiflora Schrenk ex Fisch. et C. A. Mey.
分布：新疆；哈萨克斯坦

甘肃贝母 Fritillaria przewalskii Maxim.
分布：甘肃、青海、四川

华西贝母 Fritillaria sichuanica S. C. Chen
分布：甘肃、青海、四川

中华贝母 Fritillaria sinica S. C. Chen
分布：四川

太白贝母 Fritillaria taipaiensis P. Y. Li
分布：陕西、甘肃、湖北、四川

浙贝母 Fritillaria thunbergii Miq.
分布：安徽、江苏、浙江

浙贝母(原变种) Fritillaria thunbergii var. **thunbergii**
分布：安徽、江苏、浙江

东阳贝母 Fritillaria thunbergii var. **chekiangensis** P. K. Hsiao et K. C. Hsia
分布：浙江

托星贝母 Fritillaria tortifolia X. Z. Duan et X. J. Zheng
分布：新疆

暗紫贝母 Fritillaria unibracteata P. K. Hsiao et K. C. Hsia
分布：甘肃、青海、四川

暗紫贝母(原变种) Fritillaria unibracteata var. **unibracteata**
分布：甘肃、青海、四川

长腺贝母 Fritillaria unibracteata var. **longinectarea** S. Y. Tang et C. H. Yueh
分布：四川

平贝母 Fritillaria ussuriensis Maxim.
分布：黑龙江、吉林、辽宁；朝鲜、俄罗斯

黄花贝母 Fritillaria verticillata Willd.
分布：新疆；哈萨克斯坦、俄罗斯

新疆贝母 Fritillaria walujewii Regel
分布：新疆；哈萨克斯坦

裕民贝母 Fritillaria yuminensis X. Z. Duan
分布：新疆

榆中贝母 Fritillaria yuzhongensis G. D. Yu et Y. S. Zhou
分布：山西、河南、陕西、宁夏、甘肃

顶冰花属 **Gagea** Salisb.

贺兰山顶冰花 Gagea alashanica Y. Z. Zhao et L. Q. Zhao
分布：内蒙古

毛梗顶冰花 Gagea albertii Regel
分布：新疆；哈萨克斯坦

阿尔泰顶冰花 Gagea altaica Schischk. et Sumn.
分布：新疆；哈萨克斯坦、俄罗斯

棱茎顶冰花 Gagea angelae Levichev et Schnittler
分布：新疆

腋球顶冰花 Gagea bulbifera (Pall.) Salisb.
分布：新疆；印度、哈萨克斯坦、俄罗斯

中华顶冰花(新拟) Gagea chinensis Y. Z. Zhao et L. Q. Zhao
分布：内蒙古

大青山顶冰花(新拟) Gagea daqingshanensis L. Q. Zhao et Jie Yang
分布：内蒙古

叉梗顶冰花 Gagea divaricata Regel
分布：新疆；哈萨克斯坦、乌兹别克斯坦

镰叶顶冰花 Gagea fedtschenkoana Pascher
分布：新疆；哈萨克斯坦、蒙古国、俄罗斯

林生顶冰花 Gagea filiformis (Ledeb.) Kar. et Kir.
分布：新疆；阿富汗、哈萨克斯坦、蒙古国、巴基斯坦、俄罗斯

钝瓣顶冰花 Gagea fragifera (Vill.) E. Bayer et G. López
分布：新疆；哈萨克斯坦、蒙古国、俄罗斯

粒鳞顶冰花 Gagea granulosa Turcz.
分布：新疆；哈萨克斯坦、蒙古国、俄罗斯；欧洲

霍城顶冰花 Gagea huochengensis Levichev
分布：新疆

高山顶冰花 Gagea jaeschkei Pascher
分布：新疆；阿富汗、哈萨克斯坦、巴基斯坦；亚洲(西南部)

顶冰花 Gagea nakaiana Kitag.
分布：黑龙江、吉林、辽宁；印度、日本、韩国、尼泊尔、巴基斯坦、俄罗斯

新疆顶冰花 Gagea neopopovii Golosk.
分布：新疆；哈萨克斯坦

乌恰顶冰花 Gagea olgae Regel
分布：?新疆；阿富汗、印度、哈萨克斯坦、巴基斯坦、乌兹别克斯坦

多球顶冰花 Gagea ova Stapf
分布：新疆；阿富汗、哈萨克斯坦、塔吉克斯坦；亚洲(西南部)

少花顶冰花 Gagea pauciflora (Turcz. ex Trautv.) Ledeb.
分布：黑龙江、内蒙古、河北、陕西、甘肃、青海、西藏；蒙古国、俄罗斯

草原顶冰花 Gagea stepposa L. Z. Shue
分布：新疆

细弱顶冰花 Gagea tenera Pascher
分布：新疆；哈萨克斯坦、俄罗斯

小顶冰花 Gagea terraccianoana Pascher
分布：黑龙江、吉林、辽宁、河北、山西、陕西、甘肃、青海；朝鲜、蒙古国、俄罗斯

百合属 Lilium L.

秀丽百合 Lilium amabile Palib.
分布：辽宁；朝鲜

玫红百合 Lilium amoenum E. H. Wilson ex Sealy
分布：云南

安徽百合 Lilium anhuiense D. C. Zhang et J. Z. Shao
分布：安徽

滇百合 Lilium bakerianum Collett et Hemsl.
分布：四川、贵州、云南；缅甸

滇百合(原变种) Lilium bakerianum var. **bakerianum**
分布：云南；缅甸

金黄花滇百合 Lilium bakerianum var. **aureum** Grove et Cotton
分布：四川、云南

黄绿花滇百合 Lilium bakerianum var. **delavayi** (Franch.) E. H. Wilson
分布：四川、贵州、云南；缅甸

紫红花滇百合 Lilium bakerianum var. **rubrum** Stearn
分布：贵州、云南

无斑滇百合 Lilium bakerianum var. **yunnanense** (Franch.) Sealy ex Woodcock et Stearn
分布：四川、云南

短柱小百合 Lilium brevistylum (S. Yun Liang) S. Yun Liang
分布：西藏

野百合 Lilium brownii F. E. Br. ex Miellez
分布：河北、山西、河南、陕西、甘肃、安徽、江苏、浙江、江西、湖南、湖北、四川、贵州、云南、福建、广东、广西

野百合(原变种) Lilium brownii var. **brownii**
分布：河南、陕西、甘肃、安徽、浙江、江西、湖南、湖北、四川、贵州、云南、福建、广东、广西

巨球百合 Lilium brownii var. **gigataeum** G. Y. Li et Z. H. Chen
分布：浙江

百合 Lilium brownii var. **viridulum** Baker
分布：河北、山西、河南、陕西、甘肃、安徽、江苏、浙江、江西、湖南、湖北、四川、贵州、云南、福建、广西

条叶百合 Lilium callosum Sieb. et Zucc.
分布：吉林、辽宁、内蒙古、河南、安徽、江苏、浙江、台湾、广东、广西；日本、朝鲜、俄罗斯

垂花百合 Lilium cernuum Kom.
分布：吉林、辽宁；朝鲜、俄罗斯

渥丹 Lilium concolor Salisb.
分布：黑龙江、吉林、辽宁、内蒙古、河北、山西、山东、河南、陕西、湖北、云南；日本、朝鲜、蒙古国、俄罗斯

渥丹(原变种) Lilium concolor var. **concolor**
分布：吉林、河北、山西、山东、河南、陕西、湖北、云南

大花百合 **Lilium concolor** var. **megalanthum** F. T. Wang et T. Tang
分布：吉林

有斑百合 **Lilium concolor** var. **pulchellum** (Fisch.) Regel
分布：黑龙江、吉林、辽宁、内蒙古、河北、山西、山东；日本、朝鲜、蒙古国、俄罗斯

毛百合 **Lilium dauricum** Ker Gawl.
分布：黑龙江、吉林、辽宁、内蒙古、河北；日本、朝鲜、蒙古国、俄罗斯

川百合 **Lilium davidii** Duch. ex Elwes
分布：山西、河南、陕西、甘肃、湖北、四川、贵州、云南

川百合(原变种) **Lilium davidii** var. **davidii**
分布：四川、贵州、云南

兰州百合 **Lilium davidii** var. **willmottiae** (E. H. Wilson) Raffill
分布：陕西、湖北、四川、云南

东北百合 **Lilium distichum** Nakai ex kamibayashi
分布：黑龙江、吉林、辽宁；朝鲜、俄罗斯

宝兴百合 **Lilium duchartrei** Franch.
分布：陕西、甘肃、湖北、四川

绿花百合 **Lilium fargesii** Franch.
分布：陕西、湖北、四川、云南

凤凰百合 **Lilium floridum** J. L. Ma et Y. J. Li
分布：辽宁

台湾百合 **Lilium formosanum** Wallace
分布：台湾

台湾百合(原变种) **Lilium formosanum** var. **formosanum**
分布：台湾

小叶百合 **Lilium formosanum** var. **microphyllum** T. S. Liu et S. S. Ying
分布：台湾

哈巴百合 **Lilium habaense** F. T. Wang et T. Tang
分布：云南

竹叶百合 **Lilium hansonii** Leichtlin ex D. T. Moore
分布：吉林；朝鲜

墨江百合 **Lilium henrici** Franch.
分布：四川、云南

墨江百合(原变种) **Lilium henrici** var. **henrici**
分布：四川、云南

斑块百合 **Lilium henrici** var. **maculatum** (W. E. Evans) Woodcock et Stearn
分布：云南

湖北百合 **Lilium henryi** Baker
分布：江西、湖北、贵州

会东百合 **Lilium huidongense** J. M. Xu
分布：四川

金佛山百合 **Lilium jinfushanense** L. J. Peng et B. N. Wang
分布：四川

匍茎百合 **Lilium lankongense** Franch.
分布：云南、西藏

大花卷丹 **Lilium leichtlinii** var. **maximowiczii** (Regel) Baker
分布：吉林、辽宁、河北、陕西；日本、朝鲜、俄罗斯

宜昌百合 **Lilium leucanthum** (Baker) Baker
分布：甘肃、湖北、四川

宜昌百合(原变种) **Lilium leucanthum** var. **leucanthum**
分布：湖北、四川

紫脊百合 **Lilium leucanthum** var. **centifolium** (Stapf ex Elwes) Stearn
分布：甘肃

丽江百合 **Lilium lijiangense** L. J. Peng
分布：四川、云南

糙茎百合 **Lilium longiflorum** var. **scabrum** Masam.
分布：台湾

尖被百合 **Lilium lophophorum** (Bureau et Franch.) Franch.
分布：四川、云南、西藏

尖被百合(原变种) **Lilium lophophorum** var. **lophophorum**
分布：四川、云南、西藏

线叶百合 **Lilium lophophorum** var. **linearifolium** (Sealy) S. Yun Liang
分布：云南

新疆百合 **Lilium martagon** var. **pilosiusculum** Freyn
分布：新疆；蒙古国、俄罗斯

马塘百合 Lilium matangense J. M. Xu
分布：四川

浙江百合 Lilium medeoloides A. Gray
分布：浙江；日本、朝鲜、俄罗斯

墨脱百合 Lilium medogense S. Yun Liang
分布：西藏

小百合 Lilium nanum Klotzsch et Garcke
分布：四川、云南、西藏；不丹、缅甸、尼泊尔、印度

小百合(原变种) Lilium nanum var. **nanum**
分布：四川、云南、西藏；不丹、缅甸、尼泊尔、印度

黄斑百合 Lilium nanum var. **flavidum** (Rendle) Sealy
分布：云南、西藏；缅甸、印度

紫斑百合 Lilium nepalense D. Don
分布：云南、西藏；不丹、印度、缅甸、尼泊尔

乳头百合 Lilium papilliferum Franch.
分布：陕西、四川、云南

藏百合 Lilium paradoxum Stearn
分布：西藏

松叶百合 Lilium pinifolium L. J. Peng
分布：云南

报春百合 Lilium primulinum Baker
分布：四川、贵州、云南；缅甸、泰国

报春百合(原变种) Lilium primulinum var. **primulinum**
分布：缅甸

紫喉百合 Lilium primulinum var. **burmanicum** (W. W. Sm.) Stearn
分布：云南；缅甸、泰国

川滇百合 Lilium primulinum var. **ochraceum** (Franch.) Stearn
分布：四川、贵州、云南

普洱百合 Lilium puerense Y. Y. Qian
分布：云南

山丹 Lilium pumilum Redouté
分布：黑龙江、吉林、辽宁、内蒙古、河北、山西、山东、河南、陕西、宁夏、甘肃、青海；朝鲜、蒙古国、俄罗斯

毕氏百合 Lilium pyi H. Lév.
分布：云南

岷江百合 Lilium regale E. H. Wilson
分布：四川

洛克百合 Lilium rockii R. H. Miao
分布：云南

南川百合 Lilium rosthornii Diels
分布：湖北、四川、贵州

囊被百合 Lilium saccatum S. Yun Liang
分布：西藏

泸定百合 Lilium sargentiae E. H. Wilson
分布：四川、云南

蒜头百合 Lilium sempervivoideum H. Lév.
分布：四川、云南

紫花百合 Lilium souliei (Franch.) Sealy
分布：四川、云南、西藏

药百合 Lilium speciosum var. **gloriosoides** Baker
分布：安徽、浙江、江西、湖南、台湾、广西

单花百合 Lilium stewartianum Balf. f. et W. W. Sm.
分布：云南

淡黄花百合 Lilium sulphureum Baker ex Hook. f.
分布：四川、贵州、云南、广西；缅甸

大理百合 Lilium taliense Franch.
分布：四川、云南、西藏

天山百合 Lilium tianschanicum N. A. Ivanova ex Grubov
分布：新疆

卷丹 Lilium tigrinum Ker Gawl.
分布：吉林、河北、山西、山东、河南、陕西、甘肃、青海、安徽、江苏、浙江、江西、湖南、湖北、四川、西藏、广西；日本、朝鲜

青岛百合 Lilium tsingtauense Gilg
分布：山东、安徽；朝鲜

卓巴百合 Lilium wardii Stapf ex F. C. Stern
分布：四川、贵州、西藏

文山百合 Lilium wenshanense L. J. Peng et F. X. Li
分布：云南

乡城百合 Lilium xanthellum F. T. Wang et T. Tang
分布：四川

乡城百合(原变种) Lilium xanthellum var. **xanthellum**
分布：四川

黄花百合 Lilium xanthellum var. **luteum** S. Yun Liang
分布：四川

贡山百合(新拟) **Lilium yapingense** Y. D. Gao et X. J. He
分布：云南

洼瓣花属 **Lloydia** Reichb.

黄洼瓣花 **Lloydia delavayi** Franch.
分布：云南；缅甸

平滑洼瓣花 **Lloydia flavonutans** H. Hara
分布：西藏；不丹、尼泊尔、印度

紫斑洼瓣花 **Lloydia ixiolirioides** Baker ex Oliv.
分布：四川、云南、西藏

小洼瓣花 **Lloydia nana** R. Li et H. Li
分布：西藏

尖果洼瓣花 **Lloydia oxycarpa** Franch.
分布：甘肃、四川、云南、西藏

洼瓣花 **Lloydia serotina** (L.) Rchb.
分布：甘肃、河北、黑龙江、吉林、辽宁、内蒙古、宁夏、青海、陕西、山西、四川、新疆、西藏、云南；不丹、印度、日本、哈萨克斯坦、韩国、蒙古国、尼泊尔、巴基斯坦、俄罗斯；欧洲、北美洲

洼瓣花(原变种) **Lloydia serotina** var. **serotina**
分布：黑龙江、吉林、辽宁、内蒙古、河北、山西、陕西、宁夏、甘肃、青海、新疆、四川、云南、西藏；不丹、印度、日本、哈萨克斯坦、韩国、蒙古国、尼泊尔、巴基斯坦、俄罗斯

矮小洼瓣花 **Lloydia serotina** var. **parva** (C. Marquand et Airy Shaw) H. Hara
分布：新疆、四川；不丹、尼泊尔、印度

西藏洼瓣花 **Lloydia tibetica** Baker ex Oliv.
分布：河北、山西、陕西、甘肃、湖北、四川、西藏；尼泊尔

三花洼瓣花 **Lloydia triflora** (Ledeb.) Baker
分布：黑龙江、吉林、辽宁、河北、山西；日本、朝鲜、俄罗斯

云南洼瓣花 **Lloydia yunnanensis** Franch.
分布：四川、云南；印度

豹子花属 **Nomocharis** Franch.

开瓣豹子花 **Nomocharis aperta** (Franch.) E. H. Wilson
分布：四川、云南、西藏；缅甸

美丽豹子花 **Nomocharis basilissa** Farrer ex W. E. Evans
分布：云南；缅甸

滇西豹子花 **Nomocharis farreri** (W. E. Evans) Hatus.
分布：云南；缅甸

贡山豹子花 **Nomocharis gongshanensis** Y. D. Gao et X. J. He
分布：云南

多斑豹子花 **Nomocharis meleagrina** Franch.
分布：四川、云南、西藏

豹子花 **Nomocharis pardanthina** Franch.
分布：四川、云南

云南豹子花 **Nomocharis saluenensis** Balf. f.
分布：四川、云南、西藏；缅甸

假百合属 **Notholirion** Wall. ex Boiss.

假百合 **Notholirion bulbuliferum** (Lingelsh. ex H. Limpr.) Stearn
分布：陕西、甘肃、四川、云南、西藏；不丹、尼泊尔、印度

钟花假百合 **Notholirion campanulatum** Cotton et Stearn
分布：四川、云南；不丹、缅甸

大叶假百合 **Notholirion macrophyllum** (D. Don) Boiss.
分布：四川、云南、西藏；不丹、尼泊尔、印度

菝葜属 **Smilax** L.

弯梗菝葜 **Smilax aberrans** Gagnep.
分布：四川、贵州、云南、广东、广西；越南

尖叶菝葜 **Smilax arisanensis** Hayata
分布：浙江、江西、四川、贵州、云南、福建、台湾、广东、广西；越南

穗菝葜 **Smilax aspera** L.
分布：云南、西藏；不丹、印度、缅甸、尼泊尔；亚洲(西南部)、欧洲、非洲

疣枝菝葜 **Smilax aspericaulis** Wall. ex A. DC.
分布：贵州、云南、西藏、台湾、广西、海南；印度、缅甸、菲律宾、越南

灰叶菝葜 **Smilax astrosperma** F. T. Wang et Ts. Tang
分布：广西、海南

浙南菝葜 **Smilax austrozhejiangensis** Q. Lin
分布：浙江

巴坡菝葜 **Smilax bapouensis** H. Li
分布：云南

少花菝葜 **Smilax basilata** F. T. Wang et Ts. Tang

分布：云南、广西

圆叶菝葜 **Smilax bauhinioides** Kunth

分布：广西；越南

西南菝葜 **Smilax biumbellata** T. Koyama

分布：甘肃、湖南、四川、贵州、云南、西藏、广西；印度、缅甸

圆锥菝葜 **Smilax bracteata** C. Presl

分布：贵州、云南、福建、台湾、广东、广西、海南；柬埔寨、印度尼西亚、日本、老挝、马来西亚、菲律宾、泰国、越南

密疣菝葜 **Smilax chapaensis** Gagnep.

分布：湖南、湖北、四川、贵州、云南、广西；越南

菝葜 **Smilax china** L.

分布：安徽、福建、广东、广西、贵州、河南、湖北、湖南、江苏、江西、?辽宁、山东、四川、台湾、云南、浙江；缅甸、菲律宾、泰国、越南

柔毛菝葜 **Smilax chingii** F. T. Wang et Ts. Tang

分布：江西、湖南、湖北、四川、贵州、云南、福建、广东、广西

银叶菝葜 **Smilax cocculoides** Warb.

分布：湖南、湖北、四川、贵州、云南、广东、广西

筐条菝葜 **Smilax corbularia** Kunth

分布：云南、广东、广西、海南；印度尼西亚、马来西亚、缅甸、越南

筐条菝葜(原变种) **Smilax corbularia** var. **corbularia**

分布：云南、海南；越南

光叶菝葜 **Smilax corbularia** var. **woodii** (Merr.) T. Koyama

分布：海南；印度尼西亚、马来西亚

合蕊菝葜 **Smilax cyclophylla** Warb.

分布：四川、云南

平滑菝葜 **Smilax darrisii** H. Lév.

分布：四川、贵州、云南

小果菝葜 **Smilax davidiana** A. DC.

分布：浙江、江西、湖南、贵州、福建；日本

密刺菝葜 **Smilax densibarbata** F. T. Wang et Ts. Tang

分布：云南

托柄菝葜 **Smilax discotis** Warb.

分布：河南、陕西、甘肃、安徽、浙江、江西、湖南、湖北、四川、贵州、云南、福建

西藏菝葜 **Smilax elegans** Wall. ex Kunth

分布：西藏；不丹、印度、缅甸、尼泊尔

四棱菝葜 **Smilax elegantissima** Gagnep.

分布：云南；越南

台湾菝葜 **Smilax elongatoumbellata** Hayata

分布：台湾；日本

峨眉菝葜 **Smilax emeiensis** J. M. Xu

分布：四川

长托菝葜 **Smilax ferox** Wall. ex Kunth

分布：贵州、云南、广东、广西；不丹、印度、缅甸、尼泊尔、越南

富宁菝葜 **Smilax fooningensis** F. T. Wang et Ts. Tang

分布：云南

四翅菝葜 **Smilax gagnepainii** T. Koyama

分布：云南、广西；越南

土茯苓 **Smilax glabra** Roxb.

分布：陕西、甘肃、安徽、江苏、浙江、江西、湖南、湖北、四川、贵州、云南、西藏、福建、台湾、广东、广西、海南；印度、缅甸、泰国、越南

黑果菝葜 **Smilax glaucochina** Warb.

分布：山西、河南、陕西、甘肃、安徽、江苏、浙江、江西、湖南、湖北、四川、贵州、台湾、广东、广西

墨脱菝葜 **Smilax griffithii** A. DC.

分布：西藏；印度、缅甸、泰国

菱叶菝葜 **Smilax hayatae** T. Koyama

分布：台湾、广东

束丝菝葜 **Smilax hemsleyana** Craib

分布：贵州、云南；印度、缅甸、泰国

刺枝菝葜 **Smilax horridiramula** Hayata

分布：台湾

粉背菝葜 **Smilax hypoglauca** Benth.

分布：江西、贵州、云南、福建、广东

建昆菝葜 Smilax jiankunii H. Li
分布：云南

缘毛菝葜 Smilax kwangsiensis F. T. Wang et Ts. Tang
分布：广东、广西

缘毛菝葜(原变种) Smilax kwangsiensis var. **kwangsiensis**
分布：广西

小刚毛菝葜 Smilax kwangsiensis var. **setulosa** F. T. Wang et Ts. Tang
分布：广东

马甲菝葜 Smilax lanceifolia Roxb.
分布：浙江、江西、湖南、湖北、四川、贵州、云南、福建、台湾、广东、广西、海南；不丹、柬埔寨、印度、印度尼西亚、老挝、马来西亚、缅甸、菲律宾、泰国、越南

马甲菝葜(原变种) Smilax lanceifolia var. **lanceifolia**
分布：湖北、四川、贵州、云南、广西；不丹、印度、老挝、缅甸、泰国、越南

折枝菝葜 Smilax lanceifolia var. **elongata** (Warb.) F. T. Wang et Ts. Tang
分布：浙江、江西、四川、贵州、广东、广西

凹脉菝葜 Smilax lanceifolia var. **impressinervia** (F. T. Wang et Ts. Tang) T. Koyama
分布：贵州、云南、广西

长叶菝葜 Smilax lanceifolia var. **lanceolata** (J. B. Norton) T. Koyama
分布：云南

暗色菝葜 Smilax lanceifolia var. **opaca** A. DC.
分布：浙江、江西、湖南、贵州、云南、福建、台湾、广东、广西、海南；柬埔寨、印度尼西亚、老挝、马来西亚、泰国、越南

粗糙菝葜 Smilax lebrunii H. Lév.
分布：甘肃、湖南、四川、贵州、云南、广西；缅甸

木本牛尾菜 Smilax ligneoriparia C. X. Fu et P. Li
分布：浙江、云南

长苞菝葜 Smilax longebracteolata Hook. f.
分布：四川、贵州、云南、西藏；不丹、印度、缅甸

吕氏菝葜 Smilax luei T. Koyama
分布：台湾

马钱叶菝葜 Smilax lunglingensis F. T. Wang et Ts. Tang
分布：云南

泸水菝葜 Smilax lushuiensis S. C. Chen
分布：云南

无刺菝葜 Smilax mairei H. Lév.
分布：云南、西藏

马里坡菝葜 Smilax malipoensis S. C. Chen
分布：云南

大果菝葜 Smilax megacarpa A. DC.
分布：云南、广西、海南；柬埔寨、印度、老挝、马来西亚、缅甸、菲律宾、泰国、越南

大花菝葜 Smilax megalantha C. H. Wright
分布：湖北、四川、贵州、云南

防己叶菝葜 Smilax menispermoidea A. DC.
分布：陕西、甘肃、湖北、四川、贵州、云南、西藏；不丹、印度、缅甸

小叶菝葜 Smilax microphylla C. H. Wright
分布：陕西、甘肃、湖南、湖北、四川、贵州、云南

劲直菝葜 Smilax munita S. C. Chen
分布：云南、西藏；不丹、缅甸、尼泊尔、印度

乌饭叶菝葜 Smilax myrtillus A. DC.
分布：云南、西藏；不丹、印度、缅甸

矮菝葜 Smilax nana F. T. Wang
分布：云南

南投菝葜 Smilax nantoensis T. Koyama
分布：台湾

缘脉菝葜 Smilax nervomarginata Hayata
分布：安徽、浙江、江西、湖南、贵州；日本

缘脉菝葜(原变种) Smilax nervomarginata var. **nervomarginata**
分布：安徽、浙江、江西、湖南、贵州；日本

无疣菝葜 Smilax nervomarginata var. **liukiuensis** F. T. Wang et T. Tang
分布：安徽、浙江、江西；日本

黑叶菝葜 Smilax nigrescens F. T. Wang et C. L. Tang ex P. Y. Li
分布：陕西、甘肃、湖南、湖北、四川、贵州、云南

白背牛尾菜 **Smilax nipponica** Miq.
分布：辽宁、山东、河南、安徽、浙江、江西、湖南、四川、贵州、福建、台湾、广东；日本、韩国

抱茎菝葜 **Smilax ocreata** A. DC.
分布：四川、贵州、云南、广东、广西、海南；不丹、印度、缅甸、尼泊尔、越南

武当菝葜 **Smilax outanscianensis** Pamp.
分布：江西、湖北、四川

卵叶菝葜 **Smilax ovalifolia** Roxb.
分布：海南；印度、缅甸、尼泊尔、泰国、越南

川鄂菝葜 **Smilax pachysandroides** T. Koyama
分布：湖北、四川

穿鞘菝葜 **Smilax perfoliata** Lour.
分布：云南、台湾、海南；印度、老挝、缅甸、泰国、越南

平伐菝葜 **Smilax pinfaensis** H. Lév. et Vaniot
分布：贵州

扁柄菝葜 **Smilax planipes** F. T. Wang et Ts. Tang
分布：云南、广西

红果菝葜 **Smilax polycolea** Warb.
分布：湖南、湖北、四川、贵州、广西

纤柄菝葜 **Smilax pottingeri** Prain
分布：云南；老挝、缅甸、泰国

峦大菝葜 **Smilax pygmaea** Merr.
分布：台湾；菲律宾

方枝菝葜 **Smilax quadrata** A. DC.
分布：云南、西藏；印度、缅甸

苍白菝葜 **Smilax retroflexa** (F. T. Wang et Ts. Tang) S. C. Chen
分布：四川、贵州、云南、广西；越南

牛尾菜 **Smilax riparia** A. DC.
分布：黑龙江、吉林、辽宁、内蒙古、河北、山西、山东、河南、陕西、甘肃、安徽、江苏、浙江、江西、湖南、湖北、四川、贵州、云南、福建、台湾、广东、广西；日本、朝鲜、菲律宾

牛尾菜(原变种) **Smilax riparia** var. **riparia**
分布：黑龙江、吉林、辽宁、内蒙古、河北、山西、山东、河南、陕西、甘肃、安徽、江苏、浙江、江西、湖南、湖北、四川、贵州、云南、福建、台湾、广东、广西；日本、韩国、菲律宾

尖叶牛尾菜 **Smilax riparia** var. **acuminata** (C. H. Wright) F. T. Wang et Ts. Tang
分布：河南、陕西、湖北、四川

毛牛尾菜 **Smilax riparia** var. **pubescens** (C. H. Wright) F. T. Wang et Ts. Tang
分布：湖北

短梗菝葜 **Smilax scobinicaulis** C. H. Wright
分布：河北、山西、河南、陕西、甘肃、江西、湖南、湖北、贵州、云南

密刚毛菝葜 **Smilax setiramula** F. T. Wang et Tang
分布：云南

华东菝葜 **Smilax sieboldii** Miq.
分布：辽宁、山东、安徽、江苏、浙江、福建、台湾；日本、韩国

鞘柄菝葜 **Smilax stans** Maxim.
分布：安徽、甘肃、广东、广西、贵州、河北、河南、湖北、湖南、江苏、江西、陕西、山西、台湾、?云南、浙江；日本

筒被菝葜 **Smilax synandra** Gagnep.
分布：云南、广东、海南；泰国、越南

糙柄菝葜 **Smilax trachypoda** J. B. Norton
分布：河南、陕西、甘肃、湖北、四川

三脉菝葜 **Smilax trinervula** Miq.
分布：浙江、江西、湖南、贵州、福建；日本

青城菝葜 **Smilax tsinchengshanensis** F. T. Wang
分布：四川、贵州

梵净山菝葜 **Smilax vanchingshanensis** (F. T. Wang et Ts. Tang) F. T. Wang et Ts. Tang
分布：湖北、四川、贵州

云南菝葜 **Smilax yunnanensis** S. C. Chen
分布：云南

扭柄花属 **Streptopus** Michx.

丝梗扭柄花 **Streptopus koreanus** (Kom.) Ohwi
分布：黑龙江、吉林、辽宁；朝鲜

扭柄花 **Streptopus obtusatus** Fassett
分布：陕西、甘肃、湖北、四川、云南

卵叶扭柄花 **Streptopus ovalis** (Ohwi) F. T. Wang et Y. C. Tang
分布：辽宁；朝鲜

小花扭柄花 **Streptopus parviflorus** Franch.
分布：四川、云南

腋花扭柄花 **Streptopus simplex** D. Don
分布：云南、西藏；不丹、缅甸、尼泊尔、印度

油点草属 **Tricyrtis** Wall.

中华油点草(新拟) **Tricyrtis chinensis** H. Takahashi
分布：安徽、江西、湖南、福建、广东、广西

台湾油点草 **Tricyrtis formosana** Baker
分布：台湾

台湾油点草(原变种) **Tricyrtis formosana** var. **formosana**
分布：台湾

小型油点草 **Tricyrtis formosana** var. **glandosa** (Simizu) T. S. Liu et S. S. Ying
分布：台湾

大花油点草 **Tricyrtis formosana** var. **grandiflora** S. S. Ying
分布：台湾

毛果油点草 **Tricyrtis lasiocarpa** Matsum.
分布：台湾

宽叶油点草 **Tricyrtis latifolia** Maxim.
分布：河北、河南、陕西、湖北、四川；日本

油点草 **Tricyrtis macropoda** Miq.
分布：陕西、安徽、江苏、浙江、江西、湖南、湖北、贵州、福建、广东、广西；日本

卵叶油点草 **Tricyrtis ovatifolia** S. S. Ying
分布：台湾

黄花油点草 **Tricyrtis pilosa** Wall.
分布：河北、河南、陕西、甘肃、湖南、湖北、四川、贵州、云南、广西；不丹、印度、尼泊尔

高山油点草 **Tricyrtis ravenii** C.-I Peng et C. L. Tiang
分布：台湾

山油点草 **Tricyrtis stolonifera** Matsum.
分布：台湾

侧花油点草 **Tricyrtis suzukii** Masam.
分布：台湾

绿花油点草 **Tricyrtis viridula** H. Takahashi
分布：浙江、江西、贵州、云南、广西

郁金香属 **Tulipa** L.

阿尔泰郁金香 **Tulipa altaica** Pall. ex Spreng.
分布：新疆；哈萨克斯坦、俄罗斯

皖郁金香 **Tulipa anhuiensis** X. S. Sheng
分布：安徽

柔毛郁金香 **Tulipa biflora** Pall.
分布：新疆；阿富汗、哈萨克斯坦、巴基斯坦、俄罗斯、土库曼斯坦、乌兹别克斯坦；亚洲(西南部)、欧洲、非洲

毛蕊郁金香 **Tulipa dasystemon** (Regel) Regel
分布：新疆；哈萨克斯坦、吉尔吉斯斯坦、塔吉克斯坦、乌兹别克斯坦

老鸦瓣 **Tulipa edulis** (Miq.) Baker
分布：辽宁、山东、陕西、安徽、江苏、浙江、江西、湖南、湖北；日本、朝鲜

阔叶老鸦瓣 **Tulipa erythronioides** Baker
分布：安徽、浙江；日本

异瓣郁金香 **Tulipa heteropetala** Ledeb.
分布：新疆；哈萨克斯坦、俄罗斯

异叶郁金香 **Tulipa heterophylla** (Regel) Baker
分布：新疆；哈萨克斯坦、吉尔吉斯斯坦

伊犁郁金香 **Tulipa iliensis** Regel
分布：新疆；哈萨克斯坦

迟花郁金香 **Tulipa kolpakovskiana** Regel
分布：新疆；哈萨克斯坦、吉尔吉斯斯坦

内蒙郁金香 Tulipa mongolica Y. Z. Zhao
分布：内蒙古

垂蕾郁金香 **Tulipa patens** C. Agardh ex Schult. et Schult. f.
分布：新疆；哈萨克斯坦、俄罗斯

新疆郁金香 **Tulipa sinkiangensis** Z. M. Mao
分布：新疆

塔城郁金香 **Tulipa tarbagataica** D. Y. Tan et X. Wei
分布：新疆

四叶郁金香 **Tulipa tetraphylla** Regel

分布：新疆；哈萨克斯坦、吉尔吉斯斯坦

天山郁金香 **Tulipa thianschanica** Regel

分布：新疆；哈萨克斯坦

天山郁金香(原变种) **Tulipa thianschanica** var. **thianschanica**

分布：新疆；哈萨克斯坦

赛里木湖郁金香 **Tulipa thianschanica** var. **sailimuensis** X. Wei et D. Y. Tan

分布：新疆；哈萨克斯坦

单花郁金香 **Tulipa uniflora** (L.) Bess. ex Baker

分布：内蒙古、新疆；哈萨克斯坦、蒙古国、俄罗斯

335. 亚麻科 Linaceae DC. ex Perleb

异腺草属 **Anisadenia** Wall. ex Meisn.

异腺草 **Anisadenia pubescens** Griff.

分布：云南、西藏；不丹、印度

石异腺草 **Anisadenia saxatilis** Wall. ex Meisn.

分布：云南；不丹、印度、缅甸、尼泊尔、泰国

亚麻属 **Linum** L.

阿尔泰亚麻 **Linum altaicum** Ledeb. ex Juz.

分布：新疆；哈萨克斯坦、吉尔吉斯斯坦、蒙古国、俄罗斯、塔吉克斯坦

黑水亚麻 **Linum amurense** F. G. C. Alef.

分布：黑龙江、吉林、内蒙古、陕西、宁夏、甘肃；俄罗斯

长萼亚麻 **Linum corymbulosum** Rchb.

分布：新疆；哈萨克斯坦、阿富汗、巴基斯坦、俄罗斯；西南亚、欧洲、北非

异萼亚麻 **Linum heterosepalum** Regel

分布：新疆；哈萨克斯坦、吉尔吉斯斯坦

垂果亚麻 **Linum nutans** Maxim.

分布：黑龙江、吉林、内蒙古、陕西、宁夏、甘肃、西藏；印度、蒙古国、俄罗斯

短柱亚麻 **Linum pallescens** Bunge

分布：陕西、甘肃、青海、新疆、西藏；俄罗斯、哈萨克斯坦、吉尔吉斯斯坦、蒙古国、塔吉克斯坦

宿根亚麻 **Linum perenne** L.

分布：内蒙古、河北、山西、陕西、宁夏、甘肃、青海、新疆、四川、云南、西藏；蒙古国、俄罗斯；亚洲(西部)、欧洲

野亚麻 **Linum stelleroides** Planch.

分布：黑龙江、吉林、辽宁、内蒙古、河北、山西、山东、河南、陕西、宁夏、甘肃、江苏、湖北、四川、贵州、广东、广西；日本、韩国、吉尔吉斯斯坦、俄罗斯、塔吉克斯坦、土库曼斯坦、乌兹别克斯坦

亚麻 **Linum usitatissimum** L.

分布：除海南和台湾外全国广泛栽培；可能原产于地中海地区和(或)西亚、西欧，广泛栽培

石海椒属 **Reinwardtia** Dumort.

石海椒 **Reinwardtia indica** Dumort.

分布：湖南、湖北、四川、贵州、云南、福建、广东、广西；不丹、印度、克什米尔地区、老挝、缅甸、尼泊尔、巴基斯坦、泰国、越南

青篱柴属 **Tirpitzia** Hallier f.

米念芭 **Tirpitzia ovoidea** Chun et F. C. How ex W. L. Sha

分布：广西；越南

青篱柴 **Tirpitzia sinensis** (Hemsl.) H. Hallier

分布：贵州、云南、广西；越南

336. 母草科 Linderniaceae Borsch, K. Müller et Eb. Fisch.

三翅萼属 **Legazpia** Blanco

三翅萼 **Legazpia polygonoides** (Benth.) T. Yamaz.

分布：广东、广西；印度尼西亚、马来西亚、缅甸、菲律宾；大洋洲

母草属 **Lindernia** All.

长蒴母草 **Lindernia anagallis** (Burm. f.) Pennell

分布：江西、湖南、四川、贵州、云南、福建、台湾、广东、广西；不丹、柬埔寨、印度、日本、老挝、马来西亚、缅甸、菲律宾、泰国、越南、澳大利亚

泥花母草 **Lindernia antipoda** (L.) Alston

分布：安徽、江苏、浙江、江西、湖南、湖北、四川、云南、福建、台湾、广东、广西；不丹、柬埔寨、印度、日本、老挝、马来西亚、缅甸、尼泊尔、菲律宾、斯里兰卡、泰国、越南、澳大利亚、太平洋岛屿

短梗母草 **Lindernia brevipedunculata** Migo

分布：浙江

刺齿泥花草 ***Lindernia ciliata*** (Colsm.) Pennell

分布：云南、西藏、福建、台湾、广东、广西、海南；柬埔寨、印度、日本、老挝、马来西亚、缅甸、菲律宾、越南、澳大利亚

母草 ***Lindernia crustacea*** (L.) F. Muell.

分布：河南、安徽、江苏、浙江、江西、湖南、湖北、四川、贵州、云南、西藏、福建、台湾、广东、广西、海南；热带和亚热带广布

曲毛母草 ***Lindernia cyrtotricha*** P. C. Tsoong et T. C. Ku

分布：海南

柔弱母草 ***Lindernia delicatula*** P. C. Tsoong et T. C. Ku

分布：广西

网萼母草 ***Lindernia dictyophora*** P. C. Tsoong

分布：云南；泰国

北美母草 ***Lindernia dubia*** (L.) Pennell

分布：台湾、广东；北美洲

荨麻田草 ***Lindernia elata*** (Benth.) Wettst.

分布：云南、福建、广东、广西；柬埔寨、印度尼西亚、马来西亚、泰国、越南

尖果母草 ***Lindernia hyssopoides*** (L.) Haines

分布：云南、广西、海南；印度、印度尼西亚、斯里兰卡、越南

九华山母草 ***Lindernia jiuhuanica*** X. H. Guo et X. L. Liu

分布：安徽

江西母草 ***Lindernia kiangsiensis*** P. C. Tsoong

分布：江西

金门母草(新拟) ***Lindernia kinmenensis*** Y. S. Liang, C. H. Chen et C. L. Tasi

分布：台湾

长序母草 ***Lindernia macrobotrys*** P. C. Tsoong

分布：广东

大叶母草 ***Lindernia megaphylla*** P. C. Tsoong

分布：广东、广西、海南

狭叶母草 ***Lindernia micrantha*** D. Don

分布：河南、安徽、江苏、江西、湖南、湖北、贵州、云南、福建、广东、广西；柬埔寨、印度、印度尼西亚、日本、朝鲜、老挝、缅甸、尼泊尔、斯里兰卡、泰国、越南

红骨母草 ***Lindernia mollis*** (Benth.) Wettst.

分布：江西、云南、福建、广东、广西；柬埔寨、印度、印度尼西亚、老挝、马来西亚、缅甸、巴基斯坦、越南

宽叶母草 ***Lindernia nummulariifolia*** (D. Don) Wettst.

分布：陕西、甘肃、浙江、江西、湖南、湖北、四川、贵州、云南、西藏、广西；克什米尔地区、缅甸、尼泊尔、印度、泰国、越南

棱萼母草 ***Lindernia oblonga*** (Benth.) Merr. et Chun

分布：广东、海南；柬埔寨、老挝、越南

陌上菜 ***Lindernia procumbens*** (Krocker) Borb.

分布：黑龙江、吉林、安徽、江苏、浙江、江西、湖南、湖北、四川、贵州、云南、台湾、广东、广西；阿富汗、印度、印度尼西亚、日本、克什米尔地区、哈萨克斯坦、老挝、尼泊尔、巴基斯坦、俄罗斯、塔吉克斯坦、泰国、越南；欧洲

细茎母草 ***Lindernia pusilla*** (Willd.) Bold.

分布：云南、台湾、广西、海南；柬埔寨、印度、印度尼西亚、老挝、马来西亚、缅甸、尼泊尔、巴布亚新几内亚、菲律宾、斯里兰卡、泰国、越南

旱田草 ***Lindernia ruellioides*** (Colsm.) Pennell

分布：浙江、江西、湖南、湖北、四川、贵州、云南、福建、台湾、广东、广西；柬埔寨、印度、印度尼西亚、日本、马来西亚、缅甸、巴布亚新几内亚、菲律宾、越南

黄芩母草 ***Lindernia scutellariiformis*** T. Yamaz.

分布：台湾

刺毛母草 ***Lindernia setulosa*** (Maxim.) Tuyama ex H. Hara

分布：浙江、江西、四川、贵州、福建、广东、广西；日本

坚挺母草 ***Lindernia stricta*** P. C. Tsoong et T. C. Ku

分布：广西

泰山母草 ***Lindernia taishanensis*** F. Z. Li

分布：山东

细叶母草 ***Lindernia tenuifolia*** (Colsm.) Alston

分布：台湾、广东、广西；柬埔寨、印度、印度尼西亚、老挝、马来西亚、缅甸、巴布亚新几内亚、菲律宾、越南

黏毛母草 ***Lindernia viscosa*** (Hornem.) Bold.

分布：江西、云南、台湾、广东、广西；柬埔寨、印度、印度尼西亚、老挝、缅甸、巴布亚新几内亚、菲律宾、泰国、越南

瑶山母草 **Lindernia yaoshanensis** P. C. Tsoong
分布：贵州、广西

苦玄参属 **Picria** Lour.

苦玄参 **Picria felterrae** Lour.
分布：贵州、云南、广东、广西；印度、印度尼西亚、老挝、马来西亚、缅甸、菲律宾、泰国、越南

蝴蝶草属 **Torenia** L.

光叶蝴蝶草 **Torenia asiatica** L.
分布：浙江、江西、湖南、湖北、四川、贵州、云南、西藏、福建、广东、广西、海南；日本、越南

毛叶蝴蝶草 **Torenia benthamiana** Hance
分布：福建、台湾、广东、广西、海南

二花蝴蝶草 **Torenia biniflora** T. L. Chin et D. Y. Hong
分布：广东、广西、海南

单色蝴蝶草 **Torenia concolor** Lindl.
分布：贵州、云南、台湾、广东、广西、海南；日本、老挝、越南

西南蝴蝶草 **Torenia cordifolia** Roxb.
分布：湖北、四川、贵州、云南；不丹、柬埔寨、印度、越南

黄花蝴蝶草 **Torenia flava** Buch.-Ham. ex Benth.
分布：云南、台湾、广东、广西、海南；柬埔寨、印度、印度尼西亚、老挝、马来西亚、缅甸、泰国、越南

紫斑蝴蝶草 **Torenia fordii** Hook. f.
分布：江西、湖南、福建、广东

蓝猪耳 **Torenia fournieri** Linden ex Fourn.
分布：浙江、云南、福建、台湾、广东、广西；柬埔寨、老挝、泰国、越南

小花蝴蝶草 **Torenia parviflora** Buch.-Ham. ex Benth.
分布：广西；印度、印度尼西亚；非洲、北美洲、南美洲

紫萼蝴蝶草 **Torenia violacea** (Azaola ex Blanco) Pennell
分布：浙江、江西、湖北、四川、贵州、云南、台湾、广东、广西；不丹、柬埔寨、印度、印度尼西亚、老挝、马来西亚、菲律宾、泰国、越南

337. 马钱科 Loganiaceae R. Br. ex Mart.

蓬莱葛属 **Gardneria** Wall.

狭叶蓬莱葛 **Gardneria angustifolia** Wall.
分布：云南；不丹、印度、尼泊尔

柳叶蓬莱葛 **Gardneria lanceolata** Rehder et E. H. Wilson
分布：安徽、江苏、浙江、江西、湖南、湖北、四川、贵州、云南、广东、广西

蓬莱葛 **Gardneria multiflora** Makino
分布：河北、河南、陕西、安徽、江苏、浙江、江西、湖南、湖北、四川、贵州、云南、福建、台湾、广东、广西；日本

线叶蓬莱葛 **Gardneria nutans** Sieb. et Zucc.
分布：安徽、四川、贵州、云南、台湾、广西；日本、韩国

卵叶蓬莱葛 **Gardneria ovata** Wall.
分布：云南、西藏、广西；印度、印度尼西亚、马来西亚、斯里兰卡、泰国

髯管花属 **Geniostoma** J. R. Forst. et G. Forst.

髯管花 **Geniostoma rupestre** J. R. Forst. et G. Forst.
分布：台湾；印度尼西亚、马来西亚、菲律宾、澳大利亚、太平洋岛屿

姬苗属 **Mitrasacme** Labill.

尖帽花 **Mitrasacme indica** Wight
分布：山东、江苏、福建、台湾、广东、海南；印度、印度尼西亚、日本、韩国、马来西亚、缅甸、菲律宾、斯里兰卡、泰国、越南、澳大利亚

水田白 **Mitrasacme pygmaea** R. Br.
分布：安徽、江苏、浙江、江西、湖南、贵州、云南、福建、台湾、广东、广西、海南；印度、印度尼西亚、日本、朝鲜、马来西亚、缅甸、尼泊尔、菲律宾、泰国、越南、澳大利亚

水田白(原变种) **Mitrasacme pygmaea** var. **pygmaea**
分布：安徽、福建、广东、广西、贵州、海南、湖南、江苏、江西、台湾、云南、浙江；柬埔寨、印度、印度尼西亚、日本、韩国、马来西亚、缅甸、尼泊尔、菲律宾、泰国、越南、澳大利亚

密叶水田白 **Mitrasacme pygmaea** var. **confertifolia** Tirel
分布：广东、广西；柬埔寨、越南

大花水田白 **Mitrasacme pygmaea** var. **grandiflora** (Hemsl.) Leenh.
分布：广西；泰国、越南

度量草属 **Mitreola** L.

长叶度量草 **Mitreola macrophylla** D. Fang et D. H. Qin
分布：广西

大叶度量草 Mitreola pedicellata Benth.

分布：湖北、四川、贵州、云南、广东、广西；不丹、印度

度量草 Mitreola petiolata (J. F. Gmelin) Torr. et A. Gray

分布：贵州、云南、广西；柬埔寨、印度、印度尼西亚、老挝、马来西亚、缅甸、巴布亚新几内亚、菲律宾、泰国、越南、澳大利亚；非洲、北美洲、南美洲

小叶度量草 Mitreola petiolatoides P. T. Li

分布：云南

凤山度量草 Mitreola pingtaoi D. Fang et D. H. Qin

分布：广西

紫脉度量草 Mitreola purpureonervia D. Fang et Xiao H. Lu

分布：广西

网子度量草 Mitreola reticulata Tirel

分布：广西；越南

匙叶度量草 Mitreola spathulifolia D. Fang et L. S. Zhou

分布：广西

阳春度量草 Mitreola yangchunensis Q. X. Ma, H. G. Ye et F. W. Xing

分布：广东

马钱子属 Strychnos L.

牛眼马钱 Strychnos angustiflora Benth.

分布：云南、福建、广东、广西、海南；菲律宾、泰国、越南

腋花马钱 Strychnos axillaris Colebr.

分布：云南；柬埔寨、印度、印度尼西亚、老挝、马来西亚、泰国、越南

华马钱 Strychnos cathayensis Merr.

分布：云南、台湾、广东、广西、海南；越南

华马钱(原变种) Strychnos cathayensis var. **cathayensis**

分布：云南、台湾、广东、广西、海南；越南

刺马钱 Strychnos cathayensis var. **spinata** P. T. Li

分布：广东

吕宋果 Strychnos ignatii P. J. Bergius

分布：云南、广东、广西、海南；印度尼西亚、马来西亚、菲律宾、泰国、越南

亮叶马钱 Strychnos lucida R. Br.

分布：海南；印度尼西亚、泰国、澳大利亚

毛柱马钱 Strychnos nitida G. Don

分布：云南、广西；孟加拉国、印度、老挝、缅甸、泰国、越南

山马钱 Strychnos nux-blanda A. W. Hill

分布：广东；柬埔寨、印度、老挝、缅甸、泰国、越南

马钱子 Strychnos nux-vomica L.

分布：云南、福建、台湾、广东、广西、海南栽培；原产于印度；亚洲热带有栽培

密花马钱 Strychnos ovata A. W. Hill

分布：广东、海南；印度尼西亚、马来西亚、菲律宾

伞花马钱 Strychnos umbellata (Lour.) Merr.

分布：广东、广西、海南、香港；越南

长籽马钱 Strychnos wallichiana Steud. ex A. DC.

分布：云南；孟加拉国、印度、印度尼西亚、斯里兰卡、越南

338. 桑寄生科 Loranthaceae Juss.

五蕊寄生属 Dendrophthoe Mart.

五蕊寄生 Dendrophthoe pentandra (L.) Miq.

分布：云南、广东、广西；柬埔寨、印度尼西亚、印度、老挝、马来西亚、缅甸、菲律宾、泰国、越南

大苞鞘花属 Elytranthe (Blume) Blume

大苞鞘花 Elytranthe albida (Blume) Blume

分布：云南；印度、印度尼西亚、老挝、马来西亚、缅甸、泰国、越南

墨脱大苞鞘花 Elytranthe parasitica (L.) Danser

分布：西藏；印度、斯里兰卡

离瓣寄生属 Helixanthera Lour.

景洪离瓣寄生 Helixanthera coccinea (Jack) Danser

分布：云南；印度、印度尼西亚、马来西亚、缅甸、中南半岛各国

广西离瓣寄生 Helixanthera guangxiensis H. S. Kiu

分布：广西、海南

离瓣寄生 Helixanthera parasitica Lour.

分布：贵州、云南、西藏、福建、广东、广西、海南；柬埔寨、印度、印度尼西亚、老挝、马来西亚、缅甸、尼泊尔、菲律宾、泰国、越南

密花离瓣寄生 Helixanthera pulchra (DC.) Danser

分布：云南；柬埔寨、印度尼西亚、马来西亚、泰国

油茶离瓣寄生 Helixanthera sampsonii (Hance) Danser
分布：云南、福建、广东、广西、海南；越南

滇西离瓣寄生 Helixanthera scoriarum (W. W. Sm.) Danser
分布：云南

林地离瓣寄生 Helixanthera terrestris (Hook. f.) Danser
分布：西藏；印度

桑寄生属 Loranthus Jacq.

周树桑寄生 Loranthus delavayi Tiegh.
分布：陕西、甘肃、浙江、江西、湖南、湖北、四川、贵州、云南、西藏、福建、台湾、广东、广西；缅甸、越南

南桑寄生 Loranthus guizhouensis H. S. Kiu
分布：湖南、贵州、云南、广东、广西

台中桑寄生 Loranthus kaoi (J. M. Chao) H. S. Kiu
分布：台湾

吉隆桑寄生 Loranthus lambertianus Schult. f.
分布：西藏；尼泊尔

华中桑寄生 Loranthus pseudo-odoratus Lingelsh.
分布：浙江、湖北、四川

北桑寄生 Loranthus tanakae Franch. et Sav.
分布：内蒙古、河北、山西、山东、陕西、甘肃、四川；日本、朝鲜

鞘花属 Macrosolen Blume

双花鞘花 Macrosolen bibracteolatus (Hance) Danser
分布：贵州、云南、广东、广西、海南；缅甸、越南、马来西亚

鞘花 Macrosolen cochinchinensis (Lour.) Tiegh.
分布：湖南、四川、贵州、云南、西藏、福建、广东、广西、海南；不丹、柬埔寨、印度、印度尼西亚、马来西亚、缅甸、尼泊尔、巴布亚新几内亚、泰国、越南

勐腊鞘花 Macrosolen geminatus (Merr.) Danser
分布：云南；印度尼西亚、巴布亚新几内亚、菲律宾

短序鞘花 Macrosolen robinsonii (Gamble) Danser
分布：云南；马来西亚、越南

三色鞘花 Macrosolen tricolor (Lecomte) Danser
分布：广东、广西、海南；越南

梨果寄生属 Scurrula L.

梨果寄生 Scurrula atropurpurea (Blume) Danser
分布：贵州、云南、广西；印度尼西亚、马来西亚、菲律宾、泰国、越南

滇藏梨果寄生 Scurrula buddleioides (Desr.) G. Don
分布：四川、云南、西藏；印度

滇藏梨果寄生(原变种) Scurrula buddleioides var. **buddleioides**
分布：四川、云南、西藏；印度

藏南梨果寄生 Scurrula buddleioides var. **heynei** (DC.) H. S. Kiu
分布：西藏；印度

卵叶梨果寄生 Scurrula chingii (W. C. Cheng) H. S. Kiu
分布：云南、广西；越南

卵叶梨果寄生(原变种) Scurrula chingii var. **chingii**
分布：云南、广西；越南

短柄梨果寄生 Scurrula chingii var. **yunnanensis** H. S. Kiu
分布：云南

高山寄生 Scurrula elata (Edgew.) Danser
分布：西藏；不丹、印度、尼泊尔

锈毛梨果寄生 Scurrula ferruginea (Jack) Danser
分布：云南；柬埔寨、印度尼西亚、老挝、马来西亚、缅甸、泰国、越南、菲律宾

贡山梨果寄生 Scurrula gongshanensis H. S. Kiu
分布：云南

小叶梨果寄生 Scurrula notothixoides (Hance) Danser
分布：广东、海南；越南

红花寄生 Scurrula parasitica L.
分布：江西、湖南、四川、贵州、云南、西藏、福建、台湾、广东、广西、海南；孟加拉国、不丹、印度、印度尼西亚、马来西亚、缅甸、尼泊尔、菲律宾、泰国、越南

红花寄生(原变种) Scurrula parasitica var. **parasitica**
分布：江西、湖南、四川、贵州、云南、福建、台湾、广东、广西、海南；印度尼西亚、马来西亚、菲律宾、泰国、越南

小红花寄生 Scurrula parasitica var. **graciliflora** (Roxb. ex Schult.) H. S. Kiu
分布：四川、贵州、云南、西藏、广东、广西、海南；孟加拉国、不丹、印度、缅甸、尼泊尔、泰国

楠树梨果寄生 Scurrula phoebe-formosanae (Hayata) Danser
分布：台湾

白花梨果寄生 Scurrula pulverulenta (Wall.) G. Don
分布：云南；不丹、印度、缅甸、尼泊尔、泰国、巴基斯坦

钝果寄生属 Taxillus Tiegh.

栗毛钝果寄生 Taxillus balansae (Lecomte) Danser
分布：云南、广西；越南

松柏钝果寄生 Taxillus caloreas (Diels) Danser
分布：湖北、四川、重庆、贵州、云南、西藏、福建、台湾、广东、广西；不丹

松柏钝果寄生(原变种) Taxillus caloreas var. **caloreas**
分布：湖北、四川、贵州、云南、西藏、福建、台湾、广东、广西；不丹

显脉钝果寄生 Taxillus caloreas var. **fargesii** (Lecomte) H. S. Kiu
分布：重庆

广寄生 Taxillus chinensis (DC.) Danser
分布：福建、广东、广西、海南；柬埔寨、印度尼西亚、老挝、马来西亚、菲律宾、泰国、越南

柳树寄生 Taxillus delavayi (Tiegh.) Danser
分布：四川、贵州、云南、西藏、广西；缅甸、越南

柳树寄生(原变种) Taxillus delavayi var. **delavayi**
分布：四川、贵州、云南、西藏、广西；缅甸、越南

髯毛钝果寄生 Taxillus delavayi var. **barbatus** W. L. Zheng
分布：西藏

盐井钝果寄生 Taxillus delavayi var. **yanjingensis** W. L. Zheng
分布：西藏

小叶钝果寄生 Taxillus kaempferi (DC.) Danser
分布：安徽、浙江、江西、湖北、四川、福建；日本、不丹

小叶钝果寄生(原变种) Taxillus kaempferi var. **kaempferi**
分布：安徽、浙江、江西、福建；不丹、日本

黄杉钝果寄生 Taxillus kaempferi var. **grandiflorus** H. S. Kiu
分布：湖北、四川

锈毛钝果寄生 Taxillus levinei (Merr.) H. S. Kiu
分布：安徽、浙江、江西、湖南、湖北、贵州、云南、福建、广东、广西

木兰寄生 Taxillus limprichtii (Grüning) H. S. Kiu
分布：江西、湖南、四川、贵州、云南、福建、台湾、广东、广西；泰国、越南

木兰寄生(原变种) Taxillus limprichtii var. **limprichtii**
分布：江西、湖南、四川、贵州、云南、福建、台湾、广东、广西

亮叶木兰寄生 Taxillus limprichtii var. **longiflorus** (Lecomte) H. S. Kiu
分布：云南；泰国、越南

阔阚果寄生 Taxillus liquidambaricola (Hayata) Hosok.
分布：云南、福建、台湾、广东、广西、海南

阔阚果寄生(原变种) Taxillus liquidambaricola var. **liquidambaricola**
分布：台湾

狭叶钝果寄生 Taxillus liquidambaricola var. **neriifolius** H. S. Kiu
分布：福建、广东、广西、海南

毛叶钝果寄生 Taxillus nigrans (Hance) Danser
分布：陕西、江西、湖南、湖北、四川、贵州、云南、福建、台湾、广西

高雄钝果寄生 Taxillus pseudochinensis (Yamam.) Danser
分布：台湾

油杉钝果寄生 Taxillus renii H. S. Kiu
分布：四川、云南

龙陵钝果寄生 Taxillus sericus Danser
分布：云南、西藏；印度

桑寄生 Taxillus sutchuenensis (Lecomte) Danser
分布：山西、河南、陕西、甘肃、浙江、江西、湖南、湖北、四川、贵州、云南、福建、台湾、广东、广西

桑寄生(原变种) Taxillus sutchuenensis var. **sutchuenensis**
分布：山西、河南、陕西、甘肃、浙江、江西、四川、贵州、福建、台湾、广东、广西

灰毛桑寄生 Taxillus sutchuenensis var. **duclouxii** (Lecomte) H. S. Kiu
分布：湖南、湖北、四川、贵州、云南

台湾钝果寄生 Taxillus theifer (Hayata) H. S. Kiu
分布：台湾

滇藏钝果寄生 Taxillus thibetensis (Lecomte) Danser
分布：四川、贵州、云南、西藏

莲花池寄生 Taxillus tsaii S. T. Chiu
分布：台湾

伞花钝果寄生 Taxillus umbellifer (Schult. f.) Danser
分布：西藏；不丹、印度、缅甸、尼泊尔

短梗钝果寄生 Taxillus vestitus (Wall.) Danser
分布：云南、西藏；印度、尼泊尔、巴基斯坦

大苞寄生属 Tolypanthus (Bl.) Bl.

黔桂大苞寄生 Tolypanthus esquirolii (H. Lév.) Lauener
分布：贵州、广西

大苞寄生 Tolypanthus maclurei (Merr.) Danser
分布：江西、湖南、福建、广东、广西

339. 兰花蕉科 Lowiaceae Ridl.

兰花蕉属 Orchidantha N. E. Br.

兰花蕉 Orchidantha chinensis T. L. Wu
分布：广东、广西

兰花蕉(原变种) Orchidantha chinensis var. **chinensis**
分布：广东

长萼兰花蕉 Orchidantha chinensis var. **longisepala** (D. Fang) T. L. Wu
分布：广西

海南兰花蕉 Orchidantha insularis T. L. Wu
分布：海南

340. 千屈菜科 Lythraceae J. St.-Hil.

水苋菜属 Ammannia L.

耳基水苋 Ammannia auriculata Willd.
分布：河北、河南、陕西、甘肃、安徽、江苏、浙江、湖北、云南、福建、广东；泛热带地区

水苋菜 Ammannia baccifera L.
分布：河北、山西、安徽、江苏、浙江、江西、湖南、湖北、云南、福建、台湾、广东、广西；阿富汗、不丹、柬埔寨、老挝、尼泊尔、泰国、印度、马来西亚、菲律宾、越南、澳大利亚；非洲

长叶水苋菜 Ammannia coccinea Rott.
分布：台湾

多花水苋菜 Ammannia multiflora Roxb.
分布：中国南部；亚洲、非洲和澳大利亚的热带和亚热带地区

八宝树属 Duabanga Buch.-Ham.

八宝树 Duabanga grandiflora (Roxb. ex DC.) Walp.
分布：云南；柬埔寨、印度、老挝、马来西亚、缅甸、泰国、越南

细花八宝树 Duabanga taylorii Jay.
分布：海南；印度尼西亚

紫薇属 Lagerstroemia L.

安徽紫薇 Lagerstroemia anhuiensis X. H. Fuo et S. B. Zhou
分布：安徽

毛萼紫薇 Lagerstroemia balansae Koehne
分布：海南；泰国、越南、老挝

尾叶紫薇 Lagerstroemia caudata Chun et F. C. How ex S. K. Lee et L. F. Lau
分布：江西、广东、广西

川黔紫薇 Lagerstroemia excelsa (Dode) Chun ex S. K. Lee et L. F. Lau
分布：湖北、四川、贵州

广东紫薇 Lagerstroemia fordii Oliv. et Koehne
分布：福建、香港

光紫薇 Lagerstroemia glabra (Koehne) Koehne
分布：湖北、广东、广西

桂林紫薇 Lagerstroemia guilinensis S. K. Lee et F. N. Wei
分布：广西

紫薇 Lagerstroemia indica L.
分布：吉林、山西、山东、河南、安徽、浙江、江西、湖南、湖北、四川、贵州、云南、福建、台湾、广东、广西、海南；孟加拉国、不丹、柬埔寨、印度、印度尼西亚、日本、老挝、马来西亚、缅甸、尼泊尔、巴基斯坦、菲律宾、新加坡、斯里兰卡、泰国、越南

云南紫薇 Lagerstroemia intermedia Koehne
分布：云南；缅甸

福建紫薇 Lagerstroemia limii Merr.
分布：浙江、湖北、福建

勐纳紫薇(新拟) Lagerstroemia menglaensis C. H. Gu, M. C. Ji et D. D. Ma
分布：云南

南紫薇 Lagerstroemia subcostata Koehne
分布：青海、安徽、江苏、浙江、江西、湖南、湖北、四川、福建、台湾、广东、广西；菲律宾、日本

网脉紫薇 Lagerstroemia suprareticulata S. K. Lee et F. N. Wei
分布：广西

绒毛紫薇 Lagerstroemia tomentosa C. Presl
分布：云南；老挝、缅甸、泰国、越南

西双紫薇 Lagerstroemia venusta Wall. ex C. B. Clarke
分布：云南；柬埔寨、老挝、缅甸、泰国、越南

毛紫薇 Lagerstroemia villosa Wall. ex Kurz.
分布：云南；缅甸、泰国、斯里兰卡

千屈菜属 Lythrum L.

千屈菜 Lythrum salicaria L.
分布：全国各地广布；阿富汗、印度、日本、韩国、蒙古国、俄罗斯；欧洲、非洲、北美洲

帚枝千屈菜 Lythrum virgatum L.
分布：河北、新疆；欧洲东部至西伯利亚

水芫花属 Pemphis J. R. Forst. et G. Forst.

水芫花 Pemphis acidula J. R. Forst. et G. Forst.
分布：台湾；日本；非洲(东部)

荸艾属 Peplis L.

荸艾 Peplis alternifolia M. Bieb.
分布：新疆；亚洲(中部)、欧洲

石榴属 Punica L.

石榴 Punica granatum L.
分布：华西归化；世界性栽培

节节菜属 Rotala L.

异叶节节菜 Rotala cordata Koehne
分布：广西、海南；印度、老挝、泰国、越南

密花节节菜 Rotala densiflora (Roth) Koehne
分布：江苏、广东；印度、印度尼西亚、尼泊尔、巴基斯坦、斯里兰卡、中亚、澳大利亚

六蕊节节菜 Rotala hexandra Wall. ex Koeh.
分布：海南；印度尼西亚、缅甸、菲律宾

节节菜 Rotala indica (Willd.) Koehne
分布：山西、安徽、江苏、浙江、江西、湖南、湖北、四川、贵州、云南、福建、台湾、广东、广西；不丹、柬埔寨、印度、印度尼西亚、日本、韩国、老挝、马来西亚、缅甸、尼泊尔、菲律宾、斯里兰卡、泰国、越南；中亚

轮叶节节菜 Rotala mexicana Cham. ex Schltdl.
分布：山西、河南、江苏、浙江、台湾；广布于世界热带和暖温带

美洲节节菜 Rotala ramosior (L.) Koehne
分布：台湾；原产于北美洲

五蕊节节菜 Rotala rosea (Poir.) C. D. K. Cook ex H. Hara
分布：江苏、贵州、云南、福建、广西、海南，在台湾归化；孟加拉国、缅甸、马来西亚、泰国、越南、印度尼西亚、菲律宾

圆叶节节菜 Rotala rotundifolia (Buch.-Ham. ex Roxb.) Koehne
分布：山东、浙江、江西、湖南、湖北、四川、贵州、云南、福建、台湾、广东、广西、海南；孟加拉国、不丹、老挝、缅甸、印度、尼泊尔、泰国、越南、日本

台湾节节菜 Rotala taiwaniana Y. C. Liu et F. Y. Lu
分布：台湾

瓦氏节节菜 Rotala wallichii (Hook. f.) Koehne
分布：台湾、广东；印度、印度尼西亚、马来西亚、缅甸、泰国、越南

海桑属 Sonneratia L. f.

杯萼海桑 Sonneratia alba Sm.
分布：海南；印度、斯里兰卡、马来西亚、缅甸、巴布亚新几内亚、泰国、越南、热带东非、澳大利亚、太平洋岛屿

无瓣海桑 Sonneratia apetala Buch.-Ham.
分布：广东、海南；原产于孟加拉国、印度、缅甸、斯里兰卡

海桑 Sonneratia caseolaris (L.) Engler
分布：海南；柬埔寨、印度、印度尼西亚、马来西亚、巴布亚新几内亚、斯里兰卡、泰国、越南、澳大利亚、太平洋岛屿

拟海桑 Sonneratia gulngai N. C. Duke et B. R. Jackes
分布：海南；印度尼西亚、马来西亚、澳大利亚

海南海桑 Sonneratia hainanensis W. C. Ko, E. Y. Chen et W. Y. Chen
分布：海南

桑海桑 Sonneratia ovata Backer
分布：海南；印度尼西亚、缅甸、巴布亚新几内亚、泰国、越南

菱属 **Trapa** L.

细果野菱 **Trapa incisa** Sieb. et Zucc.

分布：黑龙江、吉林、辽宁、河北、河南、陕西、安徽、江苏、浙江、江西、湖南、湖北、四川、贵州、云南、福建、台湾、广东、海南；印度、印度尼西亚、日本、韩国、老挝、马来西亚、俄罗斯、泰国、越南

欧菱 **Trapa natans** L.

分布：黑龙江、吉林、辽宁、内蒙古、河北、山东、河南、陕西、新疆、安徽、江苏、浙江、江西、湖南、湖北、四川、贵州、云南、西藏、福建、台湾、广东、广西、海南；印度、印度尼西亚、日本、韩国、老挝、马来西亚、巴基斯坦、菲律宾、俄罗斯、泰国、越南；亚洲(西南部)、欧洲、非洲

虾子花属 **Woodfordia** Salisb.

虾子花 **Woodfordia fruticosa** (L.) Kurz.

分布：云南、广东、广西；不丹、老挝、尼泊尔、巴基斯坦、泰国、缅甸、印度、印度尼西亚